BIOskop

Gymnasium Niedersachsen 9/10

Herausgeber
Rainer Hausfeld
Wolfgang Schulenberg

Autoren
Rainer Hausfeld
Mariela Kalkhake
Martin Ratermann
Rüdiger Schmalz
Wolfgang Schulenberg
Franz Stoppel
Henning Teschner
Ulrich Helmich

westermann

Druck A^{8} / Jahr 2014
Alle Drucke der Serie A sind im Unterricht parallel verwendbar.

Redaktion: Heidrun Kiene
Herstellung: Jennifer Kirchhof, Dirk Walter-von Lüderitz
Satz und Grafik Partner GmbH, Meitingen
Umschlaggestaltung: Andrea Heissenberg
Typographie: Andrea Heissenberg
Druck und Bindung: westermann druck GmbH, Braunschweig

ISBN 978-3-14-**150533**-7

Inhaltsverzeichnis

Geschichte des Lebens

Ökologie und nachhaltige Zukunft

Hormone und Sexualität

Vererbung

Enzyme und Molekulargenetik

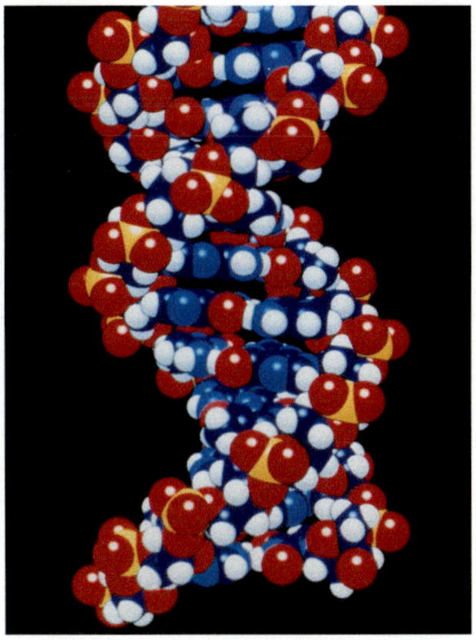

Immunbiologie

Methode

Aufgaben richtig verstehen

ableiten	aus Sachverhalten sachgerechte Folgerungen ziehen
analysieren	aus einem Sachverhalt auf eine bestimmte Fragestellung hin wichtige Bestandteile herausarbeiten
auswerten	vorgegebene Daten, einzelne Ergebnisse oder Sachverhalte in einen Zusammenhang stellen
begründen	einen vorgegebenen Sachverhalt auf seine Ursachen oder Gesetzmäßigkeiten zurückführen
beschreiben	Strukturen, Merkmale oder Sachverhalte mit eigenen Worten wiedergeben
beobachten	aufmerksame Betrachtung eines Vorgangs mit dem Ziel, entsprechend einer vorgegebenen Fragestellung bestimmte Informationen zu erhalten
beurteilen	zu einem vorgegebenen Sachverhalt ein eigenständiges, sachlich begründetes Urteil formulieren
bewerten	einen vorgegebenen Sachverhalt oder die Handlung eines Menschen mit nachvollziehbaren Wertvorstellungen beurteilen
darstellen	Sachverhalte in gegliederter Form wiedergeben.
diskutieren (erörtern)	zu einem vorgegebenen Thema oder Sachverhalt Argumente aus verschiedenen Standpunkten gegeneinander abwägen
erklären	einen Sachverhalt erläutern und begründen
erläutern	einen Sachverhalt veranschaulichen und verständlich machen
Hypothese entwickeln	eine begründete Vermutung auf der Grundlage von Beobachtungen, Experimenten oder Sachaussagen formulieren
interpretieren (deuten)	aus vorgegebenen Sachverhalten fachliche Zusammenhänge entsprechend der jeweiligen Aufgabenstellung herausarbeiten und darstellen
nennen	Eigenschaften, Sachverhalte oder Begriffe ohne Erläuterungen aufzählen
protokollieren	Beobachtungen oder die Durchführung von Experimenten genau und in gegliederter Form wiedergeben
skizzieren	das Wesentliche eines Sachverhalts in übersichtlicher Form grafisch darstellen
Stellung nehmen	zu einem Sachverhalt oder einer Aussage, die nicht eindeutig ist, nach sorgfältigem Abwägen ein begründetes Urteil abgeben
überprüfen	Daten oder Aussagen an Fakten und logischen Gesichtspunkten messen und eventuelle Fehler oder Widersprüche aufdecken
vergleichen	Gemeinsamkeiten und Unterschiede ermitteln
zeichnen	eine möglichst exakte grafische Darstellung anfertigen
zusammenfassen	das Wesentliche in knapper Form herausstellen

1 *Eine Auswahl häufiger Arbeitsanweisungen und die Beschreibung der erwarteten Leistung*

Im Unterricht, zu Hause oder bei schriftlichen Leistungsüberprüfungen werden Aufgaben bearbeitet. Sie beinhalten immer eine oder mehrere Arbeitsanweisungen.

Um Aufgaben richtig zu verstehen, ist es notwendig, die Bedeutung der verschiedenen Arbeitsanweisungen zu kennen. In Abbildung 1 sind häufige Arbeitsanweisungen zusammengestellt und die jeweils erwartete Leistung beschrieben.

1 Aufgaben mit passenden Arbeitsanweisungen erstellen. Die Abbildungen auf dieser Seite stellen bestimmte biologische Sachverhalte dar. Erstellt zu jeder Abbildung Vorschläge für eine oder mehrere Aufgaben mit den dazu passenden Arbeitsanweisungen aus Abbildung 1. Gebt an, welche Lösung ihr zu der jeweiligen Aufgabenstellung erwartet. Diskutiert eure Vorschläge.

2 *Zusammensetzung des Zigarettenrauchs*

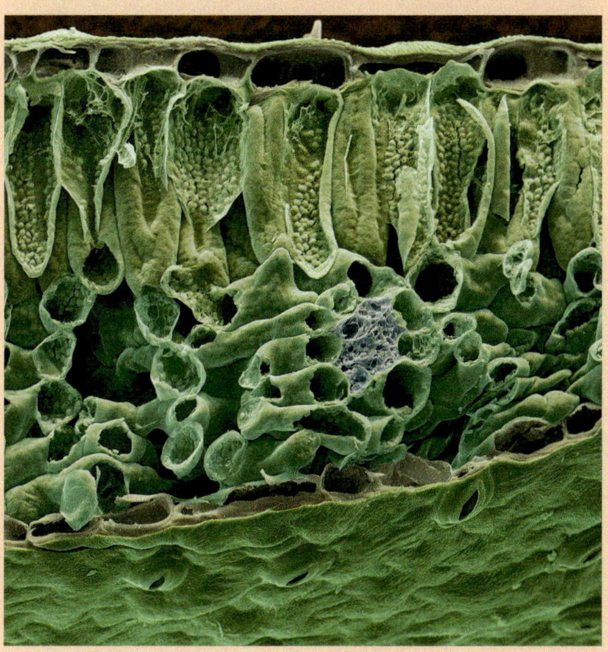

3 *Querschnitt durch ein Laubblatt*

4 *Libelle mit Tautropfen*

a) Die Kerze erlosch nach einiger Zeit.

b) Die Kerze erlosch nach viel kürzerer Zeit als beim Versuch a). Die Maus wurde nach kurzer Zeit ohnmächtig.

c) Die Maus wurde ohnmächtig, aber erst nach längerer Zeit als im Versuch b).

d) Die Maus wurde nicht ohnmächtig.

5 *Historische Versuche von Joseph Priestley (1771)*

Säugetier	Masse in g	O_2-Bedarf in ml O_2 pro Stunde	O_2-Bedarf in ml O_2 pro g Körpermasse und Stunde	Herzfrequenz pro Minute
Maus	22	36		600
Meerschwein	900	605		280
Zwergziege	7 000	2 710		158
Orang-Utan	54 000	12 105		106
Mensch	76 000	15 980		72
Löwe	155 000	26 490		50
Pferd	500 000	65 100		44
Elefant	3 833 000	268 000		26

6 *Sauerstoffbedarf bei Säugetieren*

Arbeiten mit Basiskonzepten

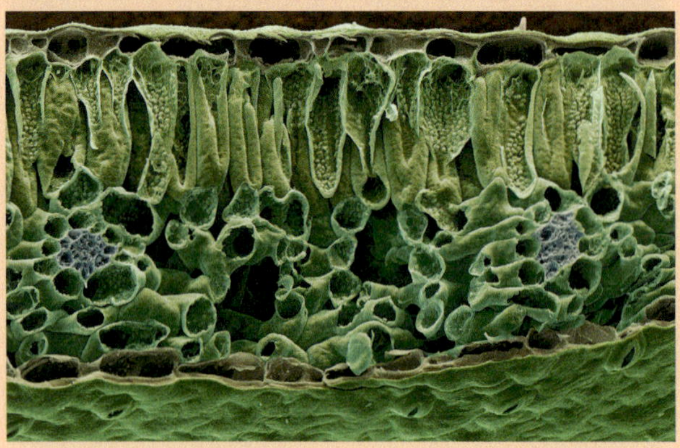

Struktur und Funktion
Unter Struktur versteht man in der Biologie den Bau von Lebewesen und ihrer Teile (Moleküle, Zellen, Gewebe und Organe). Mit ihrem Bau sind Lebewesen und ihre Teile an bestimmte Aufgaben (Funktionen) angepasst. Zum Beispiel hat ein grünes Laubblatt einen bestimmten mikroskopisch sichtbaren Bau. Diesem Bau entspricht unter anderem die Funktion, Fotosynthese durchzuführen.

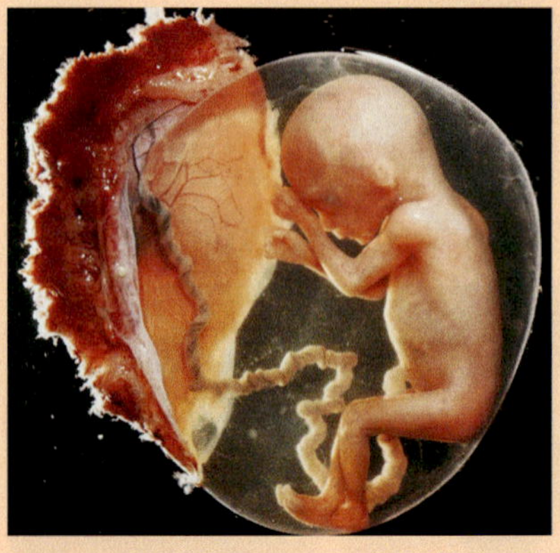

Reproduktion
Lebewesen haben eine begrenzte Lebensdauer. Durch Fortpflanzung vermehren sich Lebewesen und dadurch wird ihr Fortbestand gesichert. Bei der Fortpflanzung werden Erbanlagen weitergegeben. Erbanlagen enthalten Informationen, die die Entwicklung und die Ausbildung von Merkmalen eines Lebewesens beeinflussen. In der Regel wirken Erbanlagen und Umwelt bei der Ausbildung von Merkmalen zusammen.

Geschichte und Verwandtschaft
Jedes heutige Lebewesen lässt sich durch eine ununterbrochene Kette von Fortpflanzungen auf Vorfahren, Vor-Vorfahren bis hin zu den Ursprüngen des Lebens zurückführen. Die vielfältigen Arten von Lebewesen sind im Laufe langer Zeiträume aus anderen Formen hervorgegangen. Diesen Vorgang bezeichnet man als Evolution. Die abgestuften Ähnlichkeiten zwischen Lebewesen, unter anderem im Körperbau, sind ein Beleg für den Grad der Verwandtschaft.

Variabilität und Angepasstheit
Unter Variabilität versteht man die Veränderlichkeit von Merkmalen, die zu Vielfalt führt. Man spricht zum Beispiel von der Artenvielfalt. Innerhalb einer Art zeigen die Individuen neben Gemeinsamkeiten vielfältige Merkmalsunterschiede. Alle Lebewesen besitzen Merkmale, die durch natürliche Auslese entstanden und genetisch festgelegt sind. Man nennt sie Angepasstheiten. Individuelle Anpassungen im Laufe eines Lebens werden dagegen nicht vererbt.

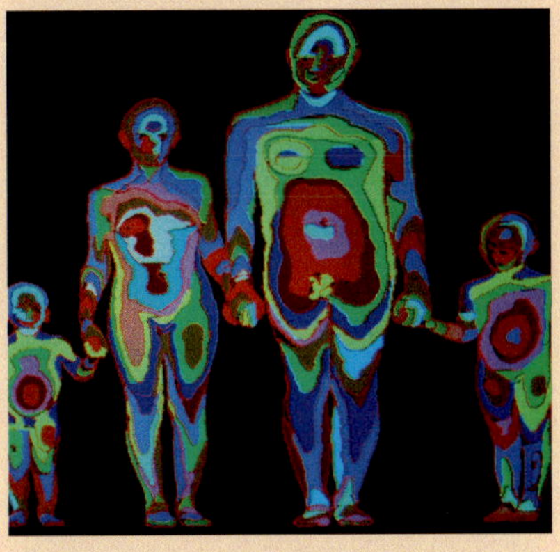

Steuerung und Regelung

Viele Zustände und Vorgänge im Körper eines Lebewesens werden gesteuert oder geregelt. Dadurch reagiert der Körper auf Veränderungen und kann Bedingungen im Körper stabil halten. Die konstante Körpertemperatur des Menschen ist ein Beispiel für Regulation. Auch manche Wechselwirkungen zwischen verschiedenen Lebewesen und ihrem Lebensraum unterliegen Regelungsvorgängen.

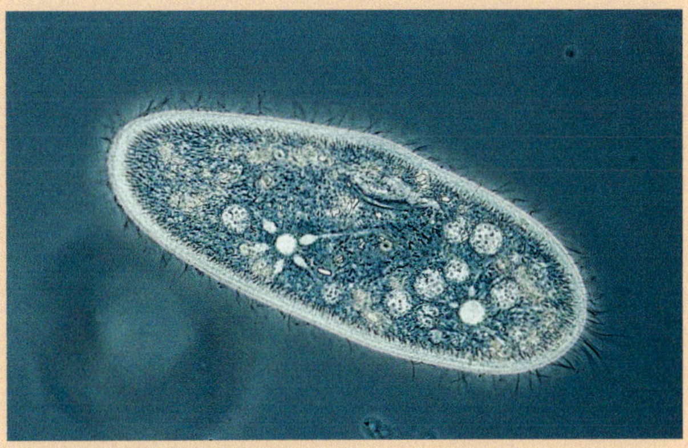

Kompartimentierung

Unter Kompartimentierung versteht man eine räumliche Aufteilung, zum Beispiel verschiedener Aufgaben, in einem Organismus. Auch eine einzelne Zelle ist in verschiedene Teilräume, die Zellorganellen, gegliedert. In Teilräumen können verschiedene Vorgänge gleichzeitig stattfinden, ohne sich gegenseitig zu stören.

Stoff- und Energieumwandlung

Alle Lebewesen bestehen aus Stoffen, vor allem aus Kohlenstoffverbindungen. Die Aufnahme, Umwandlung und Abgabe von Stoffen nennt man Stoffwechsel. An der Umwandlung von Stoffen im Körper ist eine bestimmte Gruppe von Proteinen, die Enzyme, beteiligt. Energie ist für alle Lebensvorgänge notwendig und tritt in verschiedenen Formen auf. Lebewesen sind Energiewandler, sie können bestimmte Formen von Energie in andere Formen von Energie umwandeln.

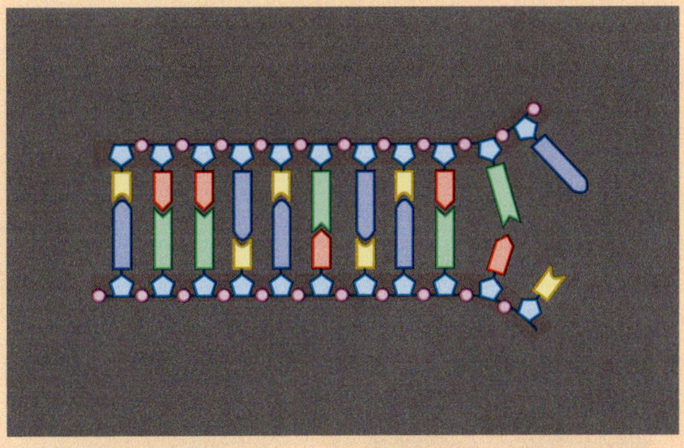

Information und Kommunikation

Lebewesen nehmen mit ihren Sinnesorganen Informationen aus ihrem Körper und aus ihrer Umwelt auf. Das Ergebnis der Informationsverarbeitung kann Einfluss darauf haben, was ein Lebewesen tut und wie es sich verhält. Auch innerhalb eines Organismus werden Informationen ausgetauscht und weitergegeben. Von großer Bedeutung für jedes Lebewesen sind die Informationen in den Erbanlagen.

Unter Basiskonzepten versteht man grundlegende Erkenntnisse der Wissenschaft Biologie. Basiskonzepte sind biologische Grundsätze oder biologische Prinzipien. Fast jedes Thema des Biologieunterrichts lässt sich einem Basiskonzept oder mehreren Basiskonzepten zuordnen.
Durch die Zuordnung entsteht im Laufe des Biologieunterrichts eine übersichtliche Struktur, die hilft, die vielen Biologiethemen gedanklich zu verbinden.

Geschichte des Lebens

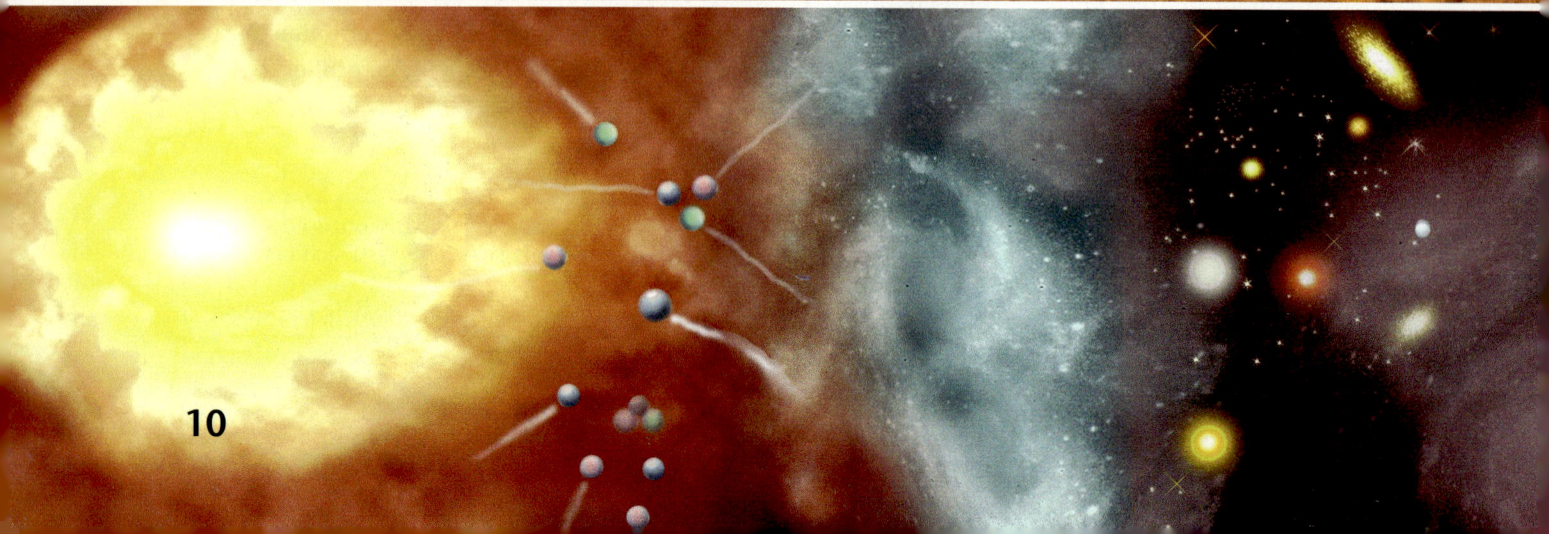

1 Geschichte des Lebens

1.1 Die Entstehung der Erde

1 *Das Weltall – von seinem Beginn bis heute*

Wissenschaftler haben eine Theorie entwickelt, nach der die Geschichte des Weltalls vor fast 14 Milliarden Jahren mit einer gewaltigen Explosion, dem Urknall, begann. Nach etwa 300 000 Jahren bildeten sich erste Atome, die sich in der Folgezeit zunächst zu Materiehaufen und schließlich zu Galaxien zusammenballten. Nach neun Milliarden Jahren bildete sich unser Sonnensystem mit seinen Planeten. Die Phase bis zur Entstehung der Planeten bezeichnet man als **physikalische Evolution** (Abb. 1).

Zu Anfang war die Erde ein Feuerball. Sie bestand aus glühender, flüssiger Lava. In dieser flüssigen Erde wanderten Eisen und Nickel wegen ihrer hohen Dichte ins Erdinnere. Diese Elemente bilden seitdem den Erdkern. Die leichteren Elemente wie Aluminium und Silizium blieben außen und bildeten nach Abkühlung der Erdoberfläche die feste Erdkruste. Aus der immer noch heißen Erdoberfläche gelangten durch Vulkanismus große Mengen Wasserdampf und andere Gase in die Atmosphäre. Es begann mehrere Millionen Jahre lang heftig zu regnen und zu gewittern (Abb. 2). Die ersten Urmeere bildeten sich. Die Uratmosphäre war ganz anders zusammengesetzt als unsere heutige Atmosphäre. Sie war sehr feucht, enthielt viel Kohlenstoffdioxid sowie Stickstoff, Methan und Ammoniak, aber keinen Sauerstoff. Durch die Uratmosphäre gelangte energiereiche ultraviolette Strahlung auf die Erdoberfläche.

Man geht heute davon aus, dass sich das Leben aus unbelebten, anorganischen Vorstufen in langen Zeiträumen im Urozean entwickelt hat. In einem ersten Schritt müssen einfache organische Verbindungen entstanden sein. Organische Verbindungen sind Bausteine der Lebewesen. Fossile Funde weisen darauf hin, dass erste einfach gebaute Lebewesen die Erde bereits vor 3,8 Milliarden Jahren besiedelten.

1953 führte der amerikanische Wissenschaftler STANLEY MILLER ein wichtiges Experiment durch. Er simulierte in einer Apparatur die Bedingungen der frühen Erde (Abb. 3). MILLER konnte zeigen, dass sich in seiner Apparatur Aminosäuren bildeten. Aminosäuren sind Bausteine von Proteinen und kommen in jeder Zelle vor. Bei Variationen dieses Experimentes bildeten sich auch andere organische Moleküle: Zucker, Fette und Nukleinsäuren. Die Phase in der Erdgeschichte, in der diese organischen Moleküle entstanden, bezeichnet man als **chemische Evolution.** Eine heutige Modellvorstellung geht davon aus, dass sich im Urozean Proteinmoleküle, Fettbläschen und Nukleinsäuren anreicherten. Fettbläschen umschlossen verschiedene Moleküle. Darunter waren auch Moleküle, die sich selbst vervielfältigen konnten. In diese bereits zellähnlichen Gebilde wurden später auch Nukleinsäuren aufgenommen. Die Vorgänge bei der Entstehung der ersten Zellen markieren den Beginn der **biologischen Evolution.**

1 Stadien der Evolution.

a) Beschreibe die Abbildungen 1 und 2. Ordne Abbildung 2 zeitlich in Abbildung 1 ein.

b) Die Phasen der Erdgeschichte nennt man physikalische Evolution, chemische Evolution und biologische Evolution. Definiere jede der drei Phasen in jeweils einem Satz.

2 Das MILLER-Experiment.

a) Beschreibe mithilfe von Abbildung 3 und des Grundwissentextes das MILLER-Experiment.

b) Formuliere das Ergebnis des MILLER-Versuches.

c) Beurteile den Wahrheitsgehalt dieser Aussagen:
- MILLER konnte durch sein Experiment beweisen, dass das Leben auf der Erde aus anorganischen Vorstufen entstanden ist.
- MILLER hat bewiesen, dass sich auf der frühen Urerde Aminosäuren gebildet haben.
- Eine Hypothese besagt, dass das Leben durch Meteoriten in Form kleiner Bakterien auf die Erde gelangt ist. MILLER konnte das widerlegen.
- MILLER hat gezeigt, dass die Entstehung von Leben aus anorganischen Vorstufen auf der Erde prinzipiell möglich war.
- MILLER hat gezeigt, dass unter Bedingungen der frühen Erde die Entstehung organischer Moleküle möglich war.

d) Inwiefern lassen sich Entsprechungen zwischen den Bedingungen auf der frühen Erde und den Bedingungen des MILLER-Experimentes feststellen? Formuliere in folgender Form: „Die elektrischen Entladungen zwischen den Elektroden simulieren ..."

2 *Die Erde während der chemischen Evolution*

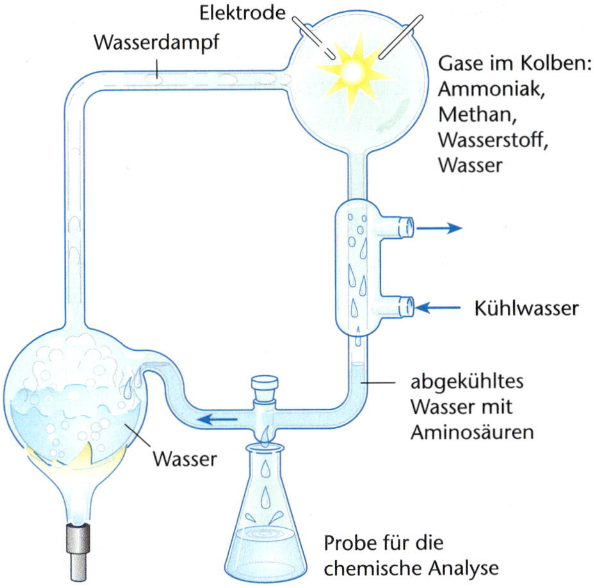

3 *Das Miller-Experiment*

1.2 Prokaryoten-Zellen und Eukaryoten-Zellen

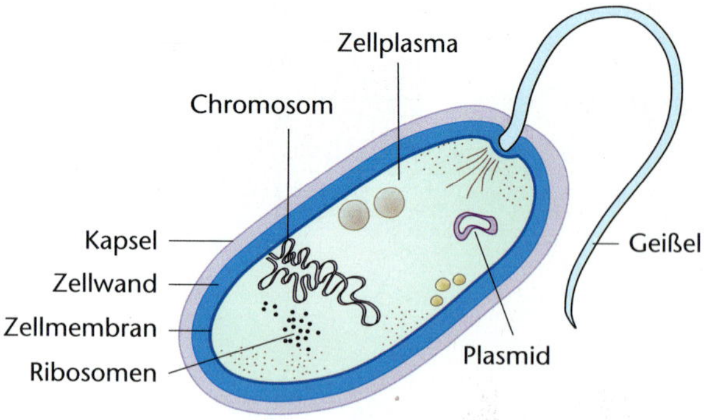

1 *Zelle eines Prokaryoten*

Alle Lebewesen sind aus Zellen aufgebaut. Manche bestehen nur aus einer Zelle. Seit fast vier Milliarden Jahren sind Zellen die Grundeinheiten aller Lebewesen. Zellen weisen eine Reihe von Gemeinsamkeiten auf.

- Alle Zellen gehen aus Zellen hervor.
- Zellen sind von einer Zellmembran umgeben, durch die sie gegen die Umgebung abgegrenzt sind.
- Zellen haben Stoffwechsel. Sie nehmen Stoffe aus der Umgebung durch die Zellmembran auf, wandeln sie um und geben Stoffe an die Umgebung ab.
- Alle Zellen benötigen andauernd Energie.
- Mit wenigen Ausnahmen hat jede Zelle mindestens einen kompletten Satz an Erbanlagen, das Genom. Es ist der Informationsspeicher für Bau und Funktionen einer Zelle.

Man unterscheidet bei Zellen zwei große Gruppen, die Prokaryoten und die Eukaryoten. **Prokaryoten** sind Bakterien. Sie waren die ersten Lebewesen auf der Erde und sind heute weit verbreitet. Die Prokaryoten-Zelle enthält keinen Zellkern und keine Zellorganellen (Abb. 1). Die Erbinformationen befinden sich in Form eines ringförmigen Chromosoms, dem Bakterien-Chromosom, im Zellplasma. Daneben gibt es häufig kleine Ringe, die Plasmide, die ebenfalls Erbinformationen enthalten. Die Zellwand verleiht der Zelle Stabilität. Sie ist bei den Bakterien allerdings anders zusammengesetzt und aufgebaut wie die Zellwand der Pflanzen. Manche Bakterien besitzen eine äußere Kapsel aus klebrigem Schleim. Damit heften sie sich an Gegenstände und Zellen.

Eukaryoten sind Lebewesen mit Zellen, die einen Zellkern und Zellorganellen enthalten. Zu den Eukaryoten zählen alle Einzeller mit Zellkern sowie Pilze, Pflanzen, Tiere und der Mensch (Abb. 2, 3). Im Zellplasma der Eukaryoten-Zelle befinden sich zahlreiche durch Membranen abgegrenzte Räume. Diese membranumgrenzten Räume bezeichnet man auch als Kompartimente oder Zellorganellen. Unter Kompartimentierung versteht man eine räumliche Aufteilung. In den Zellorganellen finden jeweils bestimmte Stoffwechselvorgänge statt. Die Aufteilung in Zellorganellen ermöglicht, dass verschiedene chemische Reaktionen und Vorgänge getrennt voneinander ablaufen können und sich dadurch nicht gegenseitig stören.

Der Zellkern hat eine Doppelmembran mit Poren. Im Zellkern befinden sich die Erbanlagen. Unter anderem werden auf Anweisungen aus dem Zellkern an den Ribosomen Proteine gebildet. Ausgedehnte Membransysteme sind das Endoplasmatische Retikulum (ER) und der Golgi-Apparat. Sie dienen dem Aufbau, der Speicherung und dem Austausch von Stoffen. In Vesikeln werden Stoffe innerhalb der Zelle transportiert oder zur Zellmembran gebracht, wo sie nach außen abgegeben werden. Die Mitochondrien und die pflanzlichen Chloroplasten sind jeweils von Doppelmembranen umgeben. Mitochondrien und Chloroplasten sind Orte der Energieumwandlung. In den Mitochondrien findet die Zellatmung statt. Mithilfe von Sauerstoff, also aerob, wird energiereiche Glucose vollständig zu den energiearmen Stoffen Kohlenstoffdioxid und Wasser abgebaut. Dabei wird die chemische Energie der Glucose in eine für die Zelle nutzbare Form chemischer Energie und in Wärme umgewandelt. In Chloroplasten findet die Fotosynthese statt. Pflanzliche Zellen besitzen eine stabilisierende Zellwand aus Cellulose (Abb. 3). Die Vakuole dient der Speicherung von Salzen und Farbstoffen.

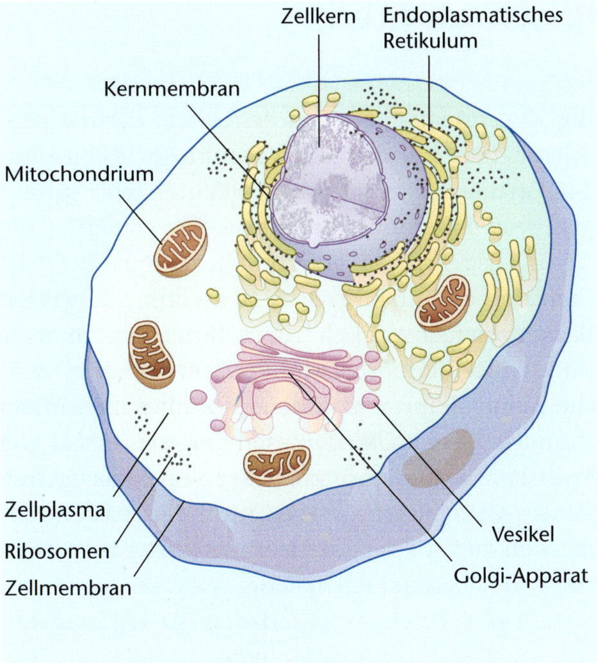

2 *Schema einer Tierzelle nach elektronenmikroskopischen Aufnahmen*

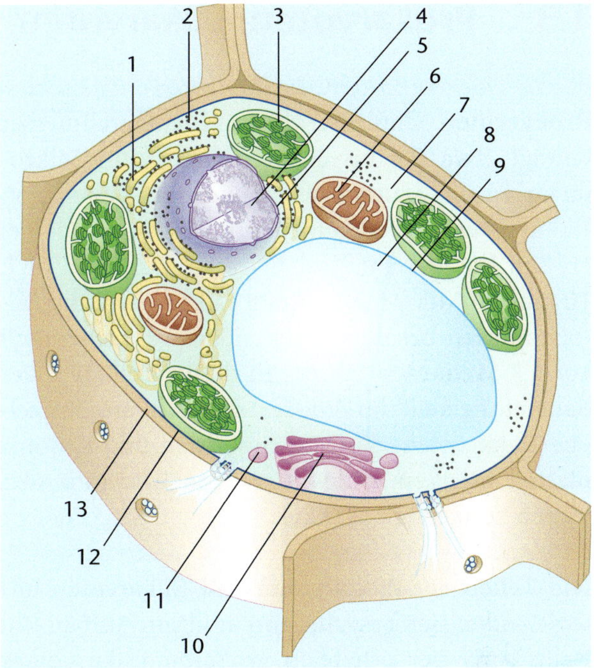

3 *Schema einer Pflanzenzelle nach elektronenmikroskopischen Aufnahmen*

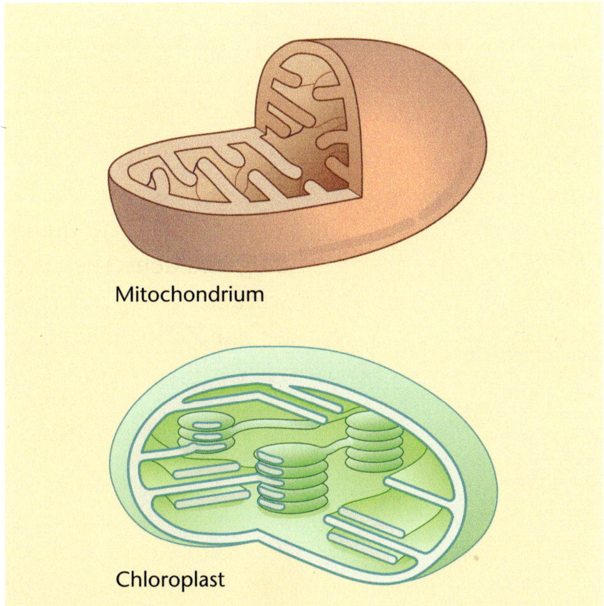

- Gesamtfläche aller Zellmembranen der Leberzellen eines erwachsenen Menschen: 355 m^2
- Gesamtfläche des endoplasmatischen Retikulums aller Leberzellen eines erwachsenen Menschen: 7875 m^2

4 *Beispiele für Oberflächenvergrößerung bei Eukaryoten*

1 Pflanzenzelle – Beispiel für eine eukaryotische Zelle. Ordne den Ziffern in Abbildung 3 in deinem Heft die richtigen Begriffe zu. Gib auch die Funktion der Zellorganellen der Pflanzenzelle an.

2 Vergleich: prokaryotische und eukaryotische Zellen. Erstelle anhand der Abbildungen 1 bis 3 sowie des Grundwissentextes einen tabellarischen Vergleich von Bakterienzelle, Tierzelle und Pflanzenzelle.

3 Zellen, Zellorganellen und das Prinzip der Oberflächenvergrößerung. Im Gegensatz zu prokaryotischen Zellen haben eukaryotische Zellen umfangreiche innere Membransysteme mit einer großen Oberfläche (Abb. 4). Entwickelt unter Bezug auf den Grundwissentext und Abbildung 4 begründete Vermutungen über die Bedeutung großer innerer Flächen.

1.3 Prokaryoten, Eukaryoten, Endosymbionten

Prokaryoten sind sehr klein. Ihr Durchmesser beträgt etwa 0,5 bis 3 Mikrometer. Ein Mikrometer ist ein tausendstel Millimeter. Zellen von **Eukaryoten** wie Pflanzen und Tieren sind viel größer. Ihr Durchmesser beträgt durchschnittlich 10 bis 100 Mikrometer. Erste Eukaryoten, die Mitochondrien besaßen, entstanden wahrscheinlich vor 1,7 Milliarden Jahren. In dieser Zeit stieg der Sauerstoffgehalt im Wasser deutlich an. Einzellige Eukaryoten, die Mitochondrien und Chloroplasten besaßen, traten etwa vor 1,4 Milliarden Jahren zum ersten Mal auf.

Die Zellen der Prokaryoten und Eukaryoten unterscheiden sich grundlegend in ihrem Aufbau. Im Zellplasma der erheblich größeren Eukaryotenzellen sind Zellorganellen vorhanden, die bei Prokaryoten fehlen. Man nimmt an, dass sich die Eukaryoten aus den Prokaryoten entwickelten (Abb. 1). Vermutlich gab es urtümliche Prokaryoten, die bei steigendem Nahrungsangebot erheblich größer wurden als andere Arten. Voraussetzung für diese Größenzunahme war eine stärkere Kompartimentierung der Zelle. Die Erbsubstanz wurde auf engerem Raum in einem Zellkern konzentriert. Ihre Energie gewannen diese urtümlichen Eukaryoten durch Gärung. Sie ernährten sich von Bakterien, unter anderem von solchen, die ihre Energie aerob durch Zellatmung gewannen. Einige der aufgenommenen Bakterien wurden nicht verdaut. Sie lebten im Innern des Eukaryoten weiter und versorgten die Wirtszelle mit zusätzlicher Energie. Man nimmt an, dass sich aus den ursprünglich im Innern ihres Wirtes lebenden Prokaryoten Mitochondrien entwickelt haben. Einige eukaryotische Einzeller nahmen auch Cyanobakterien auf. Cyanobakterien betreiben Fotosynthese. Die Eukaryoten erlangten dadurch die Fähigkeit, das Sonnenlicht zu nutzen. Aus den aufgenommenen Cyanobakterien sind vermutlich die Chloroplasten der Pflanzen hervorgegangen.

Ein Zusammenleben, von dem beide Partner profitieren, bezeichnet man als **Symbiose.** Wenn einer der Partner im Innern seines Wirtes lebt, spricht man von einer **Endosymbiose.** Die Theorie, die davon ausgeht, dass sich Mitochondrien und Chloroplasten aus ursprünglich symbiotisch lebenden Prokaryoten entwickelt haben, bezeichnet man als Endosymbiontentheorie. Für diese Theorie sprechen eine Reihe von Indizien. So besitzen Mitochondrien und Chloroplasten eigene DNA, die in ihrer Zusammensetzung der von Prokaryoten ähnelt. Mitochondrien und Chloroplasten vermehren sich durch Zweiteilung und sie sind außerhalb der Zelle begrenzt lebensfähig.

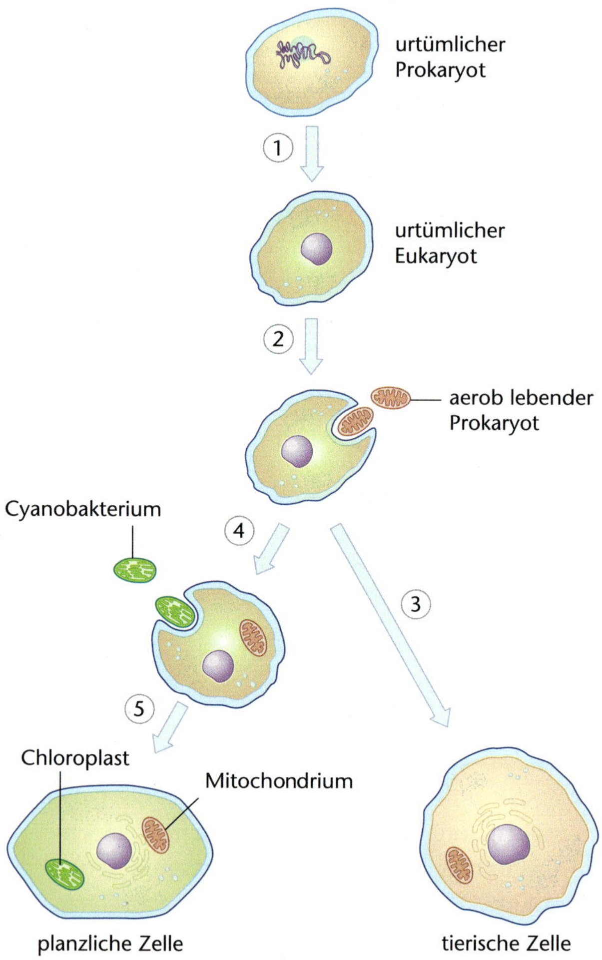

1 *Entstehung von Tier- und Pflanzenzellen durch Endosymbiose*

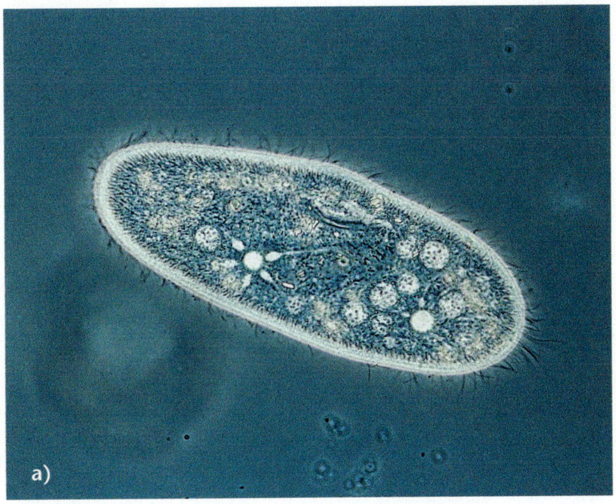

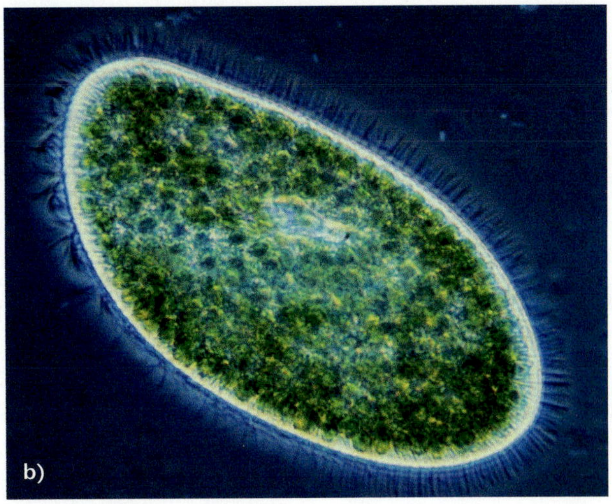

2 *a) Pantoffeltierchen, b) Pantoffeltierchen mit unverdauten Algen*

1 Endosymbiose beim Pantoffeltierchen? Pantoffeltierchen sind tierische Einzeller. Sie ernähren sich unter anderem von Bakterien und Algen. Die Nahrung wird in Nahrungsbläschen aufgenommen und verdaut. Manchmal beobachtet man, dass Algen im Körper des Pantoffeltierchens weiterleben, ohne verdaut zu werden.

a) Vergleiche die beiden abgebildeten Pantoffeltierchen in Abbildung 2.

b) Könnte man im Falle des rechts abgebildeten Pantoffeltierchens von einer Symbiose sprechen? Begründe mit Hilfe einer exakten Definition.

c) Könnte das in Abbildung 2 dargestellte Phänomen als Hinweis auf die Richtigkeit der Endosymbiontentheorie dienen? Begründe deine Meinung.

2 Endosymbiontentheorie.

a) Beschreibe die in der Abbildung 1 mit Ziffern markierten Phasen. Erläutere, wie aus urtümlichen Eukaryoten pflanzliche Einzeller entstehen konnten.

b) Erläutere, welche Veränderungen sich in den jeweiligen Phasen für den Stoffwechsel des Wirtes ergeben.

c) Als Titel einer wissenschaftlichen Arbeit findet man: „Endosymbiose, ein Motor der Evolution". Was könnte mit diesem Titel gemeint sein? Schreibe einen eigenen kurzen Aufsatz zu dem Titel.

3 Mitochondrien und Chloroplasten. Mitochondrien und Chloroplasten sind Zellorganellen, die von zwei Membranen umschlossen sind (Abb. 3). Beide Membranen sind unterschiedlich aufgebaut. Die innere Membran der Mitochondrien und Chloroplasten ist ähnlich zusammengesetzt wie die von einigen heute lebenden Bakterien.
Analysiere, ob die beschriebene Tatsache ein Indiz für die Richtigkeit der Endosymbiontentheorie sein kann.

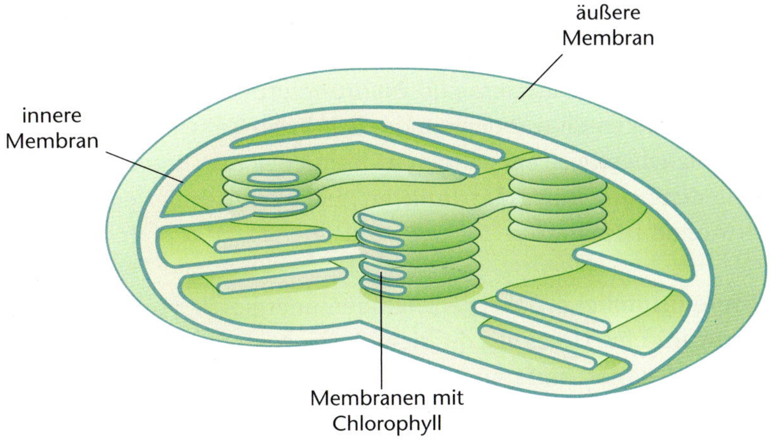

3 *Bau eines Chloroplasten*

1.4 Biologische Evolution

2 *Tiere an Schwarzen Rauchern*

1 *Schwarze Raucher und Bartwürmer als Teil eines Ökosystems auf dem Meeresgrund*

Schwarze Raucher sind viele Meter hohe Röhren auf dem Meeresgrund, die sich an heißen Tiefseequellen bilden (Abb. 1). Wissenschaftler waren überrascht, als sie in dieser völlig dunklen und nach unseren Vorstellungen lebensfeindlichen Umgebung eine reichhaltige Tierwelt entdeckten (Abb. 2). Grundlage dieser Lebensgemeinschaften sind Bakterien. Diese Bakterien können ohne Lichtenergie leben. Sie wandeln die an den Schwarzen Rauchern vorkommenden Metallsulfide um. Die Umwandlung liefert Energie. Mit dieser Energie bauen die Bakterien aus Wasser und Kohlenstoffdioxid, das im Wasser gelöst ist, energiereiche organische Stoffe auf. Die Bakterien sind Nahrungsgrundlage eines ganzen Ökosystems in der lichtlosen Tiefsee. Möglicherweise entstanden während der Evolution erste, den Bakterien ähnliche Lebewesen an Schwarzen Rauchern.

Andere urtümliche Bakterien nahmen energiereiche organische Moleküle, die sich im Urozean angereichert hatten, auf und bauten diese zu kleineren Molekülen ab. Solche Abbauvorgänge, die ohne Beteiligung von Sauerstoff ablaufen, bezeichnet man als **Gärungen.**

Als organische Moleküle im Urmeer durch den Stoffwechsel der Bakterien seltener wurden, konnten vor allem Organismen überleben, die sich eine andere Energiequelle erschlossen. Sie nutzten die Energie des Sonnenlichts zum Aufbau von energiereichen Stoffen. Diesen Vorgang bezeichnet man als **Fotosynthese.** Den dafür notwendigen Wasserstoff bezogen diese Organismen aus Schwefelwasserstoff. Stoffwechselvorgänge, die ohne Beteiligung von Sauerstoff ablaufen, bezeichnet man als **anaerob.** In diesem Fall spricht man von einer anaeroben Fotosynthese. Schwefelwasserstoff wurde aber zunehmend knapper. Nun waren Organismen wie Cyanobakterien im Vorteil, die wie die heutigen Pflanzen Wasser als Wasserstoffquelle nutzen konnten. Bei dieser aeroben Fotosynthese wurde erstmals von Lebewesen Sauerstoff freigesetzt, der bis dahin in der Atmosphäre kaum vorkam. Für die meisten der damals vorkommenden Lebewesen war der Sauerstoff ein tödliches Gift. Viele Arten starben aus. Andere waren in der Lage, den Sauerstoff zur Oxidation von Nährstoffen zu nutzen. Der Stoffwechseltyp der **Atmung** entstand.

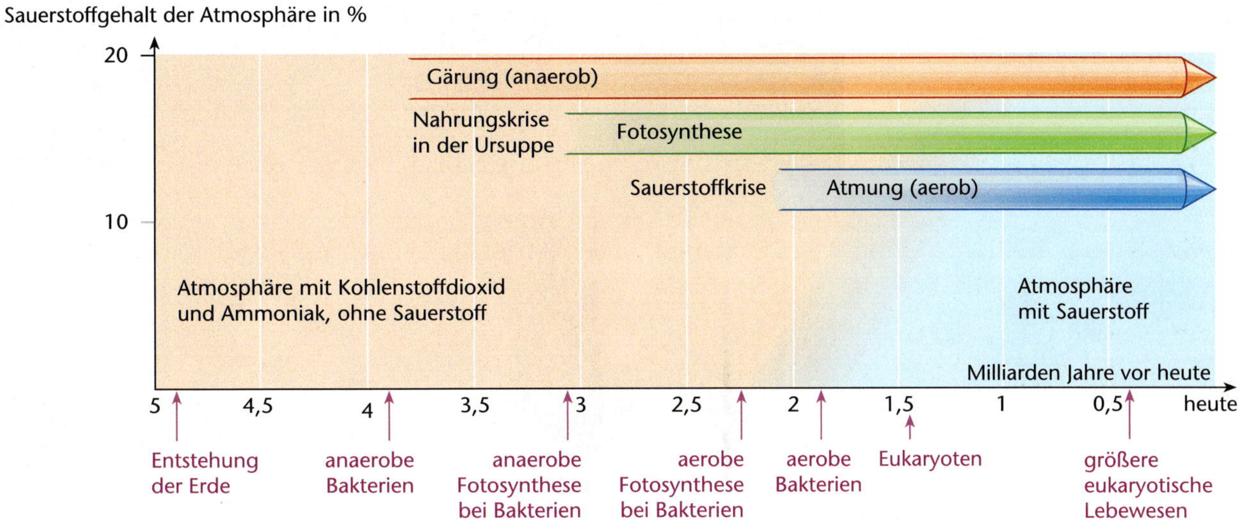

3 *Wichtige Etappen der Evolution des Stoffwechsels*

1 Die Evolution des Stoffwechsels.

a) In Abbildung 3 sind wichtige Etappen der Evolution des Stoffwechsels dargestellt. Beschreibe die Fakten, die dem Diagramm zu entnehmen sind, und erläutere Zusammenhänge.

b) Begründe die folgende Aussage: „Die Bedingungen auf der Erde haben sich durch die Entstehung und Evolution des Lebens fortlaufend verändert."

c) Nimm zu folgender Aussage Stellung: „Frühe ‚Energiekrisen' waren Motor der Evolution von neuen Stoffwechseltypen."

2 Stoffwechseltypen im Vergleich.

a) Beschreibe mithilfe des Grundwissentextes und der Abbildung 4 Zellatmung und Gärung. Erläutere, inwiefern die Entwicklung der Zellatmung für die dazu befähigten Organismen einen Vorteil darstellte.

b) Vergleiche mithilfe des Grundwissentextes und der Abbildung 4 aerobe und anaerobe Fotosynthese.

c) Erläutere, inwiefern die Entstehung der aeroben Fotosynthese Einfluss auf die weitere Entwicklung des Lebens auf der Erde hatte.

alkoholische Gärung

$C_6H_{12}O_6$	→	$2\ C_2H_5OH$	+	$2\ CO_2$	+	Energie
Glucose	→	Ethanol	+	Kohlenstoffdioxid	+	Energie

Zellatmung

$C_6H_{12}O_6$	+	$6\ O_2$	→	$6\ CO_2$	+	$6\ H_2O$	+	Energie
Glucose	+	Sauerstoff	→	Kohlenstoffdioxid	+	Wasser	+	Energie

anaerobe Fotosynthese

$6\ CO_2$	+	$12\ H_2S$	+	Lichtenergie	→	$C_6H_{12}O_6$	+	12 S	+	$6\ H_2O$
Kohlenstoffdioxid	+	Schwefelwasserstoff	+	Lichtenergie	→	Glucose	+	Schwefel	+	Wasser

aerobe Fotosynthese

$6\ CO_2$	+	$12\ H_2O$	+	Lichtenergie	→	$C_6H_{12}O_6$	+	$6\ O_2$	+	$6\ H_2O$
Kohlenstoffdioxid	+	Wasser	+	Lichtenergie	→	Glucose	+	Sauerstoff	+	Wasser

4 *Verschiedene Stoffwechseltypen*

1.5 Vom Einzeller zum Vielzeller

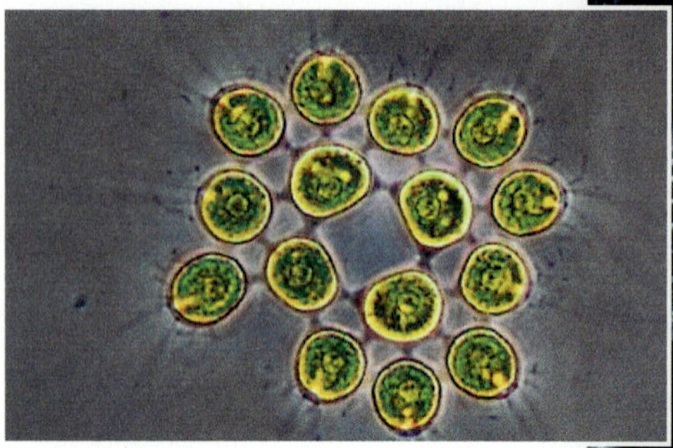

1 *Gonium*

2 *Volvox*

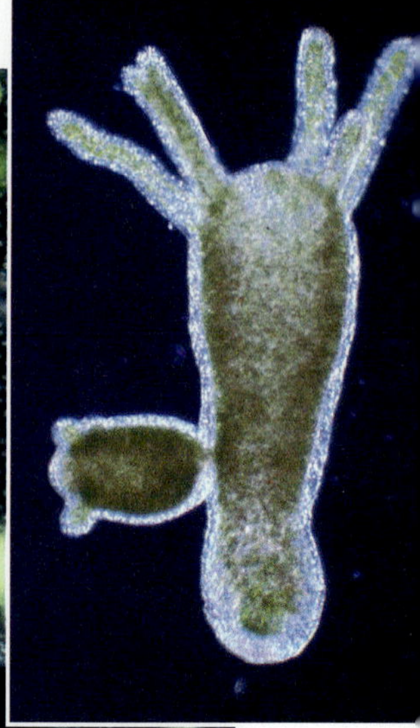

3 *Süßwasserpolyp*

Die ersten eukaryotischen Zellen entstanden vor etwa 2,1 Milliarden Jahren. Vor vermutlich 1,5 Milliarden Jahren kam es bei der Evolution der Lebewesen zu einer entscheidenden Veränderung. Bis dahin waren Eukaryotenzellen nur einzeln vorgekommen. Nun vereinigten sich Zellen zu einfachen **Kolonien.** Eine solche Kolonie bot wegen ihrer Größe einen gewissen Schutz vor einzelligen Räubern. Derart einfache Kolonien kann man heute bei der begeißelten Alge Gonium beobachten (Abb. 1). 16 gleichartige Zellen werden durch eine Gallerthülle zusammengehalten. Ihre Geißeln schlagen unabhängig voneinander. Trotz der Koloniebildung bleiben alle Zellen dieser Alge weitgehend selbstständig. Trennt man die Zellen einer Goniumkolonie voneinander, sind diese auch einzeln lebensfähig (Abb. 6). Bei der Vermehrung der Alge bildet jede Zelle durch Zellteilung Tochterkolonien. Die Alge Eudorina bildet ähnliche Kolonien. Bei dieser Alge sind nicht mehr alle Zellen gleich. Aber alle Zellen können durch Teilung neue Kolonien bilden (Abb. 4).

Die Alge Volvox besteht aus bis zu 20 000 Zellen. Diese bilden eine Hohlkugel (Abb. 2). Volvox bewegt sich durch koordinierten Schlag der Geißeln fort. Für die Koordination des Geißelschlages ist es notwendig, dass die Einzelzellen zusammenarbeiten. Die meisten Zellen sind nur für Bewegung, Ernährung und Orientierung der Kugelalge zuständig. Diese Zellen können sich nicht unbegrenzt teilen. Sie altern und sterben schließlich. Zur Vermehrung sind nur wenige Zellen in der Lage. Nur diese Zellen bringen Tochterkolonien hervor, die im Innern der Kugelalge heranwachsen (Abb.7). Volvox ist ein Beispiel für einen einfachen **Vielzeller.**

Höher entwickelte Vielzeller besitzen eine Vielzahl unterschiedlicher Zelltypen. Zellen mit gleicher Funktion bilden ein Gewebe. Zum Beispiel bilden Muskelzellen ein Muskelgewebe. Mehrere Gewebe bilden ein Organ. So besteht das Organ Herz aus Muskelgewebe, Bindegewebe, Nerven und Blutgefäßen. Ein Organismus besitzt verschiedene Organe mit speziellen Aufgaben.

Wenn Zellen eines Organismus neben vielen Gemeinsamkeiten Unterschiede entwickeln, nennt man das Differenzierung. **Differenzierung** und Spezialisierung von Zellen für unterschiedliche Aufgaben ermöglicht **Arbeitsteilung** und Zusammenarbeit und führt dazu, dass Organismen leistungsfähiger werden.

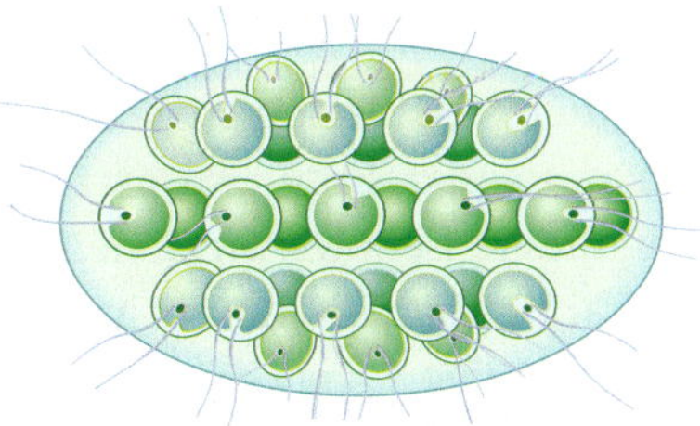

4 *Eudorina, eine Grünalge*

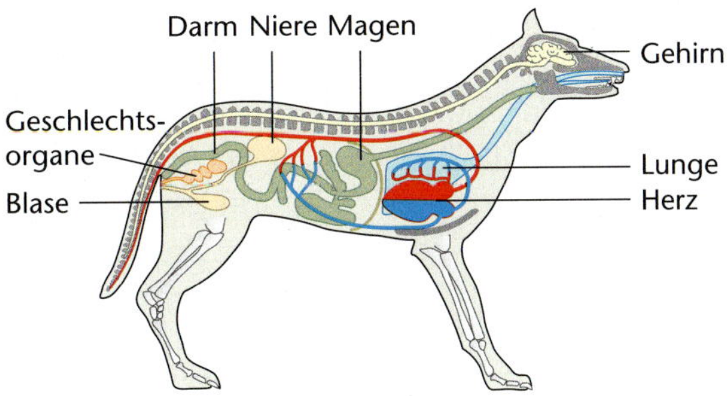

5 *Hund*

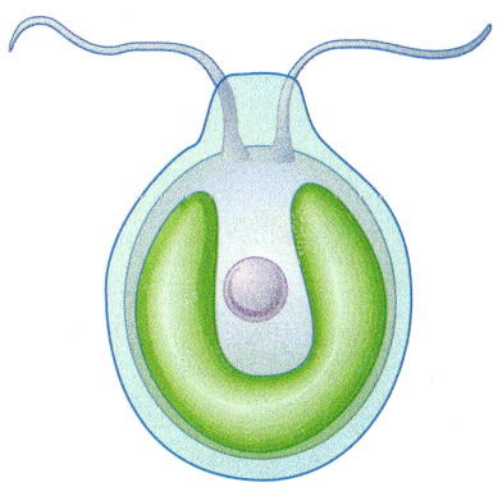

6 *Gonium, eine Grünalge*

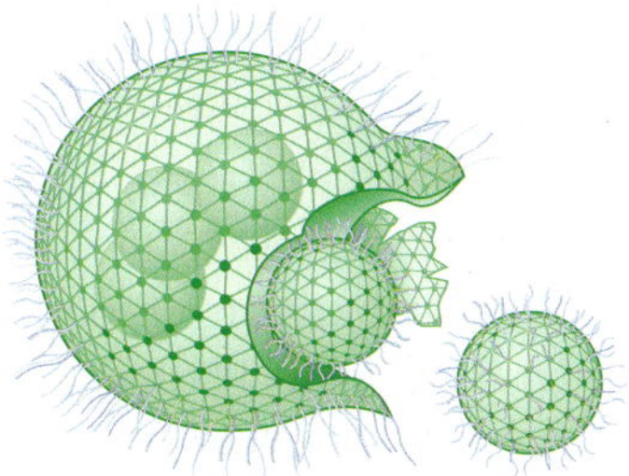

7 *Volvox, mit Tochterkolonien*

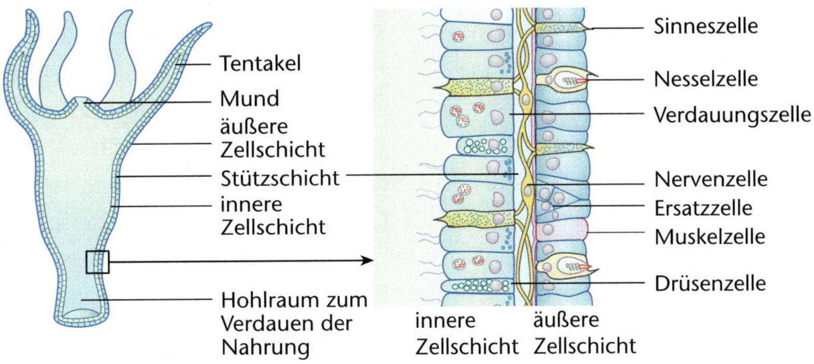

Die Begrenzung des Süßwasserpolypen bilden zwei Zellschichten. Nesselzellen in der äußeren Zellschicht sondern ein Gift ab, mit dem Beutetiere betäubt werden. Die Nahrung wird durch eine Körperöffnung, den Mund, in den hohlen Innenraum aufgenommen. Drüsenzellen und Fresszellen der inneren Zellschicht geben Verdauungsstoffe in den Hohlraum ab, durch die die Nahrung vorverdaut wird, bevor die Verdauungszellen diese aufnehmen und zu Ende verdauen. Von spezialisierten Zellen werden männliche und weibliche Keimzellen gebildet. Auch eine ungeschlechtliche Vermehrung ist möglich. Dazu bilden Zellen der inneren und äußeren Zellschicht Knospen, aus denen sich neue Süßwasserpolypen entwickeln (Abb. 3).

8 *Süßwasserpolyp*

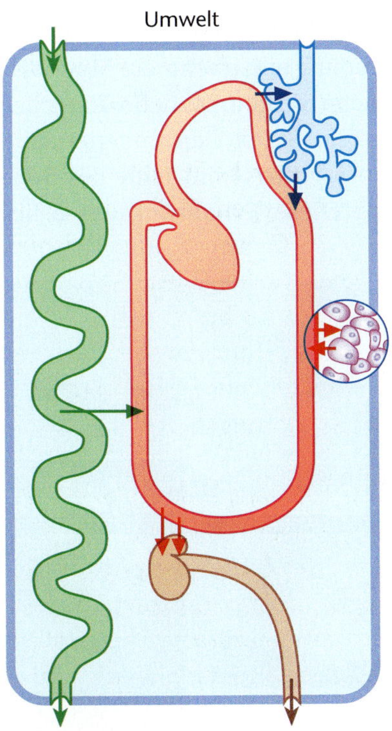

9 *Vielzeller*

1 Vom Einzeller zum Vielzeller. Die in Abbildung 4 bis 8 abgebildeten Lebewesen stehen für unterschiedliche Stadien in der Entwicklung der Vielzelligkeit. Bringe die Entwicklungsstadien in eine sinnvolle zeitliche Reihenfolge und erläutere, inwiefern sich diese Stadien grundsätzlich unterscheiden.

2 Zusammenarbeit der Organe bei einem Vielzeller. Benenne die verschiedenen Organe des erfundenen Vielzellers in Abbildung 9. Gib an, welche Aufgabe sie vermutlich haben. Erläutere, auf welche Weise die Organe zusammenarbeiten.

1.6 Die Reiche der Lebewesen

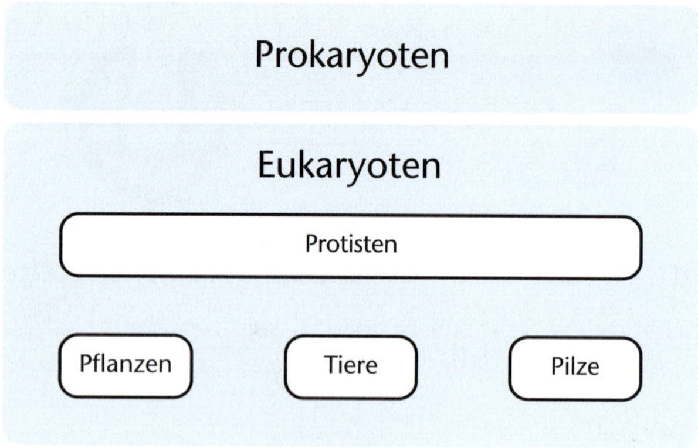

1 *Ordnungssystem für Lebewesen*

Eine Disziplin der Biologie, die Systematik, bemüht sich darum, die Vielfalt der Lebewesen zu ordnen. Dafür werden vor allem der Stoffwechsel, der Aufbau der Zellen, die Zellinhaltsstoffe und die Fortpflanzungsweise der Lebewesen verglichen. Außerdem wird die Entstehung der unterschiedlichen Arten im Verlauf der Stammesgeschichte berücksichtigt. Ein unter vielen Wissenschaftlern anerkanntes Ordnungssystem ist in Abbildung 1 dargestellt.

Prokaryoten sind Bakterien (Abb. 2). Bakterien sind sehr klein und bestehen nur aus einer einfach gebauten Zelle. Die Zelle besitzt keinen Zellkern. Prokaryoten waren die ersten Lebewesen, und sie besiedelten die Erde in den ersten zwei Milliarden Jahren alleine. Bakterien eroberten praktisch jeden Lebensraum der Erde. An extremen Standorten, die für andere Lebewesen zu heiß, zu sauer oder zu salzhaltig sind, kommen auch heute noch Bakterien als einzige Lebewesen vor.

Eukaryoten: Alle übrigen Organismen besitzen Zellen, die Zellkerne aufweisen. Man bezeichnet diese Organismen zusammenfassend als Eukaryoten. Eukaryotische Zellen sind viel größer als Bakterienzellen. Sie enthalten zahlreiche Zellorganellen, die besondere Aufgaben im Stoffwechsel der Zellen übernehmen. Zu ihnen gehören zum Beispiel die Mitochondrien, in denen die Zellatmung stattfindet. In grünen Pflanzenzellen finden sich als Zellorganellen auch die Chloroplasten, die bedeutsam für die Fotosynthese sind. Die Eukaryoten werden in vier Gruppen unterteilt:

Protista: Zur Gruppe der Protista werden alle einzelligen Organismen gezählt, die einen Zellkern besitzen. Es handelt sich um eine sehr vielfältige Gruppe (Abb. 3). Einzeller, die keine Chloroplasten besitzen, sind darauf angewiesen, Nährstoffe aus ihrer Umgebung aufzunehmen. Man sagt, sie ernähren sich heterotroph. Manche Einzeller besitzen Chloroplasten. Sie stellen energiereiche Nährstoffe durch Fotosynthese mit Hilfe des Sonnenlichts selbst her. Diese Ernährungsweise be-

2 *Bakterien a) Kolibakterien leben im Darm*

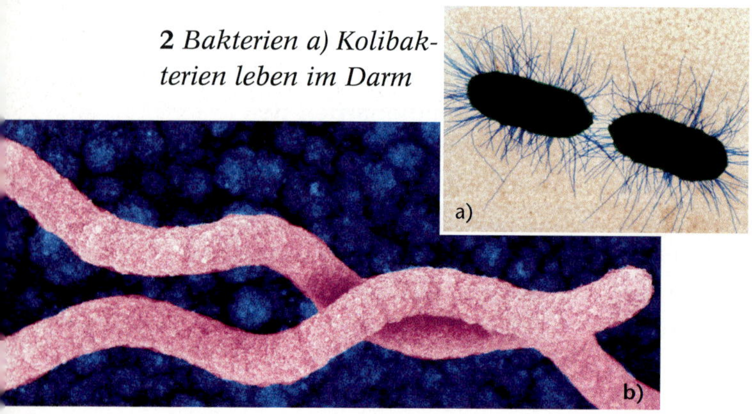

b) Helicobacter pylori ist der Erreger der Magenschleimhautentzündung

3 *Einzeller a) Pantoffeltierchen, b) Amöbe, c) einzellige Alge*

zeichnet man als autotroph. Viele Einzeller können sich selbstständig fortbewegen: Amöben mit Scheinfüßchen, Pantoffeltierchen mit Wimpern und viele einzellige Algen mit Geißeln.

Pflanzen sind vielzellige Eukaryoten. Pflanzenzellen haben stabile Zellwände, grüne Pflanzenzellen enthalten Chloroplasten. Pflanzen ernähren sich autotroph. Sie stellen im Sonnenlicht energiereiche organische Stoffe durch Fotosynthese selbst her. Pflanzen stammen von einzelligen Grünalgen ab. Weil es viele Übereinstimmungen im Aufbau der Zellen und im Stoffwechsel gibt, ordnen manche Systematiker einzellige Grünalgen dem Reich der Pflanzen zu.

Pilze ernähren sich heterotroph. Sie nehmen energiereiches organisches Material aus ihrer Umgebung auf. Heterotrophe Organismen gewinnen Energie durch Abbau organischer Stoffe. Ist genügend Sauerstoff verfügbar, kann die Zellatmung ablaufen. Dann entstehen Kohlenstoffdioxid und Wasser als Endprodukte. Dieser Abbau kann auch ohne die Anwesenheit von Sauerstoff ablaufen. Dann spricht man von einem Gärungsprozess. Im Gegensatz zu Tieren erfolgt die Nahrungsaufnahme bei Pilzen über die Körperoberfläche, zum Beispiel über das Pilzgeflecht im Boden. Pilze geben Enzyme nach außen ab. Diese Enzyme zerlegen Nahrungspartikel in kleine Moleküle, die dann über die Pilzoberfläche aufgenommen werden. Viele Pilze ernähren sich auf diese Weise von abgestorbenem Material, zum Beispiel von totem Holz oder Blättern.

Tiere sind vielzellige Organismen. Tierzellen haben im Unterschied zu Pflanzenzellen keine Chloroplasten. Tiere ernähren sich wie Pilze heterotroph. Sie nehmen ihre Nahrung jedoch durch spezialisierte Körperöffnungen auf und verdauen sie in der Regel in Verdauungsorganen im Körperinneren. Die lebensnotwendige Energie wird vor allem durch Zellatmung bereitgestellt.

4 *Pflanzen: Eiche*

5 *Pilze a) Fliegenpilz, b) Schleimpilz, mikroskopisch*

6 *Tiere: Rotwild und Haselmaus*

Eine Mindmap erstellen

Wenn du ein Referat über das Thema „Die Reiche der Lebewesen“ vorbereitest, hilft dir eine Mindmap, dein Wissen und deine Gedanken zu gliedern. Eine Mindmap erstellt man in sechs Schritten:

1. Schritt
Nimm ein Blatt Papier und schreibe alle Begriffe auf, die dir zu deinem Thema einfallen. Du kannst die Stichpunkte auch aus einem Buch oder anderem Material entnehmen.

Die Reiche der Lebewesen
Pflanzen
Tiere
Zellkern
Pilze
Bakterien
Zellwände
Chloroplasten
...

2. Schritt
Suche zu deinen Begriffen passende Oberbegriffe.

Die Reiche der Lebewesen
Prokaryoten
* Bakterien

Eukaryoten
* haben einen Zellkern

Pflanzen | Tiere | Pilze

3. Schritt
Nimm ein zweites Blatt und schreibe dein Thema in die Mitte. Zeichne ein Oval um das Thema herum.

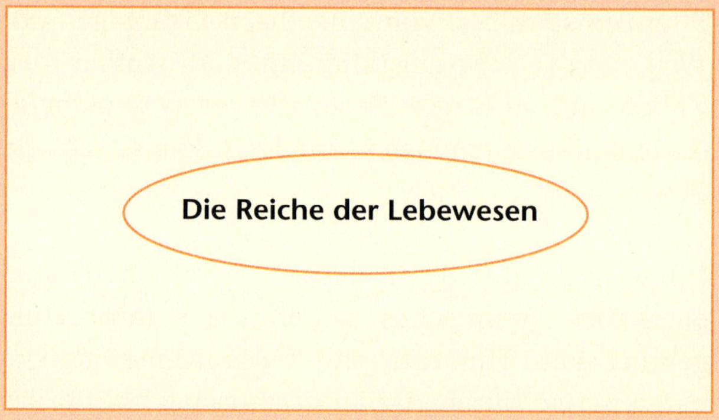

4. Schritt
Zeichne ausgehend vom Oval in der Mitte so viele Hauptäste (rote Linien) auf dein Blatt, wie du Oberbegriffe gefunden hast. Schreibe dann an jeden Hauptast den Oberbegriff.

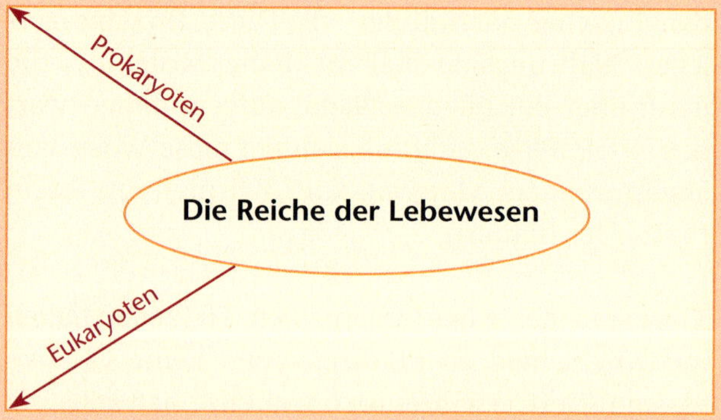

5. Schritt

Ordne deine Begriffe vom ersten Blatt den einzelnen Hauptästen zu. Dazu lässt du vom Hauptast einen Nebenast in einer anderen Farbe (blaue Linien) abzweigen. Schreibe die Begriffe auf die Nebenäste.

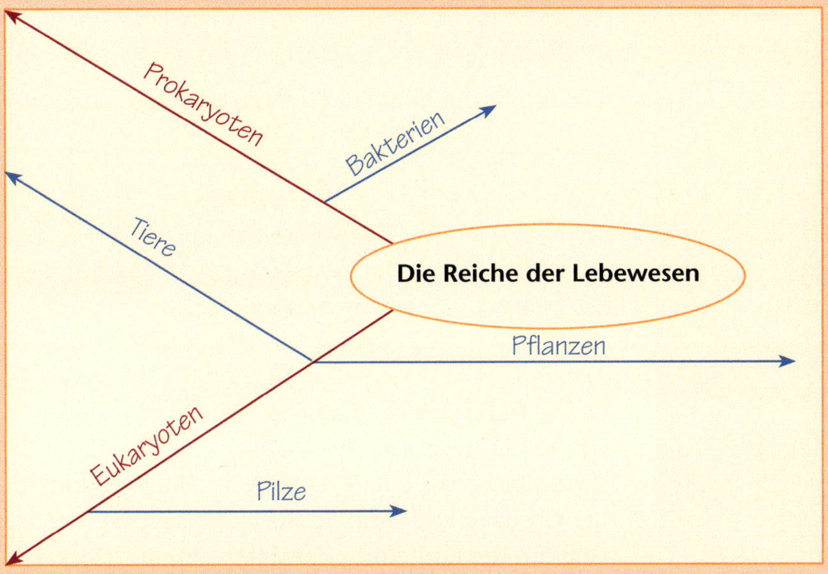

6. Schritt

Du kannst die Mindmap weiter untergliedern, indem du von den Nebenästen weitere Nebenäste wieder in einer anderen Farbe abzweigen lässt. Auch an diese Nebenäste werden die passenden Begriffe geschrieben.

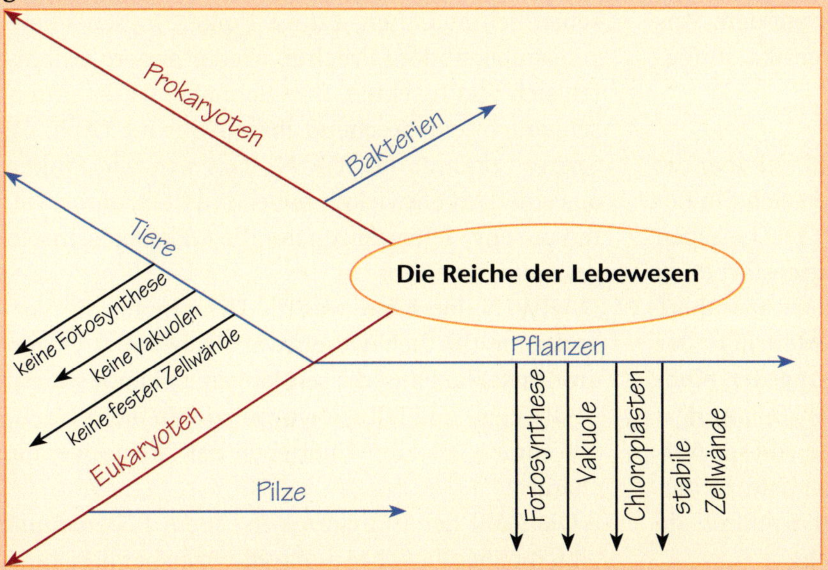

1.7 Darwin

1 *Charles Darwin (1809–1882) im Jahre 1840*

CHARLES DARWIN wurde 1809 geboren. Sein Vater war Arzt und überredete ihn zum Medizinstudium. Als der erst 16-jährige Charles jedoch sah, wie Patienten ohne Betäubung operiert wurden, verlor er die Lust auf den Arztberuf. Sein Vater ließ ihn daraufhin Theologie studieren. Nach dem Abschluss des Theologiestudiums erhielt DARWIN 1831 das Angebot, als Naturforscher auf dem Vermessungsschiff Beagle nach Südamerika mitzureisen (Abb. 2).

Während der Überfahrt las DARWIN viel über die **Abstammungstheorie.** Danach haben sich die Lebewesen im Laufe der Zeit verändert. Die heutigen Tiere und Pflanzen stammen von ausgestorbenen Formen ab, die zum Teil völlig anders aussahen. Zur Zeit DARWINs glaubte die Mehrheit der Menschen an die wörtliche Auslegung der biblischen Schöpfungsgeschichte. Die Abstammungstheorie stand in völligem Gegensatz zu dieser Auffassung. Die Abstammungstheorie machte zu dieser Zeit noch keine Aussagen darüber, wodurch die Veränderung der Lebewesen geschieht.

2 *Die Reise mit der Beagle 1832–1834*

In Südamerika leitete DARWIN einige Exkursionen in das Landesinnere. Er war fasziniert von der Vielfalt der einheimischen Pflanzen und Tiere. Bei Ausgrabungen entdeckte er Skelette riesiger Säugetiere, die auffällige Ähnlichkeiten mit heute lebenden kleineren Arten zeigten. Dies war für DARWIN eine erste Bestätigung der Abstammungstheorie. Ein weiteres Indiz fand DARWIN auf den Galápagos-Inseln, die weit entfernt vom südamerikanischen Festland liegen. Hier lebten vierzehn verschiedene Finkenarten, die sehr unterschiedlich aussahen. Einige Finken fraßen Pflanzensamen, andere Früchte, wieder andere ernährten sich von Insekten. Ihre Schnäbel waren unterschiedlich, entsprechend ihrer Nahrung (Abb. 3). Später erkannte DARWIN, dass sich alle Finken aus einer Art entwickelt haben mussten, deren Tiere vor sehr vielen Jahren auf die Galápagos-Inseln gekommen waren.

DARWIN überlegte, was die Ursache für die Veränderung der Lebewesen war. Dabei ging er von drei Tatsachen aus, die seit langem bekannt waren:

- Alle Tiere und Pflanzen produzieren mehr Nachkommen, als zum Überleben der Art notwendig sind.
- Die Zahl der Individuen in einem Lebensraum bleibt über die Jahre mehr oder weniger konstant.

- Die natürlichen Ressourcen wie Nahrung, Wasser und Raum sind begrenzt.

Aus diesen drei Tatsachen folgerte DARWIN, dass eine Konkurrenz zwischen den Individuen um die begrenzten Ressourcen stattfindet. Er stellte sich die Frage, welche Individuen diese Auseinandersetzung um die Ressourcen gewinnen. Hier waren DARWIN zwei weitere Tatsachen hilfreich, die aus der Tier- und Pflanzenzucht bekannt waren (Abb. 4):

- Innerhalb einer Tier- oder Pflanzenart unterscheiden sich die Individuen mehr oder weniger.
- Viele Eigenschaften eines Individuums werden auf die Nachkommen vererbt.

DARWIN zog nun weitere Schlussfolgerungen: Diejenigen Individuen, die am besten an die Umwelt angepasst sind, haben Vorteile in der Auseinandersetzung um die Ressourcen. Das heißt, sie können mehr Nachkommen großziehen als die weniger gut angepassten Tiere. DARWIN glaubte, dass ihre vorteilhaften Merkmale daher in der nächsten Generation häufiger auftreten. Im Laufe der Zeit findet so eine Anpassung der Lebewesen an ihre Umwelt statt. DARWIN bezeichnete seine Theorie als **„Theorie der natürlichen Auslese".**
DARWIN zögerte mit der Veröffentlichung seiner Ergebnisse, weil sie in Widerspruch zum Schöpfungsglauben standen. Er hatte Angst, als Ketzer dazustehen. Sein Buch „On The Origin of Species" erschien erst 1859. Die Erstauflage war noch am Tage des Erscheinens ausverkauft.

Von Anfang an hatte DARWIN viele berühmte Anhänger, aber auch viele Gegner. Er stellte nicht nur die wörtliche Auslegung der biblischen Schöpfungsgeschichte in Frage, sondern behauptete außerdem, dass Menschen und Affen von gemeinsamen Vorfahren abstammen. Damit verlor der Mensch seine Stellung als „Krone der Schöpfung", die er bisher innehatte.

3 *Vier verschiedenartige Darwin-Finken der Galápagos-Inseln*

Zu Beginn des 20. Jahrhunderts begann man die Vererbung zu verstehen. DARWINs Vermutung, dass bestimmte Eigenschaften und Merkmale auf die Nachkommen vererbt werden, wurde bestätigt. Auch Erkenntnisse aus der Molekulargenetik, der Ökologie, der Verhaltensforschung und weiterer Gebiete der Biologie flossen im 20. Jahrhundert in die Theorie der natürlichen Auslese ein und erweiterten sie zur **Evolutionstheorie,** wie sie heute allgemein anerkannt ist.

4 *Felsentaube und drei der aus ihr gezüchteten Rassen*

1.8 Homologie und Analogie

1 *Maulwurfsgrille*

2 *Maulwurf*

Die Ähnlichkeit zwischen Maulwurf und Maulwurfsgrille ist verblüffend (Abb. 1, 2). Beide Tiere haben eine spitze Schnauze, die mit empfindlichen Sinnesorganen ausgestattet ist, einen gedrungenen Körper, und statt normaler Vorderbeine haben sie mächtige Grabschaufeln. Trotz dieser Ähnlichkeiten sind Maulwurf und Maulwurfsgrille nicht näher miteinander verwandt. Die Ähnlichkeiten sind das Ergebnis der Angepasstheit an ähnliche Umweltfaktoren. Beide Tiere leben im Boden und graben mit ihren Grabschaufeln Gänge. Solche Ähnlichkeiten aufgrund von Angepasstheiten werden auch als **Analogien** bezeichnet. Diese sind das Ergebnis einer gleichgerichteten, konvergenten Entwicklung.

Die Vorderextremitäten der Wirbeltiere ähneln sich in ihrem Aufbau (Abb. 3). Auf den Oberarmknochen folgen zwei Unterarmknochen, mehrere Handwurzelknochen, vier oder fünf Mittelhandknochen und schließlich vier oder fünf Fingerknochen. Hier handelt es sich nicht um Angepasstheiten, sondern um Übereinstimmungen aufgrund gemeinsamer Erbinformation. Solche Übereinstimmungen im Aufbau bezeichnet man als **Homologien.** Homologe Merkmale zweier oder mehrerer Arten gehen auf gemeinsame Vorfahren zurück. Oft sind Homologien schwer zu erkennen, weil die Organe im Laufe der Evolution ihre Funktion und damit ihr Aussehen gewechselt haben. Aus den Vorderfüßen der ersten Wirbeltiere sind die Flossen der Wale, die Flügel der Vögel und die Grabschaufeln der Maulwürfe hervorgegangen.

Die äußerlichen Unterschiede bei den Extremitäten kommen dadurch zustande, dass die Tiere im Laufe der Evolution verschiedene Lebensräume besiedelt haben. Es kam zu Angepasstheiten an die jeweilige Umwelt der Tiere. Dabei ist jedoch der ursprüngliche Bauplan erhalten geblieben. Homologe Merkmale können zum Aufstellen von Stammbäumen herangezogen werden.

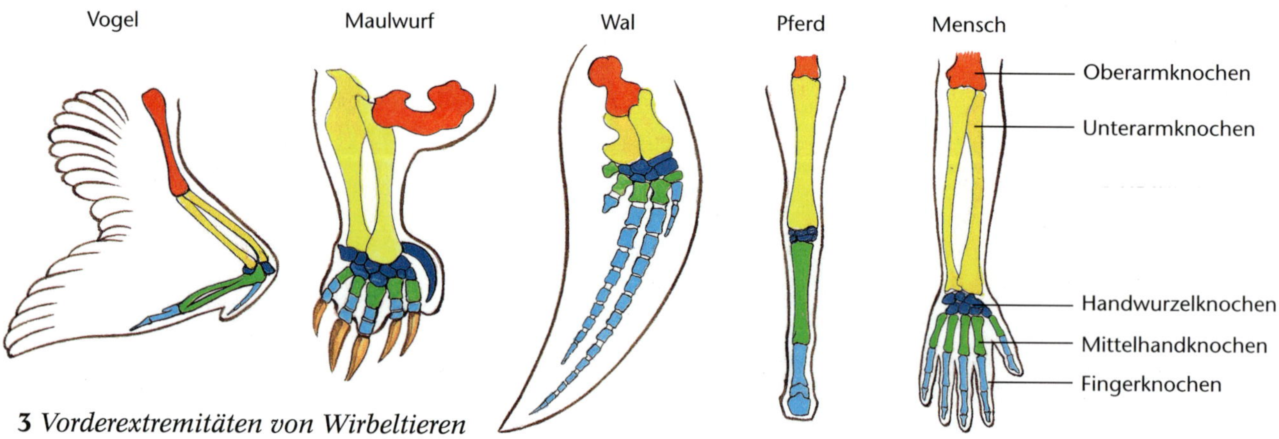

3 *Vorderextremitäten von Wirbeltieren*

4 *Wolfsmilchgewächs*

5 *Kaktus*

1 Analogie und Homologie. Erarbeite anhand des Grundwissentextes Definitionen für analoge und homologe Merkmale. Wende diese Definitionen auf die Abbildungen 1 bis 3 an.

2 Kaktus und Wolfsmilchgewächs. In Trockengebieten Afrikas findet man Wolfsmilchgewächse (Abb. 4). Im Mark ihrer stark verdickten Sprossachse können sie Wasser speichern, und ihre Blätter sind zu Stacheln umgeformt, durch die kaum noch Wasser verdunstet, da ihre Oberfläche sehr klein ist.
In südamerikanischen Trockengebieten findet man dagegen viele Arten der Kakteen, die ebenfalls gut an ihren Standort angepasst sind (Abb. 5). Sie speichern Wasser, allerdings nicht im Mark, sondern in der Rinde der Sprossachse.
a) Handelt es sich bei den Ähnlichkeiten zwischen Kakteen und Wolfsmilchgewächsen um eine Analogie oder um eine Homologie? Begründe deine Entscheidung.
b) Stelle eine Hypothese auf, wie es zu dieser Analogie bzw. Homologie gekommen sein könnte.

3 Schuppen und Zähne. Die Hautschuppen eines Hais und die Zähne eines Säugetiers befinden sich an verschiedenen Stellen des Körpers und haben auf den ersten Blick überhaupt keine Ähnlichkeit (Abb. 6). Dennoch haben Wissenschaftler herausgefunden, dass hier eine Homologie vorliegt. Aufgrund welcher Tatsachen sind die Wissenschaftler wohl zu diesem Schluss gekommen?

4 Stacheln und Dornen. Die Abbildung 7 zeigt einen Dorn des Weißdorns und einen Stachel der Rose. Begründe, ob es sich bei Stacheln und Dornen um analoge oder homologe Organe handelt.

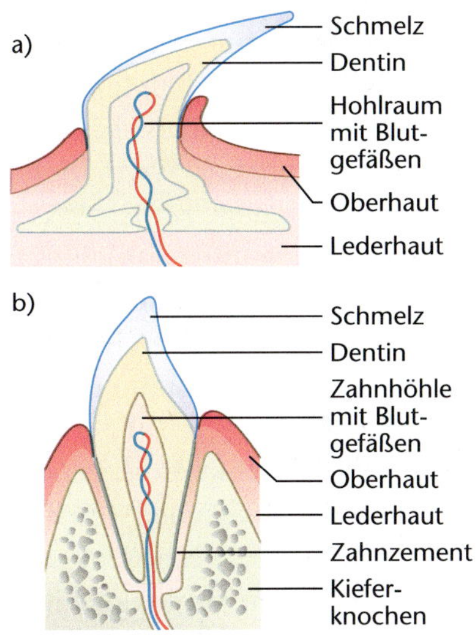

6 *Hautschuppe eines Hais und Zahn eines Säugetiers*

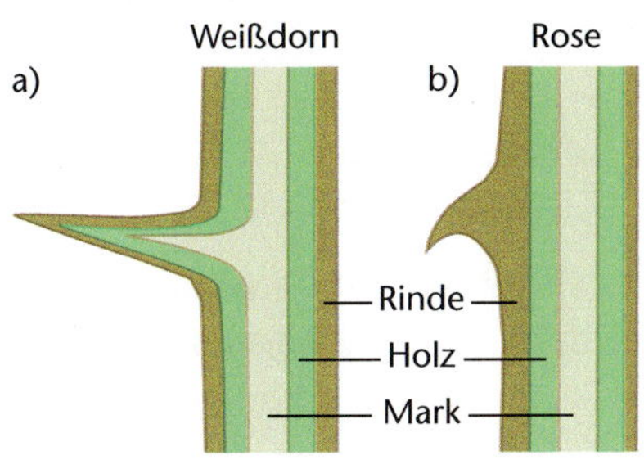

7 *a) Dorn und b) Stachel*

1.9 Genetische Variabilität und natürliche Auslese

1 *Genetische Variabilität bei Schnirkelschnecken*

2 *Einige Varianten des Zweipunkt-Marienkäfers*

Alle Schnecken in der Abbildung 1 wurden in demselben Gebiet eingesammelt; sie gehören zur gleichen **Population.** Darunter versteht man eine Gruppe von Individuen derselben Art, die in einem bestimmten Gebiet zusammenleben und sich untereinander fortpflanzen können. Die Individuen einer Population sehen nicht alle gleich aus, sondern sie unterscheiden sich in bestimmten Merkmalen voneinander. Wenn diese Unterschiede auf Erbinformationen zurückzuführen sind, spricht man von genetischer Vielfalt oder **genetischer Variabilität.** Genetische Variabilität hat zwei verschiedene Ursachen: Neukombination der Erbinformationen und Mutation.

Unter **Neukombination** versteht man das Vermischen der elterlichen Erbinformation während der Bildung der Geschlechtszellen und bei der Befruchtung. Neue Merkmale entstehen dabei nicht, aber vorhandene Merkmale der Eltern werden in den Nachkommen neu kombiniert. **Mutationen** sind nicht zielgerichtete Veränderungen der Erbinformation, die zur Ausbildung neuer Merkmale führen können. Oft sind Mutationen nachteilig für das betreffende Lebewesen. Manchmal können Mutationen aber auch vorteilhaft sein. Man nennt die Merkmale und Verhaltensweisen, die in der Auseinandersetzung mit der Umwelt vorteilhaft sind, **Angepasstheiten.** Lebewesen mit vorteilhaften Merkmalen haben eine höhere Wahrscheinlichkeit, sich fortzupflanzen und ihre Erbinformationen an die Nachkommen weiterzugeben als Lebewesen mit weniger vorteilhaften Merkmalen. Man spricht von einer **natürlichen Auslese** oder **Selektion.**

Ein Beispiel für das Zusammenwirken von genetischer Variabilität und natürlicher Auslese ist der Zweipunkt-Marienkäfer. Von ihm gibt es über 80 genetisch bedingte Varianten mit roter Grundfarbe und dunklen Punkten auf den Flügeldecken und mit schwarzer Grundfarbe und roten Punkten (Abb. 2). Wie alle Insekten sind diese Käfer wechselwarm. Allerdings kann Lichtabsorption ihre Körpertemperatur beeinflussen, weil dabei Licht zum Teil in Wärme umgewandelt wird. In Versuchen mit 18 Grad Celsius Umgebungstemperatur stieg durch Beleuchtung die Körpertemperatur der schwarzen Käfer auf 23,5 Grad Celsius, die der roten Käfer nur auf 21 Grad Celsius. Da mit erhöhter Körpertemperatur die Stoffwechselaktivität steigt, benötigen schwarze Zweipunkt-Marienkäfer mehr Nahrung. Während der Winterstarre nimmt die Körpertemperatur ab und die Käfer zehren von ihren Fettreserven. Wegen ihrer etwas erhöhten Stoffwechselaktivität, drohen die schwarzen Käfer eher zu verhungern als die roten. Daher findet man im Frühjahr überwiegend rote Zweipunkt-Marienkäfer (Abb. 3). Aufgrund ihrer höheren Stoffwechselaktivität haben die schwarzen Käfer bei sommerlicher Wärme eine höhere Fortpflanzungsrate (Abb. 4). Durch natürliche Auslese werden im Winter die roten Käfer begünstigt, im Sommer die schwarzen. Über ein Jahr betrachtet ist dadurch der Fortpflanzungserfolg größer, als wenn es nur schwarze oder nur rote Zweipunkt-Marienkäfer gäbe.

1 Natürliche Auslese beim Zweipunkt-Marienkäfer.
a) Erläutere die Abbildung 3. Benutze dabei die Angaben in Abbildung 4 und im Grundwissen-Text.
b) Begründe unter Bezug auf Abbildung 4, dass der gesamte jährliche Fortpflanzungserfolg von schwarzen und roten Varianten zusammen größer ist als wenn es nur schwarze oder nur rote Varianten gäbe.
c) Überprüfe, ob die folgende Aussage richtig oder falsch ist: „Ohne die roten Zweipunkt-Marienkäfer mit der niedrigeren Stoffwechselaktivität wäre diese Art vom Aussterben bedroht".

2 Kohlzüchtung. Abbildung 5 zeigt Kohlsorten die der Mensch durch künstliche Auslese gezüchtet hat. Vergleiche die künstliche Auslese mit der natürlichen Auslese.

3 Modellversuch zur Selektion. Schneidet 50 rote und 50 grüne Trinkhalme jeweils in drei etwa gleich lange Stücke. Diese Stücke stellen „Insekten" dar. Mehrere Schüler sind Fressfeinde der Insekten, zum Beispiel Singvögel. Verteilt auf einer etwa 15 x 15 m großen Rasenfläche je 100 rote und grüne Trinkhalmstückchen. Fünf „Singvögel" sollen innerhalb von 30 Sekunden möglichst viele „Insekten" aufsammeln.
Zählt die gesammelten Stücke nach Rot und Grün getrennt aus. Bewertet das Ergebnis. Welche Entsprechungen gibt es zwischen Modellversuch und natürlicher Auslese in der Natur? Welche Bedingungen sind im Modellversuch vereinfacht worden? Plant eine Verbesserung des Versuchs, bei dem auch die Fortpflanzung der unterschiedlich angepassten „Insekten" eine Rolle spielt.

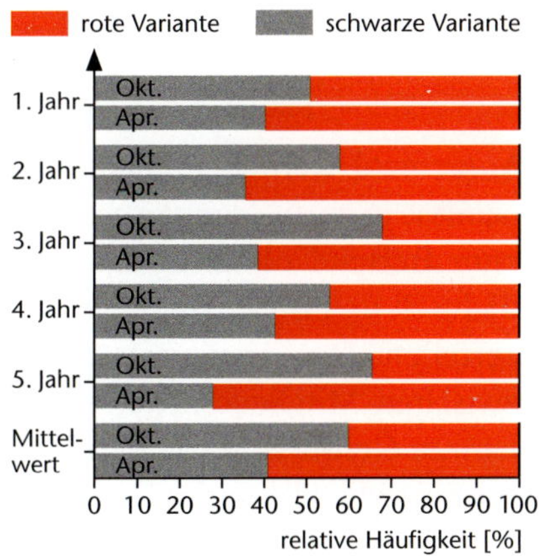

3 Häufigkeit der roten und schwarzen Varianten im Frühjahr und Herbst

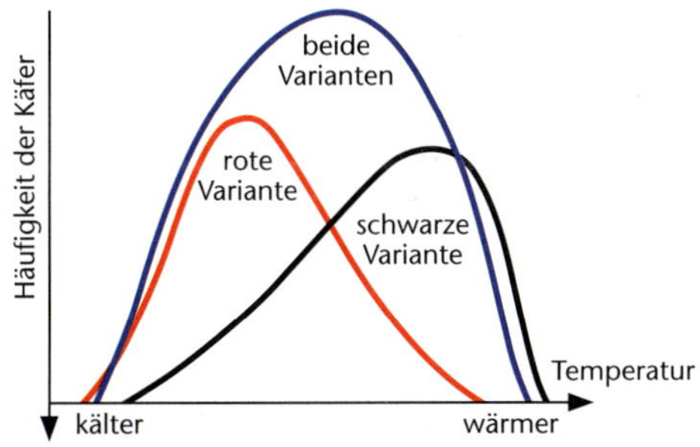

4 Fortpflanzungserfolg der roten und schwarzen Varianten bei verschiedenen Temperaturen

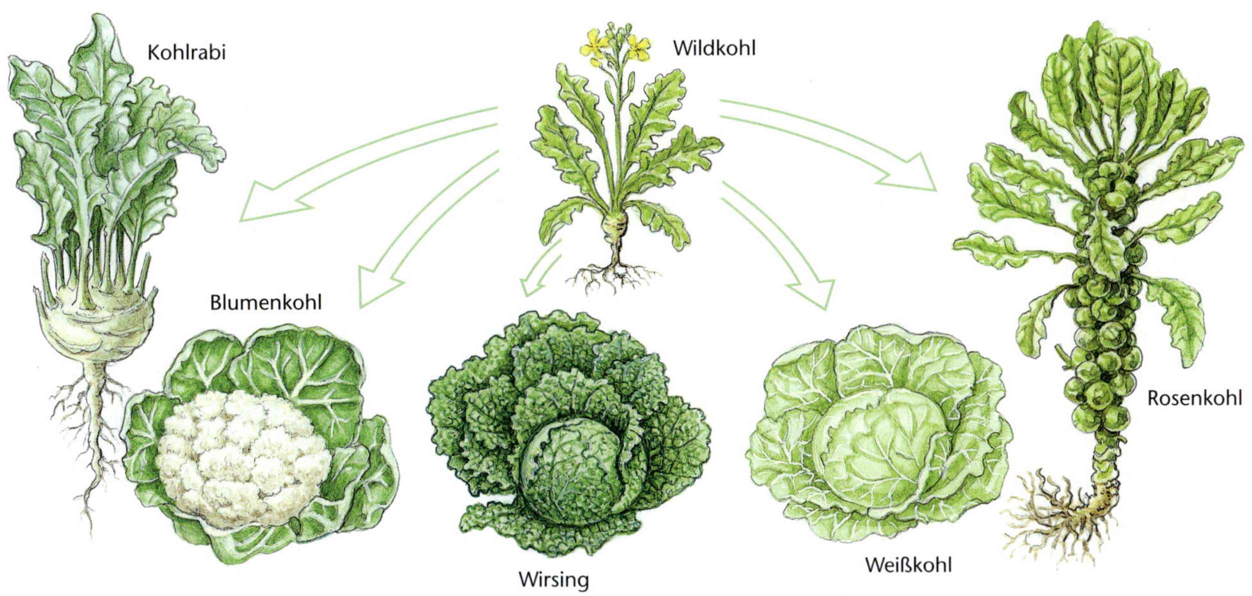

5 Züchtung verschiedener Kohlsorten durch künstliche Auslese

1.10 Artbildung

Manchmal werden Populationen durch Naturereignisse in zwei Gruppen gespalten. Ein Fluss kann zum Beispiel plötzlich seinen Lauf ändern und dadurch den Lebensraum einer Kaninchengruppe zerteilen. Der Austausch von Erbinformationen zwischen Mitgliedern der Population, der so genannte **Genfluss,** ist dann unterbrochen. Eine solche Unterbrechung des Genflusses bezeichnet man als **Separation.** Die Separation ist der erste Schritt bei der Artbildung, der Entstehung neuer Tier- oder Pflanzenarten.

Wenn in einer Population eine vorteilhafte Mutation auftritt, so kann sie sich nur innerhalb dieser Population ausbreiten. Selbst bei gleichen Umweltbedingungen entwickeln sich daher getrennte Populationen langsam auseinander. Wesentlich schneller verläuft die Auseinanderentwicklung, wenn die beiden Populationen unterschiedlichen Umweltbedingungen ausgesetzt sind. Da die Umweltbedingungen die Richtung der Evolution durch die natürliche Auslese steuern, verläuft die Evolution der beiden Populationen unterschiedlich.

Am Anfang sind sich die Individuen der beiden Populationen noch recht ähnlich. Sie könnten sich noch paaren und fruchtbare Nachkommen hervorbringen, wenn sie nicht getrennt wären. Die Tiere gehören also noch der gleichen Art an (Abb. 1). Je länger die Separation andauert, desto mehr Mutationen treten auf, die das Aussehen und das Verhalten der Tiere verändern. Die Mutationen können sich in den Populationen ausbreiten, wenn sie nicht nachteilig sind. Einige der Mutationen verhindern die Fortpflanzung zwischen Tieren der beiden Populationen. Man sagt, Lebewesen, die sich nicht miteinander fortpflanzen können, sind voneinander isoliert. Alle Faktoren, die dazu führen, fasst man unter dem Begriff **Isolationsmechanismen** zusammen. Weibchen der einen Population finden zum Beispiel Männchen der anderen Population nicht mehr attraktiv, weil diese ein anderes Balzverhalten entwickelt haben, oder die Tiere der einen Population sind nachtaktiv, die der anderen dagegen tagaktiv. Selbst wenn nach langer Zeit die für die Separation verantwortlichen Faktoren wegfallen, verhindern jetzt die entstandenen Isolationsmechanismen einen Genfluss zwischen beiden Populationen. Aus den beiden Populationen der einen Art sind zwei neue Arten entstanden. Es hat eine **Artaufspaltung** stattgefunden. So entstehen immer wieder neue Arten, es sterben allerdings auch Arten aus, wenn sie nicht so gut wie ihre Konkurrenten an die Umweltbedingungen angepasst sind. Heute sind es meist durch den Menschen verursachte Umweltveränderungen, die für das Aussterben von Arten verantwortlich sind.

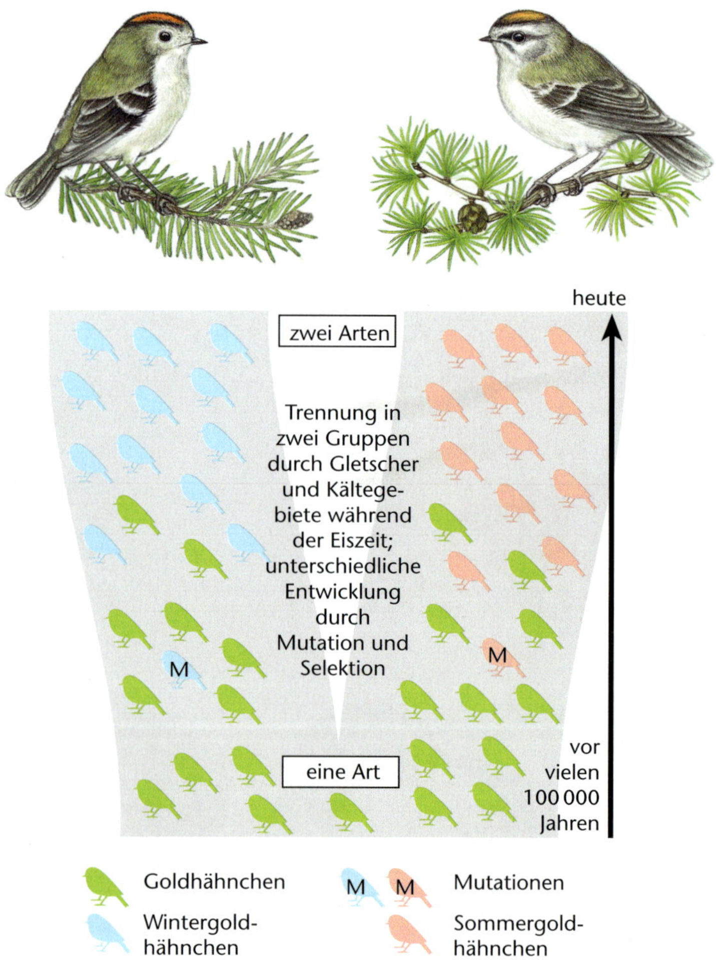

1 *Artbildung am Beispiel der Goldhähnchen*

2 *Erdhörnchenart vom Süd- bzw. vom Nordrand des Grand Canyon*

1 Grundbegriffe. Erläutere die Begriffe Population, Mutation, genetische Variabilität, Selektion, Angepasstheit, Separation, Isolationsmechanismus, Artbildung und Artaufspaltung an selbst gewählten Beispielen dieser Doppelseite.

2 Goldhähnchen. Beschreibe anhand der Abbildung 1 die Artbildung bei Winter- und Sommergoldhähnchen.

3 Erdhörnchen. Zwei Erdhörnchenarten bewohnen die gegenüberliegenden Ränder des Grand Canyon in den USA (Abb. 2). Die eine Art lebt am Südrand, die andere Art am Nordrand.
Die Art, die am Nordrand lebt, ist etwas kleiner als die Südrand-Art und hat einen Schwanz mit auffälliger weißer Unterseite. Dagegen haben sich Vögel, die auf beiden Seiten des Grand Canyon leben, nicht in unterschiedliche Arten aufgespalten.
a) Erläutere, wie es zur Artaufspaltung bei den Erdhörnchen gekommen sein könnte.
b) Warum kam es bei den Vögeln nicht zu einer vergleichbaren Artaufspaltung?

4 Vogelevolution. Beschreibe anhand der Abbildung 3 die Evolution der abgebildeten Vögel. Rabenkrähe und Nebelkrähe haben im Überschneidungsgebiet fruchtbare Nachkommen untereinander.

3 *Vorkommen von Grauspecht (links) und Grünspecht sowie von Rabenkrähe (links) und Nebelkrähe*

1.11 Geschichte der Menschwerdung

1 *Rekonstruktion einer Gruppe Frühmenschen am Ufer eines Sees in Afrika vor 1,8 Millionen Jahren*

Man stellt sich die Entwicklung des Menschen heute folgendermaßen vor. Vor etwa sechs bis sieben Millionen Jahren lebten im tropischen Afrika die letzten gemeinsamen Vorfahren von heutigen Schimpansen und Menschen. Weil sich das Klima weltweit allmählich abkühlte, ging der tropische Regenwald zurück. Immer mehr Grasland mit kleinen Wäldern und Einzelbäumen entstand. Während die Vorfahren der Schimpansen Bewohner des tropischen Regenwaldes blieben, war die offene Baum-Savanne der Lebensraum der Vormenschen. Diese **Vormenschen** durchstreiften aufrecht gehend die Savanne in kleinen Gruppen auf der Suche nach pflanzlicher Nahrung und kleinen Tieren. Das Gehirnvolumen dieser Vormenschen entsprach etwa dem heute lebender Schimpansen. Vor ungefähr 2,4 bis 0,5 Millionen Jahren lebten die **Frühmenschen,** zunächst in Afrika, später auch in Asien und Europa. Zu den Frühmenschen gehört unter anderem Homo habilis; er lebte vor circa 2,4 bis 1,6 Millionen Jahren (Abb. 1). Außerdem zählt der Homo erectus zu den Frühmenschen; er lebte vor 1,8 bis 0,5 Millionen Jahren.

Vor allem in die Zeit des Homo erectus fallen Veränderungen, die für die Menschwerdung sehr bedeutungsvoll sind: Das Gehirnvolumen vergrößerte sich beträchtlich und damit auch die Intelligenz, das Lernvermögen und das Gedächtnis. Zum Aufbau eines großen Gehirns benötigt man viele Proteine. Die Gehirntätigkeiten selbst sind sehr energiebedürftig. Fleisch spielte eine größere Rolle in der Ernährung. Fleisch ist protein- und fettreich und daher energiereich. Neben das Sammeln von Nahrung trat die gemeinsame Jagd auf größere Tiere. Man spricht von der Lebensweise der Sammler und Jäger. Das Zusammenleben in den Gruppen der Frühmenschen wurde allmählich vielschichtiger. Die Gruppengröße nahm zu. Arbeitsteilung und Zusammenarbeit sowie gemeinsame vorausschauende Planungen waren für das Überleben vorteilhaft. Die Herstellung von Werkzeugen wurde in der Frühmenschenzeit vielfältiger. Die Phase der Kindheit verlängerte sich. Die Eltern kümmerten sich länger um ihre Kinder. Nur wenige Kinder konnten großgezogen werden, diese wurden jedoch intensiv betreut. In der Kindheit wird besonders viel gelernt, beim Spielen und durch Eltern, Geschwister und andere Gruppenmitglieder. Aus den Frühmenschen entwickelte sich in Afrika im Laufe von Hunderttausenden von Jahren der moderne Mensch, der **Jetztmensch,** Homo sapiens. Vor etwa 200 000 Jahren breitete er sich von Afrika über die ganze Erde aus. In Mitteleuropa trat er vor etwa 40 000 Jahren das erste Mal auf.

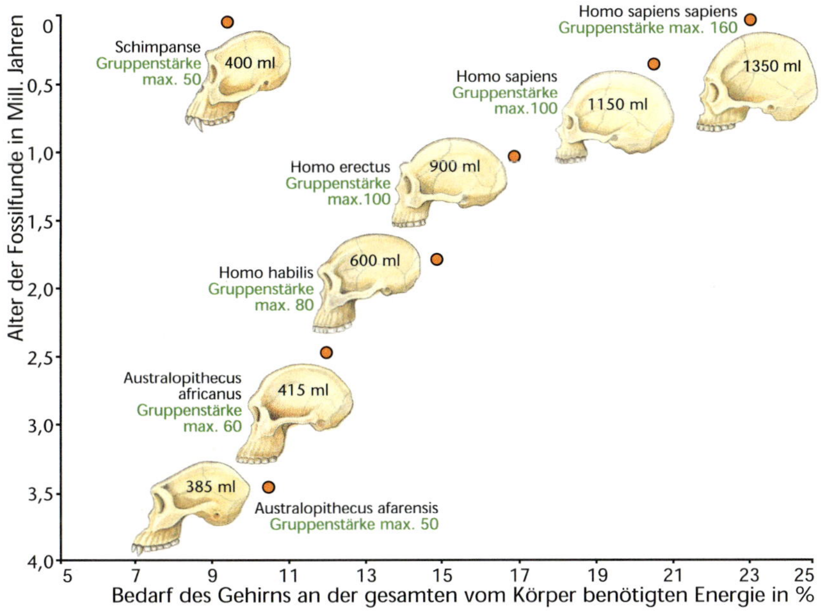

2 *Zusammenhang von Gehirnentwicklung, Gruppengröße und vom Gehirn benötigte Energie*

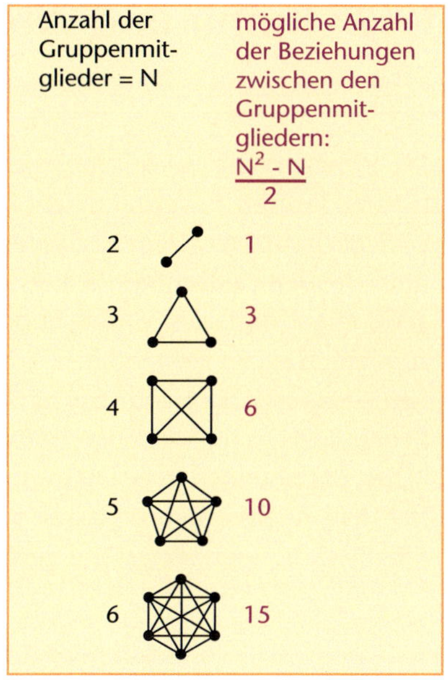

3 *Beziehungen zwischen Gruppenmitgliedern*

1 Leben der Frühmenschen.
a) Beschreibe Abbildung 1 zunächst in sachlicher Weise. Füge deiner Beschreibung dann Deutungen hinzu. Beachte dabei folgende Gesichtspunkte: Ernährungsweise, Lernvermögen, Werkzeugherstellung, Bedeutung der Kindheit, Anzahl der Nachkommen. Welche für das Überleben vorteilhaften Eigenschaften hatten diese Frühmenschen?
b) Nenne die fünf wichtigsten Sachverhalte, die ein Kind deiner Meinung nach bei den Frühmenschen lernen musste, um zu überleben.

2 Entwicklung des Gehirns. Beschreibe die in Abbildung 2 dargestellten Sachverhalte. Beschreibe Wechselwirkungen zwischen Gehirnentwicklung, verlängerter Kindheit, Lernvermögen, Werkzeuggebrauch sowie Ernährungsweise.

3 Soziale Wechselwirkungen. Abbildung 3 zeigt, dass die sozialen Wechselwirkungen mit der Anzahl der Gruppenmitglieder beträchtlich wuchs. Berechne mit Hilfe der Formel in Abbildung 3 die mögliche Anzahl der Wechselwirkungen zwischen Gruppenmitgliedern beim Jetztmenschen und seinen Vorfahren. Stelle Zusammenhänge zur Gehirnentwicklung her (Abb. 2).

4 Verschiedene Ansichten über die Menschwerdung. Im vergangenen Jahrhundert gab es verschiedene Ansichten über die Menschwerdung. Einig war man sich nur darin, dass Kultur, der Übergang zum Bodenleben, die Entwicklung des aufrechten Ganges und die Vergrößerung des Gehirns notwendige Schritte in der Menschwerdung waren. Gestritten wurde darüber, in welcher Reihenfolge diese Schritte auftraten (Abb. 4). Diskutiert darüber, welches der Modelle a bis d am ehesten zutrifft. Begründet eure Auswahl.

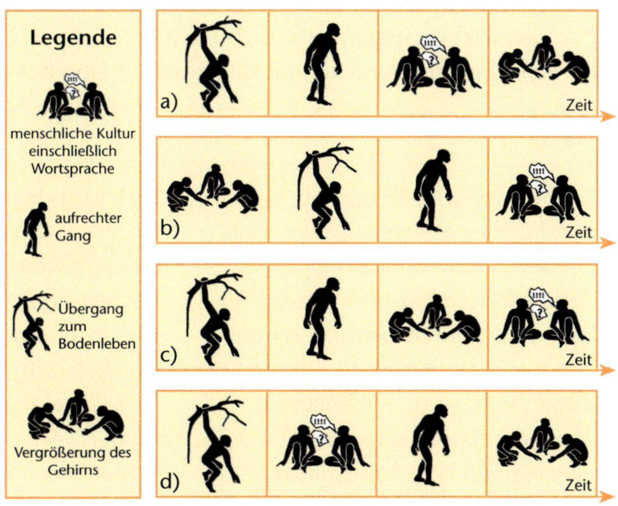

4 *Verschiedene Modelle der Menschwerdung*

1.12 Kultur und Wortsprache

Die Wortsprache. Allein Menschen sind in der Lage, sich mit Worten zu verständigen. Die Wortsprache ermöglicht es Menschen zusammen mit dem umfassenden Gedächtnis, sich über Vergangenes, Zukünftiges und alles, was nicht unmittelbar wahrzunehmen ist, zu verständigen. Während des Sprechens sind die Hände frei für Tätigkeiten. Große Bedeutung hat die Wortsprache für die mitmenschlichen Beziehungen in einer Gruppe von Menschen. Mit Hilfe der Wortsprache lassen sich mitmenschliche Beziehungen umfassend gestalten.

Einsichtiges Verhalten und vorausschauende Planungen. Unter einsichtigem Verhalten versteht man die Fähigkeit, komplexe Situationen zu erfassen, in Gedanken verschiedene Möglichkeiten auszuprobieren und dann planmäßig zu handeln. Durch Einsicht lassen sich Ergebnisse und Folgen von Handlungen in Gedanken vorwegnehmen. Das ist die Voraussetzung für Planungen, also Verhalten in der Zukunft. Zum Beispiel ist es für die Herstellung eines Werkzeuges unerlässlich, in Gedanken die Schritte zur Herstellung vorwegzunehmen.

Der Mensch schafft Kultur.
Zu den Besonderheiten der Menschen gehört, dass sich im Laufe der Evolution verschiedene Fähigkeiten herausbildeten, die zusammen die kulturelle Entwicklung des Menschen begründen. Unter **Kultur** versteht man alles von Menschen und Menschengruppen Geschaffene. Dazu gehören Gegenstände ebenso wie geistige Errungenschaften. Religiosität ist eine Besonderheit des Menschen.

Arbeitsteilung, Kooperation und Zusammenarbeit. Viele Aufgaben in einer Menschengruppe werden effektiver und besser erledigt, wenn Arbeitsteilung und Kooperation vereinbart werden. Dann können sich Spezialisten auf besondere Tätigkeiten konzentrieren und es muss nicht jeder alles können.

Nutzung der Erfahrung anderer. Menschen können Erfahrungen von Generation zu Generation weitergeben. Man spricht von Überlieferung. Der Vorteil von Überlieferung besteht darin, dass jede Generation auf den Erfahrungen vorheriger Generationen aufbauen kann.

Herstellung und Nutzung von Werkzeugen. Es waren Werkzeuge, die dem Menschen viele Arbeiten erleichterten oder erst ermöglichten. Während die meisten Tiere spezialisiert sind und nur bestimmte Aufgaben durchführen können, ist der Mensch mit Hilfe seiner Werkzeuge äußerst vielseitig.

35 000 v. Chr.: älteste Kunstwerke als Höhlenmalereien und Schnitzereien
6500 v. Chr.: erste Bilderschriften
3500 v. Chr.: Keilschrift in Mesopotamien
2600 v. Chr.: erste Tinte, die von Ägyptern und Chinesen aus Ruß und Wasser hergestellt wurde
190 v. Chr.: Pergament wurde als Schreibfläche genutzt. Zur Zeit der Römer entstanden die uns bekannten Schriftzeichen, die 26 Buchstaben des Alphabets.
1040 n. Chr.: In China wurden erstmals einzelne Schriftzeichen gedruckt.
1436: Buchdruck mit beweglichen Lettern und Metalltypengießgerät von GUTENBERG erfunden
1609: erste Wochenzeitung
1650: erste Tageszeitung (in Leipzig)

1826: erste Fotografien
1861: Erfindung des Mikrofons
1861: PHILIPP REIS erfand das Telefon (Telefonleitungen sind noch heute ein wichtiges Transportmittel im Internet).
1894: erste Funksignale drahtlos übermittelt (Radio)
1903: erste brauchbare Farbfotografien

1925: erste öffentliche Fernsehvorführungen
1937: Vorläufer des Computers
1953: erstmals Farbfernsehen
1956: Videoband entwickelt
1969: erster Silizium-Mikroprozessor-Chip
1984: In diesem Jahr wurde erstmals die Grenze von 1000 miteinander vernetzten Rechnern überschritten.
heute: weltweite Informations- und Kommunikationsmöglichkeiten (Internet); elektronische Datenverarbeitung; riesige Mengen an Informationen können auf geringem Raum gespeichert und schnell abgerufen werden.

1 *Von der Höhlenmalerei zum Internet*

1 Von der Höhlenmalerei zum Internet. Lies die Angaben in Abbildung 1. Zeige dann für die Entwicklung der Nachrichtenübermittlung die Bedeutung der Fähigkeiten auf, die auf der Grundwissenseite erläutert werden.

2 Entdeckungen und Erfindungen. Stelle die folgenden Daten in einem geeigneten Diagramm dar. Beurteile das Diagramm.

11. Jahrhundert → 20 Entdeckungen
12. Jahrhundert → 40 Entdeckungen
13. Jahrhundert → 100 Entdeckungen
14. Jahrhundert → 50 Entdeckungen
15. Jahrhundert → 140 Entdeckungen
16. Jahrhundert → 180 Entdeckungen
17. Jahrhundert → 300 Entdeckungen
18. Jahrhundert → 700 Entdeckungen
19. Jahrhundert → 2200 Entdeckungen

3 Versuch: Untersuchung verschiedener Verständigungsmöglichkeiten. Ein Team aus drei oder vier Schülerinnen oder Schülern leitet diesen Versuch. Dieses überlegt sich drei unterschiedlich inhaltsreiche Mitteilungen, die sich auf Personen und Tätigkeiten in der Klasse beziehen, z. B.:
1. Gehe zur Tafel!
2. Peter hat gestern mit Paul Hausaufgaben in Mathematik gemacht.
3. Christine und Isabelle gehen übernächsten Samstag am späten Nachmittag ins Kino.
Diese Sätze werden der Klasse nicht mitgeteilt. Je zwei Schüler oder Schülerinnen erhalten vor der Tür einen der drei Sätze mitgeteilt. Sie sollen ohne Worte allein durch Gestik und Mimik den jeweiligen Satz verdeutlichen. Wie lange dauert es, bis der Satz verstanden wurde? Welche Worte wurden nur schwierig oder gar nicht erkannt? Vergleicht Informationsweitergabe mit Mimik und Gestik mit der Informationsweitergabe durch Wortsprache.

4 Pizza backen – ein kulturelles Ereignis. Stelle dir vor, du hast dich mit Freundinnen und Freunden verabredet, gemeinsam nach einem Rezept deiner Mutter eine Pizza zu backen. Erläutere an diesem Beispiel das Zusammenwirken von vorausschauender Planung, Wortsprache, Werkzeuggebrauch, Arbeitsteilung und Kooperation sowie Überlieferung.

Basiskonzepte zum Thema „Geschichte des Lebens"

Die nachfolgenden Sachverhalte stammen aus dem Kapitel „Geschichte des Lebens". Die Nummerierung ist willkürlich und gibt keine Rangfolge an. Die Basiskonzepte sind in diesem Buch auf der Methodenseite „Arbeiten mit Basiskonzepten" erläutert.

1 Aufgabe: Ordne jedem dieser Sachverhalte ein Basiskonzept oder mehrere Basiskonzepte zu. Begründe die von dir gewählte Zuordnung.

1. Die Phasen der Erdgeschichte nennt man physikalische, chemische und biologische Evolution. Die Vorgänge bei der Entstehung der ersten Zellen markieren den Beginn der biologischen Evolution.

2. Prokaryoten sind Bakterien. Prokaryotische Zellen enthalten im Gegensatz zu eukaryotischen Zellen keinen Zellkern und keine Zellorganellen. In Zellorganellen können, räumlich abgegrenzt, verschiedene Stoffwechselprozesse ungestört ablaufen.

3. Man nimmt an, dass sich vor Milliarden Jahren aus Prokaryoten mit Zellatmung, die im Inneren anderer Zellen symbiotisch lebten, die Mitochondrien entwickelt haben. Aus Prokaryoten mit der Fähigkeit zur Fotosynthese sind vermutlich die Chloroplasten entstanden.

4. Die Entwicklung von Lebewesen mit der Fähigkeit zur Fotosynthese war einer der bedeutendsten Entwicklungsschritte in der Geschichte des Lebens. Mit der Fotosynthese wurde eine dauerhafte außerirdische Energiequelle, das Sonnenlicht, für das Leben auf der Erde verfügbar gemacht.

5. Lebewesen haben mit ihrem Stoffwechsel im Laufe der Erdgeschichte die Lebensbedingungen auf unserem Planeten stark beeinflusst. Erst mit dem Aufkommen der Fotosynthese konnte sich allmählich eine sauerstoffhaltige Erdatmosphäre entwickeln. Dies wiederum war Voraussetzung für atmende Lebewesen, die Sauerstoff aufnehmen und Kohlenstoffdioxid abgeben.

6. In einem vielzelligen Organismus arbeiten spezialisierte Zellen, Gewebe und Organe arbeitsteilig zusammen. Vor ungefähr anderthalb Milliarden Jahren entwickelten sich erste, noch einfach gebaute Vielzeller.

7. Pilze und Tiere gehören zu den Lebewesen, die sich heterotroph ernähren. Sie sind auf energiereiche organische Substanz als Nahrung angewiesen. Pflanzen ernähren sich autotroph von energiereicher organischer Substanz, die sie bei der Fotosynthese selbst herstellen.

8. Vogelflügel, schaufelähnliche Vorderbeine eines Maulwurfs, Vorderbeine eines Pferdes und die Arme eines Menschen sind homologe Organe. Sie sind ähnlich gebaut und kommen durch gemeinsame Erbinformationen zustande. Homologe Organe sind ein Beleg für stammesgeschichtliche Verwandtschaft.

9. Die unterschiedlichen Gehäuse von Schnirkelschnecken und unterschiedlich gefärbte Zweipunkt-Marienkäfer sind Beispiele für genetische Variabilität innerhalb einer Art. Genetische Variabilität kommt durch Neukombination von Erbanlagen bei der Bildung der Geschlechtszellen, der Befruchtung sowie durch Mutationen zustande.

10. Für Lebewesen mit vorteilhaften Merkmalen und Verhaltensweisen besteht eine höhere Wahrscheinlichkeit, sich fortzupflanzen und ihre Erbanlagen an die Nachkommen weiterzugeben als für Lebewesen mit weniger vorteilhaften Merkmalen. Man spricht in diesem Zusammenhang von natürlicher Auslese oder Selektion. Selektion ist ein anderer Ausdruck für unterschiedlichen Fortpflanzungserfolg der Individuen einer Population.

11. Wintergoldhähnchen und Sommergoldhähnchen sind nah verwandte Arten, die sich durch Artaufspaltung im Laufe langer Zeiträume aus einer Art gebildet haben. Mutationen, Neukombination von Erbanlagen, natürliche Auslese und Isolation spielen bei der Artbildung zusammen.

12. In der Geschichte der Menschwerdung nahm das Gehirnvolumen und damit Intelligenz, Lernvermögen, Gedächtnis und die Fähigkeit zu sozialen Interaktionen beträchtlich zu.

13. Die kulturelle Entwicklung des Menschen gründet auf einer Kombination verschiedener Fähigkeiten, unter anderem der Wortsprache, einsichtigem Verhalten und vorausschauender Planung, Werkzeugherstellung sowie Arbeitsteilung und Kooperation.

14. Die genetischen Unterschiede zwischen den heutigen Menschen auf der Erde sind sehr gering. Dabei können die genetischen Unterschiede zwischen zwei Menschen derselben Gruppe, zum Beispiel zwei Europäern, genauso groß oder sogar größer sein als zwischen zwei Menschen verschiedener Gruppen, zum Beispiel einem Europäer und einem Asiaten.

Ökologie und nachhaltige Zukunft

2 Ökosystem Wald

2.1 Wälder sind verschieden

1 *Wälder – unterschiedlich stark von Menschen beeinflusst*

In Deutschland ist etwa ein Drittel der Fläche bewaldet. Ein Wald ist eine von Bäumen bewachsene Fläche, die groß genug ist, dass ein typischer Waldboden und ein charakteristisches Waldinnenklima entstehen kann. Vor 20 000 Jahren war fast ganz Mitteleuropa von Wald bedeckt. Ursprünglich kamen in Mitteleuropa fast nur Laubwälder vor. Nadelwälder gab es nur im Gebirge, an wenigen Standorten mit besonderen klimatischen Bedingungen sowie im kontinentalen Klima Osteuropas.

Heute wird der Wald vom Menschen vielfältig genutzt. An die Stelle der ursprünglichen Wälder sind vom Menschen angelegte und bewirtschaftete Wälder getreten. Man kann drei Grundtypen unterscheiden: In einem **Laubwald** wachsen ausschließlich Laubbäume, in einem **Nadelwald** Nadelbäume und in einem **Mischwald** Laub- und Nadelbäume. In den letzten 100 Jahren wurden häufig große Flächen mit einer einzigen Baumart, zumeist mit der schnell wachsenden Fichte, bepflanzt. Diese Bewirtschaftungsform bezeichnet man als **Monokultur.** Sie sind anfällig für Schädlinge und für Sturmschäden.

In den Wäldern Deutschlands sind etwa 30 000 Tier-, Pilz- und Pflanzenarten beheimatet. Das sind 90 Prozent aller einheimischen Arten. Während in alten, naturnahen Laub- und Mischwäldern bis zu 10 000 Arten heimisch sind, sind Fichtenmonokulturen mit etwa 2000 Arten artenarm. Der Artenreichtum eines Lebensraumes ist Teil seiner biologischen Vielfalt. Man bezeichnet biologische Vielfalt auch als **Biodiversität.** Naturschutzmaßnahmen haben zum Ziel, die biologische Vielfalt zu bewahren.

Die Gesamtheit aller Lebewesen, die in einem Lebensraum vorkommen, bezeichnet man als Lebensgemeinschaft oder **Biozönose.** Der Raum, in dem eine Lebensgemeinschaft vorkommt, ist der Lebensraum oder der **Biotop.** Jeder Biotop hat ganz bestimmte Umweltbedingungen. Dazu gehören zum Beispiel chemische und physikalische Eigenschaften des Bodens, das Klima oder jahreszeitliche Erscheinungen. Das Wirkungsgefüge zwischen den Organismen einer Biozönose und ihrem Biotop bezeichnet man als **Ökosystem.**

2 Biodiversität und Alter eines Waldes.
a) Werte die Abbildung 2 aus.
- Was ist dargestellt?
- Welche Aussagen lassen sich der Abbildung entnehmen?
- Wie lassen sich die Ergebnisse erklären?

b) Inwiefern sollte dieses Ergebnis Planungen zur naturnahen Gestaltung von Wäldern beeinflussen. Begründe deine Meinung.

3 Waldzusammensetzung.
Werte Abbildung 3 aus. Welche Trends sind zu beobachten? Nenne mögliche Ursachen der Veränderungen.

1 Wälder sind verschieden.
a) Beschreibe die in Abbildung 1 abgebildeten Wälder jeweils in einem kurzen Text.
b) Wie stark ist in den jeweiligen Wäldern der Einfluss des Menschen? Worin könnten die menschlichen Einflüsse bestehen oder bestanden haben? Begründe deine Annahmen.
c) In welchem der abgebildeten Wälder erwartest du die artenreichste Tier- und Pflanzenwelt? Begründe.
d) Welcher der abgebildeten Wälder würde sich deiner Meinung nach am besten zur Holzgewinnung eignen? Begründe deine Vermutung.
e) Welche Vorteile könnten sich die Menschen davon versprochen haben, Nadelwaldmonokulturen anzulegen? Warum geht man gegenwärtig dazu über, Monokulturen wieder durch Laub- oder Mischwälder zu ersetzen?

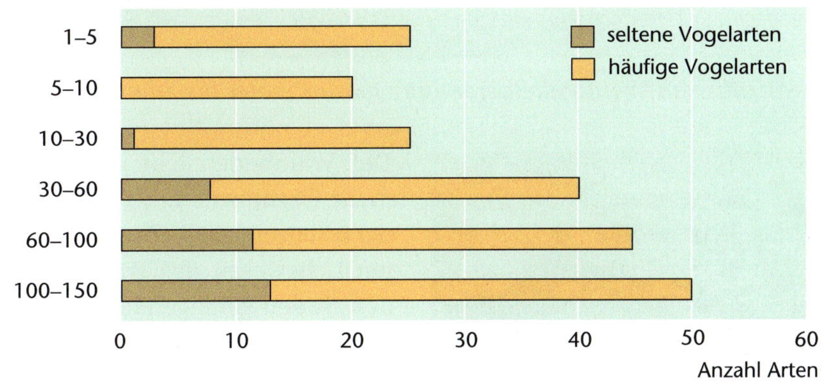

2 *Vogelarten im Nationalpark Bayerischer Wald*

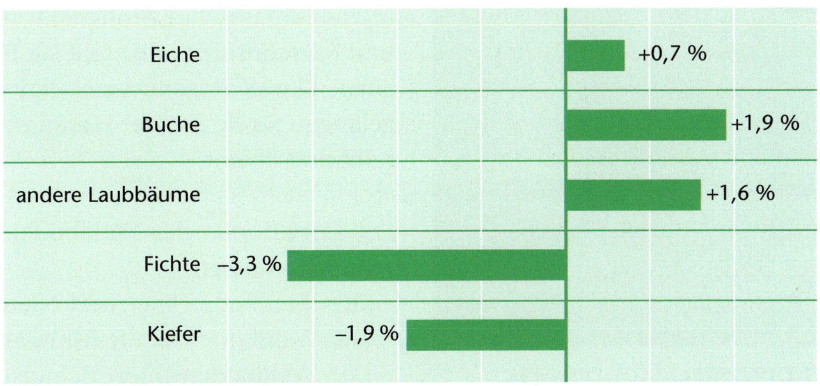

3 *Verändertes Vorkommen von Bäumen in Deutschland 1987–2005*

2.2 Leben im Waldboden

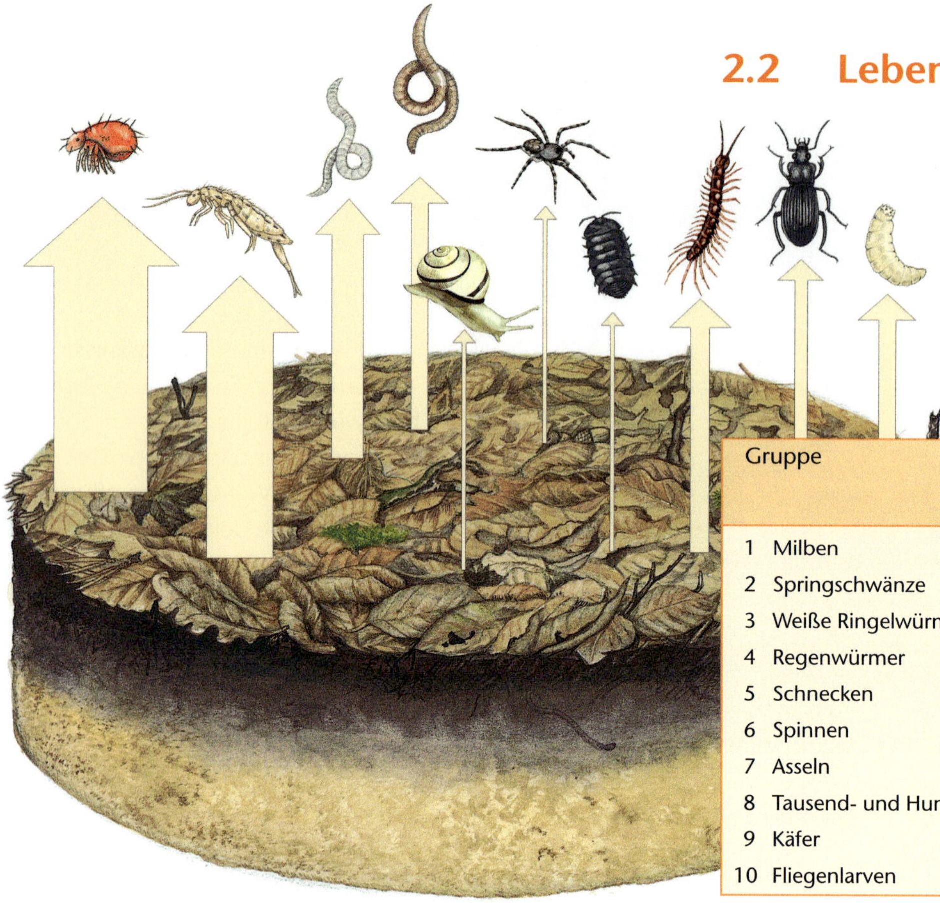

Gruppe	Anzahl	Gesamtgewicht in g
1 Milben	150 000	1,5
2 Springschwänze	100 000	1,2
3 Weiße Ringelwürmer	25 000	4
4 Regenwürmer	200	100
5 Schnecken	30	1
6 Spinnen	50	0,2
7 Asseln	50	0,5
8 Tausend- und Hundertfüßer	200	4,4
9 Käfer	100	1,5
10 Fliegenlarven	200	2

1 *Anzahl von Waldbodentieren pro Quadratmeter bis zu einer Tiefe von 30 cm*

2 *Unterschiedlich zersetzte Laubstreu*

Der Waldboden lebt. In einem Esslöffel Waldboden befinden sich mehr Organismen, als Menschen auf der Erde leben. Der Boden ist der artenreichste Lebensraum im Ökosystem Wald (Abb. 1). Die meisten Lebewesen des Waldbodens zerkleinern und zersetzen das auf den Boden gelangende organische Material, insbesondere die Laubstreu (Abb. 2). Eine große Bedeutung kommt dabei den Pilzen und Bakterien zu. Sie verwandeln das von anderen Bodenorganismen verdaute organische Material wieder in Mineralsalze. Die obere, dunkle Humusschicht des Waldbodens besteht aus unterschiedlich weit zersetzten organischen Stoffen. Die Humusschicht speichert Feuchtigkeit und Mineralsalze und stellt sie für das Pflanzenwachstum zur Verfügung. Durch Regenwasser und die Tätigkeit der Bodenorganismen gelangen Stoffe aus der Humusschicht in die darunter liegende Mineralbodenschicht.

Die Funktionen des Waldbodens lassen sich in folgenden Punkten zusammenfassen:
- Der Waldboden speichert Niederschläge.
- Der Waldboden ist die Mineralsalzquelle für das Waldwachstum.
- Der Waldboden filtert Schadstoffe und sorgt so für die Trinkwasserqualität des Grundwassers.

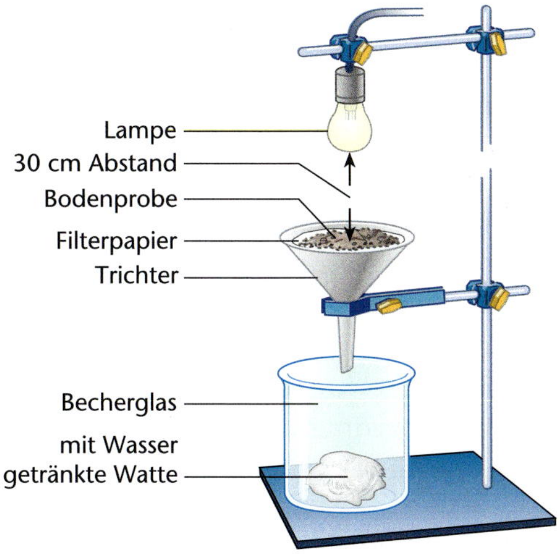

3 *Untersuchung von Bodentieren*

4 *Phasen der Zersetzung eines Laubblattes*

1 Versuch: Tiere des Waldbodens.

a) Entnimm der oberen Schicht eines Waldbodens eine Bodenprobe. Durchsuche die Bodenprobe auf weißem Papier nach Bodentieren. Gib die Tiere in kleine Schnappdeckel-Gläschen. Bestimme einige Tiere mithilfe der Abbildung 5.

b) Baue die Versuchsanordnung wie in Abbildung 3 auf. Bestrahle einen Tag lang eine Bodenprobe mit einer 60-Watt-Glühlampe mit etwa 30 cm Abstand. Nimm am nächsten Tag die Tiere einzeln aus dem Becherglas und bestimme einige Tiere mithilfe der Abbildung 5.

c) Bringe alle Tiere anschließend in den Wald zurück.

2 Die Zersetzung der Laubstreu.

a) Bringe die in Abbildung 4 dargestellten Phasen der Zersetzung von Laub in die richtige Reihenfolge und beschreibe die Veränderungen bei fortschreitender Zersetzung.

b) Sammle in der Laubstreu des Waldes unterschiedlich zersetzte Blätter. Scanne die Blätter und gestalte mit den Bildern eine Übersicht zu den Phasen des Laubabbaus. Alternativ können die Blätter auch gepresst und auf einen Bogen Papier geklebt werden.

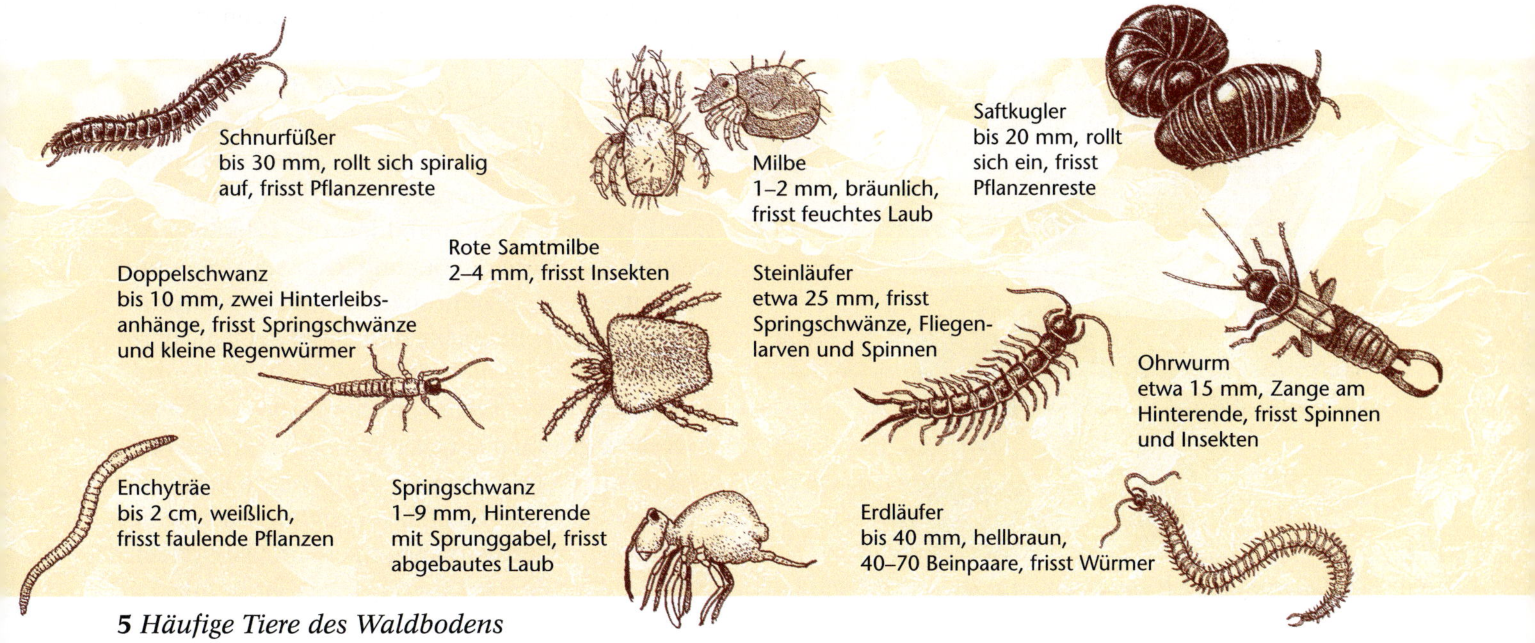

5 *Häufige Tiere des Waldbodens*

2.3 In Nahrungsketten fließt Energie

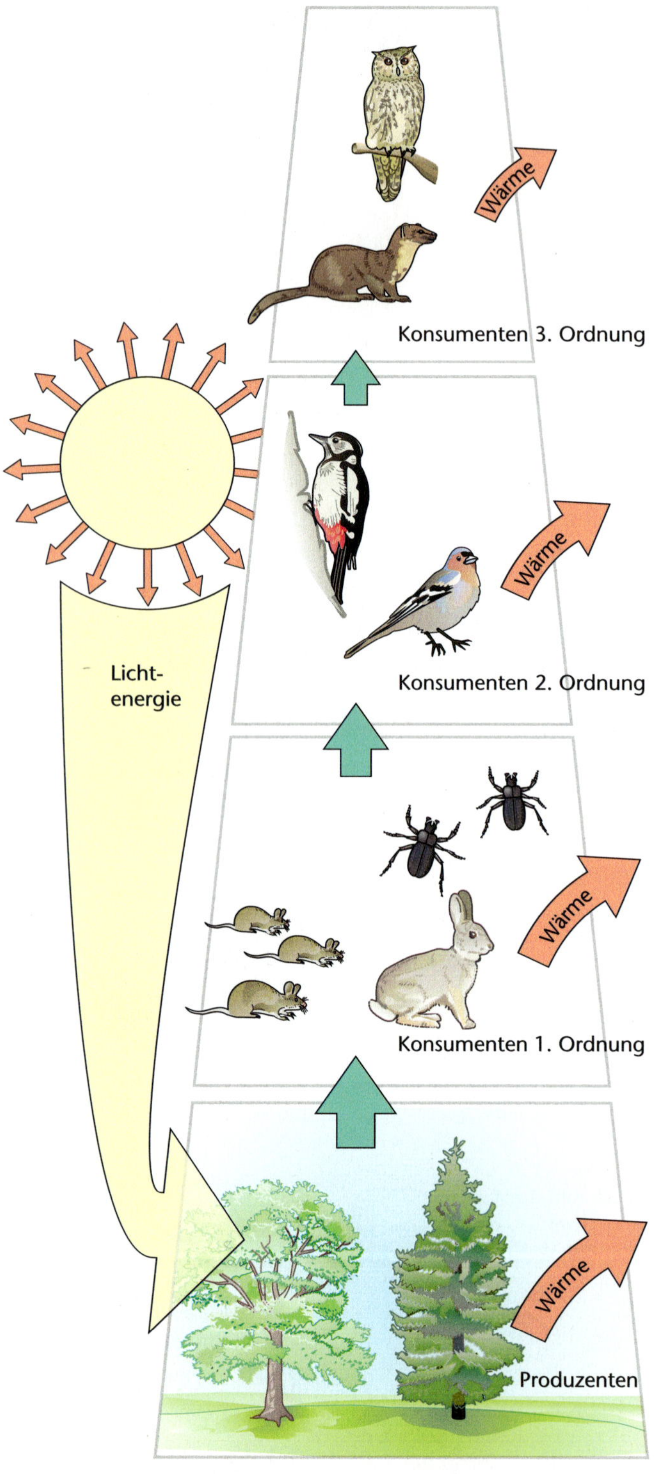

1 *Energie- und Biomassepyramide*

Als **Produzenten** nutzen Pflanzen das Sonnenlicht, um aus Kohlenstoffdioxid und Wasser energiereiche Stoffe wie Traubenzucker zu produzieren. Dieser Vorgang heißt **Fotosynthese.** Durch die Fotosynthese wird ein Teil der Lichtenergie in chemisch gebundene Energie umgewandelt. Diese chemische Energie ist zum Beispiel im Traubenzucker gespeichert. Durch die Fotosynthese nimmt die Biomasse der Pflanzen zu (Abb. 1).

Pflanzenfresser stellen als **Primärkonsumenten** oder Konsumenten 1. Ordnung das nächste Glied in Nahrungsketten dar. Von der Pflanzenmasse, die sie fressen, wandeln sie nur einen geringen Teil in eigene Biomasse um. Ein Teil der aufgenommenen Nahrung wird in Form unverdaulicher Reste mit dem Kot wieder ausgeschieden. Ein erheblicher Teil der Nahrung wird im Stoffwechsel eines Pflanzenfressers vollständig abgebaut und dient der Energiebereitstellung für die Aufrechterhaltung seiner Lebensfunktionen. Die in diesem Teil der Nahrung enthaltene Energie wird letztlich in Form von Wärme an die Umgebung abgegeben. Für **Sekundärkonsumenten** (Konsumenten 2. Ordnung), die sich von Pflanzenfressern ernähren, und für **Tertiärkonsumenten** (Konsumenten 3. Ordnung) gelten die gleichen Zusammenhänge.

Die Lebewesen eines Ökosystems kann man Ernährungsstufen zuordnen. Die erste Ernährungsstufe bilden die Pflanzen als Produzenten. Die zweite Ernährungsstufe bilden die Primärkonsumenten, die dritte die Sekundärkonsumenten und so weiter. Von Ernährungsstufe zu Ernährungsstufe nimmt die Biomasse und damit auch die darin enthaltene Energie jeweils um 80 bis 95 Prozent ab. Der stufenweise Abbau von Biomasse und Energie in Nahrungsketten hat zur Folge, dass für den Endverbraucher nur begrenzte Nahrungsmengen zur Verfügung stehen. Letztlich speist die Energie der Sonne alle Lebensvorgänge in einem Ökosystem.

2 *Energiegehalt auf verschiedenen Ernährungsstufen bei Einstrahlung von 1 000 000 Joule Sonnenenergie*

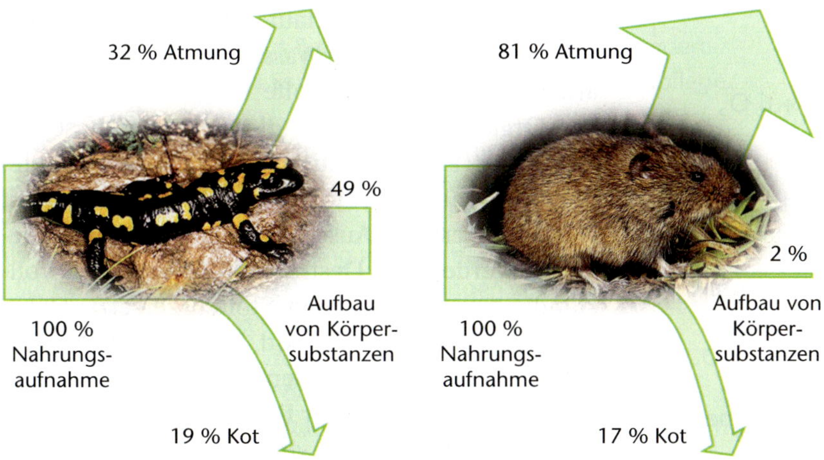

3 *Energienutzung bei Salamandern und Mäusen*

1 Energiefluss und Biomassefluss in Ökosystemen.
a) Erläutere in einem Text die Abbildung 2. Stelle Zusammenhänge mit der Abbildung 1 her.
b) Im Zusammenhang mit dem Energiefluss in Ökosystemen spricht man gelegentlich von der „Einbahnstraße Energie". Begründe diese Formulierung.
c) Nahrungsketten mit vier oder mehr Gliedern sind selten. Finde eine Erklärung für diese Beobachtung.

2 Nutzung der Energie aus der Nahrung. Beschreibe die Zusammenhänge, die du der Abbildung 3 entnehmen kannst. Vergleiche die Energienutzung bei Salamandern und Mäusen in einem Text und finde Erklärungen für die Unterschiede.

3 Typische Aspekte einer Biozönose. Formuliere die in Abbildung 4 grafisch veranschaulichten Zusammenhänge.

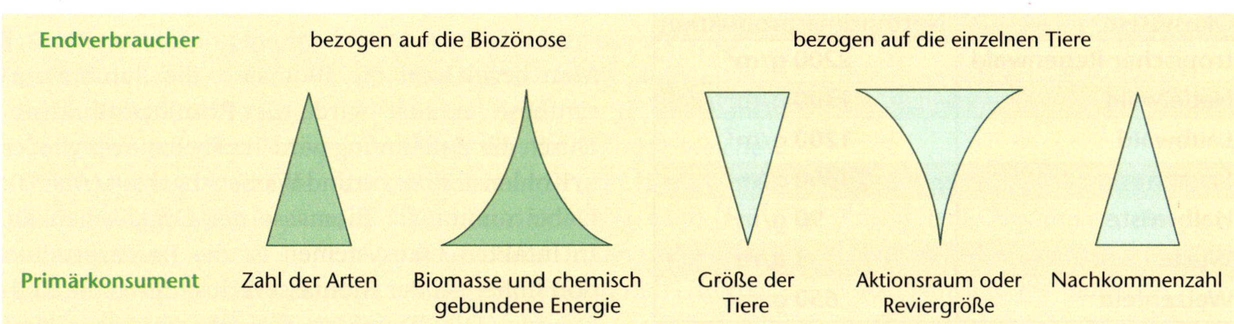

4 *Typische Aspekte einer Biozönose*

3 Ökosystem Gewässer

3.1 Lebensraum Süßwasser

1 *Beispiele für Gewässer*

Stehende Gewässer
Kleinstgewässer: Wasserstelle von geringem Ausmaß, häufig nur kurzzeitig Wasser führend
Tümpel: natürlich oder künstlich entstandenes Gewässer geringer Tiefe, das austrocknen kann
Weiher: natürlich entstandenes Gewässer bis zu zwei Meter Tiefe
Teich: von Menschen angelegtes Gewässer bis zu zwei Meter Tiefe
See: natürlich oder künstlich entstandenes Gewässer von meist mehr als zwei Metern Tiefe und größerer Ausdehnung

Fließgewässer
Bach: Fließgewässer bis zu fünf Meter Breite
Fluss: Fließgewässer über fünf Meter Breite

2 *Einteilung von Gewässern*

Gewässer werden durch ihre Größe und Tiefe, durch Licht, Sichttiefe, Sauerstoff- und Mineralsalzgehalt, Strömung und Temperatur charakterisiert. Man nennt solche Faktoren **abiotische Faktoren.** Sie sind physikalischer oder chemischer Natur und stehen untereinander in einem Wechselspiel. So erwärmt sich ein flaches Gewässer viel schneller als ein tiefes, und ein schnell fließender Bach hat meistens einen höheren Sauerstoffgehalt als das Tiefenwasser eines Sees.

Da Organismen unterschiedliche Ansprüche an den Lebensraum stellen, wird die Besiedlung eines Gewässers im Wesentlichen durch die abiotischen Faktoren bestimmt. Von großer Bedeutung ist hierbei, ob das Gewässer austrocknen kann oder nicht.

d

f

e

g

h

1 Kleine Gewässerkunde.

a) Ordne die Gewässer in Abbildung 1 den Steckbriefen in Abbildung 3 zu und begründe deine Entscheidung.

b) Versuche zu den übrigen Steckbriefen die entsprechenden Gewässer zu finden.

c) Ordne die Steckbriefe den Begriffen der Abbildung 2 zu.

d) Erstelle einen ausführlichen Steckbrief für einen Fluss.

2 Veränderungen von abiotischen Faktoren. Überlege und beschreibe, wie sich die abiotischen Faktoren in einer Pfütze von der Entstehung bis zur Austrocknung ändern. Begründe, soweit möglich, die Veränderungen.

1: meist nur kurze Zeit bestehend, häufig wiederkehrend, sehr geringe Tiefe, kleine Oberfläche, mineralsalzarm

2: steile Ufer, sandiger bis schlammiger Untergrund, meist 10–20 m tief, häufig in der Nähe von Autobahnen oder großen Straßen, Wasser stehend

3: Wasser meist von Moospflanzen bedeckt, durchsetzt mit inselartigen Büscheln von Seggen, im Frühjahr oft große Bestände von Wollgras, Untergrund sehr weich, keine Fische

4: meist 2–3 m tief, keine Strömung, wenig Bewuchs, viele Fische, die etwa gleich alt sind

5: Wasser meist trübe, häufige Durchmischung bei Verkehr, nur kurze Zeit bestehend, häufig wiederkehrend, schmale und längliche Form

6: große Wasseroberfläche, meist nur für ein paar Wochen vorhanden, Untergrund Gräser und Kräuter, nicht tief

7: starke Strömung, sehr sauerstoffreich, geringe Tiefe, Wasser meist klar und kalt

8: von Menschen angelegt, inmitten von Blumen und Büschen, Tiefe meist um 1 m, häufig mit Goldfischen

9: Strömung nur bei Regen, 1–1,5 m tief, in der Regel runde Form, nur Algen als Bewuchs

10: langer, gerader Verlauf, geringe Strömung, trapezförmiger Querschnitt

3 *Kennzeichen von Gewässern*

3.2 Zonen im See

Da sich die abiotischen Faktoren in einem See vom Ufer bis zur Seemitte ändern, kann man einen See in verschiedene Zonen unterteilen (Abb. 1). Diese Zonen sind im Wesentlichen durch Wassertiefe, Licht, Sauerstoffgehalt und Untergrund bestimmt. So bietet der See viele unterschiedliche Lebensräume.

Lebewesen in der **Bruchwaldzone** befinden sich an Land oder im seichten Wasser. Sie müssen mit unterschiedlichen Wasserständen, hohem Grundwasserspiegel und starkem Wind zurechtkommen. Pflanzen in der **Röhrichtzone** und der **Schwimmblattzone** stehen meist im Schlamm des flachen Wassers, der nur wenig Sauerstoff enthält. Ihre Wurzeln befinden sich also in einem sauerstoffarmen Bereich, während die grünen Teile aus dem Wasser hervorragen oder auf dem Wasser schwimmen. Unterhalb der Wasseroberfläche herrscht infolge der Beschattung meist nur Dämmerlicht. Pflanzen der **Tauchblattzone** haben ihre Blätter unter Wasser, bei einigen ragen die Blüten aus dem Wasser heraus. Je tiefer das Wasser wird, umso geringer wird die Lichtstärke. Die blauen und roten Lichtanteile, die für die Fotosynthese besonders wichtig sind, werden zunehmend vom Wasser herausgefiltert. Nur wenige am Boden haftende Algen, die trotz dieser ungünstigen Bedingungen noch Fotosynthese betreiben können, und tierische Organismen können in der Tiefe existieren.

In noch größerer Wassertiefe ist der Boden kahl. Häufig ist er dick mit Schlamm bedeckt. Er enthält dann oft Faulgase, z. B. Schwefelwasserstoff, und keinen Sauerstoff. Man nennt diese Bedingungen anaerob, das heißt ohne Sauerstoff. Hier leben nur noch Bakterienarten, die keinen Sauerstoff zum Leben benötigen.

Überall im Wasser eines Sees leben mikroskopisch kleine Algen und Tiere. Man fasst sie unter dem Namen **Plankton** zusammen. Sie schweben im Wasser und werden von der Strömung bewegt.

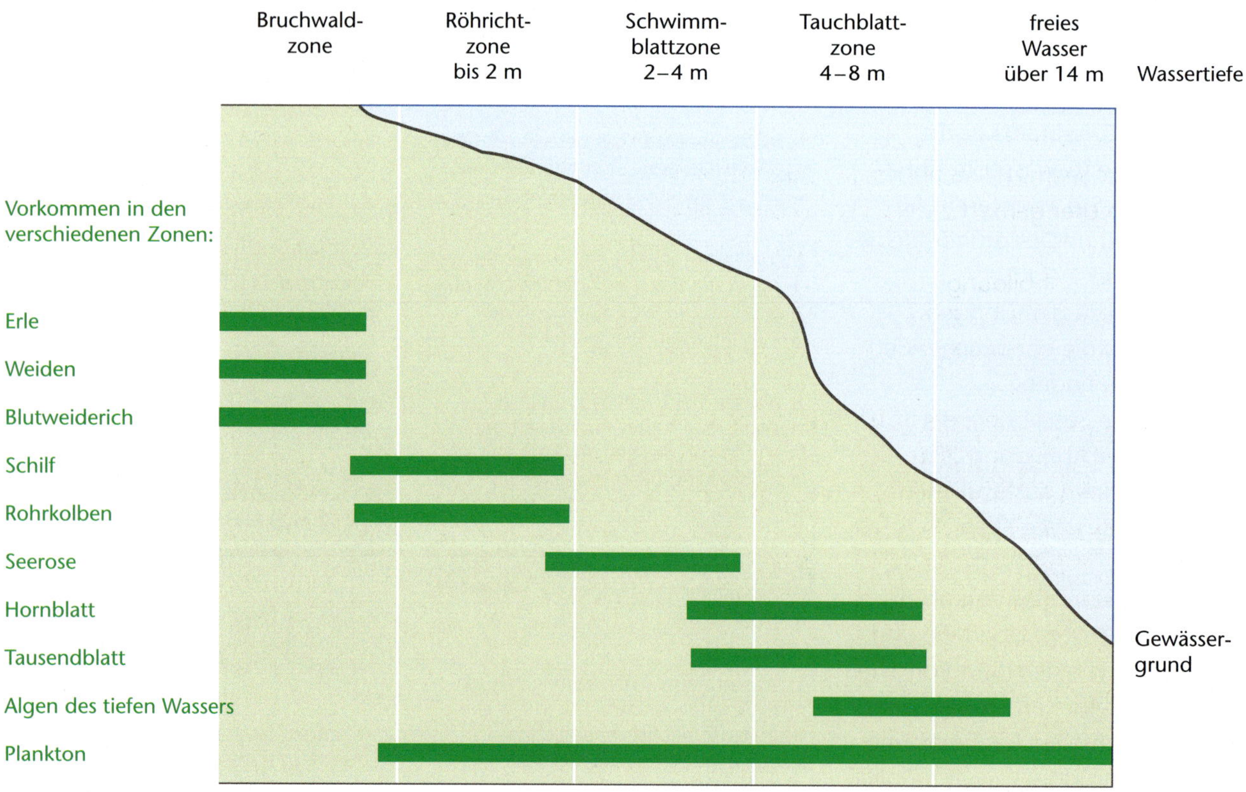

1 *Schematischer Aufbau eines Sees und Vorkommen einiger Arten*

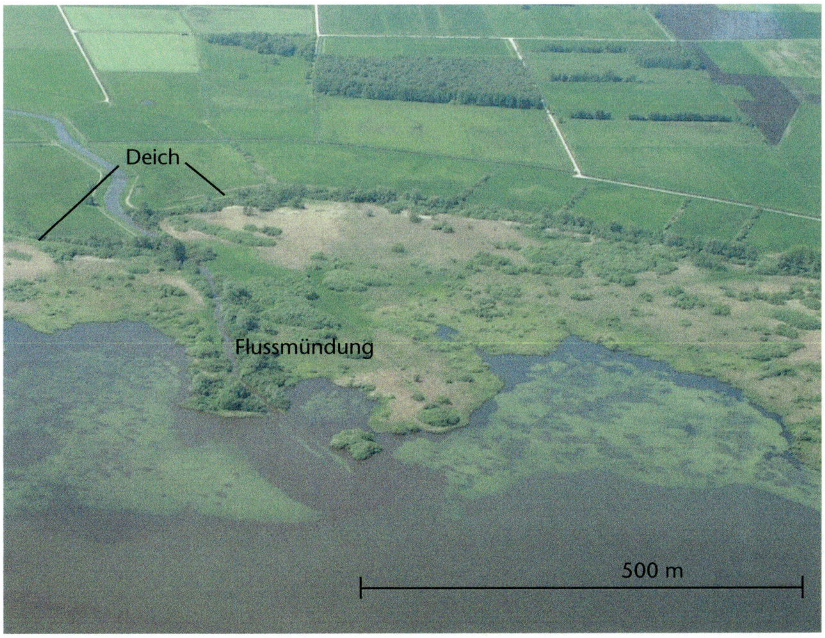

2 *Luftaufnahme eines Sees*

Die Transsektmethode ist ein Verfahren zur Untersuchung der Vegetation entlang eines sich ändernden Faktors, z. B. der Wassertiefe eines Sees oder der Bodenbeschaffenheit. Solch ein Faktor wird Gradient genannt. Ein streifenförmiger Bereich entlang des Gradienten wird abgesteckt und untersucht. Die Untersuchung gibt Aufschluss darüber, ob es kontinuierliche Übergänge gibt oder ob abgegrenzte Teilflächen erkennbar sind. Die Transsektmethode kann für grobe Aussagen auch aus der Luft angewendet werden.

3 *Die Transsektmethode*

1 Die Zonen des Sees.

a) Formuliere, welche wesentlichen Aussagen der Abbildung 1 entnommen werden können.

b) Stelle dir vor und schreibe auf, welche Beobachtungen mit einer Kamera von einem ferngesteuerten Mini-U-Boot bei einer Tauchfahrt von der Seemitte entlang des Bodens zum Ufer gemacht werden können.

c) Ordne die in Abbildung 4 dargestellten Pflanzen einer Zone des Sees zu. Begründe deine Meinung.

d) Stelle begründete Vermutungen auf, welche Faktoren für die Übergänge von der Röhrichtzone zur Schwimmblattzone und von der Schwimmblattzone zur Tauchblattzone maßgebend sind.

2 Untersuchung mit der Transsektmethode.

a) Beschreibe, was auf der Luftaufnahme in Abbildung 2 zu sehen ist.

b) Lege an der Luftaufnahme einen Streifen vom Ufer bis zur Seemitte fest. Beschreibe, wie sich die Vegetation in diesem Streifen in Abhängigkeit von der Wassertiefe ändert (Abb. 3).
Unterschiede kannst du an Farbveränderungen erkennen. Bestimme anhand des Maßstabes die ungefähre Größe der verschiedenen Vegetationsbereiche.

c) Ordne mithilfe der Abbildung 1 den verschiedenen Vegetationsbereichen entsprechende Pflanzen zu. Begründe deine Zuordnung.

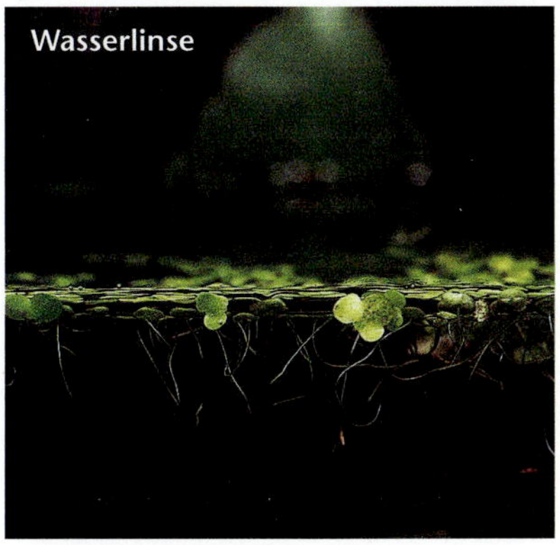

4 *Wasserpflanzen*

3.3 Angepasstheiten bei Pflanzen

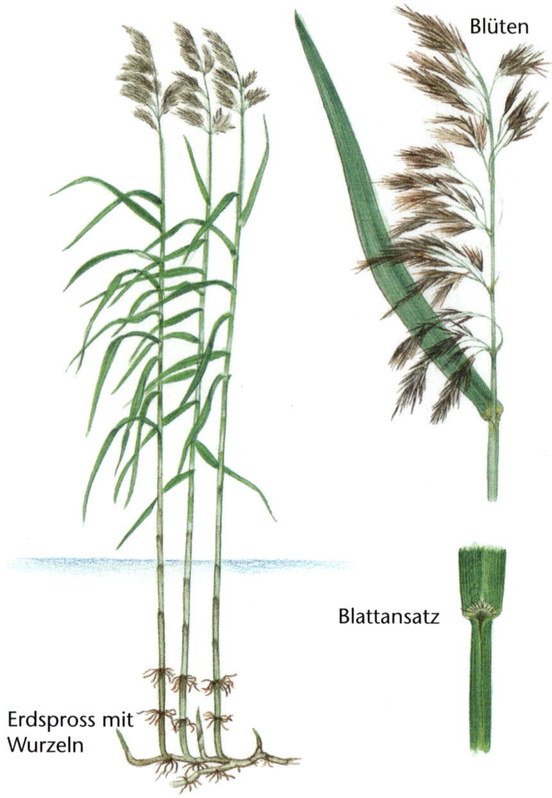

Vorkommen im schlammigen Uferbereich bis 2 m Wassertiefe; Vermehrung durch Samen und bis 10 m lange Ausläufer; Stängel und Wurzeln starr und hohl; Pflanzen werden bis 4 m hoch; Bestäubung und Samenverbreitung durch Wind

1 *Schilfrohr*

Vorkommen im schlammigen Uferbereich bis 4 m Wassertiefe; Vermehrung durch Samen und lange Ausläufer; Stängel und Wurzeln biegsam und hohl, Blätter auf Wasseroberfläche schwimmend; Blüte nur wenige Zentimeter über der Wasseroberfläche; Insektenbestäubung; Früchte schwimmen, sinken nach einigen Wochen zu Boden

2 *Gelbe Teichrose*

Die Standorte für Schilfrohr und Gelbe Teichrose sind sehr ähnlich, sie überlappen sich zum Teil. Die Wurzeln dieser Pflanzen benötigen Sauerstoff, den sie nicht aus der direkten Umgebung beziehen können. Beide Pflanzen haben im Innern miteinander verbundene Hohlräume, die ein System zur inneren Belüftung bilden. Beide Arten vermehren sich durch Ausläufer und Früchte, die allerdings auf unterschiedliche Art verbreitet werden.

Schilf ist auf flaches Wasser spezialisiert. Die starre Sprossachse ermöglicht ein dichtes Zusammenstehen der Pflanzen. So benötigen die Fotosynthese betreibenden Blätter ebenfalls wenig Platz. Zwischen den Schilfpflanzen bleibt für andere Pflanzenarten wenig Platz und Licht. Im tieferen Wasser ist eine starre Sprossachse ungünstig, weil sie Wellen und Strömungen mehr Widerstand bietet. Die Gelbe Teichrose besitzt eine flexible Sprossachse, die aber nicht starr genug ist, um Blätter außerhalb des Wassers zu tragen. Sie besitzt Schwimmblätter, die vom Wasser getragen werden. Im Überlappungsbereich der Standorte beider Pflanzen konkurrieren die beiden Arten hauptsächlich im Wurzelbereich um den Platz durch die Bildung von Ausläufern. Pflanzen **konkurrieren** untereinander um Licht, Wasser, Mineralsalze und Platz. Die Pflanzen haben im Laufe der Stammesgeschichte **Angepasstheiten** an bestimmte Standorte entwickelt.

1 Vergleich: Schilfrohr – Gelbe Teichrose. Vergleiche Schilfrohr und Gelbe Teichrose umfassend anhand der Materialien auf diesen Seiten.

a) Stelle die Ergebnisse tabellarisch dar.

b) Arbeite jeweils die Angepasstheiten der Pflanzen an ihren Standort heraus.

2 Versuch mit der Gelben Teichrose. Verbinde ein älteres Blatt der Gelben Teichrose luftdicht mit einer Luftpumpe und drücke vorsichtig Luft in das unter Wasser gehaltene Blatt (Abb. 3).

a) Schreibe deine Beobachtungen auf. Versuche diese Beobachtungen zu erklären.

b) Erläutere die Vorteile eines solchen Aufbaus für die Pflanze. Argumentiere mit den Standortbedingungen der Pflanze.

c) Fertige Querschnitte und Flächenschnitte eines Blattes der Gelben Teichrose an. Lege bei den Flächenschnitten das Blatt mit der Oberseite nach außen über den Zeigefinger, klemme es mit Daumen und Mittelfinger fest und hebe mit der Rasierklinge vorsichtig die oberste Zellschicht ab. Betrachte die Schnitte unter dem Mikroskop.

3 *Versuch*

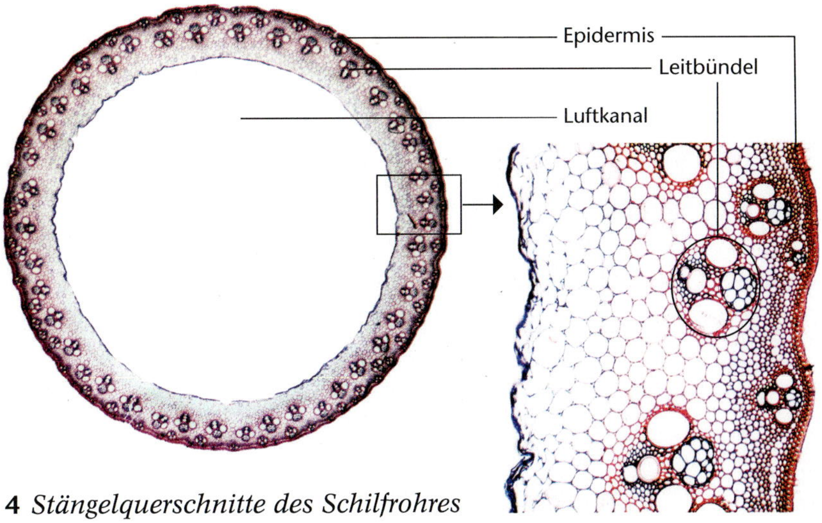

4 *Stängelquerschnitte des Schilfrohres*

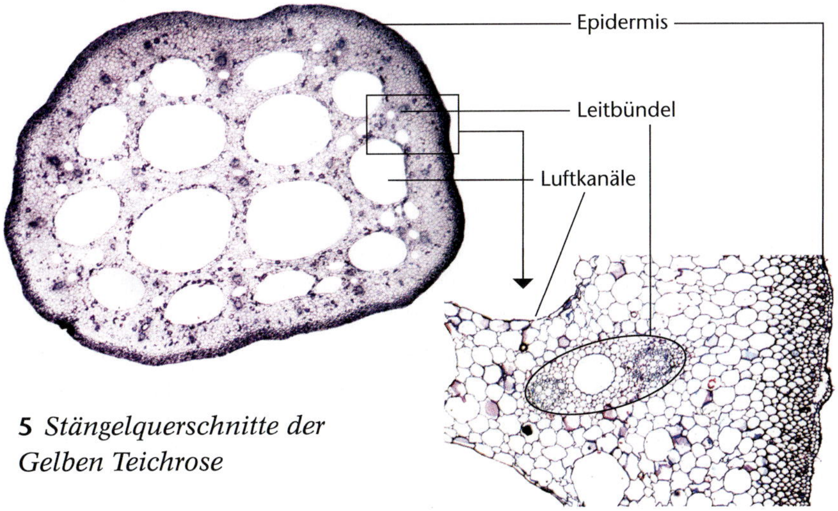

5 *Stängelquerschnitte der Gelben Teichrose*

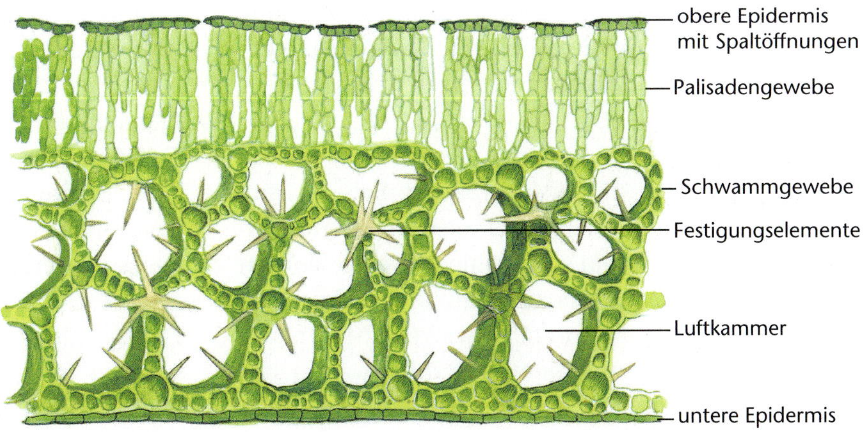

6 *Blattquerschnitt der Gelben Teichrose*

3.4 Angepasstheiten beim Wasserfloh

1 *Wasserfloh*

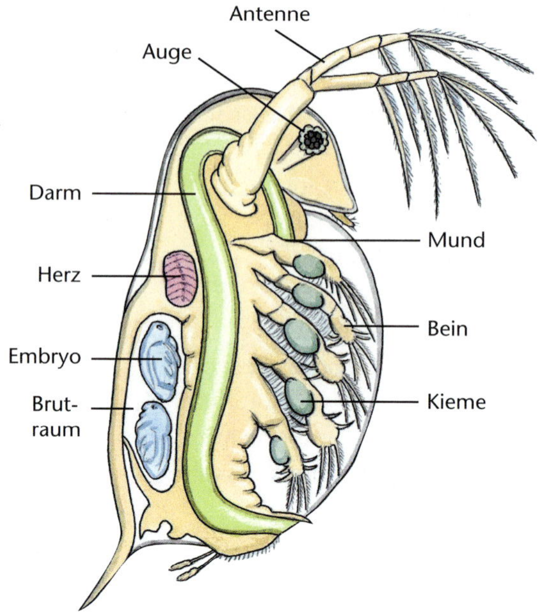

2 *Wasserfloh*

Wasserflöhe gehören zu den Krebsen (Abb. 1, 2). Die Tiere besitzen einen Chitinpanzer. Darüber hinaus ist der Körper von einer dünnen, durchsichtigen Schale eingehüllt. Die Weibchen erreichen eine Größe von drei bis vier Millimetern, die Männchen werden nur etwas über einen Millimeter groß. Die Tiere fressen Algen von Wasserpflanzen ab und durchwühlen den Bodenschlamm auf der Suche nach abgestorbenem organischen Material. Häufig hängen sie an der Unterseite der Wasseroberfläche und filtrieren Plankton aus dem Wasser. Wasserflöhe werden höchstens zwei Monate alt. Sie werden von Büschelmückenlarven, Rückenschwimmern und Fischen gefressen (Abb. 3, 4).

Im Frühjahr schlüpfen nur Weibchen aus den Eiern, die den Winter überdauert haben. Man nennt diese Eier Dauereier. Die geschlüpften Weibchen legen, nachdem sie geschlechtsreif geworden sind, alle drei Tage bis zu zwanzig unbefruchtete Eier, die sich im Brutraum entwickeln. Man nennt sie Jungferneier. Aus ihnen schlüpfen wieder nur Weibchen. Diese Art der Vermehrung bezeichnet man als **Parthenogenese** oder Jungfernzeugung. Nach sechs Tagen sind die geschlüpften Weibchen in der Regel selbst geschlechtsreif und legen Eier. Wasserflöhe haben also sehr viele Nachkommen. Unter bestimmten Bedingungen entstehen aus einigen Eiern auch Männchen (Abb. 6). Die Weibchen entwickeln zu manchen Zeiten zwei Dauereier, die von den Männchen befruchtet werden. Die befruchteten Eier werden bis zur nächsten Häutung im Brutraum aufbewahrt. Dann erhalten sie aus der abgelegten Schalenhaut eine stabile Hülle. Daraus schlüpfen im Frühjahr neue Weibchen. Bei ungünstigen Bedingungen können die Dauereier mehrere Jahre überdauern. Trockenheit, Kälte oder heiße Perioden schaden ihnen nicht.

Nehmen die Fressfeinde der Wasserflöhe in einem Gewässer zu, beobachtet man zwei Abwehrstrategien. Einige Tiere entwickeln innerhalb weniger Tage einen „Helm" und einen verlängerten Stachel am Hinterleib (Abb. 5). Untersuchungen haben gezeigt, dass diese Tiere dadurch schwerer von den Fressfeinden ergriffen werden können. Zusätzlich kann es zu einer Verhaltensänderung kommen: Die Tiere tauchen tagsüber in tiefere Schichten ab und entkommen so den Fressfeinden. Sie kommen nur nachts zur Nahrungsaufnahme nach oben.

1 Wasserfloh. Benenne die in Abbildung 1 gekennzeichneten Teile des Wasserflohs.

2 Mikroskopieren von Wasserflöhen. Wasserflöhe findet man während des Sommerhalbjahres in den meisten stehenden Gewässern.

a) Gib mit einer Pipette einen Tropfen Wasser mit einem Wasserfloh auf einen Objektträger. Beobachte und beschreibe seine Bewegungen.

b) Bringe einen dünnen Wollfaden in Schlingen in den Wassertropfen ein, um die Bewegungsfreiheit des Tieres einzuschränken, und lege ein Deckglas darüber. Betrachte und zeichne das Tier.

3 Fortpflanzung der Wasserflöhe.

a) Erstelle ein Fließdiagramm über die Fortpflanzung des Wasserflohs innerhalb eines Jahres.

b) Berechne aus den Angaben im Grundwissentext, wie viele Nachkommen ein Weibchen in 18 Tagen theoretisch maximal bekommen kann, wenn keine Verluste durch Feinde auftreten würden.

c) In einem Experiment wurde untersucht, wann in einem Gewässer Dauereier und Männchen entstehen (Abb. 6). Stelle begründete Vermutungen auf, welche biologische Bedeutung hinter diesen Ergebnissen steht. Beachte, dass in einem Gewässer im Herbst das Algenwachstum durch tiefe Temperaturen und Lichtmangel zurückgeht.

4 Feindabwehr. Beim Fressen von Wasserflöhen werden von den Räubern unbeabsichtigt Stoffe freigesetzt, die man Kairomone nennt. Kairomone im Wasser bewirken die Ausbildung von Helm und Stachel bei einigen Tieren. Die Nachkommen dieser Tiere besitzen ebenfalls dauerhaft Helm und Stachel. Auch das Abtauchen der Wasserflöhe während des Tages ist auf Kairomone im Wasser zurückzuführen.

a) Nenne mögliche Argumente, warum Wasserflöhe in Gewässern mit wenig Fressfeinden ohne Helm vorkommen. Warum bietet die Vererbung des Helms Vorteile?

b) Suche mögliche Gründe, warum das Abtauchen der Wasserflöhe am Tage erfolgt. Welche Vorteile haben Wasserflöhe, wenn das Abtauchen bei fehlenden Kairomonen unterbleibt?

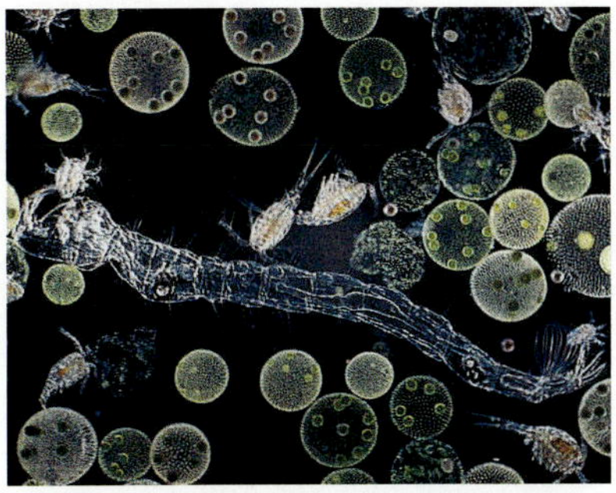

3 *Büschelmückenlarve*

4 *Rückenschwimmer*

5 *Wasserfloh mit Helm und Stachel*

Bedingungen	Männchen	gebildete Dauereier
normale Bevölkerungsdichte + 14 Std. Tageslänge	nein	keine
sehr hohe Bevölkerungsdichte + 14 Std. Tageslänge	ja	keine
sehr hohe Bevölkerungsdichte + 10 Std. Tageslänge	ja	keine
Nahrungsmangel + 14 Std. Tageslänge	ja	viele
Nahrungsmangel + 10 Std. Tageslänge	ja	sehr viele
sehr hohe Bevölkerungsdichte + Nahrungsmangel + 14 Std. Tageslänge	ja	viele
sehr hohe Bevölkerungsdichte + Nahrungsmangel + 10 Std. Tageslänge	ja	sehr viele

6 *Bildung von Männchen und Dauereiern*

3.5 Stoffkreislauf und Energiefluss im See

1 *Pflanzen und Tiere des Sees*

Produzenten nennt man die grünen Pflanzen, weil sie mithilfe von Lichtenergie durch → Fotosynthese energiereiche → Biomasse herstellen. Zu den Produzenten in einem See gehören auch Algen.

Konsumenten sind die Tiere. Sie ernähren sich von der → Biomasse anderer Lebewesen. Konsumenten 1. Ordnung sind Pflanzenfresser, Konsumenten 2. Ordnung ernähren sich von Pflanzenfressern und sind selbst Nahrung für die Konsumenten 3. Ordnung.

Destruenten sind alle Lebewesen, die an der Zersetzung abgestorbener → Biomasse beteiligt sind. Im Schlamm eines Sees kommen besonders viele Destruenten vor, darunter zahlreiche Bakterien. Bei der vollständigen Zersetzung von → Biomasse entstehen Kohlenstoffdioxid, Wasser und Mineralsalze.

Biomasse ist die gesamte Masse aller Lebewesen in einem bestimmten Bereich, zum Beispiel einem See. In Biomasse ist chemische Energie gespeichert.

Fotosynthese heißt der Vorgang, bei dem Pflanzen aus den energiearmen Stoffen Wasser und Kohlenstoffdioxid mithilfe von Licht energiereiche organische Stoffe, zum Beispiel Glucose, herstellen. Dabei wird Sauerstoff freigesetzt. Bei der Fotosynthese wird Lichtenergie zum Teil in chemische Energie, zum Teil in → Wärme gewandelt. Durch die Fotosynthese wird → Biomasse gebildet.

Atmung heißt der Abbau energiereicher organischer Stoffe, zum Beispiel Glucose, zu den energiearmen Stoffen Kohlenstoffdioxid und Wasser. Dazu wird Sauerstoff benötigt. Energie aus der Atmung ist für die meisten Lebewesen Grundlage aller Lebensvorgänge. Bei der Zellatmung wird Wärme frei.

Wärme ist eine Form von Energie, die kein Lebewesen in eine andere Energieform wandeln kann. Deshalb ist Wärme von Lebewesen nicht weiter nutzbar. Wenn nutzbare Energie in nicht mehr nutzbare Energie gewandelt wird, spricht man von Energieentwertung.

Stoffkreislauf nennt man die Weitergabe von Biomasse in einem Öko-

system, zum Beispiel einem See, entlang den Nahrungsketten, also von den → Produzenten über → Konsumenten zu den → Destruenten. Die Destruenten bilden Kohlenstoffdioxid und Mineralsalze, die von den → Produzenten wieder aufgenommen und bei der → Fotosynthese genutzt werden.

Energiefluss ist die Weitergabe von chemischer Energie in einem Ökosystem. Im Verlauf der Nahrungsketten wird → Biomasse von den → Produzenten über die → Konsumenten zu den → Destruenten weitergegeben. Mit der → Biomasse wird chemische Energie transportiert. Ein Teil der Biomasse wird für den Aufbau von Körpersubstanz benötigt, der weitaus größere Teil für die → Atmung.

Gelbrandkäfer: Sie ernähren sich räuberisch von Kleintieren, z. B. von kleinen Fischen, Kaulquappen, Insekten und von Fischbrut.
Libellen: Die Larven ernähren sich von Kleintieren, wie Würmern und Wasserflöhen. Erwachsene Libellen erbeuten Insekten im Flug.
Mücken: Mückenlarven leben von kleinen Algen, die im Wasser schweben. Erwachsene Mücken saugen Pflanzensäfte oder sind Blutsauger.
Spitzschlammschnecken: Die Tiere weiden den Algenbelag von Steinen und Wasserpflanzen ab. Sie fressen auch weiche Teile von Wasserpflanzen.
Teichmuscheln: Die Muscheln filtrieren Schwebstoffe aus dem Wasser, z. B. einzellige Lebewesen, abgestorbene Pflanzenteile und zersetzte Tiere.
Stichlinge: Sie ernähren sich von Laich, Fischbrut und Kleinkrebsen.
Stockenten: Stockenten ernähren sich von Pflanzen und Kleintieren.
Haubentaucher: Diese Vögel ernähren sich von kleinen Fischen.

2 *Ernährung einiger Tiere des Sees*

1 Erle, 2 Weide, 3 Blutweiderich, 4 Seerose, 5 Schilf, 6 Rohrkolben, 7 Wasserlilie, 8 Froschlöffel, 9 Hornblatt, 10 Wasserpest, 11 Tausendblatt, 12 Wasserlinse, 13 Stichling, 14 Haubentaucher, 15 Stockente, 16 Graureiher, 17 Gelbrandkäfer, 18 Gelbrandkäferlarven, 19 Libelle, 20 Libellenlarve, 21 Wasserläufer, 22 Rückenschwimmer, 23 Mückenlarven, 24 Wasserfloh, 25 Spitzschlammschnecke, 26 Teichmuschel, 27 Bakterien, Pilze und Einzeller am Boden

1 Beziehungen im See. Ordne die Organismen der Abbildung 1 den Produzenten, Konsumenten und Destruenten zu. Begründe die Zuordnung.

2 Stoffkreislauf und Energiefluss. Erläutere unter Bezug auf die Abbildung 3 und den Grundwissentext den Stoffkreislauf und den Energiefluss im Ökosystem See.

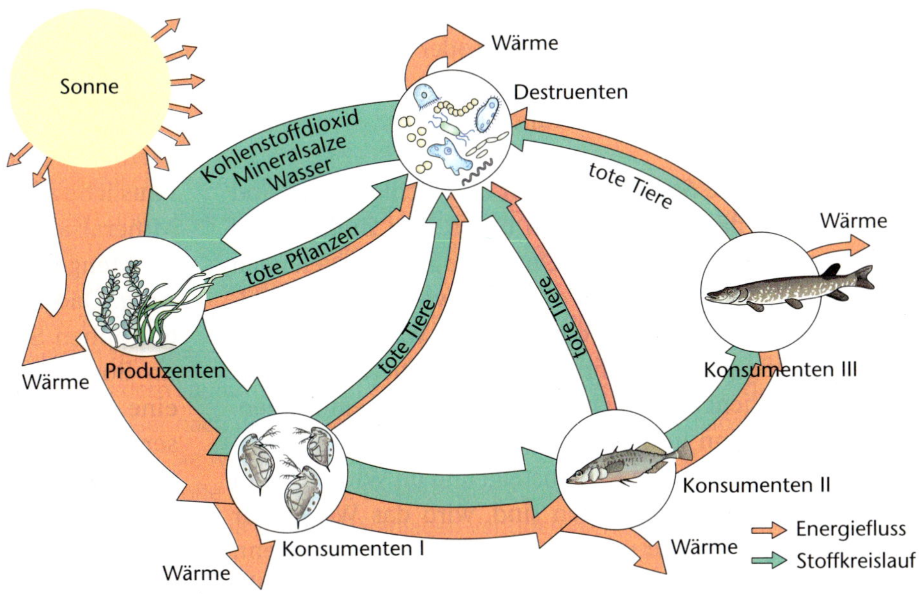

3 *Stoffkreislauf und Energiefluss im See*

4 Nachhaltige Zukunft

4.1 Nachhaltig handeln

1 *Nachhaltigkeit spielt auf individueller, lokaler, regionaler, nationaler und globaler Ebene eine wichtige Rolle für die Zukunft*

Menschen haben bestimmte Bedürfnisse und Ansprüche an ihre Umwelt. Sie bauen Häuser, Dörfer und Städte, um zu wohnen. Menschen wollen arbeiten, ein erträgliches Einkommen erwirtschaften und sich bilden. Dafür benötigen sie Arbeitsstätten, Schulen, Verkehrswege und vieles mehr. Menschen wollen ihre Gesundheit erhalten. Nahrungsmittel, Wasser, Luft und Boden sollten daher unbelastet sein. Menschen müssen sich versorgen, zum Beispiel mit Lebensmitteln aus der Landwirtschaft und Fischerei. Energie in Form von elektrischem Strom oder Benzin werden bei uns täglich eingesetzt. Jeder Mensch benutzt Produkte, die letztlich aus Rohstoffen hergestellt wurden. Menschen nutzen, beeinflussen und verändern ihre Umwelt auf vielfältige Weise. Werden dadurch die Möglichkeiten zukünftiger Generationen beeinträchtigt?

Die Begriffe **„Nachhaltigkeit“** oder **„Nachhaltige Entwicklung“** sind im Zusammenhang mit dieser Frage Schlüsselbegriffe. Eine häufige Definition lautet: Nachhaltig ist eine Entwicklung, die den Bedürfnissen der heutigen Generation entspricht, ohne die Möglichkeiten künftiger Generationen zu gefährden, ihre eigenen Bedürfnisse zu befriedigen. Nachhaltig ist eine Entwicklung also dann, wenn sie nicht auf Kosten zukünftiger Generationen erfolgt. Unter nachhaltigem Wirtschaften versteht man Produktionsmethoden, die einen schonenden Umgang mit den Ressourcen der Erde gewährleisten.

Drei Bereiche spielen für eine nachhaltige Entwicklung eine gleichrangige Rolle. Diese Bereiche bezeichnet man auch als die „drei Säulen der Nachhaltigkeit“.

Umwelt (Ökologie): sorgsamer Umgang und Schutz der Lebensgrundlagen Boden, Wasser und Luft; nachhaltige Forst-, Land- und Fischereiwirtschaft; Erhaltung der biologischen Vielfalt; umweltverträglicher Umgang mit Abfällen und Schadstoffen

Wirtschaft (Ökonomie): Versorgung der Menschen mit Gütern und Dienstleistungen; Teilhabe eines jeden am Arbeitsleben; Entlohnung der Ar-

beit und ausreichende Kaufkraft; effizienter und sparsamer Einsatz von Energie und Ressourcen in der Produktion von Gütern; internationaler Handel und Austausch neuer Technologien
Soziales und Gesundheit: Bekämpfung von Armut und sozialer Benachteligung; Versorgung mit Nahrung, Trinkwasser und Wohnraum; Teilhabe an Ausbildung und Bildung; Steigerung des Wohlstandes; Schutz und Förderung der Gesundheit

Nachhaltigkeit spielt nicht nur auf globaler Ebene eine Rolle (Abb. 1). Jeder Einzelne kann sich in seinem Alltag im Sinne einer nachhaltigen Entwicklung verhalten, zum Beispiel beim Konsum und in der Freizeit. Auch eine Schule kann ein Ort sein, an dem Nachhaltigkeit zum festen Bestandteil des Schullebens werden kann (Abb. 2).

Checkliste für nachhaltige Klassenfahrten

Ökonomische Kriterien: Transportkosten, Übernachtungskosten, Verpflegungskosten und sonstige Kosten der verschiedenen Fahrtziele werden verglichen und bewertet.
Soziale und gesundheitliche Kriterien: Qualität der Unterkünfte und der jeweiligen Verpflegung, die Möglichkeiten zu Gruppenaktivitäten und zu Kontakten mit der Bevölkerung werden verglichen und bewertet.
Ökologische Kriterien: Die Entfernungen der verschiedenen Reiseziele, die Art des Transportmittels und der Verbrauch an fossilen Brennstoffen, die Verpflegung (Vollwertkost) und die Möglichkeit zu Naturerfahrungen vor Ort werden verglichen und bewertet.

2 *Beispiel: Planung einer nachhaltigen Klassenfahrt*

Projektarbeit

Das Thema „Nachhaltigkeit" bietet eine Fülle von Unterthemen, die gut geeignet sind, um sie in der Schule in Form eines Projektes zu erarbeiten.
Unter Projektarbeit versteht man eine Methode, die besonders bei vielschichtigen, komplexen und meistens mehrere Fächer betreffenden Themen angewandt werden kann. Charakteristisch für Projektarbeit ist, dass die Teilnehmer und Teilnehmerinnen in hohem Maße die Organisation und Verantwortung für die Durchführung selbst übernehmen. Arbeitsteilung und Kooperation spielen daher in der Projektarbeit eine große Rolle. Jedes Projekt hat klar festgelegte Ziele. Die Ergebnisse der Projektarbeit werden präsentiert.

1. Vorbereitung der Projektarbeit und Bildung von Arbeitsgruppen. In dieser Phase werden Inhalte, Problemstellungen, Anregungen und Ideen zum Thema gesammelt und dann in Unterthemen geordnet. Zu den Unterthemen werden eine oder mehrere Arbeitsgruppen gebildet.

2. Planung der Projektarbeit in Gruppen. Innerhalb der einzelnen Arbeitsgruppen wird das Ziel der Projektarbeit und der Arbeitsplan, der zu diesem Ziel führt, festgelegt. Leitfragen in dieser Phase sind: Was wollen wir? Wie lange brauchen wir? Welche Materialien brauchen wir? Welche Informationsquellen stehen zur Verfügung?

3. Durchführung der Projektarbeit in Arbeitsgruppen. Der Arbeitsplan wird ausgeführt. Informationen zum Thema werden gesammelt und aufgearbeitet. Die Materialien für die nächste Phase werden erstellt. Je nach Thema und Arbeitsplan können Erkundungen, Interviews, Versuche, Befragungen sowie das Erstellen einer Fotosammlung oder eines Videofilms dazugehören.

4. Vorstellen der Projektergebnisse. Die einzelnen Arbeitsgruppen stellen Ihre Ergebnisse vor. Eine Zusammenfassung der Ergebnisse wird den anderen Arbeitsgruppen zur Verfügung gestellt. Wenn möglich, werden die Ergebnisse des gesamten Projektes in der Schule präsentiert und der örtlichen Presse vorgestellt.

4.2 Waldgeschichte: Vom natürlichen Wald zur Waldwirtschaft

1 *Holzversorgung im Mittelalter*

2 *Wald als Weide für Schweine (um 1416)*

Die typische Vegetation in Mitteleuropa ist Wald. Ohne Einwirkung des Menschen entwickelte sich ein Urwald. Der Einfluss des Menschen auf den Wald im Laufe der Geschichte war aber so groß, dass heute in Mitteleuropa nirgendwo mehr Urwald zu finden ist.

In der Jungsteinzeit wurden Waldflächen gerodet und auf diesen Rodungsflächen für einige Jahre Ackerbau betrieben. Danach zogen die Menschen weiter, um anderswo Waldflächen zu roden. Am Ende der Völkerwanderungszeit um 600 n. Chr. lag das Verhältnis von Wald zu offenem Land bei 70:30. Im 13. Jahrhundert hatte sich dieses Verhältnis auf etwa 30:70 umgekehrt. In der Zeit von 1300 bis 1650 nahm die Bevölkerungsdichte durch Kriege und Seuchen wie die Pest ab und die Waldfläche nahm geringfügig wieder zu. Bis zum Beginn des 19. Jahrhunderts kam es durch den starken Anstieg der Bevölkerung zu einer verstärkten Nutzung des Waldes. Die Waldfläche ging stark zurück.

Bis zum Aufkommen der Kohle im 19. Jahrhundert war Holz das wichtigste Brennmaterial und ein bedeutender Werkstoff. Der Bedarf an Holz als Brennholz zum Kochen und Heizen, für Häuser, Schiffe, Bergwerke, Glashütten, Salzsiedereien, Kalkbrennereien und zur Herstellung von Holzkohle stieg beständig. Außerdem wurde der Wald intensiv als Weide für Schweine, Rinder, Pferde und Ziegen genutzt. Durch den Viehverbiss lichteten sich die Wälder, weil vor allem die jungen Bäume gefressen wurden. Außerdem entnahmen die Menschen dem Wald Laub, das als Stalleinstreu diente, sowie Eicheln und Bucheckern als Tierfutter. Damit wurden dem Wald Mineralsalze entzogen.

Bis ins 18. Jahrhundert hinein wurde der Wald derart übernutzt, verwüstet und zurückgedrängt, dass man von einer großen Umweltkatastrophe, der Waldverwüstung, sprechen kann. In dieser Situation begann man, die Nutzung des Waldes als Waldweide einzustellen und ehemalige Waldflächen planmäßig wieder aufzuforsten, zunächst mit Nadelhölzern wie Fichte und Kiefer. In den letzten Jahrzehnten des 20. Jahrhunderts wurde durch das Anpflanzen von Mischwäldern der Wald wiederum verändert. Bei dieser neuen Form der Waldwirtschaft bemüht man sich, Wälder so zu bewirtschaften, dass ihr Wert für Menschen und andere Lebewesen für die Zukunft erhalten bleibt. Dies nennt man **naturnahe Waldwirtschaft.**

1 Waldgeschichte in Bildern. Lies den Text auf der Grundwissenseite. Betrachte dann die Abbildungen 1 bis 4. Beschreibe, auf welche Weisen der Wald von Menschen beeinflusst und genutzt wurde. Beachte dabei die Jahresangaben der Bilder.

2 Bevölkerungsentwicklung und Waldnutzung im Mittelalter. Stelle anhand des Textes der Grundwissenseite und der Abbildung 5 mögliche Zusammenhänge zwischen Bevölkerungsentwicklung und Waldnutzung her. Begründe deine Vermutungen.

3 *Altersgleicher Kiefernbestand (Caspar David Friedrich, 1820)*

4 *Kalkbrennerei um 1865, aus kalkhaltigem Gestein wurde Kalk zum Düngen und für den Hausbau gewonnen*

3 Naturnahe Waldwirtschaft. In der Abbildung 6 sind einige Kriterien für naturnahe Waldwirtschaft genannt. Was wäre zu tun, um eine Nadelwaldmonokultur im Verlauf von Jahrzehnten in einen naturnahen Wald zu überführen. Beschreibe die notwendigen Schritte und ihre Abfolge.

4 Endungen von Ortsnamen. Auf Rodungsflächen gegründete Siedlungen aus der Zeit vom 6. bis 13. Jahrhundert geben sich durch Endungen wie -ingen, -heim, -hausen oder -ried, -reuth, -rode zu erkennen. Notiere mithilfe einer Atlaskarte mindestens fünf verschiedene Orte mit einer dieser Endungen. Wo treten sie besonders häufig auf?

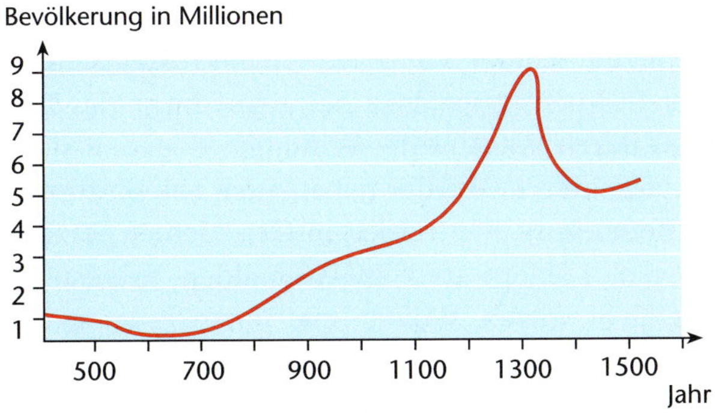

5 *Bevölkerungsentwicklung im Mittelalter*

- Förderung der Artenvielfalt,
- Förderung von Mischwald mit verschiedenen Höhenstufen (strukturreicher Mischwald),
- Bevorzugung natürlicher Verjüngung, keine Kahlschläge, Erhalt von Totholz,
- allmähliche Umwandlung von Nadelbaummonokulturen in naturnahen Wald,
- Einsatz von heimischen Baumarten bei neuen Pflanzungen.

6 *Elemente und Ziele naturnaher Waldwirtschaft*

4.3 Bedeutung des Waldes für den Menschen

1 *Eine Landschaft a) 1988 und b) 1995*

Wälder haben einen hohen Wert für Menschen. Ihr Wert ergibt sich aus der wirtschaftlichen, gesundheitlichen, ökologischen und kulturellen Bedeutung. Zur **wirtschaftlichen Bedeutung** gehört, dass im Wald Holz als Rohstoff für Papier, Möbel und Bauten gewonnen wird. Mehrere hunderttausend Arbeitsplätze sind direkt oder indirekt mit der Verarbeitung des Rohstoffes Holz verknüpft. Außerdem ist Holz ein umweltfreundlicher, regenerierbarer Energieträger. Größere Waldregionen haben als Tourismusgebiete erhebliche wirtschaftliche Bedeutung. Eine **gesundheitliche Bedeutung** haben Wälder, weil sie von Menschen für die Erholung genutzt werden. Sie finden dort Ruhe, Entspannung und Naturerleben. Hecken und Wälder schützen vor Lärm. Wälder sind für den Naturhaushalt der Landschaft sehr wichtig. Man spricht von ihrer **ökologischen Bedeutung.** In den Blättern wird durch Fotosynthese Sauerstoff freigesetzt und Kohlenstoffdioxid gebunden. Ein Laubbaum von etwa fünf Meter Kronendurchmesser produziert im Jahr als Überschuss ungefähr so viel Sauerstoff, wie ein Mensch im selben Zeitraum benötigt. Wälder wirken wie ein Staubfilter. Herangewehte Staubteilchen werden auf den Blättern festgehalten und beim nächsten Regen abgespült. So trägt der Wald zur Reinhaltung der Luft bei. Deshalb werden Wälder auch als „Grüne Lunge" bezeichnet. Der Waldboden sorgt als natürlicher Filter für eine gute Qualität des Grundwassers. Viele Gebiete, die zur Trinkwassergewinnung genutzt werden, sind bewaldet. Wälder verringern die Gefahr von Hochwasser, weil sich der Waldboden nach heftigen Regenfällen oder nach der Schneeschmelze wie ein Schwamm vollsaugt und das überschüssige Wasser erst allmählich wieder abgibt. Außerdem wirken Hecken und Wälder ausgleichend auf die örtliche Temperatur. Beim Verdunsten von Wasser wird der Umgebung Wärme entzogen. An heißen Tagen ist es in einem Wald angenehm kühl. In den Bergen schützen Wälder vor Lawinen und Steinschlag. Der Bewuchs trägt dazu bei, den Abtrag des Bodens durch Wasser oder Wind, die Bodenerosion, zu vermindern. Wälder haben auch eine **kulturelle Bedeutung.** Sie werden in Geschichten, Erzählungen, Liedern und auf Gemälden dargestellt. Vielfach prägen Wälder die Vorstellungen, die Menschen von ihrer typischen Heimatlandschaft haben. In Brauchtum, Heimatgeschichte und Heimatkultur spielen Wälder eine Rolle.

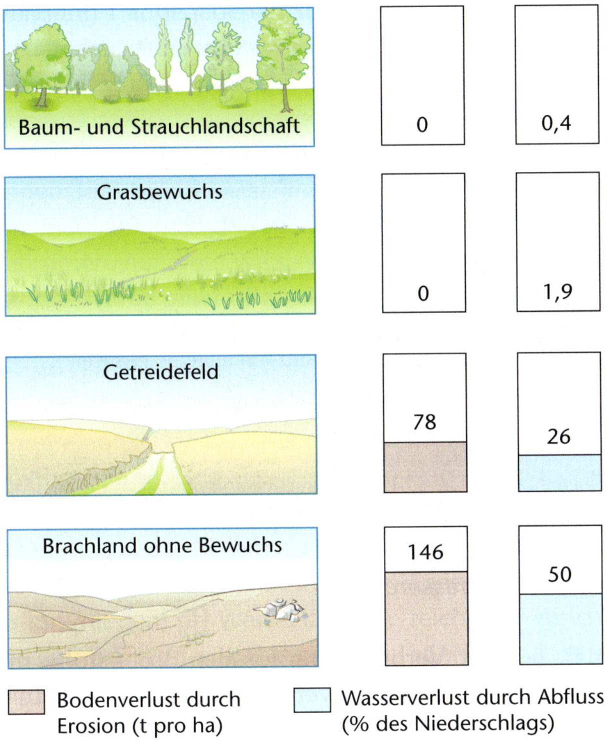

2 *Bodenerosion und Wasserverlust*

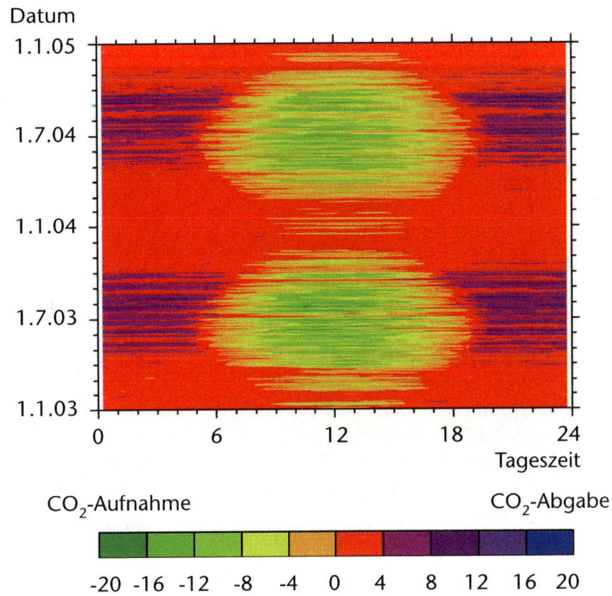

Die Farben geben die Aufnahme bzw. Abgabe von CO_2 in einem Fichtenwald pro Quadratmeter und Zeiteinheit an. Bei negativen Zahlen überwiegt die CO_2-Aufnahme, bei positiven Zahlen die Abgabe an die Umgebung.

3 *Bedeutung eines Fichtenwaldes für die Kohlenstoffdioxid-Bindung*

1 Vergleich zweier Landschaftsaufnahmen. Betrachte Abbildung 1 und beschreibe die Unterschiede. Welche Folgen könnten sich aus der Landschaftsveränderung ergeben?

2 Mindmap „Bedeutung des Waldes". Lies den Grundwissentext mindestens zweimal aufmerksam durch. Schlage dann das Buch zu und erstelle eine Mindmap zum Thema „Bedeutung des Waldes". Erläutere deine Mindmap.

3 Bodenerosion. Setze die Angaben in Abbildung 2 in eine geeignete Tabelle um. Vergleiche die Angaben und formuliere zusammenfassend ein Ergebnis.

4 Wälder, Kohlenstoffdioxid und Sauerstoff.

a) Werte die Abbildung 3 in Hinblick auf die Bedeutung eines Waldes für den Kohlenstoffdioxid-Austausch umfassend aus. Beachte dabei die Vorgänge bei Atmung und Fotosynthese.

b) Welche Folgerungen lassen die Angaben in Abbildung 3 hinsichtlich der Sauerstoff-Freisetzung zu?

5 Oberflächentemperaturen. Vergleiche die Kurvenverläufe in Abbildung 4. Begründe den Verlauf der Kurve „Wald".

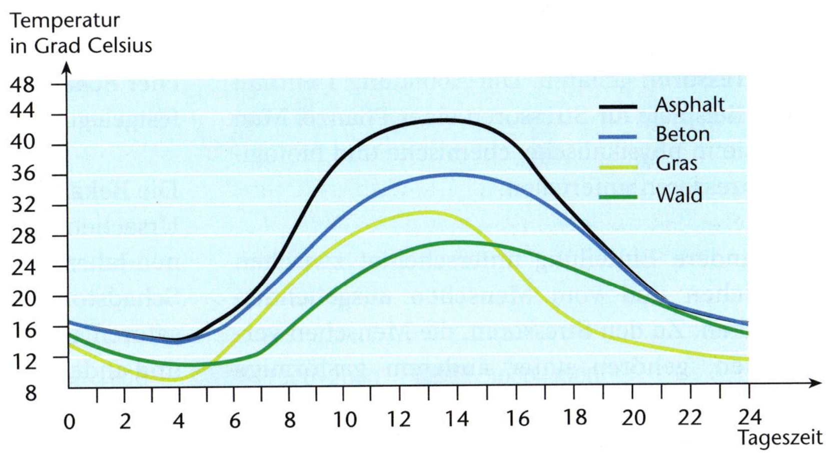

4 *Oberflächentemperaturen an einem wolkenlosen Sommertag*

4.5 Tropischer Regenwald in Gefahr

1 *Tropisches Regenwaldhaus, Hannover*

2 *Stockwerkaufbau des Regenwaldes*

Der tropische Regenwald beiderseits des Äquators mit seinen ganzjährig hohen Temperaturen und Niederschlägen ist der artenreichste Lebensraum der Erde (Abb. 1, 2). In ihm leben mehr als fünfzig Prozent aller weltweit bekannten Tier- und Pflanzenarten. Der Artenreichtum hängt auch damit zusammen, dass sich der tropische Regenwald in Millionen von Jahren bei gleich bleibendem Klima ungestört entwickeln konnte. In den ganzjährig grünen tropischen Regenwäldern findet man das ganze Jahr über neben blühenden Pflanzen einer Art auch solche, die bereits Früchte tragen.

Am Boden des tropischen Regenwaldes ist es immer dämmrig. Die Pflanzen konkurrieren daher besonders um Licht. Urwaldriesen mit sechzig Metern Höhe, Kletterpflanzen im Bereich der Stämme und Aufsitzer-Pflanzen im Kronenbereich sind Spezialisten im Streben nach Licht. Wegen der hohen Temperaturen und der hohen Feuchtigkeit werden abgestorbene Pflanzenteile am Boden sehr rasch abgebaut und zersetzt. Die dabei freigesetzten Mineralsalze werden sofort von den Pflanzen aufgenommen. Man spricht von einem „schnellen Stoffkreislauf" im tropischen Regenwald. Der größte Teil der Mineralsalze befindet sich in der Biomasse der Pflanzen, nur sehr wenig in der nur dünnen Humusschicht des Bodens. Die Böden tropischer Regenwälder sind wasserdurchtränkt und arm an Mineralsalzen und Sauerstoff.

Tropische Regenwälder sind stark gefährdet. Mehr als die Hälfte des ursprünglichen Regenwaldes ist bereits vernichtet. Verbreitet ist die **Brandrodung** für Wanderfeldbau, bei der ein bestimmtes Regenwaldgebiet abgebrannt wird. Die Mineralsalze aus der abgebrannten Biomasse düngen den Boden für ein paar Jahre. Der entwaldete Boden ist jedoch schutzlos den hohen Niederschlägen ausgesetzt und die dünne Humusschicht wird rasch abgetragen. Dann bringt der an Mineralsalzen verarmte Boden kaum noch Ertrag und eine neue Fläche wird brandgerodet. Das hohe Bevölkerungswachstum fördert diese Entwicklung. Aber auch durch das illegale Abholzen wertvoller Hölzer wie Teak, Mahagoni und Ebenholz, durch die Anlage von großen Plantagen für Kakao, Bananen, Kaffee, Zuckerrohr und Soja sowie durch Straßenbau und Besiedlung vernichtet der Mensch den tropischen Regenwald.

1 **Vergleich: Tropischer Regenwald – mitteleuropäischer Wald.** Vergleiche mithilfe des Grundwissentextes sowie der Abbildungen 1,2 und 3 in tabellarischer Form den tropischen Regenwald mit einem mitteleuropäischen Wald. Überlege vorab, nach welchen Gesichtspunkten du den Vergleich durchführen willst.

2 **Stoffkreislauf.** Erläutere und vergleiche anhand der Abbildung 4 und des Grundwissentextes den Stoffkreislauf im tropischen Regenwald mit dem Stoffkreislauf nach Umwandlung des Regenwaldes in landwirtschaftliche Nutzfläche.

3 **Brandrodung und Wanderfeldbau.**
a) Erläutere anhand des Grundwissentextes das Prinzip des Wanderfeldbaus durch Brandrodung.
b) Über viele Jahrhunderte blieb der Schaden durch Wanderfeldbau für den tropischen Regenwald gering, weil kleine Flächen gerodet und ehemalige Felder gar nicht oder erst nach langen Zeiträumen wieder brandgerodet wurden. Heute ist die Gefährdung des tropischen Regenwaldes durch Brandrodung sehr groß. Nenne Gründe dafür.

Während der tropische Regenwald bei Jahresdurchschnittstemperaturen von 25 bis 27 Grad Celsius wächst, betragen die Durchschnittstemperaturen im mitteleuropäischen Wald etwa 7 Grad Celsius. Auch die Niederschläge und die Luftfeuchtigkeit sind im mitteleuropäischen Wald bei weitem nicht so hoch wie im tropischen Regenwald. Der Einfluss der Jahreszeiten auf unsere Wälder macht sich unter anderem beim Blattaustrieb, beim Blühen, bei der Fruchtbildung und beim Blattfall bemerkbar. Mitteleuropäische Wälder sind nicht so artenreich wie tropische Regenwälder. Mitteleuropäische Wälder sind im Verlauf der letzten 10 000 Jahre nach der letzten Eiszeit entstanden. Sie sind vom Menschen bis auf winzige Reste so stark genutzt und beeinflusst worden, dass man nicht mehr von einem Naturwald, sondern von einem Kulturwald sprechen muss. Sowohl das Wachstum der Bäume als auch der Abbau abgestorbener Pflanzenteile verlaufen ziemlich langsam. Man spricht deshalb beim mitteleuropäischen Wald von einem „langsamen Stoffkreislauf". Die Böden sind im Vergleich zum tropischen Regenwald gut durchlüftet und reich an Mineralsalzen. Die Humusschicht ist dick und speichert den größten Teil der Mineralsalze.

3 *Vergleich: Regenwald und mitteleuropäischer Wald*

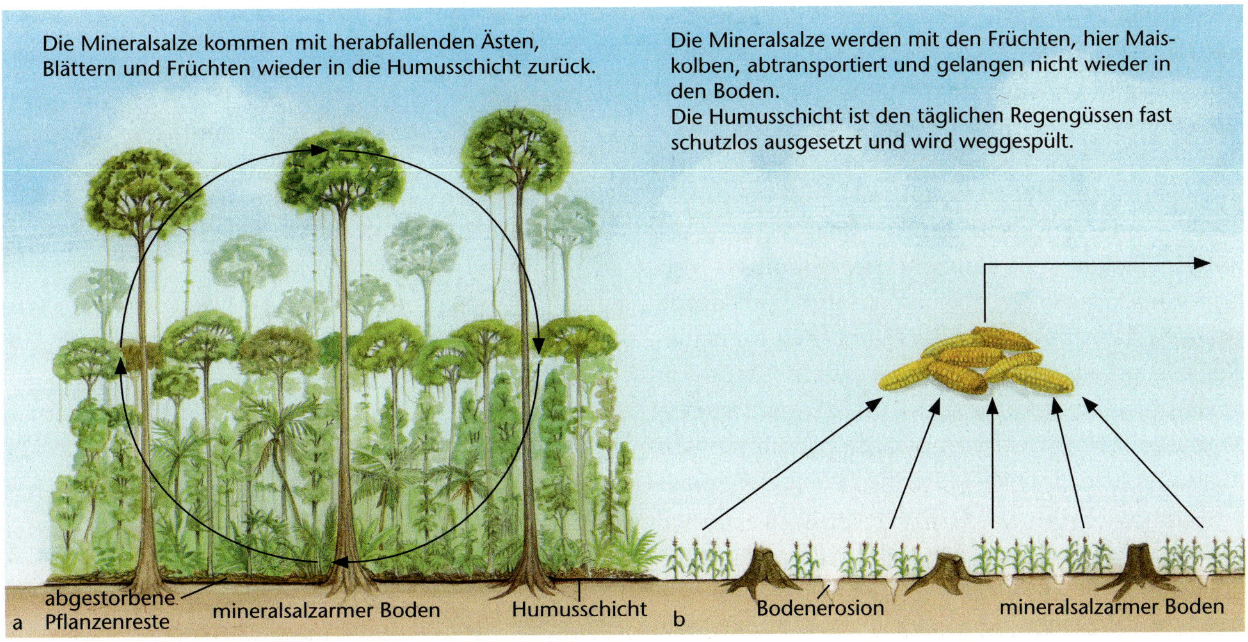

4 *a) Stoffkreislauf im tropischen Regenwald und b) nach Umwandlung in landwirtschaftliche Nutzfläche*

Mathematische Verfahren verdeutlichen ökologische Zusammenhänge

1 *Ein Plakat*

Der ökologische Fußabdruck

Das Leben eines jeden Menschen benötigt Platz: Wohnraum, Straßen, Arbeitsplätze, Schulen, aber auch Platz für Müllentsorgung. Der Baum, aus dessen Holz ein Stuhl gefertigt wurde, brauchte Platz. Die Kakaopflanze, die den Kakao des Schulfrühstücks lieferte, benötigte Platz, ebenso wie Obst- und Gemüsepflanzen oder Baumwollpflanzen, aus deren Früchten der Rohstoff für Jeans gewonnen wird. Auch der Einsatz fossiler Energieträger benötigt Flächen für Pflanzen, die das durch Verbrennung freigesetzte Kohlenstoffdioxid durch Fotosynthese binden. Alle Güter des täglichen Bedarfs nehmen direkt oder indirekt Fläche in Anspruch. Der „ökologische Fußabdruck“ ist eine Methode, mit der näherungsweise berechnet werden kann, wie viel Fläche für die Herstellung eines bestimmten Produkts benötigt wird. Aus diesen Daten kann man den ökologischen Fußabdruck eines Menschen berechnen. Das ist die Fläche, die nötig ist, um einen einzelnen Menschen ein Jahr lang mit allen Gütern zu versorgen. Der ökologische Fußabdruck lässt sich nicht nur für einzelne Menschen, sondern auch für Nationen ermitteln (Abb. 3). Meistens wird der ökologische Fußabdruck der tatsächlich vorhandenen nutzbaren Fläche gegenübergestellt.

Der ökologische Rucksack

Der Begriff „ökologischer Rucksack“ bezeichnet die gesamte Masse der Stoffe aus der Natur, die für die Herstellung, den Transport, die Benutzung eines Produktes und schließlich die Entsorgung, das heißt für die gesamte Produktkette, verbraucht wurden (Abb. 5). In die Berechnung des ökologischen Rucksacks geht unter anderem die Masse von Rohstoffen (z. B. Eisenerz, Erdöl, Sand, Holz, Baumwolle), Wasser (z. B. für Bewässerung in der Landwirtschaft oder technische Vorgänge in Fabriken) sowie Luft (z. B. für Verbrennungsprozesse und chemische Reaktionen) ein.

Holzstuhl „Förstertraum“ Material: Fichtenholz Gewicht: 5 kg Geschätzte Lebensdauer: 20 Jahre Naturverbrauch pro kg Fichtenholz: 5,5 kg	**Stahlstuhl „Manufaktum“** Material: Stahl Gewicht: 7 kg Geschätzte Lebensdauer: 20 Jahre Naturverbrauch pro kg Stahl: 8,1 kg

Aluminiumstuhl „LightLife“ Material: Aluminium Gewicht: 4 kg Geschätzte Lebensdauer: 10 Jahre Naturverbrauch pro kg Aluminium: 19 kg	**Plastikstuhl „Gartenkönig“** Material: Polyethylen (PE) Gewicht: 5 kg Geschätzte Lebensdauer: 20 Jahre Naturverbrauch pro kg Polyethylen: 5,5 kg

2 *Vier Stühle*

Methode

1 „... als hätten wir *vier* Erden ...". Erläutere anhand der Abbildung 1, was mit der Aussage „... als hätten wir vier Erden ..." gemeint sein könnte.

2 Ökologischer Fußabdruck.
a) Erstellt anhand der Angaben in Abbildung 3 eine Reihenfolge derjenigen zehn Güter, die in Kanada den höchsten Flächenbedarf haben.

b) Stellt Vermutungen darüber an, durch welche Faktoren der ökologische Fußabdruck eines Inders von dem eines Kanadiers abweicht (Abb. 3).

3 Vier Stühle und ihr ökologischer Rucksack. Berechne den ökologischen Rucksack der vier Stühle in Abbildung 2. Inwiefern muss die Lebensdauer der vier Stühle in die Bewertung einbezogen werden?

Güter	Energie aus fossilen Rohstoffen	Siedlung	Acker	Weide	Wald	Gesamt
1. Nahrung	**0,33**		**0,48**	**1,91**	**0,02**	
1.1 pflanzlich	0,14		0,22		0,01	
1.2 tierisch	0,19		0,25	1,91	0,01	
2. Wohnen	**0,41**	**0,08**			**0,90**	
2.1 Bau	0,06				0,75	
2.2 Betrieb	0,35				0,15	
3. Transport	**0,79**	**0,12**			**0,04**	
3.1 privat	0,60					
3.2 öff. Verkehrsmittel	0,07					
3.3 Güterverkehr	0,12					
4. Konsumgüter	**0,53**	**0,01**	**0,04**	**0,13**	**0,50**	
4.1 Verpackung	0,10				0,04	
4.2 Kleidung	0,11		0,01	0,13		
4.3 Möbel, Holzprodukte	0,06				0,26	
4.4 Papier	0,06				0,17	
4.5 Tabak, Alkohol	0,06			0,03		
4.6 Kosmetik, Pflegeartikel	0,03				0,01	
4.7 Freizeitartikel	0,10				0,02	
4.8 sonstige Güter	0,01					
5. Dienstleistungen	**0,30**	**0,01**				
5.1 Regierung, Militär	0,06					
5.2 Ausbildung	0,08					
5.3 Gesundheitswesen	0,08					
5.4 Tourismus	0,01					
5.5 Unterhaltung	0,01					
5.6 Bank, Versicherung	0,01					
5.7 sonst. Dienstleistungen	0,05					
Kanadier (insgesamt)	2,36	0,22	0,52	2,04	1,46	6,60
zum Vergleich: ein Inder	0,09	0,01	0,12	0,15	0,22	0,59

3 *Daten zum ökologischen Fußabdruck eines Kanadiers in Hektar*

Material	kg je kg Material
Baumwolle	16,5
Stahl	8,1
Messing	185,0
Aluminium	19,0
Polyethylen (PE)	2,5
Kunststoff-Mischung	5,5
Kunstfaser	8,1
Holz (Fichte)	5,5

4 *Ökologische Rucksäcke für Materialien*

Ökologische Rucksäcke für	kg je kg Material
Jeans	32
Laptop	430
Zahnbürste	1,5
Kaffeemaschine	300
12 Weingläser	6
Banküberweisung (traditionell)	2,7
Banküberweisung (online)	1,1
Musik-CD herunterladen	0,7
Musik-CD Online-Bestellung	1,3
Musik-CD Kauf im Laden	1,7

5 *Beispiele für ökologische Rucksäcke*

4.6 Der Kohlenstoff-Kreislauf

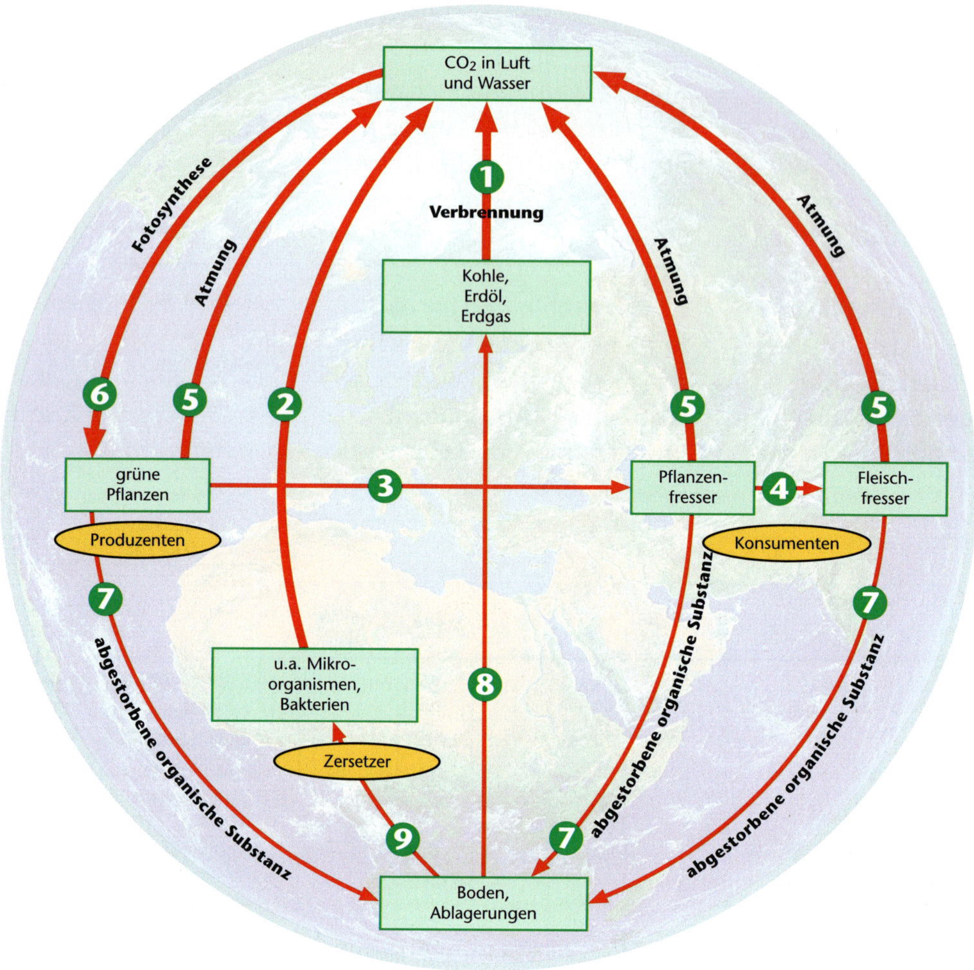

1 *Kohlenstoff-Kreislauf*

Kohlenstoff ist ein Element, das in allen Lebewesen enthalten ist. Grüne Pflanzen nehmen Kohlenstoffdioxid bei der Fotosynthese ( ) auf und bilden mithilfe der Lichtenergie Glucose, andere Kohlenhydrate, Fette und Proteine. Weil grüne Pflanzen organische Stoffe selbst herstellen können, nennt man sie auch Produzenten.

Wenn Pflanzen gefressen werden, gelangt kohlenstoffhaltige Substanz in den Körper von Pflanzenfressern ( ) und im weiteren Verlauf der Nahrungskette auch in den Körper von Fleischfressern ( ). Tiere und Menschen nehmen mit der Nahrung, die kohlenstoffhaltige organische Substanz auf. Sie sind die Konsumenten unter den Lebewesen. Bei der Atmung von Menschen, Tieren ( ) und von Pflanzen ( ) wird Kohlenstoffdioxid freigesetzt. Abgestorbene Tiere ( ) und Pflanzen ( ) bilden Ablagerungen. Die organische Substanz in Ablagerungen, zum Beispiel abgefallenen Blättern, wird von Mikroorganismen zersetzt ( ). Zu den Zersetzern gehören unter anderem Bakterien. Die Zersetzer geben bei ihrer Tätigkeit Kohlenstoffdioxid ab ( ).

Aus sehr alten Ablagerungen, zum Beispiel von Wäldern, sind im Laufe von vielen Millionen Jahren fossile Brennstoffe wie Kohle, Erdöl und Erdgas entstanden ( ). Bei ihrer Verbrennung wird Kohlenstoffdioxid freigesetzt ( ). Dieses aus fossilen Brennstoffen freigesetzte Kohlenstoffdioxid trägt zur langsamen Erwärmung der Erdatmosphäre bei.

1 Kohlenstoff-Kreislauf. Schreibe den Text auf der Grundwissen-Seite ab und setze in die Klammern die richtigen Ziffern aus Abbildung 1.

2 Kohlenstoff-Flüsse auf der Erde. Ordne in einer Tabelle die in Abbildung 3 dargestellten jährlichen Kohlenstoff-Flüsse nach der Reihenfolge der umgesetzten Masse.

3 Kohlenstoffdioxid und Treibhauseffekt. Lies den Text in Abbildung 4. Beschreibe den natürlichen und den zusätzlichen Treibhauseffekt.

4 Kohlenstoffdioxid und Familie Mustermann. Diskutiert Möglichkeiten der Familie Mustermann, ihre Kohlenstoffdioxid-Emissionen zu verringern (Abb. 2).

5 Zusammenhänge zwischen Fotosynthese und Atmung, Erdgeschichte und Bildung einer Sauerstoff-Atmosphäre sowie Kohlenstoffdioxid-Haushalt der Erde. Erstelle zu diesem Thema ein Referat. An verschiedenen Stellen in diesem Buch findest du Informationen dazu.

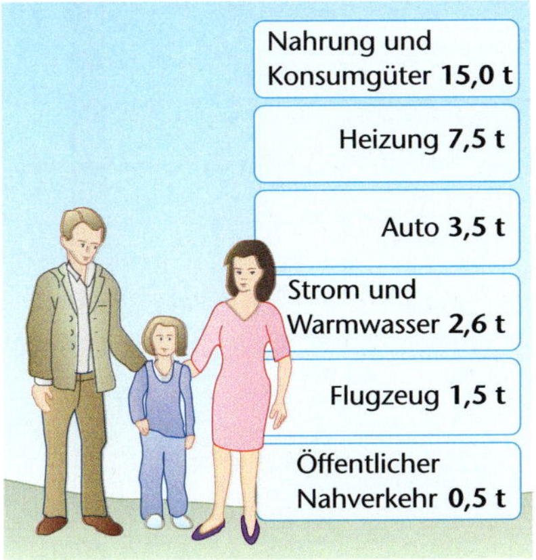

2 *Jährliche Kohlenstoffdioxid-Emissionen der Mustermanns*

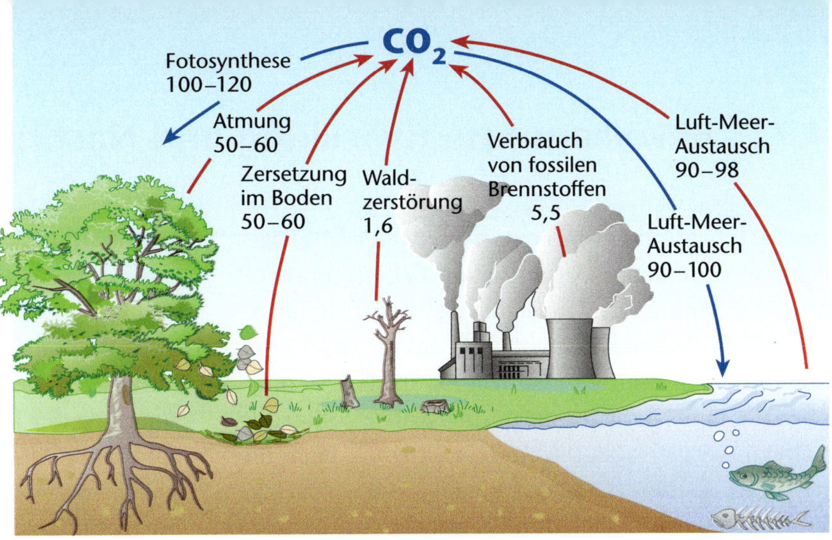

3 *Globale jährliche Kohlenstoff-Flüsse (Angaben in Gigatonnen, eine Gigatonne ist eine Milliarde Tonnen)*

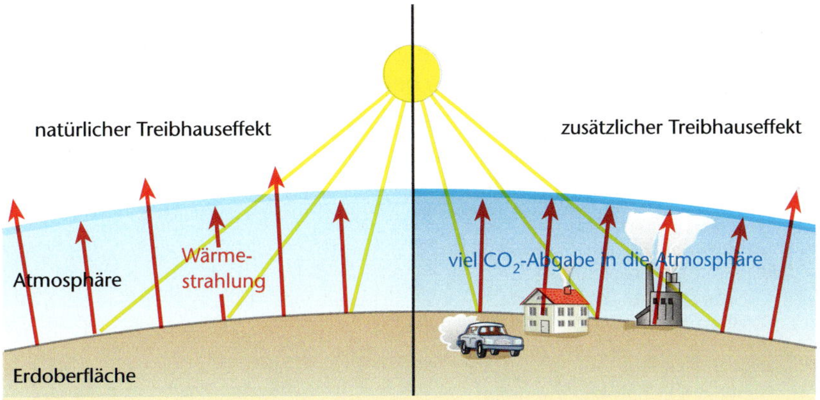

Unter Treibhauseffekt versteht man den Einfluss bestimmter Gase in der Erdatmosphäre auf die Temperatur in der Atmosphäre. Das kurzwellige Sonnenlicht durchdringt relativ leicht die Atmosphäre und wird an der Erdoberfläche absorbiert. Dabei wird die Lichtenergie größtenteils in Wärmeenergie umgewandelt. Diese von der Erdoberfläche wieder abgegebene Wärmestrahlung kann jedoch nicht vollständig in den Weltraum entweichen. Hauptsächlich Wasserdampf und Kohlenstoffdioxid sowie einige andere Gase in der Atmosphäre halten die Wärmestrahlung zurück. Weil auch in einem Glastreibhaus kurzwellige Sonnenstrahlung durch das Glas hineinkann, die erwärmte Luft aber nicht herausgelangt, spricht man von einem Treibhauseffekt.
Bei der Verbrennung von Kohle, Erdöl und Erdgas gelangt Kohlenstoffdioxid in die Atmosphäre. Die Zunahme der Konzentration an Kohlenstoffdioxid und anderen Gasen verstärkt den natürlichen Treibhauseffekt. Man spricht von einem zusätzlichen Treibhauseffekt, der durch den Menschen verursacht wird. Der zusätzliche Treibhauseffekt trägt zur allmählichen Erwärmung der Erdatmosphäre bei – mit schwerwiegenden Folgen für die Menschheit.

4 *Treibhauseffekt*

4.7 Bevölkerungsentwicklung und Nachhaltigkeit

Im 20. Jahrhundert fand ein in der Menschheitsgeschichte einmaliger Vorgang statt. Lebten um 1900 etwa 1,6 Milliarden Menschen auf der Erde, überschritt die Weltbevölkerung im Jahre 1999 erstmals die 6-Milliarden-Grenze. Damit hat sich innerhalb eines Jahrhunderts die Weltbevölkerung nahezu vervierfacht (Abb. 1). Obwohl sich die jährliche Zunahme abgeschwächt hat, wird die Weltbevölkerung nach den Prognosen für die erste Hälfte des 21. Jahrhunderts weiter wachsen (Abb. 1). Das aktuelle Bevölkerungswachstum findet zu 95 Prozent in den Entwicklungsländern statt, die einen hohen Anteil junger Menschen an ihrer Gesamtbevölkerung haben. Zugleich verbrauchen die Industrieländer, die bei sehr geringer Geburtenrate und hoher Lebenserwartung einen hohen Anteil Älterer haben, den weitaus größten Teil der Rohstoffe und fossilen Energieträger.

Nachhaltige Entwicklung verbindet wirtschaftliche Entwicklung zur Überwindung von Hunger und Armut sowie die Schaffung sozialer, menschlicher Lebensbedingungen mit dem Erhalt der natürlichen Lebensgrundlagen. Daher stellt die Entwicklung der Bevölkerung und ihre ungleiche Verteilung die Bemühungen um Nachhaltigkeit vor große Herausforderungen, zum Beispiel bei der Frage nach der Ernährung der Weltbevölkerung und der Energieversorgung. Weitere Problemfelder sind unter anderem der Mangel an Wasser und an landwirtschaftlich nutzbarer Fläche in vielen Entwicklungsländern. Fachleute schätzen, dass bis zum Jahre 2025 ungefähr 40 Prozent der Weltbevölkerung an Wassermangel leiden wird.

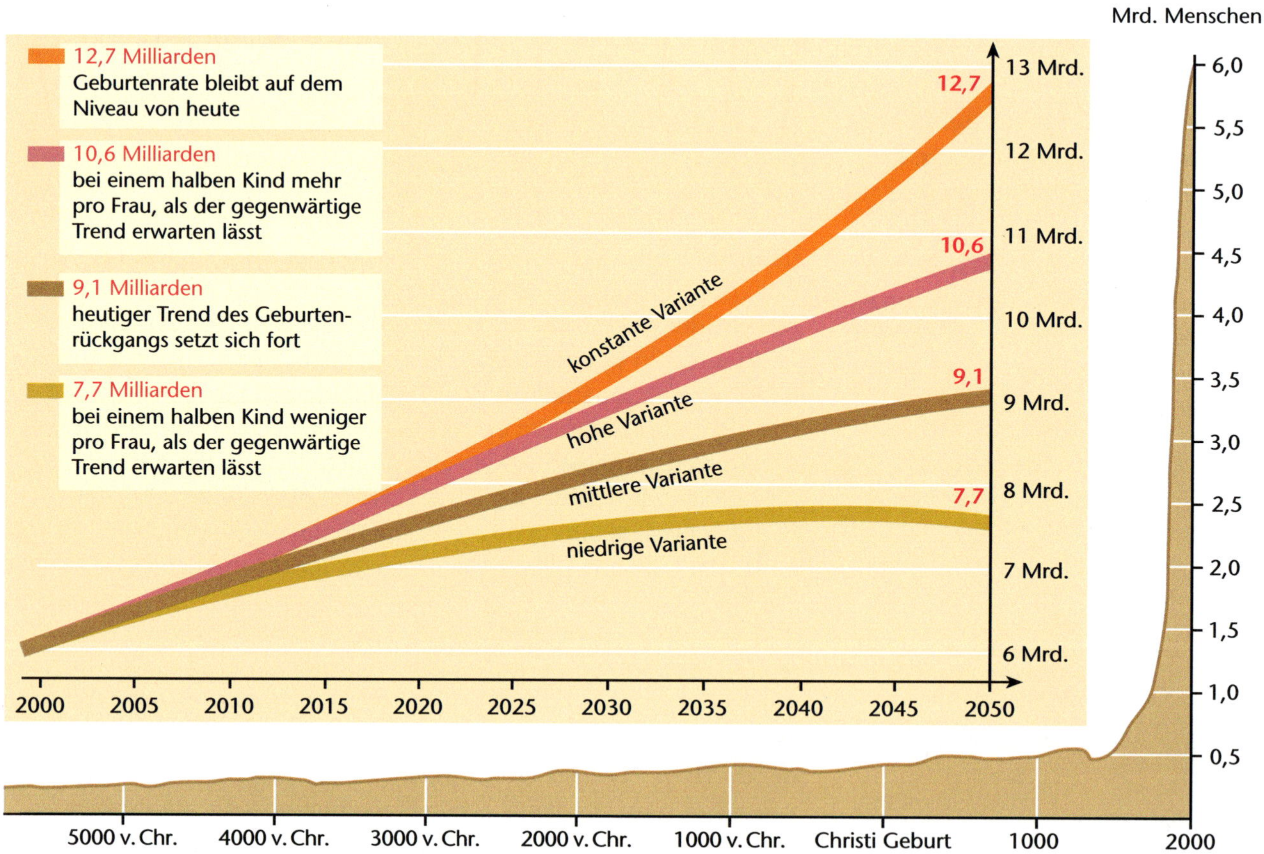

1 *Bevölkerungsentwicklung auf der Erde bis zum Jahr 2000 und verschiedene Prognosen für die Entwicklung bis 2050*

1 Globale Bevölkerungsentwicklung. Beschreibe die Kurve der Bevölkerungsentwicklung (Abb. 1). Diskutiert mögliche Gründe für den enormen Anstieg im letzten Jahrhundert.

2 Wenn die Welt ein Dorf wäre ... Stelle die Daten für 2000 und 2050 aus Abbildung 2 in einem Säulendiagramm dar. Welche der Prognosen in Abbildung 1 liegt den Angaben in Abbildung 2 vermutlich zugrunde?

Die Welt – ein Dorf

Wenn die Welt heute ein Dorf ...
mit nur 100 Einwohnern wäre ...

... wären davon: 14 Afrikaner
5 Nordamerikaner
12 Europäer
9 Lateinamerikaner und
60 Asiaten

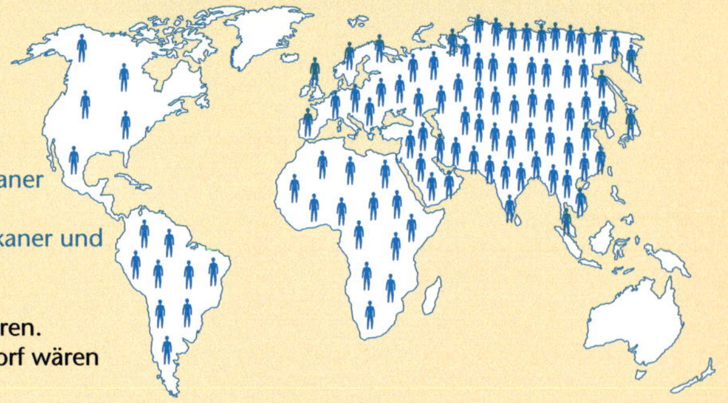

Bevölkerung
30 Menschen wären Kinder unter 15 Jahren.
7 wären älter als 65. 50 Menschen im Dorf wären Frauen. 50 wären Männer.

Armut
44 Einwohner würden von weniger als 2 Euro am Tag leben.
18 Menschen hätten keinen Zugang zu sauberem Trinkwasser.

Familienplanung
Im Durchschnitt bekämen die Frauen 3 Kinder. Von den 25 Frauen zwischen 15 und 49 Jahren, die in einer Partnerschaft leben, würden 14 eine Verhütungsmethode anwenden.

Zukunft 2050
Die Zahl der Dorfbewohner würde jährlich um eine Person steigen. Im Jahre 2050 würden bereits 146 Menschen im Dorf leben: 31 Afrikaner
7 Nordamerikaner
10 Europäer
13 Lateinamerikaner
und 85 Asiaten.

2 *Wenn die Welt ein Dorf wäre ...*

Wachstumskurven

Als Wachstum bezeichnet man
a) den zeitlichen Anstieg einer bestimmten Messgröße, zum Beispiel der Bevölkerungszahl in einer Folge von Jahren, und
b) das Größerwerden eines Gegenstandes oder Lebewesens im Laufe der Zeit.

3 Beispiele für Wachstumsvorgänge.
Nenne außer den dargestellten Beispielen weitere Beispiele für Wachstumsvorgänge. Prüfe, ob die Definition auf die einzelnen Beispiele zutrifft.

4 Wachstumskurven im Vergleich.
Beschreibe den Verlauf jeder der Wachstumskurven in Abbildung 3.

5 Wachstum von Äpfeln und von Hefezellen.
Beschreibe die Wachstumskurven in Abbildung 4 und 5. Lassen sich diese Kurven jeweils einer Kurve in Abbildung 3 zuordnen? Begründe die Zuordnung.

6 Bevölkerungswachstum der Menschheit.
Diskutiert, ob sich die Kurve in Abbildung 1 einer der Kurven in Abbildung 3 zuordnen lässt. Beachtet auch die Prognosen bis 2050.

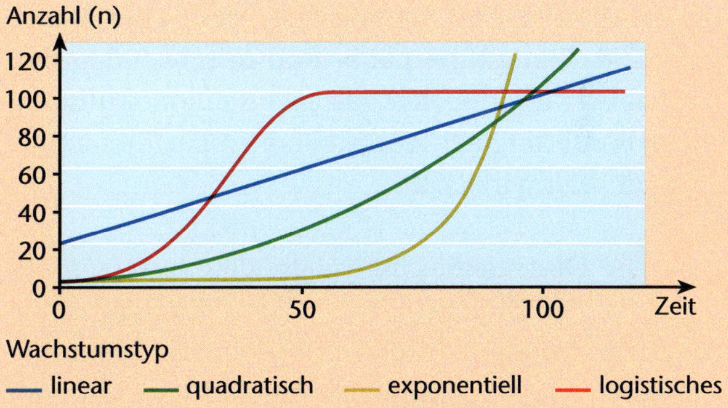

3 *Verschiedene Wachstumskurven*

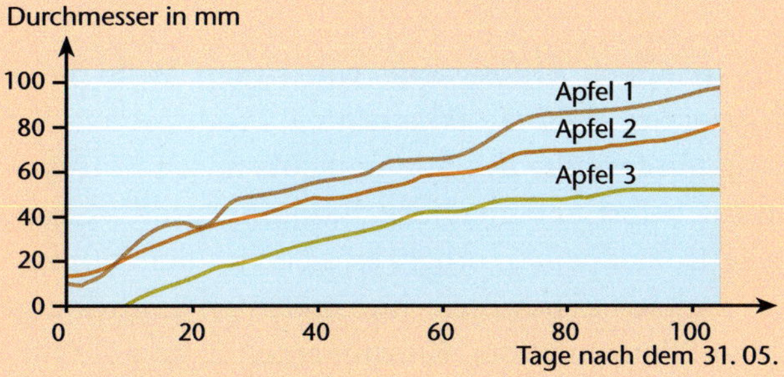

4 *Wachstum von Äpfeln*

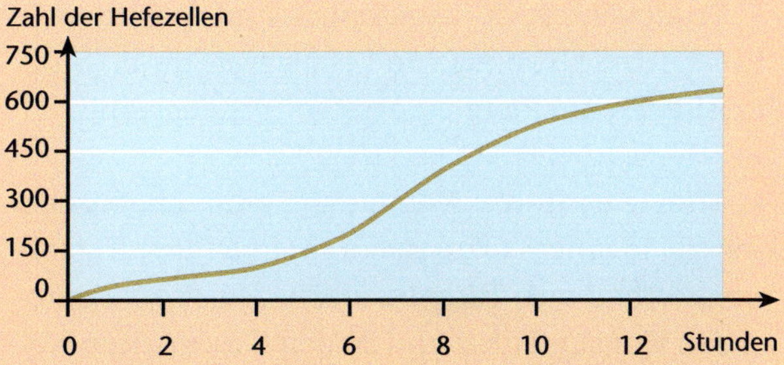

5 *Vermehrung von Hefezellen in einem Kulturgefäß*

Basiskonzepte zum Thema „Ökologie und nachhaltige Zukunft"

Die nachfolgenden Sachverhalte stammen aus den Kapiteln „Ökosystem Wald", „Ökosystem Gewässer" und „Nachhaltige Zukunft". Die Nummerierung ist willkürlich und gibt keine Rangfolge an. Die Basiskonzepte sind in diesem Buch auf der Methodenseite „Arbeiten mit Basiskonzepten" erläutert.

1 Aufgabe: Ordne jedem dieser Sachverhalte ein Basiskonzept oder mehrere Basiskonzepte zu. Begründe die von dir gewählte Zuordnung.

1. Man bezeichnet biologische Vielfalt auch als Biodiversität. Die Artenvielfalt ist Teil der Biodiversität. Naturnahe Laub- und Mischwälder sind erheblich artenreicher als Fichtenmonokulturen. Die Förderung der Artenvielfalt ist ein Ziel naturnaher Waldwirtschaft.

2. Die Destruenten im Waldboden zersetzen abgestorbene Biomasse, vor allem die Laubstreu. Letztlich werden durch ihr Wirken aus dem organischen Material Kohlenstoffdioxid und Mineralsalze freigesetzt, die den Pflanzen für ihr Wachstum zur Verfügung stehen.

3. In einem Ökosystem, wie einem Wald oder einem See, sind die Pflanzen die Produzenten. Sie können mithilfe des Sonnenlichts durch Fotosynthese selbst energiereiche Biomasse produzieren. Die Konsumenten ernähren sich von der Biomasse anderer Lebewesen. Konsumenten 1. Ordnung sind Pflanzenfresser, Konsumenten 2. und 3. Ordnung Fleischfresser.

4. Produzenten, Konsumenten und Destruenten sind die drei Gruppen von Lebewesen, die an Stoffkreisläufen in einem Ökosystem beteiligt sind.

5. Man nennt die Weitergabe von chemischer Energie in einem Ökosystem Energiefluss. In Nahrungsketten wird Biomasse von den Produzenten zu den Konsumenten und zu den Destruenten weitergegeben. Mit der Biomasse wird in den Nahrungsketten chemische Energie transportiert.

6. Bei der Zellatmung wird energiereiche Biomasse zu den energiearmen Stoffen Kohlenstoffdioxid und Wasser abgebaut. Ein Teil der chemischen Energie aus Biomasse wird in nicht mehr nutzbare Wärme umgewandelt. Daher nimmt im Verlauf einer Nahrungskette die verfügbare Biomasse und die nutzbare Energie ab.

7. Manche Seen lassen sich vom Ufer zur Mitte hin räumlich in Zonen aufteilen.

8. Die vom Wasser getragenen Schwimmblätter und der biegsame Stiel der Gelben Teichrose zeigen Angepasstheiten an ihren Lebensraum.

9. Wasserflöhe spielen eine große Rolle in den Nahrungsketten eines Sees. Bei günstigen Umweltbedingungen legen die Weibchen der Wasserflöhe unbefruchtete Eier, aus denen ausschließlich Weibchen schlüpfen. Wenn die Umweltbedingungen schlechter werden, treten Männchen auf und es werden befruchtete Dauereier gebildet, die lange Zeit überdauern können.

10. Die Eutrophierung von Gewässern, manche Formen der Waldwirtschaft und der zusätzliche Treibhauseffekt sind Beispiele für die Folgen von Eingriffen des Menschen in Stoffkreisläufe und Ökosysteme, die auch negative Rückwirkungen auf den Menschen selbst haben.

11. Tropische Regenwälder sind ein besonders artenreicher Lebensraum.

12. Der „ökologische Rucksack" bezeichnet die gesamte Masse der Stoffe aus der Natur, die für die Herstellung, den Transport, die Benutzung eines Produktes und schließlich die Entsorgung, das heißt für die gesamte Produktkette, verbraucht werden.

Methode

13. Der Mensch beeinflusst den Kohlenstoffkreislauf vor allem durch Verbrennung von fossilen Energieträgern wie Kohle, Erdöl und Erdgas. Bei Verbrennungsprozessen wird Kohlenstoffdioxid freigesetzt. Dieses zusätzliche Kohlenstoffdioxid in der Atmosphäre trägt zur Erwärmung der Erde bei.

14. Nachhaltigkeit ist eine Lebensweise, die den Bedürfnissen der heutigen Menschen entspricht, ohne die Möglichkeiten künftiger Generationen zu gefährden. Zu den Zielen nachhaltiger Entwicklung gehört unter anderem der sorgsame Umgang mit den Lebensgrundlagen Boden, Wasser und Luft, der Erhalt biologischer Vielfalt sowie der effiziente und sparsame Einsatz von Energie und Ressourcen.

15. Im 20. Jahrhundert hat sich die Weltbevölkerung auf über sechs Milliarden Menschen vervierfacht. Das Wachstum der Bevölkerung und ihre ungleiche Verteilung auf der Erde stellen die Bemühungen um Nachhaltigkeit vor große Herausforderungen.

Ökologie und nachhaltige Zukunft

Hormone und Sexualität

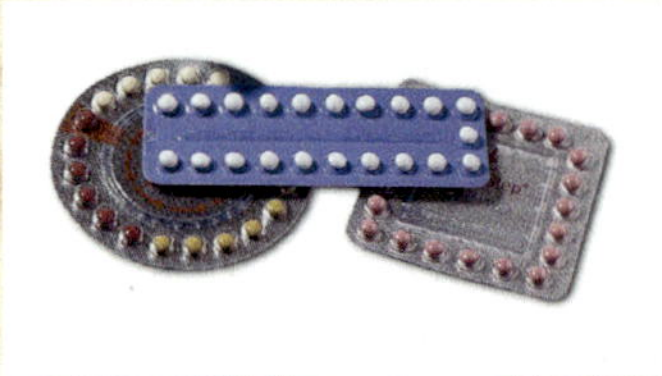

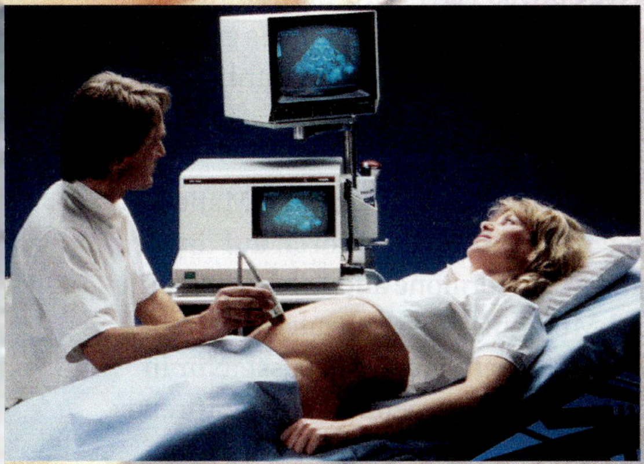

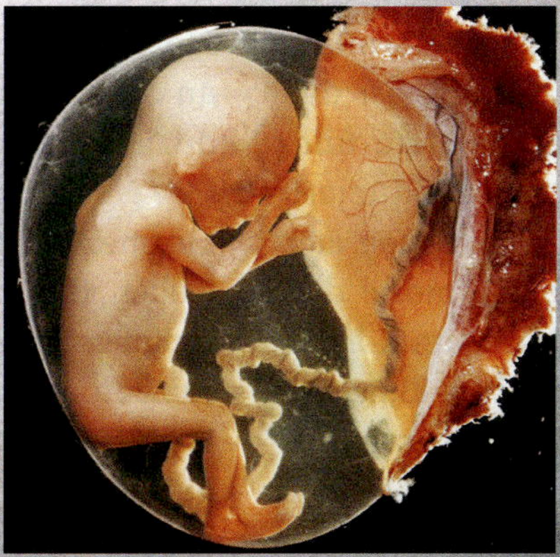

Steuerung und Regelung

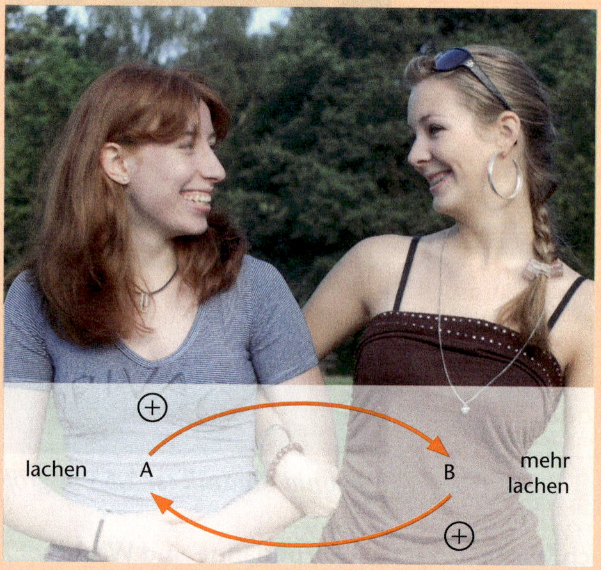

1 *Positive Rückkopplung*

2 *Negative Rückkopplung*

Steuerung:

- Wenn man einen Wasserhahn auf- oder zudreht, wird der Wasserdurchfluss gesteuert.
- Ein Autofahrer kann durch Treten des Gaspedals die Geschwindigkeit und durch Drehen des Lenkrads die Richtung der Fahrt steuern.
- Im Stoffwechsel steuern Enzyme und Hormone den Aufbau, Umbau und Abbau von Stoffen.

Unter Steuerung versteht man in den Naturwissenschaften die kontrollierte Veränderung von Bewegungen. Häufig handelt es sich dabei um die Bewegung einer Masse wie zum Beispiel bei der Steuerung eines Autos. Dabei ist in der Regel der Energieaufwand für die Steuerung erheblich kleiner als der Energieaufwand für die Bewegung der Masse. Zum Beispiel benötigt die Lenkung eines Fahrzeugs vieltausendfach weniger Energie als die Bewegung der Fahrzeugmasse.

Rückkopplung und Regelung:

- Jemand spart 1000 Euro auf einem Sparkonto mit einer jährlichen Verzinsung von zwei Prozent. Am Ende des Jahres hat er 1020 Euro.
- Ein rollender Schneeball wird durch Anlagerung von Schnee größer, was wiederum zur Folge hat, dass noch mehr Schnee angelagert wird. Es entsteht ein Lawinen-Effekt.
- Je größer die Anzahl der Hasen in einem bestimmten Gebiet ist, desto mehr Füchse finden dort Nahrung. Je mehr Füchse in einem bestimmten Gebiet leben, desto stärker nimmt die Anzahl der Hasen ab.
- Je höher der Kohlenstoffdioxid-Gehalt im Blut eines Menschen ist, desto intensiver erfolgt die Atmung. Je intensiver die Atmung, desto geringer wird der Kohlenstoffdioxid-Gehalt im Blut.

Unter Rückkopplung versteht man die Wirkung einer veränderlichen Größe auf sich selbst. Eine Rückkopplung heißt positiv, wenn die Wirkung zu einer Aufschaukelung führt. Positive Rückkopplung wird durch das Symbol ⊕ in einem Pfeildiagramm dargestellt (Abb. 1). Das Pluszeichen bedeutet eine gleichsinnige Beziehung. Je mehr … desto mehr oder je weniger … desto weniger. Ein Beispiel sind zwei Menschen, die sich gegenseitig in ihren Reaktionen steigern.

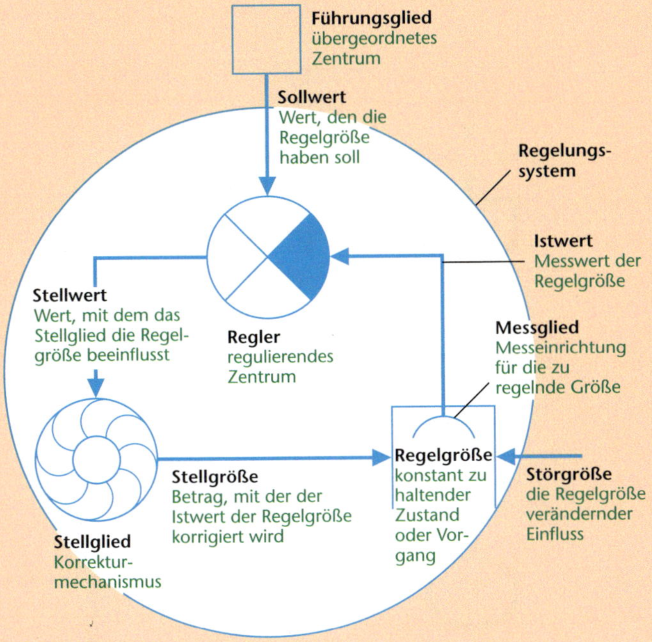

3 *Allgemeiner Regelkreis*

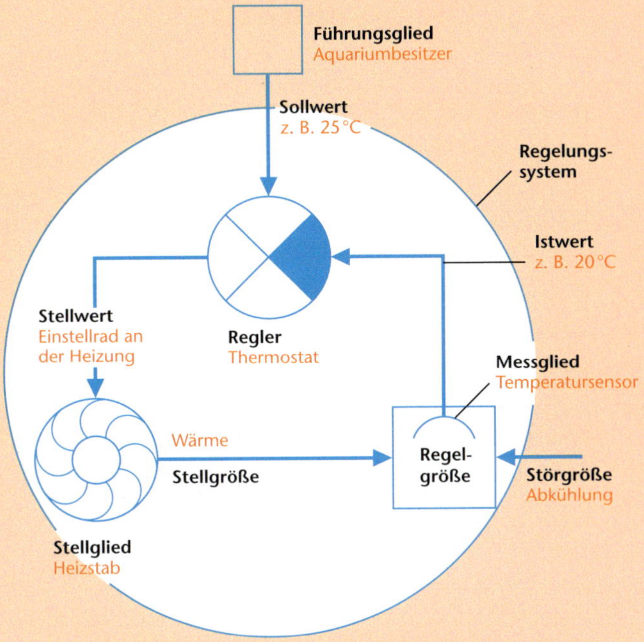

4 *Temperaturregelung im Aquarium*

Eine Rückkopplung heißt negativ, wenn die Wirkung abgeschwächt wird (Abb. 2). Sie wird durch das Symbol ⊖ dargestellt. Das Minuszeichen bedeutet eine gegensinnige Beziehung: Je mehr … desto weniger oder je weniger … desto mehr.

Wenn die Wirkung einer veränderlichen Größe auf sich selbst mit einer negativen Rückkopplung einhergeht, spricht man von Regelung. Ein Beispiel für Regelung ist die Aufrechterhaltung einer konstanten Wassertemperatur in einem Aquarium. Solche Regelungsvorgänge lassen sich in einem Regelkreis darstellen (Abb. 3).

Regelkreis:
Die Wassertemperatur in einem Aquarium soll auf 25 Grad Celsius geregelt werden (Abb. 4). Dazu werden ein Heizstab, ein Thermometer (Temperatursensor) und ein Thermostat benötigt. Zur automatischen Regelung muss eine Informationsübertragung vom Temperatursensor zum Thermostat und von dort zum Heizstab erfolgen.

Die Regelung kommt dadurch zustande, dass der Istwert und der Sollwert verglichen werden. Aus der Differenz von Ist- und Sollwert erhält man den Stellwert. Je nach Differenz erfolgt eine verminderte oder verstärkte Aktivität des Stellgliedes, bis der Istwert und der Sollwert übereinstimmen. Ein Regelkreis ist ein System, in dem der Istwert der Regelgröße möglichst gut dem Sollwert folgt. Beispiel für Regelkreise im menschlichen Körper sind die Regelung der Körpertemperatur, des Kohlenstoffdioxid-Gehalts im Blut, des Blutzuckerspiegels sowie die Regelung willkürlicher Bewegungen.

1 Pfeildiagramme. Erstelle jeweils für die folgenden Rückkopplungs- und Reglungsvorgänge ein Pfeildiagramm. Verwende dabei die angegebenen Begriffe.
a) Die Entstehung von Wut und Aggression zwischen zwei Menschen.
b) Die Entwicklung eines Minderwertigkeitskomplexes durch häufige Misserfolgserlebnisse.
c) Die Konstanz der Körpertemperatur bei großer Hitze.

5.2 Die Schilddrüse

Im Halsbereich des Menschen liegt die Schilddrüse. Sie produziert das iodhaltige Hormon Thyroxin. Zur Bildung von Thyroxin muss Iod mit der Nahrung aufgenommen werden. Thyroxin fördert die Sauerstoffaufnahme und den Energiestoffwechsel. Bei Heranwachsenden ist Thyroxin an Entwicklungsprozessen wie Zelldifferenzierung und Wachstum beteiligt.

Wie viele andere Drüsen auch steht die Schilddrüse unter dem Einfluss übergeordneter Hormondrüsen. Man spricht in diesem Zusammenhang von der **Hierarchie des hormonellen Systems.**

Im Fall des Schilddrüsenhormons sieht die Hierarchie folgendermaßen aus (Abb. 1). Übergeordnet ist der Hypothalamus. Er bildet ein Hormon mit dem Namen Thyreotropin-Releasing-Hormon, abgekürzt TRH. Die Synthese und Freisetzung von TRH wird durch das Gehirn beeinflusst. Kälte und Stress regen die TRH-Freisetzung an. TRH lagert sich an einen passenden Rezeptor in der Zellmembran der Hypophyse an. TRH veranlasst in der Hypophyse die Synthese des Hypophysenhormons Thyroidea-stimulierendes Hormon, abgekürzt TSH. Rezeptoren für TSH befinden sich in der Membran von Zellen der Schilddrüse. Dort stößt TSH eine Signalkette an, die zur Synthese und Freisetzung des Schilddrüsenhormons Thyroxin führt. Zielzellen für Thyroxin sind fast alle Körperzellen. Der Rezeptor für Thyroxin befindet sich im Inneren der Zielzellen. Thyroxin wirkt durch negative Rückkopplung auf Hypothalamus und Hypophyse und hemmt dort die Synthese und Freisetzung von TRH und TSH.

Alle Hormone wirken nach dem Schlüssel-Schloss-Prinzip über bestimmte Proteine, die **Rezeptoren.** Diese können sich in der Zellmembran oder im Zellinneren befinden. Rezeptoren spielen eine wichtige Rolle bei der **Signalübertragung.** Wenn ein Hormon an einen passenden Rezeptor der Zellmembran bindet, löst der Rezeptor eine Signalkette im Inneren der Zelle aus. Das Ergebnis

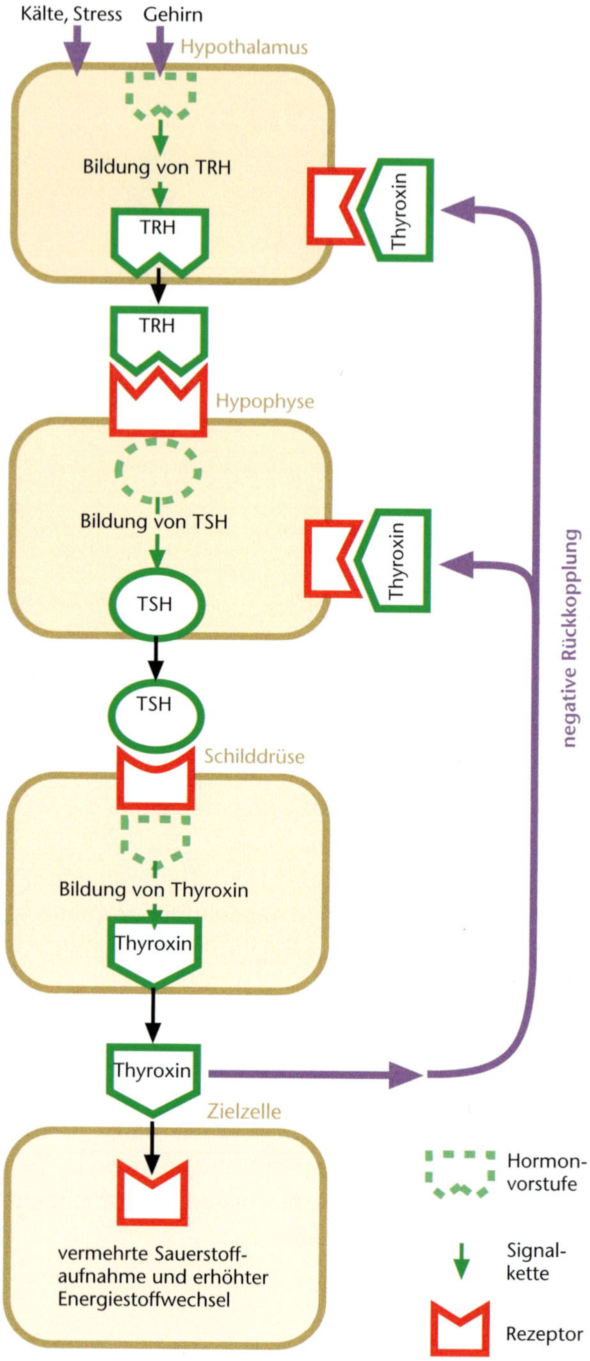

1 *Hierarchie von Hormondrüsen am Beispiel der Schilddrüse*

der Signalkette ist die Synthese eines bestimmten Hormons aus Vorstufen und die Freisetzung des Hormons in das Blut. In den Zielzellen steht die Hormon-Rezeptor-Verbindung am Anfang einer Signalkette, die zu einer für das jeweilige Hormon speziellen Veränderung des Stoffwechsels führt.

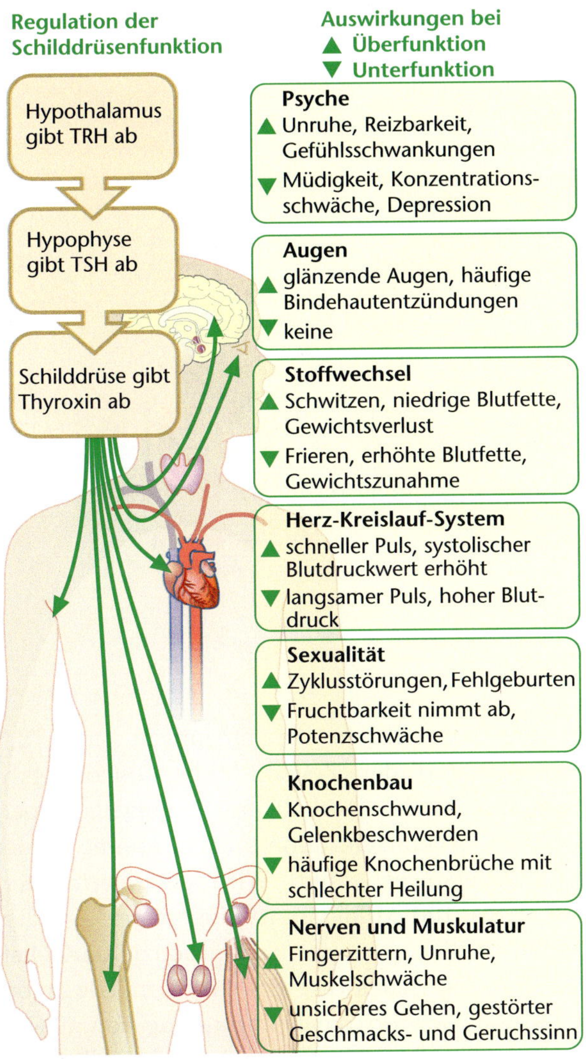

2 *Auswirkungen von Über- und Unterfunktion der Schilddrüse*

Versuch	Hypophyse	Schilddrüse	Hormonzusatz	Metamorphose
1. Experiment	nicht entfernt	nicht entfernt	–	ja
2. Experiment	entfernt	nicht entfernt	–	nein
3. Experiment	nicht entfernt	entfernt	–	nein
4. Experiment	entfernt	entfernt	Thyroxin	ja
5. Experiment	entfernt	entfernt	TSH	nein
6. Experiment	entfernt	nicht entfernt	TSH	ja

3 *Versuchsergebnisse zur Wirkung von Thyroxin und TSH auf die Metamorphose von Kaulquappen*

1 Kurzvortrag: Schilddrüse und hormonelle Hierarchie. Halte über die hormonelle Hierarchie am Beispiel des Schilddrüsenhormons einen zusammenhängenden Kurzvortrag von drei bis fünf Minuten. Erarbeite dir die Abbildung 1. Überlege den Einstieg in den Kurzvortrag und die Struktur deines Kurzvortrags. Decke dann den Grundwissentext ab und halte nur unter Bezug auf Abbildung 1 den Vortrag. Abschließend wird der Kurzvortrag hinsichtlich seiner Vorzüge, aber auch hinsichtlich weniger gelungener Aspekte beurteilt.

2 Ursachen von Über- und Unterfunktion einer Hormondrüse. Man kennt verschiedene Ursachen für die Unterfunktion und die Überfunktion einer Hormondrüse. Erläutere für die folgenden Fälle, welche Auswirkungen sich nach Abbildung 1 ergeben. Gib an, ob damit eine Unter- oder Überfunktion der Schilddrüse einhergeht:
1. In der Schilddrüse kann das Hormon nicht vollständig aus Vorstufen synthetisiert werden.
2. Der Rezeptor in der Zielzelle ist defekt.
3. Der Rezeptor in der Membran der Schilddrüsenzelle ist defekt: Unabhängig davon, ob das Hypophysen-Hormon vorhanden ist oder nicht, wird laufend die Signalkette zur Bildung des Hormons gestartet.
4. Die Rezeptoren für das Schilddrüsenhormon im Hypothalamus und in der Hypophyse sind defekt.

3 Thyroxin und die Metamorphose bei Fröschen. Bereits im Jahre 1912 fand man heraus, dass sich die Metamorphose von Kaulquappen erheblich beschleunigte, wenn man Schilddrüsengewebe an sie verfütterte. In weiteren Versuchen wurden die Zusammenhänge zwischen Schilddrüse, Hypophyse und ihren Hormonen untersucht (Abb. 3). Dabei wurden die Hypophyse und/oder die Schilddrüse der Kaulquappen operativ entfernt. Werte jeden Versuch in Abbildung 3 unter Bezug auf die hormonelle Hierarchie aus. Formuliere einen zusammenfassenden Text über die normale hormonelle Regulation der Metamorphose bei Fröschen.

5.3 Regelung des Blutzuckerspiegels

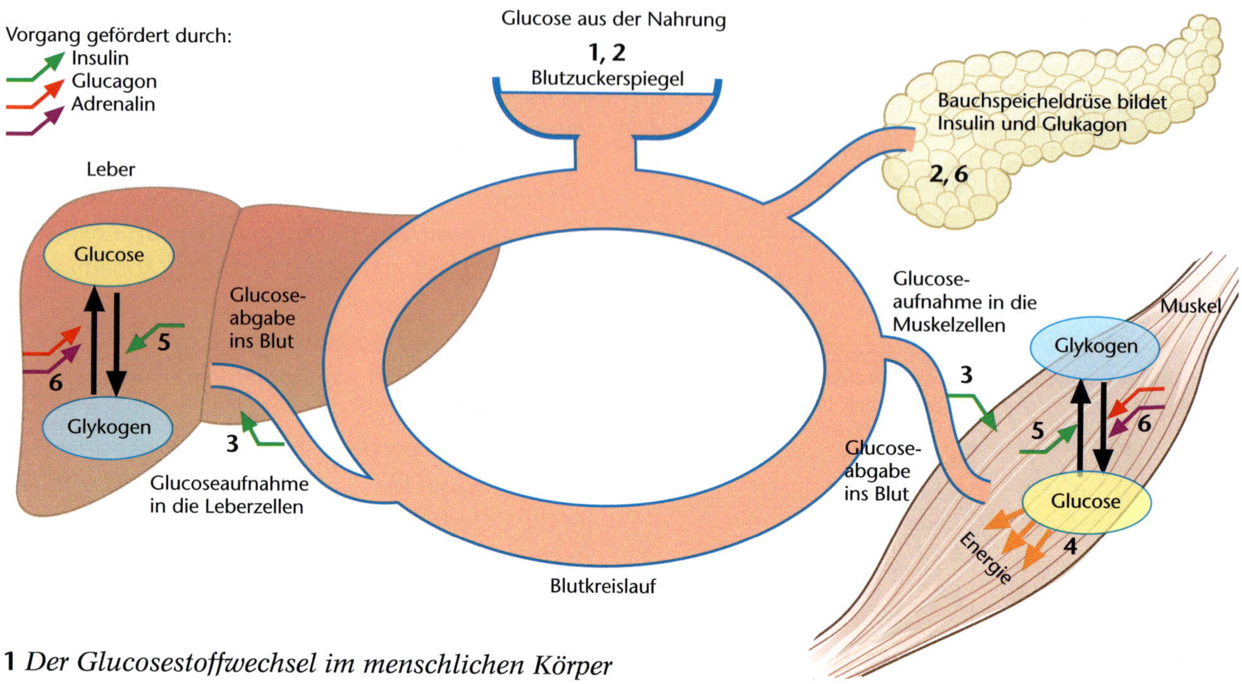

1 *Der Glucosestoffwechsel im menschlichen Körper*

Für die Energieversorgung aller Zellen in unserem Körper wird Glucose als Ausgangsstoff benötigt. Nach der Aufnahme von Nahrung, die Glucose enthält, geschieht Folgendes (Abb. 1):

1: Glucose gelangt nach der Verdauung kohlenhydrathaltiger Nahrung in das Blut.

2: Der Blutzuckerspiegel steigt zunächst an. Dadurch werden Zellen der Bauchspeicheldrüse angeregt, das Hormon **Insulin** herzustellen und in das Blut abzugeben.

3: Durch das Andocken von Insulinmolekülen an Rezeptoren auf der Zellmembran von Muskelzellen und Leberzellen können die Glucosemoleküle aus dem Blut in das Zellinnere gelangen. So sinkt der Blutzuckerspiegel.

4: Glucose dient als Ausgangsstoff für die Zellatmung und ermöglicht so die Energieversorgung der Zellen.

5: Insulin bewirkt auch die Umwandlung von Glucosemolekülen in Glykogen. Glykogen ist eine Speicherform von Glucose. Der Glykogenaufbau erfolgt in den Leberzellen und in den Muskelzellen.

6: Bei körperlichen Anstrengungen steigt der Energiebedarf der Zellen. Mehr Glucose geht vom Blut in die Muskel- und Leberzellen über: Die Glucosekonzentration im Blut nimmt ab, der Blutzuckerspiegel sinkt. Wird der Normalwert von circa 100 Milligramm Glucose pro hundert Milliliter Blut unterschritten, produzieren Zellen der Bauchspeicheldrüse das Hormon **Glucagon.** Glucagon bewirkt die Umwandlung von Glykogen zu Glucose in Leber- und Muskelzellen. Die Glucose wird an das Blut abgegeben und so der Blutzuckerspiegel erhöht. Bei Stress bewirkt das Hormon Adrenalin zusätzlich eine schnelle Mobilisierung der Glykogenreserven.

Bei der Regulation des Blutzuckerspiegels wirkt das Hormon Insulin gegensinnig zu den Hormonen Glucagon und Adrenalin, diese Hormone sind **Gegenspieler** oder Antagonisten. Durch ihre Wechselwirkung können Schwankungen des Blutzuckerspiegels ausgeglichen werden.

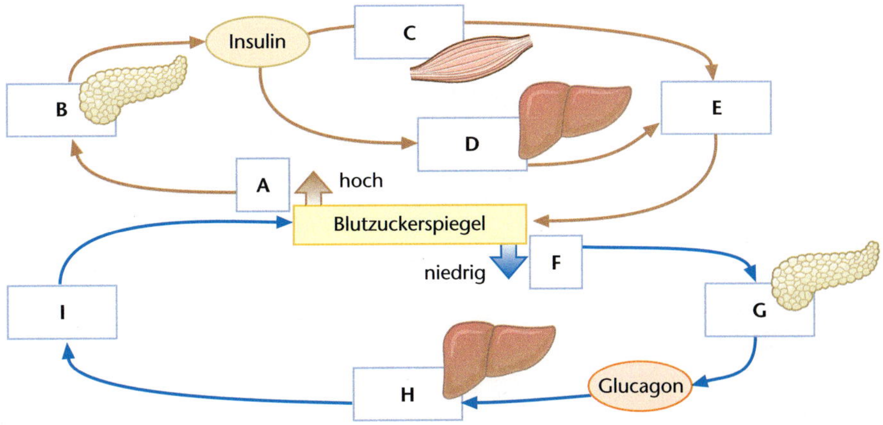

1 Regelung des Blutzuckerspiegels. Ordne die Beschreibungen in Abbildung 2 den Buchstaben der Zeichnung zu.

2 Einflüsse auf den Blutzuckerspiegel. Erläutere die Auswirkungen folgender Einflüsse auf die Regulation des Blutzuckerspiegels:
a: Zufuhr von Glucose (z. B. Schokolade)
b: Aufgrund einer krankhaften Veränderung können die Zellen der Bauchspeicheldrüse kein Insulin produzieren (Diabetes Typ I).
c: Die Anzahl der Insulinrezeptoren an den Leber- und Muskelzellen sinkt (Diabetes Typ II).
d: zu geringe Bildung von Glukagon
e: Erhöhung der Adrenalinkonzentration bei Stress

3 Pfeildiagramm. Übertrage die Abbildung 3 vergrößert in dein Heft. Ergänze die Beschriftung in den gelben Feldern.

1. Anstieg der Blutzuckerkonzentration, z. B. nach einer kohlenhydrathaltigen Mahlzeit	4. erniedrigter Blutzuckerspiegel, z. B. durch Auslassen von Mahlzeiten	7. Der Blutzuckerspiegel sinkt auf den Normalwert; die Insulinabgabe lässt nach.
2. Die Leberzellen bauen Glykogen ab und geben Glucose in das Blut ab.	5. Der Blutzuckerspiegel steigt auf den Normalwert; die Glucagonabgabe lässt nach.	8. Die Zellen der Bauchspeicheldrüse geben Insulin in das Blut ab.
3. Die Leber- und Muskelzellen nehmen Glucose auf und speichern sie als Glykogen.	6. Die Zellen der Bauchspeicheldrüse geben Glucagon in das Blut ab.	9. Die Leber- und Muskelzellen nehmen mehr Glucose auf.

2 *Schema zur Regulation des Blutzuckerspiegels durch Insulin und Glucagon*

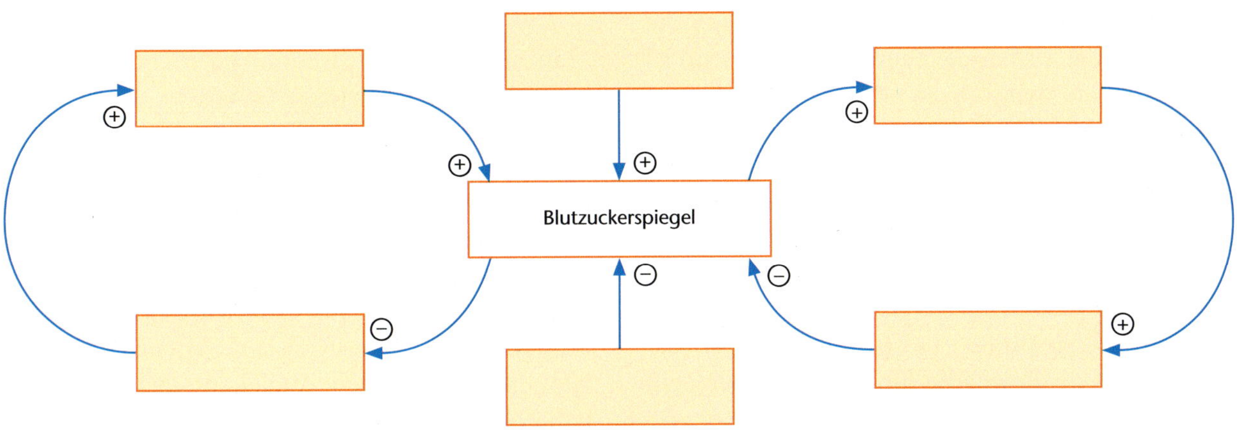

3 *Pfeildiagramm zur Regulation des Blutzuckerspiegels*

5.4 Stress

1 *Ein Steinzeitmensch auf der Flucht vor einem Bären*

In den vielen Jahrtausenden, in denen die Vorfahren der Menschen als Jäger und Sammler lebten, war es lebenswichtig, auf bedrohliche Situationen schnell reagieren zu können, zum Beispiel durch Flucht oder Angriff. In solchen Alarmsituationen waren Menschen zu Leistungen fähig, die sie normalerweise nicht erbracht hätten. In einer schnellen Kette von Reaktionen des Nervensystems und bestimmter Hormondrüsen wird die Leistungsfähigkeit der Skelettmuskeln so erhöht, dass schnelle, kräftige Bewegungen für Flucht oder Angriff möglich werden.

Man bezeichnet die Vorgänge, die einen Menschen schnell in einen Zustand erhöhter Leistungsbereitschaft versetzen, als Stressreaktion. Das Wort **Stress** stammt aus dem Englischen und bedeutet ursprünglich Spannung, Druck, Belastung. Bei allen Menschen und den meisten Wirbeltieren läuft die Stressreaktion in stets gleicher Weise ab. Damit ist der Mensch an Belastungen und Gefahrensituationen angepasst. Im Notfall könnte er schneller laufen oder springen oder mit größerer Kraft handeln. Das war nicht nur in der Steinzeit wichtig, sondern hat auch heute eine lebenswichtige Bedeutung. Viele Gefahrensituationen im Straßenverkehr oder im Berufsleben werden mit der Stressreaktion gemeistert. Die Stressreaktion ist also durchaus positiv zu bewerten, weil sie wichtig für das Überleben sein kann. Kein Mensch kommt ohne die Stressreaktion aus, weil es viele Situationen gibt, in denen es wichtig ist, die körperliche Leistungsfähigkeit schnell zu erhöhen.

Alle Faktoren, die eine Stressreaktion auslösen, bezeichnet man als **Stressoren.** Das können Reize aus der Außenwelt oder aus dem Körper selbst sein. Als positiv empfundene Reize, wie zum Beispiel Erfolgserlebnisse, sportliche Aktivitäten, freudige Ereignisse oder Zärtlichkeiten, können ebenso eine Stressreaktion auslösen wie starke seelische oder körperliche Belastungen. Negative Stressoren können zum Beispiel Kälte, Hitze, Verletzungen, Krankheiten, Gefahren, Schreck, Lärm, schlechte Arbeitsbedingungen, Ehe- und Partnerkonflikte, Wohnortwechsel, falsche Ernährung, Zeitdruck, Bewegungsmangel, Angst, räumliche Enge, Eifersucht, berufliche Probleme oder Schuldgefühle sein.

Man unterscheidet Stress in nützlichen **Eustress** und schädlichen **Distress.** So erfährt ein Sportler, dessen körperliche Leistungsfähigkeit mobilisiert wurde, Eustress. Als Distress bezeichnet man alle Formen von Stress, die nicht in körperliche Aktivität umgesetzt werden. Dauerhafter Distress kann bestimmte Organschäden und Erkrankungen begünstigen. So kann eine dauerhafte Erhöhung des Blutdruckes das Herz-Kreislauf-System bis hin zum Herzinfarkt schädigen. Auch kann das Immunsystem geschwächt werden.

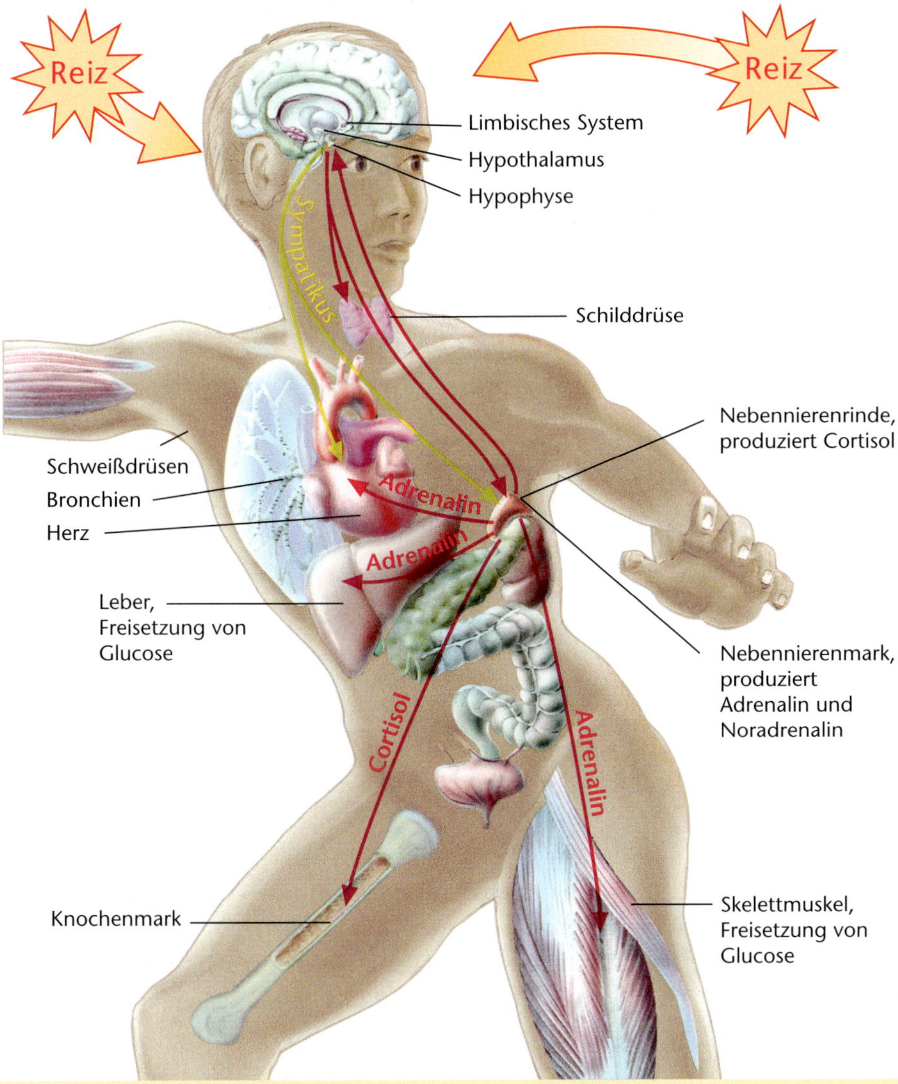

1 Die Stressreaktion ist überlebenswichtig. Beschreibe Situationen in der Steinzeit und heute, in denen sich die Stressreaktion als überlebenswichtig erweist.

2 Verlauf der Stressreaktion. Erstelle auf einem Blatt anhand von Abbildung 2 und 3 ein Pfeildiagramm zum Verlauf der Stressreaktion. Beachte dabei besonders die fett gedruckten Begriffe im Text der Abbildung 3.

3 Eustress – Distress. Beschreibe Unterschiede zwischen Eustress und Distress und nenne Beispiele.

2 *Ablauf der Stressreaktion*

Ein Urmensch liegt an seiner Feuerstelle und ruht sich aus. Plötzlich ein Knacken. Ein Raubtier nähert sich. Alarm! Ohne lange nachzudenken, reagiert sein Körper automatisch auf diese Stressoren mit einer schnellen Erhöhung der körperlichen Leistungsfähigkeit. Über Auge und **Ohr** werden Impulse an das **Großhirn** und von dort an das **Limbische System,** einen Teil des Zwischenhirns, gesendet. Das Limbische System signalisiert sofort Angst. Nervenimpulse laufen zum **Hypothalamus.** Von dort verzweigt sich die Signalkette. Blitzschnell gelangen Nervenimpulse über **Sympatikusnerven** zum **Herzen,** zu **Blutgefäßen** und zum **Nebennierenmark.** Herzfrequenz und Blutdruck steigen und Blutgefäße verengen sich. Im Nebennierenmark werden die Hormone **Adrenalin** und **Noradrenalin** in das Blut ausgeschüttet, die ebenfalls den Herzschlag beschleunigen. Adrenalin regt **Leber** und **Skelettmuskeln** zur Freisetzung von Glucose an. Glucose ist ein energiereicher Stoff, der in Muskeln für Bewegungen benötigt wird. Jetzt kann der Mensch „Vollgas" geben. – Zeitgleich regt der Hypothalamus über Hormone die **Hypophyse** an, bestimmte Hormone in das Blut abzugeben. Diese Hormone stimulieren die **Schilddrüse** und die **Nebennierenrinde,** ihrerseits Hormone abzugeben. Das Schilddrüsenhormon steigert den Stoffwechsel in allen Zellen. Cortisol aus der Nebennierenrinde bewirkt eine Ausschwemmung roter Blutzellen aus dem **Blut bildenden Gewebe,** dem Knochenmark, so dass mehr Sauerstoff transportiert werden kann. Cortisol beschleunigt auch die **Blutgerinnung;** so können sich Wunden im Fall einer Verletzung schneller schließen. Außerdem hemmt Cortisol **Verdauungsprozesse, Entzündungen** und **Sexualfunktionen,** so dass alle Energie für die Begegnung mit der Gefahr zur Verfügung steht.

3 *Stress beim Urmenschen*

6 Sexualität

6.1 Pubertät

Pubertät bedeutet Geschlechtsreifung. Dieser Begriff umfasst die gefühlsmäßigen und körperlichen Veränderungen, die in dem Zeitraum stattfinden, in dem ein Mädchen zu einer geschlechtsreifen Frau und ein Junge zu einem zeugungsfähigen Mann werden. Die Pubertät kann schon im Alter von 9 Jahren oder erst mit 16 Jahren einsetzen. Verantwortlich für den genauen Zeitpunkt ist ein Bereich des Zwischenhirns, der Hypothalamus.

Hormone sind chemische Stoffe, die als Botenstoffe wirken. Sie werden in speziellen Zellen gebildet und meistens mit dem Blut transportiert. Verschiedene Organe im Körper enthalten Zellen, die für ganz bestimmte Hormone passende Rezeptoren besitzen. Werden Hormone gebunden, lösen sie in den betreffenden Organen Stoffwechselvorgänge aus. Mit Beginn der Pubertät beginnen viele durch Hormone gesteuerte Vorgänge.

Die Nervenzellen des Hypothalamus geben so genannte Freisetzungshormone an die Hirnanhangsdrüse, die Hypophyse, ab (Abb. 1, 2). Dies führt dazu, dass die Hypophyse zwei Arten von Hormonen ins Blut abgibt: das **F**ollikel **s**timulierende **H**ormon (FSH) und das **l**uteinisierende **H**ormon (LH). Diese Hormone gelangen zu den männlichen Keimdrüsen, den Hoden, beziehungsweise zu den weiblichen Keimdrüsen, den Eierstöcken. Unter dem Einfluss der Hypophysenhormone werden in den Keimdrüsen die Geschlechtshormone gebildet. Das Hormon LH bewirkt in den Hoden die Bildung der männlichen Geschlechtshormone. Sie werden unter dem Namen Androgene zusammengefasst, zu denen auch das Testosteron gehört. Die Androgene bewirken gemeinsam mit dem FSH, dass in den Hoden die männlichen Geschlechtszellen, die Spermien, heranreifen. Zusätzlich lösen sie das Wachstum von Hoden und Penis aus. Die Geschlechtsorgane erlangen ihre volle Funktionsfähigkeit. Nachdem sich die Geschlechtsorgane, die auch als primäre Geschlechtsmerkmale bezeichnet werden,

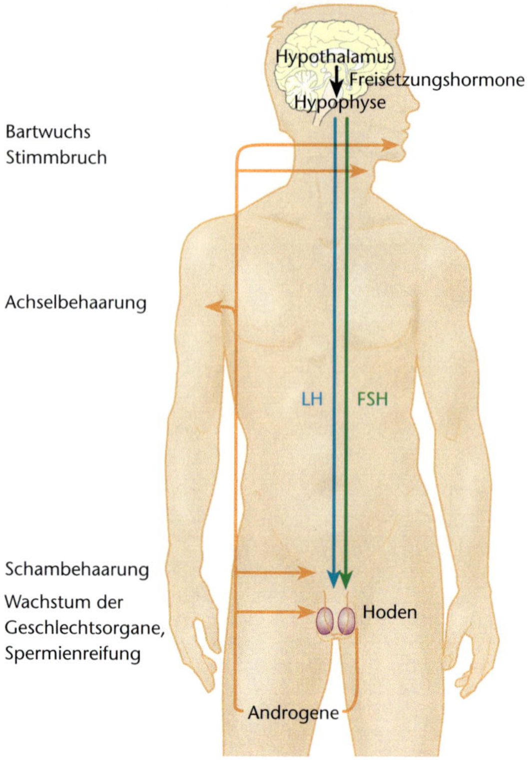

1 *Geschlechtshormone beim Mann*

weiterentwickelt haben, prägen sich auch die sekundären Geschlechtsmerkmale aus. Dies sind bei einem Jungen: Bartwuchs, Achsel-, Scham- und sonstige Körperbehaarung sowie Wachstum des Kehlkopfes, das zum Stimmbruch und schließlich zur tieferen Stimmlage führt.

In den Eierstöcken werden zwei Gruppen von weiblichen Geschlechtshormonen gebildet, die Östrogene und die Gestagene (Abb. 2). Die Abgabe der Hormone erfolgt nach und nach in einem bestimmten zeitlichen Muster. Östrogene entstehen vor allem unter dem Einfluss von FSH, Gestagene unter dem Einfluss von LH. Die Geschlechtshormone bewirken, dass die Eierstöcke wachsen und Eizellen heranreifen. Als sekundäre Geschlechtsmerkmale wachsen die Brustdrüsen, und die Achsel- und Schambehaarung bilden sich aus.

In der Pubertät setzt unter dem Einfluss der Geschlechtshormone bei beiden Geschlechtern ein vermehrtes Längenwachstum ein. Dabei verändern sich auch die Körperformen: Bei vielen Jungen bilden sich breitere Schultern aus. Bei vielen Mädchen prägen sich die Hüften stärker aus.

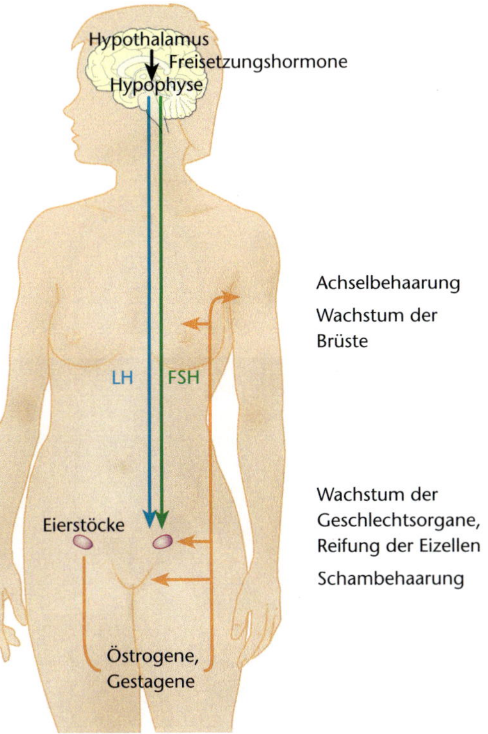

2 *Geschlechtshormone bei der Frau*

1 Hormone. Erstelle eine Tabelle mit den Spaltenüberschriften Hormone, Ausgangsort, Zielort, Wirkung und trage zu den in Abbildung 1 und 2 aufgeführten Hormonen entsprechende Angaben ein.

2 Mitesser und Akne.
a) Beschreibe die Entstehung von Mitessern und Akne mit Hilfe der Abbildung 3.
b) Leite aus dem Text eine begründete Vermutung ab, warum besonders häufig Jungen von Akne betroffen sind.

3 Basiskonzepte. Gib mit Hilfe der Methodenseite „Basiskonzepte" an, welche Basiskonzepte auf diese Doppelseite zutreffen.

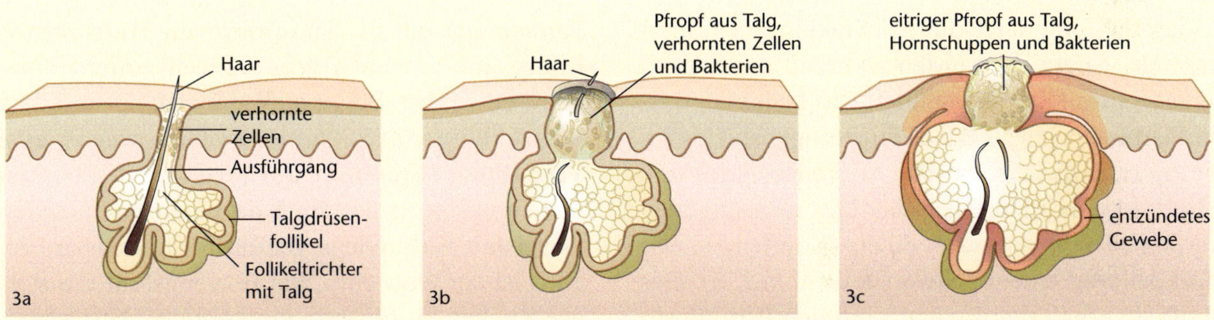

Vor allem Jugendliche in der Pubertät leiden unter Akne: Gerötete, große Pickel bilden sich im Gesicht, im Brust- und oberen Rückenbereich und an den Seiten der Oberarme. Diese Pickel entstehen durch eine Veränderung der Talgdrüsenfollikel (Abb. 3a). Normalerweise sondern die Talgdrüsen Talg in den Follikeltrichter ab. Der Talg schwemmt verhornte Zellen durch den Ausführgang des Follikels aus. Bei Akne kleben die verhornten Zellen zusammen und verstopfen den Ausführgang. Es entsteht ein sogenannter Mitesser – eine Ansammlung von Talg vermischt mit verhornten Zellen (Abb. 3b). Wenn in den Mitesser Bakterien einwandern, kann es zur Entzündung des Talgdrüsenfollikels kommen. Es entstehen oberflächlich mit Eiter gefüllte Bläschen (Abb. 3c). In tieferen Hautschichten können sich sehr schmerzhafte Knoten bilden. Akne entsteht vor allem bei Menschen mit entsprechender genetischer Veranlagung. Werden dann in der Pubertät von den männlichen Keimdrüsen vermehrt Androgene ins Blut abgegeben, regen diese die Talgdrüsen zu einer vermehrten Talgbildung an. Bei Frauen hemmen Östrogene die Entstehung von Akne. Wenn kurz vor der Menstruation der Östrogenspiegel niedrig ist, bilden sich auch bei ihnen vermehrt Pickel. Akne ist nicht ansteckend. Für die Betroffenen ist Akne oft eine große seelische Belastung. In den meisten Fällen kann der Hautarzt oder die Hautärztin helfen.

3 *Entstehung von Akne*

6.2 Geschlechtsreife bei Jungen

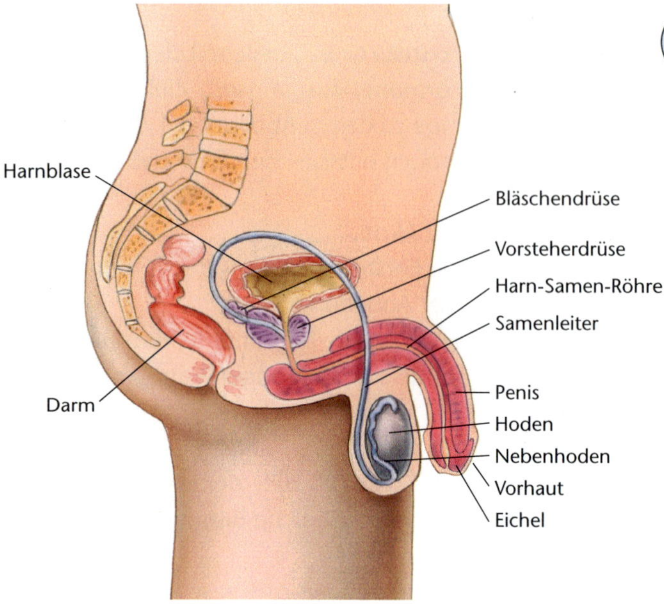

1 *Geschlechtsorgane des Mannes*

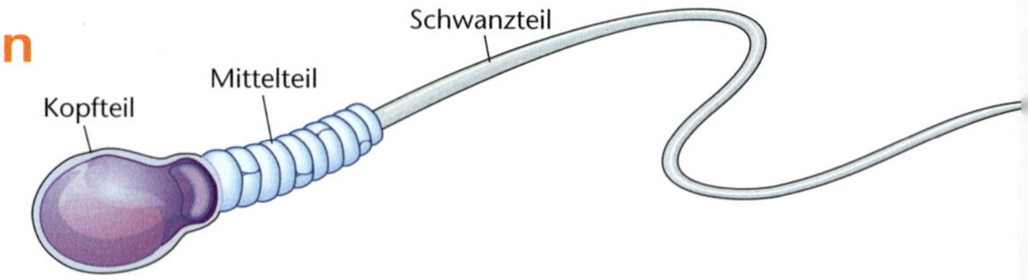

2 *Aufbau eines Spermiums*

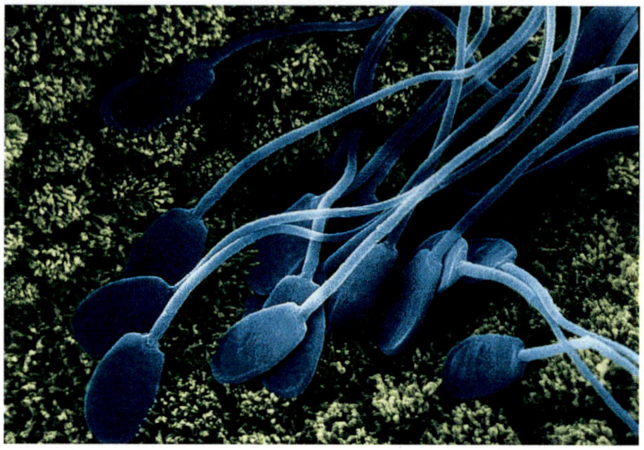

3 *Spermien*

In der Pubertät setzt die Entwicklung der Spermien ein. Spermien werden während des ganzen Lebens eines Mannes gebildet. Das bedeutet, dass ein Mann sein ganzes Leben lang zeugungsfähig ist. Ein Spermium ist etwa 0,06 Millimeter groß und gehört zu den kleinsten Zellen des menschlichen Körpers. Es besteht aus einem Kopfteil, einem Mittelteil und einem Schwanzteil (Abb. 2, 3). Das Kopfteil enthält den Zellkern mit den Chromosomen. Das sind die Träger der Erbinformation. Das Mittelteil liefert die Energie für die Fortbewegung des Spermiums. Durch das Schlagen des Schwanzteils erfolgt die Fortbewegung. Die Spermien werden in den Hoden gebildet. Von dort gelangen sie in die Nebenhoden, in denen sie vollständig ausreifen und gespeichert werden (Abb. 1). Die Spermien bleiben in den Nebenhoden über Wochen befruchtungsfähig und werden dann wieder abgebaut. Bevor es zu einem Samenerguss kommt, werden die Spermien durch die Samenleiter weiterbefördert. Dabei passieren sie die Bläschendrüse und die Vorsteherdrüse, die Prostata. Dort werden sie jeweils mit einem Sekret angereichert. Sekrete und Spermien bilden zusammen das Sperma. Im Bereich der Vorsteherdrüse vereinigen sich die beiden Samenleiter mit der Harnröhre zur Harn-Samen-Röhre, die umgeben von Schwellkörpern durch den Penis führt. Bei sexueller Erregung sind diese Schwellkörper stark mit Blut gefüllt, was zu einer Versteifung (Erektion) des Penis führt. Beim Samenerguss wird das Sperma herausgeschleudert. Die damit verbundene gefühlsmäßige starke Erregung ist der Orgasmus. Bei Frauen ist für das sexuelle Erleben bis hin zum Orgasmus die Stimulation der Klitoris wichtig.

Die erlangte Geschlechtsreife macht es notwendig zu lernen, mit der eigenen Sexualität angemessen umzugehen. Dazu gehört, dass die eigenen sexuellen Bedürfnisse nur so weit ausgelebt werden, dass die Bedürfnisse anderer dabei nicht missachtet werden. Hierbei ist auch Verhütung wichtig, insbesondere die richtige Benutzung eines Kondoms. Es schützt bei sachgemäßer Anwendung nicht nur vor einer Schwangerschaft sondern auch vor einer HIV-Infektion. In einer sexuellen Beziehung übernehmen beide Partner gemeinsam die Verantwortung sowohl für die Verhütung als auch für eine mögliche Schwangerschaft.

Rating-Skala

In Meinungsumfragen werden häufig Rating-Skalen eingesetzt, da sie sehr vielseitig und einfach zu handhaben sind. Bei diesem Verfahren werden die Befragten aufgefordert, ihre Haltung zu einer bestimmten Fragestellung in einer abgestuften Skala grafisch einzuschätzen. Diese Rating-Skalen geben durch Zahlen und/oder Formulierungen Abstufungen vor, die die Entscheidungen der Befragten erleichtern (Abb. 1). Im Gegensatz zu reinen Ja/Nein-Entscheidungen (Abb. 2) werden sie dem Empfinden der befragten Personen häufig eher gerecht und können so detailliertere Ergebnisse liefern. Es werden bei Rating-Skalen in der Regel 5 bis 7 Abstufungen als Antwortmöglichkeiten vorgegeben.
Beispielfrage:
Sind folgende Eigenschaften deiner Einschätzung nach typisch männlich?

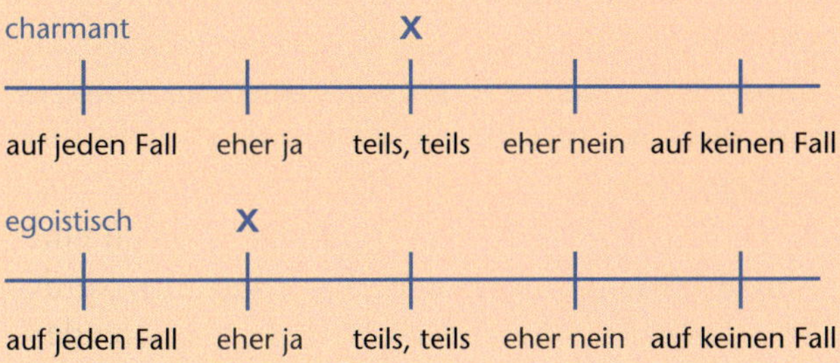

1 *Rating-Skala*

Eigenschaften	Ja	Nein
charmant	x	
egoistisch		x
…		

2 *Ja/Nein-Befragung*

1 Eine Befragung durchführen. Welche Eigenschaften sind deiner Meinung nach typisch männlich?
Antwortmöglichkeiten: charmant, egoistisch, einfühlsam, eitel, gefühlskalt, geizig, großspurig, humorvoll, hysterisch, mutig, natürlich, nörgelig, sentimental, stur, unpünktlich, untreu, unvernünftig, verschwendungssüchtig, wehleidig, zärtlich, zuverlässig.
a) Führe die Befragung nach dem Ja/Nein-Prinzip durch.
b) Führe die gleiche Befragung nach dem Rating-Prinzip durch. Wähle folgende Skala:

4 – auf jeden Fall
3 – eher ja
2 – teils, teils
1 – eher nein
0 – auf keinen Fall.

Vergleiche dein Ergebnis mit dem deiner Mitschüler und Mitschülerinnen. Gibt es Unterschiede zwischen den Ergebnissen von Jungen und Mädchen?
c) Stelle das Ergebnis deiner Befragung grafisch dar. Für die Ja/Nein-Befragung eignet sich ein Säulendiagramm. Überlege, wie du die Ergebnisse der Rating-Befragung sinnvoll darstellen kannst.

2 Männliche Geschlechtsorgane. Beschreibe die Stationen von der Entstehung von Spermien bis zu ihrem Abbau bzw. Verlassen des Körpers.

3 Samen oder Spermien? Pflanzen bilden Samen, aus denen neue Pflanzen heranwachsen können. Begründe, warum man heute den Begriff „Samen" für die männlichen Spermien ablehnt.

4 Spermien und Temperatur. Spermien sind während der Reifephase sehr temperaturempfindlich. Sie benötigen eine Temperatur von 34 °C – 35 °C. Erläutere den Zusammenhang zwischen der Temperatur und der Lage der männlichen Geschlechtsorgane.

6.3 Geschlechtsreife bei Mädchen

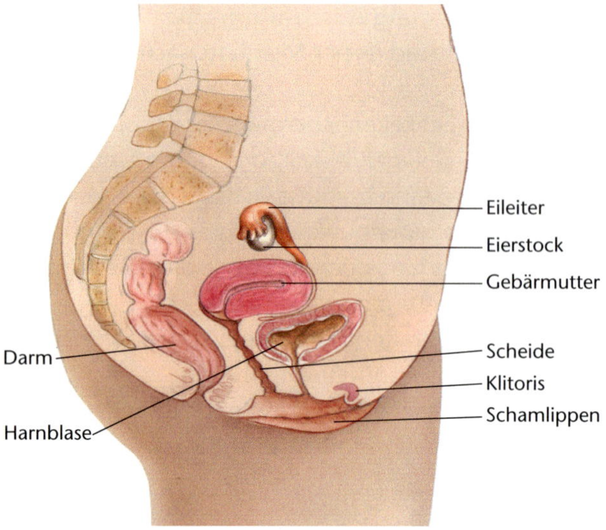

1 *Geschlechtsorgane der Frau*

Mit Beginn der Pubertät reifen in den Eierstöcken unter dem Einfluss des Follikel stimulierenden Hormons (FSH) in Abständen von etwa 28 Tagen Follikel heran (Abb. 2). In jedem Zyklus reift normalerweise nur ein Follikel aus. Im Leben einer Frau sind das insgesamt etwa 450 Follikel. Ein Follikel hat eine kugelige Form und ist durch Zellschichten abgegrenzt. Die innen liegenden Granulosazellen haben zwei Funktionen: Ihre Zellen bilden weibliche Geschlechtshormone und sie betten eine Eizelle ein. Während der Follikelreifung bildet sich im Inneren eine Follikelhöhle aus. Sie ist mit Flüssigkeit gefüllt und vergrößert sich zunehmend. Im ausgereiften Follikel liegt die Eizelle schließlich an dessen Rand. Ein reifer Follikel kann im Durchmesser bis zu zwei Zentimeter groß sein. Die in ihm liegende Eizelle gehört mit 0,2 Millimeter Durchmesser zu den größten Zellen des menschlichen Körpers. Sie besteht aus dem Zellkern, in dem sich die Chromosomen, die Träger der Erbinformation, befinden. Ein weiterer Bestandteil der Eizelle ist der Dotter, der viele Nährstoffe enthält. Der reife Follikel gelangt an die Oberfläche des Eierstocks. Dort kommt es zum Eisprung: Der Follikel platzt auf, die Eizelle wird mit der Follikelflüssigkeit ausgeschwemmt und vom Trichter des nahe gelegenen Eileiters aufgenommen (Abb. 2). Die Eileiter sind mit einer Schleimhaut ausgekleidet, die mit Flimmerhärchen besetzt ist. Deren Bewegung führt dazu, dass ein Flüssigkeitsstrom entsteht, mit dem die Eizelle in Richtung Gebärmutter bewegt wird.

Eine Eizelle ist nach dem Eisprung nur wenige Stunden befruchtungsfähig. Sie befindet sich in diesem Zeitraum im oberen Teil des Eileiters. Damit sie befruchtet werden kann, müssen Spermien bis dorthin gelangen. Eine befruchtete Eizelle kann sich in die Gebärmutterschleimhaut einnisten, eine unbefruchtete Eizelle wird abgebaut.

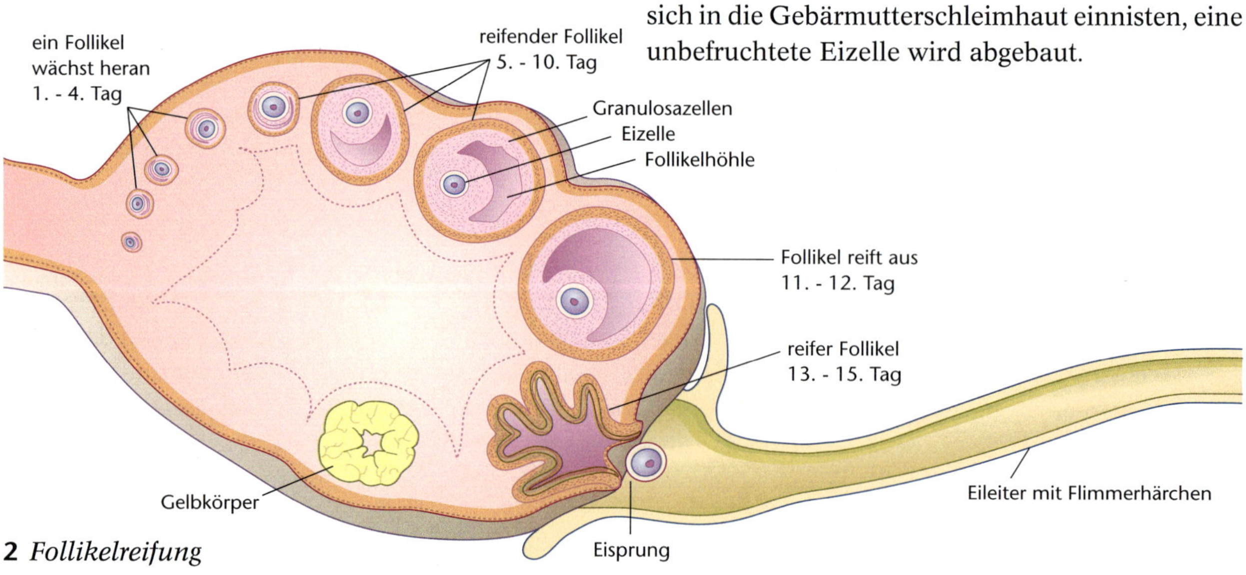

2 *Follikelreifung*

Pubertät: Der nervige Umbau im Gehirn

Hirnforscher fanden eine überraschende Begründung dafür, warum Teenies manchmal unausstehlich sein können.

Im einen Moment sind sie lieb und zuvorkommend, im nächsten völlig gereizt und mies gelaunt. Bei Kindern, die gerade die Pubertät durchmachen, kann die Stimmung sehr schnell wechseln. Bislang dachte man, dass Hormone schuld daran seien. Hirnforscher haben herausgefunden, dass nicht nur Hormone, sondern auch der Umbau von Nervenverbindungen im Gehirn für die unterschiedlichen Gemütslagen verantwortlich sind. Vor allem im Stirnhirn würden in diesem Alter etliche neue Verbindungen zwischen den Nervenzellen geknüpft.

Die Folge: Jugendliche verlieren in dieser Umbauphase viel von ihrer Fähigkeit, die Gefühle ihrer Mitmenschen richtig einzuschätzen. Ungefähr ab dem elften Lebensjahr büßen die Kinder ihr Gespür für mitmenschliche Situationen geradezu „im Sturzflug" ein. Die sich daraus ergebende Unsicherheit und Verwirrung in gefühlsbeladenen Situationen sei ein Grund dafür, dass Teenager gereizt reagieren und das Leben oft als „unfair" empfinden. Nach einiger Zeit legen sich die plötzlichen Stimmungsschwankungen.

Erläuterungen:
Nervenzellen: Milliarden von ihnen sind im Gehirn unter anderem am Verhalten, an der Informationsverarbeitung, an Lernen und Gedächtnis, Willenshandlungen, Sprache und an der Entstehung von Gefühlen beteiligt. Im Durchschnitt hat jede Nervenzelle über tausend Verbindungen zu anderen Nervenzellen.
Stirnhirn: Der Bereich des Großhirns über den Augen.

3 *Stimmungsschwankungen in der Pubertät*

1 Follikelreifung. Beschreibe mithilfe von Abbildung 2 die Stadien im Verlauf der Follikelreifung.

2 Größenvergleich von Eizellen. Eizellen können sehr unterschiedlich in ihrer Größe sein. Begründe, warum die menschliche Eizelle und die eines Huhns unterschiedlich groß sind.

Hühner-Ei   Menschen-Ei •

3 Pubertät – Der nervige Umbau im Gehirn. Lies den Text in Abbildung 3. Schließe dann das Buch. Halte einen freien Kurzvortrag zum Thema „Der nervige Umbau im Gehirn".

4 Suche Partner/Partnerin. Gib für jede Bekanntschaftsanzeige aus Abbildung 4 an, ob sie von einem Mann oder einer Frau stammt. Begründe deine Zuordnung.

Bin 23, 174, blond, mag verrückte Ideen, schätze gute Gespräche, große und kleine Kunst, Kneipen, mitreißende Kinofilme u. Theaterstücke. Suche lebendiges, unternehmungslustiges „Gegenstück". Bin begeisterungsfähig, auch gern sportlich u. mag die Natur. Schreib trotz aller Wenn und Aber! Chiffre ...

Ich, 23, suche gefühlsbetontes, aber auch energisches „Gegenstück" zum Verlieben. Du solltest an einer echten Beziehung und an mir interessiert sein und trotzdem du selbst sein. Eher flippig als durchschnittlich, selbstbewusst und offen. Ich bin ein bisschen kompliziert, mag Musik, über alles reden und suche noch nach meinem Weg. Bild wäre toll. Chiffre ...

Ich, 22, Zwilling, suche nervenstarkes „Gegenstück", mit dem man lachen, reden, träumen und weggehen kann, das weiß, dass das Wir auch aus zwei Ichs besteht. Chiffre ...

Ich, 22/176, schlank, sportlich, attraktiv, mag die Natur, Bücher, Skifahren, Musik von Klassik bis Liedermacher, gemütliche Kneipen, Zärtlichkeit und vieles mehr. Suche passendes „Gegenstück"! Bitte Brief mit Bild. Chiffre ...

4 *Bekanntschaftsanzeigen*

6.4 Hormonelle Regulation des weiblichen Zyklus

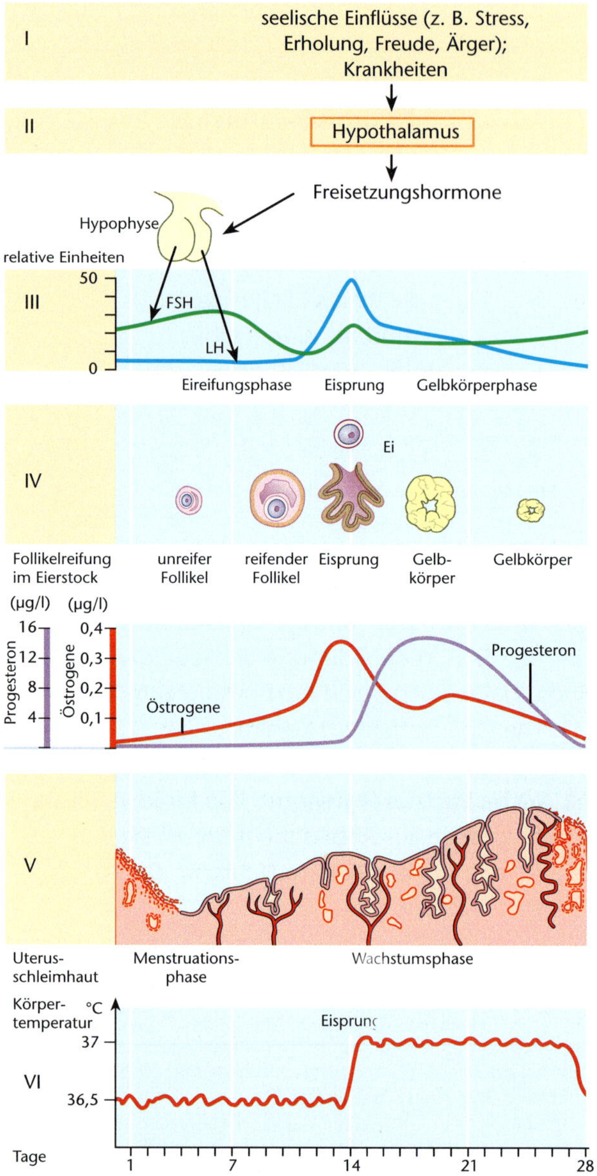

1 *Hormonelle Regulation des weiblichen Zyklus*

Geschlechtsreife bei einem Mädchen oder einer Frau bedeutet, dass in den Eierstöcken in durchschnittlich 28-tägiger Abfolge jeweils eine befruchtungsfähige Eizelle heranreift. Diese zyklischen Vorgänge werden durch Hormone verschiedener Hormondrüsen gesteuert. Aber auch äußere Einflüsse wie Stress oder Krankheiten haben Einfluss auf die Hormonproduktion (Abb. 1, I). Der erste Tag der Regelblutung wird als erster Tag des Zyklus gezählt.

Vom Hypothalamus, einem Teil des Zwischenhirns, wird die zeitliche Abfolge der Vorgänge vorgegeben (Abb. 1, II). Vom Hypothalamus gelangen Freisetzungshormone in die nur wenige Zentimeter entfernte Hypophyse (Hirnanhangsdrüse, Abb. 1, III). Dort beeinflussen sie die Freisetzung von Hormonen aus der Hypophyse. Das Follikel stimulierende Hormon (FSH) bewirkt, dass innerhalb der ersten 14 Tage des Zyklus eine Eizelle im Follikel heranreift (Abb. 1, IV). Für die vollständige Reifung ist das luteinisierende Hormon (LH) notwendig. Wenn es in einer bestimmten Konzentration im Blut vorliegt, platzt der reife Follikel und gibt die Eizelle frei (Abb. 1, IV). Man spricht von Eisprung oder Ovulation. Die Eizelle gelangt in den Eileiter und ist nun einige Stunden befruchtungsfähig. Aus dem Follikel entsteht der so genannte Gelbkörper.

Der heranreifende Follikel und der Gelbkörper bilden auch Hormone (Abb. 1, IV). In der ersten Hälfte des Zyklus werden zunehmend Östrogene freigesetzt, in der zweiten Hälfte zusätzlich Gestagene, vor allem Progesteron. Östrogene und Gestagene wirken auf die Schleimhaut der Gebärmutter (Abb. 1, V). Unter ihrem Einfluss wird die Gebärmutterschleimhaut nach der Menstruation um etwa sechs Millimeter dicker. Die Gebärmutterschleimhaut ist darauf vorbereitet, dass sich nach der Befruchtung der Eizelle der Embryo einnisten kann. Kommt es nicht zu einer Befruchtung, entwickelt sich der Gelbkörper zurück und stellt seine Hormonproduktion ein. In der Folge kommt es zur Menstruation. Östrogene und Gestagene haben Rückwirkungen auf Hypothalamus und Hypophyse. Östrogene hemmen die Freisetzung von FSH. Deshalb reift gewöhnlich nur eine Eizelle in einem Zyklus heran. Östrogene fördern die LH-Freisetzung, sodass es zum Eisprung kommt. Progesteron hemmt die LH-Freisetzung. Das hat zur Folge, dass sich der Gelbkörper zurückbildet.

Auch die Körpertemperatur verändert sich während des Zyklus (Abb. 1, VI). Ein bis zwei Tage nach dem Eisprung steigt die Temperatur.

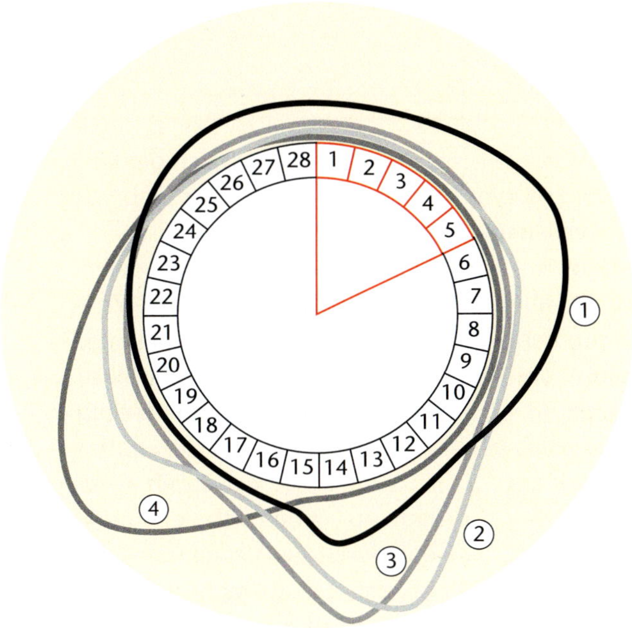

2 *Hormonelle Regulation des weiblichen Zyklus in Kreisdarstellung*

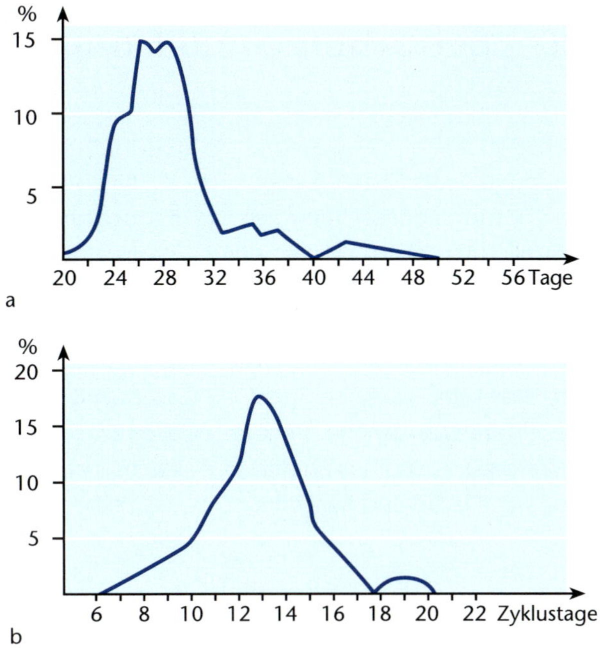

3 *Verteilung der Häufigkeit von a) Zykluslänge und b) Tag des Eisprungs bei geschlechtsreifen Frauen*

1 Weiblicher Zyklus. Beschreibe mithilfe der Grundwissenseite und der Abbildung 1 den Zyklus für die Tage 1, 5, 10, 15, 20, 25.

2 Hormonelle Regulation des weiblichen Zyklus. Ordne den verschiedenen Kurven in Abbildung 2 je ein Hormon zu. Begründe deine Zuordnungen.

3 Häufigkeitsverteilungen. Werte die Abbildung 3 aus. Was ist dargestellt? Welche Aussagen lassen sich der Abbildung entnehmen?

4 Menstruationskalender mit dem Computer erstellen. In Abbildung 4 findest du eine Vorlage für einen Menstruationskalender. Du kannst dir einen Menstruationskalender am PC erstellen.

- Ich habe meine Regelblutung stark.
- Ich habe meine Regelblutung schwach.
- gute Stimmung
- totaler Stress
- Ich bin zornig, verärgert.
- Ich habe was Schönes vor.
- schlechte Stimmung
- Ich habe Schmerzen.

	1	2	3	4	5	6	7	8	9	10	11	12	13	14	15	16	17	18	19	20	21	22	23	24	25	26	27	28	29	30	31
Januar																															
Februar																															
März																															
April																															
Mai																															
Juni																															
Juli																															

4 *So könnte ein Menstruationskalender aussehen*

6.5 Befruchtung und Einnistung

1 Bis etwa sechs Stunden nach dem Eisprung können Spermien die Eizelle befruchten. Sobald der Kopfteil eines Spermiums in die Eizelle eingedrungen ist, verändert sich die Oberfläche der Eizelle so, dass keine weiteren Spermien eindringen können. Bei der Befruchtung verschmelzen die Kerne von Eizelle und Spermium.

2 Etwa 30 Stunden nach der Befruchtung teilt sich der Embryo in zwei identische Tochterzellen. Es folgen mehrere Teilungen, aus denen jeweils kleinere, aber identische Zellen hervorgehen. Bis zum 8-Zellen-Stadium, das etwa 60 Stunden nach der Befruchtung vorliegt, könnte aus jeder Zelle ein neuer Mensch entstehen.

3 Etwa drei Tage nach der Befruchtung erreicht der Embryo die Gebärmutter. In diesem Stadium wird er als Blasenkeim bezeichnet. Es haben viele Zellteilungen stattgefunden. Einige Zellen haben eine äußere Hülle gebildet und ernähren den Embryo. An diese Hüllzellen haben sich von innen her Zellen angelegt, aus denen sich der Embryo entwickelt. Außerdem entsteht bei den Zellumlagerungen eine mit Flüssigkeit gefüllte Höhle, die zu der Bezeichnung Blasenkeim geführt hat.

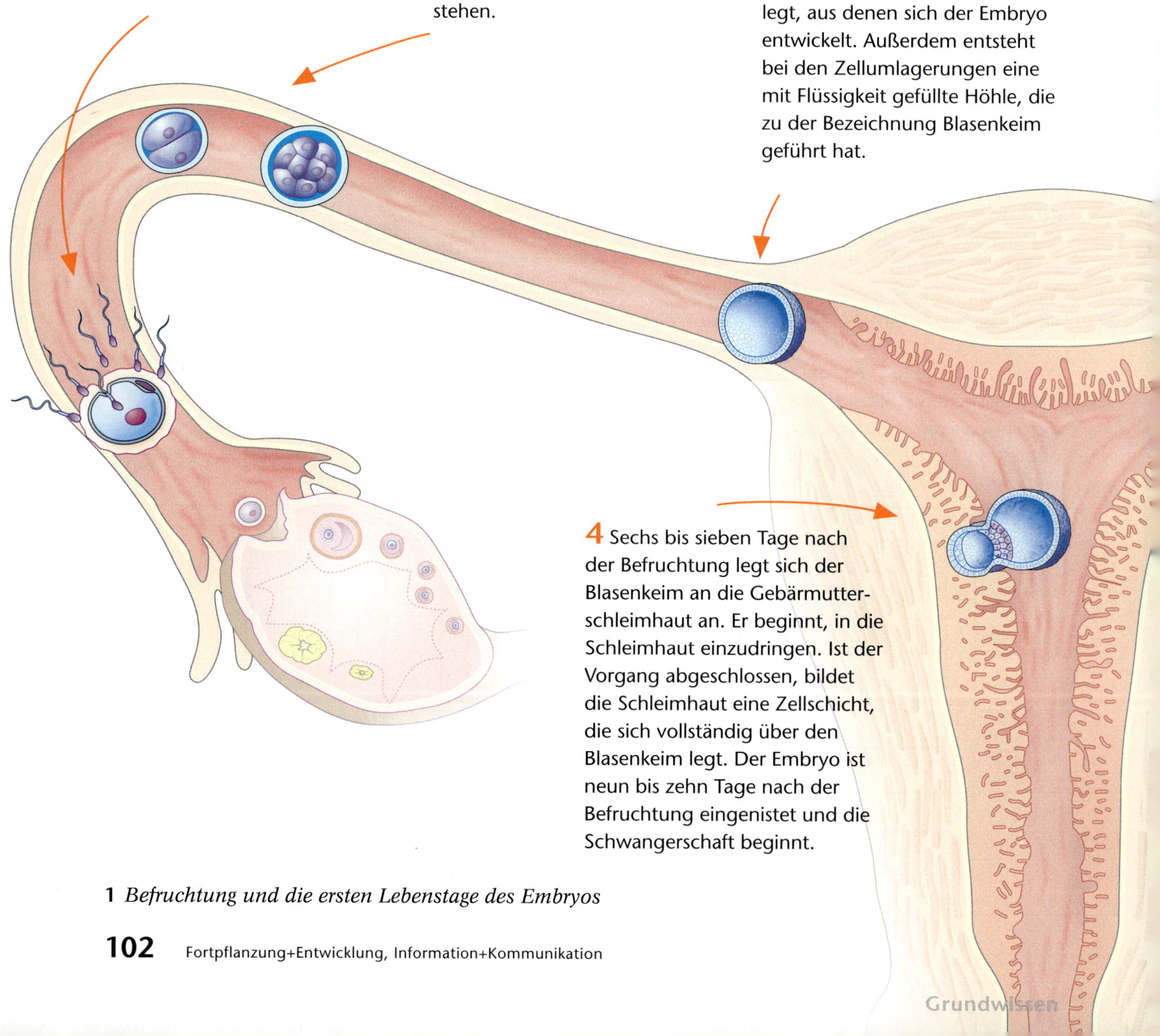

4 Sechs bis sieben Tage nach der Befruchtung legt sich der Blasenkeim an die Gebärmutterschleimhaut an. Er beginnt, in die Schleimhaut einzudringen. Ist der Vorgang abgeschlossen, bildet die Schleimhaut eine Zellschicht, die sich vollständig über den Blasenkeim legt. Der Embryo ist neun bis zehn Tage nach der Befruchtung eingenistet und die Schwangerschaft beginnt.

1 *Befruchtung und die ersten Lebenstage des Embryos*

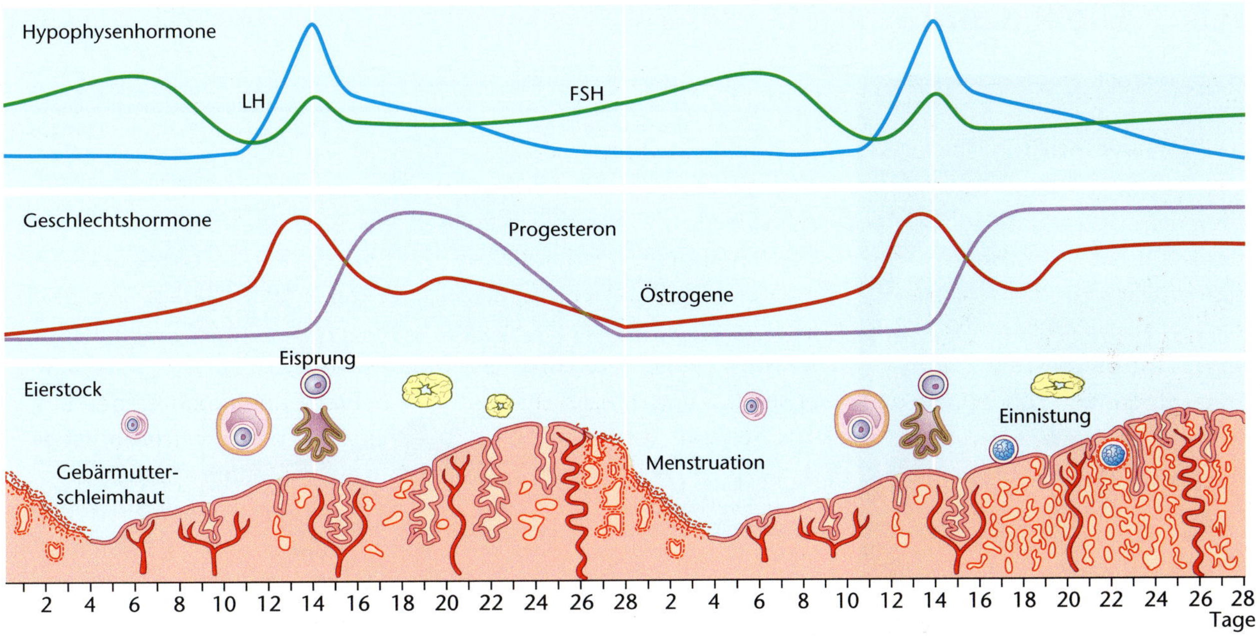

2 *Veränderungen in der Schwangerschaft im Vergleich zum normalen Zyklus*

1 Vom Eisprung zur Einnistung. Zeichne eine Zeitachse und trage darin möglichst genau den Ort und die Vorgänge ein, die in der Zeitspanne vom Eisprung bis zur Einnistung des Embryos geschehen.

2 Beispiele für Veränderungen in der Schwangerschaft. Beschreibe anhand der Abbildung 2 die Veränderungen, die mit der Einnistung des Embryos einhergehen. Vergleiche mit dem normalen Zyklusverlauf.

3 Das Schwangerschaftshormon HCG. Sobald der Embryo eingenistet ist, bilden seine Hüllzellen ein Hormon mit dem Namen humanes Choriongonadotropin, HCG. HCG bewirkt, dass der Gelbkörper erhalten bleibt und weiterhin Hormone bildet. HCG wird in den mütterlichen Blutkreislauf abgegeben. Ein wenig gelangt auch in den Urin der Mutter. Später in der Schwangerschaft bildet die Plazenta selbst Progesteron und Östrogene.

a) Begründe, warum der Nachweis von HCG im Urin als Schwangerschafts-Nachweis dient.

b) Erkläre, welche Bedeutung die hohen Progesteron- und Östrogengehalte während der Schwangerschaft haben.

c) Begründe, warum während einer Schwangerschaft keine weiteren Eizellen heranreifen.

4 Zwillinge. Beschreibe anhand der Abbildung 3 die Entstehung eineiiger und zweieiiger Zwillinge.

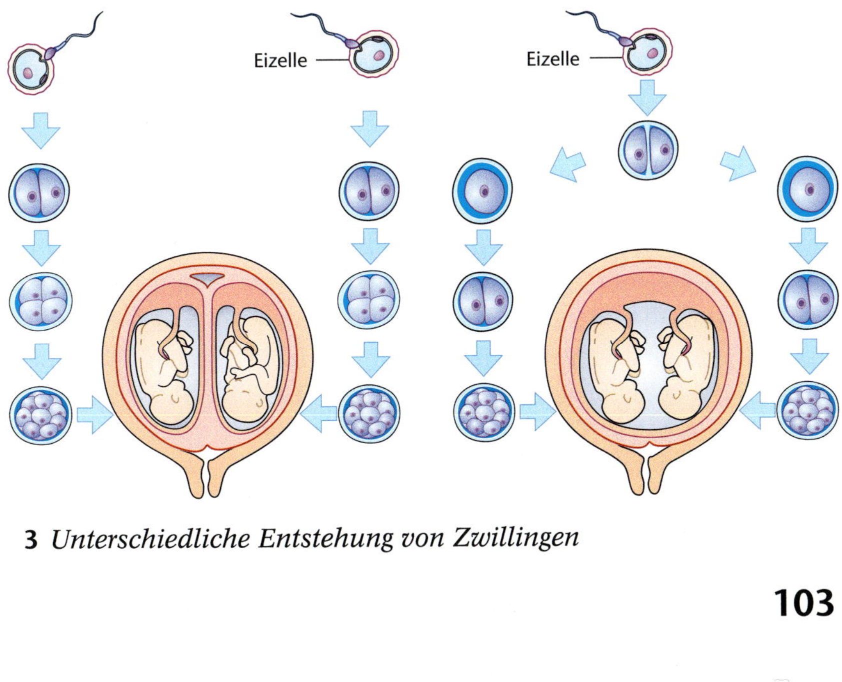

3 *Unterschiedliche Entstehung von Zwillingen*

6.6 Die Plazenta

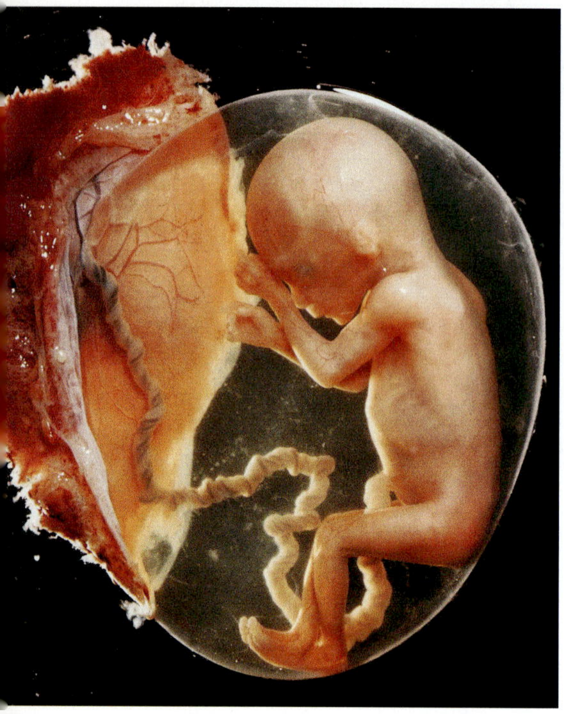

1 *Fetus mit Plazenta*

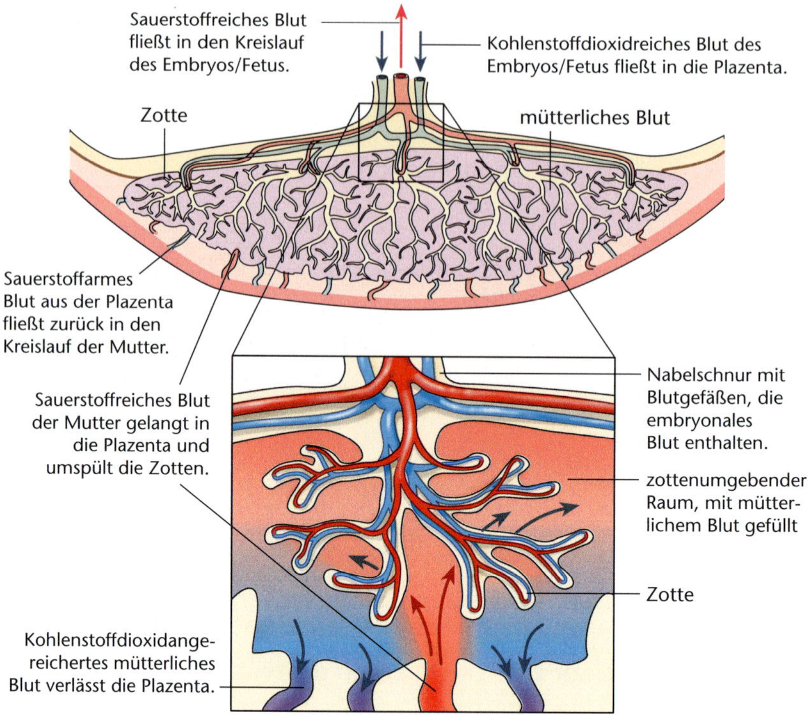

2 *Aufbau der Plazenta*

Der in der Gebärmutter eingenistete Blasenkeim bildet mit seinen äußeren Zellen kleine Fortsätze aus. Diese werden Zotten genannt. Die Zotten wachsen in die Gebärmutterschleimhaut ein und verzweigen sich stark. Die starken Verzweigungen und der von ihnen durchdrungene Bereich der Gebärmutterschleimhaut bilden zusammen die **Plazenta** (Abb. 1, 2). Der Embryo, der nach zehn Wochen Schwangerschaft Fetus genannt wird, ist über die Nabelschnur mit der Plazenta verbunden. Sein Herz pumpt pro Minute fast sein gesamtes Blutvolumen einmal durch die Plazenta. Dabei fließt sein kohlenstoffdioxidreiches Blut durch die Nabelschnur und gelangt in die Blutgefäße der Zotten. Die Zotten werden vom mütterlichen Blut umspült. Hier nimmt das Blut des Embryos Sauerstoff auf und gibt Kohlenstoffdioxid ab und fließt durch die Nabelschnur zurück zum Embryo. Dabei kommt es nicht zur Durchmischung des embryonalen mit dem mütterlichen Blut. Die Membran der Zotten ist auch für andere im Blut gelöste Stoffe durchlässig. Vom mütterlichen Blut gelangen Wasser, Vitamine, Fette und Eiweiße ins embryonale Blut. Das bedeutet, dass der Embryo über die Plazenta ernährt wird. In umgekehrter Richtung gelangen Wasser, Harnstoff und andere Stoffwechselprodukte aus dem Blut des Embryos in das mütterliche Blut.

Bestimmte schädliche Stoffe im mütterlichen Blut können die Plazenta passieren und somit in den Blutkreislauf des Embryos gelangen. Dazu gehören Viren. Zum Beispiel stören Rötelnviren zwischen dem 21. und 40. Tag nach der Befruchtung die Entwicklung von Herz und Gehirn des Embryos. Alkohol kann zu schwerwiegenden Fehlbildungen führen. Insbesondere kann das Gehirn des heranwachsenden Menschen dauerhaft geschädigt werden. Nikotin bewirkt, dass sich die Gefäße der Plazenta verengen. Die daraus folgende eingeschränkte Blutversorgung des Embryos kann zu einem deutlich geringeren Geburtsgewicht führen.

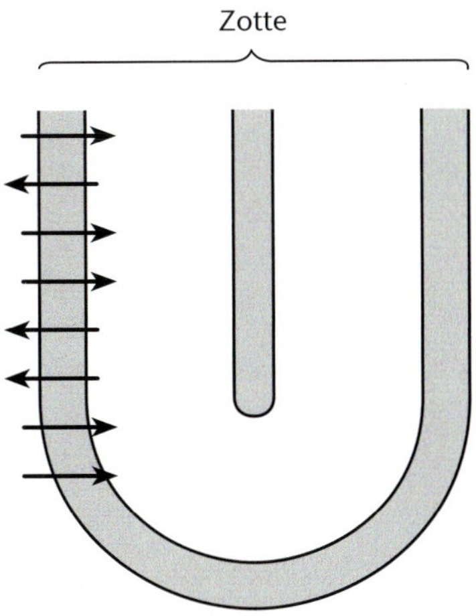

3 *Austauschvorgänge in der Plazenta*

1 Weg des Blutes. Kohlenstoffdioxidreiches Blut verlässt den Embryo und gelangt in die Nabelschnur. Beschreibe mithilfe der Abbildung 2 den weiteren Weg des embryonalen Blutes und die Vorgänge in den Zotten.

2 Plazenta. Übertrage die Abbildung 3 vergrößert in dein Heft und beschrifte sie mithilfe des Grundwissentextes.

3 Alkohol in der Schwangerschaft. Formuliere eine oder mehrere Schlagzeilen, die vor der Gefahr von Alkoholkonsum in der Schwangerschaft warnen (Abb. 4).

4 Contergan früher – heute.
a) Werte das Diagramm in Abbildung 5 aus. Inwiefern stützen die Daten die Annahme, dass Thalidomid Grund für die Fehlbildungen war?

4 *Alkohol? Nein danke!*

b) Erläutere, welche generelle Problematik bei der Einnahme von Medikamenten in der Schwangerschaft am Beispiel „Contergan" deutlich wird.

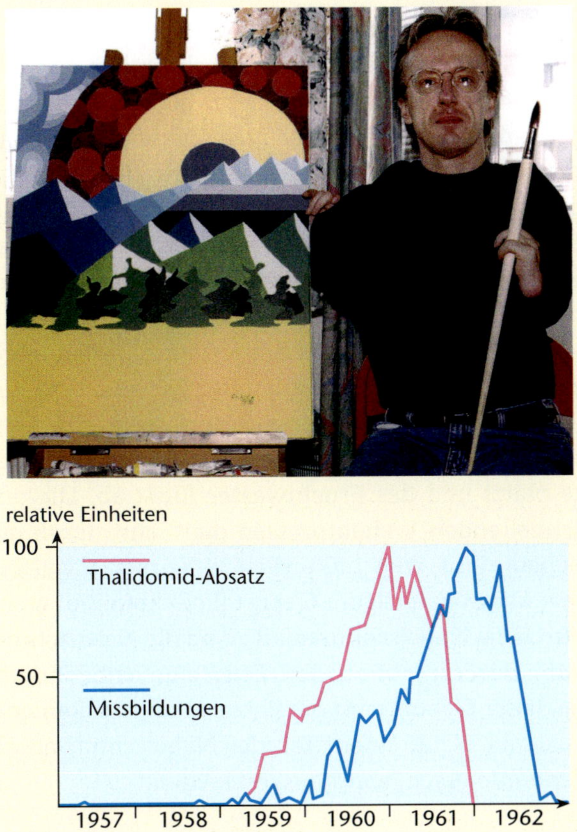

Im Oktober 1957 kam das Medikament „Contergan", ein Beruhigungs- und Schlafmittel, in den Handel. Es galt als besonders wirksam und gut verträglich. In den Jahren 1958 bis 1961 wurden allein in Deutschland etwa 4000 Kinder geboren, die besonders durch Fehlbildungen an Armen und Beinen auffielen, die aber häufig auch an Fehlbildungen der Ohren und inneren Organe litten. Der Verdacht kam auf, dass „Contergan" für die Fehlbildungen bei den Kindern verantwortlich war. Im November 1961 wurde „Contergan" aufgrund massiven Drucks durch die Presse und Öffentlichkeit vom Markt genommen.
Der Wirkstoff von „Contergan" heißt Thalidomid. Thalidomid gelangt ins Blut des Embryos und führt zu den beschriebenen Fehlbildungen. Thalidomid ist heute wieder ein Thema:
Zwischenzeitliche Untersuchungen haben gezeigt, dass Thalidomid eine stark entzündungshemmende Wirkung hat. Daher wird dieses Medikament in Deutschland zum Beispiel bei schmerzhaften Geschwüren und Krebserkrankungen eingesetzt. Thalidomid wird in Deutschland kostenlos abgegeben, aber nur an den behandelnden Arzt, der die Verwendung schriftlich begründen muss.

5 *Informationen zu Contergan*

6.7 Schwangerschaft und Geburt

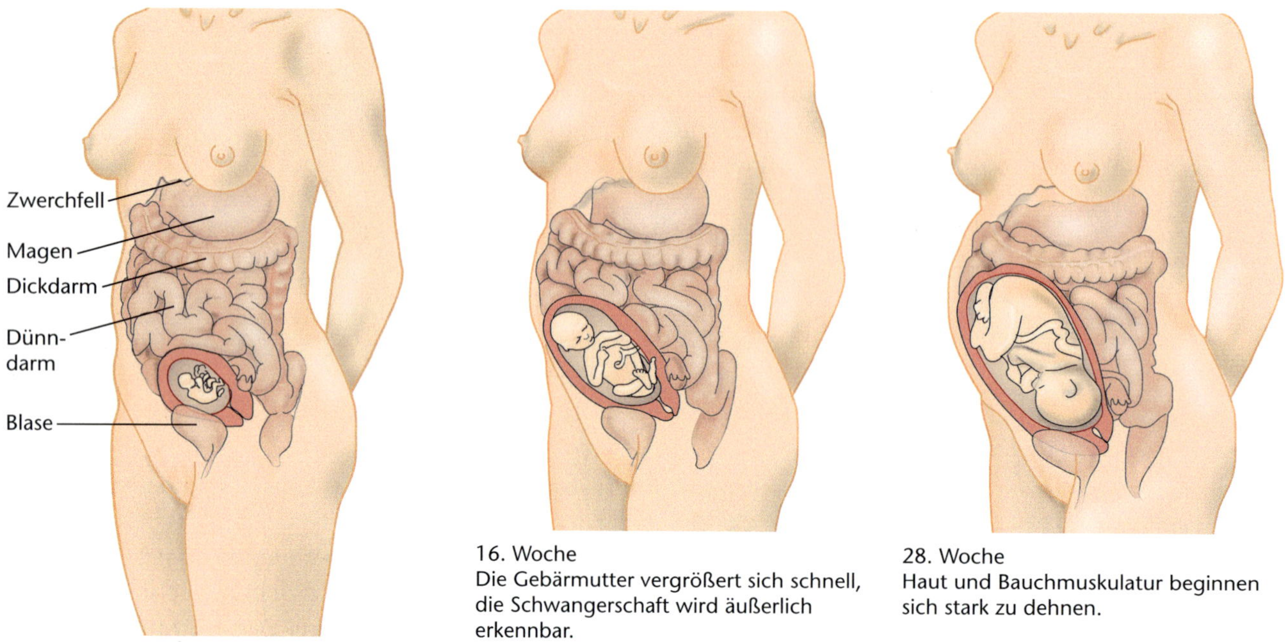

1 *Veränderungen während der Schwangerschaft*

Eine Schwangerschaft dauert im Durchschnitt 270 Tage oder etwa neun Monate. Der **Embryo** ist in der Gebärmutter von Fruchtwasser und Fruchtblase umgeben. Er ist am Anfang des zweiten Entwicklungsmonats etwa einen Zentimeter, am Ende des zweiten Monats bereits vier Zentimeter groß. Zu diesem Zeitpunkt sind an den Gliedmaßen Finger und Zehen zu erkennen. Am Ende des dritten Monats sind alle Organe angelegt. Damit ist die Embryonalzeit abgeschlossen und man spricht vom **Fetus.** Der Fetus ist nun neun Zentimeter groß. In der Fetalzeit wachsen und reifen die angelegten Organe. Obwohl der Fetus schon einige Wochen den Kopf drehen und Arme und Beine bewegen kann, spürt seine Mutter die Bewegungen erstmals etwa im vierten Monat. Das Gehör des Fetus ist so entwickelt, dass er Geräusche aus der Außenwelt wahrnehmen kann. Ab dem siebten Schwangerschaftsmonat sind die Organe ausgebildet, auch wenn sie ihre volle Funktionsfähigkeit erst mit der Geburt erlangen. In den letzten Monaten bis zur Geburt wächst der Fetus erheblich und nimmt stark an Gewicht zu. Etwa in der 34. Woche dreht sich der Fetus meistens mit dem Kopf in Richtung Gebärmutterausgang und verbleibt so bis zur Geburt.

In der fortschreitenden Schwangerschaft verändern sich die hormonellen Verhältnisse bei der Frau. So bewirken die vermehrt gebildeten Östrogene, dass die Hypophyse angeregt wird, das Hormon Prolactin auszuschütten. Unter dem Einfluss der weiblichen Geschlechtshormone sowie des Prolactins wachsen die Brustdrüsen. Am Ende der Schwangerschaft führt der Einfluss weiterer Hormone dazu, dass sich die Gebärmutter in immer kürzer werdenden Abständen stark zusammenzieht. Durch diese so genannten Wehen wird der Fetus mit dem Kopf voran gegen den Gebärmutterhals gedrückt. Dieser weitet sich, die Fruchtblase platzt und das Fruchtwasser fließt ab. Die anschließenden Wehen pressen den Fetus durch die Scheide aus dem mütterlichen Körper. Zwei bis drei Minuten nach der Geburt fließt kein Blut mehr durch die Nabelschnurgefäße, und die Nabelschnur kann durchtrennt werden. Etwa eine halbe Stunde nach der Geburt wird die Plazenta abgestoßen und zusammen mit einem Teil der Nabelschnur als so genannte Nachgeburt ausgeschieden.

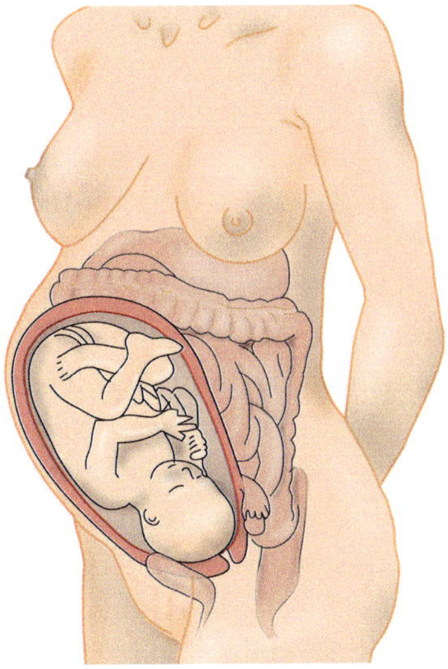

36. Woche
Die Gebärmutter drückt Darm und Zwerchfell nach oben.

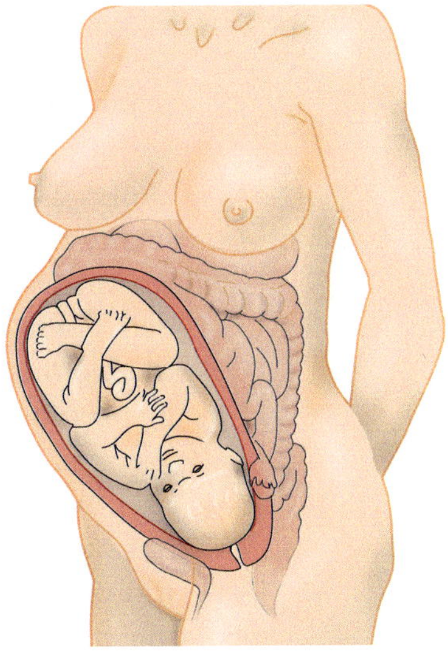

40. Woche
Der Kopf des Babys rutscht tiefer ins Becken.

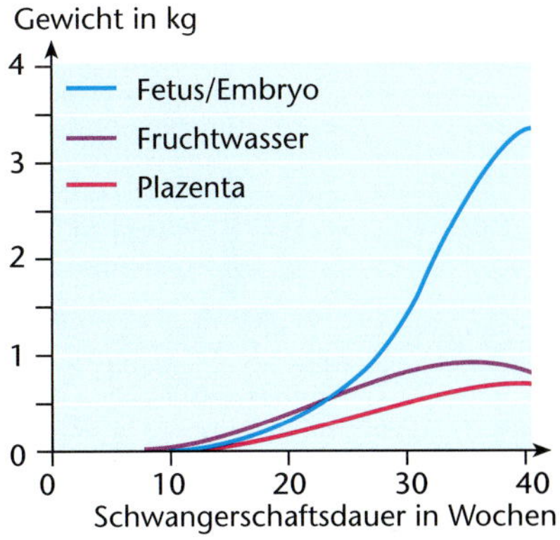

2 *Gewichtsveränderungen im Laufe der Schwangerschaft*

1 Schwangerschaft. Beschreibe die Bildfolge in Abbildung 1. Überlege, auf welche Weise man einer schwangeren Frau im Alltagsleben behilflich sein kann.

2 Schwangerschaftsverlauf. Ordne die Formulierungen entsprechend dem zeitlichen Verlauf in der richtigen Reihenfolge an: alle Organe angelegt – Blasenkeim in Gebärmutterschleimhaut eingenistet – Finger und Zehen an den Gliedmaßen erkennbar – Bewegungen des Fetus spürbar – Kerne von Eizelle und Spermium verschmolzen – Fetus Schädellage eingenommen – befruchtete Eizelle mehrfach geteilt – Entwicklung des Embryos in der Fruchtblase begonnen – Organe vollkommen ausgebildet.

3 Gewichtszunahme.
a) Beschreibe die Abbildung 2 und werte sie aus.

b) Berechne für die 20., 30. und die 40. Schwangerschaftswoche das Gesamtgewicht von Fetus, Fruchtwasser und Plazenta.

4 Umstellung des Blutkreislaufs. Nach der Geburt ändern verschiedene Organe des Neugeborenen ihre Funktionsweise. Betroffen sind insbesondere Lunge und Herz. Beschreibe mithilfe der Abbildung 3 den Blutkreislauf des Fetus und des Neugeborenen und arbeite die Unterschiede heraus.

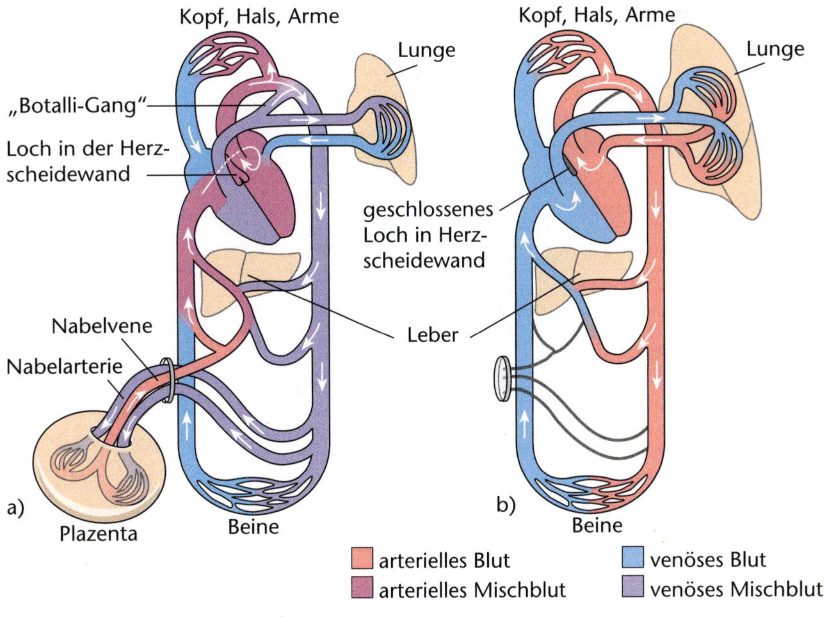

3 *Blutkreislauf von a) Fetus und b) Neugeborenem*

6.8 Hormonelle Empfängnisverhütung

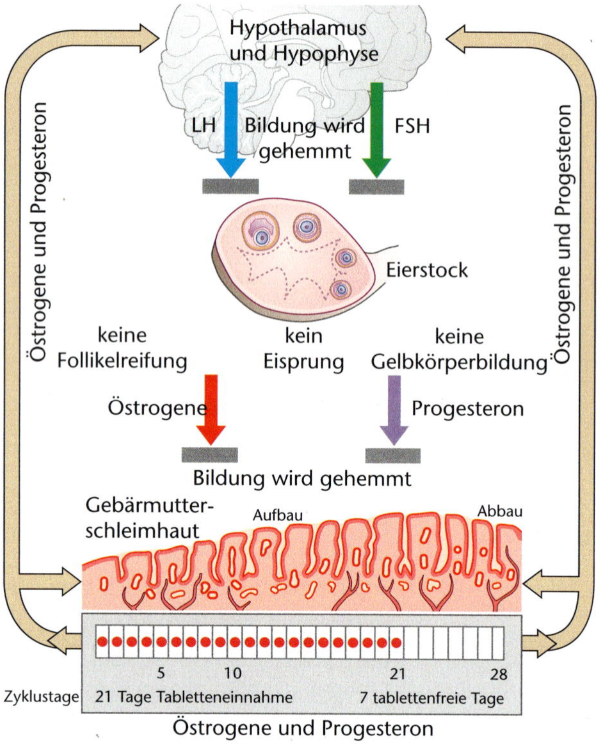

1 *Die Wirkung der Pille*

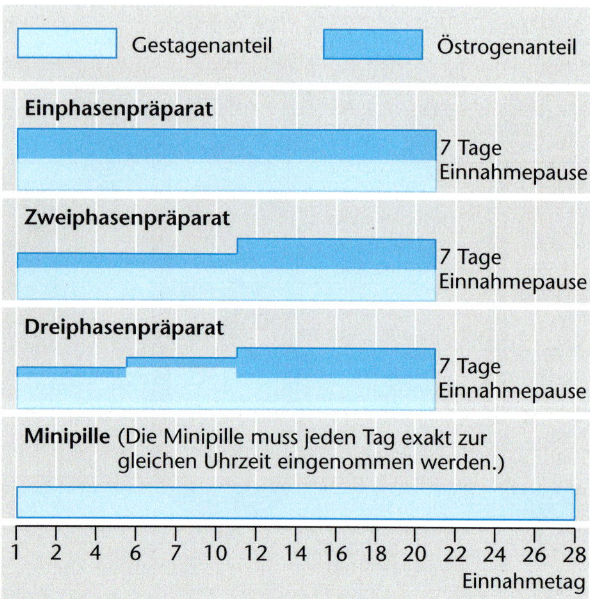

2 *Hormonelle Zusammensetzung verschiedener Pillentypen*

Der wirksamste Schutz vor einer ungewollten Schwangerschaft ist die hormonelle Empfängnisverhütung. Sie erfolgt durch die Einnahme der „Pille". Unter dem Begriff „Pille" werden Medikamente zusammengefasst, die künstlich hergestellte weibliche Geschlechtshormone enthalten. Sie werden auch als **Kontrazeptiva** bezeichnet. Diese Medikamente greifen ihrer hormonellen Zusammensetzung entsprechend auf unterschiedliche Weise in den weiblichen Zyklus ein. Sie haben das Ziel, entweder den Eisprung (Ovulationshemmer), das Aufsteigen der Spermien („Minipille") oder das Einnisten des Blasenkeims in die Gebärmutterschleimhaut zu verhindern („Pille danach").

Von den hormonellen Verhütungsmitteln werden diejenigen am häufigsten eingenommen, die den Eisprung verhindern. Sie enthalten eine gleich bleibende Menge an Östrogenen und bestimmte Mengen an Gestagenen während der gesamten Einnahmedauer von 21 Tagen (Abb. 1). Danach folgen sieben einnahmefreie Tage oder sieben Tabletten ohne Wirkstoffe. Die Hormone in diesen Präparaten wirken auf den Hypothalamus und infolge davon auch auf die Hypophyse. Sie bewirken, dass die Ausschüttung des Follikel stimulierenden Hormons (FSH) und des luteinisierenden Hormons (LH) stark heruntergesetzt wird. Durch die zu geringen Mengen FSH wird einerseits die Follikelreifung gestört, andererseits wird die körpereigene Östrogenproduktion stark verringert. Zu wenig LH im Blut verhindert den Eisprung (Abb. 1).

Anstelle der körpereigenen Östrogene bewirken nun die künstlich zugeführten Östrogene und Gestagene den Aufbau der Gebärmutterschleimhaut. Die Hormone sind so dosiert, dass der Aufbauvorgang beendet und die neu gebildete Schleimhaut abgestoßen wird. So entsteht auch unter der Einnahme dieser Hormonpräparate eine Blutung. Sie ist meistens schwächer als eine normale Regelblutung.

1 „Pillen".
a) Beschreibe anhand der Abbildung 1 die Wirkungsweise der „Pille".
b) Vergleiche die verschiedenen Pillentypen (Abb. 2).

2 Geschichte der hormonalen Empfängnisverhütung. Es war schon um 1900 bekannt, dass der Eierstock Hormone abgibt. Um genauere Erkenntnisse zu gewinnen, führte der Wissenschaftler HABERLANDT in den Jahren 1919 bis 1921 verschiedene Versuche an Kaninchen durch. Bei Kaninchen erfolgt der Eisprung etwa zehn Stunden nach der Begattung. Die Tragzeit dauert ca. 28 bis 30 Tage. Ein Versuch, der an mehreren Tieren durchgeführt wurde, begann damit, dass bei einem geschlechtsreifen Kaninchen B, das schon einmal Junge geworfen hatte, die Rückenhaut aufgeschnitten wurde (Abb. 3). Dann setzte man die Eierstöcke eines trächtigen Kaninchens A unter die Hautstelle und vernähte die Wunde. Nach dieser Eierstocktransplantation wurde Kaninchen B isoliert gehalten und anschließend mehrfach gedeckt.
a) Wann hätte Kaninchen B nach Versuchsbeginn erstmalig Junge werfen können? Wann ist bei Kaninchen B eine Befruchtung erfolgt? Über wie viele Wochen ist keine Befruchtung erfolgt?
b) Was kannst du aus dem Versuchsergebnis schließen?

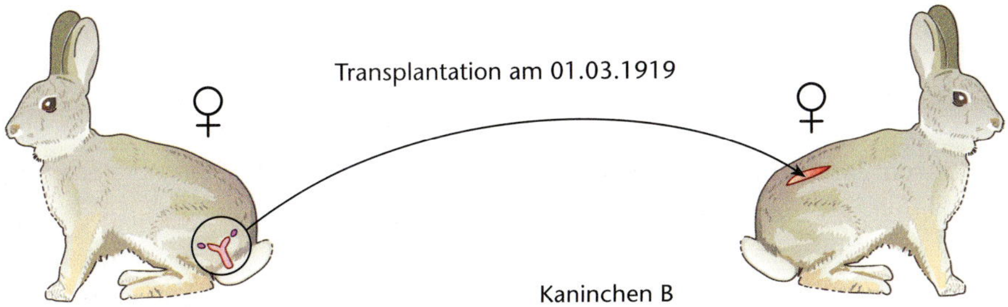

3 *Kaninchen im Transplantationsversuch*

Zusammensetzung
Arzneilich wirksame Bestandteile
1 Dragee enthält 0,1 mg Levonorgestrel und 0,02 mg Ethinylestradiol

Anwendungsgebiete
Hormonale Empfängnisverhütung

Gegenanzeigen
Sie dürfen die Pille nicht anwenden bei:
– Schwangerschaft
– Lebererkrankungen
– Gefäß- und Stoffwechselerkrankungen
– Raucherinnen.

Vorsichtsmaßnahmen für die Anwendung und Nebenwirkungen
Vor Beginn der Anwendung hormonaler Empfängnisverhütungsmittel soll eine gründliche allgemeine sowie gynäkologische Untersuchung durchgeführt werden.
Bei Raucherinnen, die hormonhaltige Arzneimittel zur Schwangerschaftsverhütung anwenden, besteht ein erhöhtes Risiko, an zum Teil schwerwiegenden Folgen von Gefäßveränderungen (z. B. Herzinfarkt, Schlaganfall) zu erkranken. Das Risiko nimmt mit zunehmendem Alter und steigendem Zigarettenkonsum zu.

Wodurch kann die empfängnisverhütende Wirkung herabgesetzt werden?
Einnahmefehler, Erbrechen oder Darmkrankheiten mit Durchfall, die gleichzeitige längere Einnahme bestimmter Medikamente sowie sehr seltene individuelle Stoffwechselstörungen können die schwangerschaftsverhindernde Wirkung beeinträchtigen.

Eigenschaften
Die Hormonpille bietet bei vorschriftsgemäßer Anwendung auf mehrfache Weise Schutz vor einer Schwangerschaft. Ein befruchtungsfähiges Ei kann im Allgemeinen nicht heranreifen; der Schleim im Gebärmutterhals verändert sich, sodass der männliche Samen nicht weit genug vordringen kann.

4 *Beipackzettelausschnitt einer Hormonpille*

3 Auszug aus einem Beipackzettel (Abb. 4). Erläuterung: Levonorgestrel ist ein Gestagen, Ethinylestradiol ein Östrogen.
a) Erkläre, woran du erkennst, um welche Art von Kontrazeptivum es sich handelt.
b) Fasse zusammen, welche Probleme bei der Einnahme von hormonellen Verhütungsmitteln auftreten können und welche Maßnahmen der Hersteller jeweils empfiehlt.

Informationen mithilfe des Internets erhalten

Durch das Internet steht die größte Bibliothek zur Verfügung, die man sich vorstellen kann. Mithilfe von Suchprogrammen – man nennt sie auch Suchmaschinen – wie „Google“, „lycos“, „fireball“, „yahoo“ und kannst du dir über ein Suchwort Internetseiten anzeigen lassen.

Gehe wie folgt vor (hier am Beispiel Google) (Abb. 1):

1 Gib in das Adressfeld die Adresse www.google.de ein.

2 Dort, wo der Cursor blinkt, gib ein Stichwort oder mehrere Stichwörter ein.

3 Beschränke die Suche auf „Seiten auf Deutsch“.

4 Klicke den Button „Google Suche“ an. Das Internet wird dann nach Einträgen durchsucht, in denen dein Stichwort vorkommt.

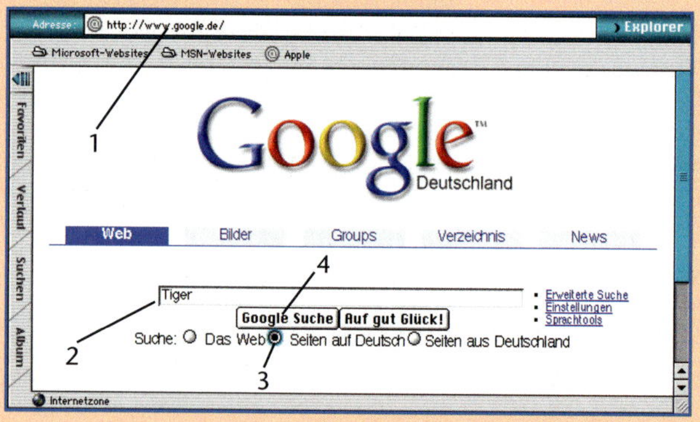

1 *Stichwortsuche*

Um dich zum Beispiel über Verhütungsmethoden zu informieren, gibst du diesen Begriff als Stichwort ein. Das Wichtigste bei der Suche sind die richtigen Stichwörter, um brauchbare beziehungsweise überschaubare Suchergebnisse zu bekommen.

Aus den Suchergebnissen kannst du dir jetzt interessante Internetseiten auswählen, indem du auf den jeweiligen Link klickst. Eine gute Informationsquelle ist unter anderem www.loveline.de der Bundeszentrale für gesundheitliche Aufklärung (BzgA, www.bzgA.de) (Abb. 2).

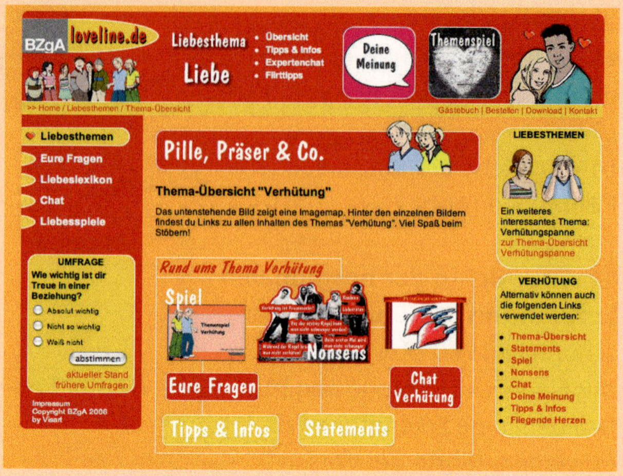

2 *Internet-Seite der Bundeszentrale für gesundheitliche Aufklärung*

Möchtest du einen Text, den du auf einer Internetseite gefunden hast, in deine Aufzeichnungen in einer Textdatei einfügen, dann gehe folgendermaßen vor: Markiere den Textabschnitt. Starte das Kontextmenü (rechte Maustaste) und wähle „Kopieren“ aus. Nun wechsele zu deinen Aufzeichnungen in Word und füge den Text an die passende Stelle durch das Menü „Bearbeiten“ und dann „Einfügen“ ein.

Möchtest du den Text nur ausdrucken, so markiere den Text und wähle aus dem Menü „Datei“ den Befehl „Drucken“. In dem Druckfenster wähle im Bereich „Seitenbereich“ die Option „Markierung“.

Es ist sinnvoll, interessante Internet-Adressen zu speichern. Diese gespeicherten Adressen nennt man Favoriten. Bei einigen Browsern heißen sie auch Lesezeichen. Durch das Hinzufügen der Adressen zu den Favoriten brauchst du beim nächsten Aufruf nicht wieder über eine Suchmaschine zu suchen oder lange Adressen einzugeben.

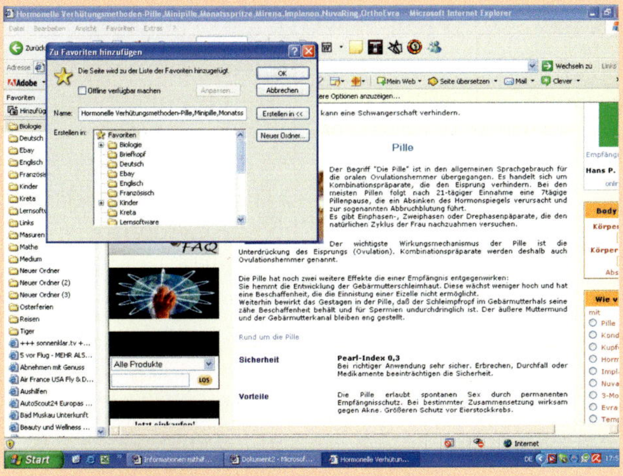

3 *Favoriten mit angelegten Ordnern*

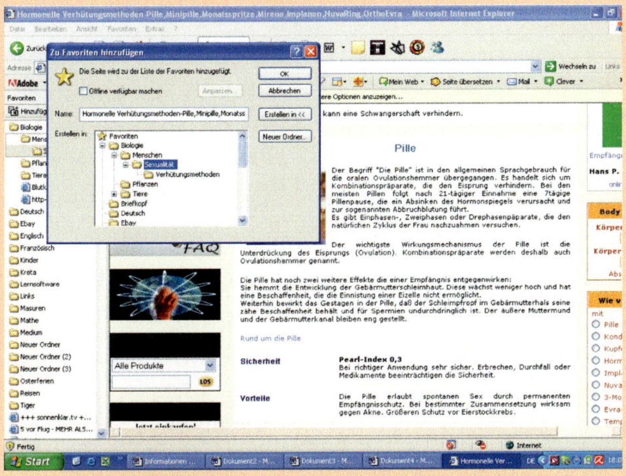

4 *Ordnungssystem der Favoriten mit Unterordnern*

So trägst du Adressen als Favoriten ein:

1 Rufe den Menüpunkt „Favoriten" auf. Die Liste der bereits gespeicherten Internetseiten wird sichtbar.

2 Wähle den Menüpunkt „Zu den Favoriten hinzufügen".

3 Klicke anschließend OK an. Die Internetadresse wird in die Liste der Adressen eingetragen.

In den Favoriten kannst du auch ein Ordungssystem aus Ordnern aufbauen, mit dessen Hilfe du Adressen schneller wiederfindest. Du kannst beispielsweise die Ordner Sport, Mathematik, Englisch und Biologie anlegen (Abb. 3), indem du nach „Zu Favoriten hinzufügen" über „Erstellen in" neue Ordner anglegst und sie benennst. Jedem Ordner kann man noch Unterordner zuordnen (Abb. 4). Der Ordner Biologie könnte folgende Unterordner beinhalten:

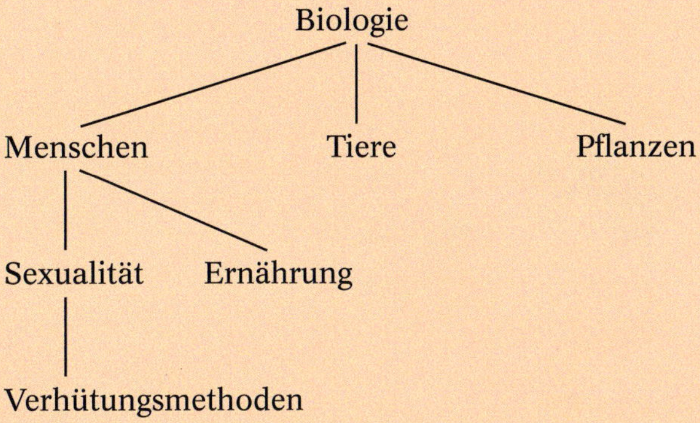

Um Bilder aus dem Internet zu ziehen, kann man bei Google nach Eingabe des Stichwortes auf die Rubrik „Bilder" klicken (Abb. 5).

Suche per Mausklick aus der Auswahl das gewünschte Bild heraus. Im Kontextmenü (rechte Maustaste) kann man das Bild in einem eigenen Ordner speichern (Menüpunkt „Bild speichern unter") oder man kopiert das Bild direkt in den Text an die passende Stelle (Menüpunkt „kopieren" und in Worddatei „Bearbeiten" und „Einfügen").

5 *Bildersuche*

6.9 Partnerschaft und Verhütung

Methode/Mittel	Anwendung	Wirkung	Pearl-Index	Hinweise
Pille 	Hormontabletten zur täglichen Einnahme	verhindert Reifung des Eies bzw. dessen Einnistung	0,03–0,1	verschreibungspflichtiges Medikament; regelmäßige Kontrolle durch Frauenarzt/-ärztin; verschiedene Nebenwirkungen möglich
Kondom 	dünner Gummischutz, der über den steifen Penis gezogen wird	verhindert das Eindringen der Spermien in die Scheide	2–7	unkompliziert in der Anwendung; jederzeit verfügbar; preisgünstig erhältlich in Apotheken und Drogeriemärkten; Schutz vor Geschlechtskrankheiten
chemische Verhütungsmittel 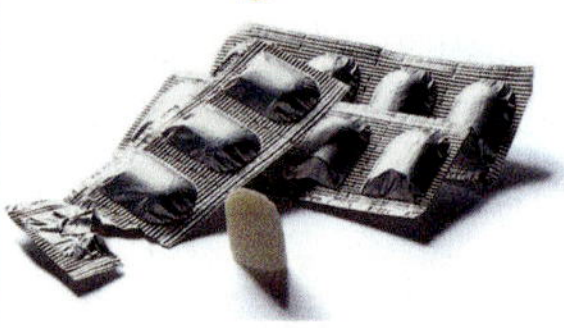	Creme, Gel, Zäpfchen werden etwa 15 Min. vor dem Geschlechtsverkehr in die Scheide eingeführt	tötet in einem Zeitraum von einer Stunde Spermien ab, bildet Sperre vor Gebärmuttermund	5–20	erhältlich in Apotheken und Drogeriemärkten; als alleinige Methode nicht zu empfehlen
Temperaturmessung 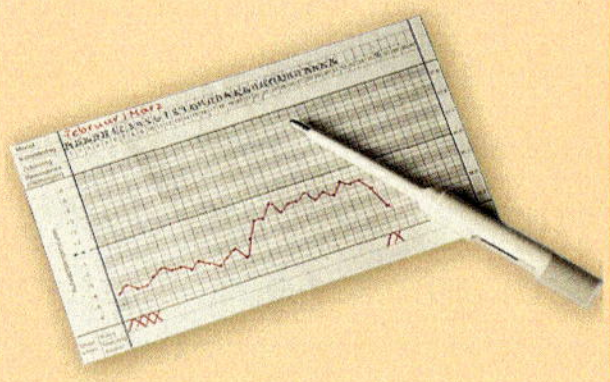	Messen und Aufschreiben der morgendlichen Temperatur; Temperaturanstieg nach dem Eisprung um etwa 0,4 °C	sexuelle Enthaltsamkeit um den Zeitraum des Eisprungs	1–10	Erfahrung und sorgfältige Durchführung sind notwendig; falsche Ergebnisse, wenn der Temperaturanstieg aus anderen Gründen erfolgt

1 *Ausgewählte Verhütungsmittel und -methoden im Vergleich*

Verliebtsein ist ein starker Gefühlszustand, der die ganze Person erfasst. Die verliebte Person wünscht sich sehnlichst, dass ihre Gefühle erwidert werden. Die innige Beziehung zwischen zwei Menschen kann Bestand haben, wenn die beiden Achtung und Vertrauen zueinander entwickeln und Verständnis für Wünsche und Bedürfnisse des anderen haben. Wichtig für eine dauerhafte Partnerschaft ist, dass Probleme offen und ehrlich angesprochen werden. Bei Streit bleiben die Partner fair zu einander, verletzen und erniedrigen sich nicht. Eine dauerhafte Bindung wird auch durch einen verantwortlichen Umgang mit Sexualität gestärkt.

Obwohl die meisten Menschen viele Jahrzehnte Sexualität erleben, besteht der Wunsch, ein Kind zu zeugen, häufig nur in einem bestimmten Zeitraum. Daher ist die **Empfängnisverhütung** ein ganz wesentlicher Aspekt des verantwortlichen Umgangs mit Sexualität. Informationen zur Verhütung oder Beratungen geben Frauenärzte und -ärztinnen in ihrer Praxis und in Beratungsstellen. Die

Gespräche unterliegen der Schweigepflicht. Untersuchung und Beratung werden von der Krankenkasse bezahlt, ebenso für Jugendliche verschiedene Verhütungsmittel. Die Entscheidung, welches Verhütungsmittel angewendet wird, sollten sich beide Partner genau überlegen. Das gewählte Verhütungsmittel muss entsprechend den Anweisungen des Herstellers eingesetzt werden. Ein Maß für die Zuverlässigkeit einer Verhütungsmethode ist der Pearl-Index (Abb. 1). Der Pearl-Index gibt die ungewollten Schwangerschaften pro 1200 Anwendungsmonate an.

Wenn ein Verhütungsmittel nicht richtig angewendet wurde oder wenn es zu einem ungeschützten Geschlechtsverkehr gekommen ist, kann in Notfällen der Arzt die „Pille danach" verschreiben. Dieses Hormonpräparat löst eine Blutung aus und verhindert so die Einnistung des Embryos hat jedoch viel Nebenwirkungen. Trotz dieser vielen Möglichkeiten, eine Empfängnis zu verhüten, wurden in Deutschland im Durchschnitt der Jahre 2000 bis 2005 jährlich 133 000 Embryonen abgetrieben, das sind 15 % aller entstandenen Schwangerschaften.

Zum verantwortlichen Umgang mit Sexualität gehört auch der Schutz vor der Übertragung von krankmachenden Viren und Bakterien. Aids wird durch das HI-Virus hervorgerufen, das bei infizierten Menschen in Körperflüssigkeiten wie im Sperma und in der Scheidenflüssigkeit vorkommt. Bestimmte Bakterien verursachen Erkrankungen wie Tripper und Syphilis. Diese Bakterien werden beim Geschlechtsverkehr übertragen. Um bleibende Schäden zu verhindern, muss eine Erkrankung so früh wie möglich medikamentös behandelt werden. Wird beim Geschlechtsverkehr ein Kondom benutzt, ist die Gefahr einer Ansteckung stark verringert.

Wenn eine Frau ungewollt schwanger geworden ist, beginnt oft ein schwieriger Entscheidungsprozess. Dabei spielt in vielen Fällen die Frage eine wichtige Rolle, ob die Schwangerschaft fortgesetzt wird. Das Ungeborene hat ein eigenes Recht auf Leben. Beim **Schwangerschaftsabbruch** entfernt ein Arzt oder eine Ärztin den Embryo aus der Gebärmutter. Jeder Schwangerschaftsabbruch ist problematisch. In Deutschland ist der Schwangerschaftsabbruch unter ganz bestimmten Bedingungen straffrei. Die rechtlichen Regelungen und Fristen sind im Paragraphen 218a des Strafgesetzbuches niedergeschrieben.

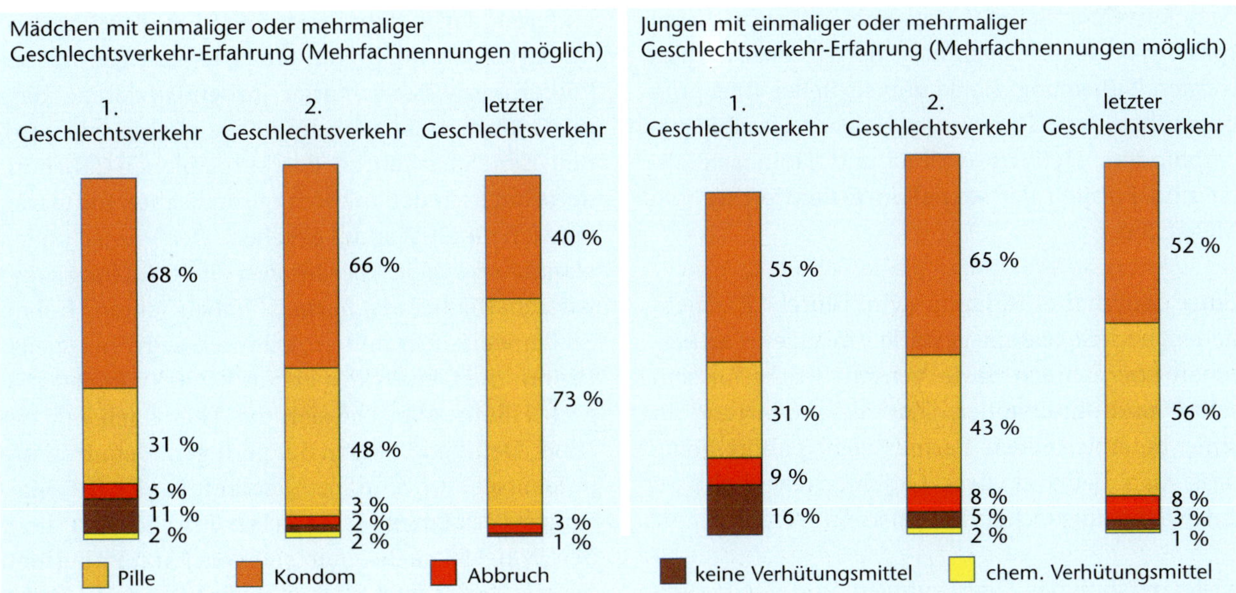

2 *Verhütungsverhalten von Jugendlichen*

6.10 Liebe, Partnerschaft, Familienplanung

Liebe zwischen zwei Menschen kann Bestand haben, wenn die beiden Achtung und Vertrauen zueinander entwickeln und Verständnis für Wünsche und Bedürfnisse des anderen haben. Wichtig für eine dauerhafte Partnerschaft ist, dass Probleme offen und ehrlich angesprochen und nicht unter den Tisch gekehrt werden. Bei Streit bleiben die Partner fair zueinander, verletzen und erniedrigen sich nicht (Abb. 1).

> *„Du sollst die Gefühle eines Menschen nicht rücksichtslos ausnutzen und ihn nicht mutwillig enttäuschenden Erfahrungen aussetzen“*
>
> *(A. Comfort)*

1 *Ein Zitat*

In einer Partnerschaft versucht jeder der beiden, sich über seine eigenen Gefühle klar zu werden und diese auch mitzuteilen. Dann können beide einander besser verstehen. Der Wunsch nach einer dauerhaften Partnerschaft ist sehr ausgeprägt. Die meisten Männer und Frauen wollen in ihrem Leben heiraten und eine Familie gründen. Ehe und Familie werden durch das Grundgesetz geschützt. Im Artikel 6, Absatz 1 des Grundgesetzes für die Bundesrepublik Deutschland heißt es: „Ehe und Familie stehen unter dem besonderen Schutz der staatlichen Ordnung“.

Die meisten Frauen und Männer fühlen sich in ihren Gefühlen, ihrer Liebe und ihrer sexuellen Ausrichtung zu einem Partner hingezogen, der dem jeweils anderen Geschlecht angehört. Man spricht von Heterosexualität. Bei Homosexualität werden Zuneigung, Liebe und sexuelles Begehren gegenüber einem Partner des gleichen Geschlechts empfunden. Heterosexualität und Homosexualität sind Formen der **sexuellen Orientierung** von Menschen.

Eine dauerhafte Bindung wird durch Zärtlichkeiten und Sexualität gestärkt. In einer Partnerschaft übernehmen beide Verantwortung für sich selbst und füreinander. Zur Verantwortung in einer heterosexuellen Partnerschaft gehört auch, dass man bedenkt, dass Geschlechtsverkehr zu einer Schwangerschaft führen kann.

Viele persönliche Überlegungen und Gedanken spielen bei der **Familienplanung** eines Paares eine Rolle. Unter Familienplanung versteht man alle Maßnahmen eines Paares, die Anzahl der Kinder und die Geburt nach persönlichen Gesichtspunkten zu planen. Man spricht von **Empfängnisregelung,** wenn die beiden Partner bewusst darauf Einfluss nehmen, eine Schwangerschaft herbeizuführen oder zu verhindern. Heute gibt es eine Reihe von Mitteln und Methoden, eine Schwangerschaft zu verhindern. Man fasst sie unter dem Begriff **Empfängnisverhütung** zusammen. Empfängnisverhütung trägt dazu bei, Sexualität und Fortpflanzung zu trennen: Die Partner können sexuell zusammen sein, ohne ein Kind zu zeugen.

Kinder zu bekommen ist heute in Deutschland nicht mehr selbstverständlich. Das zeigt sich unter anderem darin, dass Deutschland zu den Ländern mit einer sehr niedrigen Geburtenrate gehört. Bevölkerungswissenschaftler prognostizieren, dass die Geburtenrate auch zukünftig niedrig sein wird. Seit den 50er Jahren des vergangenen Jahrhunderts hat es in den meisten europäischen Industrieländern einen Wandel gegeben. Der Wunsch nach Ungebundenheit, beruflicher Entwicklung und wirtschaftlicher Sicherheit haben einen hohen Stellenwert bekommen. Dadurch wird bei vielen Paaren die Geburt des ersten Kindes hinausgezögert. Häufig wünscht sich ein Paar auch nur ein Kind. Deutliche Folgen der geringen Geburtenrate in Deutschland sind im Altersaufbau der Bevölkerung zu erkennen. Trotz dieser Entwicklung steht der Wunsch nach einer eigenen Familie bei den meisten Menschen nach wie vor ganz oben in der persönlichen Lebensplanung.

2 *Paare in verschiedenen Lebensabschnitten*

1 Paare in verschiedenen Lebensabschnitten. Abbildung 2 zeigt Paare in verschiedenen Lebensabschnitten. Erörtere Antworten auf folgende Fragen:
– Was ist den Partnern des jeweiligen Paares vermutlich besonders wichtig?
– Was sind vermutlich besonders schöne Erlebnisse im Leben der einzelnen Paare?
– Welche Verantwortung haben die Partner füreinander?
– Welche Probleme könnten die einzelnen Paare haben?

2 Ausnutzen von Gefühlen. Beschreibe unter Bezug auf das Zitat in Abbildung 1 Beispiele für das Ausnutzen von Gefühlen.

3 Familienplanung. Erörtere die Bedeutung der in Abbildung 4 gestellten Fragen für die Familienplanung eines Paares.

4 Prognose der Bevölkerungsentwicklung in Deutschland.
a) Beschreibe anhand der Abbildung 3 die wesentlichen Trends der Prognose der Bevölkerungsentwicklung. Erörtere mögliche Ursachen für diese Trends.
b) Beschreibe anhand der Abbildung 3 die prognostizierte Situation, wenn du 40 Jahre alt bist.
c) Diskutiere mögliche Folgen, die sich aus den Trends für den Einzelnen und die Gesellschaft ergeben.

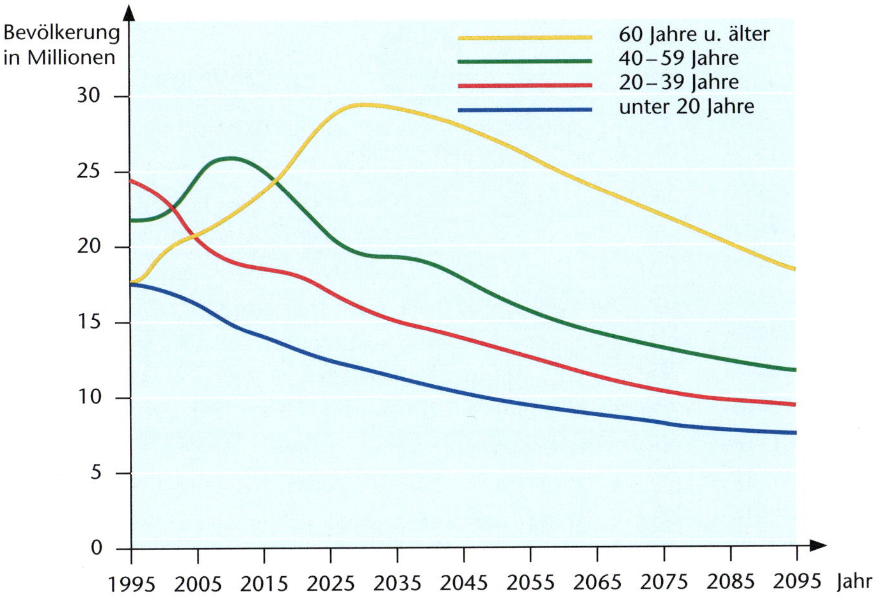

3 *Prognose der Bevölkerungsentwicklung in Deutschland nach Altersklassen*

Wollen wir ein Kind?

Wollen wir gemeinsam die Verantwortung übernehmen, in guten wie in schlechten Zeiten?

Wenn wir ein Kind haben, was heißt das für unser zukünftiges Leben und unsere Partnerschaft?

Wann ist der richtige Zeitpunkt, um unseren Wunsch zu erfüllen?

Welche Möglichkeiten zur Empfängnisregelung und Empfängnisverhütung wollen wir nutzen?

Welche Bedeutung hat ein Kind für deine und meine berufliche Entwicklung?

Wie lassen sich Betreuung des Kindes und Beruf vereinbaren?

Ist unsere Wohnung geeignet, wenn wir zu Dritt sind?

…

4 *Mögliche Fragen eines Paares bei der Familienplanung*

6.11 Embryonenschutz – wann beginnt menschliches Leben?

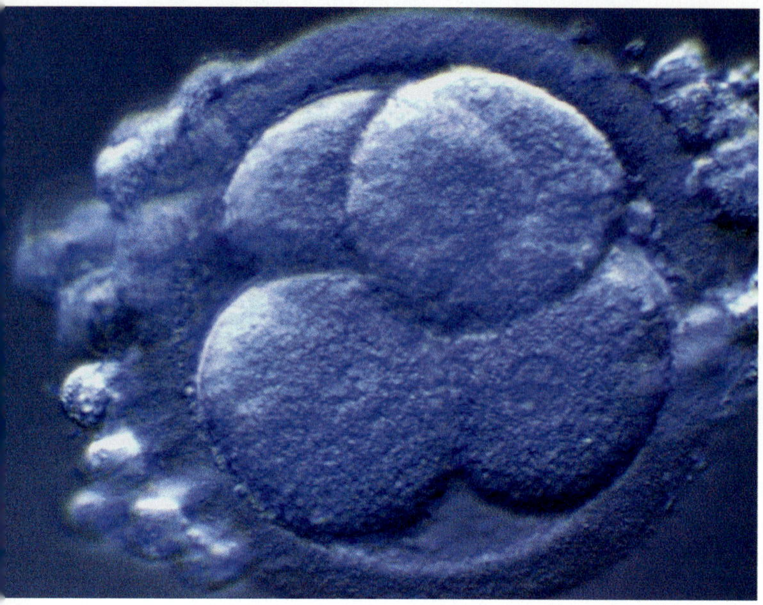

1 *Ein Mensch, zwei Tage nach der Befruchtung, ca. 1/10 mm Durchmesser, mit Hilfszellen*

„Die Würde des Menschen ist unantastbar. Sie zu achten und zu schützen ist Verpflichtung aller staatlichen Gewalt“, lautet es im Paragrafen 1 des Grundgesetzes der Bundesrepublik Deutschland. Ist ein Embryo auf dem Wege zum Menschen oder ist er bereits ein Mensch? Wann hat ein Embryo Recht auf Leben? Wann hat er Menschenwürde? Die Antworten auf diese Fragen haben große Bedeutung, zum Beispiel für die Frage, ob man Embryonen für medizinische Zwecke nutzen darf oder nicht. In Einklang mit der katholischen und evangelischen Kirche und in Übereinstimmung mit der Rechtssprechung des Bundesverfassungsgerichtes wird im Deutschen **Embryonenschutzgesetz** der Zeitpunkt der Kernverschmelzung von Eizelle und Spermazelle als Beginn menschlichen Lebens festgelegt, und „wo menschliches Leben existiert, kommt ihm Menschenwürde zu“ (Bundesverfassungsgericht 1975). Durch Teilungen entstehen aus der befruchteten Eizelle zunächst 2, dann 4, 8, 16 Zellen und so weiter (Abb. 1). Die Zellen sind untereinander erbgleich. Bis etwa zum 8-Zellen-Stadium kann aus jeder einzelnen Zelle ein Embryo heranwachsen. Man nennt diese Zellen **totipotent**.

Das Embryonenschutzgesetz definiert auch totipotente Zellen als Embryo mit Menschenwürde.

Der Wunsch nach einem gesunden Kind hat in Verbindung mit Fortschritten in der Genanalyse zur so genannten **Präimplantationsdiagnostik**, abgekürzt **PID**, geführt (Abb. 2). Damit ist die Erkennung von erblichen Krankheiten nach künstlicher Befruchtung und vor dem Einbringen des Embryos in die Gebärmutter gemeint. Bei der PID wird einem Embryo etwa drei Tage nach der künstlichen Befruchtung eine der totipotenten Zellen entnommen und genetisch untersucht. Werden Chromosomenschäden festgestellt, wird der Embryo verworfen. Werden keine Schäden festgestellt, wird er in die Gebärmutter eingebracht und kann sich dort weiterentwickeln.

Die PID ist in Deutschland und einigen anderen Ländern verboten, in anderen dagegen nicht.

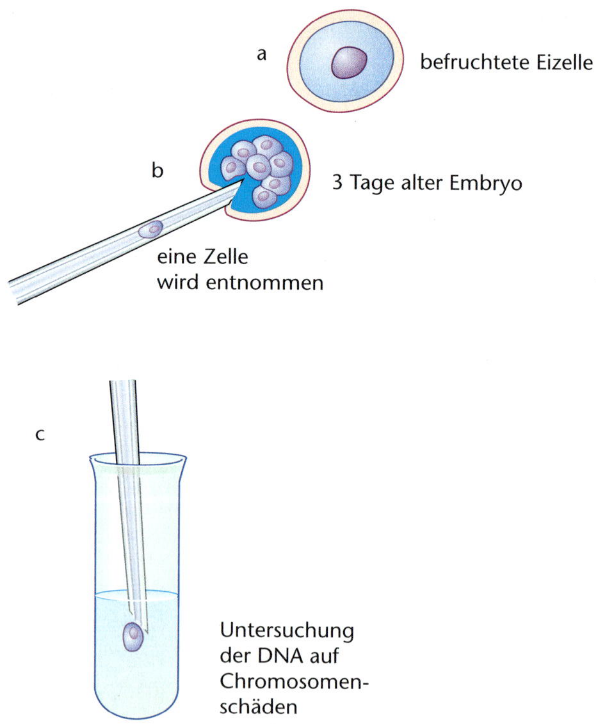

2 *Präimplantationsdiagnostik*

Deutschland, aus dem Gesetz zum Schutz von Embryonen, 1991: Als Embryo im Sinne dieses Gesetzes gilt bereits die befruchtete, entwicklungsfähige menschliche Eizelle vom Zeitpunkt der Kernverschmelzung an, ferner jede einem Embryo entnommene totipotente Zelle, die sich bei Vorliegen der dafür erforderlichen weiteren Voraussetzungen zu teilen und zu einem Individuum zu entwickeln vermag. Dem menschlichen Embryo kommt Menschenwürde und Schutz der Lebensrechte zu.

Ulrich Steinvorth (*1941), deutscher Philosoph: Menschen unterliegen erst dann dem Tötungsverbot, wenn sie Individualität zeigen. Individualität ist gegeben, sobald keine Möglichkeit mehr zur Zwillingsbildung besteht. Das ist in der Regel ab dem 14. Tag nach der Befruchtung der Fall.

Prophet Mohammed (570–632), Begründer des Islam: „Die Schöpfung eines jeden von euch wird im Leibe seiner Mutter in vierzig Tagen als Samentropfen zusammengebracht, danach ist er ebenso lang ein Blutklumpen, danach ist er ebenso lang ein kleiner Klumpen Fleisch, dann wird zu ihm der Engel gesandt, der ihm den Lebensgeist (Seele, Ruh) einhaucht." Diese Aussage wird in zweierlei Weise interpretiert: a) Bis zur Einhauchung der Seele dauert es 40 Tage, b) bis zur Einhauchung der Seele dauert es drei mal vierzig Tage. Je nach Interpretation beginnt menschliches Leben für einen Moslem mit dem 40. bzw. dem 120. Tag.

Judentum: Der Embryo gilt als schutzwürdiger Mensch, sobald er beseelt ist. Die Beseelung erfolgt am 49. Tag. Ein Embryo, der nicht beseelt und auch noch nicht in die Gebärmutter eingenistet ist, wird als Präembryo bezeichnet. Der Präembryo ist nur ein potenzielles menschliches Wesen ohne menschlichen Charakter. Diese Auffassung gilt z. B. für Embryonen im Reagenzglas.

Buddhismus: Einen Embryo in der ersten Phase seines Lebens zu töten ist dasselbe wie Tötung eines Menschen. Denn bereits wenn Same und Eizelle zusammenkommen und ein Wesen aus dem so genannten Zwischenzustand zwischen altem und neuen Leben in diese Verbindung eintritt, beginnt im gleichen Moment die neue Existenz, die zunächst „Phase der Menschwerdung" genannt wird. Die „Phase der Menschwerdung" gehört bereits zur „Phase des Menschseins", die es zu schützen gilt.

Anlehnung an § 218a des Strafgesetzbuches (Deutschland): Nach § 218 des Strafgesetzbuches ist ein Schwangerschaftsabbruch in Deutschland verboten. Der § 218a nennt Bedingungen, unter denen der Schwangerschaftsabbruch straffrei ist. In Anlehnung an den § 218a des Strafgestzbuches fordern manche, dass menschliches Leben erst nach der Phase des straffreien Schwangerschaftsabbruchs, also nach der 12-Wochen-Frist, beginnt.

Britisches Recht: Bis zum 14.Tag nach der Befruchtung handelt es sich beim Embryo um artspezifisches menschliches Leben („human life"), dem mit Respekt zu begegnen ist. Vor der Einnistung in die Gebärmutter ist er aber noch kein individuelles menschliches Leben („human being").

Denkweise in der Tradition von Immanuel Kant (1724–1804), einem Philosophen der Aufklärung: Menschliches Leben ist um seiner selbst willen, also ohne Bezug auf aktuelle Eigenschaften und Fähigkeiten wie denken, sprechen und urteilen können, moralisch schutzwürdig. Das Recht auf Leben und Unversehrtheit gilt als unumstößlich und absolut. Entscheidendes Kriterium für den Lebensbeginn ist die Verschmelzung von Ei- und Samenzelle, da es sich dabei um die einzige „willkürfreie" und eindeutig feststellbare Zäsur handelt.

3 *Einige Positionen zur Frage „Wann beginnt menschliches Leben?"*

1 Wann beginnt menschliches Leben? Ordne die in Abbildung 3 dargestellten Standpunkte zur Frage „Wann beginnt menschliches Leben?" nach dem Zeitpunkt, an dem einem Embryo Menschenwürde zugesprochen wird. Vergleiche und diskutiere die verschiedenen Positionen.

2 Genanalyse vor der Einnistung?
a) Erläutere anhand der Abbildung 2 das Verfahren der Präimplantationsdiagnostik. Mit welchen rechtlichen Begründungen wird die PID in Deutschland vermutlich abgelehnt?
b) Sammele Argumente pro und Argumente kontra PID.

6.12 Fortpflanzungsmedizin

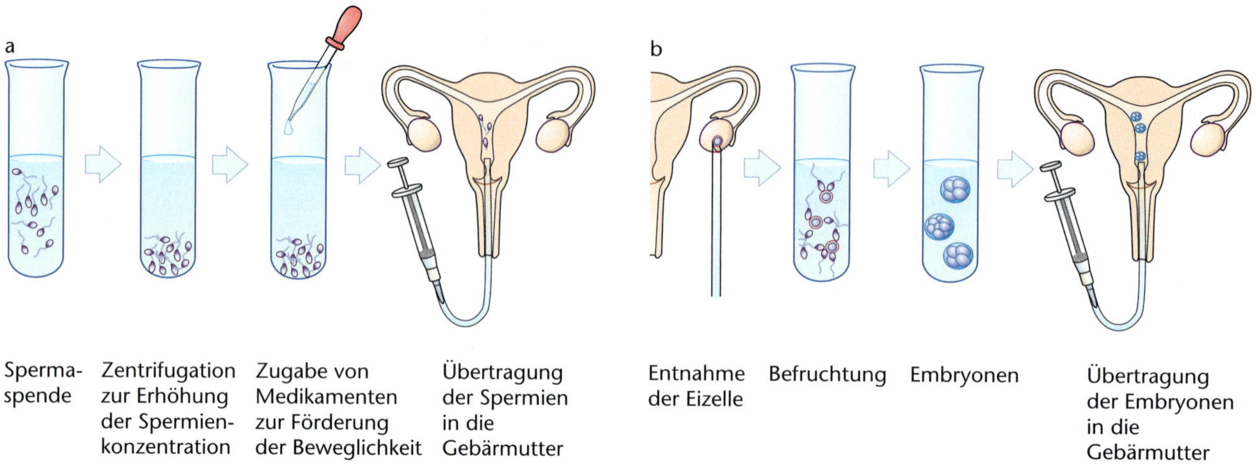

1 *Verschiedene Methoden medizinischer Fortpflanzungstechnik: a) künstliche Besamung, b) künstliche Befruchtung*

Man schätzt, dass in Deutschland zwei Millionen Paare ungewollt kinderlos sind. Manche Paare überlegen, ob sie ein Kind adoptieren. Andere Paare wünschen sich ein eigenes Kind. In vielen Fällen kann die Unfruchtbarkeit durch Psychotherapie, medikamentöse Behandlung oder durch Operationen behoben werden. Wenn das nicht hilft, stehen verschiedene medizinische Fortpflanzungstechniken zur Verfügung. Ihnen ist gemeinsam, dass Teilbereiche des Fortpflanzungsgeschehens außerhalb des Körpers stattfinden.

Bei der **künstlichen Besamung** werden Spermien konzentriert und mit einer Kanüle in die Gebärmutter übertragen (Abb. 1 a).

Künstliche Befruchtung (In-vitro-Fertilisation), ist eine Technik, bei der Eizellen außerhalb des Körpers im Reagenzglas befruchtet werden (Abb. 1 b). Durch Hormongaben wird die Reifung der Eizellen und später dann der Eisprung in den Eierstöcken der betreffenden Frau stimuliert. Kurz vor dem Eisprung werden die reifen Eizellen mit Hilfe einer feinen Kanüle abgesaugt. Im Reagenzglas werden sie mit Spermien zusammengebracht und befruchtet. Die entstandenen Embryonen werden im Stadium von vier bis acht Zellen in die Gebärmutter übertragen. Das nennt man **Embryotransfer.** In Deutschland dürfen pro künstlicher Befruchtung maximal drei Embryonen herangezogen werden, die alle zurückgepflanzt werden müssen.

Nach deutschem Recht müssen die Partner für eine künstliche Befruchtung verheiratet sein oder in einer eheähnlichen Gemeinschaft leben. Eine Fremdspende ist verboten, in einigen anderen Ländern jedoch erlaubt. Eine **Leihmutterschaft** ist in Deutschland nach dem Embryonenschutzgesetz ebenfalls verboten, in bestimmten anderen Ländern jedoch nicht. Unter Leihmutterschaft versteht man, dass eine fremde Frau und nicht die Eizellspenderin den Embryo austrägt.

Heute ist es möglich, Spermien, Eizellen und auch frühe Embryonen bei minus 196 Grad Celsius in flüssigem Stickstoff tiefzugefrieren. Man spricht von **Kryokonservierung** (Abb. 3). So können sie aufbewahrt und später wieder aufgetaut werden. Ungefähr 50 bis 80 Prozent der so eingefrorenen Eizellen oder Spermien überleben die Prozedur. In Deutschland dürfen befruchtete Eizellen und Embryonen nicht tiefgefroren werden.

1 Vergleich verschiedener medizinischer Fortpflanzungstechniken. Erstelle in Form einer tabellarischen Übersicht einen Vergleich der natürlichen Vorgänge bei der Fortpflanzung mit den in Abbildung 1 dargestellten Fortpflanzungstechniken. Beachte dabei folgende Gesichtspunkte:
- Herkunft der Eizelle(n)
- Herkunft der Spermien
- Ort der Befruchtung
- Zeitpunkt der Befruchtung
- Ort der ersten Zellteilungen des Embryos
- Ort der Einnistung des Embryos.

2 Ein Wunschkind um jeden Preis? Welche menschlichen Probleme siehst du in den Fällen der Abbildung 4 für alle Beteiligten? Diskutiere im Hinblick auf die Frage „Ein Wunschkind um jeden Preis?".

3 Späte Erstgeburten. „Eine wesentliche Ursache für ungewollte Kinderlosigkeit liegt darin, dass Paare immer später ein Kind haben wollen. Am fruchtbarsten ist eine Frau im dritten Lebensjahrzehnt, danach wachsen die Probleme. Eine 20-Jährige wird, wenn sie einen Kinderwunsch hat – statistisch gesehen – nach fünf Menstruationszyklen schwanger, eine 40-Jährige erst nach zwanzig."
a) Beschreibe Abbildung 2. Nenne mögliche Ursachen für die Veränderungen.
b) Welcher Zusammenhang könnte zwischen dem in Abbildung 2 sichtbaren Trend und der zunehmenden Nachfrage nach künstlicher Befruchtung bestehen?

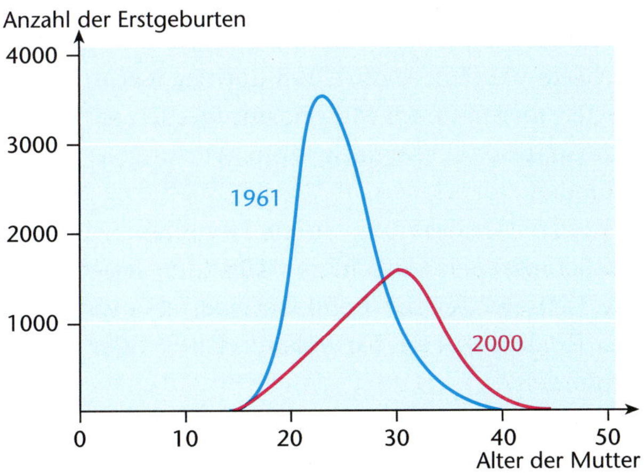

2 *Alter der Mutter bei der ersten Geburt im Jahr 1961 und 2000*

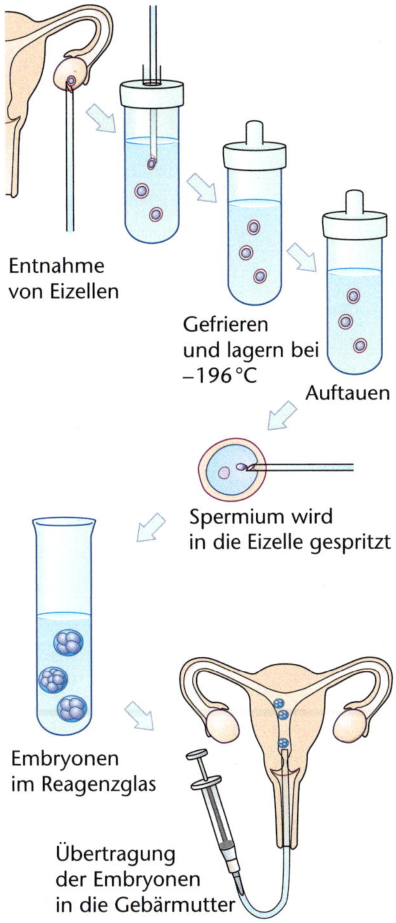

3 *Kryokonservierung von Eizellen*

Fall 1: „Das späte Kind"
Beschreibe die in Abbildung 3 dargestellte Technik. Erläutere die Abbildungsunterschrift. Mit dieser Technik gelang es, eine 55-jährige Frau Mutter werden zu lassen.

Fall 2: „Ein Kind für ein lesbisches Paar"
Ein lesbisches Paar möchte mit Hilfe medizinischer Fortpflanzungstechnik ein Kind bekommen. Erläutere ein mögliches Verfahren.

Fall 3: „Kind mit fünf Eltern"
In den USA gibt es Kinder mit fünf Eltern: Die biologischen Eltern (Eizellspenderin und Samenspender), eine Leihmutter und die beiden sozialen Eltern, die sich ein Kind gewünscht haben und bei denen es aufwächst. Beschreibe die medizinischen Fortpflanzungstechniken, die in diesem Fall notwendig sind.

4 *Ein Wunschkind um jeden Preis?*

Ethisches Bewerten

Leihmutterschaft: Eine Leihmutter ist eine Frau, die für eine andere Frau ein Kind austrägt. Meistens erfolgt die Leihmutterschaft gegen Bezahlung. Nach künstlicher Befruchtung wird der Embryo in einem sehr frühen Entwicklungsstadium in die Gebärmutter der Leihmutter übertragen. Nach der Geburt überlässt die Leihmutter der anderen Frau das Kind. Die Geschlechtszellen für die künstliche Befruchtung können unterschiedlicher Herkunft sein, zum Beispiel von Partnern in einer Ehe oder von einer fremden Eizellspenderin und/oder einem fremden Samenspender stammen. In den USA, wo Leihmutterschaft nicht verboten ist, gibt es Kinder mit „fünf Eltern": die sozialen Eltern, die das Kind bestellt haben und es aufziehen wollen, eine Eizellspenderin und ein Samenspender als genetische Eltern sowie die Leihmutter als biologischer Elternteil. Leihmutterschaft ist in Deutschland und einigen anderen Ländern verboten, in anderen Ländern dagegen nicht. Juristisch gilt in Deutschland diejenige Frau als Mutter, die das Kind geboren hat.

Der Fall: Sabine (31) und ihr Ehemann Sven (33) wünschen sich seit einigen Jahren sehnlichst ein eigenes Kind. Sabine wurde im Alter von 25 Jahren wegen einer Erkrankung die Gebärmutter entfernt. Sie kann daher das Kind nicht selbst austragen. Ihre Hoffnung besteht darin, eine Leihmutter in den USA zu finden, die ihr Kind austrägt. Die Eizellen für die künstliche Befruchtung sollen von Sabine, die Spermazellen von ihrem Mann stammen. Über das Internet hat Sabine Adressen für Leihmütter ausfindig gemacht und erste Kontakte geknüpft. Eine Frau hat sich bereit erklärt, für 25 000 Dollar das Kind auszutragen und es nach der Geburt Sabine und Sven zu überlassen. Rein finanziell betrachtet würden beide die Summe aus Erspartem aufbringen. Nun steht das Ehepaar vor der Entscheidung. Sabine ist für die Leihmutterschaft, Sven dagegen.

Wie soll sich das Paar entscheiden?

1 *Leihmutterschaft – Beispiel für ein ethisches Dilemma*

Ethisches Bewerten bedeutet, Handlungen von Menschen anhand von Wertvorstellungen als moralisch gut (richtig) oder moralisch schlecht (falsch) zu bewerten und diese Urteile zu begründen (Abb. 2).

Im Biologieunterricht geht es dabei nicht um alltägliches Verhalten einzelner Menschen, sondern um Handlungen in medizinischen und biologischen Bereichen. Vor allem sind das solche Bereiche, in denen es um die Verantwortung des Menschen gegenüber sich selbst, für andere Menschen, für andere Lebewesen und für die Umwelt geht. Beispiele sind die Forschung an Embryonen, moderne Fortpflanzungsmedizin, Anwendungen der Gentechnik, Sterbehilfe, Organtransplantationen, Tierversuche und Eingriffe in Ökosysteme.

Ethisches Bewerten erfolgt am besten in einer Abfolge von Schritten:

1 Die biologischen oder medizinischen Sachverhalte werden geklärt. Bei der Auswertung von Texten und anderen Materialien werden sachliche Informationen sorgfältig von Wertungen unterschieden.

2 Erste Abstimmung durch Handheben bei geschlossenen Augen zu folgender Frage (nur der Lehrer oder die Lehrerin weiß also zunächst das Ergebnis): Hat die Person richtig oder falsch gehandelt?

3 Was ist der Kern des Dilemmas? Erörterung im Plenum.

4 Aufzählen der Handlungsmöglichkeiten der Beteiligten sowie aller Wertvorstellungen, die

mit diesen Handlungsmöglichkeiten verbunden sind (Plenum).

5 Die Klasse wird in eine Pro- und eine Contragruppe und diese jeweils in Untergruppen von drei bis vier Schülerinnen und Schülern aufgeteilt. In den Gruppen werden Pro- beziehungsweise Contra-Argumente gesammelt und jeweils in eine Rangfolge gebracht.

6 Diskussion über die Ergebnisse der Pro- und Contragruppen im Plenum. Dabei werden folgende Regeln beachtet:
- Kein Argument darf von der Diskussion ausgeschlossen werden.
- Persönliche Angriffe unterbleiben; die mündlichen Beiträge werden nicht nach gut oder schlecht bewertet.
- Diskussionsregel: Der jeweils letzte Redner oder die letzte Rednerin der einen Gruppe (zum Beispiel der Contragruppe) ruft einen Schüler oder eine Schülerin der anderen Gruppe (Progruppe) auf, der oder die sich durch Handheben gemeldet hat.

7 In den Pro- und Contragruppen werden die Argumente der jeweiligen Gegenseite bewertet und in eine Rangfolge gebracht.

8 Die Ergebnisse der Pro- und Contragruppen werden im Plenum erörtert.

9 Die zweite Abstimmung erfolgt, jeder entscheidet sich nach seinem persönlichen ethischen Urteil. Das Ergebnis wird mit der ersten Abstimmung verglichen.

1 Ethisches Bewerten an einem Beispiel.

a) Führt in der Klasse eine ethische Bewertung des Beispiels in Abbildung 1 durch. Beachtet dabei die hier dargestellte Abfolge von Schritten.

b) Sammelt Vorschläge für Themen, die für eine ethische Bewertung besonders geeignet sind. Diskutiert eure Vorschläge.

Wertvorstellungen, Werte: Unter Wertvorstellungen oder Werten versteht man wichtige und wünschenswerte Eigenschaften, die Menschen Dingen, Ideen oder Handlungen anderer Menschen zuschreiben. Dabei können verschiedene Menschen unterschiedliche Wertvorstellungen haben: Was einem Menschen als wertvoll erscheint, kann bei einem anderen nur einen geringen Wert haben. Eine kleine Auswahl von Werten gibt folgende Aufzählung: Menschlichkeit, Freiheit, Gesundheit, Vertrauen, Besitz, Wohlstand, Schutz des Lebens, Gerechtigkeit, Schönheit, Wahrheit, Toleranz, Meinungsfreiheit, Zuverlässigkeit, Solidarität, Macht, Hilfsbereitschaft, Sicherheit, Nachhaltigkeit, Erfolg, Pünktlichkeit, gutes Benehmen, Selbstbestimmtheit. Manche Werte können in einem Konkurrenzverhältnis zueinander stehen, zum Beispiel Wohlstand und Nachhaltigkeit oder Gesundheit und Schutz des Lebens.

Gesellschaftliche Werte sind solche, die von einer Gesellschaft oder zumindest ihrem überwiegendem Teil anerkannt werden. Allerdings kann sich im Laufe der Zeit die Bedeutung von Werten in einer Gesellschaft verändern. Man spricht dann von Wertewandel. In freien, demokratischen Gesellschaften werden Wertvorstellungen diskutiert und können sich verändern.

Moral: Unter Moral versteht man gesellschaftliche Vorstellungen darüber, welche Handlungen von Menschen als sittlich gut oder sittlich schlecht zu bewerten sind. Als moralischer Maßstab dienen dabei oftmals gesellschaftlich anerkannte Werte. So wird zum Beispiel eine Lüge als moralisch schlecht bewertet, weil sie unter anderem gegen den gesellschaftlich anerkannten Wert der Wahrheit verstößt.

Ethik ist das Nachdenken über Moral und gesellschaftliche Werte. Ethik fragt auch nach Gründen, warum eine Handlung moralisch gut oder schlecht, richtig oder falsch sein soll.

Dilemma: Unter einem Dilemma versteht man eine Situation ähnlich einer Zwickmühle, in der sich zwei Handlungsmöglichkeiten so entgegenstehen, dass jede Entscheidung zu einem unerwünschten Resultat führt („egal was man macht, man macht etwas falsch"). In Hinblick auf Wertvorstellungen spricht man von einem Dilemma, wenn jede denkbare Entscheidung zur Verletzung einer Wertvorstellung führt.

2 *Wichtige Begriffe für ethisches Bewerten*

Basiskonzepte zum Thema „Hormone und Sexualität"

Die nachfolgenden Sachverhalte stammen aus den Kapiteln „Hormone" und „Sexualität". Die Nummerierung ist willkürlich und gibt keine Rangfolge an. Die Basiskonzepte sind in diesem Buch auf der Methodenseite „Arbeiten mit Basiskonzepten" erläutert.

1 **Aufgabe:** Ordne jedem dieser Sachverhalte ein Basiskonzept oder mehrere Basiskonzepte zu. Begründe die von dir gewählte Zuordnung.

1. Hormone sind Botenstoffe, die in Hormondrüsen gebildet und mit dem Blut transportiert werden.

2. Das Hormonsystem im menschlichen Körper ist hierarchisch gegliedert. Es gibt über- und untergeordnete Hormondrüsen. Der Hypothalamus und die Hypophyse haben für die meisten anderen Hormondrüsen eine übergeordnete Funktion.

3. Hormone, wie zum Beispiel das Schilddrüsenhormon, wirken nur auf Zielzellen mit passenden Rezeptoren. Hormonmoleküle und Rezeptoren passen wie Schlüssel und Schloss zusammen. Rezeptoren spielen eine wichtige Rolle bei der Signalübertragung in einer Zelle.

4. Überschüssige Glucose im Blut wird vor allem in der Leber und in der Skelettmuskulatur eines Menschen in Form von Glykogen gespeichert. Bei Bedarf kann Glykogen wieder in Glucose umgewandelt werden.

5. Glucose ist für die Energieversorgung der Zellen durch Zellatmung der wichtigste Ausgangsstoff.

6. Der Blutzuckerspiegel wird durch das Hormon Insulin und seine Gegenspieler Glukagon und Adrenalin geregelt.

7. Hormonsystem und Nervensystem arbeiten eng zusammen. Ein Beispiel dafür ist die Stressreaktion, die zu einer schnellen Mobilisierung von Energiereserven und Erhöhung der körperlichen Leistungsfähigkeit führt. Die Stressreaktion war für die Jäger und Sammler in der frühen Menschheitsgeschichte bei Gefahrensituationen überlebenswichtig.

8. Alle Faktoren, die eine Stressreaktion auslösen, bezeichnet man als Stressoren. Das können Reize aus der Außenwelt oder aus dem Körper selbst sein.

9. Eine Voraussetzung für Regulation ist negative Rückkopplung. Bei der hormonellen Regulation des Menstruationszyklus spielt negative Rückkopplung zum Hypothalamus ebenso eine Rolle wie bei der hormonellen Empfängnisverhütung mithilfe der „Pille".

10. Bei der Befruchtung verschmelzen die Zellkerne von Eizelle und Spermazelle. Im deutschen Embryonenschutzgesetz wird der Zeitpunkt der Kernverschmelzung von Ei- und Spermazelle als Beginn menschlichen Lebens festgelegt.

11. Eineiige Zwillinge entstehen aus einer befruchteten Eizelle, zweieiige Zwillinge aus zwei Eizellen, die jede für sich befruchtet wurden. Eineiige Zwillinge sind untereinander hinsichtlich ihrer Erbanlagen identisch.

12. Im Bereich der Plazenta kommen sich mütterliches Blut und Blut des Embryos sehr nahe. Sauerstoff tritt vom mütterlichen in das embryonale Blut über, Kohlenstoffdioxid in umgekehrter Richtung. Der Embryo wird über die Plazenta ernährt.

13. Liebe zwischen zwei Menschen kann Bestand haben, wenn die beiden Achtung und Vertrauen zueinander entwickeln. Bei der Empfängnisregelung nehmen beide Partner bewusst darauf Einfluss, eine Schwangerschaft herbeizuführen oder zu verhindern.

14. In der Fortpflanzungsmedizin wurden Methoden entwickelt, bei denen Teilbereiche des Fortpflanzungsgeschehens außerhalb des Körpers stattfinden, zum Beispiel bei der künstlichen Befruchtung. Bei der Präimplantationsdiagnostik, die in Deuschland verboten ist, werden Embryonen nach künstlicher Befruchtung und vor der Einbringung in die Gebärmutter auf Erbkrankheiten untersucht und gegebenenfalls ausgelesen.

15. Eine Technik des Klonens ist es, den Zellkern aus einer Körperzelle eines Spenders in eine entkernte Eizelle einzufügen. Beim reproduktiven Klonen wird der so entstandene Klonembryo in die Gebärmutter einer Frau übertragen, damit ein neuer Mensch heranwächst. Der Klon ist hinsichtlich seiner genetischen Informationen identisch mit dem Spender des Zellkerns. Das reproduktive Klonen ist weltweit geächtet.

Vererbung

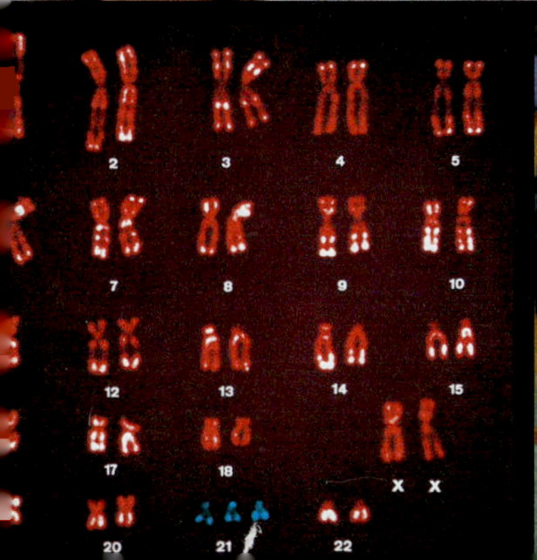

7 Grundlagen der Vererbung

7.1 Die Bedeutung des Zellkerns

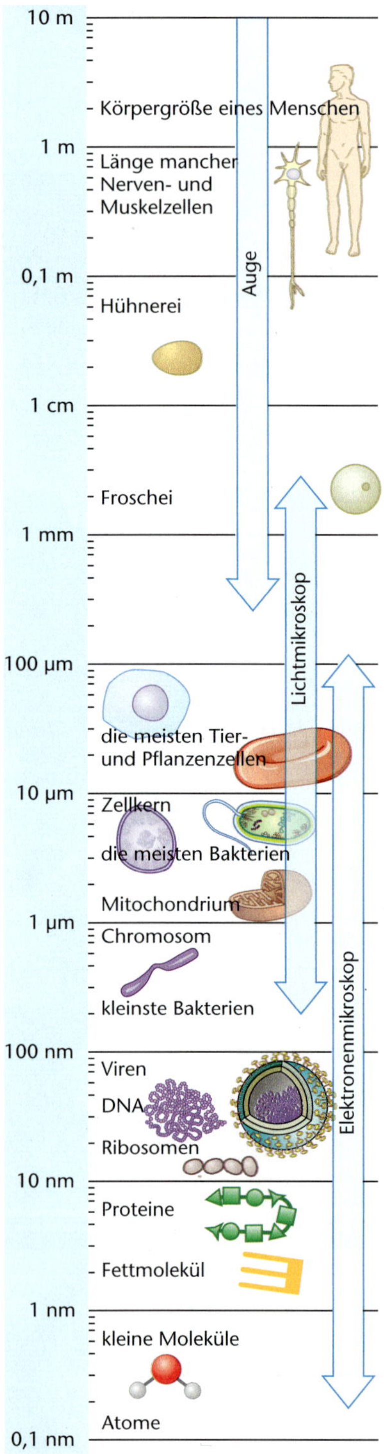

1 *Größenvergleich*

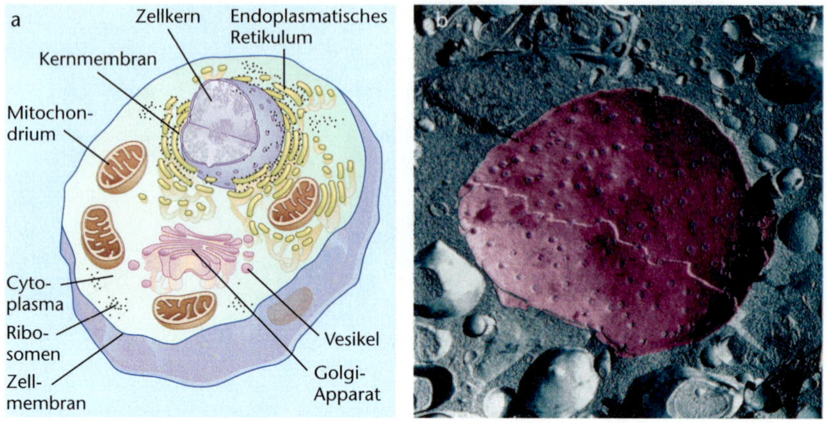

2 *a) Tierzelle mit Zellkern, b) angefärbter Zellkern mit Kernporen*

Alle Lebewesen mit einem Zellkern nennt man **Eukaryoten.** Im Zellkern, der von einer Membran umgeben ist, sind alle Erbinformationen gespeichert. Dazu gehören die Bauanleitungen für die Zellen und die Entwicklung des Körpers, die Informationen für den Stoffwechsel und für die Fortpflanzung. Jede Körperzelle eines Lebewesens enthält die gleichen Erbinformationen, die bereits im Zellkern der Zygote enthalten waren. Die Körperzellen eines Lebewesens sind untereinander erbgleich. Jede Zelle mit Zellkern enthält die Gesamtheit der Erbinformationen eines Lebewesens. Man bezeichnet die Gesamtheit der Erbinformationen eines Lebewesen als **Genom.**

Die Träger der Erbinformationen im Zellkern sind die Chromosomen. Sie bestehen unter anderem aus Desoxyribonukleinsäure, die abgekürzt als **DNA** (engl. deoxyribonucleic acid) bezeichnet wird. Die DNA ist ein langes, spiralig aufgebautes Molekül. Jedes einzelne Chromosom besteht aus einem DNA-Molekül.

Der Stoffwechsel in den Zellen wird durch die DNA gesteuert. Sie bestimmt, welche Stoffwechselvorgänge in der Zelle gerade ablaufen sollen. Dazu wird die benötigte Erbinformation im Zellkern gelesen und in Form von beweglichen Molekülen gespeichert. Diese gelangen durch Poren in der Kernhülle ins Cytoplasma und zu den Zellorganellen, wo die entsprechenden Stoffwechselreaktionen eingeleitet werden. Umgekehrt gelangen auch Informationen durch die Kernhülle in den Zellkern. Es findet also ein ständiger Informationsfluss zwischen der Steuerzentrale, dem Zellkern, und der übrigen Zelle statt. Auf diese Weise kann ein geregelter Ablauf aller Stoffwechselreaktionen erfolgen.

1 Größenvergleiche. Berechne unter Bezug auf Abbildung 1, wie groß ein Mensch (1,75 m) sein müsste, wenn ein Zellkern (9 µm Durchmesser) so groß wie ein Tennisball (Durchmesser 10 cm) wäre.

2 Versuche an Krallenfröschen. 1966 wurden die in Abbildung 4 dargestellten Versuche durchgeführt. Beschreibe die Versuche. Werte die Versuche in Hinblick auf die Bedeutung des Zellkerns aus.

3 Versuche mit Acetabularia. Die einzelligen Algen der Gattung Acetabularia bestehen aus einer „Wurzelregion", die den Zellkern enthält, einem Stiel und einem Schirm. Die einzelnen Arten unterscheiden sich in der Form des Schirms. Junge Algen besitzen noch keinen Schirm. Mit den in Abbildung 5 dargestellten Experimenten untersuchten Wissenschaftler die Regenerationsfähigkeit der Alge Acetabularia mediterranea.
Beschreibe die in der Abbildung 5a dargestellten Versuche. Stelle eine begründete Hypothese auf, die das unterschiedliche Regenerationsvermögen der einzelnen Algenteile in Teil a des Experiments erklären kann. Überprüfe, ob deine Hypothese das Versuchsergebnis von Experiment b schlüssig erklären kann. Begründe deine Ansicht.

4 Kombinationsversuche mit Acetabularia. In Abbildung 6 ist ein Versuch beschrieben, in dem Algenteile verschiedener Acetabularia-Arten kombiniert wurden. Stelle eine Hypothese auf, wie die Ergebnisse zu erklären sind.

3 *Acetabularia*

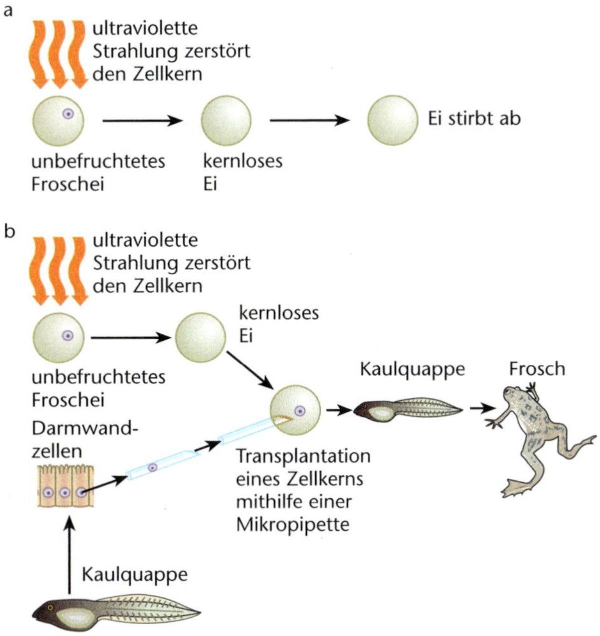

4 *Versuche an Krallenfröschen*

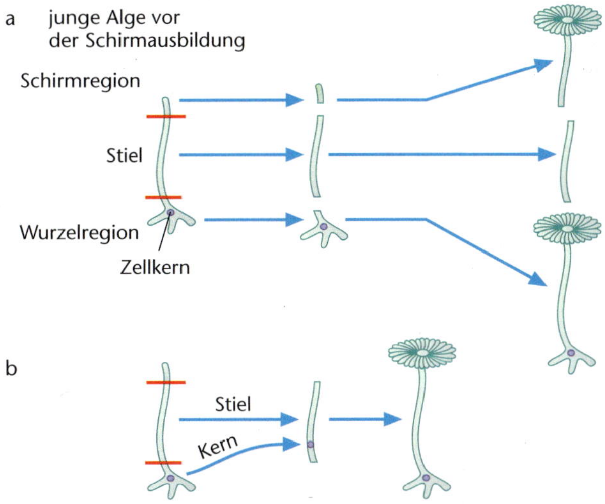

5 *Regenerationsversuche mit Acetabularia*

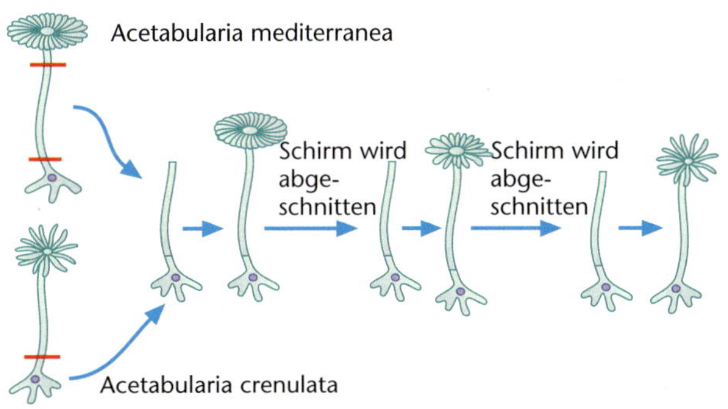

6 *Kombinationsversuche mit Acetabularia-Arten*

7.2 Chromosomen als Träger der Erbinformation

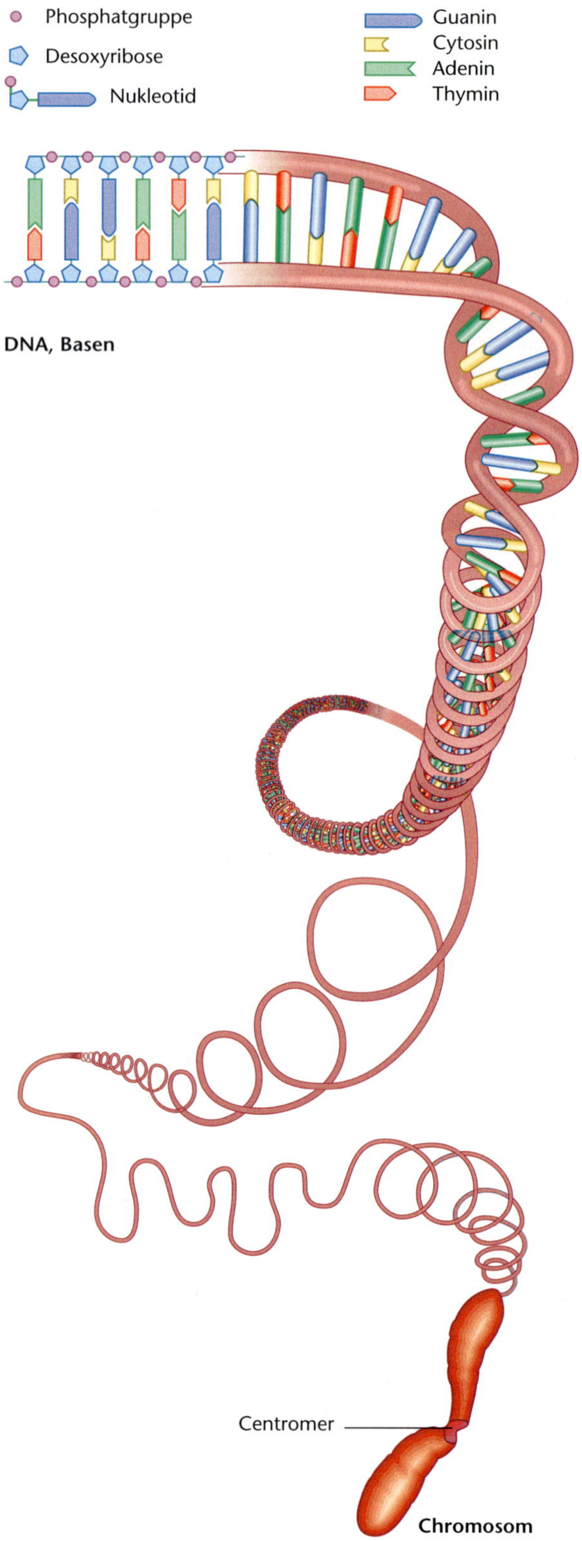

1 *Aufbau eines Chromosoms*

Jedes einzelne Chromosom besteht aus einem DNA-Molekül. Die **DNA** ist ein langes, spiralig aufgebautes Molekül aus vielen Bausteinen, den Nukleotiden. Jedes Nukleotid besteht aus einer Phosphatgruppe, dem Zucker Desoxyribose und einer Base. Es gibt vier verschiedene Basen, von denen jeweils zwei von ihrer Form zueinander passen (Abb. 1). Die Nukleotide sind paarweise angeordnet, so dass zwei zueinander passende Basen sich gegenüberstehen. Sie bilden die Sprossen einer Leiter, deren Holme aus den Phosphatgruppen und Zuckerbausteinen der Nukleotide bestehen. Diese Leiter ist wie eine verdrehte Strickleiter gewunden. In der Reihenfolge der Basenpaare im DNA-Molekül ist die Erbinformation codiert. Die einzelnen DNA-Moleküle unterscheiden sich in der Anzahl und Abfolge ihrer Basenpaare.

Normalerweise liegt die DNA als sehr langes Molekül im Zellkern. Vor der Zellteilung rollt sich die DNA auf, so dass sie im Lichtmikroskop sichtbar wird (Abb. 1). Jedes DNA Molekül entspricht einem **Chromosom.** Nach der Zellteilung nimmt die DNA wieder die fädige Form an.

Der Mensch besitzt in jeder Körperzelle 46 Chromosomen. Davon sind 22 je zwei Mal vorhanden. Sie heißen **Autosomen.** Die beiden Chromosomen dieser Chromosomenpaare werden als **homologe Chromosomen** bezeichnet. Hinzu kommen Chromosomen, die das Geschlecht des Menschen bestimmen. Sie heißen daher Geschlechtschromosomen oder **Gonosomen.** Bei den Gonosomen unterscheidet man X- und Y-Chromosomen. Frauen und Mädchen besitzen zwei X-Chromosomen, Männer und Jungen haben ein X-Chromosom und ein Y-Chromosom. Bei jedem Autosomenpaar stammt ein Chromosom von der Mutter und eines vom Vater. Auch von den beiden Gonosomen stammt eines von der Mutter und eines vom Vater. Die Körperzellen des Menschen haben also einen doppelten Chromosomensatz: 2 x 22 + XX bei einer Frau und 2 x 22 + XY bei einem Mann. Zellkerne mit einem doppelten Chromosomensatz nennt man **diploid.** Eizellen und Spermazellen haben von jedem Chromosomenpaar entweder nur das Chromosom von der Mutter oder das vom Vater. Sie haben nur einen einfachen Chromosomensatz, der aus 23 Chromosomen besteht. Man bezeichnet solche Zellen als **haploid.**

Vor einer Zellteilung verdoppelt sich jedes DNA-Molekül, wobei die beiden DNA-Moleküle völlig gleich sind. An einem Punkt berühren sie sich. Man nennt diese Stelle Centromer (Abb. 1). Zu Beginn einer Zellteilung haben die Chromosomen daher ein x-förmiges Aussehen. Sie bestehen dann aus zwei zusammengerollten DNA-Molekülen. Es sind zwei Chromosomen, die an einer Stelle, dem Centromer, zusammenhängen. Man bezeichnet sie in dieser Form als **Doppelchromosom.**

Die Zahl der Chromosomen des einfachen Chromosomensatzes einer Zelle bezeichnet man mit n.

Körperzellen		Geschlechtszellen
direkt vor der Zellteilung	zwischen zwei Zellteilungen	
46 Doppelchromosomen	46 Chromosomen	23 Chromosomen

2 *Übersicht Chromosomenzahl*

Beim Menschen ist n = 23. Körperzellen besitzen von jedem Chromosom ein Exemplar von der Mutter und eines vom Vater. Ihr Chromosomensatz beträgt 2n. Vor der Zellteilung hat sich jedes DNA-Molekül verdoppelt. Die so entstandenen DNA-Moleküle bilden ein Doppelchromosom. Durch Kern- und Zellteilung werden die Chromosomen so verteilt, dass jede Tochterzelle den diploiden Chromosomensatz mit 2n hat.

a Während der Zellteilung werden die Chromosomen im Lichtmikroskop sichtbar. Sie liegen dann als Doppelchromosomen vor. Jedes Doppelchromosom ist zweifach vorhanden. Die Chromosomen werden fotografiert und ausgeschnitten. Anschließend ordnet man sie nach Form und Größe. Die jeweils gleichen Chromosomen werden dabei nebeneinander gelegt. Man nennt diese Zusammenstellung der Chromosomen Karyogramm. So kann man feststellen, ob alle Chromosomen vollständig sind und auch in der richtigen Anzahl vorliegen. Manche Krankheiten beruhen auf einer Abweichung der Chromosomenzahl oder darauf, dass einzelne Stücke eines Chromosoms fehlen.

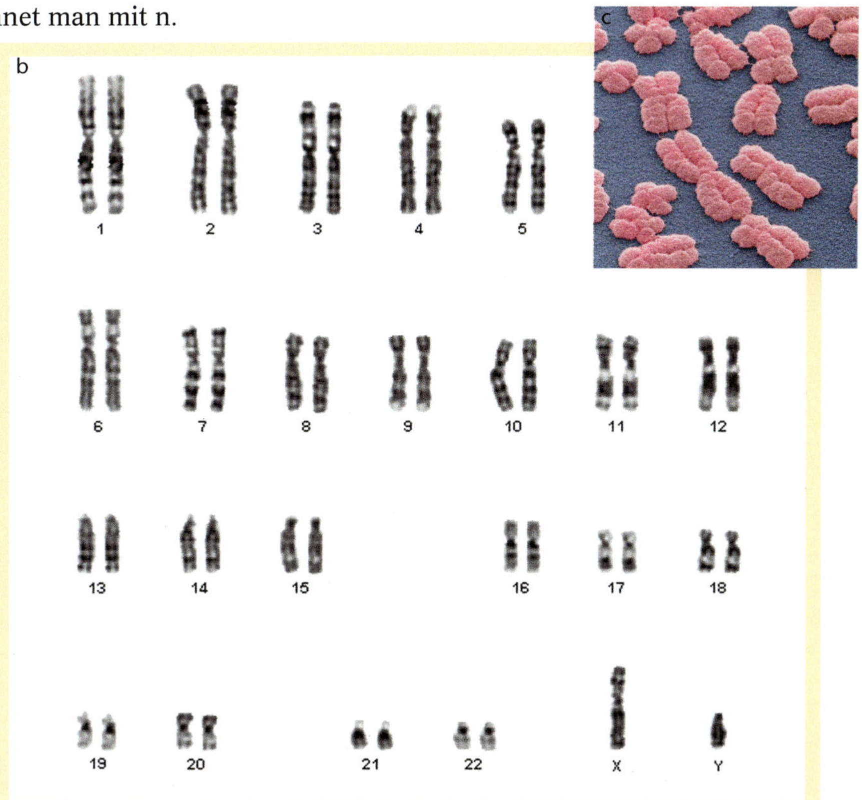

3 *a) Entstehung eines Karyogramms des Menschen, b) geordnetes Karyogramm, c) Ausschnitt aus einem ungeordneten Karyogramm*

7.3 Mitose

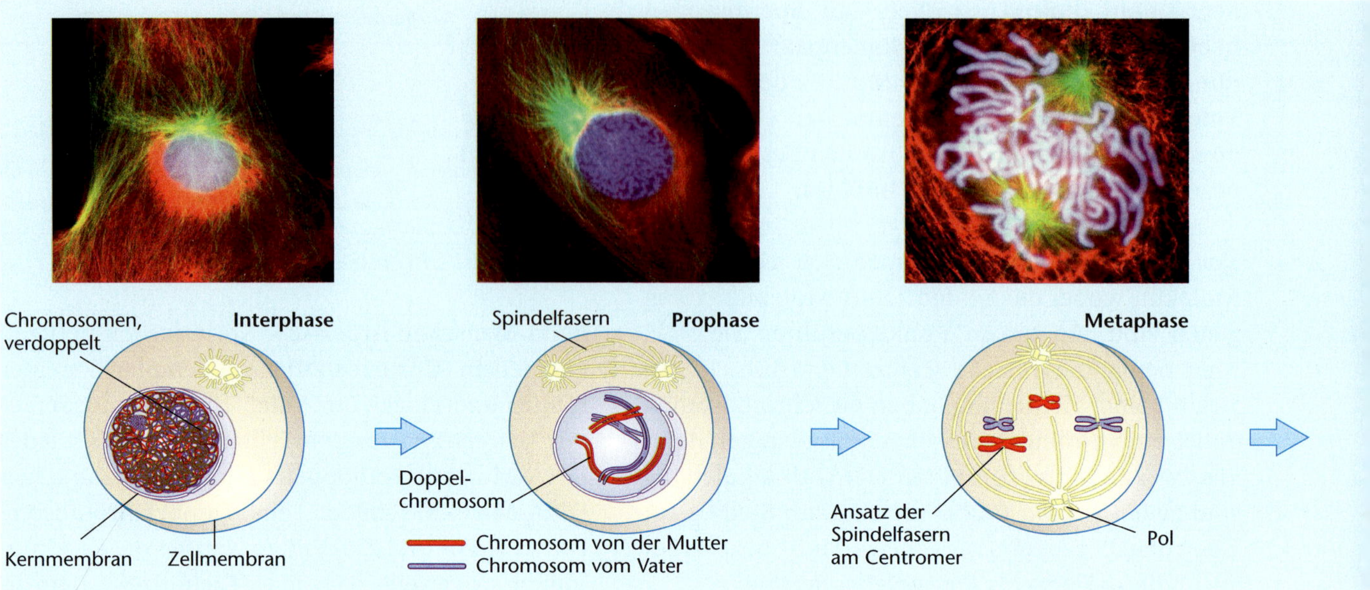

1 *Ablauf der Mitose*

Nach jeder Zellteilung haben die beiden neu entstandenen Zellen die gleiche Erbinformation wie die Zelle, aus der sie hervorgingen. Man spricht von erbgleicher Teilung. Die Vorgänge in der Zelle von einer Zellteilung bis zur nächsten bezeichnet man als **Zellzyklus.** Im Zellzyklus unterscheidet man **Mitose** und **Interphase.**

Die **Mitose** wird in folgende Phasen unterteilt (Abb. 1).

- Prophase: Zu Beginn der Mitose wird die Membran des Zellkerns aufgelöst. Die DNA wird aufgerollt, die Doppelchromosomen werden im Lichtmikroskop sichtbar. Die Spindelfasern entstehen.
- Metaphase: Die Chromosomen sind in der Zellmitte in einer Ebene angeordnet und mit den Spindelfasern verbunden.
- Anaphase: Die Doppelchromosomen werden getrennt. Je eines der beiden identischen Chromosomen wandert nun mithilfe der Spindelfasern zu einem Pol.
- Telophase: An jedem Pol wird eine neue Kernmembran gebildet, die die Chromosomen umschließt. Gleichzeitig verlieren die Chromosomen wieder ihre aufgerollte Struktur und können im Lichtmikroskop nicht mehr unterschieden werden. Das Cytoplasma wird auf die entstehenden Tochterzellen aufgeteilt; die Zellen durch Membranen vollständig getrennt. Es sind zwei Zellen mit gleichen Erbinformationen entstanden; die Mitose ist beendet.

In der folgenden **Interphase** wächst die Zelle und nimmt ihre Stoffwechselfunktion wahr. Während einer bestimmten Zeit in der Interphase findet die identische Verdopplung jedes Chromosoms, also jedes DNA-Moleküls, statt. Die beiden Chromosomen bleiben im Centromer verbunden. Damit ist der Ausgangszustand vor einer erneuten Mitose wieder erreicht. Die Zunahme an Zellen während des Wachstums eines Lebewesens ist nur auf den Vorgang der Mitose zurückzuführen.

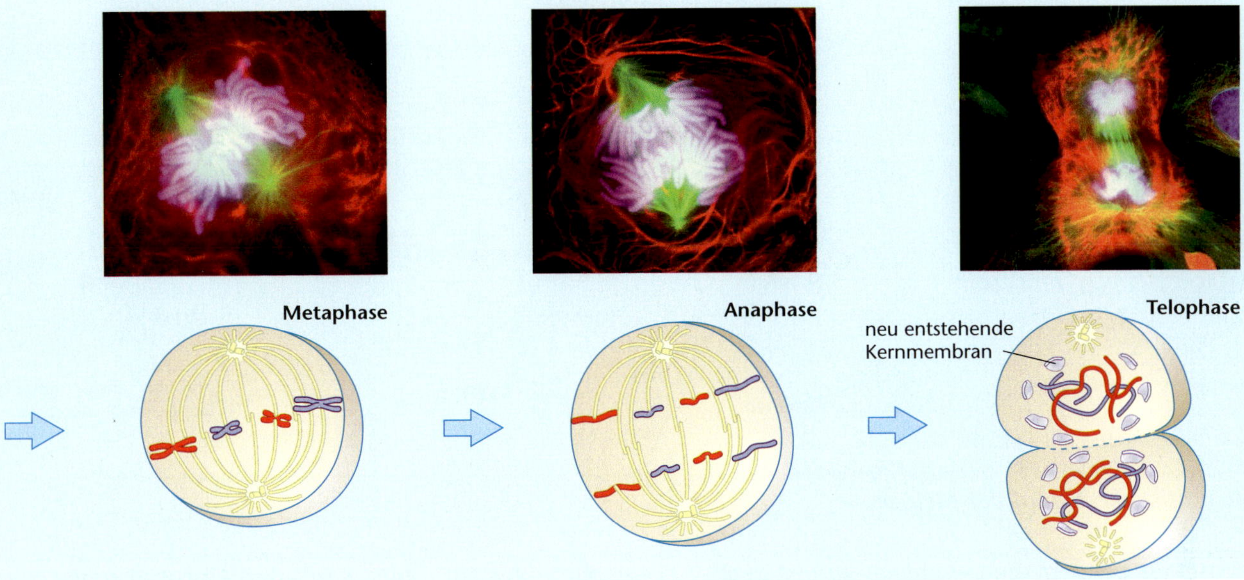

1 Kurzvortrag Mitose. Bereite einen Kurzvortrag von 3 bis 5 Minuten Dauer über die Mitose vor. Während deines Vortrags steht deinen Mitschülerinnen und Mitschülern Abbildung 1 zur Verfügung.

2 Zellen in der Mitose. Ordne die Zellen in der Abbildung 2 den Phasen der Abbildung 1 zu. Begründe deine Zuordnung.

3 Phasendauer im Zellzyklus. Werte die Tabelle in Abbildung 3 aus.

4 DNA-Gehalt von Zellen. In einem Gewebe, in dem sich ständig viele Zellen teilen, besitzen einige Zellen nur die Hälfte der DNA der übrigen Zellen. In welcher Phase des Zellzyklus können sich diese Zellen befinden? Begründe deine Ansicht.

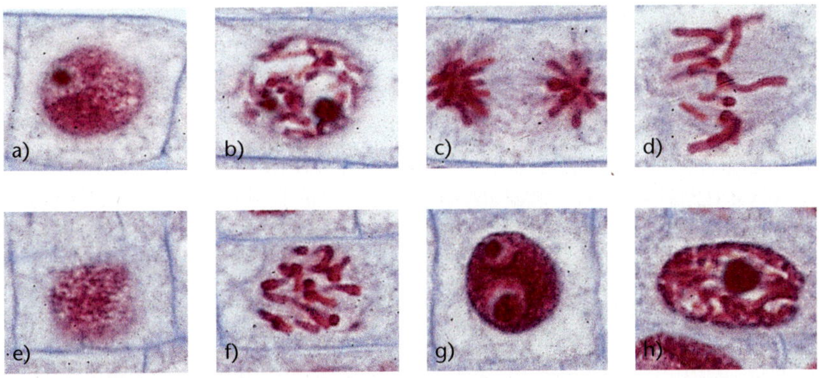

2 *Mitose in der Wurzelspitze einer Zwiebel*

Zelltyp	Interphase bis zur Verdoppelung der DNA	Dauer der Verdoppelung der DNA	Mitose
blutbildendes Knochenmark	2	8	0,7
Dünndarm	6	8	0,7
Dickdarm	22	8	0,7
Speiseröhre	170	8	0,7
Haut	989	8	0,7
Leber	9990	8	0,7

3 *Phasendauer im Zellzyklus in Stunden*

7.4 Meiose – Bildung der Geschlechtszellen

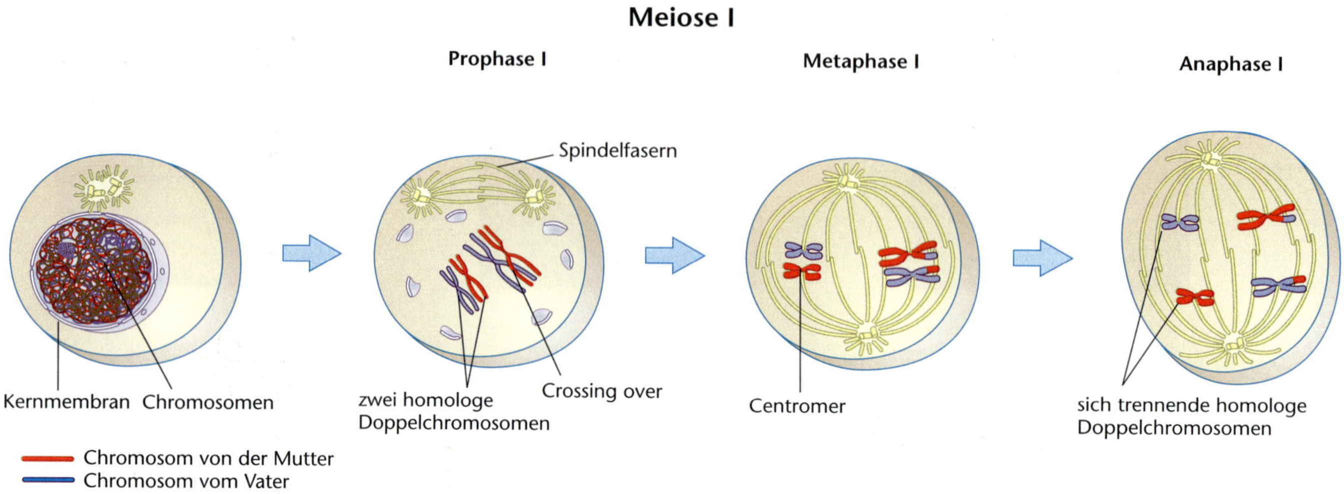

1 *Schematischer Ablauf der Meiose*

Der Vorgang, bei dem die Geschlechtszellen gebildet werden, heißt **Meiose.** Die Meiose findet bei der Frau in den Eierstöcken und beim Mann in den Hoden statt. Sie besteht immer aus zwei Teilungsschritten, der Meiose I und der Meiose II.

Zu Beginn der **Meiose I** hat die Verdopplung der DNA-Moleküle in der Ursprungszelle bereits stattgefunden. Jedes Chromosom liegt jetzt in Form von zwei homologen Doppelchromosomen vor (Abb. 1). In der Prophase I lagern sich die homologen Doppelchromosomen zusammen. Man spricht von der Paarung der homologen Doppelchromosomen. Bei diesem Vorgang kann es vorkommen, dass einzelne Abschnitte der Doppelchromosomen ausgetauscht werden, so dass zum Beispiel ein Doppelchromosom vom Vater nun DNA-Abschnitte vom Doppelchromosom der Mutter enthält und umgekehrt. Den Vorgang bezeichnet man als Stückaustausch oder **Crossing over.** In der anschließenden Metaphase I und Anaphase I werden die Doppelchromosomen so auf die Tochterzellen verteilt, dass von jedem Paar Doppelchromosomen ein Exemplar in jeder Tochterzelle vorliegt. Dabei ist es völlig zufällig, ob das Doppelchromosom von der Mutter oder das vom Vater in die neue Zelle gelangt. Auch die beiden Gonosomen werden zufällig auf die beiden Tochterzellen verteilt. Die Zahl der Chromosomen wird bei dieser Teilung also halbiert.

An diese erste Teilung schließt sich eine zweite Teilung an, die **Meiose II** (Abb. 1). In der Prophase II ordnen sich die Doppelchromosomen der Tochterzellen in der Mitte der Zelle an. Anschließend werden die einzelnen Chromosomen eines jeden Doppelchromosoms getrennt und zu den Zellpolen gezogen. Nach dem Ende der Teilung liegen vier haploide Zellen vor. Diese Zellen besitzen nicht die gleichen Erbinformationen, da die Chromosomen vom Vater und der Mutter zufällig verteilt wurden.

Beim Mann entstehen aus den in der Meiose gebildeten Zellen die Spermien. Aus einer Ursprungszelle entstehen vier Spermien. Bei der Frau wird bei den Teilungen der Meiose das Zellplasma ungleich verteilt. Es entstehen aus der Ursprungszelle eine große Zelle, die zukünftige Eizelle, und drei sehr kleine Zellen, die nahezu kein Zellplasma enthalten. Man nennt sie Polkörperchen. Sie gehen später zugrunde. Bei der anschließenden Befruchtung verschmelzen Eizelle und Spermazelle. Es entsteht die diploide Zygote.

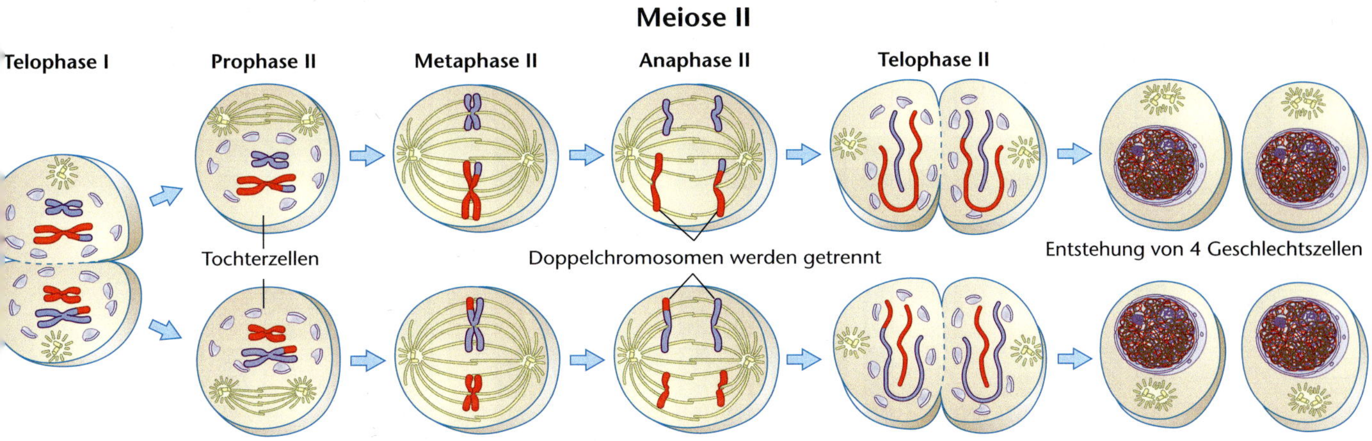

1 Meiose. Beschreibe den Ablauf der Meiose in eigenen Worten (Abb. 1). Gliedere deine Ausführungen.

2 Mitose/Meiose. Ordne die folgenden Begriffe und Aussagen der Mitose und/oder der Meiose zu.

A – erbgleiche Teilung
B – Verringerung der Chromosomenzahl
C – haploide Zellen
D – diploide Zellen
E – Centromer
F – Bildung von Geschlechtszellen
G – Crossing over
H – homologe Doppelchromosomen
I – Paarung homologer Doppelchromosomen
J – Eine neue Kernhülle wird gebildet.
K – DNA-Moleküle trennen sich.

3 Schema der Meiose. Zeichne ein Schema für die Meiose einer Zelle mit zwei verschiedenen Doppelchromosomen und Gonosomen wie in Abbildung 1. Ordne die Begriffe diploid und haploid den Abschnitten zu.

4 Geschlechtschromosomen. In welcher Phase der Meiose entscheidet sich, ob eine Spermazelle ein X oder ein Y-Chromosom enthält? Begründe deine Ansicht.

5 Zellteilungen im menschlichen Leben. Beschreibe die in Abbildung 2 dargelegten Vorgänge und gib für die Zellen 1–7 jeweils die Anzahl und Art der Chromosomen an.

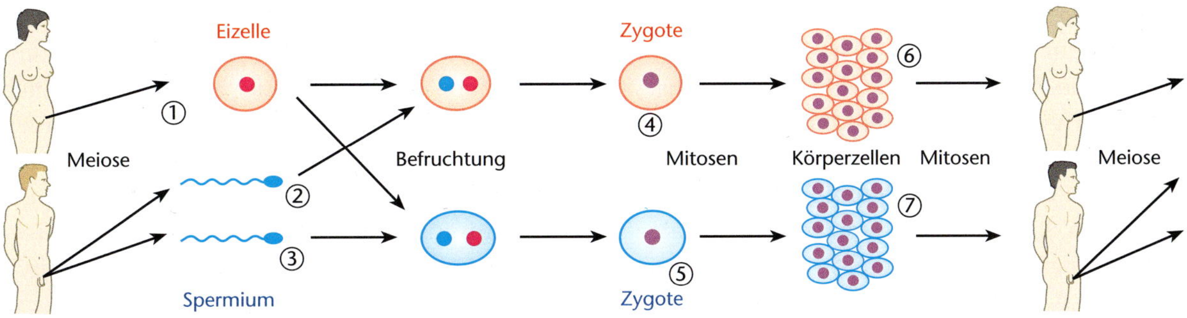

2 *Zellteilungen im menschlichen Leben*

7.5 Genetische Vielfalt

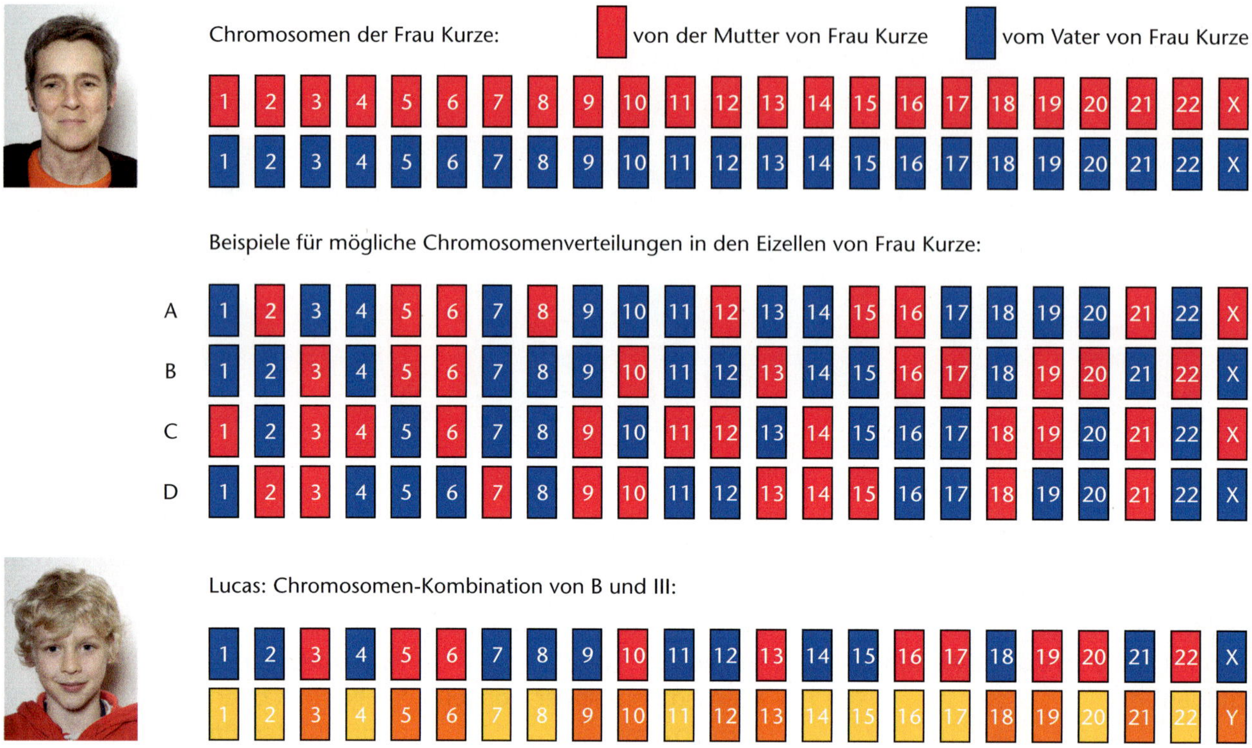

1 *Neukombination von Chromosomen bei der Bildung von Geschlechtszellen und der Befruchtung*

Die Körperzellen eines Menschen enthalten Chromosomen von dessen Mutter und Vater. In der Abbildung 1 ist vereinfacht davon ausgegangen, dass die Hälfte der Chromosomen von Frau Kurze von ihrer Mutter, die andere Hälfte von ihrem Vater stammen. Die Chromosomen werden bei der Bildung der Eizellen von Frau Kurze neu kombiniert, wobei eine unglaublich große Zahl von Kombinationsmöglichkeiten besteht (Abb. 1 A–D). Der gleiche Vorgang findet bei der Spermienbildung des Vaters statt (Abb. 1 I–IV). Durch die Befruchtung erfolgt anschließend die Kombination von mütterlichen und väterlichen Chromosomen in der Zygote. Die Zygote, und damit alle Zellen des daraus entstehenden Kindes, enthält so eine andere Kombination der Chromosomen als die Zellen der Eltern. Eine Neukombination erfolgt also sowohl bei der Bildung der Geschlechtszellen als auch bei der Befruchtung. Dadurch entsteht eine große Vielfalt, die auch **genetische Variabilität** genannt wird.

Alle Erbinformationen, die auf einem Chromosom liegen, werden gemeinsam vererbt. Sie stellen gewissermaßen ein Paket dar. Durch den Austausch von DNA zwischen homologen Doppelchromosomen beim Crossing over in der Meiose werden die Erbinformationen eines Chromosoms neu zusammengestellt. Dies hat zur Folge, dass dadurch die genetische Variabilität weiter erhöht wird.

Von Generation zu Generation hat die Fortpflanzung durch Geschlechtszellen zur Folge, dass die Erbinformationen neu gemischt werden. Es entstehen immer neue Kombinationen der Erbinformationen. Mit Ausnahme eineiiger Zwillinge haben alle Menschen neben gemeinsamen auch unterschiedliche Erbinformationen. Dies trifft auf alle Organismen zu, die sich geschlechtlich fortpflanzen. Infolge der unterschiedlichen Erbinformationen unterscheiden sich die einzelnen Individuen in ihren erblichen Eigenschaften.

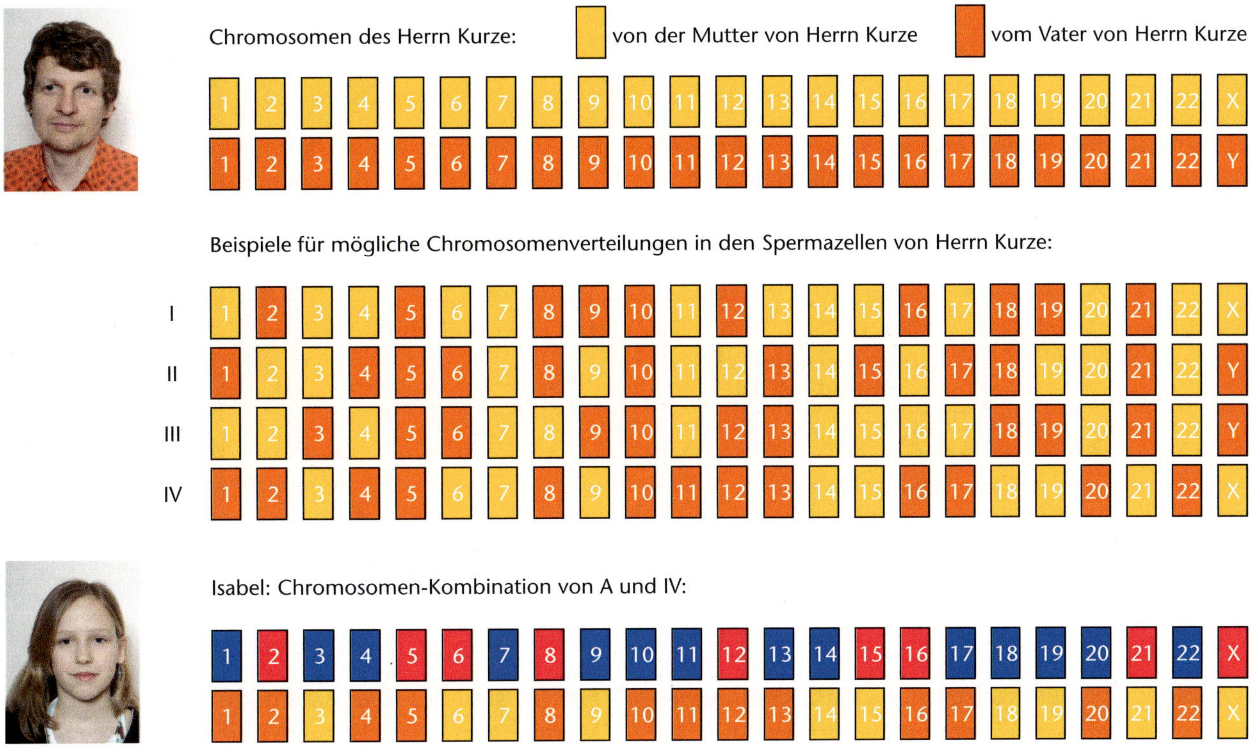

1 Kombinationsmöglichkeiten berechnen.
Die Zahl der Kombinationsmöglichkeiten der Chromosomen väterlicher und mütterlicher Herkunft bei der Bildung der Geschlechtszellen berechnet sich bei diploiden Organismen nach folgender Formel:

$$x = 2^y$$

wobei gilt:
x = Zahl der Kombinationsmöglichkeiten

$$y = \frac{\text{Gesamtzahl der Chromosomen}}{2}$$

Berechne für den Menschen und die in Abbildung 2 genannten Organismen die Zahl der Kombinationsmöglichkeiten.

2 Vergleich der Kinder.
a) Vergleiche die Chromosomen-Kombinationen der beiden in Abbildung 1 dargestellten Kinder.
b) Vergleiche die Chromosomen-Kombinationen von Geschwistern allgemein mit der von eineiigen Zwillingen.

3 Kombinationsmöglichkeiten von Chromosomen.
a) Frau und Herr Kurze erwarten ein weiteres Kind, einen Jungen. Zeichne unter Bezug auf Abbildung 1 eine Kombinationsmöglichkeit in dein Heft.
b) Zeichne zwei mögliche Chromosomenverteilungen in den Eizellen von Isabel in dein Heft.

Art	Anzahl (2n)
Regenwurm	32
Stechmücke	6
Karpfen	104
Rind	60
Erbse	14

2 *Chromosomenzahl (2n) einiger Lebewesen*

7.6 Gen – Protein – Merkmal

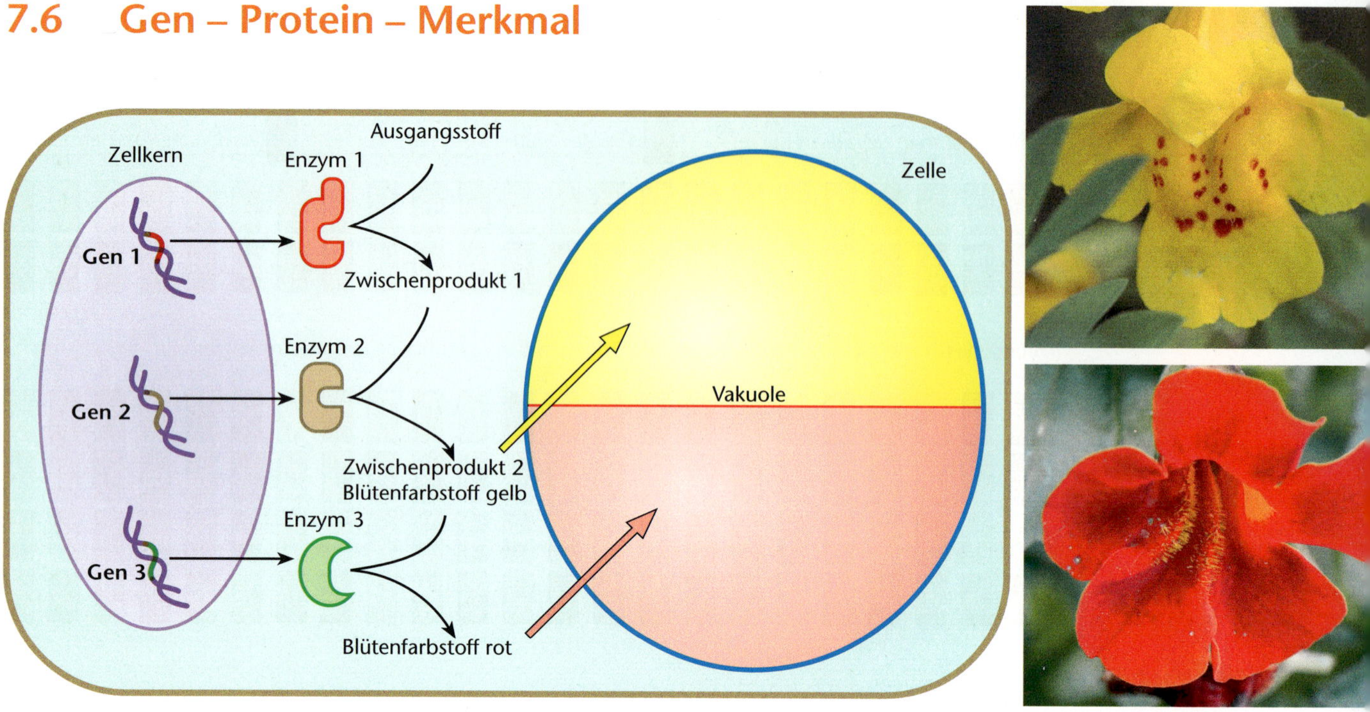

1 *Genwirkkette zur Blütenfarbe bei der Gauklerblume*

Verschiedene Zuchtsorten der Gauklerblume haben eine unterschiedliche Blütenfarbe (Abb. 1). Untersuchungen haben ergeben, dass die Blütenfarbe vom Bau eines DNA-Abschnittes in einem bestimmten Chromosom abhängt. Dieser Abschnitt ist für die Blütenfarbe zuständig.

Eine Funktionseinheit der DNA, die die Information für die Herstellung eines Proteins trägt, bezeichnet man als **Gen.** Das entsprechende Protein ist das zugehörige **Genprodukt.**

Eine große Gruppe der Proteine sind Enzyme, die Stoffwechselreaktionen katalysieren. Im Falle der Blütenfarbe der Gauklerblume ist in dem Gen die Information für die Bauanleitung eines Enzyms gespeichert. In den Zellen des Kronblattes wird dieses Enzym produziert. Zusammen mit anderen Enzymen bewirkt es, dass ein roter Farbstoff in der Zelle hergestellt wird. Der Farbstoff wird in der Vakuole der Zelle gespeichert und verleiht der Blüte die entsprechende Farbe. Die rote Farbe ist das für uns sichtbare **Merkmal.** In diesem Fall handelt es sich um ein erbliches Merkmal, weil es durch ein Gen bestimmt wird.

Häufig sind für die Ausbildung eines erblichen Merkmals mehrere Enzyme und damit die entsprechenden Gene erforderlich. So werden zur Herstellung des Blütenfarbstoffes bei der Gauklerblume mehrere Enzyme benötigt, weil die Synthese des Stoffes über mehrere Stufen verläuft. Jede Reaktion dieses Herstellungsprozesses wird von einem anderen Enzym katalysiert (Abb. 1). Im Falle der Gauklerblume ist nur die letzte Reaktion und damit nur ein Enzym verantwortlich, ob der hergestellte Farbstoff gelb oder rot aussieht. Die Abfolge von Stoffwechselreaktionen in dieser Art bezeichnet man als **Genwirkketten.** Das erbliche Merkmal, hier zum Beispiel die Blütenfarbe, ist das Ergebnis der Genwirkkette. Die Gene einer Genwirkkette müssen dabei nicht auf dem gleichen Chromosom liegen.

Die meisten Merkmale von Lebewesen sind nicht nur erblich bestimmt. Sie werden durch das Zusammenwirken von Genen und Umwelt bestimmt. Manche Merkmale eines Lebewesens werden nur durch die Umwelt beeinflusst.

A: Die Eizelle und der Pollen enthalten die Gene für die Gauklerblume. Nach der Befruchtung sind dadurch die Merkmale der Gauklerblume festgelegt. Die Gene sind damit der wichtigste Teil der Vererbung. Jedem Merkmal ist ein Gen zugeordnet, zum Beispiel das Merkmal „rote Blütenfarbe".

B: Bei der Gauklerblume gibt es rote Blüten und gelbe Blüten. Wenn man die Pflanzen kreuzt, kommt es darauf an, welche Merkmale aus dem Pollen kommen und welche aus der Eizelle. Wird die neue Blüte rot und stammte der Pollen von einer rot blühenden Pflanze, so stammt das Merkmal vom Pollen.

C: Häufig werden zur Ausbildung eines Merkmals viele Gene benötigt. Man spricht dann von einer Genwirkkette. Das ist auch bei der Blütenfarbe der Gauklerblume der Fall. Wenn nun ein Gen der Genwirkkette fehlt, so hat die Blume keine Blütenfarbe. Sie ist dann weiß, da das Merkmal „Blütenfarbe" nicht ausgebildet werden kann.

D: Auch bei der Blütenfarbe liegt eine Genwirkkette vor. Das Merkmal „rot" ist das Produkt dieser Kette, also das Genprodukt. Interessant ist bei der Züchtung, von welcher Elternpflanze die Genwirkkette vererbt wird. Sie bestimmt dann die Blütenfarbe.

E: Die Blütenfarbe ist bei der Bestäubung wichtig. Wenn eine Pflanze merkt, dass sie nicht von den Bienen bestäubt wird, ändert sie die Proteine, die die Genprodukte sind. So kann sie bestimmen, ob ihre Blüten rot oder gelb werden. Vielleicht kann die Pflanze ja auch aussuchen, welche Gene für sie besser sind.

2 *Aussagen – falsch oder richtig?*

Genwirkketten können wesentlich komplexer sein, als sie in Abbildung 1 dargestellt sind. So können aus einem Ausgangsstoff mehrere Zwischenprodukte entstehen oder mehrere Stoffe werden von einem Enzym zu einem neuen Stoff zusammengebaut.

Soll eine Genwirkkette erforscht werden, muss zunächst ermittelt werden, welche Stoffe und Gene daran beteiligt sind. Anschließend werden in einer Versuchsreihe die einzelnen Gene ausgeschaltet und jeweils überprüft, welche Stoffe noch von der Zelle gebildet werden können. Daraus lässt sich rekonstruieren, in welcher Reihenfolge die Stoffe durch die Genwirkkette gebildet werden.

Zerstörung von Gen	Stoffe, die nicht mehr gebildet werden
1	B, C, E, F
2	F
3	C, E, F
4	E, F
5	D, E, F

A = Ausgangsstoff; F = Endstoff; B, C, D, E = Zwischenprodukte

3 *Untersuchung einer Genwirkkette*

1 Genwirkkette.

a) Beschreibe die Genwirkkette in Abbildung 1.

b) Überlege, welche Folgen es in Hinblick auf das Merkmal Blütenfarbe hätte, wenn das Gen 3 in den Zellen der Blüte seine Funktion verlieren würde.

2 Sind die Aussagen richtig? Überprüfe anhand der Grundwissenseite, ob die Formulierungen in Abbildung 2 richtig sind. Begründe deine Entscheidung ausführlich. Berichtige die Aussagen in den Fällen, die du als nicht korrekt bewertet hast.

3 Erforschung einer Genwirkkette. Stelle aus den Angaben in Abbildung 3 eine mögliche Genwirkkette auf.

7.7 Gene können durch Mutationen verändert werden

1 *Normal gefärbter Tiger und weißer Tiger*

Die DNA kann durch Einflüsse von außen verändert werden. Solche Einflüsse sind zum Beispiel UV-Strahlung, radioaktive Strahlung, Röntgenstrahlung oder auch eine Reihe von Chemikalien, wie sie zum Beispiel im Zigarettenrauch enthalten sind. Manche Veränderungen der DNA erfolgen auch ohne erkennbare äußere Einwirkung. Heute weiß man, dass Veränderungen der DNA häufig vorkommen. Die Zelle verfügt über Mechanismen, die Veränderungen in der DNA reparieren können, doch nicht immer gelingt eine Reparatur. Bleibende Veränderungen der DNA nennt man **Mutationen.**

Wenn eine Körperzelle mutiert, kann das dazu führen, dass das entsprechende Genprodukt in dieser Zelle nicht mehr funktionstüchtig ist. Wird der Stoffwechsel der Zelle dadurch schwer gestört, stirbt die Zelle. Manche Mutationen haben keine Auswirkungen auf die Lebensfähigkeiten der Zelle. Mutationen in Körperzellen werden bei der Zellteilung an die Tochterzellen weitergegeben. Bei manchen Mutationen gerät die Steuerung der Zellteilung außer Kontrolle. Teilt sich die Zelle aufgrund solcher Mutationen immer weiter, kann ein Tumor entstehen. Mutationen von Körperzellen werden nicht vererbt.

Bei mehrzelligen Lebewesen wird eine Mutation nur dann an die Nachkommen übertragen, wenn die Mutation in einer Zelle stattfindet, aus der sich eine Geschlechtszelle bildet. Eine solche Zelle gehört der **Keimbahn** an. Darunter versteht man die Abfolge derjenigen Zellen, ausgehend von der Zygote, aus denen sich schließlich die Geschlechtszellen entwickeln (Abb. 3). Werden Mutationen durch die Geschlechtszellen weitergegeben, besitzen alle Körperzellen des neuen Lebewesens diese veränderte Erbinformation. So fehlt dem Tiger in Abbildung 1 der rote Farbstoff im gesamten Fell.

Mutationen können nachteilig, vorteilhaft oder ohne erkennbare Auswirkungen sein. Mutationen tragen zur genetischen Variabilität einer Art bei. Bei Veränderungen der Umwelt hat möglicherweise ein Individuum mit einer solchen Mutation einen Überlebensvorteil, während andere Individuen mit der Veränderung nicht zurechtkommen. Mutationen sind in der Geschichte der Lebewesen, der Evolution, eine Ursache für Neues.

2 *Schneehase im Winter und im Sommer*

1 Diploide Organismen. Begründe, warum bei diploiden Organismen eine Fehlfunktion nicht immer auftritt, obwohl die Mutation, die diese Fehlfunktion zur Folge hat, auf einem Chromosom vorhanden ist.

2 Bedeutung von Mutationen in der Evolution. Der Schneehase ist mit dem Feldhasen eng verwandt; er stammt wahrscheinlich von ihm ab. Er lebt im hohen Norden in schneereichen Gebieten. Im Gegensatz zum Feldhasen hat er im Winter ein weißes Fell (Abb. 2). Stelle eine begründete Hypothese zur Entstehung der weißen Fellfarbe beim Schneehasen auf.

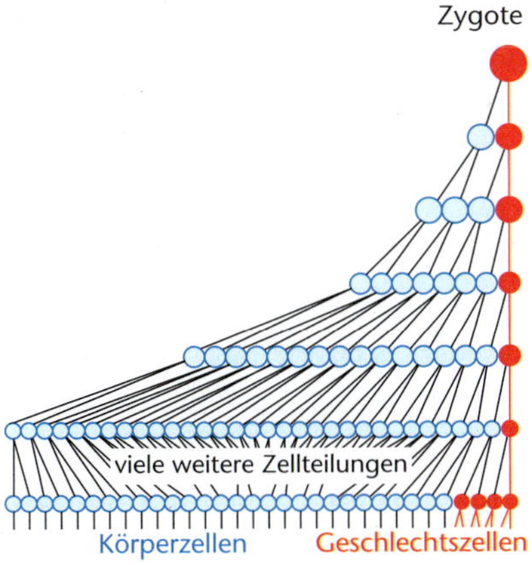

3 *Keimbahn*

3 Bedeutung von Mutationen in der Ökologie. Nach wiederholtem Einsatz von Insektiziden beobachtet man häufig, dass die bekämpften Insekten wieder an Zahl zunehmen, nun aber gegen das Insektengift resistent sind. Abbildung 4 zeigt die Vorgänge, die dazu führen. Beschreibe diese Vorgänge. Erläutere die Rolle von Mutationen dabei.

4 Bedeutung von Mutationen in der Medizin. Abbildung 5 zeigt den typischen Verlauf der Behandlung eines Aids-Patienten mit dem Medikament 3TC, das die Vermehrung von HI-Viren verhindern soll. Interpretiere die Abbildung und nimm zur Anwendung des Medikaments in der Aids-Therapie Stellung.

5 Röntgen. Begründe, warum beim Röntgen besonders die Geschlechtsorgane durch Blei abgeschirmt werden und man Schwangere nicht röntgt.

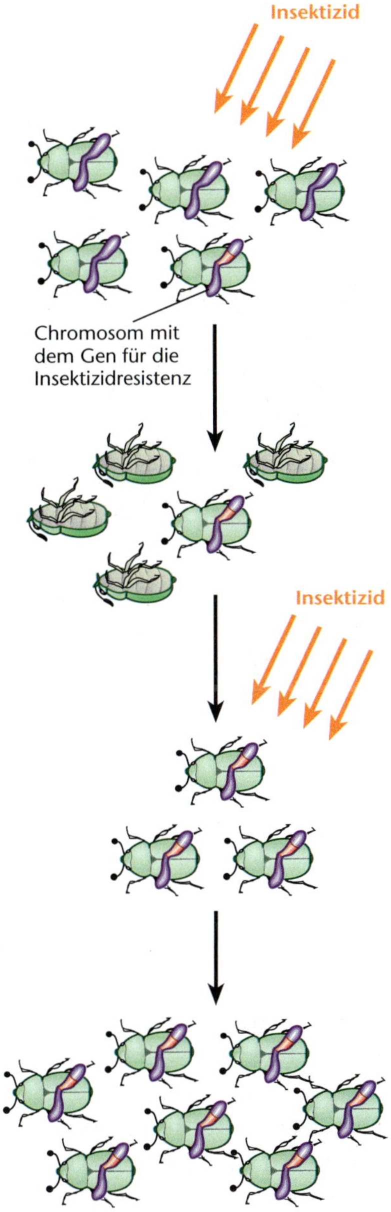

4 *Resistenzbildung bei Insekten*

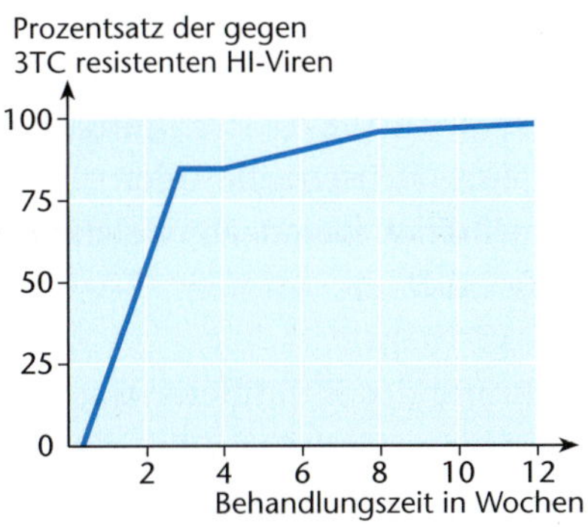

5 *Behandlungsergebnis von Aids-Patienten mit 3TC*

7.8 Gene können an- und abgeschaltet werden

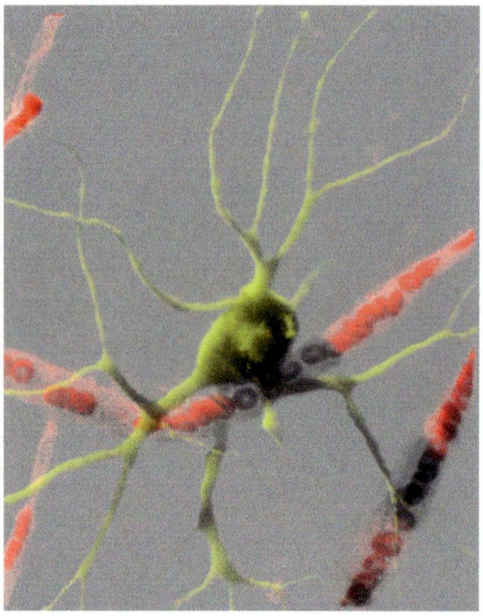

1 *Nervenzelle des Menschen mit Blutkapillaren und Roten Blutkörperchen*

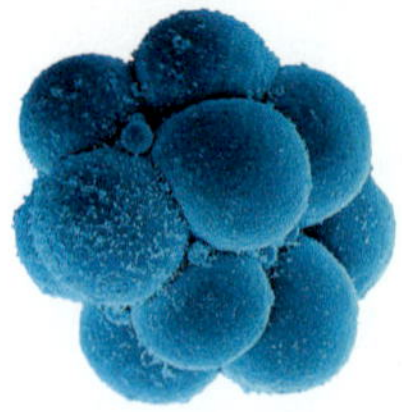

2 *Menschlicher Embryo einige Stunden nach der Befruchtung*

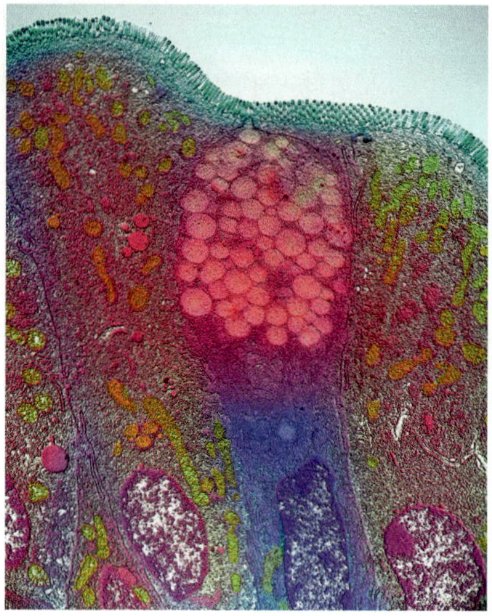

3 *Darmzellen des Menschen. Eine Becherzelle produziert Schleim (rosa Kreise), der in den Darm abgegeben wird.*

Beim Menschen entsteht, wie bei allen mehrzelligen Organismen aus der Zygote ein vollständiger Organismus. Die ersten Zellen in der Entwicklung sind noch gleich gebaut. Je weiter die Embryonalentwicklung fortschreitet, umso mehr verschiedenartige Zelltypen entstehen. Man nennt diese Vorgänge **Zelldifferenzierung.** Je nach Entwicklungsstadium und Ort im Organismus werden in den verschiedenen Zellen einzelne Gene an- oder abgeschaltet. Nur bei aktiven Genen werden die Informationen abgelesen und die entsprechenden Proteine beziehungsweise Enzyme hergestellt. Dadurch wird die Entwicklung der Zelle gesteuert. Ob eine Drüsenzelle oder eine Nervenzelle entsteht, hängt davon ab, welche Gene in der Zelle aktiv sind.

Während der Zelldifferenzierung wird in den verschiedenen Zellen ein Teil der Gene dauerhaft abgeschaltet. Diese Zellen können dann keine andere Funktion mehr wahrnehmen. Nur einige spezielle Zellen können auf alle Gene zurückgreifen. Man nennt sie **Stammzellen.** Stammzellen spielen eine große Rolle bei der Erneuerung von Organen und zum Beispiel bei der Heilung nach Verletzungen.

Die Zellen eines Organs haben eine bestimmte Aufgabe. Dafür laufen in den Zellen bestimmte Stoffwechselreaktionen ab, zum Beispiel produziert eine Darmzelle bei Bedarf Verdauungsenzyme. Die dazu benötigten Enzyme werden von der Zelle hergestellt. Die entsprechenden Gene für die Enzymherstellung werden in Darmzellen nach Bedarf an- und abgeschaltet. Zellen können auch auf äußere Einflüsse reagieren. So produzieren Hautzellen nach UV-Bestrahlung verstärkt Melanin, das die Haut dunkler färbt und einen Schutz vor erneuter UV-Einstrahlung bietet. Für die Melaninproduktion werden Gene aktiviert und später wieder abgeschaltet. Auch Krankheiten verursachen in Zellen, zum Beispiel in Zellen des Immunsystems, eine veränderte Genaktivität. Die Genaktivität hängt also auch von der Umwelt ab.

4 *Stammesgeschichtliche alte Merkmale treten manchmal wieder auf*

1 Gedankenmodell: „Genombuch". Ein Buch mit vielen Kapiteln, das eine Fülle von Informationen über Arbeitsabläufe enthält, stellt ein Modell für die Arbeitsweise der Gene dar. Das Buch wird von Personen mit unterschiedlichen Arbeitsbereichen genutzt. Einige Einführungskapitel werden von allen Personen gelesen, die weiteren Kapitel nur, soweit sie zu den eigenen Arbeitsbereichen gehören. Vergleiche die Arbeitsweise der Gene mit diesem Modell. Gehe dabei auf die Spezialisierung von Zellen ein. Was kann das Modell leisten und wie könnte es verbessert werden?

2 Proteine im Erbsenkeimling. Werte die Abbildung 5 aus und setze die Ergebnisse der Untersuchung in Beziehung zum Grundwissentext.

3 Gene in der Entwicklung des Grasfrosches. Werte die Abbildung 6 aus und setze die Ergebnisse des Versuches in Beziehung zu den Aussagen des Grundwissentextes.

4 „Rückschläge" der Evolution. In seltenen Fällen findet man bei Menschen Körpermerkmale, die man als „Rückschläge" der Evolution ansieht. Ein Beispiel dafür ist eine fellartige Körperbehaarung bei manchen Menschen (Abb. 4). Versuche, das Auftreten dieses Merkmals mithilfe des Grundwissentextes zu erklären.

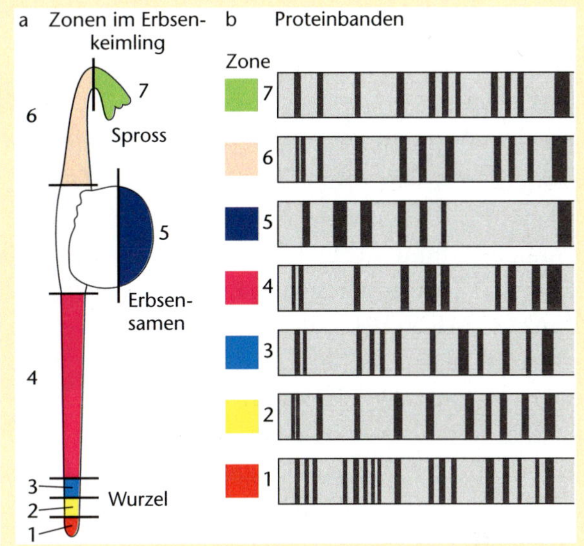

Bei einem Erbsenkeimling wurden Gewebeproben aus den verschiedenen Zonen entnommen und auf Proteine untersucht. Bei der Untersuchungsmethode steht in der Übersicht in b jede Bande für ein Protein. Banden, die in der Abbildung 5 b vertikal übereinanderstehen, repräsentieren gleiche Proteine.

5 *Proteine im Erbsenkeimling*

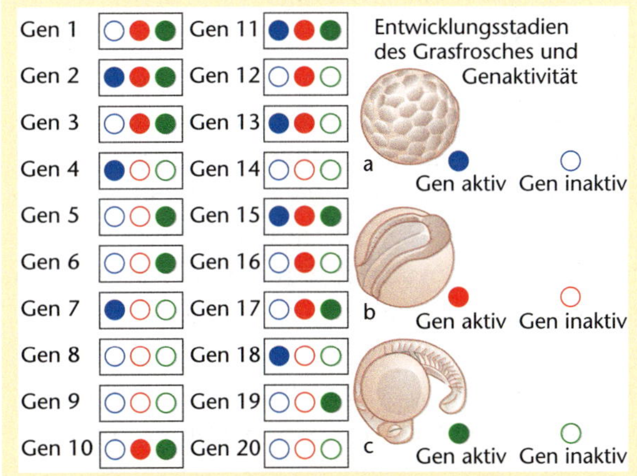

Im Versuch wurde die Aktivität von 20 Genen in Zellen der gleichen Region während der Grasfroschentwicklung untersucht. Die Aktivität jedes der 20 Gene ist in den drei Entwicklungsstadien durch drei unterschiedliche Farben dargestellt.

6 *Genaktivität beim Grasfrosch*

8 Regeln der Vererbung

8.1 Gregor Mendels Versuche zur Vererbung

GREGOR MENDEL (1822–1884), ein Augustinermönch, hat als erster genauere Erkenntnisse darüber gewonnen, wie es zur Ähnlichkeit zwischen Eltern und ihren Nachkommen kommt (Abb. 1). Er nutzte für seine Untersuchungen Erbsenpflanzen. MENDEL säte in mehreren Versuchen gelbe und grüne Erbsensamen aus. Die Pflanzen wuchsen heran und entwickelten Blüten (Abb. 3). Bei der Bestäubung der Blüten gelangt unter natürlichen Bedingungen nur Pollen der eigenen Blüte auf die Narbe. Dieser Vorgang wird **Selbstbestäubung** genannt. Nach der Befruchtung entwickeln sich die Samen, die man Erbsen nennt. Sie liegen in einer Hülse (Abb. 3). Einige der Erbsenpflanzen, die sich bei MENDELs Versuchen entwickelten, enthielten in der Hülse gelbe und grüne Samen. MENDEL zog daraus den Schluss, dass jede Pflanze zwei Erbfaktoren in sich tragen müsse, die die Ausbildung dieser Merkmale bewirken. Diese Erbfaktoren werden heute als **Gene** bezeichnet. MENDEL nannte Pflanzen mit grünen und gelben Samen **mischerbig,** da er davon ausging, dass sie sowohl Gene für grüne als auch für gelbe Samenfarbe aufwiesen. Die Gene für die Samenfarbe konnten nach seiner Hypothese entweder zur Ausbildung von grüner oder gelber Samenfarbe führen. Diese beiden möglichen Ausprägungen des Gens werden heute **Allele** genannt.

1 *Gregor Mendel*

Die meisten Erbsenpflanzen enthielten in den Hülsen entweder nur gelbe oder nur grüne Erbsen. MENDEL säte diese Erbsen erneut aus. Nach dem Heranwachsen der Erbsenpflanzen fand in den Blüten Selbstbestäubung statt. Aus den ausgesäten gelben Erbsen wuchsen in der nächsten Generation Erbsenpflanzen heran, die ausschließlich gelbe Erbsen in ihren Hülsen enthielten. Erbsenpflanzen, die aus grünen Samen hervorgingen, erzeugten nur grüne Erbsensamen. Erbsenpflanzen, die in vielen weiteren Generationen immer ausschließlich die gleiche Samenfarbe aufwiesen, nannte MENDEL **reinerbig.** Seiner Hypothese nach besaßen sie zwei identische Allele für die Ausprägung des Merkmals Samenfarbe.

Als Elterngeneration für weitere Untersuchungen wählte MENDEL ausschließlich die von ihm herangezogenen, reinerbigen Erbsenpflanzen. Er bestäubte in einem ersten Versuch Erbsenpflanzen aus gelben Samen mit Pollen von Erbsenpflanzen aus grünen Samen. Da dieses unter natürlichen Bedingungen nicht geschieht, führte er eine **künstliche Fremdbestäubung** durch (Abb. 2). Bei der Auswertung dieser Versuche mittels statistischer Analyse konnte er mathematische Gesetzmäßigkeiten feststellen, die er veröffentlichte. Sie blieben aber unbeachtet und wurden erst Anfang des 20. Jahrhunderts wieder entdeckt.

2 *Künstliche Fremdbestäubung bei Erbsenpflanzen*

3 *Erbsenpflanzen mit Blüten, Hülsen und Samen*

1 Künstliche Fremdbestäubung. Beschreibe anhand von Abbildung 2, wie die künstliche Fremdbestäubung abläuft. Begründe, warum MENDEL ein solch kompliziertes Verfahren gewählt hat.

2 MENDELs Versuchsansatz. MENDEL suchte die Erbsenpflanzen, die er als Elterngeneration für seine Vererbungsversuche nutzte, sehr sorgfältig aus. Er verwendete nur Erbsenpflanzen, die reinerbig für das untersuchte Merkmal waren. Um dies herauszufinden führte er Vorzuchten durch, bei denen jeweils Selbstbestäubung stattfand. Die Ergebnisse einiger Vorzuchten für das Merkmal „gelbe“ beziehungsweise „violette Blütenfarbe“ sind in Abbildung 4 dargestellt. Die Vorzucht 1a und 1b führte er mit gelb blühenden Erbsenpflanzen. Die Zahl der daraus entstehenden Pflanzen mit den beiden unterschiedlichen Blütenfarben ist in der folgenden Zeile dargestellt (Abb. 4). Aus diesen ersten Nachkommen wählte er wieder eine Pflanze zur Selbstbestäubung aus, die die gleiche Blütenfarbe wie die Elterngeneration hatte. Deren Nachkommen sind in der nächsten Zeile dargestellt. Dieses Verfahren führte er über mehrere Generationen durch. Bei den Vorzuchten 2a und 2b verfuhr er genauso, nur dass er immer Pflanzen mit violetten Blüten zur Selbstbestäubung auswählte.

a) Beschreibe MENDELs Versuchsergebnisse. Bei welchen Vorzuchten konnte er von reinerbigen Pflanzen ausgehen? Begründe deine Entscheidung.

b) Welche Allele weisen die Pflanzen der Elterngeneration der verschiedenen Vorzuchten auf?

	Vorzucht 1a		Vorzucht 1b		Vorzucht 2a		Vorzucht 2b	
Elterngeneration								
1. Nachkommengeneration	24	0	14	0	2	11	0	13
2. Nachkommengeneration	15	0	17	0	0	9	0	15
3. Nachkommengeneration	23	1	21	0	3	11	0	11
4. Nachkommengeneration	19	0	11	0	3	13	0	18
5. Nachkommengeneration	17	0	13	0	1	17	0	14
6. Nachkommengeneration	16	2	16	0	1	16	0	19

4 *Versuchsergebnisse von Mendels Vorzuchten*

3 Hypothesen zur Vererbung. Vergleiche anhand der Abbildung 5 die Hypothese von FRANCIS GALTON zur Vererbung der Erbanlagen mit der von MENDEL. Nenne wesentliche Unterschiede.

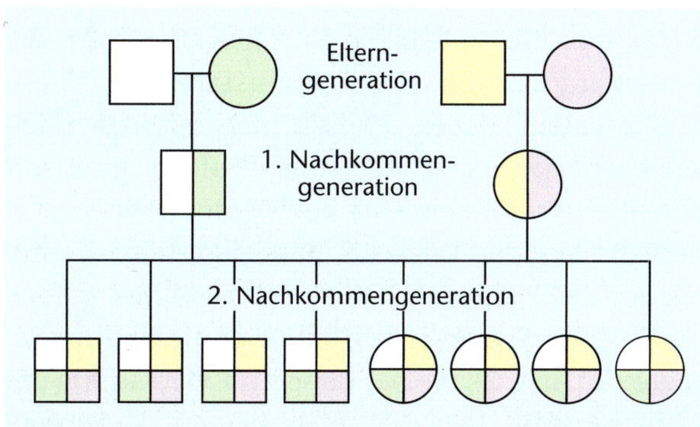

5 *Theorie von Galton 1822–1911 zur Weitergabe der Erbanlagen*

8.2 Mendel stellt Regeln zur Vererbung auf

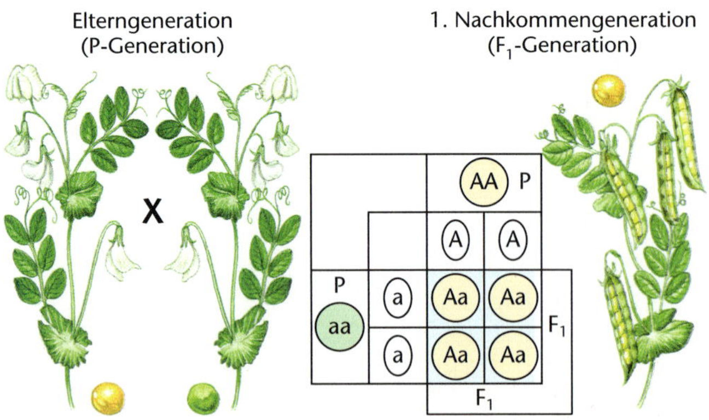

1. Mendelsche Regel – Uniformitätsregel
Wenn reinerbige Individuen einer Art gekreuzt werden, die sich in einem Merkmal unterscheiden, dann ist bei allen Nachkommen in der F_1-Generation das betrachtete Merkmal gleich (uniform).
A = Erbanlage für gelbe Samenfarbe
a = Erbanlage für grüne Samenfarbe

1 *Uniformitätsregel*

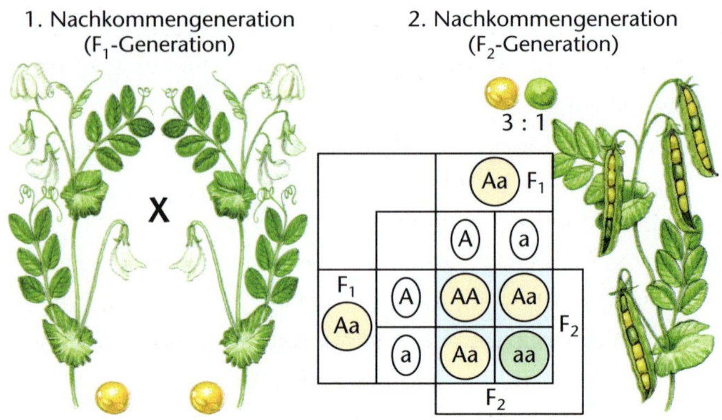

2. Mendelsche Regel – Spaltungsregel
Wenn in Bezug auf ein Merkmal mischerbige Individuen der F_1-Generation miteinander gekreuzt werden, treten in der F_2-Generation beide betrachteten Merkmale im Zahlenverhältnis 3:1 wieder auf.
A = Erbanlage für gelbe Samenfarbe
a = Erbanlage für grüne Samenfarbe

2 *Spaltungsregel*

MENDEL führte eine künstliche Fremdbestäubung mit einer reinerbigen Erbsenpflanze aus grünen Samen und einer reinerbigen Pflanze aus gelben Samen durch. Die beiden Pflanzen sind die Elterngeneration, die so genannte Parental-Generation (P-Generation). Die Samen, die die erste Nachkommengeneration oder auch 1. Filialgeneration (F_1-Generation) bildeten, waren ausschließlich gelb. Aus den Ergebnissen dieser Versuche leitete er die **Uniformitätsregel** ab (Abb. 1).

MENDEL säte die gelben Erbsen der F_1-Generation aus und untersuchte die Samen, die sich nach Selbstbestäubung an den Erbsenpflanzen entwickelten. Sie stellen die 2. Filialgeneration, die F_2-Generation, dar. Die neu entstandenen Pflanzen besaßen neben Hülsen mit ausschließlich gelben beziehungsweise grünen Samen auch solche, die sowohl gelbe als auch grüne Samen enthielten. Aus der Tatsache, dass sich dabei immer wieder das Zahlenverhältnis 3:1 zwischen gelben und grünen Samen ergab, leitete er die **Spaltungsregel** ab (Abb. 2). An der äußeren Erscheinung der F_1-Generation, hier den gelben Samen, kann man nicht erkennen, ob die Pflanzen auch ein Allel für die Ausprägung der grünen Samenfarbe besitzen. Deshalb unterscheidet man das Erscheinungsbild eines Lebewesens, den **Phänotyp,** von seinem **Genotyp.**

MENDELs Beobachtungen lassen sich anhand eines Erbschemas erklären (Abb. 1). Im Genotyp weisen die reinerbigen Individuen der P-Generation je zwei gleiche Allele, gelb/gelb (AA) beziehungsweise grün/grün (aa), für das Merkmal „Samenfarbe" auf. Jedes Elternteil gibt nur eines seiner beiden Allele an die Nachkommen der F_1-Generation weiter, ein Elternteil das Allel für gelbe Samen und das andere ein Allel für grüne Samen. Die Individuen der F_1-Generation erhalten auf diese Weise von ihren Eltern für das Merkmal „Samenfarbe" zwei unterschiedliche Allele (Aa). Trotz zweier unterschiedlicher Allele entwickelt sich in der F_1-Generation nur der Phänotyp „gelbe Samen". Das Allel für gelbe Erbsen setzt sich also bei der Ausbildung des Phänotyps durch. MENDEL nannte dieses Allel **dominant,** das Allel für den nicht ausgebildeten Phänotyp „grüne Samen" **rezessiv.** Wenn sich bei mischerbigen Individuen ein dominantes Allel gegenüber einem rezessiven durchsetzt, spricht man von einem **dominant-rezessiven Erbgang.**

1 Kreuzungsversuche MENDELs.
a) Erläutere das Erbschema der Spaltungsregel (Abb. 2). Gib das Zahlenverhältnis der verschiedenen Phänotypen und Genotypen an.
b) In Abbildung 3 sind Ergebnisse von weiteren Kreuzungsversuchen MENDELs zusammengestellt. Ermittle für jedes untersuchte Merkmal, welches Allel für die Ausbildung des dargestellten Merkmals dominant und welches rezessiv ist. Begründe deine Aussagen. Berechne jeweils das Zahlenverhältnis der Phänotypen in der F_2-Generation.

2 Vererbung der Fellfarbe bei der Maus. Eine reinerbige weiße Maus wird mit einer reinerbigen schwarzen Maus gekreuzt. Die Erbanlage für die schwarze Fellfarbe bei Mäusen ist dominant. Zeichne ein Erbschema für die F_1-Generation. Finde passende Symbole für die Phänotypen und Genotypen. Verfahre für die F_2-Generation entsprechend. Beschreibe deine Ergebnisse und vergleiche sie mit MENDELs Ergebnissen.

3 Vererbung beim Mais. Der Blütenstand der Maispflanze, der Maiskolben, besteht aus vielen kleinen Einzelblüten. Aus jeder Einzelblüte entsteht ein Maiskorn. Reinerbiger gelber wird mit reinerbigem blauen Mais gekreuzt (Abb. 4). Die Individuen der F_1-Generation werden wieder miteinander gekreuzt. Welcher Generation ist der Maiskolben mit den gelben und blauen Maiskörnern zuzuordnen? Was kannst du über die Allele und den Erbgang aussagen? Zeichne ein Erbschema.

4 Modellversuch zur Spaltungsregel.
a) Besorge 100 Centstücke und zwei Kästen. Lege 50 Münzen in jeden Kasten. Nun verbinde einem Mitschüler/einer Mitschülerin die Augen und fordere ihn/sie auf, aus jedem Kasten jeweils eine Münze zu holen und sie paarweise auf den Tisch zu legen. Es sind ebenso wie bei den Genotypen der F_2-Generation drei Kombinationsmöglichkeiten vorhanden, nämlich Kopf/Kopf, Kopf/Zahl und Zahl/Zahl. Nachdem alle Münzen gelegt sind, zähle aus, wie häufig jede Kombination aufgetreten ist. Wiederhole diesen Versuch mehrmals und vergleiche das Zahlenverhältnis der entstandenen Kombinationen mit dem Zahlenverhältnis der Genotypen in der F_2-Generation in Abbildung 2.
b) Stelle dar, inwieweit dieser Versuch auch die Vorgänge bei der Meiose und der Befruchtung modellhaft repräsentiert.

Färbung der Samen	gelb	grün	P: gelbe oder grüne Samen F_1: nur gelbe Samen F_2: 6022 gelbe Samen und 2001 grüne Samen
	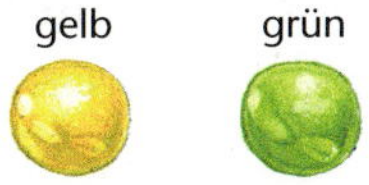		
Gestalt der Samen	rund	runzelig	P: runde oder runzlige Samen F_1: nur runde Samen F_2: 5474 runde Samen und 1850 runzelige Samen

Gestalt der Hülse	einfach gewölbt	eingeschnürt	P: einfach gewölbte oder eingeschnürte Hülsen F_1: nur einfach gewölbte Hülsen F_2: 882 einfach gewölbte und 299 eingeschnürte Hülsen

Färbung der Hülse	grün	gelb	P: grüne oder gelbe Hülsen F_1: nur grüne Hülsen F_2: 428 grüne Hülsen und 152 gelbe Hülsen

3 *Versuchsergebnisse Mendels*

Erstellen eines Erbschemas

Im Erbschema werden die Gene durch Buchstaben symbolisiert. Dominante Allele werden mit großen Buchstaben, rezessive mit entsprechenden kleinen Buchstaben bezeichnet. Der Großbuchstabe steht im Genotyp vorne.
Der Phänotyp in Bezug auf die Samenfarbe wird zum Beispiel durch grün beziehungsweise gelb gefärbte Kreise veranschaulicht.

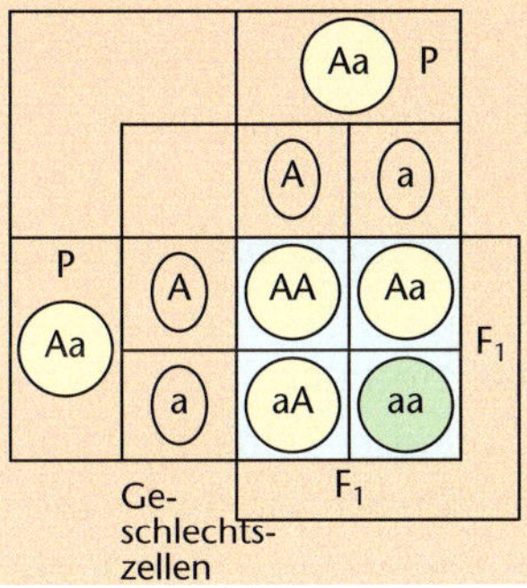

4 *Maiskolben*

8.3 Mendelsche Regel der Neukombination

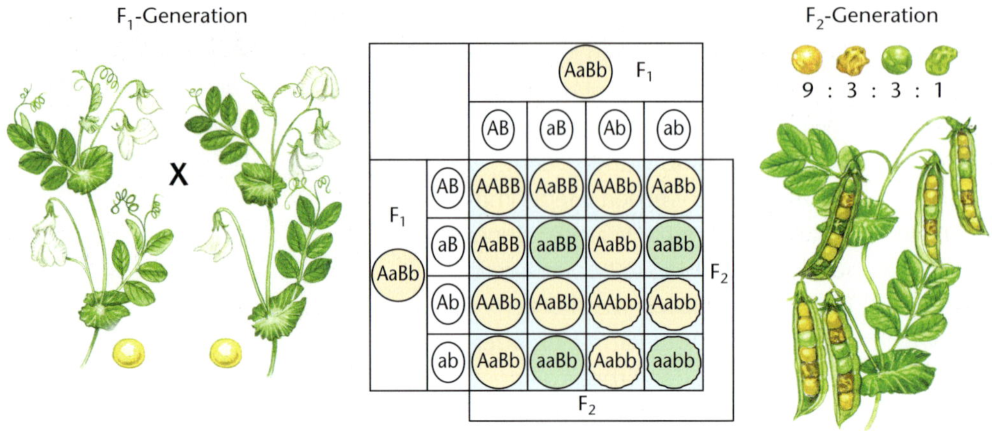

3. Mendelsche Regel
Regel von der Neukombination
Bei der Kreuzung von Individuen, die sich in mehreren Merkmalen unterscheiden, können bei Individuen der Folgegenerationen neue Merkmalskombinationen auftreten. Die Erbanlagen werden unabhängig voneinander vererbt.
A = gelb
a = grün
B = rund
b = runzlig

1 *Regel von der Neukombination*

MENDEL kreuzte auch Erbsenpflanzen, bei denen sich zwei Merkmale unterschieden, nämlich Farbe und Form der Samen (Abb. 1). Er wählte als Elterngeneration reinerbige Erbsenpflanzen mit glatten, gelben Samen und solche mit grünen, runzeligen Samen. Nach der Fremdbestäubung bildeten sich in den Hülsen ausschließlich gelbe und glatte Samen. Sie bilden die F_1-Generation. Bei der Kreuzung der Pflanzen der F_1-Generation untereinander entwickelten sich insgesamt 556 Samen. MENDEL zählte 315 gelb-glatte, 101 gelb-runzelige, 108 grün-glatte und 32 grün-runzelige Samen. Er errechnete daraus für die vier unterschiedlichen Phänotypen ein Zahlenverhältnis von ungefähr 9:3:3:1. Er wiederholte diese Kreuzung mehrfach. Dabei erhielt MENDEL immer ähnliche Ergebnisse. Die Merkmalskombination „grün-runzelige“ Samen, die in der F_1-Generation gefehlt hatte, trat in der F_2-Generation erneut auf. Es waren aber auch zwei völlig neue Phänotypen, nämlich gelb-runzelige und grünglatte Samen, entstanden. Bei einer Kreuzung von Lebewesen, die sich in zwei Merkmalen unterscheiden, können in der F_2-Generation völlig neue Merkmalskombinationen auftreten. MENDEL nahm deshalb an, dass Allele unabhängig voneinander vererbt werden. Seine Ergebnisse fasste MENDEL in der **Regel von der Neukombination** als 3. Mendelsche Regel zusammen (Abb. 1).

MENDELs Ergebnisse lassen sich mithilfe eines Kreuzungsschemas nachvollziehen (Abb. 1). Die F_1-Generation besitzt einen einheitlichen Genotyp (AaBb) und einen einheitlichen Phänotyp (gelber, glatter Samen). Auch in diesem Fall trifft also die 1. Mendelsche Regel, die Uniformitätsregel, zu.

Von der F_1-Generation können vier unterschiedliche Kombinationen der Allele weitergegeben werden. Dies sind die Allelkombinationen AB, Ab, aB oder ab (Abb. 1). Für die F_2-Generation ergeben sich daher 16 Möglichkeiten, wie die Allele kombiniert werden können. In der F_2-Generation gibt es neun verschiedene Genotypen. Zwei neue Phänotypen, die weder in der P-Generation noch in der F_1-Generation vorkamen, treten auf: Erbsenpflanzen mit gelb-runzeligen Samen, deren Genotyp durch die Buchstaben AAbb oder Aabb gekennzeichnet ist, und Pflanzen mit grün-glatten Samen, die den Genotyp aaBB oder aaBd besitzen. Dieses Ergebnis lässt sich so erklären: Jede Pflanze der F_1-Generation besitzt für die beiden Merkmale „Samenfarbe“ und „Samenform“ jeweils zwei Allele. Diese trennen sich vor der Bestäubung und sind unabhängig voneinander. In den nachfolgenden Generationen können sie neu kombiniert werden.

1 Vererbung der Fellfarbe beim Rind – ein Erbgang mit zwei Merkmalspaaren. Einfarbige rotbraune Rinder wurden mit schwarzgescheckten Rindern gekreuzt (Abb. 2, 3). Die Rinder der F_1-Generation sind einfarbig schwarz. Diese Rinder werden wiederum untereinander gekreuzt. Welche Allele sind dominant, welche rezessiv? Lege ein Kreuzungsschema für die F_2-Generation an und notiere, welchen Genotyp und welchen Phänotyp die Individuen aufweisen. Verwende für die Allele geeignete Buchstaben und überlege dir, wie du den Phänotyp darstellen kannst.

2 Vererbung des Fells beim Meerschweinchen. In Abbildung 4 findest du einen Ausschnitt aus einer alten Schullehrtafel zur 3. Mendelschen Regel. Ermittle zunächst die Genotypen der P-Generation und der F_1-Generation. Begründe, welche Phänotypen in der F_2-Generation entstehen werden und in welchem Verhältnis sie auftreten.

3 Vererbung der Hülsenfarbe. Zwei reinerbige Erbsenpflanzen werden gekreuzt. Ein Elternteil ist aus gelbem, rundem Samen entstanden, der in einer grünen Hülse heranreift. Der andere Elternteil hat sich aus grünem, runzeligem Samen entwickelt, dessen Hülse vor der Reife gelb gefärbt war (Abb. 5). Das Allel für die Ausbildung der grünen Hülsenfarbe ist dominant. Stelle ein Kreuzungsschema für die F_1- und die F_2-Generation auf. Welche Geno- und Phänotypen entstehen in der F_2-Generation? Berechne das Verhältnis der Geno- und Phänotypen.

4 Weiße Leistenkrokodile. In einem Zoo gibt es ein Leistenkrokodil mit einem weißen Panzer und roten Augen, ein so genanntes Albino-Krokodil. Diese Merkmale sind auf rezessive Allele zurückzuführen. Alle anderen Krokodile besitzen einen bräunlichen Panzer und grünliche Augen (Abb. 6). Man kennt kein Leistenkrokodil, das einen bräunlichen Panzer und rote Augen oder einen weißen Panzer und grünliche Augen aufweist. Es ist noch nie gelungen, durch Kreuzungen weiße Krokodile mit grünlichen Augen zu züchten. Inwiefern ist dies ein Widerspruch zu MENDELs Aussage, dass Allele unabhängig voneinander vererbt werden? Stelle begründete Hypothesen auf, die diesen Widerspruch erklären.

2 *Schwarzgeschecktes Rind*

3 *Rotbraunes Rind*

4 *Alte Schullehrtafel*

5 *Samen- und Hülsenfarbe von Erbsen*

6 *Leistenkrokodil*

8.4 Intermediäre Erbgänge

1 *Wunderblumen mit roten, weißen und rosa Blüten*

Einige Jahrzehnte nach MENDELs Untersuchungen führte KARL CORRENS, ein deutscher Forscher, Vererbungsversuche mit der Wunderblume durch. Die Wunderblume kommt in einer rot blühenden und in einer weiß blühenden Form vor (Abb. 1). CORRENS überprüfte zunächst die Reinerbigkeit der Elternpflanzen. Dann kreuzte er weißblütige Wunderblumen mit rotblütigen Pflanzen. Sämtliche Pflanzen der F_1-Generation entwickelten rosa gefärbte Blüten (Abb. 1, 2). Diese Blütenfarbe kam in der Elterngeneration nicht vor. Die Allele des Gens für die Ausbildung der Blütenfarbe wirken bei der Ausbildung des Phänotyps offensichtlich beide gleich stark. CORRENS nannte diesen Erbgang zwischenelterlichen oder **intermediären Erbgang.**

Die rosa blühenden Wunderblumen der F_1-Generation wurden in einem weiteren Schritt untereinander gekreuzt. In der F_2-Generation traten rosa blühende, aber auch wieder wie in der Elterngeneration weiß und rot blühende Individuen auf. (Abb. 2). Die Blütenfarben Rot, Rosa und Weiß traten dabei im Zahlenverhältnis von 1:2:1 auf.

MENDEL hatte angenommen, dass in der F_2-Generation drei verschiedene Genotypen im Verhältnis 1:2:1 entstehen. Das Zahlenverhältnis der Genotypen stimmt beim dominant-rezessiven Erbgang nicht mit dem Verhältnis der Phänotypen überein. Beim intermediären Erbgang ergibt sich dieses Verhältnis auch für den Phänotyp. MENDELs Vermutungen wurden also auch durch die Versuchsergebnisse von CORRENS bestätigt.

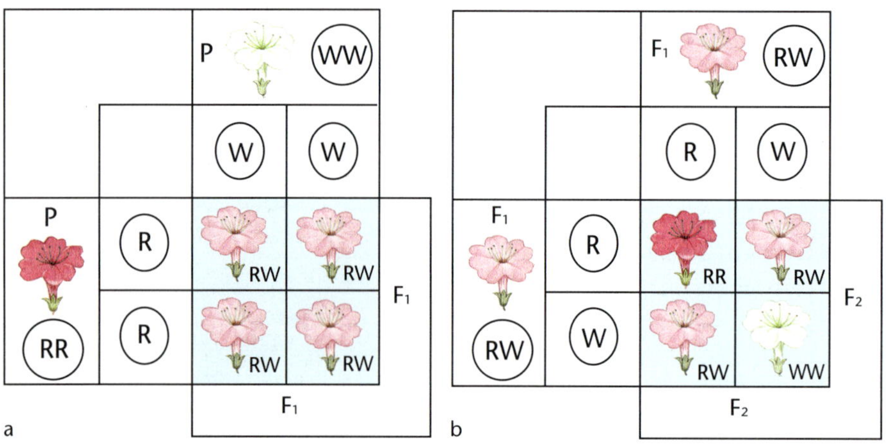

2 *Erbgang bei der Wunderblume*

Anwendung der 2. MENDELschen Regel beim intermediären Erbgang. Wenn in Bezug auf ein Merkmal mischerbige Individuen der F_1-Generation miteinander gekreuzt werden, treten in der F_2-Generation die Merkmale der P-Generation wieder auf, aber auch das Merkmal der F_1-Generation. Das Zahlenverhältnis ist 1:2:1.

3 *Minorkarasse-Hühner*

1 Minorkarasse-Hühner. Bei der Kreuzung schwarzer Hühner mit weißen Hühnern entstehen Hühner mit einem mosaikartig gefärbten Gefieder, diese wird auch Minorka-Rasse genannt. In Abbildung 3 ist ein Erbgang dieser Kreuzung dargestellt. Notiere für die mit Ziffern gekennzeichneten Tiere den Genotyp. Verwende zum Beispiel S für Schwarz und W für Weiß. Kann der Versuch, die Minorka-Form reinerbig weiterzuzüchten, erfolgreich sein? Begründe deine Ansicht.

2 CORRENS Versuchsergebnisse. In der F_2-Generation zählte CORRENS bei seinem ersten Versuch 121 Wunderblumen mit weißen Blüten und 119 mit roten Blüten, 241 Wunderblumen besaßen rosa Blüten. In einem anderen Versuch wurden in der F_2-Generation 187 rote, 186 weiße und 372 rosa blühende Wunderblumen gezählt. Berechne jeweils die Zahlenverhältnisse und werte die Ergebnisse aus.

3 Erbgang mit zwei Merkmalspaaren. Es wird eine Kreuzung einer reinerbigen Wunderblume mit weißen Blüten und hellgrünen Blättern mit einer reinerbigen Wunderblume, die rote Blüten und dunkelgrüne Blätter besitzt, durchgeführt. Kein Allel ist dominant. Welche Phänotypen und welche Genotypen erhält man? Gib die Ergebnisse für die F_1- und die F_2-Generation an.

4 Dunkelfaktor beim Wellensittich. Der Dunkelfaktor ist für die Dunkelheit der Grundfarbe des Wellensittichs verantwortlich. Es gibt drei Gefiederfarben (Abb. 4). Die Züchter nennen sie hellgrün (a), dunkelgrün (b) und olivgrün (c). Olivgrün besitzt zwei Allele des Dunkelfaktors. Bei den in Abbildung 4 dargestellten Wellensittichen handelt es sich um zwei reinerbige Eltern sowie einen Nachkommen. Begründe, ob es sich um einen intermediären oder dominant-rezessiven Erbgang handelt. Ordne die Tiere den Generationen zu.

4 *Gefiederfarbe von Wellensittichen*

5 Rückkreuzung bei der Rose. Bei der Kreuzung einer Rose mit gelber Blüte und einer mit roter Blüte entstehen in der F_1-Generation Rosen mit orangen Blüten (Abb. 5). Stelle den Erbgang bis zur F_2-Generation dar, wenn die Rose mit roter Blüte mit einer Rose mit oranger Blüte gekreuzt wird.

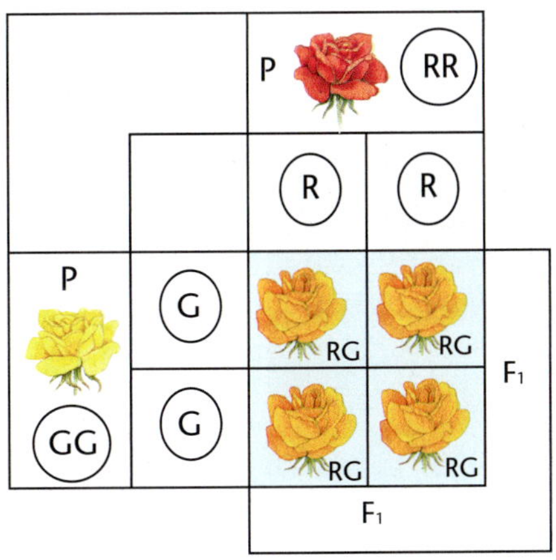

5 *Vererbung der Blütenfarbe bei der Rose*

8.5 Züchtungsmethoden

Durch Kreuzung verschiedener Wildgräser entstanden die heutigen Getreidesorten. Im Laufe der Züchtung erhöhte sich die Zahl der Chromosomen im Genom der Pflanzen. Wildgras 1 hat zum Beispiel 14 Chromosomen, Triticale 42.

1 *Wildformen und Zuchtformen bei Getreidesorten. Die Buchstaben A, B, E, R stehen jeweils für alle Chromosomen der entsprechenden Pflanze.*

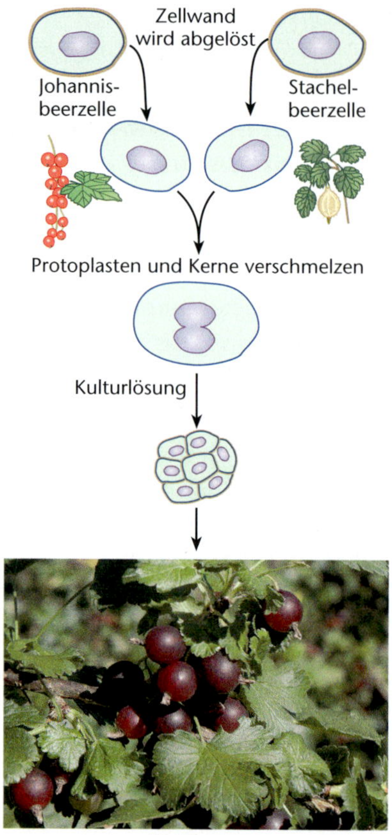

2 *Züchtung der Jostabeere durch Protoplastenfusion*

Bei der Züchtung gibt es unterschiedliche Verfahren, die auch kombiniert werden können. Bei der **Auslesezüchtung** wird ein Tier oder eine Pflanze mit einem gewünschten Merkmal weiter vermehrt. Häufig wird dabei durch Rückkreuzung angestrebt, ein Merkmal reinerbig zu erhalten. Bei der **Kombinationszüchtung** werden aufgrund der Mendelschen Regeln zwei Individuen gekreuzt, die je ein gewünschtes Merkmal reinerbig besitzen. Die Nachkommen sollen beide Merkmale reinerbig aufweisen. Die **Mutationszüchtung** erhöht die Mutationsrate bei Pflanzensamen (zum Beispiel durch Röntgenbestrahlung), mit der Absicht, dass dabei auch positive Mutationen entstehen, die dann durch Auslesezüchtung und Kombinationszüchtung weitergegeben werden. Bei vielen Pflanzen hat man die Erfahrung gemacht, dass der Ertrag höher ausfällt, wenn man zwei verschiedene reinerbige Pflanzen kreuzt. Die Ertragssteigerung ist dabei auf die mischerbige F_1-Generation beschränkt. Diese Art der Züchtung bezeichnet man als **Heterosiszüchtung.**

Entstehen bei der Meiose durch einen Fehler diploide Geschlechtszellen, erhält man bei der Befruchtung **polyploide** Organismen. Sie haben einen vielfachen Chromosomensatz. Haben sie zum Beispiel einen vierfachen Chromosomensatz, sind sie tetraploid. Viele Pflanzen mit polyploidem Chromosomensatz sind lebensfähig und bringen in der Regel größere Früchte hervor. Auch durch Protoplastenfusion kann man polyploide Pflanzen erhalten. Dabei werden zwei Pflanzenzellen durch Stromstöße dazu gebracht, miteinander zu verschmelzen. So werden auch neue Arten gezüchtet (Abb. 2).

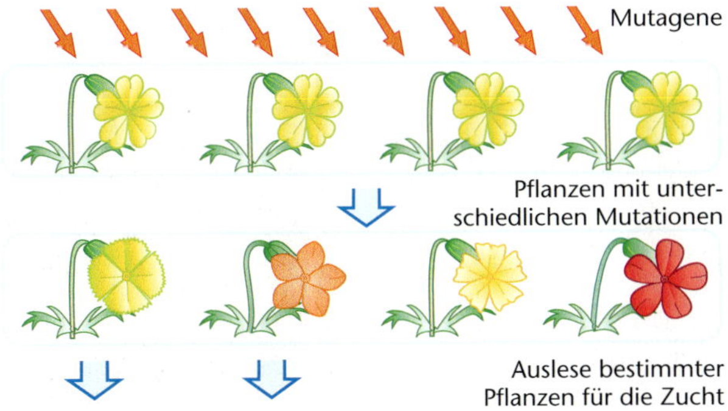

3 *Mutationszüchtung*

1 Mutationszüchtung. Beschreibe die Vor- und Nachteile der Mutationszüchtung (Abb. 3). Gib den günstigsten Zeitpunkt für die Anwendung der Mutagene an und begründe deine Meinung.

2 Merkmalkombination durch Züchtung. Bei der diploiden Lupine existieren zwei reinerbige Formen. Die erste enthält Bitterstoffe in ihren Früchten, besitzt aber eine Hülse, die unempfindlich gegen Aufplatzen ist. Die zweite Sorte hat Früchte ohne Bitterstoffe, jedoch platzen die Hülsen bei der geringsten Berührung auf. Das Merkmal „Bitterstoffe (B)" ist dabei dominant über das Merkmal „ohne Bitterstoffe (b)" und das Merkmal „unempfindlich gegen Berührung (p)" rezessiv gegenüber dem Merkmal „empfindlich (P)". Durch Kombinationszüchtung soll aus beiden Sorten eine neue Sorte gezüchtet werden, deren Früchte ohne Bitterstoffe sind und deren Hülsen unempfindlich gegen das Aufplatzen sind. Beschreibe, wie man am besten diese neue Sorte erhalten kann, und begründe den aufgezeigten Weg.

Bei den meisten Pflanzen entstehen die männlichen Geschlechtszellen nicht unmittelbar aus der Meiose. Aus den haploiden Zellen am Ende der Meiose entsteht durch Zellteilung erst eine mehrzellige haploide Spore, das Pollenkorn. Man nennt sie Mikrospore. In ihr bilden sich durch Mitosen die Geschlechtszellen.
Zellen des haploiden Pollenkorns werden in Gewebekultur mit Colchizin behandelt. Colchizin verhindert die Ausbildung der Spindelfasern in der Mitose. Dadurch erfolgt keine Trennung der Doppelchromosomen. So entsteht eine nicht lebensfähige Zelle ohne Chromosomen und eine diploide Tochterzelle. Aus ihr wächst nach Auswaschung des Giftes in der Kultur eine reinerbige, diploide Pflanze heran.

5 *Mikrosporenkultur*

3 Mikrosporenkultur. Die Mikrosporenkultur wird verwendet, um möglichst schnell Inzuchtlinien herzustellen. Darunter versteht man reinerbige Organismen, die zu Züchtungszwecken eingesetzt werden (Abb. 5).
a) Stelle den Ablauf in einem Fließdiagramm dar.
b) Fertige eine Skizze zur entscheidenden Zellteilung an, die den Einsatz von Colchizin deutlich werden lässt. Beschränke dich dabei auf eine Zelle mit zwei Chromosomen.

4 Gewebekultur. Die Abbildung 4 beschreibt eine Methode, um aus einzelnen Zellen von Pflanzen wieder ganze Pflanzen zu regenerieren. Beschreibe den Ablauf dieser Methode. Begründe, warum diese Gewebekulturmethode als Schlüssel für viele moderne Züchtungsmethoden bei Pflanzen angesehen werden kann.

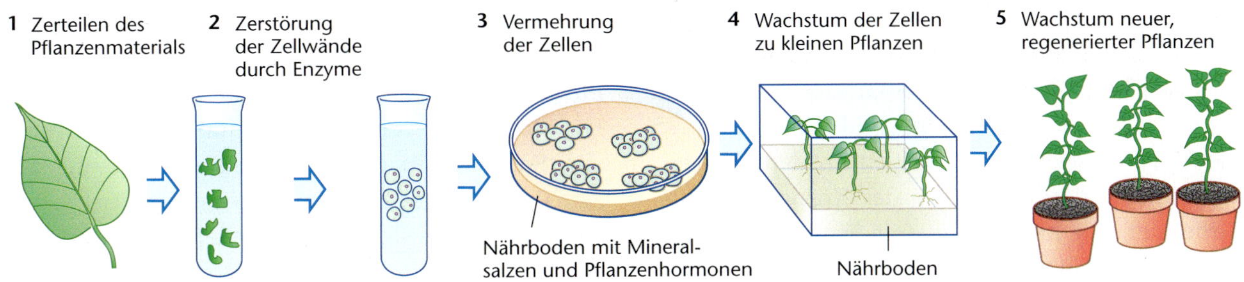

4 *Gewebekultur*

8.6 Modifikationen

1 *Chinesische Primel, weiß und rot blühend*

2 *Russenkaninchen, schwarzweiß und mit weißem Fell*

Die chinesische Primel wird von Gärtnern mit weißen oder roten Blüten angeboten (Abb. 1). Beide Pflanzen können aus dem gleichen Samen gezogen werden. Wird die chinesische Primel kurz vor dem Aufblühen bei Temperaturen unter 30 Grad Celsius gehalten, bringt sie rote Blüten hervor. Bei Temperaturen über 30 Grad Celsius entwickeln sich hingegen weiße Blüten, die auch bei anschließender Abkühlung erhalten bleiben. Bei der chinesischen Primel verursachen also Umwelteinflüsse die Ausprägung des Merkmals „Blütenfarbe". Diese aufgrund von Umwelteinflüssen unterschiedlich ausgeprägten Merkmale nennt man **Modifikationen.** Wird Samen der weiß blühenden Form der chinesischen Primel ausgesät, so entwickeln sich bei Temperaturen unter 30 Grad Celsius erneut Primeln mit roten Blüten. Wenn die Primeln bei höheren Temperaturen gehalten werden, bilden sich weiße Blüten aus. Modifikationen werden also nicht vererbt.

Das weiße Russenkaninchen ist eine Zuchtform unseres Hauskaninchens. Hält man Jungkaninchen des gleichen Wurfes in Ställen bei unterschiedlichen Temperaturen, so unterscheiden sich die Tiere bald durch ihre Fellfärbung. Die Tiere, die im warmen Stall leben, sind fast reinweiß. Die Tiere im kalten Stall zeigen an den Körperspitzen, den kältesten Teilen des Körpers, dunkle Färbungen. Sie haben schwarze Pfoten, schwarze Schwanzspitzen, Ohren und Nasen (Abb. 2). In einem Kontrollversuch wurde das schwarze Haar entfernt und die Tiere wurden in einem warmen Stall untergebracht. Unter diesen Bedingungen wuchsen die Haare weiß nach.

Buchenblätter, die von demselben Baum stammen, weisen unterschiedliche Längen auf (Abb. 3). Beim Messen der Länge zeigt sich, dass bestimmte Längen häufiger sind als andere. Sehr kurze und sehr lange Blätter sind selten, mittellange dagegen verhältnismäßig häufig. Da die Buchenblätter alle von derselben Pflanze stammen, kann die unterschiedliche Länge nur auf unterschiedlich wirkende Umwelteinflüsse zurückzuführen sein. Schon an demselben Zweig sind die Blätter verschieden lang, da nicht alle gleich gut mit Mineralsalzen und Wasser versorgt werden. Längenunterschiede können auch durch die unterschiedliche Lichtintensität, der die Blätter ausgesetzt sind, verursacht werden. Die Buche besitzt für die Ausbildung des Merkmals „Blattlänge" erblich festgelegte Grenzen, innerhalb derer sie auf bestimmte Umwelteinflüsse wie Lichtintensität oder Temperatur mit unterschiedlicher Blattlänge reagieren kann. Den Bereich, in dem ein Tier oder eine Pflanze mit Abwandlungen des Phänotyps auf Umwelteinflüsse reagieren kann, nennt man **Reaktionsnorm.** Die Reaktionsnorm weist bestimmte Grenzwerte auf. So wird ein Buchenblatt niemals länger als 20 Zentimeter. Die Reaktionsnorm ist genetisch festgelegt, sie bleibt bei allen Nachkommen gleich.

1 Modifikation.

a) Beschreibe mögliche Ursachen für die unterschiedliche Blattlänge der in Abbildung 3 dargestellten Blätter, die alle von demselben Baum stammen. Wie könnte man beweisen, dass die unterschiedliche Blattlänge nicht genetisch bedingt ist?

b) Wissenschaftler nennen die Form der Modifikation bei den Buchenblättern fließende Modifikation, während die Modifikation bei den Russenkaninchen umschlagende Modifikation genannt wird. Definiere diese beiden Formen und grenze sie voneinander ab.

2 Unterschiedliche Größe von Bohnensamen. In Abbildung 4 sind zwei unterschiedlich lange Bohnensamen dargestellt, die von derselben Elternpflanze stammen. Diese beiden Bohnensamen ließ man unter unterschiedlichen Umweltbedingungen zu Bohnenpflanzen heranwachsen. Der Pflanze, die aus dem kleinen Samen heranwuchs, bot man günstige, der Pflanze, die aus dem großen Samen heranwuchs, ungünstige Umweltbedingungen. Die Bohnensamen, die von den Pflanzen gebildet wurden, waren wieder unterschiedlich groß. Beschreibe das Ergebnis und erkläre es.

3 *Modifikation bei Buchenblättern eines Baumes*

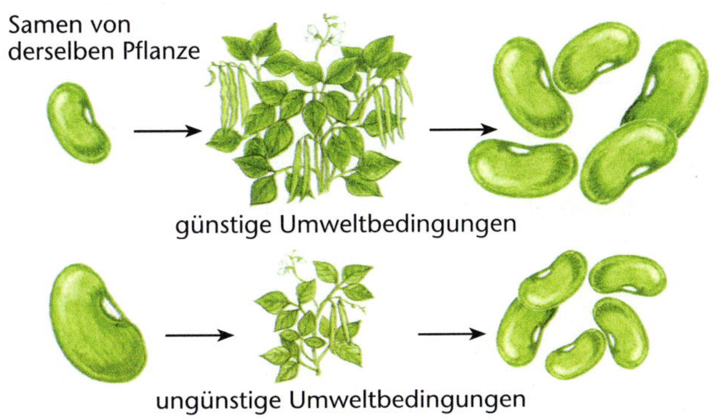

4 *Modifikation bei Bohnensamen*

3 Modifikationskurve. Die Länge von Bohnensamen, die durch Selbstbestäubung an einer Bohnenpflanze entstanden, kann in einer Kurve dargestellt werden (Abb. 5).

a) Beschreibe diese Kurve. Die X-Achse ist nicht benannt. Was wird auf ihr abgetragen?

b) Würde man die Größe der Menschen in Deutschland grafisch auftragen, ergäbe sich eine ähnliche Kurve. Begründe, warum dies keine Modifikationskurve ist.

4 Anzahl der Roten Blutkörperchen bei unterschiedlicher Höhe. Bei zwölf Teilnehmern einer Hochgebirgsexpedition wurde über längere Zeit die Anzahl der Roten Blutkörperchen gemessen (Abb. 6). Beschreibe die Veränderungen. Worauf führst du die Veränderungen zurück? Begründe, warum manche Hochleistungssportler an hoch gelegenen Orten wie z. B. Mexico-Stadt trainieren.

5 Variabilität. Beschreibe die genetische Variabilität und die Variabilität durch Modifikation. Grenze beide Begriffe voneinander ab.

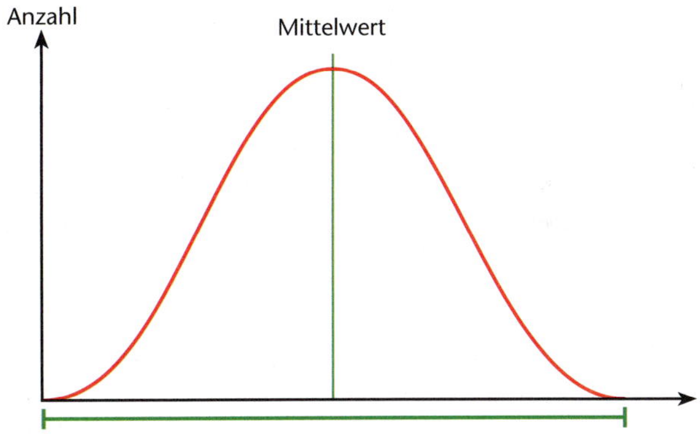

5 *Modifikationskurve*

Datum	Höhe	Anzahl der Roten Blutkörperchen (Durchschnittswerte der zwölf Teilnehmer)
10.4.	210 m	4,5 Mio./mm^3
12.5.	1350 m	5,2 Mio./mm^3
28.5.	3050 m	6,6 Mio./mm^3
21.6.	4050 m	7,7 Mio./mm^3
27.6.	5500 m	8,3 Mio./mm^3

6 *Zahl der Roten Blutkörperchen bei unterschiedlicher Höhe*

Erstellen einer Modifikationskurve mit Excel©

In der Tabelle der Abbildung 1 ist die Länge von Bohnen, die von einer Pflanze geerntet wurden, aufgeführt. Diese Daten kann man auch anhand einer grafischen Darstellung als Diagramm deutlich machen. Dafür eignet sich ein Tabellenverarbeitungsprogramm wie zum Beispiel Excel©.

Zuerst muss man die Tabelle eingeben. Dazu überträgt man die Daten und die Überschriften (Anzahl und Länge).

Anzahl	Länge
2	7–10 mm
9	11–14 mm
13	15–18 mm
17	19–22 mm
13	23–26 mm
9	27–30 mm
2	31–34 mm

1 *Bohnenlänge*

1. Man markiert die erste Tabellenspalte ohne die Überschrift. (Abb. 2: grau markierter Bereich). Die Markierung ist sehr wichtig, sie entscheidet über die Art der Darstellung.

2. In der Symbolleiste das Symbol für den Diagramm-Assistenten anklicken oder über das Menü „Einfügen“ den Eintrag „Diagramm“ auswählen.

3. Es öffnet sich der Diagramm-Assistent, der durch die Bearbeitung führt. Man kann nun entscheiden, welche Art der Darstellung man auswählen möchte. Man entscheidet sich in diesem Fall für die Liniendarstellung mit Datenpunkten (Abb. 2 [1]).

4. Über die Schaltfläche „Weiter“ (Abb. 2 [2]) führt der Assistent durch die weiteren Menüpunkte, in denen man zum Beispiel im Register „Legende“ die Position der Legende verändern kann oder im

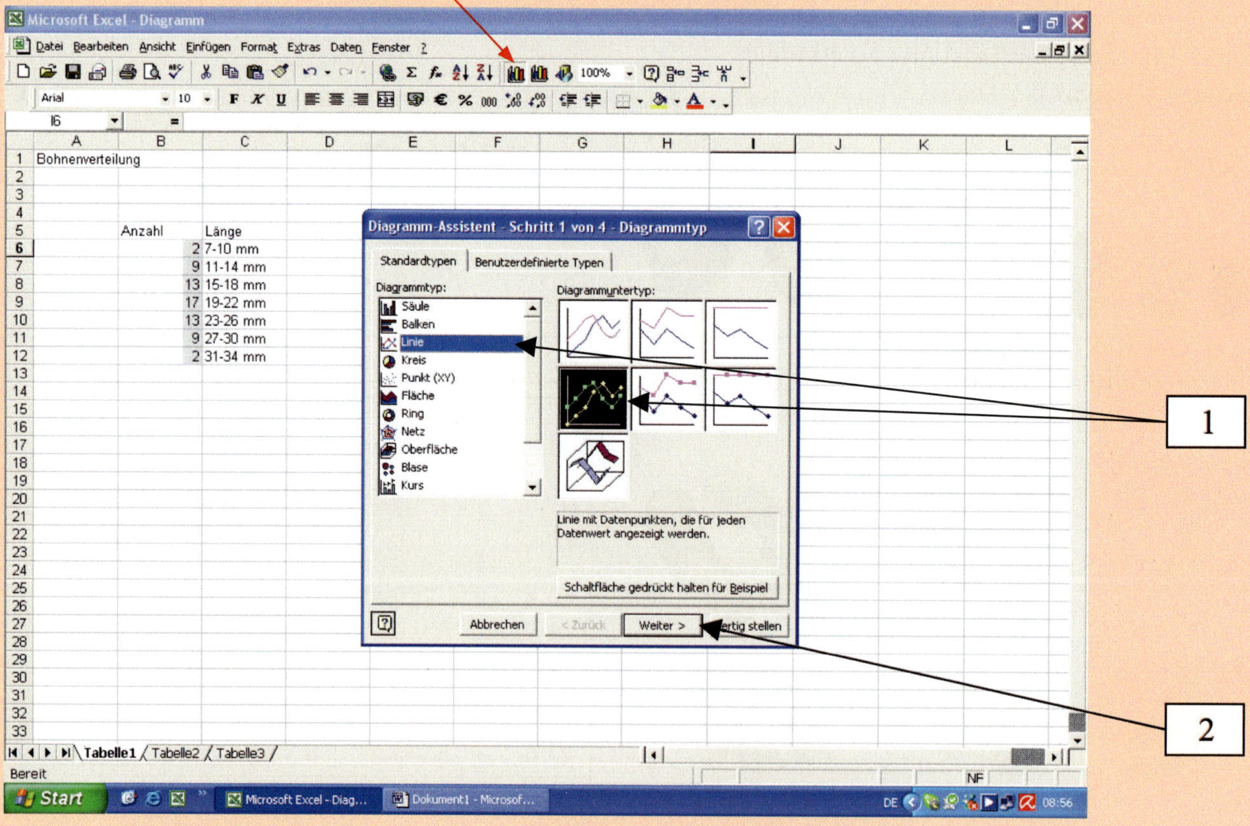

2 *Diagrammtyp auswählen*

Register „Datenbeschriftungen“ zusätzlich noch die Werte in das Diagramm eintragen kann.

All diese Menüpunkte können am Ende nachträglich über das Kontextmenü (Diagramm markieren und dann rechte Maustaste betätigen) geändert werden.

Sinnvoll wäre allerdings bei diesem Diagramm sofort im Schritt 3 von 4 (Abb. 3 [3]) im Diagramm-Assistenten in der Kategorie Titel (Abb. 3 [4]) den Diagrammtitel, Rubrikenachse und Größenachse mit dem jeweiligen Text in der nebenstehenden Abbildung einzutragen.

5. Über die Schaltfläche „Weiter“ (Abb. 3 [5]) führt der Diagramm-Assistent zum letzten Menüpunkt (Schritt 4 von 4).
Hier gibt es die Möglichkeit über den Menüpunkt „Zurück“ nochmal etwas zu ändern oder aber man entscheidet sich für den Menüpunkt „Weiter“. Hier hat man die Auswahl, ob das Diagramm neben der Tabelle eingefügt werden soll oder aber in einem neuen Tabellenblatt.
Entscheidet man sich jedoch gleich für den Menüpunkt „Fertig stellen“, so erhält man ein fertiges Diagramm, das neben der Tabelle dargestellt wird.

Störend in diesem Diagramm ist die Legende „ Reihe 1“ (Abb. 4 [6]). Man kann ein Diagramm nachträglich bearbeiten, indem man, wie bereits oben im Text erwähnt, das Kontexmenü, in diesem Fall für die Legende, öffnet. Hierzu markiert man die Legende (den Text „Reihe 1 mit linker Maustaste anklicken). Man öffnet das Menü, indem man die rechte Maustaste betätigt. Es öffnet sich ein Menü, das sich ausschließlich mit der Legende befasst. Es wird der Befehl „Markierung löschen“ ausgewählt.

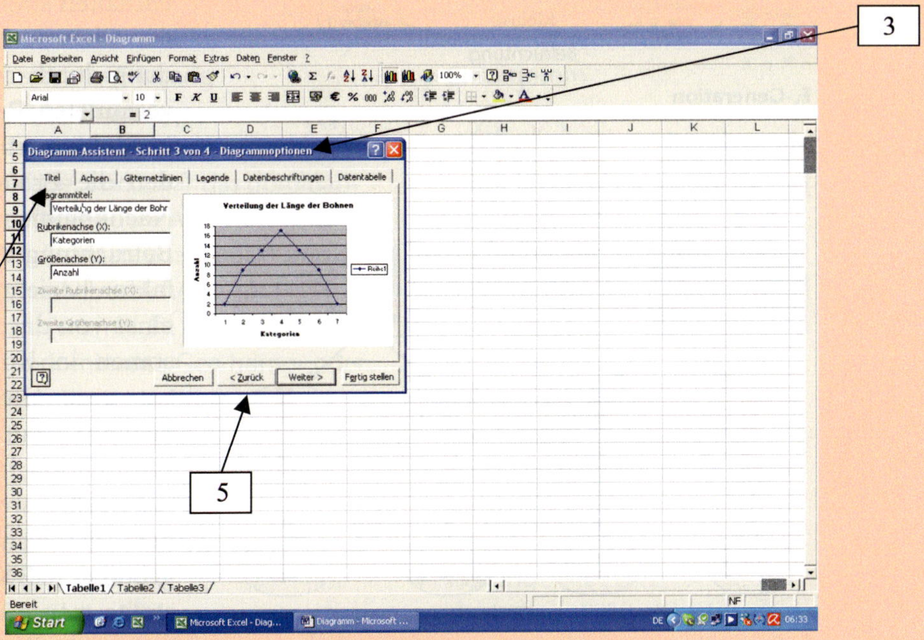

3 *Diagrammoptionen*

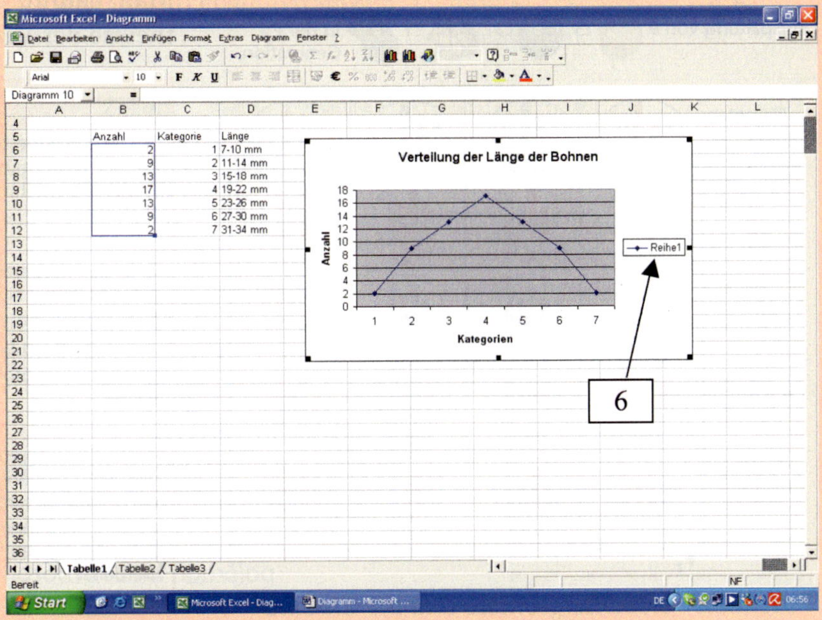

4 *Fertiges Diagramm mit Legende*

Untersuchung von Stammbäumen

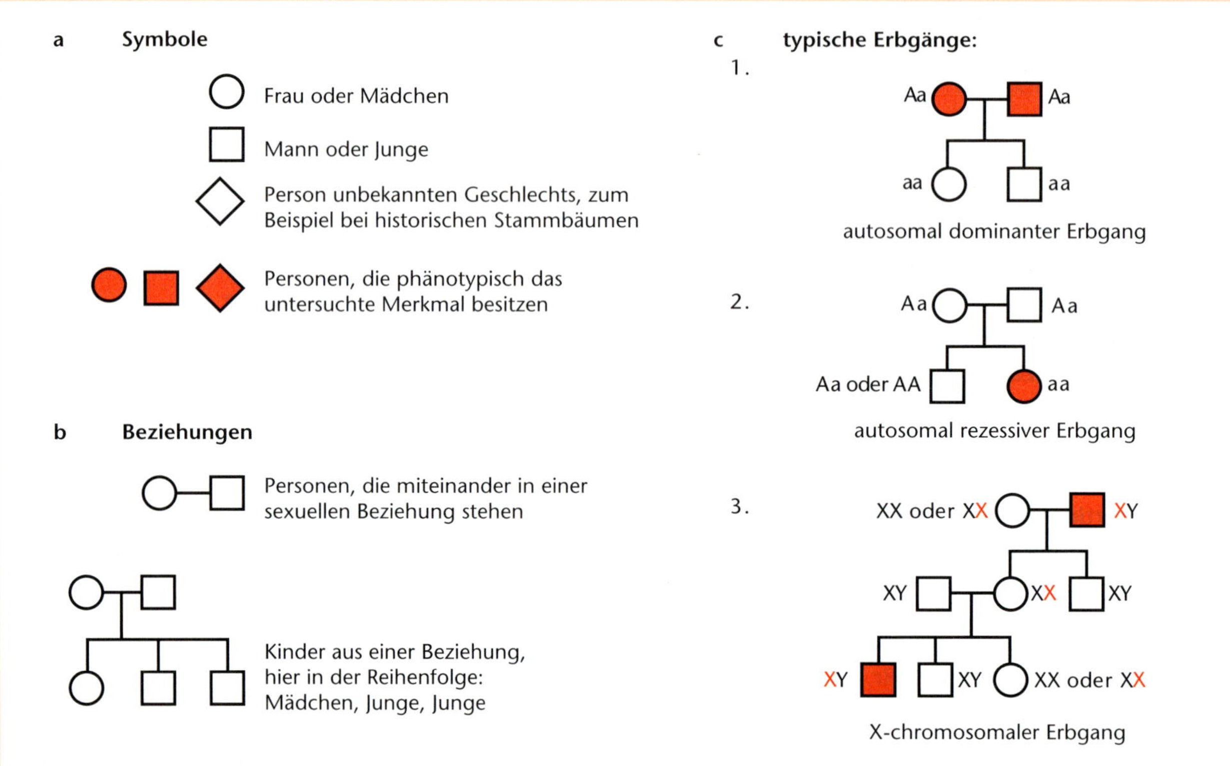

1 *Informationen zum Lesen von Stammbäumen*

Ahnenforschung und der Stammbaum der eigenen Familie sind für viele Menschen von großem Interesse. Um die verwandtschaftlichen Verhältnisse übersichtlich darzustellen, wird der Stammbaum grafisch mit Symbolen gezeichnet (Abb. 1a, b).

Will man herausfinden, wie ein Merkmal vererbt wird, muss man die Mendelschen Regeln beachten. Beim Menschen werden bestimmte Merkmale dominant oder rezessiv vererbt. Allele dominanter Merkmale werden durch Großbuchstaben gekennzeichnet, rezessive durch Kleinbuchstaben. Manche Menschen haben zum Beispiel erblich verkürzte Finger (Abb. 2). Das Merkmal Kurzfingrigkeit wird dominant vererbt. Man kann das entsprechende Allel also mit dem Buchstaben K benennen. Ein Mensch, der in seinen Erbinformationen die Kombination KK oder Kk besitzt, hat also die verkürzten Finger. Der Buchstabe k steht hier für das rezessive Allel.

Ist das zu untersuchende Gen auf einem Autosom, spricht man von einem **autosomalen Erbgang.** Befindet sich ein Gen auf einem Gonosom (Geschlechtschromosom), spricht man von einem **gonosomalen Erbgang.** Häufig wird angeführt, auf welchem Geschlechtschromosom sich das Gen befindet, zum Beispiel „X-chromosomaler Erbgang“, wenn das Gen auf einem X-Chromosom liegt.

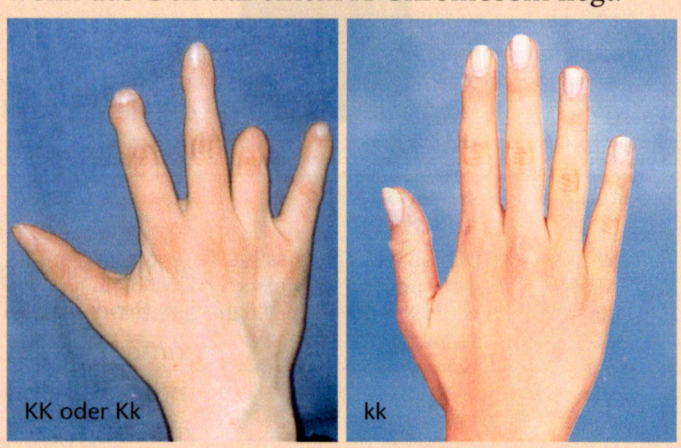

2 *Kurzfingrigkeit und normale Hand*

1 Stammbäume und ihr Vererbungsmuster. Ordne folgende ungeordnete Aussagen je einem Stammbaum der Abbildung 3 zu. Begründe die Zuordnung. Gib jeweils an, wie das Merkmal vererbt wird.

A: Nur Männer haben das Merkmal.
Merkmalsträger haben immer einen Vater, der auch Merkmalsträger ist.
Alle Söhne eines Mannes mit dem Merkmal besitzen das Merkmal auch.

B: Die Merkmalsträger haben häufig Eltern ohne das Merkmal.
Die Eltern von Merkmalsträgern sind normalerweise Überträger, die das Merkmal nicht besitzen.
Beide Geschlechter sind betroffen.

C: Fast nur Männer sind betroffen.
Betroffene Männer haben in der Regel Eltern ohne das Merkmal.
Normalerweise ist die Mutter eine Überträgerin ohne Merkmalsausbildung, kann aber betroffene männliche Verwandte haben.
Frauen können das Merkmal besitzen, wenn der Vater betroffen ist und die Mutter eine Überträgerin oder Merkmalsträgerin ist.

D: Mindestens ein Elternteil der Person mit dem Merkmal ist auch Merkmalsträger.
Beide Geschlechter sind betroffen.
Das Merkmal wird von beiden Geschlechtern übertragen.

E: Beide Geschlechter sind betroffen, Frauen häufiger als Männer.
Wenn die Mutter das Merkmal besitzt, hat das Kind eine Wahrscheinlichkeit von 50 %, das Merkmal zu bekommen.
Wenn der Vater betroffen ist, haben alle seine Töchter das Merkmal, aber nicht seine Söhne.

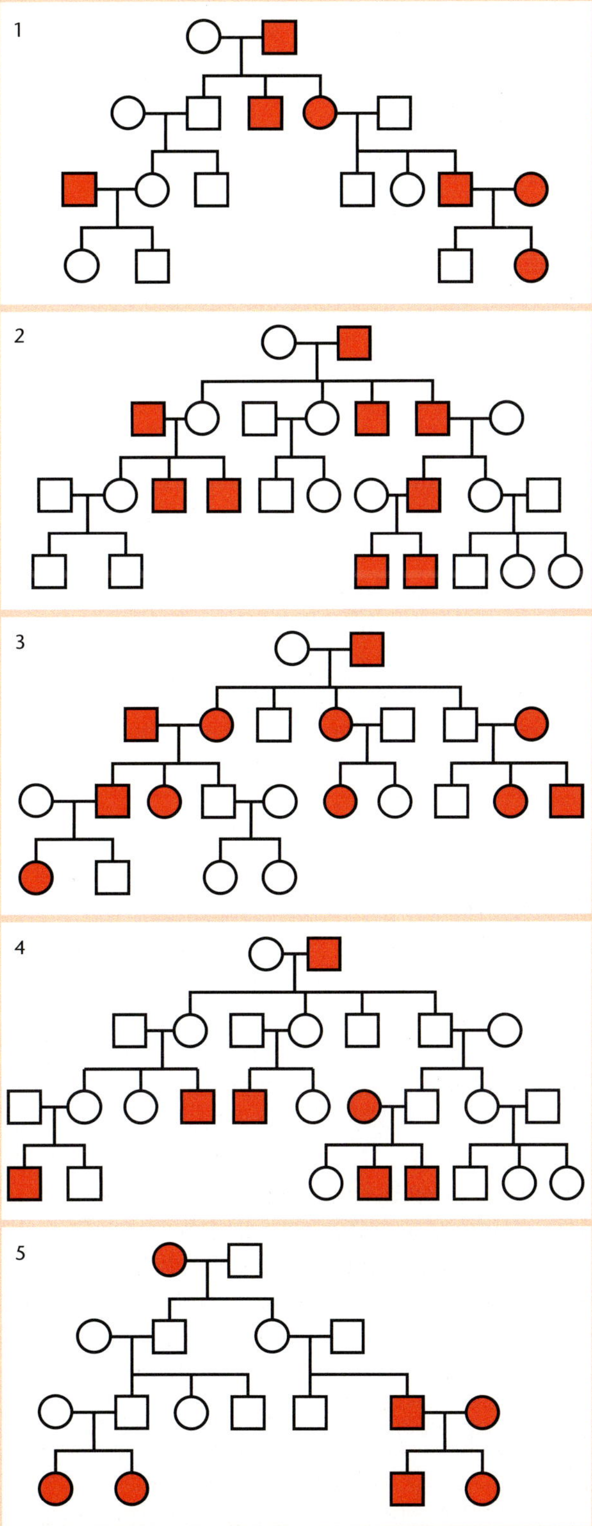

3 *Verschiedene Stammbäume*

8.8 Anwendung von Stammbaumuntersuchungen

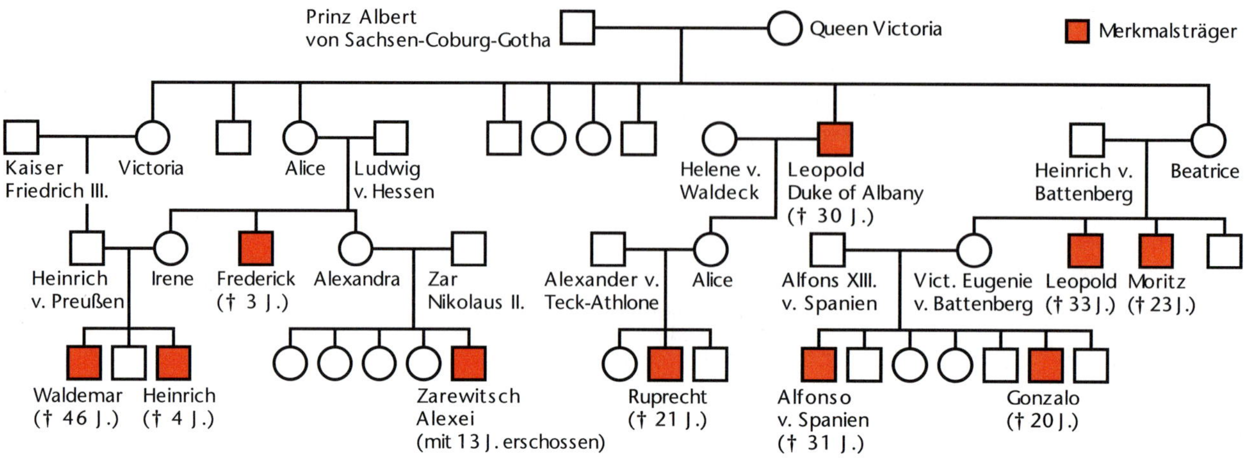

1 *Bluterkrankheit im europäischen Hochadel*

Bei der Bluterkrankheit ist die Blutgerinnung gestört. Harmlose Verletzungen können dadurch lebensbedrohend sein. Die Bluterkrankheit wird vererbt. Sie war besonders im Adel weit verbreitet (Abb. 1). Treten in einer Familie Erbkrankheiten auf, lässt sich aus dem Stammbaum häufig ermitteln, wie groß die Wahrscheinlichkeit für ein weiteres Kind ist, die Erbkrankheit zu haben (Abb. 2). Dies ist wichtig für eine genetische Beratung, wenn Eltern aus Familien, in denen Erbkrankheiten vorkommen, vor der Entscheidung stehen, ein weiteres Kind zu bekommen.

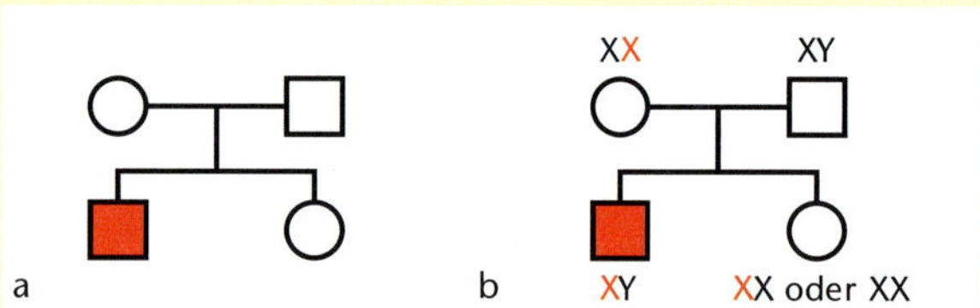

Ein Elternpaar hat einen Sohn, der Bluter ist und eine gesunde Tochter (a). Keiner der Eltern ist Merkmalsträger. Bei der Frage, wie groß die Wahrscheinlichkeit ist, dass ein weiteres Kind mit der Bluterkrankheit geboren wird, geht man so vor: Das Merkmal wird X-chromosomal-rezessiv vererbt. Daraus ergeben sich die Genotypen bezüglich des Merkmals (b). Die Wahrscheinlichkeit, dass das Merkmal in der nächsten Generation auftritt, muss für jedes weitere Kind neu betrachtet werden. Dazu muss man alle möglichen Geschlechtszellen des Vaters mit den möglichen Geschlechtszellen der Mutter im Erbschema kombinieren (c).

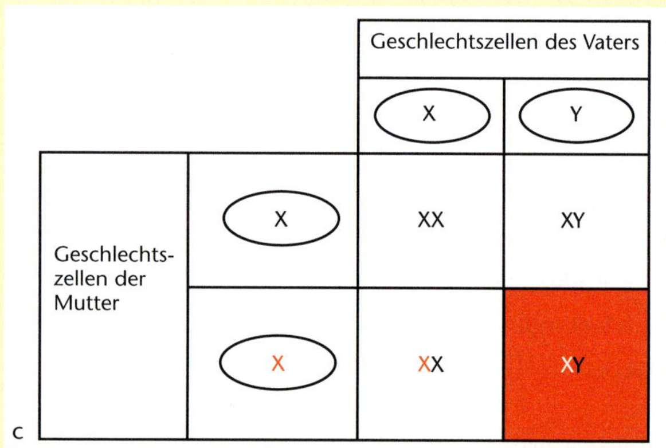

Die vier Möglichkeiten zeigen, dass zu 50 % Söhne gezeugt werden, wobei die Wahrscheinlichkeit, dass ein Sohn bluterkrank ist, 1:1 beträgt. Zu 50 % treten Töchter auf, die alle gesund sind, wobei sie zu 50 % Überträgerinnen des Gens für das Merkmal Bluterkrankheit sind. Die Wahrscheinlichkeit für das Auftreten des Blutermerkmals im Phänotyp beträgt also 1:3.

2 *Wahrscheinlichkeit für ein Merkmal*

A
Von Natur aus lockige Haare treten bei der Kombination ll, glatte Haare bei LL und gewellte Haare bei Ll auf.

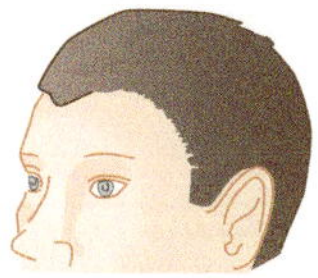

B
Ein vorgezogener Haaransatz wird durch ein dominantes Allel H, ein gerader Haaransatz durch die Kombination hh hervorgerufen.

C
Ein rezessives Allel d bewirkt, dass das oberste Daumenglied weit zurückgebogen werden kann.

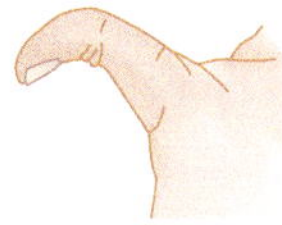

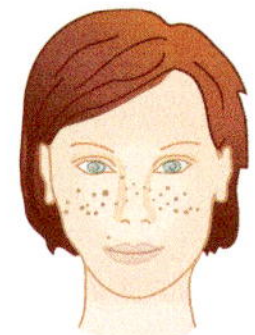

G
Jemand hat von Natur aus Sommersprossen im Gesicht, wenn die Kombination der Allele Rr oder RR ist. Sommersprossen fehlen bei der Kombination rr.

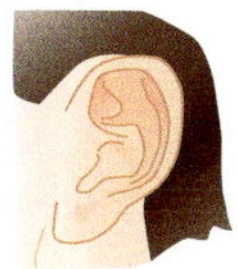

D
Bedingt durch die Kombination zweier rezessiver Allele pp wird fast kein Pigment in die Regenbogenhaut eingelagert. Dann ist die Augenfarbe blau.

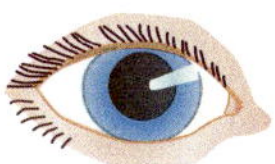

E
Ein dominantes Allel F bewirkt, dass auf einem oder mehreren der mittleren Fingerglieder Haare wachsen. Das Fehlen von Haaren auf dem mittleren der drei Fingerglieder aller Finger wird durch die Kombination ff hervorgerufen.

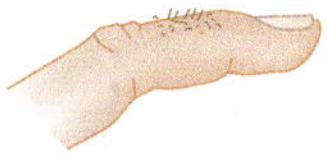

F
Die Kombination OO oder Oo bewirkt, dass die Ohrmuschel unten ein freies Ohrläppchen hat, bei oo ist das Ohrläppchen an die Kopfhaut angewachsen.

3 *Vererbte Merkmale beim Menschen*

1 Genetische Vielfalt. Abbildung 3 zeigt genetisch bedingte Merkmale des Menschen. Es wird angenommen, dass jede dieser Eigenschaften nur durch ein Allelpaar eines autosomalen Gens hervorgerufen wird. Untersucht anhand dieser Angaben die genetische Vielfalt in eurer Klasse. Überlegt vorab, wie ihr dabei vorgehen wollt.

2 Rot-Grün-Sehschwäche. Der Erbgang ist X-chromosomal-rezessiv. Zeichne den Stammbaum der Familie von Mr. SCOTT und trage alle Genotypen der Familienmitglieder ein. Werte dazu den Text in Abbildung 4 aus. Erkläre, warum eine Rot-Grün-Sehschwäche bei Männern häufiger vorkommt als bei Frauen.

3 Verwandtenehen. Nimm anhand der Abbildung 5 zum Verbot von Ehen zwischen Geschwistern und der Warnung vor Verwandtenehen begründet Stellung.

„Ich kenne kein Grün in der Welt. Vor einigen Jahren habe ich meine Tochter mit einem vornehmen Mann vermählt. Am Tage vor der Hochzeit kam er in einem neuen Mantel aus bestem Stoff in mein Haus. Ich war sehr gekränkt, dass er, wie ich glaubte, in Schwarz gekleidet war, der Farbe der Trauer. Ich sagte ihm, er solle gehen und den Mantel wechseln. Aber meine Tochter sagte, dass mich meine Augen trögen. Der Mann trug einen feinen weinroten Mantel. Dieser aber war für meine Augen schwarz. Es handelt sich um ein altes Familienleiden. Mein Vater hatte genau dieselbe Krankheit. Meine Mutter und eine meiner Schwestern konnten fehlerfrei sehen. Meine zweite Schwester war farbuntüchtig wie ich. Sie hatte zwei Söhne, die beide an dieser Krankheit litten. Ihre Tochter war dagegen normalsichtig. Ich selber habe einen Sohn und eine Tochter, die beide alle Farben ohne Ausnahme sehen können. Das Gleiche gilt für meine Frau. Der Bruder meiner Mutter hat denselben Fehler wie ich."

4 *Im Jahr 1777 schrieb Mr. Scott diesen Brief an einen Freund*

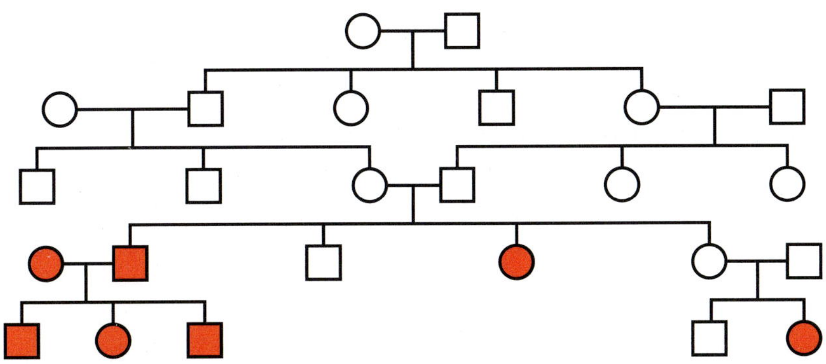

5 *Stammbaum mit Verwandtenehe*

8.9 Die Hautfarbe – ein Beispiel für Polygenie

1 *Familie Simmons mit ihren Zwillingen und dem älteren Sohn*

Die Hautfarbe wird durch einen dunklen Farbstoff, das Melanin, hervorgerufen. Melanin wird in den Pigmentzellen der Oberhaut hergestellt. Von hier aus gelangt der Farbstoff in die benachbarten Hautzellen und wird dort in Bläschen konzentriert eingelagert. Je mehr dieser Bläschen pro Fläche vorhanden sind, umso dunkler ist die Haut. Melanin schützt die Haut vor UV-Strahlung.

Man kann die unterschiedliche Intensität der Hautfarbe nur erklären, wenn mehrere Gene für sie verantwortlich sind. Man geht heute davon aus, dass wahrscheinlich vier Gene mit jeweils einem Allelpaar für die Hautfarbe verantwortlich sind. Diese Gene befinden sich auf verschiedenen Chromosomen. Jedes Allel verursacht eine bestimmte Melaninbildung, wobei sich diese zu einer Gesamtfarbe summiert. Man nennt diese Art der Vererbung, bei der ein Merkmal durch die Aktivität mehrerer Gene bestimmt ist, **Polygenie.** Je mehr Allelpaare ein Merkmal bestimmen, umso feiner ist die Abstufung. So entstehen fließende Übergänge. Allerdings ist das Zusammenwirken der verschiedenen Allele noch nicht ganz geklärt. Neben der Hautfarbe werden zum Beispiel auch die Haarfarbe und die Körpergröße und manche Krankheiten polygen vererbt.

Zwar ist die Hautfarbe erblich festgelegt, doch kann die Produktion von Melanin bei vielen helleren Hauttypen durch UV-Strahlung innerhalb genetisch festgelegter Grenzen zusätzlich angeregt werden. Hierbei handelt es sich um eine Modifikation. Die dadurch erhaltene Bräunung verblasst wieder, wenn die Haut längere Zeit keiner UV-Strahlung ausgesetzt ist.

1 Modell zur Vererbung durch Polygenie.
Zum Verständnis der Vererbung der Hautfarbe nehmen wir ein stark vereinfachtes Modell zu Hilfe. Das Modell geht von der Annahme aus, dass drei Gene, die auf verschiedenen Chromosomen liegen, mit je einem Allelpaar die Hautfarbe bestimmen. Beim ersten Gen treten die Allele a und A, beim zweiten die Allele b und B sowie beim dritten die Allele c und C auf. Die Allele, die durch kleine Buchstaben gekennzeichnet sind, führen zur Ausbildung eines Pigmentpunktes pro betrachteter Fläche, Allele, die durch Großbuchstaben dargestellt sind, zu zwei Pigmentpunkten pro Fläche. Ein Mensch mit der Allelkombination aabbcc ist also demnach hellhäutig, ein Mensch mit AABBCC dunkelhäutig (Abb. 2).
a) Nenne die möglichen Allelkombinationen der Geschlechtszellen, die in der F_1-Generation einer Kreuzung von hell- und dunkelhäutig gebildet werden können:

aabbcc x AABBCC.

b) Ermittle in einem größeren Erbschema alle möglichen Genotypen der F_2-Generation. Ordne den Genotypen die entsprechenden Phänotypen zu und mache Aussagen zur statistischen Häufigkeit dieser Phänotypen.

2 Genorte. Die Gene für die Hautfarbe befinden sich auf verschiedenen Chromosomen. Welche Folgen hätte es, wenn mehrere Gene für die Hautfarbe sich auf einem Chromosom befänden? Begründe deine Ansicht.

3 Fragen zur Familie Simmons.
a) Erkläre kurz das unterschiedliche Geschlecht der Zwillinge (Abb. 1, 3).
b) Beschreibe die Erwartungen bezüglich der Hautfarbe des Kindes, wenn Eltern unterschiedlicher Hautfarbe ein Kind zeugen. Begründe diese Erwartungen.
c) Stelle Hypothesen auf, die die unterschiedliche Hautfarbe der Zwillinge erklären können.

4 Polygenie und Mendelsche Regeln.
a) Vergleiche Polygenie mit der Vererbung nach den Mendelschen Regeln.
b) Erbschemen sind eine Methode, um Erbgänge nach den Mendelschen Regeln zu untersuchen. Die gleiche Methode wird auch bei Polygenie angewendet. Begründe, warum dies zulässig ist.

Pigmentpunkte pro Hautfläche:
a: ●
b: ●
c: ●
A: ●●
B: ●●
C: ●●

Kombinationsbeispiele:

hellhäutig	mittel	dunkelhäutig
● ● ●	●● ●● ●●	●● ●● ●●
● ● ●	● ● ●	●● ●● ●●
a b c	A B C	A B C
a b c	a b c	A B C

2 *Modell zur Vererbung der Hautfarbe*

1994 kamen in Tottenham in Großbritannien Zwillinge zur Welt, die Geschichte machten, weil sie unterschiedliche Hautfarben hatten. Abbildung 1 zeigt ein Foto der Familie mit den Zwillingen und dem älteren Sohn. Der kleine Junge ist wie sein Vater dunkel gefärbt, die kleine Tochter ist wie ihre Mutter hellhäutig. Die Mutter stammt aus Großbritannien, die Eltern des Vaters kamen aus der Karibik nach Großbritannien.

3 *Ein unwahrscheinliches Ereignis?*

8.10 Trisomie 21

25 Kinder lernen gemeinsam in dieser Klasse. Eins von ihnen ist Merle. Sie ist ein Kind mit Trisomie 21.

Merle hat zwei ältere gesunde Geschwister. Nach der Geburt war Merle häufig krank, unter anderem musste ein Herzfehler operiert werden. Heute ist sie fit und mit ihrer besonderen Art in der Klasse beliebt. Schreiben und lesen fällt ihr zwar viel schwerer als den anderen Kindern, dafür ist sie fast immer gut gelaunt und hilfsbereit.

1 *Merle – ein Kind mit Trisomie 21*

Als behindert gelten Menschen, die in ihrem Lernen, im sozialen Verhalten, in der sprachlichen Kommunikation oder in ihren motorischen Fähigkeiten so weit beeinträchtigt sind, dass ihre Teilnahme am Leben in der Gesellschaft wesentlich erschwert ist. Sie bedürfen besonderer pädagogischer Förderung. Viele Behinderungen entstehen während des Lebens durch Unfall oder Krankheit. Angeborene Behinderungen sind meistens durch Vererbung oder neue Mutationen bedingt.

Ein Beispiel dafür ist die Trisomie 21, auch Down-Syndrom genannt. Unter 700 Neugeborenen befindet sich im Durchschnitt ein Kind mit Trisomie 21 (Abb. 1). Im Karyogramm des Kindes zeigt sich, dass das Chromosom 21 drei Mal in Form von Doppelchromosomen vorkommt (Abb. 2). Die Ursache liegt in einer ungleichmäßigen Verteilung der Chromosomen bei der Meiose der Eizellenbildung (Abb. 4). Die Häufigkeit dieses Fehlers steigt mit zunehmendem Alter der Mutter an (Abb. 5). Die Bildung der Eizellen beginnt im Eierstock des weiblichen Fetus. Bis zur Geburt erfolgt nur der erste Teil der Meiose. Die Meiose wird dann unterbrochen und erst mit Beginn des Menstruationszyklus fortgesetzt. Mit steigendem Alter der Frau nimmt deshalb die Zeit zu, in der die Eizelle im Entwicklungsstadium der unterbrochenen Meiose bleibt.

Die individuelle Ausprägung der Behinderung bei Trisomie 21 variiert sehr stark. Während einige Kinder eine starke geistige Behinderung zeigen, können andere sogar eine Fremdsprache erlernen. Durch Einrichtungen wie Integrationsgruppen und -klassen in Kindergärten und Schulen wird versucht, die Behinderten zu integrieren und zu fördern.
Schwangeren über 35 Jahren wird heute oft die Durchführung einer Amniozentese empfohlen (Abb. 3). Durch diese Untersuchung ist eine Trisomie 21 des ungeborenen Kindes zu erkennen.

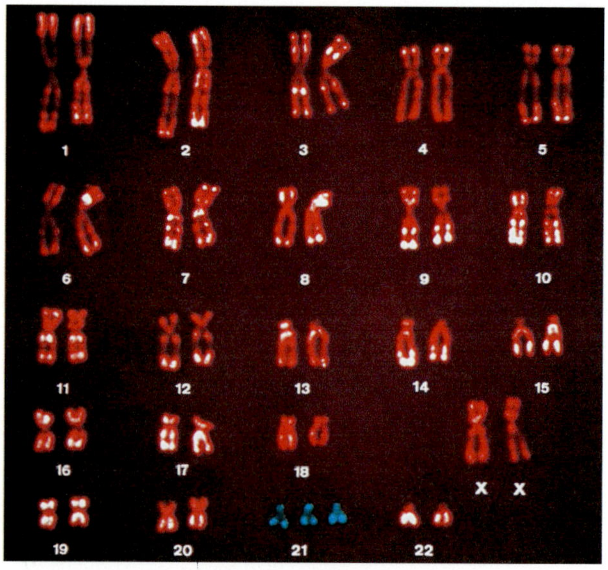

2 *Trisomie 21 im Karyogramm, gefärbt*

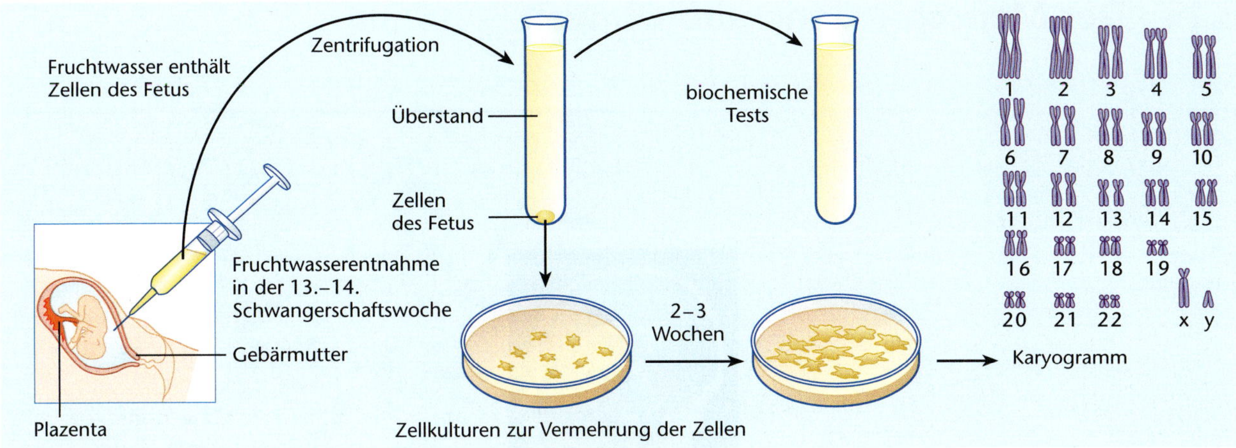

3 *Amniozentese*

1 Entstehung von Trisomie 21. Erkläre die Entstehung der Trisomie 21 anhand der Abbildung 4.

2 Alter und Trisomie 21.

a) Werte mithilfe des Grundwissentextes Abbildung 5 aus.

b) Das Alter der Frauen, die ihr erstes Kind bekommen, steigt kontinuierlich an: 1961 bekamen Frauen ihr erstes Kind im Durchschnitt mit 25 Jahren, im Jahr 2005 mit 29 Jahren. Zugleich wächst die Zahl der spät gebärenden Mütter: Waren 1990 nur fünf Prozent der Erstgebärenden über 35 Jahre alt, so lag ihr Anteil im Jahr 2005 bereits bei 16 Prozent. Erläutere die Problematik, die sich aus der Zunahme der späten Geburten ergibt.

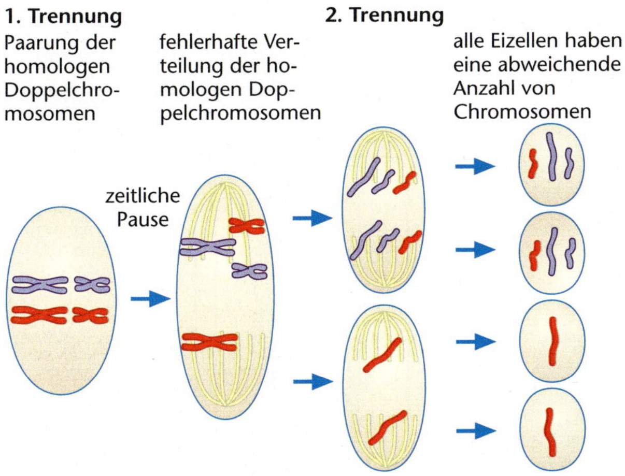

4 *Trisomie 21 durch Nichttrennung homologer Doppelchromosomen in der Meiose*

3 Amniozentese. Die Amniozentese ist ein wichtiges Verfahren der vorgeburtlichen Diagnostik. Beschreibe den Ablauf anhand von Abbildung 3.

4 Vier Positionen zur Amniozentese. Schwangeren, die über 35 Jahre alt sind, wird häufig die Durchführung einer Amniozentese empfohlen. Im Folgenden werden vier mögliche Positionen dazu genannt:
- Ich will nichts wissen und werde keine Amniozentese machen lassen.
- Ich traue mir ein Leben mit einem behinderten Kind nicht zu und werde gegebenenfalls abtreiben.
- Ich will das Ergebnis wissen, werde aber nicht abtreiben, wenn eine Trisomie 21 vorliegt.
- Ich weiß gar nicht, wie ich mich verhalten soll.

Erläutere für jede der vier Positionen, welche Überlegungen zu der Aussage geführt haben könnten.

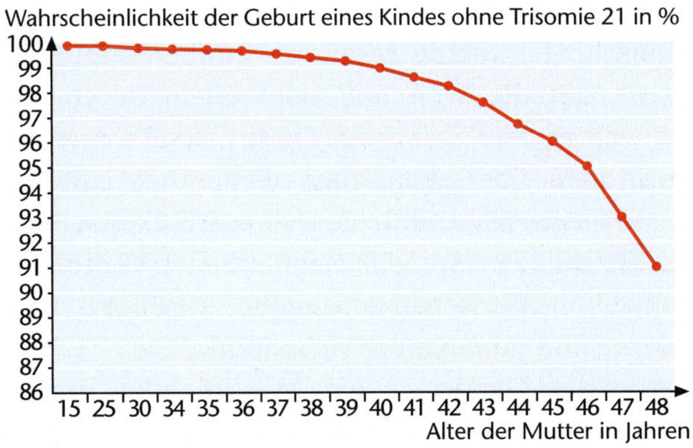

5 *Häufigkeit der Trisomie 21*

8.11 Der Mensch – Gene und Umwelt

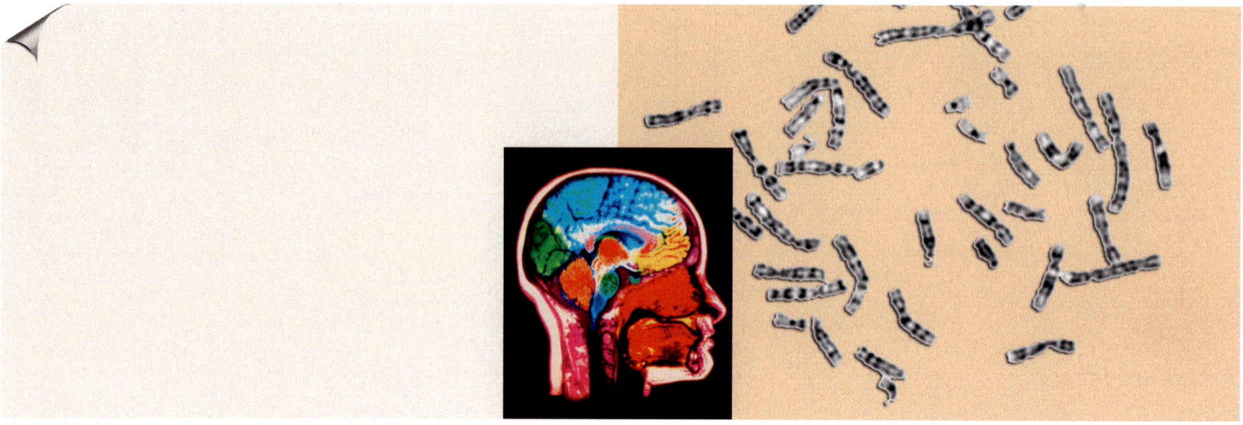

1 *Der Mensch: ein Produkt seiner Umwelt und/oder seiner Gene?*

Wenn du diese Zeilen liest, arbeiten Millionen Nervenzellen in deinem Gehirn an der Informationsverarbeitung. Dein Gehirn hat sich vor und nach deiner Geburt unter Beteiligung der ererbten Gene von deinem Vater und deiner Mutter zu einem komplexen Organ entwickelt. Dass du lesen und sprechen kannst, wurde dir auch durch deine Gene ermöglicht. Dass du speziell deine Muttersprache gut verstehst, ist dagegen deinem Elternhaus und damit deiner Umwelt zu verdanken.

In der Diskussion darüber, ob der Mensch Produkt seiner Umwelt und/oder seiner Gene ist, gibt es drei grundlegende Positionen (Abb. 1, 2). Die Position des **genetischen Determinismus** nimmt an, dass der Mensch und sein Verhalten allein durch seine Gene festgelegt ist. In der gegensätzlichen Position des **Umwelt-Determinismus** kommt der Mensch als „tabula rasa", als „unbeschriebenes Blatt", auf die Welt und wird allein durch die Umwelt zu dem, was er ist. Diese beiden extremen Positionen übersehen, dass Gene und Umwelt keine Gegensätze sind, die sich ausschließen. Wie das Beispiel der Sprache zeigt, arbeiten Gene und Umwelt im Menschen zusammen. Angeboren und erlernt sind miteinander verschränkt.
Bei seiner Geburt ist ein Mensch kein „unbeschriebenes Blatt". Die Millionen Jahre währende Evolution des Menschen hat Angepasstheiten hervorgebracht, zum Beispiel im Hirnaufbau, im Wahrnehmungsvermögen, in den Emotionen, im Verhalten und im Lern- und Gedächtnisvermögen. Der heutige Mensch trägt sein evolutionäres Erbe in Form von Genen in sich. Zum evolutionären Erbe des Menschen gehört auch, dass er mit einem Gehirn ausgestattet ist, das ein einzigartiges Lern- und Gedächtnisvermögen ermöglicht. Gene sind in Wechselwirkung mit der Umwelt maßgeblich an der Ausbildung und Tätigkeit des Gehirns eines Menschen beteiligt. Allerdings legen Gene einen Menschen nicht schicksalhaft fest. Vielmehr ermöglicht das Gehirn individuelles Verhalten, individuelle Erfahrungen, individuelle Gedächtnisinhalte und individuelle Gefühle. Gene und Umwelt wirken also untrennbar im Menschen zusammen. Menschen sind weder allein durch ihre Gene festgelegt noch sind sie allein Produkt ihrer Umwelt.

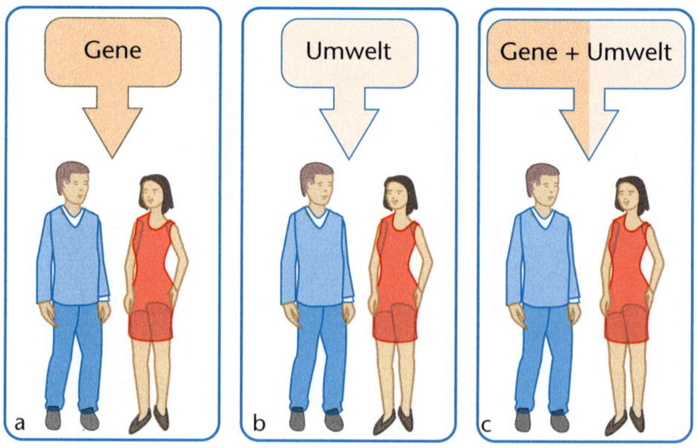

2 *Drei grundlegende Positionen*

1 Gene und/oder Umwelt? Erläutere anhand der Abbildungen und des Textes auf der Grundwissenseite die drei in Abbildung 2 dargestellten Positionen. Zeige am Beispiel des Spracherwerbs begründet auf, welche Positionen nicht zutreffen und welche Positionen zutreffen.

2 Modelle zum Zusammenwirken von Genen und Umwelt.
a) Beschreibe das Modell in Abbildung 3 im Hinblick auf das Zusammenwirken von Genen und Umwelt im Menschen. Erläutere die Positionen I, II und III in Abbildung 3.
b) „Tatsächlich ähneln unsere Erbanlagen nicht so sehr einem Programm, das einen Computer steuert, als einer Partitur, die nur unter ganz spezifischen Umweltbedingungen ... zum Klingen gebracht, ja eigentlich zum Leben erweckt wird." Erläutere anhand der Abbildung 4 das Zusammenwirken von Genen und Umwelt im Modell.

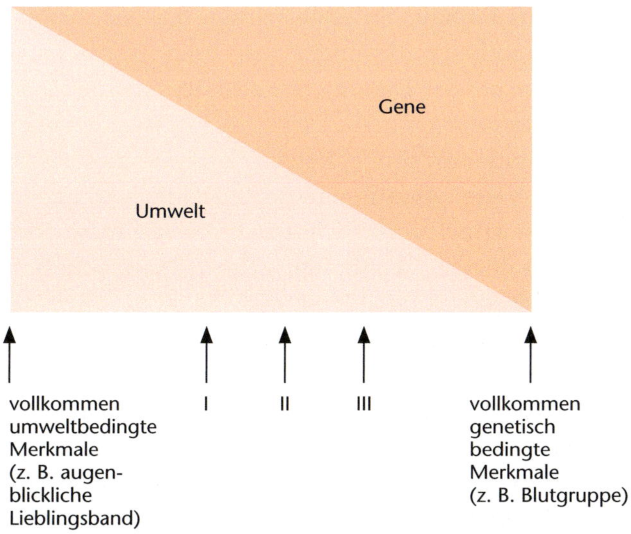

3 *Gene und Umwelt*

3 Gedankenexperiment: Folgerungen für verschiedene Aspekte des menschlichen Lebens. Diskutiert für jeden der nachfolgenden Lebensbereiche, welche Folgerungen und Konsequenzen sich ergeben würden, wenn a) der genetische Determinismus zutreffen würde, b) der Umwelt-Determinismus zutreffen würde (Abb. 2):
- Erlernen einer Fremdsprache
- Geschlechterrolle als Mann oder Frau
- aggressives Verhalten gegenüber anderen Menschen.

4 „Tabula rasa", das „unbeschriebene Blatt" – Ist alles möglich? Von JOHN B. WATSON (1878–1958), einem Lernforscher, stammt folgende Formulierung: „Gebt mir ein Dutzend gesunde, gut gebaute Kinder und meine eigene spezifische Welt, um sie darin großzuziehen, und ich garantiere, dass ich irgendeines aufs Geratewohl herausnehme und es so erziehe, dass es irgendein beliebiger Spezialist wird, zu dem ich es erwählen kann – Arzt, Jurist, Künstler, Kaufmann, ja sogar Bettler und Dieb, ungeachtet seiner Talente, Neigungen, Absichten, Fähigkeiten und Herkunft seiner Vorfahren."
Ordne diese Behauptung einer der drei Positionen in Abbildung 2 begründet zu. Diskutiert und bewertet die Behauptung WATSONS.

4 *Modell für das Zusammenwirken von Genen und Umwelt*

Basiskonzepte zum Thema „Vererbung"

Die nachfolgenden Sachverhalte stammen aus den Kapiteln „Grundlagen der Vererbung" und „Regeln der Vererbung". Die Nummerierung ist willkürlich und gibt keine Rangfolge an. Die Basiskonzepte sind in diesem Buch auf der Methodenseite „Arbeiten mit Basiskonzepten" erläutert.

1 **Aufgabe:** Ordne jedem dieser Sachverhalte ein Basiskonzept oder mehrere Basiskonzepte zu. Begründe die von dir gewählte Zuordnung.

1. Der Zellkern ist ein Kompartiment, in dem alle Erbinformationen gespeichert sind. Dazu gehören die Bauanleitung für die Zellen und die Entwicklung des Körpers, die Informationen für den Stoffwechsel und für die Fortpflanzung.

2. Versuche zur Kerntransplantation haben gezeigt, dass in jeder Körperzelle mit Zellkern die Gesamtheit der Erbinformationen eines Lebewesens, das Genom, vorhanden ist. Die Träger der Erbinformationen im Zellkern sind die Chromosomen. Jedes Chromosom besteht aus einem langen DNA-Molekül. In den Körperzellen befindet sich der doppelte (diploide) Chromosomensatz.

3. Die Erbgleichheit aller Körperzellen eines Vielzellers wird durch den Vorgang der Mitose während des Zellzyklus sichergestellt. Bei der Mitose werden zuvor identisch verdoppelte Chromosomen so auf die beiden neu entstehenden Zellen verteilt, dass jede von ihnen identische Erbinformationen hat.

4. Die Verdopplung von Zellen durch Zellteilung und Mitose ist Grundlage für das Wachstum eines vielzelligen Lebewesens.

5. Meiose heißt der Vorgang, bei dem aus Zellen mit doppeltem (diploidem) Chromosomensatz Geschlechtszellen mit einfachem (haploidem) Chromosomensatz gebildet werden. Bei der Befruchtung werden die beiden Chromosomensätze der Geschlechtszellen zu einem diploiden Chromosomensatz zusammengefügt.

6. Bei der Meiose und bei der Befruchtung werden die Erbanlagen neu kombiniert. Das ist der Grund dafür, dass bei allen Lebewesen mit geschlechtlicher Fortpflanzung die Nachkommen genetische Variabilität zeigen. Genetische Variabilität ist eine der Voraussetzungen für die Bildung neuer Arten in der Geschichte des Lebens.

7. Erbinformationen sind chemisch verschlüsselt in Form der DNA. Ein Gen ist ein Abschnitt der DNA, der die Information für die Bildung eines Proteins enthält. Proteine wirken bei der Ausbildung erblicher Merkmale mit, zum Beispiel als Enzyme bei der Bildung eines Blütenfarbstoffs.

8. Mutationen sind bleibende Veränderungen der DNA. Viele Mutationen sind schädlich, manche können jedoch vorteilhaft sein. Solche Mutationen sind in der Geschichte der Lebewesen Quelle für neue Merkmale.

9. GREGOR MENDEL (1822-1884) hat Regeln zur Vererbung aufgestellt. Heute lassen sich die Mendelschen Regeln mit Ergebnissen der Zellforschung und dem Wissen über Chromosomen und Gene erklären. Die Vererbungsregeln spielen unter anderem in der Tier- und Pflanzenzüchtung und bei der Untersuchung von Familienstammbäumen eine Rolle.

10. Die Rot-Grün-Sehschwäche ist ein Beispiel für einen X-chromosomalen rezessiven Erbgang.

11. Merkmalsunterschiede zwischen Individuen einer Art können genetisch bedingt oder umweltbedingt sein. In den meisten Fällen wirken Umwelt und Gene bei der Ausprägung des Phänotyps eines Lebewesens zusammen.

Methode

12. Die Hautfarbe ist ein Beispiel für Polygenie. Mehrere Gene sind an der Ausprägung der Hautfarbe beteiligt.

13. Trisomie 21 ist eine angeborene Behinderung. Bei den betroffenen Personen ist das Chromosom 21 dreimal vorhanden. Ursache dafür sind Fehler in der Verteilung der Chromosomen bei der Bildung der Geschlechtszellen.

14. Die beiden gegensätzlichen Positionen, der Mensch sei genetisch festgelegt oder werde als „tabula rasa“, unbeschriebenes Blatt, geboren und allein durch die Umwelt festgelegt, sind nicht haltbar. Gene und Umwelt wirken im Menschen untrennbar zusammen.

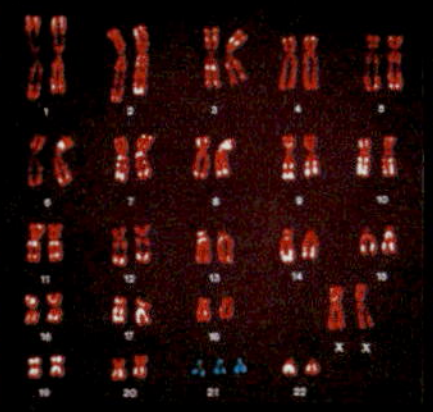

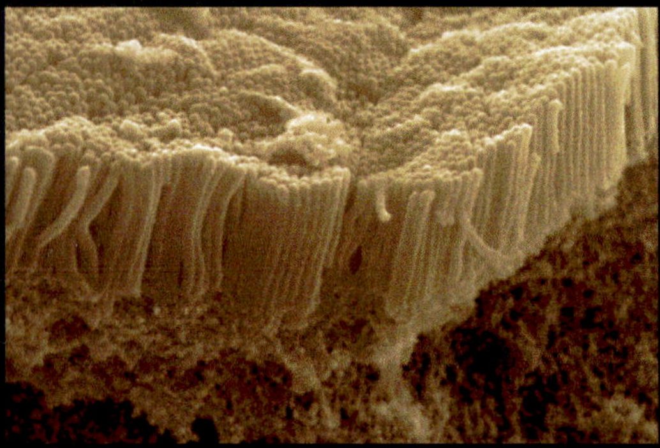

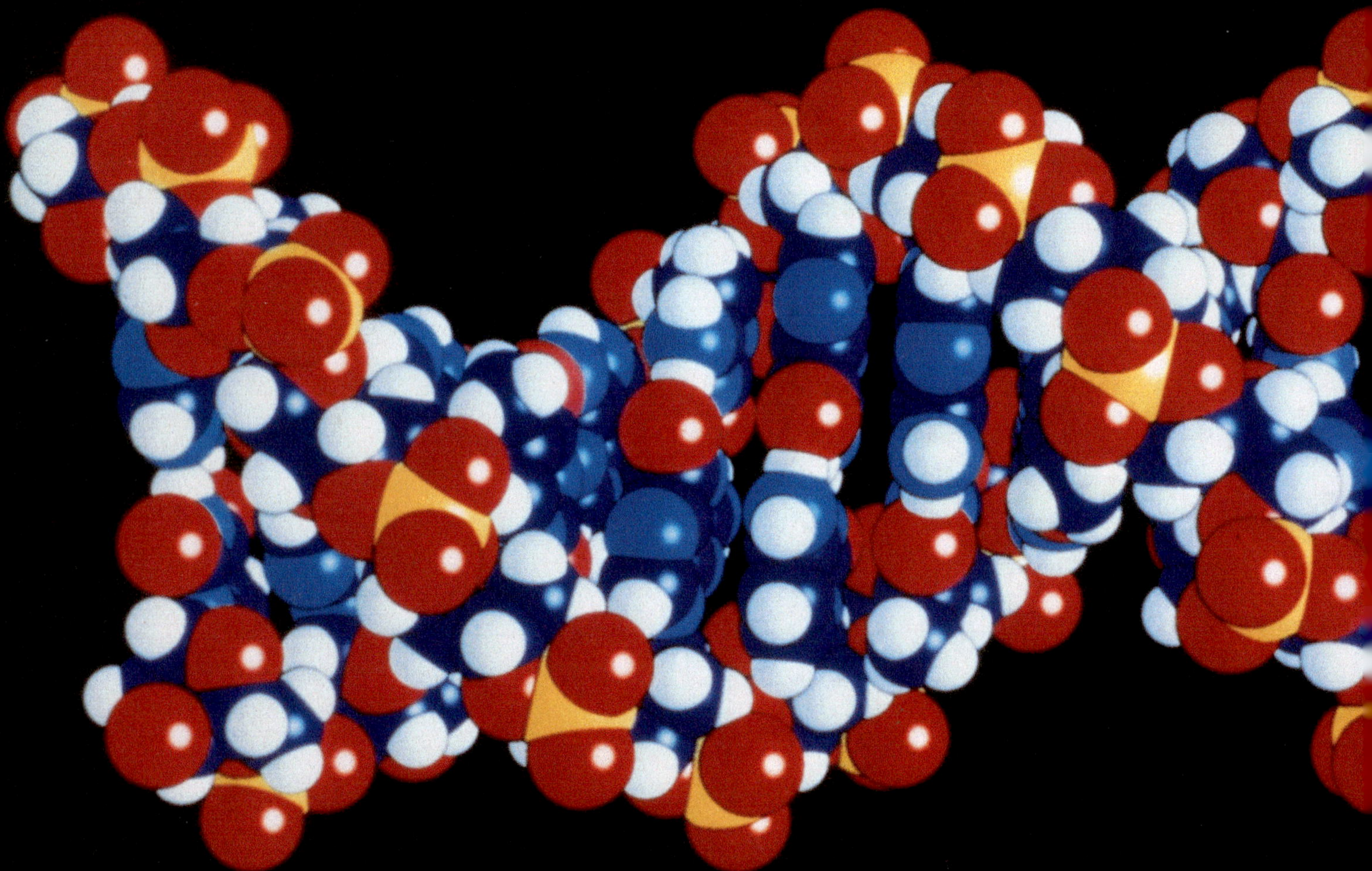

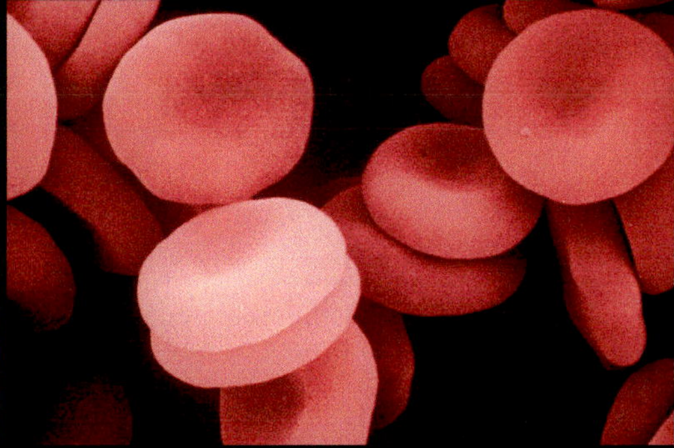

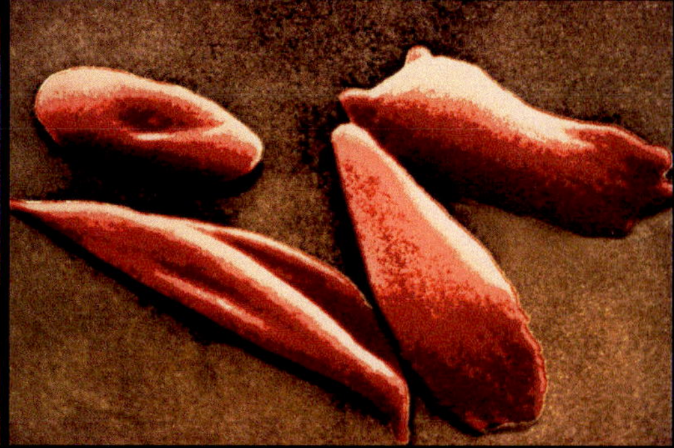

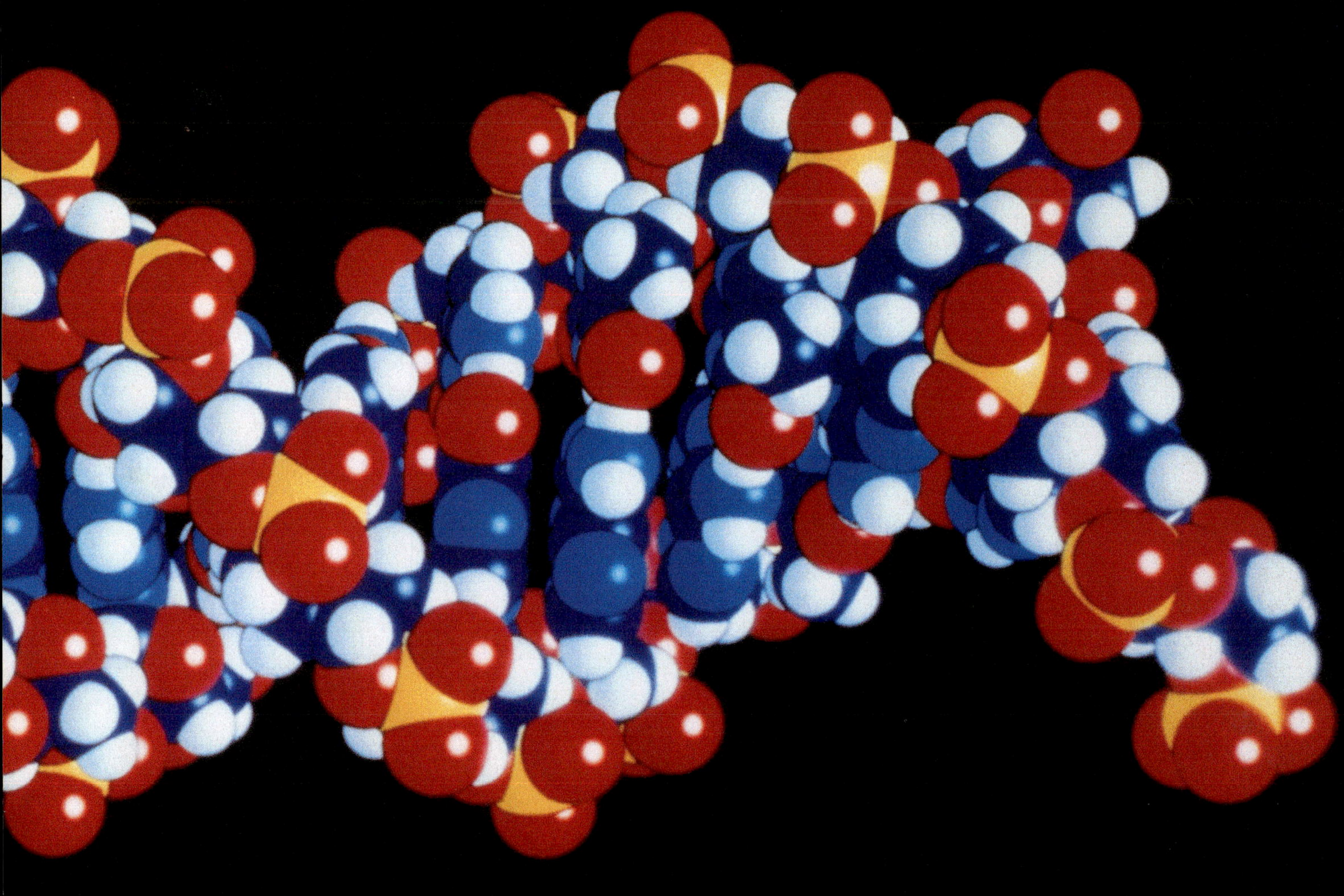

Enzyme und Molekulargenetik

9 Enzyme und Stoffwechsel

9.1 Verdauung im Überblick

Unter Verdauung versteht man das Zerlegen von Nahrungsbestandteilen in kleinere wasserlösliche Bausteine unter Mitwirkung von Enzymen.

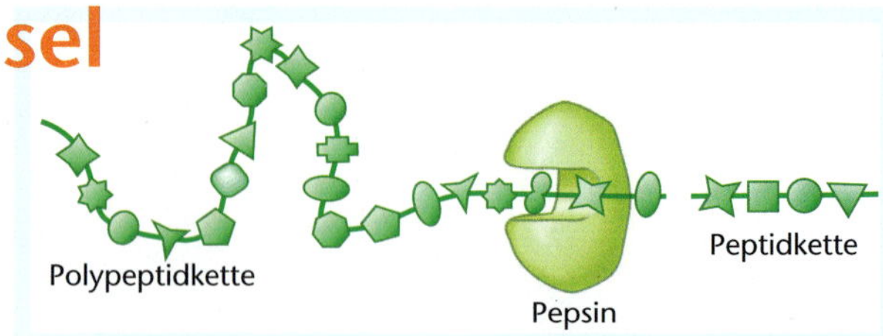

Die Magenwand sondert Salzsäure ab. Dadurch wird der Nahrungsbrei sauer. Der pH-Wert beträgt nun zwei. Unter diesen Bedingungen spaltet das Enzym Pepsin Polypeptidketten der Proteine in kürzere Peptidketten.

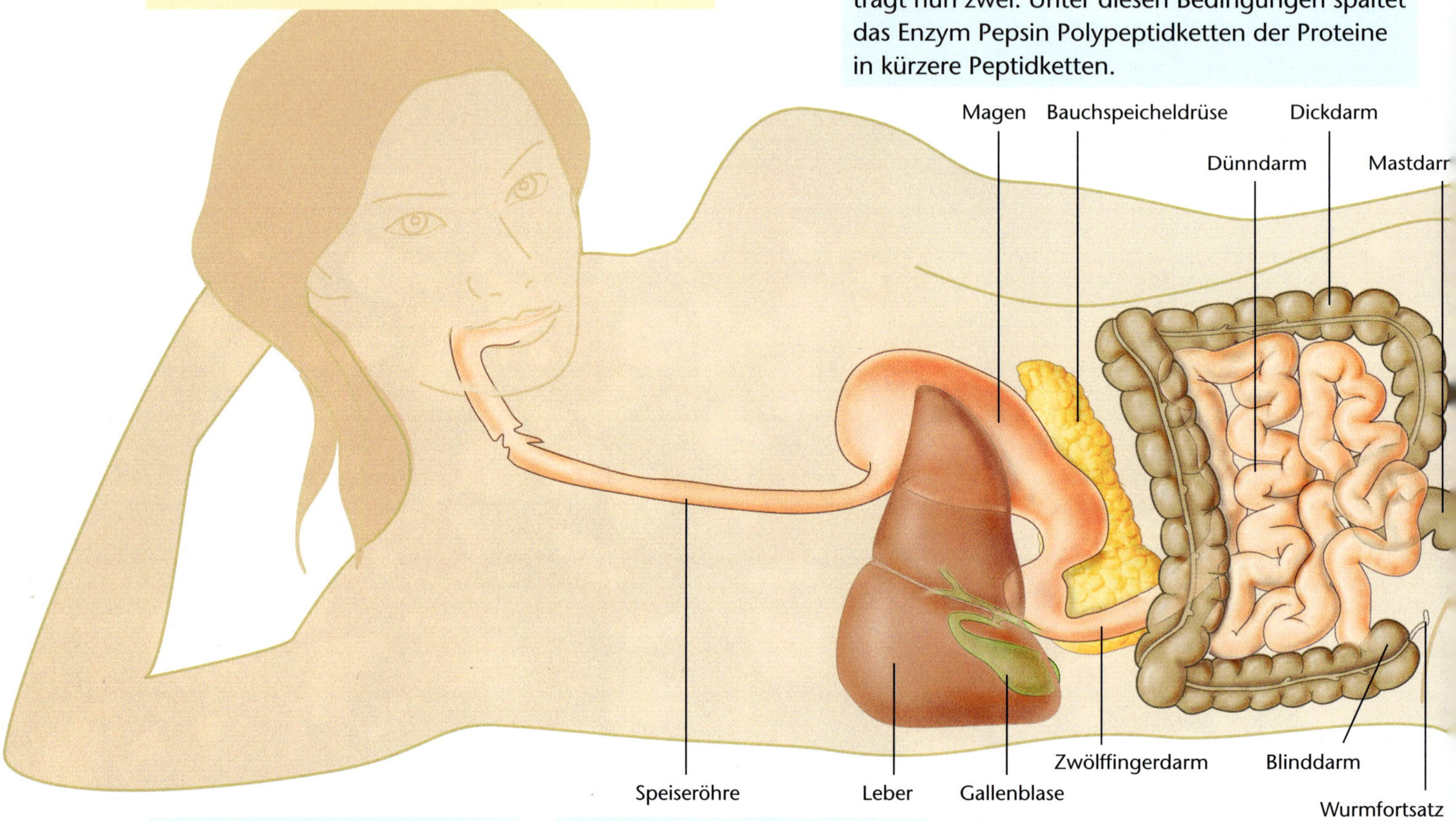

Im Mund wird die Nahrung durch Kauen zerkleinert und mit Mundspeichel zu einem Nahrungsbrei vermischt. Amylase spaltet das Polysaccharid Stärke zum Teil in kleinere Bruchstücke, zum Beispiel zur Maltose.

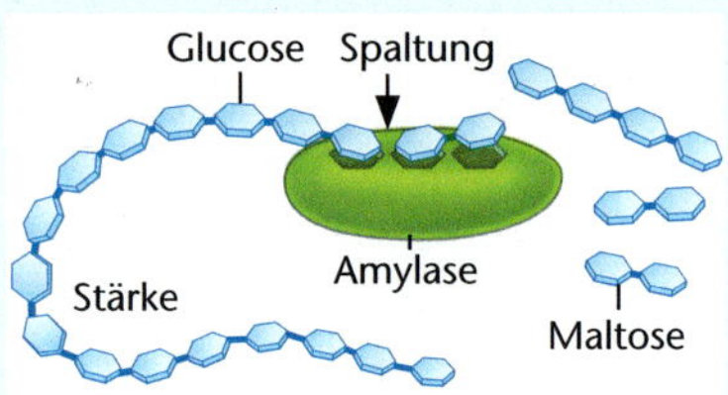

Die Gallenflüssigkeit enthält Gallensäuren, die Nahrungsfette in kleine Fetttröpfchen emulgieren.

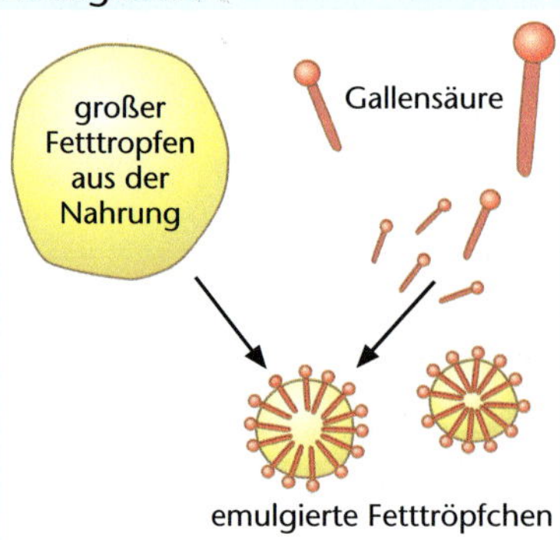

Die Bauchspeicheldrüse gibt Bauchspeicheldrüsenflüssigkeit in den Dünndarm ab. Bauchspeicheldrüsenflüssigkeit enthält viele Enzyme, zum Beispiel Amylase, Fett spaltende Lipasen und Eiweiße spaltende Enzyme wie Trypsin und Chymotrypsin.

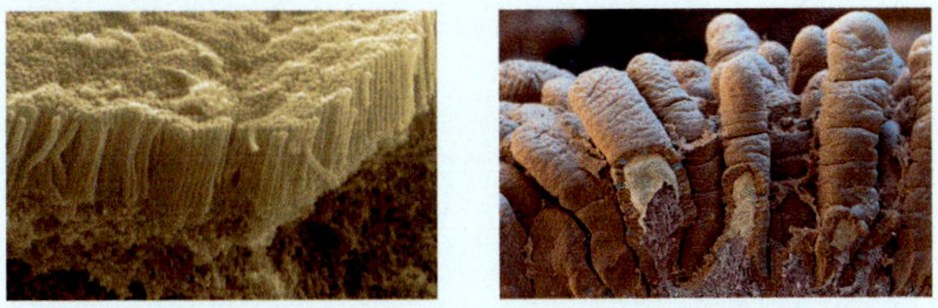

Die Dünndarmoberfläche ist stark gefaltet und dadurch sehr groß. Der Dünndarm ist knapp drei Meter lang und hat einen Durchmesser von vier Zentimeter. Durch die Falten, Zotten und Ausstülpungen von Zellen beträgt die innere Oberfläche des Dünndarms ungefähr 240 m^2. Von der Dünndarmwand werden die durch die Einwirkung der Enzyme entstandenen kleinen Bausteine der Nährstoffe in den Körper aufgenommen und mit dem Blut und der Lymphe verteilt.

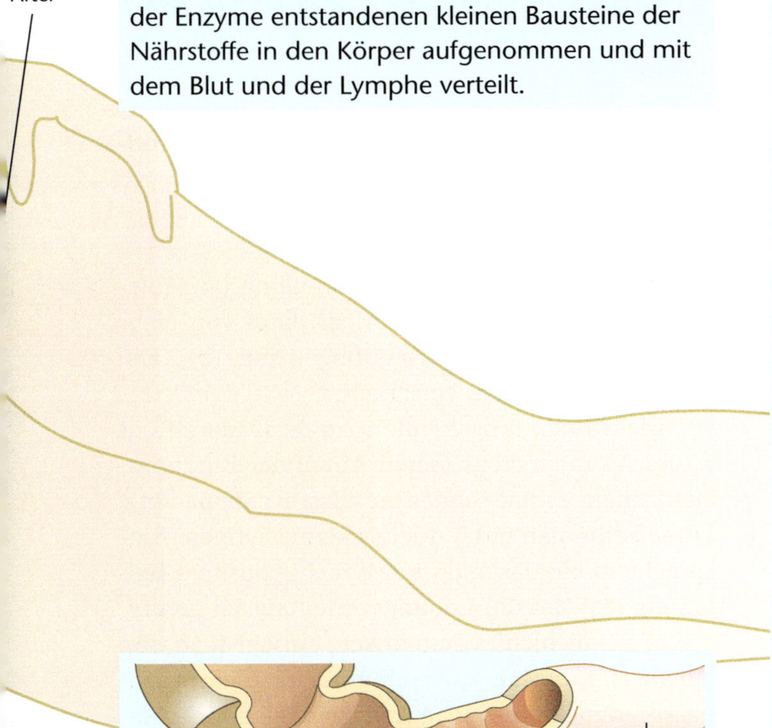

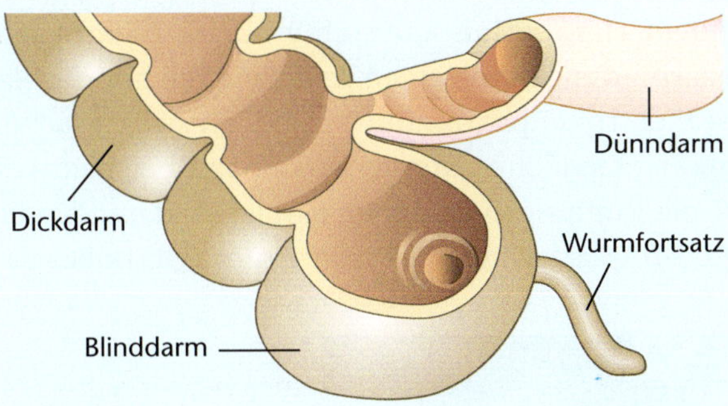

Im Dickdarm wird dem verbliebenen Nahrungsbrei Wasser entzogen. Zahlreiche Bakterien besiedeln den Dickdarm. Sie zersetzen Nahrungsbestandteile, die für das menschliche Verdauungssystem unverdaulich sind. Dabei produzieren sie auch bestimmte Vitamine, die für die menschliche Gesundheit unverzichtbar sind.

Der Nahrungsbrei wird durch den Dünndarmsaft leicht alkalisch. Der pH-Wert beträgt nun acht. Im Dünndarm findet der wesentliche Teil der Verdauung der Nährstoffe statt.

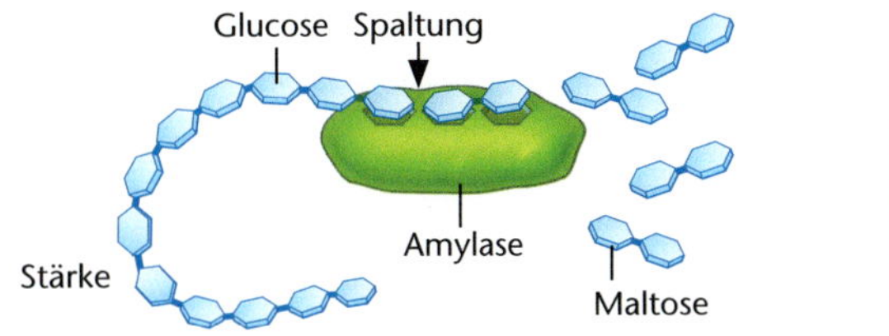

Amylase zerlegt Stärke vollständig in Maltose.

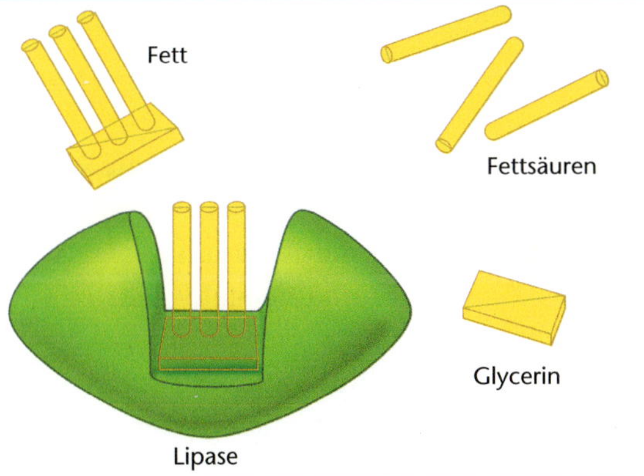

Lipasen spalten Fette in Glycerin und Fettsäuren.

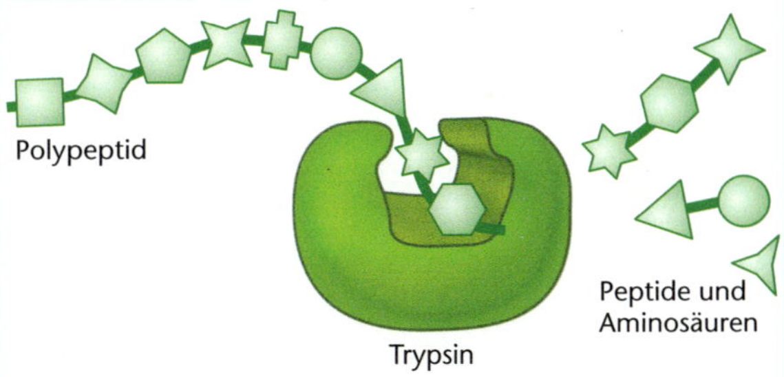

Trypsin und Chymotrypsin spalten Polypeptide zu Peptiden und Aminosäuren.

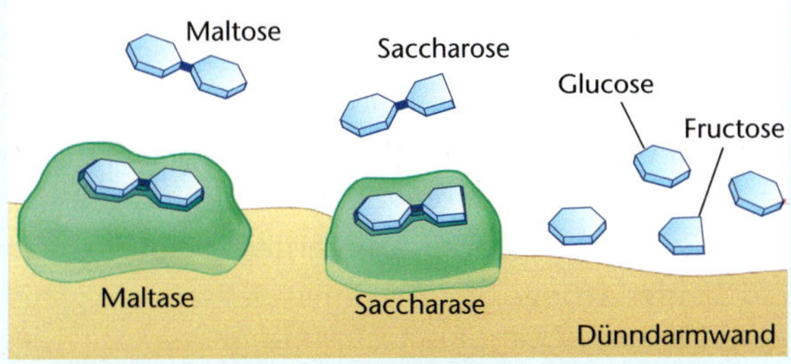

In der Dünndarmwand befinden sich unter anderem die Enzyme Maltase und Saccharase. Sie bauen die Disaccharide Maltose und Saccharose zu Glucose und Fructose ab.

9.2 Exkurs: Chemische Bindungen und zwischenmolekulare Kräfte

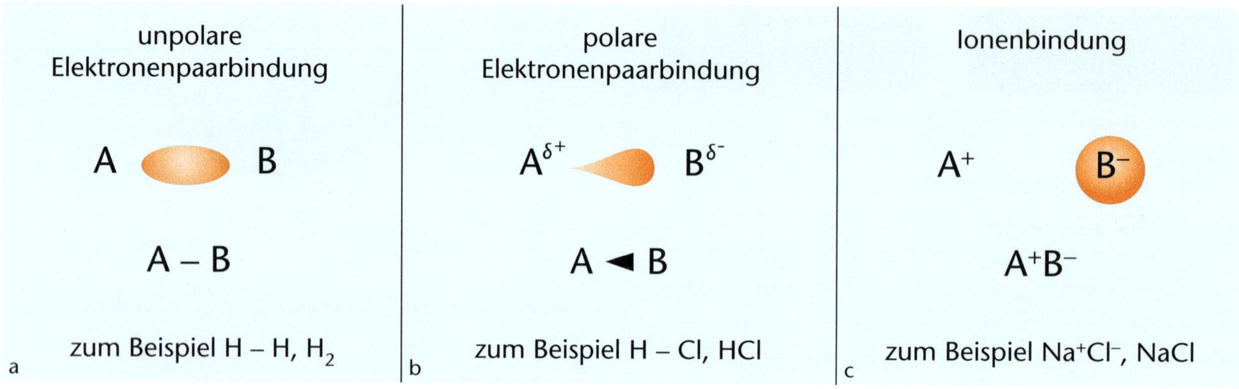

1 *Bindungstypen in Molekülen (a, b) und Ionenverbindungen (c)*

Die **Atome** aller chemischen Elemente bestehen aus einem Atomkern und einer Atomhülle. Der Atomkern ist positiv, die Atomhülle negativ geladen. Die Atomhülle enthält negativ geladene Elektronen, die eine kaum messbare Masse besitzen. Man kann sich die Atomhülle als eine Wolke aus negativen Ladungen vorstellen. Atome kommen in der Natur meistens als Bestandteile von **Verbindungen** vor. Dabei sind, wie zum Beispiel beim Kohlenstoffdioxid (CO_2), mehrere Atome miteinander verbunden.

Zwischen Atomen können sich unterschiedliche Bindungstypen ausbilden: Verbinden sich Nichtmetallatome miteinander, vereinigen sich einige ihrer Elektronen zu gemeinsamen Elektronenpaaren. Diese Elektronenpaare bewirken die Bindung zwischen den Atomen. Es bildet sich ein **Molekül.** Eine solche Bindung bezeichnet man als **Elektronenpaarbindung** oder auch Atombindung. Man stellt eine Elektronenpaarbindung als Strich zwischen zwei Atomsymbolen dar (Abb. 1a). Modellhaft kann man sich ein bindendes Elektronenpaar als negative Elektronenwolke vorstellen, die sich zwischen den beiden Atomkernen befindet. Ziehen beide Atome die Bindungselektronen gleich stark an, ist die Ladungsverteilung symmetrisch. Man spricht dann von einer unpolaren Elektronenpaarbindung (Abb. 1a). Das entsprechende Molekül ist unpolar. Unpolare Elektronenpaarbindungen bilden sich zum Beispiel zwischen gleichartigen Atomen, aber auch zwischen Kohlenstoffatomen (C) und Wasserstoffatomen (H) aus.

Zieht eines der Atome die Bindungselektronen stärker an, wird die Ladungsverteilung im Molekül unsymmetrisch. Man spricht dann von einer polaren Elektronenpaarbindung (Abb. 1b). Die Bindungselektronen verschieben sich zum stärker Elektronen anziehenden Atom. Dadurch hat dieses Atom einen größeren Anteil der Bindungselektronen; es hat somit eine negative Teilladung. Diese kann man mit δ^- (delta) kennzeichnen. Entsprechend hat das andere Atom eine positive Teilladung (δ^+). Ist die Ladungsverteilung im gesamten Molekül nicht symmetrisch, spricht man von einem Dipol. Man kann eine polare Elektronenpaarbindung durch einen Keil kennzeichnen. Polare Elektronenpaarbindungen bilden sich zwischen unterschiedlichen Atomen aus. So sind beispielsweise die Bindungen zwischen Kohlenstoff und Sauerstoff (O), Stickstoff (N) oder Chlor (Cl) polar.

2 *Salzkristalle und Ionengitter*

Entsteht eine Verbindung aus Nichtmetallatomen und Metallatomen, bilden sich **Ionen.** Nichtmetallatome ziehen Elektronen viel stärker an als Metallatome. Es bildet sich somit kein gemeinsames Elektronenpaar aus, sondern das Nichtmetallatom nimmt die Elektronen des Metallatoms auf. Dadurch entstehen aus dem Nichtmetallatom ein negativ geladenes Ion und aus dem Metallatom ein positiv geladenes Ion (Abb. 1c). Die unterschiedlich geladenen Ionen ziehen sich gegenseitig stark an. Man bezeichnet diese Anziehung als **Ionenbindung.** Salze sind Ionenverbindungen. Sie bilden Kristalle, in denen sich die unterschiedlich geladenen Ionen abwechselnd anordnen. So bildet sich ein räumliches Ionengitter (Abb. 2).

Auch zwischen Molekülen wirken schwache Anziehungskräfte, die **van-der-Waals-Kräfte** (Abb. 3). Wenn sich zwei Moleküle nähern, verschieben sich kurzzeitig die Bindungselektronen in den Molekülen. Die Ladungsverteilung wird unsymmetrisch. Es entsteht zeitweilig ein Dipol. Diese Dipole ziehen sich gegenseitig an. Je größer das Molekül ist und damit die Berührungsfläche der Moleküle miteinander, desto stärker sind die van-der-Waals-Kräfte.

Zwischen Dipolmolekülen bilden sich **Dipol-Dipol-Wechselwirkungen** aus (Abb. 4). Diese beruhen darauf, dass sich die ungleichen Teilladungen der polaren Moleküle gegenseitig anziehen. Dipol-Dipol-Wechselwirkungen sind stärker als van-der-Waals-Kräfte.

Wenn in einem Molekül eine polare Elektronenpaarbindung zu einem Wasserstoffatom vorliegt und ein weiteres Molekül mit Sauerstoffatomen oder Stickstoffatomen dazukommt, können sich zwischen den Molekülen **Wasserstoffbrückenbindungen** ausbilden (Abb. 5). Wasserstoffbrückenbindungen sind stärker als van-der-Waals-Kräfte aber schwächer als Elektronenpaarbindungen. Die bei weitem stärksten Anziehungskräfte sind aber die Anziehungskräfte zwischen verschieden geladenen Ionen (Abb. 6).

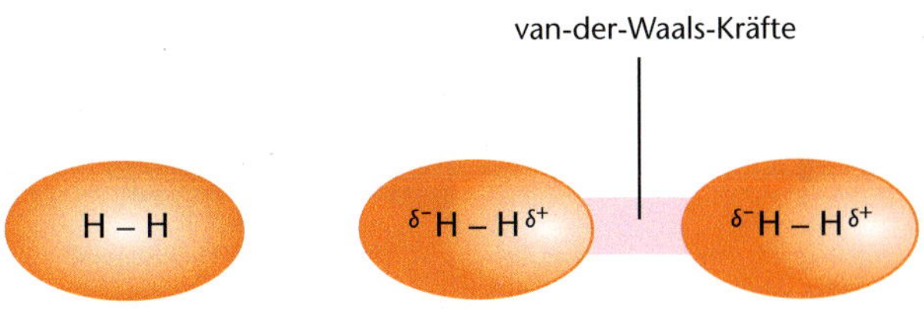

3 *Ausbildung von van-der-Waals-Kräften zwischen zwei Molekülen*

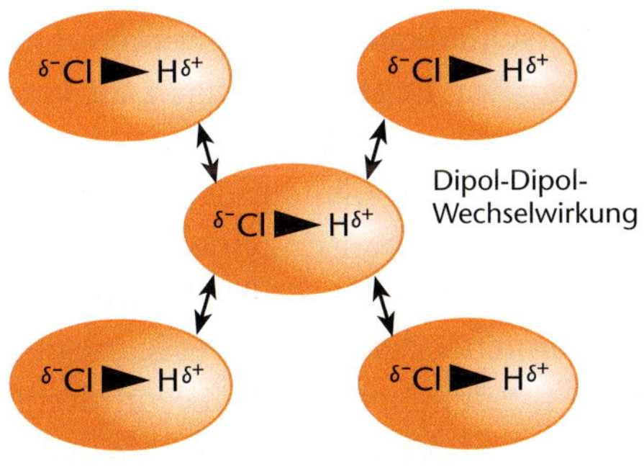

4 *Dipol-Dipol-Wechselwirkungen*

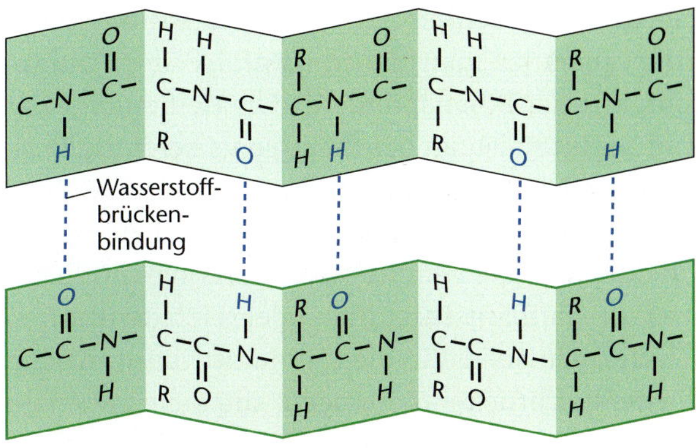

5 *Wasserstoffbrückenbindungen*

Teilchensorte	unpolare Moleküle	polare Moleküle	Ionen
Bindungstyp	reine Elektronenpaarbindung	polare Elektronenpaarbindung	Ionenbindung
zwischenmolekulare Kräfte	van-der-Waals-Kräfte	van-der-Waals-Kräfte Dipol-Dipol-Wechselwirkungen	
Stärke der zwischenmolekularen Kräfte	schwach	mittel bis stark	

6 *Bindungen, Teilchensorten und zwischenmolekulare Kräfte*

9.3 Bau von Enzymen

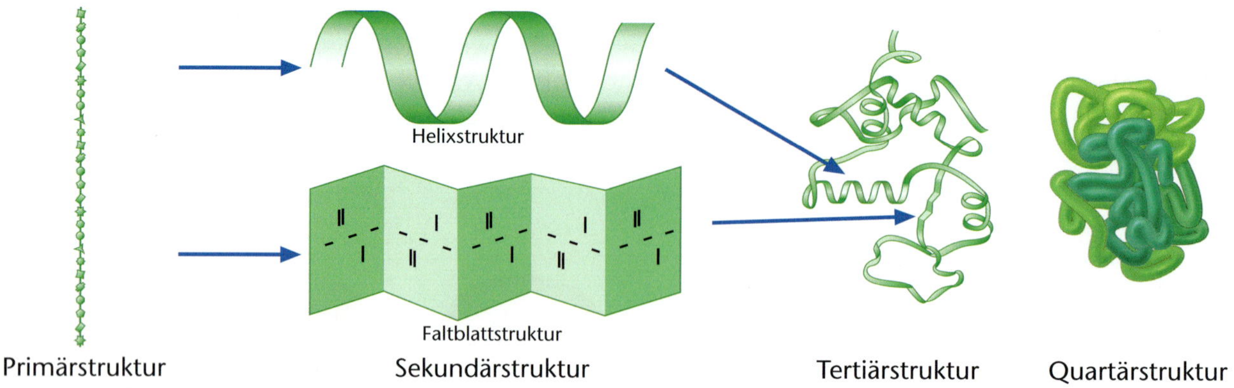

1 *Bau und Struktur eines Enzyms*

Enzyme sind **Proteine.** Bausteine der Proteine sind zwanzig verschiedene Aminosäuren. Die Aminosäuren sind über Peptidbindungen zu langen Molekülketten verknüpft (Abb. 2, 4). Diese Ketten bezeichnet man als Polypeptide. Sie bauen die Proteine, wie zum Beispiel Enzyme, auf. Viele Enzyme enthalten neben den Polypeptidketten zusätzlich Metallionen oder kleinere organische Moleküle. Diese zusätzlichen Enzymbestandteile bezeichnet man als **Cofaktoren.**

Der räumliche Aufbau eines Proteins lässt sich auf vier Ebenen beschreiben (Abb. 1). Als **Primärstruktur** bezeichnet man die Reihenfolge der Aminosäuren in der Polypeptidkette. Die Reihenfolge der Aminosäuren ist auf der DNA genetisch festgelegt. Diese Reihenfolge ist für den räumlichen Aufbau, die sogenannte Raumstruktur eines Enzyms entscheidend. Viele Abschnitte einer Polypeptidkette sind zu Faltblattstrukturen oder Helixstrukturen gefaltet. Ursache für diese Raumstrukturen sind Wasserstoffbrückenbindungen, die sich zwischen nahe benachbarten Aminosäuren der Polypeptidkette in regelmäßigen Abständen ausbilden. Man bezeichnet diese räumlichen Strukturen als **Sekundärstrukturen.** Zwischen Aminosäuren, die in der Polypeptidkette weiter voneinander entfernt sind, bilden sich auch die besonders stabilen Disulfidbrücken aus. Dadurch kommt es zu einer weiteren räumlichen Auffaltung der Polypeptidkette, deren Struktur nun an ein Wollknäuel erinnert. Diese Raumstruktur bezeichnet man als **Tertiärstruktur.** Die Tertiärstruktur entsteht nicht zufällig, sondern ist für das jeweilige Protein charakteristisch und bereits durch die Abfolge der Aminosäuren in der Primärstruktur vorgegeben. Manche Proteine bestehen aus mehreren Polypeptidketten. Jede dieser Polypeptidketten bildet dann eine Untereinheit. Beispielsweise besteht das Hämoglobin, der rote Blutfarbstoff, aus vier Untereinheiten. Einen derartigen Komplex aus mehreren Polypeptidketten bezeichnet man als **Quartärstruktur.**

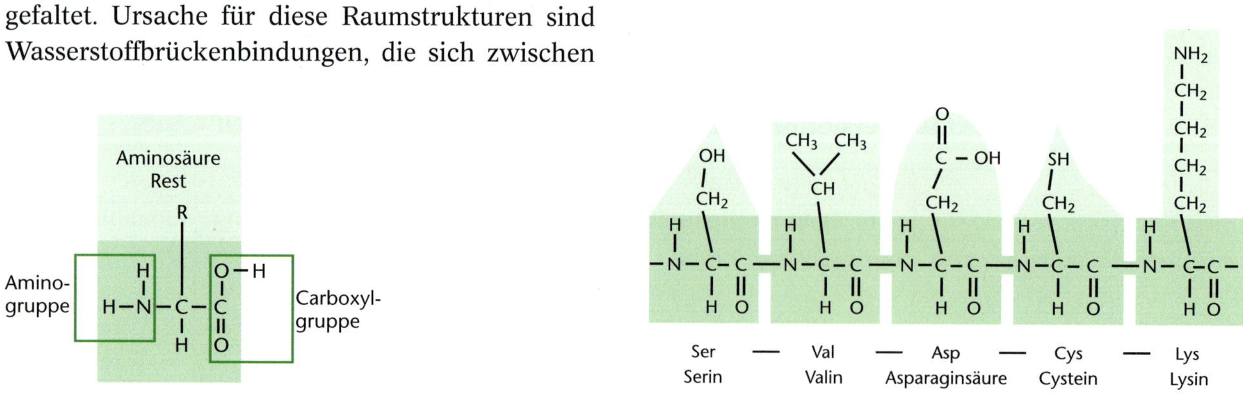

2 *Aufbau einer Aminosäure und Ausschnitt aus einer Polypeptidkette*

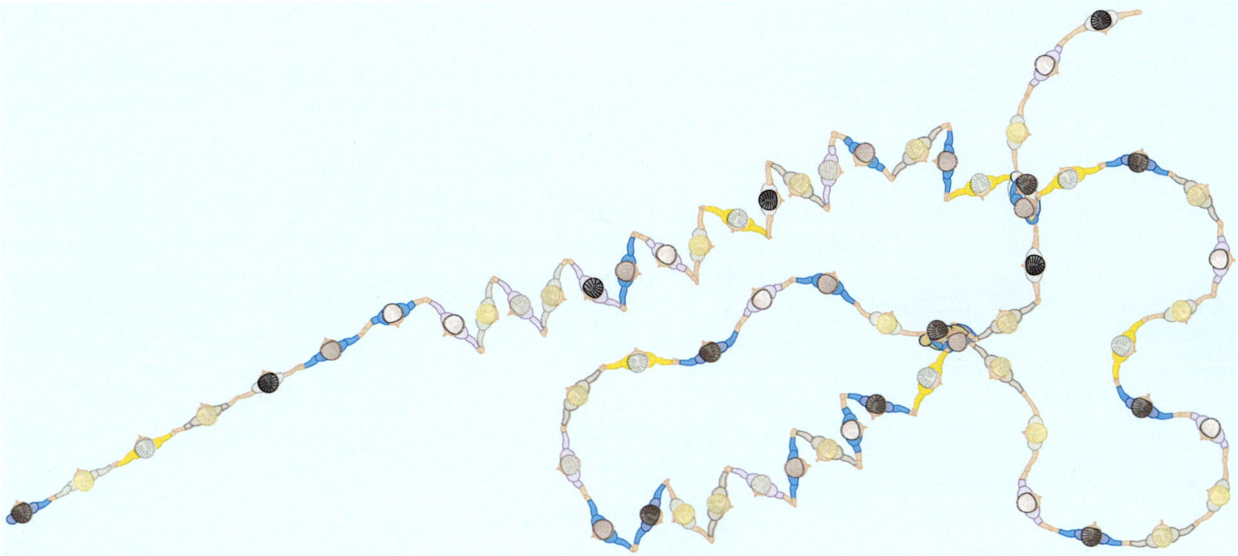

3 *Eine Menschenkette als Modell*

1 Eine Menschenkette als Modell für die Enzymstruktur? Erläutere, inwiefern die in Abbildung 3 dargestellte Menschenkette als Modell für den Aufbau eines Enzyms aufgefasst werden kann.

2 Bau von Aminosäuren. Beschreibe vergleichend den Aufbau der in Abbildung 2 dargestellten Aminosäuren.

3 Bildung einer Peptidbindung. Beschreibe die Vorgänge bei der Bildung einer Peptidbindung mithilfe von Abbildung 4.

4 Zwischenmolekulare Kräfte in Polypeptidketten.

a) Beschreibe die in Abbildung 5 dargestellten zwischenmolekularen Kräfte und ordne diese nach ihrer Stärke.

b) Nenne jeweils die beiden in der Abbildung 5 dargestellten Aminosäuren, zwischen denen sich die jeweiligen Bindungen ausbilden. Verwende dazu Abb. 2.

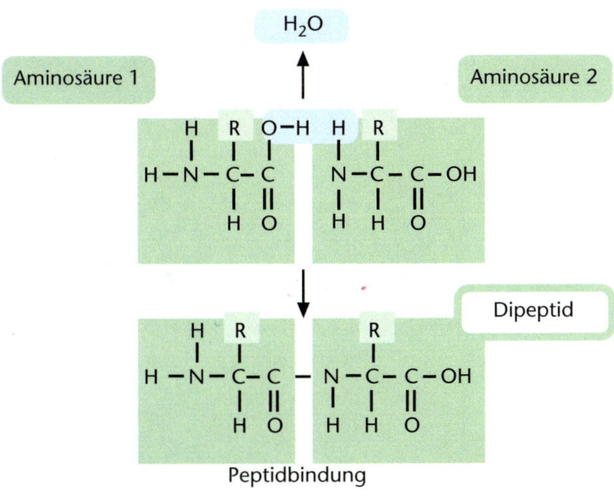

4 *Bildung einer Peptidbindung*

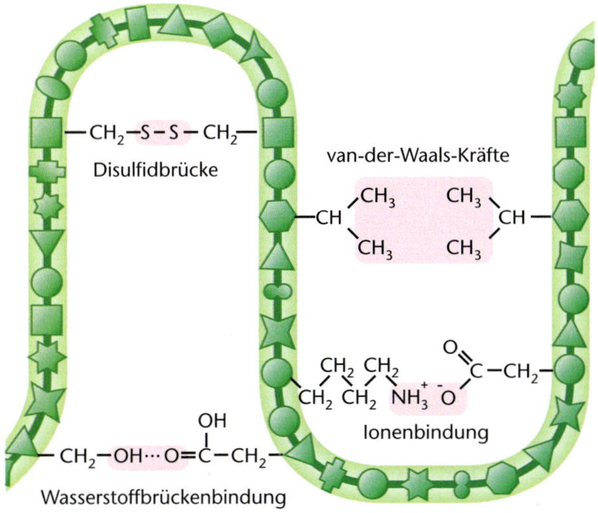

5 *Zwischenmolekulare Kräfte in Polypeptidketten*

9.4 Enzyme als Biokatalysatoren

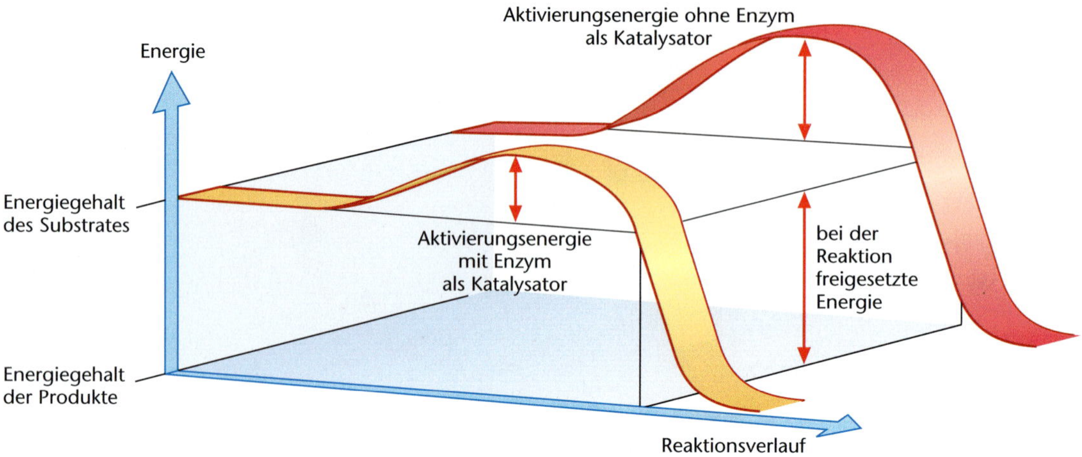

1 *Enzyme verringern die Aktivierungsenergie*

Ohne Enzyme gäbe es kein Leben. Als Biokatalysatoren setzen sie viele chemische Prozesse in unserem Stoffwechsel in Gang und beschleunigen sie. Ohne Enzyme könnten diese Vorgänge gar nicht oder nur sehr langsam ablaufen. Wie alle Katalysatoren gehen Enzyme unverändert aus den chemischen Reaktionen, die sie beschleunigen, hervor. Sie wirken deshalb bereits in sehr geringen Konzentrationen und stehen nach jeder Reaktion sofort wieder zur Verfügung.

Für jede chemische Reaktion ist Aktivierungsenergie notwendig (Abb. 1). Sie dient dazu, die Ausgangsstoffe energiereicher zu machen. Dadurch werden chemische Reaktionen erst ermöglicht. Ist die benötigte Aktivierungsenergie hoch, läuft eine Reaktion im Körper eines Lebewesens gar nicht oder nur langsam ab. Mit Enzymen ist für eine solche Reaktion eine geringere Aktivierungsenergie erforderlich und die Reaktion wird dadurch um ein Vielfaches schneller.

Die Namen vieler Enzyme werden aus den Namen der Ausgangsstoffe – dem Substrat, das sie umsetzen, – und der Endung -ase gebildet. Diese Namen lassen auf die Funktion der Enzyme schließen. Zum Beispiel spaltet das Enzym Amylase Stärke (Amylose) und das Enzym Saccharase zerlegt den Zucker Saccharose.

Enzyme lassen sich aufgrund ihrer Funktionen zu Enzymklassen zusammenfassen (Abb. 2). Alle Transferasen übertragen zum Beispiel Molekülbestandteile von einem Molekül auf ein anderes.

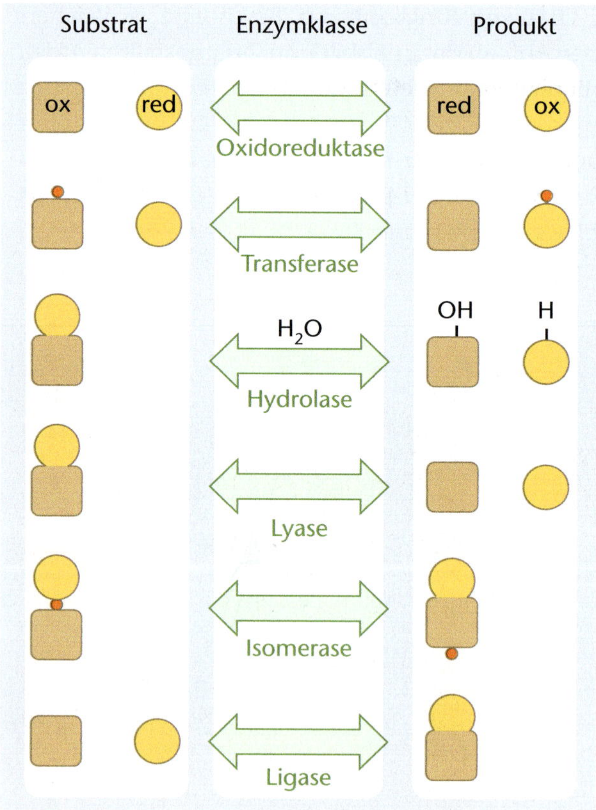

2 *Enzymklassen und deren Funktionen*

3 *Enzymwirkung im Modell: Bergwanderung*

1 Zusammenfassung der Enzymwirkung. Lies den Grundwissentext. Fasse dann in wenigen Sätzen die wichtigsten Aspekte der Enzymwirkung zusammen.

2 Enzymwirkung im Modell.
a) Beschreibe und erläutere die Abbildung 3 unter folgenden Fragestellungen:
– Was ist dargestellt?
– Welche Informationen sind der Abbildung zu entnehmen?
b) Erläutere, inwiefern die Abbildung 3 eine geeignete Modellvorstellung zur Erklärung der Enzymfunktion darstellt.
c) Entwickle ein eigenes mechanisches Modell, mit dem du die im Grundwissentext beschriebene Wirkungsweise eines Enzyms demonstrieren kannst.

3 Enzymklassen und Enzymfunktionen. Beschreibe die in Abbildung 2 vereinfacht dargestellten Funktionen der jeweiligen Enzymklassen.

4 Perlmutt. Perlmutt wächst an der Innenfläche von Muschel- und Schneckenschalen als schillernde Schicht. Es enthält Calciumsalze und Proteine. Perlmutt könnte ein wichtiger Werkstoff der Zukunft werden, der heutige Industriekeramik aus vielen Bereichen verdrängen könnte. Gibt man Proteine aus den Schneckenschalen zu einer Lösung, die Calciumsalze und andere Verbindungen enthält, bilden sich bei Raumtemperatur dünne Schichten aus Perlmutt. Für die Herstellung von Keramik sind dagegen hohe Temperaturen nötig.
Begründe, warum Perlmutt in der Natur bei wesentlich niedrigeren Temperaturen als Keramik entstehen kann.

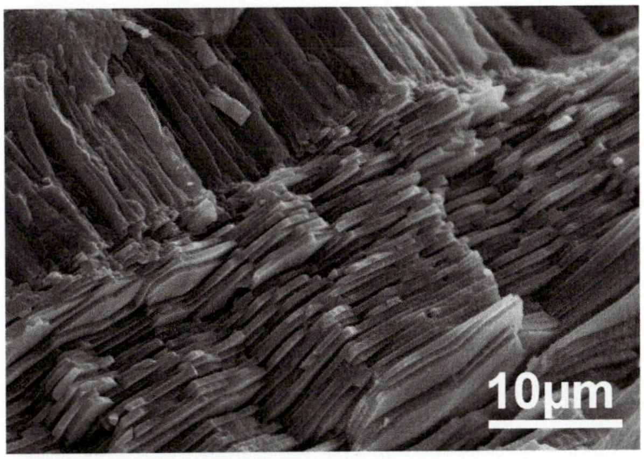

4 *Muschelschale mit Perlmutt und mikroskopische Aufnahme von Perlmutt*

9.5 Der Mechanismus der Enzymwirkung – das Schlüssel-Schloss-Prinzip

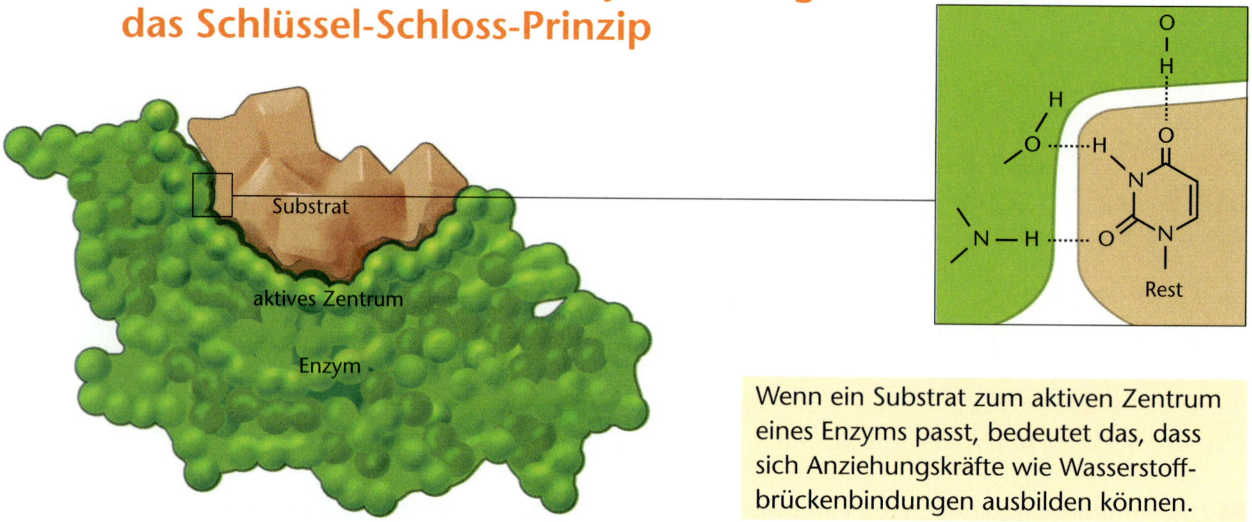

1 *Enzym-Substrat-Komplex mit einem vergrößerten Ausschnitt aus dem aktiven Zentrum*

Die meisten Enzyme können nur bestimmte Substrate umsetzen. Sie verhalten sich substratspezifisch. Die Substratspezifität lässt sich über den Mechanismus der Enzymwirkung erklären. In einem ersten Schritt bindet das Substrat an die Stelle des Enzyms, an der die Umsetzung stattfindet. Man nennt diese Stelle **aktives Zentrum** des Enzyms (Abb. 1). Es bildet sich ein **Enzym-Substrat-Komplex** (Abb. 1, 2). Die Bindung des Substrates an das aktive Zentrum des Enzyms erfolgt, indem sich zwischen Substratmolekül und Enzym zwischenmolekulare Anziehungskräfte ausbilden. Dafür ist ein exaktes Passen von räumlichen Strukturen und Ladungsverteilungen des aktiven Zentrums des Enzyms und des Substratmoleküls erforderlich. Das exakte Zusammenpassen von Enzym und Substrat als Voraussetzung für die Reaktion bezeichnet man auch als **Schlüssel-Schloss-Prinzip** (Abb. 2). Noch während das Substrat an das Enzym bindet, wird es verändert, so dass ein Enzym-Produkt-Komplex entsteht. Anschließend werden die Produkte freigesetzt. Das Enzym geht unverändert aus dieser Reaktion hervor und kann weitere Reaktionszyklen durchlaufen.

Jedes Enzym kann in der Regel nur eine ganz bestimmte Veränderung des Substrates bewirken. Diese Eigenschaft bezeichnet man als Wirkungsspezifität.

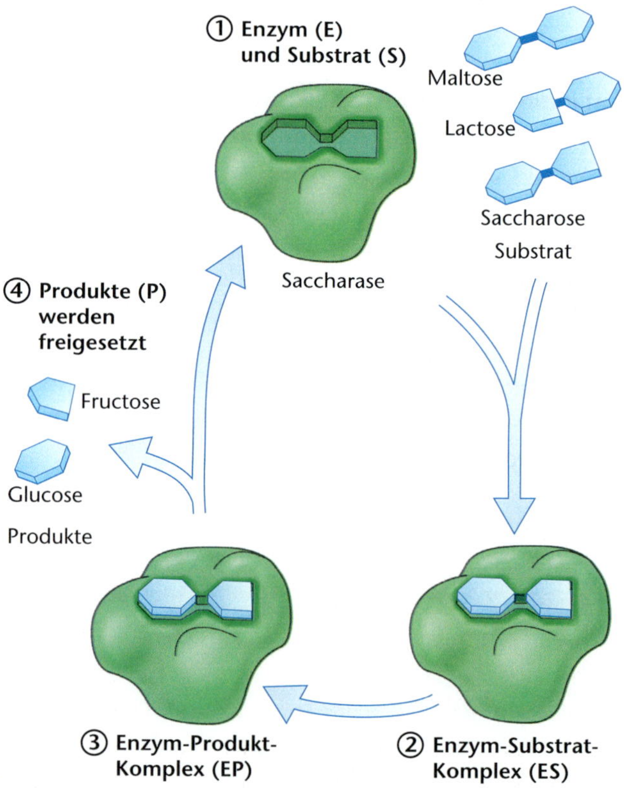

$$E + S \rightarrow ES \rightarrow EP \rightarrow E + P$$

2 *Ablauf einer Enzymreaktion am Beispiel des Enzyms Saccharase*

1 Enzymfunktion im Modell.

a) Stelle ein Pappmodell her, mit dem du möglichst viele Aspekte der typischen Wirkungsweise eines Enzyms auf dem Tageslichtprojektor veranschaulichen kannst.

b) Stelle aus Legosteinen oder Knetgummi ein dreidimensionales Modell her, mit dem du die Wirkungsweise eines Enzyms veranschaulichen kannst.

c) Erläutere, welche Aspekte der Enzymwirkung sich durch die verschiedenen Modelle veranschaulichen lassen und wodurch die Veranschaulichung geschieht. Diskutiere auch Grenzen der Modelle.

2 Modelldarstellung zum Mechanismus der Enzymwirkung. Die Abbildung 3 ist unvollständig. Übertrage die Abbildung in dein Heft und vervollständige sie. Vergleiche die Abbildungen 2 und 3. Inwiefern erkennst du grundsätzliche Unterschiede und Gemeinsamkeiten?

3 Versuch zur Untersuchung der Enzymwirkung.

Information: Stärkemoleküle bestehen aus langen Ketten aus mehreren Hundert Glucosemolekülen. Inulinmoleküle bestehen aus langen Ketten aus mehreren Hundert Fructosemolekülen (Abb. 4).

Vorversuch: Eine Lösung von Inulin und eine Stärkelösung werden mit Fehling-(I)- und Fehling-(II)-Lösung (C) versetzt und erwärmt. In beiden Fällen tritt keine Bildung eines roten Niederschlages auf.

Versuch: In einen Erlenmeyerkolben füllt man Stärkelösung, in den nächsten Inulinlösung und in den dritten eine Lösung, die Stärke und Inulin enthält. Dann gibt man zu allen Lösungen Amylase (X_n) und stellt die Lösungen für 15 Minuten in ein 30 °C warmes Wasserbad. Danach gibt man zu allen Ansätzen Fehling-Lösung (C) und erwärmt 5 Minuten in einem heißen Wasserbad.

a) Beschreibe und deute das in Abbildung 4 dargestellte Versuchsergebnis.

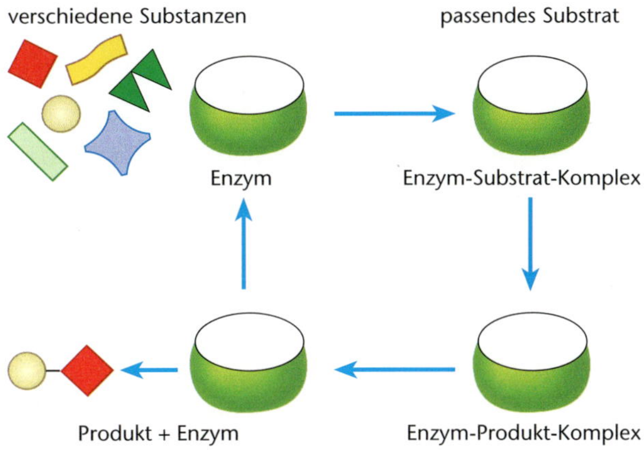

3 *Ablauf einer Enzymreaktion*

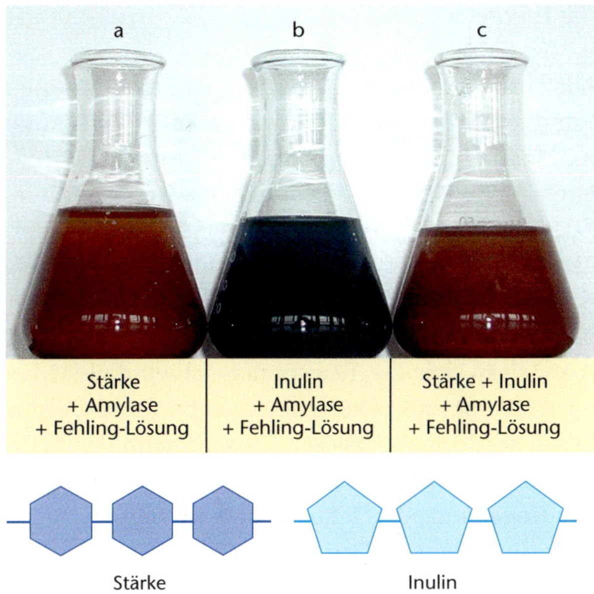

4 *Versuchsergebnis zu Aufgabe 3*

b) Erläutere, warum der Vorversuch durchgeführt wird.

c) Erläutere, welche Versuchsbeobachtungen bei diesem Experiment zu erwarten wären, wenn statt des Enzyms Amylase das Enzym Saccharase eingesetzt würde. Begründe deine Antwort.

9.6 Die Temperaturabhängigkeit der Enzymwirkung

1 *Temperaturkontrolle in einem Gärbottich für die Bierherstellung*

Die Geschwindigkeit aller chemischen Reaktionen nimmt mit steigender Temperatur zu. Damit Stoffe miteinander reagieren können, müssen deren Teilchen, zum Beispiel Moleküle, zusammenstoßen. Die Geschwindigkeit von Teilchen nimmt mit steigender Temperatur zu. Zusammenammenstöße finden bei höherer Temperatur deshalb häufiger statt. Bei biochemischen Reaktionen beobachtet man, dass sich die Reaktionsgeschwindigkeit bei einer Temperaturerhöhung um zehn Grad Celsius etwa verdoppelt. Dieser Zusammenhang wird durch die **Reaktionsgeschwindigkeits-Temperatur-Regel,** kurz RGT-Regel, beschrieben.

Die RGT-Regel gilt auch bei enzymkatalysierten Reaktionen. Weil die Substrate und die Enzyme bei höheren Temperaturen häufiger aufeinander treffen, laufen die Reaktionen schneller ab (Abb. 2). Bei Temperaturen über 40 Grad Celsius werden jedoch zwischenmolekulare Kräfte zwischen den Polypeptidketten des Enzyms gelöst. Als Folge ändert sich die Struktur des Enzyms. Diesen Vorgang bezeichnet man als **Denaturierung.** Dadurch verlieren die Enzyme ihre Wirksamkeit und die durch sie katalysierten Reaktionen kommen zum Erliegen. Aus diesem Grund ist es sehr wichtig, bei industriellen Prozessen, in denen Enzyme verwendet werden, wie etwa dem Bierbrauen, die Temperatur ständig zu überprüfen (Abb. 1).

Jedes Enzym hat eine bestimmte Temperatur, bei der es am besten arbeitet. Diese Temperatur nennt man **Temperaturoptimum.** Temperaturoptima liegen bei den meisten Enzymen bei 35 bis 40 Grad Celsius. Bei höheren Temperaturen setzt die Denaturierung ein. Eine Ausnahme bilden Enzyme von Organismen aus extremen Lebensräumen. Die Enzyme von Wärme liebenden Bakterien, die heiße Quellen besiedeln, haben sehr hohe Temperaturoptima bis 100 Grad Celsius. Dagegen haben Enzyme von Kälte liebenden Bakterien, die vor allem in der Arktis und Antarktis vorkommen, sehr niedrige Temperaturoptima. Von derartigen Enzymen erhofft man sich, dass sie in industriellen Prozessen eingesetzt werden können. Deshalb ist die Entdeckung und Erforschung dieser hitzestabilen und kälteunempfindlichen Enzyme ein wichtiger Forschungsgegenstand.

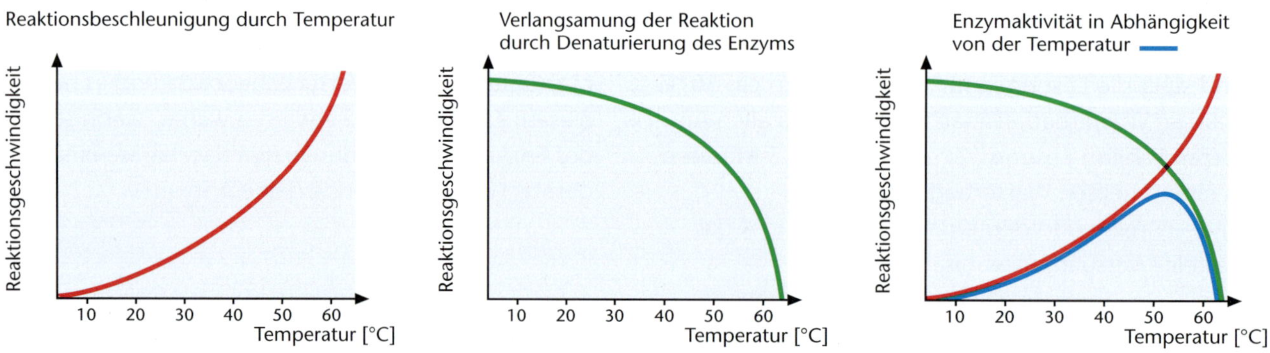

2 *Enzymaktivität und Temperatur*

3 *Fotosynthese bei unterschiedlichen Temperaturen*

1 Enzymaktivität. Erkläre den Verlauf der blauen Kurve in Abbildung 2. Setze den Kurvenverlauf in Beziehung zur Raum-Struktur von Enzymen und zur RGT-Regel.

2 Versuch: Die Temperaturabhängigkeit der enzymatischen Bräunung.
Information: Die Bräunung von angeschnittenen Äpfeln oder von rohem Kartoffelbrei an der Luft ist ein enzymatischer Prozess. Enzyme oxidieren unter Mitwirkung von Sauerstoff Inhaltsstoffe zu braunen Produkten.
Versuchsdurchführung: Zerreibe eine Kartoffel zu einem Brei. Verteile den frischen Kartoffelbrei auf drei Gefäße. Stelle eines der Gefäße in den Kühlschrank, eines in einen normal temperierten Raum und eines an einen warmen Ort, zum Beispiel in einen auf 40 °C vorgeheizten Backofen. Überprüfe und protokolliere das Aussehen der Proben eine halbe Stunde lang in Abständen von fünf Minuten. Verfasse ein Versuchsprotokoll mit einer Deutung der erhaltenen Ergebnisse.

Shrimp aus Alaska

Bakterium aus heißer Quelle

Schwein

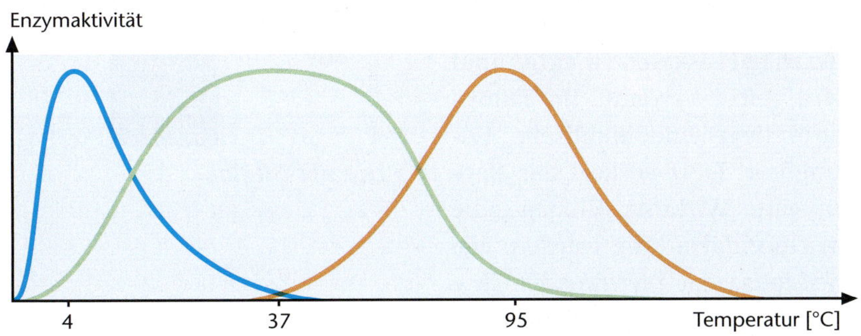

4 *Unterschiedliche Temperaturoptima von drei gleichen Enzymen*

3 Die Temperaturabhängigkeit der Enzymwirkung. Gleiche Mengen an Wasserpestpflanzen werden in dem Versuchsaufbau der Abbildung 3 bei unterschiedlichen Temperaturen belichtet. Der fotosynthetisch erzeugte Sauerstoff wird mit umgestülpten Reagenzgläsern aufgefangen. Anhand der Menge des pro Zeiteinheit produzierten Sauerstoffs lässt sich die Fotosyntheseaktivität abschätzen.
a) Beurteile die jeweilige Fotosyntheseaktivität bei den unterschiedlichen Temperaturen. Stelle die Fotosyntheseaktivität der Wasserpest in Abhängigkeit von der Temperatur in geeigneter Weise grafisch dar.
b) Erläutere, inwiefern das Versuchsergebnis dafür spricht, dass an der Sauerstoffbildung durch Fotosynthese Enzyme beteiligt sind.

4 Enzymaktivität und Lebensraum. Die Abbildung 4 zeigt die Temperaturoptima von drei gleichen Enzymen in unterschiedlichen Lebewesen. Beschreibe, welche Fakten du dem Diagramm entnehmen kannst und ordne die Kurven den abgebildeten Lebewesen zu. Begründe deine Zuordnung.

9.7 pH-Abhängigkeit der Enzymwirkung

1 *Milcheiweiße gerinnen mit Zitronensaft*

Versetzt man Milch mit etwas Zitronensaft, flockt das in der Milch enthaltene Eiweiß aus (Abb. 1). Der Zitronensaft säuert die Milch an. In sauren Lösungen liegen höhere Konzentrationen an Hydroniumionen (H_3O^+-Ionen) vor (Abb. 3). Deshalb werden an einigen Stellen der Polypeptidkette Protonen (H^+-Ionen) angelagert. In alkalischen Lösungen herrscht dagegen ein Überschuss an Hydroxidionen (OH^-). Diese spalten Protonen von der Polypeptidkette ab. Durch Anlagerung oder Abspaltung von Protonen werden Wasserstoffbrückenbindungen und Ionenbindungen in der Polypeptidkette des Enzyms gelöst oder an anderer Stelle neu gebildet. Dadurch ändert sich die räumliche Struktur des Enzyms, es denaturiert. Die Denaturierung ist meist reversibel: Stellt sich der ursprüngliche pH-Wert wieder ein, bildet das Enzym seine ursprüngliche Struktur wieder aus.

Da Struktur und Funktion von Enzymen eng miteinander verknüpft sind, beeinflusst der pH-Wert stark die Funktionsfähigkeit der Enzyme. Für jedes Enzym gibt es einen pH-Wert, bei dem es mit größter Geschwindigkeit arbeitet. Dieser pH-Wert heißt **pH-Optimum.**

Wenn die Nahrung unseren Verdauungstrakt passiert, gelangt sie in Verdauungsorgane mit völlig unterschiedlichen pH-Werten. Der Mundspeichel ist neutral. Die Amylase des Mundspeichels arbeitet bei einem pH-Wert von sieben am besten. Im stark sauren Magensaft herrscht ein pH-Wert von zwei. Dieser pH-Wert ist für das Eiweiße spaltende Enzym Pepsin optimal. Die Amylase aus dem Mundspeichel ist bei diesen pH-Werten inaktiv und wird selbst verdaut. Im Dünndarm liegt eine alkalische Lösung vor. Dort verliert das Pepsin seine Wirkung. Enzyme, die im Dünndarm tätig werden, wie die Lipase, das Trypsin oder Chymotrypsin, haben pH-Optima im alkalischen Bereich (Abb. 2).

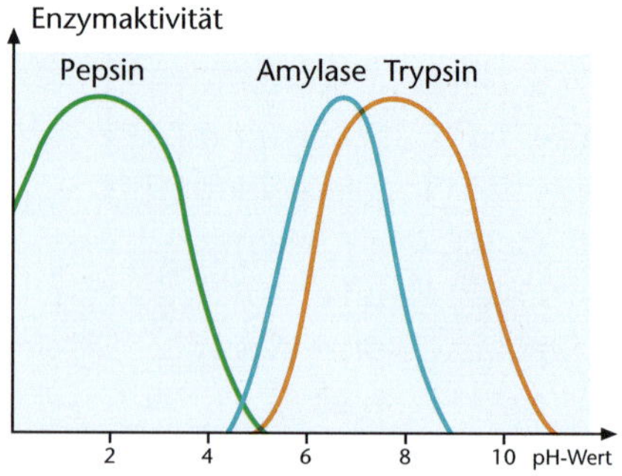

2 *pH-Optima von Enzymen*

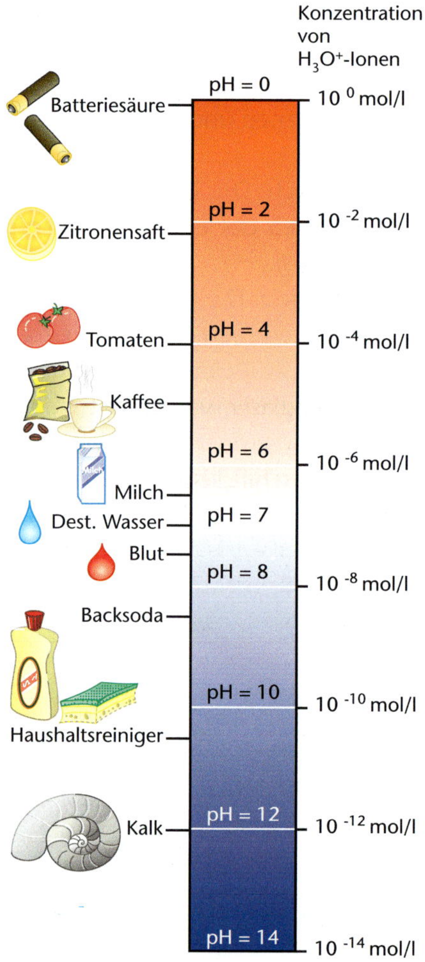

3 *Die pH-Skala*

1 Versuche zur Eiweißverdauung. Ein Gramm Magerquark wird gründlich in 20 ml Wasser eingerührt. Dabei erhält man eine trübe Suspension. Die Trübung wird vor allem durch Eiweißflocken hervorgerufen. Magerquark enthält viel Eiweiß, aber fast kein Fett.
Eine Spatelspitze des Enzyms Pepsin wird in 10 ml Wasser eingerührt.
Nach Befüllen der Reagenzgläser, wie in Abbildung 4 angegeben, werden diese für 15 min in einem Wasserbad auf knapp 40 °C erwärmt.
a) Formuliere mithilfe der Grundwissenseite und der Abbildung 2 die Versuchsbeobachtung und entwickle eine Deutung.
b) Welche Ergebnisse würdest du erwarten, wenn statt des Enzyms Pepsin das Enzym Trypsin eingesetzt würde? Formuliere eine begründete Hypothese.
c) Führe den Versuch mit Trypsin statt mit Pepsin durch.

2 Das pH-Optimum der Speichelamylase. Reagenzgläser werden mit Stärkelösung gefüllt. Es werden jeweils unterschiedliche pH-Werte eingestellt. Anschließend gibt man jeweils Amylaselösung hinzu und wartet 10 min. Danach gibt man in alle Reagenzgläser einige Tropfen Iodkaliumiodid-Lösung. Beschreibe und deute das Versuchsergebnis mithilfe von Abb. 5.

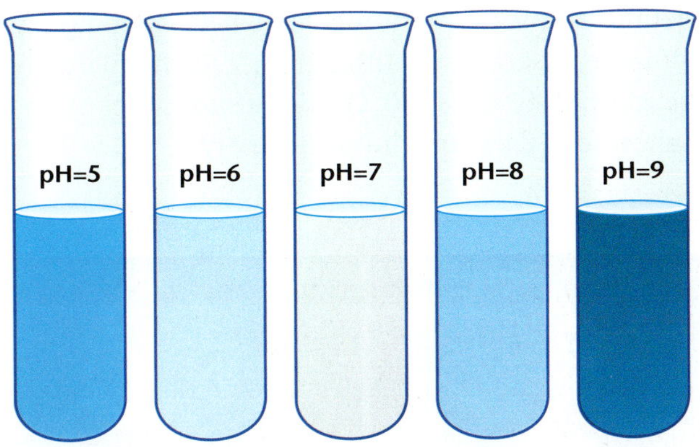

5 *Versuchsergebnis zum pH-Optimum der Speichelamylase*

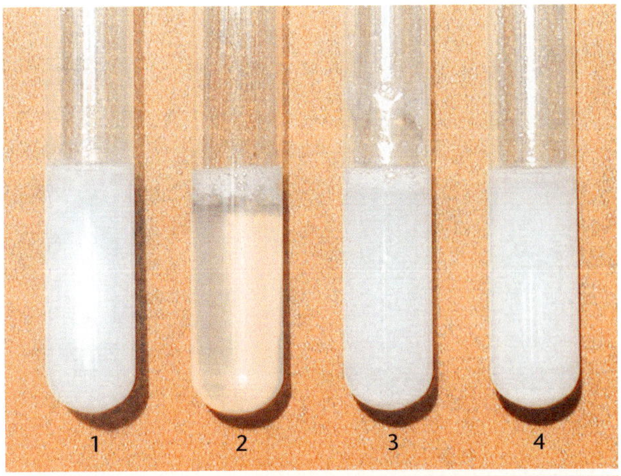

	Reagenzglas 1	Reagenzglas 2	Reagenzglas 3	Reagenzglas 4
Quarksuspension	3 ml	3 ml	3 ml	3 ml
Pepsinlösung	–	2 ml	2 ml	2 ml
Wasser	2 ml	–	–	–
Salzsäure (1 mol/l) (Xi)	–	3 Tropfen	–	–
Natronlauge (1 mol/l) (Xi)	–	–	–	3 Tropfen

4 *Versuch zur Eiweißverdauung*

3 Ladungsverteilung in einem Enzym. Beschreibe die pH-abhängige Ladungsverteilung eines Enzyms mithilfe von Abbildung 6.

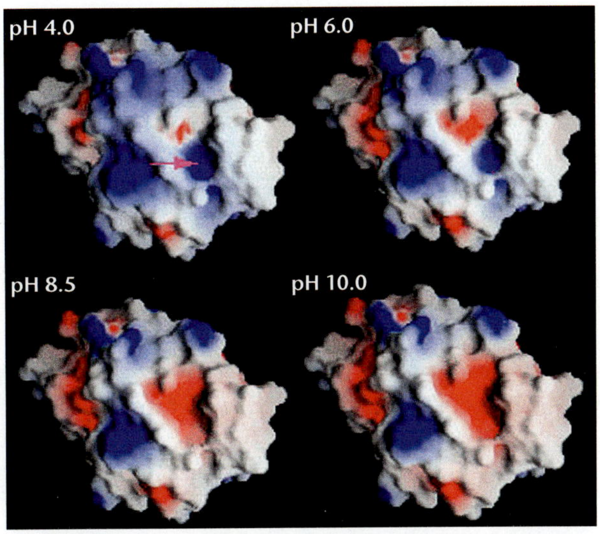

6 *Ladungen in einem Enzym in Abhängigkeit vom pH-Wert. Blau: Überschuss positiver Ladung, rot: Überschuss negativer Ladung*

9.8 Enzyme in der Technik

1 *In einem Braukessel produzieren Hefen Alkohol*

Menschen setzen bereits seit Tausenden von Jahren Mikroorganismen zur Lebensmittelherstellung ein. Mithilfe von Pilzen und Bakterien werden zum Beispiel Brote gebacken oder Bier, Wein und Käse hergestellt (Abb. 1).

Aus diesen Anfängen hat sich heute ein moderner, bedeutender Wirtschaftszweig entwickelt. Diese so genannte **„Weiße Biotechnologie"** setzt heute in großem Maßstab Gewebe, Zellen oder Zellbestandteile ein, um neue Produkte herzustellen oder Produktionsverfahren zu verbessern. Im Vergleich zu konventionellen Produktionsverfahren benötigen biotechnologische Verfahren weniger Energie und produzieren weniger Abfall- und unerwünschte Nebenprodukte. Deshalb gilt die „Weiße Biotechnologie" als Zukunftstechnologie.

Die Gefäße, in denen die biotechnologischen Prozesse im industriellen Maßstab ablaufen, bezeichnet man als Fermenter. Häufig kommen darin keine lebenden Mikroorganismen, sondern Enzyme zum Einsatz. Das hat den Vorteil, dass in einem Fermenter nur die von diesen Enzymen katalysierten Reaktionen ablaufen. Bei der Suche nach geeigneten Enzymen sind besonders Mikroorganismen von Interesse, die an extremen Standorten vorkommen. Wärme liebende Bakterien aus heißen Quellen liefern Enzyme, die bei hohen Temperaturen ihre Wirksamkeit nicht verlieren. Produktionsprozesse können dann bei hohen Temperaturen schnell ablaufen.

Seit einigen Jahrzehnten werden Enzyme in Waschmitteln eingesetzt (Abb. 2). Das hat dazu geführt, dass es heute nicht mehr notwendig ist, Wäsche zu kochen. Mithilfe der Enzyme wird sie schon bei 40 oder 60 Grad Celsius sauber. Das schont das Gewebe und spart Energie.

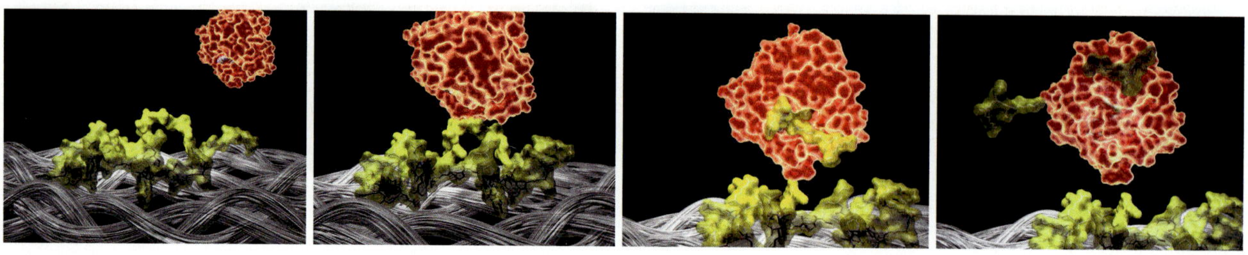

2 *Eine Protease (rot) löst Eiweißflecken (gelb) von einer Faser*

1 Enzyme in Waschmitteln.

a) In Waschmitteln werden Enzyme eingesetzt. Je nach Verwendungszweck sind unterschiedliche Enzyme enthalten: Proteasen, Amylasen, Lipasen und Cellulasen. Gib jeweils an, welche Enzyme für die Entfernung der folgenden Verschmutzungen von Bedeutung sind.

- Eiflecken
- Schokolade
- Kartoffelbrei
- Bratenfett
- Baumwollfusseln
- Sonnencreme
- Milch

Begründe deine Antwort jeweils.

b) Auf den Waschmittelverpackungen sind die enthaltenen Enzyme angegeben. Fertige eine Tabelle mit den Namen der Waschmittel und den darin enthaltenen Enzymen an. Versuche, Zusammenhänge zwischen der speziellen Funktion des Waschmittels und den enthaltenen Enzymen herzustellen.

2 Vergleich biotechnologischer und herkömmlicher Herstellungsverfahren am Beispiel der Herstellung eines Medikamentes. Erläutere, welche Informationen der Abbildung 3 zu entnehmen sind.

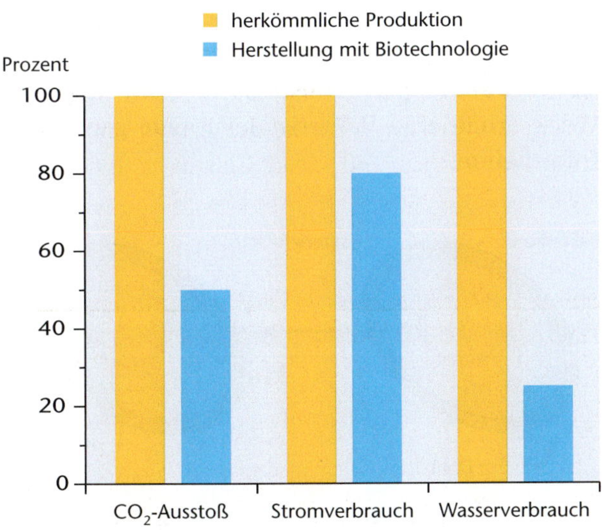

3 *Vergleich von Herstellungsverfahren*

3 Versuch: Enzyme in Waschmitteln. Protokolliere und deute jeweils die Versuchsergebnisse.

a) Proteasen: Gummibärchen bestehen hauptsächlich aus Gelatine, einem Protein. Gib in 3 Reagenzgläser jeweils ein rotes Gummibärchen und 10 cm hoch Wasser. Gib in das erste Reagenzglas zusätzlich eine Spatelspitze eines Waschmittels, das Protease enthält. Gib in das zweite Reagenzglas eine Spatelspitze eines Waschmittels ohne Protease. Schüttle mehrmals um und lasse die Reagenzgläser über Nacht stehen.

b) Lipasen: Gib in 3 Reagenzgläser jeweils 5 cm hoch Wasser. Gib darauf einen Tropfen mit Sudan-III gefärbtes Speiseöl. Gib in das erste Reagenzglas zusätzlich eine Spatelspitze eines Waschmittels, das Lipase enthält. Gib in das zweite Reagenzglas eine Spatelspitze eines Waschmittels ohne Lipase. Schüttle mehrmals um und lasse die Reagenzgläser über Nacht stehen.

c) Cellulasen: Gib in 4 Reagenzgläser jeweils 5 cm hoch Wasser und einige kleine Stückchen brauner Zwiebelschale. Gib in das zweite Reagenzglas zusätzlich eine Spatelspitze eines Vollwaschmittels mit Cellulase. In das dritte Reagenzglas eine Spatelspitze eines Color-Waschmittels und in das vierte ein cellulasefreies Waschmittel. Schüttle mehrmals um und lasse die Reagenzgläser über Nacht stehen (Abb. 4).

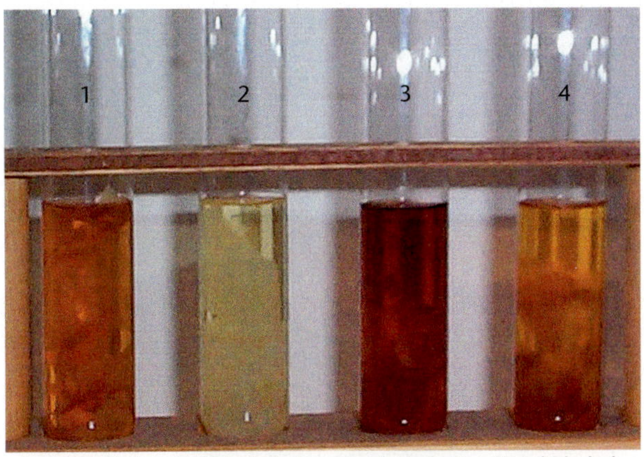

Zwiebelschale, Wasser	Zwiebelschale, Wasser, Vollwaschmittel mit Cellulasen	Zwiebelschale, Wasser, Color-Waschmittel	Zwiebelschale, Wasser, cellulasefreies Waschmittel

4 *Versuchsergebnis zur Wirkung von Cellulasen*

10 Molekulargenetik

10.1 DNA als Erbsubstanz

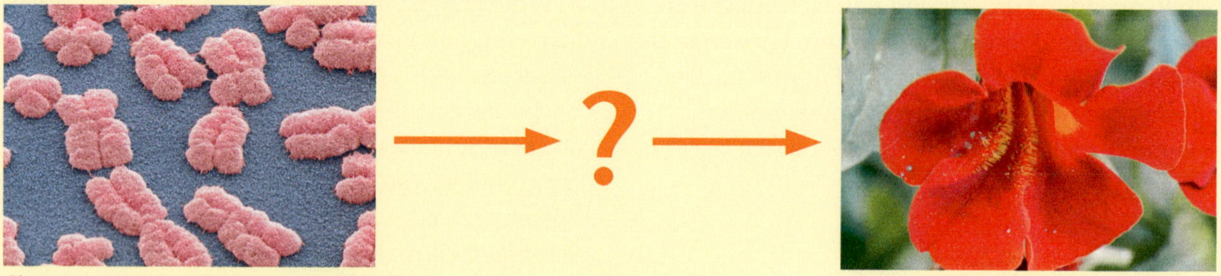

Chromosomen sind die Träger der Erbanlagen. Sie bestehen aus DNA und Proteinen.

Erblich bedingte Merkmale eines Lebewesens

1 *Stand des genetischen Wissens um 1940*

Um das Jahr 1940 war der Stand des genetischen Wissens etwa folgendermaßen: Man wusste, dass Chromosomen die Träger der Erbanlagen sind und dass sie aus DNA und Proteinen bestehen. Außerdem wusste man, dass Gene Informationen für die Ausbildung von Merkmalen enthalten. Ebenfalls bekannt waren die Regeln der Vererbung, wie sie MENDEL entdeckt hatte. Nicht bekannt war dagegen, ob die Erbinformation in Proteinen oder in DNA festgelegt ist (Abb. 1).

Noch ehe die Erbsubstanz eindeutig identifiziert wurde, war klar, welche Anforderungen sie erfüllen muss:
- Die Erbsubstanz muss Informationen speichern können.
- Die Erbsubstanz muss sich identisch verdoppeln können.
- Die Informationen der Erbsubstanz müssen gelesen werden können.
- Die Erbsubstanz muss den Zellstoffwechsel steuern können.
- Die Erbsubstanz muss mutieren können.

Um 1940 hatten die meisten Forscherinnen und Forscher die Hypothese, dass Gene aus Proteinen bestehen. Im Jahr 1944 wurde diese Hypothese durch Versuche von AVERY widerlegt und die DNA eindeutig als Erbsubstanz festgestellt (Abb. 5).

Bei diesen Versuchen wurden Bakterien benutzt (Abb. 2). Sie haben ein ringförmiges Chromosom. Bakterien vermehren sich schnell. Manche Bakterien können fremde DNA-Bruchstücke durch ihre Zellwand aufnehmen und in ihre eigene DNA einbauen (Abb. 3). Man bezeichnet diesen Vorgang als Umwandlung oder **Transformation.** Auf diese Weise erhält eine Bakterienzelle neue genetische Information.

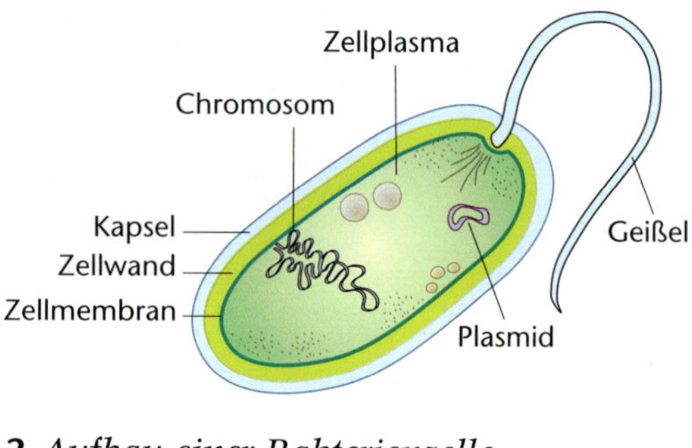

2 *Aufbau einer Bakterienzelle*

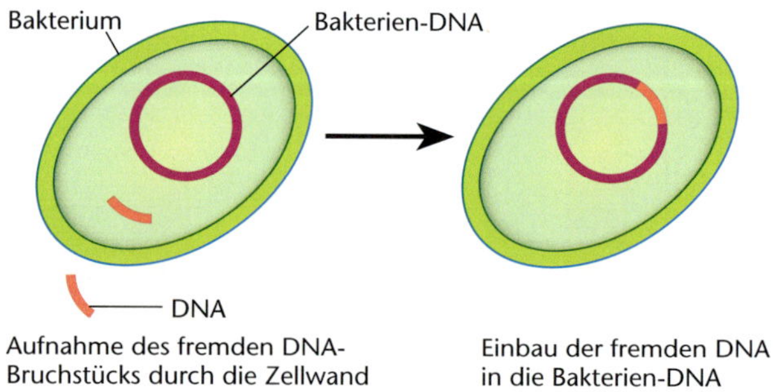

3 *Transformation einer Bakterienzelle*

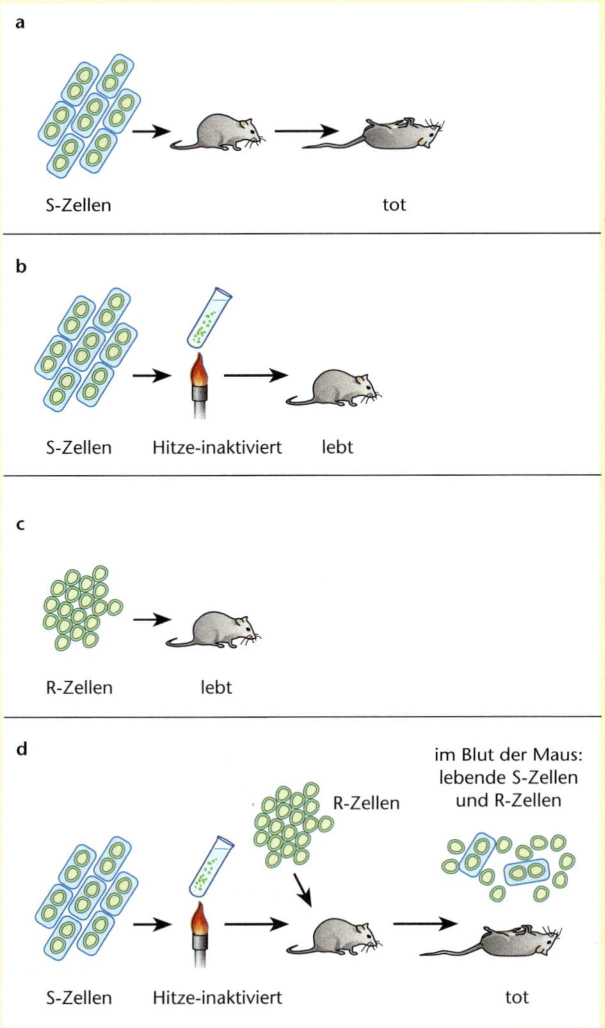

1928 führte der Mikrobiologe FRED GRIFFITH Versuche mit zwei Stämmen der Bakteriengattung Pneumococcus durch. Der S-Stamm (engl. smooth = glatt) bildet auf Nährboden glatte Kolonien. Beim S-Stamm sind je zwei Zellen von einer Schleimkapsel umgeben. Verantwortlich dafür ist das S-Gen. Injizierte man Mäusen lebende S-Zellen, so erkrankten die Mäuse an Lungenentzündung und die meisten starben daran (a). Heute weiß man, dass die S-Pneumokokken wegen ihrer Schleimkapsel nicht schnell genug von den weißen Blutzellen der Mäuse erkannt und vernichtet werden können. Durch Erhitzen verlieren die S-Pneumokokken ihre Gefährlichkeit (b). Erhitzen zerstört Zellwand und Zellmembran, verformt Proteine und zerstückelt die ringförmige Bakterien-DNA in kleine Bruchstücke.
Der R-Stamm der Pneumokokken (engl. rough = rau) bildet auf Nährboden Kolonien mit rauer Oberfläche. Diesen Bakterien fehlt das S-Gen. Daher bilden sie keine Schleimkapsel aus. Das Immunsystem der Mäuse kann die Bakterien des R-Stammes wirkungsvoll bekämpfen (c). GRIFFITH mischte in dem entscheidenden Versuch durch Hitze zerstörte S-Zellen mit lebenden R-Zellen (d). Die Injektion dieses Gemisches führte zur Lungenentzündung und zum Tod der Mäuse. Im Blut dieser Mäuse konnten neben lebenden R-Zellen auch lebende S-Zellen gefunden werden.

4 *Die Versuche von Griffith (1928)*

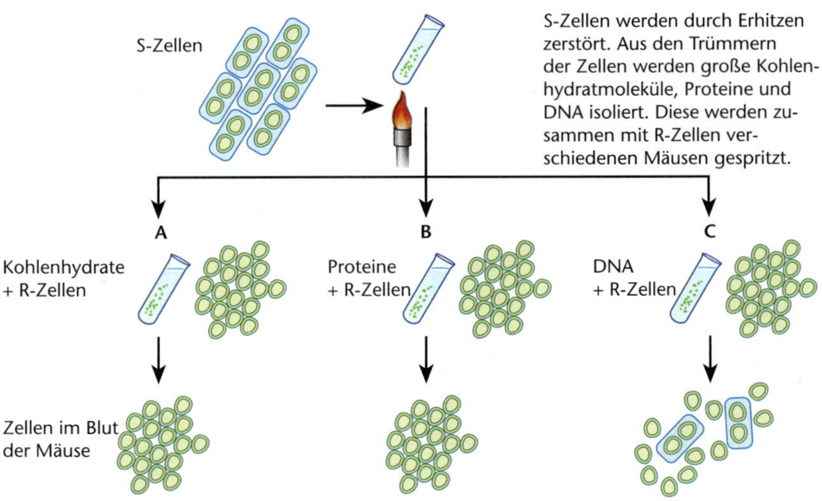

5 *Die Versuche von Avery (1944)*

1 Beweis für DNA als Erbsubstanz. Erläutere unter Bezug auf die Grundwissenseite und die Abbildungen 4 und 5, inwiefern die Versuche von GRIFFITH und AVERY als Beweis für die DNA als Erbsubstanz gelten.

2 Transformation. Erläutere mithilfe geeigneter Skizzen die Transformation im Teilversuch d von GRIFFITH (Abb. 4) und im Teilversuch c von AVERY (Abb. 5).

10.2 Bau der DNA

Alle Lebewesen haben genetische Information in chemischer Form gespeichert. Der Informationsträger heißt Desoxyribonukleinsäure. Die Abkürzung für dieses Molekül ist DNA. Bei den Eukaryoten liegt die DNA in den Chromosomen des Zellkerns als dünnes, stark aufgeknäueltes Molekül vor. Mitochondrien und Chloroplasten enthalten ebenfalls DNA. Die Aufklärung des Baus der DNA im Jahr 1953 war ein wissenschaftlicher Meilenstein und wurde mit dem Nobelpreis gewürdigt.

DNA ist ein Kettenmolekül, das aus vielen hintereinander geknüpften Bausteinen, den **Nukleotiden,** besteht. Jedes Nukleotid besteht aus einer Phosphatgruppe, die sich von der Phosphorsäure ableitet, und aus einem Zucker mit fünf Kohlenstoffatomen, der Desoxyribose (Abb. 1). Zusätzlich gehört zu jedem Nukleotid eine von vier stickstoffhaltigen Basen. Diese Basen heißen Adenin (A), Cytosin (C), Guanin (G) und Thymin (T). Sie werden mit ihren Anfangsbuchstaben abgekürzt (Abb. 1). Nukleotide unterscheiden sich also nur in der Base. Die Abfolge der Basen in einem DNA-Molekül bezeichnet man als **Basensequenz** oder DNA-Sequenz. In ihr ist die genetische Information verschlüsselt. Nukleotide werden im Stoffwechsel einer Zelle gebildet. Letztlich stammen die dafür notwendigen Baustoffe aus der Nahrung.

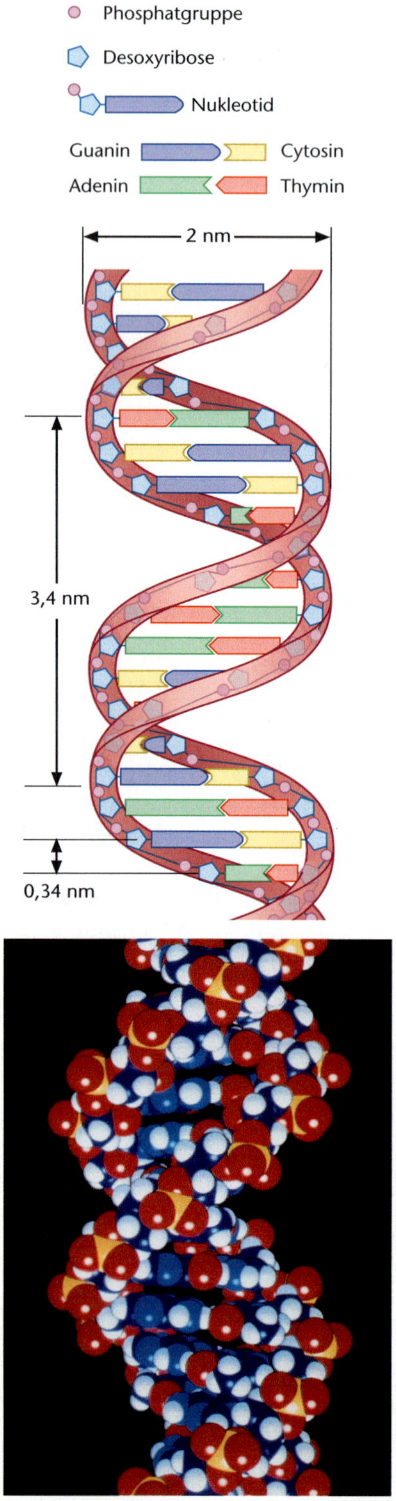

1 *Nukleotide sind die Bausteine der DNA*

Ein DNA-Molekül besteht aus zwei Strängen, die sich schraubig umeinander winden (Abb. 1). Man spricht von **Doppelhelix-Struktur.** Dabei bilden die einander gegenüberstehenden Nukleotide mit ihren Basen ein Paar. Man kann die Doppelhelix modellhaft vereinfacht mit einer Wendeltreppe vergleichen, die an beiden Seiten ein Geländer hat. In diesem Modell entspricht die regelmäßige, hunderttausendfache Abfolge von Phosphatgruppe und Desoxyribose dem Geländer der Wendeltreppe. Phosphatgruppe und Desoxyribose sind durch Atombindungen fest miteinander verbunden. Die senkrecht zum Geländer stehenden Basenpaare sind im Modell der Wendeltreppe die Stufen oder Sprossen. Die Basen jedes Paares sind durch Wasserstoffbrücken miteinander verbunden (Abb. 4).

Die einzelnen Basen eines Paares sind nicht beliebig. Bei allen Lebewesen bildet Adenin (A) immer nur mit Thymin (T) und Cytosin (C) nur mit Guanin (G) ein Paar. Wenn Adenin und Thymin oder Cytosin und Guanin einander gegenüberliegen, passen sie wie Schlüssel und Schloss zusammen. Man sagt, die zueinander passenden Basen sind komplementär. Die Anordnung der komplementären Basen ist ein Beispiel für das Schlüssel-Schloss-Prinzip.

2 *Aus Tomaten isolierte DNA*

1 Versuch: DNA aus Tomaten isolieren.
Material: 100 ml Wasser, 3 g Kochsalz, 10 ml Spülmittel, 20 ml Brennspiritus (F), ein Faltenfilter und ein passender Trichter, ein Glas, ein Reagenzglas, ein Pürierstab, eine Tomate, ein Messer, ein Glasstab, ein Holzstab.
Durchführung: Die Tomate wird klein geschnitten. 3 g Kochsalz werden in 10 ml Spülmittel gegeben und unter Rühren mit 100 ml Wasser aufgefüllt. Zusammen mit den klein geschnittenen Tomatenstückchen wird der Ansatz bei Zimmertemperatur mindestens eine Viertelstunde stehen gelassen. Das Spülmittel zerstört in dieser Zeit Membranen. Danach wird die Probe etwa 10 Sekunden püriert und das Gemisch durch eine Filtertüte in ein Glas gegossen. Etwa 20 ml des Filtrats werden in ein Reagenzglas gegeben und langsam 20 ml Brennspiritus hinzugefügt. In der Flüssigkeit bilden sich zwei Phasen: oben der Brennspiritus (F), unten das Filtrat aus der Tomate. An der Grenze zwischen beiden Phasen fällt die isolierte DNA als weißgelber Ring aus (Abb. 2). Mit einem Holzstab kann die DNA aus dem Reagenzglas gehoben werden.

2 Basenzusammensetzung der DNA bei verschiedenen Lebewesen und einem Virus.
Werte die Abbildung 3 aus.

3 Berechnungen zur DNA. Ein menschlicher Säugling besitzt etwa 2×10^{12} Zellen. Die Masse der DNA in jeder dieser Zellen ist etwa 6 pg (Pikogramm). Die DNA einer Zelle enthält etwa 5500×10^{6} Basenpaare. Berechne die Masse (in g) und die Länge (in km) der gesamten DNA eines menschlichen Säuglings. Beachte dabei auch Angaben in Abbildung 1. Hinweis: 1 pg (Pikogramm) = 10^{-12} g; 1 nm (Nanometer) = 10^{-9} m.

4 DNA-Trennung durch Erhitzen. Bei verschiedenen Versuchen wurde DNA erhitzt. Dabei lösten sich bei bestimmten Temperaturen die Wasserstoffbrücken-Bindungen zwischen den Basenpaaren und das DNA-Doppelhelix-Molekül zerfiel in zwei Einzelstränge.
Beschreibe Abbildung 4. Begründe, warum sich ein DNA-Molekül mit einem hohen Gehalt an den Basen Cytosin und Guanin erst bei höheren Temperaturen in Einzelstränge trennt.

	Adenin	Cytosin	Guanin	Thymin
Mensch	31 %	19 %	19 %	31 %
Schaf	30 %	20 %	20 %	30 %
Seeigel	33 %	17 %	17 %	33 %
Weizen	27 %	23 %	23 %	27 %
E. coli (Bakterium)	24 %	26 %	26 %	24 %
Virus T7	26 %	24 %	24 %	26 %

3 *Anteil der vier Basen an allen Basen der DNA*

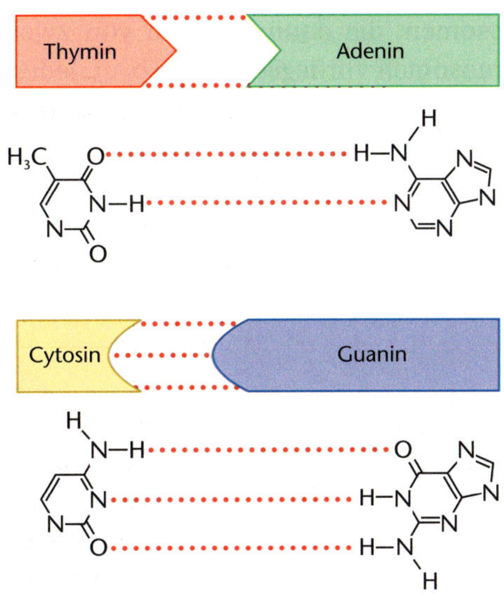

4 *Wasserstoffbrücken zwischen den komplementären Basen Adenin und Thymin sowie Cytosin und Guanin*

10.6 Proteinbiosynthese: Translation

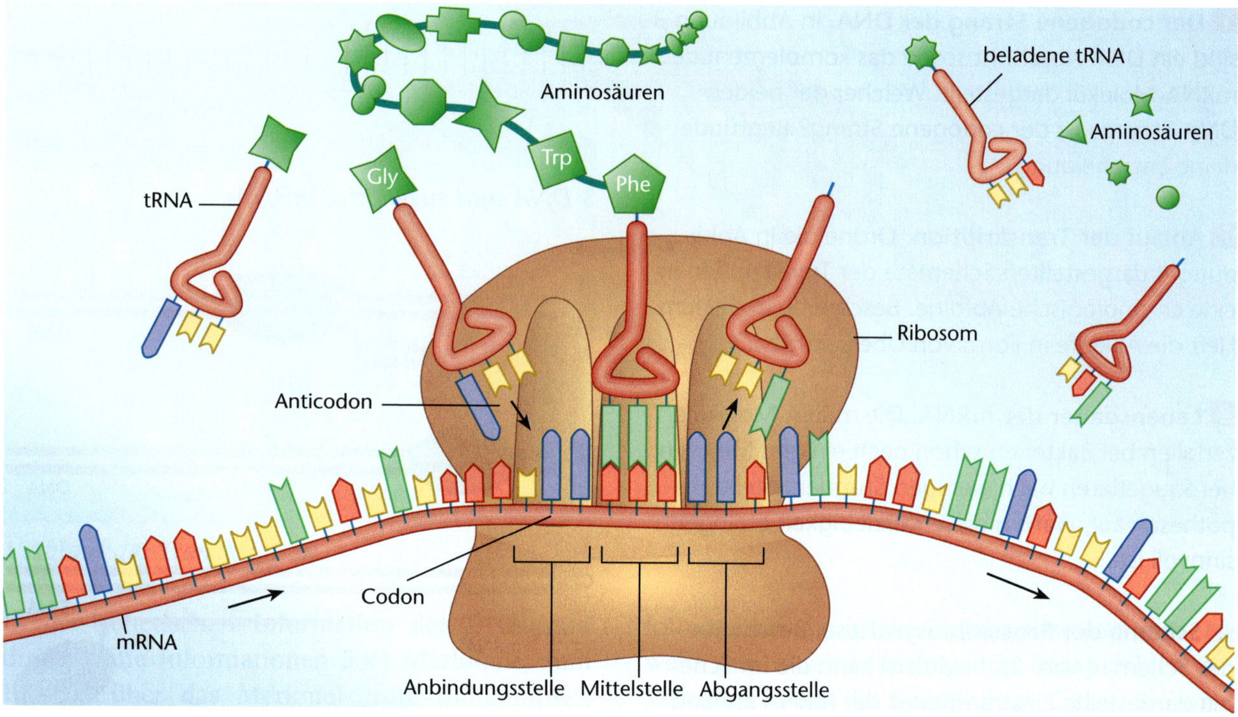

1 *Translation im Ribosom*

Nachdem die mRNA durch die Kernporen in das Zellplasma gelangt ist, lagert sie sich an ein Ribosom an. Dort wird sie schrittweise abgelesen und in eine Folge von Aminosäuren umgesetzt. Diese Folge von Aminosäuren bildet schließlich ein Protein mit einer typischen Raumstruktur.

Auf der mRNA besteht zu jedem Basentriplett auf der DNA, dem **Codogen,** ein komplementäres Basentriplett, das **Codon** (Abb. 1). An einer bestimmten Stelle des Ribosoms kann sich an dieses Codon eine andere Ribonucleinsäure binden. Diese Transfer-RNA (tRNA) besitzt an einem Ende eine Bindungsstelle für eine Aminosäure. Am anderen Ende befindet sich ein Basentriplett, das so genannte **Anticodon.** Es gibt verschiedene tRNAs, die jeweils durch ein spezifisches Anticodon gekennzeichnet sind. TRNAs, die das gleiche Anticodon besitzen, transportieren immer die gleiche Aminosäure. Bisher kennt man 20 verschiedene Aminosäuren, die bei der Synthese von Proteinen verwendet werden.

Ein Ribosom besitzt drei Bindungsstellen für tRNA (Abb. 1). An der Anbindungsstelle verbindet sich das Anticodon der tRNA mit dem entsprechenden Codon der mRNA. Wenn das Ribosom beim Ablesen der mRNA eine Stelle weiterrückt, gelangt die gerade gebundene tRNA an die Mittelstelle, wo die mitgeführte Aminosäure an die wachsende Proteinkette gebunden wird. Beim Weiterrücken gelangt die nun entladene tRNA an die Abgangsstelle, von wo aus sie das Ribosom verlässt. Im Cytoplasma bindet die entladene tRNA erneut unter Mitwirkung eines Enzyms die passende Aminosäure. Das tRNA-Molekül kann somit rasch wieder an der Proteinbiosynthese teilnehmen.

Das Ribosom wandert so lange auf der mRNA entlang, bis es an ein Stopp-Codon, zum Beispiel UAA, gelangt, für das es keine passende tRNA gibt. Das gesamte Protein ist nun entsprechend den Anweisungen der DNA hergestellt worden.

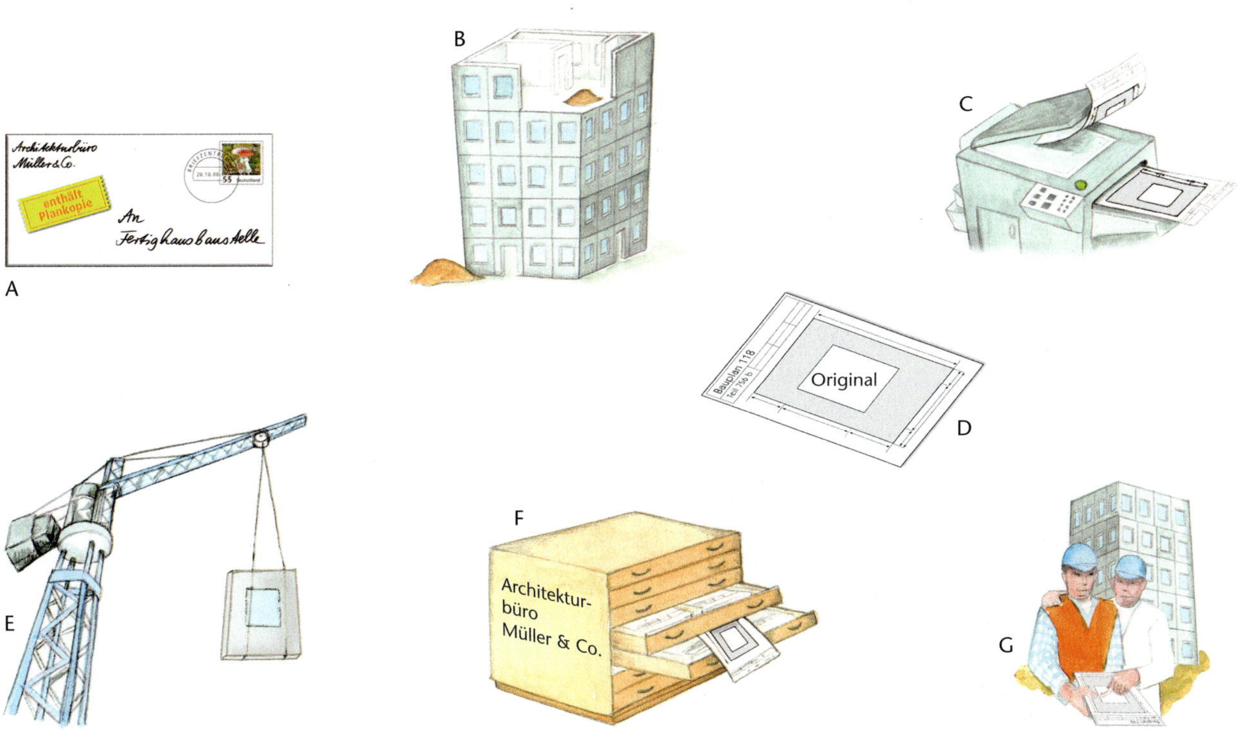

2 *Proteinbiosynthese als Modell*

1 Proteinbiosynthese als Modell. Die Proteinbiosynthese kann mit dem Bau eines Fertighauses verglichen werden. Die Abbildungen 2 A bis G stellen verschiedene Schritte bei der Erstellung eines Gebäudes dar. Lege eine Tabelle mit drei Spalten an: Trage in die erste Spalte die Buchstaben der Abbildung ein. In der zweiten Spalte beschreibe die Abbildung kurz und in der dritten Spalte übertrage das Modell auf die Vorgänge bei der Proteinbiosynthese.

2 Von der DNA zum Protein. Erläutere die Abbildung 3. Verwende in deiner Darstellung auch die in Anführungszeichen gesetzten Begriffe und erläutere sie dabei.

3 Vom Codogen zum Anticodon. Übertrage die Tabelle aus Abbildung 4 in dein Heft. Ergänze die fehlenden Basentripletts, so dass jede Zeile die Informationsübertragung vom codogenen Strang der DNA über die mRNA bis zur tRNA darstellt.

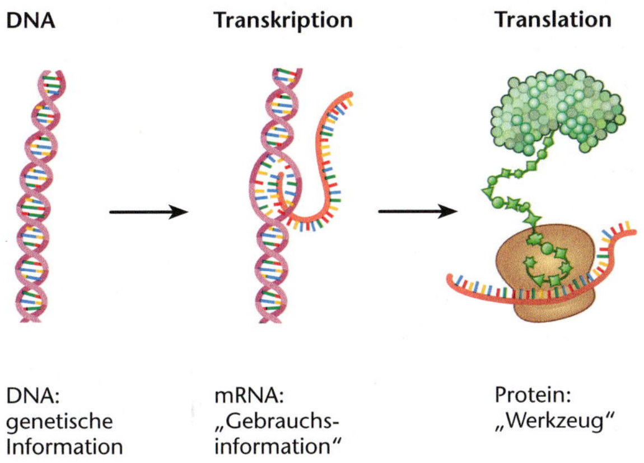

3 *Von der DNA zum Protein*

Codogen (DNA)	Codon (mRNA)	Anticodon (tRNA)
ACG		
	UAG	
		UCG
TTA		
		UUA
	AUC	
GAA		
TCG		

4 *Vom Codogen zum Anticodon*

10.7 Proteinbiosynthese – ein Überblick

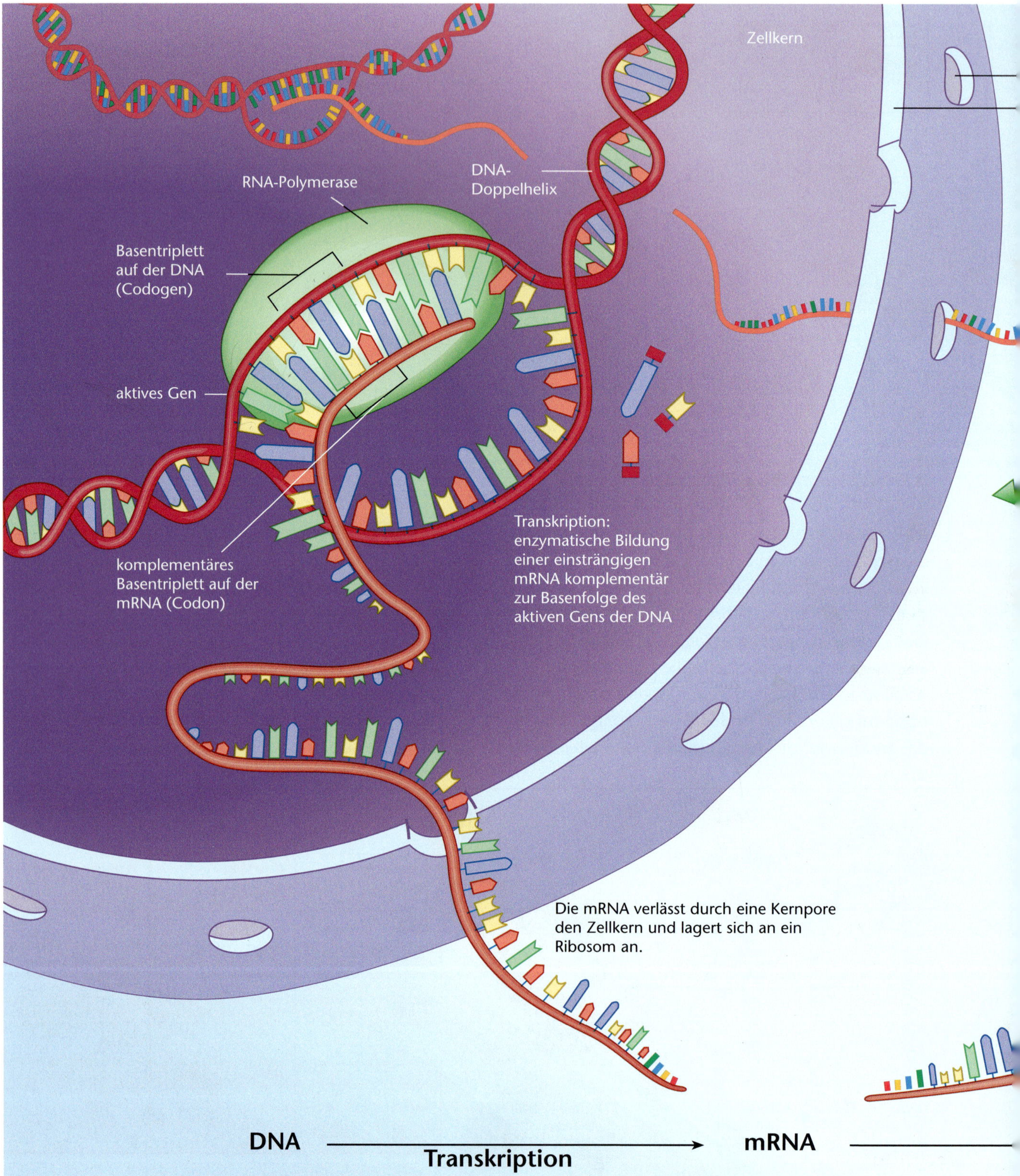

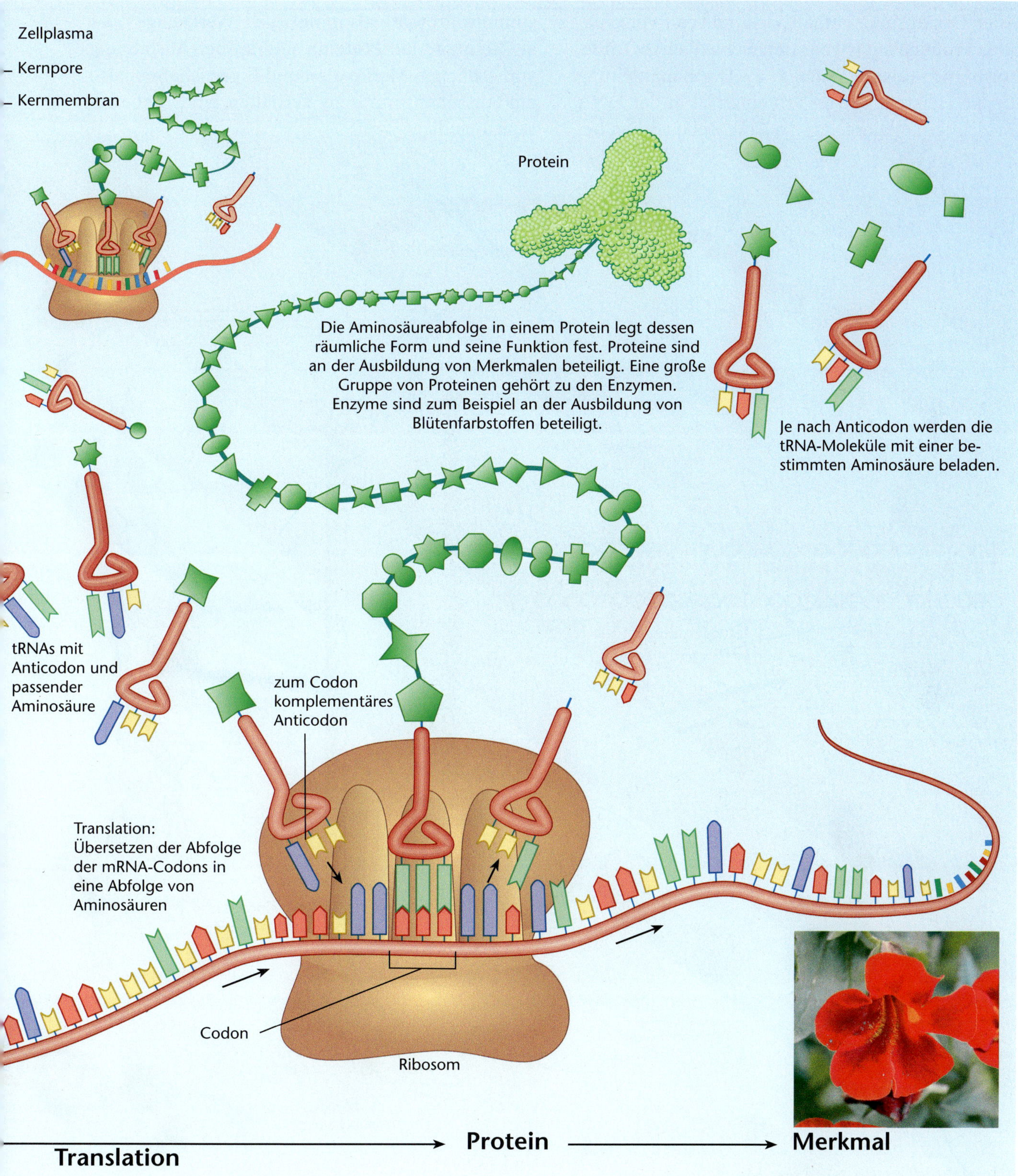
Zellplasma
Kernpore
Kernmembran
Protein
Die Aminosäureabfolge in einem Protein legt dessen räumliche Form und seine Funktion fest. Proteine sind an der Ausbildung von Merkmalen beteiligt. Eine große Gruppe von Proteinen gehört zu den Enzymen. Enzyme sind zum Beispiel an der Ausbildung von Blütenfarbstoffen beteiligt.
Je nach Anticodon werden die tRNA-Moleküle mit einer bestimmten Aminosäure beladen.
tRNAs mit Anticodon und passender Aminosäure
zum Codon komplementäres Anticodon
Translation: Übersetzen der Abfolge der mRNA-Codons in eine Abfolge von Aminosäuren
Codon
Ribosom
Translation
Protein
Merkmal

10.8 Vielfalt der Proteine

Jeder Organismus enthält viele tausend verschiedene Proteine mit jeweils unterschiedlicher Größe, Form und Aufgabe (Abb. 1, 2). Die Bauanleitung für die Herstellung von Proteinen ist in der DNA im Zellkern niedergelegt. In jeder Zelle wirken bestimmte Proteine als molekulare Werkzeuge oder als Baumaterial. Proteine sind an der Ausbildung von erblichen Merkmalen und Eigenschaften, also am Aussehen und dem Verhalten eines Lebewesens, beteiligt.

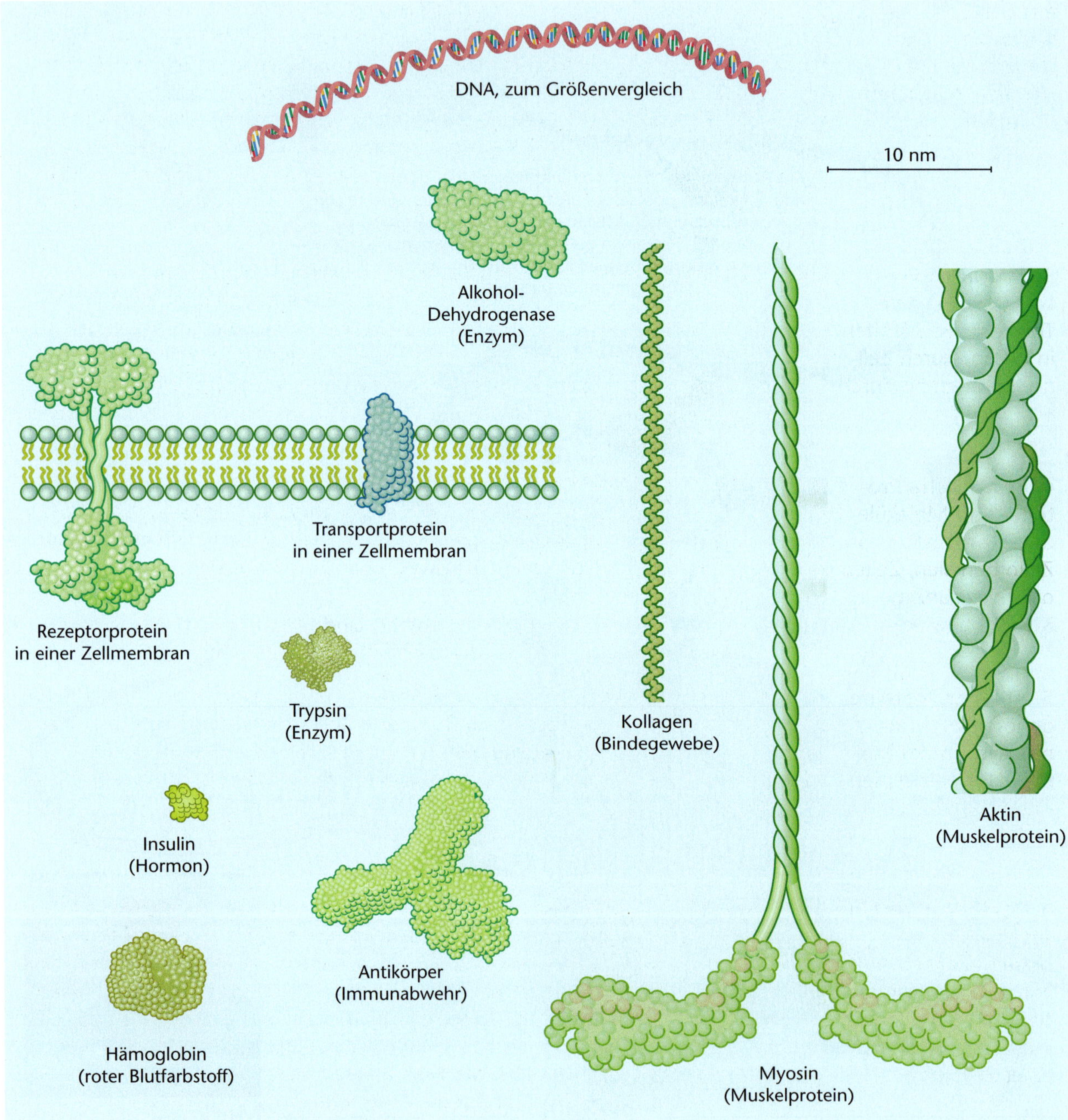

1 *Verschiedene Proteine des Menschen*

1. Struktur-Proteine sind für die Form, Festigkeit und Elastizität von Zellen und Geweben verantwortlich.

Beim Menschen ist Kollagen das häufigste Protein. Es befindet sich unter anderem im Bindegewebe sowie in Sehnen, Gelenkbändern und in der Haut. Kollagen besitzt eine enorme Zugfestigkeit. Keratin ist ein Strukturprotein in Hörnern, Hufen, Federn, Nägeln und Haaren. Ob jemand von Natur aus lockige oder glatte Haare hat, hängt auch vom Keratin ab. Die Seiden der Spinnenfäden und der Insekten-Kokons sind weitere Beispiele für Strukturproteine.

2. Enzyme ermöglichen, beschleunigen und steuern alle chemischen Reaktionen im Körper.

Enzyme sind chemische Werkzeuge in Zellen, die an dem Auf-, Um- und Abbau von Stoffen beteiligt sind. Die Aufgaben und Leistungen jeder lebenden Zelle erfordern beständig eine große Zahl verschiedener Enzyme. Enzyme wie das Trypsin sind zum Beispiel an der Verdauung der Nahrung, der Energieversorgung von Zellen sowie der DNA-Verdopplung und der Zellteilung beteiligt. Blütenfarbstoffe werden aus Vorstufen durch Enzyme gebildet. Alkohol-Dehydrogenase ist ein Enzym, das in der Leber am Abbau von Ethanol mitwirkt.

3. Transport-Proteine dienen dem Transport von Stoffen in Zellen, durch Zellmembranen hindurch und im Körper.

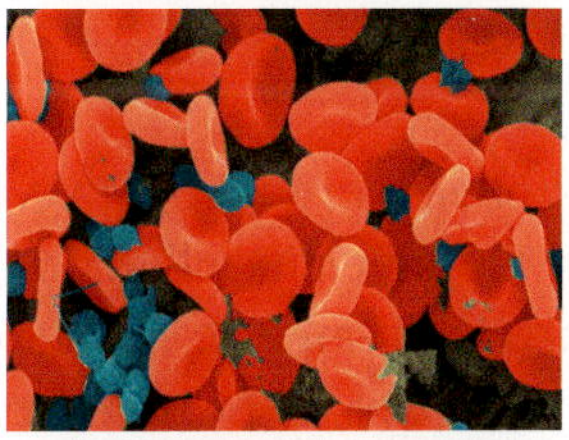

Die roten Blutzellen sind angefüllt mit dem roten Blutfarbstoff Hämoglobin. Jedes Hämoglobin-Molekül besteht aus vier Proteinen, die in einem großen Molekül zusammenwirken. Hämoglobin transportiert Sauerstoff im Körper vom Ort der Sauerstoffaufnahme, zum Beispiel den Lungen, zum Gewebe, wo Sauerstoff benötigt wird.

4. Bewegliche Proteine sind Moleküle, die Bewegungen von Zellorganellen, Zellen oder des ganzen Körpers bewirken.

Der größte Teil der Muskeln von Tieren und Menschen besteht aus den beiden länglichen Proteinen Aktin und Myosin. Beide wirken zusammen. Millionen dieser Proteinmoleküle sind an der Kontraktion eines Muskels beteiligt.

Bewegliche Proteine sind auch für das Schlagen von Wimpern und Geißeln bei Einzellern verantwortlich.

5. Abwehr-Proteine gehören zum Immunsystem des Körpers und bekämpfen Krankheitserreger.

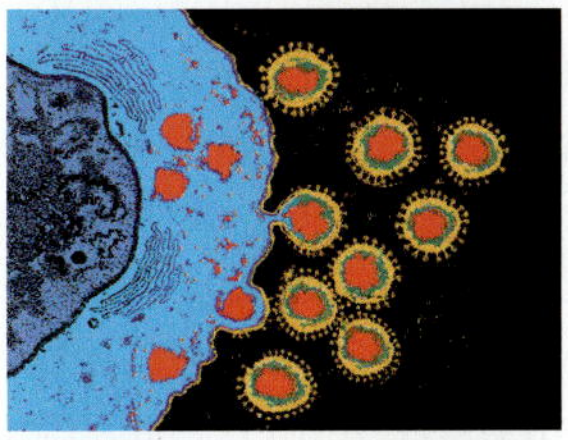

Das Immunsystem des Menschen bekämpft Krankheitserreger wie Viren und Bakterien auch mithilfe spezieller Proteine, den Antikörpern. Antikörper erkennen Krankheitserreger an bestimmten Merkmalen ihrer Oberfläche.

6. Rezeptor-Proteine sitzen in Zellmembranen und setzen von außen kommende chemische Signale in Signale innerhalb einer Zelle um.

Rezeptor-Proteine sitzen vor allem in der Zellmembran. Sie können von außerhalb der Zelle kommende chemische Signale empfangen und in ein intrazelluläres Signal umwandeln. Rezeptoren in Riechsinneszellen können Duftmoleküle von Blumen empfangen und daraufhin eine Signalkette starten, die zu elektrischen Impulsen führt, die über das Nervensystem zum Gehirn geleitet werden. Dort erfolgt die Wahrnehmung des Duftes.

2 *Beispiele für die Vielfalt von Proteinen*

11 Mutationen, Erkrankungen, Gentechnik

11.1 Mutationen

Mutationen sind bleibende Veränderungen der genetischen Information. Zum Beispiel kann eine bestimmte Mutation dazu führen, dass kein funktionsfähiges Enzym gebildet wird, das für die Herstellung des dunklen Hautfarbstoffs Melanin notwendig ist (Abb. 1, 2).

Mutationen können durch **mutagene Faktoren** oder **Mutagene** verursacht werden. Das sind physikalische und chemische Einflüsse, die die Erbinformation verändern. Zu den physikalischen mutagenen Faktoren gehören unter anderem kurzwelliges ultraviolettes Licht (UV-Licht) sowie radioaktive Röntgenstrahlung. Zu den chemischen mutagenen Faktoren zählt eine Reihe von Chemikalien. In Deutschland und in der Europäischen Union (EU) gelten rechtliche Vorschriften zum Schutz der Menschen vor Mutagenen. Wenn Mutationen nicht durch Mutagene ausgelöst werden, sondern durch Fehler bei den molekularen Vorgängen in einer Zelle, zum Beispiel bei der DNA-Verdopplung, spricht man von **spontanen Mutationen.**

Manche Mutationen treten nur in Körperzellen auf. Das ist bei verschiedenen Tumoren der Fall, zum Beispiel bei Hautkrebs. Mutationen in Körperzellen werden nicht vererbt. Mutationen, die in den Geschlechtszellen auftreten, können über die Keimbahn an die Nachkommen weitergegeben werden. Solche Mutationen sind erblich.

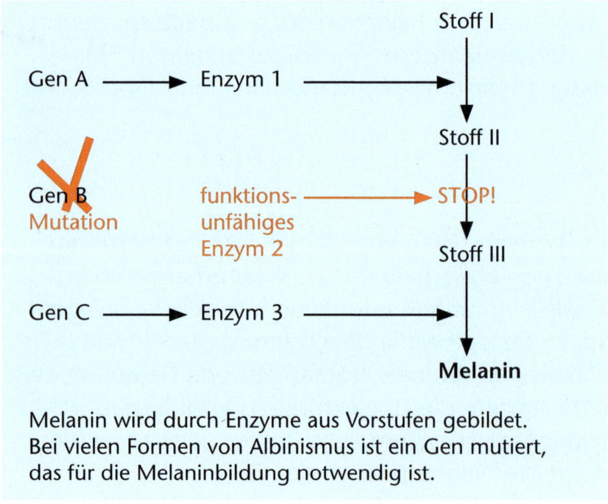

1 *Eine Mutation führt zum Albinismus*

2 *Albino-Gorilla Snowflake starb an Hautkrebs*

Genmutationen sind Veränderungen in der Basensequenz eines Gens. Den meisten Fällen von Albinismus liegen Genmutationen zugrunde (Abb. 1). Genmutationen werden in zwei Untergruppen unterteilt (Abb. 3). Bei **Punktmutationen** wird eine Base eines Basentripletts durch eine andere Base ausgetauscht. Punktmutationen sind die häufigsten Mutationen. Bei **Leserastermutationen** wird durch Hinzufügen oder Entfernen einer oder mehrerer Basen das Leseraster verändert. Bei einer Leserastermutation werden ab der Stelle, wo die Mutation auftritt, alle nachfolgenden Basentripletts verändert. Das führt zu schwerwiegenden Veränderungen der Erbinformation.

Viele Mutationen sind für ihren Träger nachteilig. Manche Mutationen haben jedoch Vorteile. Solche Mutationen sind die Grundlage für die Vielfalt der Lebewesen auf der Erde. Für die Evolution spielen Mutationen eine große Rolle, denn Mutationen sind eine Quelle für neue erbliche Eigenschaften von Lebewesen.

Normale Abfolge der Basentripletts auf der mRNA:	AUG AAG UUU GGC UAA
Punktmutationen	
1. Stumme Mutation:	AUG AAG UUU GGU UAA
2. Missense-Mutation (Fehlsinn-Mutation):	AUG AAG UUU AGC UAA
3. Nonsense-Mutation (Unsinn-Mutation):	AUG UAG UUU GGC UAA
Leserastermutationen	
4. Missense-Mutation (Fehlsinn-Mutation):	AUG AAG UUG GCU AA
5. Nonsense-Mutation (Unsinn-Mutation):	AUG UAA GUU UGG CUA A

3 *Verschiedene Typen von Genmutationen*

1 Mutagene Faktoren. Erläutere den Fachbegriff „mutagene Faktoren“ und nenne Beispiele.

2 Verschiedene Typen von Genmutationen. Schreibe die normale Basenfolge und die fünf Beispiele für Genmutationen aus Abbildung 3 in dein Heft. Übersetze dann mithilfe der Code-Sonne in Abbildung 4 die normale Abfolge der Basentripletts und die Abfolge bei den fünf verschiedenen Mutationen in ein Protein (einschließlich Start-Codon und Stopp-Codon). Beschreibe für jedes Beispiel die Art der Mutation. Erläutere die Begriffe „stumme Mutation“, „Fehlsinn-Mutation“ und „Unsinn-Mutation“.

3 Modell zur Genmutation. Die Basensequenz kann in einem Modell auf die Wortfolge in einem Satz übertragen werden (Abb. 5). Beschreibe die vier Modellbeispiele für Genmutationen und ordne sie Mutations-Typen aus Abbildung 3 zu.

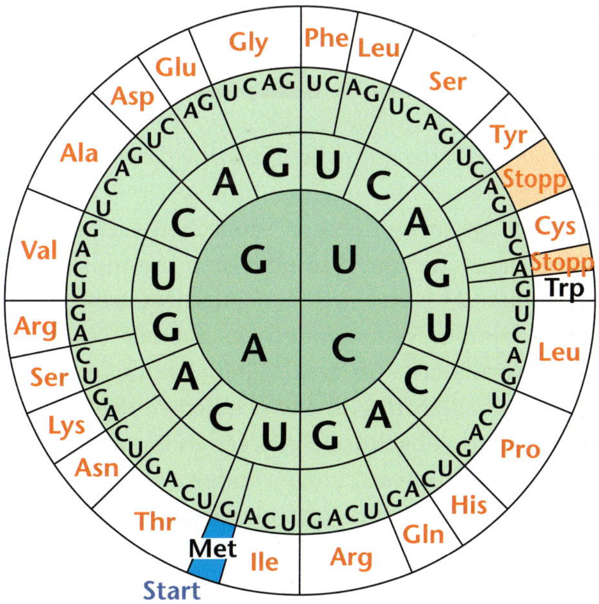

4 *Code-Sonne für Basentripletts auf der mRNA*

Normale, lesbare Buchstabensequenz:	DIE KUH LAG AUF DEM HEU UND TAT NIX
„Mutation“ I:	DIE KUH LAG RUF DEM HEU UND TAT NIX
„Mutation“ II:	DIE KUH LAG MAU FDE MHE UUN DTA TNI X
„Mutation“ III:	DIE KUH LAG UFD EMH EUU NDT ATN IX
„Mutation“ IV:	DIE KUH LAG DEM HEU UND TAT NIX

5 *Modell für Genmutationen*

11.2 PKU – eine erbliche Stoffwechselstörung

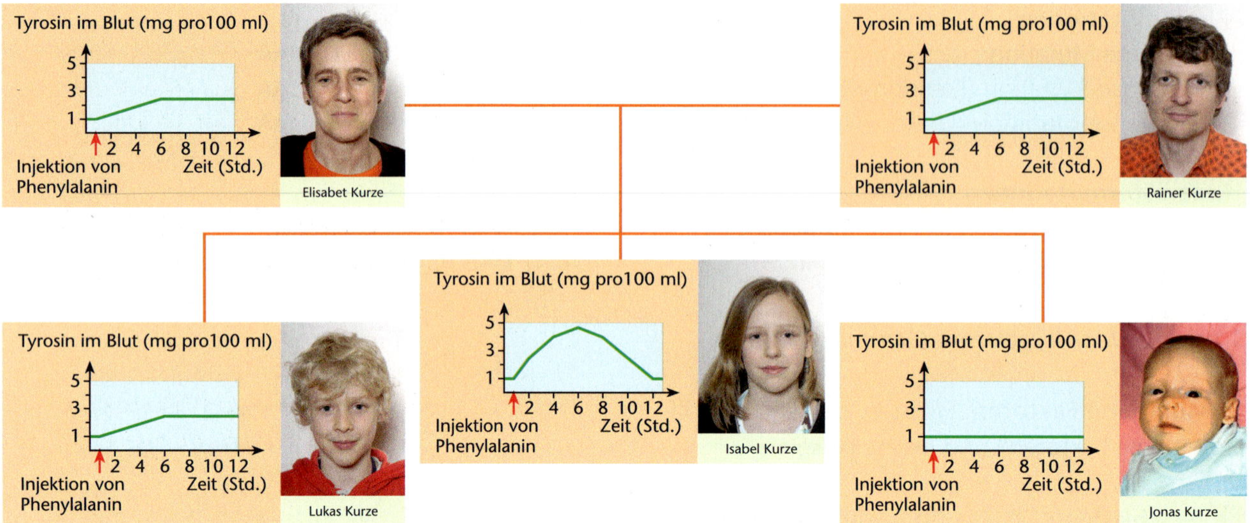

1 *Familie Kurze mit den Ergebnissen des Phenylalanin-Belastungstests*

Mit der Nahrung nehmen Menschen Proteine zu sich. Bausteine der Proteine sind Aminosäuren. Eine der 21 verschiedenen Aminosäuren heißt Phenylalanin. Wir nehmen sie mit der Nahrung auf. Normalerweise wird Phenylalanin aus der verdauten Nahrung in Leberzellen mithilfe eines Enzyms, das abgekürzt PAH genannt wird, zu der Aminosäure Tyrosin umgewandelt (Abb. 2). Tyrosin wiederum ist eine Vorstufe für die Bildung zum Beispiel von Schilddrüsenhormon, Dopamin und Melanin. Ein Übermaß an Phenylalanin im Blut kann über längere Zeiträume zu schweren Schädigungen führen.

Das Gen für das Enzym PAH liegt auf dem Chromosom 12. Eine Punktmutation des Gens verändert seine Information derart, dass kein funktionsfähiges PAH in Leberzellen gebildet werden kann. Wenn beide Eltern jeweils das mutierte Gen an ein Kind weitergeben, ist es nicht in der Lage, Phenylalanin in Tyrosin umzuwandeln. Dann häuft sich Phenylalanin im Körper an. Man spricht von einer **erblichen Stoffwechselstörung.** Sie hat den Namen **Phenylketonurie,** abgekürzt PKU. Kinder, die von Phenylketonurie betroffen sind und nicht behandelt werden, entwickeln im Laufe der ersten Lebensjahre unter anderem schwere geistige Defekte. Das hängt damit zusammen, dass bei hoher Konzentration an Phenylalanin im Körper verstärkt Phenylpyruvat gebildet wird (Abb. 2). Dieser Stoff beeinträchtigt die Gehirnentwicklung. Heute werden in Deutschland alle Neugeborenen mithilfe eines Bluttests auf Phenylketonurie untersucht. Durchschnittlich ein Neugeborenes von 12 000 hat diese erbliche Stoffwechselstörung. Wird die Krankheit erkannt, muss viele Jahre, meistens lebenslang, eine Diät mit wenig Phenylalanin eingehalten werden. So behandelte Kinder zeigen eine normale Entwicklung.

Phenylketonurie wird rezessiv vererbt. Heterozygote (Mischerbige mit dem Genotyp Aa) sind selbst nicht erkrankt, können aber das mutierte Gen übertragen. Bei Heterozygoten ist nur eines der beiden Allele für das Enzym PAH mutiert. Das andere Allel arbeitet normal. Beim **Heterozygoten-Test** (Phenylalanin-Belastungstest) wird Personen eine bestimmte Menge Phenylalanin durch Injektion verabreicht und über einen Zeitraum von mehreren Stunden der Gehalt an Tyrosin im Blut gemessen. Auf diese Weise können heterozygote Personen erkannt werden (Abb. 1, 3).

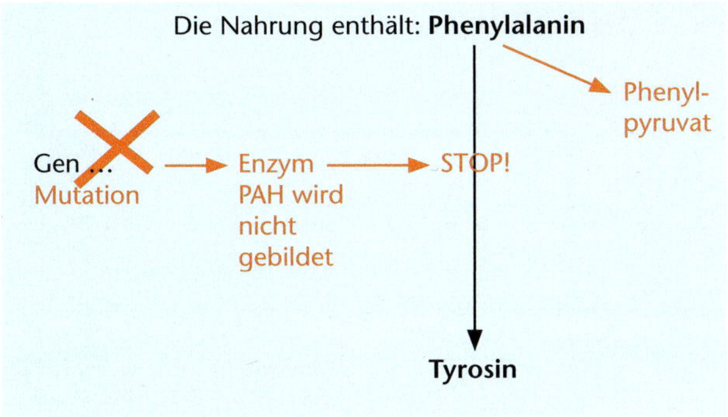

2 *Phenylalanin-Stoffwechsel*

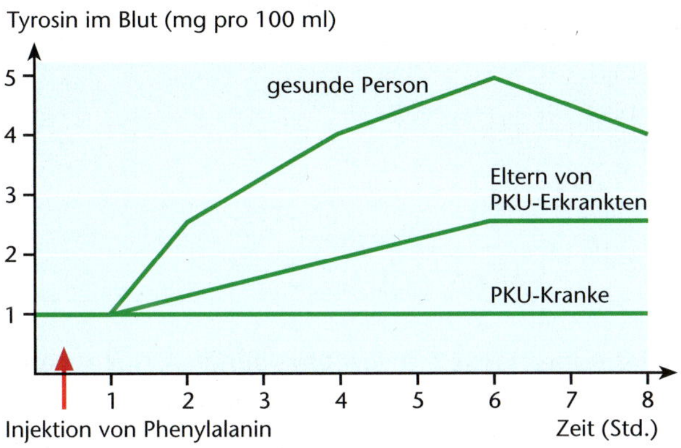

3 *Heterozygoten-Test (Phenylalanin-Belastungstest) bei verschiedenen Personengruppen*

1 Phenylalanin-Stoffwechsel bei verschiedenen Genotypen. Erläutere unter Bezug auf Abbildung 4 den Phenylalanin-Stoffwechsel bei homozygot Gesunden, Heterozygoten und bei PKU-Kranken.

2 Molekulare Grundlagen des Heterozygoten-Tests. Bei diesem Test wird allen Testpersonen die gleiche Menge an Phenylalanin je Kilogramm Körpermasse durch Injektion verabreicht. Dann wird der Tyrosin-Gehalt im Blut über die nächsten Stunden gemessen. Vergleiche die Kurvenverläufe in Abbildung 3. Ordne jeder der drei Kurven in Abbildung 3 eine Teilabbildung in Abbildung 4 zu. Begründe dann die Unterschiede im Verlauf der Kurven in Abbildung 3 unter Bezug auf Abbildung 4.

3 PKU in der Familie Kurze.

a) Nenne für jede Person in der Familie Kurze die möglichen Genotypen. Beachte dabei die Ergebnisse des Phenylalanin-Belastungstests (Abb. 1, 3).

b) Mit welcher Wahrscheinlichkeit wäre ein weiteres Kind von Herrn und Frau Kurze PKU-krank? Beantworte die Frage mithilfe eines selbst gefertigten Erbschemas.

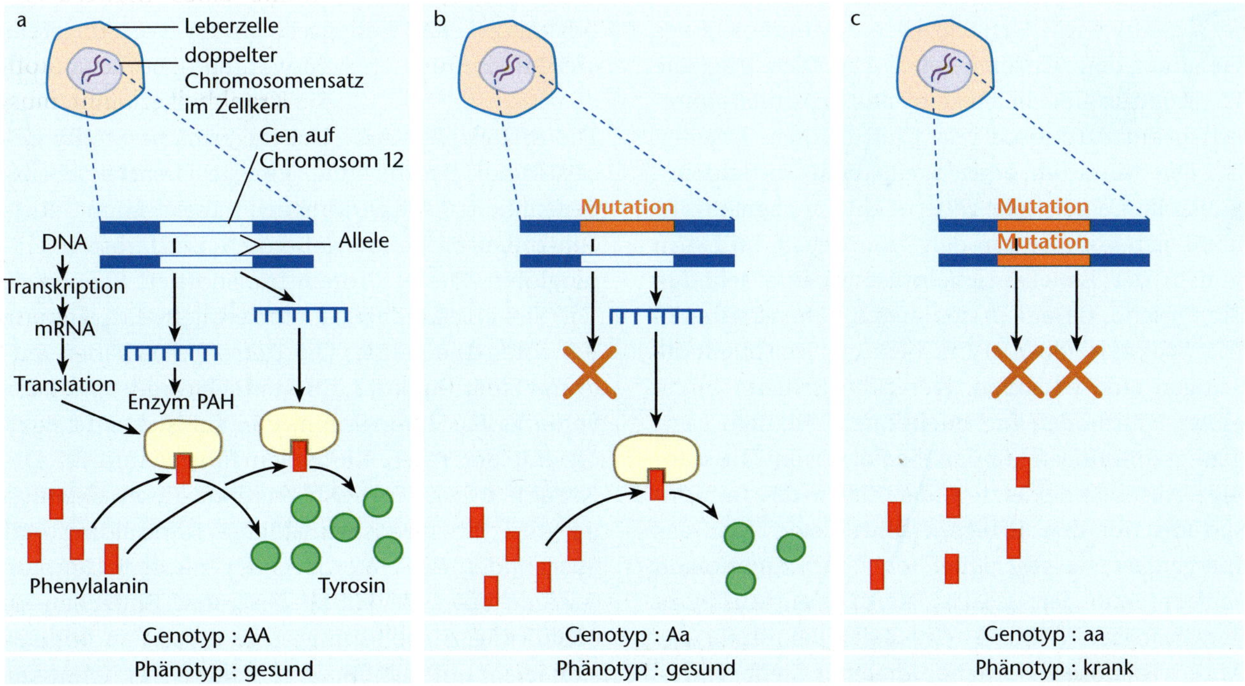

4 *Modell zum Stoffwechselgeschehen bei a) homozygot Gesunden, b) Heterozygoten und bei c) PKU-Kranken*

11.3 Beispiel Mukoviszidose, Sichelzellanämie

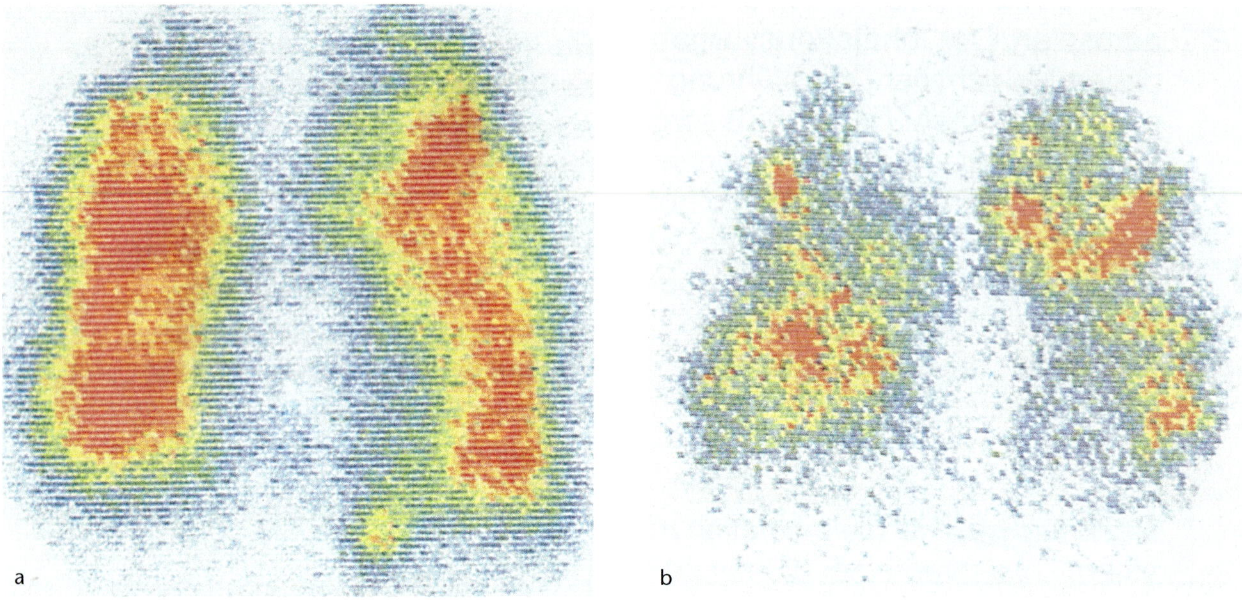

1 *a) Luft in den Lungen eines gesunden und b) eines an Mukoviszidose erkrankten Mädchens. Rot und gelb gefärbt sind die gut mit Luft gefüllten Teile der Lunge.*

Die **Mukoviszidose** ist in Europa die häufigste erbliche Stoffwechselstörung. Ein Kind von 2500 Neugeborenen leidet an der Krankheit, die rezessiv vererbt wird. Ursache ist die Mutation eines Gens auf dem Chromosom 7. Das Gen trägt die Information für ein Protein, das in Schleimhautzellen am Austausch von Chorid-Ionen beteiligt ist. Die Mutation führt dazu, dass die Schleimhautzellen einen sehr zähen Schleim abgeben. Er häuft sich vor allem in den Atemwegen, im Darm und in der Bauchspeicheldrüse an und schädigt die Organe. Bereits in den ersten Lebensmonaten tritt Mukoviszidose in Erscheinung. Vor allem die Lungen sind betroffen. Der zähe Schleim bildet einen Nährboden für Infektionen. Häufige Lungenentzündungen können die Folge sein. Die ständige Auseinandersetzung der Zellen des Immunsystems mit den Erregern führt dazu, dass das Lungengewebe geschädigt wird und zunehmend schlechter in der Lage ist, den Gasaustausch zu gewährleisten (Abb. 1). In der Behandlung der Mukoviszidose steht daher an erster Stelle, Infektionen der Lunge, so gut es geht, zu verhindern. Erkrankte müssen mehrmals täglich inhalieren und den Schleim abklopfen. Starben noch vor wenigen Jahrzehnten die meisten Erkrankten im Kindesalter, so kann mit heutigen medizinischen Möglichkeiten eine Lebenserwartung von ungefähr vier Jahrzehnten erreicht werden.

Die **Sichelzellanämie** ist eine erbliche Stoffwechselstörung, bei der eine winzige Ursache lebensbedrohliche Auswirkungen haben kann. Rote Blutzellen enthalten den roten Blutfarbstoff Hämoglobin. Dieses Protein transportiert Sauerstoff. Die Sichelzellanämie ist eine erbliche Erkrankung der roten Blutzellen. Die Betroffenen haben aufgrund einer Punktmutation im Chromosom 11 ein verändertes Hämoglobin, das zur sichelförmigen Gestalt der roten Blutzellen führt (Abb. 2). Die Krankheit wird rezessiv vererbt. Beim Genotyp aa wird die lebensbedrohliche Erkrankung voll ausgebildet. Bei Heterozygoten mit dem Genotyp Aa sind etwa die Hälfte der roten Blutzellen sichelförmig. Sichelförmige rote Blutzellen können sich leicht untereinander verhaken. Es kommt zur Verklumpung mit der Folge, dass Blutkapillaren verstopft werden.

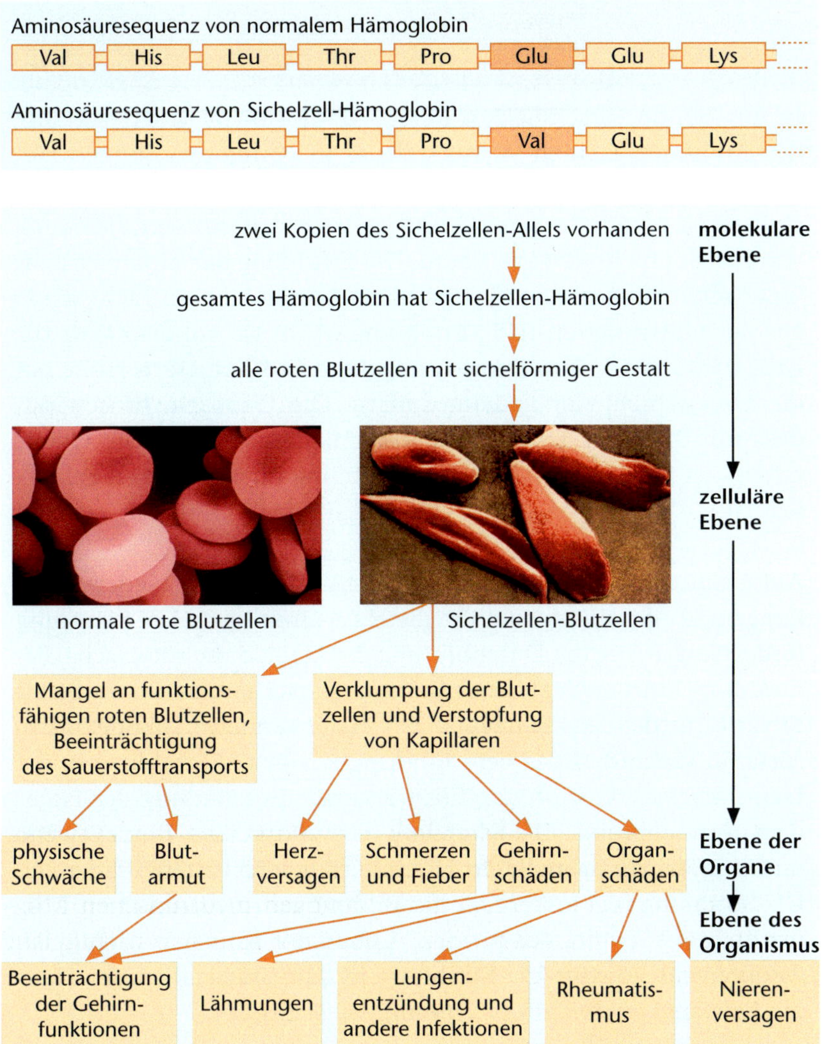

2 *Sichelzellanämie*

Was soll genetische Beratung leisten?
Bei der genetischen Beratung versuchen Fachleute, dem Einzelnen, dem Paar oder der Familie zu helfen …

1) die medizinischen Fakten einschließlich der Diagnose des mutmaßlichen Verlaufs und der zur Verfügung stehenden Behandlungen zu erfassen;
2) den erblichen Anteil der Erkrankung und das Wiederholungsrisiko für bestimmte Verwandte zu begreifen;
3) eine Entscheidung zu treffen, die ihrem Risiko, ihren familiären Zielen, ihren ethischen und religiösen Wertvorstellungen entspricht und in Übereinstimmung mit dieser Entscheidung zu handeln und
4) sich so gut wie möglich auf die mögliche Behinderung des betroffenen Familienmitgliedes einzustellen.

3 *Was soll genetische Beratung leisten?*

1 Sichelzellanämie: Von der Mutation zur Erkrankung. Beschreibe anhand der Abbildung 2 die Auswirkungen und Zusammenhänge auf den verschiedenen Ebenen – von der DNA über das Hämoglobin-Protein, die roten Blutzellen bis zum Organismus.

2 Mukoviszidose: Fallbeispiele zur genetischen Beratung.
a) In Abbildung 4 stehen die roten Personen für an Mukoviszidose Erkrankte. Wofür stehen die grünen und blauen Personen?
b) Gib für die Personen der Beispiele A bis E die jeweiligen Genotypen an. Gib für jedes Beispiel die Wahrscheinlichkeiten an, dass die Nachkommen der Eltern homozygot gesund, heterozygot oder an Mukosviszidose erkrankt sein werden.
c) Simuliert an selbst gewählten Beispielen aus Abbildung 4 die genetische Beratung eines Elternpaares. Beachtet dabei die Aussagen in Abbildung 3.

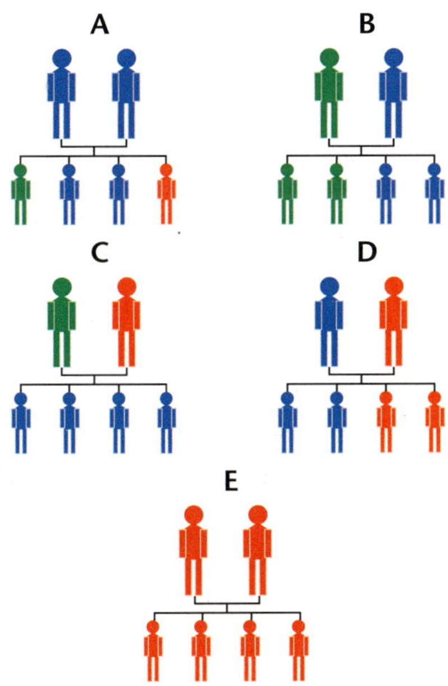

4 *Mukoviszidose, Fallbeispiele*

11.4 Ultraviolette Strahlung, Mutationen und Hautkrebs

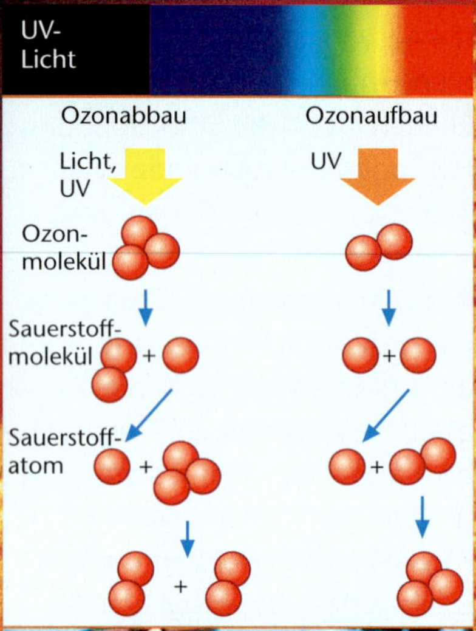

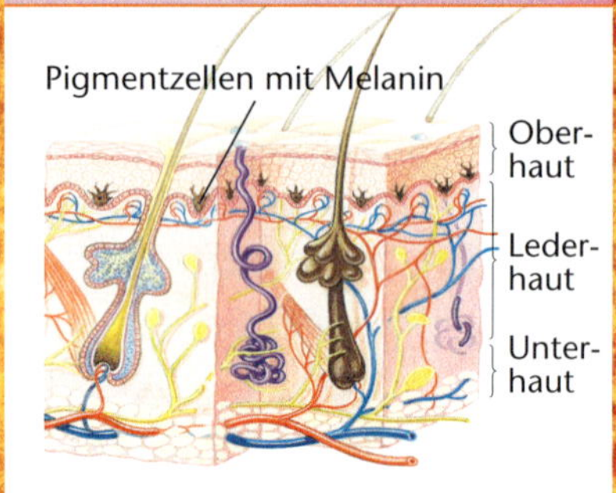

UV-Strahlung bewirkt:
- Durchblutung der Haut
- Hautbräunung
- Sonnenbrand
- Hautalterung, Faltenbildung
- Bildung von Vitamin D
- Zerstörung von Folsäure
- Mutationen

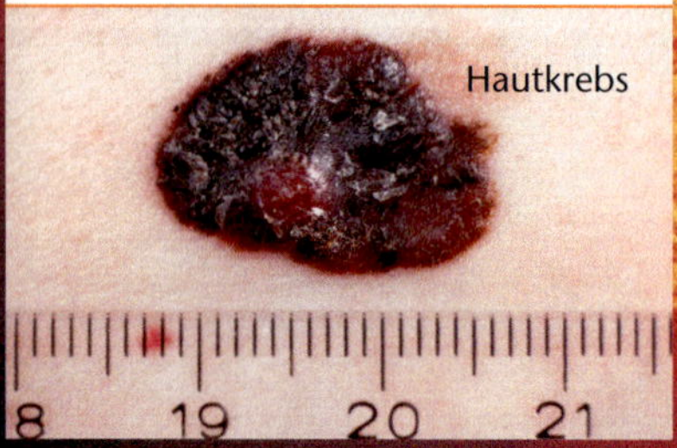

1 *Wirkung von UV-Strahlung*

In der Sonne verschmelzen durch Kernfusion in jeder Sekunde 600 Millionen Tonnen Wasserstoff zu 595 Millionen Tonnen Helium. Dabei wird die Energie von fünf Millionen Tonnen Wasserstoff pro Sekunde freigesetzt und gelangt in Form von Strahlung von der Sonne in den Weltraum. Die Strahlung der Sonne besteht unter anderem aus dem für uns Menschen sichtbaren Licht sowie aus der ultravioletten (UV) Strahlung (Abb. 1). Auf dem Weg zur Erde trifft die UV-Strahlung in ungefähr 35 Kilometern Höhe auf die Ozonschicht der Erdatmosphäre. Die Ozonschicht bewirkt, dass nur Teile der UV-Strahlung zur Erde gelangen. Die Ozonschicht ist lebenswichtig, da UV-Strahlung für Lebewesen gefährlich ist.

Auf die menschliche Haut hat die UV-Strahlung verschiedene Wirkungen: UV-Strahlung kann in die Haut eindringen. UV-Strahlung fördert kurzfristig die Durchblutung der Haut, diese rötet sich. UV-Strahlung führt auch zu einer Bräunung der Haut, da der Farbstoff Melanin in den Pigmentzellen der Haut vermehrt gebildet wird. Melanin verhindert das tiefe Eindringen von UV-Strahlung in die Haut. Starke UV-Strahlung führt zu einer Entzündung der Haut, dem Sonnenbrand. UV-Strahlung beeinflusst das Bindegewebe und trägt so zur schnelleren Hautalterung und Faltenbildung bei. UV-Strahlung regt außerdem die Bildung von Vitamin D im Körper an, ein Vitamin, das für den Aufbau der Knochen wichtig ist. Andererseits zerstört UV-Strahlung in den Blutgefäßen der Haut die Folsäure, ein wichtiges Vitamin der B-Gruppe.

Eine der gefährlichen Folgen von UV-Strahlung ist das Auslösen von Mutationen. UV-Strahlung kann Brüche in den DNA-Molekülen und bestimmte Punktmutationen hervorrufen, bei denen sich zwei benachbarte Basen miteinander verbinden. Diese Schäden können durch Reparatur-Enzyme beseitigt werden. Wenn die DNA-Reparatur zum Beispiel durch ungeschütztes und allzu häufiges Sonnenbaden – vor allem in der Kindheit – überfordert wird, kann dies unter bestimmten Bedingungen die Entstehung von Hautkrebs begünstigen. Ein Sonnenbrand hat zur Folge, dass stark geschädigte Hautzellen sich nicht weiter teilen und schließlich sogar absterben. Fachleute sehen die biologische Bedeutung dieser Vorgänge als eine Schutzreaktion der Haut. Denn würden Zellen, die durch UV-Strahlung mutiert sind, sich weiter teilen und nicht absterben, würde die Mutation der DNA von Zellteilung zu Zellteilung an die Tochterzellen weitergegeben. Das würde die Entstehung von Hautkrebs stark begünstigen.

1 Haut und UV-Strahlung. Diskutiere anhand der Abbildung 1 und des Grundwissentextes folgende Aussage einer Wissenschaftlerin: „Die Pigmentierung der Haut ist ein Balanceakt. Gegenüber der ultravioletten Strahlung darf sie weder zu dunkel noch zu hell sein."

2 Bedeutung der Ozon-Schicht.

a) Beschreibe mithilfe der Abbildung 1 die chemischen Vorgänge in der Ozonschicht.

b) Fluorchlorkohlenwasserstoffe (FCKW) wurden früher häufig als Treibmittel für Spraydosen, als Kühlmittel in Kühlschränken und zum Aufschäumen von Kunststoffen verwendet. FCKW sind sehr reaktionsträge und können zum Teil mehr als hundert Jahre in der Atmosphäre verweilen. In der Ozonschicht sind FCKW sehr schädlich, weil sie zur Ausdünnung der Ozonschicht beitragen. In Deutschland und einer Reihe anderer Länder ist deshalb der Einsatz von FCKW inzwischen verboten. Erläutere anhand der Abbildung 3 die durch FCKW ausgelösten chemischen Vorgänge. Welche Folgen ergeben sich daraus für die Ozonschicht. Entwickle begründete Vermutungen darüber, welche Folgen eine Ausdünnung der Ozonschicht für Menschen haben könnte.

3 „Mondscheinkinder", UV-bedingte DNA-Schäden und die DNA-Reparatur.

a) Erläutere anhand der Informationen in Abbildung 2 und 5, warum Menschen mit Xeroderma pigmentosum (XP) umgangssprachlich „Mondscheinkinder" genannt werden. Erläutere die Folgen, die XP für den Alltag der Betroffenen hat.

b) Beschreibe anhand der Abbildung 4 die Vorgänge der Reparatur von UV-bedingten DNA-Schäden.

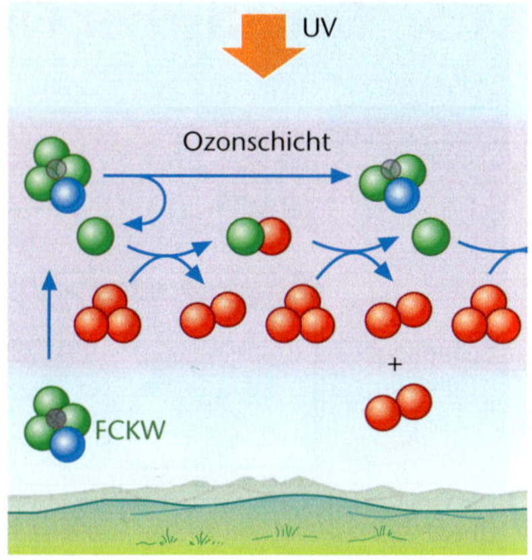

3 *Wirkung von FCKW auf Ozon*

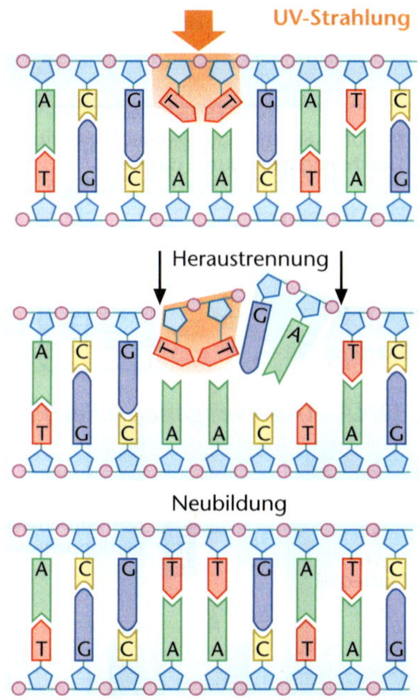

4 *Reparatur eines UV-bedingten DNA-Schadens*

Man nennt sie Mondscheinkinder:

„Du liebst mich nicht, Sonne! Ich sehe dich nur hinter Vorhängen. Du sperrst mich in die Dunkelheit. Du bist sehr schön, alle lieben dich. Aber was du nicht weißt, Sonne, du bist da oben genauso alleine wie ich hier unten" (Merve, ein Mondscheinkind. Mittlerweile ist Merve gestorben.).
Merve war eine von etwa hundert Menschen in Deutschland, die an einer seltenen, autosomal rezessiven Erbkrankheit leiden. Die Krankheit heißt Xeroderma pigmentosum, abgekürzt XP. Bei Menschen mit XP ist das DNA-Reparatursystem defekt, das die UV-bedingten Mutationen erkennt und beseitigt. Daher häufen sich Mutationen an. Die Wahrscheinlichkeit, Hautkrebs zu entwickeln, ist bei Menschen mit XP im Vergleich zu Gesunden vieltausendfach erhöht. Daher müssen Menschen mit XP konsequent das Sonnenlicht und vor allem jede UV-Strahlung meiden.

2 *Mondscheinkinder*

5 *Merve bei einem Tagesausflug*

Basiskonzepte zum Thema „Enzyme und Molekulargenetik“

Die nachfolgenden Sachverhalte stammen aus den Kapiteln „Enzyme und Stoffwechsel, „Molekulargenetik“, „Mutationen, Erkrankungen“. Die Nummerierung ist willkürlich und gibt keine Rangfolge an. Die Basiskonzepte sind in diesem Buch auf der Methodenseite „Arbeiten mit Basiskonzepten“ erläutert.

1 Aufgabe: Ordne jedem dieser Sachverhalte ein Basiskonzept oder mehrere Basiskonzepte zu. Begründe die von dir gewählte Zuordnung.

1. Unter Verdauung versteht man das Zerlegen von Nahrungsbestandteilen in kleinere wasserlösliche Bausteine unter Mitwirkung von Enzymen.

2. Durch Falten, Zotten und Zellausstülpungen hat der Dünndarm eine riesige Oberfläche. Diese große Fläche begünstigt die Resorption, also die Aufnahme von Nährstoffen in das Blut und die Lymphe.

3. Enzyme sind Proteine, die Reaktionen beschleunigen, ohne sich selbst dabei bleibend zu verändern. Zum aktiven Zentrum eines Enzyms passt wie ein Schlüssel zum Schloss meistens nur ein ganz bestimmtes Substratmolekül, das zum Produkt umgesetzt wird. Jedes Enzym kann in der Regel nur eine ganz bestimmte Veränderung eines Substrates bewirken (Wirkungsspezifität).

4. Muscheln und Schnecken bilden Perlmutt an der Innenfläche ihrer Schale. Perlmutt enthält Calciumsalze und Proteine. Perlmutt könnte Bedeutung als Industriekeramik erlangen. Mit Enzymen der genannten Lebewesen entsteht Perlmutt bei gewöhnlicher Temperatur. Wenn Perlmutt ohne Enzyme technisch hergestellt wird, sind mehrere hundert Grad Celsius notwendig.

5. Enzymkatalysierte Reaktionen werden unter anderem durch die Temperatur und den pH-Wert beeinflusst.

6. Bausteine der DNA sind vier verschiedene Nukleotide, die sich in der Base unterscheiden. In der DNA-Doppelhelix bilden die Basen Adenin (A) und Thymin (T) sowie Cytosin (C) und Guanin (G) jeweils ein Paar gegenüberliegender Basen. A und T sowie C und G sind komplementäre Basen; sie passen wie Schlüssel und Schloss zusammen.

7. Mithilfe des semikonservativen Mechanismus wird die DNA-Doppelhelix identisch verdoppelt. Das ist der Grund dafür, dass aus jeder Zell- und Kernteilung (Mitose) erbgleiche Tochterzellen hervorgehen. Durch Mitose haben alle Körperzellen die gleiche genetische Information.

8. In der DNA-Basensequenz eines Gens ist die Information für die Aminosäuresequenz eines Proteins codiert.

9. Der Informationsfluss bei der Proteinbiosynthese erfolgt vom codogenen Strang der DNA über Transkription zur Bildung einer komplementären Boten-RNA (mRNA). Sie verlässt den Zellkern und lagert sich an ein Ribosom. Dort wird im Prozess der Translation die Basenfolge mithilfe Aminosäure beladener tRNA-Moleküle in die Aminosäuresequenz des entstehenden Proteins übersetzt.

10. Enzyme, Struktur-Proteine, Transport-Proteine, bewegliche Proteine, Abwehr-Proteine und Rezeptor-Proteine sind Beispiele für die Vielfalt der Proteine. Die Funktion eines Proteins hängt von seiner räumlichen Struktur, diese wiederum von der Aminosäuresequenz ab.

11. Mutationen sind bleibende Veränderungen der genetischen Information, die durch mutagene Faktoren oder durch spontane Mutation hervorgerufen werden.

12. Phenylketonurie (PKU), Mukoviszidose und Sichelzellanämie sind Beispiele für erbliche Stoffwechselstörungen, bei denen die Mutation eines

oder weniger Nukleotide schwerwiegende Krankheiten zur Folge haben.

13. So genannte Mondscheinkinder müssen konsequent jede UV-Strahlung und damit auch das Sonnenlicht meiden. Bei diesen Menschen ist erblich bedingt das enzymatische Reparatursystem defekt, das UV-bedingte Mutationen erkennt und beseitigt.

14. Bei allen Lebewesen ist die genetische Information chemisch in der DNA gespeichert.

15. Gentechnisch veränderte Bakterien können menschliches Insulin bilden.

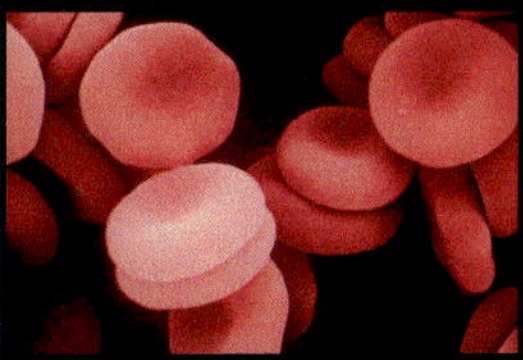
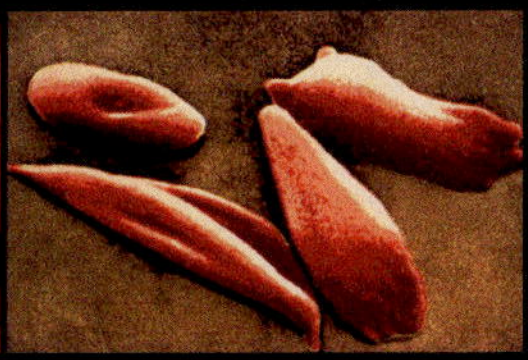
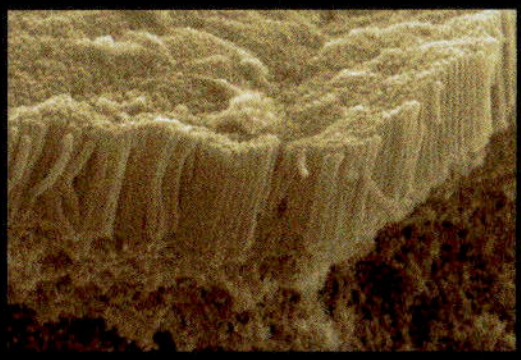

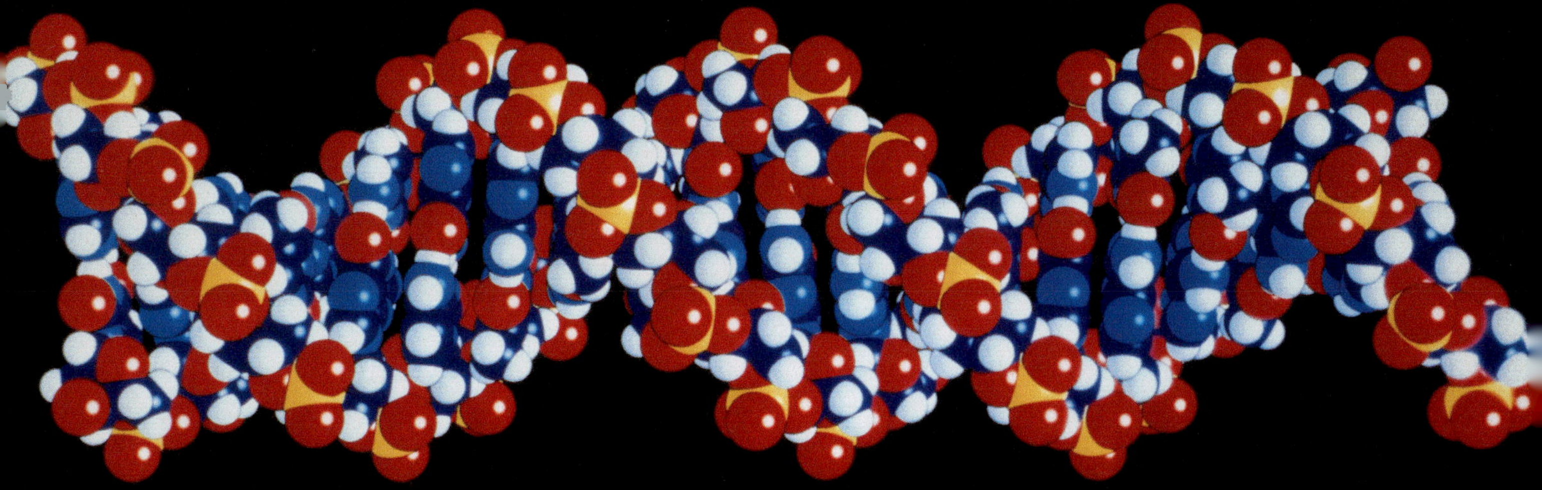

Enzyme und Molekulargenetik

Drei Jahre dauerte es, bis sich die Pest im 14. Jahrhundert von Sizilien nach Norwegen ausgebreitet hatte. Heute reisen Erreger mit dem Flugzeug binnen Stunden um die ganze Welt.

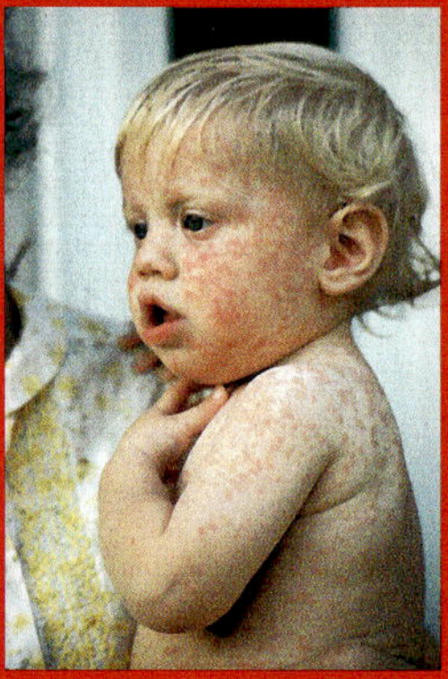

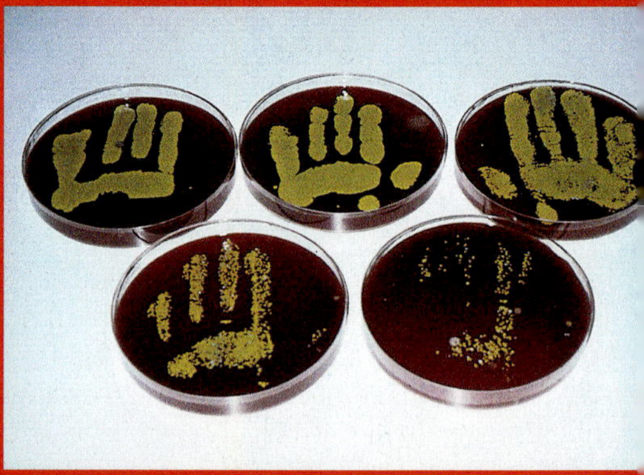

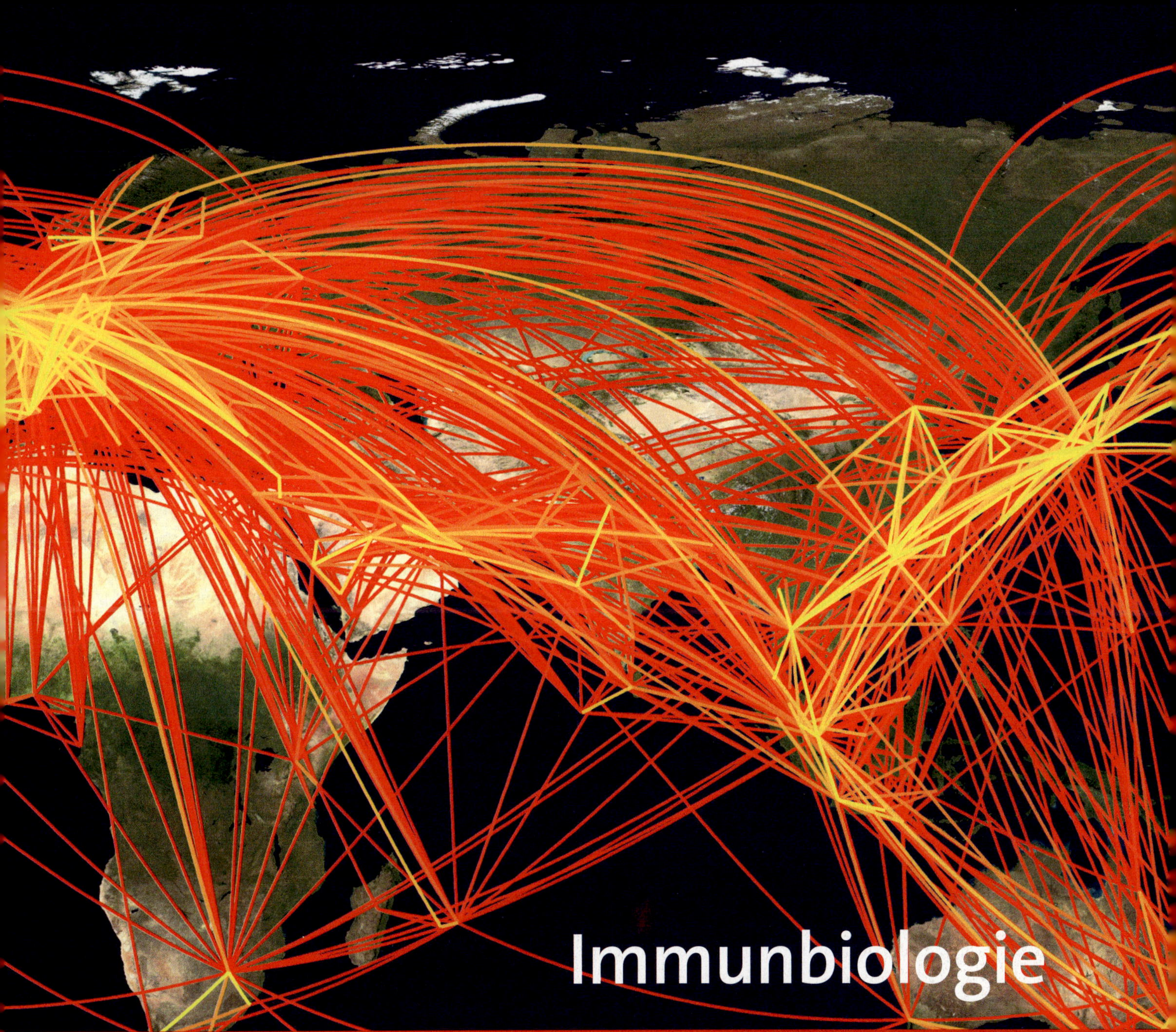

Immunbiologie

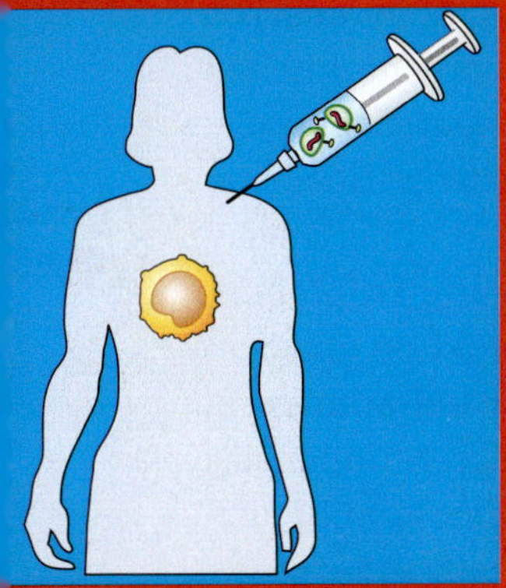

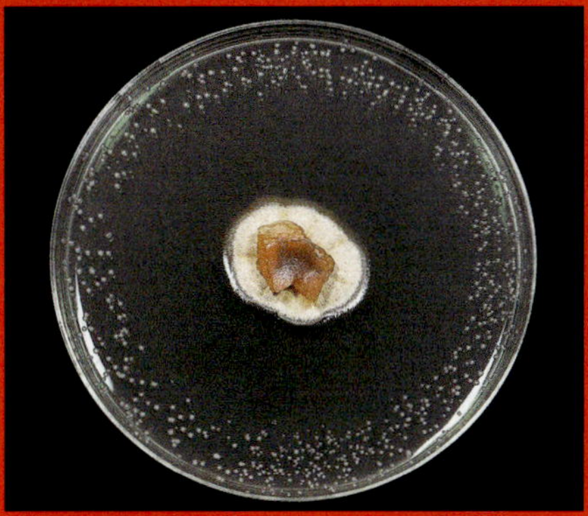

12 Immunbiologie

12.1 Bakterien

1 *Bakterienkolonie in verschiedenen Vergrößerungen*

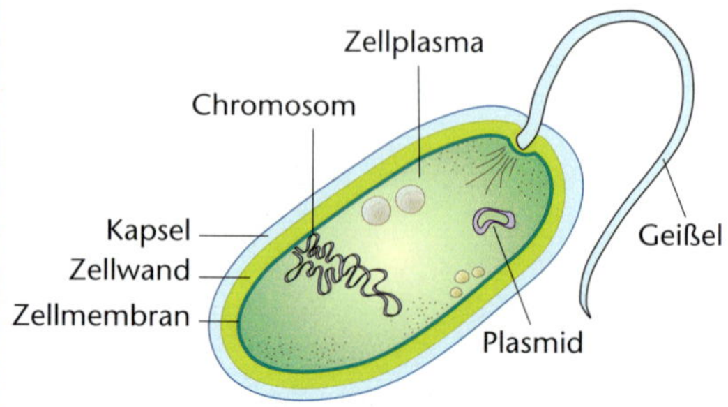

2 *Bau eines Bakteriums*

Bakterien sind einzellige Lebewesen ohne Zellkern. Die Erbinformation liegt als ringförmiges Chromosom im Zellplasma vor. Die einfach gebaute Zelle wird von einer Membran umschlossen (Abb. 2). Nach außen schließt sich eine Zellwand an, die jedoch anders aufgebaut ist als die Zellwand der Pflanzen. Manche Bakterien sind zusätzlich von einer klebrigen Schleimschicht umgeben, die man Kapsel nennt. Nach ihrer Form unterscheidet man stäbchenförmige Bakterien (Bazillen), kugelförmige (Kokken) und spiralig geformte Bakterien (Spirillen, Spirochäten). Viele Bakterienarten können sich mithilfe von Geißeln oder Wimpern fortbewegen. Alle Bakterien benötigen zum Leben eine feuchte Umgebung. Bakterien vermehren sich ungeschlechtlich durch Teilung. Unter günstigen Bedingungen kann eine Teilung alle 20 bis 30 Minuten erfolgen. Es entstehen Bakterienanhäufungen, die man als Kolonien bezeichnet (Abb. 1). Bakterien können untereinander Erbinformation austauschen, indem sie für eine kurze Zeit eine Plasmabrücke zwischen zwei Zellen aufbauen.

Bakterien nehmen Nährstoffe über ihre Zelloberfläche auf. Sie geben Stoffwechselprodukte an ihre Umgebung ab. Manche davon sind für uns giftig. Bakterien findet man nahezu überall. Es handelt sich in den allermeisten Fällen nicht um Krankheitserreger, sondern um Organismen, die im Naturhaushalt eine wichtige Rolle spielen. Sie bauen organisches Material ab und sind dadurch ein wichtiges Glied im Stoffkreislauf der Natur. In Kläranlagen werden sie zur Wasserreinigung genutzt. Bakterien im Darm sind für die Verdauung bei vielen Lebewesen lebensnotwendig. Teilweise werden Bakterien zur Lebensmittelherstellung genutzt, zum Beispiel Milchsäurebakterien bei Jogurt. Unter ungünstigen Bedingungen bilden manche Bakterienarten Endosporen aus. Das sind umgewandelte Bakterienzellen in einer Art Ruhephase, die unempfindlich gegen Wasser- und Nährstoffmangel sind. Sie können große Kälte und Hitze bis über 100 Grad Celsius sowie viele Gifte unbeschadet überstehen und auf diese Weise Jahrhunderte überdauern. Bei günstigen Bedingungen wandeln sie sich wieder in eine normale Bakterienzelle um.

Gelangen bestimmte Bakterienarten in unseren Körper, lösen sie Entzündungen oder Krankheiten aus, von denen einige tödlich verlaufen können. Viele Krankheiten werden durch winzige Speicheltröpfchen, die Bakterien enthalten, übertragen. Man nennt diese Art der Übertragung **Tröpfcheninfektion.** Die Zeit zwischen der Infektion und dem Ausbruch der Krankheit heißt **Inkubationszeit.** Je nach Krankheit kann sie wenige Stunden bis mehrere Wochen betragen. Bei der Krankheitsbekämpfung spielt Hygiene deshalb eine große Rolle.

Krankheit	Inkubationszeit	Übertragung und Symptome
Tetanus (Wundstarrkrampf)	4–14 Tage	Verschmutzung von Wunden durch Erde oder Kot; Schmerzen, Krämpfe, hohes Fieber
Keuchhusten	7–14 Tage	Tröpfcheninfektion; starke Hustenanfälle
Cholera	2–3 Tage	verunreinigtes Trinkwasser oder Nahrungsmittel, Kot; schwere Durchfälle
Scharlach	2–6 Tage	Tröpfcheninfektion; hohes Fieber, Hautausschläge, Ausschlag auf der Zunge
Typhus	2–3 Wochen	verunreinigtes Trinkwasser oder Nahrungsmittel, Kot; steigendes Fieber, erst Verstopfung, dann starke Durchfälle, Hautausschläge

3 *Krankheiten, die von Bakterien ausgelöst werden*

1 Vermehrung von Bakterien.

a) Berechne die Anzahl der Bakterien in einer Bakterienkolonie bei optimalen Vermehrungsbedingungen zu jeder vollen Stunde innerhalb eines Tages, wenn zur Startzeit (0 Uhr) ein Bakterium in die Kultur eingebracht wird und alle 30 Minuten eine Teilung erfolgt. Stelle die Ergebnisse in einem Diagramm dar.

b) Stelle Hypothesen auf, unter welchen Bedingungen die Vermehrung zum Stillstand kommt.

Die Pest wird durch Bakterien hervorgerufen. Sie wird durch den direkten Kontakt mit Nagetieren, den Biss des Rattenflohs, der auch Menschen befällt, oder durch Tröpfcheninfektion von Mensch zu Mensch übertragen. Die Inkubationszeit beträgt zwei bis acht Tage. Es gibt die Beulenpest, bei der besonders die Haut und die darunter liegenden Lymphknoten erkrankt sind. Bei der Lungenpest ist die Lunge betroffen. Lungenpest verläuft ohne sofortige medikamentöse Behandlung tödlich. Bei der Beulenpest sterben zwischen 30–75 % der unbehandelten Kranken.
Im Mittelalter wurden durch die Pest, die wegen der dunklen Hautstellen bei der Beulenpest der schwarze Tod genannt wurde, große Teile der Bevölkerung getötet. In Wien kam zum Beispiel 1679/80 ein Viertel der Bevölkerung ums Leben, es gab mehr als 50 000 Pesttote. Eine sinnvolle Behandlung und die eigentliche Ursache der Krankheit waren nicht bekannt.
Da es Hygiene im heutigen Sinn nicht gab, konnte sich die Krankheit in einer Stadt oder einem Dorf schnell ausbreiten. Durch panikartige Flucht wurde die Krankheit immer weiter verbreitet.

4 *Informationen zur Pest*

2 Krankheiten.

a) Überlege, warum Cholera und Typhus nach großen Naturkatastrophen gefürchtet sind, Tetanus, Scharlach und Keuchhusten dagegen meist nur sporadisch auftreten (Abb. 3).

b) Beschreibe die Rolle der Inkubationszeit bei der Ausbreitung und Bekämpfung von bakteriellen Krankheiten.

3 Pest.

a) Stelle Thesen auf, warum sich die Pest im Mittelalter nach dem ersten Auftreten meist schnell ausbreitete und viele Tote forderte (Abb. 4, 5).

b) Welche Maßnahmen wären auch ohne Medikamente geeignet gewesen, die Pest einzudämmen?

5 *Ausleeren eines Nachttopfes (Holzschnitt 15. Jh.)*

12.2 Antibiotika

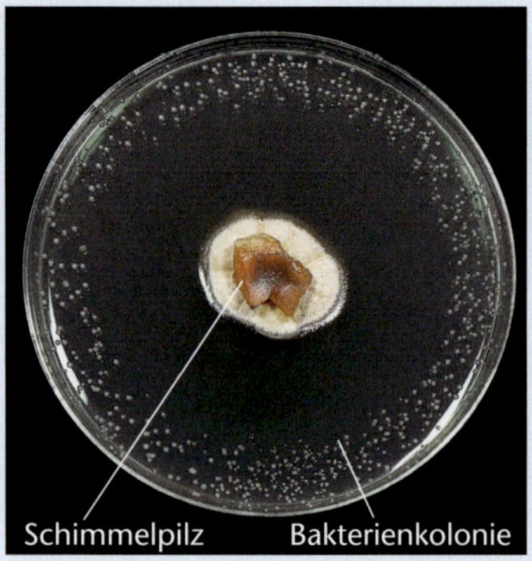

1 *Ein Schimmelpilz verhindert das Wachstum von Bakterien*

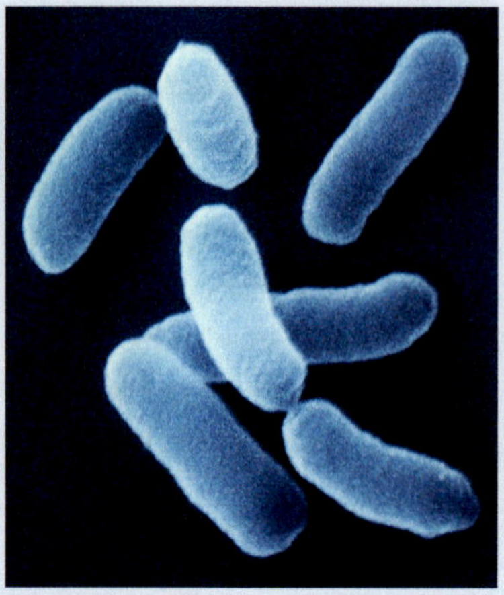

2 *Bakterien vor Penicillin-einwirkung*

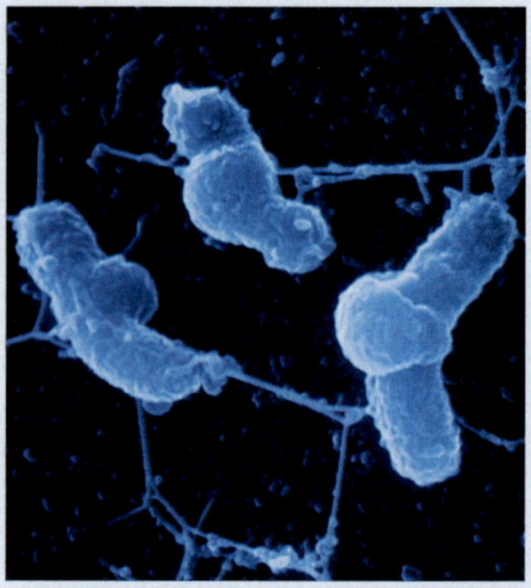

3 *Bakterien nach Penicillin-einwirkung*

Antibiotika sind Substanzen, die Bakterien abtöten, ohne die Zellen von Menschen und Tieren zu schädigen. Viele Antibiotika bewirken, dass Bakterien keine neuen Zellwände oder Membranen aufbauen können. Bei der Teilung wird ihre Umhüllung instabil und die Bakterien platzen (Abb. 2, 3). Das erste Antibiotikum, das Penicillin, wurde 1928 von ALEXANDER FLEMING entdeckt (Abb. 4). Seit etwa 1950 werden Patienten mit Antibiotika behandelt. Mit dem Penicillin war es erstmals möglich, bakterielle Infektionskrankheiten schnell und wirksam zu bekämpfen. Lange herrschte eine große Euphorie. Man glaubte, diese Krankheiten endgültig besiegt zu haben. Doch bald traten Bakterienstämme auf, bei denen das Antibiotikum nicht wirkte. Diese Bakterienstämme waren gegen das Medikament **resistent.**

In der Erbinformation von Bakterien treten wie bei allen Organismen zufällige Veränderungen auf. Man nennt sie **Mutationen.** Bei Bakterien ereignen sich Mutationen sehr häufig. Sie können dazu führen, dass ein Antibiotikum bei einem Bakterium nicht wirksam ist. Wird dieses Medikament eingesetzt, sterben alle Bakterien ab, nur das mit der Resistenz bleibt am Leben und kann sich nun ohne Konkurrenz durch andere Bakterien vermehren. Alle Nachkommen besitzen das Resistenzmerkmal, ein resistenter Bakterienstamm ist entstanden. Da die Resistenz in der DNA festgelegt ist, kann sie durch Austausch von DNA an andere Bakterien weitergegeben werden.

Im Laufe der Zeit wurden viele weitere Antibiotika entdeckt oder chemisch hergestellt. Inzwischen gibt es weltweit aber Bakterienstämme, die gegen fast alle Antibiotika resistent sind.

Im September 1928 kehrte der Bakteriologe ALEXANDER FLEMING nach einem Urlaub in sein Labor zurück. Er arbeitete zu dieser Zeit mit Bakterienkulturen. Beim Aufräumen entdeckte er Nährböden mit Kulturen, die einen grünlichen Schimmel aufwiesen. Ihm fiel auf, dass die Bakterien auf den verschimmelten Nährböden abgestorben waren. Weitere Versuche ergaben, dass der Schimmelpilz mit dem Namen Penicillium eine Substanz abscheidet, die Bakterien abtötet. FLEMING nannte sie Penicillin. Erst zehn Jahre später gelang es den Biologen FLOREY und CHAIN, die Substanz konzentriert zu gewinnen und erste erfolgreiche Tierversuche durchzuführen. 1941 wurde der erste Patient mit Penicillin behandelt. Nach einer ersten phänomenalen Besserung starb der Patient dennoch, weil die gewonnene Penicillinmenge nicht für eine Fortsetzung der Behandlung reichte.

4 *Die Entdeckung von Penicillin*

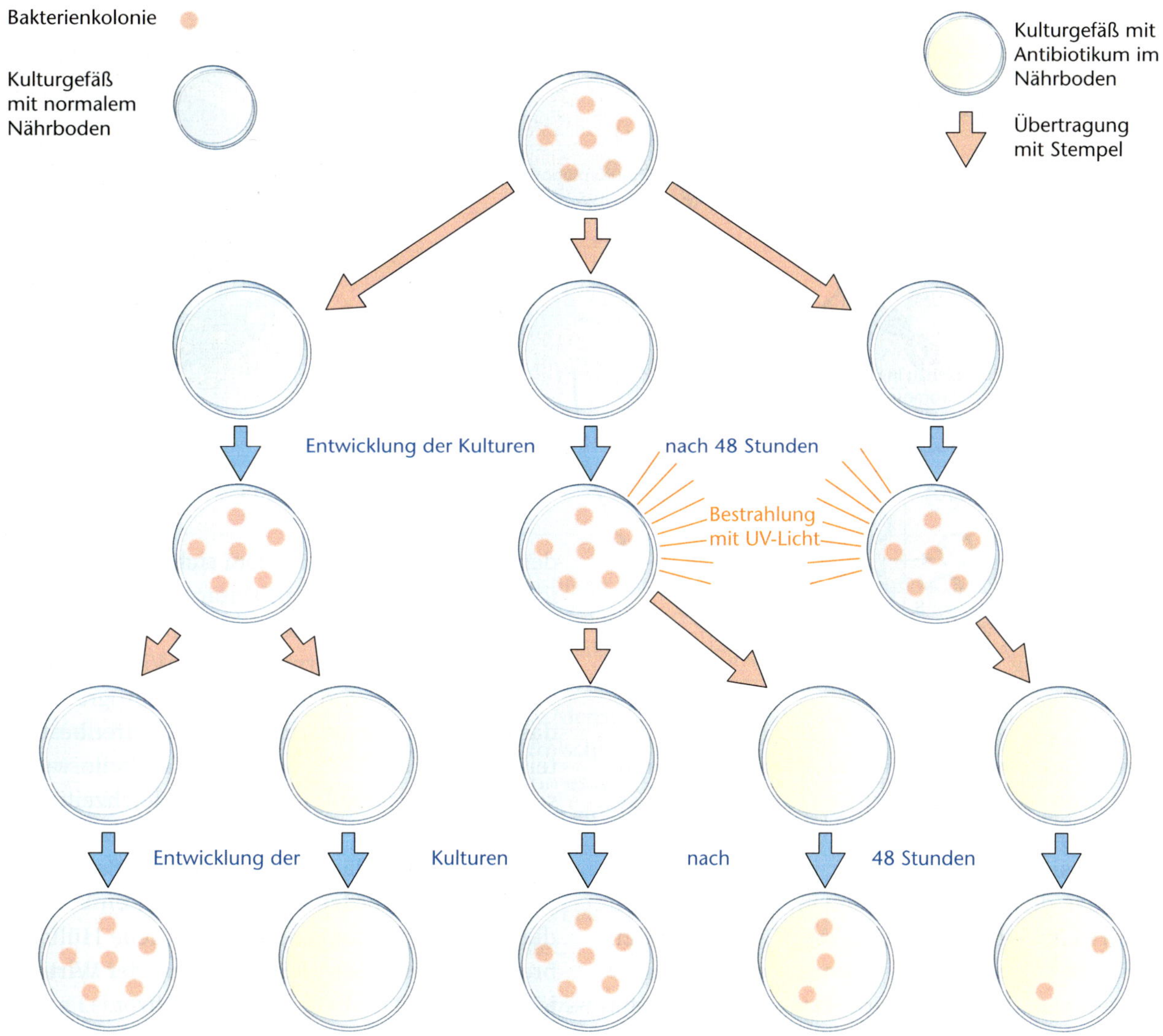

5 *Stempelversuche mit Bakterienkolonien*

1 Schimmelpilzwirkung. Beschreibe die Abbildung 1. Erkläre, wie die Verteilung der Bakterienkulturen zustande kommt.

2 Stempelversuche. Bakterien können auf speziellen Nährböden in Petrischalen gezüchtet werden. Hat man in ein solches Kulturgefäß Bakterien eingebracht, vermehren sich diese und bilden Bakterienkolonien. Mithilfe eines so genannten Stempels kann man von den Kolonien einen genauen Abdruck machen. Die Bakterien bleiben an dem Stempel hängen und werden auf einen neuen Nährboden übertragen.
Durch UV-Licht wird die Wahrscheinlichkeit von Mutationen sehr stark erhöht.
a) Erkläre die Vorgehensweise in den in Abbildung 5 dargestellten Versuchen. Begründe ausführlich die Ergebnisse.
b) Vergleiche die Bedingungen in der Petrischale in Abbildung 1 mit denen von Abbildung 4.

3 Wettlauf zwischen Medizin und Bakterien. Erkläre, wieso von einem ständigen Wettlauf zwischen Medizin und Bakterien gesprochen wird. Warum wird dabei von vielen Wissenschaftlern ein zu häufiger Einsatz von Antibiotika kritisiert?

Ein schriftliches Referat erstellen

1. Vorbereitung
Beginne die Arbeit damit, dass du überlegst, was du bereits über dein Thema weißt. Halte dein Wissen auf einem DIN-A4-Blatt fest.
Lege einen Ordner an, in den du alle Texte, Aufzeichnungen und Materialien für dein Referat einheften kannst.

2. Überblick verschaffen
Wenn du bislang nur wenig über dein Thema weißt, verschaffe dir mithilfe von Lexika, Zeitschriftenartikeln oder dem Internet einen ersten Überblick.

3. Fragen formulieren
Überlege dir Fragen, die durch das Referat beantwortet werden sollen. Halte diese auf einem „Fragenzettel" (DIN-A4-Blatt) fest (Abb. 1).

4. Materialien sammeln
Suche in der Bücherei oder im Internet nach passenden Büchern, Zeitschriften, Karten, Bildern und Internetseiten zu deinem Thema (Abb. 2).

5. Sichten des Materials
Verschaffe dir einen Überblick über das gefundene Material und entscheide, welche Texte, Bilder oder Karten zu deinem Thema passen. Prüfe, ob du mit dem bislang gefundenen Material deine Fragen beantworten kannst. Suche ansonsten nach weiteren Materialien.
Falls du beim Sichten auf weitere wichtige Gesichtspunkte deines Themas stößt, die du bislang noch nicht berücksichtigt hattest, ergänze sie auf deinem „Fragenzettel".
Überprüfe anschließend, ob sich manche Fragen vom Inhalt her überschneiden und sich deshalb zusammenfassen lassen. Streiche Fragen, die das Thema wenig oder gar nicht berühren.

6. Erstellen einer Gliederung
Überlege, welches die Kernpunkte deines Themas sind, die du auf jeden Fall in deinem Referat behandeln willst. Das gefundene Material und deine Fragen, die du dir zu Anfang gestellt hast, helfen dir dabei, mögliche Schwerpunkte zu finden. Diese Schwerpunkte, auch Gliederungspunkte genannt, stellen das Gerüst deines Referates dar. Achte beim Erstellen der Gliederung auf eine sinnvolle und logische Reihenfolge der Gliederungspunkte (Abb. 3).

7. Auswerten des Materials
Werte die Materialien aus, indem du die wichtigsten Informationen für dein Referat sicherst. Das kann beispielsweise so geschehen, dass du wichtige Textstellen oder Bilder kopierst, wichtige kurze Passagen abschreibst oder einen Textauszug anfertigst. Hefte dieses Material in deinen Ordner. Schreibe auf jede Seite, zu welchem Gliederungspunkt die Informationen passen. Trage auch den Titel des Buches oder die Adresse der Internetseite ein. So weißt du, woher die gefundenen Informationen stammen.

8. Das schriftliche Referat ausarbeiten

Nachdem du die gefundenen Informationen den einzelnen Gliederungspunkten zugeordnet hast, kannst du mit dem Ausarbeiten des Referates beginnen. Ausarbeiten bedeutet, dass du mithilfe der gesammelten Informationen einen zusammenhängenden Text verfasst. Wichtig beim Ausarbeiten ist, dass du nicht aus den Vorlagen abschreibst, sondern mit deinen eigenen Worten die Sachverhalte wiedergibst. Manchmal ist es jedoch sinnvoll, einen besonders gut formulierten Satz aus einer Quelle komplett zu übernehmen, das heißt ihn zu zitieren.

9. Regeln für das Zitieren

Zitieren bedeutet, einen oder mehrere Sätze aus einem Text wortwörtlich zu übernehmen.
Beachte, dass du ein Zitat als solches kenntlich machen musst. Das geschieht dadurch, dass das Zitat in Anführungszeichen gesetzt wird.
Zitiere genau, das heißt, dass du den Text wortwörtlich wiedergeben musst und ihn nicht verändern darfst. Wenn du längere Zitate kürzt, achte darauf, dass durch die Kürzung der Sinn nicht verfälscht wird. Kennzeichne die Auslassungen durch Punkte [...]. Gib auch die Quelle an, aus der das Zitat stammt, damit der Leser die Richtigkeit des Zitates überprüfen kann.

10. Ausgewogenheit der Darstellung

Achte vor allem bei strittigen Themen um eine ausgewogene Darstellung, das heißt, dass du sowohl die Argumente der Befürworter als auch der Gegner angemessen darstellst.

1) Wodurch wird die Pest ausgelöst?
2) Wodurch wird diese Krankheit übertragen?
3) Woran erkennt man, dass ein Mensch an der Pest erkrankt ist?
4) Ist die Pest heilbar?
5) In welchen Ländern gibt es die Pest noch heute?
6) Wie kann man sich vor der Pest schützen?

1 *Fragen zum Thema „Pest“*

2 *Wanderratte, Floh, Pestbakterien*

1. Definition
2. Arten
2.1 Beulenpest
2.2 Lungenpest
3 Übertragungswege
4 Behandlung
5 Geschichte der Pest
5.1 Pest in der Antike
5.2 Pest im Mittelalter
6 Pest heute

3 *Mögliche Gliederung*

Bergdolt, Klaus: Der schwarze Tod in Europa. Die große Pest und das Ende des Mittelalters. München 1994.
Herlithy, David: Der schwarze Tod und die Verwandlung Europas. Berlin 1998.
Meier, Mischa: Pest. Die Geschichte eines Menschheitstraumas. Stuttgart 2005.
Vasold, Manfred: Die Pest. Ende eines Mythos. Darmstadt 2003.

4 *Fachbücher zum Thema Pest*

12.4 Immunsystem

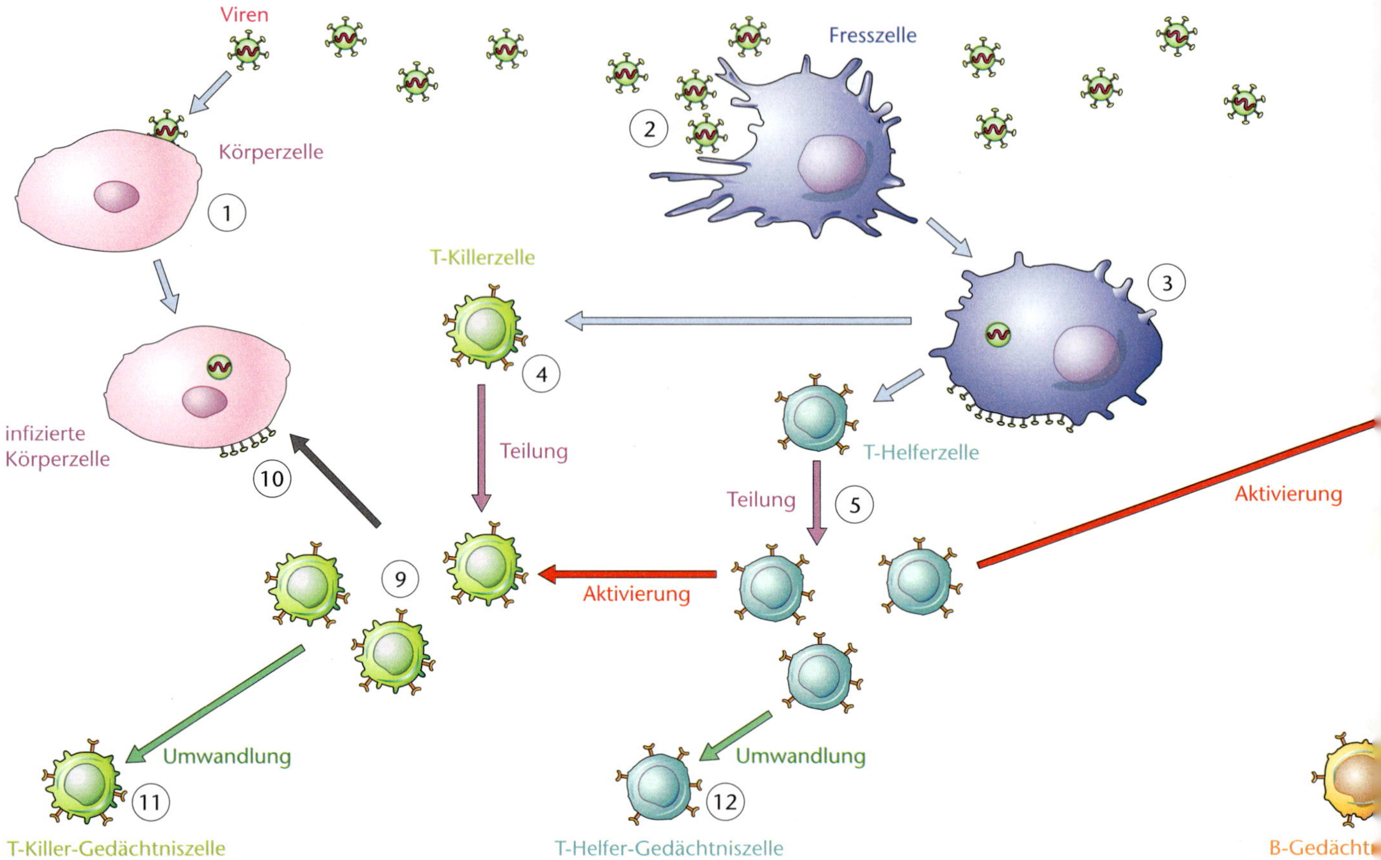

1 *So bekämpft das Immunsystem Influenzaviren*

Alle Zellen des Immunsystems werden im Knochenmark gebildet. Sie werden als Weiße Blutkörperchen oder **Leukozyten** bezeichnet. Zu den Leukozyten gehören Fresszellen, T-Zellen und B-Zellen. Bei ihrer Reifung „lernen" Leukozyten, Fremdkörper von körpereigenen Stoffen zu unterscheiden. Die Unterscheidung erfolgt durch Proteine auf der Oberfläche. Jede körpereigene Zelle enthält bestimmte Proteine, die man MHC-Marker nennt. Alle Zellen oder Stoffe, die auf ihrer Oberfläche diese Proteine nicht tragen, werden als körperfremd erkannt und bekämpft. Solche Zellen oder Stoffe bezeichnet man als **Antigene.** Die Reifung erfolgt bei den B-Zellen im Knochenmark (B kommt von bone = Knochen) und bei den T-Zellen in der Thymusdrüse, einer Drüse hinter dem Brustbein. Bei der Reifung werden **Rezeptoren** in die Oberfläche der B- und T-Zellen eingebaut, die auf Antigene passen. Jede Zelle entwickelt nur eine Sorte der Rezeptoren. B- und T- Zellen, deren Rezeptoren zu Oberflächenmolekülen körpereigener Zellen passen, werden getötet, damit sie sich nicht gegen den eigenen Körper wenden können. T-Zellen und B-Zellen reagieren spezifisch nur auf solche Antigene, die nach dem Schlüssel-Schloss-Prinzip zu den Rezeptoren auf ihrer Oberfläche passen (Abb. 2). Sie bilden daher die Grundlage der spezifischen Abwehr von Krankheitserregern, die in den Körper eingedrungen sind. Es gibt hunderttausende von T- und B-Zellen, die sich in ihren Rezeptoren für Antigene unterscheiden.

Fresszellen können sich amöbenartig zwischen den Zellen im Gewebe fortbewegen. Sie fressen eingedrungene Erreger, Fremdkörper, aber auch abgestorbene Körperzellen. Die Bekämpfung durch

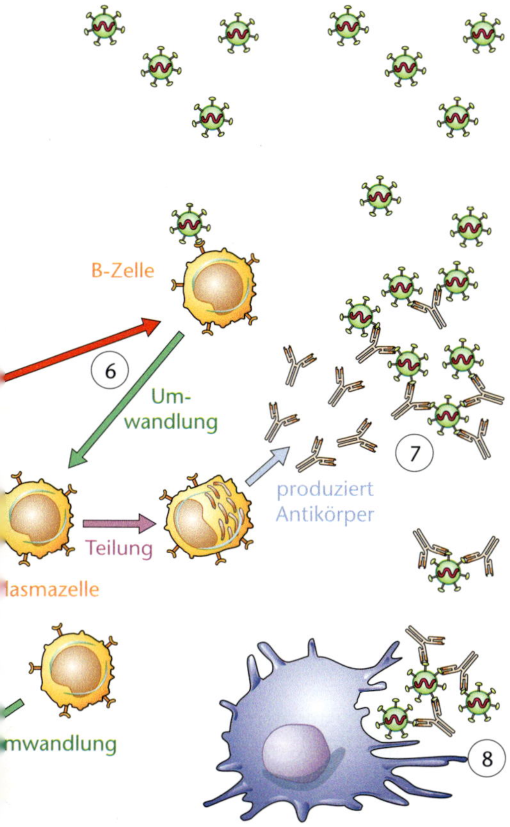

Influenzaviren, die in den Körper eingedrungen sind, befallen Körperzellen (1). Einige Viren werden von den Fresszellen direkt gefressen (2). Die Fresszelle baut Teile der Antigene in ihre Oberfläche ein (3). Anschließend treffen diese Fresszellen auf T-Helferzellen und T-Killerzellen. Wenn deren Rezeptoren zu den Antigenen passen, werden diese Zellen zur Teilung angeregt (4) (5). Die T-Helferzellen aktivieren passende B-Zellen, die sich daraufhin bei Kontakt mit dem Virus in Plasmazellen umwandeln und teilen (6). Die Plasmazellen produzieren Antikörper, die frei im Körper vorkommende Influenzaviren verklumpen (7). Fresszellen vernichten verklumpte Viren (8). T-Helferzellen aktivieren passende T-Killerzellen (9). Diese töten die Körperzellen, die vom Virus infiziert wurden (10). Ein Teil der aktivierten T-Killerzellen, T-Helferzellen und Plasmazellen wandelt sich in entsprechende Gedächtniszellen um (11) (12) (13).

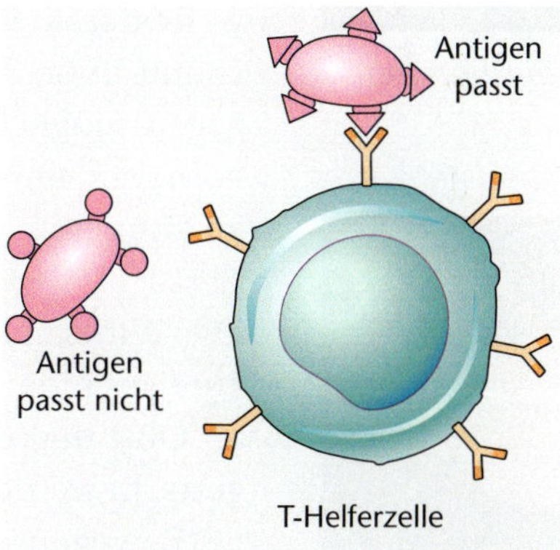

2 *Schlüssel-Schloss-Prinzip*

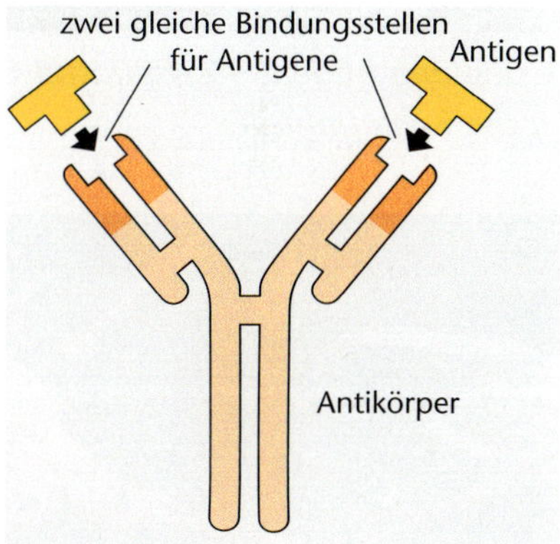

3 *Antikörper*

Fresszellen bezeichnet man als unspezifische Abwehr, weil sie sich gegen alle körperfremden Stoffe richtet. Dabei bauen die Fresszellen nach dem Verzehr Teile der Antigene in ihre eigene Oberfläche ein und kennzeichnen sie mit speziellen Molekülen. Die Kennzeichnung verhindert, dass die Fresszelle als infiziert angesehen wird. Trifft eine Fresszelle mit markierten Antigenteilen auf eine T-Zelle mit passendem Rezeptor, wird diese zur Teilung angeregt.

Bei den T-Zellen gibt es zwei Gruppen, die T-Helferzellen und die T-Killerzellen. T-Helferzellen, die Kontakt mit einer Fresszelle mit passendem Antigen hatten, aktivieren die T-Killerzellen sowie die B-Zellen und regulieren durch abgegebene Stoffe die Immunaktivität. T-Killerzellen töten nach ihrer Aktivierung alle Zellen, in die ein Virus eingedrungen ist. Dadurch wird die Virusvermehrung gestoppt. Die Erkennung erfolgt durch Antigene in der Oberfläche der infizierten Zelle.

Aktivierte **B-Zellen,** die zudem Kontakt mit einem passenden Antigen hatten, teilen sich sehr häufig. Sie produzieren große Mengen **Antikörper,** die sie an die Umgebung abgeben. Antikörper sind Proteine (Abb. 3). Ihre Bindungsstellen weisen die gleiche Form auf wie die Rezeptoren auf der Oberfläche der B-Zelle, die sie gebildet hat. Antikörper verklumpen Antigene und machen Erreger dadurch bewegungsunfähig. So können sie leichter von Fresszellen vernichtet werden. Ein Teil der aktivierten T- und B-Zellen wandelt sich in langlebige Gedächtniszellen um. Sie werden bei einer erneuten Infektion mit den gleichen Krankheitserregern sofort aktiv.

12.5 Abwehr von körperfremden Stoffen

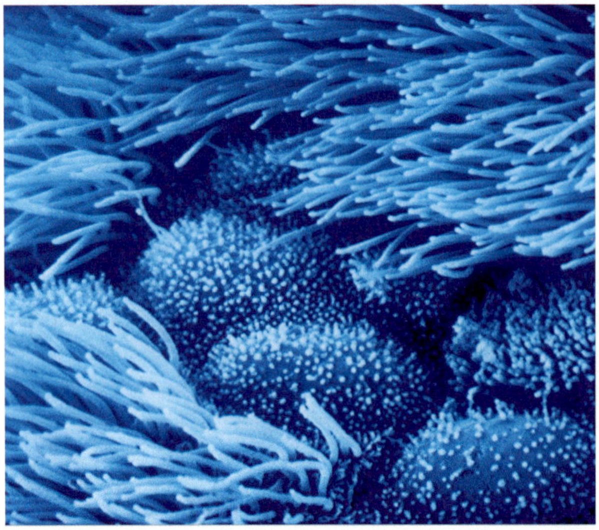

1 *Schleim bildende Zellen und Flimmerhärchen in der Schleimhaut*

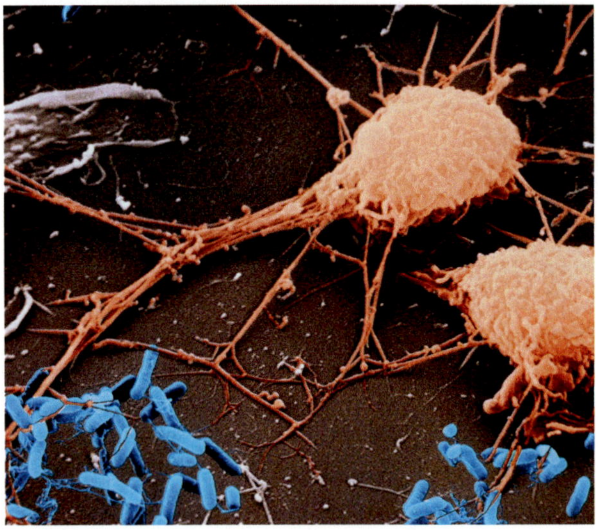

2 *Fresszellen (rot) beim „Aufsammeln" und Fressen von Bakterien (blau)*

Im täglichen Leben sind wir ständig von Bakterien, Viren und anderen Erregern umgeben. Eine gut funktionierende Immunabwehr kann uns davor schützen, zu erkranken. Alle Erreger dringen zunächst in den Körper ein. Dies geschieht entweder durch die Haut oder über die Atemwege und Verdauungsorgane. Die Haut weist fast immer kleinste Verletzungen auf. Sie hat einen natürlichen Schutzmantel aus Schweiß und Talg, die einen Säurefilm auf die Haut legen. Bei den Schleimhäuten in den Atemwegen und den Verdauungsorganen gibt es ähnliche Schutzmechanismen wie die Abgabe von Schleim oder Säure, zum Beispiel der Magensäure. Der Schleim wird mit eingeschlossenen Erregern durch Flimmerhärchen nach außen befördert (Abb. 1).

Gelingt es den Erregern dennoch, in den Körper einzudringen, treten zunächst die Fresszellen in Aktion (Abb. 2). Sie werden durch Entzündungsstoffe unterstützt. Entzündungsstoffe fördern die Durchblutung und locken weitere Fresszellen an. Fresszellen starten außerdem die spezifische Abwehr durch T- und B-Zellen bei einer Infektion. Damit diese Abwehr zuverlässig arbeitet, müssen gegen möglichst viele Erreger Gedächtniszellen vorliegen, um bei einer Infektion schnell reagieren zu können.

Die Wirksamkeit des Immunsystems kann durch eine gesunde Ernährung mit einem hohen Anteil an Obst und Gemüse und wenig Zucker und Fett gestärkt werden. Der Effekt wird durch regelmäßige Bewegung verstärkt. Die Psyche eines Menschen wirkt sich ebenfalls auf das Immunsystem aus. Stress und Angst setzen die Vermehrungsfähigkeit von Zellen des Immunsystems herab (Abb. 7). Es wird diskutiert, ob eine positive Lebenseinstellung das Immunsystem effektiver macht und damit Selbstheilungskräfte weckt.

Bei Organtransplantationen kann es zu Abstoßungsreaktionen des Körpers auf das neue Organ kommen. Dabei bekämpft das Immunsystem das Spenderorgan als körperfremde Substanz. Die Wahrscheinlichkeit einer solchen Abstoßung ist umso größer, je mehr MHC-Marker bei Spender und Empfänger unterschiedlich sind. MHC-Marker sind Oberflächenproteine, an denen körpereigene Zellen vom Immunsystem erkannt werden. Im Fall einer Abstoßungsreaktion muss das Immunsystem des Empfängers unterdrückt werden, wodurch die Infektanfälligkeit des Patienten steigt.

1 Krankheitsabwehr. Man spricht von drei Verteidigungslinien der Krankheitsabwehr. Benenne die drei Verteidigungslinien und beschreibe sie. Ordne die im Grundwissentext genannten Elemente den Verteidigungslinien zu.

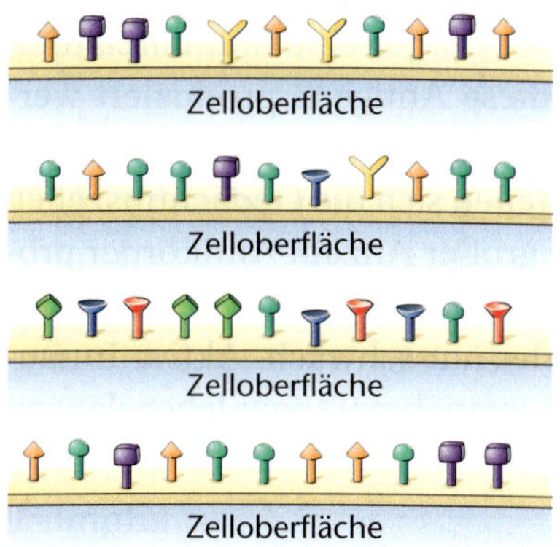

3 *MHC-Marker auf der Zelloberfläche*

2 Transplantationen.

a) Entscheide, welche Organe in Abbildung 3 für eine Organtransplantation am ehesten in Frage kommen. Begründe deine Entscheidung.

b) Täglich werden in Deutschland elf lebensrettende Organtransplantationen durchgeführt. Es sterben trotzdem täglich drei Patienten, weil sie nicht rechtzeitig ein Organ bekommen. Diskutiere unter Einbeziehung der Abbildung 4 und 5 diesen Sachverhalt.

3 Stress und Immunsystem. Setze die Aussagen der Abbildungen 6 und 7 zueinander in Beziehung.

Eine Organtransplantation ist nur sinnvoll, wenn möglichst viele MHC-Marker von Empfänger und Spender übereinstimmen. Eine 100-prozentige Übereinstimmung gibt es nur bei eineiigen Zwillingen. Bei einer Lebendspende wird ein Organ, z. B. eine Niere oder ein Leberlappen, von einem lebenden Menschen gespendet, meist von einem nahen Verwandten.
In der Regel werden die Organe aber einem gerade Verstorbenen entnommen. Voraussetzung dafür ist ein Organspendeausweis oder die Zustimmung der nächsten Angehörigen. Trotz Werbung führen zu wenig Menschen einen Organspendeausweis mit sich, um den Bedarf an Organen zu decken.

4 *Organspende*

Jahr 2004	Herz	Niere	Lunge
Transplantationen vom 01.01.–31.05.	123	789	69
auf der Warteliste am 01.06.	572	891	461
Wartezeit in Jahren	1–2	3–5	2–4

5 *Zahlen zu Transplantationen in Deutschland*

Ereignis	Stresswert
Tod des Ehepartners	100
Ehescheidung	73
Tod eines Familienmitglieds	63
Gefängnisaufenthalt	63
eigene schwere Krankheit	53
Heirat	50
Verlust des Arbeitsplatzes	47
Eintritt in den Ruhestand	45
Krankheit eines Familienmitglieds	44
starke Änderung der finanz. Lage	38
Wechsel des Arbeitsbereiches	36
Auszug von Tochter/Sohn	29
Wohnungswechsel	20

6 *Stresswerte von besonderen Ereignissen*

Eine Methode zur Messung der Körperabwehr besteht darin, Lymphozyten (Killerzellen und B-Zellen) aus dem Blut zu isolieren und künstlich zur Teilung anzuregen. Die Vermehrungsrate wird als ein Maß für die Aktivität des Immunsystems herangezogen. In der Abbildung sind die Ergebnisse bei einer Gruppe von Personen dargestellt, deren Ehepartner schwer krank waren und schließlich starben.

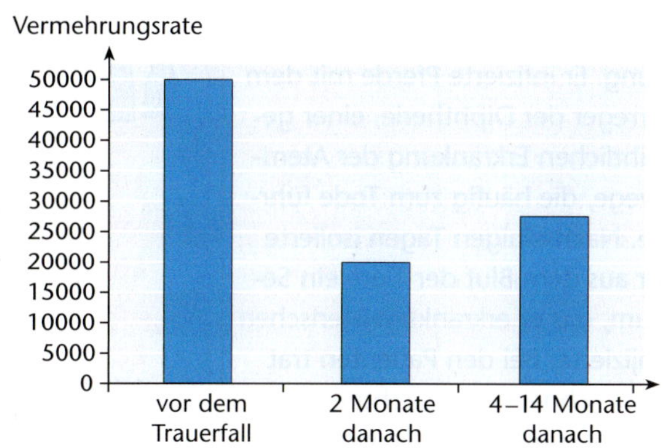

7 *Vermehrung von Lymphozyten*

12.8 Allergien, Krebs, Autoimmunkrankheiten

1 *Birkenblüte*

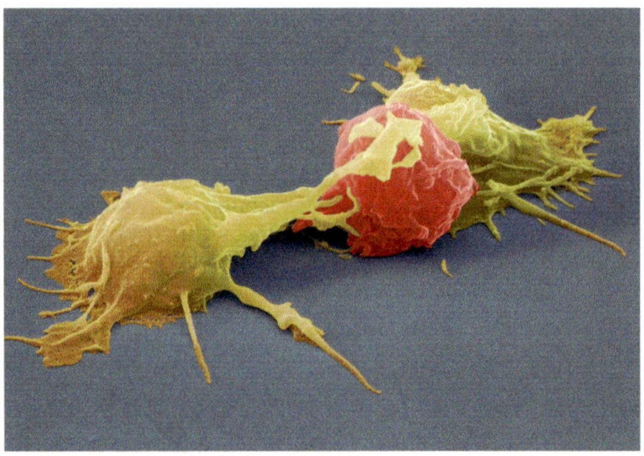

2 *Killerzellen (gelb) an einer von ihnen getöteten Tumorzelle*

Bei einer **Allergie** reagiert das Immunsystem auf harmlose Stoffe sehr heftig. Durch den Kontakt mit dem betreffenden Allergen, so wird das Antigen genannt, werden sehr große Mengen an Antikörpern und Entzündungsstoffen ausgeschüttet. Die Schleimhäute schwellen an oder es tritt Hautausschlag auf. Oft genügen winzige Mengen des Allergens, um die allergische Reaktion auszulösen. In Extremfällen kann sie so stark sein, dass ein lebensbedrohlicher Schock hervorgerufen wird. Der Grund ist eine mit der Entzündung verbundene Erweiterung der Blutgefäße, durch die der Blutdruck stark absinken kann. Eine Allergie kann sich plötzlich entwickeln, auch wenn der betreffende Stoff jahrelang vertragen wurde. Die Gründe dafür sind noch nicht hinreichend bekannt. Jeder Stoff kann zu einem Allergen werden, doch verursachen bestimmte Stoffe gehäuft Allergien, zum Beispiel Pollen von Gräsern oder Bäumen (Heuschnupfen), Nickel (Schmuckallergien), die Ausscheidungen der Hausstaubmilbe (Hausstauballergie) und bestimmte Eiweißarten (Neurodermitis, Asthma).

Krebs entsteht durch Mutationen in der DNA von Zellen. Solche Mutationen entstehen zufällig. Manche Chemikalien, UV-Strahlung, Röntgenstrahlen und radioaktive Strahlung führen vermehrt zu Mutationen. Normalerweise sorgen Reparaturmechanismen in der Zelle dafür, dass sie wieder beseitigt werden. Nicht immer gelingen die Reparaturmaßnahmen. Dann kann es dazu kommen, dass die Kontrolle über die Zellteilung verloren geht und sich die Zelle ständig weiter teilt. Es ist eine Tumorzelle entstanden. Auch der Kontakt mit manchen Viren begünstigt die Entstehung von Tumorzellen. Wahrscheinlich werden in jedem Menschen täglich Tumorzellen gebildet. Sie unterscheiden sich in ihrer Oberfläche geringfügig von gesunden Zellen und können daher von den Zellen des Immunsystems erkannt und abgetötet werden (Abb. 2). Manchmal werden Tumorzellen jedoch nicht vom Immunsystem erkannt. Sie werden nicht abgetötet und teilen sich immer weiter. Es entsteht eine Gewebewucherung aus Tumorzellen, ein Tumor. So genannte gutartige Tumore wachsen nur langsam. Sie zerstören das umliegende Gewebe nicht und sind nach außen scharf abgegrenzt. Bei bösartigen Tumoren teilen sich die Zellen viel schneller. Sie dringen in benachbartes Gewebe ein und zerstören es dabei. Man spricht dann von Krebs. Einzelne Tumorzellen können sich aus dem Tumor lösen und an anderer Stelle Tochtertumore bilden. Diese nennt man Metastasen. Wenn Metas-

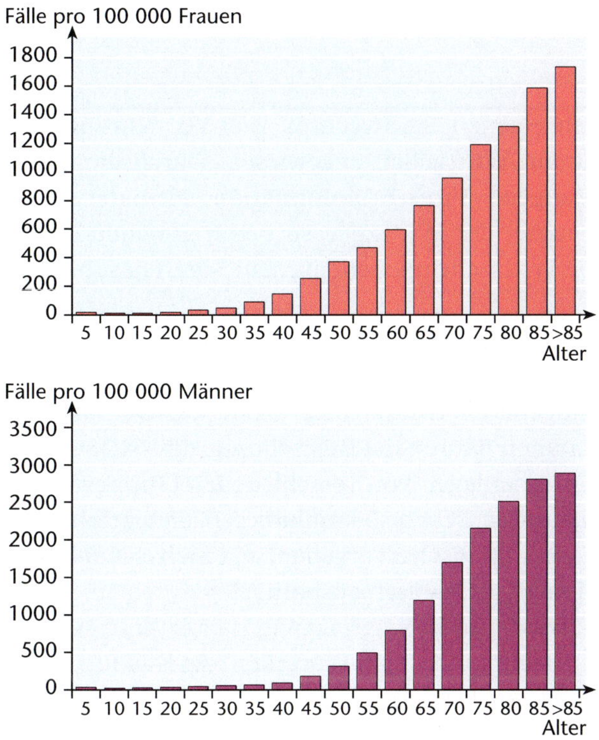

3 *Neuerkrankungen an Krebs*

tasen im Körper vorhanden sind, sinken die Heilungschancen erheblich. Daher ist eine Früherkennung des Krebses für eine erfolgreiche Therapie sehr wichtig. Im Alter steigt das Erkrankungsrisiko an Krebs stark an und ist bei Männern fast doppelt so hoch wie bei Frauen (Abb. 3). Die häufigsten Krebsarten bei Männern sind Prostatakrebs, Lungenkrebs und Darmkrebs. Bei Frauen treten Brustkrebs, Darmkrebs und Gebärmutterkrebs am häufigsten auf.

Als **Autoimmunkrankheiten** werden Krankheiten bezeichnet, bei denen Zellen des Immunsystems gegen bestimmte Zellen des eigenen Körpers vorgehen. Die genauen Ursachen sind noch nicht vollständig geklärt. Zu den Autoimmunkrankheiten gehören unter anderem Diabetes vom Typ I, Multiple Sklerose und die rheumatoide Arthritis.

Diabetes vom Typ I ist eine Form der Zuckerkrankheit, die schon in jungen Jahren auftreten kann. Dabei tötet das Immunsystem die insulinproduzierenden Zellen in der Bauchspeicheldrüse ab. Insulin senkt den Blutzuckerspiegel. Wird bei einem Diabetes vom Typ I nicht künstlich Insulin zugeführt, kommt es zu überhöhten Blutzuckerwerten, die langfristig große Schäden im Körper bewirken. Fünf Prozent aller Diabetiker leiden an diesem Typ des Diabetes.

Multiple Sklerose ist eine Krankheit, bei der die T-Zellen Nervenzellen im Gehirn und Rückenmark angreifen und durch die damit verbundenen Entzündungen schwere Schäden hervorrufen können. Die Krankheit tritt in Schüben auf, wobei nach jedem Schub die Behinderungen zunehmen. Sie kommen zustande, weil durch abgestorbene Nervenzellen die Bewegungskoordination zunehmend verloren geht. Stress und körperliche Belastungen erhöhen das Risiko eines erneuten Krankheitsschubs. Es gibt circa 80 Multiple-Sklerose-Patienten auf 100 000 Einwohner.

Auch die rheumatoide Arthritis tritt in Schüben auf, die durch Stress und körperliche Belastungen begünstigt werden. Dabei wird das Bindegewebe in den Gelenken, meist in den Füßen und an den Fingern, von den Zellen des Immunsystems angegriffen und entzündet sich. Es kommt dadurch zu Gewebeveränderungen und Deformationen der Gelenke (Abb. 4).

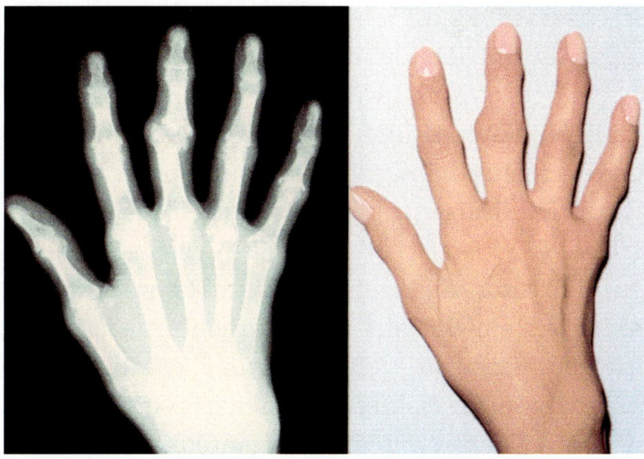

4 *Gelenkveränderung durch rheumatoide Arthritis*

Basiskonzepte zum Thema „Immunbiologie"

Die nachfolgenden Sachverhalte stammen aus dem Kapitel „Immunbiologie". Die Nummerierung ist willkürlich und gibt keine Rangfolge an. Die Basiskonzepte sind in diesem Buch auf der Methodenseite „Arbeiten mit Basiskonzepten" erläutert.

1 Aufgabe: Ordne jedem dieser Sachverhalte ein Basiskonzept oder mehrere Basiskonzepte zu. Begründe die von dir gewählte Zuordnung.

1. Bakterien können sich unter günstigen Bedingungen sehr schnell durch Teilung vermehren. Manche Bakterien können Entzündungen oder Krankheiten hervorrufen.

2. Bakterien nehmen Nährstoffe über ihre Zelloberfläche auf. Sie geben Stoffwechselprodukte an ihre Umgebung ab. Manche davon sind für uns Menschen giftig.

3. Antibiotika sind Substanzen, die speziell Bakterien abtöten, ohne die Zellen von Menschen und Tieren zu schädigen. Antibiotika werden benutzt, um bakterielle Infektionskrankheiten zu bekämpfen. Manche Antibiotika greifen so in den Stoffwechsel von Bakterien ein, dass keine neue Bakterienzellwand gebildet werden kann.

4. Bei Bakterien und Viren ereignen sich Mutationen relativ häufig. Durch Mutationen können Bakterien Resistenz gegen Antibiotika erwerben.

5. Man kann die Antibiotika-Resistenz von Bakterien als ein Beispiel für natürliche Auslese (Selektion) betrachten. Durch zufällige Mutationen haben manche Bakterien genetisch Resistenz erworben. Kommt nun das Antibiotikum, gegen das sie resistent sind, in ihre Umwelt, können sich diese Bakterien weiter vermehren, nicht aber diejenigen Bakterien, die die Resistenz nicht in ihren Genen verankert haben.

6. Viren, wie zum Beispiel das Grippevirus (Influenzavirus), sind keine Lebewesen. Sie haben keinen eigenen Stoffwechsel. Zur Vermehrung sind sie auf Wirtszellen angewiesen. Durch die eingedrungene Virus-Erbinformation wird der Stoffwechsel der Wirtszelle so umprogrammiert, dass die Wirtszelle massenhaft neue Viren produziert.

7. Grippeviren haben eine große genetische Variabilität. Außerdem gibt es auch bei Vögeln und Säugetieren Grippeviren. Beide Sachverhalte zusammen nähren die Befürchtung, dass sich einmal die Erbanlagen von verschiedenen Grippeviren in einem Menschen so kombinieren, dass gefährliche Viren daraus hervorgehen, die sich schnell von Mensch zu Mensch ausbreiten.

8. Bestimmte weiße Blutzellen, die B- und T-Lymphozyten, sind Träger der spezifischen Immunabwehr, die sich gezielt gegen bestimmte körperfremde Stoffe, die Antigene, richtet. Bei ihrer Reifung „lernen" diese Zellen die Unterscheidung von körpereigen und körperfremd. Jeder Mensch hat auf der Oberfläche seiner Zellen bestimmte Proteine, die die Zellen wie eine Erkennungsmarke als körpereigen ausweisen. Alle Zellen oder Stoffe, die diese Oberflächen-Proteine nicht haben, werden als körperfremd erkannt und bekämpft.

9. T- und B-Lymphozyten reagieren spezifisch nur auf solche Antigene, die nach dem Schlüssel-Schloss-Prinzip zu Rezeptoren auf der Oberfläche der Lymphozyten passen. Es gibt hunderttausende von T- und B-Zellen, die sich in ihren Rezeptoren für Antigene unterscheiden.

10. Wenn ein B-Lymphozyt mit seinen Rezeptoren Kontakt mit einem passenden Antigen hatte, teilt er sich häufig und bildet Antikörper. Das sind Proteine, deren Bindungsstellen die gleiche Form wie die Rezeptoren an der Oberfläche des B-Lymphozyten haben. Antikörper passen mit ihren Bindungsstellen zum Antigen wie ein Schloss zum Schlüssel.

11. Bei Organtransplantationen kann es zur Abstoßungsreaktion des Empfängers auf das gespendete Organ kommen. Dabei bekämpft das Immunsystem das Spenderorgan als körperfremde Substanz.

12. Bei der aktiven Immunisierung werden abgeschwächte oder abgetötete Erreger oder Bruchstücke ihrer Oberfläche geimpft. Sie lösen eine Immunreaktion aus, bei der langlebige Gedächtniszellen gegen das spezifische Antigen gebildet werden. Bei erneutem Kontakt mit dem Antigen teilen sich die Gedächtniszellen sehr rasch und bilden reichlich Antikörper.

Drei Jahre dauerte es, bis sich die Pest im 14. Jahrhundert von Sizilien nach Norwegen ausgebreitet hatte. Heute reisen Erreger mit dem Flugzeug binnen Stunden um die ganze Welt.

Immunbiologie

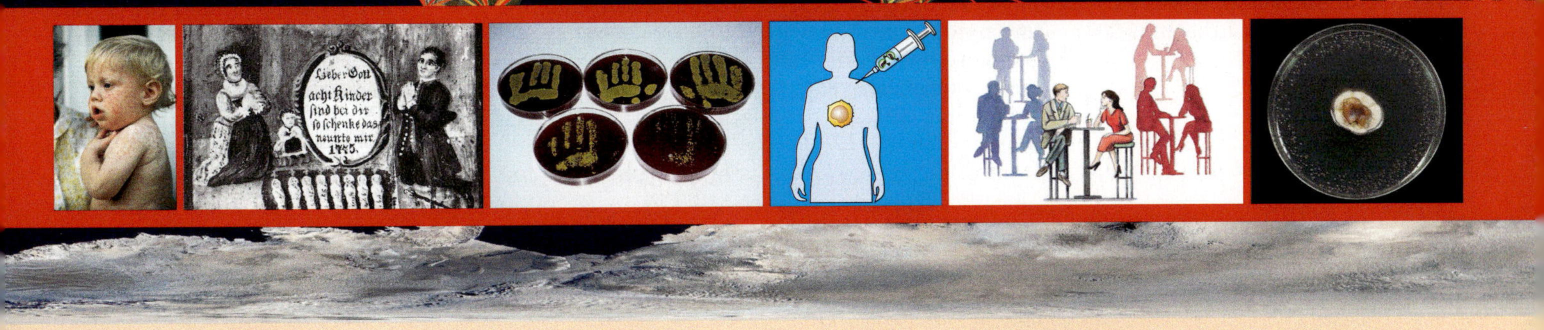

Stichwortverzeichnis

Glossar

Aktivierungsenergie heißt der Energiebetrag, der notwendig ist, um sonst nur langsam oder gar nicht ablaufende chemische Reaktionen in Gang zu bringen. Enzyme vermindern die benötigte Aktivierungsenergie, so dass zum Beispiel schon die normalen Temperaturen im Körper ausreichen, um die Reaktionen schnell ablaufen zu lassen.

Allele sind zwei Versionen eines Gens, die auf den beiden homologen Chromosomen am selben Ort liegen, das heißt für dasselbe Merkmal zuständig sind.

Aminosäuresequenz: siehe Proteine

Amniozentese ist die Untersuchung von Fruchtwasser aus der Fruchtblase, in der der Embryo heranwächst. Mithilfe einer feinen Kanüle wird durch die Bauchdecke der Mutter eine kleine Menge Fruchtwasser entnommen. Es enthält auch Zellen des Embryos. Sie werden auf Gen- und Chromosomenveränderungen untersucht.

Angepasstheiten sind Merkmale, mit denen Lebewesen an ihre Umwelt angepasst sind. Angepasstheiten sind im Laufe der Zeit durch natürliche Auslese entstanden und erblich festgelegt.

Antibiotika sind Stoffe, die das Wachstum von Mikroorganismen wie Bakterien hemmen oder sie abtöten. Antibiotika können künstlich hergestellt werden, in der Natur werden sie von Pilzen oder Bakterien produziert.

Antigene sind Fremdkörper, gegen die sich die spezifische Immunabwehr mithilfe von Antikörpern richtet.

Antikörper sind Proteine, die von Zellen der spezifischen Immunabwehr gebildet werden und sich gegen Antigene richten. Antikörper und Antigene passen wie Schlüssel und Schloss zusammen.

Art: Alle Lebewesen, die sich untereinander fruchtbar fortpflanzen können, gehören zu einer biologischen Art.

Artbildung heißt der Vorgang, bei dem aus einer Ausgangsart im Verlauf der Evolution zwei neue Arten entstehen. Bei der Artbildung spielen die räumliche Trennung in zwei getrennte Populationen (Isolation), genetische Variabilität und Mutationen sowie natürliche Auslese (Selektion) eine große Rolle.

Befruchtung heißt der Vorgang, bei dem die jeweils haploiden Chromosomensätze der Spermazelle und der Eizelle zum diploiden Chromosomensatz der Zygote verschmelzen. Im deutschen Embryonenschutzgesetz wird die Befruchtung als Beginn eines neuen Menschen betrachtet.

Biokatalysatoren: siehe Enzyme

Biomasse ist die Masse aller Lebewesen, ihre organischen Stoffwechselprodukte sowie abgestorbene Organismen. Biomasse besteht aus organischen Stoffen, also hauptsächlich aus Kohlenstoffverbindungen. In Biomasse ist chemische Energie gespeichert.

Biotop ist die Bezeichnung für einen räumlich begrenzten Lebensraum, der ganz bestimmte abiotische Umweltbedingungen aufweist. Dazu gehören chemische und physikalische Eigenschaften des Bodens, des Wassers und Eigenschaften des Klimas. Ein Biotop ist Lebensraum für eine Biozönose (Lebensgemeinschaft).

Biozönose (Lebensgemeinschaft) ist die Gesamtheit der Lebewesen, die in einem Biotop (Lebensraum) vorkommt.

Blutzuckerspiegel ist die Bezeichnung für die Konzentration von Glucose im Blut. Der Blutzuckerspiegel wird durch Hormone (unter anderem Insulin und Glucagon) geregelt.

Chloroplasten sind von einer Doppelmembran umgebene Organellen, die sich in grünen Pflanzenzellen finden. Chloroplasten enthalten den Farbstoff Chlorophyll, mit dessen Hilfe Licht absorbiert und so für die Pflanze nutzbar gemacht wird. Chloroplasten sind der Ort der Fotosynthese.

Chromosomen sind in den Zellkernen eukaryotischer Zellen enthaltene fadenförmige Gebilde, die als Träger der Erbanlagen (Gene) eine große Rolle bei der Vererbung spielen. Der Chromosomensatz, also die Anzahl der in Länge und Form verschiedenen Chromosomen, ist für jede Art charakteristisch. Beim Menschen beträgt der diploide (doppelte) Chromosomensatz 2n = 46. Homologe Chromosomen sind die einander entsprechenden Chromosomen väterlicher und mütterlicher Herkunft. Die DNA-Doppelhelix bildet die Grundstruktur eines Chromosoms. Ein einzelnes Chromosom enthält ein langes, stark aufgeknäueltes DNA-Molekül, ein Doppelchromosom zwei identische DNA-Moleküle.

Destruenten (Zersetzer) sind Lebewesen wie Würmer, Asseln, Bakterien und Pilze, die an der schrittweisen Zersetzung abgestorbener Biomasse zum Beispiel tote Pflanzen und tote Tiere beteiligt sind. Bei der vollständigen Zersetzung abgestorbener Biomasse entstehen Kohlenstoffdioxid, Wasser und Mineralsalze.

Diploidie bedeutet, dass die Körperzellen eines Organismus den doppelten (diploiden) Chromosomensatz besitzen mit homologen Chromosomen mütterlicher und väterlicher Herkunft.

DNA ist die Abkürzung für engl. „desoxyribonucleic acid", die Desoxyribonucleinsäure. DNA ist ein Kettenmolekül, das aus vielen hintereinander geknüpften Bausteinen, den Nukleotiden, besteht. In der DNA gibt es vier verschiedene Nukleotide, die sich in der enthaltenen Base unterscheiden (A = Adenin, T = Thymin, C = Cytosin, G = Guanin). Die Abfolge der Basen in einem DNA-Molekül bezeichnet man als Basensequenz oder DNA-Sequenz. In ihr ist bei allen Lebewesen die genetische Information verschlüsselt. Ein DNA-Molekül besteht aus zwei Strängen, die sich schraubig umeinander winden, die Doppelhelix. Dabei bilden die Basen A und T sowie C und G jeweils ein Paar.

Dominant-rezessiv ist ein Erbgang dann, wenn bei Mischerbigkeit (Heterozygotie) ein Allel den Phänotyp bestimmt. Dies Allel ist dominant. Das rezessive Allel trägt nicht zur Merkmalsausbildung bei.

Energiefluss ist die Weitergabe von chemischer Energie in einem Ökosystem. Im Verlauf der Nahrungsketten wird Biomasse von den Produzenten über die Konsumenten zu den Destruenten weitergegeben. Mit der Biomasse wird chemische Energie transportiert. Ein Teil der Biomasse wird für den Aufbau von Körpersubstanz benötigt, der weitaus größere Teil für die Zellatmung. Durch die Zellatmung der Lebewesen geht auf dem Weg von den Produzenten über die Konsumenten zu den Destruenten ein Teil der nutzbaren Energie in Form von Wärme verloren. Deshalb spricht man auch von „Einbahnstraße der Energie".

Energieumwandlung liegt dann vor, wenn eine Energieform in eine andere Energieform gewandelt wird. So betrachtet ist der Mensch ein Energiewandler, der chemische Energie aus der Nahrung unter anderem in Bewegungsenergie und Wärmeenergie umwandeln kann. Eine Glühbirne wandelt elektrische Energie in Strahlungsenergie (Licht) und Wärme um. In einer Batterie wird chemische Energie in elektrische Energie gewandelt. Eine grüne Pflanze wandelt Strahlungsenergie (Licht) in chemische Energie und Wärme um.

Enzyme sind in lebenden Zellen gebildete Proteine, die als Biokatalysatoren die Gesamtheit der chemischen Umsetzungen im Organismus, seinen Stoffwechsel, steuern. Enzyme vermindern die benötigte Aktivierungsenergie, so dass chemische Reaktionen zum Beispiel schon bei normalen Temperaturen schnell ablaufen. Jedes Enzym hat eine bestimmte räumliche Struktur, die vor allem von der Abfolge der Aminosäuren im Protein bestimmt wird. Enzyme setzen an ihrem aktiven Zentrum ganz bestimmte Substrate zu Produkten um, ohne sich dabei bleibend zu verändern. Jedes Enzym wirkt nur auf ein ganz bestimmtes Substrat (Substratspezifität) und führt nur eine spezielle chemische Reaktion durch (Wirkungsspezifität). Der pH-Wert und die Temperatur können die räumliche Struktur eines Enzyms verändern und daher die Enzymaktivität beeinflussen.

Erbkrankheiten beruhen auf Veränderungen von Erbanlagen durch Mutationen, die Krankheiten zur Folge haben. Wenn diese Veränderungen durch Vererbung an Nachkommen weitergegeben werden, spricht man von Erbkrankheiten.

Erbliche Stoffwechselstörungen wie Phenylketonurie oder Mukoviszidose entstehen durch mutierte Gene, deren genetische Information so verändert ist, dass die Bildung von entsprechenden funktionsfähigen Proteinen beeinträchtigt ist. Der Mangel an funktionsfähigem Protein führt zu einer Störung des Stoffwechsels.

Ethik ist das Nachdenken über Moral und gesellschaftliche Werte. Ethik fragt nach Gründen, warum eine Handlung gut oder schlecht, richtig oder falsch ist.

Eukaryoten sind Lebewesen mit Zellen, die einen Zellkern und Zellorganellen enthalten. In den membranumgrenzten Zellorganellen (auch Kompartimente genannt) können jeweils bestimmte Stoffwechselvorgänge räumlich getrennt ablaufen, ohne sich zu stören. Zu den Eukaryoten zählen alle Einzeller mit Zellkern sowie Pilze, Pflanzen, Tiere und der Mensch.

Eutrophierung heißt der Vorgang, bei dem sich durch menschliches Handeln Mineralsalze in einem meist stehenden Gewässer anreichern. Dadurch wächst die Biomasse vor allem in den Sommermonaten stark an. Sterben diese Pflanzen und Tiere ab, werden sie durch Destruenten zersetzt. Dabei wird viel Sauerstoff verbraucht. Eutrophierung kann daher auch zu Sauerstoffmangel in einem Gewässer führen.

Evolution ist eine Entwicklung, bei der Arten von Lebewesen im Laufe langer Zeiträume allmählich aus anderen Arten hervorgehen und sich während dieser Entwicklung verändern. Zu den Evolutionsfaktoren gehören unter anderem Mutationen und natürliche Auslese (Selektion).

Fotosynthese heißt der Vorgang, bei dem Pflanzen aus den energiearmen Stoffen Wasser und Kohlenstoffdioxid mithilfe von Licht den energiereichen organischen Stoff Glucose herstellen. Dabei wird Sauerstoff freigesetzt. Bei der Fotosynthese wird Lichtenergie zum Teil in chemische Energie, zum Teil in Wärme gewandelt. Fotosynthese ist der wichtigste Vorgang bei der Bildung von Biomasse.

Genetische Variabilität (genetische Vielfalt) liegt vor, wenn die Individuen einer Population Merkmalsunterschiede aufweisen und diese Unterschiede erblich bedingt sind. Genetische Variabilität hat zwei Ursachen: Neukombination der Erbanlagen bei der Bildung der Geschlechtszellen und der Befruchtung sowie Mutationen.

Genetischer Code: Im genetischen Code ist die Zuordnung der Basentripletts der DNA zu den zwanzig Aminosäuren, die in Proteinen vorkommen, verschlüsselt.

Genotyp heißt die Gesamtheit der Erbinformation eines Lebewesens im Zellkern. Im Gegensatz zum Phänotyp ist der Genotyp nicht unbedingt in den Merkmalen eines Lebewesens sichtbar.

Gentechnik ist ein Teilgebiet der Biotechnologie. Dabei werden Gene isoliert, analysiert oder verändert. Genanalyse und Gentransfer sind gentechnische Verfahren, die in der Landwirtschaft, in der Medizin oder in der Industrie eingesetzt werden. Bei der Genanalyse werden genetische Informationen von Viren, Bakterien, Pflanzen, Tieren und Menschen analysiert und die Bedeutung von Genen im Organismus erforscht. Beim Gentransfer werden Gene isoliert und verändert sowie Gene zwischen Organismen verschiedener Arten übertragen.

Haploid sind Zellen, die einen einfachen Chromosomensatz besitzen. Die Geschlechtszellen des Menschen sind haploid.

Heterozygot (mischerbig) sind Lebewesen, die zwei verschiedene Allele für die Ausbildung eines Merkmals besitzen.

Homozygot (reinerbig) sind Lebewesen, die zwei gleiche Allele für die Ausbildung eines Merkmals haben.

Hormone sind Botenstoffe, die in Hormondrüsen gebildet, an das Blut abgegeben und mit ihm im Körper verteilt werden. Hormone wirken schon in kleinsten Mengen. Jedes Hormon kann nur auf solche Zielzellen wirken, die nach dem Schlüssel-Schloss-Prinzip passende Rezeptoren besitzen. Unter Hierarchie des hormonellen Systems versteht man, dass es über- und untergeordnete Hormondrüsen gibt. Hormonsystem und Nervensystem arbeiten eng zusammen.

Immunisierung ist die erworbene Widerstandskraft des Körpers gegen spezielle Krankheitserreger. Bei der aktiven Immunisierung werden abgeschwächte, abgetötete Erreger oder nur Bruchstücke von Erregern geimpft, so dass im Körper eine spezifische Immunantwort erfolgt, bei der gegen diese Antigene Gedächtniszellen gebildet werden. Bei der passiven Immunisierung werden erkrankten Menschen Antikörper aus dem Blut zuvor infizierter Tiere geimpft, die sich gegen das Antigen richten.

Intermediärer Erbgang ist die Bezeichnung für einen Erbgang, bei dem beide Allele eines Gens an der Ausbildung eines Merkmals beteiligt sind.

Karyogramm nennt man die übersichtlich geordnete Darstellung der Chromosomen eines Menschen. Karyogramme sind wichtig für die genetische Beratung.

Kerntransfer ist ein Verfahren, bei dem ein Zellkern aus einer Körperzelle isoliert und zum Beispiel in eine Eizelle übertragen wird, deren Zellkern zuvor entfernt wurde. Kerntransfer ist eine wichtige Methode, um künstliche Klone zu erzeugen.

Klon ist die Bezeichnung für Zellen oder Lebewesen, die genetisch identisch sind. Natürliche Klone sind zum Beispiel eineiige Zwillinge beim Menschen, durch ungeschlechtliche Fortpflanzung entstandene Ableger von Pflanzen oder Zellen einer Bakterienkolonie. Künstliche Klone können durch Zellteilungen im Reagenzglas oder durch Übertragung von Zellkernen (Kerntransfer) erzeugt werden.

Kompartimentierung: siehe Eukaryoten

Konsumenten (Verbraucher) sind die Tiere in einem Ökosystem. Sie ernähren sich von der Biomasse anderer Lebewesen. Konsumenten 1. Ordnung sind Pflanzenfresser, Konsumenten 2. Ordnung ernähren sich von Pflanzenfressern und sind selbst Nahrung für die Konsumenten 3. Ordnung.

Meiose ist der Vorgang zur Bildung der Geschlechtszellen (Spermazellen, Eizellen) mit einfachem (haploidem) Chromosomensatz. Die

Meiose führt zur Neukombination der Erbanlagen, so dass alle entstehenden Geschlechtszellen untereinander nicht erbgleich, sondern erblich verschieden sind. Meiose trägt ganz wesentlich zur genetischen Variabilität bei, die für Lebewesen mit sexueller Fortpflanzung typisch ist.

Mitochondrien sind von einer Doppelmembran umgebene Organellen, in denen wichtige Schritte der Zellatmung stattfinden. Mitochondrien werden daher bildhaft auch als „Kraftwerke der Zelle" bezeichnet.

Mitose heißt der Vorgang, bei dem im Verlauf der Zellteilung aus einer Zelle zwei Zellen entstehen, die untereinander und im Vergleich zur Zelle, aus der sie hervorgingen, erbgleich sind. Bei der Mitose werden zuvor identisch verdoppelte Chromosomen auf die Tochterzellen verteilt. Durch Mitose erhalten alle Körperzellen die gleiche genetische Information wie die befruchtete Eizelle, aus der sie entstehen.

Modifikationen sind Veränderungen im Phänotyp eines Lebewesens, die durch Umwelteinflüsse bedingt sind und nicht vererbt werden.

Mutationen sind bleibende Veränderungen der genetischen Information. Mutationen können durch Fehler bei den molekularen Vorgängen in einer Zelle, zum Beispiel bei der DNA-Verdopplung, entstehen. Auch bestimmte physikalische oder chemische Einflüsse, die man mutagene Faktoren nennt, können Mutationen auslösen. Die meisten Mutationen sind schädlich für Lebewesen, manche Mutationen bringen jedoch auch Vorteile mit sich. Solche Mutationen sind die Grundlage für die Vielfalt der Lebewesen auf der Erde.

Nachhaltigkeit bedeutet, dass den Bedürfnissen der heutigen Menschen-Generation entsprochen wird, ohne die Bedürfnisse zukünftiger Generationen zu gefährden. Nachhaltig ist eine Entwicklung also dann, wenn sie nicht auf Kosten zukünftiger Generationen erfolgt. Umwelt (Ökologie), Wirtschaft (Ökonomie) sowie Soziales und Gesundheit sind die drei gleichrangigen Faktoren einer nachhaltigen Entwicklung.

Natürliche Auslese (Selektion) ist ein anderer Ausdruck für unterschiedlichen Fortpflanzungserfolg der Lebewesen einer Art. Grundlage der natürlichen Auslese ist die genetische Variabilität (genetische Vielfalt). Lebewesen mit vielen vorteilhaften Merkmalen haben eine höhere Wahrscheinlichkeit, sich fortzupflanzen und ihre Erbinformationen an die Nachkommen weiterzugeben als Lebewesen mit weniger vorteilhaften Merkmalen. Natürliche Auslese führt im Laufe der Evolution zu Angepasstheiten.

Ökosystem nennt man das Beziehungsgefüge zwischen den Lebewesen einer Biozönose (Lebensgemeinschaft) mit ihrem Biotop (Lebensraum). Die Lebewesen eines Ökosystems lassen sich in die drei Gruppen Produzenten, Konsumenten und Destruenten einteilen.

Phänotyp heißt das Erscheinungsbild eines Lebewesens. Der Begriff kann auch auf einzelne Merkmale eines Lebewesens angewandt werden. Der Phänotyp wird durch den Genotyp bestimmt.

Produzenten (Erzeuger) nennt man die grünen Pflanzen, weil sie durch Fotosynthese energiereiche Biomasse selbst herstellen können.

Prokaryoten sind Lebewesen, deren Zellen im Gegensatz zu den Eukaryoten keinen Zellkern und keine Zellorganellen enthalten. Bakterien sind Prokaryoten.

Proteinbiosynthese heißt der Prozess in Zellen, bei dem auf der Grundlage genetischer Information der DNA an den Ribosomen ein Protein aus Aminosäuren gebildet wird. Wenn ein Gen aktiv ist, wird von ihm im Zellkern eine Kopie in Form des Boten-Moleküls messenger-RNA (mRNA) angefertigt. Dieser Teil der Proteinbiosynthese heißt Transkription. Die mRNA verlässt durch Poren den Zellkern und gelangt zu einem Ribosom. Dort findet die Übersetzung (Translation) der genetischen Information statt: Nach Anleitung der mRNA erfolgt die Bildung eines Proteins aus den verschiedenen Aminosäuren. Dabei codiert die Abfolge der Basentripletts auf der mRNA die Abfolge der Aminosäuren im entstehenden Protein.

Proteine sind aus Aminosäuren aufgebaut. Zwanzig verschiedene Aminosäuren sind am Bau von Proteinen beteiligt. Die in der DNA genetisch festgelegte Abfolge der Aminosäuren, die Aminosäuresequenz, bedingt die räumliche Struktur eines Proteins und damit auch seine Aufgabe in einer Zelle. Jeder Organismus enthält viele tausend verschiedene Proteine mit jeweils unterschiedlicher Größe, Form und Aufgabe. Struktur-Proteine, Enzyme, Transport-Proteine, bewegliche Proteine, Abwehr-Proteine und Rezeptor-Proteine sind Beispiele dafür. Proteine sind als molekulare Werkzeuge oder als Baumaterial maßgeblich an der Ausbildung von Merkmalen beteiligt.

Rekombination (Neukombination) bedeutet, dass bei der Bildung der Geschlechtszellen durch Meiose und bei der Befruchtung Gene in neuer Kombination im Vergleich zu den Eltern auftreten.

Reproduktion ist ein Fachbegriff für Fortpflanzung.

Rückkopplung ist die (Rück-)Wirkung einer veränderlichen Größe auf sich selbst. Eine Rückkopplung heißt positiv, wenn die Wirkungsbeziehung gleichsinnig ist (je mehr... desto mehr...). Bei negativer Rückkopplung besteht eine gegensinnige Beziehung (je mehr ... desto weniger, je weniger... desto mehr).

Schlüssel-Schloss-Prinzip meint allgemein, dass zwei Strukturen zueinander wie Schlüssel und Schloss passen. Substrat und Enzym, Hormon und Rezeptor, Antigen-Antikörper-Reaktion sowie komplementäre Basen der DNA sind Beispiele für das Schlüssel-Schloss-Prinzip.

Selektion: siehe natürliche Auslese

Semikonservative Verdopplung der DNA ist ein Vorgang, bei dem die Doppelhelix ähnlich einem Reißverschluss in Einzelstränge getrennt wird. Dann wird zur Basenabfolge jedes Einzelstranges ein komplementärer neuer Strang gebildet. „Semikonservativ" bedeutet „halb bewahrend": Die eine Hälfte des DNA-Moleküls ist unverändert, die andere Hälfte wird neu gebildet. Die identische Verdopplung der DNA ist Grundlage der erbgleichen Verdopplung von Zellen durch Mitose.

Stoffkreislauf nennt man die Weitergabe von Stoffen (Biomasse) in einem Ökosystem von den Produzenten über Konsumenten zu den Destruenten. Diese schließen den Stoffkreislauf, weil sie bei der vollständigen Zersetzung Kohlenstoffdioxid und Mineralsalze bilden, die von den Produzenten wieder aufgenommen und bei der Fotosynthese genutzt werden.

Stoffwechsel ist ein Fachbegriff, mit dem alle Vorgänge bei der Aufnahme, beim Umbau und beim Ausscheiden von Stoffen bezeichnet werden. Mit Baustoffwechsel werden die chemischen Reaktionen bezeichnet, die dem Aufbau und der Speicherung von Stoffen in einem Organismus dienen. Im Betriebsstoffwechsel werden dagegen Stoffe abgebaut. Dadurch wird unter anderem Energie bereitgestellt. Bau- und Betriebsstoffwechsel sind in einem Organismus eng miteinander verzahnt.

Zellatmung ist der schrittweise Abbau energiereicher organischer Stoffe, zum Beispiel Glucose, zu den energiearmen Stoffen Kohlenstoffdioxid und Wasser in den Zellen. Dabei wird Sauerstoff benötigt. Energie aus der Zellatmung ist Grundlage aller Lebensvorgänge von Pflanzen, Tieren, Menschen und anderen Lebewesen. Bei der Zellatmung wird ein beträchtlicher Teil der chemischen Energie in Wärme gewandelt.

Zelldifferenzierung heißt der Vorgang, bei dem Zellen zu spezialisierten Zellen mit besonderer Struktur und Funktion werden. Muskelzellen, Nervenzellen, weiße Blutzellen und Leberzellen sind Beispiele für spezialisierte Zellen. Zelldifferenzierung kommt nur bei Vielzellern vor. Bei ihnen findet zwischen den spezialisierten Zellen Arbeitsteilung statt.

Zellen sind die kleinsten lebens- und vermehrungsfähigen Einheiten. Alle Zellen gehen durch Teilung aus anderen Zellen hervor, verfügen über Erbinformation in Form von DNA und benötigen Energie für ihre Lebensprozesse. Zellen sind von einer Membran umgeben, durch die Stoffe aufgenommen und abgegeben werden (Stoffaustausch). Pflanzenzellen haben eine Zellwand aus Zellulose. Grüne Pflanzenzellen enthalten Chloroplasten, in denen Fotosynthese stattfindet.

FRIEDRICH NIETZSCHE

WERKE IN ZWEI BÄNDEN

Band I

Carl Hanser Verlag München

Auf Grund der im Carl Hanser Verlag erschienenen
dreibändigen Ausgabe von Karl Schlechta
herausgegeben von Ivo Frenzel

ISBN 3 446 10892 0

Hanserbibliothek
2. Auflage 1973

Gesetzt aus der Aldus-Antiqua
Umschlagentwurf: Claus J. Seitz
Gesamtherstellung: Druck- und Buchbinderei-Werkstätten
May & Co Nachf., Darmstadt
Printed in Germany

INHALTSÜBERSICHT

DIE GEBURT DER TRAGÖDIE

oder

GRIECHENTUM UND PESSIMISMUS

VERSUCH EINER SELBSTKRITIK

1

Was auch diesem fragwürdigen Buche zugrunde liegen mag: es muß eine Frage ersten Ranges und Reizes gewesen sein, noch dazu eine tief persönliche Frage – Zeugnis dafür ist die Zeit, in der es entstand, *trotz* der es entstand, die aufregende Zeit des deutsch-französischen Krieges von 1870/71. Während die Donner der Schlacht von Wörth über Europa weggingen, saß der Grübler und Rätselfreund, dem die Vaterschaft dieses Buches zuteil ward, irgendwo in einem Winkel der Alpen, sehr vergrübelt und verrätselt, folglich sehr bekümmert und unbekümmert zugleich, und schrieb seine Gedanken über die *Griechen* nieder, – den Kern des wunderlichen und schlecht zugänglichen Buches, dem diese späte Vorrede (oder Nachrede) gewidmet sein soll. Einige Wochen darauf: und er befand sich selbst unter den Mauern von Metz, immer noch nicht losgekommen von den Fragezeichen, die er zur vorgeblichen »Heiterkeit« der Griechen und der griechischen Kunst gesetzt hatte; bis er endlich, in jenem Monat tiefster Spannung, als man in Versailles über den Frieden beriet, auch mit sich zum Frieden kam und, langsam von einer aus dem Felde heimgebrachten Krankheit genesend, die »Geburt der Tragödie aus dem Geiste der *Musik*« letztgültig bei sich feststellte. – Aus der Musik? Musik und Tragödie? Griechen und Tragödien-Musik? Griechen und das Kunstwerk des Pessimismus? Die wohlgeratenste, schönste, bestbeneidete, zum Leben verführendste Art der bisherigen Menschen, die Griechen – wie? gerade sie hatten die Tragödie *nötig?* Mehr noch – die Kunst? Wozu – griechische Kunst?...

Man errät, an welcher Stelle hiermit das große Fragezeichen vom Werte des Daseins gesetzt war. Ist Pessimismus *notwendig* das Zeichen des Niedergangs, Verfalls, des Mißratenseins, der ermüdeten und geschwächten Instinkte? – wie er es bei den Indern war, wie er es, allem Anschein nach, bei uns, den »modernen« Menschen und Europäern ist? Gibt es einen Pessimismus der *Stärke*? Eine intellektuelle Vorneigung für das Harte, Schauerliche, Böse, Problematische des Daseins aus Wohlsein, aus überströmender Gesundheit, aus *Fülle* des Daseins? Gibt es vielleicht ein Leiden an der Überfülle selbst? Eine versucherische Tapferkeit des schärfsten Blicks, die nach dem Furchtbaren *verlangt,* als nach dem Feinde, dem würdigen Feinde, an dem sie ihre Kraft erproben kann? an dem sie lernen will, was »das Fürchten« ist? Was bedeutet, gerade bei den Griechen der

besten, stärksten, tapfersten Zeit, der *tragische* Mythus? Und das ungeheure Phänomen des Dionysischen? Was, aus ihm geboren, die Tragödie? – Und wiederum: das, woran die Tragödie starb, der Sokratismus der Moral, die Dialektik, Genügsamkeit und Heiterkeit des theoretischen Menschen – wie? könnte nicht gerade dieser Sokratismus ein Zeichen des Niedergangs, der Ermüdung, Erkrankung, der anarchisch sich lösenden Instinkte sein? Und die »griechische Heiterkeit« des späteren Griechentums nur eine Abendröte? Der epikurische Wille *gegen* den Pessimismus nur eine Vorsicht des Leidenden? Und die Wissenschaft selbst, unsere Wissenschaft – ja, was bedeutet überhaupt, als Symptom des Lebens angesehn, alle Wissenschaft? Wozu, schlimmer noch, *woher* – alle Wissenschaft? Wie? Ist Wissenschaftlichkeit vielleicht nur eine Furcht und Ausflucht vor dem Pessimismus? Eine feine Notwehr gegen – die *Wahrheit*? Und, moralisch geredet, etwas wie Feig- und Falschheit? Unmoralisch geredet, eine Schlauheit? O Sokrates, Sokrates, war das vielleicht *dein* Geheimnis? O geheimnisvoller Ironiker, war dies vielleicht deine – Ironie? – –

2

Was ich damals zu fassen bekam, etwas Furchtbares und Gefährliches, ein Problem mit Hörnern, nicht notwendig gerade ein Stier, jedenfalls ein *neues* Problem: heute würde ich sagen, daß es das *Problem der Wissenschaft* selbst war – Wissenschaft zum ersten Male als problematisch, als fragwürdig gefaßt. Aber das Buch, in dem mein jugendlicher Mut und Argwohn sich damals ausließ – was für ein *unmögliches* Buch mußte aus einer so jugendwidrigen Aufgabe erwachsen! Aufgebaut aus lauter vorzeitigen übergrünen Selbsterlebnissen, welche alle hart an der Schwelle des Mitteilbaren lagen, hingestellt auf den Boden der *Kunst* – denn das Problem der Wissenschaft kann nicht auf dem Boden der Wissenschaft erkannt werden –, ein Buch vielleicht für Künstler mit dem Nebenhange analytischer und retrospektiver Fähigkeiten (das heißt für eine Ausnahme-Art von Künstlern, nach denen man suchen muß und nicht einmal suchen möchte ...), voller psychologischer Neuerungen und Artisten-Heimlichkeiten, mit einer Artisten-Metaphysik im Hintergrunde, ein Jugendwerk voller Jugendmut und Jugend-Schwermut, unabhängig, trotzig-selbstständig auch noch, wo es sich einer Autorität und eignen Verehrung zu beugen scheint, kurz ein Erstlingswerk auch in jedem schlimmen Sinne des Wortes, trotz seines greisenhaften Problems, mit jedem Fehler der Jugend behaftet, vor allem mit ihrem »Viel zu lang«, ihrem »Sturm und Drang«: andererseits, in Hinsicht auf den Erfolg, den es hatte (insonderheit bei dem großen Künstler, an den es sich wie zu einem Zwiegespräch wendete, bei Richard Wagner) ein *bewiesenes* Buch, ich meine ein solches, das

jedenfalls »den Besten seiner Zeit« genuggetan hat. Daraufhin sollte es schon mit einiger Rücksicht und Schweigsamkeit behandelt werden; trotzdem will ich nicht gänzlich unterdrücken, wie unangenehm es mir jetzt erscheint, wie fremd es jetzt nach sechzehn Jahren vor mir steht, – vor einem älteren, hundertmal verwöhnteren, aber keineswegs kälter gewordenen Auge, das auch jener Aufgabe selbst nicht fremder wurde, an welche sich jenes verwegene Buch zum ersten Male herangewagt hat – *die Wissenschaft unter der Optik des Künstlers zu sehen, die Kunst aber unter der des Lebens* ...

3

Nochmals gesagt, heute ist es mir ein unmögliches Buch, – ich heiße es schlecht geschrieben, schwerfällig, peinlich, bilderwütig und bilderwirrig, gefühlsam, hier und da verzuckert bis zum Femininischen, ungleich im Tempo, ohne Willen zur logischen Sauberkeit, sehr überzeugt und deshalb des Beweisens sich überhebend, mißtrauisch selbst gegen die *Schicklichkeit* des Beweisens, als Buch für Eingeweihte, als »Musik« für solche, die auf Musik getauft, die auf gemeinsame und seltne Kunst-Erfahrungen hin von Anfang der Dinge an verbunden sind, als Erkennungszeichen für Blutsverwandte *in artibus*, – ein hochmütiges und schwärmerisches Buch, das sich gegen das *profanum vulgus* der »Gebildeten« von vornherein noch mehr als gegen das »Volk« abschließt, welches aber, wie seine Wirkung bewies und beweist, sich gut genug auch darauf verstehen muß, sich seine Mitschwärmer zu suchen und sie auf neue Schleichwege und Tanzplätze zu locken. Hier redete jedenfalls – das gestand man sich mit Neugierde ebenso als mit Abneigung ein – eine *fremde* Stimme, der Jünger eines noch »unbekannten Gottes«, der sich einstweilen unter die Kapuze des Gelehrten, unter die Schwere und dialektische Unlustigkeit des Deutschen, selbst unter die schlechten Manieren des Wagnerianers versteckt hat; hier war ein Geist mit fremden, noch namenlosen Bedürfnissen, ein Gedächtnis strotzend von Fragen, Erfahrungen, Verborgenheiten, welchen der Name Dionysos wie ein Fragezeichen mehr beigeschrieben war; hier sprach – so sagte man sich mit Argwohn – etwas wie eine mystische und beinahe mänadische Seele, die mit Mühsal und willkürlich, fast unschlüssig darüber, ob sie sich mitteilen oder verbergen wolle, gleichsam in einer fremden Zunge stammelt. Sie hätte *singen* sollen, diese »neue Seele« – und nicht reden! Wie schade, daß ich, was ich damals zu sagen hatte, es nicht als Dichter zu sagen wagte: ich hätte es vielleicht gekonnt! Oder mindestens als Philologe: – bleibt doch auch heute noch für den Philologen auf diesem Gebiete beinahe alles zu entdecken und auszugraben! Vor allem das Problem, *daß* hier ein Problem vorliegt, – und daß die Griechen, so lange wir keine

Antwort auf die Frage »was ist dionysisch?« haben, nach wie vor gänzlich unerkannt und unvorstellbar sind ...

4

Ja, was ist dionysisch? – In diesem Buche steht eine Antwort darauf, – ein »Wissender« redet da, der Eingeweihte und Jünger seines Gottes. Vielleicht würde ich jetzt vorsichtiger und weniger beredt von einer so schweren psychologischen Frage reden, wie sie der Ursprung der Tragödie bei den Griechen ist. Eine Grundfrage ist das Verhältnis des Griechen zum Schmerz, sein Grad von Sensibilität, – blieb dies Verhältnis sich gleich? oder drehte es sich um? – jene Frage, ob wirklich sein immer stärkeres *Verlangen nach Schönheit,* nach Festen, Lustbarkeiten, neuen Kulten aus Mangel, aus Entbehrung, aus Melancholie, aus Schmerz erwachsen ist? Gesetzt nämlich, gerade dies wäre wahr – und Perikles (oder Thukydides) gibt es uns in der großen Leichenrede zu verstehen –: woher müßte dann das entgegengesetzte Verlangen, das der Zeit nach früher hervortrat, stammen, das *Verlangen nach dem Häßlichen,* der gute strenge Wille des älteren Hellenen zum Pessimismus, zum tragischen Mythus, zum Bilde alles Furchtbaren, Bösen, Rätselhaften, Vernichtenden, Verhängnisvollen auf dem Grunde des Daseins, – woher müßte dann die Tragödie stammen? Vielleicht aus der *Lust,* aus der Kraft, aus überströmender Gesundheit, aus übergroßer Fülle? Und welche Bedeutung hat dann, physiologisch gefragt, jener Wahnsinn, aus dem die tragische wie die komische Kunst erwuchs, der dionysische Wahnsinn? Wie? Ist Wahnsinn vielleicht nicht notwendig das Symptom der Entartung, des Niedergangs, der überspäten Kultur? Gibt es vielleicht – eine Frage für Irrenärzte – Neurosen der *Gesundheit?* der Volks-Jugend und -Jugendlichkeit? Worauf weist jene Synthesis von Gott und Bock im Satyr? Aus welchem Selbsterlebnis, auf welchen Drang hin mußte sich der Grieche den dionysischen Schwärmer und Urmenschen als Satyr denken? Und was den Ursprung des tragischen Chors betrifft: gab es in jenen Jahrhunderten, wo der griechische Leib blühte, die griechische Seele von Leben überschäumte, vielleicht endemische Entzückungen? Visionen und Halluzinationen, welche sich ganzen Gemeinden, ganzen Kultversammlungen mitteilten? Wie? wenn die Griechen, gerade im Reichtum ihrer Jugend, den Willen *zum* Tragischen hatten und Pessimisten waren? wenn es gerade der Wahnsinn war, um ein Wort Platos zu gebrauchen, der die *größten* Segnungen über Hellas gebracht hat? Und wenn, andererseits und umgekehrt, die Griechen gerade in den Zeiten ihrer Auflösung und Schwäche immer optimistischer, oberflächlicher, schauspielerischer, auch nach Logik und Logisierung der Welt brünstiger, also zugleich »heiterer« und »wissenschaftlicher« wurden? Wie? könnte

vielleicht, allen »modernen Ideen« und Vorurteilen des demokratischen Geschmacks zum Trotz, der Sieg des *Optimismus,* die vorherrschend gewordene *Vernünftigkeit,* der praktische und theoretische *Utilitarismus,* gleich der Demokratie selbst, mit der er gleichzeitig ist, – ein Symptom der absinkenden Kraft, des nahenden Alters, der physiologischen Ermüdung sein? Und gerade *nicht* – der Pessimismus? War Epikur ein Optimist – gerade als *Leidender*? – – Man sieht, es ist ein ganzes Bündel schwerer Fragen, mit dem sich dieses Buch belastet hat, – fügen wir seine schwerste Frage noch hinzu! Was bedeutet, unter der Optik des *Lebens* gesehn, – die Moral? . . .

5

Bereits im Vorwort an Richard Wagner wird die Kunst – und *nicht* die Moral – als die eigentlich *metaphysische* Tätigkeit des Menschen hingestellt; im Buche selbst kehrt der anzügliche Satz mehrfach wieder, daß nur als ästhetisches Phänomen das Dasein der Welt *gerechtfertigt* ist. In der Tat, das ganze Buch kennt nur einen Künstler-Sinn und -Hintersinn hinter allem Geschehen, – einen »Gott«, wenn man will, aber gewiß nur einen gänzlich unbedenklichen und unmoralischen Künstler-Gott, der im Bauen wie im Zerstören, im Guten wie im Schlimmen, seiner gleichen Lust und Selbstherrlichkeit innewerden will, der sich, Welten schaffend, von der *Not* der Fülle und *Überfülle,* vom *Leiden* der in ihm gedrängten Gegensätze löst. Die Welt, in jedem Augenblick die *erreichte* Erlösung Gottes, als die ewig wechselnde, ewig neue Vision des Leidendsten, Gegensätzlichsten, Widerspruchreichsten, der nur im *Scheine* sich zu erlösen weiß: diese ganze Artisten-Metaphysik mag man willkürlich, müßig, phantastisch nennen –, das Wesentliche daran ist, daß sie bereits einen Geist verrät, der sich einmal auf jede Gefahr hin gegen die *moralische* Ausdeutung und Bedeutsamkeit des Daseins zur Wehre setzen wird. Hier kündigt sich, vielleicht zum ersten Male, ein Pessimismus »jenseits von Gut und Böse« an, hier kommt jene »Perversität der Gesinnung« zu Wort und Formel, gegen welche Schopenhauer nicht müde geworden ist, im voraus seine zornigsten Flüche und Donnerkeile zu schleudern, – eine Philosophie, welche es wagt, die Moral selbst in die Welt der Erscheinung zu setzen, herabzusetzen und nicht nur unter die »Erscheinungen« (im Sinne des idealistischen *terminus technicus),* sondern unter die »Täuschungen«, als Schein, Wahn, Irrtum, Ausdeutung, Zurechtmachung, Kunst. Vielleicht läßt sich die Tiefe dieses *widermoralischen* Hanges am besten aus dem behutsamen und feindseligen Schweigen ermessen, mit dem in dem ganzen Buche das Christentum behandelt ist, – das Christentum als die ausschweifendste Durchfigurierung des moralischen Themas, welche die Menschheit bisher anzuhören bekommen hat. In Wahrheit, es gibt zu der rein ästhetischen

Weltauslegung und Welt-Rechtfertigung, wie sie in diesem Buche gelehrt wird, keinen größeren Gegensatz als die christliche Lehre, welche *nur* moralisch ist und sein will und mit ihren absoluten Maßen, zum Beispiel schon mit ihrer Wahrhaftigkeit Gottes, die Kunst, *jede* Kunst ins Reich der *Lüge* verweist, – das heißt verneint, verdammt, verurteilt. Hinter einer derartigen Denk- und Wertungsweise, welche kunstfeindlich sein muß, solange sie irgendwie echt ist, empfand ich von jeher auch das *Lebensfeindliche,* den ingrimmigen rachsüchtigen Widerwillen gegen das Leben selbst: denn alles Leben ruht auf Schein, Kunst, Täuschung, Optik, Notwendigkeit des Perspektivischen und des Irrtums. Christentum war von Anfang an, wesentlich und gründlich, Ekel und Überdruß des Lebens am Leben, welcher sich unter dem Glauben an ein »anderes« oder »besseres« Leben nur verkleidete, nur versteckte, nur aufputzte. Der Haß auf die »Welt«, der Fluch auf die Affekte, die Furcht vor der Schönheit und Sinnlichkeit, ein Jenseits, erfunden, um das Diesseits besser zu verleumden, im Grunde ein Verlangen ins Nichts, ans Ende, ins Ausruhen, hin zum »Sabbat der Sabbate« – dies alles dünkte mich, ebenso wie der unbedingte Wille des Christentums, *nur* moralische Werte gelten zu lassen, immer wie die gefährlichste und unheimlichste Form aller möglichen Formen eines »Willens zum Untergang«, zum mindesten ein Zeichen tiefster Erkrankung, Müdigkeit, Mißmutigkeit, Erschöpfung, Verarmung an Leben, – denn vor der Moral (insonderheit christlichen, das heißt unbedingten Moral) *muß* das Leben beständig und unvermeidlich Unrecht bekommen, weil Leben etwas essentiell Unmoralisches *ist,* – *muß* endlich das Leben, erdrückt unter dem Gewichte der Verachtung und des ewigen Neins, als begehrens-unwürdig, als unwert an sich empfunden werden. Moral selbst – wie? sollte Moral nicht ein »Wille zur Verneinung des Lebens«, ein heimlicher Instinkt der Vernichtung, ein Verfalls-, Verkleinerungs-, Verleumdungsprinzip, ein Anfang vom Ende sein? Und, folglich, die Gefahr der Gefahren? ... *Gegen* die Moral also kehrte sich damals, mit diesem fragwürdigen Buche, mein Instinkt, als ein fürsprechender Instinkt des Lebens, und erfand sich eine grundsätzliche Gegenlehre und Gegenwertung des Lebens, eine rein artistische, eine *antichristliche.* Wie sie nennen? Als Philologe und Mensch der Worte taufte ich sie, nicht ohne einige Freiheit – denn wer wüßte den rechten Namen des Antichrist? – auf den Namen eines griechischen Gottes: ich hieß sie die *dionysische.* –

6

Man versteht, an welche Aufgaben ich bereits mit diesem Buche zu rühren wagte? ... Wie sehr bedauere ich es jetzt, daß ich damals noch nicht den Mut (oder die Unbescheidenheit?) hatte, um mir in jedem Be-

trachte für so eigne Anschauungen und Wagnisse auch eine *eigne Sprache* zu erlauben, – daß ich mühselig mit Schopenhauerischen und Kantischen Formeln fremde und neue Wertschätzungen auszudrücken suchte, welche dem Geiste Kantens und Schopenhauers, ebenso wie ihrem Geschmacke, von Grund aus entgegen gingen! Wie dachte doch Schopenhauer über die Tragödie? »Was allem Tragischen den eigentümlichen Schwung zur Erhebung gibt« – sagt er, Welt als Wille und Vorstellung II, 495 – »ist das Aufgehen der Erkenntnis, daß die Welt, das Leben kein rechtes Genügen geben könne, mithin unsrer Anhänglichkeit *nicht wert sei*: darin besteht der tragische Geist –, er leitet demnach zur *Resignation* hin.« O wie anders redete Dionysos zu mir! O wie ferne war mir damals gerade dieser ganze Resignationismus! – Aber es gibt etwas viel Schlimmeres an dem Buche, das ich jetzt noch mehr bedauere, als mit Schopenhauerischen Formeln dionysische Ahnungen verdunkelt und verdorben zu haben: daß ich mir nämlich überhaupt das grandiose *griechische Problem,* wie mir es aufgegangen war, durch Einmischung der modernsten Dinge *verdarb*! Daß ich Hoffnungen anknüpfte, wo nichts zu hoffen war, wo alles allzudeutlich auf ein Ende hinwies! Daß ich, auf Grund der deutschen letzten Musik, vom »deutschen Wesen« zu fabeln begann, wie als ob es eben im Begriff sei, sich selbst zu entdecken und wiederzufinden – und das zu einer Zeit, wo der deutsche Geist, der nicht vor langem noch den Willen zur Herrschaft über Europa, die Kraft zur Führung Europas gehabt hatte, eben letztwillig und endgültig *abdankte* und, unter dem pomphaften Vorwande einer Reichs-Begründung, seinen Übergang zur Vermittelmäßigung, zur Demokratie und den »modernen Ideen« machte! In der Tat, inzwischen lernte ich hoffnungslos und schonungslos genug von diesem »deutschen Wesen« denken, insgleichen von der jetzigen *deutschen Musik,* als welche Romantik durch und durch ist und die ungriechischeste aller möglichen Kunstformen: überdies aber eine Nervenverderberin ersten Ranges, doppelt gefährlich bei einem Volke, das den Trunk liebt und die Unklarheit als Tugend ehrt, nämlich in ihrer doppelten Eigenschaft als berauschendes und zugleich *benebelndes* Narkotikum. – Abseits freilich von allen übereilten Hoffnungen und fehlerhaften Nutzanwendungen auf Gegenwärtigstes, mit denen ich mir damals mein erstes Buch verdarb, bleibt das große dionysische Fragezeichen, wie es darin gesetzt ist, auch in betreff der Musik, fort und fort bestehn: wie müßte eine Musik beschaffen sein, welche nicht mehr romantischen Ursprungs wäre, gleich der deutschen, – sondern *dionysischen?* . . .

7

– Aber, mein Herr, was in aller Welt ist Romantik, wenn nicht *Ihr* Buch Romantik ist? Läßt sich der tiefe Haß gegen »Jetztzeit«, »Wirklichkeit« und »moderne Ideen« weiter treiben, als es in Ihrer Artisten-Metaphysik geschehen ist? – welche lieber noch an das Nichts, lieber noch an den Teufel als an das »Jetzt« glaubt? Brummt nicht ein Grundbaß von Zorn und Vernichtungslust unter aller Ihrer kontrapunktischen Stimmen-Kunst und Ohren-Verführerei hinweg, eine wütende Entschlossenheit gegen alles, was »jetzt« ist, ein Wille, welcher nicht gar zu ferne vom praktischen Nihilismus ist und zu sagen scheint »lieber mag nichts wahr sein, als daß *ihr* Recht hättet, als daß *eure* Wahrheit Recht behielte!« Hören Sie selbst, mein Herr Pessimist und Kunstvergöttlicher, mit aufgeschloßnerem Ohre eine einzige ausgewählte Stelle Ihres Buches an, jene nicht unberedte Drachentöter-Stelle, welche für junge Ohren und Herzen verfänglich-rattenfängerisch klingen mag: wie? ist das nicht das echte rechte Romantiker-Bekenntnis von 1830, unter der Maske des Pessimismus von 1850? hinter dem auch schon das übliche Romantiker-Finale präludiert, – Bruch, Zusammenbruch, Rückkehr und Niedersturz vor einem alten Glauben, vor *dem* alten Gotte ... Wie? ist Ihr Pessimisten-Buch nicht selbst ein Stück Antigriechentum und Romantik, selbst etwas »ebenso Berauschendes als Benebelndes«, ein Narkotikum jedenfalls, ein Stück Musik sogar, *deutscher* Musik? Aber man höre:

»Denken wir uns eine heranwachsende Generation mit dieser Unerschrockenheit des Blicks, mit diesem heroischen Zug ins Ungeheure, denken wir uns den kühnen Schritt dieser Drachentöter, die stolze Verwegenheit, mit der sie allen den Schwächlichkeitsdoktrinen des Optimismus den Rücken kehren, um im Ganzen und Vollen ›resolut zu leben‹: *sollte es nicht nötig sein,* daß der tragische Mensch dieser Kultur, bei seiner Selbsterziehung zum Ernst und zum Schrecken, eine neue Kunst, *die Kunst des metaphysischen Trostes,* die Tragödie als die ihm zugehörige Helena begehren und mit Faust ausrufen muß:

> Und sollt' ich nicht, sehnsüchtigster Gewalt,
> Ins Leben ziehn die einzigste Gestalt?«

»Sollte es nicht *nötig* sein?« ... Nein, dreimal nein! ihr jungen Romantiker: es sollte *nicht* nötig sein! Aber es ist sehr wahrscheinlich, daß es so *endet,* daß *ihr* so endet, nämlich »getröstet«, wie geschrieben steht, trotz aller Selbsterziehung zum Ernst und zum Schrecken, »metaphysisch getröstet«, kurz wie Romantiker enden, *christlich* ... Nein! Ihr solltet vorerst die Kunst des *diesseitigen* Trostes lernen, – ihr solltet *lachen* lernen, meine jungen Freunde, wenn anders ihr durchaus Pessimisten bleiben wollt; viel-

leicht daß ihr daraufhin, als Lachende, irgendwann einmal alle metaphysische Trösterei zum Teufel schickt – und die Metaphysik voran! Oder, um es in der Sprache jenes dionysischen Unholds zu sagen, der *Zarathustra* heißt:

»Erhebt eure Herzen, meine Brüder, hoch, höher! Und vergeßt mir auch die Beine nicht! Erhebt auch eure Beine, ihr guten Tänzer, und besser noch: ihr steht auch auf dem Kopf!

Diese Krone des Lachenden, diese Rosenkranz-Krone: ich selber setzte mir diese Krone auf, ich selber sprach heilig mein Gelächter. Keinen anderen fand ich heute stark genug dazu.

Zarathustra der Tänzer, Zarathustra der Leichte, der mit den Flügeln winkt, ein Flugbereiter, allen Vögeln zuwinkend, bereit und fertig, ein Selig-Leichtfertiger: –

Zarathustra der Wahrsager, Zarathustra der Wahrlacher, kein Ungeduldiger, kein Unbedingter, einer, der Sprünge und Seitensprünge liebt: ich selber setzte mir diese Krone auf!

Diese Krone des Lachenden, diese Rosenkranz-Krone: euch, meinen Brüdern, werfe ich diese Krone zu! Das Lachen sprach ich heilig: ihr höheren Menschen, *lernt* mir – lachen!«

Also sprach Zarathustra, vierter Teil

DIE GEBURT DER TRAGÖDIE AUS DEM GEISTE DER MUSIK

Vorwort an Richard Wagner

Um mir alle die möglichen Bedenklichkeiten, Aufregungen und Mißverständnisse ferne zu halten, zu denen die in dieser Schrift vereinigten Gedanken bei dem eigentümlichen Charakter unserer ästhetischen Öffentlichkeit Anlaß geben werden, und um auch die Einleitungsworte zu derselben mit der gleichen beschaulichen Wonne schreiben zu können, deren Zeichen sie selbst, als das Petrefakt guter und erhebender Stunden, auf jedem Blatte trägt, vergegenwärtige ich mir den Augenblick, in dem Sie, mein hochverehrter Freund, diese Schrift empfangen werden: wie Sie, vielleicht nach einer abendlichen Wanderung im Winterschnee, den entfesselten Prometheus auf dem Titelblatte betrachten, meinen Namen lesen und sofort überzeugt sind, daß, mag in dieser Schrift stehen, was da wolle, der Verfasser etwas Ernstes und Eindringliches zu sagen hat, ebenfalls daß er, bei allem, was er sich erdachte, mit Ihnen wie mit einem Gegenwärtigen verkehrte und nur etwas dieser Gegenwart Entsprechendes niederschreiben durfte. Sie werden dabei sich erinnern, daß ich zu gleicher Zeit, als Ihre herrliche Festschrift über Beethoven entstand, das heißt in den Schrecken und Erhabenheiten des eben ausgebrochnen Krieges, mich zu diesen Gedanken sammelte. Doch würden diejenigen irren, welche etwa bei dieser Sammlung an den Gegensatz von patriotischer Erregung und ästhetischer Schwelgerei, von tapferem Ernst und heiterem Spiel denken sollten: denen möchte vielmehr, bei einem wirklichen Lesen dieser Schrift, zu ihrem Erstaunen deutlich werden, mit welchem ernsthaft deutschen Problem wir zu tun haben, das von uns recht eigentlich in die Mitte deutscher Hoffnungen, als Wirbel und Wendepunkt, hingestellt wird. Vielleicht aber wird es für eben dieselben überhaupt anstößig sein, ein ästhetisches Problem so ernst genommen zu sehn, falls sie nämlich in der Kunst nicht mehr als ein lustiges Nebenbei, als ein auch wohl zu missendes Schellengeklingel zum »Ernst des Daseins« zu erkennen imstande sind: als ob niemand wüßte, was es bei dieser Gegenüberstellung mit einem solchen »Ernste des Daseins« auf sich habe. Diesen Ernsthaften diene zur Belehrung, daß ich von der Kunst als der höchsten Aufgabe und der eigentlich metaphysischen Tätigkeit dieses Lebens im Sinne des Mannes überzeugt bin, dem ich hier, als meinem erhabenen Vorkämpfer auf dieser Bahn, diese Schrift gewidmet haben will.

Basel, Ende des Jahres 1871

1

Wir werden viel für die ästhetische Wissenschaft gewonnen haben, wenn wir nicht nur zur logischen Einsicht, sondern zur unmittelbaren Sicherheit der Anschauung gekommen sind, daß die Fortentwickelung der Kunst an die Duplizität des *Apollinischen* und des *Dionysischen* gebunden ist: in ähnlicher Weise, wie die Generation von der Zweiheit der Geschlechter, bei fortwährendem Kampfe und nur periodisch eintretender Versöhnung, abhängt. Diese Namen entlehnen wir von den Griechen, welche die tiefsinnigen Geheimlehren ihrer Kunstanschauung zwar nicht in Begriffen, aber in den eindringlich deutlichen Gestalten ihrer Götterwelt dem Einsichtigen vernehmbar machen. An ihre beiden Kunstgottheiten, Apollo und Dionysus, knüpft sich unsere Erkenntnis, daß in der griechischen Welt ein ungeheurer Gegensatz, nach Ursprung und Zielen, zwischen der Kunst des Bildners, der apollinischen, und der unbildlichen Kunst der Musik, als der des Dionysus, besteht: beide so verschiedne Triebe gehen nebeneinander her, zumeist im offnen Zwiespalt miteinander und sich gegenseitig zu immer neuen kräftigeren Geburten reizend, um in ihnen den Kampf jenes Gegensatzes zu perpetuieren, den das gemeinsame Wort »Kunst« nur scheinbar überbrückt; bis sie endlich, durch einen metaphysischen Wunderakt des hellenischen »Willens«, miteinander gepaart erscheinen und in dieser Paarung zuletzt das ebenso dionysische als apollinische Kunstwerk der attischen Tragödie erzeugen.

Um uns jene beiden Triebe näherzubringen, denken wir sie uns zunächst als die getrennten Kunstwelten des *Traumes* und des *Rausches*; zwischen welchen physiologischen Erscheinungen ein entsprechender Gegensatz wie zwischen dem Apollinischen und dem Dionysischen zu bemerken ist. Im Traume traten zuerst, nach der Vorstellung des Lukretius, die herrlichen Göttergestalten vor die Seelen der Menschen, im Traume sah der große Bildner den entzückenden Gliederbau übermenschlicher Wesen, und der hellenische Dichter, um die Geheimnisse der poetischen Zeugung befragt, würde ebenfalls an den Traum erinnert und eine ähnliche Belehrung gegeben haben, wie sie Hans Sachs in den Meistersingern gibt:

> Mein Freund, das grad ist Dichters Werk,
> daß er sein Träumen deut' und merk'.
> Glaubt mir, des Menschen wahrster Wahn
> wird ihm im Traume aufgetan:
> all Dichtkunst und Poeterei
> ist nichts als Wahrtraum-Deuterei.

Der schöne Schein der Traumwelten, in deren Erzeugung jeder Mensch voller Künstler ist, ist die Voraussetzung aller bildenden Kunst, ja auch,

wie wir sehen werden, einer wichtigen Hälfte der Poesie. Wir genießen im unmittelbaren Verständnisse der Gestalt, alle Formen sprechen zu uns, es gibt nichts Gleichgültiges und Unnötiges. Bei dem höchsten Leben dieser Traumwirklichkeit haben wir doch noch die durchschimmernde Empfindung ihres *Scheins*: wenigstens ist dies meine Erfahrung, für deren Häufigkeit, ja Normalität, ich manches Zeugnis und die Aussprüche der Dichter beizubringen hätte. Der philosophische Mensch hat sogar das Vorgefühl, daß auch unter dieser Wirklichkeit, in der wir leben und sind, eine zweite ganz andre verborgen liege, daß also auch sie ein Schein sei; und Schopenhauer bezeichnet geradezu die Gabe, daß einem zuzeiten die Menschen und alle Dinge als bloße Phantome oder Traumbilder vorkommen, als das Kennzeichen philosophischer Befähigung. Wie nun der Philosoph zur Wirklichkeit des Daseins, so verhält sich der künstlerisch erregbare Mensch zur Wirklichkeit des Traumes; er sieht genau und gern zu: denn aus diesen Bildern deutet er sich das Leben, an diesen Vorgängen übt er sich für das Leben. Nicht etwa nur die angenehmen und freundlichen Bilder sind es, die er mit jener Allverständlichkeit an sich erfährt: auch das Ernste, Trübe, Traurige, Finstere, die plötzlichen Hemmungen, die Neckereien des Zufalls, die bänglichen Erwartungen, kurz die ganze »göttliche Komödie« des Lebens, mit dem *Inferno*, zieht an ihm vorbei, nicht nur wie ein Schattenspiel – denn er lebt und leidet mit in diesen Szenen – und doch auch nicht ohne jene flüchtige Empfindung des Scheins; und vielleicht erinnert sich mancher, gleich mir, in den Gefährlichkeiten und Schrecken des Traumes sich mitunter ermutigend und mit Erfolg zugerufen zu haben: »Es ist ein Traum! Ich will ihn weiter träumen!« Wie man mir auch von Personen erzählt hat, die die Kausalität eines und desselben Traumes über drei und mehr aufeinanderfolgende Nächte hin fortzusetzen imstande waren: Tatsachen, welche deutlich Zeugnis dafür abgeben, daß unser innerstes Wesen, der gemeinsame Untergrund von uns allen, mit tiefer Lust und freudiger Notwendigkeit den Traum an sich erfährt.

Diese freudige Notwendigkeit der Traumerfahrung ist gleichfalls von den Griechen in ihrem Apollo ausgedrückt worden: Apollo, als der Gott aller bildnerischen Kräfte, ist zugleich der wahrsagende Gott. Er, der seiner Wurzel nach der »Scheinende«, die Lichtgottheit ist, beherrscht auch den schönen Schein der inneren Phantasie-Welt. Die höhere Wahrheit, die Vollkommenheit dieser Zustände im Gegensatz zu der lückenhaft verständlichen Tageswirklichkeit, sodann das tiefe Bewußtsein von der in Schlaf und Traum heilenden und helfenden Natur ist zugleich das symbolische Analogon der wahrsagenden Fähigkeit und überhaupt der Künste, durch die das Leben möglich und lebenswert gemacht wird. Aber auch jene zarte Linie, die das Traumbild nicht überschreiten darf, um nicht pathologisch zu wirken, widrigenfalls der Schein als plumpe Wirklichkeit uns betrügen

würde – darf nicht im Bilde des Apollo fehlen: jene maßvolle Begrenzung, jene Freiheit von den wilderen Regungen, jene weisheitsvolle Ruhe des Bildnergottes. Sein Auge muß »sonnenhaft«, gemäß seinem Ursprunge, sein; auch wenn es zürnt und unmutig blickt, liegt die Weihe des schönen Scheines auf ihm. Und so möchte von Appollo in einem exzentrischen Sinne das gelten, was Schopenhauer von dem im Schleier der Maja befangenen Menschen sagt, Welt als Wille und Vorstellung I, S. 416: »Wie auf dem tobenden Meere, das, nach allen Seiten unbegrenzt, heulend Wellenberge erhebt und senkt, auf einem Kahn ein Schiffer sitzt, dem schwachen Fahrzeug vertrauend; so sitzt, mitten in einer Welt von Qualen, ruhig der einzelne Mensch, gestützt und vertrauend auf das *principium individuationis.*« Ja es wäre von Apollo zu sagen, daß in ihm das unerschütterte Vertrauen auf jenes *principium* und das ruhige Dasitzen des in ihm Befangenen seinen erhabensten Ausdruck bekommen habe, und man möchte selbst Apollo als das herrliche Götterbild des *principii individuationis* bezeichnen, aus dessen Gebärden und Blicken die ganze Lust und Weisheit des »Scheines« samt seiner Schönheit, zu uns spräche.

An derselben Stelle hat uns Schopenhauer das ungeheure *Grausen* geschildert, welches den Menschen ergreift, wenn er plötzlich an den Erkenntnisformen der Erscheinung irre wird, indem der Satz vom Grunde, in irgendeiner seiner Gestaltungen, eine Ausnahme zu erleiden scheint. Wenn wir zu diesem Grausen die wonnevolle Verzückung hinzunehmen, die bei demselben Zerbrechen des *principii individuationis* aus dem innersten Grunde des Menschen, ja der Natur emporsteigt, so tun wir einen Blick in das Wesen des *Dionysischen,* das uns am nächsten noch durch die Analogie des *Rausches* gebracht wird. Entweder durch den Einfluß des narkotischen Getränkes, von dem alle ursprünglichen Menschen und Völker in Hymnen sprechen, oder bei dem gewaltigen, die ganze Natur lustvoll durchdringenden Nahen des Frühlings erwachen jene dionysischen Regungen, in deren Steigerung das Subjektive zu völliger Selbstvergessenheit hinschwindet. Auch im deutschen Mittelalter wälzten sich unter der gleichen dionysischen Gewalt immer wachsende Scharen, singend und tanzend, von Ort zu Ort: in diesen Sankt-Johann- und Sankt-Veittänzern erkennen wir die bacchischen Chöre der Griechen wieder, mit ihrer Vorgeschichte in Kleinasien, bis hin zu Babylon und den orgiastischen Sakäen. Es gibt Menschen, die, aus Mangel an Erfahrung oder aus Stumpfsinn, sich von solchen Erscheinungen wie von »Volkskrankheiten«, spöttisch oder bedauernd im Gefühl der eigenen Gesundheit abwenden: die Armen ahnen freilich nicht, wie leichenfarbig und gespenstisch eben diese ihre »Gesundheit« sich ausnimmt, wenn an ihnen das glühende Leben dionysischer Schwärmer vorüberbraust.

Unter dem Zauber des Dionysischen schließt sich nicht nur der Bund zwischen Mensch und Mensch wieder zusammen: auch die entfremdete,

feindliche oder unterjochte Natur feiert wieder ihr Versöhnungsfest mit ihrem verlorenen Sohne, dem Menschen. Freiwillig beut die Erde ihre Gaben, und friedfertig nahen die Raubtiere der Felsen und der Wüste. Mit Blumen und Kränzen ist der Wagen des Dionysus überschüttet: unter seinem Joche schreiten Panther und Tiger. Man verwandele das Beethovensche Jubellied der »Freude« in ein Gemälde und bleibe mit seiner Einbildungskraft nicht zurück, wenn die Millionen schauervoll in den Staub sinken: so kann man sich dem Dionysischen nähern. Jetzt ist der Sklave freier Mann, jetzt zerbrechen alle die starren, feindseligen Abgrenzungen, die Not, Willkür oder »freche Mode« zwischen den Menschen festgesetzt haben. Jetzt, bei dem Evangelium der Weltenharmonie, fühlt sich jeder mit seinem Nächsten nicht nur vereinigt, versöhnt, verschmolzen, sondern eins, als ob der Schleier der Maja zerrissen wäre und nur noch in Fetzen vor dem geheimnisvollen Ur-Einen herumflattere. Singend und tanzend äußert sich der Mensch als Mitglied einer höheren Gemeinsamkeit: er hat das Gehen und das Sprechen verlernt und ist auf dem Wege, tanzend in die Lüfte emporzufliegen. Aus seinen Gebärden spricht die Verzauberung. Wie jetzt die Tiere reden, und die Erde Milch und Honig gibt, so tönt auch aus ihm etwas Übernatürliches: als Gott fühlt er sich, er selbst wandelt jetzt so verzückt und erhoben, wie er die Götter im Traume wandeln sah. Der Mensch ist nicht mehr Künstler, er ist Kunstwerk geworden: die Kunstgewalt der ganzen Natur, zur höchsten Wonnebefriedigung des Ur-Einen, offenbart sich hier unter den Schauern des Rausches. Der edelste Ton, der kostbarste Marmor wird hier geknetet und behauen, der Mensch, und zu den Meißelschlägen des dionysischen Weltenkünstlers tönt der eleusinische Mysterienruf: »Ihr stürzt nieder, Millionen? Ahnest du den Schöpfer, Welt?« –

2

Wir haben bis jetzt das Apollinische und seinen Gegensatz, das Dionysische, als künstlerische Mächte betrachtet, die aus der Natur selbst, *ohne Vermittlung des menschlichen Künstlers,* hervorbrechen, und in denen sich ihre Kunsttriebe zunächst und auf direktem Wege befriedigen: einmal als die Bilderwelt des Traumes, deren Vollkommenheit ohne jeden Zusammenhang mit der intellektuellen Höhe oder künstlerischen Bildung des einzelnen ist, andererseits als rauschvolle Wirklichkeit, die wiederum des einzelnen nicht achtet, sondern sogar das Individuum zu vernichten und durch eine mystische Einheitsempfindung zu erlösen sucht. Diesen unmittelbaren Kunstzuständen der Natur gegenüber ist jeder Künstler »Nachahmer«, und zwar entweder apollinischer Traumkünstler oder dionysischer Rauschkünstler oder endlich – wie beispielsweise in der griechischen Tra-

gödie – zugleich Rausch- und Traumkünstler: als welchen wir uns etwa zu denken haben, wie er, in der dionysischen Trunkenheit und mystischen Selbstentäußerung, einsam und abseits von den schwärmenden Chören niedersinkt und wie sich ihm nun, durch apollinische Traumeinwirkung, sein eigener Zustand, d. h. seine Einheit mit dem innersten Grunde der Welt *in einem gleichnisartigen Traumbilde* offenbart.

Nach diesen allgemeinen Voraussetzungen und Gegenüberstellungen nahen wir uns jetzt den *Griechen,* um zu erkennen, in welchem Grade und bis zu welcher Höhe jene *Kunsttriebe der Natur* in ihnen entwickelt gewesen sind: wodurch wir in den Stand gesetzt werden, das Verhältnis des griechischen Künstlers zu seinen Urbildern, oder, nach dem aristotelischen Ausdrucke, »die Nachahmung der Natur« tiefer zu verstehn und zu würdigen. Von den *Träumen* der Griechen ist trotz aller Traumliteratur derselben und zahlreichen Traumanekdoten nur vermutungsweise, aber doch mit ziemlicher Sicherheit zu sprechen: bei der unglaublich bestimmten und sicheren plastischen Befähigung ihres Auges, samt ihrer hellen und aufrichtigen Farbenlust, wird man sich nicht entbrechen können, zur Beschämung aller Spätergeborenen, auch für ihre Träume eine logische Kausalität der Linien und Umrisse, Farben und Gruppen, eine ihren besten Reliefs ähnelnde Folge der Szenen vorauszusetzen, deren Vollkommenheit uns, wenn eine Vergleichung möglich wäre, gewiß berechtigen würde, die träumenden Griechen als Homere und Homer als einen träumenden Griechen zu bezeichnen: in einem tieferen Sinne, als wenn der moderne Mensch sich hinsichtlich seines Traumes mit Shakespeare zu vergleichen wagt.

Dagegen brauchen wir nicht nur vermutungsweise zu sprechen, wenn die ungeheure Kluft aufgedeckt werden soll, welche die *dionysischen Griechen* von den dionysischen Barbaren trennt. Aus allen Enden der alten Welt – um die neuere hier beiseite zu lassen –, von Rom bis Babylon können wir die Existenz dionysischer Feste nachweisen, deren Typus sich, bestenfalls, zu dem Typus der griechischen verhält wie der bärtige Satyr, dem der Bock Namen und Attribute verlieh, zu Dionysus selbst. Fast überall lag das Zentrum dieser Feste in einer überschwänglichen geschlechtlichen Zuchtlosigkeit, deren Wellen über jedes Familientum und dessen ehrwürdige Satzungen hinwegfluteten; gerade die wildesten Bestien der Natur wurden hier entfesselt, bis zu jener abscheulichen Mischung von Wollust und Grausamkeit, die mir immer als der eigentliche »Hexentrank« erschienen ist. Gegen die fieberhaften Regungen jener Feste, deren Kenntnis auf allen Land- und Seewegen zu den Griechen drang, waren sie, scheint es, eine Zeit lang völlig gesichert und geschützt durch die hier in seinem ganzen Stolz sich aufrichtende Gestalt des Apollo, der das Medusenhaupt keiner gefährlicheren Macht entgegenhalten konnte als dieser fratzenhaft ungeschlachten dionysischen. Es ist die dorische Kunst, in der sich jene majestätisch-ablehnende Haltung des Apollo verewigt hat. Bedenklicher und

sogar unmöglich wurde dieser Widerstand, als endlich aus der tiefsten Wurzel des Hellenischen heraus sich ähnliche Triebe Bahn brachen: jetzt beschränkte sich das Wirken des delphischen Gottes darauf, dem gewaltigen Gegner durch eine zur rechten Zeit abgeschlossene Versöhnung die vernichtenden Waffen aus der Hand zu nehmen. Diese Versöhnung ist der wichtigste Moment in der Geschichte des griechischen Kultus: wohin man blickt, sind die Umwälzungen dieses Ereignisses sichtbar. Es war die Versöhnung zweier Gegner, mit scharfer Bestimmung ihrer von jetzt ab einzuhaltenden Grenzlinien und mit periodischer Übersendung von Ehrengeschenken; im Grunde war die Kluft nicht überbrückt. Sehen wir aber, wie sich unter dem Drucke jenes Friedensschlusses die dionysische Macht offenbarte, so erkennen wir jetzt, im Vergleiche mit jenen babylonischen Sakäen und ihrem Rückschritte des Menschen zum Tiger und Affen, in den dionysischen Orgien der Griechen die Bedeutung von Welterlösungsfesten und Verklärungstagen. Erst bei ihnen erreicht die Natur ihren künstlerischen Jubel, erst bei ihnen wird die Zerreißung des *principii individuationis* ein künstlerisches Phänomen. Jener scheußliche Hexentrank aus Wollust und Grausamkeit war hier ohne Kraft: nur die wundersame Mischung und Doppelheit in den Affekten der dionysischen Schwärmer erinnert an ihn – wie Heilmittel an tödliche Gifte erinnern –, jene Erscheinung, daß Schmerzen Lust erwecken, daß der Jubel der Brust qualvolle Töne entreißt. Aus der höchsten Freude tönt der Schrei des Entsetzens oder der sehnende Klagelaut über einen unersetzlichen Verlust. In jenen griechischen Festen bricht gleichsam ein sentimentalischer Zug der Natur hervor, als ob sie über ihre Zerstückelung in Individuen zu seufzen habe. Der Gesang und die Gebärdensprache solcher zwiefach gestimmter Schwärmer war für die homerisch-griechische Welt etwas Neues und Unerhörtes: und insbesondere erregte ihr die dionysische *Musik* Schrecken und Grausen. Wenn die Musik scheinbar bereits als eine apollinische Kunst bekannt war, so war sie dies doch nur, genau genommen, als Wellenschlag des Rhythmus, dessen bildnerische Kraft zur Darstellung apollinischer Zustände entwickelt wurde. Die Musik des Apollo war dorische Architektonik in Tönen, aber in nur angedeuteten Tönen, wie sie der Kithara zu eigen sind. Behutsam ist gerade das Element, als unapollinisch, ferngehalten, das den Charakter der dionysischen Musik und damit der Musik überhaupt ausmacht, die erschütternde Gewalt des Tones, der einheitliche Strom des Melos und die durchaus unvergleichliche Welt der Harmonie. Im dionysischen Dithyrambus wird der Mensch zur höchsten Steigerung aller seiner symbolischen Fähigkeiten gereizt; etwas Nieempfundenes drängt sich zur Äußerung, die Vernichtung des Schleiers der Maja, das Einssein als Genius der Gattung, ja der Natur. Jetzt soll sich das Wesen der Natur symbolisch ausdrücken; eine neue Welt der Symbole ist nötig, einmal die ganze leibliche Symbolik, nicht nur die Symbolik des Mundes,

des Gesichts, des Wortes, sondern die volle, alle Glieder rhythmisch bewegende Tanzgebärde. Sodann wachsen die anderen symbolischen Kräfte, die der Musik, in Rhythmik, Dynamik und Harmonie plötzlich ungestüm. Um diese Gesamtentfesselung aller symbolischen Kräfte zu fassen, muß der Mensch bereits auf jener Höhe der Selbstentäußerung angelangt sein, die in jenen Kräften sich symbolisch aussprechen will: der dithyrambische Dionysusdiener wird somit nur von seinesgleichen verstanden! Mit welchem Erstaunen mußte der apollinische Grieche auf ihn blicken! Mit einem Erstaunen, das um so größer war, als sich ihm das Grausen beimischte, daß ihm jenes alles doch eigentlich so fremd nicht sei, ja, daß sein apollinisches Bewußtsein nur wie ein Schleier diese dionysische Welt vor ihm verdecke.

3

Um dies zu begreifen, müssen wir jenes kunstvolle Gebäude der *apollinischen Kultur* gleichsam Stein um Stein abtragen, bis wir die Fundamente erblicken, auf die es begründet ist. Hier gewahren wir nun zuerst die herrlichen *olympischen* Göttergestalten, die auf den Giebeln dieses Gebäudes stehen, und deren Taten, in weithin leuchtenden Reliefs dargestellt, seine Friese zieren. Wenn unter ihnen auch Apollo steht, als eine einzelne Gottheit neben anderen und ohne den Anspruch einer ersten Stellung, so dürfen wir uns dadurch nicht beirren lassen. Derselbe Trieb, der sich in Apollo versinnlichte, hat überhaupt jene ganze olympische Welt geboren, und in diesem Sinne darf uns Apollo als Vater derselben gelten. Welches war das ungeheure Bedürfnis, aus dem eine so leuchtende Gesellschaft olympischer Wesen entsprang?

Wer, mit einer anderen Religion im Herzen, an diese Olympier herantritt und nun nach sittlicher Höhe, ja Heiligkeit, nach unleiblicher Vergeistigung, nach erbarmungsvollen Liebesblicken bei ihnen sucht, der wird unmutig und enttäuscht ihnen bald den Rücken kehren müssen. Hier erinnert nichts an Askese, Geistigkeit und Pflicht: hier redet nur ein üppiges, ja triumphierendes Dasein zu uns, in dem alles Vorhandene vergöttlicht ist, gleichviel ob es gut oder böse ist. Und so mag der Beschauer recht betroffen vor diesem phantastischen Überschwang des Lebens stehn, um sich zu fragen, mit welchem Zaubertrank im Leibe diese übermütigen Menschen das Leben genossen haben mögen, daß, wohin sie sehen, Helena, das »in süßer Sinnlichkeit schwebende« Idealbild ihrer eigenen Existenz, ihnen entgegenlacht. Diesem bereits rückwärts gewandten Beschauer müssen wir aber zurufen: Geh nicht von dannen, sondern höre erst, was die griechische Volksweisheit von diesem selben Leben aussagt, das sich hier mit so unerklärlicher Heiterkeit vor dir ausbreitet. Es geht die alte Sage, daß Kö-

nig Midas lange Zeit nach dem weisen *Silen*, dem Begleiter des Dionysus, im Walde gejagt habe, ohne ihn zu fangen. Als er ihm endlich in die Hände gefallen ist, fragt der König, was für den Menschen das Allerbeste und Allervorzüglichste sei. Starr und unbeweglich schweigt der Dämon; bis er, durch den König gezwungen, endlich unter gellem Lachen in diese Worte ausbricht: »Elendes Eintagsgeschlecht, des Zufalls Kinder und der Mühsal, was zwingst du mich dir zu sagen, was nicht zu hören für dich das Ersprießlichste ist? Das Allerbeste ist für dich gänzlich unerreichbar: nicht geboren zu sein, nicht zu *sein*, *nichts* zu sein. Das Zweitbeste aber ist für dich – bald zu sterben.«

Wie verhält sich zu dieser Volksweisheit die olympische Götterwelt? Wie die entzückungsreiche Vision des gefolterten Märtyrers zu seinen Peinigungen.

Jetzt öffnet sich uns gleichsam der olympische Zauberberg und zeigt uns seine Wurzeln. Der Grieche kannte und empfand die Schrecken und Entsetzlichkeiten des Daseins: um überhaupt leben zu können, mußte er vor sie hin die glänzende Traumgeburt der Olympischen stellen. Jenes ungeheure Mißtrauen gegen die titanischen Mächte der Natur, jene über allen Erkenntnissen erbarmungslos thronende Moira, jener Geier des großen Menschenfreundes Prometheus, jenes Schreckenslos des weisen Ödipus, jener Geschlechtsfluch der Atriden, der Orest zum Muttermorde zwingt, kurz jene ganze Philosophie des Waldgottes, samt ihren mythischen Exempeln, an der die schwermütigen Etrurier zugrunde gegangen sind – wurde von den Griechen durch jene künstlerische *Mittelwelt* der Olympier fortwährend von neuem überwunden, jedenfalls verhüllt und dem Anblick entzogen. Um leben zu können, mußten die Griechen diese Götter, aus tiefster Nötigung, schaffen: welchen Hergang wir uns wohl so vorzustellen haben, daß aus der ursprünglichen titanischen Götterordnung des Schreckens durch jenen apollinischen Schönheitstrieb in langsamen Übergängen die olympische Götterordnung der Freude entwickelt wurde: wie Rosen aus dornigem Gebüsch hervorbrechen. Wie anders hätte jenes so reizbar empfindende, so ungestüm begehrende, zum *Leiden* so einzig befähigte Volk das Dasein ertragen können, wenn ihm nicht dasselbe, von einer höheren Glorie umflossen, in seinen Göttern gezeigt worden wäre. Derselbe Trieb, der die Kunst ins Leben ruft, als die zum Weiterleben verführende Ergänzung und Vollendung des Daseins, ließ auch die olympische Welt entstehen, in der sich der hellenische »Wille« einen verklärenden Spiegel vorhielt. So rechtfertigen die Götter das Menschenleben, indem sie es selbst leben – die allein genügende Theodicee! Das Dasein unter dem hellen Sonnenscheine solcher Götter wird als das an sich Erstrebenswerte empfunden, und der eigentliche *Schmerz* der homerischen Menschen bezieht sich auf das Abscheiden aus ihm, vor allem auf das baldige Abscheiden: so daß man jetzt von ihnen, mit Umkehrung der silenischen

Weisheit, sagen könnte, »das Allerschlimmste sei für sie, bald zu sterben, das Zweitschlimmste, überhaupt einmal zu sterben«. Wenn die Klage einmal ertönt, so klingt sie wieder vom kurzlebenden Achilles, von dem blättergleichen Wechsel und Wandel des Menschengeschlechts, von dem Untergang der Heroenzeit. Es ist des größten Helden nicht unwürdig, sich nach dem Weiterleben zu sehnen, sei es selbst als Tagelöhner. So ungestüm verlangt, auf der apollinischen Stufe, der »Wille« nach diesem Dasein, so eins fühlt sich der homerische Mensch mit ihm, daß selbst die Klage zu seinem Preisliede wird.

Hier muß nun ausgesprochen werden, daß diese von den neueren Menschen so sehnsüchtig angeschaute Harmonie, ja Einheit des Menschen mit der Natur, für die Schiller das Kunstwort »naiv« in Geltung gebracht hat, keinesfalls ein so einfacher, sich von selbst ergebender, gleichsam unvermeidlicher Zustand ist, dem wir an der Pforte jeder Kultur, als einem Paradies der Menschheit begegnen *müßten*: dies konnte nur eine Zeit glauben, die den Emil Rousseaus sich auch als Künstler zu denken suchte und in Homer einen solchen am Herzen der Natur erzogenen Künstler Emil gefunden zu haben wähnte. Wo uns das »Naive« in der Kunst begegnet, haben wir die höchste Wirkung der apollinischen Kultur zu erkennen: welche immer erst ein Titanenreich zu stürzen und Ungetüme zu töten hat und durch kräftige Wahnvorspiegelungen und lustvolle Illusionen über eine schreckliche Tiefe der Weltbetrachtung und reizbarste Leidensfähigkeit Sieger geworden sein muß. Aber wie selten wird das Naive, jenes völlige Verschlungensein in der Schönheit des Scheines, erreicht! Wie unaussprechbar erhaben ist deshalb *Homer*, der sich als einzelner zu jener appolinischen Volkskultur verhält wie der einzelne Traumkünstler zur Traumbefähigung des Volks und der Natur überhaupt. Die homerische »Naivität« ist nur als der vollkommene Sieg der apollinischen Illusion zu begreifen: es ist dies eine solche Illusion, wie sie die Natur, zur Erreichung ihrer Absichten, so häufig verwendet. Das wahre Ziel wird durch ein Wahnbild verdeckt: nach diesem strecken wir die Hände aus, und jenes erreicht die Natur durch unsre Täuschung. In den Griechen wollte der »Wille« sich selbst, in der Verklärung des Genius und der Kunstwelt, anschauen; um sich zu verherrlichen, mußten seine Geschöpfe sich selbst als verherrlichenswert empfinden, sie mußten sich in einer höheren Sphäre wiedersehn, ohne daß diese vollendete Welt der Anschauung als Imperativ oder als Vorwurf wirkte. Dies ist die Sphäre der Schönheit, in der sie ihre Spiegelbilder, die Olympischen, sahen. Mit dieser Schönheitsspiegelung kämpfte der hellenische »Wille« gegen das dem künstlerischen korrelative Talent zum Leiden und zur Weisheit des Leidens: und als Denkmal seines Sieges steht Homer vor uns, der naive Künstler.

4

Über diesen naiven Künstler gibt uns die Traumanalogie einige Belehrung. Wenn wir uns den Träumenden vergegenwärtigen, wie er, mitten in der Illusion der Traumwelt und ohne sie zu stören, sich zuruft: »es ist ein Traum, ich will ihn weiter träumen«, wenn wir hieraus auf eine tiefe innere Lust des Traumanschauens zu schließen haben, wenn wir andererseits, um überhaupt mit dieser inneren Lust am Schauen träumen zu können, den Tag und seine schreckliche Zudringlichkeit völlig vergessen haben müssen: so dürfen wir uns alle diese Erscheinungen etwa in folgender Weise, unter der Leitung des traumdeutenden Apollo, interpretieren. So gewiß von den beiden Hälften des Lebens, der wachen und der träumenden Hälfte, uns die erstere als die ungleich bevorzugtere, wichtigere, würdigere, lebenswertere, ja allein gelebte dünkt: so möchte ich doch, bei allem Anscheine einer Paradoxie, für jenen geheimnisvollen Grund unseres Wesens, dessen Erscheinung wir sind, gerade die entgegengesetzte Wertschätzung des Traumes behaupten. Je mehr ich nämlich in der Natur jene allgewaltigen Kunsttriebe und in ihnen eine inbrünstige Sehnsucht zum Schein, zum Erlöstwerden durch den Schein gewahr werde, um so mehr fühle ich mich zu der metaphysischen Annahme gedrängt, daß das Wahrhaft-Seiende und Ur-Eine, als das Ewig-Leidende und Widerspruchsvolle, zugleich die entzückende Vision, den lustvollen Schein zu seiner steten Erlösung braucht: welchen Schein wir, völlig in ihm befangen und aus ihm bestehend, als das Wahrhaft-Nichtseiende, d. h. als ein fortwährendes Werden in Zeit, Raum und Kausalität, mit anderen Worten, als empirische Realität zu empfinden genötigt sind. Sehen wir also einmal von unserer eignen »Realität« für einen Augenblick ab, fassen wir unser empirisches Dasein, wie das der Welt überhaupt, als eine in jedem Moment erzeugte Vorstellung des Ur-Einen, so muß uns jetzt der Traum als der *Schein des Scheins,* somit als eine noch höhere Befriedigung der Urbegierde nach dem Schein hin gelten. Aus diesem selben Grunde hat der innerste Kern der Natur jene unbeschreibliche Lust an dem naiven Künstler und dem naiven Kunstwerke, das gleichfalls nur »Schein des Scheins« ist. *Raffael,* selbst einer jener unsterblichen »Naiven«, hat uns in einem gleichnisartigen Gemälde jenes Depotenzieren des Scheins zum Schein, den Urprozeß des naiven Künstlers und zugleich der apollinischen Kultur, dargestellt. In seiner *Transfiguration* zeigt uns die untere Hälfte, mit dem besessenen Knaben, den verzweifelnden Trägern, den ratlos geängstigten Jüngern, die Widerspiegelung des ewigen Urschmerzes, des einzigen Grundes der Welt: der »Schein« ist hier Widerschein des ewigen Widerspruchs, des Vaters der Dinge. Aus diesem Schein steigt nun, wie ein ambrosischer Duft, eine visionsgleiche neue Scheinwelt empor, von der jene im ersten Schein befangenen nichts sehen – ein leuchtendes Schweben in reinster Wonne und

schmerzlosem, aus weiten Augen strahlenden Anschauen. Hier haben wir, in höchster Kunstsymbolik, jene apollinische Schönheitswelt und ihren Untergrund, die schreckliche Weisheit des Silen, vor unseren Blicken und begreifen, durch Intuition, ihre gegenseitige Notwendigkeit. Apollo aber tritt uns wiederum als die Vergöttlichung des *principii individuationis* entgegen, in dem allein das ewig erreichte Ziel des Ur-Einen, seine Erlösung durch den Schein, sich vollzieht: er zeigt uns mit erhabenen Gebärden, wie die ganze Welt der Qual nötig ist, damit durch sie der einzelne zur Erzeugung der erlösenden Vision gedrängt werde und dann, ins Anschauen derselben versunken, ruhig auf seinem schwankenden Kahne, inmitten des Meeres, sitze.

Diese Vergöttlichung der Individuation kennt, wenn sie überhaupt imperativisch und Vorschriften gebend gedacht wird, nur *ein* Gesetz, das Individuum, d. h. die Einhaltung der Grenzen des Individuums, das *Maß* im hellenischen Sinne. Apollo, als ethische Gottheit, fordert von den Seinigen das Maß und, um es einhalten zu können, Selbsterkenntnis. Und so läuft neben der ästhetischen Notwendigkeit der Schönheit die Forderung des »Erkenne dich selbst« und des »Nicht zu viel!« her, während Selbstüberhebung und Übermaß als die eigentlich feindseligen Dämonen der nicht-apollinischen Sphäre, daher als Eigenschaften der vor-apollinischen Zeit, des Titanenzeitalters, und der außer-apollinischen Welt, d. h. der Barbarenwelt, erachtet wurden. Wegen seiner titanenhaften Liebe zu den Menschen mußte Prometheus von den Geiern zerrissen werden, seiner übermäßigen Weisheit halber, die das Rätsel der Sphinx löste, mußte Ödipus in einen verwirrenden Strudel von Untaten stürzen: so interpretierte der delphische Gott die griechische Vergangenheit.

»Titanenhaft« und »barbarisch« dünkte dem apollinischen Griechen auch die Wirkung, die das *Dionysische* erregte: ohne dabei sich verhehlen zu können, daß er selbst doch zugleich auch innerlich mit jenen gestürzten Titanen und Heroen verwandt sei. Ja er mußte noch mehr empfinden: sein ganzes Dasein, mit aller Schönheit und Mäßigung, ruhte auf einem verhüllten Untergrunde des Leidens und der Erkenntnis, der ihm wieder durch jenes Dionysische aufgedeckt wurde. Und siehe! Apollo konnte nicht ohne Dionysus leben! Das »Titanische« und das »Barbarische« war zuletzt eine eben solche Notwendigkeit wie das Apollinische! Und nun denken wir uns, wie in diese auf den Schein und die Mäßigung gebaute und künstlich gedämmte Welt der ekstatische Ton der Dionysusfeier in immer lokkenderen Zauberweisen hineinklang, wie in diesen das ganze *Übermaß* der Natur in Lust, Leid und Erkenntnis, bis zum durchdringenden Schrei, laut wurde: denken wir uns, was diesem dämonischen Volksgesange gegenüber der psalmodierende Künstler des Apollo, mit dem gespensterhaften Harfenklange, bedeuten konnte! Die Musen der Künste des »Scheins« verblaßten vor einer Kunst, die in ihrem Rausche die Wahrheit sprach,

die Weisheit des Silen rief Wehe! Wehe! aus gegen die heiteren Olympier. Das Individuum, mit allen seinen Grenzen und Maßen, ging hier in der Selbstvergessenheit der dionysischen Zustände unter und vergaß die apollinischen Satzungen. Das *Übermaß* enthüllte sich als Wahrheit, der Widerspruch, die aus Schmerzen geborene Wonne sprach von sich aus dem Herzen der Natur heraus. Und so war, überall dort, wo das Dionysische durchdrang, das Apollinische aufgehoben und vernichtet. Aber ebenso gewiß ist, daß dort, wo der erste Ansturm ausgehalten wurde, das Ansehen und die Majestät des delphischen Gottes starrer und drohender als je sich äußerte. Ich vermag nämlich den *dorischen* Staat und die dorische Kunst mir nur als ein fortgesetztes Kriegslager des Apollinischen zu erklären: nur in einem unausgesetzten Widerstreben gegen das titanisch-barbarische Wesen des Dionysischen konnte eine so trotzig-spröde, mit Bollwerken umschlossene Kunst, eine so kriegsgemäße und herbe Erziehung, ein so grausames und rücksichtsloses Staatswesen von längerer Dauer sein.

Bis zu diesem Punkte ist des weiteren ausgeführt worden, was ich am Eingange dieser Abhandlung bemerkte: wie das Dionysische und das Apollinische, in immer neuen aufeinanderfolgenden Geburten, und sich gegenseitig steigernd, das hellenische Wesen beherrscht haben: wie aus dem »erzenen« Zeitalter, mit seinen Titanenkämpfen und seiner herben Volksphilosophie, sich unter dem Walten des apollinischen Schönheitstriebes die homerische Welt entwickelt, wie diese »naive« Herrlichkeit wieder von dem einbrechenden Strome des Dionysischen verschlungen wird, und wie dieser neuen Macht gegenüber sich das Apollinische zur starren Majestät der dorischen Kunst und Weltbetrachtung erhebt. Wenn auf diese Weise die ältere hellenische Geschichte, im Kampf jener zwei feindseligen Prinzipien, in vier große Kunststufen zerfällt: so sind wir jetzt gedrängt, weiter nach dem letzten Plane dieses Werdens und Treibens zu fragen, falls uns nicht etwa die letzterreichte Periode, die der dorischen Kunst, als die Spitze und Absicht jener Kunsttriebe gelten sollte: und hier bietet sich unseren Blicken das erhabene und hochgepriesene Kunstwerk der *attischen Tragödie* und des dramatischen Dithyrambus, als das gemeinsame Ziel beider Triebe, deren geheimnisvolles Ehebündnis, nach langem vorhergehenden Kampfe, sich in einem solchen Kinde – das zugleich Antigone und Kassandra ist – verherrlicht hat.

5

Wir nahen uns jetzt dem eigentlichen Ziele unsrer Untersuchung, die auf die Erkenntnis des dionysisch-apollinischen Genius und seines Kunstwerkes, wenigstens auf das ahnungsvolle Verständnis jenes Einleitungs-

mysteriums gerichtet ist. Hier fragen wir nun zunächst, wo jener neue Keim sich zuerst in der hellenischen Welt bemerkbar macht, der sich nachher bis zur Tragödie und zum dramatischen Dithyrambus entwickelt. Hierüber gibt uns das Altertum selbst bildlich Aufschluß, wenn es als die Urväter und Fackelträger der griechischen Dichtung *Homer* und *Archilochus* auf Bildwerken, Gemmen usw. nebeneinander stellt, in der sicheren Empfindung, daß nur diese beiden gleich völlig originalen Naturen, von denen aus ein Feuerstrom auf die gesamte griechische Nachwelt fortfließe, zu erachten seien. Homer, der in sich versunkene greise Träumer, der Typus des apollinischen, naiven Künstlers, sieht nun staunend den leidenschaftlichen Kopf des wild durchs Dasein getriebenen kriegerischen Musendieners Archilochus: und die neuere Ästhetik wußte nur deutend hinzuzufügen, daß hier dem »objektiven« Künstler der erste »subjektive« entgegengestellt sei. Uns ist mit dieser Deutung wenig gedient, weil wir den subjektiven Künstler nur als schlechten Künstler kennen und in jeder Art und Höhe der Kunst vor allem und zuerst Besiegung des Subjektiven, Erlösung vom »Ich« und Stillschweigen jedes individuellen Willens und Gelüstens fordern, ja ohne Objektivität, ohne reines interesseloses Anschauen nie an die geringste wahrhaft künstlerische Erzeugung glauben können. Darum muß unsre Ästhetik erst jenes Problem lösen, wie der »Lyriker« als Künstler möglich ist: er, der, nach der Erfahrung aller Zeiten, immer »ich« sagt und die ganze chromatische Tonleiter seiner Leidenschaften und Begehrungen vor uns absingt. Gerade dieser Archilochus erschreckt uns, neben Homer, durch den Schrei seines Hasses und Hohnes, durch die trunknen Ausbrüche seiner Begierde; ist er, der erste subjektiv genannte Künstler, nicht damit der eigentliche Nichtkünstler? Woher aber dann die Verehrung, die ihm, dem Dichter, gerade auch das delphische Orakel, der Herd der »objektiven« Kunst, in sehr merkwürdigen Aussprüchen erwiesen hat?

Über den Prozeß seines Dichtens hat uns *Schiller* durch eine ihm selbst unerklärliche, doch nicht bedenklich scheinende psychologische Beobachtung Licht gebracht; er gesteht nämlich, als den vorbereitenden Zustand vor dem Aktus des Dichtens nicht etwa eine Reihe von Bildern, mit geordneter Kausalität der Gedanken, vor sich und in sich gehabt zu haben, sondern vielmehr eine *musikalische Stimmung* (»Die Empfindung ist bei mir anfangs ohne bestimmten und klaren Gegenstand; dieser bildet sich erst später. Eine gewisse musikalische Gemütsstimmung geht vorher, und auf diese folgt bei mir erst die poetische Idee«). Nehmen wir jetzt das wichtigste Phänomen der ganzen antiken Lyrik hinzu, die überall als natürlich geltende Vereinigung, ja Identität *des Lyrikers* mit *dem Musiker* – der gegenüber unsre neuere Lyrik wie ein Götterbild ohne Kopf erscheint –, so können wir jetzt, auf Grund unsrer früher dargestellten ästhetischen Metaphysik, uns in folgender Weise den Lyriker erklären.

Er ist zuerst, als dionysischer Künstler, gänzlich mit dem Ur-Einen, seinem Schmerz und Widerspruch, eins geworden und produziert das Abbild dieses Ur-Einen als Musik, wenn anders diese mit Recht eine Wiederholung der Welt und ein zweiter Abguß derselben genannt worden ist; jetzt aber wird diese Musik ihm wieder, wie in einem *gleichnisartigen Traumbilde,* unter der apollinischen Traumeinwirkung sichtbar. Jener bild- und begrifflose Widerschein des Urschmerzes in der Musik, mit seiner Erlösung im Scheine, erzeugt jetzt eine zweite Spiegelung, als einzelnes Gleichnis oder Exempel. Seine Subjektivität hat der Künstler bereits in dem dionysischen Prozeß aufgegeben: das Bild, das ihm jetzt seine Einheit mit dem Herzen der Welt zeigt, ist eine Traumszene, die jenen Urwiderspruch und Urschmerz, samt der Urlust des Scheines, versinnlicht. Das »Ich« des Lyrikers tönt also aus dem Abgrunde des Seins: seine »Subjektivität« im Sinne der neueren Ästhetiker ist eine Einbildung. Wenn Archilochus, der erste Lyriker der Griechen, seine rasende Liebe und zugleich seine Verachtung den Töchtern des Lykambes kundgibt, so ist es nicht seine Leidenschaft, die vor uns in orgiastischem Taumel tanzt: wir sehen Dionysus und die Mänaden, wir sehen den berauschten Schwärmer Archilochus zum Schlafe niedergesunken – wie ihn uns Euripides in den Bacchen beschreibt, den Schlaf auf hoher Alpentrift, in der Mittagssonne –: und jetzt tritt Apollo an ihn heran und berührt ihn mit dem Lorbeer. Die dionysisch-musikalische Verzauberung des Schläfers sprüht jetzt gleichsam Bilderfunken um sich, lyrische Gedichte, die in ihrer höchsten Entfaltung Tragödien und dramatische Dithyramben heißen.

Der Plastiker und zugleich der ihm verwandte Epiker ist in das reine Anschauen der Bilder versunken. Der dionysische Musiker ist ohne jedes Bild völlig nur selbst Urschmerz und Urwiederklang desselben. Der lyrische Genius fühlt aus dem mystischen Selbstentäußerungs- und Einheitszustande eine Bilder- und Gleichniswelt hervorwachsen, die eine ganz andere Färbung, Kausalität und Schnelligkeit hat als jene Welt des Plastikers und Epikers. Während der letztgenannte in diesen Bildern und nur in ihnen mit freudigem Behagen lebt und nicht müde wird, sie bis auf die kleinsten Züge hin liebevoll anzuschauen, während selbst das Bild des zürnenden Achilles für ihn nur ein Bild ist, dessen zürnenden Ausdruck er mit jener Traumlust am Scheine genießt – so daß er, durch diesen Spiegel des Scheines, gegen das Einswerden und Zusammenschmelzen mit seinen Gedanken geschützt ist –, so sind dagegen die Bilder des Lyrikers nichts als *er* selbst und gleichsam nur verschiedene Objektivationen von ihm, weshalb er als bewegender Mittelpunkt jener Welt »ich« sagen darf: nur ist diese Ichheit nicht dieselbe, wie die des wachen, empirisch-realen Menschen, sondern die einzige überhaupt wahrhaft seiende und ewige, im Grunde der Dinge ruhende Ichheit, durch deren Abbilder der lyrische Genius bis auf den Grund der Dinge hindurchsieht. Nun denken wir uns

einmal, wie er unter diesen Abbildern auch *sich selbst* als Nichtgenius erblickt, d. h. sein »Subjekt«, das ganze Gewühl subjektiver, auf ein bestimmtes, ihm real dünkendes Ding gerichteter Leidenschaften und Willensregungen; wenn es jetzt scheint, als ob der lyrische Genius und der mit ihm verbundene Nichtgenius eins wäre und als ob der erstere von sich selbst jenes Wörtchen »ich« spräche, so wird uns jetzt dieser Schein nicht mehr verführen können, wie er allerdings diejenigen verführt hat, die den Lyriker als den subjektiven Dichter bezeichnet haben. In Wahrheit ist Archilochus, der leidenschaftlich entbrannte, liebende und hassende Mensch, nur eine Vision des Genius, der bereits nicht mehr Archilochus, sondern Weltgenius ist und der seinen Urschmerz in jenem Gleichnisse vom Menschen Archilochus symbolisch ausspricht: während jener subjektiv wollende und begehrende Mensch Archilochus überhaupt nie und nimmer Dichter sein kann. Es ist aber gar nicht nötig, daß der Lyriker gerade nur das Phänomen des Menschen Archilochus vor sich sieht als Wiederschein des ewigen Seins; und die Tragödie beweist, wie weit sich die Visionswelt des Lyrikers von jenem allerdings zunächst stehenden Phänomen entfernen kann.

Schopenhauer, der sich die Schwierigkeit, die der Lyriker für die philosophische Kunstbetrachtung macht, nicht verhehlt hat, glaubt einen Ausweg gefunden zu haben, den ich nicht mit ihm gehen kann, während ihm allein, in seiner tiefsinnigen Metaphysik der Musik, das Mittel in die Hand gegeben war, mit dem jene Schwierigkeit entscheidend beseitigt werden konnte: wie ich dies, in seinem Geiste und zu seiner Ehre, hier getan zu haben glaube. Dagegen bezeichnet er als das eigentümliche Wesen des Liedes folgendes (Welt als Wille und Vorstellung I, S. 295): »Es ist das Subjekt des Willens, d. h. das eigene Wollen, was das Bewußtsein des Singenden füllt, oft als ein entbundenes, befriedigtes Wollen (Freude), wohl noch öfter aber als ein gehemmtes (Trauer), immer als Affekt, Leidenschaft, bewegter Gemütszustand. Neben diesem jedoch und zugleich damit wird durch den Anblick der umgebenden Natur der Singende sich seiner bewußt als Subjekts des reinen, willenlosen Erkennens, dessen unerschütterlich selige Ruhe nunmehr in Kontrast tritt mit dem Drange des immer beschränkten, immer noch dürftigen Wollens: die Empfindung dieses Kontrastes, dieses Wechselspieles ist eigentlich, was sich im Ganzen des Liedes ausspricht und was überhaupt den lyrischen Zustand ausmacht. In diesem tritt gleichsam das reine Erkennen zu uns heran, um uns vom Wollen und seinem Drange zu erlösen: wir folgen; doch nur auf Augenblicke: immer von neuem entreißt das Wollen, die Erinnerung an unsere persönlichen Zwecke, uns der ruhigen Beschauung; aber auch immer wieder entlockt uns dem Wollen die nächste schöne Umgebung, in welcher sich die reine willenlose Erkenntnis uns darbietet. Darum geht im Liede und der lyrischen Stimmung das Wollen (das persönliche Interesse des Zwecks) und

das reine Anschauen der sich darbietenden Umgebung wundersam gemischt durcheinander: es werden Beziehungen zwischen beiden gesucht und imaginiert; die subjektive Stimmung, die Affektion des Willens, teilt der angeschauten Umgebung und diese wiederum jener ihre Farbe im Reflex mit: von diesem ganzen so gemischten und geteilten Gemütszustande ist das echte Lied der Abdruck.«

Wer vermöchte in dieser Schilderung zu verkennen, daß hier die Lyrik als eine unvollkommen erreichte, gleichsam im Sprunge und selten zum Ziel kommende Kunst charakterisiert wird, ja als eine Halbkunst, deren *Wesen* darin bestehen solle, daß das Wollen und das reine Anschauen, d. h. der unästhetische und der ästhetische Zustand, wundersam durcheinandergemischt seien? Wir behaupten vielmehr, daß der ganze Gegensatz, nach dem wie nach einem Wertmesser auch noch Schopenhauer die Künste einteilt, der des Subjektiven und des Objektiven, überhaupt in der Ästhetik ungehörig ist, da das Subjekt, das wollende und seine egoistischen Zwecke fördernde Individuum nur als Gegner, nicht als Ursprung der Kunst gedacht werden kann. Insofern aber das Subjekt Künstler ist, ist es bereits von seinem individuellen Willen erlöst und gleichsam Medium geworden, durch das hindurch das eine wahrhaft seiende Subjekt seine Erlösung im Scheine feiert. Denn dies muß uns vor allem, zu unserer Erniedrigung *und* Erhöhung, deutlich sein, daß die ganze Kunstkomödie durchaus nicht für uns, etwa unsrer Besserung und Bildung wegen, aufgeführt wird, ja daß wir ebensowenig die eigentlichen Schöpfer jener Kunstwelt sind: wohl aber dürfen wir von uns selbst annehmen, daß wir für den wahren Schöpfer derselben schon Bilder und künstlerische Projektionen sind und in der Bedeutung von Kunstwerken unsre höchste Würde haben – denn nur als *ästhetisches Phänomen* ist das Dasein und die Welt ewig *gerechtfertigt*: – während freilich unser Bewußtsein über diese unsre Bedeutung kaum ein andres ist, als es die auf Leinwand gemalten Krieger von der auf ihr dargestellten Schlacht haben. Somit ist unser ganzes Kunstwissen im Grunde ein völlig illusorisches, weil wir als Wissende mit jenem Wesen nicht eins und identisch sind, das sich, als einziger Schöpfer und Zuschauer jener Kunstkomödie, einen ewigen Genuß bereitet. Nur soweit der Genius im Aktus der künstlerischen Zeugung mit jenem Urkünstler der Welt verschmilzt, weiß er etwas über das ewige Wesen der Kunst; denn in jenem Zustande ist er, wunderbarerweise, dem unheimlichen Bild des Märchens gleich, das die Augen drehn und sich selber anschaun kann; jetzt ist er zugleich Subjekt und Objekt, zugleich Dichter, Schauspieler und Zuschauer.

6

In betreff des Archilochus hat die gelehrte Forschung entdeckt, daß er das *Volkslied* in die Literatur eingeführt habe, und daß ihm, dieser Tat halber, jene einzige Stellung neben Homer in der allgemeinen Schätzung der Griechen zukomme. Was aber ist das Volkslied im Gegensatz zu dem völlig apollinischen Epos? Was anders als das *perpetuum vestigium* einer Vereinigung des Apollinischen und des Dionysischen; seine ungeheure, über alle Völker sich erstreckende und in immer neuen Geburten sich steigernde Verbreitung ist uns ein Zeugnis dafür, wie stark jener künstlerische Doppeltrieb der Natur ist: der in analoger Weise seine Spuren im Volkslied hinterläßt, wie die orgiastischen Bewegungen eines Volkes sich in seiner Musik verewigen. Ja es müßte auch historisch nachweisbar sein, wie jede an Volksliedern reich produktive Periode zugleich auf das stärkste durch dionysische Strömungen erregt worden ist, welche wir immer als Untergrund und Voraussetzung des Volksliedes zu betrachten haben.

Das Volkslied aber gilt uns zuallernächst als musikalischer Weltspiegel, als ursprüngliche Melodie, die sich jetzt eine parallele Traumerscheinung sucht und diese in der Dichtung ausspricht. *Die Melodie ist also das Erste und Allgemeine,* das deshalb auch mehrere Objektivationen, in mehreren Texten, an sich erleiden kann. Sie ist auch das bei weitem Wichtigere und Notwendigere in der naiven Schätzung des Volkes. Die Melodie gebiert die Dichtung aus sich, und zwar immer wieder von neuem; nichts andres will uns *die Strophenform des Volksliedes* sagen: welches Phänomen ich immer mit Erstaunen betrachtet habe, bis ich endlich diese Erklärung fand. Wer eine Sammlung von Volksliedern, z. B. des Knaben Wunderhorn, auf diese Theorie hin ansieht, der wird unzählige Beispiele finden, wie die fortwährend gebärende Melodie Bilderfunken um sich aussprüht, die in ihrer Buntheit, ihrem jähen Wechsel, ja ihrem tollen Sichüberstürzen eine dem epischen Scheine und seinem ruhigen Fortströmen wildfremde Kraft offenbaren. Vom Standpunkte des Epos ist diese ungleiche und unregelmäßige Bilderwelt der Lyrik einfach zu verurteilen: und dies haben gewiß die feierlichen epischen Rhapsoden der apollinischen Feste im Zeitalter des Terpander getan.

In der Dichtung des Volksliedes sehen wir also die Sprache auf das stärkste angespannt, *die Musik nachzuahmen*: deshalb beginnt mit Archilochus eine neue Welt der Poesie, die der homerischen in ihrem tiefsten Grunde widerspricht. Hiermit haben wir das einzig mögliche Verhältnis zwischen Poesie und Musik, Wort und Ton bezeichnet: das Wort, das Bild, der Begriff sucht einen der Musik analogen Ausdruck und erleidet jetzt die Gewalt der Musik an sich. In diesem Sinne dürfen wir in der Sprachgeschichte des griechischen Volkes zwei Hauptströmungen unterscheiden, je nachdem die Sprache die Erscheinungs- und Bilderwelt oder

die Musikwelt nachahmte. Man denke nur einmal tiefer über die sprachliche Differenz der Farbe, des syntaktischen Baus, des Wortmaterials bei Homer und Pindar nach, um die Bedeutung dieses Gegensatzes zu begreifen; ja es wird einem dabei handgreiflich deutlich, daß zwischen Homer und Pindar die *orgiastischen Flötenweisen des Olympus* erklungen sein müssen, die noch im Zeitalter des Aristoteles, inmitten einer unendlich entwickelteren Musik, zu trunkner Begeisterung hinrissen und gewiß in ihrer ursprünglichen Wirkung alle dichterischen Ausdrucksmittel der gleichzeitigen Menschen zur Nachahmung aufgereizt haben. Ich erinnere hier an ein bekanntes, unserer Ästhetik nur anstößig dünkendes Phänomen unserer Tage. Wir erleben es immer wieder, wie eine Beethovensche Symphonie die einzelnen Zuhörer zu einer Bilderrede nötigt, sei es auch, daß eine Zusammenstellung der verschiedenen, durch ein Tonstück erzeugten Bilderwelten sich recht phantastisch bunt, ja widersprechend ausnimmt: an solchen Zusammenstellungen ihren armen Witz zu üben und das doch wahrlich erklärenswerte Phänomen zu übersehen, ist recht in der Art jener Ästhetik. Ja selbst wenn der Tondichter in Bildern über eine Komposition geredet hat, etwa wenn er eine Symphonie als pastorale und einen Satz als »Szene am Bach«, einen anderen als »lustiges Zusammensein der Landleute« bezeichnet, so sind das ebenfalls nur gleichnisartige, aus der Musik geborne Vorstellungen – und nicht etwa die nachgeahmten Gegenstände der Musik – Vorstellungen, die über den *dionysischen* Inhalt der Musik uns nach keiner Seite hin belehren können, ja die keinen ausschließlichen Wert neben andern Bildern haben. Diesen Prozeß einer Entladung der Musik in Bildern haben wir uns nun auf eine jugendfrische, sprachlich schöpferische Volksmenge zu übertragen, um zur Ahnung zu kommen, wie das strophische Volkslied entsteht, und wie das ganze Sprachvermögen durch das neue Prinzip der Nachahmung der Musik aufgeregt wird.

Dürfen wir also die lyrische Dichtung als die nachahmende Effulguration der Musik in Bildern und Begriffen betrachten, so können wir jetzt fragen: »als was *erscheint* die Musik im Spiegel der Bildlichkeit und der Begriffe?« *Sie erscheint als Wille,* das Wort im Schopenhauerischen Sinne genommen, d. h. als Gegensatz der ästhetischen, rein beschaulichen willenlosen Stimmung. Hier unterscheide man nun so scharf als möglich den Begriff des Wesens von dem der Erscheinung: denn die Musik kann, ihrem Wesen nach, unmöglich Wille sein, weil sie als solcher gänzlich aus dem Bereich der Kunst zu bannen wäre – denn der Wille ist das an sich Unästhetische –; aber sie erscheint als Wille. Denn um ihre Erscheinung in Bildern auszudrücken, braucht der Lyriker alle Regungen der Leidenschaft, vom Flüstern der Neigung bis zum Grollen des Wahnsinns; unter dem Triebe, in apollinischen Gleichnissen von der Musik zu reden, versteht er die ganze Natur und sich in ihr nur als das ewig Wollende, Be-

gehrende, Sehnende. Insofern er aber die Musik in Bildern deutet, ruht er selbst in der stillen Meeresruhe der apollinischen Betrachtung, so sehr auch alles, was er durch das Medium der Musik anschaut, um ihn herum in drängender und treibender Bewegung ist. Ja wenn er sich selbst durch dasselbe Medium erblickt, so zeigt sich ihm sein eignes Bild im Zustande des unbefriedigten Gefühls: sein eignes Wollen, Sehnen, Stöhnen, Jauchzen ist ihm ein Gleichnis, mit dem er die Musik sich deutet. Dies ist das Phänomen des Lyrikers: als apollinischer Genius interpretiert er die Musik durch das Bild des Willens, während er selbst, völlig losgelöst von der Gier des Willens, reines ungetrübtes Sonnenauge ist.

Diese ganze Erörterung hält daran fest, daß die Lyrik ebenso abhängig ist vom Geiste der Musik, als die Musik selbst, in ihrer völligen Unumschränktheit, das Bild und den Begriff nicht *braucht,* sondern ihn nur neben sich *erträgt.* Die Dichtung des Lyrikers kann nichts aussagen, was nicht in der ungeheuersten Allgemeinheit und Allgültigkeit bereits in der Musik lag, die ihn zur Bilderrede nötigte. Der Weltsymbolik der Musik ist eben deshalb mit der Sprache auf keine Weise erschöpfend beizukommen, weil sie sich auf den Urwiderspruch und Urschmerz im Herzen des Ur-Einen symbolisch bezieht, somit eine Sphäre symbolisiert, die über alle Erscheinung und vor aller Erscheinung ist. Ihr gegenüber ist vielmehr jede Erscheinung nur Gleichnis: daher kann die *Sprache,* als Organ und Symbol der Erscheinungen, nie und nirgends das tiefste Innere der Musik nach außen kehren, sondern bleibt immer, sobald sie sich auf Nachahmung der Musik einläßt, nur in einer äußerlichen Berührung mit der Musik, während deren tiefster Sinn, durch alle lyrische Beredsamkeit, uns auch keinen Schritt näher gebracht werden kann.

7

Alle die bisher erörterten Kunstprinzipien müssen wir jetzt zu Hilfe nehmen, um uns in dem Labyrinth zurechtzufinden, als welches wir *den Ursprung der griechischen Tragödie* bezeichnen müssen. Ich denke nichts Ungereimtes zu behaupten, wenn ich sage, daß das Problem dieses Ursprungs bis jetzt noch nicht einmal ernsthaft aufgestellt, geschweige denn gelöst ist, so oft auch die zerflatternden Fetzen der antiken Überlieferung schon kombinatorisch aneinandergenäht und wieder auseinandergerissen sind. Diese Überlieferung sagt uns mit voller Entschiedenheit, *daß die Tragödie aus dem tragischen Chore entstanden ist* und ursprünglich nur Chor und nichts als Chor war: woher wir die Verpflichtung nehmen, diesem tragischen Chore als dem eigentlichen Urdrama ins Herz zu sehen, ohne uns an den geläufigen Kunstredensarten – daß er der idealische Zuschauer sei oder das Volk gegenüber der fürstlichen Region der Szene

zu vertreten habe – irgendwie genügen zu lassen. Jener zuletzt erwähnte, für manchen Politiker erhaben klingende Erläuterungsgedanke – als ob das unwandelbare Sittengesetz von den demokratischen Athenern in dem Volkschore dargestellt sei, der über die leidenschaftlichen Ausschreitungen und Ausschweifungen der Könige hinaus immer Recht behalte – mag noch so sehr durch ein Wort des Aristoteles nahegelegt sein: auf die ursprüngliche Formation der Tragödie ist er ohne Einfluß, da von jenen rein religiösen Ursprüngen der ganze Gegensatz von Volk und Fürst, überhaupt jegliche politisch-soziale Sphäre ausgeschlossen ist; aber wir möchten es auch in Hinsicht auf die uns bekannte klassische Form des Chors bei Äschylus und Sophokles für Blasphemie erachten, hier von der Ahnung einer »konstitutionellen Volksvertretung« zu reden, vor welcher Blasphemie andere nicht zurückgeschrocken sind. Eine konstitutionelle Volksvertretung kennen die antiken Staatsverfassungen *in praxi* nicht und haben sie hoffentlich auch in ihrer Tragödie nicht einmal »geahnt«.

Viel berühmter als diese politische Erklärung des Chors ist der Gedanke A. W. Schlegels, der uns den Chor gewissermaßen als den Inbegriff und Extrakt der Zuschauermenge, als den »idealischen Zuschauer« zu betrachten anempfiehlt. Diese Ansicht, zusammengehalten mit jener historischen Überlieferung, daß ursprünglich die Tragödie nur Chor war, erweist sich als das, was sie ist, als eine rohe, unwissenschaftliche, doch glänzende Behauptung, die ihren Glanz aber nur durch ihre konzentrierte Form des Ausdrucks, durch die echt germanische Voreingenommenheit für alles, was »idealisch« genannt wird, und durch unser momentanes Erstauntsein erhalten hat. Wir sind nämlich erstaunt, sobald wir das uns gut bekannte Theaterpublikum mit jenem Chore vergleichen und uns fragen, ob es wohl möglich sei, aus diesem Publikum je etwas dem tragischen Chore Analoges herauszuidealisieren. Wir leugnen dies im stillen und wundern uns jetzt ebenso über die Kühnheit der Schlegelschen Behauptung wie über die total verschiedene Natur des griechischen Publikums. Wir hatten nämlich doch immer gemeint, daß der rechte Zuschauer, er sei wer er wolle, sich immer bewußt bleiben müsse, ein Kunstwerk vor sich zu haben, nicht eine empirische Realität: während der tragische Chor der Griechen in den Gestalten der Bühne leibhafte Existenzen zu erkennen genötigt ist. Der Okeanidenchor glaubt wirklich den Titan Prometheus vor sich zu sehen und hält sich selbst für ebenso real wie den Gott der Szene. Und das sollte die höchste und reinste Art des Zuschauers sein, gleich den Okeaniden den Prometheus für leiblich vorhanden und real zu halten? Und es wäre das Zeichen des idealischen Zuschauers, auf die Bühne zu laufen und den Gott von seinen Martern zu befreien? Wir hatten an ein ästhetisches Publikum geglaubt und den einzelnen Zuschauer um so befähigter gehalten, je mehr er imstande war, das Kunstwerk als Kunst,

d. h. ästhetisch zu nehmen; und jetzt deutete uns der Schlegelsche Ausdruck an, daß der vollkommne idealische Zuschauer die Welt der Szene gar nicht ästhetisch, sondern leibhaft empirisch auf sich wirken lasse. O über diese Griechen! seufzten wir; sie werfen uns unsre Ästhetik um! Daran aber gewöhnt, wiederholten wir den Schlegelschen Spruch, so oft der Chor zur Sprache kam.

Aber jene so ausdrückliche Überlieferung redet hier gegen Schlegel: der Chor an sich, ohne Bühne, also die primitive Gestalt der Tragödie und jener Chor idealischer Zuschauer vertragen sich nicht miteinander. Was wäre das für eine Kunstgattung, die aus dem Begriff des Zuschauers herausgezogen wäre, als deren eigentliche Form der »Zuschauer an sich« zu gelten hätte. Der Zuschauer ohne Schauspiel ist ein widersinniger Begriff. Wir fürchten, daß die Geburt der Tragödie weder aus der Hochachtung vor der sittlichen Intelligenz der Masse, noch aus dem Begriff des schauspiellosen Zuschauers zu erklären sei, und halten dies Problem für zu tief, um von so flachen Betrachtungsarten auch nur berührt zu werden.

Eine unendlich wertvollere Einsicht über die Bedeutung des Chors hatte bereits Schiller in der berühmten Vorrede zur Braut von Messina verraten, der den Chor als eine lebendige Mauer betrachtete, die die Tragödie um sich herum zieht, um sich von der wirklichen Welt rein abzuschließen und sich ihren idealen Boden und ihre poetische Freiheit zu bewahren.

Schiller kämpft mit dieser seiner Hauptwaffe gegen den gemeinen Begriff des Natürlichen, gegen die bei der dramatischen Poesie gemeinhin geheischte Illusion. Während der Tag selbst auf dem Theater nur ein künstlicher, die Architektur nur eine symbolische sei und die metrische Sprache einen idealen Charakter trage, herrsche immer noch der Irrtum im ganzen: es sei nicht genug, daß man *das* nur als eine poetische Freiheit dulde, was doch das Wesen aller Poesie sei. Die Einführung des Chores sei der entscheidende Schritt, mit dem jedem Naturalismus in der Kunst offen und ehrlich der Krieg erklärt werde. – Eine solche Betrachtungsart ist es, scheint mir, für die unser sich überlegen wähnendes Zeitalter das wegwerfende Schlagwort »Pseudoidealismus« gebraucht. Ich fürchte, wir sind dagegen mit unserer jetzigen Verehrung des Natürlichen und Wirklichen am Gegenpol alles Idealismus angelangt, nämlich in der Region der Wachsfigurenkabinette. Auch in ihnen gibt es eine Kunst, wie bei gewissen beliebten Romanen der Gegenwart: nur quäle man uns nicht mit dem Anspruch, daß mit dieser Kunst der Schiller-Goethesche »Pseudoidealismus« überwunden sei.

Freilich ist es ein »idealer« Boden, auf dem, nach der richtigen Einsicht Schillers, der griechische Satyrchor, der Chor der ursprünglichen Tragödie, zu wandeln pflegt, ein Boden, hoch emporgehoben über die wirkliche Wandelbahn der Sterblichen. Der Grieche hat sich für diesen Chor die

Schwebegerüste eines fingierten *Naturzustandes* gezimmert und auf sie hin fingierte *Naturwesen* gestellt. Die Tragödie ist auf diesem Fundamente emporgewachsen und freilich schon deshalb von Anbeginn an einem peinlichen Abkonterfeien der Wirklichkeit enthoben gewesen. Dabei ist es doch keine willkürlich zwischen Himmel und Erde hineinphantasierte Welt; vielmehr eine Welt von gleicher Realität und Glaubwürdigkeit, wie sie der Olymp samt seinen Insassen für den gläubigen Hellenen besaß. Der Satyr als der dionysische Choreut lebt in einer religiös zugestandenen Wirklichkeit unter der Sanktion des Mythus und des Kultus. Daß mit ihm die Tragödie beginnt, daß aus ihm die dionysische Weisheit der Tragödie spricht, ist ein hier uns ebenso befremdendes Phänomen, wie überhaupt die Entstehung der Tragödie aus dem Chore. Vielleicht gewinnen wir einen Ausgangspunkt der Betrachtung, wenn ich die Behauptung hinstelle, daß sich der Satyr, das fingierte Naturwesen, zu dem Kulturmenschen in gleicher Weise verhält, wie die dionysische Musik zur Zivilisation. Von letzterer sagt Richard Wagner, daß sie von der Musik aufgehoben werde wie der Lampenschein vom Tageslicht. In gleicher Weise, glaube ich, fühlte sich der griechische Kulturmensch im Angesicht des Satyrchors aufgehoben: und dies ist die nächste Wirkung der dionysischen Tragödie, daß der Staat und die Gesellschaft, überhaupt die Klüfte zwischen Mensch und Mensch einem übermächtigen Einheitsgefühle weichen, welches an das Herz der Natur zurückführt. Der metaphysische Trost – mit welchem, wie ich schon hier andeute, uns jede wahre Tragödie entläßt – daß das Leben im Grunde der Dinge, trotz allem Wechsel der Erscheinungen unzerstörbar mächtig und lustvoll sei, dieser Trost erscheint in leibhafter Deutlichkeit als Satyrchor, als Chor von Naturwesen, die gleichsam hinter aller Zivilisation unvertilgbar leben und trotz allem Wechsel der Generationen und der Völkergeschichte ewig dieselben bleiben.

Mit diesem Chore tröstet sich der tiefsinnige und zum zartesten und schwersten Leiden einzig befähigte Hellene, der mit schneidigem Blicke mitten in das furchtbare Vernichtungstreiben der sogenannten Weltgeschichte, ebenso wie in die Grausamkeit der Natur geschaut hat und in Gefahr ist, sich nach einer buddhistischen Verneinung des Willens zu sehnen. Ihn rettet die Kunst, und durch die Kunst rettet ihn sich – das Leben.

Die Verzückung des dionysischen Zustandes mit seiner Vernichtung der gewöhnlichen Schranken und Grenzen des Daseins enthält nämlich während seiner Dauer ein *lethargisches* Element, in das sich alles persönlich in der Vergangenheit Erlebte eintaucht. So scheidet sich durch diese Kluft der Vergessenheit die Welt der alltäglichen und der dionysischen Wirklichkeit voneinander ab. Sobald aber jene alltägliche Wirklichkeit wieder ins Bewußtsein tritt, wird sie mit Ekel als solche empfunden; eine asketische, willenverneinende Stimmung ist die Frucht jener Zustände. In

diesem Sinne hat der dionysische Mensch Ähnlichkeit mit Hamlet: beide haben einmal einen wahren Blick in das Wesen der Dinge getan, sie haben *erkannt*, und es ekelt sie zu handeln; denn ihre Handlung kann nichts am ewigen Wesen der Dinge ändern, sie empfinden es als lächerlich oder schmachvoll, daß ihnen zugemutet wird, die Welt, die aus den Fugen ist, wieder einzurichten. Die Erkenntnis tötet das Handeln, zum Handeln gehört das Umschleiertsein durch die Illusion – das ist die Hamletlehre, nicht jene wohlfeile Weisheit von Hans dem Träumer, der aus zu viel Reflexion, gleichsam aus einem Überschuß von Möglichkeiten, nicht zum Handeln kommt; nicht das Reflektieren, nein! – die wahre Erkenntnis, der Einblick in die grauenhafte Wahrheit überwiegt jedes zum Handeln antreibende Motiv, bei Hamlet sowohl als bei dem dionysischen Menschen. Jetzt verfängt kein Trost mehr, die Sehnsucht geht über eine Welt nach dem Tode, über die Götter selbst hinaus, das Dasein wird, samt seiner gleißenden Wiederspiegelung in den Göttern oder in einem unsterblichen Jenseits, verneint. In der Bewußtheit der einmal geschauten Wahrheit sieht jetzt der Mensch überall nur das Entsetzliche oder Absurde des Seins, jetzt versteht er das Symbolische im Schicksal der Ophelia, jetzt erkennt er die Weisheit des Waldgottes Silen: es ekelt ihn.

Hier, in dieser höchsten Gefahr des Willens, naht sich, als rettende, heilkundige Zauberin, die *Kunst:* sie allein vermag jene Ekelgedanken über das Entsetzliche oder Absurde des Daseins in Vorstellungen umzubiegen, mit denen sich leben läßt: diese sind das *Erhabene* als die künstlerische Bändigung des Entsetzlichen und das *Komische* als die künstlerische Entladung vom Ekel des Absurden. Der Satyrchor des Dithyrambus ist die rettende Tat der griechischen Kunst; an der Mittelwelt dieser dionysischen Begleiter erschöpften sich jene vorhin beschriebenen Anwandlungen.

8

Der Satyr wie der idyllische Schäfer unserer neueren Zeit sind beide Ausgeburten einer auf das Ursprüngliche und Natürliche gerichteten Sehnsucht; aber mit welchem festen unerschrocknen Griffe faßte der Grieche nach seinem Waldmenschen, wie verschämt und weichlich tändelt der moderne Mensch mit dem Schmeichelbild eines zärtlichen, flötenden, weichgearteten Hirten! Die Natur, an der noch keine Erkenntnis gearbeitet, in der die Riegel der Kultur noch unerbrochen sind – das sah der Grieche in seinem Satyr, der ihm deshalb noch nicht mit dem Affen zusammenfiel. Im Gegenteil: es war das Urbild des Menschen, der Ausdruck seiner höchsten und stärksten Regungen, als begeisterter Schwärmer, den die Nähe des Gottes entzückt, als mitleidender Genosse, in dem sich das Leiden des Gottes wiederholt, als Weisheitsverkünder aus der tiefsten

Brust der Natur heraus, als Sinnbild der geschlechtlichen Allgewalt der Natur, die der Grieche gewöhnt ist mit ehrfürchtigem Staunen zu betrachten. Der Satyr war etwas Erhabenes und Göttliches: so mußte er besonders dem schmerzlich gebrochnen Blick des dionysischen Menschen dünken. Ihn hätte der geputzte, erlogene Schäfer beleidigt: auf den unverhüllten und unverkümmert großartigen Schriftzügen der Natur weilte sein Auge in erhabener Befriedigung; hier war die Illusion der Kultur von dem Urbilde des Menschen weggewischt, hier enthüllte sich der wahre Mensch, der bärtige Satyr, der zu seinem Gotte aufjubelt. Vor ihm schrumpfte der Kulturmensch zur lügenhaften Karikatur zusammen. Auch für diese Anfänge der tragischen Kunst hat Schiller Recht: der Chor ist eine lebendige Mauer gegen die anstürmende Wirklichkeit, weil er – der Satyrchor – das Dasein wahrhaftiger, wirklicher, vollständiger abbildet als der gemeinhin sich als einzige Realität achtende Kulturmensch. Die Sphäre der Poesie liegt nicht außerhalb der Welt, als eine phantastische Unmöglichkeit eines Dichterhirns: sie will das gerade Gegenteil sein, der ungeschminkte Ausdruck der Wahrheit, und muß eben deshalb den lügenhaften Aufputz jener vermeinten Wirklichkeit des Kulturmenschen von sich werfen. Der Kontrast dieser eigentlichen Naturwahrheit und der sich als einzige Realität gebärdenden Kulturlüge ist ein ähnlicher wie zwischen dem ewigen Kern der Dinge, dem Ding an sich, und der gesamten Erscheinungswelt: und wie die Tragödie mit ihrem metaphysischen Troste auf das ewige Leben jenes Daseinskernes, bei dem fortwährenden Untergange der Erscheinungen, hinweist, so spricht bereits die Symbolik des Satyrchors in einem Gleichnis jenes Urverhältnis zwischen Ding an sich und Erscheinung aus. Jener idyllische Schäfer des modernen Menschen ist nur ein Konterfrei der ihm als Natur geltenden Summe von Bildungsillusionen; der dionysische Grieche will die Wahrheit und die Natur in ihrer höchsten Kraft – er sieht sich zum Satyr verzaubert.

Unter solchen Stimmungen und Erkenntnissen jubelt die schwärmende Schar der Dionysusdiener: deren Macht sie selbst vor ihren eignen Augen verwandelt, so daß sie sich als wiederhergestellte Naturgenien, als Satyrn, zu erblicken wähnen. Die spätere Konstitution des Tragödienchors ist die künstlerische Nachahmung jenes natürlichen Phänomens; bei der nun allerdings eine Scheidung von dionysischen Zuschauern und dionysischen Verzauberten nötig wurde. Nur muß man sich immer gegenwärtig halten, daß das Publikum der attischen Tragödie sich selbst in dem Chore der Orchestra wiederfand, daß es im Grunde keinen Gegensatz von Publikum und Chor gab: denn alles ist nur ein großer erhabener Chor von tanzenden und singenden Satyrn oder von solchen, welche sich durch diese Satyrn repräsentieren lassen. Das Schlegelsche Wort muß sich uns hier in einem tieferen Sinne erschließen. Der Chor ist der »idealische Zuschauer«, insofern er der einzige *Schauer* ist, der Schauer der Visionswelt der

Szene. Ein Publikum von Zuschauern, wie wir es kennen, war den Griechen unbekannt: in ihren Theatern war es jedem, bei dem in konzentrischen Bogen sich erhebenden Terrassenbau des Zuschauerraumes, möglich, die gesamte Kulturwelt um sich herum ganz eigentlich zu *übersehen* und in gesättigtem Hinschauen selbst Choreut sich zu wähnen. Nach dieser Einsicht dürfen wir den Chor, auf seiner primitiven Stufe in der Urtragödie, eine Selbstspiegelung des dionysischen Menschen nennen: welches Phänomen am deutlichsten durch den Prozeß des Schauspielers zu machen ist, der, bei wahrhafter Begabung, sein von ihm darzustellendes Rollenbild zum Greifen wahrnehmbar vor seinen Augen schweben sieht. Der Satyrchor ist zu allererst eine Vision der dionysischen Masse, wie wiederum die Welt der Bühne eine Vision dieses Satyrchors ist: die Kraft dieser Vision ist stark genug, um gegen den Eindruck der »Realität«, gegen die rings auf den Sitzreihen gelagerten Bildungsmenschen den Blick stumpf und unempfindlich zu machen. Die Form des griechischen Theaters erinnert an ein einsames Gebirgstal: die Architektur der Szene erscheint wie ein leuchtendes Wolkenbild, welches die im Gebirge herumschwärmenden Bacchen von der Höhe aus erblicken, als die herrliche Umrahmung, in deren Mitte ihnen das Bild des Dionysus offenbar wird.

Jene künstlerische Urerscheinung, die wir hier zur Erklärung des Tragödienchors zur Sprache bringen, ist, bei unserer gelehrtenhaften Anschauung über die elementaren künstlerischen Prozesse, fast anstößig; während nichts ausgemachter sein kann, als daß der Dichter nur dadurch Dichter ist, daß er von Gestalten sich umringt sieht, die vor ihm leben und handeln, und in deren innerstes Wesen er hineinblickt. Durch eine eigentümliche Schwäche der modernen Begabung sind wir geneigt, uns das ästhetische Urphänomen zu kompliziert und abstrakt vorzustellen. Die Metapher ist für den echten Dichter nicht eine rhetorische Figur, sondern ein stellvertretendes Bild, das ihm wirklich, an Stelle eines Begriffes, vorschwebt. Der Charakter ist für ihn nicht etwas aus zusammengesuchten Einzelzügen komponiertes Ganzes, sondern eine vor seinen Augen aufdringlich lebendige Person, die von der gleichen Vision des Malers sich nur durch das fortwährende Weiterleben und Weiterhandeln unterscheidet. Wodurch schildert Homer so viel anschaulicher als alle Dichter? Weil er um so viel mehr anschaut. Wir reden über Poesie so abstrakt, weil wir alle schlechte Dichter zu sein pflegen. Im Grunde ist das ästhetische Phänomen einfach; man habe nur die Fähigkeit, fortwährend ein lebendiges Spiel zu sehen und immerfort von Geisterscharen umringt zu leben, so ist man Dichter; man fühle nur den Trieb, sich selbst zu verwandeln und aus anderen Leibern und Seelen herauszureden, so ist man Dramatiker.

Die dionysische Erregung ist imstande, einer ganzen Masse diese künstlerische Begabung mitzuteilen, sich von einer solchen Geisterschar umringt zu sehen, mit der sie sich innerlich eins weiß. Dieser Prozeß des Tragö-

dienchors ist das *dramatische* Urphänomen: sich selbst vor sich verwandelt zu sehen und jetzt zu handeln, als ob man wirklich in einen andern Leib, in einen andern Charakter eingegangen wäre. Dieser Prozeß steht an dem Anfang der Entwicklung des Dramas. Hier ist etwas anderes als der Rhapsode, der mit seinen Bildern nicht verschmilzt, sondern sie, dem Maler ähnlich, mit betrachtendem Auge außer sich sieht; hier ist bereits ein Aufgeben des Individuums durch Einkehr in eine fremde Natur. Und zwar tritt dieses Phänomen epidemisch auf: eine ganze Schar fühlt sich in dieser Weise verzaubert. Der Dithyramb ist deshalb wesentlich von jedem anderen Chorgesange unterschieden. Die Jungfrauen, die, mit Lorbeerzweigen in der Hand, feierlich zum Tempel des Apollo ziehn und dabei ein Prozessionslied singen, bleiben, wer sie sind, und behalten ihren bürgerlichen Namen: der dithyrambische Chor ist ein Chor von Verwandelten, bei denen ihre bürgerliche Vergangenheit, ihre soziale Stellung völlig vergessen ist: sie sind die zeitlosen, außerhalb aller Gesellschaftssphären lebenden Diener ihres Gottes geworden. Alle andere Chorlyrik der Hellenen ist nur eine ungeheure Steigerung des apollinischen Einzelsängers; während im Dithyramb eine Gemeinde von unbewußten Schauspielern vor uns steht, die sich selbst untereinander als verwandelt ansehen.

Die Verzauberung ist die Voraussetzung aller dramatischen Kunst. In dieser Verzauberung sieht sich der dionysische Schwärmer als Satyr *und als Satyr wiederum schaut er den Gott,* d. h. er sieht in seiner Verwandlung eine neue Vision außer sich, als apollinische Vollendung seines Zustandes. Mit dieser neuen Vision ist das Drama vollständig.

Nach dieser Erkenntnis haben wir die griechische Tragödie als den dionysischen Chor zu verstehen, der sich immer von neuem wieder in einer apollinischen Bilderwelt entladet. Jene Chorpartien, mit denen die Tragödie durchflochten ist, sind also gewissermaßen der Mutterschoß des ganzen sogenannten Dialogs, d. h. der gesamten Bühnenwelt, des eigentlichen Dramas. In mehreren aufeinanderfolgenden Entladungen strahlt dieser Urgrund der Tragödie jene Vision des Dramas aus: die durchaus Traumerscheinung und insofern epischer Natur ist, andrerseits aber, als Objektivation eines dionysischen Zustandes, nicht die apollinische Erlösung im Scheine, sondern im Gegenteil das Zerbrechen des Individuums und sein Einswerden mit dem Ursein darstellt. Somit ist das Drama die apollinische Versinnlichung dionysischer Erkenntnisse und Wirkungen und dadurch wie durch eine ungeheure Kluft vom Epos abgeschieden.

Der *Chor* der griechischen Tragödie, das Symbol der gesamten dionysisch erregten Masse, findet an dieser unserer Auffassung seine volle Erklärung. Während wir, mit der Gewöhnung an die Stellung eines Chors auf der modernen Bühne, zumal eines Opernchors, gar nicht begreifen konnten, wie jener tragische Chor der Griechen älter, ursprünglicher, ja

wichtiger sein sollte, als die eigentliche »Aktion« – wie dies doch so deutlich überliefert war –, während wir wiederum mit jener überlieferten hohen Wichtigkeit und Ursprünglichkeit nicht reimen konnten, warum er doch nur aus niedrigen dienenden Wesen, ja zuerst nur aus bocksartigen Satyrn zusammengesetzt worden sei, während uns die Orchestra vor der Szene immer ein Rätsel blieb, sind wir jetzt zu der Einsicht gekommen, daß die Szene samt der Aktion im Grunde und ursprünglich nur als *Vision* gedacht wurde, daß die einzige »Realität« eben der Chor ist, der die Vision aus sich erzeugt und von ihr mit der ganzen Symbolik des Tanzes, des Tones und des Wortes redet. Dieser Chor schaut in seiner Vision seinen Herrn und Meister Dionysus und ist darum ewig der *dienende* Chor: er sieht, wie dieser, der Gott, leidet und sich verherrlicht, und *handelt* deshalb selbst nicht. Bei dieser, dem Gotte gegenüber durchaus dienenden Stellung ist er doch der höchste, nämlich dionysische Ausdruck der *Natur* und redet darum, wie diese, in der Begeisterung Orakel- und Weisheitssprüche: als der *mitleidende* ist er zugleich der *weise*, aus dem Herzen der Welt die Wahrheit verkündende. So entsteht denn jene phantastische und so anstößig scheinende Figur des weisen und begeisterten Satyrs, der zugleich »der tumbe Mensch« im Gegensatz zum Gotte ist: Abbild der Natur und ihrer stärksten Triebe, ja Symbol derselben und zugleich Verkünder ihrer Weisheit und Kunst: Musiker, Dichter, Tänzer, Geisterseher in *einer* Person.

Dionysus, der eigentliche Bühnenheld und Mittelpunkt der Vision, ist gemäß dieser Erkenntnis und gemäß der Überlieferung, zuerst, in der allerältesten Periode der Tragödie, nicht wahrhaft vorhanden, sondern wird nur als vorhanden vorgestellt: d. h. ursprünglich ist die Tragödie nur »Chor« und nicht »Drama«. Später wird nun der Versuch gemacht, den Gott als einen realen zu zeigen und die Visionsgestalt samt der verklärenden Umrahmung als jedem Auge sichtbar darzustellen: damit beginnt das »Drama« im engeren Sinne. Jetzt bekommt der dithyrambische Chor die Aufgabe, die Stimmung der Zuhörer bis zu dem Grade dionysisch anzuregen, daß sie, wenn der tragische Held auf der Bühne erscheint, nicht etwa den unförmlich maskierten Menschen sehen, sondern eine gleichsam aus ihrer eignen Verzückung geborene Visionsgestalt. Denken wir uns Admet mit tiefem Sinnen seiner jüngst abgeschiedenen Gattin Alcestis gedenkend und ganz im geistigen Anschauen derselben sich verzehrend – wie ihm nun plötzlich ein ähnlich gestaltetes, ähnlich schreitendes Frauenbild in Verhüllung entgegengeführt wird: denken wir uns seine plötzliche zitternde Unruhe, sein stürmisches Vergleichen, seine instinktive Überzeugung – so haben wir ein Analogon zu der Empfindung, mit der der dionysisch erregte Zuschauer den Gott auf der Bühne heranschreiten sah, mit dessen Leiden er bereits eins geworden ist. Unwillkürlich übertrug er das ganze magisch vor seiner Seele zitternde Bild des

Gottes auf jene maskierte Gestalt und löste ihre Realität gleichsam in eine geisterhafte Unwirklichkeit auf. Dies ist der apollinische Traumeszustand, in dem die Welt des Tages sich verschleiert und eine neue Welt, deutlicher, verständlicher, ergreifender als jene und doch schattengleicher, in fortwährendem Wechsel sich unserem Auge neu gebiert. Demgemäß erkennen wir in der Tragödie einen durchgreifenden Stilgegensatz: Sprache, Farbe, Beweglichkeit, Dynamik der Rede treten in der dionysischen Lyrik des Chors und andrerseits in der apollinischen Traumwelt der Szene als völlig gesonderte Sphären des Ausdrucks auseinander. Die apollinischen Erscheinungen, in denen sich Dionysus objektiviert, sind nicht mehr »ein ewiges Meer, ein wechselnd Weben, ein glühend Leben«, wie es die Musik des Chors ist, nicht mehr jene nur empfundenen, nicht zum Bilde verdichteten Kräfte, in denen der begeisterte Dionysusdiener die Nähe des Gottes spürt: jetzt spricht, von der Szene aus, die Deutlichkeit und Festigkeit der epischen Gestaltung zu ihm, jetzt redet Dionysus nicht mehr durch Kräfte, sondern als epischer Held, fast mit der Sprache Homers.

9

Alles, was im apollinischen Teile der griechischen Tragödie, im Dialoge, auf die Oberfläche kommt, sieht einfach, durchsichtig, schön aus. In diesem Sinne ist der Dialog ein Abbild des Hellenen, dessen Natur sich im Tanze offenbart, weil im Tanze die größte Kraft nur potenziell ist, aber sich in der Geschmeidigkeit und Üppigkeit der Bewegung verrät. So überrascht uns die Sprache der sophokleischen Helden durch ihre apollinische Bestimmtheit und Helligkeit, so daß wir sofort bis in den innersten Grund ihres Wesens zu blicken wähnen, mit einigem Erstaunen, daß der Weg bis zu diesem Grunde so kurz ist. Sehen wir aber einmal von dem auf die Oberfläche kommenden und sichtbar werdenden Charakter des Helden ab – der im Grunde nichts mehr ist als das auf eine dunkle Wand geworfene Lichtbild, d. h. Erscheinung durch und durch –, dringen wir vielmehr in den Mythus ein, der in diesen hellen Spiegelungen sich projiziert, so erleben wir plötzlich ein Phänomen, das ein umgekehrtes Verhältnis zu einem bekannten optischen hat. Wenn wir bei einem kräftigen Versuch, die Sonne ins Auge zu fassen, uns geblendet abwenden, so haben wir dunkle farbige Flecken gleichsam als Heilmittel vor den Augen: umgekehrt sind jene Lichtbildererscheinungen des sophokleischen Helden, kurz das Apollinische der Maske, notwendige Erzeugungen eines Blickes ins Innere und Schreckliche der Natur, gleichsam leuchtende Flecken zur Heilung des von grausiger Nacht versehrten Blickes. Nur in diesem Sinne dürfen wir glauben, den ernsthaften und bedeutenden Begriff der »griechischen Heiterkeit« richtig zu fassen; während wir allerdings den

falsch verstandenen Begriff dieser Heiterkeit im Zustande ungefährdeten Behagens auf allen Wegen und Stegen der Gegenwart antreffen.

Die leidvollste Gestalt der griechischen Bühne, der unglückselige *Ödipus,* ist von Sophokles als der edle Mensch verstanden worden, der zum Irrtum und zum Elend trotz seiner Weisheit bestimmt ist, der aber am Ende durch sein ungeheures Leiden eine magische segensreiche Kraft um sich ausübt, die noch über sein Verscheiden hinaus wirksam ist. Der edle Mensch sündigt nicht, will uns der tiefsinnige Dichter sagen: durch sein Handeln mag jedes Gesetz, jede natürliche Ordnung, ja die sittliche Welt zugrunde gehen, eben durch dieses Handeln wird ein höherer magischer Kreis von Wirkungen gezogen, die eine neue Welt auf den Ruinen der umgestürzten alten gründen. Das will uns der Dichter, insofern er zugleich religiöser Denker ist, sagen: als Dichter zeigt er uns zuerst einen wunderbar geschürzten Prozeßknoten, den der Richter langsam, Glied für Glied, zu seinem eigenen Verderben löst; die echt hellenische Freude an dieser dialektischen Lösung ist so groß, daß hierdurch ein Zug von überlegener Heiterkeit über das ganze Werk kommt, der den schauderhaften Voraussetzungen jenes Prozesses überall die Spitze abbricht. Im »Ödipus auf Kolonos« treffen wir diese selbe Heiterkeit, aber in eine unendliche Verklärung emporgehoben; dem vom Übermaße des Elends betroffenen Greise gegenüber, der allem, was ihn betrifft, rein als *Leidender* preisgegeben ist – steht die überirdische Heiterkeit, die aus göttlicher Sphäre herniederkommt und uns andeutet, daß der Held in seinem rein passiven Verhalten seine höchste Aktivität erlangt, die weit über sein Leben hinausgreift, während sein bewußtes Dichten und Trachten im früheren Leben ihn nur zur Passivität geführt hat. So wird der für das sterbliche Auge unauflöslich verschlungene Prozeßknoten der Ödipusfabel langsam entwirrt – und die tiefste menschliche Freude überkommt uns bei diesem göttlichen Gegenstück der Dialektik. Wenn wir mit dieser Erklärung dem Dichter gerecht geworden sind, so kann doch immer noch gefragt werden, ob damit der Inhalt des Mythus erschöpft ist: und hier zeigt sich, daß die ganze Auffassung des Dichters nichts ist als eben jenes Lichtbild, welches uns, nach einem Blick in den Abgrund, die heilende Natur vorhält. Ödipus der Mörder seines Vaters, der Gatte seiner Mutter, Ödipus der Rätsellöser der Sphinx! Was sagt uns die geheimnisvolle Dreiheit dieser Schicksalstaten? Es gibt einen uralten, besonders persischen Volksglauben, daß ein weiser Magier nur aus Inzest geboren werden könne: was wir uns, im Hinblick auf den rätsellösenden und seine Mutter freienden Ödipus, sofort so zu interpretieren haben, daß dort, wo durch weissagende und magische Kräfte der Bann von Gegenwart und Zukunft, das starre Gesetz der Individuation und überhaupt der eigentliche Zauber der Natur gebrochen ist, eine ungeheure Naturwidrigkeit – wie dort der Inzest – als Ursache vorausgegangen sein muß;

denn wie könnte man die Natur zum Preisgeben ihrer Geheimnisse zwingen, wenn nicht dadurch, daß man ihr siegreich widerstrebt, d. h. durch das Unnatürliche? Diese Erkenntnis sehe ich in jener entsetzlichen Dreiheit der Ödipusschicksale ausgeprägt: derselbe, der das Rätsel der Natur – jener doppelgearteten Sphinx – löst, muß auch als Mörder des Vaters und Gatte der Mutter die heiligsten Naturordnungen zerbrechen. Ja der Mythus scheint uns zuraunen zu wollen, daß die Weisheit und gerade die dionysische Weisheit ein naturwidriger Greuel sei, daß der, welcher durch sein Wissen die Natur in den Abgrund der Vernichtung stürzt, auch an sich selbst die Auflösung der Natur zu erfahren habe. »Die Spitze der Weisheit kehrt sich gegen den Weisen; Weisheit ist ein Verbrechen an der Natur«: solche schreckliche Sätze ruft uns der Mythus zu: der hellenische Dichter aber berührt wie ein Sonnenstrahl die erhabene und furchtbare Memnonssäule des Mythus, so daß er plötzlich zu tönen beginnt – in sophokleischen Melodien!

Der Glorie der Passivität stelle ich jetzt die Glorie der Aktivität gegenüber, welche den *Prometheus* des Äschylus umleuchtet. Was uns hier der Denker Äschylus zu sagen hatte, was er aber als Dichter durch sein gleichnisartiges Bild uns nur ahnen läßt, das hat uns der jugendliche Goethe in den verwegenen Worten seines Prometheus zu enthüllen gewußt:

»Hier sitz ich, forme Menschen
Nach meinem Bilde,
Ein Geschlecht, das mir gleich sei,
Zu leiden, zu weinen,
Zu genießen und zu freuen sich,
Und dein nicht zu achten,
Wie ich!«

Der Mensch, ins Titanische sich steigernd, erkämpft sich selbst seine Kultur und zwingt die Götter, sich mit ihm zu verbinden, weil er in seiner selbsteignen Weisheit die Existenz und die Schranken derselben in seiner Hand hat. Das Wunderbarste an jenem Prometheusgedicht, das seinem Grundgedanken nach der eigentliche Hymnus der Unfrömmigkeit ist, ist aber der tiefe äschyleische Zug nach *Gerechtigkeit*: das unermeßliche Leid des kühnen »Einzelnen« auf der einen Seite, und die göttliche Not, ja Ahnung einer Götterdämmerung auf der andern, die zur Versöhnung, zum metaphysischen Einssein zwingende Macht jener beiden Leidenswelten – dies alles erinnert auf das stärkste an den Mittelpunkt und Hauptsatz der äschyleischen Weltbetrachtung, die über Göttern und Menschen die Moira als ewige Gerechtigkeit thronen sieht. Bei der erstaunlichen Kühnheit, mit der Äschylus die olympische Welt auf seine Gerechtigkeitswagschalen stellt, müssen wir uns vergegenwärtigen, daß der tiefsinnige

Grieche einen unverrückbar festen Untergrund des metaphysischen Denkens in seinen Mysterien hatte, und daß sich an den Olympiern alle seine skeptischen Anwandlungen entladen konnten. Der griechische Künstler insbesondere empfand im Hinblick auf die Gottheiten ein dunkles Gefühl wechselseitiger Abhängigkeit: und gerade im Prometheus des Äschylus ist dieses Gefühl symbolisiert. Der titanische Künstler fand in sich den trotzigen Glauben, Menschen schaffen und olympische Götter wenigstens vernichten zu können: und dies durch seine höhere Weisheit, die er freilich durch ewiges Leiden zu büßen gezwungen war. Das herrliche »Können« des großen Genius, das selbst mit ewigem Leide zu gering bezahlt ist, der herbe Stolz des *Künstlers* – das ist Inhalt und Seele der äschyleischen Dichtung, während Sophokles in seinem Ödipus das Siegeslied des *Heiligen* präludierend anstimmt. Aber auch mit jener Deutung, die Äschylus dem Mythus gegeben hat, ist dessen erstaunliche Schreckenstiefe nicht ausgemessen: vielmehr ist die Werdelust des Künstlers, die jedem Unheil trotzende Heiterkeit des künstlerischen Schaffens nur ein lichtes Wolken- und Himmelsbild, das sich auf einem schwarzen See der Traurigkeit spiegelt. Die Prometheussage ist ein ursprüngliches Eigentum der gesamten arischen Völkergemeinde und ein Dokument für deren Begabung zum Tiefsinnig-Tragischen, ja es möchte nicht ohne Wahrscheinlichkeit sein, daß diesem Mythus für das arische Wesen eben dieselbe charakteristische Bedeutung innewohnt, die der Sündenfallmythus für das semitische hat, und daß zwischen beiden Mythen ein Verwandtschaftsgrad existiert, wie zwischen Bruder und Schwester. Die Voraussetzung jenes Prometheusmythus ist der überschwängliche Wert, den eine naive Menschheit dem *Feuer* beilegt als dem wahren Palladium jeder aufsteigenden Kultur: daß aber der Mensch frei über das Feuer waltet und es nicht nur durch ein Geschenk vom Himmel, als zündenden Blitzstrahl oder wärmenden Sonnenbrand, empfängt, erschien jenen beschaulichen Ur-Menschen als ein Frevel, als ein Raub an der göttlichen Natur. Und so stellt gleich das erste philosophische Problem einen peinlichen unlösbaren Widerspruch zwischen Mensch und Gott hin und rückt ihn wie einen Felsblock an die Pforte jeder Kultur. Das Beste und Höchste, dessen die Menschheit teilhaftig werden kann, erringt sie durch einen Frevel und muß nun wieder seine Folgen dahinnehmen, nämlich die ganze Flut von Leiden und von Kümmernissen, mit denen die beleidigten Himmlischen das edel emporstrebende Menschengeschlecht heimsuchen – müssen: ein herber Gedanke, der durch die *Würde*, die er dem Frevel erteilt, seltsam gegen den semitischen Sündenfallmythus absticht, in welchem die Neugierde, die lügnerische Vorspiegelung, die Verführbarkeit, die Lüsternheit, kurz eine Reihe vornehmlich weiblicher Affektionen als der Ursprung des Übels angesehen wurde. Das, was die arische Vorstellung auszeichnet, ist die erhabene Ansicht von der *aktiven Sünde* als der eigentlich prome-

theischen Tugend: womit zugleich der ethische Untergrund der pessimistischen Tragödie gefunden ist, als die *Rechtfertigung* des menschlichen Übels, und zwar sowohl der menschlichen Schuld als des dadurch verwirkten Leidens. Das Unheil im Wesen der Dinge – das der beschauliche Arier nicht geneigt ist wegzudeuteln –, der Widerspruch im Herzen der Welt offenbart sich ihm als ein Durcheinander verschiedener Welten, z. B. einer göttlichen und einer menschlichen, von denen jede als Individuum im Recht ist, aber als einzelne neben einer anderen für ihre Individuation zu leiden hat. Bei dem heroischen Drange des einzelnen ins Allgemeine, bei dem Versuche, über den Bann der Individuation hinauszuschreiten und das eine Weltwesen selbst sein zu wollen, erleidet er an sich den in den Dingen verborgenen Urwiderspruch, d. h. er frevelt und leidet. So wird von den Ariern der Frevel als Mann, von den Semiten die Sünde als Weib verstanden, so wie auch der Urfrevel vom Manne, die Ursünde vom Weibe begangen wird. Übrigens sagt der Hexenchor:

»Wir nehmen das nicht so genau:
Mit tausend Schritten machts die Frau;
Doch wie sie auch sich eilen kann,
Mit einem Sprunge machts der Mann.«

Wer jenen innersten Kern der Prometheussage versteht – nämlich die dem titanisch strebenden Individuum gebotene Notwendigkeit des Frevels –, der muß auch zugleich das Unapollinische dieser pessimistischen Vorstellung empfinden; denn Apollo will die Einzelwesen gerade dadurch zur Ruhe bringen, daß er Grenzlinien zwischen ihnen zieht und daß er immer wieder an diese als an die heiligsten Weltgesetze mit seinen Forderungen der Selbsterkenntnis und des Maßes erinnert. Damit aber bei dieser apollinischen Tendenz die Form nicht zu ägyptischer Steifigkeit und Kälte erstarre, damit nicht unter dem Bemühen, der einzelnen Welle ihre Bahn und ihr Bereich vorzuschreiben, die Bewegung des ganzen Sees ersterbe, zerstörte von Zeit zu Zeit wieder die hohe Flut des Dionysischen alle jene kleinen Zirkel, in die der einseitig apollinische »Wille« das Hellenentum zu bannen suchte. Jene plötzlich anschwellende Flut des Dionysischen nimmt dann die einzelnen kleinen Wellenberge der Individuen auf ihren Rücken, wie der Bruder des Prometheus, der Titan Atlas, die Erde. Dieser titanische Drang, gleichsam der Atlas aller einzelnen zu werden und sie mit breitem Rücken höher und höher, weiter und weiter zu tragen, ist das Gemeinsame zwischen dem Prometheischen und dem Dionysischen. Der äschyleische Prometheus ist in diesem Betracht eine dionysische Maske, während in jenem vorhin erwähnten tiefen Zuge nach Gerechtigkeit Äschylus seine väterliche Abstammung von Apollo, dem Gotte der Individuation und der Gerechtigkeitsgrenzen, dem Einsichtigen

verrät. Und so möchte das Doppelwesen des äschyleischen Prometheus, seine zugleich dionysische und apollinische Natur in begrifflicher Formel so ausgedrückt werden können: »Alles Vorhandene ist gerecht und ungerecht und in beidem gleich berechtigt.«

Das ist deine Welt! Das heißt eine Welt! –

10

Es ist eine unanfechtbare Überlieferung, daß die griechische Tragödie in ihrer ältesten Gestalt nur die Leiden des Dionysus zum Gegenstand hatte, und daß der längere Zeit hindurch einzig vorhandene Bühnenheld eben Dionysus war. Aber mit der gleichen Sicherheit darf behauptet werden, daß niemals bis auf Euripides Dionysus aufgehört hat, der tragische Held zu sein, sondern daß alle die berühmten Figuren der griechischen Bühne, Prometheus, Ödipus usw. nur Masken jenes ursprünglichen Helden Dionysus sind. Daß hinter allen diesen Masken eine Gottheit steckt, das ist der eine wesentliche Grund für die so oft angestaunte typische »Idealität« jener berühmten Figuren. Es hat ich weiß nicht wer behauptet, daß alle Individuen als Individuen komisch und damit untragisch seien: woraus zu entnehmen wäre, daß die Griechen überhaupt Individuen auf der tragischen Bühne nicht ertragen *konnten*. In der Tat scheinen sie so empfunden zu haben: wie überhaupt jene platonische Unterscheidung und Wertabschätzung der »Idee« im Gegensatze zum »Idol«, zum Abbild, tief im hellenischen Wesen begründet liegt. Um uns aber der Terminologie Platos zu bedienen, so wäre von den tragischen Gestalten der hellenischen Bühne etwa so zu reden: der eine wahrhaft reale Dionysus erscheint in einer Vielheit der Gestalten, in der Maske eines kämpfenden Helden und gleichsam in das Netz des Einzelwillens verstrickt. So wie jetzt der erscheinende Gott redet und handelt, ähnelt er einem irrenden strebenden leidenden Individuum: und daß er überhaupt mit dieser epischen Bestimmtheit und Deutlichkeit *erscheint*, ist die Wirkung des Traumdeuters Apollo, der dem Chore seinen dionysischen Zustand durch jene gleichnisartige Erscheinung deutet. In Wahrheit aber ist jener Held der leidende Dionysus der Mysterien, jener die Leiden der Individuation an sich erfahrende Gott, von dem wundervolle Mythen erzählen, wie er als Knabe von den Titanen zerstückelt worden sei und nun in diesem Zustande als Zagreus verehrt werde: wobei angedeutet wird, daß diese Zerstückelung, das eigentlich dionysische *Leiden*, gleich einer Umwandlung in Luft, Wasser, Erde und Feuer sei, daß wir also den Zustand der Individuation als den Quell und Urgrund alles Leidens, als etwas an sich Verwerfliches, zu betrachten hätten. Aus dem Lächeln dieses Dionysus sind die olympischen Götter, aus seinen Tränen die

Menschen entstanden In jener Existenz als zerstückelter Gott hat Dionysus die Doppelnatur eines grausamen verwilderten Dämons und eines milden sanftmütigen Herrschers. Die Hoffnung der Epopten ging aber auf eine Wiedergeburt des Dionysus, die wir jetzt als das Ende der Individuation ahnungsvoll zu begreifen haben: diesem kommenden dritten Dionysus erscholl der brausende Jubelgesang der Epopten. Und nur in dieser Hoffnung gibt es einen Strahl von Freude auf dem Antlitze der zerrissenen, in Individuen zertrümmerten Welt: wie es der Mythus durch die in ewige Trauer versenkte Demeter verbildlicht, welche zum ersten Male wieder sich *freut,* als man ihr sagt, sie könne den Dionysus *noch einmal* gebären. In den angeführten Anschauungen haben wir bereits alle Bestandteile einer tiefsinnigen und pessimistischen Weltbetrachtung und zugleich damit *die Mysterienlehre der Tragödie* zusammen: die Grunderkenntnis von der Einheit alles Vorhandenen, die Betrachtung der Individuation als des Urgrundes des Übels, die Kunst als die freudige Hoffnung, daß der Bann der Individuation zu zerbrechen sei, als die Ahnung einer wiederhergestellten Einheit. –

Es ist früher angedeutet worden, daß das homerische Epos die Dichtung der olympischen Kultur ist, mit der sie ihr eignes Siegeslied über die Schrecken des Titanenkampfes gesungen hat. Jetzt, unter dem übermächtigen Einflusse der tragischen Dichtung, werden die homerischen Mythen von neuem umgeboren und zeigen in dieser Metempsychose, daß inzwischen auch die olympische Kultur von einer noch tieferen Weltbetrachtung besiegt worden ist. Der trotzige Titan Prometheus hat es seinem olympischen Peiniger angekündigt, daß einst seiner Herrschaft die höchste Gefahr drohe, falls er nicht zur rechten Zeit sich mit ihm verbinden werde. In Äschylus erkennen wir das Bündnis des erschreckten, vor seinem Ende bangenden Zeus mit dem Titanen. So wird das frühere Titanenzeitalter nachträglich wieder aus dem Tartarus ans Licht geholt. Die Philosophie der wilden und nackten Natur schaut die vorübertanzenden Mythen der homerischen Welt mit der unverhüllten Miene der Wahrheit an: sie erbleichen, sie zittern vor dem blitzartigen Auge dieser Göttin – bis sie die mächtige Faust des dionysischen Künstlers in den Dienst der neuen Gottheit zwingt. Die dionysische Wahrheit übernimmt das gesamte Bereich des Mythus als Symbolik *ihrer* Erkenntnisse und spricht diese teils in dem öffentlichen Kultus der Tragödie, teils in den geheimen Begehungen dramatischer Mysterienfeste, aber immer unter der alten mythischen Hülle aus. Welche Kraft war dies, die den Prometheus von seinen Geiern befreite und den Mythus zum Vehikel dionysischer Weisheit umwandelte? Dies ist die heraklesmäßige Kraft der Musik: als welche, in der Tragödie zu ihrer höchsten Erscheinung gekommen, den Mythus mit neuer tiefsinnigster Bedeutsamkeit zu interpretieren weiß; wie wir dies als das mächtigste Vermögen der Musik früher schon zu charakterisieren hatten.

Denn es ist das Los jedes Mythus, allmählich in die Enge einer angeblich historischen Wirklichkeit hineinzukriechen und von irgendeiner späteren Zeit als einmaliges Faktum mit historischen Ansprüchen behandelt zu werden: und die Griechen waren bereits völlig auf dem Wege, ihren ganzen mythischen Jugendtraum mit Scharfsinn und Willkür in eine historisch-pragmatische *Jugendgeschichte* umzustempeln. Denn dies ist die Art, wie Religionen abzusterben pflegen: wenn nämlich die mythischen Voraussetzungen einer Religion unter den strengen, verstandesmäßigen Augen eines rechtgläubigen Dogmatismus als eine fertige Summe von historischen Ereignissen systematisiert werden und man anfängt, ängstlich die Glaubwürdigkeit der Mythen zu verteidigen, aber gegen jedes natürliche Weiterleben und Weiterwuchern derselben sich zu sträuben, wenn also das Gefühl für den Mythus abstirbt und an seine Stelle der Anspruch der Religion auf historische Grundlagen tritt. Diesen absterbenden Mythus ergriff jetzt der neugeborne Genius der dionysischen Musik: und in seiner Hand blühte er noch einmal, mit Farben, wie er sie noch nie gezeigt, mit einem Duft, der eine sehnsüchtige Ahnung einer metaphysischen Welt erregte. Nach diesem letzten Aufglänzen fällt er zusammen, seine Blätter werden welk, und bald haschen die spöttischen Luciane des Altertums nach den von allen Winden fortgetragenen, entfärbten und verwüsteten Blumen. Durch die Tragödie kommt der Mythus zu seinem tiefsten Inhalt, seiner ausdrucksvollsten Form; noch einmal erhebt er sich, wie ein verwundeter Held, und der ganze Überschuß von Kraft, samt der weisheitsvollen Ruhe des Sterbenden, brennt in seinem Auge mit letztem, mächtigem Leuchten.

Was wolltest du, frevelnder Euripides, als du diesen Sterbenden noch einmal zu deinem Frondienste zu zwingen suchtest? Er starb unter deinen gewaltsamen Händen: und jetzt brauchtest du einen nachgemachten, maskierten Mythus, der sich wie der Affe des Herakles mit dem alten Prunke nur noch aufzuputzen wußte. Und wie dir der Mythus starb, so starb dir auch der Genius der Musik: mochtest du auch mit gierigem Zugreifen alle Gärten der Musik plündern, auch so brachtest du es nur zu einer nachgemachten maskierten Musik. Und weil du Dionysus verlassen, so verließ dich auch Apollo; jage alle Leidenschaften von ihrem Lager auf und banne sie in deinen Kreis, spitze und feile dir für die Reden deiner Helden eine sophistische Dialektik zurecht – auch deine Helden haben nur nachgeahmte maskierte Leidenschaften und sprechen nur nachgeahmte maskierte Reden.

11

Die griechische Tragödie ist anders zugrunde gegangen als sämtliche ältere schwesterliche Kunstgattungen: sie starb durch Selbstmord, infolge eines unlösbaren Konfliktes, also tragisch, während jene alle in hohem Alter des schönsten und ruhigsten Todes verblichen sind. Wenn es nämlich einem glücklichen Naturzustande gemäß ist, mit schöner Nachkommenschaft und ohne Krampf vom Leben zu scheiden, so zeigt uns das Ende jener älteren Kunstgattungen einen solchen glücklichen Naturzustand: sie tauchen langsam unter, und vor ihren ersterbenden Blicken steht schon ihr schönerer Nachwuchs und reckt mit mutiger Gebärde ungeduldig das Haupt. Mit dem Tode der griechischen Tragödie dagegen entstand eine ungeheure, überall tief empfundene Leere; wie einmal griechische Schiffer zu Zeiten des Tiberius an einem einsamen Eiland den erschütternden Schrei hörten »der große Pan ist tot«: so klang es jetzt wie ein schmerzlicher Klageton durch die hellenische Welt: »die Tragödie ist tot! Die Poesie selbst ist mit ihr verlorengegangen! Fort, fort mit euch verkümmerten, abgemagerten Epigonen! Fort in den Hades, damit ihr euch dort an den Brosamen der vormaligen Meister einmal sattessen könnt!«

Als aber nun doch noch eine neue Kunstgattung aufblühte, die in der Tragödie ihre Vorgängerin und Meisterin verehrte, da war mit Schrecken wahrzunehmen, daß sie allerdings die Züge ihrer Mutter trage, aber dieselben, die jene in ihrem langen Todeskampfe gezeigt hatte. Diesen Todeskampf der Tragödie kämpfte *Euripides*; jene spätere Kunstgattung ist als *neuere attische Komödie* bekannt. In ihr lebte die entartete Gestalt der Tragödie fort, zum Denkmale ihres überaus mühseligen und gewaltsamen Hinscheidens.

Bei diesem Zusammenhange ist die leidenschaftliche Zuneigung begreiflich, welche die Dichter der neueren Komödie zu Euripides empfanden; so daß der Wunsch des Philemon nicht weiter befremdet, der sich sogleich aufhängen lassen mochte, nur um den Euripides in der Unterwelt aufsuchen zu können: wenn er nur überhaupt überzeugt sein dürfte, daß der Verstorbene auch jetzt noch bei Verstande sei. Will man aber in aller Kürze und ohne den Anspruch, damit etwas Erschöpfendes zu sagen, dasjenige bezeichnen, was Euripides mit Menander und Philemon gemein hat und was für jene so aufregend vorbildlich wirkte: so genügt es zu sagen, daß *der Zuschauer* von Euripides auf die Bühne gebracht worden ist. Wer erkannt hat, aus welchem Stoffe die prometheischen Tragiker vor Euripides ihre Helden formten und wie ferne ihnen die Absicht lag, die treue Maske der Wirklichkeit auf die Bühne zu bringen, der wird auch über die gänzlich abweichende Tendenz des Euripides im klaren sein. Der Mensch des alltäglichen Lebens drang durch ihn aus den Zu-

schauerräumen auf die Szene, der Spiegel, in dem früher nur die großen und kühnen Züge zum Ausdruck kamen, zeigte jetzt jene peinliche Treue, die auch die mißlungenen Linien der Natur gewissenhaft wiedergibt. Odysseus, der typische Hellene der älteren Kunst, sank jetzt unter den Händen der neueren Dichter zur Figur des Graeculus herab, der von jetzt ab als gutmütig-verschmitzter Haussklave im Mittelpunkte des dramatischen Interesses steht. Was Euripides sich in den aristophanischen »Fröschen« zum Verdienst anrechnet, daß er die tragische Kunst durch seine Hausmittel von ihrer pomphaften Beleibtheit befreit habe, das ist vor allem an seinen tragischen Helden zu spüren. Im wesentlichen sah und hörte jetzt der Zuschauer seinen Doppelgänger auf der euripideischen Bühne und freute sich, daß jener so gut zu reden verstehe. Bei dieser Freude blieb es aber nicht: man lernte selbst bei Euripides sprechen, und dessen rühmt er sich selbst im Wettkampfe mit Äschylus: wie durch ihn jetzt das Volk kunstmäßig und mit den schlausten Sophistikationen zu beobachten, zu verhandeln und Folgerungen zu ziehen gelernt habe. Durch diesen Umschwung der öffentlichen Sprache hat er überhaupt die neuere Komödie möglich gemacht. Denn von jetzt ab war es kein Geheimnis mehr, wie und mit welchen Sentenzen die Alltäglichkeit sich auf der Bühne vertreten könne. Die bürgerliche Mittelmäßigkeit, auf die Euripides alle seine politischen Hoffnungen aufbaute, kam jetzt zu Wort, nachdem bis dahin in der Tragödie der Halbgott, in der Komödie der betrunkene Satyr oder der Halbmensch den Sprachcharakter bestimmt hatten. Und so hebt der aristophanische Euripides zu seinem Preise hervor, wie er das allgemeine, allbekannte, alltägliche Leben und Treiben dargestellt habe, über das ein jeder zu urteilen befähigt sei. Wenn jetzt die ganze Masse philosophiere, mit unerhörter Klugheit Land und Gut verwalte und ihre Prozesse führe, so sei dies sein Verdienst und der Erfolg der von ihm dem Volke eingeimpften Weisheit.

An eine derartig zubereitete und aufgeklärte Masse durfte sich jetzt die neuere Komödie wenden, für die Euripides gewissermaßen der Chorlehrer geworden ist; nur daß diesmal der Chor der Zuschauer eingeübt werden mußte. Sobald dieser in der euripideischen Tonart zu singen geübt war, erhob sich jene schachspielartige Gattung des Schauspiels, die neuere Komödie, mit ihrem fortwährenden Triumphe der Schlauheit und Verschlagenheit. Euripides aber – der Chorlehrer – wurde unaufhörlich gepriesen: ja man würde sich getötet haben, um noch mehr von ihm zu lernen, wenn man nicht gewußt hätte, daß die tragischen Dichter eben so tot seien wie die Tragödie. Mit ihr aber hatte der Hellene den Glauben an seine Unsterblichkeit aufgegeben, nicht nur den Glauben an eine ideale Vergangenheit, sondern auch den Glauben an eine ideale Zukunft. Das Wort aus der bekannten Grabschrift »als Greis leichtsinnig und grillig« gilt auch vom greisen Hellenentume. Der Augenblick, der Witz, der Leicht-

sinn, die Laune sind seine höchsten Gottheiten; der fünfte Stand, der des Sklaven, kommt, wenigstens der Gesinnung nach, jetzt zur Herrschaft: und wenn jetzt überhaupt noch von »griechischer Heiterkeit« die Rede sein darf, so ist es die Heiterkeit des Sklaven, der nichts Schweres zu verantworten, nichts Großes zu erstreben, nichts Vergangenes oder Zukünftiges höher zu schätzen weiß als das Gegenwärtige. Dieser Schein der »griechischen Heiterkeit« war es, der die tiefsinnigen und furchtbaren Naturen der vier ersten Jahrhunderte des Christentums so empörte: ihnen erschien diese weibische Flucht vor dem Ernst und dem Schrecken, dieses feige Sichgenügenlassen am bequemen Genuß – nicht nur verächtlich, sondern als die eigentlich antichristliche Gesinnung. Und ihrem Einfluß ist es zuzuschreiben, daß die durch Jahrhunderte fortlebende Anschauung des griechischen Altertums mit fast unüberwindlicher Zähigkeit jene blaßrote Heiterkeitsfarbe festhielt – als ob es nie ein sechstes Jahrhundert mit seiner Geburt der Tragödie, seinen Mysterien, seinen Pythagoras und Heraklit gegeben hätte, ja als ob die Kunstwerke der großen Zeit gar nicht vorhanden wären, die doch – jedes für sich – aus dem Boden einer solchen greisenhaften und sklavenmäßigen Daseinslust und Heiterkeit gar nicht zu erklären sind und auf eine völlig andere Weltbetrachtung als ihren Existenzgrund hinweisen.

Wenn zuletzt behauptet wurde, daß Euripides den Zuschauer auf die Bühne gebracht habe, um zugleich damit den Zuschauer zum Urteil über das Drama erst wahrhaft zu befähigen, so entsteht der Schein, als ob die ältere tragische Kunst aus einem Mißverhältnis zum Zuschauer nicht herausgekommen sei: und man möchte versucht sein, die radikale Tendenz des Euripides, ein entsprechendes Verhältnis zwischen Kunstwerk und Publikum zu erzielen, als einen Fortschritt über Sophokles hinaus zu preisen. Nun aber ist »Publikum« nur ein Wort und durchaus keine gleichartige und in sich verharrende Größe. Woher soll dem Künstler die Verpflichtung kommen, sich einer Kraft zu akkomodieren, die ihre Stärke nur in der Zahl hat? Und wenn er sich, seiner Begabung und seinen Absichten nach, über jeden einzelnen dieser Zuschauer erhaben fühlt, wie dürfte er vor dem gemeinsamen Ausdruck aller dieser ihm untergeordneten Kapazitäten mehr Achtung empfinden als vor dem relativ am höchsten begabten einzelnen Zuschauer? In Wahrheit hat kein griechischer Künstler mit größerer Verwegenheit und Selbstgenügsamkeit sein Publikum durch ein langes Leben hindurch behandelt als gerade Euripides: er, der selbst da noch, als die Masse sich ihm zu Füßen warf, in erhabenem Trotze seiner eigenen Tendenz öffentlich ins Gesicht schlug, derselben Tendenz, mit der er über die Masse gesiegt hatte. Wenn dieser Genius die geringste Ehrfurcht vor dem Pandämonium des Publikums gehabt hätte, so wäre er unter den Keulenschlägen seiner Mißerfolge längst vor der Mitte seiner Laufbahn zusammengebrochen. Wir sehen bei dieser Erwä-

gung, daß unser Ausdruck, Euripides habe den Zuschauer auf die Bühne gebracht, um den Zuschauer wahrhaft urteilsfähig zu machen, nur ein provisorischer war, und daß wir nach einem tieferen Verständnis seiner Tendenz zu suchen haben. Umgekehrt ist es ja allerseits bekannt, wie Äschylus und Sophokles zeit ihres Lebens, ja weit über dasselbe hinaus, im Vollbesitze der Volksgunst standen, wie also bei diesen Vorgängern des Euripides keineswegs von einem Mißverhältnis zwischen Kunstwerk und Publikum die Rede sein kann. Was trieb den reichbegabten und unablässig zum Schaffen gedrängten Künstler so gewaltsam von dem Wege ab, über dem die Sonne der größten Dichternamen und der unbewölkte Himmel der Volksgunst leuchteten? Welche sonderbare Rücksicht auf den Zuschauer führte ihn dem Zuschauer entgegen? Wie konnte er aus zu hoher Achtung vor seinem Publikum – sein Publikum mißachten?

Euripides fühlte sich – das ist die Lösung des eben dargestellten Rätsels – als Dichter wohl über die Masse, nicht aber über zwei seiner Zuschauer erhaben: die Masse brachte er auf die Bühne, jene beiden Zuschauer verehrte er als die allein urteilsfähigen Richter und Meister aller seiner Kunst: ihren Weisungen und Mahnungen folgend, übertrug er die ganze Welt von Empfindungen, Leidenschaften und Erfahrungen, die bis jetzt auf den Zuschauerbänken als unsichtbarer Chor zu jeder Festvorstellung sich einstellten, in die Seelen seiner Bühnenhelden, ihren Forderungen gab er nach, als er für diese neuen Charaktere auch das neue Wort und den neuen Ton suchte, in ihren Stimmen allein hörte er die gültigen Richtersprüche seines Schaffens ebenso wie die siegverheißende Ermutigung, wenn er von der Justiz des Publikums sich wieder einmal verurteilt sah.

Von diesen beiden Zuschauern ist der eine – Euripides selbst, Euripides *als Denker*, nicht als Dichter. Von ihm könnte man sagen, daß die außerordentliche Fülle seines kritischen Talentes, ähnlich wie bei Lessing, einen produktiv künstlerischen Nebentrieb wenn nicht erzeugt, so doch fortwährend befruchtet habe. Mit dieser Begabung, mit aller Helligkeit und Behendigkeit seines kritischen Denkens hatte Euripides im Theater gesessen und sich angestrengt, an den Meisterwerken seiner großen Vorgänger wie an dunkelgewordenen Gemälden Zug um Zug, Linie um Linie wiederzuerkennen. Und hier nun war ihm begegnet, was dem in die tieferen Geheimnisse der äschyleischen Tragödie Eingeweihten nicht unerwartet sein darf: er gewahrte etwas Inkommensurables in jedem Zug und in jeder Linie, eine gewisse täuschende Bestimmtheit und zugleich eine rätselhafte Tiefe, ja Unendlichkeit des Hintergrundes. Die klarste Figur hatte immer noch einen Kometenschweif an sich, der ins Ungewisse, Unaufhellbare zu deuten schien. Dasselbe Zwielicht lag über dem Bau des Dramas, zumal über der Bedeutung des Chors. Und wie zweifelhaft blieb ihm die Lösung der ethischen Probleme! Wie fragwürdig die Behandlung der Mythen! Wie ungleichmäßig die Verteilung von Glück und Unglück! Selbst in

der Sprache der älteren Tragödie war ihm vieles anstößig, mindestens rätselhaft; besonders fand er zu viel Pomp für einfache Verhältnisse, zu viel Tropen und Ungeheuerlichkeiten für die Schlichtheit der Charaktere. So saß er, unruhig grübelnd, im Theater, und er, der Zuschauer, gestand sich, daß er seine großen Vorgänger nicht verstehe. Galt ihm aber der Verstand als die eigentliche Wurzel alles Genießens und Schaffens, so mußte er fragen und um sich schauen, ob denn niemand so denke wie er und sich gleichfalls jene Inkommensurabilität eingestehe. Aber die vielen und mit ihnen die besten einzelnen hatten nur ein mißtrauisches Lächeln für ihn; erklären aber konnte ihm keiner, warum seinen Bedenken und Einwendungen gegenüber die großen Meister doch im Rechte seien. Und in diesem qualvollen Zustande fand er *den anderen Zuschauer*, der die Tragödie nicht begriff und deshalb nicht achtete. Mit diesem im Bunde durfte er es wagen, aus seiner Vereinsamung heraus den ungeheuren Kampf gegen die Kunstwerke des Äschylus und Sophokles zu beginnen – nicht mit Streitschriften, sondern als dramatischer Dichter, der *seine* Vorstellung von der Tragödie der überlieferten entgegenstellt. –

12

Bevor wir diesen anderen Zuschauer bei Namen nennen, verharren wir hier einen Augenblick, um uns jenen früher geschilderten Eindruck des Zwiespältigen und Inkommensurablen im Wesen der äschyleischen Tragödie selbst ins Gedächtnis zurückzurufen. Denken wir an unsere eigene Befremdung dem *Chore* und dem *tragischen Helden* jener Tragödie gegenüber, die wir beide mit unseren Gewohnheiten ebensowenig wie mit der Überlieferung zu reimen wußten – bis wir jene Doppelheit selbst als Ursprung und Wesen der griechischen Tragödie wiederfanden, als den Ausdruck zweier ineinandergewobenen Kunsttriebe, *des Apollinischen und des Dionysischen.*

Jenes ursprüngliche und allmächtige dionysische Element aus der Tragödie auszuscheiden und sie rein und neu auf undionysischer Kunst, Sitte und Weltbetrachtung aufzubauen – dies ist die jetzt in heller Beleuchtung sich uns enthüllende Tendenz des Euripides.

Euripides selbst hat am Abend seines Lebens die Frage nach dem Wert und der Bedeutung dieser Tendenz in einem Mythus seinen Zeitgenossen auf das nachdrücklichste vorgelegt. Darf überhaupt das Dionysische bestehn? Ist es nicht mit Gewalt aus dem hellenischen Boden auszurotten? Gewiß, sagt uns der Dichter, wenn es nur möglich wäre: aber der Gott Dionysus ist zu mächtig: der verständigste Gegner – wie Pentheus in den »Bacchen« – wird unvermutet von ihm bezaubert und läuft nachher mit dieser Verzauberung in sein Verhängnis. Das Urteil der beiden Greise

Kadmus und Tiresias scheint auch das Urteil des greisen Dichters zu sein: das Nachdenken der klügsten einzelnen werfe jene alten Volkstraditionen, jene sich ewig fortpflanzende Verehrung des Dionysus nicht um, ja es gezieme sich, solchen wunderbaren Kräften gegenüber, mindestens eine diplomatisch vorsichtige Teilnahme zu zeigen: wobei es aber immer noch möglich sei, daß der Gott an einer so lauen Beteiligung Anstoß nehme und den Diplomaten – wie hier den Kadmus – schließlich in einen Drachen verwandle. Dies sagt uns der Dichter, der mit heroischer Kraft ein langes Leben hindurch dem Dionysus widerstanden hat – um am Ende desselben mit einer Glorifikation seines Gegners und einem Selbstmorde seine Laufbahn zu schließen, einem Schwindelnden gleich, der, um nur dem entsetzlichen, nicht mehr erträglichen Wirbel zu entgehen, sich vom Turme herunterstürzt. Jene Tragödie ist ein Protest gegen die Ausführbarkeit seiner Tendenz; ach, und sie war bereits ausgeführt! Das Wunderbare war geschehn: als der Dichter widerrief, hatte bereits seine Tendenz gesiegt. Dionysus war bereits von der tragischen Bühne verscheucht und zwar durch eine aus Euripides redende dämonische Macht. Auch Euripides war in gewissem Sinne nur Maske: die Gottheit, die aus ihm redete, war nicht Dionysus, auch nicht Apollo, sondern ein ganz neugeborner Dämon, genannt *Sokrates.* Dies ist der neue Gegensatz: das Dionysische und das Sokratische, und das Kunstwerk der griechischen Tragödie ging an ihm zugrunde. Mag nun auch Euripides uns durch seinen Widerruf zu trösten suchen, es gelingt ihm nicht: der herrlichste Tempel liegt in Trümmern; was nützt uns die Wehklage des Zerstörers und sein Geständnis, daß es der schönste aller Tempel gewesen sei? Und selbst daß Euripides zur Strafe von den Kunstrichtern aller Zeiten in einen Drachen verwandelt worden ist – wen möchte diese erbärmliche Kompensation befriedigen?

Nähern wir uns jetzt jener *sokratischen* Tendenz, mit der Euripides die äschyleische Tragödie bekämpfte und besiegte.

Welches Ziel – so müssen wir uns jetzt fragen – konnte die euripideische Absicht, das Drama allein auf das Undionysische zu gründen, in der höchsten Idealität ihrer Durchführung überhaupt haben? Welche Form des Dramas blieb noch übrig, wenn es nicht aus dem Geburtsschoße der Musik, in jenem geheimnisvollen Zwielicht des Dionysischen geboren werden sollte? Allein *das dramatisierte Epos*: in welchem apollinischen Kunstgebiete nun freilich die *tragische* Wirkung unerreichbar ist. Es kommt hierbei nicht auf den Inhalt der dargestellten Ereignisse an; ja ich möchte behaupten, daß es Goethe in seiner projektierten »Nausikaa« unmöglich gewesen sein würde, den Selbstmord jenes idyllischen Wesens – der den fünften Akt ausfüllen sollte – tragisch ergreifend zu machen; so ungemein ist die Gewalt des Episch-Apollinischen, daß es die schreckensvollsten Dinge mit jener Lust am Scheine und der Erlösung durch den Schein vor unseren Augen verzaubert. Der Dichter des dramatischen

Epos kann ebensowenig wie der epische Rhapsode mit seinen Bildern völlig verschmelzen: er ist immer noch ruhig unbewegte, aus weiten Augen blikkende Anschauung, die die Bilder *vor* sich sieht. Der Schauspieler in seinem dramatisierten Epos bleibt im tiefsten Grunde immer noch Rhapsode; die Weihe des inneren Träumens liegt auf allen seinen Aktionen, so daß er niemals ganz Schauspieler ist.

Wie verhält sich nun diesem Ideal des apollinischen Dramas gegenüber das euripideische Stück? Wie zu dem feierlichen Rhapsoden der alten Zeit jener jüngere, der sein Wesen im platonischen »Jon« also beschreibt: »Wenn ich etwas Trauriges sage, füllen sich meine Augen mit Tränen; ist aber das, was ich sage, schrecklich und entsetzlich, dann stehen die Haare meines Hauptes vor Schauder zu Berge, und mein Herz klopft.« Hier merken wir nichts mehr von jenem epischen Verlorensein im Scheine, von der affektlosen Kühle des wahren Schauspielers, der, gerade in seiner höchsten Tätigkeit, ganz Schein und Lust am Scheine ist. Euripides ist der Schauspieler mit dem klopfenden Herzen, mit den zu Berge stehenden Haaren; als sokratischer Denker entwirft er den Plan, als leidenschaftlicher Schauspieler führt er ihn aus. Reiner Künstler ist er weder im Entwerfen noch im Ausführen. So ist das euripideische Drama ein zugleich kühles und feuriges Ding, zum Erstarren und zum Verbrennen gleich befähigt; es ist ihm unmöglich, die apollinische Wirkung des Epos zu erreichen, während es andererseits sich von den dionysischen Elementen möglichst gelöst hat und jetzt, um überhaupt zu wirken, neue Erregungsmittel braucht, die nun nicht mehr innerhalb der beiden einzigen Kunsttriebe, des apollinischen und des dionysischen, liegen können. Diese Erregungsmittel sind kühle paradoxe *Gedanken* – an Stelle der apollinischen Anschauungen – und feurige *Affekte* – an Stelle der dionysischen Entzükkungen – und zwar höchst realistisch nachgemachte, keineswegs in den Äther der Kunst getauchte Gedanken und Affekte.

Haben wir demnach so viel erkannt, daß es Euripides überhaupt nicht gelungen ist, das Drama allein auf das Apollinische zu gründen, daß sich vielmehr seine undionysische Tendenz in eine naturalistische und unkünstlerische verirrt hat, so werden wir jetzt dem Wesen des *ästhetischen Sokratismus* schon näher treten dürfen, dessen oberstes Gesetz ungefähr so lautet: »Alles muß verständig sein, um schön zu sein«; als Parallelsatz zu dem sokratischen »nur der Wissende ist tugendhaft«. Mit diesem Kanon in der Hand maß Euripides alles einzelne und rektifizierte es gemäß diesem Prinzip: die Sprache, die Charaktere, den dramaturgischen Aufbau, die Chormusik. Was wir im Vergleich mit der sophokleischen Tragödie so häufig dem Euripides als dichterischen Mangel und Rückschritt anzurechnen pflegen, das ist zumeist das Produkt jenes eindringenden kritischen Prozesses, jener verwegenen Verständigkeit. Der euripideische *Prolog* diene uns als Beispiel für die Produktivität jener rationalistischen Me-

thode. Nichts kann unserer Bühnentechnik widerstrebender sein als der Prolog im Drama des Euripides. Daß eine einzelne auftretende Person am Eingange des Stückes erzählt, wer sie sei, was der Handlung vorangehe, was bis jetzt geschehen, ja was im Verlaufe des Stückes geschehen werde, das würde ein moderner Theaterdichter als ein mutwilliges und nicht zu verzeihendes Verzichtleisten auf den Effekt der Spannung bezeichnen. Man weiß ja alles, was geschehen wird; wer wird abwarten wollen, daß dies wirklich geschieht? – da ja hier keinesfalls das aufregende Verhältnis eines wahrsagenden Traumes zu einer später eintretenden Wirklichkeit stattfindet. Ganz anders reflektierte Euripides. Die Wirkung der Tragödie beruhte niemals auf der epischen Spannung, auf der anreizenden Ungewißheit, was sich jetzt und nachher ereignen werde: vielmehr auf jenen großen rhetorisch-lyrischen Szenen, in denen die Leidenschaft und die Dialektik des Hauptthelden zu einem breiten und mächtigen Strome anschwoll. Zum Pathos, nicht zur Handlung bereitete alles vor: und was nicht zum Pathos vorbereitete, das galt als verwerflich. Das aber, was die genußvolle Hingabe an solche Szenen am stärksten erschwert, ist ein dem Zuhörer fehlendes Glied, eine Lücke im Gewebe der Vorgeschichte; solange der Zuhörer noch ausrechnen muß, was diese und jene Person bedeute, was dieser und jener Konflikt der Neigungen und Absichten für Voraussetzungen habe, ist seine volle Versenkung in das Leiden und Tun der Hauptpersonen, ist das atemlose Mitleiden und Mitfürchten noch nicht möglich. Die äschyleisch-sophokleische Tragödie verwandte die geistreichsten Kunstmittel, um dem Zuschauer in den ersten Szenen gewissermaßen zufällig alle jene zum Verständnis notwendigen Fäden in die Hand zu geben: ein Zug, in dem sich jene edle Künstlerschaft bewährt, die das *notwendige* Formelle gleichsam maskiert und als Zufälliges erscheinen läßt. Immerhin aber glaubte Euripides zu bemerken, daß während jener ersten Szenen der Zuschauer in eigentümlicher Unruhe sei, um das Rechenexempel der Vorgeschichte auszurechnen, so daß die dichterischen Schönheiten und das Pathos der Exposition für ihn verlorenginge. Deshalb stellte er den Prolog noch vor die Exposition und legte ihn einer Person in den Mund, der man Vertrauen schenken durfte: eine Gottheit mußte häufig den Verlauf der Tragödie dem Publikum gewissermaßen garantieren und jeden Zweifel an der Realität des Mythus nehmen: in ähnlicher Weise, wie Descartes die Realität der empirischen Welt nur durch die Appellation an die Wahrhaftigkeit Gottes und seine Unfähigkeit zur Lüge zu beweisen vermochte. Dieselbe göttliche Wahrhaftigkeit braucht Euripides noch einmal am Schlusse seines Dramas, um die Zukunft seiner Helden dem Publikum sicherzustellen: dies ist die Aufgabe des berüchtigten *deus ex machina*. Zwischen der epischen Vorschau und Hinausschau liegt die dramatisch-lyrische Gegenwart, das eigentliche »Drama«.

So ist Euripides vor allem als Dichter der Widerhall seiner bewußten Erkenntnisse; und gerade dies verleiht ihm eine so denkwürdige Stellung in der Geschichte der griechischen Kunst. Ihm muß im Hinblick auf sein kritisch-produktives Schaffen oft zumute gewesen sein, als sollte er den Anfang der Schrift des Anaxagoras für das Drama lebendig machen, deren erste Worte lauten: »im Anfang war alles beisammen: da kam der Verstand und schuf Ordnung«. Und wenn Anaxagoras mit seinem »Nus« unter den Philosophen wie der erste Nüchterne unter lauter Trunkenen erschien, so mag auch Euripides sein Verhältnis zu den anderen Dichtern der Tragödie unter einem ähnlichen Bilde begriffen haben. Solange der einzige Ordner und Walter des Alls, der Nus, noch vom künstlerischen Schaffen ausgeschlossen war, war noch alles in einem chaotischen Urbrei beisammen; so mußte Euripides urteilen, so mußte er die »trunkenen« Dichter als der erste »Nüchterne« verurteilen. Das, was Sophokles von Äschylus gesagt hat, er tue das Rechte, obschon unbewußt, war gewiß nicht im Sinne des Euripides gesagt: der nur soviel hätte gelten lassen, daß Äschylus, *weil* er unbewußt schaffe, das Unrechte schaffe. Auch der göttliche Plato redet vom schöpferischen Vermögen des Dichters, insofern dies nicht die bewußte Einsicht ist, zu allermeist nur ironisch und stellt es der Begabung des Wahrsagers und Traumdeuters gleich; sei doch der Dichter nicht eher fähig zu dichten, als bis er bewußtlos geworden sei, und kein Verstand mehr in ihm wohne. Euripides unternahm es, wie es auch Plato unternommen hat, das Gegenstück des »unverständigen« Dichters der Welt zu zeigen, sein ästhetischer Grundsatz »alles muß bewußt sein, um schön zu sein«, ist, wie ich sagte, der Parallelsatz zu dem sokratischen »alles muß bewußt sein, um gut zu sein«. Demgemäß darf uns Euripides als der Dichter des ästhetischen Sokratismus gelten. Sokrates aber war jener *zweite Zuschauer*, der die ältere Tragödie nicht begriff und deshalb nicht achtete; mit ihm im Bunde wagte Euripides, der Herold eines neuen Kunstschaffens zu sein. Wenn an diesem die ältere Tragödie zugrunde ging, so ist also der ästhetische Sokratismus das mörderische Prinzip: insofern aber der Kampf gegen das Dionysische der älteren Kunst gerichtet war, erkennen wir in Sokrates den Gegner des Dionysus, den neuen Orpheus, der sich gegen Dionysus erhebt und, obschon bestimmt, von den Mänaden des athenischen Gerichtshofes zerrissen zu werden, doch den übermächtigen Gott selbst zur Flucht nötigt: welcher, wie damals, als er vor dem Edonerkönig Lykurg floh, sich in die Tiefen des Meeres rettete, nämlich in die mystischen Fluten eines die ganze Welt allmählich überziehenden Geheimkultus.

13

Daß Sokrates eine enge Beziehung der Tendenz zu Euripides habe, entging dem gleichzeitigen Altertume nicht; und der beredteste Ausdruck für diesen glücklichen Spürsinn ist jene in Athen umlaufende Sage, Sokrates pflege dem Euripides im Dichten zu helfen. Beide Namen wurden von den Anhängern der »guten alten Zeit« in einem Atem genannt, wenn es galt, die Volksverführer der Gegenwart aufzuzählen: von deren Einflusse es herrühre, daß die alte marathonische vierschrötige Tüchtigkeit an Leib und Seele immer mehr einer zweifelhaften Aufklärung, bei fortschreitender Verkümmerung der leiblichen und seelischen Kräfte, zum Opfer falle. In dieser Tonart, halb mit Entrüstung, halb mit Verachtung, pflegt die aristophanische Komödie von jenen Männern zu reden, zum Schrecken der Neueren, welche zwar Euripides gerne preisgeben, aber sich nicht genug darüber wundern können, daß Sokrates als der erste und oberste *Sophist,* als der Spiegel und Inbegriff aller sophistischen Bestrebungen bei Aristophanes erscheine: wobei es einzig einen Trost gewährt, den Aristophanes selbst als einen liederlich lügenhaften Alcibiades der Poesie an den Pranger zu stellen. Ohne an dieser Stelle die tiefen Instinkte des Aristophanes gegen solche Angriffe in Schutz zu nehmen, fahre ich fort, die enge Zusammengehörigkeit des Sokrates und des Euripides aus der antiken Empfindung heraus zu erweisen; in welchem Sinne namentlich daran zu erinnern ist, daß Sokrates als Gegner der tragischen Kunst sich des Besuchs der Tragödie enthielt und nur, wenn ein neues Stück des Euripides aufgeführt wurde, sich unter den Zuschauern einstellte. Am berühmtesten ist aber die nahe Zusammenstellung beider Namen in dem delphischen Orakelspruche, welcher Sokrates als den Weisesten unter den Menschen bezeichnete, zugleich über das Urteil abgab, daß dem Euripides der zweite Preis im Wettkampfe der Weisheit gebühre.

Als der dritte in dieser Stufenleiter war Sophokles genannt; er, der sich gegen Äschylus rühmen durfte, er tue das Rechte, und zwar, weil er *wisse,* was das Rechte sei. Offenbar ist gerade der Grad der Helligkeit dieses *Wissens* dasjenige, was jene drei Männer gemeinsam als die drei »Wissenden« ihrer Zeit auszeichnet.

Das schärfste Wort aber für jene neue und unerhörte Hochschätzung des Wissens und der Einsicht sprach Sokrates, als er sich als den Einzigen vorfand, der sich eingestehe, *nichts zu wissen;* während er, auf seiner kritischen Wanderung durch Athen, bei den größten Staatsmännern, Rednern, Dichtern und Künstlern vorsprechend, überall die Einbildung des Wissens antraf. Mit Staunen erkannte er, daß alle jene Berühmtheiten selbst über ihren Beruf ohne richtige und sichere Einsicht seien und denselben nur aus Instinkt trieben. »Nur aus Instinkt«: mit diesem Ausdruck

berühren wir Herz und Mittelpunkt der sokratischen Tendenz. Mit ihm verurteilt der Sokratismus ebenso die bestehende Kunst wie die bestehende Ethik: wohin er seine prüfenden Blicke richtet, sieht er den Mangel der Einsicht und die Macht des Wahns und schließt aus diesem Mangel auf die innerliche Verkehrtheit und Verwerflichkeit des Vorhandenen. Von diesem einen Punkte aus glaubte Sokrates das Dasein korrigieren zu müssen: er, der Einzelne, tritt mit der Miene der Nichtachtung und der Überlegenheit, als der Vorläufer einer ganz anders gearteten Kultur, Kunst und Moral, in eine Welt hinein, deren Zipfel mit Ehrfurcht zu erhaschen wir uns zum größten Glücke rechnen würden.

Dies ist die ungeheure Bedenklichkeit, die uns jedesmal, angesichts des Sokrates, ergreift und die uns immer und immer wieder anreizt, Sinn und Absicht dieser fragwürdigsten Erscheinung des Altertums zu erkennen. Wer ist das, der es wagen darf, als ein Einzelner das griechische Wesen zu verneinen, das als Homer, Pindar und Äschylus, als Phidias, als Perikles, als Pythia und Dionysus, als der tiefste Abgrund und die höchste Höhe unserer staunenden Anbetung gewiß ist? Welche dämonische Kraft ist es, die diesen Zaubertrank in den Staub zu schütten sich erkühnen darf? Welcher Halbgott ist es, dem der Geisterchor der Edelsten der Menschheit zurufen muß: »Weh! Weh! Du hast sie zerstört, die schöne Welt, mit mächtiger Faust; sie stürzt, sie zerfällt!«

Einen Schlüssel zu dem Wesen des Sokrates bietet uns jene wunderbare Erscheinung, die als »Dämonion des Sokrates« bezeichnet wird. In besonderen Lagen, in denen sein ungeheurer Verstand ins Schwanken geriet, gewann er einen festen Anhalt durch eine in solchen Momenten sich äußernde göttliche Stimme. Diese Stimme *mahnt*, wenn sie kommt, immer *ab*. Die instinktive Weisheit zeigt sich bei dieser gänzlich abnormen Natur nur, um dem bewußten Erkennen hier und da *hindernd* entgegenzutreten. Während doch bei allen produktiven Menschen der Instinkt gerade die schöpferisch-affirmative Kraft ist, und das Bewußtsein kritisch und abmahnend sich gebärdet: wird bei Sokrates der Instinkt zum Kritiker, das Bewußtsein zum Schöpfer – eine wahre Monstrosität *per defectum*! Und zwar nehmen wir hier einen monströsen *defectus* jeder mystischen Anlage wahr, so daß Sokrates als der spezifische *Nicht-Mystiker* zu bezeichnen wäre, in dem die logische Natur durch eine Superfötation ebenso exzessiv entwickelt ist wie im Mystiker jene instinktive Weisheit. Andrerseits aber war es jenem in Sokrates erscheinenden logischen Triebe völlig versagt, sich gegen sich selbst zu kehren; in diesem fessellosen Dahinströmen zeigt er eine Naturgewalt, wie wir sie nur bei den allergrößten instinktiven Kräften zu unsrer schaudervollen Überraschung antreffen. Wer nur einen Hauch von jener göttlichen Naivität und Sicherheit der sokratischen Lebensrichtung aus den platonischen Schriften gespürt hat, der fühlt auch, wie das ungeheure Triebrad des logischen

Sokratismus gleichsam *hinter* Sokrates in Bewegung ist, und wie dies durch Sokrates wie durch einen Schatten hindurch angeschaut werden muß. Daß er aber selbst von diesem Verhältnis eine Ahnung hatte, das drückt sich in dem würdevollen Ernste aus, mit dem er seine göttliche Berufung überall und noch vor seinen Richtern geltend machte. Ihn darin zu widerlegen war im Grunde ebenso unmöglich als seinen die Instinkte auflösenden Einfluß gutzuheißen. Bei diesem unlösbaren Konflikte war, als er einmal vor das Forum des griechischen Staates gezogen war, nur eine einzige Form der Verurteilung geboten, die Verbannung; als etwas durchaus Rätselhaftes, Unrubrizierbares, Unaufklärbares hätte man ihn über die Grenze weisen dürfen, ohne daß irgendeine Nachwelt im Recht gewesen wäre, die Athener einer schmählichen Tat zu zeihen. Daß aber der Tod und nicht nur die Verbannung über ihn ausgesprochen wurde, das scheint Sokrates selbst, mit völliger Klarheit und ohne den natürlichen Schauder vor dem Tode, durchgesetzt zu haben: er ging in den Tod, mit jener Ruhe, mit der er nach Platos Schilderung als der letzte der Zecher im frühen Tagesgrauen das Symposion verläßt, um einen neuen Tag zu beginnen; indes hinter ihm, auf den Bänken und auf der Erde, die verschlafenen Tischgenossen zurückbleiben, um von Sokrates, dem wahrhaften Erotiker, zu träumen. *Der sterbende Sokrates* wurde das neue, noch nie sonst geschaute Ideal der edlen griechischen Jugend: vor allen hat sich der typische hellenische Jüngling, Plato, mit aller inbrünstigen Hingebung seiner Schwärmerseele vor diesem Bilde niedergeworfen.

14

Denken wir uns jetzt das eine große Zyklopenauge des Sokrates auf die Tragödie gewandt, jenes Auge, in dem nie der holde Wahnsinn künstlerischer Begeisterung geglüht hat – denken wir uns, wie es jenem Auge versagt war, in die dionysischen Abgründe mit Wohlgefallen zu schauen – was eigentlich mußte es in der »erhabenen und hochgepriesenen« tragischen Kunst, wie sie Plato nennt, erblicken? Etwas recht Unvernünftiges, mit Ursachen, die ohne Wirkungen, und mit Wirkungen, die ohne Ursachen zu sein schienen; dazu das ganze so bunt und mannigfaltig, daß es einer besonnenen Gemütsart widerstreben müsse, für reizbare und empfindliche Seelen aber ein gefährlicher Zunder sei. Wir wissen, welche einzige Gattung der Dichtkunst von ihm begriffen wurde, die *äsopische Fabel*: und dies geschah gewiß mit jener lächelnden Anbequemung, mit welcher der ehrliche gute Gellert in der Fabel von der Biene und der Henne das Lob der Poesie singt:

»Du siehst an mir, wozu sie nützt,
Dem, der nicht viel Verstand besitzt,
Die Wahrheit durch ein Bild zu sagen.«

Nun aber schien Sokrates die tragische Kunst nicht einmal »die Wahrheit zu sagen«: abgesehen davon, daß sie sich an den wendet, der »nicht viel Verstand besitzt«, also nicht an den Philosophen: ein zweifacher Grund, von ihr fernzubleiben. Wie Plato, rechnete er sie zu den schmeichlerischen Künsten, die nur das Angenehme, nicht das Nützliche darstellen, und verlangte deshalb bei seinen Jüngern Enthaltsamkeit und strenge Absonderung von solchen unphilosophischen Reizungen; mit solchem Erfolge, daß der jugendliche Tragödiendichter Plato zuallererst seine Dichtungen verbrannte, um Schüler des Sokrates werden zu können. Wo aber unbesiegbare Anlagen gegen die sokratischen Maximen ankämpften, war die Kraft derselben, samt der Wucht jenes ungeheuren Charakters, immer noch groß genug, um die Poesie selbst in neue und bis dahin unbekannte Stellungen zu drängen.

Ein Beispiel dafür ist der eben genannte Plato: er, der in der Verurteilung der Tragödie und der Kunst überhaupt gewiß nicht hinter dem naiven Zynismus seines Meisters zurückgeblieben ist, hat doch aus voller künstlerischer Notwendigkeit eine Kunstform schaffen müssen, die gerade mit den vorhandenen und von ihm abgewiesenen Kunstformen innerlich verwandt ist. Der Hauptvorwurf, den Plato der älteren Kunst zu machen hatte – daß sie Nachahmung eines Scheinbildes sei, also noch einer niedrigeren Sphäre, als die empirische Welt ist, angehöre –, durfte vor allem nicht gegen das neue Kunstwerk gerichtet werden: und so sehen wir denn Plato bestrebt, über die Wirklichkeit hinauszugehn und die jener Pseudo-Wirklichkeit zugrunde liegende Idee darzustellen. Damit aber war der Denker Plato auf einem Umwege ebendahin gelangt, wo er als Dichter stets heimisch gewesen war, und von wo aus Sophokles und die ganze ältere Kunst feierlich gegen jenen Vorwurf protestierten. Wenn die Tragödie alle früheren Kunstgattungen in sich aufgesaugt hatte, so darf dasselbe wiederum in einem exzentrischen Sinne vom platonischen Dialoge gelten, der, durch Mischung aller vorhandenen Stile und Formen erzeugt, zwischen Erzählung, Lyrik, Drama, zwischen Prosa und Poesie in der Mitte schwebt und damit auch das strenge ältere Gesetz der einheitlichen sprachlichen Form durchbrochen hat; auf welchem Wege die *zynischen* Schriftsteller noch weiter gegangen sind, die in der größten Buntscheckigkeit des Stils, im Hin- und Herschwanken zwischen prosaischen und metrischen Formen, auch das literarische Bild des »rasenden Sokrates«, den sie im Leben darzustellen pflegten, erreicht haben. Der platonische Dialog war gleichsam der Kahn, auf dem sich die schiffbrüchige ältere Poesie samt allen ihren Kindern rettete: auf einem engen Raum

zusammengedrängt und dem einen Steuermann Sokrates ängstlich untertänig, fuhren sie jetzt in eine neue Welt hinein, die an dem phantastischen Bilde dieses Aufzugs sich nie satt sehen konnte. Wirklich hat für die ganze Nachwelt Plato das Vorbild einer neuen Kunstform gegeben, das Vorbild des *Romans*: der als die unendlich gesteigerte äsopische Fabel zu bezeichnen ist, in der die Poesie in einer ähnlichen Rangordnung zur dialektischen Philosophie lebt, wie viele Jahrhunderte hindurch dieselbe Philosophie zur Theologie: nämlich als *ancilla.* Dies war die neue Stellung der Poesie, in die sie Plato unter dem Drucke des dämonischen Sokrates drängte.

Hier überwächst der *philosophische Gedanke* die Kunst und zwingt sie zu einem engen Sich-Anklammern an den Stamm der Dialektik. In dem logischen Schematismus hat sich die *apollinische* Tendenz verpuppt: wie wir bei Euripides etwas Entsprechendes und außerdem eine Übersetzung des *Dionysischen* in den naturalistischen Affekt wahrzunehmen hatten. Sokrates, der dialektische Held im platonischen Drama, erinnert uns an die verwandte Natur des euripideischen Helden, der durch Grund und Gegengrund seine Handlungen verteidigen muß und dadurch so oft in Gefahr gerät, unser tragisches Mitleiden einzubüßen: denn wer vermöchte das *optimistische* Element im Wesen der Dialektik zu verkennen, das in jedem Schlusse sein Jubelfest feiert und allein in kühler Helle und Bewußtsein atmen kann: das optimistische Element, das, einmal in die Tragödie eingedrungen, ihre dionysischen Regionen allmählich überwuchern und sie notwendig zur Selbstvernichtung treiben muß – bis zum Todessprunge ins bürgerliche Schauspiel. Man vergegenwärtige sich nur die Konsequenzen der sokratischen Sätze: »Tugend ist Wissen; es wird nur gesündigt aus Unwissenheit; der Tugendhafte ist der Glückliche«; in diesen drei Grundformen des Optimismus liegt der Tod der Tragödie. Denn jetzt muß der tugendhafte Held Dialektiker sein, jetzt muß zwischen Tugend und Wissen, Glaube und Moral ein notwendiger sichtbarer Verband sein, jetzt ist die transzendentale Gerechtigkeitslösung des Äschylus zu dem flachen und frechen Prinzip der »poetischen Gerechtigkeit« mit seinem üblichen *deus ex machina* erniedrigt.

Wie erscheint dieser neuen sokratisch-optimistischen Bühnenwelt gegenüber jetzt der *Chor* und überhaupt der ganze musikalisch-dionysische Untergrund der Tragödie? Als etwas Zufälliges, als eine auch wohl zu missende Reminiszenz an den Ursprung der Tragödie; während wir doch eingesehen haben, daß der Chor nur als *Ursache* der Tragödie und des Tragischen überhaupt verstanden werden kann. Schon bei Sophokles zeigt sich jene Verlegenheit in betreff des Chors – ein wichtiges Zeichen, daß schon bei ihm der dionysische Boden der Tragödie zu zerbröckeln beginnt. Er wagt es nicht mehr, dem Chor den Hauptanteil der Wirkung anzuvertrauen, sondern schränkt sein Bereich dermaßen ein, daß er jetzt fast

den Schauspielern koordiniert erscheint, gleich als ob er aus der Orchestra in die Szene hineingehoben würde: womit freilich sein Wesen völlig zerstört ist, mag auch Aristoteles gerade dieser Auffassung des Chors seine Beistimmung geben. Jene Verrückung der Chorposition, welche Sophokles jedenfalls durch seine Praxis und, der Überlieferung nach, sogar durch eine Schrift anempfohlen hat, ist der erste Schritt zur *Vernichtung* des Chors, deren Phasen in Euripides, Agathon und der neueren Komödie mit erschreckender Schnelligkeit aufeinanderfolgen. Die optimistische Dialektik treibt mit der Geißel ihrer Syllogismen die *Musik* aus der Tragödie: d. h. sie zerstört das Wesen der Tragödie, welches sich einzig als eine Manifestation und Verbildlichung dionysischer Zustände, als sichtbare Symbolisierung der Musik, als die Traumwelt eines dionysischen Rausches interpretieren läßt.

Haben wir also sogar eine schon vor Sokrates wirkende antidionysische Tendenz anzunehmen, die nur in ihm einen unerhört großartigen Ausdruck gewinnt: so müssen wir nicht vor der Frage zurückschrecken, wohin denn eine solche Erscheinung wie die des Sokrates deute: die wir doch nicht imstande sind, angesichts der platonischen Dialoge, als eine nur auflösende negative Macht zu begreifen. Und so gewiß die allernächste Wirkung des sokratischen Triebes auf eine Zersetzung der dionysischen Tragödie ausging, so zwingt uns eine tiefsinnige Lebenserfahrung des Sokrates selbst zu der Frage, ob denn zwischen dem Sokratismus und der Kunst *notwendig* nur ein antipodisches Verhältnis bestehe und ob die Geburt eines »künstlerischen Sokrates« überhaupt etwas in sich Widerspruchsvolles sei.

Jener despotische Logiker hatte nämlich hier und da der Kunst gegenüber das Gefühl einer Lücke, einer Leere, eines halben Vorwurfs, einer vielleicht versäumten Pflicht. Öfters kam ihm, wie er im Gefängnis seinen Freunden erzählt, ein und dieselbe Traumerscheinung, die immer dasselbe sagte: »Sokrates, treibe Musik!« Er beruhigt sich bis zu seinen letzten Tagen mit der Meinung, sein Philosophieren sei die höchste Musenkunst, und glaubt nicht recht, daß eine Gottheit ihn an jene »gemeine, populäre Musik« erinnern werde. Endlich im Gefängnis versteht er sich, um sein Gewissen gänzlich zu entlasten, auch dazu, jene von ihm gering geachtete Musik zu treiben. Und in dieser Gesinnung dichtet er ein Proömium auf Apollo und bringt einige äsopische Fabeln in Verse. Das war etwas der dämonischen warnenden Stimme Ähnliches, was ihn zu diesen Übungen drängte, es war seine apollinische Einsicht, daß er wie ein Barbarenkönig ein edles Götterbild nicht verstehe und in der Gefahr sei, sich an seiner Gottheit zu versündigen – durch sein Nichtverstehn. Jenes Wort der sokratischen Traumerscheinung ist das einzige Zeichen einer Bedenklichkeit über die Grenzen der logischen Natur: vielleicht – so mußte er sich fragen – ist das mir Nichtverständliche doch nicht auch sofort das Unver-

ständige? Vielleicht gibt es ein Reich der Weisheit, aus dem der Logiker verbannt ist? Vielleicht ist die Kunst sogar ein notwendiges Korrelativum und Supplement der Wissenschaft?

15

Im Sinne dieser letzten ahnungsvollen Fragen muß nun ausgesprochen werden, wie der Einfluß des Sokrates, bis auf diesen Moment hin, ja in alle Zukunft hinaus, sich, gleich einem in der Abendsonne immer größer werdenden Schatten, über die Nachwelt hin ausgebreitet hat, wie derselbe zur Neuschaffung der *Kunst* – und zwar der Kunst im bereits metaphysischen, weitesten und tiefsten Sinne – immer wieder nötigt und, bei seiner eignen Unendlichkeit, auch deren Unendlichkeit verbürgt.

Bevor dies erkannt werden konnte, bevor die innerste Abhängigkeit jeder Kunst von den Griechen, den Griechen von Homer bis auf Sokrates, überzeugend dargetan war, mußte es uns mit diesen Griechen ergehen wie den Athenern mit Sokrates. Fast jede Zeit und Bildungsstufe hat einmal sich mit tiefem Mißmute von den Griechen zu befreien gesucht, weil angesichts derselben alles Selbstgeleistete, scheinbar völlig Originelle und recht aufrichtig Bewunderte plötzlich Farbe und Leben zu verlieren schien und zur mißlungenen Kopie, ja zur Karikatur zusammenschrumpfte. Und so bricht immer von neuem einmal der herzliche Ingrimm gegen jenes anmaßliche Völkchen hervor, das sich erkühnte, alles Nichteinheimische für alle Zeiten als »barbarisch« zu bezeichnen: wer sind jene, fragt man sich, die, obschon sie nur einen ephemeren historischen Glanz, nur lächerlich engbegrenzte Institutionen, nur eine zweifelhafte Tüchtigkeit der Sitte aufzuweisen haben und sogar mit häßlichen Lastern gekennzeichnet sind, doch die Würde und Sonderstellung unter den Völkern in Anspruch nehmen, die dem Genius unter der Masse zukommt? Leider war man nicht so glücklich, den Schierlingsbecher zu finden, mit dem ein solches Wesen einfach abgetan werden konnte: denn alles Gift, das Neid, Verleumdung und Ingrimm in sich erzeugten, reichte nicht hin, jene selbstgenugsame Herrlichkeit zu vernichten. Und so schämt und fürchtet man sich vor den Griechen; es sei denn, daß einer die Wahrheit über alles achte und so sich auch diese Wahrheit einzugestehen wage, daß die Griechen unsere und jegliche Kultur als Wagenlenker in den Händen haben, daß aber fast immer Wagen und Pferde von zu geringem Stoffe und der Glorie ihrer Führer unangemessen sind, die dann es für einen Scherz erachten, ein solches Gespann in den Abgrund zu jagen: über den sie selbst, mit dem Sprunge des Achilles, hinwegsetzen.

Um die Würde einer solchen Führerstellung auch für Sokrates zu erweisen, genügt es, in ihm den Typus einer vor ihm unerhörten Daseins-

form zu erkennen, den Typus des *theoretischen Menschen,* über dessen Bedeutung und Ziel zur Einsicht zu kommen, unsere nächste Aufgabe ist. Auch der theoretische Mensch hat ein unendliches Vergnügen am Vorhandenen, wie der Künstler, und ist wie jener vor der praktischen Ethik des Pessimismus und vor seinen nur im Finsteren leuchtenden Lynkeusaugen durch jenes Genügen geschützt. Wenn nämlich der Künstler bei jeder Enthüllung der Wahrheit immer nur mit verzückten Blicken an dem hängen bleibt, was auch jetzt, nach der Enthüllung, noch Hülle bleibt, genießt und befriedigt sich der theoretische Mensch an der abgeworfenen Hülle und hat sein höchstes Lustziel in dem Prozeß einer immer glücklichen, durch eigene Kraft gelingenden Enthüllung. Es gäbe keine Wissenschaft, wenn ihr nur um jene *eine* nackte Göttin und um nichts anderes zu tun wäre. Denn dann müßte es ihren Jüngern zumute sein, wie solchen, die ein Loch gerade durch die Erde graben wollten: von denen ein jeder einsieht, daß er, bei größter und lebenslänglicher Anstrengung, nur ein ganz kleines Stück der ungeheuren Tiefe zu durchgraben imstande sei, welches vor seinen Augen durch die Arbeit des nächsten wieder überschüttet wird, so daß ein dritter wohl daran zu tun scheint, wenn er auf eigne Faust eine neue Stelle für seine Bohrversuche wählt. Wenn jetzt nun einer zur Überzeugung beweist, daß auf diesem direkten Wege das Antipodenziel nicht zu erreichen sei, wer wird noch in den alten Tiefen weiterarbeiten wollen, es sei denn, daß er sich nicht inzwischen genügen lasse, edles Gestein zu finden oder Naturgesetze zu entdecken. Darum hat Lessing, der ehrlichste theoretische Mensch, es auszusprechen gewagt, daß ihm mehr am Suchen der Wahrheit als an ihr selbst gelegen sei: womit das Grundgeheimnis der Wissenschaft, zum Erstaunen, ja Ärger der Wissenschaftlichen, aufgedeckt worden ist. Nun steht freilich neben dieser vereinzelten Erkenntnis, als einem Exzeß der Ehrlichkeit, wenn nicht des Übermutes, eine tiefsinnige *Wahnvorstellung,* welche zuerst in der Person des Sokrates zur Welt kam, – jener unerschütterliche Glaube, daß das Denken, an dem Leitfaden der Kausalität, bis in die tiefsten Abgründe des Seins reiche, und daß das Denken das Sein nicht nur zu erkennen, sondern sogar zu *korrigieren* imstande sei. Dieser erhabene metaphysische Wahn ist als Instinkt der Wissenschaft beigegeben und führt sie immer und immer wieder zu ihren Grenzen, an denen sie in *Kunst* umschlagen muß: *auf welche es eigentlich, bei diesem Mechanismus, abgesehen ist.*

Schauen wir jetzt, mit der Fackel dieses Gedankens, auf Sokrates hin: so erscheint er uns als der erste, der an der Hand jenes Instinktes der Wissenschaft nicht nur leben, sondern – was bei weitem mehr ist – auch sterben konnte; und deshalb ist das Bild des *sterbenden Sokrates* als des durch Wissen und Gründe der Todesfurcht enthobenen Menschen das Wappenschild, das über dem Eingangstor der Wissenschaft einen jeden an deren Bestimmung erinnert, nämlich das Dasein als begreiflich und damit

als gerechtfertigt erscheinen zu machen: wozu freilich, wenn die Gründe nicht reichen, schließlich auch der *Mythus* dienen muß, den ich sogar als notwendige Konsequenz, ja als Absicht der Wissenschaft soeben bezeichnete.

Wer sich einmal anschaulich macht, wie nach Sokrates, dem Mystagogen der Wissenschaft, eine Philosophenschule nach der anderen wie Welle auf Welle sich ablöst, wie eine nie geahnte Universalität der Wissensgier in dem weitesten Bereich der gebildeten Welt und als eigentliche Aufgabe für jeden höher Befähigten die Wissenschaft auf die hohe See führte, von der sie niemals seitdem wieder völlig vertrieben werden konnte, wie durch diese Universalität erst ein gemeinsames Netz des Gedankens über den gesamten Erdball, ja mit Ausblicken über die Gesetzlichkeit eines ganzen Sonnensystems, gespannt wurde; wer dies alles, samt der erstaunlich hohen Wissenspyramide der Gegenwart, sich vergegenwärtigt, der kann sich nicht entbrechen, in Sokrates den einen Wendepunkt und Wirbel der sogenannten Weltgeschichte zu sehen. Denn dächte man sich einmal diese ganze unbezifferbare Summe von Kraft, die für jene Welttendenz verbraucht worden ist, *nicht* im Dienste des Erkennens, sondern auf die praktischen, d. h. egoistischen Ziele der Individuen und Völker verwendet, so wäre wahrscheinlich in allgemeinen Vernichtungskämpfen und fortdauernden Völkerwanderungen die instinktive Lust zum Leben so abgeschwächt, daß, bei der Gewohnheit des Selbstmordes, der einzelne vielleicht den letzten Rest von Pflichtgefühl empfinden müßte, wenn er, wie der Bewohner der Fidschi-Inseln, als Sohn seine Eltern, als Freund seinen Freund erdrosselt: ein praktischer Pessimismus, der selbst eine grausenhafte Ethik des Völkermordes aus Mitleid erzeugen könnte – der übrigens überall in der Welt vorhanden ist und vorhanden war, wo nicht die Kunst in irgendwelchen Formen, besonders als Religion und Wissenschaft, zum Heilmittel und zur Abwehr jenes Pesthauchs erschienen ist.

Angesichts dieses praktischen Pessimismus ist Sokrates das Urbild des theoretischen Optimisten, der in dem bezeichneten Glauben an die Ergründlichkeit der Natur der Dinge dem Wissen und der Erkenntnis die Kraft einer Universalmedizin beilegt und im Irrtum das Übel an sich begreift. In jene Gründe einzudringen und die wahre Erkenntnis vom Schein und vom Irrtum zu sondern, dünkte dem sokratischen Menschen der edelste, selbst der einzige wahrhaft menschliche Beruf zu sein: so wie jener Mechanismus der Begriffe, Urteile und Schlüsse von Sokrates ab als höchste Betätigung und bewunderungswürdigste Gabe der Natur über alle anderen Fähigkeiten geschätzt wurde. Selbst die erhabensten sittlichen Taten, die Regungen des Mitleids, der Aufopferung, des Heroismus und jene schwer zu erringende Meeresstille der Seele, die der apollinische Grieche Sophrosyne nannte, wurden von Sokrates und seinen gleichgesinnten Nachfolgern bis auf die Gegenwart hin aus der Dialektik des Wissens abgeleitet und demgemäß als lehrbar bezeichnet. Wer die Lust einer so-

kratischen Erkenntnis an sich erfahren hat und spürt, wie diese, in immer weiteren Ringen, die ganze Welt der Erscheinungen zu umfassen sucht, der wird von da an keinen Stachel, der zum Dasein drängen könnte, heftiger empfinden als die Begierde, jene Eroberung zu vollenden und das Netz undurchdringbar fest zu spinnen. Einen so Gestimmten erscheint dann der platonische Sokrates als der Lehrer einer ganz neuen Form der »griechischen Heiterkeit« und Daseinsseligkeit, welche sich in Handlungen zu entladen sucht und diese Entladungen zumeist in mäeutischen und erziehenden Einwirkungen auf edle Jünglinge, zum Zweck der endlichen Erzeugung des Genius, finden wird.

Nun aber eilt die Wissenschaft, von ihrem kräftigen Wahne angespornt, unaufhaltsam bis zu ihren Grenzen, an denen ihr im Wesen der Logik verborgener Optimismus scheitert. Denn die Peripherie des Kreises der Wissenschaft hat unendlich viele Punkte, und während noch gar nicht abzusehen ist, wie jemals der Kreis völlig ausgemessen werden könnte, so trifft doch der edle und begabte Mensch, noch vor der Mitte seines Daseins und unvermeidlich, auf solche Grenzpunkte der Peripherie, wo er in das Unaufhellbare starrt. Wenn er hier zu seinem Schrecken sieht, wie die Logik sich an diesen Grenzen um sich selbst ringelt und endlich sich in den Schwanz beißt – da bricht die neue Form der Erkenntnis durch *die tragische Erkenntnis,* die, um nur ertragen zu werden, als Schutz und Heilmittel die Kunst braucht.

Schauen wir, mit gestärkten und an den Griechen erlabten Augen, auf die höchsten Sphären derjenigen Welt, die uns umflutet, so gewahren wir die in Sokrates vorbildlich erscheinende Gier der unersättlichen optimistischen Erkenntnis in tragische Resignation und Kunstbedürftigkeit umgeschlagen: während allerdings dieselbe Gier, auf ihren niederen Stufen, sich kunstfeindlich äußern und vornehmlich die dionysisch-tragische Kunst innerlich verabscheuen muß, wie dies an der Bekämpfung der äschyleischen Tragödie durch den Sokratismus beispielsweise dargestellt wurde.

Hier nun klopfen wir, bewegten Gemütes, an die Pforten der Gegenwart und Zukunft: wird jenes »Umschlagen« zu immer neuen Konfigurationen des Genius und gerade des *musiktreibenden Sokrates* führen? Wird das über das Dasein gebreitete Netz der Kunst, sei es auch unter dem Namen der Religion oder der Wissenschaft, immer fester und zarter geflochten werden, oder ist ihm bestimmt, unter dem ruhelos barbarischen Treiben und Wirbeln, das sich jetzt »die Gegenwart« nennt, in Fetzen zu reißen? – Besorgt, doch nicht trostlos stehen wir eine kleine Weile beiseite, als die Beschaulichen, denen es erlaubt ist, Zeugen jener ungeheuren Kämpfe und Übergänge zu sein. Ach! Es ist der Zauber dieser Kämpfe, daß, wer sie schaut, sie auch kämpfen muß!

16

An diesem ausgeführten historischen Beispiel haben wir klarzumachen gesucht, wie die Tragödie an dem Entschwinden des Geistes der Musik ebenso gewiß zugrunde geht, wie sie aus diesem Geiste allein geboren werden kann. Das Ungewöhnliche dieser Behauptung zu mildern und andererseits den Ursprung dieser unserer Erkenntnis aufzuzeigen, müssen wir uns jetzt freien Blicks den analogen Erscheinungen der Gegenwart gegenüberstellen; wir müssen mitten hinein in jene Kämpfe treten, welche, wie ich eben sagte, zwischen der unersättlichen optimistischen Erkenntnis und der tragischen Kunstbedürftigkeit in den höchsten Sphären unserer jetzigen Welt gekämpft werden. Ich will hierbei von allen den anderen gegnerischen Trieben absehen, die zu jeder Zeit der Kunst und gerade der Tragödie entgegenarbeiten und die auch in der Gegenwart in dem Maße siegesgewiß um sich greifen, daß von den theatralischen Künsten z. B. allein die Posse und das Ballett in einem einigermaßen üppigen Wuchern ihre vielleicht nicht für jedermann wohlriechenden Blüten treiben. Ich will nur von der *erlauchtesten Gegnerschaft* der tragischen Weltbetrachtung reden und meine damit die in ihrem tiefsten Wesen optimistische Wissenschaft, mit ihrem Ahnherrn Sokrates an der Spitze. Alsbald sollen auch die Mächte bei Namen genannt werden, welche mir *eine Wiedergeburt der Tragödie* – und welche andere selige Hoffnungen für das deutsche Wesen! – zu verbürgen scheinen.

Bevor wir uns mitten in jene Kämpfe hineinstürzen, hüllen wir uns in die Rüstung unserer bisher eroberten Erkenntnisse. Im Gegensatz zu allen denen, welche beflissen sind, die Künste aus einem einzigen Prinzip, als dem notwendigen Lebensquell jedes Kunstwerks, abzuleiten, halte ich den Blick auf jene beiden künstlerischen Gottheiten der Griechen, Apollo und Dionysus, geheftet und erkenne in ihnen die lebendigen und anschaulichen Repräsentanten *zweier* in ihrem tiefsten Wesen und ihren höchsten Zielen verschiedenen Kunstwelten. Apollo steht vor mir als der verklärende Genius des *principii individuationis,* durch den allein die Erlösung im Scheine wahrhaft zu erlangen ist: während unter dem mystischen Jubelruf des Dionysus der Bann der Individuation zersprengt wird und der Weg zu den Müttern des Seins, zu dem innersten Kern der Dinge offenliegt. Dieser ungeheure Gegensatz, der sich zwischen der plastischen Kunst als der apollinischen und der Musik als der dionysischen Kunst klaffend auftut, ist einem einzigen der großen Denker in dem Maße offenbar geworden, daß er, selbst ohne jene Anleitung der hellenischen Göttersymbolik, der Musik einen verschiedenen Charakter und Ursprung vor allen anderen Künsten zuerkannte, weil sie nicht, wie jene alle, Abbild der Erscheinung, sondern unmittelbar Abbild des Willens selbst sei und also zu *allem Physischen der Welt das Metaphysische,* zu aller Erscheinung das Ding an

sich darstelle. (Schopenhauer, Welt als Wille und Vorstellung I, S. 310.) Auf diese wichtigste Erkenntnis aller Ästhetik, mit der, in einem ernsteren Sinne genommen, die Ästhetik erst beginnt, hat Richard Wagner, zur Bekräftigung ihrer ewigen Wahrheit seinen Stempel gedrückt, wenn er im »Beethoven« feststellt, daß die Musik nach ganz anderen ästhetischen Prinzipien als alle bildenden Künste und überhaupt nicht nach der Kategorie der Schönheit zu bemessen sei: obgleich eine irrige Ästhetik an der Hand einer mißleiteten und entarteten Kunst, von jenem in der bildnerischen Welt geltenden Begriff der Schönheit aus sich gewöhnt habe, von der Musik eine ähnliche Wirkung wie von den Werken der bildenden Kunst zu fordern, nämlich die Erregung *des Gefallens an schönen Formen.* Nach der Erkenntnis jenes ungeheuren Gegensatzes fühlte ich eine starke Nötigung, mich dem Wesen der griechischen Tragödie und damit der tiefsten Offenbarung des hellenischen Genius zu nahen: denn erst jetzt glaubte ich des Zaubers mächtig zu sein, über die Phraseologie unserer üblichen Ästhetik hinaus, das Urproblem der Tragödie mir leibhaft vor die Seele stellen zu können: wodurch mir ein so befremdlich eigentümlicher Blick in das Hellenische vergönnt war, daß es mir scheinen mußte, als ob unsre so stolz sich gebärdende klassisch-hellenische Wissenschaft in der Hauptsache bis jetzt nur an Schattenspielen und Äußerlichkeiten sich zu weiden gewußt habe.

Jenes Urproblem möchten wir vielleicht mit dieser Frage berühren: welche ästhetische Wirkung entsteht, wenn jene an sich getrennten Kunstmächte des Apollinischen und des Dionysischen nebeneinander in Tätigkeit geraten? Oder in kürzerer Form: wie verhält sich die Musik zu Bild und Begriff? – Schopenhauer, dem Richard Wagner gerade für diesen Punkt eine nicht zu überbietende Deutlichkeit und Durchsichtigkeit der Darstellung nachrühmt, äußert sich hierüber am ausführlichsten in der folgenden Stelle, die ich hier in ihrer ganzen Länge wiedergeben werde. Welt als Wille und Vorstellung I, S. 309: »Diesem allen zufolge können wir die erscheinende Welt, oder die Natur, und die Musik als zwei verschiedene Ausdrücke derselben Sache ansehen, welche selbst daher das allein Vermittelnde der Analogie beider ist, dessen Erkenntnis erfordert wird, um jene Analogie einzusehen. Die Musik ist demnach, wenn als Ausdruck der Welt angesehen, eine im höchsten Grad allgemeine Sprache, die sich sogar zur Allgemeinheit der Begriffe ungefähr verhält wie diese zu den einzelnen Dingen. Ihre Allgemeinheit ist aber keineswegs jene leere Allgemeinheit der Abstraktion, sondern ganz anderer Art, und ist verbunden mit durchgängiger deutlicher Bestimmheit. Sie gleicht hierin den geometrischen Figuren und den Zahlen, welche als die allgemeinen Formen aller möglichen Objekte der Erfahrung und auf alle *a priori* anwendbar, doch nicht abstrakt, sondern anschaulich und durchgängig bestimmt sind. Alle möglichen Bestrebungen, Erregungen und Äußerungen des Willens,

alle jene Vorgänge im Innern des Menschen, welche die Vernunft in den weiten negativen Begriff Gefühl wirft, sind durch die unendlich vielen möglichen Melodien auszudrücken, aber immer in der Allgemeinheit bloßer Form, ohne den Stoff, immer nur nach dem An-sich, nicht nach der Erscheinung, gleichsam die innerste Seele derselben, ohne Körper. Aus diesem innigen Verhältnis, welches die Musik zum wahren Wesen aller Dinge hat, ist auch dies zu erklären, daß, wenn zu irgendeiner Szene, Handlung, Vorgang, Umgebung eine passende Musik ertönt, diese uns den geheimsten Sinn derselben aufzuschließen scheint und als der richtigste und deutlichste Kommentar dazu auftritt: ingleichen, daß es dem, der sich dem Eindruck einer Symphonie ganz hingibt, ist, als sähe er alle möglichen Vorgänge des Lebens und der Welt an sich vorüberziehen: dennoch kann er, wenn er sich besinnt, keine Ähnlichkeit angeben zwischen jenem Tonspiel und den Dingen, die ihm vorschwebten. Denn die Musik ist, wie gesagt, darin von allen anderen Künsten verschieden, daß sie nicht Abbild der Erscheinung, oder richtiger, der adäquaten Objektität des Willens, sondern unmittelbar Abbild des Willens selbst ist und also zu allem Physischen der Welt das Metaphysische, zu aller Erscheinung das Ding an sich darstellt. Man könnte demnach die Welt ebensowohl verkörperte Musik, als verkörperten Willen nennen: daraus also ist es erklärlich, warum Musik jedes Gemälde, ja jede Szene des wirklichen Lebens und der Welt, sogleich in erhöhter Bedeutsamkeit hervortreten läßt; freilich um so mehr, je analoger ihre Melodie dem innern Geiste der gegebenen Erscheinung ist. Hierauf beruht es, daß man ein Gedicht als Gesang, oder eine anschauliche Darstellung als Pantomime, oder beides als Oper der Musik unterlegen kann. Solche einzelne Bilder des Menschenlebens, der allgemeinen Sprache der Musik untergelegt, sind nie mit durchgängiger Notwendigkeit ihr verbunden oder entsprechend; sondern sie stehen zu ihr nur im Verhältnis eines beliebigen Beispiels zu einem allgemeinen Begriff: sie stellen in der Bestimmtheit der Wirklichkeit dasjenige dar, was die Musik in der Allgemeinheit bloßer Form aussagt. Denn die Melodien sind gewissermaßen, gleich den allgemeinen Begriffen, ein Abstraktum der Wirklichkeit. Diese nämlich, also die Welt der einzelnen Dinge, liefert das Anschauliche, das Besondere und Individuelle, den einzelnen Fall, sowohl zur Allgemeinheit der Begriffe, als zur Allgemeinheit der Melodien, welche beide Allgemeinheiten einander aber in gewisser Hinsicht entgegengesetzt sind; indem die Begriffe nur die allererst aus der Anschauung abstrahierten Formen, gleichsam die abgezogene äußere Schale der Dinge enthalten, also ganz eigentlich Abstrakta sind; die Musik hingegen den innersten aller Gestaltung vorhergängigen Kern, oder das Herz der Dinge gibt. Dies Verhältnis ließe sich recht gut in der Sprache der Scholastiker ausdrücken, indem man sagt: die Begriffe sind die *universalia post rem*, die Musik aber gibt die *universalia ante rem*, und die Wirklichkeit die

universalia in re. – Daß aber überhaupt eine Beziehung zwischen einer Komposition und einer anschaulichen Darstellung möglich ist, beruht, wie gesagt, darauf, daß beide nur ganz verschiedene Ausdrücke des selben innern Wesens der Welt sind. Wann nun im einzelnen Fall eine solche Beziehung wirklich vorhanden ist, also der Komponist die Willensregungen, welche den Kern einer Begebenheit ausmachen, in der allgemeinen Sprache der Musik auszusprechen gewußt hat: dann ist die Melodie des Liedes, die Melodie der Oper ausdrucksvoll. Die vom Komponisten aufgefundene Analogie zwischen jenen beiden muß aber aus der unmittelbaren Erkenntnis des Wesens der Welt, seiner Vernunft unbewußt, hervorgegangen und darf nicht, mit bewußter Absichtlichkeit, durch Begriffe vermittelte Nachahmung sein: sonst spricht die Musik nicht das innere Wesen, den Willen selbst aus; sondern ahmt nur seine Erscheinung ungenügend nach; wie dies alle eigentlich nachbildende Musik tut.« –

Wir verstehen also, nach der Lehre Schopenhauers, die Musik als die Sprache des Willens unmittelbar und fühlen unsere Phantasie angeregt, jene zu uns redende, unsichtbare und doch so lebhaft bewegte Geisterwelt zu gestalten und sie in einem analogen Beispiel uns zu verkörpern. Andrerseits kommt Bild und Begriff, unter der Einwirkung einer wahrhaft entsprechenden Musik, zu einer erhöhten Bedeutsamkeit. Zweierlei Wirkungen pflegt also die dionysische Kunst auf das apollinische Kunstvermögen auszuüben: die Musik reizt zum *gleichnisartigen Anschauen* der dionysischen Allgemeinheit, die Musik läßt sodann das gleichnisartige Bild *in höchster Bedeutsamkeit* hervortreten. Aus diesen an sich verständlichen und keiner tieferen Beobachtung unzugänglichen Tatsachen erschließe ich die Befähigung der Musik, *den Mythus,* d. h. das bedeutsamste Exempel zu gebären und gerade den *tragischen* Mythus: den Mythus, der von der dionysischen Erkenntnis in Gleichnissen redet. An dem Phänomen des Lyrikers habe ich dargestellt, wie die Musik im Lyriker darnach ringt, in apollinischen Bildern über ihr Wesen sich kund zu geben: denken wir uns jetzt, daß die Musik in ihrer höchsten Steigerung auch zu einer höchsten Verbildlichung zu kommen suchen muß, so müssen wir für möglich halten, daß sie auch den symbolischen Ausdruck für ihre eigentlich dionysische Weisheit zu finden wisse; und wo anders werden wir diesen Ausdruck zu suchen haben, wenn nicht in der Tragödie und überhaupt im Begriff *des Tragischen*?

Aus dem Wesen der Kunst, wie sie gemeinhin nach der einzigen Kategorie des Scheines und der Schönheit begriffen wird, ist das Tragische in ehrlicher Weise gar nicht abzuleiten; erst aus dem Geiste der Musik heraus verstehen wir eine Freude an der Vernichtung des Individuums. Denn an den einzelnen Beispielen einer solchen Vernichtung wird uns nur das ewige Phänomen der dionysischen Kunst deutlich gemacht, die den Willen in seiner Allmacht gleichsam hinter dem *principio individuationis,* das ewige

Leben jenseits aller Erscheinung und trotz aller Vernichtung zum Ausdruck bringt. Die metaphysische Freude am Tragischen ist eine Übersetzung der instinktiv unbewußten dionysischen Weisheit in die Sprache des Bildes: der Held, die höchste Willenserscheinung, wird zu unserer Lust verneint, weil er doch nur Erscheinung ist, und das ewige Leben des Willens durch seine Vernichtung nicht berührt wird. »Wir glauben an das ewige Leben«, so ruft die Tragödie; während die Musik die unmittelbare Idee dieses Lebens ist. Ein ganz verschiedenes Ziel hat die Kunst des Plastikers: hier überwindet Apollo das Leiden des Individuums durch die leuchtende Verherrlichung der *Ewigkeit der Erscheinung,* hier siegt die Schönheit über das dem Leben inhärierende Leiden, der Schmerz wird in einem gewissen Sinne aus den Zügen der Natur hinweggelogen. In der dionysischen Kunst und in deren tragischer Symbolik redet uns dieselbe Natur mit ihrer wahren, unverstellten Stimme an: »Seid wie ich bin! Unter dem unaufhörlichen Wechsel der Erscheinungen die ewig schöpferische, ewig zum Dasein zwingende, an diesem Erscheinungswechsel sich ewig befriedigende Urmutter!«

17

Auch die dionysische Kunst will uns von der ewigen Lust des Daseins überzeugen: nur sollen wir diese Lust nicht in den Erscheinungen, sondern hinter den Erscheinungen suchen. Wir sollen erkennen, wie alles, was entsteht, zum leidvollen Untergange bereit sein muß, wir werden gezwungen, in die Schrecken der Individualexistenz hineinzublicken – und sollen doch nicht erstarren: ein metaphysischer Trost reißt uns momentan aus dem Getriebe der Wandelgestalten heraus. Wir sind wirklich in kurzen Augenblicken das Urwesen selbst und fühlen dessen unbändige Daseinsgier und Daseinslust; der Kampf, die Qual, die Vernichtung der Erscheinungen dünkt uns jetzt wie notwendig, bei dem Übermaß von unzähligen, sich ins Leben drängenden und stoßenden Daseinsformen, bei der überschwänglichen Fruchtbarkeit des Weltwillens; wir werden von dem wütenden Stachel dieser Qualen in demselben Augenblicke durchbohrt, wo wir gleichsam mit der unermeßlichen Urlust am Dasein eins geworden sind und wo wir die Unzerstörbarkeit und Ewigkeit dieser Lust in dionysischer Entzückung ahnen. Trotz Furcht und Mitleid sind wir die Glücklich-Lebendigen, nicht als Individuen, sondern als das *eine* Lebendige, mit dessen Zeugungslust wir verschmolzen sind.

Die Entstehungsgeschichte der griechischen Tragödie sagt uns jetzt mit lichtvoller Bestimmtheit, wie das tragische Kunstwerk der Griechen wirklich aus dem Geiste der Musik herausgeboren ist: durch welchen Gedanken wir zum ersten Male dem ursprünglichen und so erstaunlichen Sinne

des Chors gerecht geworden zu sein glauben. Zugleich aber müssen wir zugeben, daß die vorhin aufgestellte Bedeutung des tragischen Mythus den griechischen Dichtern, geschweige den griechischen Philosophen, niemals in begrifflicher Deutlichkeit durchsichtig geworden ist; ihre Helden sprechen gewissermaßen oberflächlicher, als sie handeln; der Mythus findet in dem gesprochnen Wort durchaus nicht seine adäquate Objektivation. Das Gefüge der Szenen und die anschaulichen Bilder offenbaren eine tiefere Weisheit, als der Dichter selbst in Worte und Begriffe fassen kann: wie das gleiche auch bei Shakespeare beobachtet wird, dessen Hamlet z. B. in einem ähnlichen Sinne oberflächlicher redet, als er handelt, so daß nicht aus den Worten heraus, sondern aus dem vertieften Anschauen und Überschauen des Ganzen jene früher erwähnte Hamletlehre zu entnehmen ist. In betreff der griechischen Tragödie, die uns freilich nur als Wortdrama entgegentritt, habe ich sogar angedeutet, daß jene Inkongruenz zwischen Mythus und Wort uns leicht verführen könnte, sie für flacher und bedeutungsloser zu halten, als sie ist, und demnach auch eine oberflächlichere Wirkung für sie vorauszusetzen, als sie nach den Zeugnissen der Alten gehabt haben muß: denn wie leicht vergißt man, daß, was dem Wortdichter nicht gelungen war, die höchste Vergeistigung und Idealität des Mythus zu erreichen, ihm als schöpferischer Musiker in jedem Augenblick gelingen konnte! Wir freilich müssen uns die Übermacht der musikalischen Wirkung fast auf gelehrtem Wege rekonstruieren, um etwas von jenem unvergleichlichen Troste zu empfangen, der der wahren Tragödie zu eigen sein muß. Selbst diese musikalische Übermacht aber würden wir nur, wenn wir Griechen wären, als solche empfunden haben: während wir in der ganzen Entfaltung der griechischen Musik – der uns bekannten und vertrauten, so unendlich reicheren gegenüber – nur das in schüchternem Kraftgefühle angestimmte Jünglingslied des musikalischen Genius zu hören glauben. Die Griechen sind, wie die ägyptischen Priester sagen, die ewigen Kinder, und auch in der tragischen Kunst nur die Kinder, welche nicht wissen, welches erhabene Spielzeug unter ihren Händen entstanden ist und – zertrümmert wird.

Jenes Ringen des Geistes der Musik nach bildlicher und mythischer Offenbarung, welches von den Anfängen der Lyrik bis zur attischen Tragödie sich steigert, bricht plötzlich, nach eben erst errungener üppiger Entfaltung, ab und verschwindet gleichsam von der Oberfläche der hellenischen Kunst: während die aus diesem Ringen geborene dionysische Weltbetrachtung in den Mysterien weiterlebt und in den wunderbarsten Metamorphosen und Entartungen nicht aufhört, ernstere Naturen an sich zu ziehen. Ob sie nicht aus ihrer mystischen Tiefe einst wieder als Kunst emporsteigen wird?

Hier beschäftigt uns die Frage, ob die Macht, an deren Entgegenwirken die Tragödie sich brach, für alle Zeit genug Stärke hat, um das künstle-

rische Wiedererwachen der Tragödie und der tragischen Weltbetrachtung zu verhindern. Wenn die alte Tragödie durch den dialektischen Trieb zum Wissen und zum Optimismus der Wissenschaft aus ihrem Gleise gedrängt wurde, so wäre aus dieser Tatsache auf einen ewigen Kampf zwischen *der theoretischen* und *der tragischen Weltbetrachtung* zu schließen; und erst nachdem der Geist der Wissenschaft bis an seine Grenze geführt ist, und sein Anspruch auf universale Gültigkeit durch den Nachweis jener Grenzen vernichtet ist, dürfte auf eine Wiedergeburt der Tragödie zu hoffen sein: für welche Kulturform wir das Symbol *des musiktreibenden Sokrates,* in dem früher erörterten Sinne, hinzustellen hätten. Bei dieser Gegenüberstellung verstehe ich unter dem Geiste der Wissenschaft jenen zuerst in der Person des Sokrates ans Licht gekommenen Glauben an die Ergründlichkeit der Natur und an die Universalheilkraft des Wissens.

Wer sich an die nächsten Folgen dieses rastlos vorwärtsdringenden Geistes der Wissenschaft erinnert, wird sich sofort vergegenwärtigen, wie durch ihn der *Mythus* vernichtet wurde und wie durch diese Vernichtung die Poesie aus ihrem natürlichen idealen Boden als eine nunmehr heimatlose, verdrängt war. Haben wir mit Recht der Musik die Kraft zugesprochen, den Mythus wieder aus sich gebären zu können, so werden wir den Geist der Wissenschaft auch auf der Bahn zu suchen haben, wo er dieser mythenschaffenden Kraft der Musik feindlich entgegentritt. Dies geschieht in der Entfaltung des *neueren attischen Dithyrambus,* dessen Musik nicht mehr das innere Wesen, den Willen selbst aussprach, sondern nur die Erscheinung ungenügend, in einer durch Begriffe vermittelten Nachahmung wiedergab: von welcher innerlich entarteten Musik sich die wahrhaft musikalischen Naturen mit demselben Widerwillen abwandten, den sie vor der kunstmörderischen Tendenz des Sokrates hatten. Der sicher zugreifende Instinkt des Aristophanes hat gewiß das Rechte erfaßt, wenn er Sokrates selbst, die Tragödie des Euripides und die Musik der neueren Dithyrambiker in dem gleichen Gefühle des Hasses zusammenfaßte und in allen drei Phänomenen die Merkmale einer degenerierten Kultur witterte. Durch jenen neueren Dithyrambus ist die Musik in frevelhafter Weise zum imitatorischen Konterfei der Erscheinung z. B. einer Schlacht, eines Seesturmes gemacht und damit allerdings ihrer mythenschaffenden Kraft gänzlich beraubt worden. Denn wenn sie unsere Ergötzung nur dadurch zu erregen sucht, daß sie uns zwingt, äußerliche Analogien zwischen einem Vorgange des Lebens und der Natur und gewissen rhythmischen Figuren und charakteristischen Klängen der Musik zu suchen, wenn sich unser Verstand an der Erkenntnis dieser Analogien befriedigen soll, so sind wir in eine Stimmung herabgezogen, in der eine Empfängnis des Mythischen unmöglich ist; denn der Mythus will als ein einziges Exempel einer ins Unendliche hinein starrenden Allgemeinheit und Wahrheit

anschaulich empfunden werden. Die wahrhaft dionysische Musik tritt uns als ein solcher allgemeiner Spiegel des Weltwillens gegenüber: jenes anschauliche Ereignis, das sich in diesem Spiegel bricht, erweitert sich sofort für unser Gefühl zum Abbilde einer ewigen Wahrheit. Umgekehrt wird ein solches anschauliches Ereignis durch die Tonmalerei des neueren Dithyrambus sofort jedes mythischen Charakters entkleidet; jetzt ist die Musik zum dürftigen Abbilde der Erscheinung geworden und darum unendlich ärmer als die Erscheinung selbst: durch welche Armut sie für unsere Empfindung die Erscheinung selbst noch herabzieht, so daß jetzt z. B. eine derartig musikalisch imitierte Schlacht sich in Marschlärm, Signalklängen usw. erschöpft, und unsere Phantasie gerade bei diesen Oberflächlichkeiten festgehalten wird. Die Tonmalerei ist also in jeder Beziehung das Gegenstück zu der mythenschaffenden Kraft der wahren Musik: durch sie wird die Erscheinung noch ärmer, als sie ist, während durch die dionysische Musik die einzelne Erscheinung sich zum Weltbilde bereichert und erweitert. Es war ein mächtiger Sieg des undionysischen Geistes, als er, in der Entfaltung des neueren Dithyrambus, die Musik sich selbst entfremdet und sie zur Sklavin der Erscheinung herabgedrückt hatte. Euripides, der in einem höheren Sinne eine durchaus unmusikalische Natur genannt werden muß, ist aus eben diesem Grunde leidenschaftlicher Anhänger der neueren dithyrambischen Musik und verwendet mit der Freigebigkeit eines Räubers alle ihre Effektstücke und Manieren.

Nach einer anderen Seite sehen wir die Kraft dieses undionysischen, gegen den Mythus gerichteten Geistes in Tätigkeit, wenn wir unsere Blicke auf das Überhandnehmen der *Charakterdarstellung* und des psychologischen Raffinements in der Tragödie von Sophokles ab richten. Der Charakter soll sich nicht mehr zum ewigen Typus erweitern lassen, sondern im Gegenteil so auch künstliche Nebenzüge und Schattierungen, durch feinste Bestimmtheit aller Linien individuell wirken, daß der Zuschauer überhaupt nicht mehr den Mythus, sondern die mächtige Naturwahrheit und die Imitationskraft des Künstlers empfindet. Auch hier gewahren wir den Sieg der Erscheinung über das Allgemeine und die Lust an dem einzelnen gleichsam anatomischen Präparat, wir atmen bereits die Luft einer theoretischen Welt, welcher die wissenschaftliche Erkenntnis höher gilt als die künstlerische Wiederspiegelung einer Weltregel. Die Bewegung auf der Linie des Charakteristischen geht schnell weiter: während noch Sophokles ganze Charaktere malt und zu ihrer raffinierten Entfaltung den Mythus ins Joch spannt, malt Euripides bereits nur noch große einzelne Charakterzüge, die sich in heftigen Leidenschaften zu äußern wissen; in der neuern attischen Komödie gibt es nur noch Masken mit *einem* Ausdruck, leichtsinnige Alte, geprellte Kuppler, verschmitzte Sklaven in unermüdlicher Wiederholung. Wohin ist jetzt der mythenbildende Geist der Musik?

Was jetzt noch von Musik übrig ist, das ist entweder Aufregungs- oder Erinnerungsmusik, d. h. entweder ein Stimulanzmittel für stumpfe und verbrauchte Nerven oder Tonmalerei. Für die erstere kommt es auf den untergelegten Text kaum noch an: schon bei Euripides geht es, wenn seine Helden oder Chöre erst zu singen anfangen, recht liederlich zu; wohin mag es bei seinen frechen Nachfolgern gekommen sein?

Am allerdeutlichsten aber offenbart sich der neue undionysische Geist in den *Schlüssen* der neueren Dramen. In der alten Tragödie war der metaphysische Trost am Ende zu spüren gewesen, ohne den die Lust an der Tragödie überhaupt nicht zu erklären ist: am reinsten tönt vielleicht im Ödipus auf Kolonos der versöhnende Klang aus einer anderen Welt. Jetzt, als der Genius der Musik aus der Tragödie entflohen war, ist, im strengen Sinne, die Tragödie tot: denn woher sollte man jetzt jenen metaphysischen Trost schöpfen können? Man suchte daher nach einer irdischen Lösung der tragischen Dissonanz; der Held, nachdem er durch das Schicksal hinreichend gemartert war, erntete in einer stattlichen Heirat, in göttlichen Ehrenbezeugungen einen wohlverdienten Lohn. Der Held war zum Gladiator geworden, dem man, nachdem er tüchtig geschunden und mit Wunden überdeckt war, gelegentlich die Freiheit schenkte. Der *deus ex machina* ist an Stelle des metaphysischen Trostes getreten. Ich will nicht sagen, daß die tragische Weltbetrachtung überall und völlig durch den andrängenden Geist des Undionysischen zerstört wurde: wir wissen nur, daß sie sich aus der Kunst gleichsam in die Unterwelt, in einer Entartung zum Geheimkult, flüchten mußte. Aber auf dem weitesten Gebiete der Oberfläche des hellenischen Wesens wütete der verzehrende Hauch jenes Geistes, welcher sich in jener Form der »griechischen Heiterkeit« kundgibt, von der bereits früher, als von einer greisenhaft unproduktiven Daseinslust, die Rede war; diese Heiterkeit ist ein Gegenstück zu der herrlichen »Naivität« der älteren Griechen, wie sie, nach der gegebenen Charakteristik, zu fassen ist als die aus einem düsteren Abgrunde hervorwachsende Blüte der apollinischen Kultur, als der Sieg, den der hellenische Wille durch seine Schönheitsspiegelung über das Leiden und die Weisheit des Leidens davonträgt. Die edelste Form jener anderen Form der »griechischen Heiterkeit«, der alexandrinischen, ist die Heiterkeit des *theoretischen Menschen*: sie zeigt dieselben charakteristischen Merkmale, die ich soeben aus dem Geiste des Undionysischen ableitete, – daß sie die dionysische Weisheit und Kunst bekämpft, daß sie den Mythus aufzulösen trachtet, daß sie an Stelle eines metaphysischen Trostes eine irdische Konsonanz, ja einen eigenen *deus ex machina* setzt, nämlich den Gott der Maschinen und Schmelztiegel, d. h. die im Dienste des höheren Egoismus erkannten und verwendeten Kräfte der Naturgeister, daß sie an eine Korrektur der Welt durch das Wissen, an ein durch die Wissenschaft geleitetes Leben glaubt und auch wirklich imstande ist, den einzelnen Menschen in

einen allerengsten Kreis von lösbaren Aufgaben zu bannen, innerhalb dessen er heiter zum Leben sagt: »Ich will dich: du bist wert erkannt zu werden.«

18

Es ist ein ewiges Phänomen: immer findet der gierige Wille ein Mittel, durch eine über die Dinge gebreitete Illusion seine Geschöpfe im Leben festzuhalten und zum Weiterleben zu zwingen. Diesen fesselt die sokratische Lust des Erkennens und der Wahn, durch dasselbe die ewige Wunde des Daseins heilen zu können, jenen umstrickt der vor seinen Augen wehende verführerische Schönheitsschleier der Kunst, jenen wiederum der metaphysische Trost, daß unter dem Wirbel der Erscheinungen das ewige Leben unzerstörbar weiterfließt: um von den gemeineren und fast noch kräftigeren Illusionen, die der Wille in jedem Augenblick bereithält, zu schweigen. Jene drei Illusionsstufen sind überhaupt nur für die edler ausgestatteten Naturen, von denen die Last und Schwere des Daseins überhaupt mit tieferer Unlust empfunden wird, und die durch ausgesuchte Reizmittel über diese Unlust hinwegzutäuschen sind. Aus diesen Reizmitteln besteht alles, was wir Kultur nennen: je nach der Proportion der Mischungen haben wir eine vorzugsweise *sokratische* oder *künstlerische* oder *tragische* Kultur; oder wenn man historische Exemplifikationen erlauben will: es gibt entweder eine alexandrinische oder eine hellenische oder eine buddhaistische Kultur.

Unsere ganze moderne Welt ist in dem Netz der alexandrinischen Kultur befangen und kennt als Ideal den mit höchsten Erkenntniskräften ausgerüsteten, im Dienste der Wissenschaft arbeitenden *theoretischen Menschen,* dessen Urbild und Stammvater Sokrates ist. Alle unsere Erziehungsmittel haben ursprünglich dieses Ideal im Auge: jede andere Existenz hat sich mühsam nebenbei emporzuringen, als erlaubte, nicht als beabsichtigte Existenz. In einem fast erschreckenden Sinne ist hier eine lange Zeit der Gebildete allein in der Form des Gelehrten gefunden worden; selbst unsere dichterischen Künste haben sich aus gelehrten Imitationen entwickeln müssen, und in dem Haupteffekt des Reimes erkennen wir noch die Entstehung unserer poetischen Form aus künstlichen Experimenten mit einer nicht heimischen, recht eigentlich gelehrten Sprache. Wie unverständlich müßte einem echten Griechen der an sich verständliche moderne Kulturmensch *Faust* erscheinen, der durch alle Fakultäten unbefriedigt stürmende, aus Wissenstrieb der Magie und dem Teufel ergebene Faust, den wir nur zur Vergleichung neben Sokrates zu stellen haben, um zu erkennen, daß der moderne Mensch die Grenzen jener sokratischen Erkenntnislust zu ahnen beginnt und aus dem weiten wüsten Wissensmeere nach einer Küste verlangt. Wenn Goethe einmal zu Eckermann,

mit Bezug auf Napoleon, äußert: »Ja mein Guter, es gibt auch eine Produktivität der Taten«, so hat er, in anmutig naiver Weise, daran erinnert, daß der nicht theoretische Mensch für den modernen Menschen etwas Unglaubwürdiges und Staunenerregendes ist, so daß es wieder der Weisheit eines Goethe bedarf, um auch eine so befremdende Existenzform begreiflich, ja verzeihlich zu finden.

Und nun soll man sich nicht verbergen, was im Schoße dieser sokratischen Kultur verborgen liegt! Der unumschränkt sich wähnende Optimismus! Nun soll man nicht erschrecken, wenn die Früchte dieses Optimismus reifen, wenn die von einer derartigen Kultur bis in die niedrigsten Schichten hinein durchsäuerte Gesellschaft allmählich unter üppigen Wallungen und Begehrungen erzittert, wenn der Glaube an das Erdenglück aller, wenn der Glaube an die Möglichkeit einer solchen allgemeinen Wissenskultur allmählich in die drohende Forderung eines solchen alexandrinischen Erdenglückes, in die Beschwörung eines euripideischen *deus ex machina* umschlägt! Man soll es merken: die alexandrinische Kultur braucht einen Sklavenstand, um auf die Dauer existieren zu können: aber sie leugnet, in ihrer optimistischen Betrachtung des Daseins, die Notwendigkeit eines solchen Standes und geht deshalb, wenn der Effekt ihrer schönen Verführungs- und Beruhigungsworte von der »Würde des Menschen« und der »Würde der Arbeit« verbraucht ist, allmählich einer grauenvollen Vernichtung entgegen. Es gibt nichts Furchtbareres als einen barbarischen Sklavenstand, der seine Existenz als ein Unrecht zu betrachten gelernt hat und sich anschickt, nicht nur für sich, sondern für alle Generationen Rache zu nehmen. Wer wagt es, solchen drohenden Stürmen entgegen, sicheren Mutes an unsere blassen und ermüdeten Religionen zu appellieren, die selbst in ihren Fundamenten zu Gelehrtenreligionen entartet sind: so daß der Mythus, die notwendige Voraussetzung jeder Religion, bereits überall gelähmt ist, und selbst auf diesem Bereich jener optimistische Geist zur Herrschaft gekommen ist, den wir als den Vernichtungskeim unserer Gesellschaft eben bezeichnet haben.

Während das im Schoße der theoretischen Kultur schlummernde Unheil allmählich den modernen Menschen zu ängstigen beginnt, und er, unruhig, aus dem Schatze seiner Erfahrungen nach Mitteln greift, um die Gefahr abzuwenden, ohne selbst an diese Mittel recht zu glauben; während er also seine eigenen Konsequenzen zu ahnen beginnt: haben große allgemein angelegte Naturen, mit einer unglaublichen Besonnenheit, das Rüstzeug der Wissenschaft selbst zu benützen gewußt, um die Grenzen und die Bedingtheit des Erkennens überhaupt darzulegen und damit den Anspruch der Wissenschaft auf universale Geltung und universale Zwecke entscheidend zu leugnen: bei welchem Nachweise zum ersten Male jene Wahnvorstellung als solche erkannt wurde, welche, an der Hand der Kausalität, sich anmaßt, das innerste Wesen der Dinge ergründen zu kön-

nen. Der ungeheuren Tapferkeit und Weisheit *Kants* und *Schopenhauers* ist der schwerste Sieg gelungen, der Sieg über den im Wesen der Logik verborgen liegenden Optimismus, der wiederum der Untergrund unserer Kultur ist. Wenn dieser an die Erkennbarkeit und Ergründlichkeit aller Welträtsel, gestützt auf die ihm unbedenklichen *aeternae veritates*, geglaubt und Raum, Zeit und Kausalität als gänzlich unbedingte Gesetze von allgemeinster Gültigkeit behandelt hatte, offenbarte Kant, wie diese eigentlich nur dazu dienten, die bloße Erscheinung, das Werk der Maja, zur einzigen und höchsten Realität zu erheben und sie an die Stelle des innersten und wahren Wesens der Dinge zu setzen und die wirkliche Erkenntnis von diesem dadurch unmöglich zu machen, d. h., nach einem Schopenhauerschen Ausspruche, den Träumer noch fester einzuschläfern (W. a. W. u. V. I, S. 498). Mit dieser Erkenntnis ist eine Kultur eingeleitet, welche ich als eine tragische zu bezeichnen wage: deren wichtigstes Merkmal ist, daß an die Stelle der Wissenschaft als höchstes Ziel die Weisheit gerückt wird, die sich, ungetäuscht durch die verführerischen Ablenkungen der Wissenschaften, mit unbewegtem Blicke dem Gesamtbilde der Welt zuwendet und in diesem das ewige Leiden mit sympathischer Liebesempfindung als das eigne Leiden zu ergreifen sucht. Denken wir uns eine heranwachsende Generation mit dieser Unerschrockenheit des Blicks, mit diesem heroischen Zug ins Ungeheure, denken wir uns den kühnen Schritt dieser Drachentöter, die stolze Verwegenheit, mit der sie allen den Schwächlichkeitsdoktrinen jenes Optimismus den Rücken kehren, um im Ganzen und Vollen »resolut zu leben«: sollte es nicht nötig sein, daß der tragische Mensch dieser Kultur, bei seiner Selbsterziehung zum Ernst und zum Schrecken, eine neue Kunst, die Kunst des metaphysischen Trostes, die Tragödie als die ihm zugehörige Helena begehren und mit Faust ausrufen muß:

> Und sollt ich nicht, sehnsüchtigster Gewalt,
> Ins Leben ziehn die einzigste Gestalt?

Nachdem aber die sokratische Kultur von zwei Seiten aus erschüttert ist und das Szepter ihrer Unfehlbarkeit nur noch mit zitternden Händen zu halten vermag, einmal aus Furcht vor ihren eigenen Konsequenzen, die sie nachgerade zu ahnen beginnt, sodann weil sie selbst von der ewigen Gültigkeit ihres Fundamentes nicht mehr mit dem früheren naiven Zutrauen überzeugt ist: so ist es ein trauriges Schauspiel, wie sich der Tanz ihres Denkens sehnsüchtig immer auf neue Gestalten stürzt, um sie zu umarmen, und sie dann plötzlich wieder, wie Mephistopheles die verführerischen Lamien, schaudernd fahren läßt. Das ist ja das Merkmal jenes »Bruches«, von dem jedermann als von dem Urleiden der modernen Kultur zu reden pflegt, daß der theoretische Mensch vor seinen Konsequenzen

erschrickt und unbefriedigt es nicht mehr wagt, sich dem furchtbaren Eisstrome des Daseins anzuvertrauen: ängstlich läuft er am Ufer auf und ab. Er will nichts mehr ganz haben, ganz auch mit aller der natürlichen Grausamkeit der Dinge. Soweit hat ihn das optimistische Betrachten verzärtelt. Dazu fühlt er, wie eine Kultur, die auf dem Prinzip der Wissenschaft aufgebaut ist, zugrunde gehen muß, wenn sie anfängt, *unlogisch* zu werden, d. h. vor ihren Konsequenzen zurückzufliehen. Unsere Kunst offenbart diese allgemeine Not: umsonst, daß man sich an alle großen produktiven Perioden und Naturen imitatorisch anlehnt, umsonst, daß man die ganze »Weltliteratur« zum Troste des modernen Menschen um ihn versammelt und ihn mitten unter die Kunststile und Künstler aller Zeiten hinstellt, damit er ihnen, wie Adam den Tieren, einen Namen gebe: er bleibt doch der ewig Hungernde, der »Kritiker« ohne Lust und Kraft, der alexandrinische Mensch, der im Grunde Bibliothekar und Korrektor ist und an Bücherstaub und Druckfehlern elend erblindet.

19

Man kann den innersten Gehalt dieser sokratischen Kultur nicht schärfer bezeichnen, als wenn man sie *die Kultur der Oper* nennt: denn auf diesem Gebiete hat sich die Kultur mit eigener Naivität über ihr Wollen und Erkennen ausgesprochen, zu unserer Verwunderung, wenn wir die Genesis der Oper und die Tatsache der Opernentwicklung mit den ewigen Wahrheiten des Apollinischen und des Dionysischen zusammenhalten. Ich erinnere zunächst an die Entstehung des *stilo rappresentativo* und des Rezitativs. Ist es glaublich, daß diese gänzlich veräußerlichte, der Andacht unfähige Musik der Oper von einer Zeit mit schwärmerischer Gunst, gleichsam als die Wiedergeburt aller wahren Musik, empfangen und gehegt werden konnte, aus der sich soeben die unausprechbar erhabene und heilige Musik Palestrinas erhoben hatte? Und wer möchte andrerseits nur die zerstreuungssüchtige Üppigkeit jener Florentiner Kreise und die Eitelkeit ihrer dramatischen Sänger für die so ungestüm sich verbreitende Lust an der Oper verantwortlich machen? Daß in derselben Zeit, ja in demselben Volke neben dem Gewölbebau Palestrinascher Harmonien, an dem das gesamte christliche Mittelalter gebaut hatte, jene Leidenschaft für eine halbmusikalische Sprechart erwachte, vermag ich mir nur aus einer im Wesen des Rezitativs mitwirkenden *außerkünstlerischen Tendenz* zu erklären.

Dem Zuhörer, der das Wort unter dem Gesange deutlich vernehmen will, entspricht der Sänger dadurch, daß er mehr spricht als singt und daß er den pathetischen Wortausdruck in diesem Halbgesange verschärft: durch diese Verschärfung des Pathos erleichtert er das Verständnis des Wortes und überwindet jene übrig gebliebene Hälfte der Musik. Die eigent-

liche Gefahr, die ihm jetzt droht, ist die, daß er der Musik einmal zur Unzeit das Übergewicht erteilt, wodurch sofort Pathos der Rede und Deutlichkeit des Wortes zugrunde gehen müßte: während er andrerseits immer den Trieb zu musikalischer Entladung und zu virtuosenhafter Präsentation seiner Stimme fühlt. Hier kommt ihm der »Dichter« zu Hilfe, der ihm genug Gelegenheit zu lyrischen Interjektionen, Wort- und Sentenzenwiederholungen usw. zu bieten weiß: an welchen Stellen der Sänger jetzt in dem rein musikalischen Elemente, ohne Rücksicht auf das Wort, ausruhen kann. Dieser Wechsel affektvoll eindringlicher, doch nur halb gesungener Rede und ganz gesungener Interjektion, der im Wesen des *stilo rappresentativo* liegt, dies rasch wechselnde Bemühen, bald auf den Begriff und die Vorstellung, bald auf den musikalischen Grund des Zuhörers zu wirken, ist etwas so gänzlich Unnatürliches und den Kunsttrieben des Dionysischen und des Apollinischen in gleicher Weise so innerlich Widersprechendes, daß man auf einen Ursprung des Rezitativs zu schließen hat, der außerhalb aller künstlerischen Instinkte liegt. Das Rezitativ ist nach dieser Schilderung zu definieren als die Vermischung des epischen und des lyrischen Vortrags und zwar keinesfalls die innerlich beständige Mischung, die bei so gänzlich disparaten Dingen nicht erreicht werden konnte, sondern die äußerlichste mosaikartige Konglutination, wie etwas derartiges im Bereich der Natur und der Erfahrung gänzlich vorbildlos ist. *Dies war aber nicht die Meinung jener Erfinder des Rezitativs*: vielmehr glauben sie selbst und mit ihnen ihr Zeitalter, daß durch jenen *stilo rappresentativo* das Geheimnis der antiken Musik gelöst sei, aus dem sich allein die ungeheure Wirkung eines Orpheus, Amphion, ja auch der griechischen Tragödie erklären lasse. Der neue Stil galt als die Wiedererweckung der wirkungsvollsten Musik, der altgriechischen: ja man durfte sich, bei der allgemeinen und ganz volkstümlichen Auffassung der homerischen Welt *als der Urwelt*, dem Traume überlassen, jetzt wieder in die paradiesischen Anfänge der Menschheit hinabgestiegen zu sein, in der notwendig auch die Musik jene unübertroffne Reinheit, Macht und Unschuld gehabt haben müßte, von der die Dichter in ihren Schäferspielen so rührend zu erzählen wußten. Hier sehen wir in das innerlichste Werden dieser recht eigentlich modernen Kunstgattung, der Oper: ein mächtiges Bedürfnis erzwingt sich hier eine Kunst, aber ein Bedürfnis unästhetischer Art: die Sehnsucht zum Idyll, der Glaube an eine urvorzeitliche Existenz des künstlerischen und guten Menschen. Das Rezitativ galt als die wiederentdeckte Sprache jenes Urmenschen; die Oper als das wiederaufgefundene Land jenes idyllisch oder heroisch guten Wesens, das zugleich in allen seinen Handlungen einem natürlichen Kunsttriebe folgt, das bei allem, was es zu sagen hat, wenigstens etwas singt, um, bei der leisesten Gefühlserregung, sofort mit voller Stimme zu singen. Es ist für uns jetzt gleichgültig, daß mit diesem neugeschaffenen Bilde des paradiesischen Künstlers

die damaligen Humanisten gegen die alte kirchliche Vorstellung vom an sich verderbten und verlornen Menschen ankämpften: so daß die Oper als das Oppositionsdogma vom guten Menschen zu verstehen ist, mit dem aber zugleich ein Trostmittel gegen jenen Pessimismus gefunden war, zu dem gerade die Ernstgesinnten jener Zeit, bei der grauenhaften Unsicherheit aller Zustände, am stärksten gereizt waren. Genug, wenn wir erkannt haben, wie der eigentliche Zauber und damit die Genesis dieser neuen Kunstform in der Befriedigung eines gänzlich unästhetischen Bedürfnisses liegt, in der optimistischen Verherrlichung des Menschen an sich, in der Auffassung des Urmenschen als des von Natur guten und künstlerischen Menschen: welches Prinzip der Oper sich allmählich in eine drohende und entsetzliche *Forderung* umgewandelt hat, die wir, im Angesicht der sozialistischen Bewegungen der Gegenwart, nicht mehr überhören können. Der »gute Urmensch« will seine Rechte: welche paradiesischen Aussichten!

Ich stelle daneben noch eine ebenso deutliche Bestätigung meiner Ansicht, daß die Oper auf den gleichen Prinzipien mit unserer alexandrinischen Kultur aufgebaut ist. Die Oper ist die Geburt des theoretischen Menschen, des kritischen Laien, nicht des Künstlers: eine der befremdlichsten Tatsachen in der Geschichte aller Künste. Es war die Forderung recht eigentlich unmusikalischer Zuhörer, daß man vor allem das Wort verstehen müsse: so daß eine Wiedergeburt der Tonkunst nur zu erwarten sei, wenn man irgendeine Gesangsweise entdecken werde, bei welcher das Textwort über den Kontrapunkt wie der Herr über den Diener herrsche. Denn die Worte seien um so viel edler als das begleitende harmonische System, um wieviel die Seele edler als der Körper sei. Mit der laienhaft unmusikalischen Rohheit dieser Ansichten wurde in den Anfängen der Oper die Verbindung von Musik, Bild und Wort behandelt; im Sinne dieser Ästhetik kam es auch in den vornehmen Laienkreisen von Florenz, durch hier patronisierte Dichter und Sänger, zu den ersten Experimenten. Der kunstohnmächtige Mensch erzeugt sich eine Art von Kunst, gerade dadurch, daß er der unkünstlerische Mensch an sich ist. Weil er die dionysische Tiefe der Musik nicht ahnt, verwandelt er sich den Musikgenuß zur verstandesmäßigen Wort- und Tonrhetorik der Leidenschaft im *stilo rappresentativo* und zur Wollust der Gesangeskünste; weil er keine Vision zu schauen vermag, zwingt er den Maschinisten und Dekorationskünstler in seinen Dienst; weil er das wahre Wesen des Künstlers nicht zu erfassen weiß, zaubert er vor sich den »künstlerischen Urmenschen« nach seinem Geschmack hin, d. h. den Menschen, der in der Leidenschaft singt und Verse spricht. Er träumt sich in eine Zeit hinein, in der die Leidenschaft ausreicht, um Gesänge und Dichtungen zu erzeugen: als ob je der Affekt imstande gewesen sei, etwas Künstlerisches zu schaffen. Die Voraussetzung der Oper ist ein falscher Glaube über den künstlerischen Prozeß, und zwar jener idyllische Glaube, daß eigentlich jeder empfindende Mensch Künstler sei.

Im Sinne dieses Glaubens ist die Oper der Ausdruck des Laientums in der Kunst, das seine Gesetze mit dem heitern Optimismus des theoretischen Menschen diktiert.

Sollten wir wünschen, die beiden eben geschilderten, bei der Entstehung der Oper wirksamen Vorstellungen unter einen Begriff zu vereinigen, so würde uns nur übrig bleiben, von einer *idyllischen Tendenz der Oper* zu sprechen: wobei wir uns allein der Ausdrucksweise und Erklärung Schillers zu bedienen hätten. Entweder, sagt dieser, ist die Natur und das Ideal ein Gegenstand der Trauer, wenn jene als verloren, dieses als unerreicht dargestellt wird. Oder beide sind ein Gegenstand der Freude, indem sie als wirklich vorgestellt werden. Das erste gibt die Elegie in engerer, das andere die Idylle in weitester Bedeutung. Hier ist nun sofort auf das gemeinsame Merkmal jener beiden Vorstellungen in der Operngenesis aufmerksam zu machen, daß in ihnen das Ideal nicht als unerreicht, die Natur nicht als verloren empfunden wird. Es gab nach dieser Empfindung eine Urzeit des Menschen, in der er am Herzen der Natur lag und bei dieser Natürlichkeit zugleich das Ideal der Menschheit, in einer paradiesischen Güte und Künstlerschaft, erreicht hatte: von welchem vollkommnen Urmenschen wir alle abstammen sollten, ja dessen getreues Ebenbild wir noch wären: nur müßten wir einiges von uns werfen, um uns selbst wieder als diesen Urmenschen zu erkennen, vermöge einer freiwilligen Entäußerung von überflüssiger Gelehrsamkeit, von überreicher Kultur. Der Bildungsmensch der Renaissance ließ sich durch seine opernhafte Imitation der griechischen Tragödie zu einem solchen Zusammenklang von Natur und Ideal, zu einer idyllischen Wirklichkeit zurückgeleiten, er benutzte diese Tragödie, wie Dante den Virgil benutzte, um bis an die Pforten des Paradieses geführt zu werden: während er von hier aus selbständig noch weiter schritt und von einer Imitation der höchsten griechischen Kunstform zu einer »Wiederbringung aller Dinge«, zu einer Nachbildung der ursprünglichen Kunstwelt des Menschen überging. Welche zuversichtliche Gutmütigkeit dieser verwegenen Bestrebungen, mitten im Schoße der theoretischen Kultur! – einzig nur aus dem tröstenden Glauben zu erklären, daß »der Mensch an sich« der ewig tugendhafte Opernheld, der ewig flötende oder singende Schäfer sei, der sich endlich immer als solchen wiederfinden müsse, falls er sich selbst irgendwann einmal wirklich auf einige Zeit verloren habe, einzig die Frucht jenes Optimismus, der aus der Tiefe der sokratischen Weltbetrachtung hier wie eine süßlich verführerische Duftsäule emporsteigt.

Es liegt also auf den Zügen der Oper keinesfalls jener elegische Schmerz eines ewigen Verlustes, vielmehr die Heiterkeit des ewigen Wiederfindens, die bequeme Lust an einer idyllischen Wirklichkeit, die man wenigstens sich als wirklich in jedem Augenblicke vorstellen kann: wobei man vielleicht einmal ahnt, daß diese vermeinte Wirklichkeit nichts als ein phantastisch läppisches Getändel ist, dem jeder, der es an dem furchtbaren

Ernst der wahren Natur zu messen und mit den eigentlichen Urszenen der Menschheitsanfänge zu vergleichen vermöchte, mit Ekel zurufen müßte: Weg mit dem Phantom! Trotzdem würde man sich täuschen, wenn man glaubte, ein solches tändelndes Wesen, wie die Oper ist, einfach durch einen kräftigen Anruf, wie ein Gespenst, verscheuchen zu können. Wer die Oper vernichten will, muß den Kampf gegen jene alexandrinische Heiterkeit aufnehmen, die sich in ihr so naiv über ihre Lieblingsvorstellung ausspricht, ja deren eigentliche Kunstform sie ist. Was ist aber für die Kunst selbst von dem Wirken einer Kunstform zu erwarten, deren Ursprünge überhaupt nicht im ästhetischen Bereiche liegen, die sich vielmehr aus einer halb moralischen Sphäre auf das künstlerische Gebiet hinübergestohlen hat und über diese hybride Entstehung nur hier und da einmal hinwegzutäuschen vermochte? Von welchen Säften nährt sich dieses parasitische Opernwesen, wenn nicht von denen der wahren Kunst? Wird nicht zu mutmaßen sein, daß, unter seinen idyllischen Verführungen, unter seinen alexandrinischen Schmeichelkünsten, die höchste und wahrhaftig ernst zu nennende Aufgabe der Kunst – das Auge vom Blick ins Grauen der Nacht zu erlösen und das Subjekt durch den heilenden Balsam des Scheins aus dem Krampfe der Willensregungen zu retten – zu einer leeren und zerstreuenden Ergötzlichkeitstendenz entarten werde? Was wird aus den ewigen Wahrheiten des Dionysischen und des Apollinischen, bei einer solchen Stilvermischung, wie ich sie am Wesen des *stilo rappresentativo* dargelegt habe? wo die Musik als Diener, das Textwort als Herr betrachtet, die Musik mit dem Körper, das Textwort mit der Seele verglichen wird? wo das höchste Ziel bestenfalls auf eine umschreibende Tonmalerei gerichtet sein wird, ähnlich wie ehedem im neuen attischen Dithyrambus? wo der Musik ihre wahre Würde, dionysischer Weltspiegel zu sein, völlig entfremdet ist, so daß ihr nur übrig bleibt, als Sklavin der Erscheinung, das Formenwesen der Erscheinung nachzuahmen und in dem Spiele der Linien und Proportionen eine äußerliche Ergötzung zu erregen. Einer strengen Betrachtung fällt dieser verhängnisvolle Einfluß der Oper auf die Musik geradezu mit der gesamten modernen Musikentwicklung zusammen; dem in der Genesis der Oper und im Wesen der durch sie repräsentierten Kultur lauernden Optimismus ist es in beängstigender Schnelligkeit gelungen, die Musik ihrer dionysischen Weltbestimmung zu entkleiden und ihr einen formenspielerischen, vergnüglichen Charakter aufzuprägen: mit welcher Veränderung nur etwa die Metamorphose des äschyleischen Menschen in den alexandrinischen Heiterkeitsmenschen verglichen werden dürfte.

Wenn wir aber mit Recht in der hiermit angedeuteten Exemplifikation das Entschwinden des dionysischen Geistes mit einer höchstauffälligen, aber bisher unerklärten Umwandlung und Degeneration des griechischen Menschen in Zusammenhang gebracht haben – welche Hoffnungen müssen in uns aufleben, wenn uns die allersichersten Auspizien *den umgekehrten*

Prozeß, das allmähliche Erwachen des dionysischen Geistes in unserer gegenwärtigen Welt, verbürgen! Es ist nicht möglich, daß die göttliche Kraft des Herakles ewig im üppigen Frondienste der Omphale erschlafft. Aus dem dionysischen Grunde des deutschen Geistes ist eine Macht emporgestiegen, die mit den Urbedingungen der sokratischen Kultur nichts gemein hat und aus ihnen weder zu erklären noch zu entschuldigen ist, vielmehr von dieser Kultur als das Schrecklich-Unerklärliche, als das Übermächtig-Feindselige empfunden wird, *die deutsche Musik,* wie wir sie vornehmlich in ihrem mächtigen Sonnenlaufe von Bach zu Beethoven, von Beethoven zu Wagner zu verstehen haben. Was vermag die erkenntnislüsterne Sokratik unserer Tage günstigenfalls mit diesem aus unerschöpflichen Tiefen emporsteigenden Dämon zu beginnen? Weder von dem Zacken- und Arabeskenwerk der Opernmelodie aus, noch mit Hilfe des arithmetischen Rechenbretts der Fuge und der kontrapunktischen Dialektik will sich die Formel finden lassen, in deren dreimal gewaltigem Licht man jenen Dämon sich unterwürfig zu machen und zum Reden zu zwingen vermöchte. Welches Schauspiel, wenn jetzt unsere Ästhetiker, mit dem Fangnetz einer ihnen eignen »Schönheit«, nach dem vor ihnen mit unbegreiflichem Leben sich tummelnden Musikgenius schlagen und haschen, unter Bewegungen, die nach der ewigen Schönheit ebensowenig als nach dem Erhabenen beurteilt werden wollen. Man mag sich nur diese Musikgönner einmal leibhaft und in der Nähe besehen, wenn sie so unermüdlich Schönheit! Schönheit! rufen, ob sie sich dabei wie die im Schoße des Schönen gebildeten und verwöhnten Lieblingskinder der Natur ausnehmen oder ob sie nicht vielmehr für die eigne Rohheit eine lügnerisch verhüllende Form, für die eigne empfindungsarme Nüchternheit einen ästhetischen Vorwand suchen: wobei ich z. B. an Otto Jahn denke. Vor der deutschen Musik aber mag sich der Lügner und Heuchler in acht nehmen: denn gerade sie ist, inmitten aller unserer Kultur, der einzig reine, lautere und läuternde Feuergeist, von dem aus und zu dem hin, wie in der Lehre des großen Heraklit von Ephesus, sich alle Dinge in doppelter Kreisbahn bewegen: alles, was wir jetzt Kultur, Bildung, Zivilisation nennen, wird einmal vor dem untrüglichen Richter Dionysus erscheinen müssen.

Erinnern wir uns sodann, wie dem aus gleichen Quellen strömenden Geiste *der deutschen Philosophie,* durch Kant und Schopenhauer, es ermöglicht war, die zufriedne Daseinslust der wissenschaftlichen Sokratik, durch den Nachweis ihrer Grenzen, zu vernichten, wie durch diesen Nachweis eine unendlich tiefere und ernstere Betrachtung der ethischen Fragen und der Kunst eingeleitet wurde, die wir geradezu als die in Begriffe gefaßte *dionysische Weisheit* bezeichnen können: wohin weist uns das Mysterium dieser Einheit zwischen der deutschen Musik und der deutschen Philosophie, wenn nicht auf eine neue Daseinsform, über deren Inhalt wir uns nur aus hellenischen Analogien ahnend unterrichten können?

Denn diesen unausmeßbaren Wert behält für uns, die wir an der Grenzscheide zweier verschiedener Daseinsformen stehen, das hellenische Vorbild, daß in ihm auch alle jene Übergänge und Kämpfe zu einer klassisch-belehrenden Form ausgeprägt sind: nur daß wir gleichsam in *umgekehrter* Ordnung die großen Hauptepochen des hellenischen Wesens analogisch durcherleben und zum Beispiel jetzt aus dem alexandrinischen Zeitalter rückwärts zur Periode der Tragödie zu schreiten scheinen. Dabei lebt in uns die Empfindung, als ob die Geburt eines tragischen Zeitalters für den deutschen Geist nur eine Rückkehr zu sich selbst, ein seliges Sichwiederfinden zu bedeuten habe, nachdem für eine lange Zeit ungeheure von außen her eindringende Mächte den in hilfloser Barbarei der Form Dahinlebenden zu einer Knechtschaft unter ihrer Form gezwungen hatten. Jetzt endlich darf er, nach seiner Heimkehr zum Urquell seines Wesens, vor allen Völkern kühn und frei, ohne das Gängelband einer romanischen Zivilisation, einherzuschreiten wagen: wenn er nur von einem Volke unentwegt zu lernen versteht, von dem überhaupt lernen zu können schon ein hoher Ruhm und eine auszeichnende Seltenheit ist, von den Griechen. Und wann brauchten wir diese allerhöchsten Lehrmeister mehr als jetzt, wo wir *die Wiedergeburt der Tragödie* erleben und in Gefahr sind, weder zu wissen, woher sie kommt, noch uns deuten zu können, wohin sie will?

20

Es möchte einmal, unter den Augen eines unbestochenen Richters, abgewogen werden, in welcher Zeit und in welchen Männern bisher der deutsche Geist von den Griechen zu lernen am kräftigsten gerungen hat; und wenn wir mit Zuversicht annehmen, daß dem edelsten Bildungskampfe Goethes, Schillers und Winckelmanns dieses einzige Lob zugesprochen werden müßte, so wäre jedenfalls hinzuzufügen, daß seit jener Zeit und den nächsten Einwirkungen jenes Kampfes das Streben, auf einer gleichen Bahn zur Bildung und zu den Griechen zu kommen, in unbegreiflicher Weise schwächer und schwächer geworden ist. Sollten wir, um nicht ganz an dem deutschen Geist verzweifeln zu müssen, nicht daraus den Schluß ziehen dürfen, daß in irgendwelchem Hauptpunkte es auch jenen Kämpfern nicht gelungen sein möchte, in den Kern des hellenischen Wesens einzudringen und einen dauernden Liebesbund zwischen der deutschen und der griechischen Kultur herzustellen? – so daß vielleicht ein unbewußtes Erkennen jenes Mangels auch in den ernsteren Naturen den verzagten Zweifel erregte, ob sie, nach solchen Vorgängern, auf diesem Bildungswege noch weiter wie jene und überhaupt zum Ziele kommen würden. Deshalb sehen wir seit jener Zeit das Urteil über den Wert der Griechen für die Bildung in der bedenklichsten Weise entarten; der Aus-

druck mitleidiger Überlegenheit ist in den verschiedensten Feldlagern des Geistes und des Ungeistes zu hören; anderwärts tändelt eine gänzlich wirkungslose Schönrednerei mit der »griechischen Harmonie«, der »griechischen Schönheit«, der »griechischen Heiterkeit«. Und gerade in den Kreisen, deren Würde es sein könnte, aus dem griechischen Strombett unermüdet, zum Heile deutscher Bildung, zu schöpfen, in den Kreisen der Lehrer an den höheren Bildungsanstalten, hat man am besten gelernt, sich mit den Griechen zeitig und in bequemer Weise abzufinden, nicht selten bis zu einem skeptischen Preisgeben des hellenischen Ideals und bis zu einer gänzlichen Verkehrung der wahren Absicht aller Altertumsstudien. Wer überhaupt in jenen Kreisen sich nicht völlig in dem Bemühen, ein zuverlässiger Korrektor von alten Texten oder ein naturhistorischer Sprachmikroskopiker zu sein, erschöpft hat, der sucht vielleicht auch das griechische Altertum, neben anderen Altertümern, sich »historisch« anzueignen, aber jedenfalls nach der Methode und mit den überlegenen Mienen unserer jetzigen gebildeten Geschichtsschreibung. Wenn demnach die eigentliche Bildungskraft der höheren Lehranstalten wohl noch niemals niedriger und schwächlicher gewesen ist wie in der Gegenwart, wenn der »Journalist«, der papierne Sklave des Tages, in jeder Rücksicht auf Bildung den Sieg über den höheren Lehrer davongetragen hat, und letzterem nur noch die bereits oft erlebte Metamorphose übrigbleibt, sich jetzt nun auch in der Sprechweise des Journalisten, mit der »leichten Eleganz« dieser Sphäre, als heiterer gebildeter Schmetterling zu bewegen – in welcher peinlichen Verwirrung müssen die derartig Gebildeten einer solchen Gegenwart jenes Phänomen anstarren, das nur etwa aus dem tiefsten Grunde des bisher unbegriffnen hellenischen Genius analogisch zu begreifen wäre, das Wiedererwachen des dionysischen Geistes und die Wiedergeburt der Tragödie? Es gibt keine andere Kunstperiode, in der sich die sogenannte Bildung und die eigentliche Kunst so befremdet und abgeneigt gegenübergestanden hätten, als wir das in der Gegenwart mit Augen sehn. Wir verstehen es, warum eine so schwächliche Bildung die wahre Kunst haßt; denn sie fürchtet durch sie ihren Untergang. Aber sollte nicht eine ganze Art der Kultur, nämlich jene sokratisch-alexandrinische, sich ausgelebt haben, nachdem sie in eine so zierlich-schmächtige Spitze, wie die gegenwärtige Bildung ist, auslaufen konnte! Wenn es solchen Helden, wie Schiller und Goethe, nicht gelingen durfte, jene verzauberte Pforte zu erbrechen, die in den hellenischen Zauberberg führt, wenn es bei ihrem mutigsten Ringen nicht weiter gekommen ist als bis zu jenem sehnsüchtigen Blick, den die Goethesche Iphigenie vom barbarischen Tauris aus nach der Heimat über das Meer hin sendet, was bliebe den Epigonen solcher Helden zu hoffen, wenn sich ihnen nicht plötzlich, an einer ganz anderen, von allen Bemühungen der bisherigen Kultur unberührten Seite die Pforte von selbst auftäte – unter dem mystischen Klange der wiedererweckten Tragödienmusik.

Möge uns niemand unsern Glauben an eine noch bevorstehende Wiedergeburt des hellenischen Altertums zu verkümmern suchen; denn in ihm finden wir allein unsere Hoffnung für eine Erneuerung und Läuterung des deutschen Geistes durch den Feuerzauber der Musik. Was wüßten wir sonst zu nennen, was in der Verödung und Ermattung der jetzigen Kultur irgendwelche tröstliche Erwartung für die Zukunft erwecken könnte? Vergebens spähen wir nach einer einzigen kräftig geästeten Wurzel, nach einem Fleck fruchtbaren und gesunden Erdbodens: überall Staub, Sand, Erstarrung, Verschmachten. Da möchte sich ein trostlos Vereinsamter kein besseres Symbol wählen können, als den Ritter mit Tod und Teufel, wie ihn uns Dürer gezeichnet hat, den geharnischten Ritter mit dem erzenen, harten Blicke, der seinen Schreckensweg, unbeirrt durch seine grausen Gefährten, und doch hoffnungslos, allein mit Roß und Hund zu nehmen weiß. Ein solcher Dürerscher Ritter war unser Schopenhauer: ihm fehlte jede Hoffnung, aber er wollte die Wahrheit. Es gibt nicht seinesgleichen. –

Aber wie verändert sich plötzlich jene eben so düster geschilderte Wildnis unserer ermüdeten Kultur, wenn sie der dionysische Zauber berührt! Ein Sturmwind packt alles Abgelebte, Morsche, Zerbrochne, Verkümmerte, hüllt es wirbelnd in eine rote Staubwolke und trägt es wie ein Geier in die Lüfte. Verwirrt suchen unsere Blicke nach dem Entschwundenen: denn was sie sehen, ist wie aus einer Versenkung ans goldne Licht gestiegen, so voll und grün, so üppig lebendig, so sehnsuchtsvoll unermeßlich. Die Tragödie sitzt inmitten dieses Überflusses an Leben, Leid und Lust, in erhabener Entzückung, sie horcht einem fernen schwermütigen Gesange – er erzählt von den Müttern des Seins, deren Namen lauten: Wahn, Wille, Wehe. – Ja, meine Freunde, glaubt mit mir an das dionysische Leben und an die Wiedergeburt der Tragödie. Die Zeit des sokratischen Menschen ist vorüber: kränzt euch mit Epheu, nehmt den Thyrsusstab zur Hand und wundert euch nicht, wenn Tiger und Panther sich schmeichelnd zu euren Knien niederlegen. Jetzt wagt es nur, tragische Menschen zu sein: denn ihr sollt erlöst werden. Ihr sollt den dionysischen Festzug von Indien nach Griechenland geleiten! Rüstet euch zu hartem Streite, aber glaubt an die Wunder eures Gottes!

21

Von diesen exhortativen Tönen in die Stimmung zurückgleitend, die dem Beschaulichen geziemt, wiederhole ich, daß nur von den Griechen gelernt werden kann, was ein solches wundergleiches plötzliches Aufwachen der Tragödie für den innersten Lebensgrund eines Volkes zu bedeuten hat. Es ist das Volk der tragischen Mysterien, das die Perserschlachten schlägt: und wiederum braucht das Volk, das jene Kriege geführt hat, die Tragödie als notwendigen Genesungstrank. Wer würde ge-

rade bei diesem Volke, nachdem es durch mehrere Generationen von den stärksten Zuckungen des dionysischen Dämon bis ins Innerste erregt wurde, noch einen so gleichmäßig kräftigen Erguß des einfachsten politischen Gefühls, der natürlichsten Heimatsinstinkte, der ursprünglichen männlichen Kampflust vermuten? Ist es doch bei jedem bedeutenden Umsichgreifen dionysischer Erregungen immer zu spüren, wie die dionysische Lösung von den Fesseln des Individuums sich am allerersten in einer bis zur Gleichgültigkeit, ja Feindseligkeit gesteigerten Beeinträchtigung der politischen Instinkte fühlbar macht, so gewiß andererseits der staatenbildende Apollo auch der Genius des *principii individuationis* ist, und Staat und Heimatsinn nicht ohne Bejahung der individuellen Persönlichkeit leben können. Von dem Orgiasmus aus führt für ein Volk nur ein Weg, der Weg zum indischen Buddhaismus, der, um überhaupt mit seiner Sehnsucht ins Nichts ertragen zu werden, jener seltnen ekstatischen Zustände mit ihrer Erhebung über Raum, Zeit und Individuum bedarf: wie diese wiederum eine Philosophie fordern, die es lehrt, die unbeschreibliche Unlust der Zwischenzustände durch eine Vorstellung zu überwinden. Ebenso notwendig gerät ein Volk, von der unbedingten Geltung der politischen Triebe aus, in eine Bahn äußerster Verweltlichung, deren großartigster, aber auch erschrecklichster Ausdruck das römische *imperium* ist.

Zwischen Indien und Rom hingestellt und zu verführerischer Wahl gedrängt, ist es den Griechen gelungen, in klassischer Reinheit eine dritte Form hinzuzuerfinden, freilich nicht zu langem eigenen Gebrauche aber eben darum für die Unsterblichkeit. Denn daß die Lieblinge der Götter früh sterben, gilt in allen Dingen, aber ebenso gewiß, daß sie mit den Göttern dann ewig leben. Man verlange doch von dem Alleredelsten nicht, daß es die haltbare Zähigkeit des Leders habe; die derbe Dauerhaftigkeit, wie sie z. B. dem römischen Nationaltriebe zu eigen war, gehört wahrscheinlich nicht zu den notwendigen Prädikaten der Vollkommenheit. Wenn wir aber fragen, mit welchem Heilmittel es den Griechen ermöglicht war, in ihrer großen Zeit, bei der außerordentlichen Stärke ihrer dionysischen und politischen Triebe, weder durch ein ekstatisches Brüten, noch durch ein verzehrendes Haschen nach Weltmacht und Weltehre sich zu erschöpfen, sondern jene herrliche Mischung zu erreichen, wie sie ein edler, zugleich befeuernder und beschaulich stimmender Wein hat, so müssen wir der ungeheuren, das ganze Volksleben erregenden, reinigenden und entladenden Gewalt der *Tragödie* eingedenk sein; deren höchsten Wert wir erst ahnen werden, wenn sie uns, wie bei den Griechen, als Inbegriff aller prophylaktischen Heilkräfte, als die zwischen den stärksten und an sich verhängnisvollsten Eigenschaften des Volkes waltende Mittlerin entgegentritt.

Die Tragödie saugt den höchsten Musikorgiasmus in sich hinein, so daß sie geradezu die Musik, bei den Griechen wie bei uns, zur Vollendung

bringt, stellt dann aber den tragischen Mythus und den tragischen Helden daneben, der dann, einem mächtigen Titanen gleich, die ganze dionysische Welt auf seinen Rücken nimmt und uns davon entlastet: während sie andrerseits durch denselben tragischen Mythus, in der Person des tragischen Helden, von dem gierigen Drange nach diesem Dasein zu erlösen weiß und mit mahnender Hand an ein anderes Sein und an eine höhere Lust erinnert, zu welcher der kämpfende Held durch seinen Untergang, nicht durch seine Siege, sich ahnungsvoll vorbereitet. Die Tragödie stellt zwischen die universale Geltung ihrer Musik und den dionysisch empfänglichen Zuhörer ein erhabenes Gleichnis, den Mythus, und erweckt bei jenem den Schein, als ob die Musik nur ein höchstes Darstellungsmittel zur Belebung der plastischen Welt des Mythus sei. Dieser edlen Täuschung vertrauend darf sie jetzt ihre Glieder zum dithyrambischen Tanze bewegen und sich unbedenklich einem orgiastischen Gefühle der Freiheit hingeben, in welchem sie als Musik an sich, ohne jene Täuschung, nicht zu schwelgen wagen dürfte. Der Mythus schützt uns vor der Musik, wie er ihr andrerseits erst die höchste Freiheit gibt. Dafür verleiht die Musik, als Gegengeschenk, dem tragischen Mythus eine so eindringliche und überzeugende metaphysische Bedeutsamkeit, wie sie Wort und Bild, ohne jene einzige Hilfe, nie zu erreichen vermögen; und insbesondere überkommt durch sie den tragischen Zuschauer gerade jenes sichere Vorgefühl einer höchsten Lust, zu der der Weg durch Untergang und Verneinung führt, so daß er zu hören meint, als ob der innerste Abgrund der Dinge zu ihm vernehmlich spräche.

Habe ich dieser schwierigen Vorstellung mit den letzten Sätzen vielleicht nur einen vorläufigen, für wenige sofort verständlichen Ausdruck zu geben vermocht, so darf ich gerade an dieser Stelle nicht ablassen, meine Freunde zu einem nochmaligen Versuche anzureizen und sie zu bitten, an einem einzelnen Beispiele unsrer gemeinsamen Erfahrung sich für die Erkenntnis des allgemeinen Satzes vorzubereiten. Bei diesem Beispiele darf ich mich nicht auf jene beziehn, welche die Bilder der szenischen Vorgänge, die Worte und Affekte der handelnden Personen benutzen, um sich mit dieser Hilfe der Musikempfindung anzunähern; denn diese alle reden nicht Musik als Muttersprache und kommen auch, trotz jener Hilfe, nicht weiter als in die Vorhallen der Musikperzeption, ohne je deren innerste Heiligtümer berühren zu dürfen; manche von diesen, wie Gervinus, gelangen auf diesem Wege nicht einmal in die Vorhallen. Sondern nur an diejenigen habe ich mich zu wenden, die unmittelbar verwandt mit der Musik, in ihr gleichsam ihren Mutterschoß haben und mit den Dingen fast nur durch unbewußte Musikrelationen in Verbindung stehen. An diese echten Musiker richte ich die Frage, ob sie sich einen Menschen denken können, der den dritten Akt von »Tristan und Isolde« ohne alle Beihilfe von Wort und Bild, rein als ungeheuren symphonischen Satz zu

perzipieren imstande wäre, ohne unter einem krampfartigen Ausspannen aller Seelenflügel zu veratmen? Ein Mensch, der wie hier das Ohr gleichsam an die Herzkammer des Weltwillens gelegt hat, der das rasende Begehren zum Dasein als donnernden Strom oder als zartesten zerstäubten Bach von hier aus in alle Adern der Welt sich ergießen fühlt, er sollte nicht jählings zerbrechen? Er sollte es ertragen, in der elenden gläsernen Hülle des menschlichen Individuums, den Widerklang zahlloser Lust- und Weherufe aus dem »weiten Raum der Weltennacht« zu vernehmen, ohne bei diesem Hirtenreigen der Metaphysik sich seiner Urheimat unaufhaltsam zuzuflüchten. Wenn aber doch ein solches Werk als Ganzes perzipiert werden kann, ohne Verneinung der Individualexistenz, wenn eine solche Schöpfung geschaffen werden konnte, ohne ihren Schöpfer zu zerschmettern – woher nehmen wir die Lösung eines solchen Widerspruches?

Hier drängt sich zwischen unsre höchste Musikerregung und jene Musik der tragische Mythus und der tragische Held, im Grunde nur als Gleichnis der alleruniversalsten Tatsachen, von denen allein die Musik auf direktem Wege reden kann. Als Gleichnis würde nun aber der Mythus, wenn wir als rein dionysische Wesen empfänden, gänzlich wirkungslos und unbeachtet neben uns stehen bleiben und uns keinen Augenblick abwendig davon machen, unser Ohr dem Widerklang der *universalia ante rem* zu bieten. Hier bricht jedoch die *apollinische* Kraft, auf Wiederherstellung des fast zersprengten Individuums gerichtet, mit dem Heilbalsam einer wonnevollen Täuschung hervor: plötzlich glauben wir nur noch Tristan zu sehen, wie er bewegungslos und dumpf sich fragt: »die alte Weise; was weckt sie mich?« Und was uns früher wie ein hohles Seufzen aus dem Mittelpunkte des Seins anmutete, das will uns jetzt nur sagen, wie »öd und leer das Meer«. Und wo wir atemlos zu erlöschen wähnten, im krampfartigen Sichausrecken aller Gefühle, und nur ein weniges uns mit dieser Existenz zusammenknüpfte, hören und sehen wir jetzt nur den zum Tode verwundeten und doch nicht sterbenden Helden, mit seinem verzweiflungsvollen Rufe: »Sehnen! Sehnen! Im Sterben mich zu sehnen, vor Sehnsucht nicht zu sterben!« Und wenn früher der Jubel des Horns nach solchem Übermaß und solcher Überzahl verzehrender Qualen fast wie der Qualen höchste uns das Herz zerschnitt, so steht jetzt zwischen uns und diesem »Jubel an sich« der jauchzende Kurwenal, dem Schiffe, das Isolden trägt, zugewandt. So gewaltig auch das Mitleiden in uns hineingreift, in einem gewissen Sinne rettet uns doch das Mitleiden vor dem Urleiden der Welt, wie das Gleichnisbild des Mythus uns vor dem unmittelbaren Anschauen der höchsten Weltidee, wie der Gedanke und das Wort uns vor dem ungedämmten Ergusse des unbewußten Willens rettet. Durch jene herrliche apollinische Täuschung dünkt es uns, als ob uns selbst das Tonreich wie eine plastische Welt gegenüberträte, als ob auch in ihr nur Tristans und Isoldens Schicksal, wie in einem allerzar-

testen und ausdrucksfähigsten Stoffe, geformt und bildnerisch ausgeprägt worden sei.

So entreißt uns das Apollinische der dionysischen Allgemeinheit und entzückt uns für die Individuen; an diese fesselt es unsre Mitleidserregung, durch diese befriedigt es den nach großen und erhabenen Formen lechzenden Schönheitssinn; es führt an uns Lebensbilder vorbei und reizt uns zu gedankenhaftem Erfassen des in ihnen enthaltenen Lebenskernes. Mit der ungeheuren Wucht des Bildes, des Begriffs, der ethischen Lehre, der sympathischen Erregung reißt das Apollinische den Menschen aus seiner orgiastischen Selbstvernichtung empor und täuscht ihn über die Allgemeinheit des dionysischen Vorganges hinweg zu dem Wahne, daß er ein einzelnes Weltbild, z. B. Tristan und Isolde, sehe und es *durch die Musik* nur noch besser und innerlicher *sehen* solle. Was vermag nicht der heilkundige Zauber des Apollo, wenn er selbst in uns die Täuschung aufregen kann, als ob wirklich das Dionysische, im Dienste des Apollinischen, dessen Wirkungen zu steigern vermöchte, ja als ob die Musik sogar wesentlich Darstellungskunst für einen apollinischen Inhalt sei?

Bei jener prästabilierten Harmonie, die zwischen dem vollendeten Drama und seiner Musik waltet, erreicht das Drama einen höchsten, für das Wortdrama sonst unzugänglichen Grad von Schaubarkeit. Wie alle lebendigen Gestalten der Szene in den selbständig bewegten Melodienlinien sich zur Deutlichkeit der geschwungenen Linie vor uns vereinfachen, ertönt uns das Nebeneinander dieser Linien in dem mit dem bewegten Vorgange auf zarteste Weise sympathisierenden Harmonienwechsel: durch welchen uns die Relationen der Dinge in sinnlich wahrnehmbarer, keinesfalls abstrakter Weise, unmittelbar vernehmbar werden, wie wir gleichfalls durch ihn erkennen, daß erst in diesen Relationen das Wesen eines Charakters und einer Melodienlinie sich rein offenbare. Und während uns so die Musik zwingt, mehr und innerlicher als sonst zu sehen und den Vorgang der Szene wie ein zartes Gespinst vor uns auszubreiten, ist für unser vergeistigtes, ins Innere blickende Auge die Welt der Bühne ebenso unendlich erweitert als von innen heraus erleuchtet. Was vermöchte der Wortdichter Analoges zu bieten, der mit einem viel vollkommneren Mechanismus, auf indirektem Wege, vom Wort und vom Begriff aus, jene innerliche Erweiterung der schaubaren Bühnenwelt und ihre innere Erleuchtung zu erreichen sich abmüht? Nimmt nun zwar auch die musikalische Tragödie das Wort hinzu, so kann sie doch zugleich den Untergrund und die Geburtsstätte des Wortes danebenstellen und uns das Werden des Wortes, von innen heraus, verdeutlichen.

Aber von diesem geschilderten Vorgang wäre doch ebenso bestimmt zu sagen, daß er nur ein herrlicher Schein, nämlich jene vorhin erwähnte apollinische *Täuschung* sei, durch deren Wirkung wir von dem dionysischen Andrange und Übermaße entlastet werden sollen. Im Grunde

ist ja das Verhältnis der Musik zum Drama gerade das umgekehrte: die Musik ist die eigentliche Idee der Welt, das Drama nur ein Abglanz dieser Idee, ein vereinzeltes Schattenbild derselben. Jene Identität zwischen der Melodienlinie und der lebendigen Gestalt, zwischen der Harmonie und den Charakterrelationen jener Gestalt ist in einem entgegengesetzten Sinne wahr, als es uns, beim Anschaun der musikalischen Tragödie, dünken möchte. Wir mögen die Gestalt uns auf das sichtbarste bewegen, beleben und von innen heraus beleuchten, sie bleibt immer nur die Erscheinung, von der es keine Brücke gibt, die in die wahre Realität, ins Herz der Welt führte. Aus diesem Herzen heraus aber redet die Musik; und zahllose Erscheinungen jener Art dürften an der gleichen Musik vorüberziehn, sie würden nie das Wesen derselben erschöpfen, sondern immer nur ihre veräußerlichten Abbilder sein. Mit dem populären und gänzlich falschen Gegensatz von Seele und Körper ist freilich für das schwierige Verhältnis von Musik und Drama nichts zu erklären und alles zu verwirren; aber die unphilosophische Rohheit jenes Gegensatzes scheint gerade bei unseren Ästhetikern, wer weiß aus welchen Gründen, zu einem gern bekannten Glaubensartikel geworden zu sein, während sie über einen Gegensatz der Erscheinung und des Dinges an sich nichts gelernt haben oder, aus ebenfalls unbekannten Gründen, nichts lernen mochten.

Sollte es sich bei unserer Analysis ergeben haben, daß das Apollinische in der Tragödie durch seine Täuschung völlig den Sieg über das dionysische Urelement der Musik davongetragen und sich diese zu ihren Absichten, nämlich zu einer höchsten Verdeutlichung des Dramas, nutzbar gemacht habe, so wäre freilich eine sehr wichtige Einschränkung hinzuzufügen: in dem allerwesentlichsten Punkte ist jene apollinische Täuschung durchbrochen und vernichtet. Das Drama, das in so innerlich erleuchteter Deutlichkeit aller Bewegungen und Gestalten, mit Hilfe der Musik, sich vor uns ausbreitet, als ob wir das Gewebe am Webstuhl im Auf- und Niederzucken entstehen sehen – erreicht als Ganzes eine Wirkung, die *jenseits aller apollinischen Kunstwirkungen* liegt. In der Gesamtwirkung der Tragödie erlangt das Dionysische wieder das Übergewicht; sie schließt mit einem Klange, der niemals von dem Reiche der apollinischen Kunst her tönen könnte. Und damit erweist sich die apollinische Täuschung als das, was sie ist, als die während der Dauer der Tragödie anhaltende Umschleierung der eigentlichen dionysischen Wirkung: die doch so mächtig ist, am Schluß das apollinische Drama selbst in eine Sphäre zu drängen, wo es mit dionysischer Weisheit zu reden beginnt und wo es sich selbst und seine apollinische Sichtbarkeit verneint. So wäre wirklich das schwierige Verhältnis des Apollinischen und des Dionysischen in der Tragödie durch einen Bruderbund beider Gottheiten zu symbolisieren: Dionysus redet die Sprache des Apollo, Apollo aber schließlich die Sprache Dionysus': womit das höchste Ziel der Tragödie und der Kunst überhaupt erreicht ist.

22

Mag der aufmerksame Freund sich die Wirkung einer wahren musikalischen Tragödie rein und unvermischt, nach seinen Erfahrungen, vergegenwärtigen. Ich denke das Phänomen dieser Wirkung nach beiden Seiten hin so beschrieben zu haben, daß er sich seine eignen Erfahrungen jetzt zu deuten wissen wird. Er wird sich nämlich erinnern, wie er, im Hinblick auf den vor ihm sich bewegenden Mythus, zu einer Art von Allwissenheit sich gesteigert fühlte, als ob jetzt die Sehkraft seiner Augen nicht nur eine Flächenkraft sei, sondern ins Innere zu dringen vermöge, und als ob er die Wallungen des Willens, den Kampf der Motive, den anschwellenden Strom der Leidenschaften, jetzt, mit Hilfe der Musik, gleichsam sinnlich sichtbar, wie eine Fülle lebendig bewegter Linien und Figuren vor sich sehe und damit bis in die zartesten Geheimnisse unbewußter Regungen hinabtauchen könne. Während er so einer höchsten Steigerung seiner auf Sichtbarkeit und Verklärung gerichteten Triebe bewußt wird, fühlt er doch ebenso bestimmt, daß diese lange Reihe apollinischer Kunstwirkungen doch *nicht* jenes beglückte Verharren in willenlosem Anschauen erzeugt, das der Plastiker und der epische Dichter, also die eigentlich apollinischen Künstler, durch ihre Kunstwerke bei ihm hervorbringen: das heißt die in jenem Anschauen erreichte Rechtfertigung der Welt der *individuatio*, als welche die Spitze und der Inbegriff der apollinischen Kunst ist. Er schaut die verklärte Welt der Bühne und verneint sie doch. Er sieht den tragischen Helden vor sich in epischer Deutlichkeit und Schönheit und erfreut sich doch an seiner Vernichtung. Er begreift bis ins Innerste den Vorgang der Szene und flüchtet sich gern ins Unbegreifliche. Er fühlt die Handlungen des Helden als gerechtfertigt und ist doch noch mehr erhoben, wenn diese Handlungen den Urheber vernichten. Er schaudert vor den Leiden, die den Helden treffen werden, und ahnt doch bei ihnen eine höhere, viel übermächtigere Lust. Er schaut mehr und tiefer als je und wünscht sich doch erblindet. Woher werden wir diese wunderbare Selbstentzweiung, dies Umbrechen der apollinischen Spitze, abzuleiten haben, wenn nicht aus dem *dionysischen* Zauber, der, zum Schein die apollinischen Regungen aufs höchste reizend, doch noch diesen Überschwang der apollinischen Kraft in seinen Dienst zu zwingen vermag. *Der tragische Mythus* ist nur zu verstehen als eine Verbildlichung dionysischer Weisheit durch apollinische Kunstmittel; er führt die Welt der Erscheinung an die Grenzen, wo sie sich selbst verneint und wieder in den Schoß der wahren und einzigen Realitäten zurückzuflüchten sucht, wo sie dann, mit Isolden, ihren metaphysischen Schwanengesang also anzustimmen scheint:

In des Wonnemeeres
wogendem Schwall,
in der Duft-Wellen
tönendem Schall,
in des Weltatems
wehendem All –
ertrinken – versinken –
unbewußt – höchste Lust!

So vergegenwärtigen wir uns, an den Erfahrungen des wahrhaft ästhetischen Zuhörers, den tragischen Künstler selbst, wie er, gleich einer üppigen Gottheit der *individuatio,* seine Gestalten schafft, in welchem Sinne sein Werk kaum als »Nachahmung der Natur« zu begreifen wäre, – wie dann aber sein ungeheurer dionysischer Trieb diese ganze Welt der Erscheinungen verschlingt, um hinter ihr und durch ihre Vernichtung eine höchste künstlerische Urfreude im Schoße des Ur-Einen ahnen zu lassen. Freilich wissen von dieser Rückkehr zur Ur-heimat, von dem Bruderbunde der beiden Kunstgottheiten in der Tragödie und von der sowohl apollinischen als dionysischen Erregung des Zuhörers unsere Ästhetiker nichts zu berichten, während sie nicht müde werden, den Kampf des Helden mit dem Schicksal, den Sieg der sittlichen Weltordnung oder eine durch die Tragödie bewirkte Entladung von Affekten als das eigentlich Tragische zu charakterisieren: welche Unverdrossenheit mich auf den Gedanken bringt, sie möchten überhaupt keine ästhetisch erregbaren Menschen sein und beim Anhören der Tragödie vielleicht nur als moralische Wesen in Betracht kommen. Noch nie, seit Aristoteles, ist eine Erklärung der tragischen Wirkung gegeben worden, aus der auf künstlerische Zustände, auf eine ästhetische Tätigkeit der Zuhörer geschlossen werden dürfte. Bald soll Mitleid und Furchtsamkeit durch die ernsten Vorgänge zu einer erleichternden Entladung gedrängt werden, bald sollen wir uns bei dem Sieg guter und edler Prinzipien, bei der Aufopferung des Helden im Sinne einer sittlichen Weltbetrachtung erhoben und begeistert fühlen; und so gewiß ich glaube, daß für zahlreiche Menschen gerade das, und nur das, die Wirkung der Tragödie ist, so deutlich ergibt sich daraus, daß diese alle, samt ihren interpretierenden Ästhetikern, von der Tragödie als einer höchsten *Kunst* nichts erfahren haben. Jene pathologische Entladung, die Katharsis des Aristoteles, von der die Philologen nicht recht wissen, ob sie unter die medizinischen oder die moralischen Phänomene zu rechnen sei, erinnert an eine merkwürdige Ahnung Goethes. »Ohne ein lebhaftes pathologisches Interesse«, sagt er, »ist es auch mir niemals gelungen, irgendeine tragische Situation zu bearbeiten, und ich habe sie daher lieber vermieden als aufgesucht. Sollte es wohl auch einer von den Vorzügen der Alten gewesen sein, daß das höchste Pathetische auch nur ästhetisches

Spiel bei ihnen gewesen wäre, da bei uns die Naturwahrheit mitwirken muß, um ein solches Werk hervorzubringen?« Diese so tiefsinnige letzte Frage dürfen wir jetzt, nach unseren herrlichen Erfahrungen, bejahen, nachdem wir gerade an der musikalischen Tragödie mit Staunen erlebt haben, wie wirklich das höchste Pathetische doch nur ein ästhetisches Spiel sein kann: weshalb wir glauben dürfen, daß erst jetzt das Urphänomen des Tragischen mit einigem Erfolg zu beschreiben ist. Wer jetzt noch nur von jenen stellvertretenden Wirkungen aus außerästhetischen Sphären zu erzählen hat und über den pathologisch-moralischen Prozeß sich nicht hinausgehoben fühlt, mag nur an seiner ästhetischen Natur verzweifeln: wogegen wir ihm die Interpretation Shakespeares nach der Manier des Gervinus und das fleißige Aufspüren der »poetischen Gerechtigkeit« als unschuldigen Ersatz anempfehlen.

So ist mit der Wiedergeburt der Tragödie auch der *ästhetische Zuhörer* wieder geboren, an dessen Stelle bisher in den Theaterräumen ein seltsames *Quidproquo,* mit halb moralischen und halb gelehrten Ansprüchen, zu sitzen pflegte, der »Kritiker«. In seiner bisherigen Sphäre war alles künstlich und nur mit einem Scheine des Lebens übertüncht. Der darstellende Künstler wußte in der Tat nicht mehr, was er mit einem solchen, kritisch sich gebärdenden Zuhörer zu beginnen habe und spähte daher, samt dem ihn inspirierenden Dramatiker oder Opernkomponisten, unruhig nach den letzten Resten des Lebens in diesem anspruchsvoll öden und zum Genießen unfähigen Wesen. Aus derartigen »Kritikern« bestand aber bisher das Publikum; der Student, der Schulknabe, ja selbst das harmloseste weibliche Geschöpf war wider sein Wissen bereits durch Erziehung und Journale zu einer gleichen Perzeption eines Kunstwerks vorbereitet. Die edleren Naturen unter den Künstlern rechneten bei einem solchen Publikum auf die Erregung moralisch-religiöser Kräfte, und der Anruf der »sittlichen Weltordnung« trat vikarierend ein, wo eigentlich ein gewaltiger Kunstzauber den echten Zuhörer entzücken sollte. Oder es wurde vom Dramatiker eine großartigere, mindestens aufregende Tendenz der politischen und sozialen Gegenwart so deutlich vorgetragen, daß der Zuhörer seine kritische Erschöpfung vergessen und sich ähnlichen Affekten überlassen konnte, wie in patriotischen oder kriegerischen Momenten, oder vor der Rednerbühne des Parlaments, oder bei der Verurteilung des Verbrechens und des Lasters: welche Entfremdung der eigentlichen Kunstabsichten hier und da geradezu zu einem Kultus der Tendenz führen mußte. Doch hier trat ein, was bei allen erkünstelten Künsten von jeher eingetreten ist, eine reißend schnelle Depravation jener Tendenzen, so daß zum Beispiel die Tendenz, das Theater als Veranstaltung zur moralischen Volksbildung zu verwenden, die zu Schillers Zeit ernsthaft genommen wurde, bereits unter die unglaubwürdigen Antiquitäten einer überwundenen Bildung gerechnet wird. Während der Kritiker in Theater und Kon-

zert, der Journalist in der Schule, die Presse in der Gesellschaft zur Herrschaft gekommen war, entartete die Kunst zu einem Unterhaltungsobjekt der niedrigsten Art, und die ästhetische Kritik wurde als das Bindemittel einer eitlen, zerstreuten, selbstsüchtigen und überdies ärmlich-unoriginalen Geselligkeit benutzt, deren Sinn jene Schopenhauerische Parabel von den Stachelschweinen zu verstehen gibt; so daß zu keiner Zeit so viel über Kunst geschwatzt und so wenig von der Kunst gehalten worden ist. Kann man aber mit einem Menschen noch verkehren, der imstande ist, sich über Beethoven und Shakespeare zu unterhalten? Mag jeder nach seinem Gefühl diese Frage beantworten: er wird mit der Antwort jedenfalls beweisen, was er sich unter »Bildung« vorstellt, vorausgesetzt, daß er die Frage überhaupt zu beantworten sucht und nicht vor Überraschung bereits verstummt ist.

Dagegen dürfte mancher edler und zarter von der Natur Befähigte, ob er gleich in der geschilderten Weise allmählich zum kritischen Barbaren geworden war, von einer ebenso unerwarteten als gänzlich unverständlichen Wirkung zu erzählen haben, die etwa eine glücklich gelungene Lohengrinaufführung auf ihn ausübte: nur daß ihm vielleicht jede Hand fehlte, die ihn mahnend und deutend anfaßte, so daß auch jene unbegreiflich verschiedenartige und durchaus unvergleichliche Empfindung, die ihn damals erschütterte, vereinzelt blieb und wie ein rätselhaftes Gestirn nach kurzem Leuchten erlosch. Damals hatte er geahnt, was der ästhetische Zuhörer ist.

23

Wer recht genau sich selber prüfen will, wie sehr er dem wahren ästhetischen Zuhörer verwandt ist oder zur Gemeinschaft der sokratisch-kritischen Menschen gehört, der mag sich nur aufrichtig nach der Empfindung fragen, mit der er das auf der Bühne dargestellte *Wunder* empfängt: ob er etwa dabei seinen historischen, auf strenge psychologische Kausalität gerichteten Sinn beleidigt fühlt, ob er mit einer wohlwollenden Konzession gleichsam das Wunder als ein der Kindheit verständliches, ihm entfremdetes Phänomen zuläßt, oder ob er irgend etwas anderes dabei erleidet. Daran nämlich wird er messen können, wieweit er überhaupt befähigt ist, den *Mythus*, das zusammengezogene Weltbild, zu verstehen, der, als Abbreviatur der Erscheinung, das Wunder nicht entbehren kann. Das Wahrscheinliche ist aber, daß fast jeder, bei strenger Prüfung, sich so durch den kritisch-historischen Geist unserer Bildung zersetzt fühlt, um nur etwa auf gelehrtem Wege, durch vermittelnde Abstraktionen, sich die einstmalige Existenz des Mythus glaublich zu machen. Ohne Mythus aber geht jede Kultur ihrer gesunden schöpferischen Naturkraft verlustig: erst ein mit Mythen umstellter Horizont schließt eine

ganze Kulturbewegung zur Einheit ab. Alle Kräfte der Phantasie und des apollinischen Traumes werden erst durch den Mythus aus ihrem wahllosen Herumschweifen gerettet. Die Bilder des Mythus müssen die unbemerkt allgegenwärtigen dämonischen Wächter sein, unter deren Hut die junge Seele heranwächst, an deren Zeichen der Mann sich sein Leben und seine Kämpfe deutet: und selbst der Staat kennt keine mächtigeren ungeschriebnen Gesetze als das mythische Fundament, das seinen Zusammenhang mit der Religion, sein Herauswachsen aus mythischen Vorstellungen verbürgt.

Man stelle jetzt daneben den abstrakten, ohne Mythen geleiteten Menschen, die abstrakte Erziehung, die abstrakte Sitte, das abstrakte Recht, den abstrakten Staat: man vergegenwärtige sich das regellose, von keinem heimischen Mythus gezügelte Schweifen der künstlerischen Phantasie: man denke sich eine Kultur, die keinen festen und heiligen Ursitz hat, sondern alle Möglichkeiten zu erschöpfen und von allen Kulturen sich kümmerlich zu nähren verurteilt ist – das ist die Gegenwart, als das Resultat jenes auf Vernichtung des Mythus gerichteten Sokratismus. Und nun steht der mythenlose Mensch, ewig hungernd, unter allen Vergangenheiten und sucht grabend und wühlend nach Wurzeln, sei es daß er auch in den entlegensten Altertümern nach ihnen graben müßte. Worauf weist das ungeheure historische Bedürfnis der unbefriedigten modernen Kultur, das Umsichsammeln zahlloser anderer Kulturen, das verzehrende Erkennenwollen, wenn nicht auf den Verlust des Mythus, auf den Verlust der mythischen Heimat, des mythischen Mutterschoßes? Man frage sich, ob das fieberhafte und so unheimliche Sichregen dieser Kultur etwas anderes ist als das gierige Zugreifen und Nach-Nahrung-Haschen des Hungernden – und wer möchte einer solchen Kultur noch etwas geben wollen, die durch alles, was sie verschlingt, nicht zu sättigen ist, und bei deren Berührung sich die kräftigste, heilsamste Nahrung in »Historie und Kritik« zu verwandeln pflegt?

Man müßte auch an unserem deutschen Wesen schmerzlich verzweifeln, wenn es bereits in gleicher Weise mit seiner Kultur unlösbar verstrickt, ja eins geworden wäre, wie wir das an dem zivilisierten Frankreich zu unserem Entsetzen beobachten können; und das, was lange Zeit der große Vorzug Frankreichs und die Ursache seines ungeheuren Übergewichts war, eben jenes Einssein von Volk und Kultur, dürfte uns, bei diesem Anblick, nötigen, darin das Glück zu preisen, daß diese unsere so fragwürdige Kultur bis jetzt mit dem edlen Kerne unseres Volkscharakters nichts gemein hat. Alle unsere Hoffnungen strecken sich vielmehr sehnsuchtsvoll nach jener Wahrnehmung aus, daß unter diesem unruhig auf und nieder zuckenden Kulturleben und Bildungskrampfe eine herrliche, innerlich gesunde, uralte Kraft verborgen liegt, die freilich nur in ungeheuren Momenten sich gewaltig einmal bewegt und dann wieder einem

zukünftigen Erwachen entgegenträumt. Aus diesem Abgrunde ist die deutsche Reformation hervorgewachsen: in deren Choral die Zukunftsweise der deutschen Musik zuerst erklang. So tief, mutig und seelenvoll, so überschwänglich gut und zart tönte dieser Choral Luthers, als der erste dionysische Lockruf, der aus dichtverwachsenem Gebüsch, im Nahen des Frühlings, hervordringt. Ihm antwortete in wetteiferndem Widerhall jener weihevoll übermütige Festzug dionysischer Schwärmer, denen wir die deutsche Musik danken – und denen wir *die Wiedergeburt des deutschen Mythus* danken werden!

Ich weiß, daß ich jetzt den teilnehmend folgenden Freund auf einen hochgelegenen Ort einsamer Betrachtungen führen muß, wo er nur wenige Gefährten haben wird, und rufe ihm ermutigend zu, daß wir uns an unseren leuchtenden Führern, den Griechen, festzuhalten haben. Von ihnen haben wir bis jetzt, zur Reinigung unserer ästhetischen Erkenntnis, jene beiden Götterbilder entlehnt, von denen jedes ein gesondertes Kunstreich für sich beherrscht, und über deren gegenseitige Berührung und Steigerung wir durch die griechische Tragödie zu einer Ahnung kamen. Durch ein merkwürdiges Auseinanderreißen beider künstlerischer Urtriebe mußte uns der Untergang der griechischen Tragödie herbeigeführt erscheinen: mit welchem Vorgange eine Degeneration und Umwandlung des griechischen Volkscharakters im Einklang war, uns zu ernstem Nachdenken auffordernd, wie notwendig und eng die Kunst und das Volk, Mythus und Sitte, Tragödie und Staat, in ihren Fundamenten verwachsen sind. Jener Untergang der Tragödie war zugleich der Untergang des Mythus. Bis dahin waren die Griechen unwillkürlich genötigt, alles Erlebte sofort an ihre Mythen anzuknüpfen, ja es nur durch diese Anknüpfung zu begreifen: wodurch auch die nächste Gegenwart ihnen sofort *sub specie aeterni* und in gewissem Sinne als zeitlos erscheinen mußte. In diesen Strom des Zeitlosen aber tauchte sich ebenso der Staat wie die Kunst, um in ihm vor der Last und der Gier des Augenblicks Ruhe zu finden. Und gerade nur so viel ist ein Volk – wie übrigens auch ein Mensch – wert, als es auf seine Erlebnisse den Stempel des Ewigen zu drücken vermag: denn damit ist es gleichsam entweltlicht und zeigt seine unbewußte innerliche Überzeugung von der Relativität der Zeit und von der wahren, d. h. der metaphysischen Bedeutung des Lebens. Das Gegenteil davon tritt ein, wenn ein Volk anfängt, sich historisch zu begreifen und die mythischen Bollwerke um sich herum zu zertrümmern: womit gewöhnlich eine entschiedene Verweltlichung, ein Bruch mit der unbewußten Metaphysik seines früheren Daseins, in allen ethischen Konsequenzen, verbunden ist. Die griechische Kunst und vornehmlich die griechische Tragödie hielt vor allem die Vernichtung des Mythus auf: man mußte sie mit vernichten, um, losgelöst von dem heimischen Boden, ungezügelt in der Wildnis des Gedankens, der Sitte und der Tat

leben zu können. Auch jetzt noch versucht jener metaphysische Trieb sich eine, wenngleich abgeschwächte Form der Verklärung zu schaffen, in dem zum Leben drängenden Sokratismus der Wissenschaft: aber auf den niederen Stufen führte derselbe Trieb nur zu einem fieberhaften Suchen, das sich allmählich in ein Pandämonium überallher zusammengehäufter Mythen und Superstitionen verlor: in dessen Mitte der Hellene dennoch ungestillten Herzens saß, bis er es verstand, mit griechischer Heiterkeit und griechischem Leichtsinn, als Graeculus, jenes Fieber zu maskieren oder in irgendeinem orientalisch dumpfen Aberglauben sich völlig zu betäuben.

Diesem Zustande haben wir uns, seit der Wiedererweckung des alexandrinisch-römischen Altertums im fünfzehnten Jahrhundert, nach einem langen schwer zu beschreibenden Zwischenakte, in der auffälligsten Weise angenähert. Auf den Höhen dieselbe überreiche Wissenslust, dasselbe ungesättigte Finderglück, diese ungeheure Verweltlichung, daneben ein heimatloses Herumschweifen, ein gieriges Sichdrängen an fremde Tische, eine leichtsinnige Vergötterung der Gegenwart oder stumpf betäubte Abkehr, alles *sub specie saeculi,* der »Jetztzeit«: welche gleichen Symptome auf einen gleichen Mangel im Herzen dieser Kultur zu raten geben, auf die Vernichtung des Mythus. Es scheint kaum möglich zu sein, mit dauerndem Erfolge einen fremden Mythus überzupflanzen, ohne den Baum durch dieses Überpflanzen heillos zu beschädigen: welcher vielleicht einmal stark und gesund genug ist, jenes fremde Element mit furchtbarem Kampfe wieder auszuscheiden, für gewöhnlich aber siech und verkümmert oder in krampfhaftem Wuchern sich verzehren muß. Wir halten so viel von dem reinen und kräftigen Kerne des deutschen Wesens, daß wir gerade von ihm jene Ausscheidung gewaltsam eingepflanzter fremder Elemente zu erwarten wagen und es für möglich erachten, daß der deutsche Geist sich auf sich selbst zurückbesinnt. Vielleicht wird mancher meinen, jener Geist müsse seinen Kampf mit der Ausscheidung des Romanischen beginnen: wozu er eine äußerliche Vorbereitung und Ermutigung in der siegreichen Tapferkeit und blutigen Glorie des letzten Krieges erkennen dürfte, die innerliche Nötigung aber in dem Wetteifer suchen muß, der erhabenen Vorkämpfer auf dieser Bahn, Luthers ebensowohl als unserer großen Künstler und Dichter, stets wert zu sein. Aber nie möge er glauben, ähnliche Kämpfe ohne seine Hausgötter, ohne seine mythische Heimat, ohne ein »Wiederbringen« aller deutschen Dinge, kämpfen zu können! Und wenn der Deutsche zagend sich nach einem Führer umblicken sollte, der ihn wieder in die längst verlorne Heimat zurückbringe, deren Wege und Stege er kaum mehr kennt – so mag er nur dem wonnig lockenden Rufe des dionysischen Vogels lauschen, der über ihm sich wiegt und ihm den Weg dahin deuten will.

24

Wir hatten unter den eigentümlichen Kunstwirkungen der musikalischen Tragödie eine apollinische *Täuschung* hervorzuheben, durch die wir von dem unmittelbaren Einssein mit der dionysischen Musik gerettet werden sollen, während unsre musikalische Erregung sich auf einem apollinischen Gebiete und an einer dazwischengeschobenen sichtbaren Mittelwelt entladen kann. Dabei glaubten wir beobachtet zu haben, wie eben durch diese Entladung jene Mittelwelt des szenischen Vorgangs, überhaupt das Drama, in einem Grade von innen heraus sichtbar und verständlich wurde, der in aller sonstigen apollinischen Kunst unerreichbar ist: so daß wir hier, wo diese gleichsam durch den Geist der Musik beschwingt und emporgetragen war, die höchste Steigerung ihrer Kräfte und somit in jenem Bruderbunde des Apollo und des Dionysus die Spitze ebensowohl der apollinischen als der dionysischen Kunstabsichten anerkennen mußten.

Freilich erreichte das apollinische Lichtbild gerade bei der inneren Beleuchtung durch die Musik nicht die eigentümliche Wirkung der schwächeren Grade apollinischer Kunst; was das Epos oder der beseelte Stein vermögen, das anschauende Auge zu jenem ruhigen Entzücken an der Welt der *individuatio* zu zwingen, das wollte sich hier, trotz einer höheren Beseeltheit und Deutlichkeit, nicht erreichen lassen. Wir schauten das Drama an und drangen mit bohrendem Blick in seine innere bewegte Welt der Motive – und doch war uns, als ob nur ein Gleichnisbild an uns vorüberzöge, dessen tiefsten Sinn wir fast zu erraten glaubten und das wir, wie einen Vorhang, fortzuziehen wünschten, um hinter ihm das Urbild zu erblicken. Die hellste Deutlichkeit des Bildes genügte uns nicht: denn dieses schien ebensowohl etwas zu offenbaren als zu verhüllen; und während es mit seiner gleichnisartigen Offenbarung zum Zerreißen des Schleiers, zur Enthüllung des geheimnisvollen Hintergrundes aufzufordern schien, hielt wiederum gerade jene durchleuchtete Allsichtbarkeit das Auge gebannt und wehrte ihm, tiefer zu dringen.

Wer dies nicht erlebt hat, zugleich schauen zu müssen und zugleich über das Schauen hinaus sich zu sehnen, wird sich schwerlich vorstellen, wie bestimmt und klar diese beiden Prozesse bei der Betrachtung des tragischen Mythus nebeneinander bestehen und nebeneinander empfunden werden: während die wahrhaft ästhetischen Zuschauer mir bestätigen werden, daß unter den eigentümlichen Wirkungen der Tragödie jenes Nebeneinander die merkwürdigste sei. Man übertrage sich nun dieses Phänomen des ästhetischen Zuschauers in einen analogen Prozeß im tragischen Künstler, und man wird die Genesis des *tragischen Mythus* verstanden haben. Er teilt mit der apollinischen Kunstsphäre die volle Lust am Schein und am Schauen und zugleich verneint er diese Lust und hat

eine noch höhere Befriedigung an der Vernichtung der sichtbaren Scheinwelt. Der Inhalt des tragischen Mythus ist zunächst ein episches Ereignis mit der Verherrlichung des kämpfenden Helden: woher stammt aber jener an sich rätselhafte Zug, daß das Leiden im Schicksale des Helden, die schmerzlichsten Überwindungen, die qualvollsten Gegensätze der Motive, kurz die Exemplifikation jener Weisheit des Silen, oder, ästhetisch ausgedrückt, das Häßliche und Disharmonische, in so zahllosen Formen, mit solcher Vorliebe immer von neuem dargestellt wird und gerade in dem üppigsten und jugendlichsten Alter eines Volkes, wenn nicht gerade an diesem allen eine höhere Lust perzipiert wird?

Denn daß es im Leben wirklich so tragisch zugeht, würde am wenigsten die Entstehung einer Kunstform erklären; wenn anders die Kunst nicht nur Nachahmung der Naturwirklichkeit, sondern gerade ein metaphysisches Supplement der Naturwirklichkeit ist, zu deren Überwindung neben sie gestellt. Der tragische Mythus, sofern er überhaupt zur Kunst gehört, nimmt auch vollen Anteil an dieser metaphysischen Verklärungsabsicht der Kunst überhaupt: was verklärt er aber, wenn er die Erscheinungswelt unter dem Bilde des leidenden Helden vorführt? Die »Realität« dieser Erscheinungswelt am wenigsten, denn er sagt uns gerade: »Seht hin! Seht genau hin! Dies ist euer Leben! Dies ist der Stundenzeiger an eurer Daseinsuhr!«

Und dieses Leben zeigte der Mythus, um es vor uns damit zu verklären? Wenn aber nicht, worin liegt dann die ästhetische Lust, mit der wir auch jene Bilder an uns vorüberziehen lassen? Ich frage nach der ästhetischen Lust und weiß recht wohl, daß viele dieser Bilder außerdem mitunter noch eine moralische Ergötzung, etwa unter der Form des Mitleidens oder eines sittlichen Triumphes, erzeugen können. Wer die Wirkung des Tragischen aber allein aus diesen moralischen Quellen ableiten wollte, wie es freilich in der Ästhetik nur allzu lange üblich war, der mag nur nicht glauben, etwas für die Kunst damit getan zu haben: die vor allem Reinheit in ihrem Bereiche verlangen muß. Für die Erklärung des tragischen Mythus ist es gerade die erste Forderung, die ihm eigentümliche Lust in der rein ästhetischen Sphäre zu suchen, ohne in das Gebiet des Mitleids, der Furcht, des Sittlich-Erhabenen überzugreifen. Wie kann das Häßliche und das Disharmonische, der Inhalt des tragischen Mythus, eine ästhetische Lust erregen?

Hier nun wird es nötig, uns mit einem kühnen Anlauf in eine Metaphysik der Kunst hineinzuschwingen, indem ich den früheren Satz wiederhole, daß nur als ein ästhetisches Phänomen das Dasein und die Welt gerechtfertigt erscheint: in welchem Sinne uns gerade der tragische Mythus zu überzeugen hat, daß selbst das Häßliche und Disharmonische ein künstlerisches Spiel ist, welches der Wille, in der ewigen Fülle seiner Lust, mit sich selbst spielt. Dieses schwer zu fassende Urphänomen der diony-

sischen Kunst wird aber auf direktem Wege einzig verständlich und unmittelbar erfaßt in der wunderbaren Bedeutung der *musikalischen Dissonanz*: wie überhaupt die Musik, neben die Welt hingestellt, allein einen Begriff davon geben kann, was unter der Rechtfertigung der Welt als eines ästhetischen Phänomens zu verstehen ist. Die Lust, die der tragische Mythus erzeugt, hat eine gleiche Heimat, wie die lustvolle Empfindung der Dissonanz in der Musik. Das Dionysische, mit seiner selbst am Schmerz perzipierten Urlust, ist der gemeinsame Geburtsschoß der Musik und des tragischen Mythus.

Sollte sich nicht inzwischen dadurch, daß wir die Musikrelation der Dissonanz zu Hilfe nahmen, jenes schwierige Problem der tragischen Wirkung wesentlich erleichtert haben? Verstehen wir doch jetzt, was es heißen will, in der Tragödie zugleich schauen zu wollen und sich über das Schauen hinaus zu sehnen: welchen Zustand wir in betreff der künstlerisch verwendeten Dissonanz eben so zu charakterisieren hätten, daß wir hören wollen und über das Hören uns zugleich hinaussehnen. Jenes Streben ins Unendliche, der Flügelschlag der Sehnsucht, bei der höchsten Lust an der deutlich perzipierten Wirklichkeit, erinnern daran, daß wir in beiden Zuständen ein dionysisches Phänomen zu erkennen haben, das uns immer von neuem wieder das spielende Aufbauen und Zertrümmern der Individualwelt als den Ausfluß einer Urlust offenbart, in einer ähnlichen Weise, wie wenn von Heraklit dem Dunklen die weltbildende Kraft einem Kinde verglichen wird, das spielend Steine hin und her setzt und Sandhaufen aufbaut und wieder einwirft.

Um also die dionysische Befähigung eines Volkes richtig abzuschätzen, dürften wir nicht nur an die Musik des Volkes, sondern ebenso notwendig an den tragischen Mythus dieses Volkes als den zweiten Zeugen jener Befähigung zu denken haben. Es ist nun, bei dieser engsten Verwandtschaft zwischen Musik und Mythus, in gleicher Weise zu vermuten, daß mit einer Entartung und Depravation des einen eine Verkümmerung der anderen verbunden sein wird: wenn anders in der Schwächung des Mythus überhaupt eine Abschwächung des dionysischen Vermögens zum Ausdruck kommt. Über beides dürfte uns aber ein Blick auf die Entwicklung des deutschen Wesens nicht in Zweifel lassen: in der Oper wie in dem abstrakten Charakter unseres mythenlosen Daseins, in einer zur Ergötzlichkeit herabgesunkenen Kunst wie in einem vom Begriff geleiteten Leben, hatte sich uns jene gleich unkünstlerische, als am Leben zehrende Natur des sokratischen Optimismus enthüllt. Zu unserem Troste aber gab es Anzeichen dafür, daß trotzdem der deutsche Geist in herrlicher Gesundheit, Tiefe und dionysischer Kraft unzerstört, gleich einem zum Schlummer niedergesunknen Ritter, in einem unzugänglichen Abgrunde ruhe und träume: aus welchem Abgrunde zu uns das dionysische Lied emporsteigt, um uns zu verstehen zu geben, daß dieser deutsche

Ritter auch jetzt noch seinen uralten dionysischen Mythus in selig-ernsten Visionen träumt. Glaube niemand, daß der deutsche Geist seine mythische Heimat auf ewig verloren habe, wenn er so deutlich noch die Vogelstimmen versteht, die von jener Heimat erzählen. Eines Tages wird er sich wach finden, in aller Morgenfrische eines ungeheuren Schlafes: dann wird er Drachen töten, die tückischen Zwerge vernichten und Brünnhilde erwecken – und Wotans Speer selbst wird seinen Weg nicht hemmen können!

Meine Freunde, ihr, die ihr an die dionysische Musik glaubt, ihr wißt auch, was für uns die Tragödie bedeutet. In ihr haben wir, wiedergeboren aus der Musik, den tragischen Mythus – und in ihm dürft ihr alles hoffen und das Schmerzlichste vergessen! Das Schmerzlichste aber ist für uns alle – die lange Entwürdigung, unter der der deutsche Genius, entfremdet von Haus und Heimat, im Dienst tückischer Zwerge lebte. Ihr versteht das Wort – wie ihr auch, zum Schluß, meine Hoffnungen verstehen werdet.

25

Musik und tragischer Mythus sind in gleicher Weise Ausdruck der dionysischen Befähigung eines Volkes und voneinander untrennbar. Beide entstammen einem Kunstbereiche, das jenseits des Apollinischen liegt; beide verklären eine Region, in deren Lustakkorden die Dissonanz ebenso wie das schreckliche Weltbild reizvoll verklingt; beide spielen mit dem Stachel der Unlust, ihren überaus mächtigen Zauberkünsten vertrauend; beide rechtfertigen durch dieses Spiel die Existenz selbst der »schlechtesten Welt«. Hier zeigt sich das Dionysische, an dem Apollinischen gemessen, als die ewige und ursprüngliche Kunstgewalt, die überhaupt die ganze Welt der Erscheinung ins Dasein ruft: in deren Mitte ein neuer Verklärungsschein nötig wird, um die belebte Welt der Individuation im Leben festzuhalten. Könnten wir uns eine Menschwerdung der Dissonanz denken – und was ist sonst der Mensch? –, so würde diese Dissonanz, um leben zu können, eine herrliche Illusion brauchen, die ihr einen Schönheitsschleier über ihr eignes Wesen decke. Dies ist die wahre Kunstabsicht des Apollo: in dessen Namen wir alle jene zahllosen Illusionen des schönen Scheins zusammenfassen, die in jedem Augenblick das Dasein überhaupt lebenswert machen und zum Erleben des nächsten Augenblicks drängen.

Dabei darf von jenem Fundamente aller Existenz, von dem dionysischen Untergrunde der Welt, genau nur soviel dem menschlichen Individuum ins Bewußtsein treten, als von jener apollinischen Verklärungskraft wieder überwunden werden kann, so daß diese beiden Kunsttriebe

ihre Kräfte in strenger wechselseitiger Proportion, nach dem Gesetze ewiger Gerechtigkeit, zu entfalten genötigt sind. Wo sich die dionysischen Mächte so ungestüm erheben, wie wir dies erleben, da muß auch bereits Apollo, in eine Wolke gehüllt, zu uns herniedergestiegen sein; dessen üppigste Schönheitswirkungen wohl eine nächste Generation schauen wird.

Daß diese Wirkung aber nötig sei, dies würde jeder am sichersten, durch Intuition, nachempfinden, wenn er einmal, sei es auch im Traume, in eine althellenische Existenz sich zurückversetzt fühlte: im Wandeln unter hohen ionischen Säulengängen, aufwärtsblickend zu einem Horizont, der durch reine und edle Linien abgeschnitten ist, neben sich Wiederspiegelungen seiner verklärten Gestalt in leuchtendem Marmor, rings um sich feierlich schreitende oder zart bewegte Menschen, mit harmonisch tönenden Lauten und rhythmischer Gebärdensprache – würde er nicht, bei diesem fortwährenden Einströmen der Schönheit, zu Apollo die Hand erhebend ausrufen müssen: »Seliges Volk der Hellenen! Wie groß muß unter euch Dionysus sein, wenn der delische Gott solche Zauber für nötig hält, um euren dithyrambischen Wahnsinn zu heilen!« – Einem so Gestimmten dürfte aber ein greiser Athener, mit dem erhabenen Auge des Äschylus zu ihm aufblickend, entgegnen: »Sage aber auch dies, du wunderlicher Fremdling: wieviel mußte dies Volk leiden, um so schön werden zu können! Jetzt aber folge mir zur Tragödie und opfere mit mir im Tempel beider Gottheiten!«

UNZEITGEMÄSSE BETRACHTUNGEN

ZWEITES STÜCK

VOM NUTZEN UND NACHTEIL DER HISTORIE FÜR DAS LEBEN

Vorwort

»Übrigens ist mir alles verhaßt, was mich bloß belehrt, ohne meine Tätigkeit zu vermehren oder unmittelbar zu beleben.« Dies sind Worte Goethes, mit denen, als mit einem herzhaft ausgedrückten *Ceterum censeo*, unsere Betrachtung über den Wert und den Unwert der Historie beginnen mag. In derselben soll nämlich dargestellt werden, warum Belehrung ohne Belebung, warum Wissen, bei dem die Tätigkeit erschlafft, warum Historie als kostbarer Erkenntnis-Überfluß und Luxus uns ernstlich, nach Goethes Wort, verhaßt sein muß – deshalb, weil es uns noch am Notwendigsten fehlt, und weil das Überflüssige der Feind des Notwendigen ist. Gewiß, wir brauchen Historie, aber wir brauchen sie anders, als sie der verwöhnte Müßiggänger im Garten des Wissens braucht, mag derselbe auch vornehm auf unsere derben und anmutlosen Bedürfnisse und Nöte herabsehen. Das heißt, wir brauchen sie zum Leben und zur Tat, nicht zur bequemen Abkehr vom Leben und von der Tat, oder gar zur Beschönigung des selbstsüchtigen Lebens und der feigen und schlechten Tat. Nur soweit die Historie dem Leben dient, wollen wir ihr dienen: aber es gibt einen Grad, Historie zu treiben, und eine Schätzung derselben, bei der das Leben verkümmert und entartet: ein Phänomen, welches an merkwürdigen Symptomen unserer Zeit sich zur Erfahrung zu bringen jetzt ebenso notwendig ist, als es schmerzlich sein mag.

Ich habe mich bestrebt, eine Empfindung zu schildern, die mich oft genug gequält hat; ich räche mich an ihr, indem ich sie der Öffentlichkeit preisgebe. Vielleicht wird irgend jemand durch eine solche Schilderung veranlaßt, mir zu erklären, daß er diese Empfindung zwar auch kenne, aber daß ich sie nicht rein und ursprünglich genug empfunden und durchaus nicht mit der gebührenden Sicherheit und Reife der Erfahrung ausgesprochen habe. So vielleicht der eine oder der andere; die meisten aber werden mir sagen, daß es eine ganz verkehrte, unnatürliche, abscheuliche und schlechterdings unerlaubte Empfindung sei, ja daß ich mich mit derselben der so mächtigen historischen Zeitrichtung unwürdig gezeigt habe, wie sie bekanntlich seit zwei Menschenaltern unter den Deutschen namentlich zu bemerken ist. Nun wird jedenfalls dadurch, daß ich mich mit der Naturbeschreibung meiner Empfindung hervorwage, die allgemeine Wohlanständigkeit eher gefördert als beschädigt, dadurch, daß ich vielen Gelegenheit gebe, einer solchen Zeitrichtung, wie der eben erwähnten,

Artigkeiten zu sagen. Für mich aber gewinne ich etwas, was mir noch mehr wert ist als die Wohlanständigkeit – öffentlich über unsere Zeit belehrt und zurechtgewiesen zu werden.

Unzeitgemäß ist auch diese Betrachtung, weil ich etwas, worauf die Zeit mit Recht stolz ist, ihre historische Bildung, hier einmal als Schaden, Gebreste und Mangel der Zeit zu verstehen versuche, weil ich sogar glaube, daß wir alle an einem verzehrenden historischen Fieber leiden und mindestens erkennen sollten, daß wir daran leiden. Wenn aber Goethe mit gutem Rechte gesagt hat, daß wir mit unseren Tugenden zugleich auch unsere Fehler anbauen, und wenn, wie jedermann weiß, eine hypertrophische Tugend – wie sie mir der historische Sinn unserer Zeit zu sein scheint – so gut zum Verderben eines Volkes werden kann wie ein hypertrophisches Laster: so mag man mich nur einmal gewähren lassen. Auch soll zu meiner Entlastung nicht verschwiegen werden, daß ich die Erfahrungen, die mir jene quälenden Empfindungen erregten, meistens aus mir selbst und nur zur Vergleichung aus anderen entnommen habe, und daß ich nur, sofern ich Zögling älterer Zeiten, zumal der griechischen bin, über mich als ein Kind dieser jetzigen Zeit zu so unzeitgemäßen Erfahrungen komme. So viel muß ich mir aber selbst von Berufs wegen als klassischer Philologe zugestehen dürfen: denn ich wüßte nicht, was die klassische Philologie in unserer Zeit für einen Sinn hätte, wenn nicht den, in ihr unzeitgemäß – das heißt gegen die Zeit und dadurch auf die Zeit und hoffentlich zugunsten einer kommenden Zeit – zu wirken.

I

Betrachte die Herde, die an dir vorüberweidet: sie weiß nicht, was Gestern, was Heute ist, springt umher, frißt, ruht, verdaut, springt wieder, und so vom Morgen bis zur Nacht und von Tage zu Tage, kurz angebunden mit ihrer Lust und Unlust, nämlich an den Pflock des Augenblicks, und deshalb weder schwermütig noch überdrüssig. Dies zu sehen geht dem Menschen hart ein, weil er seines Menschentums sich vor dem Tiere brüstet und doch nach seinem Glücke eifersüchtig hinblickt – denn das will er allein, gleich dem Tiere weder überdrüssig noch unter Schmerzen leben, und will es doch vergebens, weil er es nicht will wie das Tier. Der Mensch fragt wohl einmal das Tier: warum redest du mir nicht von deinem Glücke und siehst mich nur an? Das Tier will auch antworten und sagen: das kommt daher, daß ich immer gleich vergesse, was ich sagen wollte – da vergaß es aber auch schon diese Antwort und schwieg: so daß der Mensch sich darob verwunderte.

Er wunderte sich aber auch über sich selbst, das Vergessen nicht lernen zu können und immerfort am Vergangenen zu hängen: mag er noch so weit, noch so schnell laufen, die Kette läuft mit. Es ist ein Wunder: der Augenblick, im Husch da, im Husch vorüber, vorher ein Nichts, nachher ein Nichts, kommt doch noch als Gespenst wieder und stört die Ruhe eines späteren Augenblicks. Fortwährend löst sich ein Blatt aus der Rolle der Zeit, fällt heraus, flattert fort – und flattert plötzlich wieder zurück, dem Menschen in den Schoß. Dann sagt der Mensch »ich erinnere mich« und beneidet das Tier, welches sofort vergißt und jeden Augenblick wirklich sterben, in Nebel und Nacht zurücksinken und auf immer verlöschen sieht. So lebt das Tier *unhistorisch*: denn es geht auf in der Gegenwart, wie eine Zahl, ohne daß ein wunderlicher Bruch übrigbleibt, es weiß sich nicht zu verstellen, verbirgt nichts und erscheint in jedem Momente ganz und gar als das, was es ist, kann also gar nicht anders sein als ehrlich. Der Mensch hingegen stemmt sich gegen die große und immer größere Last des Vergangenen: diese drückt ihn nieder oder beugt ihn seitwärts, diese beschwert seinen Gang als eine unsichtbare und dunkle Bürde, welche er zum Scheine einmal verleugnen kann, und welche er im Umgange mit seinesgleichen gar zu gern verleugnet: um ihren Neid zu wecken. Deshalb ergreift es ihn, als ob er eines verlorenen Paradieses gedächte, die weidende Herde oder, in vertrauterer Nähe, das Kind zu sehen, das noch nichts Vergangenes zu verleugnen hat und zwischen den Zäunen der Vergangenheit und der Zukunft in überseliger Blindheit spielt. Und doch muß ihm sein Spiel gestört werden: nur zu zeitig wird es aus der Vergessenheit heraufgerufen. Dann lernt es das Wort »es war« zu verstehen, jenes Losungswort, mit dem Kampf, Leiden und Überdruß an den Menschen herankommen, ihn zu erinnern, was sein Dasein im Grunde

ist – ein nie zu vollendendes Imperfektum. Bringt endlich der Tod das ersehnte Vergessen, so unterschlägt er doch zugleich dabei die Gegenwart und das Dasein und drückt damit das Siegel auf jene Erkenntnis – daß Dasein nur ein ununterbrochenes Gewesensein ist, ein Ding, das davon lebt, sich selbst zu verneinen und zu verzehren, sich selbst zu widersprechen.

Wenn ein Glück, wenn ein Haschen nach neuem Glück in irgendeinem Sinne das ist, was den Lebenden im Leben festhält und zum Leben fortdrängt, so hat vielleicht kein Philosoph mehr Recht als der Zyniker: denn das Glück des Tieres, als des vollendeten Zynikers, ist der lebendige Beweis für das Recht des Zynismus. Das kleinste Glück, wenn es nur ununterbrochen da ist und glücklich macht, ist ohne Vergleich mehr Glück als das größte, das nur als Episode, gleichsam als Laune, als toller Einfall, zwischen lauter Unlust, Begierde und Entbehrung kommt. Bei dem kleinsten aber und bei dem größten Glücke ist es immer eins, wodurch Glück zum Glücke wird: das Vergessenkönnen oder, gelehrter ausgedrückt, das Vermögen, während seiner Dauer *unhistorisch* zu empfinden. Wer sich nicht auf der Schwelle des Augenblicks, alle Vergangenheiten vergessend, niederlassen kann, wer nicht auf einem Punkte wie eine Siegesgöttin ohne Schwindel und Furcht zu stehen vermag, der wird nie wissen, was Glück ist, und noch schlimmer: er wird nie etwas tun, was andre glücklich macht. Denkt euch das äußerste Beispiel, einen Menschen, der die Kraft zu vergessen gar nicht besäße, der verurteilt wäre, überall ein Werden zu sehen: ein solcher glaubt nicht mehr an sein eigenes Sein, glaubt nicht mehr an sich, sieht alles in bewegte Punkte auseinanderfließen und verliert sich in diesem Strome des Werdens: er wird wie der rechte Schüler Heraklits zuletzt kaum mehr wagen, den Finger zu heben. Zu allem Handeln gehört Vergessen: wie zum Leben alles Organischen nicht nur Licht, sondern auch Dunkel gehört. Ein Mensch, der durch und durch nur historisch empfinden wollte, wäre dem ähnlich, der sich des Schlafens zu enthalten gezwungen würde, oder dem Tiere, das nur vom Wiederkäuen und immer wiederholtem Wiederkäuen leben sollte. Also: es ist möglich, fast ohne Erinnerung zu leben, ja glücklich zu leben, wie das Tier zeigt; es ist aber ganz und gar unmöglich, ohne Vergessen überhaupt zu *leben*. Oder, um mich noch einfacher über mein Thema zu erklären: *es gibt einen Grad von Schlaflosigkeit, von Wiederkäuen, von historischem Sinne, bei dem das Lebendige zu Schaden kommt und zuletzt zugrunde geht, sei es nun ein Mensch oder ein Volk oder eine Kultur.*

Um diesen Grad und durch ihn dann die Grenze zu bestimmen, an der das Vergangene vergessen werden muß, wenn es nicht zum Totengräber des Gegenwärtigen werden soll, müßte man genau wissen, wie groß die *plastische Kraft* eines Menschen, eines Volkes, einer Kultur ist; ich

meine jene Kraft, aus sich heraus eigenartig zu wachsen, Vergangenes und Fremdes umzubilden und einzuverleiben, Wunden auszuheilen, Verlorenes zu ersetzen, zerbrochene Formen aus sich nachzuformen. Es gibt Menschen, die diese Kraft so wenig besitzen, daß sie an einem einzigen Erlebnis, an einem einzigen Schmerz, oft zumal an einem einzigen zarten Unrecht, wie an einem ganz kleinen blutigen Risse unheilbar verbluten; es gibt auf der anderen Seite solche, denen die wildesten und schauerlichsten Lebensunfälle und selbst Taten der eigenen Bosheit so wenig anhaben, daß sie es mitten darin oder kurz darauf zu einem leidlichen Wohlbefinden und zu einer Art ruhigen Gewissens bringen. Je stärkere Wurzeln die innerste Natur eines Menschen hat, um so mehr wird er auch von der Vergangenheit sich aneignen oder anzwingen; und dächte man sich die mächtigste und ungeheuerste Natur, so wäre sie daran zu erkennen, daß es für sie gar keine Grenze des historischen Sinnes geben würde, an der er überwuchernd und schädlich zu wirken vermöchte; alles Vergangene, eigenes und fremdestes, würde sie an sich heran-, in sich hineinziehen und gleichsam zu Blut umschaffen. Das, was eine solche Natur nicht bezwingt, weiß sie zu vergessen; es ist nicht mehr da, der Horizont ist geschlossen und ganz, und nichts vermag daran zu erinnern, daß es noch jenseits desselben Menschen, Leidenschaften, Lehren, Zwecke gibt. Und dies ist ein allgemeines Gesetz; jedes Lebendige kann nur innerhalb eines Horizontes gesund, stark und fruchtbar werden; ist es unvermögend, einen Horizont um sich zu ziehn, und zu selbstisch wiederum, innerhalb eines fremden den eigenen Blick einzuschließen, so siecht es matt oder überhastig zu zeitigem Untergange dahin. Die Heiterkeit, das gute Gewissen, die frohe Tat, das Vertrauen auf das Kommende – alles das hängt, bei dem einzelnen wie bei dem Volke, davon ab, daß es eine Linie gibt, die das Übersehbare, Helle von dem Unaufhellbaren und Dunkeln scheidet; davon, daß man ebenso gut zur rechten Zeit zu vergessen weiß, als man sich zur rechten Zeit erinnert; davon, daß man mit kräftigem Instinkte herausfühlt, wann es nötig ist, historisch, wann, unhistorisch zu empfinden. Dies gerade ist der Satz, zu dessen Betrachtung der Leser eingeladen ist: *das Unhistorische und das Historische ist gleichermaßen für die Gesundheit eines einzelnen, eines Volkes und einer Kultur nötig.*

Hier bringt nun jeder zunächst eine Beobachtung mit: das historische Wissen und Empfinden eines Menschen kann sehr beschränkt, sein Horizont eingeengt wie der eines Alpental-Bewohners sein, in jedes Urteil mag er eine Ungerechtigkeit, in jede Erfahrung den Irrtum legen, mit ihr der erste zu sein – und trotz aller Ungerechtigkeit und allem Irrtum steht er doch in unüberwindlicher Gesundheit und Rüstigkeit da und erfreut jedes Auge; während dicht neben ihm der bei weitem Gerechtere und Belehrtere kränkelt und zusammenfällt, weil die Linien seines Horizontes immer von neuem unruhig sich verschieben, weil er sich aus dem

viel zarteren Netze seiner Gerechtigkeiten und Wahrheiten nicht wieder zum derben Wollen und Begehren herauswinden kann. Wir sahen dagegen das Tier, das ganz unhistorisch ist und beinahe innerhalb eines punktartigen Horizontes wohnt und doch in einem gewissen Glücke, wenigstens ohne Überdruß und Verstellung lebt; wir werden also die Fähigkeit, in einem bestimmten Grade unhistorisch empfinden zu können, für die wichtigere und ursprünglichere halten müssen, insofern in ihr das Fundament liegt, auf dem überhaupt erst etwas Rechtes, Gesundes und Großes, etwas wahrhaft Menschliches wachsen kann. Das Unhistorische ist einer umhüllenden Atmosphäre ähnlich, in der sich Leben allein erzeugt, um mit der Vernichtung dieser Atmosphäre wieder zu verschwinden. Es ist wahr: erst dadurch, daß der Mensch denkend, überdenkend, vergleichend, trennend, zusammenschließend jenes unhistorische Element einschränkt, erst dadurch, daß innerhalb jener umschließenden Dunstwolke ein heller blitzender Lichtschein entsteht – also erst durch die Kraft, das Vergangene zum Leben zu gebrauchen und aus dem Geschehenen wieder Geschichte zu machen, wird der Mensch zum Menschen: aber in einem Übermaße von Historie hört der Mensch wieder auf, und ohne jene Hülle des Unhistorischen würde er nie angefangen haben und anzufangen wagen. Wo finden sich Taten, die der Mensch zu tun vermöchte, ohne vorher in jene Dunstschicht des Unhistorischen eingegangen zu sein? Oder um die Bilder beiseite zu lassen und zur Illustration durch das Beispiel zu greifen: man vergegenwärtige sich doch einen Mann, den eine heftige Leidenschaft, für ein Weib oder für einen großen Gedanken, herumwirft und fortzieht: wie verändert sich ihm seine Welt! Rückwärts blickend fühlt er sich blind, seitwärts hörend vernimmt er das Fremde wie einen dumpfen bedeutungsleeren Schall; was er überhaupt wahrnimmt, das nahm er noch nie so wahr, so fühlbar nah, gefärbt, durchtönt, erleuchtet, als ob er es mit allen Sinnen zugleich ergriffe. Alle Wertschätzungen sind verändert und entwertet; so vieles vermag er nicht mehr zu schätzen, weil er es kaum mehr fühlen kann: er fragt sich, ob er so lange der Narr fremder Worte, fremder Meinungen gewesen sei; er wundert sich, daß sein Gedächtnis sich unermüdlich in einem Kreise dreht und doch zu schwach und müde ist, um nur einen einzigen Sprung aus diesem Kreise heraus zu machen. Es ist der ungerechteste Zustand von der Welt, eng, undankbar gegen das Vergangene, blind gegen Gefahren, taub gegen Warnungen, ein kleiner lebendiger Wirbel in einem toten Meere von Nacht und Vergessen: und doch ist dieser Zustand – unhistorisch, widerhistorisch durch und durch – der Geburtsschoß nicht nur einer ungerechten, sondern vielmehr jeder rechten Tat; und kein Künstler wird sein Bild, kein Feldherr seinen Sieg, kein Volk seine Freiheit erreichen, ohne sie in einem derartig unhistorischen Zustande vorher begehrt und erstrebt zu haben. Wie der Handelnde, nach Goethes Ausdruck, immer gewissen-

los ist, so ist er auch immer wissenlos; er vergißt das meiste, um eins zu tun, er ist ungerecht gegen das, was hinter ihm liegt, und kennt nur ein Recht, das Recht dessen, was jetzt werden soll. So liebt jeder Handelnde seine Tat unendlich mehr, als sie geliebt zu werden verdient: und die besten Taten geschehen in einem solchen Überschwange der Liebe, daß sie jedenfalls dieser Liebe unwert sein müssen, wenn ihr Wert auch sonst unberechenbar groß wäre.

Sollte einer imstande sein, diese unhistorische Atmosphäre, in der jedes große geschichtliche Ereignis entstanden ist, in zahlreichen Fällen auszuwittern und nachzuatmen, so vermöchte ein solcher vielleicht, als erkennendes Wesen, sich auf einen *überhistorischen* Standpunkt zu erheben, wie ihn einmal Niebuhr als mögliches Resultat historischer Betrachtungen geschildert hat. »Zu einer Sache wenigstens«, sagt er, »ist die Geschichte, klar und ausführlich begriffen, nutz: daß man weiß, wie auch die größten und höchsten Geister unsres menschlichen Geschlechts nicht wissen, wie zufällig ihr Auge die Form angenommen hat, wodurch sie sehen und wodurch zu sehen sie von jedermann gewaltsam fordern, gewaltsam nämlich, weil die Intensität ihres Bewußtseins ausnehmend groß ist. Wer dies nicht ganz bestimmt und in vielen Fällen weiß und begriffen hat, den unterjocht die Erscheinung eines mächtigen Geistes, der in eine gegebne Form die höchste Leidenschaftlichkeit bringt.« Überhistorisch wäre ein solcher Standpunkt zu nennen, weil einer, der auf ihm steht, gar keine Verführung mehr zum Weiterleben und zur Mitarbeit an der Geschichte verspüren könnte, dadurch, daß er die eine Bedingung alles Geschehens, jene Blindheit und Ungerechtigkeit in der Seele des Handelnden, erkannt hätte; er wäre selbst davon geheilt, die Historie von nun an noch übermäßig ernst zu nehmen: hätte er doch gelernt, an jedem Menschen, an jedem Erlebnis, unter Griechen oder Türken, aus einer Stunde des ersten oder des neunzehnten Jahrhunderts, die Frage sich zu beantworten, wie und wozu gelebt werde. Wer seine Bekannten fragt, ob sie die letzten zehn oder zwanzig Jahre noch einmal zu durchleben wünschten, wird leicht wahrnehmen, wer von ihnen für jenen überhistorischen Standpunkt vorgebildet ist: zwar werden sie wohl alle Nein! antworten, aber sie werden jenes Nein! verschieden begründen. Die einen vielleicht damit, daß sie sich getrösten: »aber die nächsten zwanzig werden besser sein«; es sind die, von denen David Hume spöttisch sagt:

And from the dregs of life hope to receive,
What the first sprightly running could not give.

Wir wollen sie die historischen Menschen nennen; der Blick in die Vergangenheit drängt sie zur Zukunft hin, feuert ihren Mut an, es noch länger mit dem Leben aufzunehmen, entzündet die Hoffnung, daß das Rechte

noch komme, daß das Glück hinter dem Berg sitze, auf den sie zuschreiten. Diese historischen Menschen glauben, daß der Sinn des Daseins im Verlaufe seines *Prozesses* immer mehr ans Licht kommen werde, sie schauen nur deshalb rückwärts, um an der Betrachtung des bisherigen Prozesses die Gegenwart zu verstehen und die Zukunft heftiger begehren zu lernen; sie wissen gar nicht, wie unhistorisch sie trotz aller ihrer Historie denken und handeln, und wie auch ihre Beschäftigung mit der Geschichte nicht im Dienste der reinen Erkenntnis, sondern des Lebens steht.

Aber jene Frage, deren erste Beantwortung wir gehört haben, kann auch einmal anders beantwortet werden. Zwar wiederum mit einem Nein! – aber mit einem anders begründeten Nein. Mit dem Nein des überhistorischen Menschen, der nicht im Prozesse das Heil sieht, für den vielmehr die Welt in jedem einzelnen Augenblicke fertig ist und ihr Ende erreicht. Was könnten zehn neue Jahre lehren, was die vergangenen zehn zu lehren nicht vermochten!

Ob nun der Sinn der Lehre Glück oder Resignation oder Tugend oder Buße ist, darin sind die überhistorischen Menschen miteinander nie einig gewesen; aber, allen historischen Betrachtungsarten des Vergangenen entgegen, kommen sie zur vollen Einmütigkeit des Satzes: das Vergangene und das Gegenwärtige ist eines und dasselbe, nämlich in aller Mannigfaltigkeit typisch gleich und als Allgegenwart unvergänglicher Typen ein stillstehendes Gebilde von unverändertem Werte und ewig gleicher Bedeutung. Wie die Hunderte verschiedener Sprachen denselben typisch festen Bedürfnissen der Menschen entsprechen, so daß einer, der diese Bedürfnisse verstände, aus allen Sprachen nichts Neues zu lernen vermöchte: so erleuchtet sich der überhistorische Denker alle Geschichte der Völker und der einzelnen von innen heraus, hellseherisch den Ursinn der verschiedenen Hieroglyphen erratend und allmählich sogar der immer neu hinzuströmenden Zeichenschrift ermüdet ausweichend: denn wie sollte er es, im unendlichen Überflusse des Geschehenden, nicht zur Sättigung, zur Übersättigung, ja zum Ekel bringen! So daß der Verwegenste zuletzt vielleicht bereit ist, mit Giacomo Leopardi zu seinem Herzen zu sagen:

»Nichts lebt, das würdig
Wär' deiner Regungen, und keinen Seufzer verdient
die Erde.
Schmerz und Langeweile ist unser Sein und Kot
die Welt – nichts andres.
Beruhige dich.«

Doch lassen wir den überhistorischen Menschen ihren Ekel und ihre Weisheit: heute wollen wir vielmehr einmal unserer Unweisheit von Herzen froh werden und uns als den Tätigen und Fortschreitenden, als den

Verehrern des Prozesses, einen guten Tag machen. Mag unsre Schätzung des Historischen nur ein okzidentalisches Vorurteil sein; wenn wir nur wenigstens innerhalb dieser Vorurteile fortschreiten und nicht stillstehn! Wenn wir nur dies gerade immer besser lernen, Historie zum Zwecke des *Lebens* zu treiben! Dann wollen wir den Überhistorischen gerne zugestehen, daß sie mehr Weisheit besitzen als wir; falls wir nämlich nur sicher sein dürfen, mehr Leben als sie zu besitzen: denn so wird jedenfalls unsre Unweisheit mehr Zukunft haben als ihre Weisheit. Und damit gar kein Zweifel über den Sinn dieses Gegensatzes von Leben und Weisheit bestehen bleibe, will ich mir durch ein von alters her wohlbewährtes Verfahren zu Hilfe kommen und geradeswegs einige Thesen aufstellen.

Ein historisches Phänomen, rein und vollständig erkannt und in ein Erkenntnisphänomen aufgelöst, ist für den, der es erkannt hat, tot: denn er hat in ihm den Wahn, die Ungerechtigkeit, die blinde Leidenschaft, und überhaupt den ganzen irdisch umdunkelten Horizont jenes Phänomens und zugleich eben darin seine geschichtliche Macht erkannt. Diese Macht ist jetzt für ihn, den Wissenden, machtlos geworden: vielleicht noch nicht für ihn, den Lebenden.

Die Geschichte als reine Wissenschaft gedacht und souverän geworden, wäre eine Art von Lebens-Abschluß und Abrechnung für die Menschheit. Die historische Bildung ist vielmehr nur im Gefolge einer mächtigen neuen Lebensströmung, einer werdenden Kultur zum Beispiel, etwas Heilsames und Zukunft-Verheißendes, also nur dann, wenn sie von einer höheren Kraft beherrscht und geführt wird und nicht selber herrscht und führt.

Die Historie, sofern sie im Dienste des Lebens steht, steht im Dienste einer unhistorischen Macht und wird deshalb nie, in dieser Unterordnung, reine Wissenschaft, etwa wie die Mathematik es ist, werden können und sollen. Die Frage aber, bis zu welchem Grade das Leben den Dienst der Historie überhaupt brauche, ist eine der höchsten Fragen und Sorgen in betreff der Gesundheit eines Menschen, eines Volkes, einer Kultur. Denn bei einem gewissen Übermaß derselben zerbröckelt und entartet das Leben, und zuletzt auch wieder, durch diese Entartung, selbst die Historie.

2

Daß das Leben aber den Dienst der Historie brauche, muß ebenso deutlich begriffen werden als der Satz, der später zu beweisen sein wird – daß ein Übermaß der Historie dem Lebendigen schade. In dreierlei Hinsicht gehört die Historie dem Lebendigen: sie gehört ihm als dem Tätigen und Strebenden, ihm als dem Bewahrenden und Verehrenden, ihm als dem Leidenden und der Befreiung Bedürftigen. Dieser Dreiheit von Beziehungen entspricht eine Dreiheit von Arten der Historie: sofern

es erlaubt ist, eine *monumentalische,* eine *antiquarische* und eine *kritische* Art der Historie zu unterscheiden.

Die Geschichte gehört vor allem dem Tätigen und Mächtigen, dem, der einen großen Kampf kämpft, der Vorbilder, Lehrer, Tröster braucht und sie unter seinen Genossen und in der Gegenwart nicht zu finden vermag. So gehörte sie Schillern: denn unsre Zeit ist so schlecht, sagt Goethe, daß dem Dichter im umgebenden menschlichen Leben keine brauchbare Natur mehr begegnet. Mit der Rücksicht auf den Tätigen nennt zum Beispiel Polybius die politische Historie die rechte Vorbereitung zur Regierung eines Staates und die vorzüglichste Lehrmeisterin, als welche durch die Erinnerung an die Unfälle anderer uns ermahne, die Abwechslungen des Glücks standhaft zu ertragen. Wer hierin den Sinn der Historie zu erkennen gelernt hat, den muß es verdrießen, neugierige Reisende oder peinliche Mikrologen auf den Pyramiden großer Vergangenheiten herumklettern zu sehen; dort, wo er die Anreizungen zum Nachmachen und Bessermachen findet, wünscht er nicht dem Müßiggänger zu begegnen, der, begierig nach Zerstreuung oder Sensation, wie unter den gehäuften Bilderschätzen einer Galerie herumstreicht. Daß der Tätige mitten unter den schwächlichen und hoffnungslosen Müßiggängern, mitten unter den scheinbar tätigen, in Wahrheit nur aufgeregten und zappelnden Genossen nicht verzage und Ekel empfinde, blickt er hinter sich und unterbricht den Lauf zu seinem Ziele, um einmal aufzuatmen. Sein Ziel aber ist irgendein Glück, vielleicht nicht sein eignes, oft das eines Volkes oder das der Menschheit insgesamt; er flieht vor der Resignation zurück und gebraucht die Geschichte als Mittel gegen die Resignation. Zumeist winkt ihm kein Lohn, wenn nicht der Ruhm, das heißt die Anwartschaft auf einen Ehrenplatz im Tempel der Historie, wo er selbst wieder den Späterkommenden Lehrer, Tröster und Warner sein kann. Denn sein Gebot lautet: das, was einmal vermochte, den Begriff »Mensch« weiter auszuspannen und schöner zu erfüllen, das muß auch ewig vorhanden sein, um dies ewig zu vermögen. Daß die großen Momente im Kampfe der einzelnen eine Kette bilden, daß in ihnen ein Höhenzug der Menschheit durch Jahrtausende hin sich verbinde, daß für mich das Höchste eines solchen längstvergangenen Momentes noch lebendig, hell und groß sei – das ist der Grundgedanke im Glauben an die Humanität, der sich in der Forderung einer *monumentalischen* Historie ausspricht. Gerade aber an dieser Forderung, daß das Große ewig sein solle, entzündet sich der furchtbarste Kampf. Denn alles andere, was noch lebt, ruft nein. Das Monumentale soll nicht entstehn – das ist die Gegenlosung. Die dumpfe Gewöhnung, das Kleine und Niedrige, alle Winkel der Welt erfüllend, als schwere Erdenluft um alles Große qualmend, wirft sich hemmend, täuschend, dämpfend, erstickend in den Weg, den das Große zur Unsterblichkeit zu gehen hat. Dieser Weg aber führt durch menschliche Gehirne!

Durch die Gehirne geängstigter und kurzlebender Tiere, die immer wieder zu denselben Nöten auftauchen und mit Mühe eine geringe Zeit das Verderben von sich abwehren. Denn sie wollen zunächst nur eines: leben um jeden Preis. Wer möchte bei ihnen jenen schwierigen Fackel-Wettlauf der monumentalen Historie vermuten, durch den allein das Große weiterlebt! Und doch erwachen immer wieder einige, die sich, im Hinblick auf das vergangene Große und gestärkt durch seine Betrachtung, so beseligt fühlen, als ob das Menschenleben eine herrliche Sache sei, und als ob es gar die schönste Frucht dieses bitteren Gewächses sei, zu wissen, daß früher einmal einer stolz und stark durch dieses Dasein gegangen ist, ein andrer mit Tiefsinn, ein dritter mit Erbarmen und hilfreich – alle aber eine Lehre hinterlassend, daß der am schönsten lebt, der das Dasein nicht achtet. Wenn der gemeine Mensch diese Spanne Zeit so trübsinnig ernst und begehrlich nimmt, wußten jene, auf ihrem Wege zur Unsterblichkeit und zur monumentalen Historie, es zu einem olympischen Lachen oder mindestens zu einem erhabenen Hohne zu bringen; oft stiegen sie mit Ironie in ihr Grab – denn was war an ihnen zu begraben! Doch nur das, was sie als Schlacke, Unrat, Eitelkeit, Tierheit immer bedrückt hatte und was jetzt der Vergessenheit anheimfällt, nachdem es längst ihrer Verachtung preisgegeben war. Aber eines wird leben, das Monogramm ihres eigensten Wesens, ein Werk, eine Tat, eine seltene Erleuchtung, eine Schöpfung: es wird leben, weil keine Nachwelt es entbehren kann. In dieser verklärtesten Form ist der Ruhm doch etwas mehr als der köstlichste Bissen unserer Eigenliebe, wie ihn Schopenhauer genannt hat, es ist der Glaube an die Zusammengehörigkeit und Kontinuität des Großen aller Zeiten, es ist ein Protest gegen den Wechsel der Geschlechter und die Vergänglichkeit.

Wodurch also nützt dem Gegenwärtigen die monumentalische Betrachtung der Vergangenheit, die Beschäftigung mit dem Klassischen und Seltenen früherer Zeiten? Er entnimmt daraus, daß das Große, das einmal da war, jedenfalls einmal *möglich* war und deshalb auch wohl wieder einmal möglich sein wird; er geht mutiger seinen Gang, denn jetzt ist der Zweifel, der ihn in schwächeren Stunden anfällt, ob er nicht vielleicht das Unmögliche wolle, aus dem Felde geschlagen. Nehme man an, daß jemand glaube, es gehörten nicht mehr als hundert produktive, in einem neuen Geiste erzogene und wirkende Menschen dazu, um der in Deutschland gerade jetzt modisch gewordenen Gebildetheit den Garaus zu machen, wie müßte es ihn bestärken wahrzunehmen, daß die Kultur der Renaissance sich auf den Schultern einer solchen Hundert-Männer-Schar heraushob.

Und doch – um an dem gleichen Beispiel sofort noch etwas Neues zu lernen – wie fließend und schwebend, wie ungenau wäre jene Vergleichung! Wieviel des Verschiedenen muß, wenn sie jene kräftigende Wir-

kung tun soll, dabei übersehen, wie gewaltsam muß die Individualität des Vergangnen in eine allgemeine Form hineingezwängt und an allen scharfen Ecken und Linien zugunsten der Übereinstimmung zerbrochen werden! Im Grunde ja könnte das, was einmal möglich war, sich nur dann zum zweiten Male als möglich einstellen, wenn die Pythagoreer recht hätten, zu glauben, daß bei gleicher Konstellation der himmlischen Körper auch auf Erden das gleiche, und zwar bis aufs einzelne und kleine sich wiederholen müsse: so daß immer wieder, wenn die Sterne eine gewisse Stellung zueinander haben, ein Stoiker sich mit einem Epikureer verbinden und Cäsar ermorden und immer wieder bei einem anderen Stande Kolumbus Amerika entdecken wird. Nur wenn die Erde ihr Theaterstück jedesmal nach dem fünften Akt von neuem anfinge, wenn es feststünde, daß dieselbe Verknotung von Motiven, derselbe *deus ex machina,* dieselbe Katastrophe in bestimmten Zwischenräumen wiederkehrten, dürfte der Mächtige die monumentale Historie in voller ikonischer *Wahrhaftigkeit,* das heißt jedes Faktum in seiner genau geschilderten Eigentümlichkeit und Einzigkeit begehren: wahrscheinlich also nicht eher, als bis die Astronomen wieder zu Astrologen geworden sind. Bis dahin wird die monumentale Historie jene volle Wahrhaftigkeit nicht brauchen können: immer wird sie das Ungleiche annähern, verallgemeinern und endlich gleichsetzen; immer wird sie die Verschiedenheit der Motive und Anlässe abschwächen, um auf Kosten der *causae* die *effectus* monumental, nämlich vorbildlich und nachahmungswürdig, hinzustellen: so daß man sie, weil sie möglichst von den Ursachen absieht, mit geringer Übertreibung eine Sammlung der »Effekte an sich« nennen könnte, als von Ereignissen, die zu allen Zeiten Effekt machen werden. Das, was bei Volksfesten, bei religiösen oder kriegerischen Gedenktagen gefeiert wird, ist eigentlich ein solcher »Effekt an sich«: er ist es, der die Ehrgeizigen nicht schlafen läßt, der den Unternehmenden wie ein Amulett am Herzen liegt, nicht aber der wahrhaft geschichtliche *Connexus* von Ursachen und Wirkungen, der, vollständig erkannt, nur beweisen würde, daß nie wieder etwas durchaus Gleiches bei dem Würfelspiele der Zukunft und des Zufalls herauskommen könne.

Solange die Seele der Geschichtsschreibung in den großen *Antrieben* liegt, die ein Mächtiger aus ihr entnimmt, solange die Vergangenheit als nachahmungswürdig, als nachahmbar und zum zweiten Male möglich beschrieben werden muß, ist sie jedenfalls in der Gefahr, etwas verschoben, ins Schöne umgedeutet und damit der freien Erdichtung angenähert zu werden; ja es gibt Zeiten, die zwischen einer monumentalischen Vergangenheit und einer mythischen Fiktion gar nicht zu unterscheiden vermögen: weil aus der einen Welt genau dieselben Antriebe entnommen werden können wie aus der andern. *Regiert* also die monumentalische Betrachtung des Vergangenen über die anderen Betrachtungsarten, ich

meine über die antiquarische und kritische, so leidet die Vergangenheit selbst *Schaden*: ganze große Teile derselben werden vergessen, verachtet, und fließen fort wie eine graue ununterbrochene Flut, und nur einzelne geschmückte Fakta heben sich als Inseln heraus: an den seltenen Personen, die überhaupt sichtbar werden, fällt etwas Unnatürliches und Wunderbares in die Augen, gleichsam die goldene Hüfte, welche die Schüler des Pythagoras an ihrem Meister erkennen wollten. Die monumentale Historie täuscht durch Analogien: sie reizt mit verführerischen Ähnlichkeiten den Mutigen zur Verwegenheit, den Begeisterten zum Fanatismus; und denkt man sich gar diese Historie in den Händen und Köpfen der begabten Egoisten und der schwärmerischen Bösewichter, so werden Reiche zerstört, Fürsten ermordet, Kriege und Revolutionen angestiftet und die Zahl der geschichtlichen »Effekte an sich«, das heißt der Wirkungen ohne zureichende Ursachen, von neuem vermehrt. Soviel zur Erinnerung an die Schäden, die die monumentale Historie unter den Mächtigen und Tätigen, seien sie nun gut oder böse, anrichten kann: was wirkt sie aber erst, wenn sich ihrer die Ohnmächtigen und Untätigen bemächtigen und bedienen!

Nehmen wir das einfachste und häufigste Beispiel. Man denke sich die unkünstlerischen und schwachkünstlerischen Naturen durch die monumentalische Künstlerhistorie geharnischt und bewehrt: gegen wen werden sie jetzt ihre Waffen richten? Gegen ihre Erbfeinde, die starken Kunstgeister, also gegen die, welche allein aus jener Historie wahrhaft, das heißt zum Leben hin, zu lernen und das Erlernte in eine erhöhte Praxis umzusetzen vermögen. Denen wird der Weg verlegt; denen wird die Luft verfinstert, wenn man ein halb begriffenes Monument irgendeiner großen Vergangenheit götzendienerisch und mit rechter Beflissenheit umtanzt, als ob man sagen wollte: »Seht, das ist die wahre und wirkliche Kunst: was gehen euch die Werdenden und Wollenden an!« Scheinbar besitzt dieser tanzende Schwarm sogar das Privilegium des »guten Geschmacks«: denn immer stand der Schaffende im Nachteil gegen den, der nur zusah und nicht selbst die Hand anlegte; wie zu allen Zeiten der politische Kannegießer klüger, gerechter und überlegsamer war als der regierende Staatsmann. Will man aber gar auf das Gebiet der Kunst den Gebrauch der Volksabstimmungen und der Zahlen-Majoritäten übertragen und den Künstler gleichsam vor das Forum der ästhetischen Nichtstuer zu seiner Selbstverteidigung nötigen, so kann man einen Eid darauf im voraus leisten, daß er verurteilt werden wird: nicht obwohl, sondern gerade *weil* seine Richter den Kanon der monumentalen Kunst (das heißt, nach der gegebenen Erklärung, der Kunst, die zu allen Zeiten »Effekt gemacht hat«) feierlich proklamiert haben: während ihnen für alle noch nicht monumentale, weil gegenwärtige Kunst erstens das Bedürfnis, zweitens die reine Neigung, drittens eben jene Auktorität der Historie abgeht.

Dagegen verrät ihnen ihr Instinkt, daß die Kunst durch die Kunst totgeschlagen werden könne: das Monumentale soll durchaus nicht wieder entstehen, und dazu nützt gerade das, was einmal die Auktorität des Monumentalen aus der Vergangenheit her hat. So sind sie Kunstkenner, weil sie die Kunst überhaupt beseitigen möchten; so gebärden sie sich als Ärzte, während sie es im Grunde auf Giftmischerei abgesehn haben; so bilden sie ihre Zunge und ihren Geschmack aus, um aus ihrer Verwöhntheit zu erklären, warum sie alles das, was ihnen von nahrhafter Kunstspeise angeboten wird, so beharrlich ablehnen. Denn sie wollen nicht, daß das Große entstehe: ihr Mittel ist, zu sagen, »seht, das Große ist schon da!« In Wahrheit geht sie dieses Große, das schon da ist, so wenig an wie das, was entsteht: davon legt ihr Leben Zeugnis ab. Die monumentalische Historie ist das Maskenkleid, in dem sich ihr Haß gegen die Mächtigen und Großen ihrer Zeit für gesättigte Bewunderung der Mächtigen und Großen vergangner Zeiten ausgibt, in welchem verkappt sie den eigentlichen Sinn jener historischen Betrachtungsart in den entgegengesetzten umkehren; ob sie es deutlich wissen oder nicht, sie handeln jedenfalls so, als ob ihr Wahlspruch wäre: laßt die Toten die Lebendigen begraben.

Jede der drei Arten von Historie, die es gibt, ist nur gerade auf einem Boden und unter einem Klima in ihrem Rechte: auf jedem anderen wächst sie zum verwüstenden Unkraut heran. Wenn der Mensch, der Großes schaffen will, überhaupt die Vergangenheit braucht, so bemächtigt er sich ihrer vermittelst der monumentalischen Historie; wer dagegen im Gewohnten und Altverehrten beharren mag, pflegt das Vergangne als antiquarischer Historiker; und nur der, dem eine gegenwärtige Not die Brust beklemmt, und der um jeden Preis die Last von sich abwerfen will, hat ein Bedürfnis zur kritischen, das heißt richtenden und verurteilenden Historie. Von dem gedankenlosen Verpflanzen der Gewächse rührt manches Unheil her: der Kritiker ohne Not, der Antiquar ohne Pietät, der Kenner des Großen ohne das Können des Großen sind solche zum Unkraut aufgeschossene, ihrem natürlichen Mutterboden entfremdete und deshalb entartete Gewächse.

3

Die Geschichte gehört also zweitens dem Bewahrenden und Verehrenden – dem, der mit Treue und Liebe dorthin zurückblickt, woher er kommt, worin er geworden ist; durch diese Pietät trägt er gleichsam den Dank für sein Dasein ab. Indem er das von alters her Bestehende mit behutsamer Hand pflegt, will er die Bedingungen, unter denen er entstanden ist, für solche bewahren, welche nach ihm entstehen sollen – und

so dient er dem Leben. Der Besitz von Urväter-Hausrat verändert in einer solchen Seele seinen Begriff: denn sie wird vielmehr von ihm besessen. Das Kleine, das Beschränkte, das Morsche und Veraltete erhält seine eigne Würde und Unantastbarkeit dadurch, daß die bewahrende und verehrende Seele des antiquarischen Menschen in diese Dinge übersiedelt und sich darin ein heimisches Nest bereitet. Die Geschichte seiner Stadt wird ihm zur Geschichte seiner selbst; er versteht die Mauer, das getürmte Tor, die Ratsverordnung, das Volksfest wie ein ausgemaltes Tagebuch seiner Jugend und findet sich selbst in diesem allen, seine Kraft, seinen Fleiß, seine Lust, sein Urteil, seine Torheit und Unart wieder. Hier ließ es sich leben, sagt er sich, denn es läßt sich leben; hier wird es sich leben lassen, denn wir sind zäh und nicht über Nacht umzubrechen. So blickt er, mit diesem »Wir«, über das vergängliche wunderliche Einzelleben hinweg und fühlt sich selbst als den Haus-, Geschlechts- und Stadtgeist. Mitunter grüßt er selbst über weite verdunkelnde und verwirrende Jahrhunderte hinweg die Seele seines Volkes als seine eigne Seele; ein Hindurchfühlen und Herausahnen, ein Wittern auf fast verlöschten Spuren, ein instinktives Richtig-Lesen der noch so überschriebenen Vergangenheit, ein rasches Verstehen der Palimpseste, ja Polypseste – das sind seine Gaben und Tugenden. Mit ihnen stand Goethe vor dem Denkmale Erwins von Steinbach; in dem Sturme seiner Empfindung zerriß der historische, zwischen ihnen ausgebreitete Wolkenschleier: er sah das deutsche Werk zum ersten Male wieder, »wirkend aus starker rauher deutscher Seele«. Ein solcher Sinn und Zug führte die Italiener der Renaissance und erweckte in ihren Dichtern den antiken italischen Genius von neuem, zu einem »wundersamen Weiterklingen des uralten Saitenspiels«, wie Jakob Burckhardt sagt. Den höchsten Wert hat aber jener historisch-antiquarische Verehrungssinn, wo er über bescheidne, rauhe, selbst kümmerliche Zustände, in denen ein Mensch oder ein Volk lebt, ein einfaches rührendes Lust- und Zufriedenheits-Gefühl verbreitet; wie zum Beispiel Niebuhr mit ehrlicher Treuherzigkeit eingesteht, in Moor und Heide unter freien Bauern, die eine Geschichte haben, vergnügt zu leben und keine Kunst zu vermissen. Wie könnte die Historie dem Leben besser dienen als dadurch, daß sie auch die minder begünstigten Geschlechter und Bevölkerungen an ihre Heimat und Heimatsitte anknüpft, seßhaft macht und sie abhält, nach dem Besseren in der Fremde herumzuschweifen und um dasselbe wetteifernd zu kämpfen? Mitunter sieht es wie Eigensinn und Unverstand aus, was den einzelnen an diese Gesellen und Umgebungen, an diese mühselige Gewohnheit, an diesen kahlen Bergrücken gleichsam festschraubt – aber es ist der heilsamste und der Gesamtheit förderlichste Unverstand: wie jeder weiß, der sich die furchtbaren Wirkungen abenteuernder Auswanderungslust, etwa gar bei ganzen Völkerschwärmen, deutlich gemacht hat, oder der den Zustand eines Vol-

kes in der Nähe sieht, das die Treue gegen seine Vorzeit verloren hat und einem rastlosen kosmopolitischen Wählen und Suchen nach Neuem und immer Neuem preisgegeben ist. Die entgegengesetzte Empfindung, das Wohlgefühl des Baumes an seinen Wurzeln, das Glück, sich nicht ganz willkürlich und zufällig zu wissen, sondern aus einer Vergangenheit als Erbe, Blüte und Frucht herauszuwachsen und dadurch in seiner Existenz entschuldigt, ja gerechtfertigt zu werden – dies ist es, was man jetzt mit Vorliebe als den eigentlich historischen Sinn bezeichnet.

Das ist nun freilich nicht der Zustand, in dem der Mensch am meisten befähigt wäre, die Vergangenheit in reines Wissen aufzulösen; so daß wir auch hier wahrnehmen, was wir bei der monumentalischen Historie wahrgenommen haben, daß die Vergangenheit selbst leidet, solange die Historie dem Leben dient und von Lebenstrieben beherrscht wird. Mit einiger Freiheit des Bildes gesprochen: der Baum fühlt seine Wurzeln mehr, als daß er sie sehen könnte; dies Gefühl aber mißt ihre Größe nach der Größe und Kraft seiner sichtbaren Äste. Mag der Baum schon darin irren: wie wird er erst über den ganzen Wald um sich herum im Irrtum sein! von dem er nur so weit etwas weiß und fühlt, als dieser ihn selbst hemmt oder selbst fördert – aber nichts außerdem. Der antiquarische Sinn eines Menschen, einer Stadtgemeinde, eines ganzen Volkes hat immer ein höchst beschränktes Gesichtsfeld; das allermeiste nimmt er gar nicht wahr, und das Wenige, was er sieht, sieht er viel zu nahe und isoliert; er kann es nicht messen und nimmt deshalb alles als gleich wichtig und deshalb jedes einzelne als zu wichtig. Dann gibt es für die Dinge der Vergangenheit keine Wertverschiedenheiten und Proportionen, die den Dingen untereinander wahrhaft gerecht würden; sondern immer nur Maße und Proportionen der Dinge zu dem antiquarisch rückwärts blikkenden einzelnen oder Volke.

Hier ist immer eine Gefahr sehr in der Nähe: endlich wird einmal alles Alte und Vergangne, das überhaupt noch in den Gesichtskreis tritt, einfach als gleich ehrwürdig hingenommen, alles aber, was diesem Alten nicht mit Ehrfurcht entgegenkommt, also das Neue und Werdende, abgelehnt und angefeindet. So duldeten selbst die Griechen den hieratischen Stil ihrer bildenden Künste neben dem freien und großen, ja sie duldeten später die spitzen Nasen und das frostige Lächeln nicht nur, sondern machten selbst eine Feinschmeckerei daraus. Wenn sich der Sinn eines Volkes derartig verhärtet, wenn die Historie dem vergangnen Leben so dient, daß sie das Weiterleben und gerade das höhere Leben untergräbt, wenn der historische Sinn das Leben nicht mehr konserviert, sondern mumisiert: so stirbt der Baum, unnatürlicherweise, von oben allmählich nach der Wurzel zu ab – und zuletzt geht gemeinhin die Wurzel selbst zugrunde. Die antiquarische Historie entartet selbst in dem Augenblicke, in dem das frische Leben der Gegenwart sie nicht mehr beseelt und be-

geistert. Jetzt dorrt die Pietät ab, die gelehrtenhafte Gewöhnung besteht ohne sie fort und dreht sich egoistisch-selbstgefällig um ihren eignen Mittelpunkt. Dann erblickt man wohl das widrige Schauspiel einer blinden Sammelwut, eines rastlosen Zusammenscharrens alles einmal Dagewesenen. Der Mensch hüllt sich in Moderduft; es gelingt ihm, selbst eine bedeutendere Anlage, ein edleres Bedürfnis durch die antiquarische Manier zu unersättlicher Neubegier, richtiger Alt- und Allbegier herabzustimmen; oftmals sinkt er so tief, daß er zuletzt mit jeder Kost zufrieden ist und mit Lust selbst den Staub bibliographischer Quisquilien frißt.

Aber selbst, wenn jene Entartung nicht eintritt, wenn die antiquarische Historie das Fundament, auf dem sie allein zum Heile des Lebens wurzeln kann, nicht verliert: immer bleiben doch genug Gefahren übrig, falls sie nämlich allzu mächtig wird und die andren Arten, die Vergangenheit zu betrachten, überwuchert. Sie versteht eben allein Leben zu *bewahren*, nicht zu zeugen; deshalb unterschätzt sie immer das Werdende, weil sie für dasselbe keinen erratenden Instinkt hat – wie ihn zum Beispiel die monumentalische Historie hat. So hindert jene den kräftigen Entschluß zum Neuen, so lähmt sie den Handelnden, der immer, als Handelnder, etwelche Pietäten verletzen wird und muß. Die Tatsache, daß etwas alt geworden ist, gebiert jetzt die Forderung, daß es unsterblich sein müsse; denn wenn einer nachrechnet, was alles ein solches Altertum – eine alte Sitte der Väter, ein religiöser Glaube, ein ererbtes politisches Vorrecht – während der Dauer seiner Existenz erfahren hat, welche Summe der Pietät und Verehrung seitens des einzelnen und der Generationen: so erscheint es vermessen oder selbst ruchlos, ein solches Altertum durch ein Neutum zu ersetzen und einer solchen Zahlen-Anhäufung von Pietäten und Verehrungen die Einer des Werdenden und Gegenwärtigen entgegenzustellen.

Hier wird es deutlich, wie notwendig der Mensch, neben der monumentalischen und antiquarischen Art, die Vergangenheit zu betrachten, oft genug eine *dritte* Art nötig hat, die *kritische*: und zwar auch diese wiederum im Dienste des Lebens. Er muß die Kraft haben und von Zeit zu Zeit anwenden, eine Vergangenheit zu zerbrechen und aufzulösen, um leben zu können: dies erreicht er dadurch, daß er sie vor Gericht zieht, peinlich inquiriert und endlich verurteilt; jede Vergangenheit aber ist wert, verurteilt zu werden – denn so steht es nun einmal mit den menschlichen Dingen: immer ist in ihnen die menschliche Gewalt und Schwäche mächtig gewesen. Es ist nicht die Gerechtigkeit, die hier zu Gericht sitzt; es ist noch weniger die Gnade, die hier das Urteil verkündet: sondern das Leben allein, jene dunkle, treibende, unersättlich sich selbst begehrende Macht. Sein Spruch ist immer ungnädig, immer ungerecht, weil er nie aus einem reinen Borne der Erkenntnis geflossen ist; aber in den meisten Fällen würde der Spruch ebenso ausfallen, wenn ihn die Gerechtigkeit selber spräche. »Denn alles, was entsteht, ist *wert*, daß es

zugrunde geht. Drum besser wär's, daß nichts entstünde.« Es gehört sehr viel Kraft dazu, leben zu können und zu vergessen, inwiefern leben und ungerecht sein eins ist. Luther selbst hat einmal gemeint, daß die Welt nur durch eine Vergeßlichkeit Gottes entstanden sei: wenn Gott nämlich an das »schwere Geschütz« gedacht hätte, er würde die Welt nicht geschaffen haben. Mitunter aber verlangt eben dasselbe Leben, das die Vergessenheit braucht, die zeitweilige Vernichtung dieser Vergessenheit; dann soll es eben gerade klarwerden, wie ungerecht die Existenz irgendeines Dinges, eines Privilegiums, einer Kaste, einer Dynastie zum Beispiel, ist, wie sehr dieses Ding den Untergang verdient. Dann wird seine Vergangenheit kritisch betrachtet, dann greift man mit dem Messer an seine Wurzeln, dann schreitet man grausam über alle Pietäten hinweg. Es ist immer ein gefährlicher, nämlich für das Leben selbst gefährlicher Prozeß: und Menschen oder Zeiten, die auf diese Weise dem Leben dienen, daß sie eine Vergangenheit richten und vernichten, sind immer gefährliche und gefährdete Menschen und Zeiten. Denn da wir nun einmal die Resultate früherer Geschlechter sind, sind wir auch die Resultate ihrer Verirrungen, Leidenschaften und Irrtümer, ja Verbrechen; es ist nicht möglich, sich ganz von dieser Kette zu lösen. Wenn wir jene Verirrungen verurteilen und uns ihrer für enthoben erachten, so ist die Tatsache nicht beseitigt, daß wir aus ihnen herstammen. Wir bringen es im besten Falle zu einem Widerstreit der ererbten, angestammten Natur und unserer Erkenntnis, auch wohl zu einem Kampfe einer neuen strengen Zucht gegen das von alters her Angezogene und Angeborene, wir pflanzen eine neue Gewöhnung, einen neuen Instinkt, eine zweite Natur an, so daß die erste Natur abdorrt. Es ist ein Versuch, sich gleichsam *a posteriori* eine Vergangenheit zu geben, aus der man stammen möchte, im Gegensatz zu der, aus der man stammt: – immer ein gefährlicher Versuch, weil es so schwer ist, eine Grenze im Verneinen des Vergangenen zu finden, und weil die zweiten Naturen meistens schwächlicher als die ersten sind. Es bleibt zu häufig bei einem Erkennen des Guten, ohne es zu tun, weil man auch das Bessere kennt, ohne es tun zu können. Aber hier und da gelingt der Sieg doch, und es gibt sogar für die Kämpfenden, für die, welche sich der kritischen Historie zum Leben bedienen, einen merkwürdigen Trost: nämlich zu wissen, daß auch jene erste Natur irgendwann einmal eine zweite Natur war und daß jede siegende zweite Natur zu einer ersten wird. –

4

Dies sind die Dienste, welche die Historie dem Leben zu leisten vermag; jeder Mensch und jedes Volk braucht je nach seinen Zielen, Kräften und Nöten eine gewisse Kenntnis der Vergangenheit, bald als monumen-

talische, bald als antiquarische, bald als kritische Historie: aber nicht wie eine Schar von reinen, dem Leben nur zusehenden Denkern, nicht wie wissensgierige, durch Wissen allein zu befriedigende einzelne, denen Vermehrung der Erkenntnis das Ziel selbst ist, sondern immer nur zum Zweck des Lebens und also auch unter der Herrschaft und obersten Führung dieses Zweckes. Daß dies die natürliche Beziehung einer Zeit, einer Kultur, eines Volkes zur Historie ist – hervorgerufen durch Hunger, reguliert durch den Grad des Bedürfnisses, in Schranken gehalten durch die innewohnende plastische Kraft – daß die Kenntnis der Vergangenheit zu allen Zeiten nur im Dienste der Zukunft und Gegenwart begehrt ist, nicht zur Schwächung der Gegenwart, nicht zur Entwurzelung einer lebenskräftigen Zukunft: das alles ist einfach, wie die Wahrheit einfach ist, und überzeugt sofort auch den, der dafür nicht erst den historischen Beweis sich führen läßt.

Und nun schnell einen Blick auf unsere Zeit! Wir erschrecken, wir fliehen zurück: wohin ist alle Klarheit, alle Natürlichkeit und Reinheit jener Beziehung von Leben und Historie, wie verwirrt, wie übertrieben, wie unruhig flutet jetzt dies Problem vor unsern Augen! Liegt die Schuld an uns, den Betrachtenden? Oder hat sich wirklich die Konstellation von Leben und Historie verändert, dadurch, daß ein mächtig feindseliges Gestirn zwischen sie getreten ist? Mögen andere zeigen, daß wir falsch gesehen haben: wir wollen sagen, was wir zu sehen meinen. Es ist allerdings ein solches Gestirn, ein leuchtendes und herrliches Gestirn dazwischengetreten, die Konstellation ist wirklich verändert – *durch die Wissenschaft, durch die Forderung, daß die Historie Wissenschaft sein soll.* Jetzt regiert nicht mehr allein das Leben und bändigt das Wissen um die Vergangenheit: sondern alle Grenzpfähle sind umgerissen und alles, was einmal war, stürzt auf den Menschen zu. So weit zurück es ein Werden gab, soweit zurück, ins Unendliche hinein, sind auch alle Perspektiven verschoben. Ein solches unüberschaubares Schauspiel sah noch kein Geschlecht, wie es jetzt die Wissenschaft des universalen Werdens, die Historie, zeigt; freilich aber zeigt sie es mit der gefährlichen Kühnheit ihres Wahlspruches: *fiat veritas pereat vita.*

Machen wir uns jetzt ein Bild von dem geistigen Vorgange, der hierdurch in der Seele des modernen Menschen herbeigeführt wird. Das historische Wissen strömt aus unversieglichen Quellen immer von neuem hinzu und hinein, das Fremde und Zusammenhanglose drängt sich, das Gedächtnis öffnet alle seine Tore und ist doch nicht weit genug geöffnet, die Natur bemüht sich aufs höchste, diese fremden Gäste zu empfangen, zu ordnen und zu ehren, diese selbst aber sind im Kampfe miteinander, und es scheint nötig, sie alle zu bezwingen und zu bewältigen, um nicht selbst an ihrem Kampfe zugrunde zu gehen. Die Gewöhnung an ein solches unordentliches, stürmisches und kämpfendes Hauswesen wird all-

mählich zu einer zweiten Natur, ob es gleich außer Frage steht, daß diese zweite Natur viel schwächer, viel ruheloser und durch und durch ungesünder ist als die erste. Der moderne Mensch schleppt zuletzt eine ungeheuere Menge von unverdaulichen Wissenssteinen mit sich herum, die dann bei Gelegenheit auch ordentlich im Leibe rumpeln, wie es im Märchen heißt. Durch dieses Rumpeln verrät sich die eigenste Eigenschaft dieses modernen Menschen: der merkwürdige Gegensatz eines Inneren, dem kein Äußeres, eines Äußeren, dem kein Inneres entspricht, ein Gegensatz, den die alten Völker nicht kennen. Das Wissen, das im Übermaße ohne Hunger, ja wider das Bedürfnis aufgenommen wird, wirkt jetzt nicht mehr als umgestaltendes, nach außen treibendes Motiv und bleibt in einer gewissen chaotischen Innenwelt verborgen, die jener moderne Mensch mit seltsamem Stolze als die ihm eigentümliche »Innerlichkeit« bezeichnet. Man sagt dann wohl, daß man den Inhalt habe und daß es nur an der Form fehle; aber bei allem Lebendigen ist dies ein ganz ungehöriger Gegensatz. Unsere moderne Bildung ist eben deshalb nichts Lebendiges, weil sie ohne jenen Gegensatz sich gar nicht begreifen läßt, das heißt: sie ist gar keine wirkliche Bildung, sondern nur eine Art Wissen um die Bildung, es bleibt in ihr bei dem Bildungs-Gedanken, bei dem Bildungs-Gefühl, es wird kein Bildungs-Entschluß daraus. Das dagegen, was wirklich Motiv ist und was als Tat sichtbar nach außen tritt, bedeutet dann oft nicht viel mehr als eine gleichgültige Konvention, eine klägliche Nachahmung oder selbst eine rohe Fratze. In Innern ruht dann wohl die Empfindung, jener Schlange gleich, die ganze Kaninchen verschluckt hat und sich dann still gefaßt in die Sonne legt und alle Bewegungen, außer den notwendigsten, vermeidet. Der innere Prozeß, das ist jetzt die Sache selbst, das ist die eigentliche »Bildung«. Jeder, der vorübergeht, hat nur den einen Wunsch, daß eine solche Bildung nicht an Unverdaulichkeit zugrunde gehe. Denke man sich zum Beispiel einen Griechen an einer solchen Bildung vorübergehend, er würde wahrnehmen, daß für die neueren Menschen »gebildet« und »historisch gebildet« so zusammenzugehören scheinen, als ob sie eins und nur durch die Zahl der Worte verschieden wären. Spräche er nun seinen Satz aus: es kann einer sehr gebildet und doch historisch gar nicht gebildet sein, so würde man glauben, gar nicht recht gehört zu haben, und den Kopf schütteln. Jenes bekannte Völkchen einer nicht zu fernen Vergangenheit, ich meine eben die Griechen, hatte sich in der Periode seiner größten Kraft einen unhistorischen Sinn zäh bewahrt; müßte ein zeitgemäßer Mensch in jene Welt durch Verzauberung zurückkehren, er würde vemutlich die Griechen sehr »ungebildet« befinden, womit dann freilich das so peinlich verhüllte Geheimnis der modernen Bildung zu öffentlichem Gelächter aufgedeckt wäre: denn aus uns haben wir Modernen gar nichts; nur dadurch, daß wir uns mit fremden Zeiten, Sitten, Künsten, Philosophien, Religionen, Erkenntnis-

sen anfüllen und überfüllen, werden wir zu etwas Beachtungswertem, nämlich zu wandelnden Enzyklopädien, als welche uns vielleicht ein in unsere Zeit verschlagener Alt-Hellene ansprechen würde. Bei Enzyklopädien findet man aber allen Wert nur in dem, was darinsteht, im Inhalte, nicht in dem, was daraufsteht oder was Einband und Schale ist; und so ist die ganze moderne Bildung wesentlich innerlich: auswendig hat der Buchbinder so etwas daraufgedruckt wie »Handbuch innerlicher Bildung für äußerliche Barbaren«. Ja dieser Gegensatz von innen und außen macht das Äußerliche noch barbarischer, als es sein müßte, wenn ein rohes Volk nur aus sich heraus nach seinen derben Bedürfnissen wüchse. Denn welches Mittel bleibt noch der Natur übrig, um das überreichlich sich Aufdrängende zu bewältigen? Nur das eine Mittel, es so leicht wie möglich anzunehmen, um es schnell wieder zu beseitigen und auszustoßen. Daraus entsteht eine Gewöhnung, die wirklichen Dinge nicht mehr ernst zu nehmen, daraus entsteht die »schwache Persönlichkeit«, zufolge deren das Wirkliche, das Bestehende nur einen geringen Eindruck macht; man wird im Äußerlichen zuletzt immer läßlicher und bequemer und erweitert die bedenkliche Kluft zwischen Inhalt und Form bis zur Gefühllosigkeit für die Barbarei, wenn nur das Gedächtnis immer von neuem gereizt wird, wenn nur immer neue wissenswürdige Dinge hinzuströmen, die säuberlich in den Kästen jenes Gedächtnisses aufgestellt werden können. Die Kultur eines Volkes als der Gegensatz jener Barbarei ist einmal, wie ich meine, mit einigem Rechte, als Einheit des künstlerischen Stiles in allen Lebensäußerungen eines Volkes bezeichnet worden; diese Bezeichnung darf nicht dahin mißverstanden werden, als ob es sich um den Gegensatz von Barbarei und *schönem* Stile handele; das Volk, dem man eine Kultur zuspricht, soll nur in aller Wirklichkeit etwas lebendig Eines sein und nicht so elend in Inneres und Äußeres, in Inhalt und Form auseinanderfallen. Wer die Kultur eines Volkes erstreben und fördern will, der erstrebe und fördere diese höhere Einheit und arbeite mit an der Vernichtung der modernen Gebildetheit zugunsten einer wahren Bildung, er wage es, darüber nachzudenken, wie die durch Historie gestörte Gesundheit eines Volkes wiederhergestellt werden, wie es seine Instinkte und damit seine Ehrlichkeit wiederfinden könne.

Ich will nur geradezu von uns Deutschen der Gegenwart reden, die wir mehr als ein anderes Volk an jener Schwäche der Persönlichkeit und an dem Widerspruche von Inhalt und Form zu leiden haben. Die Form gilt uns Deutschen gemeinhin als eine Konvention, als Verkleidung und Verstellung und wird deshalb, wenn nicht gehaßt, so doch jedenfalls nicht geliebt; noch richtiger würde es sein, zu sagen, daß wir eine außerordentliche Angst vor dem Worte Konvention und auch wohl vor der Sache Konvention haben. In dieser Angst verließ der Deutsche die Schule der Franzosen: denn er wollte natürlicher und dadurch deutscher werden.

Nun scheint er sich aber in diesem »Dadurch« verrechnet zu haben: aus der Schule der Konvention entlaufen, ließ er sich nun gehen, wie und wohin er eben Lust hatte, und machte im Grunde schlotterich und beliebig in halber Vergeßlichkeit nach, was er früher peinlich und oft mit Glück nachmachte. So lebt man, gegen frühere Zeiten gerechnet, auch heute noch in einer bummelig inkorrekten französischen Konvention: wie all unser Gehen, Stehen, Unterhalten, Kleiden und Wohnen anzeigt. Indem man zum Natürlichen zurückzufliehen glaubte, erwählte man nur das Sichgehenlassen, die Bequemlichkeit und das möglichst kleine Maß von Selbstüberwindung. Man durchwandere eine deutsche Stadt – alle Konvention, verglichen mit der nationalen Eigenart ausländischer Städte, zeigt sich im Negativen, alles ist farblos, abgebraucht, schlecht kopiert, nachlässig, jeder treibt es nach seinem Belieben, aber nicht nach einem kräftigen, gedankenreichen Belieben, sondern nach den Gesetzen, die einmal die allgemeine Hast und sodann die allgemeine Bequemlichkeits-Sucht vorschreiben. Ein Kleidungsstück, dessen Erfindung kein Kopfzerbrechen macht, dessen Anlegung keine Zeit kostet, also ein aus der Fremde entlehntes und möglichst läßlich nachgemachtes Kleidungsstück gilt bei den Deutschen sofort als ein Beitrag zur deutschen Tracht. Der Formensinn wird von ihnen geradezu ironisch abgelehnt – denn man hat ja *den Sinn des Inhaltes:* sind sie doch das berühmte Volk der Innerlichkeit.

Nun gibt es aber auch eine berühmte Gefahr dieser Innerlichkeit: der Inhalt selbst, von dem es angenommen ist, daß er außen gar nicht gesehen werden kann, möchte sich gelegentlich einmal verflüchtigen; außen würde man aber weder davon noch von dem früheren Vorhandensein etwas merken. Aber denke man sich immerhin das deutsche Volk möglichst weit von dieser Gefahr entfernt: etwas recht wird der Ausländer immer behalten, wenn er uns vorwirft, daß unser Inneres zu schwach und ungeordnet ist, um nach außen zu wirken und sich eine Form zu geben. Dabei kann es sich in seltenem Grade zart empfänglich, ernst, mächtig, innig, gut erweisen und vielleicht selbst reicher als das Innere anderer Völker sein: aber als Ganzes bleibt es schwach, weil alle die schönen Fasern nicht in einen kräftigen Knoten geschlungen sind: so daß die sichtbare Tat nicht die Gesamttat und Selbstoffenbarung dieses Inneren ist, sondern nur ein schwächlicher oder roher Versuch irgendeiner Faser, zum Schein einmal für das Ganze gelten zu wollen. Deshalb ist der Deutsche nach einer Handlung gar nicht zu beurteilen und als Individuum auch nach dieser Tat noch völlig verborgen. Man muß ihn bekanntlich nach seinen Gedanken und Gefühlen messen, und die spricht er jetzt in seinen Büchern aus. Wenn nur nicht gerade diese Bücher neuerdings mehr als je einen Zweifel darüber erweckten, ob die berühmte Innerlichkeit wirklich noch in ihrem unzugänglichen Tempelchen sitze: es wäre ein schrecklicher Gedanke, daß sie eines Tages verschwunden sei und nun nur noch

die Äußerlichkeit, jene hochmütig täppische und demütig bummelige Äußerlichkeit als Kennzeichen des Deutschen zurückbliebe. Fast ebenso schrecklich, als wenn jene Innerlichkeit, ohne daß man es sehen könnte, gefälscht, gefärbt, übermalt darinsäße und zur Schauspielerin, wenn nicht zu Schlimmerem geworden wäre: wie dies zum Beispiel der beiseite stehende und still betrachtende Grillparzer von seiner dramatisch-theatralischen Erfahrung aus anzunehmen scheint. »Wir empfinden mit Abstraktion«, sagt er, »wir wissen kaum mehr, wie sich die Empfindung bei unseren Zeitgenossen äußert; wir lassen sie Sprünge machen, wie sie sie heutzutage nicht mehr macht. Shakespeare hat uns Neuere alle verdorben.«

Dies ist ein einzelner, vielleicht zu schnell ins Allgemeine gedeuteter Fall: aber wie furchtbar wäre seine berechtigte Verallgemeinerung, wenn die einzelnen Fälle sich gar zu häufig dem Beobachter aufdrängen sollten, wie verzweifelt klänge der Satz: wir Deutschen empfinden mit Abstraktion; wir sind alle durch die Historie verdorben – ein Satz, der jede Hoffnung auf eine noch kommende nationale Kultur an ihren Wurzeln zerstören würde: denn jede derartige Hoffnung wächst aus dem Glauben an die Echtheit und Unmittelbarkeit der deutschen Empfindung heraus, aus dem Glauben an die unversehrte Innerlichkeit. Was soll noch gehofft, noch geglaubt werden, wenn der Quell des Glaubens und Hoffens getrübt ist, wenn die Innerlichkeit gelernt hat, Sprünge zu machen, zu tanzen, sich zu schminken, mit Abstraktion und Berechnung sich zu äußern und sich selbst allgemach zu verlieren! Und wie soll der große produktive Geist es unter einem Volke noch aushalten, das seiner einheitlichen Innerlichkeit nicht mehr sicher ist und das in Gebildete mit verbildeter und verführter Innerlichkeit und in Ungebildete mit unzugänglicher Innerlichkeit auseinanderfällt! Wie soll er es aushalten, wenn die Einheit der Volksempfindung verlorenging, wenn er überdies gerade bei dem einen Teile, der sich den gebildeten Teil des Volkes nennt und ein Recht auf die nationalen Kunstgeister für sich in Anspruch nimmt, die Empfindung gefälscht und gefärbt weiß. Mag hier und da das Urteil und der Geschmack der einzelnen selbst feiner und sublimierter geworden sein – das entschädigt ihn nicht: es peinigt ihn, gleichsam nur zu einer Sekte reden zu müssen und innerhalb seines Volkes nicht mehr notwendig zu sein. Vielleicht vergräbt er seinen Schatz jetzt lieber, weil er Ekel empfindet, von einer Sekte anspruchsvoll patronisiert zu werden, während sein Herz voll von Mitleid mit allen ist. Der Instinkt des Volkes kommt ihm nicht mehr entgegen; es ist unnütz, ihm die Arme sehnsuchtsvoll entgegenzubreiten. Was bleibt ihm jetzt noch übrig, als seinen begeisterten Haß gegen jenen hemmenden Bann, gegen die in der sogenannten Bildung seines Volkes aufgerichteten Schranken zu kehren, um als Richter wenigstens das zu verurteilen, was für ihn, den Lebenden und Lebenzeugenden, Vernichtung und Entwür-

digung ist: so tauscht er die tiefe Einsicht seines Schicksals gegen die göttliche Lust des Schaffenden und Helfenden ein und endet als einsamer Wissender, als übersatter Weiser. Es ist das schmerzlichste Schauspiel: wer es überhaupt sieht, wird hier eine heilige Nötigung erkennen: er sagt sich, hier muß geholfen werden, jene höhere Einheit in der Natur und Seele eines Volkes muß sich wieder herstellen, jener Riß zwischen dem Innen und dem Außen muß unter den Hammerschlägen der Not wieder verschwinden. Nach welchen Mitteln soll er nun greifen? Was bleibt ihm nun wiederum als seine tiefe Erkenntnis: diese aussprechend, verbreitend, mit vollen Händen ausstreuend, hofft er ein Bedürfnis zu pflanzen: und aus dem starken Bedürfnis wird einmal die starke Tat entstehen. Und damit ich keinen Zweifel lasse, woher ich das Beispiel jener Not, jenes Bedürfnisses, jener Erkenntnis nehme: so soll hier ausdrücklich mein Zeugnis stehen, daß es *die deutsche Einheit* in jenem höchsten Sinne ist, die wir erstreben und heißer erstreben als die politische Wiedervereinigung, *die Einheit des deutschen Geistes und Lebens nach der Vernichtung des Gegensatzes von Form und Inhalt, von Innerlichkeit und Konvention.* –

5

In fünffacher Hinsicht scheint mir die Übersättigung einer Zeit in Historie dem Leben feindlich und gefährlich zu sein: durch ein solches Übermaß wird jener bisher besprochene Kontrast von Innerlich und Äußerlich erzeugt und dadurch die Persönlichkeit geschwächt; durch dieses Übermaß gerät eine Zeit in die Einbildung, daß sie die seltenste Tugend, die Gerechtigkeit, in höherem Grade besitze als jede andere Zeit; durch dieses Übermaß werden die Instinkte des Volkes gestört und der einzelne nicht minder als das Ganze am Reifwerden verhindert; durch dieses Übermaß wird der jederzeit schädliche Glaube an das Alter der Menschheit, der Glaube, Spätling und Epigone zu sein, gepflanzt; durch dieses Übermaß gerät eine Zeit in die gefährliche Stimmung der Ironie über sich selbst und aus ihr in die noch gefährlichere des Zynismus: in dieser aber reift sie immer mehr einer klugen egoistischen Praxis entgegen, durch welche die Lebenskräfte gelähmt und zuletzt zerstört werden.

Und nun zurück zu unserem ersten Satze: der moderne Mensch leidet an einer geschwächten Persönlichkeit. Wie der Römer der Kaiserzeit unrömisch wurde im Hinblick auf den ihm zu Diensten stehenden Erdkreis, wie er sich selbst unter dem einströmenden Fremden verlor und bei dem kosmopolitischen Götter-, Sitten- und Künste-Karneval entartete, so muß es dem modernen Menschen ergehn, der sich fortwährend das Fest einer Weltausstellung durch seine historischen Künstler bereiten läßt; er ist

zum genießenden und herumwandelnden Zuschauer geworden und in einen Zustand versetzt, an dem selbst große Kriege, große Revolutionen kaum einen Augenblick lang etwas zu ändern vermögen. Noch ist der Krieg nicht beendet, und schon ist er in bedrucktes Papier hunderttausendfach umgesetzt, schon wird er als neuestes Reizmittel dem ermüdeten Gaumen der nach Historie Gierigen vorgesetzt. Es scheint fast unmöglich, daß ein starker und voller Ton selbst durch das mächtigste Hineingreifen in die Saiten erzeugt werde: sofort verhallt er wieder, im nächsten Augenblick bereits klingt er historisch zart verflüchtigt und kraftlos ab. Moralisch ausgedrückt: es gelingt euch nicht mehr, das Erhabene festzuhalten, eure Taten sind plötzliche Schläge, keine rollenden Donner. Vollbringt das Größte und Wunderbarste: es muß trotzdem sang- und klanglos zum Orkus ziehn. Denn die Kunst flieht, wenn ihr eure Taten sofort mit dem historischen Zeltdach überspannt. Wer dort im Augenblick verstehen, berechnen, begreifen will, wo er in langer Erschütterung das Unverständliche als das Erhabene festhalten sollte, mag verständig genannt werden, doch nur in dem Sinne, in dem Schiller von dem Verstand der Verständigen redet: er sieht einiges nicht, was doch das Kind sieht, er hört einiges nicht, was doch das Kind hört; dieses Einige ist gerade das Wichtigste: weil er dies nicht versteht, ist sein Verstehen kindischer als das Kind und einfältiger als die Einfalt – trotz der vielen schlauen Fältchen seiner pergamentnen Züge und der virtuosen Übung seiner Finger, das Verwickelte aufzuwickeln. Das macht: er hat seinen Instinkt vernichtet und verloren, er kann nun nicht mehr, dem »göttlichen Tiere« vertrauend, die Zügel hängen lassen, wenn sein Verstand schwankt und sein Weg durch Wüsten führt. So wird das Individuum zaghaft und unsicher und darf sich nicht mehr glauben: es versinkt in sich selbst, ins Innerliche, das heißt hier nur: in den zusammengehäuften Wust des Erlernten, das nicht nach außen wirkt, der Belehrung, die nicht Leben wird. Sieht man einmal aufs Äußerliche, so bemerkt man, wie die Austreibung der Instinkte durch Historie die Menschen fast zu lauter *abstractis* und Schatten umgeschaffen hat: keiner wagt mehr seine Person daran, sondern maskiert sich als gebildeter Mann, als Gelehrter, als Dichter, als Politiker. Greift man solche Masken an, weil man glaubt, es sei ihnen ernst und nicht bloß um ein Puppenspiel zu tun – da sie allesamt den Ernst affichieren –, so hat man plötzlich nur Lumpen und bunte Flicken in den Händen. Deshalb soll man sich nicht mehr täuschen lassen, deshalb soll man sie anherrschen: »zieht eure Jacken aus oder seid, was ihr scheint!« Es soll nicht mehr jeder Ernsthafte von Geblüt zu einem Don Quixote werden, da er Besseres zu tun hat, als sich mit solchen vermeintlichen Realitäten herumzuschlagen. Jedenfalls aber muß er scharf hinsehen, bei jeder Maske sein »Halt! Wer da?« rufen und ihr die Larve in den Nacken ziehen. Sonderbar! Man sollte denken, daß die Geschichte

die Menschen vor allem ermutigte, *ehrlich* zu sein – und wäre es selbst, ein ehrlicher Narr zu sein; und immer ist dies ihre Wirkung gewesen, nur jetzt nicht mehr! Die historische Bildung und der bürgerliche Universal-Rock herrschen zu gleicher Zeit. Während noch nie so volltönend von der »freien Persönlichkeit« geredet worden ist, sieht man nicht einmal Persönlichkeiten, geschweige denn freie, sondern lauter ängstlich verhüllte Universal-Menschen. Das Individuum hat sich ins Innerliche zurückgezogen: außen merkt man nichts mehr davon; wobei man zweifeln darf, ob es überhaupt Ursachen ohne Wirkungen geben könne. Oder sollte als Wächter des großen geschichtlichen Welt-Harems ein Geschlecht von Eunuchen nötig sein? Denen steht freilich die reine Objektivität schön zu Gesichte. Scheint es doch fast, als wäre es die Aufgabe, die Geschichte zu bewachen, daß nichts aus ihr herauskomme als eben Geschichten, aber ja kein Geschehen! – zu verhüten, daß durch sie die Persönlichkeiten »frei« werden, soll heißen wahrhaftig gegen sich, wahrhaftig gegen andere, und zwar in Wort und Tat. Erst durch diese Wahrhaftigkeit wird die Not, das innere Elend des modernen Menschen an den Tag kommen, und an die Stelle jener ängstlich versteckenden Konvention und Maskerade können dann, als wahre Helferinnen, Kunst und Religion treten, um gemeinsam eine Kultur anzupflanzen, die wahren Bedürfnissen entspricht und die nicht, wie die jetzige allgemeine Bildung nur lehrt, sich über diese Bedürfnisse zu belügen und dadurch zur wandelnden Lüge zu werden.

In welche unnatürlichen, künstlichen und jedenfalls unwürdigen Lagen muß in einer Zeit, die an der allgemeinen Bildung leidet, die wahrhaftigste aller Wissenschaften, die ehrliche nackte Göttin Philosophie geraten! Sie bleibt in einer solchen Welt der erzwungenen äußerlichen Uniformität gelehrter Monolog des einsamen Spaziergängers, zufällige Jagdbeute des einzelnen, verborgenes Stubengeheimnis oder ungefährliches Geschwätz zwischen akademischen Greisen und Kindern. Niemand darf es wagen, das Gesetz der Philosophie an sich zu erfüllen, niemand lebt philosophisch, mit jener einfachen Mannestreue, die einen Alten zwang, wo er auch war, was er auch trieb, sich als Stoiker zu gebärden, falls er der Stoa einmal Treue zugesagt hatte. Alles moderne Philosophieren ist politisch und polizeilich, durch Regierungen, Kirchen, Akademien, Sitten und Feigheiten der Menschen auf den gelehrten Anschein beschränkt; es bleibt beim Seufzer »wenn doch« oder bei der Erkenntnis »es war einmal«. Die Philosophie ist innerhalb der historischen Bildung ohne Recht, falls sie mehr sein will als ein innerlich zurückgehaltenes Wissen ohne Wirken; wäre der moderne Mensch überhaupt nur mutig und entschlossen, wäre er nicht selbst in seinen Feindschaften nur ein innerliches Wesen: er würde sie verbannen; so begnügt er sich, ihre Nudität schamhaft zu verkleiden. Ja, man denkt, schreibt, druckt, spricht, lehrt philosophisch

– so weit ist ungefähr alles erlaubt; nur im Handeln, im sogenannten Leben ist es anders: da ist immer nur eins erlaubt und alles andere einfach unmöglich: so will's die historische Bildung. Sind das noch Menschen, fragt man sich dann, oder vielleicht nur Denk-, Schreib- und Redemaschinen?

Goethe sagt einmal von Shakespeare: »Niemand hat das materielle Kostüme mehr verachtet als er; er kennt recht gut das innere Menschen-Kostüme, und hier gleichen sich alle. Man sagt, er habe die Römer vortrefflich dargestellt; ich finde es nicht, es sind lauter eingefleischte Engländer, aber freilich Menschen sind es, Menschen von Grund aus, und denen paßt wohl auch die römische Toga.« Nun frage ich, ob es auch nur möglich wäre, unsre jetzigen Literaten, Volksmänner, Beamte, Politiker als Römer vorzuführen; es will durchaus nicht angehen, weil sie keine Menschen sind, sondern nur eingefleischte Kompendien und gleichsam konkrete Abstrakta. Wenn sie Charakter und eigne Art haben sollten, so steckt dies alles so tief, daß es gar nicht sich ans Tageslicht herauswinden kann: wenn sie Menschen sein sollten, so sind sie es doch nur für den, »der die Nieren prüft«. Für jeden anderen sind sie etwas anderes, nicht Menschen, nicht Götter, nicht Tiere, sondern historische Bildungsgebilde, ganz und gar Bildung, Bild, Form ohne nachweisbaren Inhalt, leider nur schlechte Form, und überdies Uniform. Und so möge mein Satz verstanden und erwogen werden: *die Geschichte wird nur von starken Persönlichkeiten ertragen, die schwachen löscht sie vollends aus.* Das liegt darin, daß sie das Gefühl und die Empfindung verwirrt, wo diese nicht kräftig genug sind, die Vergangenheit an sich zu messen. Dem, der sich nicht mehr zu trauen wagt, sondern unwillkürlich für sein Empfinden bei der Geschichte um Rat fragt »wie soll ich hier empfinden«, der wird allmählich aus Furchtsamkeit zum Schauspieler und spielt eine Rolle, meistens sogar viele Rollen und deshalb jede so schlecht und flach. Allmählich fehlt alle Kongruenz zwischen dem Mann und seinem historischen Bereiche; kleine vorlaute Burschen sehen wir mit den Römern umgehen, als wären diese ihresgleichen: und in den Überresten griechischer Dichter wühlen und graben sie, als ob auch diese *corpora* für ihre Sektion bereitlägen und *vilia* wären, was ihre eignen literarischen *corpora* sein mögen. Nehmen wir an, es beschäftige sich einer mit Demokrit, so liegt mir immer die Frage auf den Lippen: warum nicht Heraklit? Oder Philo? Oder Bacon? Oder Descartes? – und so beliebig weiter. Und dann: warum denn just ein Philosoph? Warum nicht ein Dichter, ein Redner? Und: warum überhaupt ein Grieche, warum nicht ein Engländer, ein Türke? Ist denn nicht die Vergangenheit groß genug, um etwas zu finden, wobei ihr selbst euch nicht so lächerlich beliebig ausnehmt? Aber wie gesagt, es ist ein Geschlecht von Eunuchen; dem Eunuchen ist ein Weib wie das andre, eben nur Weib, das Weib an sich, das ewig Unnahbare – und so

ist es gleichgültig, was ihr treibt, wenn nur die Geschichte selbst schön »objektiv« bewahrt bleibt, nämlich von solchen, die nie selber Geschichte machen können. Und da euch das Ewig-Weibliche nie hinanziehn wird, so zieht ihr es zu euch herab und nehmt, als Neutra, auch die Geschichte als ein Neutrum. Damit man aber nicht glaube, daß ich im Ernste die Geschichte mit dem Ewig-Weiblichen vergleiche, so will ich vielmehr klärlich aussprechen, daß ich sie im Gegenteil für das Ewig-Männliche halte: nur daß es für die, welche durch und durch »historisch gebildet« sind, ziemlich gleichgültig sein muß, ob sie das eine oder das andre ist: sind sie doch selbst weder Mann noch Weib, nicht einmal Kommunia, sondern immer nur Neutra oder, gebildeter ausgedrückt, eben nur die Ewig-Objektiven.

Sind die Persönlichkeiten erst in der geschilderten Weise zu ewiger Subjektlosigkeit oder, wie man sagt, Objektivität ausgeblasen: so vermag nichts mehr auf sie zu wirken; es mag was Gutes und Rechtes geschehen, als Tat, als Dichtung, als Musik: sofort sieht der ausgehöhlte Bildungsmensch über das Werk hinweg und fragt nach der Historie des Autors. Hat dieser schon mehreres geschaffen, sofort muß er sich den bisherigen und den mutmaßlichen weiteren Gang seiner Entwicklung deuten lassen, sofort wird er neben andere zur Vergleichung gestellt, auf die Wahl seines Stoffes, auf seine Behandlung hin seziert, auseinandergerissen, weislich neu zusammengefügt und im ganzen vermahnt und zurechtgewiesen. Es mag das Erstaunlichste geschehen, immer ist die Schar der historisch Neutralen auf dem Platze, bereit, den Autor schon aus weiter Ferne zu überschauen. Augenblicklich erschallt das Echo: aber immer als »Kritik«, während kurz vorher der Kritiker von der Möglichkeit des Geschehenden sich nichts träumen ließ. Nirgends kommt es zu einer Wirkung, sondern immer nur wieder zu einer »Kritik«; und die Kritik selbst macht wieder keine Wirkung, sondern erfährt nur wieder Kritik. Dabei ist man übereingekommen, viele Kritiken als Wirkung, wenige oder keine als Mißerfolg zu betrachten. Im Grunde aber bleibt, selbst bei sotaner »Wirkung«, alles beim alten: man schwätzt zwar eine Zeitlang etwas Neues, dann aber wieder etwas Neues und tut inzwischen das, was man immer getan hat. Die historische Bildung unsrer Kritiker erlaubt gar nicht mehr, daß es zu einer Wirkung im eigentlichen Verstande, nämlich zu einer Wirkung auf Leben und Handeln komme: auf die schwärzeste Schrift drücken sie sogleich ihr Löschpapier, auf die anmutigste Zeichnung schmieren sie ihre dicken Pinselstriche, die als Korrekturen angesehn werden sollen: da war's wieder einmal vorbei. Nie aber hört ihre kritische Feder auf zu fließen, denn sie haben die Macht über sie verloren und werden mehr von ihr geführt, anstatt sie zu führen. Gerade in dieser Maßlosigkeit ihrer kritischen Ergüsse, in dem Mangel der Herrschaft über sich selbst, in dem, was die Römer *impotentia* nennen, verrät sich die Schwäche der modernen Persönlichkeit.

6

Doch lassen wir diese Schwäche. Wenden wir uns vielmehr zu einer vielgerühmten Stärke des modernen Menschen mit der allerdings peinlichen Frage, ob er ein Recht dazu hat, sich seiner bekannten historischen »Objektivität« wegen stark, nämlich *gerecht* und in höherem Grade gerecht zu nennen als der Mensch anderer Zeiten. Ist es wahr, daß jene Objektivität in einem gesteigerten Bedürfnis und Verlangen nach Gerechtigkeit ihren Ursprung hat? Oder erweckt sie als Wirkung ganz anderer Ursachen eben nur den Anschein, als ob die Gerechtigkeit die eigentliche Ursache dieser Wirkung sei? Verführt sie vielleicht zu einem schädlichen, weil allzu schmeichlerischen Vorurteil über die Tugenden des modernen Menschen? – Sokrates hielt es für ein Leiden, das dem Wahnsinn nahe komme, sich den Besitz einer Tugend einzubilden und sie nicht zu besitzen: und gewiß ist eine solche Einbildung gefährlicher als der entgegengesetzte Wahn, an einem Fehler, an einem Laster zu leiden. Denn durch diesen Wahn ist es vielleicht noch möglich, besser zu werden; jene Einbildung aber macht den Menschen oder eine Zeit täglich schlechter, also – in diesem Falle, ungerechter.

Wahrlich, niemand hat in höherem Grade einen Anspruch auf unsre Verehrung als der, welcher den Trieb und die Kraft zur Gerechtigkeit besitzt. Denn in ihr vereinigen und verbergen sich die höchsten und seltensten Tugenden wie in einem unergründlichen Meere, das von allen Seiten Ströme empfängt und in sich verschlingt. Die Hand des Gerechten, der Gericht zu halten befugt ist, erzittert nicht mehr, wenn sie die Waage hält; unerbittlich gegen sich selbst legt er Gewicht auf Gewicht, sein Auge trübt sich nicht, wenn die Waagschalen steigen und sinken, und seine Stimme klingt weder hart noch gebrochen, wenn er das Urteil verkündet. Wäre er ein kalter Dämon der Erkenntnis, so würde er um sich die eisige Atmosphäre einer übermenschlich schrecklichen Majestät ausbreiten, die wir zu fürchten, nicht zu verehren hätten: aber daß er ein Mensch ist und doch aus läßlichem Zweifel zu strenger Gewißheit, aus duldsamer Milde zum Imperativ »du mußt«, aus der seltenen Tugend der Großmut zur allerseltensten der Gerechtigkeit emporzusteigen versucht, daß er jetzt jenem Dämon ähnelt, ohne von Anbeginn etwas anderes als ein armer Mensch zu sein, und vor allem, daß er in jedem Augenblicke an sich selbst sein Menschentum zu büßen hat und sich an einer unmöglichen Tugend tragisch verzehrt – dies alles stellt ihn in eine einsame Höhe hin, als das *ehrwürdigste* Exemplar der Gattung Mensch; denn Wahrheit will er, doch nicht nur als kalte folgenlose Erkenntnis, sondern als die ordnende und strafende Richterin, Wahrheit nicht als egoistischen Besitz des einzelnen, sondern als die heilige Berechtigung, alle Grenzsteine egoistischer Besitztümer zu verrücken, Wahrheit mit einem Worte als

Weltgericht und durchaus nicht etwa als erhaschte Beute und Lust des einzelnen Jägers. Nur insofern der Wahrhafte den unbedingten Willen hat, gerecht zu sein, ist an dem überall so gedankenlos glorifizierten Streben nach Wahrheit etwas Großes: während vor dem stumpferen Auge eine ganze Anzahl der verschiedenartigsten Triebe, wie Neugier, Flucht vor der Langeweile, Mißgunst, Eitelkeit, Spieltrieb – Triebe, die gar nichts mit der Wahrheit zu tun haben – mit jenem Streben nach Wahrheit, das seine Wurzel in der Gerechtigkeit hat, zusammenfließen. So scheint zwar die Welt voll zu sein von solchen, die »der Wahrheit dienen«; und doch ist die Tugend der Gerechtigkeit so selten vorhanden, noch seltener erkannt und fast immer auf den Tod gehaßt: wohingegen die Schar der scheinbaren Tugenden zu jeder Zeit geehrt und prunkend einherzog. Der Wahrheit dienen wenige in Wahrheit, weil nur wenige den reinen Willen haben, gerecht zu sein, und selbst von diesen wieder die wenigsten die Kraft, gerecht sein zu können. Es genügt durchaus nicht, den Willen dazu allein zu haben: und die schrecklichsten Leiden sind gerade aus dem Gerechtigkeitstriebe ohne Urteilskraft über die Menschen gekommen; weshalb die allgemeine Wohlfahrt nichts mehr erheischen würde, als den Samen der Urteilskraft so breit wie möglich auszustreuen, damit der Fanatiker von dem Richter, die blinde Begierde, Richter zu sein, von der bewußten Kraft, richten zu dürfen, unterschieden bleibe. Aber wo fände sich ein Mittel, Urteilskraft zu pflanzen! – daher die Menschen, wenn ihnen von Wahrheit und Gerechtigkeit geredet wird, ewig in einem zagenden Schwanken verharren werden, ob zu ihnen der Fanatiker oder der Richter rede. Man soll es ihnen deshalb verzeihen, wenn sie immer mit besonderem Wohlwollen diejenigen »Diener der Wahrheit« begrüßt haben, die weder den Willen noch die Kraft zu richten besitzen und sich die Aufgabe stellen, die »reine, folgenlose« Erkenntnis oder, deutlicher, die Wahrheit, bei der nichts herauskommt, zu suchen. Es gibt sehr viele gleichgültige Wahrheiten; es gibt Probleme, über die richtig zu urteilen nicht einmal Überwindung, geschweige denn Aufopferung kostet. In diesem gleichgültigen und ungefährlichen Bereiche gelingt es einem Menschen wohl, zu einem kalten Dämon der Erkenntnis zu werden; und trotzdem! Wenn selbst, in besonders begünstigten Zeiten, ganze Gelehrten- und Forscher-Kohorten in solche Dämonen umgewandelt werden – immerhin bleibt es leider möglich, daß eine solche Zeit an strenger und großer Gerechtigkeit, kurz, an dem edelsten Kerne des sogenannten Wahrheitstriebes Mangel leidet.

Nun stelle man sich den historischen Virtuosen der Gegenwart vor Augen: ist er der gerechteste Mann seiner Zeit? Es ist wahr, er hat in sich eine solche Zartheit und Erregbarkeit der Empfindung ausgebildet, daß ihm gar nichts Menschliches fernbleibt; die verschiedensten Zeiten und Personen klingen sofort auf seiner Lyra in verwandten Tönen

nach: er ist zum nachtönenden Passivum geworden, das durch sein Ertönen wieder auf andre derartige Passiva wirkt: bis endlich die ganze Luft einer Zeit von solchen durcheinanderschwirrenden zarten und verwandten Nachklängen erfüllt ist. Doch scheint es mir, daß man gleichsam nur die Obertöne jedes originalen geschichtlichen Haupttons vernimmt: das Derbe und Mächtige des Originals ist aus dem sphärisch-dünnen und spitzen Saitenklange nicht mehr zu erraten. Dafür weckte der Originalton meistens Taten, Nöte, Schrecken, dieser lullt uns ein und macht uns zu weichlichen Genießern; es ist, als ob man die heroische Symphonie für zwei Flöten eingerichtet und zum Gebrauch von träumerischen Opiumrauchern bestimmt habe. Daran mag man nun schon ermessen, wie es mit dem obersten Anspruche des modernen Menschen, auf höhere und reinere Gerechtigkeit, bei diesen Virtuosen stehen wird; diese Tugend hat nie etwas Gefälliges, kennt keine reizenden Wallungen, ist hart und schrecklich. Wie niedrig steht, an ihr gemessen, schon die Großmut auf der Stufenleiter der Tugenden, die Großmut, welche die Eigenschaft einiger und seltener Historiker ist! Aber viel mehrere bringen es nur zur Toleranz, zum Geltenlassen des einmal nicht Wegzuleugnenden, zum Zurechtlegen und maßvoll-wohlwollenden Beschönigen, in der klugen Annahme, daß der Unerfahrene es als Tugend der Gerechtigkeit auslege, wenn das Vergangene überhaupt ohne harte Akzente und ohne den Ausdruck des Hasses erzählt wird. Aber nur die überlegene Kraft kann richten, die Schwäche muß tolerieren, wenn sie nicht Stärke heucheln und die Gerechtigkeit auf dem Richterstuhle zur Schauspielerin machen will. Nun ist sogar noch eine fürchterliche Spezies von Historikern übrig, tüchtige, strenge und ehrliche Charaktere – aber enge Köpfe; hier ist der gute Wille, gerecht zu sein, ebenso vorhanden wie das Pathos des Richtertums: aber alle Richtersprüche sind falsch, ungefähr aus dem gleichen Grunde, aus dem die Urteilssprüche der gewöhnlichen Geschworenen-Kollegien falsch sind. Wie unwahrscheinlich ist also die Häufigkeit des historischen Talentes! Um hier ganz von den verkappten Egoisten und Parteigängern abzusehn, die zum bösen Spiele, das sie spielen, eine recht objektive Miene machen. Ebenso abgesehn von den ganz unbesonnenen Leuten, die als Historiker im naiven Glauben schreiben, daß gerade ihre Zeit in allen Popularansichten recht habe, und daß dieser Zeit gemäß zu schreiben so viel heiße, als überhaupt gerecht zu sein; ein Glaube, in dem eine jede Religion lebt, und über den, bei Religionen, nichts weiter zu sagen ist. Jene naiven Historiker nennen »Objektivität« das Messen vergangner Meinungen und Taten an den Allerwelts-Meinungen des Augenblicks: hier finden sie den Kanon aller Wahrheiten; ihre Arbeit ist, die Vergangenheit der zeitgemäßen Trivialität anzupassen. Dagegen nennen sie jede Geschichtschreibung »subjektiv«, die jene Popularmeinungen nicht als kanonisch nimmt.

Und sollte nicht selbst bei der höchsten Ausdeutung des Wortes Objektivität eine Illusion mit unterlaufen? Man versteht dann mit diesem Worte einen Zustand im Historiker, in dem er ein Ereignis in allen seinen Motiven und Folgen so rein anschaut, daß es auf sein Subjekt gar keine Wirkung tut: man meint jenes ästhetische Phänomen, jenes Losgebundensein vom persönlichen Interesse, mit dem der Maler in einer stürmischen Landschaft, unter Blitz und Donner, oder auf bewegter See sein inneres Bild schaut, man meint das völlige Versunkensein in die Dinge: ein Aberglaube jedoch ist es, daß das Bild, welches die Dinge in einem solchermaßen gestimmten Menschen zeigen, das empirische Wesen der Dinge wiedergebe. Oder sollten sich in jenen Momenten die Dinge gleichsam durch ihre eigene Tätigkeit auf einem reinen Passivum abzeichnen, abkonterfeien, abphotographieren?

Dies wäre eine Mythologie und eine schlechte obendrein: zudem vergäßte man, daß jener Moment gerade der kräftigste und selbsttätigste Zeugungsmoment im Innern des Künstlers ist, ein Kompositionsmoment allerhöchster Art, dessen Resultat wohl ein künstlerisch wahres, nicht ein historisch wahres Gemälde sein wird. In dieser Weise die Geschichte objektiv denken ist die stille Arbeit des Dramatikers; nämlich alles aneinander denken, das Vereinzelte zum Ganzen weben: überall mit der Voraussetzung, daß eine Einheit des Planes in die Dinge gelegt werden müsse, wenn sie nicht darinnen sei. So überspinnt der Mensch die Vergangenheit und bändigt sie, so äußert sich sein Kunsttrieb – nicht aber sein Wahrheits-, sein Gerechtigkeitstrieb. Objektivität und Gerechtigkeit haben nichts miteinander zu tun. Es wäre eine Geschichtsschreibung zu denken, die keinen Tropfen der gemeinen empirischen Wahrheit in sich hat und doch im höchsten Grade auf das Prädikat der Objektivität Anspruch machen dürfte. Ja, Grillparzer wagt zu erklären: »was ist denn Geschichte anders als die Art, wie der Geist des Menschen die ihm *undurchdringlichen Begebenheiten* aufnimmt; das, weiß Gott ob Zusammengehörige verbindet; das Unverständliche durch etwas Verständliches ersetzt; seine Begriffe von Zweckmäßigkeit nach außen einem Ganzen unterschiebt, das wohl nur eine nach innen kennt; und wieder Zufall annimmt, wo tausend kleine Ursachen wirkten. Jeder Mensch hat zugleich seine Separatnotwendigkeit, so daß Millionen Richtungen parallel in krummen und geraden Linien nebeneinander laufen, sich durchkreuzen, fördern, hemmen, vor- und rückwärts streben und dadurch füreinander den Charakter des Zufalls annehmen, und es so, abgerechnet die Einwirkungen der Naturereignisse, unmöglich machen, eine durchgreifende, alle umfassende Notwendigkeit des Geschehenden nachzuweisen.« Nun soll aber gerade, als Ergebnis jenes »objektiven« Blicks auf die Dinge, eine solche Notwendigkeit ans Licht gezogen werden! Dies ist eine Voraussetzung, die, wenn sie als Glaubenssatz vom Historiker ausgesprochen wird, nur wunderliche Gestalt anneh-

men kann; Schiller zwar ist über das recht eigentlich Subjektive dieser Annahme völlig im klaren, wenn er vom Historiker sagt: »eine Erscheinung nach der andern fängt an, sich dem blinden Ohngefähr, der gesetzlosen Freiheit zu entziehen und sich einem übereinstimmenden Ganzen – *das freilich nur in seiner Vorstellung vorhanden ist* – als ein passendes Glied einzureihen.« Was soll man aber von der so glaubensvoll eingeführten, zwischen Tautologie und Widersinn künstlich schwebenden Behauptung eines berühmten historischen Virtuosen halten: »es ist nicht anders, als daß alles menschliche Tun und Treiben dem leisen und der Bemerkung oft entzogenen, aber gewaltigen und unaufhaltsamen Gange der Dinge unterworfen ist«? In einem solchen Satze spürt man nicht mehr rätselhafte Weisheit als unrätselhafte Unweisheit; wie im Ausspruch des Goetheschen Hofgärtners, »die Natur läßt sich wohl forcieren, aber nicht zwingen«, oder in der Inschrift einer Jahrmarktsbude, von der Swift erzählt: »hier ist zu sehen der größte Elefant der Welt, mit Ausnahme seiner selbst.« Denn welches ist doch der Gegensatz zwischen dem Tun und Treiben der Menschen und dem Gange der Dinge? Überhaupt fällt mir auf, daß solche Historiker, wie jener, von dem wir einen Satz anführten, nicht mehr belehren, sobald sie allgemein werden und dann das Gefühl ihrer Schwäche in Dunkelheiten zeigen. In andern Wissenschaften sind die Allgemeinheiten das Wichtigste, insofern sie die Gesetze enthalten: sollten aber solche Sätze wie der angeführte für Gesetze gelten wollen, so wäre zu entgegnen, daß dann die Arbeit des Geschichtsschreibers verschwendet ist; denn was überhaupt an solchen Sätzen wahr bleibt, nach Abzug jenes dunklen unauflöslichen Restes, von dem wir sprachen – das ist bekannt und sogar trivial; denn es wird jedem in dem kleinsten Bereiche der Erfahrungen vor die Augen kommen. Deshalb aber ganze Völker inkommodieren und mühsame Arbeitsjahre darauf wenden hieße doch nichts anderes, als in den Naturwissenschaften Experiment auf Experiment häufen, nachdem aus dem vorhandenen Schatze der Experimente längst das Gesetz abgeleitet werden kann: an welchem sinnlosen Übermaß des Experimentierens übrigens nach Zöllner die gegenwärtige Naturwissenschaft leiden soll. Wenn der Wert eines Dramas nur in dem Schluß- und Hauptgedanken liegen sollte, so würde das Drama selbst ein möglichst weiter, ungerader und mühsamer Weg zum Ziele sein; und so hoffe ich, daß die Geschichte ihre Bedeutung nicht in den allgemeinen Gedanken, als einer Art von Blüte und Frucht, erkennen dürfe: sondern daß ihr Wert gerade der ist, ein bekanntes, vielleicht gewöhnliches Thema, eine Alltags-Melodie geistreich zu umschreiben, zu erheben, zum umfassenden Symbol zu steigern und so in dem Original-Thema eine ganze Welt von Tiefsinn, Macht und Schönheit ahnen zu lassen.

Dazu gehört aber vor allem eine große künstlerische Potenz, ein schaffendes Darüberschweben, ein liebendes Versenktsein in die empirischen

Data, ein Weiterdichten an gegebnen Typen – dazu gehört allerdings Objektivität, aber als positive Eigenschaft. So oft aber ist Objektivität nur eine Phrase. An Stelle jener innerlich blitzenden, äußerlich unbewegten und dunklen Ruhe des Künstlerauges tritt die Affektation der Ruhe; wie sich der Mangel an Pathos und moralischer Kraft als schneidende Kälte der Betrachtung zu verkleiden pflegt. In gewissen Fällen wagt sich die Banalität der Gesinnung, die Jedermanns-Weisheit, die nur durch ihre Langweiligkeit den Eindruck des Ruhigen, Unaufgeregten macht, hervor, um für jenen künstlerischen Zustand zu gelten, in welchem das Subjekt schweigt und völlig unbemerkbar wird. Dann wird alles hervorgesucht, was überhaupt nicht aufregt, und das trockenste Wort ist gerade recht. Ja man geht so weit, anzunehmen, daß der, den ein Moment der Vergangenheit *gar nichts angehe*, berufen sei, ihn darzustellen. So verhalten sich häufig Philologen und Griechen zueinander: sie gehen sich gar nichts an – das nennt man dann wohl auch »Objektivität«! Wo nun gerade das Höchste und Seltenste dargestellt werden soll, da ist das absichtliche und zur Schau getragene Unbeteiligtsein, die hervorgesuchte nüchtern-flache Motivierungskunst geradezu empörend – wenn nämlich die *Eitelkeit* des Historikers zu dieser objektiv sich gebärdenden Gleichgültigkeit treibt. Übrigens hat man bei solchen Autoren sein Urteil näher nach dem Grundsatze zu motivieren, daß jeder Mann gerade so viel Eitelkeit hat, als es ihm an Verstande fehlt. Nein, seid wenigstens ehrlich! Sucht nicht den Schein der künstlerischen Kraft, die wirklich Objektivität zu nennen ist, sucht nicht den Schein der Gerechtigkeit, wenn ihr nicht zu dem furchtbaren Berufe des Gerechten geweiht seid. Als ob es auch die Aufgabe jeder Zeit wäre, gegen alles, was einmal war, gerecht sein zu müssen! Zeiten und Generationen haben sogar niemals recht, Richter aller früheren Zeiten und Generationen zu sein: sondern immer nur einzelnen, und zwar den Seltensten fällt einmal eine so unbequeme Mission zu. Wer zwingt euch zu richten? Und dann – prüft euch nur, ob ihr gerecht sein könntet, wenn ihr es wolltet! Als Richter müßtet ihr höher stehen als der zu Richtende; während ihr nur später gekommen seid. Die Gäste, die zuletzt zur Tafel kommen, sollen mit Recht die letzten Plätze erhalten: und ihr wollt die ersten haben? Nun dann tut wenigstens das Höchste und Größte; vielleicht macht man euch dann wirklich Platz, auch wenn ihr zuletzt kommt.

Nur aus der höchsten Kraft der Gegenwart dürft ihr das Vergangne deuten: nur in der stärksten Anspannung eurer edelsten Eigenschaften werdet ihr erraten, was in dem Vergangnen wissens- und bewahrenswürdig und groß ist. Gleiches durch Gleiches! Sonst zieht ihr das Vergangne zu euch nieder. Glaubt einer Geschichtsschreibung nicht, wenn sie nicht aus dem Haupte der seltensten Geister herausspringt; immer aber werdet ihr merken, welcher Qualität ihr Geist ist, wenn sie genötigt wird, etwas Allgemeines auszusprechen oder etwas Allbekanntes noch einmal zu sagen:

der echte Historiker muß die Kraft haben, das Allbekannte zum Niegehörten umzuprägen und das Allgemeine so einfach und tief zu verkünden, daß man die Einfachheit über der Tiefe und die Tiefe über der Einfachheit übersieht. Es kann keiner zugleich ein großer Historiker, ein künstlerischer Mensch und ein Flachkopf sein: dagegen soll man nicht die karrenden, aufschüttenden, sichtenden Arbeiter geringschätzen, weil sie gewiß nicht zu großen Historikern werden können; man soll sie noch weniger mit jenen verwechseln, sondern sie als die nötigen Gesellen und Handlanger im Dienste des Meisters begreifen: so etwa wie die Franzosen, mit größerer Naivität als bei den Deutschen möglich, von den *historiens de M. Thiers* zu reden pflegten. Diese Arbeiter sollen allmählich große Gelehrte werden, können aber deshalb doch nie Meister sein. Ein großer Gelehrter und ein großer Flachkopf – das geht schon leichter miteinander unter einen Hut.

Also: Geschichte schreibt der Erfahrene und Überlegene. Wer nicht einiges größer und höher erlebt hat als alle, wird auch nichts Großes und Hohes aus der Vergangenheit zu deuten wissen. Der Spruch der Vergangenheit ist immer ein Orakelspruch: nur als Baumeister der Zukunft, als Wissende der Gegenwart werdet ihr ihn verstehn. Man erklärt jetzt die außerordentlich tiefe und weite Wirkung Delphis besonders daraus, daß die delphischen Priester genaue Kenner des Vergangnen waren; jetzt geziemt sich zu wissen, daß nur der, welcher die Zukunft baut, ein Recht hat, die Vergangenheit zu richten. Dadurch, daß ihr vorwärts seht, ein großes Ziel euch steckt, bändigt ihr zugleich jenen üppigen analytischen Trieb, der euch jetzt die Gegenwart verwüstet und alle Ruhe, alles friedfertige Wachsen und Reifwerden fast unmöglich macht. Zieht um euch den Zaun einer großen und umfänglichen Hoffnung, eines hoffenden Strebens. Formt in euch ein Bild, dem die Zukunft entsprechen soll, und vergeßt den Aberglauben, Epigonen zu sein. Ihr habt genug zu ersinnen und zu erfinden, indem ihr auf jenes zukünftige Leben sinnt; aber fragt nicht bei der Geschichte an, daß sie euch das Wie? das Womit? zeige. Wenn ihr euch dagegen in die Geschichte großer Männer hineinlebt, so werdet ihr aus ihr ein oberstes Gebot lernen, reif zu werden und jenem lähmenden Erziehungsbanne der Zeit zu entfliehen, die ihren Nutzen darin sieht, euch nicht reif werden zu lassen, um euch, die Unreifen, zu beherrschen und auszubeuten. Und wenn ihr nach Biographien verlangt, dann nicht nach jenen mit dem Refrain »Herr Soundso und seine Zeit«, sondern nach solchen, auf deren Titelblatte es heißen müßte »ein Kämpfer gegen seine Zeit«. Sättigt eure Seelen an Plutarch und wagt es, an euch selbst zu glauben, indem ihr an seine Helden glaubt. Mit einem Hundert solcher unmodern erzogener, das heißt reif gewordener und an das Heroische gewöhnter Menschen ist jetzt die ganze lärmende Afterbildung dieser Zeit zum ewigen Schweigen zu bringen. –

7

Der historische Sinn, wenn er *ungebändigt* waltet und alle seine Konsequenzen zieht, entwurzelt die Zukunft, weil er die Illusionen zerstört und den bestehenden Dingen ihre Atmosphäre nimmt, in der sie allein leben können. Die historische Gerechtigkeit, selbst wenn sie wirklich und in reiner Gesinnung geübt wird, ist deshalb eine schreckliche Tugend, weil sie immer das Lebendige untergräbt und zu Fall bringt: ihr Richten ist immer ein Vernichten. Wenn hinter dem historischen Triebe kein Bautrieb wirkt, wenn nicht zerstört und aufgeräumt wird, damit eine bereits in der Hoffnung lebendige Zukunft auf dem befreiten Boden ihr Haus baue, wenn die Gerechtigkeit allein waltet, dann wird der schaffende Instinkt entkräftet und entmutigt. Eine Religion zum Beispiel, die in historisches Wissen, unter dem Walten der reinen Gerechtigkeit, umgesetzt werden soll, eine Religion, die durch und durch wissenschaftlich erkannt werden soll, ist am Ende dieses Weges zugleich vernichtet. Der Grund liegt darin, daß bei der historischen Nachrechnung jedesmal so viel Falsches, Rohes, Unmenschliches, Absurdes, Gewaltsames zutage tritt, daß die pietätvolle Illusions-Stimmung, in der alles, was leben will, allein leben kann, notwendig zerstiebt: nur in Liebe aber, nur umschattet von der Illusion der Liebe, schafft der Mensch, nämlich nur im unbedingten Glauben an das Vollkommne und Rechte. Jedem, den man zwingt, nicht mehr unbedingt zu lieben, hat man die Wurzeln seiner Kraft abgeschnitten: er muß verdorren, nämlich unehrlich werden. In solchen Wirkungen ist der Historie die Kunst entgegengesetzt: und nur wenn die Historie es erträgt, zum Kunstwerk umgebildet, also reines Kunstgebilde zu werden, kann sie vielleicht Instinkte erhalten oder sogar wecken. Eine solche Geschichtsschreibung würde aber durchaus dem analytischen und unkünstlerischen Zuge unserer Zeit widersprechen, ja von ihr als Fälschung empfunden werden. Historie aber, die nur zerstört, ohne daß ein innrer Bautrieb sie führt, macht auf die Dauer ihre Werkzeuge blasiert und unnatürlich: denn solche Menschen zerstören Illusionen, und »wer die Illusion in sich und anderen zerstört, den straft die Natur als der strengste Tyrann«. Eine gute Zeit lang zwar kann man sich wohl mit der Historie völlig harmlos und unbedachtsam beschäftigen, als ob es eine Beschäftigung so gut wie jede andre wäre; insbesondere scheint die neuere Theologie sich rein aus Harmlosigkeit mit der Geschichte eingelassen zu haben und jezt noch will sie es kaum merken, daß sie damit, wahrscheinlich sehr wider Willen, im Dienste des Voltaireschen *écrasez* steht. Vermute niemand dahinter neue kräftige Bau-Instinkte; man müßte denn den sogenannten Protestanten-Verein als Mutterschoß einer neuen Religion und etwa den Juristen Holtzendorf (den Herausgeber und Vorredner der noch viel sogenannteren Protestanten-Bibel) als Johannes am Flusse Jordan gelten lassen. Einige Zeit hilft vielleicht die in älteren Köpfen noch

qualmende Hegelsche Philosophie zur Propagation jener Harmlosigkeit, etwa dadurch, daß man die »Idee des Christentums« von ihren mannigfach unvollkommenen »Erscheinungsformen« unterscheidet und sich vorredet, es sei wohl gar die »Liebhaberei der Idee«, sich in immer reineren Formen zu offenbaren, zuletzt nämlich als die gewiß allerreinste, durchsichtigste, ja kaum sichtbare Form im Hirne des jetzigen *theologus liberalis vulgaris*. Hört man aber diese allerreinlichsten Christentümer sich über die früheren unreinlichen Christentümer aussprechen, so hat der nichtbeteiligte Zuhörer oft den Eindruck, es sei gar nicht vom Christentume die Rede, sondern von – nun woran sollen wir denken? wenn wir das Christentum von dem »größten Theologen des Jahrhunderts« als die Religion bezeichnet finden, die es verstattet, »sich in alle wirklichen und noch einige andere bloß mögliche Religionen hineinzuempfinden«, und wenn die »wahre Kirche« die sein soll, welche »zur fließenden Masse wird, wo es keine Umrisse gibt, wo jeder Teil sich bald hier, bald dort befindet und alles sich friedlich untereinander mengt«. – Nochmals, woran sollen wir denken?

Was man am Christentume lernen kann, daß es unter der Wirkung einer historisierenden Behandlung blasiert und unnatürlich geworden ist, bis endlich eine vollkommen historische, das heißt gerechte Behandlung es in reines Wissen um das Christentum auflöst und dadurch vernichtet, das kann man an allem, was Leben hat, studieren: daß es aufhört zu leben, wenn es zu Ende seziert ist und schmerzlich und krankhaft lebt, wenn man anfängt, an ihm die historischen Sezierübungen zu machen. Es gibt Menschen, die an eine umwälzende und reformierende Heilkraft der deutschen Musik unter Deutschen glauben: sie empfinden es mit Zorn und halten es für ein Unrecht, begangen am Lebendigsten unsrer Kultur, wenn solche Männer wie Mozart und Beethoven bereits jetzt mit dem ganzen gelehrten Wust des Biographischen überschüttet und mit dem Foltersystem historischer Kritik zu Antworten auf tausend zudringliche Fragen gezwungen werden. Wird nicht dadurch das in seinen lebendigen Wirkungen noch gar nicht Erschöpfte zur Unzeit abgetan oder mindestens gelähmt, daß man die Neubegierde auf zahllose Mikrologien des Lebens und der Werke richtet und Erkenntnis-Probleme dort sucht, wo man lernen sollte zu leben und alle Probleme zu vergessen? Versetzt nur ein paar solcher modernen Biographen in Gedanken an die Geburtsstätte des Christentums oder der Lutherschen Reformation; ihre nüchterne pragmatisierende Neubegier hätte gerade ausgereicht, um jede geisterhafte *actio in distans* unmöglich zu machen: wie das elendeste Tier die Entstehung der mächtigsten Eiche verhindern kann, dadurch, daß es die Eichel verschluckt. Alles Lebendige braucht um sich eine Atmosphäre, einen geheimnisvollen Dunstkreis; wenn man ihm diese Hülle nimmt, wenn man eine Religion, eine Kunst, ein Genie verurteilt, als Gestirn ohne Atmosphäre zu kreisen: so

soll man sich über das schnelle Verdorren, Hart- und Unfruchtbarwerden nicht mehr wundern. So ist es nun einmal bei allen großen Dingen,

»die nie ohn' ein'gen Wahn gelingen«,

wie Hans Sachs in den Meistersingern sagt.

Aber selbst jedes Volk, ja jeder Mensch, der *reif* werden will, braucht einen solchen umhüllenden Wahn, eine solche schützende und umschleiernde Wolke; jetzt aber haßt man das Reifwerden überhaupt, weil man die Historie mehr als das Leben ehrt. Ja man triumphiert darüber, daß jetzt »die Wissenschaft anfange, über das Leben zu herrschen«: möglich, daß man das erreicht; aber gewiß ist ein derartig beherrschtes Leben nicht viel wert, weil es viel weniger *Leben* ist und viel weniger Leben für die Zukunft verbürgt als das ehemals nicht durch das Wissen, sondern durch Instinkte und kräftige Wahnbilder beherrschte Leben. Aber es soll auch gar nicht, wie gesagt, das Zeitalter der fertig und reif gewordenen, der harmonischen Persönlichkeiten sein, sondern das der gemeinsamen möglichst nutzbaren Arbeit. Das heißt eben doch nur: die Menschen sollen zu den Zwecken der Zeit abgerichtet werden, um so zeitig als möglich mit Hand anzulegen: sie sollen in der Fabrik der allgemeinen Utilitäten arbeiten, bevor sie reif sind, ja damit sie gar nicht mehr reif werden – weil dies ein Luxus wäre, der »dem Arbeitsmarkte« eine Menge von Kraft entziehen würde. Man blendet einige Vögel, damit sie schöner singen: ich glaube nicht, daß die jetzigen Menschen schöner singen als ihre Großväter, aber das weiß ich, daß man sie zeitig blendet. Das Mittel aber, das versuchte Mittel, das man anwendet, um sie zu blenden, ist *allzu helles, allzu plötzliches, allzu wechselndes Licht*. Der junge Mensch wird durch alle Jahrtausende gepeitscht: Jünglinge, die nichts von einem Kriege, einer diplomatischen Aktion, einer Handelspolitik verstehen, werden der Einführung in die politische Geschichte für würdig befunden. So aber, wie der junge Mensch durch die Geschichte läuft, so laufen wir Modernen durch die Kunstkammern, so hören wir Konzerte. Man fühlt wohl, das klingt anders als jenes, das wirkt anders als jenes: dies Gefühl der Befremdung immer mehr zu verlieren, über nichts mehr übermäßig zu erstaunen, endlich alles sich gefallen zu lassen – das nennt man dann wohl den historischen Sinn, die historische Bildung. Ohne Beschönigung des Ausdrucks gesprochen: die Masse des Einströmenden ist so groß, das Befremdende, Barbarische und Gewaltsame dringt so übermächtig, »zu scheußlichen Klumpen geballt«, auf die jugendliche Seele ein, daß sie sich nur mit einem vorsätzlichen Stumpfsinn zu retten weiß. Wo ein feineres und stärkeres Bewußtsein zugrunde lag, stellt sich wohl auch eine andre Empfindung ein: Ekel. Der junge Mensch ist so heimatlos geworden und zweifelt an allen Sitten und Begriffen. Jetzt weiß er es: in allen Zeiten war

es anders, es kommt nicht darauf an, wie du bist. In schwermütiger Gefühllosigkeit läßt er Meinung auf Meinung an sich vorübergehn und begreift das Wort und die Stimmung Hölderlins beim Lesen des Laertius Diogenes über Leben und Lehren griechischer Philosophen: »ich habe auch hier wieder erfahren, was mir schon manchmal begegnet ist, daß mir nämlich das Vorübergehende und Abwechselnde der menschlichen Gedanken und Systeme fast tragischer aufgefallen ist als die Schicksale, die man gewöhnlich allein die wirklichen nennt.« Nein, ein solches überschwemmendes, betäubendes und gewaltsames Historisieren ist gewiß nicht für die Jugend nötig, wie die Alten zeigen, ja im höchsten Grade gefährlich, wie die Neueren zeigen. Nun betrachte man aber gar den historischen Studenten, den Erben einer allzufrühen, fast im Knabenalter schon sichtbar gewordenen Blasiertheit. Jetzt ist ihm die »Methode« zu eigner Arbeit, der rechte Griff und der vornehme Ton nach des Meisters Manier zu eigen geworden; ein ganz isoliertes Kapitelchen der Vergangenheit ist seinem Scharfsinn und der erlernten Methode zum Opfer gefallen; er hat bereits produziert, ja mit solzerem Worte, er hat »geschaffen«, er ist nun Diener der Wahrheit durch die Tat und Herr im historischen Weltbereiche geworden. War er schon als Knabe »fertig«, so ist er nun bereits überfertig man braucht an ihm nur zu schütteln, so fällt einem die Weisheit mit Geprassel in den Schoß; doch die Weisheit ist faul und jeder Apfel hat seinen Wurm. Glaubt es mir: wenn die Menschen in der wissenschaftlichen Fabrik arbeiten und nutzbar werden sollen, bevor sie reif sind, so ist in kurzem die Wissenschaft ebenso ruiniert wie die allzuzeitig in dieser Fabrik verwendeten Sklaven. Ich bedaure, daß man schon nötig hat, sich des sprachlichen Jargons der Sklavenhalter und Arbeitgeber zur Bezeichnung solcher Verhältnisse zu bedienen, die an sich frei von Utilitäten, enthoben der Lebensnot gedacht werden sollten; aber unwillkürlich drängen sich die Worte »Fabrik«, »Arbeitsmarkt«, »Angebot«, »Nutzbarmachung« – und wie all die Hilfszeitwörter des Egoismus lauten – auf die Lippen, wenn man die jüngste Generation der Gelehrten schildern will. Die gediegene Mittelmäßigkeit wird immer mittelmäßiger, die Wissenschaft im ökonomischen Sinne immer nutzbarer. Eigentlich sind die allerneuesten Gelehrten nur in einem Punkte weise, darin freilich weiser als alle Menschen der Vergangenheit, in allen übrigen Punkten nur unendlich anders – vorsichtig gesprochen – als alle Gelehrten alten Schlags. Trotzdem fordern sie Ehren und Vorteile für sich ein, als ob der Staat und die öffentliche Meinung verpflichtet wären, die neuen Münzen für ebenso voll zu nehmen wie die alten. Die Kärrner haben unter sich einen Arbeitsvertrag gemacht und das Genie als überflüssig dekretiert – dadurch, daß jeder Kärrner zum Genie umgestempelt wird; wahrscheinlich wird es eine spätere Zeit ihren Bauten ansehen, daß sie zusammengekarrt, nicht zusammengebaut sind. Denen, die unermüdlich den modernen Schlacht- und Opferruf

»Teilung der Arbeit! In Reih und Glied!« im Munde führen, ist einmal klärlich und rund zu sagen: wollt ihr die Wissenschaft möglichst schnell fördern, so werdet ihr sie euch möglichst schnell vernichten; wie euch die Henne zugrunde geht, die ihr künstlich zum allzuschnellen Eierlegen zwingt. Gut, die Wissenschaft ist in den letzten Jahrzehnten erstaunlich schnell gefördert worden: aber seht euch nun auch die Gelehrten, die erschöpften Hennen an. Es sind wahrhaftig keine »harmonischen« Naturen; nur gackern können sie mehr als je, weil sie öfter Eier legen: freilich sind auch die Eier immer kleiner (obzwar die Bücher immer dicker) geworden. Als letztes und natürliches Resultat ergibt sich das allgemein beliebte »Popularisieren« (nebst »Feminisieren« und »Infantisieren«) der Wissenschaft, das heißt das berüchtigte Zuschneiden des Rocks der Wissenschaft auf den Leib des »gemischten Publikums«: um uns hier einmal für eine schneidermäßige Tätigkeit auch eines schneidermäßigen Deutsches zu befleißigen. Goethe sah darin einen Mißbrauch und verlangte, daß die Wissenschaften nur durch eine *erhöhte Praxis* auf die äußere Welt wirken sollten. Den älteren Gelehrten-Generationen dünkte überdies ein solcher Mißbrauch aus guten Gründen schwer und lästig: ebenfalls aus guten Gründen fällt er den jüngeren Gelehrten leicht, weil sie selbst, von einem ganz kleinen Wissens-Winkel abgesehn, sehr gemischtes Publikum sind und dessen Bedürfnisse in sich tragen. Sie brauchen sich nur einmal bequem hinzusetzen, so gelingt es ihnen, auch ihr kleines Studienbereich jener gemischt-populären Bedürfnis-Neubegier aufzuschließen. Für diesen Bequemlichkeitsakt prätendiert man hinterdrein den Namen »bescheidene Herablassung des Gelehrten zu seinem Volke«: während im Grunde der Gelehrte nur zu sich, soweit er nicht Gelehrter, sondern Pöbel ist, herabstieg. Schafft euch den Begriff eines »Volkes«: den könnt ihr nie edel und hoch genug denken. Dächtet ihr groß vom Volke, so wäret ihr auch barmherzig gegen dasselbe und hütetet euch wohl, euer historisches Scheidewasser ihm als Lebens- und Labetrank anzubieten. Aber ihr denkt im tiefsten Grunde von ihm gering, weil ihr vor seiner Zukunft keine wahre und sicher gegründete Achtung haben dürft, und ihr handelt als praktische Pessimisten, ich meine als Menschen, welche die Ahnung eines Unterganges leitet und die dadurch gegen das fremde, ja gegen das eigne Wohl gleichgültig und läßlich werden. Wenn *uns* nur die Scholle noch trägt! Und wenn sie uns nicht mehr trägt, dann soll es auch recht sein: – so empfinden sie und leben eine *ironische* Existenz.

8

Es darf zwar befremdend, aber nicht widerspruchsvoll erscheinen, wenn ich dem Zeitalter, das so hörbar und aufdringlich in das unbekümmertste Frohlocken über seine historische Bildung auszubrechen pflegt, trotzdem

eine Art von *ironischem Selbstbewußtsein* zuschreibe, ein darüberschwebendes Ahnen, daß hier nicht zu frohlocken sei, eine Furcht, daß es vielleicht bald mit aller Lustbarkeit der historischen Erkenntnis vorüber sein werde. Ein ähnliches Rätsel in betreff einzelner Persönlichkeiten hat uns Goethe, durch seine merkwürdige Charakteristik Newtons, hingestellt: er findet im Grunde (oder richtiger: in der Höhe) seines Wesens »eine trübe Ahnung seines Unrechtes«, gleichsam als den in einzelnen Augenblicken bemerkbaren Ausdruck eines überlegenen richtenden Bewußtseins, das über die notwendige ihm innewohnende Natur eine gewisse ironische Übersicht erlangt habe. So findet man gerade in den größer und höher entwickelten historischen Menschen ein oft bis zu allgemeiner Skepsis gedämpftes Bewußtsein davon, wie groß die Ungereimtheit und der Aberglaube sei, zu glauben, daß die Erziehung eines Volkes so überwiegend historisch sein müsse, wie sie es jetzt ist; haben doch gerade die kräftigsten Völker, und zwar kräftig in Taten und Werken, anders gelebt, anders ihre Jugend herangezogen. Aber uns ziemt jene Ungereimtheit, jener Aberglaube – so lautet die skeptische Einwendung – uns, den Spätgekommenen, den abgeblaßten letzten Sprossen mächtiger und frohmütiger Geschlechter, uns, auf die Hesiods Prophezeiung zu deuten ist, daß die Menschen einst sogleich graubehaart geboren würden, und daß Zeus dies Geschlecht vertilgen werde, sobald jenes Zeichen an ihm sichtbar geworden sei. Die historische Bildung ist auch wirklich eine Art angeborner Grauhaarigkeit, und die, welche ihr Zeichen von Kindheit her an sich tragen, müssen wohl zu dem instinktiven Glauben vom *Alter der Menschheit* gelangen: dem Alter aber gebührt jetzt eine greisenhafte Beschäftigung, nämlich Zurückschauen, Überrechnen, Abschließen, Trost suchen im Gewesenen, durch Erinnerungen, kurz historische Bildung. Das Menschengeschlecht ist aber ein zähes und beharrliches Ding und will nicht nach Jahrtausenden, ja kaum nach Hunderttausenden von Jahren in seinen Schritten – vorwärts und rückwärts – betrachtet werden, das heißt, es will als Ganzes von dem unendlich kleinen Atompünktchen, dem einzelnen Menschen, *gar nicht* betrachtet werden. Was wollen denn ein paar Jahrtausende besagen (oder anders ausgedrückt: der Zeitraum von 34 aufeinanderfolgenden, zu 60 Jahren gerechneten Menschenleben), um im Anfang einer solchen Zeit noch von »Jugend«, am Schlusse bereits von »Alter der Menschheit« reden zu können! Steckt nicht vielmehr in diesem lähmenden Glauben an eine bereits abwelkende Menschheit das Mißverständnis einer, vom Mittelalter her vererbten, christlich theologischen Vorstellung, der Gedanke an das nahe Weltende, an das bänglich erwartete Gericht? Umkleidet sich jene Vorstellung wohl durch das gesteigerte historische Richter-Bedürfnis, als ob unsre Zeit, die letzte der möglichen, selbst jenes Weltgericht über alles Vergangne abzuhalten befugt sei, das der christliche Glaube keineswegs vom Menschen, aber von »des Menschen Sohn« erwartete? Früher war

dieses der Menschheit sowohl wie dem einzelnen zugerufene »*Memento mori*« ein immer quälender Stachel und gleichsam die Spitze des mittelalterlichen Wissens und Gewissens. Das ihm entgegengerufene Wort der neueren Zeit: »*memento vivere*« klingt, offen zu reden, noch ziemlich verschüchtert, kommt nicht aus voller Kehle und hat beinahe etwas Unehrliches. Denn die Menschheit sitzt noch fest auf dem *Memento mori* und verrät es durch ihr universales historisches Bedürfnis: das Wissen hat, trotz seinem mächtigsten Flügelschlage, sich nicht ins Freie losreißen können, ein tiefes Gefühl von Hoffnungslosigkeit ist übriggeblieben und hat jene historische Färbung angenommen, von der jetzt alle höhere Erziehung und Bildung schwermütig umdunkelt ist. Eine Religion, die von allen Stunden eines Menschenlebens die letzte für die wichtigste hält, die einen Schluß des Erdenlebens überhaupt voraussagt und alle Lebenden verurteilt, im fünften Akt der Tragödie zu leben, regt gewiß die tiefsten und edelsten Kräfte auf, aber sie ist feindlich gegen alles Neu-Anpflanzen, Kühn-Versuchen, Frei-Begehren; sie widerstrebt jedem Fluge ins Unbekannte, weil sie dort nicht liebt, nicht hofft: sie läßt das Werdende sich nur wider Willen aufdrängen, um es, zur rechten Zeit, als einen Verführer zum Dasein, als einen Lügner über den Wert des Daseins beiseite zu drängen oder hinzuopfern. Das, was die Florentiner taten, als sie unter dem Eindruck der Bußpredigten des Savonarola jene berühmten Opferbrände von Gemälden, Manuskripten, Spiegeln, Larven veranstalteten, das möchte das Christentum mit jeder Kultur tun, die zum Weiterstreben reizt und jenes *Memento vivere* als Wahlspruch führt; und wenn es nicht möglich ist, dies auf geradem Wege, ohne Umschweif, nämlich durch Übermacht zu tun, so erreicht es doch ebenfalls sein Ziel, wenn es sich mit der historischen Bildung, meistens sogar ohne deren Mitwissen, verbündet und nun, aus ihr heraus redend, alles Werdende achselzuckend ablehnt und darüber das Gefühl des gar zu Überspäten und Epigonenhaften, kurz der angebornen Grauhaarigkeit ausbreitet. Die herbe und tiefsinnig ernste Betrachtung über den Unwert alles Geschehenen, über das zum-Gericht-Reifsein der Welt, hat sich zu dem skeptischen Bewußtsein verflüchtigt, daß es jedenfalls gut sei, alles Geschehene zu wissen, weil es zu spät dafür sei, etwas Besseres zu tun. So macht der historische Sinn seine Diener passiv und retrospektiv; und beinahe nur aus augenblicklicher Vergeßlichkeit, wenn gerade jener Sinn intermittiert, wird der am historischen Fieber Erkrankte aktiv, um, sobald die Aktion vorüber ist, seine Tat zu sezieren, durch analytische Betrachtung am Weiterwirken zu hindern und sie endlich zur »Historie« abzuhäuten. In diesem Sinne leben wir noch im Mittelalter, ist Historie immer noch eine verkappte Theologie: wie ebenfalls die Ehrfurcht, mit der der unwissenschaftliche Laie die wissenschaftliche Kaste behandelt, eine vom Klerus her vererbte Ehrfurcht ist. Was man früher der Kirche gab, das gibt man jetzt, obzwar spärlicher,

der Wissenschaft: daß man aber gibt, hat einstmals die Kirche ausgewirkt, nicht aber erst der moderne Geist, der vielmehr, bei seinen anderen guten Eigenschaften, bekanntlich etwas Knauseriges hat und in der vornehmen Tugend der Freigebigkeit ein Stümper ist.

Vielleicht gefällt diese Bemerkung nicht, vielleicht ebensowenig als jene Ableitung des Übermaßes von Historie aus dem mittelalterlichen *Memento mori* und aus der Hoffnungslosigkeit, die das Christentum gegen alle kommenden Zeiten des irdischen Daseins im Herzen trägt. Man soll aber immerhin diese auch von mir nur zweifelnd hingestellte Erklärung durch bessere Erklärungen ersetzen; denn der Ursprung der historischen Bildung – und ihres innerlich ganz und gar radikalen Widerspruches gegen den Geist einer »neuen Zeit«, eines »modernen Bewußtseins« – dieser Ursprung *muß* selbst wieder historisch erkannt werden, die Historie *muß* das Problem der Historie selbst auflösen, das Wissen *muß* seinen Stachel gegen sich selbst kehren – dieses dreifache *Muß* ist der Imperativ des Geistes der »neuen Zeit«, falls in ihr wirklich etwas Neues, Mächtiges, Lebensverheißendes und Ursprüngliches ist. Oder sollte es wahr sein, daß wir Deutschen – um die romanischen Völker außer dem Spiele zu lassen – in allen höheren Angelegenheiten der Kultur immer nur »Nachkommen« sein müßten, deshalb, weil wir nur dies allein sein *könnten*; wie diesen sehr zu überlegenden Satz einmal Wilhelm Wackernagel ausgesprochen hat: »Wir Deutschen sind einmal ein Volk von Nachkommen, sind mit all unserm höheren Wissen, sind selbst mit unserm Glauben immer nur Nachfolger der alten Welt; auch die es feindlich gestimmt nicht wollen, atmen nächst dem Geiste des Christentums unausgesetzt von dem unsterblichen Geiste altklassischer Bildung, und gelänge es einem, aus der Lebensluft, die den inneren Menschen umgibt, diese zwei Elemente auszuscheiden, es würde nicht viel übrigbleiben, um noch ein geistiges Leben damit zu fristen.« Selbst aber wenn wir bei diesem Berufe, Nachkommen des Altertums zu sein, uns gern beruhigen wollten, selbst wenn wir uns entschlössen, ihn recht nachdrücklich ernst und groß zu nehmen und in dieser Nachdrücklichkeit unser auszeichnendes und einziges Vorrecht anzuerkennen – so würden wir trotzdem genötigt werden zu fragen, ob es ewig unsere Bestimmung sein müsse, *Zöglinge des sinkenden Altertums* zu sein: irgendwann einmal mag es erlaubt sein, unser Ziel schrittweise höher und ferner zu stecken, irgendwann einmal sollten wir uns das Lob zusprechen dürfen, den Geist der alexandrinisch-römischen Kultur in uns – auch durch unsre universale Historie – so fruchtbringend und großartig nachgeschaffen zu haben, um nun, als den edelsten Lohn, uns die noch gewaltigere Aufgabe stellen zu dürfen, hinter diese alexandrinische Welt zurück und über sie hinauszustreben, und unsere Vorbilder mutigen Blicks in der altgriechischen Urwelt des Großen, Natürlichen und Menschlichen zu suchen. *Dort aber finden wir auch die Wirklichkeit einer wesentlich un-*

historischen Bildung und einer trotzdem oder vielmehr deswegen unsäglich reichen und lebensvollen Bildung. Wären wir Deutsche selbst nichts als Nachkommen – wir könnten, indem wir auf eine solche Bildung als eine uns anzueignende Erbschaft blicken, gar nichts Größeres und Stolzeres sein als eben Nachkommen.

Damit soll nur dies und nichts als dies gesagt sein, daß selbst der oftmals peinlich anmutende Gedanke, Epigonen zu sein, groß gedacht, große Wirkungen und ein hoffnungsreiches Begehren der Zukunft, sowohl dem einzelnen als einem Volke verbürgen kann: insofern wir uns nämlich als Erben und Nachkommen klassischer und erstaunlicher Mächte begreifen und darin unsere Ehre, unsern Sporn sehen. Nicht also wie verblaßte und verkümmerte Spätlinge kräftiger Geschlechter, die als Antiquare und Totengräber jener Geschlechter ein fröstelndes Leben fristen. Solche Spätlinge freilich leben eine ironische Existenz: die Vernichtung folgt ihrem hinkenden Lebensgange auf der Ferse; sie schaudern vor ihr, wenn sie sich des Vergangnen erfreuen, denn sie sind lebende Gedächtnisse, und doch ist ihr Gedenken ohne Erben sinnlos. So umfängt sie die trübe Ahnung, daß ihr Leben ein Unrecht sei, da ihm kein kommendes Leben Recht geben kann.

Dächten wir uns aber solche antiquarische Spätlinge plötzlich die Unverschämtheit gegen jene ironisch-schmerzliche Bescheidung eintauschen; denken wir sie uns, wie sie mit gellender Stimme verkünden: das Geschlecht ist auf seiner Höhe, denn jetzt erst hat es das Wissen über sich und ist sich selber offenbar geworden – so hätten wir ein Schauspiel, an dem als an einem Gleichnis die rätselhafte Bedeutung einer gewissen sehr berühmten Philosophie für die deutsche Bildung sich enträtseln wird. Ich glaube, daß es keine gefährliche Schwankung oder Wendung der deutschen Bildung in diesem Jahrhundert gegeben hat, die nicht durch die ungeheure, bis diesen Augenblick fortströmende Einwirkung dieser Philosophie, der Hegelschen, gefährlicher geworden ist. Wahrhaftig, lähmend und verstimmend ist der Glaube, ein Spätling der Zeiten zu sein: furchtbar und zerstörend muß es aber erscheinen, wenn ein solcher Glaube eines Tages mit kecker Umstülpung diesen Spätling als den wahren Sinn und Zweck alles früher Geschehenen vergöttert, wenn sein wissendes Elend einer Vollendung der Weltgeschichte gleichgesetzt wird. Eine solche Betrachtungsart hat die Deutschen daran gewöhnt, vom »Weltprozeß« zu reden und die eigne Zeit als das notwendige Resultat dieses Weltprozesses zu rechtfertigen; eine solche Betrachtungsart hat die Geschichte an Stelle der andern geistigen Mächte, Kunst und Religion, als einzig souverän gesetzt, insofern sie »der sich selbst realisierende Begriff«, insofern sie »die Dialektik der Völkergeister« und das »Weltgericht« ist.

Man hat diese Hegelisch verstandene Geschichte mit Hohn das Wandeln Gottes auf der Erde genannt, welcher Gott aber seinerseits erst durch die

Geschichte gemacht wird. Dieser Gott aber wurde sich selbst innerhalb der Hegelschen Hirnschalen durchsichtig und verständlich und ist bereits alle dialektisch möglichen Stufen seines Werdens, bis zu jener Selbstoffenbarung, emporgestiegen: so daß für Hegel der Höhepunkt und der Endpunkt des Weltprozesses in seiner eignen Berliner Existenz zusammenfielen. Ja er hätte sagen müssen, daß alle nach ihm kommenden Dinge eigentlich nur als eine musikalische Koda des weltgeschichtlichen Rondos, noch eigentlicher, als überflüssig zu schätzen seien. Das hat er nicht gesagt: dafür hat er in die von ihm durchsäuerten Generationen jene Bewunderung vor der »Macht der Geschichte« gepflanzt, die praktisch alle Augenblicke in nackte Bewunderung des Erfolges umschlägt und zum Götzendienste des Tatsächlichen führt: für welchen Dienst man sich jetzt die sehr mythologische und außerdem recht gut deutsche Wendung »den Tatsachen Rechnung tragen« allgemein eingeübt hat. Wer aber erst gelernt hat, vor der »Macht der Geschichte« den Rücken zu krümmen und den Kopf zu beugen, der nickt zuletzt chinesenhaft-mechanisch sein »Ja« zu jeder Macht, sei dies nun eine Regierung oder eine öffentliche Meinung oder eine Zahlen-Majorität, und bewegt seine Glieder genau in dem Takte, in dem irgendeine »Macht« am Faden zieht. Enthält jeder Erfolg in sich eine vernünftige Notwendigkeit, ist jedes Ereignis der Sieg des Logischen oder der »Idee« – dann nur hurtig nieder auf die Knie und nun die ganze Stufenleiter der »Erfolge« abgekniet! Was, es gäbe keine herrschenden Mythologien mehr? Was, die Religionen wären im Aussterben? Seht euch nur die Religion der historischen Macht an, gebt acht auf die Priester der Ideen-Mythologie und ihre zerschundenen Knie! Sind nicht sogar alle Tugenden im Gefolge dieses neuen Glaubens? Oder ist es nicht Selbstlosigkeit, wenn der historische Mensch sich zum objektiven Spiegelglas ausblasen läßt? Ist es nicht Großmut, auf alle Gewalt im Himmel und auf Erden zu verzichten, dadurch, daß man in jeder Gewalt die Gewalt an sich anbetet? Ist es nicht Gerechtigkeit, immer Waagschalen der Mächte in den Händen zu haben und fein zuzusehen, welche als die stärkere und schwerere sich neigt? Und welche Schule der Wohlanständigkeit ist eine solche Betrachtung der Geschichte! Alles objektiv nehmen, über nichts zürnen, nichts lieben, alles begreifen, wie macht das sanft und schmiegsam; und selbst wenn ein in dieser Schule Aufgezogener öffentlich einmal zürnt und sich ärgert, so freut man sich daran, denn man weiß ja, es ist nur artistisch gemeint, es ist *ira* und *studium* und doch ganz und gar *sine ira et studio*.

Was für veraltete Gedanken habe ich gegen einen solchen Komplex von Mythologie und Tugend auf dem Herzen! Aber sie sollen einmal heraus, und man soll nur immer lachen. Ich würde also sagen: die Geschichte prägt immer ein: »es war einmal«, die Moral: »ihr sollt nicht« oder »ihr hättet nicht sollen«. So wird die Geschichte zu einem Kompendium der

tatsächlichen Unmoral. Wie schwer würde sich der irren, der die Geschichte zugleich als Richterin dieser tatsächlichen Unmoral ansähe! Es beleidigt zum Beispiel die Moral, daß ein Raffael sechsunddreißig Jahre alt sterben mußte: solch ein Wesen sollte nicht sterben. Wollt ihr nun der Geschichte zu Hilfe kommen, als Apologeten des Tatsächlichen, so werdet ihr sagen: er hat alles, was in ihm lag, ausgesprochen, er hätte, bei längerem Leben, immer nur das Schöne als gleiches Schönes, nicht als neues Schönes schaffen können, und dergleichen. So seid ihr die Advokaten des Teufels, und zwar dadurch, daß ihr den Erfolg, das Faktum zu eurem Götzen macht: während das Faktum immer dumm ist und zu allen Zeiten einem Kalbe ähnlicher gesehen hat als einem Gotte. Als Apologeten der Geschichte souffliert euch überdies die Ignoranz: denn nur weil ihr nicht wißt, was eine solche *natura naturans* wie Raffael ist, macht es euch nicht heiß, zu vernehmen, daß sie war und nicht mehr sein wird. Über Goethe hat uns neuerdings jemand belehren wollen, daß er mit seinen 82 Jahren sich ausgelebt habe: und doch würde ich gern ein paar Jahre des »ausgelebten« Goethe gegen ganze Wagen voll frischer hochmoderner Lebensläufte einhandeln, um noch einen Anteil an solchen Gesprächen zu haben, wie sie Goethe mit Eckermann führte, und um auf diese Weise vor allen zeitgemäßen Belehrungen durch die Legionäre des Augenblicks bewahrt zu bleiben. Wie wenige Lebende haben überhaupt, solchen Toten gegenüber, ein Recht zu leben! Daß die vielen leben und jene wenigen nicht mehr leben, ist nichts als eine brutale Wahrheit, das heißt eine unverbesserliche Dummheit, ein plumpes »es ist einmal so« gegenüber der Moral »es sollte nicht so sein«. Ja, gegenüber der Moral! Denn rede man von welcher Tugend man wolle, von der Gerechtigkeit, Großmut, Tapferkeit, von der Weisheit und dem Mitleid des Menschen – überall ist er dadurch tugendhaft, daß er sich gegen jene blinde Macht der Fakta, gegen die Tyrannei des Wirklichen empört und sich Gesetzen unterwirft, die nicht die Gesetze jener Geschichtsfluktuationen sind. Er schwimmt immer gegen die geschichtlichen Wellen, sei es, daß er seine Leidenschaften als die nächste dumme Tatsächlichkeit seiner Existenz bekämpft oder daß er sich zur Ehrlichkeit verpflichtet, während die Lüge rings um ihn herum ihre glitzernden Netze spinnt. Wäre die Geschichte überhaupt nichts weiter als »das Weltsystem von Leidenschaft und Irrtum«, so würde der Mensch so in ihr lesen müssen, wie Goethe den Werther zu lesen riet: gleich als ob sie riefe, »sei ein Mann und folge mir nicht nach!« Glücklicherweise bewahrt sie aber auch das Gedächtnis an die großen Kämpfer *gegen die Geschichte,* das heißt gegen die blinde Macht des Wirklichen, und stellt sich dadurch selbst an den Pranger, daß sie jene gerade als die eigentlich historischen Naturen heraushebt, die sich um das »so ist es« wenig kümmerten, um vielmehr mit heiterem Stolze einem »so soll es sein« zu folgen. Nicht ihr Geschlecht zu Grabe zu tragen, son-

dern ein neues Geschlecht zu begründen – das treibt sie unablässig vorwärts: und wenn sie selbst als Spätlinge geboren werden – es gibt eine Art zu leben, dies vergessen zu machen – die kommenden Geschlechter werden sie nur als Erstlinge kennen.

9

Ist vielleicht unsre Zeit ein solcher Erstling? – In der Tat, die Vehemenz ihres historischen Sinnes ist so groß und äußert sich in einer so universalen und schlechterdings unbegrenzten Manier, daß hierin wenigstens die kommenden Zeiten ihre Erstlingschaft preisen werden – falls es nämlich überhaupt *kommende Zeiten,* im Sinne der Kultur verstanden, geben wird. Aber gerade hierüber bleibt ein schwerer Zweifel zurück. Dicht neben dem Stolze des modernen Menschen steht seine *Ironie* über sich selbst, sein Bewußtsein, daß er in einer historisierenden und gleichsam abendlichen Stimmung leben muß, seine Furcht, gar nichts mehr von seinen Jugendhoffnungen und Jugendkräften in die Zukunft retten zu können. Hier und da geht man noch weiter, ins *Zynische,* und rechtfertigt den Gang der Geschichte, ja der gesamten Weltentwicklung ganz eigentlich für den Handgebrauch des modernen Menschen, nach dem zynischen Kanon: gerade so mußte es kommen, wie es gerade jetzt geht, so und nicht anders mußte der Mensch werden, wie jetzt die Menschen sind, gegen dieses Muß darf sich keiner auflehnen. In das Wohlgefühl eines derartigen Zynismus flüchtet sich der, welcher es nicht in der Ironie aushalten kann; ihm bietet überdies das letzte Jahrzehnt eine seiner schönsten Erfindungen zum Geschenke an, eine gerundete und volle Phrase für jenen Zynismus: sie nennt seine Art, zeitgemäß und ganz und gar unbedenklich zu leben, »die volle Hingabe der Persönlichkeit an den Weltprozeß«. Die Persönlichkeit und der Weltprozeß! Der Weltprozeß und die Persönlichkeit des Erdflohs! Wenn man nur nicht ewig die Hyperbel aller Hyperbeln, das Wort: Welt, Welt, Welt hören müßte, da doch jeder, ehrlicherweise, nur von Mensch, Mensch, Mensch reden sollte! Erben der Griechen und Römer? des Christentums? Das scheint alles jenen Zynikern nichts; aber Erben des Weltprozesses! Spitzen und Zielscheiben des Weltprozesses! Sinn und Lösung aller Werde-Rätsel überhaupt, ausgedrückt im modernen Menschen, der reifsten Frucht am Baume der Erkenntnis! – das nenne ich ein schwellendes Hochgefühl; an diesem Wahrzeichen sind die Erstlinge aller Zeiten zu erkennen, ob sie auch gleich zuletzt gekommen sind. So weit flog die Geschichtsbetrachtung noch nie, selbst nicht, wenn sie träumte; denn jetzt ist die Menschengeschichte nur die Fortsetzung der Tier- und Pflanzengeschichte; ja in den untersten Tiefen des Meeres findet der historische Universalist noch die Spuren seiner selbst,

als lebenden Schleim; den ungeheuren Weg, den der Mensch bereits durchlaufen hat, wie ein Wunder anstaunend, schwindelt dem Blicke vor dem noch erstaunlicheren Wunder, vor dem modernen Menschen selbst, der diesen Weg zu übersehen vermag. Er steht hoch und stolz auf der Pyramide des Weltprozesses; indem er oben darauf den Schlußstein seiner Erkenntnis legt, scheint er der horchenden Natur rings umher zuzurufen: »wir sind am Ziele, wir sind das Ziel, wir sind die vollendete Natur«.

Überstolzer Europäer des neunzehnten Jahrhunderts, du rasest! Dein Wissen vollendet nicht die Natur, sondern tötet nur deine eigne. Miß nur einmal deine Höhe als Wissender an deiner Tiefe als Könnender. Freilich kletterst du an den Sonnenstrahlen des Wissens aufwärts zum Himmel, aber auch abwärts zum Chaos. Deine Art zu gehen, nämlich als Wissender zu klettern, ist dein Verhängnis; Grund und Boden weicht ins Ungewisse für dich zurück; für dein Leben gibt es keine Stützen mehr, nur noch Spinnefäden, die jeder neue Griff deiner Erkenntnis auseinanderreißt. – Doch darüber kein ernstes Wort mehr, da es möglich ist, ein heiteres zu sagen.

Das rasend-unbedachte Zersplittern und Zerfasern aller Fundamente, ihre Auflösung in ein immer fließendes und zerfließendes Werden, das unermüdliche Zerspinnen und Historisieren alles Gewordenen durch den modernen Menschen, die große Kreuzspinne im Knoten des Weltall-Netzes – das mag den Moralisten, den Künstler, den Frommen, auch wohl den Staatsmann beschäftigen und bekümmern; uns soll es heute einmal erheitern, dadurch, daß wir dies alles im glänzenden Zauberspiegel eines *philosophischen Parodisten* sehen, in dessen Kopfe die Zeit über sich selbst zum ironischen Bewußtsein, und zwar deutlich »bis zur Verruchtheit« (um Goethisch zu reden), gekommen ist. Hegel hat uns einmal gelehrt, »wenn der Geist einen Ruck macht, da sind wir Philosophen auch dabei«: unsere Zeit machte einen Ruck, zur Selbstironie, und siehe! da war auch E. von Hartmann dabei und hatte seine berühmte Philosophie des Unbewußten – oder um deutlicher zu reden – seine Philosophie der unbewußten Ironie geschrieben. Selten haben wir eine lustigere Erfindung und eine mehr philosophische Schelmerei gelesen als die Hartmanns; wer durch ihn nicht über das *Werden* aufgeklärt ist, ja innerlich aufgeräumt wird, ist wirklich reif zum Gewesensein. Anfang und Ziel des Weltprozesses, vom ersten Stutzen des Bewußtseins bis zum Zurückgeschleudertwerden ins Nichts, samt der genau bestimmten Aufgabe unserer Generation für den Weltprozeß, alles dargestellt aus dem so witzig erfundenen Inspirations-Born des Unbewußten und im apokalyptischen Lichte leuchtend, alles so täuschend und zu so biederem Ernste nachgemacht, als ob es wirkliche Ernst-Philosophie und nicht nur Spaß-Philosophie wäre – ein solches Ganze stellt seinen Schöpfer als einen der ersten philosophischen Parodisten aller Zeiten hin: opfern wir also auf seinem Altar, opfern wir ihm, dem Er-

finder einer wahren Universal-Medizin, eine Locke – um einen Schleiermacherschen Bewunderungs-Ausdruck zu stehlen. Denn welche Medizin wäre heilsamer gegen das Übermaß historischer Bildung als Hartmanns Parodie aller Welthistorie?

Wollte man recht trocken heraussagen, was Hartmann von dem umrauchten Dreifuße der unbewußten Ironie her uns verkündet, so wäre zu sagen: er verkündet uns, daß unsre Zeit nur gerade so sein müsse, wie sie ist, wenn die Menschheit dieses Dasein einmal ernstlich sattbekommen soll: was wir von Herzen glauben. Jene erschreckende Verknöcherung der Zeit, jenes unruhige Klappern mit den Knochen – wie es uns David Strauß naiv als schönste Tatsächlichkeit geschildert hat – wird bei Hartmann nicht nur von hinten, *ex causis efficientibus*, sondern sogar von vorne, *ex causa finali*, gerechtfertigt; von dem jüngsten Tage her läßt der Schalk das Licht über unsre Zeit strahlen, und da findet sich, daß sie sehr gut ist, nämlich für den, der möglichst stark an Unverdaulichkeit des Lebens leiden will und jenen jüngsten Tag nicht rasch genug heranwünschen kann. Zwar nennt Hartmann das Lebensalter, dem die Menschheit sich jetzt nähert, das »Mannesalter«: das ist aber, nach seiner Schilderung, der beglückte Zustand, wo es nur noch »gediegene Mittelmäßigkeit« gibt und die Kunst das ist, was »dem Berliner Börsenmanne etwa abends die Posse« ist, wo »die Genies kein Bedürfnis der Zeit mehr sind, weil es hieße, die Perlen vor die Säue werfen, oder auch weil die Zeit über das Stadium, welchem Genies gebührten, zu einem wichtigeren fortgeschritten ist«, zu jenem Stadium der sozialen Entwicklung nämlich, in dem jeder Arbeiter »bei einer Arbeitszeit, die ihm für seine intellektuelle Ausbildung genügende Muße läßt, ein komfortables Dasein führe«. Schalk aller Schalke, du sprichst das Sehnen der jetzigen Menschheit aus: du weißt aber gleichfalls, was für ein Gespenst am Ende dieses Mannesalters der Menschheit, als Resultat jener intellektuellen Ausbildung zur gediegenen Mittelmäßigkeit, stehen wird – der Ekel. Sichtbar steht es ganz erbärmlich, es wird aber noch viel erbärmlicher kommen, »sichtbar greift der Antichrist weiter und weiter um sich« – aber es *muß* so stehen, es *muß* so kommen, denn mit dem allen sind wir auf dem besten Wege – zum Ekel an allem Daseienden. »Darum rüstig vorwärts im Weltprozeß als Arbeiter im Weinberge des Herrn, denn der Prozeß allein ist es, der zur Erlösung führen kann!«

Der Weinberg des Herrn! Der Prozeß! Zur Erlösung! Wer sieht und hört hier nicht die historische Bildung, die nur das Wort »werden« kennt, wie sie sich zur parodischen Mißgestalt absichtlich vermummt, wie sie durch die vorgehaltene groteske Fratze die mutwilligsten Dinge über sich selbst sagt! Denn was verlangt eigentlich dieser letzte schalkische Anruf der Arbeiter im Weinberge von diesen? In welcher Arbeit sollen sie rüstig vorwärtsstreben? Oder um anders zu fragen: was hat der historisch Ge-

bildete, der im Flusse des Werdens schwimmende und ertrunkene moderne Fanatiker des Prozesses noch zu tun übrig, um einmal jenen Ekel, die köstliche Traube jenes Weinbergs, einzuernten? – Er hat nichts zu tun als fortzuleben, wie er gelebt hat, fortzulieben, was er geliebt hat, fortzuhassen, was er gehaßt hat, und die Zeitungen fortzulesen, die er gelesen hat; für ihn gibt es nur eine Sünde – anders zu leben, als er gelebt hat. Wie er aber gelebt hat, sagt uns in übermäßiger Steinschrift-Deutlichkeit jene berühmte Seite mit den groß gedruckten Sätzen, über die das ganze zeitgemäße Bildungs-Hefentum in blindes Entzücken und entzückte Tobsucht geraten ist, weil es in diesen Sätzen seine eigene Rechtfertigung, und zwar seine Rechtfertigung im apokalyptischen Lichte zu lesen glaubte. Denn von jedem einzelnen forderte der unbewußte Parodist »die volle Hingabe der Persönlichkeit an den Weltprozeß um seines Zieles, der Welterlösung willen«; oder noch heller und klarer: «die Bejahung des Willens zum Leben wird als das vorläufig allein Richtige proklamiert; denn nur in der vollen Hingabe an das Leben und seine Schmerzen, nicht in feiger persönlicher Entsagung und Zurückziehung ist etwas für den Weltprozeß zu leisten«, »das Streben nach individueller Willensverneinung ist ebenso töricht und nutzlos, ja noch törichter als der Selbstmord«. »Der denkende Leser wird auch ohne weitere Andeutungen verstehn, wie eine auf diesen Prinzipien errichtete praktische Philosophie sich gestalten würde, und daß eine solche nicht die Entzweiung, sondern nur die volle Versöhnung mit dem Leben enthalten kann.«

Der denkende Leser wird es verstehen: und man konnte Hartmann mißverstehen! Und wie unsäglich lustig ist es, daß man ihn mißverstand! Sollten die jetzigen Deutschen sehr fein sein? Ein wackerer Engländer vermißt an ihnen *delicacy of perception,* ja wagt zu sagen »*in the German mind there does seem to be something splay, something blunt-edged, unhandy and infelicitous*« – ob der große deutsche Parodist wohl widersprechen würde? Zwar nähern wir uns, nach seiner Erklärung, »jenem idealen Zustande, wo das Menschengeschlecht seine Geschichte mit Bewußtsein macht«: aber offenbar sind wir von jenem vielleicht noch idealeren ziemlich entfernt, wo die Menschheit Hartmanns Buch mit Bewußtsein liest. Kommt es erst dazu, dann wird kein Mensch mehr das Wort »Weltprozeß« durch seine Lippen schlüpfen lassen, ohne daß diese Lippen lächeln; denn man wird sich dabei der Zeit erinnern, wo man das parodische Evangelium Hartmanns mit der ganzen Biederkeit jenes »*german mind*«, ja mit »der Eule verzerrtem Ernste«, wie Goethe sagt, anhörte, einsog, bestritt, verehrte, ausbreitete und kanonisierte. Aber die Welt muß vorwärts, nicht erträumt werden kann jener ideale Zustand, er muß erkämpft und errungen werden, und nur durch Heiterkeit geht der Weg zur Erlösung, zur Erlösung von jenem mißverständlichen Eulen-Ernste. Es wird die Zeit sein, in der man sich aller Konstruktionen des Weltprozesses

oder auch der Menschheits-Geschichte weislich enthält, eine Zeit, in der man überhaupt nicht mehr die Massen betrachtet, sondern wieder die einzelnen, die eine Art von Brücke über den wüsten Strom des Werdens bilden. Diese setzen nicht etwa einen Prozeß fort, sondern leben zeitlos-gleichzeitig, dank der Geschichte, die ein solches Zusammenwirken zuläßt, sie leben als die Genialen-Republik, von der einmal Schopenhauer erzählt; ein Riese ruft dem andern durch die öden Zwischenräume der Zeiten zu, und ungestört durch mutwilliges lärmendes Gezwerge, welches unter ihnen wegkriecht, setzt sich das hohe Geistergespräch fort. Die Aufgabe der Geschichte ist es, zwischen ihnen die Mittlerin zu sein und so immer wieder zur Erzeugung des Großen Anlaß zu geben und Kräfte zu verleihen. Nein, das *Ziel der Menschheit* kann nicht am Ende liegen, sondern nur *in ihren höchsten Exemplaren.*

Dagegen sagt freilich unsere lustige Person mit jener bewunderungswürdigen Dialektik, welche gerade so echt ist, als ihre Bewunderer bewunderungswürdig sind: »So wenig es sich mit dem Begriffe der Entwicklung vertragen würde, dem Weltprozeß eine unendliche Dauer in der Vergangenheit zuzuschreiben, weil dann jede irgend denkbare Entwicklung bereits durchlaufen sein müßte, was doch nicht der Fall ist (o Schelm!), ebensowenig können wir dem Prozesse eine unendliche Dauer für die Zukunft zugestehen; beides höbe den Begriff der Entwicklung zu einem Ziele auf (o nochmals Schelm!) und stellte den Weltprozeß dem Wasserschöpfen der Danaiden gleich. Der vollendete Sieg des Logischen über das Unlogische (o Schelm der Schelme!) muß aber mit dem zeitlichen Ende des Weltprozesses, dem jüngsten Tage, zusammenfallen.« Nein, du klarer und spöttischer Geist, so lange das Unlogische noch so waltet wie heutzutage, so lange zum Beispiel noch vom »Weltprozeß« unter allgemeiner Zustimmung so geredet werden kann, wie du redest, ist der Jüngste Tag noch fern: denn es ist noch zu heiter auf dieser Erde, noch manche Illusion blüht, zum Beispiel die Illusion deiner Zeitgenossen über dich, wir sind noch nicht reif dafür, in dein Nichts zurückgeschleudert zu werden: denn wir glauben daran, daß es hier sogar noch lustiger zugehen wird, wenn man erst angefangen hat, dich zu verstehen, du unverstandner Unbewußter. Wenn aber trotzdem der Ekel mit Macht kommen sollte, so wie du ihn deinen Lesern prophezeit hast, wenn du mit deiner Schilderung deiner Gegenwart und Zukunft recht behalten solltest – und niemand hat beide so verachtet, so mit Ekel verachtet als du – so bin ich gern bereit, in der von dir vorgeschlagnen Form mit der Majorität dafür zu stimmen, daß nächsten Samstagabend pünktlich zwölf Uhr deine Welt untergehen solle; und unser Dekret mag schließen: von morgen an wird keine Zeit mehr sein und keine Zeitung mehr erscheinen. Vielleicht aber bleibt die Wirkung aus, und wir haben umsonst dekretiert: nun, dann fehlt es uns jedenfalls nicht an der Zeit zu einem schönen Experiment. Wir nehmen

eine Waage und legen in die eine der Waagschalen Hartmanns Unbewußtes, in die andre Hartmanns Weltprozeß. Es gibt Menschen, welche glauben, daß sie beide gleich viel wiegen werden: denn in jeder Schale läge ein gleich schlechtes Wort und ein gleich guter Scherz. – Wenn erst einmal Hartmanns Scherz begriffen ist, so wird niemand Hartmanns Wort vom »Weltprozeß« mehr brauchen als eben zum Scherz. In der Tat, es ist längst an der Zeit, gegen die Ausschweifungen des historischen Sinnes, gegen die übermäßige Lust am Prozesse auf Unkosten des Seins und Lebens, gegen das besinnungslose Verschieben aller Perspektiven mit dem ganzen Heerbanne satirischer Bosheiten vorzurücken; und es soll dem Verfasser der Philosophie des Unbewußten stets zum Lobe nachgesagt werden, daß es ihm zuerst gelungen ist, das Lächerliche in der Vorstellung des »Weltprozesses« scharf zu empfinden und durch den sonderlichen Ernst seiner Darstellung noch schärfer nachempfinden zu lassen. Wozu die »Welt« da ist, wozu die »Menschheit« da ist, soll uns einstweilen gar nicht kümmern, es sei denn, daß wir uns einen Scherz machen wollen: denn die Vermessenheit des kleinen Menschengewürms ist nun einmal das Scherzhafteste und Heiterste auf der Erdenbühne; aber wozu du einzelner da bist, das frage dich, und wenn es dir sonst keiner sagen kann, so versuche es nur einmal, den Sinn deines Daseins gleichsam *a posteriori* zu rechtfertigen, dadurch, daß du dir selber einen Zweck, ein Ziel, ein »Dazu« vorsetzest, ein hohes und edles »Dazu«. Gehe nur an ihm zugrunde – ich weiß keinen besseren Lebenszweck, als am Großen und Unmöglichen, *animae magnae prodigus,* zugrunde zu gehen. Wenn dagegen die Lehren vom souveränen Werden, von der Flüssigkeit aller Begriffe, Typen und Arten, von dem Mangel aller kardinalen Verschiedenheit zwischen Mensch und Tier – Lehren, die ich für wahr, aber für tödlich halte – in der jetzt üblichen Belehrungs-Wut noch ein Menschenalter hindurch in das Volk geschleudert werden, so soll es niemanden wundernehmen, wenn das Volk am egoistischen Kleinen und Elenden, an Verknöcherung und Selbstsucht zugrunde geht, zuerst nämlich auseinanderfällt und aufhört, Volk zu sein: an dessen Stelle dann vielleicht Systeme und Einzelegoismen, Verbrüderungen zum Zweck raubsüchtiger Ausbeutung der Nicht-Brüder und ähnliche Schöpfungen utilitarischer Gemeinheit auf dem Schauplatze der Zukunft auftreten werden. Man fahre nur fort, um diesen Schöpfungen vorzuarbeiten, die Geschichte vom Standpunkt der *Massen* zu schreiben und nach jenen Gesetzen in ihr zu suchen, die aus den Bedürfnissen dieser Massen abzuleiten sind, also nach den Bewegungsgesetzen der niedersten Lehm- und Tonschichten der Gesellschaft. Die Massen scheinen mir nur in dreierlei Hinsicht einen Blick zu verdienen: einmal als verschwimmende Kopien der großen Männer, auf schlechtem Papier und mit abgenutzten Platten hergestellt, sodann als Widerstand gegen die Großen, und endlich als Werkzeuge der Großen; im übrigen hole sie der Teufel und die

Statistik! Wie, die Statistik bewiese, daß es Gesetze in der Geschichte gäbe? Gesetze? Ja, sie beweist, wie gemein und ekelhaft uniform die Masse ist: soll man die Wirkung der Schwerkräfte, Dummheit, Nachäfferei, Liebe und Hunger Gesetze nennen? Nun, wir wollen es zugeben, aber damit steht dann auch der Satz fest: soweit es Gesetze in der Geschichte gibt, sind die Gesetze nichts wert und ist die Geschichte nichts wert. Gerade diejenige Art der Historie ist aber jetzt allgemein in Schätzung, welche die großen Massentriebe als das Wichtige und Hauptsächliche in der Geschichte nimmt und alle großen Männer nur als den deutlichsten Ausdruck, gleichsam als die sichtbar werdenden Bläschen auf der Wasserflut betrachtet. Da soll die Masse aus sich heraus das Große, das Chaos also aus sich heraus die Ordnung gebären; am Ende wird dann natürlich der Hymnus auf die gebärende Masse angestimmt. »Groß« wird dann alles das genannt, was eine längere Zeit eine solche Masse bewegt hat und, wie man sagt, »eine historische Macht« gewesen ist. Heißt das aber nicht recht absichtlich Quantität und Qualität verwechseln? Wenn die plumpe Masse irgendeinen Gedanken, zum Beispiel einen Religionsgedanken, recht adäquat gefunden hat, ihn zäh verteidigt und durch Jahrhunderte fortschleppt: so soll dann, und gerade dann erst, der Finder und Gründer jenes Gedankens groß sein. Warum doch! Das Edelste und Höchste wirkt gar nicht auf die Massen; der historische Erfolg des Christentums, seine historische Macht, Zähigkeit und Zeitdauer, alles das beweist glücklicherweise nichts in betreff der Größe seines Gründers, da es im Grunde gegen ihn beweisen würde: aber zwischen ihm und jenem historischen Erfolge liegt eine sehr irdische und dunkle Schicht von Leidenschaft, Irrtum, Gier nach Macht und Ehre, von fortwirkenden Kräften des *imperium romanum,* eine Schicht, aus der das Christentum jenen Erdgeschmack und Erdenrest bekommen hat, der ihm die Fortdauer in dieser Welt ermöglichte und gleichsam seine Haltbarkeit gab. Die Größe soll nicht vom Erfolg abhängen, und Demosthenes hat Größe, ob er gleich keinen Erfolg hatte. Die reinsten und wahrhaftigsten Anhänger des Christentums haben seinen weltlichen Erfolg, seine sogenannte »historische Macht« immer eher in Frage gestellt und gehemmt als gefördert; denn sie pflegten sich außerhalb der »Welt« zu stellen und kümmerten sich nicht um den »Prozeß der christlichen Idee«; weshalb sie meistens der Historie auch ganz unbekannt und ungenannt geblieben sind. Christlich ausgedrückt: so ist der Teufel der Regent der Welt und der Meister der Erfolge und des Fortschritts; er ist in allen historischen Mächten die eigentliche Macht, und dabei wird es im wesentlichen bleiben – ob es gleich einer Zeit recht peinlich in den Ohren klingen mag, die an die Vergötterung des Erfolgs und der historischen Macht gewöhnt ist. Sie hat sich nämlich gerade darin geübt, die Dinge neu zu benennen und selbst den Teufel umzutaufen. Es ist gewiß die Stunde einer großen Gefahr: die Menschen scheinen nahe daran, zu ent-

decken, daß der Egoismus der einzelnen, der Gruppen oder der Massen zu allen Zeiten der Hebel der geschichtlichen Bewegungen war; zugleich aber ist man durch diese Entdeckung keineswegs beunruhigt, sondern man dekretiert: der Egoismus soll unser Gott sein. Mit diesem neuen Glauben schickt man sich an, mit deutlichster Absichtlichkeit die kommende Geschichte auf dem Egoismus zu errichten: nur soll es ein kluger Egoismus sein, ein solcher, der sich einige Beschränkungen auferlegt, um sich dauerhaft zu befestigen, ein solcher, der die Geschichte deshalb gerade studiert, um den unklugen Egoismus kennenzulernen. Bei diesem Studium hat man gelernt, daß dem Staate eine ganz besondere Mission in dem zu gründenden Weltsysteme des Egoismus zukomme: er soll der Patron aller klugen Egoismen werden, um sie mit seiner militärischen und polizeilichen Gewalt gegen die schrecklichen Ausbrüche des unklugen Egoismus zu schützen. Zu dem gleichen Zwecke wird auch die Historie – und zwar als Tier- und Menschenhistorie – in die gefährlichen, weil unklugen, Volksmassen und Arbeiterschichten sorglich eingerührt, weil man weiß, daß ein Körnlein von historischer Bildung imstande ist, die rohen und dumpfen Instinkte und Begierden zu brechen oder auf die Bahn des verfeinerten Egoismus hinzuleiten. *In summa*: der Mensch nimmt jetzt, mit E. von Hartmann zu reden, »auf eine bedächtig in die Zukunft schauende praktisch wohnliche Einrichtung in der irdischen Heimat Bedacht«. Derselbe Schriftsteller nennt eine solche Periode das »Mannesalter der Menschheit« und spottet damit über das, was jetzt »Mann« genannt wird, als ob darunter allein der ernüchterte Selbstsüchtige verstanden werde; wie er ebenfalls nach einem solchen Mannesalter ein dazugehöriges Greisenalter prophezeit, ersichtlich aber auch nur damit seinen Spott an unsern zeitgemäßen Greisen auslassend: denn er redet von ihrer reifen Beschaulichkeit, mit der sie die »ganzen wüst durchstürmten Leiden ihres vergangnen Lebenslaufes überschauen und die Eitelkeit der bisherigen vermeintlichen Ziele ihres Strebens begreifen«. Nein, einem Mannesalter jenes verschlagnen und historisch gebildeten Egoismus entspricht ein mit widriger Gier und würdelos am Leben hängendes Greisenalter und sodann ein letzter Akt, mit dem

> »die seltsam wechselnde Geschichte schließt,
> als zweite Kindheit, gänzliches Vergessen,
> ohn' Augen, ohne Zahn, Geschmack und alles«.

Ob die Gefahren unsres Lebens und unserer Kultur nun von diesen wüsten, zahn- und geschmacklosen Greisen, ob sie von jenen sogenannten »Männern« Hartmanns kommen: beiden gegenüber wollen wir das Recht unserer *Jugend* mit den Zähnen festhalten und nicht müde werden, in unserer Jugend die Zukunft gegen jene Zukunftsbilder-Stürmer zu verteidi-

gen. Bei diesem Kampfe müssen wir aber auch eine besonders schlimme Wahrnehmung machen: *daß man die Ausschweifungen des historischen Sinnes, an denen die Gegenwart leidet, absichtlich fördert, ermutigt und – benutzt.*

Man benutzt sie aber gegen die Jugend, um diese zu jener überall erstrebten Mannesreife des Egoismus abzurichten; man benutzt sie, um den natürlichen Widerwillen der Jugend durch eine verklärende, nämlich wissenschaftlich-magische Beleuchtung jenes männlich-unmännlichen Egoismus zu brechen. Ja man weiß, was die Historie durch ein gewisses Übergewicht vermag, man weiß es nur zu genau: die stärksten Instinke der Jugend: Feuer, Trotz, Selbstvergessen und Liebe zu entwurzeln, die Hitze ihres Rechtsgefühles herabzudämpfen, die Begierde, langsam auszureifen, durch die Gegenbegierde, schnell fertig, schnell nützlich, schnell fruchtbar zu sein, zu unterdrücken oder zurückzudrängen, die Ehrlichkeit und Keckheit der Empfindung zweiflerisch anzukränkeln; ja sie vermag es selbst, die Jugend um ihr schönstes Vorrecht zu betrügen, um ihre Kraft, sich in übervoller Gläubigkeit einen großen Gedanken einzupflanzen und zu einem noch größeren aus sich heraus wachsen zu lassen. Ein gewisses Übermaß von Historie vermag das alles, wir haben es gesehen: und zwar dadurch, daß sie dem Menschen durch fortwährendes Verschieben der Horizont-Perspektiven, durch Beseitigung einer umhüllenden Atmosphäre nicht mehr erlaubt, *unhistorisch* zu empfinden und zu handeln. Er zieht sich dann aus der Unendlichkeit des Horizontes auf sich selbst, in den kleinsten egoistischen Bezirk zurück und muß darin verdorren und trocken werden: wahrscheinlich bringt er es zur Klugheit: nie zur Weisheit. Er läßt mit sich reden, rechnet und verträgt sich mit den Tatsachen, wallt nicht auf, blinzelt und versteht es, den eignen Vorteil oder den seiner Partei im fremden Vorteil und Nachteil zu suchen; er verlernt die überflüssige Scham und wird so schrittweise zum Hartmannschen »Manne« und »Greise«. Dazu aber *soll* er werden, gerade dies ist der Sinn der jetzt so zynisch geforderten »vollen Hingabe der Persönlichkeit an den Weltprozeß« – um seines Zieles, der Welterlösung willen, wie uns E. von Hartmann, der Schalk, versichert. Nun, Wille und Ziel jener Hartmannschen »Männer« und »Greise« ist wohl schwerlich gerade die Welterlösung: sicherlich aber wäre die Welt erlöster, wenn sie von diesen Männern und Greisen erlöst wäre. Denn dann käme das Reich der Jugend. –

10

An dieser Stelle der *Jugend* gedenkend, rufe ich Land! Land! Genug und übergenug der leidenschaftlich suchenden und irrenden Fahrt auf dunklen fremden Meeren! Jetzt endlich zeigt sich eine Küste: wie sie auch

sei, an ihr muß gelandet werden, und der schlechteste Nothafen ist besser, als wieder in die hoffnungslose skeptische Unendlichkeit zurückzutaumeln. Halten wir nur erst das Land fest; wir werden später schon die guten Häfen finden und den Nachkommenden die Anfahrt erleichtern.

Gefährlich und aufregend war diese Fahrt. Wie fern sind wir jetzt der ruhigen Beschauung, mit der wir zuerst unser Schiff hinausschwimmen sahen. Den Gefahren der Historie nachspürend, haben wir allen diesen Gefahren uns am stärksten ausgesetzt befunden; wir selbst tragen die Spuren jener Leiden, die infolge eines Übermaßes von Historie über die Menschen der neueren Zeit gekommen sind, zur Schau, und gerade diese Abhandlung zeigt, wie ich mir nicht verbergen will, in der Unmäßigkeit ihrer Kritik, in der Unreife ihrer Menschlichkeit, in dem häufigen Übergang von Ironie zum Zynismus, von Stolz zur Skepsis, ihren modernen Charakter, den Charakter der schwachen Persönlichkeit. Und doch vertraue ich der inspirierenden Macht, die mir anstatt eines Genius das Fahrzeug lenkt, ich vertraue der *Jugend*, daß sie mich recht geführt hat, wenn sie mich jetzt zu einem *Proteste gegen die historische Jugenderziehung des modernen Menschen nötigt* und wenn der Protestierende fordert, daß der Mensch vor allem zu leben lerne, und nur *im Dienste des erlernten Lebens* die Historie gebrauche. Man muß jung sein, um diesen Protest zu verstehen, ja man kann, bei der zeitigen Grauhaarigkeit unserer jetzigen Jugend, kaum jung genug sein, um noch zu spüren, wogegen hier eigentlich protestiert wird. Ich will ein Beispiel zu Hilfe nehmen. In Deutschland ist es nicht viel länger als ein Jahrhundert her, daß in einigen jungen Menschen ein natürlicher Instinkt für das, was man Poesie nennt, erwachte. Denkt man etwa, daß die Generationen vorher und zu jener Zeit von jener ihnen innerlich fremden und unnatürlichen Kunst gar nicht geredet hätten? Man weiß das Gegenteil: daß sie mit Leibeskräften über »Poesie« nachgedacht, geschrieben, gestritten haben, mit Worten über Worte, Worte, Worte. Jene eintretende Erweckung eines Wortes zum Leben war nicht sogleich auch der Tod jener Wortmacher, in gewissem Verstande leben sie jetzt noch; denn wenn schon, wie Gibbon sagt, nichts als Zeit, aber viel Zeit dazugehört, daß eine Welt untergeht, so gehört auch nichts als Zeit, aber noch viel mehr Zeit dazu, daß in Deutschland, dem »Lande der Allmählichkeit«, ein falscher Begriff zugrunde geht. Immerhin: es gibt jetzt vielleicht hundert Menschen mehr als vor hundert Jahren, welche wissen, was Poesie ist; vielleicht gibt es hundert Jahre später wieder hundert Menschen mehr, die inzwischen auch gelernt haben, was Kultur ist, und daß die Deutschen bis jetzt keine Kultur haben, so sehr sie auch reden und stolzieren mögen. Ihnen wird das so allgemeine Behagen der Deutschen an ihrer »Bildung« ebenso unglaublich und läppisch vorkommen als uns die einstmalig anerkannte Klassizität Gottscheds oder die Geltung Ramlers als eines deutschen Pindar. Sie werden vielleicht ur-

teilen, daß diese Bildung nur eine Art Wissen um die Bildung, und dazu ein recht falsches und oberflächliches Wissen gewesen sei. Falsch und oberflächlich nämlich, weil man den Widerspruch von Leben und Wissen ertrug, weil man das Charakteristische an der Bildung wahrer Kulturvölker gar nicht sah: daß die Kultur nur aus dem Leben hervorwachsen und herausblühen kann; während sie bei den Deutschen wie eine papierne Blume aufgesteckt oder wie eine Überzuckerung übergossen wird und deshalb immer lügnerisch und unfruchtbar bleiben muß. Die deutsche Jugenderziehung geht aber gerade von diesem falschen und unfruchtbaren Begriffe der Kultur aus: ihr Ziel, recht rein und hoch gedacht, ist gar nicht der freie Gebildete, sondern der Gelehrte, der wissenschaftliche Mensch, und zwar der möglichst früh nutzbare wissenschaftliche Mensch, der sich abseits von dem Leben stellt, um es recht deutlich zu erkennen; ihr Resultat, recht empirisch-gemein angeschaut, ist der historisch-ästhetische Bildungsphilister, der altkluge und neuweise Schwätzer über Staat, Kirche und Kunst, das Sensorium für tausenderlei Anempfindungen, der unersättliche Magen, der doch nicht weiß, was ein rechtschaffner Hunger und Durst ist. Daß eine Erziehung mit jenem Ziele und mit diesem Resultate eine widernatürliche ist, das fühlt nur der in ihr noch nicht fertig gewordene Mensch, das fühlt allein der Instinkt der Jugend, weil sie noch den Instinkt der Natur hat, der erst künstlich und gewaltsam durch jene Erziehung gebrochen wird. Wer aber diese Erziehung wiederum brechen will, der muß der Jugend zum Worte verhelfen, der muß ihrem unbewußten Widerstreben mit der Helligkeit der Begriffe voranleuchten und es zu einem bewußten und laut redenden Bewußtsein machen. Wie erreicht er wohl ein so befremdliches Ziel?

Vor allem dadurch, daß er einen Aberglauben zerstört, den Glauben an die *Notwendigkeit* jener Erziehungs-Operation. Meint man doch, es gäbe gar keine andre Möglichkeit als eben unsre jetzige höchst leidige Wirklichkeit. Prüfe nur einer die Literatur des höheren Schul- und Erziehungswesens aus den letzten Jahrzehnten gerade daraufhin: der Prüfende wird zu seinem unmutigen Erstaunen gewahr werden, wie gleichförmig bei allen Schwankungen der Vorschläge, bei aller Heftigkeit der Widersprüche die gesamte Absicht der Erziehung gedacht wird, wie unbedenklich das bisherige Ergebnis, der »gebildete Mensch«, wie er jetzt verstanden wird, als notwendiges und vernünftiges Fundament jeder weiteren Erziehung angenommen ist. So aber würde jener eintönige Kanon ungefähr lauten: der junge Mensch hat mit einem Wissen um die Bildung, nicht einmal mit einem Wissen um das Leben, noch weniger mit dem Leben und Erleben selbst zu beginnen. Und zwar wird dieses Wissen um die Bildung als historisches Wissen dem Jüngling eingeflößt oder eingerührt; das heißt, sein Kopf wird mit einer ungeheuren Anzahl von Begriffen angefüllt, die aus der höchst mittelbaren Kenntnis vergangner Zeiten und

Völker, nicht aus der unmittelbaren Anschauung des Lebens abgezogen sind. Seine Begierde, selbst etwas zu erfahren und ein zusammenhängend lebendiges System von eignen Erfahrungen in sich wachsen zu fühlen – eine solche Begierde wird betäubt und gleichsam trunken gemacht, nämlich durch die üppige Vorspiegelung, als ob es in wenig Jahren möglich sei, die höchsten und merkwürdigsten Erfahrungen alter Zeiten, und gerade der größten Zeiten, in sich zu summieren. Es ist ganz dieselbe wahnwitzige Methode, die unsre jungen bildenden Künstler in die Kunstkammern und Galerien führt, statt in die Werkstätte eines Meisters und vor allem in die einzige Werkstätte der einzigen Meisterin Natur. Ja als ob man so als flüchtiger Spaziergänger in der Historie den Vergangenheiten ihre Griffe und Künste, ihren eigentlichen Lebensertrag absehen könnte! Ja, als ob das Leben selbst nicht ein Handwerk wäre, das aus dem Grunde und stetig gelernt und ohne Schonung geübt werden muß, wenn es nicht Stümper und Schwätzer auskriechen lassen soll! –

Plato hielt es für notwendig, daß die erste Generation seiner neuen Gesellschaft (im vollkommenen Staat) mit der Hilfe einer kräftigen *Notlüge* erzogen werde; die Kinder sollten glauben lernen, daß sie alle schon eine Zeitlang träumend unter der Erde gewohnt hätten, woselbst sie von dem Werkmeister der Natur zurechtgeknetet und geformt wären. Unmöglich, sich gegen diese Vergangenheit aufzulehnen! Unmöglich, dem Werke der Götter entgegenzuwirken! Es soll als unverbrüchliches Naturgesetz gelten: wer als Philosoph geboren wird, hat Gold in seinem Leibe, wer als Wächter, nur Silber, wer als Arbeiter, Eisen und Erz. Wie es nicht möglich ist, diese Metalle zu mischen, erklärt Plato, so soll es nicht möglich sein, die Kastenordnung je um- und durcheinander zu werfen; der Glaube an die *aeterna veritas* dieser Ordnung ist das Fundament der neuen Erziehung und damit des neuen Staates. – So glaubt nun auch der moderne Deutsche an die *aeterna veritas* seiner Erziehung, seiner Art Kultur: und doch fällt dieser Glaube dahin, wie der platonische Staat dahingefallen wäre, wenn einmal der Notlüge eine *Notwahrheit* entgegengestellt wird: daß der Deutsche keine Kultur hat, weil er sie auf Grund seiner Erziehung gar nicht haben kann. Er will die Blume ohne Wurzel und Stengel: er will sie also vergebens. Das ist die einfache Wahrheit, eine unangenehme und gröbliche, eine rechte Notwahrheit.

In dieser Notwahrheit muß aber *unsere erste Generation* erzogen werden; sie leidet gewiß an ihr am schwersten, denn sie muß durch sie sich selbst erziehen, und zwar sich selbst gegen sich selbst, zu einer neuen Gewohnheit und Natur, heraus aus einer alten und ersten Natur und Gewohnheit: so daß sie mit sich altspanisch reden könnte: »*Defienda me Dios de my*«, Gott behüte mich vor mir, nämlich vor der mir bereits anerzognen Natur. Sie muß jene Wahrheit Tropfen für Tropfen kosten, als eine bittre und gewaltsame Medizin kosten, und jeder einzelne dieser Ge-

neration muß sich überwinden, von sich zu urteilen, was er als allgemeines Urteil über eine ganze Zeit schon leichter ertragen würde: wir sind ohne Bildung, noch mehr, wir sind zum Leben, zum richtigen und einfachen Sehen und Hören, zum glücklichen Ergreifen des Nächsten und Natürlichen verdorben und haben bis jetzt noch nicht einmal das Fundament einer Kultur, weil wir selbst davon nicht überzeugt sind, ein wahrhaftiges Leben in uns zu haben. Zerbröckelt und auseinandergefallen, im ganzen in ein Inneres und ein Äußeres halb mechanisch zerlegt, mit Begriffen wie mit Drachenzähnen übersät, Begriffsdrachen erzeugend, dazu an der Krankheit der Worte leidend und ohne Vertrauen zu jeder eignen Empfindung, die noch nicht mit Worten abgestempelt ist: als eine solche unlebendige und doch unheimlich regsame Begriffs- und Worte-Fabrik habe ich vielleicht noch das Recht, von mir zu sagen *cogito, ergo sum,* nicht aber *vivo, ergo cogito.* Das leere »Sein«, nicht das volle und grüne »Leben« ist mir gewährleistet; meine ursprüngliche Empfindung verbürgt mir nur, daß ich ein denkendes, nicht daß ich ein lebendiges Wesen, daß ich kein *animal,* sondern höchstens ein *cogital* bin. Schenkt mir erst Leben, dann will ich euch auch eine Kultur daraus schaffen! – so ruft jeder einzelne dieser ersten Generation, und alle diese einzelnen werden sich untereinander an diesem Rufe erkennen. Wer wird ihnen dieses Leben schenken?

Kein Gott und kein Mensch: nur ihre eigne *Jugend*: entfesselt diese und ihr werdet mit ihr das Leben befreit haben. Denn es lag nur verborgen, im Gefängnis, es ist noch nicht verdorrt und erstorben – fragt euch selbst!

Aber es ist krank, dieses entfesselte Leben, und muß geheilt werden. Es ist siech an vielen Übeln und leidet nicht nur durch die Erinnerung an seine Fesseln – es leidet, was uns hier vornehmlich angeht, an der *historischen Krankheit.* Das Übermaß von Historie hat die plastische Kraft des Lebens angegriffen, es versteht nicht mehr, sich der Vergangenheit wie einer kräftigen Nahrung zu bedienen. Das Übel ist furchtbar, und trotzdem! wenn nicht die Jugend die hellseherische Gabe der Natur hätte, so würde niemand wissen, daß es ein Übel ist und daß ein Paradies der Gesundheit verloren gegangen ist. Dieselbe Jugend errät aber auch mit dem heilkräftigen Instinkte derselben Natur, wie dieses Paradies wieder zu gewinnen ist; sie kennt die Wundsäfte und Arzneien gegen die historische Krankheit, gegen das Übermaß des Historischen: wie heißen sie doch?

Nun man wundere sich nicht, es sind die Namen von Giften: die Gegenmittel gegen das Historische heißen – *das Unhistorische und das Überhistorische.* Mit diesen Namen kehren wir zu den Anfängen unserer Betrachtung und zu ihrer Ruhe zurück.

Mit dem Worte »das Unhistorische« bezeichne ich die Kunst und Kraft *vergessen* zu können und sich in einen begrenzten *Horizont* einzuschließen; »überhistorisch« nenne ich die Mächte, die den Blick von dem Wer-

den ablenken, hin zu dem, was dem Dasein den Charakter des Ewigen und Gleichbedeutenden gibt, zu *Kunst* und *Religion*. Die *Wissenschaft* – denn sie ist es, die von Giften reden würde – sieht in jener Kraft, in diesen Mächten gegnerische Mächte und Kräfte: denn sie hält nur die Betrachtung der Dinge für die wahre und richtige, also für die wissenschaftliche Betrachtung, welche überall ein Gewordenes, ein Historisches und nirgends ein Seiendes, Ewiges sieht; sie lebt in einem innerlichen Widerspruche ebenso gegen die äternisierenden Mächte der Kunst und Religion, als sie das Vergessen, den Tod des Wissens, haßt, als sie alle Horizont-Umschränkungen aufzuheben sucht und den Menschen in ein unendlich-unbegrenztes Lichtwellen-Meer des erkannten Werdens hineinwirft.

Wenn er nur darin leben könnte! Wie die Städte bei einem Erdbeben einstürzen und veröden und der Mensch nur zitternd und flüchtig sein Haus auf vulkanischem Grunde aufführt, so bricht das Leben selbst in sich zusammen und wird schwächlich und mutlos, wenn das *Begriffsbeben*, das die Wissenschaft erregt, dem Menschen das Fundament aller seiner Sicherheit und Ruhe, den Glauben an das Beharrliche und Ewige, nimmt. Soll nun das Leben über das Erkennen, über die Wissenschaft, soll das Erkennen über das Leben herrschen? Welche von beiden Gewalten ist die höhere und entscheidende? Niemand wird zweifeln: das Leben ist die höhere, die herrschende Gewalt, denn ein Erkennen, welches das Leben vernichtete, würde sich selbst mit vernichtet haben. Das Erkennen setzt das Leben voraus, hat also an der Erhaltung des Lebens dasselbe Interesse, welches jedes Wesen an seiner eignen Fortexistenz hat. So bedarf die Wissenschaft einer höheren Aufsicht und Überwachung; eine *Gesundheitslehre des Lebens* stellt sich dicht neben die Wissenschaft, und ein Satz dieser Gesundheitslehre würde eben lauten: das Unhistorische und das Überhistorische sind die natürlichen Gegenmittel gegen die Überwucherung des Lebens durch das Historische, gegen die historische Krankheit. Es ist wahrscheinlich, daß wir, die Historisch-Kranken, auch an den Gegenmitteln zu leiden haben. Aber daß wir an ihnen leiden, ist kein Beweis gegen die Richtigkeit des gewählten Heilverfahrens.

Und hier erkenne ich die Mission jener *Jugend*, jenes ersten Geschlechtes von Kämpfern und Schlangentötern, das einer glücklicheren und schöneren Bildung und Menschlichkeit voranzieht, ohne von diesem zukünftigen Glücke und der einstmaligen Schönheit mehr zu haben als eine verheißende Ahnung. Diese Jugend wird an dem Übel und an den Gegenmitteln zugleich leiden: und trotzdem glaubt sie einer kräftigeren Gesundheit und überhaupt einer natürlicheren Natur sich berühmen zu dürfen als ihre Vorgeschlechter, die gebildeten »Männer« und »Greise« der Gegenwart. Ihre Mission aber ist es, die Begriffe, die jene Gegenwart von »Gesundheit« und »Bildung« hat, zu erschüttern und Hohn und Haß gegen so hybride Begriffs-Ungeheuer zu erzeugen; und das gewährleistende An-

zeichen ihrer eignen kräftigeren Gesundheit soll gerade dies sein, daß sie, diese Jugend nämlich, selbst keinen Begriff, kein Parteiwort aus den umlaufenden Wort- und Begriffsmünzen der Gegenwart zur Bezeichnung ihres Wesens gebrauchen kann, sondern nur von einer in ihr tätigen kämpfenden, ausscheidenden, zerteilenden Macht und von einem immer erhöhten Lebensgefühle in jeder guten Stunde überzeugt wird. Man mag bestreiten, daß diese Jugend bereits Bildung habe – aber für welche Jugend wäre dies ein Vorwurf? Man mag ihr Roheit und Unmäßigkeit nachsagen – aber sie ist noch nicht alt und weise genug, um sich zu bescheiden; vor allem braucht sie aber keine fertige Bildung zu heucheln und zu verteidigen und genießt alle die Tröstungen und Vorrechte der Jugend, zumal das Vorrecht der tapferen unbesonnenen Ehrlichkeit und den begeisternden Trost der Hoffnung.

Von diesen Hoffenden weiß ich, daß sie alle diese Allgemeinheiten aus der Nähe verstehn und mit ihrer eigensten Erfahrung in eine persönlich gemeinte Lehre sich übersetzen werden; die andern mögen einstweilen nichts als verdeckte Schüsseln wahrnehmen, die wohl auch leer sein können: bis sie einmal überrascht mit eignen Augen sehen, daß die Schüsseln gefüllt sind und daß Angriffe, Forderungen, Lebenstriebe, Leidenschaften in diesen Allgemeinheiten eingeschachtelt und zusammengedrückt lagen, die nicht lange Zeit so verdeckt liegen konnten. Diese Zweifler auf die Zeit, die alles ans Licht bringt, verweisend, wende ich mich zum Schluß an jene Gesellschaft der Hoffenden, um ihnen den Gang und Verlauf ihrer Heilung, ihrer Errettung von der historischen Krankheit und damit ihre eigne Geschichte bis zu dem Zeitpunkt durch ein Gleichnis zu erzählen, wo sie wieder gesund genug sein werden, von neuem Historie zu treiben und sich der Vergangenheit unter der Herrschaft des Lebens in jenem dreifachen Sinne, nämlich monumental oder antiquarisch oder kritisch, zu bedienen. In jenem Zeitpunkt werden sie unwissender sein als die »Gebildeten« der Gegenwart; denn sie werden viel verlernt und sogar alle Lust verloren haben, nach dem, was jene Gebildeten vor allem wissen wollen, überhaupt noch hinzublicken; ihre Kennzeichen sind, von dem Gesichtsfelde jener Gebildeten aus gesehen, gerade ihre »Unbildung«, ihre Gleichgültigkeit und Verschlossenheit gegen vieles Berühmte, selbst gegen manches Gute. Aber sie sind, an jenem Endpunkte ihrer Heilung, wieder *Menschen* geworden und haben aufgehört, menschenähnliche Aggregate zu sein – das ist etwas! Das sind noch Hoffnungen! Lacht euch nicht dabei das Herz, ihr Hoffenden?

Und wie kommen wir zu jenem Ziele? werdet ihr fragen. Der delphische Gott ruft euch, gleich am Anfange einer Wanderung nach jenem Ziele, seinen Spruch entgegen: »Erkenne dich selbst.« Es ist ein schwerer Spruch: denn jener Gott »verbirgt nicht und verkündet nicht, sondern zeigt nur hin«, wie Heraklit gesagt hat. Worauf weist er euch hin?

Es gab Jahrhunderte, in denen die Griechen in einer ähnlichen Gefahr sich befanden, in der wir uns befinden, nämlich an der Überschwemmung durch das Fremde und Vergangne, an der »Historie« zugrunde zu gehen. Niemals haben sie in stolzer Unberührbarkeit gelebt: ihre »Bildung« war vielmehr lange Zeit ein Chaos von ausländischen, semitischen, babylonischen, lydischen, ägyptischen Formen und Begriffen, und ihre Religion ein wahrer Götterkampf des ganzen Orients: ähnlich etwa, wie jetzt die »deutsche Bildung« und Religion ein in sich kämpfendes Chaos des gesamten Auslandes, der gesamten Vorzeit ist. Und trotzdem wurde die hellenische Kultur kein Aggregat, dank jenem apollinischen Spruche. Die Griechen lernten allmählich *das Chaos zu organisieren,* dadurch, daß sie sich, nach der delphischen Lehre, auf sich selbst, das heißt auf ihre echten Bedürfnisse zurückbesannen und die Schein-Bedürfnisse absterben ließen. So ergriffen sie wieder von sich Besitz; sie blieben nicht lange die überhäuften Erben und Epigonen des ganzen Orients; sie wurden selbst, nach beschwerlichem Kampfe mit sich selbst, durch die praktische Auslegung jenes Spruches, die glücklichsten Bereicherer und Mehrer des ererbten Schatzes und die Erstlinge und Vorbilder aller kommenden Kulturvölker.

Dies ist ein Gleichnis für jeden einzelnen von uns: er muß das Chaos in sich organisieren, dadurch, daß er sich auf seine echten Bedürfnisse zurückbesinnt. Seine Ehrlichkeit, sein tüchtiger und wahrhaftiger Charakter muß sich irgendwann einmal dagegen sträuben, daß immer nur nachgesprochen, nachgelernt, nachgeahmt werde; er beginnt dann zu begreifen, daß Kultur noch etwas andres sein kann als *Dekoration des Lebens,* das heißt im Grunde doch immer nur Verstellung und Verhüllung; denn aller Schmuck versteckt das Geschmückte. So entschleiert sich ihm der griechische Begriff der Kultur – im Gegensatze zu dem romanischen – der Begriff der Kultur als einer neuen und verbesserten Physis, ohne Innen und Außen, ohne Verstellung und Konvention, der Kultur als einer Einhelligkeit zwischen Leben, Denken, Scheinen und Wollen. So lernt er aus seiner eignen Erfahrung, daß es die höhere Kraft der *sittlichen* Natur war, durch die den Griechen der Sieg über alle anderen Kulturen gelungen ist, und daß jede Vermehrung der Wahrhaftigkeit auch eine vorbereitende Förderung der *wahren* Bildung sein muß: mag diese Wahrhaftigkeit auch gelegentlich der gerade in Achtung stehenden Gebildetheit ernstlich schaden, mag sie selbst einer ganzen dekorativen Kultur zum Falle verhelfen können.

VIERTES STÜCK

RICHARD WAGNER IN BAYREUTH

1

Damit ein Ereignis Größe habe, muß zweierlei zusammenkommen: der große Sinn derer, die es vollbringen, und der große Sinn derer, die es erleben. An sich hat kein Ereignis Größe, und wenn schon ganze Sternbilder verschwinden, Völker zugrunde gehen, ausgedehnte Staaten gegründet und Kriege mit ungeheuren Kräften und Verlusten geführt werden: über vieles der Art bläst der Hauch der Geschichte hinweg, als handele es sich um Flocken. Es kommt aber auch vor, daß ein gewaltiger Mensch seinen Streich führt, der an einem harten Gestein wirkungslos niedersinkt; ein kurzer scharfer Widerhall, und alles ist vorbei. Die Geschichte weiß auch von solchen gleichsam abgestumpften Ereignissen beinahe nichts zu melden. So überschleicht einen jeden, welcher ein Ereignis herankommen sieht, die Sorge, ob die, welche es erleben, seiner würdig sein werden. Auf dieses Sich-Entsprechen von Tat und Empfänglichkeit rechnet und zielt man immer, wenn man handelt, im kleinsten wie im größten; und der, welcher geben will, muß zusehen, daß er die Nehmer findet, die dem Sinne seiner Gabe genugtun. Eben deshalb hat auch die einzelne Tat eines selbst großen Menschen keine Größe, wenn sie kurz, stumpf und unfruchtbar ist; denn in dem Augenblick, wo er sie tat, muß ihm jedenfalls die tiefe Einsicht gefehlt haben, daß sie gerade jetzt notwendig sei: er hatte nicht scharf genug gezielt, die Zeit nicht bestimmt genug erkannt und gewählt: der Zufall war Herr über ihn geworden, während groß sein und den Blick für die Notwendigkeit haben streng zusammengehört.

Darüber also, ob das, was jetzt in Bayreuth vor sich geht, im rechten Augenblick vor sich geht und notwendig ist, sich Sorgen zu machen und Bedenken zu haben, überlassen wir willig wohl denen, welche über Wagners Blick für das Notwendige selbst Bedenken haben. Uns Vertrauensvolleren muß es so erscheinen, daß er ebenso an die Größe seiner Tat als an den großen Sinn derer, welche sie erleben sollen, glaubt. Darauf sollen alle jene stolz sein, welchen dieser Glaube gilt, jene vielen oder wenigen – denn daß es nicht alle sind, daß jener Glaube nicht der ganzen Zeit gilt, selbst nicht einmal dem ganzen deutschen Volke in seiner gegenwärtigen Erscheinung, hat er uns selber gesagt, in jener Weihe-Rede vom 22. Mai 1872, und es gibt keinen unter uns, welcher gerade darin ihm in tröstlicher Weise widersprechen dürfte. »Nur Sie«, sagte er damals, »die Freunde meiner besonderen Kunst, meines eigensten Wirkens und Schaf-

fens, hatte ich, um für meine Entwürfe mich an Teilnehmende zu wenden: nur um Ihre Mithilfe für mein Werk konnte ich Sie angehen, dieses Werk rein und unentstellt denjenigen vorführen zu können, die meiner Kunst ihre ernstliche Geneigtheit bezeigten, trotzdem sie ihnen nur noch unrein und entstellt bisher vorgeführt werden konnte.«

In Bayreuth ist auch der Zuschauer anschauenswert, es ist kein Zweifel. Ein weiser betrachtender Geist, der aus einem Jahrhundert ins andre ginge, die merkwürdigen Kultur-Regungen zu vergleichen, würde dort viel zu sehen haben; er würde fühlen müssen, daß er hier plötzlich in ein warmes Gewässer gerate, wie einer, der in einem See schwimmt und der Strömung einer heißen Quelle nahe kommt: aus anderen, tieferen Gründen muß diese emporkommen, sagt er sich, das umgebende Wasser erklärt sie nicht und ist jedenfalls selber flacheren Ursprungs. So werden alle die, welche das Bayreuther Fest begehen, als unzeitgemäße Menschen empfunden werden: sie haben anderswo ihre Heimat als in der Zeit und finden anderwärts sowohl ihre Erklärung als ihre Rechtfertigung. Mir ist immer deutlicher geworden, daß der »Gebildete«, sofern er ganz und völlig die Frucht dieser Gegenwart ist, allem, was Wagner tut und denkt, nur durch die Parodie beikommen kann – wie auch alles und jedes parodiert worden ist – und daß er sich auch das Bayreuther Ereignis nur durch die sehr unmagische Laterne unsrer witzelnden Zeitungsschreiber beleuchten lassen will. Und glücklich, wenn es bei der Parodie bleibt! Es entladet sich in ihr ein Geist der Entfremdung und Feindseligkeit, welcher noch ganz andre Mittel und Wege aufsuchen könnte, auch gelegentlich aufgesucht hat. Diese ungewöhnliche Schärfe und Spannung der Gegensätze würde jener Kultur-Beobachter ebenfalls ins Auge fassen. Daß ein einzelner, im Verlaufe eines gewöhnlichen Menschenlebens, etwas durchaus Neues hinstellen könne, mag wohl alle die empören, welche auf die Allmählichkeit aller Entwicklung wie auf eine Art von Sitten-Gesetz schwören: sie sind selber langsam und fordern Langsamkeit – und da sehen sie nun einen sehr Geschwinden, wissen nicht, wie er es macht, und sind ihm böse. Von einem solchen Unternehmen wie dem Bayreuther gab es keine Vorzeichen, keine Übergänge, keine Vermittlungen; den langen Weg zum Ziele und das Ziel selber wußte keiner außer Wagner. Es ist die erste Weltumsegelung im Reiche der Kunst: wobei, wie es scheint, nicht nur eine neue Kunst, sondern die Kunst selber entdeckt wurde. Alle bisherigen modernen Künste sind dadurch, als einsiedlerisch-verkümmerte oder als Luxus-Künste, halb und halb entwertet; auch die unsicheren, übel zusammenhängenden Erinnerungen an eine wahre Kunst, die wir Neueren von den Griechen her hatten, dürfen nun ruhen, soweit sie selbst jetzt nicht in einem neuen Verständnis zu leuchten vermögen. Es ist für vieles jetzt an der Zeit, abzusterben; diese neue Kunst ist eine Seherin, welche nicht nur für Künste den Untergang herannahen sieht. Ihre mahnende Hand muß

unsrer gesamten jetzigen Bildung von dem Augenblicke an sehr unheimlich vorkommen, wo das Gelächter über ihre Parodien verstummt: mag sie immerhin noch eine kurze Weile Zeit zu Lust und Lachen haben!

Dagegen werden wir, die Jünger der wiederauferstandenen Kunst, zum Ernste, zum tiefen heiligen Ernste, Zeit und Willen haben! Das Reden und Lärmen, welches die bisherige Bildung von der Kunst gemacht hat – wir müssen es jetzt als eine schamlose Zudringlichkeit empfinden; zum Schweigen verpflichtet uns alles, zum fünfjährigen pythagoreischen Schweigen. Wer von uns hätte nicht an dem widerlichen Götzendienste der modernen Bildung Hände und Gemüt besudelt! Wer bedürfte nicht des reinigenden Wassers, wer hörte nicht die Stimme, die ihn mahnt: Schweigen und Reinsein! Schweigen und Reinsein! Nur als denen, welche auf diese Stimme hören, wird uns auch der *große Blick* zuteil, mit dem wir auf das Ereignis von Bayreuth hinzusehn haben: und nur in diesem Blicke liegt die *große Zukunft* jenes Ereignisses.

Als an jenem Maitage des Jahres 1872 der Grundstein auf der Anhöhe von Bayreuth gelegt worden war, bei strömendem Regen und verfinstertem Himmel, fuhr Wagner mit einigen von uns zur Stadt zurück; er schwieg und sah dabei mit einem Blick lange in sich hinein, der mit einem Worte nicht zu bezeichnen wäre. Er begann an diesem Tage sein sechzigstes Lebensjahr: alles Bisherige war die Vorbereitung auf diesen Moment. Man weiß, daß Menschen im Augenblick einer außerordentlichen Gefahr oder überhaupt in einer wichtigen Entscheidung ihres Lebens durch ein unendlich beschleunigtes inneres Schauen alles Erlebte zusammendrängen und mit seltenster Schärfe das Nächste wie das Fernste wiedererkennen. Was mag Alexander der Große in jenem Augenblicke gesehn haben, als er Asien und Europa aus einem Mischkrug trinken ließ? Was aber Wagner an jenem Tage innerlich schaute – wie er wurde, was er ist, was er sein wird – das können wir, seine Nächsten, bis zu einem Grade nachschauen: und erst von diesem Wagnerischen Blick aus werden wir seine große Tat selber verstehen können – *um mit diesem Verständnis ihre Fruchtbarkeit zu verbürgen.*

2

Es wäre sonderbar, wenn das, was jemand am besten kann und am liebsten tut, nicht auch in der gesamten Gestaltung seines Lebens wieder sichtbar würde; vielmehr muß bei Menschen von hervorragender Befähigung das Leben nicht nur, wie bei jedermann, zum Abbild des Charakters, sondern vor allem auch zum Abbild des Intellektes und seines eigensten Vermögens werden. Das Leben des epischen Dichters wird etwas vom Epos an sich tragen – wie dies beiläufig gesagt mit Goethe der Fall ist, in welchem die Deutschen sehr mit Unrecht vornehmlich den Lyriker

zu sehen gewohnt sind – das Leben des Dramatikers wird dramatisch verlaufen.

Das Dramatische im *Werden* Wagners ist gar nicht zu verkennen, von dem Augenblicke an, wo die in ihm herrschende Leidenschaft ihrer selbst bewußt wird und seine ganze Natur zusammenfaßt: damit ist dann das Tastende, Schweifende, das Wuchern der Nebenschößlinge abgetan, und in den verschlungensten Wegen und Wandlungen, in dem oft abenteuerlichen Bogenwurfe seiner Pläne waltet eine einzige innere Gesetzlichkeit, ein Wille, aus dem sie erklärbar sind, so verwunderlich auch oft diese Erklärungen klingen werden. Nun gab es aber einen vordramatischen Teil im Leben Wagners, seine Kindheit und Jugend, und über den kann man nicht hinwegkommen, ohne auf Rätsel zu stoßen. Er *selbst* scheint noch gar nicht angekündigt; und das, was man jetzt, zurückblickend, vielleicht als Ankündigungen verstehen könnte, zeigt sich doch zunächst als ein Beieinander von Eigenschaften, welche eher Bedenken als Hoffnungen erregen müssen: ein Geist der Unruhe, der Reizbarkeit, eine nervöse Hast im Erfassen von hundert Dingen, ein leidenschaftliches Behagen an beinahe krankhaften hochgespannten Stimmungen, ein unvermitteltes Umschlagen aus Augenblicken seelenvollster Gemütsstille in das Gewaltsame und Lärmende. Ihn schränkte keine strenge erb- und familienhafte Kunstübung ein: die Malerei, die Dichtkunst, die Schauspielerei, die Musik kamen ihm so nahe als die gelehrtenhafte Erziehung und Zukunft; wer oberflächlich hinblickte, mochte meinen, er sei zum Dilettantisieren geboren. Die kleine Welt, in deren Bann er aufwuchs, war nicht derart, daß man einem Künstler zu einer solchen Heimat hätte Glück wünschen können. Die gefährliche Lust an geistigem Anschmecken trat ihm nahe, ebenso der mit dem Vielerlei-Wissen verbundene Dünkel, wie er in Gelehrten-Städten zu Hause ist; die Empfindung wurde leicht erregt, ungründlich befriedigt; so weit das Auge des Knaben schweifte, sah er sich von einem wunderlich altklugen, aber rührigen Wesen umgeben, zu dem das bunte Theater in lächerlichem, der seelenbezwingende Ton der Musik in unbegreiflichem Gegensatze stand. Nun fällt es dem vergleichenden Kenner überhaupt auf, wie selten gerade der moderne Mensch, wenn er die Mitgift einer hohen Begabung bekommen hat, in seiner Jugend und Kindheit die Eigenschaft der Naivität, der schlichten Eigen- und Selbstheit hat, wie wenig er sie haben kann; vielmehr werden die Seltenen, welche, wie Goethe und Wagner, überhaupt zur Naivität kommen, diese jetzt immer noch eher als Männer haben, als im Alter der Kinder und Jünglinge. Den Künstler zumal, dem die nachahmende Kraft in besonderem Maße angeboren ist, wird die unkräftige Vielseitigkeit des modernen Lebens wie eine heftige Kinder-Krankheit befallen müssen; er wird als Knabe und Jüngling einem Alten ähnlicher sehen als seinem eigentlichen Selbst. Das wunderbar strenge Urbild des Jünglings, den Siegfried im Ring des Nibelungen,

konnte nur ein Mann erzeugen, und zwar ein Mann, der seine eigne Jugend erst spät gefunden hat. Spät, wie Wagners Jugend, kam sein Mannesalter, so daß er wenigstens hierin der Gegensatz einer vorwegnehmenden Natur ist.

Sobald seine geistige und sittliche Mannbarkeit eintritt, beginnt auch das Drama seines Lebens. Und wie anders ist jetzt der Anblick! Seine Natur erscheint in furchtbarer Weise vereinfacht, in zwei Triebe oder Sphären auseinandergerissen. Zuunterst wühlt ein heftiger Wille in jäher Strömung, der gleichsam auf allen Wegen, Höhlen und Schluchten ans Licht will und nach Macht verlangt. Nur eine ganz reine und freie Kraft konnte diesem Willen einen Weg ins Gute und Hilfreiche weisen; mit einem engen Geiste verbunden, hätte ein solcher Wille bei seinem schrankenlosen tyrannischen Begehren zum Verhängnis werden können; und jedenfalls mußte bald ein Weg ins Freie sich finden und helle Luft und Sonnenschein hinzukommen. Ein mächtiges Streben, dem immer wieder ein Einblick in seine Erfolglosigkeit gegeben wird, macht böse; das Unzulängliche kann mitunter in den Umständen, im Unabänderlichen des Schicksals liegen, nicht im Mangel der Kraft: aber der, welcher vom Streben nicht lassen kann, trotz diesem Unzulänglichen, wird gleichsam unterschwürig und daher reizbar und ungerecht. Vielleicht sucht er die Gründe für sein Mißlingen in den anderen, ja er kann in leidenschaftlichem Hasse alle Welt als schuldig behandeln; vielleicht auch geht er trotzig auf Neben- und Schleichwegen oder übt Gewalt: so geschieht es wohl, daß gute Naturen verwildern, auf dem Wege zum Besten. Selbst unter denen, welche nur der eignen sittlichen Reinigung nachjagten, unter Einsiedlern und Mönchen, finden sich solche verwilderte und über und über erkrankte, durch Mißlingen ausgehöhlte und zerfressene Menschen. Es war ein liebevoller, mit Güte und Süßigkeit überschwenglich mild zuredender Geist, dem die Gewalttat und die Selbstzerstörung verhaßt ist und der niemand in Fesseln sehen will: dieser sprach zu Wagner. Er ließ sich auf ihn nieder und umhüllte ihn tröstlich mit seinen Flügeln, er zeigte ihm den Weg. Wir tun einen Blick in die andre Sphäre der Wagnerischen Natur: aber wie sollen wir sie beschreiben?

Die Gestalten, welche ein Künstler schafft, sind nicht er selbst, aber die Reihenfolge der Gestalten, an denen er ersichtlich mit innigster Liebe hängt, sagt allerdings etwas über den Künstler selber aus. Nun stelle man Rienzi, den fliegenden Holländer und Senta, Tannhäuser und Elisabeth, Lohengrin und Elsa, Tristan und Marke, Hans Sachs, Wotan und Brünnhilde sich vor die Seele: es geht ein verbindender unterirdischer Strom von sittlicher Veredelung und Vergrößerung durch alle hindurch, der immer reiner und geläuterter flutet – und hier stehen wir, wenn auch mit schamhafter Zurückhaltung, vor einem innersten Werden in Wagners eigner Seele. An welchem Künstler ist etwas Ähnliches in ähnlicher Größe

wahrzunehmen? Schillers Gestalten, von den Räubern bis zu Wallenstein und Tell, durchlaufen eine solche Bahn der Veredelung und sprechen ebenfalls etwas über das Werden ihres Schöpfers aus, aber der Maßstab ist bei Wagner noch größer, der Weg länger. Alles nimmt an dieser Läuterung teil und drückt sie aus, der Mythus nicht nur, sondern auch die Musik; im Ring der Nibelungen finde ich die sittlichste Musik, die ich kenne, zum Beispiel dort, wo Brünnhilde von Siegfried erweckt wird; hier reicht er hinauf bis zu einer Höhe und Heiligkeit der Stimmung, daß wir an das Glühen der Eis- und Schneegipfel in den Alpen denken müssen: so rein, einsam, schwer zugänglich, trieblos, vom Leuchten der Liebe umflossen erhebt sich hier die Natur; Wolken und Gewitter, ja selbst das Erhabne sind unter ihr. Von da aus auf den Tannhäuser und Holländer zurückblickend, fühlen wir, wie der Mensch Wagner wurde: wie er dunkel und unruhig begann, wie er stürmisch Befriedigung suchte, Macht, berauschenden Genuß erstrebte, oft mit Ekel zurückfloh, wie er die Last von sich werfen wollte, zu vergessen, zu verneinen, zu entsagen begehrte – der gesamte Strom stürzte sich bald in dieses, bald in jenes Tal und bohrte in die dunkelsten Schluchten: – in der Nacht dieses halb unterirdischen Wühlens erschien ein Stern hoch über ihm, mit traurigem Glanze, er nannte ihn, wie er ihn erkannte: *Treue, selbstlose Treue!* Warum leuchtete sie ihm heller und reiner als alles? welches Geheimnis enthält das Wort Treue für sein ganzes Wesen? Denn in jedem, was er dachte und dichtete, hat er das Bild und Problem der Treue ausgeprägt, es ist in seinen Werken eine fast vollständige Reihe aller möglichen Arten der Treue, darunter sind die herrlichsten und selten geahnten: Treue von Bruder zu Schwester, Freund zu Freund, Diener zum Herrn, Elisabeth zu Tannhäuser, Senta zum Holländer, Elsa zu Lohengrin, Isolde, Kurwenal und Marke zu Tristan, Brünnhilde zu Wotans innerstem Wunsche – um die Reihe nur anzufangen. Es ist die eigenste Urerfahrung, welche Wagner in sich selbst erlebt und wie ein religiöses Geheimnis verehrt: diese drückt er mit dem Worte Treue aus, diese wird er nicht müde, in hundert Gestaltungen aus sich heraus zu stellen und in der Fülle seiner Dankbarkeit mit dem Herrlichsten zu beschenken, was er hat und kann – jene wundervolle Erfahrung und Erkenntnis, daß die eine Sphäre seines Wesens der anderen treu blieb, aus freier selbstlosester Liebe Treue wahrte, die schöpferische schuldlose lichtere Sphäre der dunklen unbändigen und tyrannischen.

3

Im Verhalten der beiden tiefsten Kräfte zueinander, in der Hingebung der einen an die andre lag die große Notwendigkeit, durch welche er allein ganz und er selbst bleiben konnte: zugleich das einzige, was er nicht in

der Gewalt hatte, was er beobachten und hinnehmen mußte, während er die Verführung zur Untreue und ihre schrecklichen Gefahren für sich immers aufs neue an sich herankommen sah. Hier fließt eine überreiche Quelle der Leiden des Werdenden, die Ungewißheit. Jeder seiner Triebe strebte ins Ungemessne, alle daseinsfreudigen Begabungen wollten sich einzeln losreißen und für sich befriedigen; je größer ihre Fülle, um so größer war der Tumult, um so feindseliger ihre Kreuzung. Dazu reizte der Zufall und das Leben, Macht, Glanz, feurigste Lust zu gewinnen, noch öfter quälte die unbarmherzige Not, überhaupt leben zu müssen: überall waren Fesseln und Fallgruben. Wie ist es möglich, da Treue zu halten, ganz zu bleiben? – Dieser Zweifel übermannte ihn oft und sprach sich dann so aus, wie eben ein Künstler zweifelt, in künstlerischen Gestalten: Elisabeth kann für Tannhäuser eben nur leiden, beten und sterben, sie rettet den Unsteten und Unmäßigen durch ihre Treue, aber nicht für dieses Leben. Es geht gefährlich und verzweifelt zu im Lebenswege jedes wahren Künstlers, der in die modernen Zeiten geworfen ist. Auf viele Arten kann er zu Ehren und Macht kommen, Ruhe und Genügen bietet sich ihm mehrfach an, doch immer nur in der Gestalt, wie der moderne Mensch sie kennt und wie sie für den redlichen Künstler zum erstickenden Brodem werden müssen. In der Versuchung hierzu und ebenso in der Abweisung dieser Versuchung liegen seine Gefahren, in dem Ekel an den modernen Arten, Lust und Ansehn zu erwerben, in der Wut, welche sich gegen alles eigensüchtige Behagen nach Art der jetzigen Menschen wendet. Man denke ihn sich in eine Beamtung hinein – so wie Wagner das Amt eines Kapellmeisters an Stadt- und Hoftheatern zu versehen hatte; man empfinde es, wie der ernsteste Künstler mit Gewalt da den Ernst erzwingen will, wo nun einmal die modernen Einrichtungen fast mit grundsätzlicher Leichtfertigkeit aufgebaut sind und Leichtfertigkeit fordern, wie es ihm zum Teil gelingt und im ganzen immer mißlingt, wie der Ekel ihm naht und er flüchten will, wie er den Ort nicht findet, wohin er flüchten könnte, und er immer wieder zu den Zigeunern und Ausgestoßenen unsrer Kultur als einer der Ihrigen zurückkehren muß. Aus einer Lage sich losreißend, verhilft er sich selten zu einer besseren, mitunter gerät er in die tiefste Dürftigkeit. So wechselte Wagner Städte, Gefährten, Länder, und man begreift kaum, unter was für Anmutungen und Umgebungen er es doch immer eine Zeitlang ausgehalten hat. Auf der größeren Hälfte seines bisherigen Lebens liegt eine schwere Luft; es scheint, er hoffte nicht mehr ins allgemeine, sondern nur noch von heute zu morgen, und so verzweifelte er zwar nicht, ohne doch zu glauben. Wie ein Wanderer durch die Nacht geht, mit schwerer Bürde und auf das tiefste ermüdet und doch übernächtig erregt, so mag es ihm oft zumute gewesen sein; ein plötzlicher Tod erschien dann vor seinen Blicken nicht als Schrecknis, sondern als verlokkendes liebreizendes Gespenst. Last, Weg und Nacht, alles mit einem Male

verschwunden! – das tönte verführerisch. Hundertmal warf er sich von neuem wieder mit jener kurzatmigen Hoffnung ins Leben und ließ alle Gespenster hinter sich. Aber in der Art, wie er es tat, lag fast immer eine Maßlosigkeit, das Anzeichen dafür, daß er nicht tief und fest an jene Hoffnung glaubte, sondern sich nur an ihr berauschte. Mit dem Gegensatze seines Begehrens und seines gewöhnlichen Halb- und Unvermögens, es zu befriedigen, wurde er wie mit Stacheln gequält; durch das fortwährende Entbehren aufgereizt, verlor sich seine Vorstellung ins Ausschweifende, wenn einmal plötzlich der Mangel nachließ. Das Leben ward immer verwickelter; aber auch immer kühner, erfindungsreicher waren die Mittel und Auswege, die er, der Dramatiker, entdeckte, ob es schon lauter dramatische Notbehelfe waren, vorgeschobene Motive, welche einen Augenblick täuschen und nur für einen Augenblick erfunden sind. Er ist blitzschnell mit ihnen bei der Hand, und ebenso schnell sind sie verbraucht. Das Leben Wagners, ganz aus der Nähe und ohne Liebe gesehn, hat, um an einen Gedanken Schopenhauers zu erinnern, sehr viel von der Komödie an sich, und zwar von einer merkwürdig grotesken. Wie das Gefühl hiervon, das Eingeständnis einer grotesken Würdelosigkeit ganzer Lebensstrecken auf den Künstler wirken mußte, der mehr als irgendein anderer im Erhabenen und im Über-Erhabenen allein frei atmen kann, – das gibt dem Denkenden zu denken.

Inmitten eines solchen Treibens, welches nur durch die genaueste Schilderung den Grad von Mitleiden, Schrecken und Verwunderung einflößen kann, welchen es verdient, entfaltet sich eine *Begabung des Lernens*, wie sie selbst bei Deutschen, dem eigentlichen Lern-Volke, ganz außergewöhnlich ist; und in dieser Begabung erwuchs wieder eine neue Gefahr, die sogar größer war als die eines entwurzelt und unstet scheinenden, vom friedlosen Wahne kreuz und quer geführten Lebens. Wagner wurde aus einem versuchenden Neuling ein allseitiger Meister der Musik und der Bühne und in jeder der technischen Vorbedingungen ein Erfinder und Mehrer. Niemand wird ihm den Ruhm mehr streitig machen, das höchste Vorbild für alle Kunst des großen Vortrags gegeben zu haben. Aber er wurde noch viel mehr, und um dies und jenes zu werden, war es ihm so wenig als irgend jemandem erspart, sich lernend die höchste Kultur anzueignen. Und wie er dies tat! Es ist eine Lust dies zu sehen; von allen Seiten wächst es an ihn heran, in ihn hinein, und je größer und schwerer der Bau, um so straffer spannt sich der Bogen des ordnenden und beherrschenden Denkens. Und doch wurde es selten einem so schwer gemacht, die Zugänge zu den Wissenschaften und Fertigkeiten zu finden, und vielfach mußte er solche Zugänge improvisieren. Der Erneuerer des einfachen Dramas, der Entdecker der Stellung der Künste in der wahren menschlichen Gesellschaft, der dichtende Erklärer vergangener Lebensbetrachtungen, der Philosoph, der Historiker, der Ästhetiker und Kritiker Wagner,

der Meister der Sprache, der Mytholog und Mythopoet, der zum ersten Male einen Ring um das herrliche uralte ungeheure Gebilde schloß und die Runen seines Geistes darauf eingrub – welche Fülle des Wissens hatte er zusammenzubringen und zu umspannen, um das alles werden zu können! Und doch erdrückte weder diese Summe seinen Willen zur Tat, noch leitete das Einzelne und Anziehendste ihn abseits. Um das Ungemeine eines solchen Verhaltens zu ermessen, nehme man zum Beispiel das große Gegenbild Goethes, der, als Lernender und Wissender, wie ein vielverzweigtes Stromnetz erscheint, welches aber seine ganze Kraft nicht zu Meere trägt, sondern mindestens ebensoviel auf seinen Wegen und Krümmungen verliert und verstreut, als es am Ausgange mit sich führt. Es ist wahr, ein solches Wesen, wie das Goethes, hat und macht mehr Behagen, es liegt etwas Mildes und Edel-Verschwenderisches um ihn herum, während Wagners Lauf- und Stromgewalt vielleicht erschrecken und abschrecken kann. Mag aber sich fürchten, wer will: wir anderen wollen dadurch um so mutiger werden, daß wir einen Helden mit Augen sehen dürfen, welcher auch in betreff der modernen Bildung »das Fürchten nicht gelernt hat«.

Ebensowenig hat er gelernt, sich durch Historie und Philosophie zur Ruhe zu bringen und gerade das zauberhaft Sänftigende und der Tat Widerratende ihrer Wirkungen für sich herauszunehmen. Weder der schaffende noch der kämpfende Künstler wurde durch das Lernen und die Bildung von seiner Laufbahn abgezogen. Sobald ihn seine bildende Kraft überkommt, wird ihm die Geschichte ein beweglicher Ton in seiner Hand; dann steht er mit einemmal anders zu ihr als jeder Gelehrte, vielmehr ähnlich wie der Grieche zu seinem Mythus stand, als zu einem etwas, an dem man formt und dichtet, zwar mit Liebe und einer gewissen scheuen Andacht, aber doch mit dem Hoheitsrecht des Schaffenden. Und gerade weil sie für ihn noch biegsamer und wandelbarer als jeder Traum ist, kann er in das einzelne Ereignis das Typische ganzer Zeiten hineindichten und so eine Wahrheit der Darstellung erreichen, wie sie der Historiker nie erreicht. Wo ist das ritterliche Mittelalter so mit Fleisch und Geist in ein Gebilde übergegangen, wie dies im Lohengrin geschehen ist? Und werden nicht die Meistersinger noch zu den späteren Zeiten von dem deutschen Wesen erzählen, ja mehr als erzählen, werden sie nicht vielmehr eine der reifsten Früchte jenes Wesens sein, das immer reformieren und nicht revolvieren will und das auf dem breiten Grunde seines Behagens auch das edelste Unbehagen, das der erneuernden Tat, nicht verlernt hat?

Und gerade zu dieser Art des Unbehagens wurde Wagner immer wieder durch sein Befassen mit Historie und Philosophie gedrängt: in ihnen fand er nicht nur Waffen und Rüstung, sondern hier fühlte er vor allem den begeisternden Anhauch, welcher von den Grabstätten aller großen Kämpfer, aller großen Leidenden und Denkenden her weht. Man kann

sich durch nichts mehr von der ganzen gegenwärtigen Zeit abheben als durch den Gebrauch, welchen man von der Geschichte und Philosophie macht. Der ersteren scheint jetzt, so wie sie gewöhnlich verstanden wird, die Aufgabe zugefallen zu sein, den modernen Menschen, der keuchend und mühevoll zu seinen Zielen läuft, einmal aufatmen zu lassen, so daß er sich für einen Augenblick gleichsam abgeschirrt fühlen kann. Was der einzelne Montaigne in der Bewegtheit des Reformations-Geistes bedeutet, ein In-sich-zur-Ruhe-Kommen, ein friedliches Für-sich-Sein und Ausatmen – und so empfand ihn gewiß sein bester Leser, Shakespeare – das ist jetzt die Historie für den modernen Geist. Wenn die Deutschen seit einem Jahrhundert besonders den historischen Studien obgelegen haben, so zeigt dies, daß sie in der Bewegung der neueren Welt die aufhaltende, verzögernde, beruhigende Macht sind: was vielleicht einige zu einem Lobe für sie wenden dürften. Im ganzen ist es aber ein gefährliches Anzeichen, wenn das geistige Ringen eines Volkes vornehmlich der Vergangenheit gilt, ein Merkmal von Erschlaffung, von Rück- und Hinfälligkeit: so daß sie nun jedem um sich greifenden Fieber, zum Beispiel dem politischen, in gefährlichster Weise ausgesetzt sind. Einen solchen Zustand von Schwäche stellen, im Gegensatz zu allen Reformations- und Revolutions-Bewegungen, unsre Gelehrten in der Geschichte des modernen Geistes dar, sie haben sich nicht die stolzeste Aufgabe gestellt, aber eine eigne Art friedfertigen Glücks gesichert. Jeder freiere männlichere Schritt führt freilich an ihnen vorüber, – wenn auch keineswegs an der Geschichte selbst! Diese hat noch ganz andre Kräfte in sich, wie gerade solche Naturen wie Wagner ahnen: nur muß sie erst einmal in einem viel ernsteren, strengeren Sinne, aus einer mächtigen Seele heraus und überhaupt nicht mehr optimistisch, wie bisher immer, geschrieben werden, anders also, als die deutschen Gelehrten bis jetzt getan haben. Es liegt etwas Beschönigendes, Unterwürfiges und Zufriedengestelltes auf allen ihren Arbeiten, und der Gang der Dinge ist ihnen recht. Es ist schon viel, wenn es einer merken läßt, daß er gerade nur zufrieden sei, weil es noch schlimmer hätte kommen können: die meisten von ihnen glauben unwillkürlich, daß es sehr gut sei, gerade so wie es nun einmal gekommen ist. Wäre die Historie nicht immer noch eine verkappte christliche Theodizee, wäre sie mit mehr Gerechtigkeit und Inbrunst des Mitgefühls geschrieben, so würde sie wahrhaftig am wenigsten gerade als das Dienste leisten können, als was sie jetzt dient: als Opiat gegen alles Umwälzende und Erneuernde. Ähnlich steht es mit der Philosophie: aus welcher ja die meisten nichts anderes lernen wollen, als die Dinge ungefähr – sehr ungefähr! – verstehen, um sich dann in sie zu schicken. Und selbst von ihren edelsten Vertretern wird ihre stillende und tröstende Macht so stark hervorgehoben, daß die Ruhesüchtigen und Trägen meinen müssen, sie suchten dasselbe, was die Philosophie sucht. Mir scheint dagegen die wichtigste Frage aller Philosophie zu sein, wie weit die

Dinge eine unabänderliche Artung und Gestalt haben: um dann, wenn diese Frage beantwortet ist, mit der rücksichtslosesten Tapferkeit auf die *Verbesserung der als veränderlich erkannten Seite der Welt* loszugehen. Das lehren die wahren Philosophen auch selber durch die Tat, dadurch, daß sie an der Verbesserung der sehr veränderlichen Einsicht der Menschen arbeiteten und ihre Weisheit nicht für sich behielten; das lehren auch die wahren Jünger wahrer Philosophien, welche, wie Wagner, aus ihnen gerade gesteigerte Entschiedenheit und Unbeugsamkeit für ihr Wollen, aber keine Einschläferungssäfte zu saugen verstehen. Wagner ist dort am meisten Philosoph, wo er am tatkräftigsten und heldenhaftesten ist. Und gerade als Philosoph ging er nicht nur durch das Feuer verschiedener philosophischer Systeme, ohne sich zu fürchten, hindurch, sondern auch durch den Dampf des Wissens und der Gelehrsamkeit, und hielt seinem höheren Selbst Treue, welches von ihm *Gesamttaten seines vielstimmigen Wesens* verlangte und ihn leiden und lernen hieß, um jene Taten tun zu können.

4

Die Geschichte der Entwicklung der Kultur seit den Griechen ist kurz genug, wenn man den eigentlichen wirklich zurückgelegten Weg in Betracht zieht und das Stillestehn, Zurückgehen, Zaudern, Schleichen gar nicht mitrechnet. Die Hellenisierung der Welt und, diese zu ermöglichen, die Orientalisierung des Hellenischen – die Doppel-Aufgabe des großen Alexander – ist immer noch das letzte große Ereignis; die alte Frage, ob eine fremde Kultur sich überhaupt übertragen lasse, immer noch das Problem, an dem die Neueren sich abmühen. Das rhythmische Spiel jener beiden Faktoren gegeneinander ist es, was namentlich den bisherigen Gang der Geschichte bestimmt hat. Da erscheint zum Beispiel das Christentum als ein Stück orientalischen Altertums, welches von den Menschen mit ausschweifender Gründlichkeit zu Ende gedacht und gehandelt wurde. Im Schwinden seines Einflusses hat wieder die Macht des hellenischen Kulturwesens zugenommen; wir erleben Erscheinungen, welche so befremdend sind, daß sie unerklärbar in der Luft schweben würden, wenn man sie nicht, über einen mächtigen Zeitraum hinweg, an die griechischen Analogien anknüpfen könnte. So gibt es zwischen Kant und den Eleaten, zwischen Schopenhauer und Empedokles, zwischen Äschylus und Richard Wagner solche Nähen und Verwandtschaften, daß man fast handgreiflich an das sehr relative Wesen aller Zeitbegriffe gemahnt wird: beinahe scheint es, als ob manche Dinge zusammengehören und die Zeit nur eine Wolke sei, welche es unsern Augen schwer macht, diese Zusammengehörigkeit zu sehen. Besonders bringt auch die Geschichte der strengen Wissenschaften den Eindruck hervor, als ob wir uns eben jetzt in nächster Nähe der alexandri-

nisch-griechischen Welt befänden, und als ob der Pendel der Geschichte wieder nach dem Punkte zurückschwänge, von wo er zu schwingen begann, fort in rätselhafte Ferne und Verlorenheit. Das Bild unserer gegenwärtigen Welt ist durchaus kein neues: immer mehr muß es dem, der die Geschichte kennt, so zumute werden, als ob er alte vertraute Züge eines Gesichtes wiedererkenne. Der Geist der hellenischen Kultur liegt in unendlicher Zerstreuung auf unserer Gegenwart: während sich die Gewalten aller Art drängen und man sich die Früchte der modernen Wissenschaften und Fertigkeiten als Austauschmittel bietet, dämmert in blassen Zügen wieder das Bild des Hellenischen, aber noch ganz fern und geisterhaft, auf. Die Erde, die bisher zur Genüge orientalisiert worden ist, sehnt sich wieder nach der Hellenisierung; wer ihr hier helfen will, der hat freilich Schnelligkeit und einen geflügelten Fuß vonnöten, um die mannigfachsten und entferntesten Punkte des Wissens, die entlegensten Weltteile der Begabung zusammenzubringen, um das ganze ungeheuer ausgespannte Gefilde zu durchlaufen und zu beherrschen. So ist denn jetzt eine Reihe von *Gegen-Alexandern* nötig geworden, welche die mächtigste Kraft haben, zusammenzuziehn und zu binden, die entferntesten Fälden heranzulangen und das Gewebe vor dem Zerblasenwerden zu bewahren. Nicht den gordischen Knoten der griechischen Kultur zu lösen, wie es Alexander tat, so daß seine Enden nach allen Weltrichtungen hin flatterten, sondern *ihn zu binden, nachdem er gelöst war* – das ist jetzt die Aufgabe. In Wagner erkenne ich einen solchen Gegen-Alexander: er bannt und schließt zusammen, was vereinzelt, schwach und lässig war, er hat, wenn ein medizinischer Ausdruck erlaubt ist, eine *adstringierende* Kraft: insofern gehört er zu den ganz großen Kulturgewalten. Er waltet über den Künsten, den Religionen, den verschiedenen Völkergeschichten und ist doch der Gegensatz eines Polyhistors, eines nur zusammentragenden und ordnenden Geistes: denn er ist ein Zusammenbildner und Beseeler der Zusammengebrachten, ein *Vereinfacher der Welt.* Man wird sich an einer solchen Vorstellung nicht irre machen lassen, wenn man diese allgemeine Aufgabe, die sein Genius ihm gestellt hat, mit der viel engeren und näheren vergleicht, an welche man jetzt zuerst bei dem Namen Wagner zu denken pflegt. Man erwartet von ihm eine Reformation des Theaters: gesetzt, dieselbe gelänge ihm, was wäre denn damit für jene höhere und fernere Aufgabe getan?

Nun, damit wäre der moderne Mensch verändert und refomiert: so notwendig hängt in unserer neueren Welt eins an dem andern, daß, wer nur einen Nagel herauszieht, das Gebäude wanken und fallen macht. Auch von jeder anderen wirklichen Reform wäre dasselbe zu erwarten, was wir hier von der Wagnerschen, mit dem Anschein der Übertreibung, aussagen. Es ist gar nicht möglich, die höchste und reinste Wirkung der theatralischen Kunst herzustellen, ohne nicht überall, in Sitte und Staat, in Erziehung und Verkehr, zu neuern. Liebe und Gerechtigkeit, an einem

Punkte, nämlich hier im Bereiche der Kunst, mächtig geworden, müssen nach dem Gesetz ihrer inneren Not weiter um sich greifen und können nicht wieder in die Regungslosigkeit ihrer früheren Verpuppung zurück. Schon um zu begreifen, inwiefern die Stellung unsrer Künste zum Leben ein Symbol der Entartung dieses Lebens ist, inwiefern unsre Theater für die, welche sie bauen und besuchen, eine Schmach sind, muß man völlig umlernen und das Gewohnte und Alltägliche einmal als etwas sehr Ungewöhnliches und Verwickeltes ansehn können. Seltsame Trübung des Urteils, schlecht verhehlte Sucht nach Ergötzlichkeit, nach Unterhaltung um jeden Preis, gelehrtenhafte Rücksichten, Wichtigtun und Schauspielerei mit dem Ernst der Kunst von seiten der Ausführenden, brutale Gier nach Geldgewinn von seiten der Unternehmenden, Hohlheit und Gedankenlosigkeit einer Gesellschaft, welche an das Volk nur so weit denkt, als es ihr nützt oder gefährlich ist, und Theater und Konzerte besucht, ohne je dabei an Pflichten erinnert zu werden – dies alles zusammen bildet die dumpfe und verderbliche Luft unserer heutigen Kunstzustände: ist man aber erst so an dieselbe gewöhnt, wie es unsre Gebildeten sind, so wähnt man wohl, diese Luft zu seiner Gesundheit nötig zu haben, und befindet sich schlecht, wenn man, durch irgendeinen Zwang, ihrer zeitweilig entraten muß. Wirklich hat man nur *ein* Mittel, sich in Kürze davon zu überzeugen, wie gemein, und zwar wie absonderlich und verzwickt gemein unsre Theater-Einrichtungen sind: man halte nur die einstmalige Wirklichkeit des griechischen Theaters dagegen! Gesetzt, wie wüßten nichts von den Griechen, so wäre unsern Zuständen vielleicht gar nicht beizukommen, und man hielte solche Einwendungen, wie sie zuerst von Wagner in großem Stile gemacht worden sind, für Träumereien von Leuten, welche im Lande Nirgendsheim zu Hause sind. Wie die Menschen einmal sind, würde man vielleicht sagen, genügt und gebührt ihnen eine solche Kunst – und sie sind nie anders gewesen! – Sie sind gewiß anders gewesen, und selbst jetzt gibt es Menschen, denen die bisherigen Einrichtungen nicht genügen – eben dies beweist die Tatsache von Bayreuth. Hier findet ihr vorbereitete und geweihte Zuschauer, die Ergriffenheit von Menschen, welche sich auf dem Höhepunkte ihres Glücks befinden und gerade in ihm ihr ganzes Wesen zusammengerafft fühlen, um sich zu weiterem und höherem Wollen bestärken zu lassen; hier findet ihr die hingebendste Aufopferung der Künstler und das Schauspiel aller Schauspiele, den siegreichen Schöpfer eines Werkes, welches selber der Inbegriff einer Fülle siegreicher Kunst-Taten ist. Dünkt es nicht fast wie Zauberei, einer solchen Erscheinung in der Gegenwart begegnen zu können? Müssen nicht die, welche hier mithelfen und mitschauen dürfen, schon verwandelt und erneuert sein, um nun auch fernerhin, in andern Gebieten des Lebens, zu verwandeln und zu erneuern? Ist nicht ein Hafen nach der wüsten Weite des Meeres gefunden, liegt hier nicht Stille über den Wassern gebreitet? –

Wer aus der hier waltenden Tiefe und Einsamkeit der Stimmung zurück in die ganz andersartigen Flächen und Niederungen des Lebens kommt, muß er sich nicht immerfort wie Isolde fragen: »Wie ertrug ich's nur? Wie ertrag ich's noch?« Und wenn er es nicht aushält, sein Glück und sein Unglück eigensüchtig in sich zu bergen, so wird er von jetzt ab jede Gelegenheit ergreifen, in Taten davon Zeugnis abzulegen. Wo sind die, welche an den gegenwärtigen Einrichtungen leiden? wird er fragen. Wo sind unsre natürlichen Bundesgenossen, mit denen wir gegen das wuchernde und unterdrückende Umsichgreifen der heutigen Gebildetheit kämpfen können? Denn einstweilen haben wir nur einen Feind – einstweilen! – eben jene »Gebildeten«, für welche das Wort »Bayreuth« eine ihrer tiefsten Niederlagen bezeichnet – sie haben nicht mitgeholfen, sie waren wütend dagegen, oder zeigten jene noch wirksamere Schwerhörigkeit, welche jetzt zur gewohnten Waffe der überlegtesten Gegnerschaft geworden ist. Aber wir wissen eben dadurch, daß sie Wagners Wesen selber durch ihre Feindseligkeit und Tücke nicht zerstören, sein Werk nicht verhindern konnten, noch eins: sie haben verraten, daß sie schwach sind, und daß der Widerstand der bisherigen Machtinhaber nicht mehr viele Angriffe aushalten wird. Es ist der Augenblick für solche, welche mächtig erobern und siegen wollen, die größten Reiche stehen offen, ein Fragezeichen ist zu den Namen der Besitzer gesetzt, so weit es Besitz gibt. So ist zum Beispiel das Gebäude der Erziehung als morsch erkannt, und überall finden sich einzelne, welche in aller Stille schon das Gebäude verlassen haben. Könnte man die, welche tatsächlich schon jetzt tief mit ihm unzufrieden sind, nur einmal zur offnen Empörung und Erklärung treiben! Könnte man sie des verzagenden Unmuts berauben! Ich weiß es: wenn man gerade den stillen Beitrag dieser Naturen von dem Ertrage unseres gesamten Bildungswesens abstriche, es wäre der empfindlichste Aderlaß, durch den man dasselbe schwächen könnte. Von den Gelehrten zum Beispiel blieben unter dem alten Regimente nur die durch den politischen Wahnwitz Angesteckten und die literatenhaften Menschen aller Art zurück. Das widerliche Gebilde, welches jetzt seine Kräfte aus der Anlehnung an die Sphären der Gewalt und Ungerechtigkeit, aus Staat und Gesellschaft, nimmt und seinen Vorteil dabei hat, diese immer böser und rücksichtsloser zu machen, ist ohne diese Anlehnung etwas Schwächliches und Ermüdetes: man braucht es nur recht zu verachten, so fällt es schon über den Haufen. Wer für die Gerechtigkeit und die Liebe unter den Menschen kämpft, darf sich vor ihm am wenigsten fürchten: denn seine eigentlichen Feinde stehen erst vor ihm, wenn er seinen Kampf, den er einstweilen gegen ihre Vorhut, die heutige Kultur, führt, zu Ende gebracht hat.

Für uns bedeutet Bayreuth die Morgen-Weihe am Tage des Kampfes. Man könnte uns nicht mehr unrecht tun, als wenn man annähme, es sei uns um die Kunst allein zu tun: als ob sie wie ein Heil- und Betäubungs-

mittel zu gelten hätte, mit dem man alle übrigen elenden Zustände von sich abtun könnte. Wir sehen im Bilde jenes tragischen Kunstwerks von Bayreuth gerade den Kampf der einzelnen mit allem, was ihnen als scheinbar unbezwingliche Notwendigkeit entgegentritt, mit Macht, Gesetz, Herkommen, Vertrag und ganzen Ordnungen der Dinge. Die einzelnen können gar nicht schöner leben, als wenn sie sich im Kampfe um Gerechtigkeit und Liebe zum Tode reif machen und opfern. Der Blick, mit welchem uns das geheimnisvolle Auge der Tragödie anschaut, ist kein erschlaffender und gliederbindender Zauber. Obschon sie Ruhe verlangt, solange sie uns ansieht; – denn die Kunst ist nicht für den Kampf selber da, sondern für die Ruhepausen vorher und inmitten desselben, für jene Minuten, da man zurückblickend und vorahnend das Symbolische versteht, da mit dem Gefühl einer leisen Müdigkeit ein erquickender Traum uns naht. Der Tag und der Kampf bricht gleich an, die heiligen Schatten verschweben, und die Kunst ist wieder ferne von uns; aber ihre Tröstung liegt über dem Menschen von der Frühstunde her. Überall findet ja sonst der einzelne sein persönliches Ungenügen, sein Halb- und Unvermögen: mit welchem Mute sollte er kämpfen, wenn er nicht vorher zu etwas Überpersönlichem geweiht worden wäre! Die größten Leiden des einzelnen, die es gibt, die Nichtgemeinsamkeit des Wissens bei allen Menschen, die Unsicherheit der letzten Einsichten und die Ungleichheit des Könnens, das alles macht ihn kunstbedürftig. Man kann nicht glücklich sein, solange um uns herum alles leidet und sich Leiden schafft; man kann nicht sittlich sein, solange der Gang der menschlichen Dinge durch Gewalt, Trug und Ungerechtigkeit bestimmt wird; man kann nicht einmal weise sein, solange nicht die ganze Menschheit im Wetteifer um Weisheit gerungen hat und den einzelnen auf die weiseste Art ins Leben und Wissen hineinführt. Wie sollte man es nun bei diesem dreifachen Gefühle des Ungenügens aushalten, wenn man nicht schon in seinem Kämpfen, Streben und Untergehen etwas Erhabenes und Bedeutungsvolles zu erkennen vermöchte und nicht aus der Tragödie lernt, Lust am Rhythmus der großen Leidenschaft und am Opfer derselben zu haben. Die Kunst ist freilich keine Lehrerin und Erzieherin für das unmittelbare Handeln; der Künstler ist nie in diesem Verstande ein Erzieher und Ratgeber; die Objekte, welche die tragischen Helden erstreben, sind nicht ohne weiteres die erstrebenswerten Dinge an sich. Wie im Traume ist die Schätzung der Dinge, solange wir uns im Banne der Kunst festgehalten fühlen, verändert: was wir währenddem für so erstrebenswert halten, daß wir dem tragischen Helden beistimmen, wenn er lieber den Tod erwählt, als daß er darauf verzichtete – das ist für das wirkliche Leben selten von gleichem Werte und gleicher Tatkraft würdig: dafür ist eben die Kunst die Tätigkeit des Ausruhenden. Die Kämpfe, welche sie zeigt, sind Vereinfachungen der wirklichen Kämpfe des Lebens; ihre Probleme sind Abkürzungen der unendlich verwickelten Rechnung

des menschlichen Handelns und Wollens. Aber gerade darin liegt die Größe und Unentbehrlichkeit der Kunst, daß sie den *Schein* einer einfacheren Welt, einer kürzeren Lösung der Lebens-Rätsel erregt. Niemand, der am Leben leidet, kann diesen Schein entbehren, wie niemand des Schlafs entbehren kann. Je schwieriger die Erkenntnis von den Gesetzen des Lebens wird, um so inbrünstiger begehren wir nach dem Scheine jener Vereinfachung, wenn auch nur für Augenblicke, um so größer wird die Spannung zwischen der allgemeinen Erkenntnis der Dinge und dem geistig-sittlichen Vermögen des einzelnen. *Damit der Bogen nicht breche,* ist die Kunst da.

Der einzelne soll zu etwas Überpersönlichem geweiht werden – das will die Tragödie; er soll die schreckliche Beängstigung, welche der Tod und die Zeit dem Individuum macht, verlernen: denn schon im kleinsten Augenblick, im kürzesten Atom seines Lebenslaufes kann ihm etwas Heiliges begegnen, das allen Kampf und alle Not überschwenglich aufwiegt – das heißt *tragisch gesinnt sein.* Und wenn die ganze Menschheit einmal sterben muß – wer dürfte daran zweifeln! – so ist ihr als höchste Aufgabe für alle kommenden Zeiten das Ziel gestellt, so ins Eine und Gemeinsame zusammenzuwachsen, daß sie *als ein Ganzes* ihrem bevorstehenden Untergange mit einer *tragischen Gesinnung* entgegengehe; in dieser höchsten Aufgabe liegt alle Veredelung der Menschen eingeschlossen; aus dem endgültigen Abweisen derselben ergäbe sich das trübste Bild, welches sich ein Menschenfreund vor die Seele stellen könnte. So empfinde ich es! Es gibt nur *eine* Hoffnung und *eine* Gewähr für die Zukunft des Menschlichen: sie liegt darin, *daß die tragische Gesinnung nicht absterbe.* Es würde ein Wehegeschrei sondergleichen über die Erde erschallen müssen, wenn die Menschen sie einmal völlig verlieren sollten; und wiederum gibt es keine beseligendere Lust, als das zu wissen, was wir wissen – wie der tragische Gedanke wieder hinein in die Welt geboren ist. Denn diese Lust ist eine völlig überpersönliche und allgemeine, ein Jubel der Menschheit über den verbürgten Zusammenhang und Fortgang des Menschlichen überhaupt.

5

Wagner rückte das gegenwärtige Leben und die Vergangenheit unter den Lichtstrahl einer Erkenntnis, der stark genug war, um auf ungewohnte Weite hin damit sehen zu können: deshalb ist er ein Vereinfacher der Welt; denn immer besteht die Vereinfachung der Welt darin, daß der Blick des Erkennenden aufs neue wieder über die ungeheure Fülle und Wüstheit eines scheinbaren Chaos Herr geworden ist und das in eins zusammendrängt, was früher als unverträglich auseinander lag. Wagner tat dies, indem er zwischen zwei Dingen, die fremd und kalt wie in ge-

trennten Sphären zu leben schienen, ein Verhältnis fand: zwischen *Musik und Leben* und ebenfalls zwischen *Musik und Drama.* Nicht daß er diese Verhältnisse erfunden oder erst geschaffen hätte: sie sind da und liegen eigentlich vor jedermanns Füßen: so wie immer das große Problem dem edlen Gesteine gleicht, über welches Tausende wegschreiten, bis endlich einer es aufhebt. Was bedeutet es, fragt sich Wagner, daß im Leben der neueren Menschen gerade eine solche Kunst, wie die der Musik, mit so unvergleichlicher Kraft entstanden ist? Man braucht von diesem Leben nicht etwa gering zu denken, um hier ein Problem zu sehen; nein, wenn man alle diesem Leben eigenen großen Gewalten erwägt und sich das Bild eines mächtig aufstrebenden, um *bewußte Freiheit* und um *Unabhängigkeit des Gedankens* kämpfenden Daseins vor die Seele stellt – dann erst recht erscheint die Musik in dieser Welt als Rätsel. Muß man nicht sagen: aus dieser Zeit *konnte* die Musik nicht erstehn! Was ist dann aber ihre Existenz? Ein Zufall? Gewiß könnte auch ein einzelner großer Künstler ein Zufall sein, aber das Erscheinen einer solchen Reihe von großen Künstlern, wie es die neuere Geschichte der Musik zeigt, und wie es bisher nur noch einmal, in der Zeit der Griechen, seinesgleichen hatte, gibt zu denken, daß hier nicht Zufall, sondern Notwendigkeit herrscht. Diese Notwendigkeit eben ist das Problem, auf welches Wagner eine Antwort gibt.

Es ist ihm zuerst die Erkenntnis eines Notstandes aufgegangen, der so weit reicht als jetzt überhaupt die Zivilisation die Völker verknüpft: überall ist hier die *Sprache* erkrankt, und auf der ganzen menschlichen Entwicklung lastet der Druck dieser ungeheuerlichen Krankheit. Indem die Sprache fortwährend auf die letzten Sprossen des ihr Erreichbaren steigt, mußte, um, möglichst ferne von der starken Gefühlsregung, der sie ursprünglich in aller Schlichtheit zu entsprechen vermochte, das dem Gefühl Entgegengesetzte, das Reich des Gedankens zu erfassen, ist ihre Kraft durch dieses übermäßige Sichausrecken in dem kurzen Zeitraume der neueren Zivilisation erschöpft worden: so daß sie nun gerade das nicht mehr zu leisten vermag, wessentwegen sie allein da ist: um über die einfachsten Lebensnöte die Leidenden miteinander zu verständigen. Der Mensch kann sich in seiner Not vermöge der Sprache nicht mehr zu erkennen geben, also sich nicht wahrhaft mitteilen: bei diesem dunkel gefühlten Zustande ist die Sprache überall eine Gewalt für sich geworden, welche nun wie mit Gespensterarmen die Menschen faßt und schiebt, wohin sie eigentlich nicht wollen; sobald sie miteinander sich zu verständigen und zu einem Werk zu vereinigen suchen, erfaßt sie der Wahnsinn der allgemeinen Begriffe, ja der reinen Wortklänge, und infolge dieser Unfähigkeit sich mitzuteilen tragen dann wieder die Schöpfungen ihres Gemeinsinns das Zeichen des Sich-nicht-Verstehens, insofern sie nicht den wirklichen Nöten entsprechen, sondern eben nur der Hohlheit jener gewaltherrischen Worte und Begriffe: so nimmt die Menschheit zu allen ihren Leiden auch noch das

Leiden der *Konvention* hinzu, das heißt des Übereinkommens in Worten und Handlungen ohne ein Übereinkommen des Gefühls. Wie in dem abwärtslaufenden Gange jeder Kunst ein Punkt erreicht wird, wo ihre krankhaft wuchernden Mittel und Formen ein tyrannisches Übergewicht über die jungen Seelen der Künstler erlangen und sie zu ihren Sklaven machen, so ist man jetzt im Niedergange der Sprachen, der Sklave der Worte; unter diesem Zwange vermag niemand mehr sich selbst zu zeigen, naiv zu sprechen, und wenige überhaupt vermögen sich ihre Individualität zu wahren, im Kampfe mit einer Bildung, welche ihr Gelingen nicht damit zu beweisen glaubt, daß sie deutlichen Empfindungen und Bedürfnissen bildend entgegenkomme, sondern damit, daß sie das Individuum in das Netz der »deutlichen Begriffe« einspinne und richtig denken lehre: als ob es irgendeinen Wert hätte, jemanden zu einem richtig denkenden und schließenden Wesen zu machen, wenn es nicht gelungen ist, ihn vorher zu einem richtig empfindenden zu machen. Wenn nun, in einer solchermaßen verwundeten Menschheit, die Musik unsrer deutschen Meister erklingt, was kommt da eigentlich zum Erklingen? Eben nur die *richtige Empfindung*, die Feindin aller Konvention, aller künstlichen Entfremdung und Unverständlichkeit zwischen Mensch und Mensch: diese Musik ist Rückkehr zur Natur, während sie zugleich Reinigung und Umwandlung der Natur ist; denn in der Seele der liebevollsten Menschen ist die Nötigung zu jener Rückkehr entstanden, und *in ihrer Kunst ertönt die in Liebe verwandelte Natur.*

Nehmen wir dies als die eine Antwort Wagners auf die Frage, was die Musik in unserer Zeit bedeutet: er hat noch eine zweite. Das Verhältnis zwischen Musik und Leben ist nicht nur das einer Art Sprache zu einer andern Art Sprache, es ist auch das Verhältnis der vollkommnen Hörwelt zu der gesamten Schauwelt. Als Erscheinung für das Auge genommen und verglichen mit den früheren Erscheinungen des Lebens, zeigt aber die Existenz der neueren Menschen eine unsägliche Armut und Erschöpfung, trotz der unsäglichen Buntheit, durch welche nur der oberflächlichste Blick sich beglückt fühlen kann. Man sehe nur etwas schärfer hin und zerlege sich den Eindruck dieses heftig bewegten Farbenspiels: ist das Ganze nicht wie das Schimmern und Aufblitzen zahlloser Steinchen und Stückchen, welche man früheren Kulturen abgeborgt hat? Ist hier nicht alles unzugehöriger Prunk, nachgeäffte Bewegung, angemaßte Äußerlichkeit? Ein Kleid in bunten Fetzen für den Nackten und Frierenden? Ein scheinbarer Tanz der Freude, dem Leidenden zugemutet? Mienen üppigen Stolzes, von einem tief Verwundeten zur Schau getragen? Und dazwischen, nur durch die Schnelligkeit der Bewegung und des Wirbels verhüllt und verhehlt – graue Ohnmacht, nagender Unfrieden, arbeitsamste Langeweile, unehrliches Elend! Die Erscheinung des modernen Menschen ist ganz und gar Schein geworden; er wird in dem, was er jetzt vorstellt, nicht selber

sichtbar, viel eher versteckt; und der Rest erfinderischer Kunsttätigkeit, der sich noch bei einem Volke, etwa bei den Franzosen und Italienern, erhalten hat, wird auf die Kunst dieses Versteckenspielens verwendet. Überall, wo man jetzt »Form« verlangt, in der Gesellschaft und der Unterhaltung, im schriftstellerischen Ausdruck, im Verkehr der Staaten miteinander, versteht man darunter unwillkürlich einen gefälligen Anschein, den Gegensatz des wahren Begriffs von Form als von einer notwendigen Gestaltung, die mit »gefällig« und »ungefällig« nichts zu tun hat, weil sie eben notwendig und nicht beliebig ist. Aber auch dort, wo man jetzt unter Völkern der Zivilisation nicht die Form ausdrücklich verlangt, besitzt man ebensowenig jene notwendige Gestaltung, sondern ist in dem Streben nach dem gefälligen Anschein nur nicht so glücklich, wenn auch mindestens ebenso eifrig. *Wie gefällig* nämlich hier und dort der Anschein ist und weshalb es jedem gefallen muß, daß der moderne Mensch sich wenigstens bemüht, zu scheinen, das fühlt jeder in dem Maße, in welchem er selber moderner Mensch ist. »Nur die Galeerensklaven kennen sich«, sagt Tasso, »doch wir *verkennen* nur die andern höflich, damit sie wieder uns verkennen sollen.«

In dieser Welt der Formen und der erwünschten Verkennung erscheinen nun die von der Musik erfüllten Seelen – zu welchem Zwecke? Sie bewegen sich nach dem Gange des großen, freien Rhythmus, in vornehmer Ehrlichkeit, in einer Leidenschaft, welche überpersönlich ist, sie erglühen von dem machtvoll ruhigen Feuer der Musik, das aus unerschöpflicher Tiefe in ihnen ans Licht quillt – dies alles zu welchem Zwecke?

Durch diese Seelen verlangt die Musik nach ihrer ebenmäßigen Schwester, der *Gymnastik*, als nach ihrer notwendigen Gestaltung im Reiche des Sichtbaren: im Suchen und Verlangen nach ihr wird sie zur Richterin über die ganze verlogene Schau- und Scheinwelt der Gegenwart. Dies ist die zweite Antwort Wagners auf die Frage, was die Musik in dieser Zeit zu bedeuten habe. Helft mir, so ruft er allen zu, die hören können, helft mir, jene Kultur zu entdecken, von der meine Musik als die wiedergefundene Sprache der richtigen Empfindung wahrsagt, denkt darüber nach, daß die Seele der Musik sich jetzt einen Leib gestalten will, daß sie durch euch alle hindurch zur Sichtbarkeit in Bewegung, Tat, Einrichtung und Sitte ihren Weg sucht! Es gibt Menschen, welche diesen Zuruf verstehen, und es werden ihrer immer mehr; diese begreifen es auch zum ersten Male wieder, was es heißen will, den Staat auf Musik zu gründen, etwas, das die älteren Hellenen nicht nur begriffen hatten, sondern auch von sich selbst forderten: während dieselben Verständnisvollen über dem jetzigen Staat ebenso unbedingt den Stab brechen werden, wie es die meisten Menschen jetzt schon über der Kirche tun. Der Weg zu einem so neuen und doch nicht allezeit unerhörten Ziele führt dazu, sich einzugestehn, worin der beschämendste Mangel an unsrer Erziehung und der eigentliche Grund

ihrer Unfähigkeit, aus dem Barbarischen herauszuheben, liegt: es fehlt ihr die bewegende und gestaltende Seele der Musik, hingegen sind ihre Erfordernisse und Einrichtungen das Erzeugnis einer Zeit, in welcher jene Musik noch gar nicht geboren war, auf die wir hier ein so vielbedeutendes Vertrauen setzen. Unsere Erziehung ist das rückständigste Gebilde in der Gegenwart, und gerade rückständig in bezug auf die einzige neu hinzugekommene erzieherische Gewalt, welche die jetzigen Menschen vor denen früherer Jahrhunderte voraushaben – oder haben könnten, wenn sie nicht mehr so besinnungslos gegenwärtig unter der Geißel des Augenblicks fortleben wollten! Weil sie bis jetzt die Seele der Musik nicht in sich herbergen lassen, so haben sie auch die Gymnastik im griechischen und Wagnerschen Sinne dieses Wortes noch nicht geahnt; und dies ist wieder der Grund, warum ihre bildenden Künstler zur Hoffnungslosigkeit verurteilt sind, solange sie eben, wie jetzt immer noch, der Musik als Führerin in eine neue Schauwelt entraten wollen: es mag da an Begabung wachsen, was da wolle, es kommt zu spät oder zu früh und jedenfalls zur Unzeit, denn es ist überflüssig und wirkungslos, da ja selbst das Vollkommne und Höchste früherer Zeiten, das Vorbild der jetzigen Bildner, überflüssig und fast wirkungslos ist und kaum noch einen Stein auf den andern setzt. Sehen sie in ihrem innerlichen Schauen keine neuen Gestalten vor sich, sondern immer nur die alten hinter sich, so dienen sie der Historie, aber nicht dem Leben, und sind tot, bevor sie gestorben sind: wer aber jetzt wahres, fruchtbares Leben, das heißt gegenwärtig allein: Musik in sich fühlt, könnte der sich durch irgend etwas, das sich in Gestalten, Formen und Stilen abmüht, nur einen Augenblick zu weitertragenden Hoffnungen verführen lassen? Über alle Eitelkeiten dieser Art ist er hinaus; und er denkt ebensowenig daran, abseits von seiner idealen Hörwelt bildnerische Wunder zu finden, als er von unsern ausgelebten und verfärbten Sprachen noch große Schriftsteller erwartet. Lieber als daß er irgendwelchen eiteln Vertröstungen Gehör schenkte, erträgt er es, den tief unbefriedigten Blick auf unser modernes Wesen zu richten: mag er voll von Galle und Haß werden, wenn sein Herz nicht warm genug zum Mitleid ist! Selbst Bosheit und Hohn ist besser, als daß er sich, nach der Art unsrer »Kunstfreunde«, einem trügerischen Behagen und einer stillen Trunksucht überantwortete! Aber auch wenn er mehr kann als verneinen und höhnen, wenn er lieben, mitleiden und mitbauen kann, so *muß* er doch zunächst verneinen, um dadurch seiner hilfsbereiten Seele erst Bahn zu brechen. Damit einmal die Musik viele Menschen zur Andacht stimme und sie zu Vertrauten ihrer höchsten Absichten mache, muß erst dem ganzen genußsüchtigen Verkehre mit einer so heiligen Kunst ein Ende gemacht werden; das Fundament, worauf unsre Kunst-Unterhaltungen, Theater, Museen, Konzertgesellschaften ruhen, eben jener »Kunstfreund« ist mit Bann zu belegen; die staatliche Gunst, welche seinen Wünschen geschenkt wird,

ist in Abgunst zu verwandeln; das öffentliche Urteil, welches gerade auf Abrichtung zu jener Kunstfreundschaft einen absonderlichen Wert legt, ist durch ein besseres Urteil aus dem Felde zu schlagen. Einstweilen muß uns sogar der *erklärte Kunstfeind* als ein wirklicher und nützlicher Bundesgenosse gelten, da das, wogegen er sich feindlich erklärt, eben nur die Kunst, wie sie der »Kunstfreund« versteht, ist: er kennt ja keine andere! Mag er diesem Kunstfreunde immerhin die unsinnige Vergeudung von Geld nachrechnen welche der Bau seiner Theater und öffentlichen Denkmäler, die Anstellung seiner »berühmten« Sänger und Schauspieler, die Unterhaltung seiner gänzlich unfruchtbaren Kunstschulen und Bildersammlungen verschuldet: gar nicht dessen zu gedenken, was alles an Kraft, Zeit und Geld in jedem Hauswesen, in der Erziehung für vermeintliche »Kunstinteressen« weggeworfen wird. Da ist kein Hunger und kein Sattwerden, sondern immer nur ein mattes Spiel mit dem Anscheine von beidem, zur eitelsten Schaustellung ausgedacht, um das Urteil anderer über sich irrezuführen; oder noch schlimmer: nimmt man die Kunst hier verhältnismäßig ernst, so verlangt man gar von ihr die Erzeugung einer Art von Hunger und Begehren und findet ihre Aufgabe eben in dieser künstlich erzeugten Aufregung. Als ob man sich fürchtete, an sich selber durch Ekel und Stumpfheit zugrunde zu gehen, ruft man alle bösen Dämonen auf, um sich durch diese Jäger wie ein Wild treiben zu lassen: man lechzt nach Leiden, Zorn, Haß, Erhitzung, plötzlichem Schrecken, atemloser Spannung und ruft den Künstler herbei als den Beschwörer dieser Geisterjagd. Die Kunst ist jetzt in dem Seelen-Haushalte unsrer Gebildeten ein ganz erlogenes oder ein schmähliches, entwürdigendes Bedürfnis, entweder ein Nichts oder ein böses Etwas. Der Künstler, der bessere und seltnere, ist wie von einem betäubenden Traum befangen, dies alles nicht zu sehen, und wiederholt zögernd mit unsicherer Stimme gespenstisch schöne Worte, die er von ganz fernen Orten her zu hören meint, aber nicht deutlich genug vernimmt; der Künstler dagegen von ganz modernem Schlage kommt in voller Verachtung gegen das traumselige Tasten und Reden seines edleren Genossen daher und führt die ganze kläffende Meute zusammengekoppelter Leidenschaften und Schleußlichkeiten am Strick mit sich, um sie nach Verlangen auf die modernen Menschen loszulassen: diese wollen ja lieber gejagt, verwundet und zerrissen werden, als mit sich selber in der Stille beisammenwohnen zu müssen. Mit sich selber! – dieser Gedanke schüttelt die modernen Seelen, das ist *ihre* Angst und Gespensterfurcht.

Wenn ich mir in volkreichen Städten die Tausende ansehe, wie sie mit dem Ausdrucke der Dumpfheit oder der Hast vorübergehen, so sage ich mir immer wieder, es muß ihnen schlecht zumute sein. Für diese alle aber ist die Kunst bloß deshalb da, damit ihnen noch schlechter zumute werde, noch dumpfer und sinnloser, oder noch hastiger und begehrlicher. Denn

die *unrichtige Empfindung* reitet und drillt sie unablässig und läßt durchaus nicht zu, daß sie sich selber ihr Elend eingestehen dürfen; wollen sie sprechen, so flüstert ihnen die Konvention etwas ins Ohr, worüber sie vergessen, was sie eigentlich sagen wollten; wollen sie sich miteinander verständigen, so ist ihr Verstand wie durch Zaubersprüche gelähmt, so daß sie Glück nennen, was ihr Unglück ist, und sich zum eignen Unsegen noch recht geflissentlich miteinander verbinden. So sind sie ganz und gar verwandelt und zu willenlosen Sklaven der unrichtigen Empfindung herabgesetzt.

6

Nur an zwei Beispielen will ich zeigen, wie verkehrt die Empfindung in unserer Zeit geworden ist und wie die Zeit kein Bewußtsein über diese Verkehrtheit hat. Ehemals sah man mit ehrlicher Vornehmheit auf die Menschen herab, die mit Geld Handel treiben, wenn man sie auch nötig hatte; man gestand sich ein, daß jede Gesellschaft ihre Eingeweide haben müsse. Jetzt sind sie die herrschende Macht in der Seele der modernen Menschheit, als der begehrlichste Teil derselben. Ehemals warnte man vor nichts mehr, als den Tag, den Augenblick zu ernst zu nehmen, und empfahl das *nil admirari* und die Sorge für die ewigen Anliegenheiten; jetzt ist nur eine Art von Ernst in der modernen Seele übriggeblieben, er gilt den Nachrichten, welche die Zeitung oder der Telegraph bringt. Den Augenblick benutzen und, um von ihm Nutzen zu haben, ihn so schnell wie möglich beurteilen! – man könnte glauben, es sei den gegenwärtigen Menschen auch nur eine Tugend übriggeblieben, die der Geistesgegenwart. Leider ist es in Wahrheit vielmehr die Allgegenwart einer schmutzigen unersättlichen Begehrlichkeit und einer überallhin spähenden Neugierde bei jedermann. Ob überhaupt der *Geist* jetzt *gegenwärtig* sei – wir wollen die Untersuchung darüber den künftigen Richtern zuschieben, welche die modernen Menschen einmal durch ihr Sieb raiten werden. Aber gemein ist dies Zeitalter; das kann man schon jetzt sehen, weil es das ehrt, was frühere vornehme Zeitalter verachteten; wenn es nun aber noch die ganze Kostbarkeit vergangener Weisheit und Kunst sich angeeignet hat und in diesem reichsten aller Gewänder einhergeht, so zeigt es ein unheimliches Selbstbewußtsein über seine Gemeinheit darin, daß es jenen Mantel nicht braucht, um sich zu wärmen, sondern um über sich zu täuschen. Die Not, sich zu verstellen und zu verstecken, erscheint ihm dringender als die, nicht zu erfrieren. So benutzen die jetzigen Gelehrten und Philosophen die Weisheit der Inder und Griechen nicht, um in sich weise und ruhig zu werden: ihre Arbeit soll bloß dazu dienen, der Gegenwart einen täuschenden Ruf der Weisheit zu verschaffen. Die Forscher der Tiergeschichte bemühen sich, die tierischen Ausbrüche von Gewalt und List und Rach-

sucht im jetzigen Verkehre der Staaten und Menschen untereinander als unabänderliche Naturgesetze hinzustellen. Die Historiker sind mit ängstlicher Beflissenheit darauf aus, den Satz zu beweisen, daß jede Zeit ihr eignes Recht, ihre eignen Bedingungen habe, – um für das kommende Gerichtsverfahren, mit dem unsre Zeit heimgesucht wird, gleich den Grundgedanken der Verteidigung vorzubereiten. Die Lehre vom Staat, vom Volke, von der Wirtschaft, dem Handel, dem Rechte – alles hat jetzt jenen *vorbereitend apologetischen* Charakter; ja es scheint, was von Geist noch tätig ist, ohne bei dem Getriebe des großen Erwerb- und Macht-Mechanismus selbst verbraucht zu werden, hat seine einzige Aufgabe im Verteidigen und Entschuldigen der Gegenwart.

Vor welchem Kläger? Das fragt man da mit Befremden.

Vor dem eignen schlechten Gewissen.

Und hier wird auch mit einem Male die Aufgabe der modernen Kunst deutlich: Stumpfsinn oder Rausch! Einschläfern oder betäuben! Das Gewissen zum Nichtwissen bringen, auf diese oder die andre Weise! Der modernen Seele über das Gefühl von Schuld hinweghelfen, nicht ihr zur Unschuld zurück verhelfen! Und dies wenigstens auf Augenblicke! Den Menschen vor sich selber verteidigen, indem er in sich selber zum Schweigen-Müssen, zum Nicht-hören-Können gebracht wird! – Den wenigen, welche diese beschämendste Aufgabe, diese schreckliche Entwürdigung der Kunst nur einmal wirklich empfunden haben, wird die Seele von Jammer und Erbarmen bis zum Rande voll geworden sein und bleiben: aber auch von einer neuen übermächtigen Sehnsucht. Wer die Kunst befreien, ihre unentweihte Heiligkeit wiederherstellen wollte, der müßte sich selber erst von der modernen Seele befreit haben; nur als ein Unschuldiger dürfte er die Unschuld der Kunst finden, er hat zwei ungeheure Reinigungen und Weihungen zu vollbringen. Wäre er dabei siegreich, spräche er aus befreiter Seele mit seiner befreiten Kunst zu den Menschen, so würde er dann erst in die größte Gefahr, in den ungeheuersten Kampf geraten; die Menschen würden ihn und seine Kunst lieber zerreißen als daß sie zugestünden, wie sie aus Scham vor ihnen vergehen müssen. Es wäre möglich, daß die Erlösung der Kunst, der einzige zu erhoffende Lichtblick in der neueren Zeit, ein Ereignis für ein paar einsame Seelen bliebe, während die vielen es fort und fort aushielten, in das flackernde und qualmende Feuer ihrer Kunst zu sehen: sie *wollen* ja nicht Licht, sondern Blendung, sie *hassen* ja das Licht – über sich selbst.

So weichen sie dem neuen Lichtbringer aus; aber er geht ihnen nach, gezwungen von der Liebe, aus der er geboren ist, und will sie zwingen. »Ihr *sollt* durch meine Mysterien hindurch«, ruft er ihnen zu, »ihr braucht ihre Reinigungen und Erschütterungen. Wagt es zu eurem Heil und laßt einmal das trüb erleuchtete Stück Natur und Leben, welches ihr allein zu kennen scheint; ich führe euch in ein Reich, das ebenfalls wirklich ist, ihr

selber sollt sagen, wenn ihr aus meiner Höhle in euren Tag zurückkehrt, welches Leben wirklicher und wo eigentlich der Tag, wo die Höhle ist. Die Natur ist nach innen zu viel reicher, gewaltiger, seliger, furchtbarer; ihr kennt sie nicht, so wie ihr gewöhnlich lebt: lernt es, selbst wieder Natur zu werden, und laßt euch dann mit und in ihr durch meinen Liebes- und Feuerzauber verwandeln.«

Es ist die Stimme *der Kunst Wagners*, welche so zu den Menschen spricht. Daß wir Kinder eines erbärmlichen Zeitalters ihren Ton zuerst hören durften, zeigt, wie würdig des Erbarmens gerade dies Zeitalter sein muß, und zeigt überhaupt, daß wahre Musik ein Stück Fatum und Urgesetz ist; denn es ist gar nicht möglich, ihr Erklingen gerade jetzt aus einem leeren sinnlosen Zufall abzuleiten; ein zufälliger Wagner wäre durch die Übergewalt des andern Elements, in welches er hineingeworfen wurde, zerdrückt worden. Aber über dem Werden des wirklichen Wagner liegt eine verklärende und rechtfertigende Notwendigkeit. Seine Kunst, im Entstehen betrachtet, ist das herrlichste Schauspiel, so leidvoll auch jenes Werden gewesen sein mag, denn Vernunft, Gesetz, Zweck zeigt sich überall. Der Betrachtende wird, im Glücke dieses Schauspiels, dieses leidvolle Werden selbst preisen und mit Lust erwägen, wie der ur-bestimmten Natur und Begabung jegliches zu Heil und Gewinn werden muß, so schwere Schulen sie auch durchgeführt wird, wie jede Gefährlichkeit sie beherzter, jeder Sieg sie besonnener macht, wie sie sich von Gift und Unglück nährt und gesund und stark dabei wird. Das Gespött und Widersprechen der umgebenden Welt ist ihr Reiz und Stachel; verirrt sie sich, so kommt sie mit der wunderbarsten Beute aus Irrnis und Verlorenheit heim; schläft sie, so »schläft sie nur neue Kraft sich an«. Sie stählt selber den Leib und macht ihn rüstiger; sie zehrt nicht am Leben, je mehr sie lebt; sie waltet über dem Menschen wie eine beschwingte Leidenschaft und läßt ihn gerade dann fliegen, wenn sein Fuß im Sande ermüdet, am Gestein wund geworden ist. Sie kann nicht anders als mitteilen, jedermann soll an ihrem Werke mitwirken, sie geizt nicht mit ihren Gaben. Zurückgewiesen, schenkt sie reichlicher; gemißbraucht von dem Beschenkten, gibt sie auch das kostbarste Kleinod, das sie hat, noch hinzu – und noch niemals waren die Beschenkten der Gabe ganz würdig, so lautet die älteste und jüngste Erfahrung. Dadurch ist die ur-bestimmte Natur, durch welche die Musik zur Welt der Erscheinung spricht, das rätselvollste Ding unter der Sonne, ein Abgrund, in dem Kraft und Güte gepaart ruhen, eine Brücke zwischen Selbst und Nicht-Selbst. Wer vermöchte den Zweck deutlich zu nennen, zu dem sie überhaupt da ist, wenn auch selbst die Zweckmäßigkeit in der Art, wie sie wurde, sich erraten lassen sollte? Aber aus der seligsten Ahnung heraus darf man fragen: sollte wirklich das Größere des Geringeren wegen da sein, die größte Begabung zugunsten der kleinsten, die höchste Tugend und Heiligkeit um der Gebrechlichen wil-

len? Mußte die wahre Musik erklingen, weil die Menschen sie *am wenigsten verdienten, aber am meisten ihrer bedurften?* Man versenke sich nur einmal in das überschwengliche Wunder dieser Möglichkeit: schaut man von da auf das Leben zurück, so leuchtet es, so trübe und umnebelt es vorher auch erscheinen mochte. –

7

Es ist nicht anders möglich: der Betrachtende, vor dessen Blick eine solche Natur wie die Wagners steht, muß unwillkürlich von Zeit zu Zeit auf sich, auf seine Kleinheit und Gebrechlichkeit zurückgeworfen werden und wird sich fragen: was soll sie dir? Wozu bist denn *du* eigentlich da? – Wahrscheinlich fehlt ihm dann die Antwort, und er steht vor seinem eignen Wesen befremdet und betroffen still. Mag es ihm dann genügen, eben dies erlebt zu haben; mag er eben darin, daß er *sich seinem Wesen entfremdet fühlt,* die Antwort auf jene Frage hören. Denn gerade mit diesem Gefühl nimmt er teil an der gewaltigsten Lebensäußerung Wagners, dem Mittelpunkte seiner Kraft, jener dämonischen *Übertragbarkeit* und Selbstentäußerung seiner Natur, welche sich andern ebenso mitteilen kann, als sie andere Wesen sich selber mitteilt und im Hingeben und Annehmen ihre Größe hat. Indem der Betrachtende scheinbar der aus- und überströmenden Natur Wagners unterliegt, hat er an ihrer Kraft selber Anteil genommen und ist so gleichsam *durch ihn gegen ihn* mächtig geworden; und jeder, der sich genau prüft, weiß, daß selbst zum Betrachten eine geheimnisvolle Gegnerschaft, die des Entgegenschauens, gehört. Läßt uns seine Kunst alles das erleben, was eine Seele erfährt, die auf Wanderschaft geht, an andern Seelen und ihrem Lose teilnimmt, aus vielen Augen in die Welt blicken lernt, so vermögen wir nun auch, aus solcher Entfremdung und Entlegenheit, ihn selbst zu sehen, nachdem wir ihn selbst erlebt haben. Wir fühlen es dann auf das bestimmteste: in Wagner will alles Sichtbare der Welt zum Hörbaren sich vertiefen und verinnerlichen und sucht seine verlorne Seele; in Wagner will ebenso alles Hörbare der Welt auch als Erscheinung für das Auge ans Licht hinaus und hinauf, will gleichsam Leiblichkeit gewinnen. Seine Kunst führt ihn immer den doppelten Weg, aus einer Welt als Hörspiel in eine rätselhaft verwandte Welt als Schauspiel und umgekehrt; er ist fortwährend gezwungen – und der Betrachtende mit ihm – die sichtbare Bewegtheit in Seele und Urleben zurück zu übersetzen und wiederum das verborgenste Weben des Innern als Erscheinung zu sehen und mit einem Schein-Leib zu bekleiden. Dies alles ist das Wesen des *dithyrambischen Dramatikers,* diesen Begriff so voll genommen, daß er zugleich den Schauspieler, Dichter, Musiker umfaßt: so wie dieser Begriff aus der einzig vollkommnen

Erscheinung des dithyrambischen Dramatikers vor Wagner, aus Äschylus und seinen griechischen Kunstgenossen, mit Notwendigkeit entnommen werden muß. Wenn man versucht hat, die großartigsten Entwicklungen aus inneren Hemmungen oder Lücken herzuleiten, wenn zum Beispiel für Goethe das Dichten eine Art Auskunftsmittel für einen verfehlten Malerberuf war, wenn man von Schillers Dramen als von einer versetzten Volks-Beredsamkeit reden kann, wenn Wagner selbst die Förderung der Musik durch die Deutschen unter anderem auch so sich zu deuten sucht, daß sie, des verführerischen Antriebs einer natürlichen melodischen Stimmbegabung entbehrend, die Tonkunst etwa mit dem gleichen tiefgehenden Ernste aufzufassen genötigt waren, wie ihre Reformatoren das Christentum –: wenn man in ähnlicher Weise Wagners Entwicklung mit einer solchen inneren Hemmung in Verbindung setzen wollte, so dürfte man wohl in ihm eine schauspielerische Urbegabung annehmen, welche es sich versagen mußte, sich auf dem nächsten trivialsten Wege zu befriedigen, und welche in der Heranziehung aller Künste zu einer großen schauspielerischen Offenbarung ihre Auskunft und ihre Rettung fand. Aber ebensogut müßte man dann sagen dürfen, daß die gewaltigste Musiker-Natur, in ihrer Verzweiflung, zu den Halb- und Nicht-Musikern reden zu müssen, den Zugang zu den andern Künsten gewaltsam erbrach, um so endlich mit hundertfacher Deutlichkeit sich mitzuteilen und sich Verständnis, volkstümlichstes Verständnis zu erzwingen. Wie man sich nun auch die Entwicklung des Urdramatikers vorstellen möge, in seiner Reife und Vollendung ist er ein Gebilde ohne jede Hemmung und Lücke: der eigentlich freie Künstler, der gar nicht anders kann als in allen Künsten zugleich denken, der Mittler und Versöhner zwischen scheinbar getrennten Sphären, der Wiederhersteller einer Ein- und Gesamtheit des künstlerischen Vermögens, welche gar nicht erraten und erschlossen, sondern nur durch die Tat gezeigt werden kann. Vor wem aber diese Tat plötzlich getan wird, den wird sie wie der unheimlichste, anziehendste Zauber überwältigen: er steht mit einem Male vor einer Macht, welche den Widerstand der Vernunft aufhebt, ja alles andere, in dem man bis dahin lebte, unvernünftig und unbegreiflich erscheinen läßt: außer uns gesetzt, schwimmen wir in einem rätselhaften feurigen Elemente, verstehen uns selber nicht mehr, erkennen das Bekannteste nicht wieder; wir haben kein Maß mehr in der Hand, alles Gesetzliche, alles Starre beginnt sich zu bewegen, jedes Ding leuchtet in neuen Farben, redet in neuen Schriftzeichen zu uns: – da muß man schon Plato sein, um, bei diesem Gemisch von gewaltsamer Wonne und Furcht, sich doch so entschließen zu können, wie er tut, und zu dem Dramatiker zu sprechen: »wir wollen einen Mann, der infolge seiner Weisheit alles Mögliche werden und alle Dinge nachahmen könnte, wenn er in unser Gemeinwesen kommt, als etwas Heiliges und Wundervolles verehren, Salben über sein Haupt gießen und es mit Wolle be-

kränzen, aber ihn zu bewegen suchen, daß er in ein andres Gemeinwesen gehe.« Mag es sein, daß einer, der im platonischen Gemeinwesen lebt, so etwas über sich gewinnen kann und muß: wir anderen alle, die wir so gar nicht in ihm, sondern in ganz andern Gemeinwesen leben, sehnen uns und verlangen darnach, daß der Zauberer zu uns komme, ob wir uns schon vor ihm fürchten, – gerade damit unser Gemeinwesen und die böse Vernunft und Macht, deren Verkörperung es ist, einmal verneint erscheine. Ein Zustand der Menschheit, ihrer Gemeinschaft, Sitte, Lebensordnung, Gesamteinrichtung, welcher des nachahmenden Künstlers entbehren könnte, ist vielleicht keine volle Unmöglichkeit, aber doch gehört gerade dies Vielleicht zu den verwegensten, die es gibt, und wiegt einem Vielschwer ganz gleich; davon zu reden sollte nur einem freistehn, welcher den höchsten Augenblick alles Kommenden vorwegnehmend erzeugen und fühlen könnte und der dann sofort gleich Faust blind werden müßte – und dürfte: – denn *wir* haben selbst zu dieser Blindheit kein Recht, während zum Beispiel Plato gegen alles Wirklich-Hellenische mit Recht blind sein durfte, nach jenem einzigen Blick seines Auges, den er in das Ideal-Hellenische getan hatte. Wir anderen brauchen vielmehr deshalb die Kunst, weil wir gerade *angesichts des Wirklichen sehend* geworden sind; und wir brauchen gerade den All-Dramatiker, damit er uns aus der furchtbaren Spannung wenigstens auf Stunden erlöse, welche der sehende Mensch jetzt zwischen sich und den ihm aufgebürdeten Aufgaben empfindet. Mit ihm steigen wir auf die höchsten Sprossen der Empfindung und wähnen uns dort erst wieder in der freien Natur und im Reich der Freiheit; von dort aus sehen wir wie in ungeheuren Luft-Spiegelungen uns und unseresgleichen im Ringen, Siegen und Untergehen als etwas Erhabenes und Bedeutungsvolles, wir haben Lust am Rhythmus der Leidenschaft und am Opfer derselben, wir hören bei jedem gewaltigen Schritte des Helden den dumpfen Widerhall des Todes und verstehen in dessen Nähe den höchsten Reiz des Lebens: – so zu tragischen Menschen umgewandelt kehren wir in seltsam getrösteter Stimmung zum Leben zurück, mit dem neuen Gefühl der Sicherheit, als ob wir nun aus den größten Gefahren, Ausschreitungen und Ekstasen den Weg zurück ins Begrenzte und Heimische gefunden hätten: dorthin, wo man überlegen-gütig und jedenfalls vornehmer als vordem verkehren kann; denn alles, was hier als Ernst und Not, als Lauf zu einem Ziele erscheint, ähnelt, im Vergleiche mit der Bahn, die wir selber, wenn auch nur im Traume, durchlaufen haben, nur wunderlich vereinzelten Stücken jener All-Erlebnisse, deren wir uns mit Schrecken bewußt sind; ja wir werden ins Gefährliche geraten und versucht sein, das Leben zu leicht zu nehmen, gerade deshalb, weil wir es in der Kunst mit so ungemeinem Ernste erfaßt haben: um auf ein Wort hinzuweisen, welches Wagner von seinen Lebens-Schicksalen gesagt hat. Denn wenn schon uns als denen, welche eine solche Kunst der dithyrambischen Dra-

matik nur erfahren, aber nicht schaffen, der Traum fast für wahrer gelten will als das Wache, Wirkliche: wie muß erst der Schaffende diesen Gegensatz abschätzen! Da steht er selber inmitten aller der lärmenden Anrufe und Zudringlichkeiten von Tag, Lebensnot, Gesellschaft, Staat – als was? Vielleicht als sei er gerade der einzig Wache, einzig Wahr- und Wirklich-Gesinnte unter verworrenen und gequälten Schläfern, unter lauter Wähnenden, Leidenden; mitunter selbst fühlt er sich wohl wie von dauernder Schlaflosigkeit erfaßt, als müsse er nun sein so übernächtig helles und bewußtes Leben zusammen mit Schlafwandlern und gespensterhaft ernsttuenden Wesen verbringen: so daß eben jenes alles, was anderen alltäglich, ihm unheimlich erscheint und er sich versucht fühlt, dem Eindrucke dieser Erscheinung mit übermütiger Verspottung zu begegnen. Aber wie eigentümlich gekreuzt wird diese Empfindung, wenn gerade zu der Helle seines schaudernden Übermutes ein ganz andrer Trieb sich gesellt, die Sehnsucht aus der Höhe in die Tiefe, das liebende Verlangen zur Erde, zum Glück der Gemeinsamkeit – dann, wenn er alles dessen gedenkt, was er als Einsamer-Schaffender entbehrt, als sollte er nun sofort, wie ein zur Erde niedersteigender Gott, alles Schwache, Menschliche, Verlorne »mit feurigen Armen zum Himmel emporheben«, um endlich Liebe und nicht mehr Anbetung zu finden und sich, in der Liebe, seiner selbst völlig zu entäußern! Gerade aber die hier angenommene Kreuzung ist das tatsächliche Wunder in der Seele des dithyrambischen Dramatikers; und wenn sein Wesen irgendwo auch vom Begriff zu erfassen wäre, so müßte es an dieser Stelle sein. Denn es sind die Zeugungs-Momente seiner Kunst, wenn er in diese Kreuzung der Empfindungen gespannt ist, und sich jene unheimlich-übermütige Befremdung und Verwunderung über die Welt mit dem sehnsüchtigen Drange paart, derselben Welt als Liebender zu nahen. Was er dann auch für Blicke auf Erde und Leben wirft, es sind immer Sonnenstrahlen, die »Wasser ziehen«, Nebel ballen, Gewitterdünste umher lagern. *Hellsichtig-besonnen und liebend-selbstlos zugleich* fällt sein Blick hernieder: und alles, was er jetzt mit dieser doppelten Leuchtkraft seines Blickes sich erhellt, treibt die Natur mit furchtbarer Schnelligkeit zur Entladung aller ihrer Kräfte, zur Offenbarung ihrer verborgensten Geheimnisse: und zwar durch *Scham*. Es ist mehr als ein Bild, zu sagen, daß er mit jenem Blick die Natur überrascht habe, daß er sie nackend gesehn habe: da will sie sich nun schamhaft in ihre Gegensätze flüchten. Das bisher Unsichtbare, Innre rettet sich in die Sphäre des Sichtbaren und wird Erscheinung; das bisher nur Sichtbare flieht in das dunkle Meer des Tönenden: *so enthüllt die Natur, indem sie sich verstecken will, das Wesen ihrer Gegensätze.* In einem ungestüm rhythmischen und doch schwebenden Tanze, in verzückten Gebärden spricht der Urdramatiker von dem, was in ihm, was in der Natur sich jetzt begibt: der Dithyramb seiner Bewegungen ist ebensosehr

schauderndes Verstehen, übermütiges Durchschauen, als liebendes Nahen, lustvolle Selbst-Entäußerung. Das Wort folgt berauscht dem Zuge dieses Rhythmus; mit dem Worte gepaart ertönt die Melodie; und wiederum wirft die Melodie ihre Funken weiter in das Reich der Bilder und Begriffe. Eine Traumerscheinung, dem Bilde der Natur und ihres Freiers ähnlich-unähnlich, schwebt heran, sie verdichtet sich zu menschlicheren Gestalten, sie breitet sich aus zur Abfolge eines ganzen heroisch-übermütigen Wollens, eines wonnereichen Untergehens und Nicht-mehr-Wollens: – so entsteht die Tragödie, so wird dem Leben seine herrlichste Weisheit, die des tragischen Gedankens, geschenkt, so endlich erwächst der größte Zauberer und Beglücker unter den Sterblichen, der dithyrambische Dramatiker. –

8

Das eigentliche Leben Wagners, das heißt die allmähliche Offenbarung des dithyrambischen Dramatikers, war zugleich ein unausgesetzter Kampf mit sich selbst, soweit er nicht nur dieser dithyrambische Dramatiker war: der Kampf mit der widerstrebenden Welt wurde für ihn nur deshalb so grimmig und unheimlich, weil er diese »Welt«, diese verlockende Feindin, aus sich selber reden hörte und weil er einen gewaltigen Dämon des Widerstrebens in sich beherbergte. Als der *herrschende Gedanke* seines Lebens in ihm aufstieg, daß vom Theater aus eine unvergleichliche Wirkung, die größte Wirkung aller Kunst ausgeübt werden könne, riß er sein Wesen in die heftigste Gärung. Es war damit nicht sofort eine klare, lichte Entscheidung über sein weiteres Begehren und Handeln gegeben; dieser Gedanke erschien zuerst fast nur in versucherischer Gestalt, als Ausdruck jenes finstern, nach *Macht und Glanz* unersättlich verlangenden persönlichen Willens. Wirkung, unvergleichliche Wirkung – wodurch? auf wen? – das war von da an das rastlose Fragen und Suchen seines Kopfes und Herzens. Er wollte siegen und erobern, wie noch kein Künstler, und womöglich mit einem Schlage zu jener tyrannischen Allmacht kommen, zu welcher es ihn so dunkel trieb. Mit eifersüchtigem, tief spähendem Blicke maß er alles, was Erfolg hatte, noch mehr sah er sich den an, auf welchen gewirkt werden mußte. Durch das zauberhafte Auge des Dramatikers, der in den Seelen wie in der ihm geläufigsten Schrift liest, ergründete er den Zuschauer und Zuhörer, und ob er auch oft bei diesem Verständnis unruhig wurde, griff er doch sofort nach den Mitteln, ihn zu bezwingen. Diese Mittel waren ihm zur Hand; was auf ihn stark wirkte, das wollte und konnte er auch machen; von seinen Vorbildern verstand er auf jeder Stufe ebensoviel als er auch selber bilden konnte, er zweifelte nie daran, das auch zu können, was ihm gefiel. Vielleicht ist er hierin eine noch »präsumtuösere« Natur als Goethe, der von sich sagte: »immer

dachte ich, ich hätte es schon; man hätte mir eine Krone aufsetzen können, und ich hätte gedacht, das verstehe sich von selbst.« Wagners Können und sein »Geschmack« und ebenso seine Absicht – alles dies paßte zu allen Zeiten so eng ineinander, wie ein Schlüssel in ein Schloß: – es *wurde* miteinander groß und frei, – aber damals war es dies nicht. Was ging ihn die schwächliche, aber edlere und doch selbstisch-einsame Empfindung an, welche der oder jener literarisch und ästhetisch erzogene Kunstfreund abseits von der großen Menge hatte! Aber jene gewaltsamen Stürme der Seelen, welche von der großen Menge bei einzelnen Steigerungen des dramatischen Gesanges erzeugt werden, jener plötzlich um sich greifende Rausch der Gemüter, ehrlich durch und durch und selbstlos – das war der Widerhall seines eignen Erfahrens und Fühlens, dabei durchdrang ihn eine glühende Hoffnung auf höchste Macht und Wirkung! So verstand er denn die *große Oper* als sein Mittel, durch welches er seinen herrschenden Gedanken ausdrücken könnte; nach ihr drängte ihn seine Begierde, nach ihrer Heimat richtete sich sein Ausblick. Ein längerer Zeitraum seines Lebens, samt den verwegensten Wandlungen seiner Pläne, Studien, Aufenthalte, Bekanntschaften, erklärt sich allein aus dieser Begierde und den äußeren Widerständen, denen der dürftige, unruhige, leidenschaftlich-naive deutsche Künstler begegnen mußte. Wie man auf diesem Gebiete zum Herrn werde, verstand ein andrer Künstler besser; und jetzt, da es allmählich bekannt geworden ist, durch welches überaus künstlich gesponnene Gewebe von Beeinflussungen aller Art Meyerbeer jeden seiner großen Siege vorzubereiten und zu erreichen wußte, und wie ängstlich die Abfolge der »Effekte« in der Oper selbst erwogen wurde, wird man auch den Grad von beschämter Erbitterung verstehen, welche über Wagner kam, als ihm über diese beinahe notwendigen »Kunstmittel«, dem Publikum einen Erfolg abzuringen, die Augen geöffnet wurden. Ich zweifle, ob es einen großen Künstler in der Geschichte gegeben hat, der mit einem so ungeheuren Irrtume anhob und so unbedenklich und treuherzig sich mit der empörendsten Gestaltung einer Kunst einließ: und doch war die Art, wie er es tat, von Größe und deshalb von erstaunlicher Fruchtbarkeit. Denn er begriff, aus der Verzweiflung des erkannten Irrtums heraus, den modernen Erfolg, das moderne Publikum und das ganze moderne Kunst-Lügenwesen. Indem er zum Kritiker des »Effektes« wurde, durchzitterten ihn die Ahnungen einer eigenen Läuterung. Es war, als ob von jetzt ab der Geist der Musik mit einem ganz neuen seelischen Zauber zu ihm redete. Wie wenn er aus einer langen Krankheit wieder ans Licht käme, traute er kaum mehr Hand und Auge, er schlich seines Wegs dahin; und so empfand er es als eine wundervolle Entdeckung, daß er noch Musiker, noch Künstler sei, ja daß er es jetzt erst geworden sei.

Jede weitere Stufe im Werden Wagners wird dadurch bezeichnet, daß die beiden Grundkräfte seines Wesens sich immer enger zusammenschlie-

ßen: die Scheu der einen vor der andern läßt nach, das höhere Selbst begnadet von da an den gewaltsamen irdischeren Bruder nicht mehr mit seinem Dienste, es *liebt* ihn und muß ihm dienen. Das Zarteste und Reinste ist endlich, am Ziele der Entwicklung, auch im Mächtigsten enthalten, der ungestüme Trieb geht seinen Lauf wie vordem, aber auf andern Bahnen, dorthin, wo das höhere Selbst heimisch ist; und wiederum steigt dieses zur Erde herab und erkennt in allem Irdischen sein Gleichnis. Wenn es möglich wäre, in dieser Art vom letzten Ziele und Ausgange jener Entwicklung zu reden und noch verständlich zu bleiben, so dürfte auch die bildhafte Wendung zu finden sein, durch welche eine lange Zwischenstufe jener Entwicklung bezeichnet werden könnte; aber ich zweifle an jenem und versuche deshalb auch dieses nicht. Diese Zwischenstufe wird historisch durch zwei Worte gegen die frühere und spätere abgegrenzt: Wagner wird zum *Revolutionär der Gesellschaft,* Wagner erkennt den einzigen bisherigen Künstler, *das dichtende Volk.* Der herrschende Gedanke, welcher nach jener großen Verzweiflung und Buße in neuer Gestalt und mächtiger als je vor ihm erschien, führte ihn zu beidem. Wirkung, unvergleichliche Wirkung vom Theater aus! – aber auf wen? Ihn schauderte bei der Erinnerung, auf wen er bisher hatte wirken wollen. Von seinem Erlebnis aus verstand er die ganze schmachvolle Stellung, in welcher die Kunst und die Künstler sich befinden: wie eine seelenlose oder seelenharte Gesellschaft, welche sich die gute nennt und die eigentlich böse ist, Kunst und Künstler zu ihrem sklavischen Gefolge zählt, zur Befriedigung von *Scheinbedürfnissen.* Die moderne Kunst ist Luxus: das begriff er ebenso wie das andre, daß sie mit dem Rechte einer Luxus-Gesellschaft stehe und falle. Nicht anders, als diese durch die hartherzigste und klügste Benutzung ihrer Macht die Unmächtigen, das Volk, immer dienstbarer, niedriger und unvolkstümlicher zu machen und aus ihm den modernen »Arbeiter« zu schaffen wußte, hat sie auch dem Volke das Größte und Reinste, was es aus tiefster Nötigung sich erzeugte und worin es als der wahre und einzige Künstler seine Seele mildherzig mitteilte: seinen Mythus, seine Liedweise, seinen Tanz, seine Spracherfindung entzogen, um daraus ein wollüstiges Mittel gegen die Erschöpfung und die Langeweile ihres Daseins zu destillieren – die modernen Künste. Wie diese Gesellschaft entstand, wie sie aus den scheinbar entgegengesetzten Machtsphären sich neue Kräfte anzusaugen wußte, wie zum Beispiel das in Heuchelei und Halbheiten verkommene Christentum sich zum Schutze gegen das Volk, als Befestigung jener Gesellschaft und ihres Besitzes, gebrauchen ließ, und wie Wissenschaft und Gelehrte sich nur zu geschmeidig in diesen Frondienst begaben, das alles verfolgte Wagner durch die Zeiten hin, um am Schlusse seiner Betrachtungen vor Ekel und Wut aufzuspringen: er war aus Mitleid mit dem Volke zum Revolutionär geworden. Von jetzt ab liebte er es und sehnte sich nach ihm, wie er sich nach seiner

Kunst sehnte, denn ach! nur in ihm, nur im entschwundenen, kaum mehr zu ahnenden, künstlich entrückten Volke sah er jetzt den einzigen Zuschauer und Zuhörer, welcher der Macht seines Kunstwerks, wie er es sich träumte, würdig und gewachsen sein möchte. So sammelte sich sein Nachdenken um die Frage: Wie entsteht das Volk? Wie ersteht es wieder?

Er fand immer nur eine Antwort: – wenn eine Vielheit dieselbe Not litte, wie er sie leidet, das wäre das Volk, sagte er sich. Und wo die gleiche Not zum gleichen Drange und Begehren führen würde, müßte auch dieselbe Art der Befriedigung gesucht, das gleiche Glück in dieser Befriedigung gefunden werden. Sah er sich nun darnach um, was ihn selber in seiner Not am tiefsten tröstete und aufrichtete, was seiner Not am seelenvollsten entgegenkäme, so war er sich mit beseligender Gewißheit bewußt, daß dies nur der Mythus und die Musik seien, der Mythus, den er als Erzeugnis und Sprache der Not des Volkes kannte, die Musik, ähnlichen obschon noch rätselvolleren Ursprungs. In diesen beiden Elementen badet und heilt er seine Seele, ihrer bedarf er am brünstigsten: – von da aus darf er zurückschließen, wie verwandt seine Not mit der des Volkes sei, als es entstand, und wie das Volk dann wieder erstehen müsse, wenn es *viele Wagner* geben werde. Wie lebten nun Mythus und Musik in unsrer modernen Gesellschaft, soweit sie derselben nicht zum Opfer gefallen waren? Ein ähnliches Los war ihnen zuteil geworden, zum Zeugnis ihrer geheimnisvollen Zusammengehörigkeit: der Mythus war tief erniedrigt und entstellt, zum »Märchen«, zum spielerisch beglückenden Besitz der Kinder und Frauen des verkümmerten Volkes umgeartet, seiner wundervollen, ernst-heiligen Mannes-Natur gänzlich entkleidet; die Musik hatte sich unter den Armen und Schlichten, unter den Einsamen erhalten, dem deutschen Musiker war es nicht gelungen, sich mit Glück in den Luxus-Betrieb der Künste einzuordnen, er war selber zum ungetümlichen verschloßnen Märchen geworden, voll der rührendsten Laute und Anzeichen, ein unbehilflicher Frager, etwas ganz Verzaubertes und Erlösungsbedürftiges. Hier hörte der Künstler deutlich den Befehl, der an ihn allein erging – den Mythus ins Männliche zurückzuschaffen und die Musik zu entzaubern, zum Reden zu bringen: er fühlte seine Kraft zum *Drama* mit einem Male entfesselt, seine Herrschaft über ein noch unentdecktes Mittelreich zwischen Mythus und Musik begründet. Sein neues Kunstwerk, in welchem er alles Mächtige, Wirkungsvolle, Beseligende, was er kannte, zusammenschloß, stellte er jetzt mit seiner großen schmerzlich einschneidenden *Frage* vor die Menschen hin: »Wo seid ihr, welche ihr gleich leidet und bedürft wie ich? Wo ist die Vielheit, welche ich als Volk ersehne? Ich will euch daran erkennen, daß ihr das gleiche Glück, den gleichen Trost mit mir gemein haben sollt: an eurer Freude soll sich mir euer Leiden offenbaren!« Mit dem Tannhäuser und

dem Lohengrin fragte er also, sah er sich also nach seinesgleichen um; der Einsame dürstete nach der Vielheit.

Aber wie wurde ihm zumute? Niemand gab eine Antwort, niemand hatte die Frage verstanden. Nicht daß man überhaupt stille geblieben wäre, im Gegenteil, man antwortete auf tausend Fragen, die er gar nicht gestellt hatte, man zwitscherte über die neuen Kunstwerke, als ob sie ganz eigentlich zum Zer-redet-Werden geschaffen wären. Die ganze ästhetische Schreib- und Schwatzseligkeit brach wie ein Fieber unter den Deutschen aus, man maß und fingerte an den Kunstwerken, an der Person des Künstlers herum, mit jenem Mangel an Scham, welcher den deutschen Gelehrten nicht weniger als den deutschen Zeitungsschreibern zu eigen ist. Wagner versuchte dem Verständnis seiner Frage durch Schriften nachzuhelfen: neue Verwirrung, neues Gesumme – ein Musiker, der schreibt und denkt, war aller Welt damals ein Unding; nun schrie man, es ist ein Theoretiker, welcher aus erklügelten Begriffen die Kunst umgestalten will, steinigt ihn! – Wagner war wie betäubt; seine Frage wurde nicht verstanden, seine Not nicht empfunden, sein Kunstwerk sah einer Mitteilung an Taube und Blinde, sein – Volk einem Hirngespinste ähnlich; er taumelte und geriet ins Schwanken. Die Möglichkeit eines völligen Umsturzes aller Dinge taucht vor seinen Blicken auf, er erschrickt nicht mehr über diese Möglichkeit: vielleicht ist jenseits der Umwälzung und Verwüstung eine neue Hoffnung aufzurichten, vielleicht auch nicht – und jedenfalls ist das Nichts besser als das widerliche Etwas. In Kürze war er politischer Flüchtling und im Elend.

Und jetzt erst, gerade mit dieser furchtbaren Wendung seines äußeren und inneren Schicksals, beginnt der Abschnitt im Leben des großen Menschen, auf dem das Leuchten höchster Meisterschaft wie der Glanz flüssigen Goldes liegt! Jetzt erst wirft der Genius der dithyrambischen Dramatik die letzte Hülle von sich! Er ist vereinsamt, die Zeit erscheint ihm nichtig, er hofft nicht mehr: so steigt sein Weltblick in die Tiefe, nochmals, und jetzt hinab bis zum Grunde: dort sieht er das Leiden im Wesen der Dinge und nimmt von jetzt ab, gleichsam unpersönlicher geworden, seinen Teil von Leiden stiller hin. Das Begehren nach höchster Macht, das Erbgut früherer Zustände, tritt ganz ins künstlerische Schaffen über; er spricht durch seine Kunst nur noch mit sich, nicht mehr mit einem »Publikum« oder Volke, und ringt darnach, ihr die größte Deutlichkeit und Befähigung für ein solches mächtigstes Zwiegespräch zu geben. Es war auch im Kunstwerke der vorhergehenden Periode noch anders: auch in ihm hatte er eine, wenngleich zarte und veredelte, Rücksicht auf sofortige Wirkung genommen: als Frage war jenes Kunstwerk ja gemeint, es sollte eine sofortige Antwort hervorrufen; und wie oft wollte Wagner es denen, welche er fragte, erleichtern, ihn zu verstehen – so daß er ihnen und ihrer Ungeübtheit im Gefragtwerden entgegenkam und an ältere Formen und

Ausdrucksmittel der Kunst sich anschmiegte; wo er fürchten mußte, mit seiner eigensten Sprache nicht zu überzeugen und verständlich zu werden, hatte er versucht, zu überreden und in einer halb fremden, seinen Zuhörern aber bekannteren Zunge seine Frage kundzutun. Jetzt gab es nichts mehr, was ihn zu einer solchen Rücksicht hätte bestimmen können, er wollte jetzt nur noch eins: sich mit sich verständigen, über das Wesen der Welt in Vorgängen denken, in Tönen philosophieren; der Rest des *Absichtlichen* in ihm geht auf die letzten *Einsichten* aus. Wer würdig ist zu wissen, was damals in ihm vorging, worüber er in dem heiligsten Dunkel seiner Seele mit sich Zwiesprache pflog – es sind nicht viele dessen würdig: der höre, schaue und erlebe Tristan und Isolde, das eigentliche *opus metaphysicum* aller Kunst, ein Werk, auf dem der gebrochne Blick eines Sterbenden liegt, mit seiner unersättlichen süßesten Sehnsucht nach den Geheimnissen der Nacht und des Todes, fern weg von dem Leben, welches als das Böse, Trügerische, Trennende in einer grausenhaften gespenstischen Morgenhelle und Schärfe leuchtet: dabei ein Drama von der herbsten Strenge der Form, überwältigend in seiner schlichten Größe, und gerade nur so dem Geheimnis gemäß, von dem es redet, dem Tot-sein bei lebendigem Leibe, dem Eins-sein in der Zweiheit. Und doch ist noch etwas wunderbarer als dies Werk: der Künstler selber, der nach ihm in einer kurzen Spanne Zeit ein Weltbild der verschiedensten Färbung, die Meistersinger von Nürnberg, schaffen konnte, ja der in beiden Werken gleichsam nur ausruhte und sich erquickte, um den vor ihnen entworfenen und begonnenen vierteiligen Riesenbau mit gemeßner Eile zu Ende zu türmen, sein Sinnen und Dichten durch zwanzig Jahre hindurch, sein Bayreuther Kunstwerk, den Ring des Nibelungen! Wer sich über die Nachbarschaft des Tristan und der Meistersinger befremdet fühlen kann, hat das Leben und Wesen aller wahrhaft großen Deutschen in einem wichtigen Punkte nicht verstanden: er weiß nicht, auf welchem Grunde allein jene eigentlich und einzig *deutsche Heiterkeit* Luthers, Beethovens und Wagners erwachsen kann, die von andern Völkern gar nicht verstanden wird und den jetzigen Deutschen selber abhanden gekommen scheint – jene goldhelle durchgegorne Mischung von Einfalt, Tiefblick der Liebe, betrachtendem Sinne und Schalkhaftigkeit, wie sie Wagner als den köstlichsten Trank allen denen eingeschenkt hat, welche tief am Leben gelitten haben und sich ihm gleichsam mit dem Lächeln der Genesenden wieder zukehren. Und wie er selber so versöhnter in die Welt blickte, seltener von Grimm und Ekel erfaßt wurde, mehr in Trauer und Liebe auf Macht verzichtend als vor ihr zurückschaudernd, wie er so in Stille sein größtes Werk förderte und Partitur neben Partitur legte, geschah einiges, was ihn aufhorchen ließ: die *Freunde* kamen, eine unterirdische Bewegung vieler Gemüter ihm anzukündigen – es war noch lange nicht das »Volk«, das sich bewegte und hier ankündigte, aber vielleicht der Keim und erste

Lebensquell einer in ferner Zukunft vollendeten, wahrhaft menschlichen Gesellschaft; zunächst nur die Bürgschaft, daß sein großes Werk einmal in Hand und Hut treuer Menschen gelegt werden könne, welche über dieses herrlichste Vermächtnis an die Nachwelt zu wachen hätten und zu wachen würdig wären; in der Liebe der Freunde wurden die Farben am Tage seines Lebens leuchtender und wärmer; seine edelste Sorge, gleichsam noch vor Abend mit seinem Werke ans Ziel zu kommen und für dasselbe eine Herberge zu finden, wurde nicht mehr von ihm allein gehegt. Und da begab sich ein Ereignis, welches von ihm nur symbolisch verstanden werden konnte und für ihn einen neuen Trost, ein glückliches Wahrzeichen bedeutete. Ein großer Krieg der Deutschen ließ ihn aufblicken, derselben Deutschen, welche er so tief entartet, so abgefallen von dem hohen deutschen Sinne wußte, wie er ihn in sich und den andern großen Deutschen der Geschichte mit tiefstem Bewußtsein erforscht und erkannt hatte – er sah, daß diese Deutschen in einer ganz ungeheuren Lage zwei echte Tugenden: schlichte Tapferkeit und Besonnenheit zeigten, und begann mit innerstem Glücke zu glauben, daß er vielleicht doch nicht der letzte Deutsche sei und daß seinem Werke einmal noch eine gewaltigere Macht zur Seite stehen werde als die aufopfernde, aber geringe Kraft der wenigen Freunde, für jene lange Dauer, wo er seiner ihm vorherbestimmten Zukunft, als das Kunstwerk dieser Zukunft, entgegenharren soll. Vielleicht, daß dieser Glaube sich nicht dauernd vor dem Zweifel schützen konnte, je mehr er sich besonders zu sofortigen Hoffnungen zu steigern suchte: genug, er empfand einen mächtigen Anstoß, um sich an eine noch unerfüllte hohe *Pflicht* erinnert zu fühlen.

Sein Werk wäre nicht fertig, nicht zu Ende getan gewesen, wenn er es nur als schweigende Partitur der Nachwelt anvertraut hätte; er mußte das Unerratbarste, ihm Vorbehaltenste, den neuen Stil für seinen Vortrag, seine Darstellung, öffentlich zeigen und lehren, um das Beispiel zu geben, welches kein andrer geben konnte, und so eine *Stil-Überlieferung* zu begründen, die nicht in Zeichen auf Papier, sondern in Wirkungen auf menschliche Seelen eingeschrieben ist. Dies war um so mehr für ihn zur ernstesten Pflicht geworden, als seine andern Werke inzwischen, gerade in Beziehung auf Stil des Vortrags, das unleidlichste und absurdeste Schicksal gehabt hatten: sie waren berühmt, bewundert und wurden – gemißhandelt, und niemand schien sich zu empören. Denn so seltsam die Tatsache klingen mag: während er auf Erfolg bei seinen Zeitgenossen, in einsichtigster Schätzung derselben, immer grundsätzlicher verzichtete und dem Gedanken der Macht entsagte, kam ihm der »Erfolg« und die »Macht«; wenigstens erzählte ihm alle Welt davon. Es half nichts, daß er auf das Entschiedenste das durchaus Mißverständliche, ja für ihn Beschämende jener »Erfolge« immer wieder ans Licht stellte; man war so wenig daran gewöhnt, einen Künstler in der Art seiner Wirkungen streng un-

terscheiden zu sehen, daß man selbst seinen feierlichsten Verwahrungen nicht einmal recht traute. Nachdem ihm der Zusammenhang unsres heutigen Theaterwesens und Theatererfolges mit dem Charakter des heutigen Menschen aufgegangen war, hatte seine Seele nichts mehr mit diesem Theater zu schaffen; um ästhetische Schwärmerei und den Jubel aufgeregter Massen war es ihm nicht mehr zu tun, ja es mußte ihn ergrimmen, seine Kunst so unterschiedlos in den gähnenden Rachen der unersättlichen Langeweile und Zerstreuungs-Gier eingehen zu sehen. Wie flach und gedanken-bar hier jede Wirkung sein mußte, wie es hier wirklich mehr auf die Füllung eines Nimmersatten als auf die Ernährung eines Hungernden ankäme, schloß er zumal aus einer regelmäßigen Erscheinung: man nahm überall, auch von seiten der Aufführenden und Vortragenden, seine Kunst wie jede andre Bühnenmusik hin, nach dem widerlichen Rezeptier-Buche des Opernstiles, ja man schnitt und hackte sich seine Werke, dank den gebildeten Kapellmeistern, geradewegs zur Oper zurecht, wie der Sänger ihnen erst nach sorgfältiger Entgeistung beizukommen glaubte; und wenn man es recht gut machen wollte, ging man mit einer Ungeschicklichkeit und einer prüden Beklemmung auf Wagners Vorschriften ein, ungefähr so, als ob man den nächtlichen Volks-Auflauf in den Straßen Nürnbergs, wie er im zweiten Akte der Meistersinger vorgeschrieben ist, durch künstlich figurierende Ballettänzer darstellen wollte – und bei alledem schien man im guten Glauben, ohne böse Nebenabsichten zu handeln. Wagners aufopfernde Versuche, durch die Tat und das Beispiel nur wenigstens auf schlichte Korrektheit und Vollständigkeit der Aufführung hinzuweisen und einzelne Sänger in den ganz neuen Stil des Vortrags einzuführen, waren immer wieder vom Schlamm der herrschenden Gedankenlosigkeit und Gewohnheit weggeschwemmt worden; sie hatten ihn überdies immer zu einem Befassen mit eben dem Theater genötigt, dessen ganzes Wesen ihm zum Ekel geworden war. Hatte doch selbst Goethe die Lust verloren, den Aufführungen seiner Iphigenie beizuwohnen; »ich leide entsetzlich«, hatte er zur Erklärung gesagt, »wenn ich mich mit diesen Gespenstern herumschlagen muß, die nicht so zur Erscheinung kommen, wie sie sollten.« Dabei nahm der »Erfolg« an diesem ihm widerlich gewordnen Theater immer zu; endlich kam es dahin, daß gerade die großen Theater fast zumeist von den fetten Einnahmen lebten, welche die Wagnersche Kunst in ihrer Verunstaltung als Opernkunst ihnen eintrug. Die Verwirrung über diese wachsende Leidenschaft des Theater-Publikums ergriff selbst manche Freunde Wagners: er mußte das Herbste erdulden – der große Dulder! – und seine Freunde von »Erfolgen« und »Siegen« berauscht sehen, wo sein einzig-hoher Gedanke gerade mitten hindurch zerknickt und verleugnet war. Fast schien es, als ob ein in vielen Stücken ernsthaftes und schweres Volk sich in bezug auf seinen ernstesten Künstler eine grundsätzliche Leichtfertigkeit nicht ver-

kümmern lassen wollte, als ob sich gerade deshalb an ihm alles Gemeine, Gedankenlose, Ungeschickte und Boshafte des deutschen Wesens auslassen müßte. – Als sich nun während des deutschen Krieges eine großartigere, freiere Strömung der Gemüter zu bemächtigen schien, erinnerte sich Wagner seiner Pflicht der Treue, um wenigstens sein größtes Werk vor diesen mißverständlichen Erfolgen und Beschimpfungen zu retten und es in seinem eigensten Rhythmus zum Beispiel für alle Zeiten hinzustellen: so erfand er den *Gedanken von Bayreuth.* Im Gefolge jener Strömung der Gemüter glaubte er auch auf der Seite derer, welchen er seinen kostbarsten Besitz anvertrauen wollte, ein erhöhteres Gefühl von Pflicht erwachen zu sehen – aus dieser Doppelseitigkeit von Pflichten erwuchs das Ereignis, welches wie ein fremdartiger Sonnenglanz auf der letzten und nächsten Reihe von Jahren liegt; zum Heile einer fernen, einer nur möglichen, aber unbeweisbaren Zukunft ausgedacht, für die Gegenwart und die nur gegenwärtigen Menschen nicht viel mehr als ein Rätsel oder ein Greuel, für die wenigen, die an ihm helfen durften, ein Vorgenuß, ein Vorausleben der höchsten Art, durch welches sie weit über ihre Spanne Zeit sich beseligt, beseligend und fruchtbar wissen, für Wagner selbst eine Verfinsterung von Mühsal, Sorge, Nachdenken, Gram, ein erneutes Wüten der feindseligen Elemente, aber alles überstrahlt von dem Sterne der *selbstlosen Treue,* und in diesem Lichte zu einem unsäglichen Glücke umgewandelt!

Man braucht es kaum auszusprechen: es liegt der Hauch des Tragischen auf diesem Leben. Und jeder, der aus seiner eignen Seele etwas davon ahnen kann, jeder, für den der Zwang einer tragischen Täuschung über das Lebensziel, das Umbiegen und Brechen der Absichten, das Verzichten und Gereinigt-werden durch Liebe keine ganz fremden Dinge sind, muß in dem, was Wagner uns jetzt im Kunstwerke zeigt, ein traumhaftes Zurückerinnern an das eigne heldenhafte Dasein des großen Menschen fühlen. Ganz von Ferne her wird uns zumute sein, als ob Siegfried von seinen Taten erzählte: im rührendsten Glück des Gedenkens webt die tiefe Trauer des Spätsommers, und alle Natur liegt still in gelbem Abendlichte. –

9

Darüber nachzudenken, *was Wagner, der Künstler,* ist, und an dem Schauspiele eines wahrhaft frei gewordnen Könnens und Dürfens betrachtend vorüberzugehn: Das wird jeder zu seiner Heilung und Erholung nötig haben, der darüber, *wie Wagner, der Mensch, wurde,* gedacht und gelitten hat. Ist die Kunst überhaupt eben nur das Vermögen, das an andere mitzuteilen, was man erlebt hat, widerspricht jedes Kunstwerk sich selbst, wenn es sich nicht zu verstehen geben kann: so muß die Größe Wagners, des Künstlers, gerade in jener dämonischen *Mitteilbarkeit* sei-

ner Natur bestehen, welche gleichsam in allen Sprachen von sich redet und das innere, eigenste Erlebnis mit der höchsten Deutlichkeit erkennen läßt; sein Auftreten in der Geschichte der Künste gleicht einem vulkanischen Ausbruche des gesamten ungeteilten Kunstvermögens der Natur selber, nachdem die Menschheit sich an den Anblick der Vereinzelung der Künste wie an eine Regel gewöhnt hatte. Man kann deshalb schwanken, welchen Namen man ihm beilegen solle, ob er Dichter oder Bildner oder Musiker zu nennen sei, jedes Wort in einer außerordentlichen Erweiterung seines Begriffs genommen, oder ob erst ein neues Wort für ihn geschaffen werden müsse.

Das *Dichterische* in Wagner zeigt sich darin, daß er in sichtbaren und fühlbaren Vorgängen, nicht in Begriffen denkt, das heißt, daß er mythisch denkt, so wie immer das Volk gedacht hat. Dem Mythus liegt nicht ein Gedanke zugrunde, wie die Kinder einer verkünstelten Kultur vermeinen, sondern er selber ist ein Denken; er teilt eine Vorstellung von der Welt mit, aber in der Abfolge von Vorgängen, Handlungen und Leiden. Der Ring des Nibelungen ist ein ungeheures Gedankensystem ohne die begriffliche Form des Gedankens. Vielleicht könnte ein Philosoph etwas ganz Entsprechendes ihm zur Seite stellen, das ganz ohne Bild und Handlung wäre und bloß in Begriffen zu uns spräche: dann hätte man das gleiche in zwei disparaten Sphären dargestellt, einmal für das Volk und einmal für den Gegensatz des Volkes, den theoretischen Menschen. An diesen wendet sich also Wagner nicht; denn der theoretische Mensch versteht von dem eigentlich Dichterischen, dem Mythus, gerade so viel als ein Tauber von der Musik, das heißt beide sehen eine ihnen sinnlos scheinende Bewegung. Aus der einen von jenen disparaten Sphären kann man in die andre nicht hineinblicken: solange man im Banne des Dichters ist, denkt man mit ihm, als sei man nur ein fühlendes, sehendes und hörendes Wesen; die Schlüsse, welche man macht, sind die Verknüpfungen der Vorgänge, die man sieht, also tatsächliche Kausalitäten, keine logischen.

Wenn die Helden und Götter solcher mythischen Dramen, wie Wagner sie dichtet, nun auch in Worten sich deutlich machen sollen, so liegt keine Gefahr näher, als daß diese *Wortsprache* in uns den theoretischen Menschen aufweckt und dadurch uns in eine andre, unmythische Sphäre hinüberhebt: so daß wir zuletzt durch das Wort nicht etwa deutlicher verstanden hätten, was vor uns vorging, sondern gar nichts verstanden hätten. Wagner zwang deshalb die Sprache in einen Urzustand zurück, wo sie fast noch nicht in Begriffen denkt, wo sie noch selber Dichtung, Bild und Gefühl ist; die Furchtlosigkeit, mit der Wagner an diese ganz erschreckende Aufgabe ging, zeigt, wie gewaltsam er von dem dichterischen Geiste geführt wurde, als einer, der folgen muß, wohin auch sein gespenstischer Führer den Weg nimmt. Man sollte jedes Wort dieser Dramen singen können, und Götter und Helden sollten es in den Mund nehmen:

das war die ungeheure Anforderung, welche Wagner an seine sprachliche Phantasie stellte. Jeder andre hätte dabei verzagen müssen; denn unsre Sprache scheint fast zu alt und zu verwüstet zu sein, als daß man von ihr hätte verlangen dürfen, was Wagner verlangte: und doch rief sein Schlag gegen den Felsen eine reichliche Quelle hervor. Gerade Wagner hat, weil er diese Sprache mehr liebte und mehr von ihr forderte, auch mehr als ein andrer Deutscher an ihrer Entartung und Schwächung gelitten, also an den vielfältigen Verlusten und Verstümmlungen der Formen, an dem schwerfälligen Partikelwesen unsrer Satzfügung, an den unsingbaren Hilfszeitwörtern: – alles dieses sind ja Dinge, welche durch Sünden und Verlotterungen in die Sprache hineingekommen sind. Dagegen empfand er mit tiefem Stolze die auch jetzt noch vorhandene Ursprünglichkeit und Unerschöpflichkeit dieser Sprache, die tonvolle Kraft ihrer Wurzeln, in welchen er, im Gegensatz zu den höchst abgeleiteten, künstlich rhetorischen Sprachen der romanischen Stämme, eine wunderbare Neigung und Vorbereitung zur Musik, zur wahren Musik ahnte. Es geht eine Lust an dem Deutschen durch Wagners Dichtung, eine Herzlichkeit und Freimütigkeit im Verkehre mit ihm, wie so etwas, außer bei Goethe, bei keinem Deutschen sich nachfühlen läßt. Leiblichkeit des Ausdrucks, verwegene Gedrängtheit, Gewalt und rhythmische Vielartigkeit, ein merkwürdiger Reichtum an starken und bedeutenden Wörtern, Vereinfachung der Satzgliederung, eine fast einzige Erfindsamkeit in der Sprache des wogenden Gefühls und der Ahnung, eine mitunter ganz rein sprudelnde Volkstümlichkeit und Sprichwörtlichkeit – solche Eigenschaften würden aufzuzählen sein, und doch wäre dann immer noch die mächtigste und bewunderungswürdigste vergessen. Wer hintereinander zwei solche Dichtungen wie Tristan und die Meistersinger liest, wird in Hinsicht auf die Wortsprache ein ähnliches Erstaunen und Zweifeln empfinden wie in Hinscht auf die Musik: wie es nämlich möglich war, über zwei Welten, so verschieden an Form, Farbe, Fügung als an Seele, schöpferisch zu gebieten. Dies ist das Mächtigste an der Wagnerschen Begabung, etwas, das allein dem großen Meister gelingen wird: für jedes Werk eine eigne Sprache auszuprägen und der neuen Innerlichkeit auch einen neuen Leib, einen neuen Klang zu geben. Wo eine solche allerseltenste Macht sich äußert, wird der Tadel immer nur kleinlich und unfruchtbar bleiben, welcher sich auf einzelnes Übermütige und Absonderliche oder auf die häufigeren Dunkelheiten des Ausdrucks und Umschleierungen des Gedankens bezieht. Überdies war denen, welche bisher am lautesten getadelt haben, im Grunde nicht sowohl die Sprache als die Seele, die ganze Art zu empfinden und zu leiden, anstößig und unerhört. Wir wollen warten, bis diese selber eine andre Seele haben, dann werden sie selber auch eine andre Sprache sprechen: und dann wird es, wie mir scheint, auch mit der deutschen Sprache im ganzen besser stehn, als es jetzt steht.

Vor allem aber sollte niemand, der über Wagner, den Dichter und Sprachbildner, nachdenkt, vergessen, daß keines der Wagnerschen Dramen bestimmt ist, gelesen zu werden, und also nicht mit den Forderungen behelligt werden darf, welche an das Wortdrama gestellt werden. Dieses will allein durch Begriffe und Worte auf das Gefühl wirken; mit dieser Absicht gehört es unter die Botmäßigkeit der Rhetorik. Aber die Leidenschaft im Leben ist selten beredt: im Wortdrama muß sie es sein, um überhaupt sich auf irgendeine Art mitzuteilen. Wenn aber die Sprache eines Volkes sich schon im Zustande des Verfalls und der Abnutzung befindet, so kommt der Wortdramatiker in die Versuchung, Sprache und Gedanken ungewöhnlich aufzufärben und neuzubilden; er will die Sprache heben, damit sie wieder das gehobene Gefühl hervorklingen lasse, und gerät dabei in die Gefahr, gar nicht verstanden zu werden. Ebenso sucht er der Leidenschaft durch erhabene Sinnsprüche und Einfälle etwas von Höhe mitzuteilen und verfällt dadurch wieder in eine andre Gefahr: er erscheint unwahr und künstlich. Denn die wirkliche Leidenschaft des Lebens spricht nicht in Sentenzen, und die dichterische erweckt leicht Mißtrauen gegen ihre Ehrlichkeit, wenn sie sich wesentlich von dieser Wirklichkeit unterscheidet. Dagegen gibt Wagner, der erste, welcher die inneren Mängel des Wortdramas erkannt hat, jeden dramatischen Vorgang in einer dreifachen Verdeutlichung, durch Wort, Gebärde und Musik: und zwar überträgt die Musik die Grundregungen im Innern der darstellenden Personen des Dramas unmittelbar auf die Seelen der Zuhörer, welche jetzt in den Gebärden derselben Personen die erste Sichtbarkeit jener inneren Vorgänge, und in der Wortsprache noch eine zweite abgeblaßtere Erscheinung derselben, übersetzt in das bewußtere Wollen, wahrnehmen. Alle diese Wirkungen erfolgen gleichzeitig und durchaus ohne sich zu stören, und zwingen den, welchem ein solches Drama vorgeführt wird, zu einem ganz neuen Verstehen und Miterleben, gleich als ob seine Sinne auf einmal vergeistigter und sein Geist versinnlichter geworden wären und als ob alles, was aus dem Menschen heraus will und nach Erkenntnis dürstet, sich jetzt in einem Jubel des Erkennens frei und selig befände. Weil jeder Vorgang eines Wagnerschen Dramas sich mit der höchsten Verständlichkeit dem Zuschauer mitteilt, und zwar durch die Musik von innen heraus erleuchtet und durchglüht, konnte sein Urheber aller der Mittel entraten, welche der Wortdichter nötig hat, um seinen Vorgängen Wärme und Leuchtkraft zu geben. Der ganze Haushalt des Dramas durfte einfacher sein, der rhythmische Sinn des Baumeisters konnte es wieder wagen, sich in den großen Gesamtverhältnissen des Baues zu zeigen; denn es fehlte zu jener absichtlichen Verwicklung und verwirrenden Vielgestaltigkeit des Baustils jetzt jede Veranlassung, durch welche der Wortdichter zugunsten seines Werkes das Gefühl der Verwunderung und des angespannten Interesses zu erreichen strebt, um dies dann zu dem Gefühl

des beglückten Staunens zu steigern. Der Eindruck der idealisierenden Ferne und Höhe war nicht erst durch Kunstgriffe herbeizuschaffen. Die Sprache zog sich aus einer rhetorischen Breite in die Geschlossenheit und Kraft einer Gefühlsrede zurück: und trotzdem, daß der darstellende Künstler viel weniger als früher über das sprach, was er im Schauspiel tat und empfand, zwangen jetzt innerliche Vorgänge, welche die Angst des Wortdramatikers vor dem angeblich Undramatischen bisher von der Bühne ferngehalten hat, den Zuhörer zum leidenschaftlichen Miterleben, während die begleitende Gebärdensprache nur in der zartesten Modulation sich zu äußern brauchte. Nun ist überhaupt die gesungene Leidenschaft in der Zeitdauer um etwas länger als die gesprochne; die Musik streckt gleichsam die Empfindung aus: daraus folgt im allgemeinen, daß der darstellende Künstler, der zugleich Sänger ist, die allzu große unplastische Aufgeregtheit der Bewegung, an welcher das ausgeführte Wortdrama leidet, überwinden muß. Er sieht sich zu einer Veredelung der Gebärde hingezogen, um so mehr, als die Musik seine Empfindung in das Bad eines reineren Äthers eingetaucht und dadurch unwillkürlich der Schönheit näher gebracht hat.

Die außerordentlichen Aufgaben, welche Wagner den Schauspielern und Sängern gestellt hat, werden auf ganze Menschenalter hin einen Wetteifer unter ihnen entzünden, um endlich das Bild jedes Wagnerschen Helden in der leiblichsten Sichtbarkeit und Vollendung zur Darstellung zu bringen: so wie diese vollendete Leiblichkeit in der Musik des Dramas schon vorgebildet liegt. Diesem Führer folgend, wird zuletzt das Auge des plastischen Künstlers die Wunder einer neuen Schauwelt sehen, welche vor ihm allein der Schöpfer solcher Werke, wie der Ring des Nibelungen ist, zum erstenmal erblickt hat: als ein *Bildner* höchster Art, welcher wie Äschylus einer kommenden Kunst den Weg zeigt. Müssen nicht schon durch die Eifersucht große Begabungen geweckt werden, wenn die Kunst des Plastikers ihre Wirkung mit der einer Musik vergleicht, wie die Wagnersche ist: in welcher es reinstes, sonnenhelles Glück gibt; so daß dem, welcher sie hört, zumute wird, als ob fast alle frühere Musik eine veräußerlichte, befangene, unfreie Sprache geredet hätte, als ob man mit ihr bisher hätte ein Spiel spielen wollen, vor solchen, welche des Ernstes nicht würdig waren, oder als ob mit ihr gelehrt und demonstriert werden sollte, vor solchen, welche nicht einmal des Spieles würdig sind. Durch diese frühere Musik dringt nur auf kurze Stunden jenes Glück in uns ein, welches wir immer bei Wagnerscher Musik empfinden: es scheinen seltne Augenblicke der Vergessenheit, die sie gleichsam überfallen, wo sie mit sich allein redet und den Blick aufwärts richtet wie Raffaels Cäcilia, weg von den Hörern, welche Zerstreuung, Lustbarkeit oder Gelehrsamkeit von ihr fordern.

Von Wagner, dem *Musiker*, wäre im allgemeinen zu sagen, daß er allem

in der Natur, was bis jetzt nicht *reden* wollte, eine Sprache gegeben hat: er glaubt nicht daran, daß es etwas Stummes geben müsse. Er taucht auch in Morgenröte, Wald, Nebel, Kluft, Bergeshöhe, Nachtschauer, Mondesglanz hinein und merkt ihnen ein heimliches Begehren ab: sie wollen auch tönen. Wenn der Philosoph sagt, es ist *ein* Wille, der in der belebten und unbelebten Natur nach Dasein dürstet, so fügt der Musiker hinzu: und dieser Wille will, auf allen Stufen, ein tönendes Dasein.

Die Musik hatte vor Wagner im ganzen enge Grenzen; sie bezog sich auf bleibende Zustände des Menschen, auf das, was die Griechen Ethos nennen, und hatte mit Beethoven eben erst begonnen, die Sprache des Pathos, des leidenschaftlichen Wollens, der dramatischen Vorgänge im Innern des Menschen zu finden. Ehedem sollte eine Stimmung, ein gefaßter oder heiterer oder andächtiger oder bußfertiger Zustand sich durch Töne zu erkennen geben, man wollte durch eine gewisse auffallende Gleichartigkeit der Form und durch die längere Andauer dieser Gleichartigkeit den Zuhörer zur Deutung dieser Musik nötigen und endlich in die gleiche Stimmung versetzen. Allen solchen Bildern von Stimmungen und Zuständen waren einzelne Formen notwendig; andre wurden durch Konvention in ihnen üblich. Über die Länge entschied die Vorsicht des Musikers, welcher den Zuhörer wohl in eine Stimmung bringen, aber nicht durch allzulange Andauer derselben langweilen wollte. Man ging einen Schritt weiter, als man die Bilder entgegengesetzter Stimmungen nacheinander entwarf und den Reiz des Kontrastes entdeckte, und noch einen Schritt, als dasselbe Tonstück in sich einen Gegensatz des Ethos, zum Beispiel durch das Widerstreben eines männlichen und eines weiblichen Themas, aufnahm. Dies alles sind noch rohe und uranfängliche Stufen der Musik. Die Furcht vor der Leidenschaft gibt die einen, die vor der Langenweile die andern Gesetze; alle Vertiefungen und Ausschreitungen des Gefühls wurden als »unethisch« empfunden. Nachdem aber die Kunst des Ethos dieselben gewöhnlichen Zustände und Stimmungen in hundertfacher Wiederholung dargestellt hatte, geriet sie, trotz der wunderbarsten Erfindsamkeit ihrer Meister, endlich in Erschöpfung. Beethoven zuerst ließ die Musik eine neue Sprache, die bisher verbotene Sprache der Leidenschaft reden: weil aber seine Kunst aus den Gesetzen und Konventionen der Kunst des Ethos herauswachsen und versuchen mußte sich gleichsam vor jener zu rechtfertigen, so hatte sein künstlerisches Werden eine eigentümliche Schwierigkeit und Undeutlichkeit an sich. Ein innerer, dramatischer Vorgang – denn jede Leidenschaft hat einen dramatischen Verlauf – wollte sich zu einer neuen Form hindurchringen, aber das überlieferte Schema der Stimmungsmusik widersetzte sich und redete beinahe mit der Miene der Moralität wider ein Aufkommen der Unmoralität. Es scheint mitunter so, als ob Beethoven sich die widerspruchsvolle Aufgabe gestellt habe, das Pathos mit den Mitteln des Ethos sich

aussprechen zu lassen. Für die größten und spätesten Werke Beethovens reicht aber diese Vorstellung nicht aus. Um den großen geschwungenen Bogen einer Leidenschaft wiederzugeben, fand er wirklich ein neues Mittel: er nahm einzelne Punkte ihrer Flugbahn heraus und deutete sie mit der größten Bestimmtheit an, um aus ihnen dann die ganze Linie durch den Zuhörer *erraten* zu lassen. Äußerlich betrachtet, nahm sich die neue Form aus wie die Zusammenstellung mehrerer Tonstücke, von denen jedes einzelne scheinbar einen beharrenden Zustand, in Wahrheit aber einen Augenblick im dramatischen Verlauf der Leidenschaft darstellte. Der Zuhörer konnte meinen, die alte Musik der Stimmung zu hören, nur daß das Verhältnis der einzelnen Teile zueinander ihm unfaßlich geworden war und sich nicht mehr nach dem Kanon des Gegensatzes deuten ließ. Selbst bei Musikern stellte sich eine Geringschätzung gegen die Forderung eines künstlerischen Gesamtbaus ein, die Folge der Teile in ihren Werken wurde willkürlich. Die Erfindung der großen Form der Leidenschaft führte durch ein Mißverständnis auf den Einzelsatz mit beliebigem Inhalte zurück, und die Spannung der Teile gegeneinander hörte ganz auf. Deshalb ist die Symphonie nach Beethoven ein so wunderlich undeutliches Gebilde, namentlich wenn sie im einzelnen noch die Sprache des Beethovenschen Pathos stammelt. Die Mittel passen nicht zur Absicht, und die Absicht im ganzen wird dem Zuhörer überhaupt nicht klar, weil sie auch im Kopfe des Urhebers niemals klar gewesen ist. Gerade aber die Forderung, daß man etwas ganz Bestimmtes zu sagen habe und daß man es auf das Deutlichste sage, wird um so unerläßlicher, je höher, schwieriger und anspruchsvoller eine Gattung ist.

Deshalb war Wagners ganzes Ringen darauf aus, alle Mittel zu finden, welche der *Deutlichkeit* dienen; vor allem hatte er dazu nötig, sich von allen Befangenheiten und Ansprüchen der älteren Musik der Zustände loszubinden und seiner Musik, dem tönenden Prozesse des Gefühls und der Leidenschaft, eine gänzlich unzweideutige Rede in den Mund zu legen. Schauen wir auf das hin, was er erreicht hat, so ist uns, als ob er im Bereiche der Musik das gleiche getan habe, was im Bereiche der Plastik der Erfinder der Freigruppe tat. Alle frühere Musik scheint, an der Wagnerschen gemessen, steif oder ängstlich, als ob man sie nicht von allen Seiten ansehen dürfe und sie sich schäme. Wagner ergreift jeden Grad und jede Farbe des Gefühls mit der größten Festigkeit und Bestimmtheit; er nimmt die zarteste, entlegenste und wildeste Regung ohne Angst, sie zu verlieren, in die Hand, und hält sie wie etwas Hart- und Festgewordenes, wenn auch jedermann sonst in ihr einen unangreifbaren Schmetterling sehen sollte. Seine Musik ist niemals unbestimmt, stimmungshaft; alles, was durch sie redet, Mensch oder Natur, hat eine streng individualisierte Leidenschaft, Sturm und Feuer nehmen bei ihm die zwingende Gewalt eines persönlichen Willens an. Über allen den tönenden

Individuen und dem Kampfe ihrer Leidenschaften, über dem ganzen Strudel von Gegensätzen, schwebt, mit höchster Besonnenheit, ein übermächtiger symphonischer Verstand, welcher aus dem Kriege fortwährend die Eintracht gebiert: Wagners Musik als Ganzes ist ein Abbild der Welt, so wie diese von dem großen ephesischen Philosophen verstanden wurde, als eine Harmonie, welche der Streit aus sich zeugt, als die Einheit von Gerechtigkeit und Feindschaft. Ich bewundere die Möglichkeit, aus einer Mehrzahl von Leidenschaften, welche nach verschiedenen Richtungen hin laufen, die große Linie einer Gesamtleidenschaft zu berechnen: daß so etwas möglich ist, sehe ich durch jeden einzelnen Akt eines Wagnerschen Dramas bewiesen, welcher nebeneinander die Einzelgeschichte verschiedener Individuen und eine Gesamtgeschichte aller erzählt. Wir spüren es schon zu Anfang, daß wir widerstrebende einzelne Strömungen, aber auch, über alle mächtig, einen Strom mit einer gewaltigen Richtung vor uns haben: dieser Strom bewegt sich zuerst unruhig, über verborgene Felsenzacken hinweg, die Flut scheint mitunter auseinanderzureißen, nach verschiedenen Richtungen hinzuwollen. Allmählich bemerken wir, daß die innere Gesamtbewegung gewaltiger, fortreißender geworden ist; die zukkende Unruhe ist in die Ruhe der breiten furchtbaren Bewegung nach einem noch unbekannten Ziele übergegangen; und plötzlich, am Schluß, stürzt der Strom hinunter in die Tiefe, in seiner ganzen Breite, mit einer dämonischen Lust an Abgrund und Brandung. Nie ist Wagner mehr Wagner, als wenn die Schwierigkeiten sich verzehnfachen und er in ganz großen Verhältnissen mit der Lust des Gesetzgebers walten kann. Ungestüme widerstrebende Massen zu einfachen Rhythmen bändigen, durch eine verwirrende Mannigfaltigkeit von Ansprüchen und Begehrungen einen Willen durchführen – das sind die Aufgaben, zu welchen er sich geboren, in welchen er seine Freiheit fühlt. Nie verliert er dabei den Atem, nie kommt er keuchend an sein Ziel. Er hat ebenso unablässig darnach gestrebt, sich die schwersten Gesetze aufzuerlegen, als andre nach Erleichterung ihrer Last trachten; das Leben und die Kunst drücken ihn, wenn er nicht mit ihren schwierigsten Problemen spielen kann. Man erwäge nur einmal das Verhältnis der gesungenen Melodie zur Melodie der ungesungenen Rede – wie er die Höhe, die Stärke und das Zeitmaß des leidenschaftlich sprechenden Menschen als Naturvorbild behandelt, das er in Kunst umzuwandeln hat: – man erwäge dann wiederum die Einordnung einer solchen singenden Leidenschaft in den ganzen symphonischen Zusammenhang der Musik, um ein Wunderding von überwundenen Schwierigkeiten kennen zu lernen: seine Erfindsamkeit hierbei, im kleinen und großen, die Allgegenwart seines Geistes und seines Fleißes ist derart, daß man beim Anblick einer Wagnerschen Partitur glauben möchte, es habe vor ihm gar keine rechte Arbeit und Anstrengung gegeben. Es scheint, daß er auch in bezug auf die Mühsal der Kunst hätte sagen können, die

eigentliche Tugend des Dramatikers bestehe in der Selbstentäußerung; aber er würde wahrscheinlich entgegnen: es gibt nur eine Mühsal, die des noch nicht Freigewordnen; die Tugend und das Gute sind leicht.

Als Künstler im ganzen betrachtet, so hat Wagner, um an einen bekannteren Typus zu erinnern, etwas von *Demosthenes* an sich: den furchtbaren Ernst um die Sache und die Gewalt des Griffs, so daß er jedesmal die Sache faßt; er schlägt seine Hand darum, im Augenblick, und sie hält fest, als ob sie aus Erz wäre. Er verbirgt wie jener seine Kunst oder macht sie vergessen, indem er zwingt, an die Sache zu denken; und doch ist er, gleich Demosthenes, die letzte und höchste Erscheinung hinter einer ganzen Reihe von gewaltigen Kunstgeistern und hat folglich mehr zu verbergen als die ersten der Reihe; seine Kunst wirkt als Natur, als hergestellte, wiedergefundene Natur. Er trägt nichts Epideiktisches an sich, was alle früheren Musiker haben, welche gelegentlich mit ihrer Kunst auch ein Spiel treiben und ihre Meisterschaft zur Schau stellen. Man denkt bei dem Wagnerschen Kunstwerk weder an das Interessante noch das Ergötzliche, noch an Wagner selbst, noch an die Kunst überhaupt: man fühlt allein das *Notwendige.* Welche Strenge und Gleichmäßigkeit des Willens, welche Selbstüberwindung der Künstler in der Zeit seines Werdens nötig hatte, um zuletzt, in der Reife, mit freudiger Freiheit in jedem Augenblick des Schaffens das Notwendige zu tun, das wird ihm niemals jemand nachrechnen können: genug, wenn wir es an einzelnen Fällen spüren, wie seine Musik sich mit einer gewissen Grausamkeit des Entschlusses dem Gange des Dramas, der wie das Schicksal unerbittlich ist, unterwirft, während die feurige Seele dieser Kunst darnach lechzt, einmal ohne alle Zügel in der Freiheit und Wildnis umherzuschweifen.

10

Ein Künstler, welcher diese Gewalt über sich hat, unterwirft sich, selbst ohne es zu wollen, alle anderen Künstler. Ihm allein wiederum werden die Unterworfenen, seine Freunde und Anhänger, nicht zur Gefahr, zur Schranke: während die geringeren Charaktere, weil sie sich auf die Freunde zu stützen suchen, durch sie ihre Freiheit einzubüßen pflegen. Es ist höchst wunderbar anzusehen, wie Wagner sein Leben lang jeder Gestaltung von Parteien ausgewichen ist, wie sich aber hinter jeder Phase seiner Kunst ein Kreis von Anhängern zusammenschloß, scheinbar um ihn nun auf dieser Phase festzuhalten. Er ging immer mitten durch sie hindurch und ließ sich nicht binden; sein Weg ist überdies zu lang gewesen, als daß ein einzelner so leicht ihn von Anfang an hätte mitgehen können: und so ungewöhnlich und steil, daß auch dem Treuesten wohl einmal der Atem ausging. Fast zu allen Lebenszeiten Wagners hätten

ihn seine Freunde gern dogmatisieren mögen; und ebenfalls, obwohl aus andern Gründen, seine Feinde. Wäre die Reinheit seines künstlerischen Charakters nur um einen Grad weniger entschieden gewesen, so hätte er viel zeitiger zum entscheidenden Herrn der gegenwärtigen Kunst- und Musikzustände werden können: – was er jetzt endlich auch geworden ist, aber in dem viel höhern Sinne, daß alles, was auf irgendeinem Gebiete der Kunst vorgeht, sich unwillkürlich vor den Richterstuhl seiner Kunst und seines künstlerischen Charakters gestellt sieht. Er hat sich die Widerwilligsten unterjocht: es gibt keinen begabten Musiker mehr, welcher nicht innerlich auf ihn hörte und ihn hörenswerter als sich und die übrige Musik zusammen fände. Manche, welche durchaus etwas bedeuten wollen, ringen geradezu mit diesem sie überwältigenden inneren Reize, bannen sich mit ängstlicher Beflissenheit in den Kreis der älteren Meister und wollen lieber ihre »Selbständigkeit« an Schubert oder Händel anlehnen als an Wagner. Umsonst! Indem sie gegen ihr besseres Gewissen kämpfen, werden sie als Künstler selber geringer und kleinlicher, sie verderben ihren Charakter dadurch, daß sie schlechte Bundesgenossen und Freunde dulden müssen: und nach allen diesen Aufopferungen begegnet es ihnen doch, vielleicht in einem Traume, daß ihr Ohr nach Wagner hinhorcht. Diese Gegner sind bedauernswürdig: sie glauben viel zu verlieren, wenn sie sich verlieren, und irren sich dabei.

Nun liegt ersichtlich Wagner nicht viel daran, ob die Musiker von jetzt ab Wagnerisch komponieren und ob sie überhaupt komponieren; ja er tut, was er kann, um jenen unseligen Glauben zu zerstören, daß sich nun wieder an ihn eine Schule von Komponisten anschließen müsse. Soweit er unmittelbaren Einfluß auf Musiker hat, sucht er sie über die Kunst des großen Vortrags zu belehren; es scheint ihm ein Zeitpunkt in der Entwicklung der Kunst gekommen, in welchem der gute Wille, ein tüchtiger Meister der Darstellung und Ausübung zu werden, viel schätzenswerter ist als das Gelüst, um jeden Preis selber zu »schaffen«. Denn dieses Schaffen, auf der jetzt erreichten Stufe der Kunst, hat die verhängnisvolle Folge, das wahrhaft Große in seinen Wirkungen zu verflachen, dadurch, daß man es, so gut es geht, vervielfältigt und die Mittel und Kunstgriffe des Genies durch alltäglichen Gebrauch abnützt. Selbst das Gute in der Kunst ist überflüssig und schädlich, wenn es aus der Nachahmung des Besten entstand. Die Wagnerschen Zwecke und Mittel gehören zusammen: es braucht nichts weiter dazu als künstlerische Ehrlichkeit, dies zu fühlen, und es ist Unehrlichkeit, die Mittel ihm abzumerken und zu ganz andern, kleineren Zwecken zu verwenden.

Wenn also Wagner es ablehnt, in einer Schar von wagnerisch komponierenden Musikern fortzuleben, so stellt er um so eindringlicher allen Begabungen die neue Aufgabe, mit ihm zusammen die *Gesetze des Stils für den dramatischen Vortrag* zu finden. Das tiefste Bedürfnis treibt ihn,

für seine Kunst die *Tradition eines Stils* zu begründen, durch welche sein Werk, in reiner Gestalt, von einer Zeit zur andern fortleben könne, bis es jene *Zukunft* erreicht, für welche es von seinem Schöpfer vorausbestimmt war.

Wagner besitzt einen unersättlichen Trieb, alles, was sich auf jene Begründung des Stils und, solchermaßen, auf die Fortdauer seiner Kunst bezieht, mitzuteilen. Sein Werk, um mit Schopenhauer zu reden, als ein heiliges Depositum und die wahre Frucht seines Daseins zum Eigentum der Menschheit zu machen, es niederlegend für eine besser urteilende Nachwelt, dies wurde ihm zum Zweck, der *allen anderen Zwecken* vorgeht und für den er die Dornenkrone trägt, welche einst zum Lorbeerkranze ausschlagen soll: auf die Sicherstellung seines Werkes konzentrierte sein Streben sich ebenso entschieden, wie das des Insekts, in seiner letzten Gestalt, auf die Sicherstellung seiner Eier und Vorsorge für die Brut, deren Dasein es nie erlebt: es deponiert die Eier da, wo sie, wie es sicher weiß, einst Leben und Nahrung finden werden, und stirbt getrost.

Dieser Zweck, der allen andern Zwecken vorgeht, treibt ihn zu immer neuen Erfindungen; er schöpft deren aus dem Borne seiner dämonischen Mitteilbarkeit immer mehr, je deutlicher er sich im Ringen mit dem abgeneigtesten Zeitalter fühlt, das zum Hören den schlechtesten Willen mitgebracht hat. Allmählich aber beginnt selbst dieses Zeitalter, seinen unermüdlichen Versuchen, seinem biegsamen Andringen nachzugeben und das Ohr hinzuhalten. Wo eine kleine oder bedeutende Gelegenheit sich von Ferne zeigte, seine Gedanken durch ein Beispiel zu erklären, war Wagner dazu bereit: er dachte seine Gedanken in die jedesmaligen Umstände hinein und brachte sie aus der dürftigsten Verkörperung heraus noch zum Reden. Wo eine halbwegs empfängliche Seele sich ihm auftat, warf er seinen Samen hinein. Er knüpft dort Hoffnungen an, wo der kalte Beobachter mit den Achseln zuckt; er täuscht sich hundertfach, um einmal gegen diesen Beobachter recht zu behalten. Wie der Weise im Grunde mit lebenden Menschen nur so weit verkehrt, als er durch sie den Schatz seiner Erkenntnis zu mehren weiß, so scheint es fast, als ob der Künstler keinen Verkehr mehr mit den Menschen seiner Zeit haben könne, durch welchen er nicht die Verewigung seiner Kunst fördert: man liebt ihn nicht anders, als wenn man diese Verewigung liebt, und ebenso empfindet er nur eine Art des gegen ihn gerichteten Hasses, den Haß nämlich, welcher die Brücken zu jener Zukunft seiner Kunst ihm abbrechen will. Die Schüler, welche Wagner sich erzog, die einzelnen Musiker und Schauspieler, denen er ein Wort sagte, eine Gebärde vormachte, die kleinen und großen Orchester, die er führte, die Städte, welche ihn im Ernste seiner Tätigkeit sahen, die Fürsten und Frauen, welche halb mit Scheu, halb mit Liebe an seinen Plänen teilnahmen, die verschiedenen

europäischen Länder, denen er zeitweilig als der Richter und das böse Gewissen ihrer Künste angehörte: alles wurde allmählich zum Echo seines Gedankens, seines unersättlichen Strebens nach einer zukünftigen Fruchtbarkeit; kam dieses Echo auch oft entstellt und verwirrt zu ihm zurück, so muß doch zuletzt der Übermacht des gewaltigen Tones, welchen er hundertfältig in die Welt hineinrief, auch ein übermächtiger Nachklang entsprechen; und es wird bald nicht mehr möglich sein, ihn nicht zu hören, ihn falsch zu verstehen. Dieser Nachklang ist es schon jetzt, welcher die Kunststätten der modernen Menschen erzittern macht; jedesmal, wenn der Hauch seines Geistes in diese Gärten hineinblies, bewegte sich alles, was darin windfällig und wipfeldürr war; und in noch beredterer Weise als dieses Erzittern spricht ein überall auftauchender Zweifel: niemand weiß mehr zu sagen, wo nur immer noch die Wirkung Wagners unvermutet herausbrechen werde. Er ist ganz und gar außerstande, das Heil der Kunst losgetrennt von irgendwelchem anderen Heil und Unheil zu betrachten: wo nur immer der moderne Geist Gefahren in sich birgt, da spürt er mit dem Auge des spähendsten Mißtrauens auch die Gefahr der Kunst. Er nimmt in seiner Vorstellung das Gebäude unserer Zivilisation auseinander und läßt sich nichts Morsches, nichts leichtfertig Gezimmertes entgehen: wenn er dabei auf wetterfeste Mauern und überhaupt auf dauerhaftere Fundamente stößt, so sinnt er sofort auf ein Mittel, daraus für seine Kunst Bollwerke und schützende Dächer zu gewinnen. Er lebt wie ein Flüchtling, der nicht sich, sondern ein Geheimnis zu bewahren trachtet; wie ein unglückliches Weib, welches das Leben des Kindes, das sie im Schoße trägt, nicht ihr eignes, retten will: er lebt wie Sieglinde »um der Liebe willen«.

Denn freilich ist es ein Leben voll mannigfacher Qual und Scham in einer Welt unstet und unheimisch zu sein und doch zu ihr reden, von ihr fordern zu müssen, sie verachten und doch die Verachtete nicht entbehren zu können, – es ist die eigentliche Not des Künstlers der Zukunft; als welcher nicht, gleich dem Philosophen, in einem dunklen Winkel für sich der Erkenntnis nachjagen kann: denn er braucht menschliche Seelen als Vermittler an die Zukunft, öffentliche Einrichtungen als Gewährleistung dieser Zukunft, als Brücken zwischen jetzt und einstmals. Seine Kunst ist, auf dem Kahne der schriftlichen Aufzeichnung nicht einzuschiffen, wie dies der Philosoph vermag: die Kunst will *Könnende* als Überlieferer, nicht Buchstaben und Noten. Über ganze Strecken im Leben Wagners hinweg klingt der Ton der Angst, diesen Könnenden nicht mehr nahe zu kommen und an Stelle des Beispiels, das er ihnen zu geben hat, gewaltsam auf die schriftliche Andeutung sich eingeschränkt zu sehen, und anstatt die Tat vorzutun, den blassesten Schimmer der Tat solchen zu zeigen, welche Bücher lesen, das heißt im ganzen soviel als: welche keine Künstler sind.

Wagner als *Schriftsteller* zeigt den Zwang eines tapfern Menschen, dem man die rechte Hand zerschlagen hat und der mit der linken ficht: er ist immer ein Leidender, wenn er schreibt, weil er der rechten Mitteilung auf seine Weise, in Gestalt eines leuchtenden und siegreichen Beispiels, durch eine zeitweilig unüberwindliche Notwendigkeit beraubt ist. Seine Schriften haben gar nichts Kanonisches, Strenges: sondern der Kanon liegt in den Werken. Es sind Versuche, den Instinkt zu begreifen, welcher ihn zu seinen Werken trieb, und gleichsam sich selber ins Auge zu sehen; hat er es erst erreicht, seinen Instinkt in Erkenntnis umzuwandeln, so hofft er, daß in den Seelen seiner Leser der umgekehrte Prozeß sich einstellen werde: mit dieser Aussicht schreibt er. Wenn sich vielleicht ergeben sollte, daß hierbei irgend etwas Unmögliches versucht worden ist, so hätte Wagner doch nur dasselbe Schicksal mit allen denen gemein, welche über die Kunst nachdachten; und vor den meisten von ihnen hat er voraus, daß in ihm der gewaltigste Gesamtinstinkt der Kunst Herberge genommen hat. Ich kenne keine ästhetischen Schriften, welche so viel Licht brächten wie die Wagnerschen; was über die Geburt des Kunstwerks überhaupt zu erfahren ist, das ist aus ihnen zu erfahren. Es ist einer der ganz Großen, der hier als Zeuge auftritt und sein Zeugnis durch eine lange Reihe von Jahren immer mehr verbessert, befreit, verdeutlicht und aus dem Unbestimmten heraushebt; auch wenn er, als Erkennender, stolpert, schlägt er Feuer heraus. Gewisse Schriften, wie »Beethoven«, »über das Dirigieren«, »über Schauspieler und Sänger«, »Staat und Religion«, machen jedes Gelüst zum Widersprechen verstummen und erzwingen sich ein stilles innerliches, andächtiges Zuschauen, wie es sich beim Auftun kostbarer Schreine geziemt. Andere, namentlich die aus der früheren Zeit, »Oper und Drama« mit eingerechnet, regen auf, machen Unruhe: es ist eine Ungleichmäßigkeit des Rhythmus in ihnen, wodurch sie, als Prosa, in Verwirrung setzen. Die Dialektik in ihnen ist vielfältig gebrochen, der Gang durch Sprünge des Gefühls mehr gehemmt als beschleunigt; eine Art von Widerwilligkeit des Schreibenden liegt wie ein Schatten auf ihnen, gleich als ob der Künstler des begrifflichen Demonstrierens sich schämte. Am meisten beschwert vielleicht den nicht ganz Vertrauten ein Ausdruck von autoritativer Würde, welcher ganz ihm eigen und schwer zu beschreiben ist: mir kommt es so vor, als ob Wagner häufig wie *vor Feinden spreche* – denn alle diese Schriften sind im Sprechstil, nicht im Schreibstil geschrieben, und man wird sie viel deutlicher finden, wenn man sie gut vorgetragen hört – vor Feinden, mit denen er keine Vertraulichkeit haben mag, weshalb er sich abhaltend, zurückhaltend zeigt. Nun bricht nicht selten die fortreißende Leidenschaft seines Gefühls durch diesen absichtlichen Faltenwurf hindurch; dann verschwindet die künstliche, schwere und mit Nebenworten reich geschwellte Periode, und es entschlüpfen ihm Sätze und ganze Seiten, welche

zu dem Schönsten gehören, was die deutsche Prosa hat. Aber selbst angenommen, daß er in solchen Teilen seiner Schriften zu Freunden redet, und das Gespenst seines Gegners dabei nicht mehr neben seinem Stuhle steht: alle die Freunde und Feinde, mit welchen Wagner als Schriftsteller sich einläßt, haben etwas Gemeinsames, was sie gründlich von jenem »Volke« abtrennt, für welches er als Künstler schafft. Sie sind in der Verfeinerung und Unfruchtbarkeit ihrer Bildung durchaus *unvolkstümlich,* und der, welcher von ihnen verstanden werden will, muß unvolkstümlich reden: so wie dies unsre besten Prosaschriftsteller getan haben, so wie es auch Wagner tut. Mit welchem Zwange, das läßt sich erraten. Aber die Gewalt jenes vorsorglichen, gleichsam mütterlichen Triebes, welchem er jedes Opfer bringt, zieht ihn selber in den Dunstkreis der Gelehrten und Gebildeten zurück, dem er als Schaffender auf immer Lebewohl gesagt hat. Er unterwirft sich der Sprache der Bildung und allen Gesetzen ihrer Mitteilung, ob er schon der erste gewesen ist, welcher das tiefe Ungenügen dieser Mitteilung empfunden hat.

Denn, wenn irgend etwas seine Kunst gegen alle Kunst der neueren Zeiten abhebt, so ist es dies: sie redet nicht mehr die Sprache der Bildung einer Kaste und kennt überhaupt den Gegensatz von Gebildeten und Ungebildeten nicht mehr. Damit stellt sie sich in Gegensatz zu aller Kultur der Renaissance, welche bisher uns neuere Menschen in ihr Licht und ihren Schatten eingehüllt hatte. Indem die Kunst Wagners uns auf Augenblicke aus ihr hinausträgt, vermögen wir ihren gleichartigen Charakter überhaupt erst zu überschauen: da erscheinen uns Goethe und Leopardi als die letzten großen Nachzügler der italienischen Philologen-Poeten, der Faust als die Darstellung des unvolkstümlichsten Rätsels, welches sich die neueren Zeiten, in der Gestalt des nach Leben dürstenden theoretischen Menschen, aufgegeben haben; selbst das Goethesche Lied ist dem Volksliede nachgesungen, nicht vorgesungen, und sein Dichter wußte, weshalb er mit so vielem Ernst einem Anhänger den Gedanken ans Herz legte: »Meine Sachen können nicht populär werden; wer daran denkt und dafür strebt, ist im Irrtum.«

Daß es überhaupt eine Kunst geben könnte, so sonnenhaft hell und warm, um ebenso die Niedrigen und Armen im Geiste mit ihrem Strahle zu erleuchten als den Hochmut der Wissenden zu schmelzen: das mußte erfahren werden und war nicht zu erraten. Aber im Geiste eines jeden, der es jetzt erfährt, muß es alle Begriffe über Erziehung und Kultur umwenden; ihm wird der Vorhang vor einer Zukunft aufgezogen scheinen, in welcher es keine höchsten Güter und Beglückungen mehr gibt, die nicht den Herzen aller gemein sind. Der Schimpf, welcher bisher dem Worte »gemein« anklebte, wird dann von ihm hinweggenommen sein.

Wenn sich solchermaßen die Ahnung in die Ferne wagt, wird die bewußte Einsicht die unheimliche soziale Unsicherheit unsrer Gegenwart ins

Auge fassen und sich die Gefährdung einer Kunst nicht verbergen, welche gar keine Wurzeln zu haben scheint, wenn nicht in jener Ferne und Zukunft, und die ihre blühenden Zweige uns eher zu Gesicht kommen läßt als das Fundament, aus dem sie hervorwächst. Wie retten wir diese heimatlose Kunst hindurch, bis zu jener Zukunft? Wie dämmen wir die Flut der überall unvermeidlich scheinenden Revolution so ein, daß mit dem vielen, was dem Untergange geweiht ist und ihn verdient, nicht auch die beseligende Antizipation und Bürgschaft einer besseren Zukunft, einer freieren Menschheit weggeschwemmt wird?

Wer so sich fragt und sorgt, hat an Wagners Sorge Anteil genommen; er wird mit ihm sich getrieben fühlen, nach jenen bestehenden Mächten zu suchen, welche den guten Willen haben, in den Zeiten der Erdbeben und Umstürze die Schutzgeister der edelsten Besitztümer der Menschheit zu sein. Einzig in diesem Sinne frägt Wagner durch seine Schriften bei den Gebildeten an, ob sie sein Vermächtnis, den kostbaren Ring seiner Kunst, mit in ihren Schatzhäusern bergen wollen; und selbst das großartige Vertrauen, welches Wagner dem deutschen Geiste auch in seinen politischen Zielen geschenkt hat, scheint mir darin seinen Ursprung zu haben, daß er dem Volke der Reformation jene Kraft, Milde und Tapferkeit zutraut, welche nötig ist, um »das Meer der Revolution in das Bett des ruhig fließenden Stromes der Menschheit einzudämmen«: und fast möchte ich meinen, daß er dies und nichts anderes durch die Symbolik seines Kaisermarsches ausdrücken wollte.

Im allgemeinen ist aber der hilfreiche Drang des schaffenden Künstlers zu groß, der Horizont seiner Menschenliebe zu umfänglich, als daß sein Blick an den Umzäunungen des nationalen Wesens hängen bleiben sollte. Seine Gedanken sind, wie die jedes guten und großen Deutschen, *überdeutsch,* und die Sprache seiner Kunst redet nicht zu Völkern, sondern zu Menschen.

Aber zu Menschen der Zukunft.

Das ist der ihm eigentümliche Glaube, seine Qual und seine Auszeichnung. Kein Künstler irgendwelcher Vergangenheit hat eine so merkwürdige Mitgift von seinem Genius erhalten, niemand hat außer ihm diesen Tropfen herbster Bitterkeit mit jedem nektarischen Tranke, welchen die Begeisterung ihm reichte, trinken müssen. Es ist nicht, wie man glauben möchte, der verkannte, der gemißhandelte, der in seiner Zeit gleichsam flüchtige Künstler, welcher sich diesen Glauben, zur Notwehr, gewann: Erfolg und Mißerfolg bei den Zeitgenossen konnten ihn nicht aufheben und nicht begründen. Er gehört nicht zu diesem Geschlecht, mag es ihn preisen oder verwerfen: – das ist das Urteil seines Instinktes; und ob je ein Geschlecht zu ihm gehören werde, das kann dem, welcher daran nicht glauben mag, auch nicht bewiesen werden. Aber wohl kann auch dieser Ungläubige die Frage stellen, welcher Art ein Geschlecht sein müsse,

in dem Wagner sein »Volk« wiedererkennen würde, als den Inbegriff aller derjenigen, welche eine gemeinsame Not empfinden und sich von ihr durch eine gemeinsame Kunst erlösen wollen. Schiller freilich ist gläubiger und hoffnungsvoller gewesen: er hat nicht gefragt, wie wohl eine Zukunft aussehen werde, *wenn* der Instinkt des Künstlers, der von ihr wahrsagt, recht behalten sollte, vielmehr von den Künstlern *gefordert:*

> Erhebet euch mit kühnem Flügel
> Hoch über euren Zeitenlauf!
> Fern dämmre schon in eurem Spiegel
> Das kommende Jahrhundert auf!

11

Die gute Vernunft bewahre uns vor dem Glauben, daß die Menschheit irgendwann einmal endgültige ideale Ordnungen finden werde, und daß dann das Glück mit immer gleichem Strahle, gleich der Sonne der Tropenländer, auf die solchermaßen Geordneten niederbrennen müsse: mit einem solchen Glauben hat Wagner nichts zu tun, er ist kein Utopist. Wenn er des Glaubens an die Zukunft nicht entraten kann, so heißt dies gerade nur so viel, daß er an den jetzigen Menschen Eigenschaften wahrnimmt, welche nicht zum unveränderlichen Charakter und Knochenbau des menschlichen Wesens gehören, sondern wandelbar, ja vergänglich sind, und daß gerade *dieser Eigenschaften wegen* die Kunst unter ihnen ohne Heimat und er selber der vorausgesendete Bote einer andern Zeit sein müsse. Kein goldenes Zeitalter, kein unbewölkter Himmel ist diesen kommenden Geschlechtern beschieden, auf welche ihn sein Instinkt anweist, und deren ungefähre Züge aus der Geheimschrift seiner Kunst so weit zu erraten sind, als es möglich ist, von der Art der Befriedigung auf die Art der Not zu schließen. Auch die übermenschliche Güte und Gerechtigkeit wird nicht wie ein unbeweglicher Regenbogen über das Gefilde dieser Zukunft gespannt sein. Vielleicht wird jenes Geschlecht im ganzen sogar böser erscheinen als das jetzige – denn es wird, im Schlimmen wie im Guten, *offener* sein; ja es wäre möglich, daß seine Seele, wenn sie einmal in vollem, freiem Klange sich ausspräche, unsere Seelen in ähnlicher Weise erschüttern und erschrecken würde, wie wenn die Stimme irgendeines bisher versteckten bösen Naturgeistes laut geworden wäre. Oder wie klingen diese Sätze an unser Ohr: daß die Leidenschaft besser ist als der Stoizismus und die Heuchelei, daß Ehrlich-sein, selbst im Bösen, besser ist, als sich selber an die Sittlichkeit des Herkommens verlieren, daß der freie Mensch sowohl gut als böse sein kann, daß aber der unfreie Mensch eine Schande der Natur ist und an keinem himmlischen noch irdischen Troste Anteil hat; endlich, daß jeder, der frei werden will, es durch sich selber werden

muß, und daß niemandem die Freiheit als ein Wundergeschenk in den Schoß fällt. Wie schrill und unheimlich dies auch klingen möge: es sind Töne aus jener zukünftigen Welt, welche *der Kunst wahrhaftig bedürftig* ist und von ihr auch wahrhafte Befriedigungen erwarten kann; es ist die Sprache der auch im Menschlichen wiederhergestellten Natur, es ist genau das, was ich früher richtige Empfindung im Gegensatz zu der jetzt herrschenden unrichtigen Empfindung nannte.

Nun aber gibt es allein für die Natur, nicht für die Unnatur und die unrichtige Empfindung, wahre Befriedigungen und Erlösungen. Der Unnatur, wenn sie einmal zum Bewußtsein über sich gekommen ist, bleibt nur die Sehnsucht ins Nichts übrig, die Natur dagegen begehrt nach Verwandlung durch Liebe: jene will *nicht* sein, diese will *anders* sein. Wer dies begriffen hat, führe sich jetzt in aller Stille der Seele die schlichten Motive der Wagnerschen Kunst vorüber, um sich zu fragen, ob mit ihnen die Natur oder die Unnatur ihre Ziele, wie diese eben bezeichnet wurden, verfolgt.

Der Unstete, Verzweifelte findet durch die erbarmende Liebe eines Weibes, das lieber sterben als ihm untreu sein will, die Erlösung von seiner Qual: das Motiv des fliegenden Holländers. – Die Liebende, allem eignen Glück entsagend, wird in einer himmlischen Wandlung von *amor* in *caritas*, zur Heiligen, und rettet die Seele des Geliebten: Motiv des Tannhäuser. – Das Herrlichste, Höchste kommt verlangend herab zu den Menschen und will nicht nach dem Woher? gefragt sein; es geht, als die unselige Frage gestellt wird, mit schmerzlichem Zwang in sein höheres Leben zurück: Motiv des Lohengrin. – Die liebende Seele des Weibes und ebenso das Volk nehmen willig den neuen beglückenden Genius auf, obschon die Pfleger des Überlieferten und Herkömmlichen ihn von sich stoßen und verlästern: Motiv der Meistersinger. – Zwei Liebende, ohne Wissen über ihr Geliebt-sein, sich vielmehr tief verwundet und verachtet glaubend, begehren voneinander den Todestrank zu trinken, scheinbar zur Sühne der Beleidigung, in Wahrheit aber aus einem unbewußten Drange: sie wollen durch den Tod von aller Trennung und Verstellung befreit sein. Die geglaubte Nähe des Todes löst ihre Seele und führt sie in ein kurzes, schauervolles Glück, wie als ob sie wirklich dem Tage, der Täuschung, ja dem Leben entronnen wären: Motiv in Tristan und Isolde.

Im Ringe des Nibelungen ist der tragische Held ein Gott, dessen Sinn nach Macht dürstet, und der, indem er alle Wege geht, sie zu gewinnen, sich durch Verträge bindet, seine Freiheit verliert und in den Fluch, welcher auf der Macht liegt, verflochten wird. Er erfährt seine Unfreiheit gerade darin, daß er kein Mittel mehr hat, sich des goldenen Ringes, des Inbegriffs aller Erdenmacht und zugleich der höchsten Gefahren für ihn selbst, solange er in dem Besitze seiner Feinde ist, zu bemächtigen: die Furcht vor dem Ende und der Dämmerung aller Götter überkommt ihn

und ebenso die Verzweiflung darüber, diesem Ende nur entgegensehen, nicht entgegenwirken zu können. Er bedarf des freien furchtlosen Menschen, welcher, ohne seinen Rat und Beistand, ja im Kampfe wider die göttliche Ordnung, von sich aus die dem Gotte versagte Tat vollbringt: er sieht ihn nicht, und gerade dann, wenn eine neue Hoffnung noch erwacht, muß er dem Zwange, der ihn bindet, gehorchen: durch seine Hand muß das Liebste vernichtet, das reinste Mitleiden mit seiner Not bestraft werden. Da ekelt ihn endlich vor der Macht, welche das Böse und die Unfreiheit im Schoße trägt, sein Wille bricht sich, er selber verlangt nach dem Ende, das ihm von ferne her droht. Und jetzt erst geschieht das früher Ersehnteste: der freie furchtlose Mensch erscheint, er ist im Widerspruche gegen alles Herkommen entstanden; seine Erzeuger büßen es, daß ein Bund wider die Ordnung der Natur und Sitte sie verknüpfte: sie gehn zugrunde, aber Siegfried lebt. Im Anblick seines herrlichen Werdens und Aufblühens weicht der Ekel aus der Seele Wotans, er geht dem Geschicke des Helden mit dem Auge der väterlichsten Liebe und Angst nach. Wie er das Schwert sich schmiedet, den Drachen tötet, den Ring gewinnt, dem listigen Truge entgeht, Brünnhilde erweckt, wie der Fluch, der auf dem Ringe ruht, auch ihn nicht verschont, ihm nah und näher kommt, wie er, treu in Untreue, das Liebste aus Liebe verwundend, von den Schatten und Nebeln der Schuld umhüllt wird, aber zuletzt lauter wie die Sonne heraustaucht und untergeht, den ganzen Himmel mit seinem Feuerglanze entzündend und die Welt vom Fluche reinigend, – das alles schaut der Gott, dem der waltende Speer im Kampfe mit dem Freiesten zerbrochen ist und der seine Macht an ihn verloren hat, voller Wonne am eignen Unterliegen, voller Mitfreude und Mitleiden mit seinem Überwinder: sein Auge liegt mit dem Leuchten einer schmerzlichen Seligkeit auf den letzten Vorgängen, er ist frei geworden in Liebe, frei von sich selbst.

Und nun fragt euch selber, ihr Geschlechter jetzt lebender Menschen! Ward dies *für euch* gedichtet? Habt ihr den Mut, mit eurer Hand auf die Sterne dieses ganzen Himmelsgewölbes von Schönheit und Güte zu zeigen und zu sagen: es ist *unser* Leben, das Wagner unter die Sterne versetzt hat?

Wo sind unter euch die Menschen, welche das göttliche Bild Wotans sich nach ihrem Leben zu deuten vermögen und welche selber immer größer werden, je mehr sie, wie er, zurücktreten? Wer von euch will auf Macht verzichten, wissend und erfahrend, daß die Macht böse ist? Wo sind die, welche wie Brünnhilde aus Liebe ihr Wissen dahingeben und zuletzt doch ihrem Leben das allerhöchste Wissen entnehmen: »trauernder Liebe tiefstes Leid schloß die Augen mir auf«. Und die Freien, Furchtlosen, in unschuldiger Selbstigkeit aus sich Wachsenden und Blühenden, die Siegfriede unter euch?

Wer so fragt, und vergebens fragt, der wird sich nach der Zukunft um-

sehen müssen; und sollte sein Blick in irgendwelcher Ferne gerade noch jenes »Volk« entdecken, welches seine eigne Geschichte aus den Zeichen der Wagnerschen Kunst herauslesen darf, so versteht er zuletzt auch, *was Wagner diesem Volke sein wird*: – etwas, das er uns allen nicht sein kann, nämlich nicht der Seher einer Zukunft, wie er uns vielleicht erscheinen möchte, sondern der Deuter und Verklärer einer Vergangenheit.

MENSCHLICHES, ALLZUMENSCHLICHES

Ein Buch für freie Geister

Erster Band

ERSTES HAUPTSTÜCK

VON DEN ERSTEN UND LETZTEN DINGEN

1

Chemie der Begriffe und Empfindungen. – Die philosophischen Probleme nehmen jetzt wieder fast in allen Stücken dieselbe Form der Frage an wie vor zweitausend Jahren: wie kann etwas aus seinem Gegensatz entstehen, zum Beispiel Vernünftiges aus Vernunftlosem, Empfindendes aus Totem, Logik aus Unlogik, interesseloses Anschauen aus begehrlichem Wollen, Leben für andere aus Egoismus, Wahrheit aus Irrtümern? Die metaphysische Philosophie half sich bisher über diese Schwierigkeit hinweg, insofern sie die Entstehung des einen aus dem andern leugnete und für die höher gewerteten Dinge einen Wunder-Ursprung annahm, unmittelbar aus dem Kern und Wesen des »Dinges an sich« heraus. Die historische Philosophie dagegen, welche gar nicht mehr getrennt von der Naturwissenschaft zu denken ist, die allerjüngste aller philosophischen Methoden, ermittelte in einzelnen Fällen (und vermutlich wird dies in allen ihr Ergebnis sein), daß es keine Gegensätze sind, außer in der gewohnten Übertreibung der populären oder metaphysischen Auffassung, und daß ein Irrtum der Vernunft dieser Gegenüberstellung zugrunde liegt: nach ihrer Erklärung gibt es, streng gefaßt, weder ein unegoistisches Handeln, noch ein völlig interesseloses Anschauen, es sind beides nur Sublimierungen, bei denen das Grundelement fast verflüchtigt erscheint und nur noch für die feinste Beobachtung sich als vorhanden erweist. – Alles, was wir brauchen und was erst bei der gegenwärtigen Höhe der einzelnen Wissenschaften uns gegeben werden kann, ist eine *Chemie* der moralischen, religiösen, ästhetischen Vorstellungen und Empfindungen, ebenso aller jener Regungen, welche wir im Groß- und Kleinverkehr der Kultur und Gesellschaft, ja in der Einsamkeit an uns erleben: wie, wenn diese Chemie mit dem Ergebnis abschlösse, daß auch auf diesem Gebiete die herrlichsten Farben aus niedrigen, ja verachteten Stoffen gewonnen sind? Werden viele Lust haben, solchen Untersuchungen zu folgen? Die Menschheit liebt es, die Fragen über Herkunft und Anfänge sich aus dem Sinne zu schlagen: muß man nicht fast entmenscht sein, um den entgegengesetzten Hang in sich zu spüren? –

2

Erbfehler der Philosophen. – Alle Philosophen haben den gemeinsamen Fehler an sich, daß sie vom gegenwärtigen Menschen ausgehen und durch eine Analyse desselben ans Ziel zu kommen meinen. Unwillkürlich schwebt ihnen »der Mensch« als eine *aeterna veritas*, als ein Gleichbleibendes in allem Strudel, als ein sicheres Maß der Dinge vor. Alles, was der Philosoph über den Menschen aussagt, ist aber im Grunde nicht mehr als ein Zeugnis über den Menschen eines *sehr beschränkten* Zeitraumes. Mangel an historischem Sinn ist der Erbfehler aller Philosophen; manche sogar nehmen unversehens die allerjüngste Gestaltung des Menschen, wie eine solche unter dem Eindruck bestimmter Religionen, ja bestimmter politischer Ereignisse entstanden ist, als die feste Form, von der man ausgehen müsse. Sie wollen nicht lernen, daß der Mensch geworden ist, daß auch das Erkenntnisvermögen geworden ist; während einige von ihnen sogar die ganze Welt aus diesem Erkenntnisvermögen sich herausspinnen lassen. – Nun ist alles *Wesentliche* der menschlichen Entwicklung in Urzeiten vor sich gegangen, lange vor jenen 4000 Jahren, die wir ungefähr kennen; in diesen mag sich der Mensch nicht viel mehr verändert haben. Da sieht aber der Philosoph »Instinkte« am gegenwärtigen Menschen und nimmt an, daß diese zu den unveränderlichen Tatsachen des Menschen gehören und insofern einen Schlüssel zum Verständnis der Welt überhaupt abgeben können: die ganze Teleologie ist darauf gebaut, daß man vom Menschen der letzten vier Jahrtausende als von einem *ewigen* redet, zu welchem hin alle Dinge in der Welt von ihrem Anbeginne eine natürliche Richtung haben. Alles aber ist geworden; es gibt *keine ewigen Tatsachen*: so wie es keine absoluten Wahrheiten gibt. – Demnach ist das *historische Philosophieren* von jetzt ab nötig und mit ihm die Tugend der Bescheidung.

3

Schätzung der unscheinbaren Wahrheiten. – Es ist das Merkmal einer höheren Kultur, die kleinen unscheinbaren Wahrheiten, welche mit strenger Methode gefunden wurden, höher zu schätzen als die beglückenden und blendenden Irrtümer, welche metaphysischen und künstlerischen Zeitaltern und Menschen entstammen. Zunächst hat man gegen erstere den Hohn auf den Lippen, als könne hier gar nichts Gleichberechtigtes gegeneinander stehen: so bescheiden, schlicht, nüchtern, so scheinbar entmutigend stehen diese, so schön, prunkend, berauschend, ja vielleicht beseligend stehen jene da. Aber das Mühsam-Errungene, Gewisse, Dauernde und deshalb für jede weitere Erkenntnis noch Folgenreiche ist doch das Höhere; zu ihm sich zu halten ist männlich und zeigt Tapferkeit, Schlichtheit, Enthaltsamkeit

an. Allmählich wird nicht nur der einzelne, sondern die gesamte Menschheit zu dieser Männlichkeit emporgehoben werden, wenn sie sich endlich an die höhere Schätzung der haltbaren, dauerhaften Erkenntnisse gewöhnt und allen Glauben an Inspiration und wundergleiche Mitteilung von Wahrheiten verloren hat. – Die Verehrer der *Formen* freilich, mit ihrem Maßstabe des Schönen und Erhabenen, werden zunächst gute Gründe zu spotten haben, sobald die Schätzung der unscheinbaren Wahrheiten und der wissenschaftliche Geist anfängt zur Herrschaft zu kommen: aber nur weil entweder ihr Auge sich noch nicht dem Reiz der *schlichtesten* Form erschlossen hat oder weil die in jenem Geiste erzogenen Menschen noch lange nicht völlig und innerlich von ihm durchdrungen sind, so daß sie immer noch gedankenlos alte Formen nachmachen (und dies schlecht genug, wie es jemand tut, dem nicht mehr viel an einer Sache liegt). Ehemals war der Geist nicht durch strenges Denken in Anspruch genommen, da lag sein Ernst im Ausspinnen von Symbolen und Formen. Das hat sich verändert; jener Ernst des Symbolischen ist zum Kennzeichen der niederen Kultur geworden. Wie unsere Künste selber immer intellektualer, unsre Sinne geistiger werden, und wie man zum Beispiel jetzt ganz anders darüber urteilt, was sinnlich wohltönend ist, als vor 100 Jahren: so werden auch die Formen unseres Lebens immer *geistiger*, für das Auge älterer Zeiten vielleicht *häßlicher*, aber nur weil es nicht zu sehen vermag, wie das Reich der inneren, geistigen Schönheit sich fortwährend vertieft und erweitert und inwiefern uns allen der geistreiche Blick jetzt mehr gelten darf als der schönste Gliederbau und das erhabenste Bauwerk.

4

Astrologie und Verwandtes. – Es ist wahrscheinlich, daß die Objekte des religiösen, moralischen und ästhetischen Empfindens ebenfalls nur zur Oberfläche der Dinge gehören, während der Mensch gerne glaubt, daß er hier wenigstens an das Herz der Welt rühre; er täuscht sich, weil jene Dinge ihn so tief beseligen und so tief unglücklich machen, und zeigt also hier denselben Stolz wie bei der Astrologie. Denn diese meint, der Sternenhimmel drehe sich um das Los des Menschen; der moralische Mensch aber setzt voraus, das, was ihm wesentlich am Herzen liege, müsse auch Wesen und Herz der Dinge sein.

5

Mißverständnis des Traumes. – Im Traum glaubte der Mensch in den Zeitaltern roher uranfänglicher Kultur eine *zweite reale Welt* kennenzu-

lernen; hier ist der Ursprung aller Metaphysik. Ohne den Traum hätte man keinen Anlaß zu einer Scheidung der Welt gefunden. Auch die Zerlegung in Seele und Leib hängt mit der ältesten Auffassung des Traumes zusammen, ebenso die Annahme eines Seelenscheinleibes, also die Herkunft alles Geisterglaubens und wahrscheinlich auch des Götterglaubens. »Der Tote lebt fort; *denn* er erscheint dem Lebenden im Traume«: so schloß man ehedem, durch viele Jahrtausende hindurch.

6

Der Geist der Wissenschaft im Teil, nicht im Ganzen mächtig. – Die abgetrennten *kleinsten* Gebiete der Wissenschaft werden rein sachlich behandelt: die allgemeinen großen Wissenschaften dagegen legen, als Ganzes betrachtet, die Frage – eine recht unsachliche Frage freilich – auf die Lippen, wozu? zu welchem Nutzen? Wegen dieser Rücksicht auf den Nutzen werden sie, als Ganzes, weniger unpersönlich als in ihren Teilen behandelt. Bei der Philosophie nun gar, als bei der Spitze der gesamten Wissenspyramide, wird unwillkürlich die Frage nach dem Nutzen der Erkenntnis überhaupt aufgeworfen, und jede Philosophie hat unbewußt die Absicht, ihr den *höchsten* Nutzen zuzuschreiben. Deshalb gibt es in allen Philosophien so viel hochfliegende Metaphysik und eine solche Scheu vor den unbedeutend erscheinenden Lösungen der Physik; denn die Bedeutsamkeit der Erkenntnis für das Leben *soll* so groß als möglich erscheinen. Hier ist der Antagonismus zwischen den wissenschaftlichen Einzelgebieten und der Philosophie. Letztere will, was die Kunst will, dem Leben und Handeln möglichste Tiefe und Bedeutung geben; in ersteren sucht man Erkenntnis und nichts weiter – was dabei auch herauskomme. Es hat bis jetzt noch keinen Philosophen gegeben, unter dessen Händen die Philosophie nicht zu einer Apologie der Erkenntnis geworden wäre; in diesem Punkte wenigstens ist ein jeder Optimist, daß dieser die höchste Nützlichkeit zugesprochen werden müsse. Sie alle werden von der Logik tyrannisiert: und diese ist ihrem Wesen nach Optimismus.

7

Der Störenfried in der Wissenschaft. – Die Philosophie schied sich von der Wissenschaft, als sie die Frage stellte: welches ist diejenige Erkenntnis der Welt und des Lebens, bei welcher der Mensch am glücklichsten lebt? Dies geschah in den sokratischen Schulen: durch den Gesichtspunkt des *Glücks* unterband man die Blutadern der wissenschaftlichen Forschung – und tut es heute noch.

8

Pneumatische Erklärung der Natur. – Die Metaphysik erklärt die Schrift der Natur gleichsam *pneumatisch,* wie die Kirche und ihre Gelehrten es ehemals mit der Bibel taten. Es gehört sehr viel Verstand dazu, um auf die Natur dieselbe Art der strengen Erklärungskunst anzuwenden, wie jetzt die Philologen sie für alle Bücher geschaffen haben: mit der Absicht, schlicht zu verstehen, was die Schrift sagen will, aber nicht einen *doppelten* Sinn zu wittern, ja vorauszusetzen. Wie aber selbst in betreff der Bücher die schlechte Erklärungskunst keineswegs völlig überwunden ist und man in der besten gebildeten Gesellschaft noch fortwährend auf Überreste allegorischer und mystischer Ausdeutung stößt: so steht es auch in betreff der Natur – ja noch viel schlimmer.

9

Metaphysische Welt. – Es ist wahr, es könnte eine metaphysische Welt geben; die absolute Möglichkeit davon ist kaum zu bekämpfen. Wir sehen alle Dinge durch den Menschenkopf an und können diesen Kopf nicht abschneiden; während doch die Frage übrigbleibt, was von der Welt noch da wäre, wenn man ihn doch abgeschnitten hätte. Dies ist ein rein wissenschaftliches Problem und nicht sehr geeignet, den Menschen Sorge zu machen; aber alles, was ihnen bisher metaphysische Annahmen *wertvoll, schreckenvoll, lustvoll* gemacht, was sie erzeugt hat, ist Leidenschaft, Irrtum und Selbstbetrug; die allerschlechtesten Methoden der Erkenntnis, nicht die allerbesten, haben daran glauben lehren. Wenn man diese Methoden als das Fundament aller vorhandenen Religionen und Metaphysiken aufgedeckt hat, hat man sie widerlegt! Dann bleibt immer noch jene Möglichkeit übrig; aber mit ihr kann man gar nichts anfangen, geschweige denn, daß man Glück, Heil und Leben von den Spinnenfäden einer solchen Möglichkeit abhängen lassen dürfte. – Denn man könnte von der metaphysischen Welt gar nichts aussagen als ein Anderssein, ein uns unzugängliches, unbegreifliches Anderssein; es wäre ein Ding mit negativen Eigenschaften. – Wäre die Existenz einer solchen Welt noch so gut bewiesen, so stünde doch fest, daß die gleichgültigste aller Erkenntnisse eben ihre Erkenntnis wäre: noch gleichgültiger als dem Schiffer in Sturmesgefahr die Erkenntnis von der chemischen Analysis des Wassers sein muß.

10

Harmlosigkeit der Metaphysik in der Zukunft. – Sobald die Religion, Kunst und Moral in ihrer Entstehung so beschrieben sind, daß man sie vollständig sich erklären kann, ohne zur Annahme *metaphysischer Eingriffe* am Beginn und im Verlaufe der Bahn seine Zuflucht zu nehmen, hört das stärkste Interesse an dem rein theoretischen Problem vom »Ding an sich« und der »Erscheinung« auf. Denn wie es hier auch stehe: mit Religion, Kunst und Moral rühren wir nicht an das »Wesen der Welt an sich«; wir sind im Bereiche der Vorstellung, keine »Ahnung« kann uns weitertragen. Mit voller Ruhe wird man die Frage, wie unser Weltbild so stark sich von dem erschlossenen Wesen der Welt unterscheiden könne, der Physiologie und der Entwicklungsgeschichte der Organismen und Begriffe überlassen.

11

Die Sprache als vermeintliche Wissenschaft. – Die Bedeutung der Sprache für die Entwicklung der Kultur liegt darin, daß in ihr der Mensch eine eigene Welt neben die andere stellte, einen Ort, welchen er für so fest hielt, um von ihm aus die übrige Welt aus den Angeln zu heben und sich zum Herren derselben zu machen. Insofern der Mensch an die Begriffe und Namen der Dinge als an *aeternae veritates* durch lange Zeitstrecken hindurch geglaubt hat, hat er sich jenen Stolz angeeignet, mit dem es sich über das Tier erhob: er meinte wirklich in der Sprache die Erkenntnis der Welt zu haben. Der Sprachbildner war nicht so bescheiden zu glauben, daß er den Dingen eben nur Bezeichnungen gebe, er drückte vielmehr, wie er wähnte, das höchste Wissen über die Dinge mit den Worten aus; in der Tat ist die Sprache die erste Stufe der Bemühung um die Wissenschaft. *Der Glaube an die gefundene Wahrheit* ist es auch hier, aus dem die mächtigsten Kraftquellen geflossen sind. Sehr nachträglich – jetzt erst – dämmert es den Menschen auf, daß sie einen ungeheuren Irrtum in ihrem Glauben an die Sprache propagiert haben. Glücklicherweise ist es zu spät, als daß es die Entwicklung der Vernunft, die auf jenem Glauben beruht, wieder rückgängig machen könnte. – Auch die *Logik* beruht auf Voraussetzungen, denen nichts in der wirklichen Welt entspricht, zum Beispiel auf der Voraussetzung der Gleichheit von Dingen, der Identität desselben Dings in verschiedenen Punkten der Zeit: aber jene Wissenschaft entstand durch den entgegengesetzten Glauben (daß es dergleichen in der wirklichen Welt allerdings gebe). Ebenso steht es mit der *Mathematik*, welche gewiß nicht entstanden wäre, wenn man von Anfang an gewußt hätte, daß es in der Natur keine exakt gerade Linie, keinen wirklichen Kreis, kein absolutes Größenmaß gebe.

12

Traum und Kultur. – Die Gehirnfunktion, welche durch den Schlaf am meisten beeinträchtigt wird, ist das Gedächtnis: nicht daß es ganz pausierte – aber es ist auf einen Zustand der Unvollkommenheit zurückgebracht, wie es in Urzeiten der Menschheit bei jedermann am Tage und im Wachen gewesen sein mag. Willkürlich und verworren, wie es ist, verwechselt es fortwährend die Dinge auf Grund der flüchtigsten Ähnlichkeiten: aber mit derselben Willkür und Verworrenheit dichteten die Völker ihre Mythologien, und noch jetzt pflegen Reisende zu beobachten, wie sehr der Wilde zur Vergeßlichkeit neigt, wie sein Geist nach kurzer Anspannung des Gedächtnisses hin und her zu taumeln beginnt und er, aus bloßer Erschlaffung, Lügen und Unsinn hervorbringt. Aber wir alle gleichen im Traume diesem Wilden; das schlechte Wiedererkennen und irrtümliche Gleichsetzen ist der Grund des schlechten Schließens, dessen wir uns im Traume schuldig machen; so daß wir, bei deutlicher Vergegenwärtigung eines Traumes, vor uns erschrecken, weil wir so viel Narrheit in uns bergen. – Die vollkommne Deutlichkeit aller Traum-Vorstellungen, welche den unbedingten Glauben an ihre Realität zur Voraussetzung hat, erinnert uns wieder an Zustände früherer Menschheit, in der die Halluzination außerordentlich häufig war und mitunter ganze Gemeinden, ganze Völker gleichzeitig ergriff. Also: im Schlaf und Traum machen wir das Pensum früheren Menschentums noch einmal durch.

13

Logik des Traumes. – Im Schlafe ist fortwährend unser Nervensystem durch mannigfache innere Anlässe in Erregung, fast alle Organe sezernieren und sind in Tätigkeit, das Blut macht seinen ungestümen Kreislauf, die Lage des Schlafenden drückt einzelne Glieder, seine Decken beeinflussen die Empfindung verschiedenartig, der Magen verdaut und beunruhigt mit seinen Bewegungen andere Organe, die Gedärme winden sich, die Stellung des Kopfes bringt ungewöhnliche Muskellagen mit sich, die Füße, unbeschuht, nicht mit den Sohlen den Boden drückend, verursachen das Gefühl des Ungewöhnlichen ebenso wie die andersartige Bekleidung des ganzen Körpers, – alles dies, nach seinem täglichen Wechsel und Grade, erregt durch seine Außergewöhnlichkeit das gesamte System bis in die Gehirnfunktion hinein: und so gibt es hundert Anlässe für den Geist, um sich zu verwundern und nach *Gründen* dieser Erregung zu suchen: der Traum aber ist das *Suchen und Vorstellen der Ursachen* für jene erregten Empfindungen, das heißt der vermeintlichen Ursachen. Wer zum Beispiel seine Füße mit zwei Riemen umgürtet, träumt wohl, daß zwei Schlangen seine

Füße umringeln: dies ist zuerst eine Hypothese, sodann ein Glaube, mit einer begleitenden bildlichen Vorstellung und Ausdichtung: »diese Schlangen müssen die *causa* jener Empfindung sein, welche ich, der Schlafende, habe«, – so urteilt der Geist des Schlafenden. Die so erschlossene nächste Vergangenheit wird durch die erregte Phantasie ihm zur Gegenwart. So weiß jeder aus Erfahrung, wie schnell der Träumende einen starken an ihn dringenden Ton, zum Beispiel Glockenläuten, Kanonenschüsse in seinen Traum verflicht, das heißt aus ihm *hinterdrein* erklärt, so daß er zuerst die veranlassenden Umstände, dann jenen Ton zu erleben *meint*. – Wie kommt es aber, daß der Geist des Träumenden immer so fehlgreift, während derselbe Geist im Wachen so nüchtern, behutsam und in bezug auf Hypothesen so skeptisch zu sein pflegt? – so daß ihm die erste beste Hypothese zur Erklärung eines Gefühls genügt, um sofort an ihre Wahrheit zu glauben? (Denn wir glauben im Traume an den Traum, als sei er Realität, das heißt wir halten unsre Hypothese für völlig erwiesen.) – Ich meine: wie jetzt noch der Mensch im Traume schließt, so schloß die Menschheit *auch im Wachen* viele Jahrtausende hindurch: die erste *causa*, die dem Geiste einfiel, um irgend etwas, das der Erklärung bedurfte, zu erklären, genügte ihm und galt als Wahrheit. (So verfahren nach den Erzählungen der Reisenden die Wilden heute noch.) Im Traum übt sich dieses uralte Stück Menschentum in uns fort, denn es ist die Grundlage, auf der die höhere Vernunft sich entwickelte und in jedem Menschen sich noch entwickelt: der Traum bringt uns in ferne Zustände der menschlichen Kultur wieder zurück und gibt ein Mittel an die Hand, sie besser zu verstehen. Das Traumdenken wird uns jetzt so leicht, weil wir in ungeheuren Entwicklungsstrecken der Menschheit gerade auf diese Form des phantastischen und wohlfeilen Erklärens aus dem ersten beliebigen Einfalle heraus so gut eingedrillt worden sind. Insofern ist der Traum eine Erholung für das Gehirn, welches am Tage den strengeren Anforderungen an das Denken zu genügen hat, wie sie von der höheren Kultur gestellt werden. – Einen verwandten Vorgang können wir geradezu als Pforte und Vorhalle des Traumes noch bei wachem Verstande in Augenschein nehmen. Schließen wir die Augen, so produziert das Gehirn eine Menge von Lichteindrücken und Farben, wahrscheinlich als eine Art Nachspiel und Echo aller jener Lichtwirkungen, welche am Tage auf dasselbe eindringen. Nun verarbeitet aber der Verstand (mit Phantasie im Bunde) diese an sich formlosen Farbenspiele sofort zu bestimmten Figuren, Gestalten, Landschaften, belebten Gruppen. Der eigentliche Vorgang dabei ist wiederum eine Art Schluß von der Wirkung auf die Ursache; indem der Geist fragt: woher diese Lichteindrücke und Farben, supponiert er als Ursachen jene Figuren, Gestalten: sie gelten ihm als die Veranlassungen jener Farben und Lichter, weil er, am Tage, bei offenen Augen, gewohnt ist, zu jeder Farbe, jedem Lichteindruck eine veranlassende Ursache zu finden. Hier also schiebt ihm

die Phantasie fortwährend Bilder vor, indem sie an die Gesichtseindrücke des Tages sich in ihrer Produktion anlehnt, und gerade so macht es die Traumphantasie: – das heißt die vermeintliche Ursache wird aus der Wirkung erschlossen und *nach* der Wirkung vorgestellt: alles dies mit außerordentlicher Schnelligkeit, so daß hier wie beim Taschenspieler eine Verwirrung des Urteils entstehen und ein Nacheinander sich wie etwas Gleichzeitiges, selbst wie ein umgedrehtes Nacheinander ausnehmen kann. – Wir können aus diesen Vorgängen entnehmen, *wie spät* das schärfere logische Denken, das Strengnehmen von Ursache und Wirkung entwickelt worden ist, wenn unsere Vernunft- und Verstandesfunktionen *jetzt noch* unwillkürlich nach jenen primitiven Formen des Schließens zurückgreifen und wir ziemlich die Hälfte unseres Lebens in diesem Zustande leben. – Auch der Dichter, der Künstler *schiebt* seinen Stimmungen und Zuständen Ursachen *unter*, welche durchaus nicht die wahren sind; er erinnert insofern an älteres Menschentum und kann uns zum Verständnisse desselben verhelfen.

14

Miterklingen. – Alle *stärkern* Stimmungen bringen ein Miterklingen verwandter Empfindungen und Stimmungen mit sich: sie wühlen gleichsam das Gedächtnis auf. Es erinnert sich bei ihnen etwas in uns und wird sich ähnlicher Zustände und deren Herkunft bewußt. So bilden sich angewöhnte rasche Verbindungen von Gefühlen und Gedanken, welche zuletzt, wenn sie blitzschnell hintereinander erfolgen, nicht einmal mehr als Komplexe, sondern als *Einheiten* empfunden werden. In diesem Sinne redet man vom moralischen Gefühle, vom religiösen Gefühle, wie als ob dies lauter Einheiten seien: in Wahrheit sind sie Ströme mit hundert Quellen und Zuflüssen. Auch hier, wie so oft, verbürgt die Einheit des Wortes nichts für die Einheit der Sache.

15

Kein Innen und Außen in der Welt. – Wie Demokrit die Begriffe Oben und Unten auf den unendlichen Raum übertrug, wo sie keinen Sinn haben, so die Philosophen überhaupt den Begriff »Innen und Außen« auf Wesen und Erscheinung der Welt; sie meinen, mit tiefen Gefühlen komme man tief ins Innere, nahe man sich dem Herzen der Natur. Aber diese Gefühle sind nur insofern tief, als mit ihnen, kaum bemerkbar, gewisse komplizierte Gedankengruppen regelmäßig erregt werden, welche wir tief nennen; ein Gefühl ist tief, weil wir den begleitenden Gedanken für tief halten. Aber der tiefe Gedanke kann dennoch der Wahrheit sehr ferne sein, wie

zum Beispiel jeder metaphysische; rechnet man vom tiefen Gefühle die beigemischten Gedankenelemente ab, so bleibt das *starke* Gefühl übrig, und dieses verbürgt nichts für die Erkenntnis als sich selbst, ebenso wie der starke Glaube nur seine Stärke, nicht die Wahrheit des Geglaubten beweist.

16

Erscheinung und Ding an sich. – Die Philosophen pflegen sich vor das Leben und die Erfahrung – vor das, was sie die Welt der Erscheinung nennen – wie vor ein Gemälde hinzustellen, das ein für allemal entrollt ist und unveränderlich fest denselben Vorgang zeigt: diesen Vorgang, meinen sie, müsse man richtig ausdeuten, um damit einen Schluß auf das Wesen zu machen, welches das Gemälde hervorgebracht habe: also auf das Ding an sich, das immer als der zureichende Grund der Welt der Erscheinung angesehen zu werden pflegt. Dagegen haben strengere Logiker, nachdem sie den Begriff des Metaphysischen scharf als den des Unbedingten, folglich auch Unbedingenden festgestellt hatten, jeden Zusammenhang zwischen dem Unbedingten (der metaphysischen Welt) und der uns bekannten Welt in Abrede gestellt: so daß in der Erscheinung eben durchaus *nicht* das Ding an sich erscheine, und von jener auf dieses jeder Schluß abzulehnen sei. Von beiden Seiten ist aber die Möglichkeit übersehen, daß jenes Gemälde – das, was jetzt uns Menschen Leben und Erfahrung heißt – allmählich *geworden* ist, ja noch völlig im *Werden* ist und deshalb nicht als feste Größe betrachtet werden soll, von welcher aus man einen Schluß über den Urheber (den zureichenden Grund) machen oder auch nur ablehnen dürfte. Dadurch, daß wir seit Jahrtausenden mit moralischen, ästhetischen, religiösen Ansprüchen, mit blinder Neigung, Leidenschaft oder Furcht in die Welt geblickt und uns in den Unarten des unlogischen Denkens recht ausgeschwelgt haben, ist diese Welt allmählich so wundersam bunt, schrecklich, bedeutungstief, seelenvoll *geworden*, sie hat Farbe bekommen, – aber wir sind die Koloristen gewesen: der menschliche Intellekt hat die Erscheinung erscheinen lassen und seine irrtümlichen Grundauffassungen in die Dinge hineingetragen. Spät, sehr spät – besinnt er sich: und jetzt scheinen ihm die Welt der Erfahrung und das Ding an sich so außerordentlich verschieden und getrennt, daß er den Schluß von jener auf dieses ablehnt – oder auf eine schauerlich geheimnisvolle Weise zum *Aufgeben* unseres Intellektes, unseres persönlichen Willens auffordert: um *dadurch* zum Wesenhaften zu kommen, daß man *wesenhaft werde.* Wiederum haben andere alle charakteristischen Züge unserer Welt der Erscheinung – das heißt der aus intellektuellen Irrtümern herausgesponnen und uns angeerbten Vorstellung von der Welt – zusammengelesen und, *anstatt den Intellekt als Schuldigen anzuklagen,*

das Wesen der Dinge als Ursache dieses tatsächlichen, sehr unheimlichen Weltcharakters angeschuldigt und die Erlösung vom Sein gepredigt. – Mit all diesen Auffassungen wird der stetige und mühsame Prozeß der Wissenschaft, welcher zuletzt einmal in einer *Entstehungsgeschichte des Denkens* seinen höchsten Triumph feiert, in entscheidender Weise fertig werden, dessen Resultat vielleicht auf diesen Satz hinauslaufen dürfte: Das, was wir jetzt die Welt nennen, ist das Resultat einer Menge von Irrtümern und Phantasien, welche in der gesamten Entwicklung der organischen Wesen allmählich entstanden, ineinander verwachsen sind und uns jetzt als aufgesammelter Schatz der ganzen Vergangenheit vererbt werden, – als Schatz: denn der Wert unseres Menschentums ruht darauf. Von dieser Welt der Vorstellung vermag uns die strenge Wissenschaft tatsächlich nur in geringem Maße zu lösen – wie es auch gar nicht zu wünschen ist –, insofern sie die Gewalt uralter Gewohnheiten der Empfindung nicht wesentlich zu brechen vermag: aber sie kann die Geschichte der Entstehung jener Welt als Vorstellung ganz allmählich und schrittweise aufhellen – und uns wenigstens für Augenblicke über den ganzen Vorgang hinausheben. Vielleicht erkennen wir dann, daß das Ding an sich eines homerischen Gelächters wert ist: daß es so viel, ja alles *schien* und eigentlich leer, nämlich bedeutungsleer ist.

17

Metaphysische Erklärungen. – Der junge Mensch schätzt metaphysische Erklärungen, weil sie ihm in Dingen, welche er unangenehm oder verächtlich fand, etwas höchst Bedeutungsvolles aufweisen; und ist er mit sich unzufrieden, so erleichtert sich dies Gefühl, wenn er das innerste Welträtsel oder Weltelend in dem wiedererkennt, was er so sehr an sich mißbilligt. Sich unverantwortlicher fühlen und die Dinge zugleich interessanter finden – das gilt ihm als die doppelte Wohltat, welche er der Metaphysik verdankt. Später freilich bekommt er Mißtrauen gegen die ganze metaphysische Erklärungsart; dann sieht er vielleicht ein, daß jene Wirkungen auf einem anderen Wege ebensogut und wissenschaftlicher zu erreichen sind: daß physische und historische Erklärungen mindestens ebensosehr jenes Gefühl der Unverantwortlichkeit herbeiführen, und daß jenes Interesse am Leben und seinen Problemen vielleicht noch mehr dabei entflammt wird.

18

Grundfragen der Metaphysik. – Wenn einmal die Entstehungsgeschichte des Denkens geschrieben ist, so wird auch der folgende Satz eines ausgezeichneten Logikers von einem neuen Lichte erhellt dastehen: »Das ur-

sprüngliche allgemeine Gesetz des erkennenden Subjekts besteht in der inneren Notwendigkeit, jeden Gegenstand an sich, in seinem eigenen Wesen als einen mit sich selbst identischen, also selbstexistierenden und im Grunde stets gleichbleibenden und unwandelbaren, kurz als eine Substanz zu erkennen.« Auch dieses Gesetz, welches hier »ursprünglich« genannt wird, ist geworden: es wird einmal gezeigt werden, wie allmählich, in den niederen Organismen, dieser Hang entsteht: wie die blöden Maulwurfsaugen dieser Organisationen zuerst nichts als immer das gleiche sehen; wie dann, wenn die verschiedenen Erregungen von Lust und Unlust bemerkbarer werden, allmählich verschiedene Substanzen unterschieden werden, aber jede mit *einem* Attribut, das heißt einer einzigen Beziehung zu einem solchen Organismus. – Die erste Stufe des Logischen ist das Urteil: dessen Wesen besteht, nach der Feststellung der besten Logiker, im Glauben. Allem Glauben zugrunde liegt die *Empfindung des Angenehmen oder Schmerzhaften* in bezug auf das empfindende Subjekt. Eine neue dritte Empfindung als Resultat zweier vorangegangenen einzelnen Empfindungen ist das Urteil in seiner niedrigsten Form. – Uns organische Wesen interessiert ursprünglich nichts an jedem Dinge, als sein Verhältnis zu uns in bezug auf Lust und Schmerz. Zwischen den Momenten, wo wir uns dieser Beziehung bewußt werden, den Zuständen des Empfindens, liegen solche der Ruhe, des Nichtempfindens: da ist die Welt und jedes Ding für uns interesselos, wir bemerken keine Veränderung an ihm (wie jetzt noch ein heftig Interessierter nicht merkt, daß jemand an ihm vorbeigeht). Für die Pflanze sind gewöhnlich alle Dinge ruhig, ewig, jedes Ding sich selbst gleich. Aus der Periode der niederen Organismen her ist dem Menschen der Glaube vererbt, daß es *gleiche Dinge* gibt (erst die durch höchste Wissenschaft ausgebildete Erfahrung widerspricht diesem Satze). Der Urglaube alles Organischen von Anfang an ist vielleicht sogar, daß die ganze übrige Welt eins und unbewegt ist. – Am fernsten liegt für jene Urstufe des Logischen der Gedanke an *Kausalität*: ja jetzt noch meinen wir im Grunde, alle Empfindungen und Handlungen seien Akte des freien Willens; wenn das fühlende Individuum sich selbst betrachtet, so hält es jede Empfindung, jede Veränderung für etwas *Isoliertes*, das heißt Unbedingtes, Zusammenhangloses: es taucht aus uns auf, ohne Verbindung mit Früherem oder Späterem. Wir haben Hunger, aber meinen ursprünglich nicht, daß der Organismus erhalten werden will, sondern jenes Gefühl scheint sich *ohne Grund und Zweck* geltend zu machen, es isoliert sich und hält sich für *willkürlich*. Also: der Glaube an die Freiheit des Willens ist ein ursprünglicher Irrtum alles Organischen, so alt, als die Regungen des Logischen in ihm existieren; der Glaube an unbedingte Substanzen und an gleiche Dinge ist ebenfalls ein ursprünglicher, ebenso alter Irrtum alles Organischen. Insofern aber alle Metaphysik sich vornehmlich mit Substanz und Freiheit des Willens abgegeben hat, so

darf man sie als die Wissenschaft bezeichnen, welche von den Grundirrtümern des Menschen handelt – doch so, als wären es Grundwahrheiten.

19

Die Zahl. – Die Erfindung der Gesetze der Zahlen ist auf Grund des ursprünglich schon herrschenden Irrtums gemacht, daß es mehrere gleiche Dinge gebe (aber tatsächlich gibt es nichts Gleiches), mindestens daß es Dinge gebe (aber es gibt kein »Ding«). Die Annahme der Vielheit setzt immer schon voraus, daß es *etwas* gebe, was vielfach vorkommt: aber gerade hier schon waltet der Irrtum, schon da fingieren wir Wesen, Einheiten, die es nicht gibt. – Unsere Empfindungen von Raum und Zeit sind falsch, denn sie führen, konsequent geprüft, auf logische Widersprüche. Bei allen wissenschaftlichen Feststellungen rechnen wir unvermeidlich immer mit einigen falschen Größen: aber weil diese Größen wenigstens *konstant* sind, wie zum Beispiel unsere Zeit- und Raumempfindung, so bekommen die Resultate der Wissenschaft doch eine vollkommene Strenge und Sicherheit in ihrem Zusammenhange miteinander; man kann auf ihnen fortbauen – bis an jenes letzte Ende, wo die irrtümliche Grundannahme, jene konstanten Fehler, in Widerspruch mit den Resultaten treten, zum Beispiel in der Atomenlehre. Da fühlen wir uns immer noch zur Annahme eines »Dinges« oder stofflichen »Substrats«, das bewegt wird, gezwungen, während die ganze wissenschaftliche Prozedur aber die Aufgabe verfolgt hat, alles Dingartige (Stoffliche) in Bewegungen aufzulösen: wir scheiden auch hier noch mit unserer Empfindung Bewegendes und Bewegtes und kommen aus diesem Zirkel nicht heraus, weil der Glaube an Dinge mit unserem Wesen von altersher verknotet ist. – Wenn Kant sagt »der Verstand schöpft seine Gesetze nicht aus der Natur, sondern schreibt sie dieser vor«, so ist dies in Hinsicht auf den *Begriff der Natur* völlig wahr, welchen wir genötigt sind mit ihr zu verbinden (Natur = Welt als Vorstellung, das heißt als Irrtum), welcher aber die Aufsummierung einer Menge von Irrtümern des Verstandes ist. – Auf eine Welt, welche *nicht* unsere Vorstellung ist, sind die Gesetze der Zahlen gänzlich unanwendbar: diese gelten allein in der Menschen-Welt.

20

Einige Sprossen zurück. – Die eine, gewiß sehr hohe Stufe der Bildung ist erreicht, wenn der Mensch über abergläubische und religiöse Begriffe und Ängste hinauskommt und zum Beispiel nicht mehr an die lieben Englein oder die Erbsünde glaubt, auch vom Heil der Seelen zu reden verlernt hat: ist er auf dieser Stufe der Befreiung, so hat er auch noch

mit höchster Anspannung seiner Besonnenheit die Metaphysik zu überwinden. *Dann* aber ist eine *rückläufige Bewegung* nötig: er muß die historische Berechtigung, ebenso die psychologische in solchen Vorstellungen begreifen, er muß erkennen, wie die größte Förderung der Menschheit von dorther gekommen sei und wie man sich, ohne eine solche rückläufige Bewegung, der besten Ergebnisse der bisherigen Menschheit berauben würde. – In betreff der philosophischen Metaphysik sehe ich jetzt immer mehrere, welche an das negative Ziel (daß jede positive Metaphysik Irrtum ist) gelangt sind, aber noch wenige, welche einige Sprossen rückwärts steigen; man soll nämlich über die letzte Sprosse der Leiter wohl hinausschauen, aber nicht auf ihr stehen wollen. Die Aufgeklärtesten bringen es nur soweit, sich von der Metaphysik zu befreien und mit Überlegenheit auf sie zurückzusehen: während es doch auch hier, wie im Hippodrom, nottut, um das Ende der Bahn herumzubiegen.

21

Mutmaßlicher Sieg der Skepsis. – Man lasse einmal den skeptischen Ausgangspunkt gelten: gesetzt, es gäbe keine andere, metaphysische Welt und alle aus der Metaphysik genommenen Erklärungen der uns einzig bekannten Welt wären unbrauchbar für uns, mit welchem Blick würden wir dann auf Menschen und Dinge sehen? Dies kann man sich ausdenken, es ist nützlich, selbst wenn die Frage, ob etwas Metaphysisches wissenschaftlich durch Kant und Schopenhauer bewiesen sei, einmal abgelehnt würde. Denn es ist, nach historischer Wahrscheinlichkeit, sehr gut möglich, daß die Menschen einmal in dieser Beziehung im ganzen und allgemeinen *skeptisch* werden; da lautet also die Frage: wie wird sich dann die menschliche Gesellschaft, unter dem Einfluß einer solchen Gesinnung, gestalten? Vielleicht ist der *wissenschaftliche Beweis* irgendeiner metaphysischen Welt schon so *schwierig*, daß die Menschheit ein Mißtrauen gegen ihn nicht mehr los wird. Und wenn man gegen die Metaphysik Mißtrauen hat, so gibt es im ganzen und großen dieselben Folgen, wie wenn sie direkt widerlegt wäre und man nicht mehr an sie glauben *dürfte*. Die historische Frage in betreff einer unmetaphysischen Gesinnung der Menschheit bleibt in beiden Fällen dieselbe.

22

Unglaube an das »monumentum aere perennius«. – Ein wesentlicher Nachteil, welchen das Aufhören metaphysischer Ansichten mit sich bringt, liegt darin, daß das Individuum zu streng seine kurze Lebenszeit ins Auge faßt und keine stärkeren Antriebe empfängt, an dauerhaften, für

Jahrhunderte angelegten Institutionen zu bauen; es will die Frucht selbst vom Baume pflücken, den es pflanzt, und deshalb mag es jene Bäume nicht mehr pflanzen, welche eine jahrhundertlange gleichmäßige Pflege erfordern und welche lange Reihenfolgen von Geschlechtern zu überschatten bestimmt sind. Denn metaphysische Ansichten geben den Glauben, daß in ihnen das letzte endgültige Fundament gegeben sei, auf welchem sich nunmehr alle Zukunft der Menschheit niederzulassen und anzubauen genötigt sei; der einzelne fördert sein Heil, wenn er zum Beispiel eine Kirche, ein Kloster stiftet, es wird ihm, so meint er, im ewigen Fortleben der Seele angerechnet und vergolten, es ist Arbeit am ewigen Heil der Seele. – Kann die Wissenschaft auch solchen Glauben an ihre Resultate erwecken? In der Tat braucht sie den Zweifel und das Mißtrauen als treuesten Bundesgenossen; trotzdem kann mit der Zeit die Summe der unantastbaren, das heißt alle Stürme der Skepsis, alle Zersetzungen überdauernden Wahrheiten so groß werden (zum Beispiel in der Diätetik der Gesundheit), daß man sich daraufhin entschließt, »ewige« Werke zu gründen. Einstweilen wirkt der *Kontrast* unseres aufgeregten Ephemeren-Daseins gegen die langatmige Ruhe metaphysischer Zeitalter noch zu stark, weil die beiden Zeiten noch zu nahe gestellt sind; der einzelne Mensch selber durchläuft jetzt zu viele innere und äußere Entwicklungen, als daß er auch nur auf seine eigene Lebenszeit sich dauerhaft und ein für allemal einzurichten wagt. Ein ganz moderner Mensch, der sich zum Beispiel ein Haus bauen will, hat dabei ein Gefühl, als ob er bei lebendigem Leibe sich in ein Mausoleum vermauern wolle.

23

Zeitalter der Vergleichung. – Je weniger die Menschen durch das Herkommen gebunden sind, um so größer wird die innere Bewegung der Motive, um so größer wiederum, dementsprechend, die äußere Unruhe, das Durcheinanderfluten der Menschen, die Polyphonie der Bestrebungen. Für wen gibt es jetzt noch einen strengen Zwang, an einen Ort sich und seine Nachkommen anzubinden? Für wen gibt es überhaupt noch etwas streng Bindendes? Wie alle Stilarten der Künste nebeneinander nachgebildet werden, so auch alle Stufen und Arten der Moralität, der Sitten, der Kulturen. – Ein solches Zeitalter bekommt seine Bedeutung dadurch, daß in ihm die verschiedenen Weltbetrachtungen, Sitten, Kulturen verglichen und nebeneinander durchlebt werden können; was früher, bei der immer lokalisierten Herrschaft jeder Kultur, nicht möglich war, entsprechend der Gebundenheit aller künstlerischen Stilarten an Ort und Zeit. Jetzt wird eine Vermehrung des ästhetischen Gefühls endgültig unter so vielen der Vergleichung sich darbietenden Formen entscheiden: sie wird die meisten – nämlich alle, welche durch dasselbe abgewiesen werden –

absterben lassen. Ebenso findet jetzt ein Auswählen in den Formen und Gewohnheiten der höheren Sittlichkeit statt, deren Ziel kein anderes als Untergang der niedrigeren Sittlichkeiten sein kann. Es ist das Zeitalter der Vergleichung! Das ist sein Stolz – aber billigerweise auch sein Leiden. Fürchten wir uns vor diesem Leiden nicht! Vielmehr wollen wir die Aufgabe, welche das Zeitalter uns stellt, so groß verstehen, als wir nur vermögen: so wird uns die Nachwelt darob segnen – eine Nachwelt, die ebenso sich über die abgeschlossnen originalen Volks-Kulturen hinaus weiß, als über die Kultur der Vergleichung, aber auf beide Arten der Kultur als auf verehrungswürdige Altertümer mit Dankbarkeit zurückblickt.

24

Möglichkeit des Fortschritts. – Wenn ein Gelehrter der alten Kultur es verschwört, nicht mehr mit Menschen umzugehen, welche an den Fortschritt glauben, so hat er recht. Denn die alte Kultur hat ihre Größe und Güte hinter sich und die historische Bildung zwingt einen, zuzugestehen, daß sie nie wieder frisch werden kann; es ist ein unausstehlicher Stumpfsinn oder ebenso unleidliche Schwärmerei nötig, um dies zu leugnen. Aber die Menschen können mit *Bewußtsein* beschließen, sich zu einer neuen Kultur fortzuentwickeln, während sie sich früher unbewußt und zufällig entwickelten: sie können jetzt bessere Bedingungen für die Entstehung der Menschen, ihre Ernährung, Erziehung, Unterrichtung schaffen, die Erde als Ganzes ökonomisch verwalten, die Kräfte der Menschen überhaupt gegeneinander abwägen und einsetzen. Diese neue bewußte Kultur tötet die alte, welche als Ganzes angeschaut ein unbewußtes Tier- und Pflanzenleben geführt hat; sie tötet auch das Mißtrauen gegen den Fortschritt – er ist *möglich.* Ich will sagen: es ist voreilig und fast unsinnig, zu glauben, daß der Fortschritt *notwendig* erfolgen müsse; aber wie könnte man leugnen, daß er möglich sei? Dagegen ist ein Fortschritt im Sinne und auf dem Wege der alten Kultur nicht einmal denkbar. Wenn romantische Phantastik immerhin auch das Wort »Fortschritt« von ihren Zielen (z. B. abgeschlossenen originalen Volks-Kulturen), gebraucht: jedenfalls entlehnt sie das Bild davon aus der Vergangenheit; ihr Denken und Vorstellen ist auf diesem Gebiete ohne jede Originalität.

25

Privat- und Weltmoral. – Seitdem der Glaube aufgehört hat, daß ein Gott die Schicksale der Welt im großen leite und trotz aller anscheinenden Krümmungen im Pfade der Menschheit sie doch herrlich hinausführe,

müssen die Menschen selber sich ökumenische, die ganze Erde umspannende Ziele stellen. Die ältere Moral, namentlich die Kants, verlangt vom einzelnen Handlungen, welche man von allen Menschen wünscht: das war eine schöne naive Sache; als ob ein jeder ohne weiteres wüßte, bei welcher Handlungsweise das Ganze der Menschheit wohlfahre, also welche Handlungen überhaupt wünschenswert seien: es ist eine Theorie wie die vom Freihandel, voraussetzend, daß die allgemeine Harmonie sich nach eingebornen Gesetzen des Besserwerdens von selbst ergeben *müsse*. Vielleicht läßt es ein zukünftiger Überblick über die Bedürfnisse der Menschheit durchaus nicht wünschenswert erscheinen, daß alle Menschen gleich handeln, vielmehr dürften im Interesse ökumenischer Ziele für ganze Strekken der Menschheit spezielle, vielleicht unter Umständen sogar böse Aufgaben zu stellen sein. – Jedenfalls muß, wenn die Menschheit sich nicht durch eine solche bewußte Gesamtregierung zugrunde richten soll, vorher eine alle bisherigen Grade übersteigende *Kenntnis der Bedingungen der Kultur*, als wissenschaftlicher Maßstab für ökumenische Ziele, gefunden sein. Hierin liegt die ungeheure Aufgabe der großen Geister des nächsten Jahrhunderts.

26

Die Reaktion als Fortschritt. – Mitunter erscheinen schroffe, gewaltsame und fortreißende, aber trotzdem zurückgebliebene Geister, welche eine vergangene Phase der Menschheit noch einmal heraufbeschwören: sie dienen zum Beweis, daß die neuen Richtungen, welchen sie entgegenwirken, noch nicht kräftig genug sind, daß etwas an ihnen fehlt: sonst würden sie jenen Beschwörern bessern Widerpart halten. So zeugt zum Beispiel Luthers Reformation dafür, daß in seinem Jahrhundert alle Regungen der Freiheit des Geistes noch unsicher, zart, jugendlich waren; die Wissenschaft konnte noch nicht ihr Haupt erheben. Ja die gesamte Renaissance erscheint wie ein erster Frühling, der fast wieder weggeschneit wird. Aber auch in unserem Jahrhundert bewies Schopenhauers Metaphysik, daß auch jetzt der wissenschaftliche Geist noch nicht kräftig genug ist: so konnte die ganze mittelalterliche christliche Weltbetrachtung und Mensch-Empfindung noch einmal in Schopenhauers Lehre trotz der längst errungenen Vernichtung aller christlichen Dogmen eine Auferstehung feiern. Viel Wissenschaft klingt in seine Lehre hinein, aber sie beherrscht dieselbe nicht, sondern das alte wohlbekannte »metaphysische Bedürfnis«. Es ist gewiß einer der größten und ganz unschätzbaren Vorteile, welche wir aus Schopenhauer gewinnen, daß er unsre Empfindung zeitweilig in ältere, mächtige Betrachtungsarten der Welt und Menschen zurückzwingt, zu welchen sonst uns so leicht kein Pfad führen würde. Der Gewinn für die Historie und die Gerechtigkeit ist sehr groß: ich glaube, daß es jetzt niemandem

so leicht gelingen möchte, ohne Schopenhauers Beihilfe dem Christentum und seinen asiatischen Verwandten Gerechtigkeit widerfahren zu lassen: was namentlich vom Boden des noch vorhandenen Christentums aus unmöglich ist. Erst nach diesem *großen Erfolge der Gerechtigkeit,* erst nachdem wir die historische Betrachtungsart, welche die Zeit der Aufklärung mit sich brachte, in einem so wesentlichen Punkte korrigiert haben, dürfen wir die Fahne der Aufklärung – die Fahne mit den drei Namen: Petrarca, Erasmus, Voltaire – von neuem weiter tragen. Wir haben aus der Reaktion einen Fortschritt gemacht.

27

Ersatz der Religion. – Man glaubt einer Philosophie etwas Gutes nachzusagen, wenn man sie als Ersatz der Religion für das Volk hinstellt. In der Tat bedarf es in der geistigen Ökonomie gelegentlich überleitender Gedankenkreise; so ist der Übergang aus Religion in wissenschaftliche Betrachtung ein gewaltsamer gefährlicher Sprung, etwas, das zu widerraten ist. Insofern hat man mit jener Anempfehlung recht. Aber endlich sollte man doch auch lernen, daß die Bedürfnisse, welche die Religion befriedigt hat und nun die Philosophie befriedigen soll, nicht unwandelbar sind; diese selbst kann man *schwächen* und *ausrotten.* Man denke zum Beispiel an die christliche Seelennot, das Seufzen über die innere Verderbtheit, die Sorge um das Heil – alles Vorstellungen, welche nur aus Irrtümern der Vernunft herrühren und gar keine Befriedigung, sondern Vernichtung verdienen. Eine Philosophie kann entweder so nützen, daß sie jene Bedürfnisse auch *befriedigt* oder daß sie dieselben *beseitigt;* denn es sind angelernte, zeitlich begrenzte Bedürfnisse, welche auf Voraussetzungen beruhen, die denen der Wissenschaft widersprechen. Hier ist, um einen Übergang zu machen, die *Kunst* viel eher zu benutzen, um das mit Empfindungen überladne Gemüt zu erleichtern; denn durch sie werden jene Vorstellungen viel weniger unterhalten als durch eine metaphysische Philosophie. Von der Kunst aus kann man dann leichter in eine wirklich befreiende philosophische Wissenschaft übergehen.

28

Verrufene Worte. – Weg mit den bis zum Überdruß verbrauchten Wörtern Optimismus und Pessimismus! Denn der Anlaß, sie zu gebrauchen, fehlt von Tag zu Tag mehr; nur die Schwätzer haben sie jetzt noch so unumgänglich nötig. Denn weshalb in aller Welt sollte jemand Optimist sein wollen, wenn er nicht einen Gott zu verteidigen hat, welcher die

beste der Welten geschaffen haben *muß*, falls er selber das Gute und Vollkommene ist, – welcher Denkende hat aber die Hypothese eines Gottes noch nötig? – Es fehlt aber auch jeder Anlaß zu einem pessimistischen Glaubensbekenntnis, wenn man nicht ein Interesse daran hat, den Advokaten Gottes, den Theologen oder den theologisierenden Philosophen, ärgerlich zu werden und die Gegenbehauptung kräftig aufzustellen: daß das Böse regiere, daß die Unlust größer sei als die Lust, daß die Welt ein Machwerk, die Erscheinung eines bösen Willens zum Leben sei. Wer aber kümmert sich jetzt noch um die Theologen – außer den Theologen? – Abgesehen von aller Theologie und ihrer Bekämpfung liegt es auf der Hand, daß die Welt nicht gut und nicht böse, geschweige denn die beste oder die schlechteste ist, und daß diese Begriffe »gut« und »böse« nur in bezug auf Menschen Sinn haben, ja vielleicht selbst hier, in der Weise, wie sie gewöhnlich gebraucht werden, nicht berechtigt sind: der schimpfenden und verherrlichenden Weltbetrachtung müssen wir uns in jedem Falle entschlagen.

29

Vom Dufte der Blüten berauscht. – Das Schiff der Menschheit, meint man, hat einen immer stärkeren Tiefgang, je mehr es belastet wird; man glaubt, je tiefer der Mensch denkt, je zarter er fühlt, je höher er sich schätzt, je weiter seine Entfernung von den anderen Tieren wird – je mehr er als das Genie unter den Tieren erscheint –, um so näher werde er dem wirklichen Wesen der Welt und deren Erkenntnis kommen: dies tut er auch wirklich durch die Wissenschaft, aber er *meint* dies noch mehr durch seine Religionen und Künste zu tun. Diese sind zwar eine Blüte der Welt, aber durchaus nicht *der Wurzel der Welt näher*, als der Stengel ist: man kann aus ihnen das Wesen der Dinge gerade gar nicht besser verstehen, obschon dies fast jedermann glaubt. Der *Irrtum* hat den Menschen so tief, zart, erfinderisch gemacht, eine solche Blüte, wie Religionen und Künste, herauszutreiben. Das reine Erkennen wäre dazu außerstande gewesen. Wer uns das Wesen der Welt enthüllte, würde uns allen die unangenehmste Enttäuschung machen. Nicht die Welt als Ding an sich, sondern die Welt als Vorstellung (als Irrtum) ist so bedeutungsreich, tief, wundervoll, Glück und Unglück im Schoße tragend. Dies Resultat führt zu einer Philosophie der *logischen Weltverneinung*: welche übrigens sich mit einer praktischen Weltbejahung ebensogut wie mit deren Gegenteile vereinigen läßt.

30

Schlechte Gewohnheiten im Schließen. – Die gwöhnlichsten Irrschlüsse der Menschen sind diese: eine Sache existiert, also hat sie ein Recht. Hier wird aus der Lebensfähigkeit auf die Zweckmäßigkeit, aus der Zweckmäßigkeit auf die Rechtmäßigkeit geschlossen. Sodann: eine Meinung beglückt, also ist sie die wahre, ihre Wirkung ist gut, also ist sie selber gut und wahr. Hier legt man der Wirkung das Prädikat beglückend, gut, im Sinne des Nützlichen, bei und versieht nun die Ursache mit demselben Prädikat gut, aber hier im Sinne des Logisch-Gültigen. Die Umkehrung der Sätze lautet: eine Sache kann sich nicht durchsetzen, erhalten, also ist sie unrecht; eine Meinung quält, regt auf, also ist sie falsch. Der Freigeist, der das Fehlerhafte dieser Art zu schließen nur allzu häufig kennenlernt und an ihren Folgen zu leiden hat, unterliegt oft der Verführung, die entgegengesetzten Schlüsse zu machen, welche im allgemeinen natürlich ebensosehr Irrschlüsse sind: eine Sache kann sich nicht durchsetzen, also ist sie gut; eine Meinung macht Not, beunruhigt, also ist sie wahr.

31

Das Unlogische notwendig. – Zu den Dingen, welche einen Denker in Verzweiflung bringen können, gehört die Erkenntnis, daß das Unlogische für den Menschen nötig ist, und daß aus dem Unlogischen vieles Gute entsteht. Es steckt so fest in den Leidenschaften, in der Sprache, in der Kunst, in der Religion und überhaupt in allem, was dem Leben Wert verleiht, daß man es nicht herausziehen kann, ohne damit diese schönen Dinge heillos zu beschädigen. Es sind nur die allzu naiven Menschen, welche glauben können, daß die Natur des Menschen in eine rein logische verwandelt werden könne; wenn es aber Grade der Annäherung an dieses Ziel geben sollte, was würde da nicht alles auf diesem Wege verloren gehen müssen! Auch der vernünftigste Mensch bedarf von Zeit zu Zeit wieder der Natur, das heißt seiner *unlogischen Grundstellung zu allen Dingen.*

32

Ungerechtsein notwendig. – Alle Urteile über den Wert des Lebens sind unlogisch entwickelt und deshalb ungerecht. Die Unreinheit des Urteils liegt erstens in der Art, wie das Material vorliegt, nämlich sehr unvollständig, zweitens in der Art, wie daraus die Summe gebildet wird, und drittens darin, daß jedes einzelne Stück des Materials wieder das Resultat unreinen Erkennens ist, und zwar dies mit voller Notwendigkeit. Keine

Erfahrung zum Beispiel über einen Menschen, stünde er uns auch noch so nah, kann vollständig sein, so daß wir ein logisches Recht zu einer Gesamtabschätzung desselben hätten; alle Schätzungen sind voreilig und müssen es sein. Endlich ist das Maß, womit wir messen, unser Wesen, keine unabänderliche Größe, wir haben Stimmungen und Schwankungen, und doch müßten wir uns selbst als ein festes Maß kennen, um das Verhältnis irgendeiner Sache zu uns gerecht abzuschätzen. Vielleicht wird aus alledem folgen, daß man gar nicht urteilen sollte; wenn man aber nur *leben* könnte ohne abzuschätzen, ohne Abneigung und Zuneigung zu haben! – denn alles Abgeneigtsein hängt mit einer Schätzung zusammen, ebenso alles Geneigtsein. Ein Trieb zu etwas oder von etwas weg, ohne ein Gefühl davon, daß man das Förderliche wolle, dem Schädlichen ausweiche, ein Trieb ohne eine Art von erkennender Abschätzung über den Wert des Zieles existiert beim Menschen nicht. Wir sind von vornherein unlogische und daher ungerechte Wesen *und können dies erkennen*: dies ist eine der größten und unauflösbarsten Disharmonien des Daseins.

33

Der Irrtum über das Leben zum Leben notwendig. – Jeder Glaube an Wert und Würdigkeit des Lebens beruht auf unreinem Denken; er ist allein dadurch möglich, daß das Mitgefühl für das allgemeine Leben und Leiden der Menschheit sehr schwach im Individuum entwickelt ist. Auch die selteneren Menschen, welche überhaupt über sich hinaus denken, fassen nicht dieses allgemeine Leben, sondern abgegrenzte Teile desselben ins Auge. Versteht man es, sein Augenmerk vornehmlich auf Ausnahmen, ich meine auf die hohen Begabungen und die reinen Seelen zu richten, nimmt man deren Entstehung zum Ziel der ganzen Weltentwicklung und erfreut sich an deren Wirken, so mag man an den Wert des Lebens glauben, weil man nämlich die anderen Menschen dabei *übersieht*: also unrein denkt. Und ebenso, wenn man zwar alle Menschen ins Auge faßt, aber in ihnen nur *eine* Gattung von Trieben, die weniger egoistischen, gelten läßt und sie in betreff der anderen Triebe entschuldigt: dann kann man wiederum von der Menschheit im ganzen etwas hoffen und insofern an den Wert des Lebens glauben: also auch in diesem Falle durch Unreinheit des Denkens. Mag man sich aber so oder so verhalten, man ist mit diesem Verhalten eine *Ausnahme* unter den Menschen. Nun ertragen aber gerade die allermeisten Menschen das Leben, ohne erheblich zu murren, und *glauben* somit an den Wert des Daseins, aber gerade dadurch, daß sich jeder allein will und behauptet, und nicht aus sich heraustritt wie jene Ausnahmen: alles Außerpersönliche ist ihnen gar nicht oder höchstens als ein schwacher Schatten bemerkbar. Also darauf allein beruht der Wert des

Lebens für den gewöhnlichen, alltäglichen Menschen, daß er sich wichtiger nimmt als die Welt. Der große Mangel an Phantasie, an dem er leidet, macht, daß er sich nicht in andere Wesen hineinfühlen kann und daher so wenig als möglich an ihrem Los und Leiden teilnimmt. *Wer* dagegen wirklich daran teilnehmen könnte, müßte am Werte des Lebens verzweifeln; gelänge es ihm, das Gesamtbewußtsein der Menschheit in sich zu fassen und zu empfinden, er würde mit einem Fluche gegen das Dasein zusammenbrechen, – denn die Menschheit hat im ganzen *keine* Ziele, folglich kann der Mensch, in Betrachtung des ganzen Verlaufs, nicht darin seinen Trost und Halt finden, sondern seine Verzweiflung. Sieht er bei allem, was er tut, auf die letzte Ziellosigkeit der Menschen, so bekommt sein eignes Wirken in seinen Augen den Charakter der Vergeudung. Sich aber als Menschheit (und nicht nur als Individuum) ebenso *vergeudet* zu fühlen, wie wir die einzelne Blüte von der Natur vergeudet sehen, ist ein Gefühl über alle Gefühle. – Wer ist aber desselben fähig? Gewiß nur ein Dichter: und Dichter wissen sich immer zu trösten.

34

Zur Beruhigung. – Aber wird so unsere Philosophie nicht zur Tragödie? Wird die Wahrheit nicht dem Leben, dem Besseren feindlich? Eine Frage scheint uns die Zunge zu beschweren und doch nicht laut werden zu wollen: ob man bewußt in der Unwahrheit bleiben *könne*? oder, wenn man dies *müsse*, ob da nicht der Tod vorzuziehen sei? Denn ein Sollen gibt es nicht mehr; die Moral, insofern sie ein Sollen war, ist ja durch unsere Betrachtungsart ebenso vernichtet wie die Religion. Die Erkenntnis kann als Motive nur Lust und Unlust, Nutzen und Schaden bestehen lassen: wie aber werden diese Motive sich mit dem Sinne für Wahrheit auseinandersetzen? Auch sie berühren sich ja mit Irrtümern (insofern wie gesagt Neigung und Abneigung und ihre sehr ungerechten Messungen unsere Lust und Unlust wesentlich bestimmen). Das ganze menschliche Leben ist tief in die Unwahrheit eingesenkt; der einzelne kann es nicht aus diesem Brunnen herausziehen, ohne dabei seiner Vergangenheit aus tiefstem Grunde gram zu werden, ohne seine gegenwärtigen Motive, wie die der Ehre, ungereimt zu finden und den Leidenschaften, welche zur Zukunft und zu einem Glück in derselben hindrängen, Hohn und Verachtung entgegenzustellen. Ist es wahr, bliebe einzig noch eine Denkweise übrig, welche als persönliches Ergebnis die Verzweiflung, als theoretisches eine Philosophie der Zerstörung nach sich zöge? – Ich glaube, die Entscheidung über die Nachwirkung der Erkenntnis wird durch das *Temperament* eines Menschen gegeben: ich könnte mir ebensogut wie jene geschilderte und bei einzelnen Naturen mögliche Nachwirkung eine an-

dere denken, vermöge deren ein viel einfacheres, von Affekten reineres Leben entstünde, als das jetzige ist: so daß zuerst zwar die alten Motive des heftigeren Begehrens noch Kraft hätten, aus alter vererbter Gewöhnung her, allmählich aber unter dem Einflusse der reinigenden Erkenntnis schwächer würden. Man lebte zuletzt unter den Menschen und mit sich wie in der *Natur*, ohne Lob, Vorwürfe, Ereiferung, an vielem sich wie an einem Schauspiel weidend, vor dem man sich bisher nur zu fürchten hatte. Man wäre die Emphasis los und würde die Anstachelung des Gedankens, daß man nicht nur Natur oder mehr als Natur sei, nicht weiter empfinden. Freilich gehörte hierzu, wie gesagt, ein gutes Temperament, eine gefestete, milde und im Grunde frohsinnige Seele, eine Stimmung, welche nicht vor Tücken und plötzlichen Ausbrüchen auf der Hut zu sein brauchte und in ihren Äußerungen nichts von dem knurrenden Tone und der Verbissenheit an sich trüge – jenen bekannten lästigen Eigenschaften alter Hunde und Menschen, die lange an der Kette gelegen haben. Vielmehr muß ein Mensch, von dem in solchem Maße die gewöhnlichen Fesseln des Lebens abgefallen sind, daß er nur deshalb weiterlebt, um immer besser zu erkennen, auf vieles, ja fast auf alles, was bei den anderen Menschen Wert hat, ohne Neid und Verdruß verzichten können, ihm muß als der wünschenswerteste Zustand jenes freie, furchtlose Schweben über Menschen, Sitten, Gesetzen und den herkömmlichen Schätzungen der Dinge *genügen*. Die Freude an diesem Zustande teilt er gerne mit und er *hat* vielleicht nichts anderes mitzuteilen – worin freilich eine Entbehrung, eine Entsagung mehr liegt. Will man aber trotzdem mehr von ihm, so wird er mit wohlwollendem Kopfschütteln auf seinen Bruder hinweisen, den freien Menschen der Tat, und vielleicht ein wenig Spott nicht verhehlen: denn mit dessen »Freiheit« hat es eine eigene Bewandtnis.

ZWEITES HAUPTSTÜCK

ZUR GESCHICHTE DER MORALISCHEN EMPFINDUNGEN

35

Vorteile der psychologischen Beobachtung. – Daß das Nachdenken über Menschliches, Allzumenschliches – oder wie der gelehrtere Ausdruck lautet: die psychologische Beobachtung – zu den Mitteln gehöre, vermöge deren man sich die Last des Lebens erleichtern könne, daß die Übung in dieser Kunst Geistesgegenwart in schwierigen Lagen und Unterhaltung inmitten einer langweiligen Umgebung verleihe, ja daß man den dornenvollsten und unerfreulichsten Strichen des eigenen Lebens Sentenzen abpflücken und sich dabei ein wenig wohler fühlen könne: das glaubte man, wußte man – in früheren Jahrhunderten. Warum vergaß es dieses Jahrhundert, wo wenigstens in Deutschland, ja in Europa, die Armut an psychologischer Beobachtung durch viele Zeichen sich zu erkennen gibt? Nicht gerade in Roman, Novelle und philosophischer Betrachtung, – diese sind das Werk von Ausnahmemenschen; schon mehr in der Beurteilung öffentlicher Ereignisse und Persönlichkeiten: vor allem aber fehlt die Kunst der psychologischen Zergliederung und Zusammenrechnung in der Gesellschaft aller Stände, in der man wohl viel über Menschen, aber gar nicht *über den Menschen* spricht. Warum doch läßt man sich den reichsten und harmlosesten Stoff der Unterhaltung entgehen? Warum liest man nicht einmal die großen Meister der psychologischen Sentenz mehr? – denn, ohne jede Übertreibung gesprochen: der Gebildete in Europa, der Larochefoucauld und seine Geistes- und Kunstverwandten gelesen hat, ist selten zu finden; und noch viel seltener der, welcher sie kennt und sie nicht schmäht. Wahrscheinlich wird aber auch dieser ungewöhnliche Leser viel weniger Freude an ihnen haben, als die Form jener Künstler ihm geben sollte; denn selbst der feinste Kopf ist nicht vermögend, die Kunst der Sentenzen-Schleiferei gebührend zu würdigen, wenn er nicht selber zu ihr erzogen ist, in ihr gewetteifert hat. Man nimmt, ohne solche praktische Belehrung, dieses Schaffen und Formen für leichter als es ist, man fühlt das Gelungene und Reizvolle nicht scharf genug heraus. Deshalb haben die jetzigen Leser von Sentenzen ein verhältnismäßig unbedeutendes Vergnügen an ihnen, ja kaum einen Mund voll Annehmlichkeit, so daß es ihnen ebenso geht wie den gewöhnlichen Betrachtern von Kameen: als welche loben, weil sie nicht lieben können und schnell bereit sind zu bewundern, schneller aber noch, fortzulaufen.

36

Einwand. – Oder sollte es gegen jenen Satz, daß die psychologische Beobachtung zu den Reiz-, Heil- und Erleichterungs-Mitteln des Daseins gehöre, eine Gegenrechnung geben? Sollte man sich genug von den unangenehmen Folgen dieser Kunst überzeugt haben, um jetzt mit Absichtlichkeit den Blick der sich Bildenden von ihr abzulenken? In der Tat, ein gewisser blinder Glaube an die Güte der menschlichen Natur, ein eingepflanzter Widerwille vor der Zerlegung menschlicher Handlungen, eine Art Schamhaftigkeit in Hinsicht auf die Nacktheit der Seele mögen wirklich für das gesamte Glück eines Menschen wünschenswertere Dinge sein, als jene in einzelnen Fällen hilfreiche Eigenschaft der psychologischen Scharfsichtigkeit; und vielleicht hat der Glaube an das Gute, an tugendhafte Menschen und Handlungen, an eine Fülle des unpersönlichen Wohlwollens in der Welt die Menschen besser gemacht, insofern er dieselben weniger mißtrauisch machte. Wenn man die Helden Plutarchs mit Begeisterung nachahmt und einen Abscheu davor empfindet, den Motiven ihres Handelns anzweifelnd nachzuspüren, so hat zwar nicht die Wahrheit, aber die Wohlfahrt der menschlichen Gesellschaft ihren Nutzen dabei: der psychologische Irrtum und überhaupt die Dumpfheit auf diesem Gebiete hilft der Menschlichkeit vorwärts, während die Erkenntnis der Wahrheit vielleicht durch die anregende Kraft einer Hypothese mehr gewinnt, wie sie Larochefoucauld der ersten Ausgabe seiner »*Sentences et maximes morales*« vorangestellt hat: »*Ce que le monde nomme vertu n'est d'ordinaire qu'un fantôme formé par nos passions à qui on donne un nom honnête pour faire impunément ce qu'on veut*«. Larochefoucauld und jene anderen französischen Meister der Seelenprüfung (denen sich neuerdings auch ein Deutscher, der Verfasser der »Psychologischen Beobachtungen« zugesellt hat) gleichen scharf zielenden Schützen, welche immer und immer wieder ins Schwarze treffen, – aber ins Schwarze der menschlichen Natur. Ihr Geschick erregt Staunen, aber endlich verwünscht ein Zuschauer, der nicht vom Geiste der Wissenschaft, sondern der Menschenfreundlichkeit geleitet wird, eine Kunst, welche den Sinn der Verkleinerung und Verdächtigung in die Seelen der Menschen zu pflanzen scheint.

37

Trotzdem. – Wie es sich nun mit Rechnung und Gegenrechnung verhalte: in dem gegenwärtigen Zustande einer bestimmten einzelnen Wissenschaft ist die Auferweckung der moralischen Beobachtung nötig geworden, und der grausame Anblick des psychologischen Seziertisches und seiner Messer und Zangen kann der Menschheit nicht erspart bleiben. Denn hier gebietet

jene Wissenschaft, welche nach Ursprung und Geschichte der sogenannten moralischen Empfindungen fragt und welche im Fortschreiten die verwikkelten soziologischen Probleme aufzustellen und zu lösen hat: – die ältere Philosophie kennt die letzteren gar nicht und ist der Untersuchung von Ursprung und Geschichte der moralischen Empfindungen unter dürftigen Ausflüchten immer aus dem Wege gegangen. Mit welchen Folgen: das läßt sich jetzt sehr deutlich überschauen, nachdem an vielen Beispielen nachgewiesen ist, wie die Irrtümer der größten Philosophen gewöhnlich ihren Ausgangspunkt in einer falschen Erklärung bestimmter menschlicher Handlungen und Empfindungen haben, wie auf Grund einer irrtümlichen Analysis, zum Beispiel der sogenannten unegoistischen Handlungen, eine falsche Ethik sich aufbaut, dieser zu Gefallen dann wiederum Religion und mythologisches Unwesen zu Hilfe genommen werden, und endlich die Schatten dieser trüben Geister auch in die Physik und die gesamte Weltbetrachtung hineinfallen. Steht es aber fest, daß die Oberflächlichkeit der psychologischen Beobachtung dem menschlichen Urteilen und Schließen die gefährlichsten Fallstricke gelegt hat und fortwährend von neuem legt, so bedarf es jetzt jener Ausdauer der Arbeit, welche nicht müde wird. Steine auf Steine, Steinchen auf Steinchen zu häufen, so bedarf es der enthaltsamen Tapferkeit um sich einer solchen bescheidenen Arbeit nicht zu schämen und jeder Mißachtung derselben Trotz zu bieten. Es ist wahr: zahllose einzelne Bemerkungen über Menschliches und Allzumenschliches sind in Kreisen der Gesellschaft zuerst entdeckt und ausgesprochen worden, welche gewohnt waren, nicht der wissenschaftlichen Erkenntnis, sondern einer geistreichen Gefallsucht jede Art von Opfern darzubringen; und fast unlösbar hat sich der Duft jener alten Heimat der moralistischen Sentenz – ein sehr verführerischer Duft – der ganzen Gattung angehängt: so daß seinetwegen der wissenschaftliche Mensch unwillkürlich einiges Mißtrauen gegen diese Gattung und ihre Ernsthaftigkeit merken läßt. Aber es genügt, auf die Folgen zu verweisen: denn schon jetzt beginnt sich zu zeigen, welche Ergebnisse ernsthaftester Art auf dem Boden der psychologischen Beobachtung aufwachsen. Welches ist doch der Hauptsatz, zu dem einer der kühnsten und kältesten Denker, der Verfasser des Buches »Über den Ursprung der moralischen Empfindungen« vermöge seiner ein- und durchschneidenden Analysen des menschlichen Handelns gelangt? »Der moralische Mensch«, sagt er, »steht der intelligiblen (metaphysischen) Welt nicht näher, als der physische Mensch.« Dieser Satz, hart und schneidig geworden unter dem Hammerschlag der historischen Erkenntnis, kann vielleicht einmal, in irgendwelcher Zukunft, als die Axt dienen, welche dem »metaphysischen Bedürfnis« der Menschen an die Wurzel gelegt wird, – ob *mehr* zum Segen als zum Fluche der allgemeinen Wohlfahrt, wer wüßte das zu sagen? – aber jedenfalls als ein Satz der erheblichsten Folgen, fruchtbar und furchtbar zugleich, und

mit jenem Doppelgesichte in die Welt sehend, welches alle großen Erkenntnisse haben.

38

Inwiefern nützlich. – Also: ob die psychologische Beobachtung mehr Nutzen oder mehr Nachteil über die Menschen bringe, das bleibe immerhin unentschieden; aber fest steht, daß sie notwendig ist, weil die Wissenschaft ihrer nicht entraten kann. Die Wissenschaft aber kennt keine Rücksichten auf letzte Zwecke, ebensowenig als die Natur sie kennt: sondern wie diese gelegentlich Dinge von der höchsten Zweckmäßigkeit zustande bringt, ohne sie gewollt zu haben, so wird auch die echte Wissenschaft, *als die Nachahmung der Natur in Begriffen,* den Nutzen und die Wohlfahrt der Menschen gelegentlich, ja vielfach fördern und das Zweckmäßige erreichen – aber ebenfalls, *ohne es gewollt zu haben.*

Wem es aber bei dem Anhauche einer solchen Betrachtungsart gar zu winterlich zumute wird, der hat vielleicht nur zu wenig Feuer in sich: er möge sich indes umsehen und er wird Krankheiten wahrnehmen, in denen Eisumschläge nottun, und Menschen, welche so aus Glut und Geist »zusammengeknetet« sind, daß sie kaum irgendwo die Luft kalt und schneidend genug für sich finden können. Überdies: wie allzu ernste einzelne und Völker ein Bedürfnis nach Leichtfertigkeiten haben, wie andere allzu Erregbare und Bewegliche zeitweilig schwere niederdrückende Lasten zu ihrer Gesundheit nötig haben: sollten *wir,* die *geistigeren* Menschen eines Zeitalters, welches ersichtlich immer mehr in Brand gerät, nicht nach allen löschenden und kühlenden Mitteln, die es gibt, greifen müssen, damit wir wenigstens so stetig, harmlos und mäßig bleiben, als wir es noch sind, und so vielleicht einmal dazu brauchbar werden, diesem Zeitalter als Spiegel und Selbstbesinnung über sich zu dienen? –

39

Die Fabel von der intelligiblen Freiheit. – Die Geschichte der Empfindungen, vermöge deren wir jemanden verantwortlich machen, also der sogenannten moralischen Empfindungen, verläuft in folgenden Hauptphasen. Zuerst nennt man einzelne Handlungen gut oder böse ohne alle Rücksicht auf deren Motive, sondern allein der nützlichen oder schädlichen Folgen wegen. Bald aber vergißt man die Herkunft dieser Bezeichnungen und wähnt, daß den Handlungen an sich, ohne Rücksicht auf deren Folgen, die Eigenschaft »gut« oder »böse« innewohne: mit demselben Irrtume, nach welchem die Sprache den Stein selber als hart, den Baum selber als grün bezeichnet – also dadurch, daß man, was Wirkung ist, als

Ursache faßt. Sodann legt man das Gut- oder Böse-sein in die Motive hinein und betrachtet die Taten an sich als moralisch zweideutig. Man geht weiter und gibt das Prädikat gut oder böse nicht mehr dem einzelnen Motive, sondern dem ganzen Wesen eines Menschen, aus dem das Motiv, wie die Pflanze aus dem Erdreich, herauswächst. So macht man der Reihe nach den Menschen für seine Wirkungen, dann für seine Handlungen, dann für seine Motive und endlich für sein Wesen verantwortlich. Nun entdeckt man schließlich, daß auch dieses Wesen nicht verantwortlich sein kann, insofern es ganz und gar notwendige Folge ist und aus den Elementen und Einflüssen vergangener und gegenwärtiger Dinge konkresziert: also daß der Mensch für nichts verantwortlich zu machen ist, weder für sein Wesen, noch seine Motive, noch seine Handlungen, noch seine Wirkungen. Damit ist man zur Erkenntnis gelangt, daß die Geschichte der moralischen Empfindungen die Geschichte eines Irrtums, des Irrtums von der Verantwortlichkeit ist: als welcher auf dem Irrtum von der Freiheit des Willens ruht. – Schopenhauer schloß dagegen so: weil gewisse Handlungen *Unmut* (»Schuldbewußtsein«) nach sich ziehen, so muß es eine Verantwortlichkeit geben; denn zu diesem Unmut wäre *kein Grund* vorhanden, wenn nicht nur alles Handeln des Menschen mit Notwendigkeit verliefe – wie es tatsächlich, und auch nach der Einsicht dieses Philosophen, verläuft –, sondern der Mensch selber mit derselben Notwendigkeit sein ganzes *Wesen* erlangte – was Schopenhauer leugnet. Aus der Tatsache jenes Unmutes glaubt Schopenhauer eine Freiheit beweisen zu können, welche der Mensch irgendwie gehabt haben müsse, zwar nicht in bezug auf die Handlungen, aber in bezug auf das Wesen: Freiheit also, so oder so zu *sein*, nicht so oder so zu *handeln*. Aus dem *esse*, der Sphäre der Freiheit und Verantwortlichkeit, folgt nach seiner Meinung das *operari*, die Sphäre der strengen Kausalität, Notwendigkeit und Unverantwortlichkeit. Jener Unmut beziehe sich zwar scheinbar auf das *operari* – insofern sei er irrtümlich –, in Wahrheit aber auf das *esse*, welches die Tat eines freien Willens, die Grundursache der Existenz eines Individuums, sei: der Mensch werde das, was er werden *wolle*, sein Wollen sei früher als seine Existenz. – Hier wird der Fehlschluß gemacht, daß aus der Tatsache des Unmutes die Berechtigung, die vernünftige *Zulässigkeit* dieses Unmutes geschlossen wird; und von jenem Fehlschluß aus kommt Schopenhauer zu seiner phantastischen Konsequenz der sogenannten intelligiblen Freiheit. Aber der Unmut nach der Tat braucht gar nicht vernünftig zu sein: ja er ist es gewiß nicht, denn er ruht auf der irrtümlichen Voraussetzung, daß die Tat eben *nicht* notwendig hätte erfolgen müssen. Also: weil sich der Mensch für frei *hält*, nicht aber weil er frei ist, empfindet er Reue und Gewissensbisse. – Überdies ist dieser Unmut etwas, das man sich abgewöhnen kann, bei vielen Menschen ist er in bezug auf Handlungen gar nicht vorhanden, bei welchen viele andere Menschen ihn empfinden. Er ist eine sehr wandel-

bare, an die Entwicklung der Sitte und Kultur geknüpfte Sache und vielleicht nur in einer verhältnismäßig kurzen Zeit der Weltgeschichte vorhanden. – Niemand ist für seine Taten verantwortlich, niemand für sein Wesen; richten ist soviel als ungerecht sein. Dies gilt auch, wenn das Individuum über sich selbst richtet. Der Satz ist so hell wie Sonnenlicht, und doch geht hier jedermann lieber in den Schatten und die Unwahrheit zurück: aus Furcht vor den Folgen.

40

Das Über-Tier. – Die Bestie in uns will belogen werden; Moral ist Notlüge, damit wir von ihr nicht zerrissen werden. Ohne die Irrtümer, welche in den Annahmen der Moral liegen, wäre der Mensch Tier geblieben. So aber hat er sich als etwas Höheres genommen und sich strengere Gesetze auferlegt. Er hat deshalb einen Haß gegen die der Tierheit näher gebliebenen Stufen: woraus die ehemalige Mißachtung des Sklaven als eines Nicht-Menschen, als einer Sache, zu erklären ist.

41

Der unveränderliche Charakter. – Daß der Charakter unveränderlich sei, ist nicht im strengen Sinne wahr; vielmehr heißt dieser beliebte Satz nur soviel, daß während der kurzen Lebensdauer eines Menschen die einwirkenden Motive nicht tief genug ritzen können, um die aufgeprägten Schriftzüge vieler Jahrtausende zu zerstören. Dächte man sich aber einen Menschen von achtzigtausend Jahren, so hätte man an ihm sogar einen absolut veränderlichen Charakter: so daß eine Fülle verschiedener Individuen sich nach und nach aus ihm entwickelte. Die Kürze des menschlichen Lebens verleitet zu manchen irrtümlichen Behauptungen über die Eigenschaften des Menschen.

42

Die Ordnung der Güter und die Moral. – Die einmal angenommene Rangordnung der Güter, je nachdem ein niedriger, höherer, höchster Egoismus das eine oder das andere will, entscheidet jetzt über das Moralisch-sein oder Unmoralisch-sein. Ein niedriges Gut (zum Beispiel Sinnengenuß) einem höher geschätzten (zum Beispiel Gesundheit) vorziehen gilt als unmoralisch, ebenso Wohlleben der Freiheit vorziehen. Die Rangordnung der Güter ist aber keine zu allen Zeiten feste und gleiche; wenn jemand Rache der Gerechtigkeit vorzieht, so ist er nach dem Maßstabe einer frü-

heren Kultur moralisch, nach dem der jetzigen unmoralisch. »Unmoralisch« bezeichnet also, daß einer die höheren, feineren, geistigeren Motive, welche die jeweilen neue Kultur hinzugebracht hat, noch nicht oder noch nicht stark genug empfindet: es bezeichnet einen Zurückgebliebenen, aber immer nur dem Gradunterschied nach. – Die Rangordnung der Güter selber wird nicht nach moralischen Gesichtspunkten auf- und umgestellt; wohl aber wird nach ihrer jedesmaligen Festsetzung darüber entschieden, ob eine Handlung moralisch oder unmoralisch sei.

43

Grausame Menschen als zurückgeblieben. – Die Menschen, welche jetzt grausam sind, müssen uns als Stufen *früherer Kulturen* gelten, welche übriggeblieben sind: das Gebirge der Menschheit zeigt hier einmal die tieferen Formationen, welche sonst versteckt liegen, offen. Es sind zurückgebliebene Menschen, deren Gehirn, durch alle möglichen Zufälle im Verlaufe der Vererbung, nicht so zart und vielseitig fortgebildet worden ist. Sie zeigen uns, was wir alle *waren,* und machen uns erschrecken: aber sie selber sind so wenig verantwortlich, wie ein Stück Granit dafür, daß es Granit ist. In unserem Gehirne müssen sich auch Rinnen und Windungen finden, welche jener Gesinnung entsprechen, wie sich in der Form einzelner menschlicher Organe Erinnerungen an Fischzustände finden sollen. Aber diese Rinnen und Windungen sind nicht mehr das Bett, in welchem sich jetzt der Strom unserer Empfindungen wälzt.

44

Dankbarkeit und Rache. – Der Grund, weshalb der Mächtige dankbar ist, ist dieser. Sein Wohltäter hat sich durch seine Wohltat an der Sphäre des Mächtigen gleichsam vergriffen und sich in sie eingedrängt: nun vergreift er sich zur Vergeltung wieder an der Sphäre des Wohltäters durch den Akt der Dankbarkeit. Es ist eine mildere Form der Rache. Ohne die Genugtuung der Dankbarkeit zu haben, würde der Mächtige sich unmächtig gezeigt haben und fürderhin dafür gelten. Deshalb stellt jede Gesellschaft der Guten, das heißt ursprünglich der Mächtigen, die Dankbarkeit unter die ersten Pflichten. – Swift hat den Satz hingeworfen, daß Menschen in demselben Verhältnis dankbar sind, wie sie Rache hegen.

45

Doppelte Vorgeschichte von Gut und Böse. – Der Begriff gut und böse hat eine doppelte Vorgeschichte: nämlich *einmal* in der Seele der herrschenden Stämme und Kasten. Wer die Macht zu vergelten hat, Gutes mit Gutem, Böses mit Bösem, und auch wirklich Vergeltung übt, also dankbar und rachsüchtig ist, der wird gut genannt; wer unmächtig ist und nicht vergelten kann, gilt als schlecht. Man gehört als Guter zu den »Guten«, einer Gemeinde, welche Gemeingefühl hat, weil alle einzelnen durch den Sinn der Vergeltung miteinander verflochten sind. Man gehört als Schlechter zu den »Schlechten«, zu einem Haufen unterworfener, ohnmächtiger Menschen, welche kein Gemeingefühl haben. Die Guten sind eine Kaste, die Schlechten eine Masse wie Staub. Gut und schlecht ist eine Zeitlang soviel wie vornehm und niedrig, Herr und Sklave. Dagegen sieht man den Feind nicht als böse an: er kann vergelten. Der Troer und der Grieche sind bei Homer beide gut. Nicht der, welcher uns Schädliches zufügt, sondern der, welcher verächtlich ist, gilt als schlecht. In der Gemeinde der Guten vererbt sich das Gute; es ist unmöglich, daß ein Schlechter aus so gutem Erdreiche hervorwachse. Tut trotzdem einer der Guten etwas, das der Guten unwürdig ist, so verfällt man auf Ausflüchte; man schiebt zum Beispiel einem Gott die Schuld zu, indem man sagt: er habe den Guten mit Verblendung und Wahnsinn geschlagen. – *Sodann* in der Seele der Unterdrückten, Machtlosen. Hier gilt jeder *andere* Mensch als feindlich, rücksichtslos, ausbeutend, grausam, listig, sei er vornehm oder niedrig. Böse ist das Charakterwort für Mensch, ja für jedes lebende Wesen, welches man voraussetzt, zum Beispiel für einen Gott; menschlich, göttlich gilt soviel als teuflisch, böse. Die Zeichen der Güte, Hilfsbereitschaft, Mitleid werden angstvoll als Tücke, Vorspiel eines schrecklichen Ausgangs, Betäubung und Überlistung aufgenommen, kurz als verfeinerte Bosheit. Bei einer solchen Gesinnung des einzelnen kann kaum ein Gemeinwesen entstehen, höchstens die roheste Form desselben: so daß überall, wo diese Auffassung von Gut und Böse herrscht, der Untergang der einzelnen, ihrer Stämme und Rassen nahe ist. – Unsere jetzige Sittlichkeit ist auf dem Boden der *herrschenden* Stämme und Kasten aufgewachsen.

46

Mitleiden stärker als Leiden. – Es gibt Fälle, wo das Mitleiden stärker ist als das eigentliche Leiden. Wir empfinden es zum Beispiel schmerzlicher, wenn einer unserer Freunde sich etwas Schmähliches zuschulden kommen läßt, als wenn wir selbst es tun. Einmal nämlich glauben wir mehr an die Reinheit seines Chrakters als er: sodann ist unsere Liebe zu

ihm, wahrscheinlich eben dieses Glaubens wegen, stärker als seine Liebe zu sich selbst. Wenn auch wirklich sein Egoismus mehr dabei leidet als unser Egoismus, insofern er die üblen Folgen seines Vergehens stärker zu tragen hat, so wird das Unegoistische in uns – dies Wort ist nie streng zu verstehen, sondern nur eine Erleichterung des Ausdrucks – doch stärker durch seine Schuld betroffen als das Unegoistische in ihm.

47

Hypochondrie. – Es gibt Menschen, welche aus Mitgefühl und Sorge für eine andere Person hypochondrisch werden; die dabei entstehende Art des Mitleidens ist nichts anderes als eine Krankheit. So gibt es auch eine christliche Hypochondrie, welche jene einsamen, religiös bewegten Leute befällt, die sich das Leiden und Sterben Christi fortwährend vor Augen stellen.

48

Ökonomie der Güte. – Die Güte und Liebe als die heilsamsten Kräuter und Kräfte im Verkehre der Menschen sind so kostbare Funde, daß man wohl wünschen möchte, es werde in der Verwendung dieser balsamischen Mittel so ökonomisch wie möglich verfahren: doch ist dies unmöglich. Die Ökonomie der Güte ist der Traum der verwegensten Utopisten.

49

Wohlwollen. – Unter die kleinen, aber zahllos häufigen und deshalb sehr wirkungsvollen Dinge, auf welche die Wissenschaft mehr achtzugeben hat als auf die großen seltenen Dinge, ist auch das Wohlwollen zu rechnen; ich meine jene Äußerungen freundlicher Gesinnung im Verkehr, jenes Lächeln des Auges, jene Händedrücke, jenes Behagen, von welchem für gewöhnlich fast alles menschliche Tun umsponnen ist. Jeder Lehrer, jeder Beamte bringt diese Zutat zu dem, was für ihn Pflicht ist, hinzu; es ist die fortwährende Betätigung der Menschlichkeit, gleichsam die Wellen ihres Lichtes, in denen alles wächst; namentlich im engsten Kreise, innerhalb der Familie, grünt und blüht das Leben nur durch jenes Wohlwollen. Die Gutmütigkeit, die Freundlichkeit, die Höflichkeit des Herzens sind immerquellende Ausflüsse des unegoistischen Triebes und haben viel mächtiger an der Kultur gebaut, als jene viel berühmteren Äußerungen desselben, die man Mitleiden, Barmherzigkeit und Aufopferung nennt. Aber man pflegt sie geringzuschätzen, und in der Tat: es ist nicht gerade viel

Unegoistisches daran. Die *Summe* dieser geringen Dosen ist trotzdem gewaltig, ihre gesamte Kraft gehört zu den stärksten Kräften. – Ebenso findet man viel mehr Glück in der Welt, als trübe Augen sehen: wenn man nämlich richtig rechnet und nur alle jene Momente des Behagens, an welchen jeder Tag in jedem, auch dem bedrängtesten Menschenleben reich ist, nicht vergißt.

50

Mitleiden erregen wollen. – Larochefoucauld trifft in der bemerkenswertesten Stelle seines Selbst-Porträts (zuerst gedruckt 1658) gewiß das Rechte, wenn er alle die, welche Vernunft haben, vor dem Mitleiden warnt, wenn er rät, dasselbe den Leuten aus dem Volke zu überlassen, die der Leidenschaften bedürfen (weil sie nicht durch Vernunft bestimmt werden), um soweit gebracht zu werden, dem Leidenden zu helfen und bei einem Unglück kräftig einzugreifen; während das Mitleiden, nach seinem (und Platos) Urteil, die Seele entkräfte. Freilich solle man Mitleid *bezeugen*, aber sich hüten, es zu haben: denn die Unglücklichen seien nun einmal so *dumm*, daß bei ihnen das Bezeugen von Mitleid das größte Gut von der Welt ausmache. – Vielleicht kann man noch stärker vor diesem Mitleidhaben warnen, wenn man jenes Bedürfnis der Unglücklichen nicht gerade als Dummheit und intellektuellen Mangel, als eine Art Geistesstörung faßt, welche das Unglück mit sich bringt (und so scheint es ja Larochefoucauld zu fassen), sondern als etwas ganz anderes und Bedenklicheres versteht. Vielmehr beobachte man Kinder, welche weinen und schreien, *damit* sie bemitleidet werden, und deshalb den Augenblick abwarten, wo ihr Zustand in die Augen fallen kann; man lebe im Verkehr mit Kranken und geistig Gedrückten und frage sich, ob nicht das beredte Klagen und Wimmern, das Zur-Schau-Tragen des Unglücks im Grunde das Ziel verfolgt, den Anwesenden *wehzutun*: das Mitleiden, welches jene dann äußern, ist insofern eine Tröstung für die Schwachen und Leidenden, als sie daran erkennen, doch wenigstens noch eine *Macht zu haben*, trotz aller ihrer Schwäche: die *Macht, wehzutun.* Der Unglückliche gewinnt eine Art von Lust in diesem Gefühl der Überlegenheit, welches das Bezeugen des Mitleids ihm zum Bewußtsein bringt; seine Einbildung erhebt sich, er ist immer noch wichtig genug, um der Welt Schmerzen zu machen. Somit ist der Durst nach Mitleid ein Durst nach Selbstgenuß, und zwar auf Unkosten der Mitmenschen; es zeigt den Menschen in der ganzen Rücksichtslosigkeit seines eigensten lieben Selbst: nicht aber gerade in seiner »Dummheit«, wie Larochefoucauld meint. – Im Zwiegespräche der Gesellschaft werden Dreiviertel aller Fragen gestellt, aller Antworten gegeben, um dem Unterredner ein klein wenig wehzutun; deshalb dürsten viele Menschen so nach Gesellschaft: sie gibt ihnen das Gefühl ihrer Kraft.

In solchen unzähligen aber sehr kleinen Dosen, in welchen die Bosheit sich geltend macht, ist sie ein mächtiges Reizmittel des Lebens: ebenso wie das Wohlwollen, in gleicher Form durch die Menschenwelt hin verbreitet, das allezeit bereite Heilmittel ist. – Aber wird es viele Ehrliche geben, welche zugestehen, daß es Vergnügen macht, wehzutun? daß man sich nicht selten damit unterhält – und gut unterhält –, anderen Menschen wenigstens in Gedanken Kränkungen zuzufügen und die Schrotkörner der kleinen Bosheit nach ihnen zu schießen? Die meisten sind zu unehrlich und ein paar Menschen sind zu gut, um von diesem *pudendum* etwas zu wissen; diese mögen somit immerhin leugnen, daß Prosper Mérimée recht habe, wenn er sagt: »*Sachez aussi qu'il n'y a rien de plus commun que de faire le mal pour le plaisir de le faire.*«

51

Wie der Schein zum Sein wird. – Der Schauspieler kann zuletzt auch beim tiefsten Schmerz nicht aufhören, an den Eindruck seiner Person und den gesamten szenischen Effekt zu denken, zum Beispiel selbst beim Begräbnis seines Kindes; er wird über seinen eigenen Schmerz und dessen Äußerungen weinen, als sein eigener Zuschauer. Der Heuchler, welcher immer ein und dieselbe Rolle spielt, hört zuletzt auf, Heuchler zu sein; zum Beispiel Priester, welche als junge Männer gewöhnlich bewußt oder unbewußt Heuchler sind, werden zuletzt natürlich und sind dann wirklich, ohne alle Affektation, eben Priester; oder wenn es der Vater nicht soweit bringt, dann vielleicht der Sohn, der des Vaters Vorsprung benutzt, seine Gewöhnung erbt. Wenn einer sehr lange und hartnäckig etwas *scheinen* will, so wird es ihm zuletzt schwer, etwas anderes zu *sein.* Der Beruf fast jedes Menschen, sogar des Künstlers, beginnt mit Heuchelei, mit einem Nachmachen von außen her, mit einem Kopieren des Wirkungsvollen. Der, welcher immer die Maske freundlicher Mienen trägt, muß zuletzt eine Gewalt über wohlwollende Stimmungen bekommen, ohne welche der Ausdruck der Freundlichkeit nicht zu erzwingen ist, – und zuletzt wieder bekommen diese über ihn Gewalt, er *ist* wohlwollend.

52

Der Punkt der Ehrlichkeit beim Betruge. – Bei allen großen Betrügern ist ein Vorgang bemerkenswert, dem sie ihre Macht verdanken. Im eigentlichen Akte des Betrugs, unter all den Vorbereitungen, dem Schauerlichen in Stimme, Ausdruck, Gebärden, inmitten der wirkungsvollen Szenerie überkommt sie der *Glaube an sich selbst*: dieser ist es, der dann so

wundergleich und bezwingend zu den Umgebenden spricht. Die Religionsstifter unterscheiden sich dadurch von jenen großen Betrügern, daß sie aus diesem Zustande der Selbsttäuschung nicht herauskommen: oder sie haben ganz selten einmal jene helleren Momente, wo der Zweifel sie überwältigt; gewöhnlich trösten sie sich aber, diese helleren Momente dem bösen Widersacher zuschiebend. Selbstbetrug muß da sein, damit diese und jene großartig *wirken*. Denn die Menschen glauben an die Wahrheit dessen, was ersichtlich stark geglaubt wird.

53

Angebliche Stufen der Wahrheit. – Einer der gewöhnlichen Fehlschlüsse ist der: weil jemand wahr und aufrichtig gegen uns ist, so sagt er die Wahrheit. So glaubt das Kind an die Urteile der Eltern, der Christ an die Behauptungen des Stifters der Kirche. Ebenso will man nicht zugeben, daß alles jenes, was die Menschen mit Opfern an Glück und Leben in früheren Jahrhunderten verteidigt haben, nichts als Irrtümer waren: vielleicht sagt man, es seien Stufen der Wahrheit gewesen. Aber im Grunde meint man, wenn jemand ehrlich an etwas geglaubt und für seinen Glauben gekämpft hat und gestorben ist, wäre es doch gar zu *unbillig*, wenn eigentlich nur ein Irrtum ihn beseelt habe. So ein Vorgang scheint der ewigen Gerechtigkeit zu widersprechen; deshalb dekretiert das Herz empfindender Menschen immer wieder gegen ihren Kopf den Satz: zwischen moralischen Handlungen und intellektuellen Einsichten muß durchaus ein notwendiges Band sein. Es ist leider anders; denn es gibt keine ewige Gerechtigkeit.

54

Die Lüge. – Weshalb sagen zu allermeist die Menschen im alltäglichen Leben die Wahrheit? – Gewiß nicht, weil ein Gott das Lügen verboten hat. Sondern erstens: weil es bequemer ist; denn die Lüge erfordert Erfindung, Verstellung und Gedächtnis. (Weshalb Swift sagt: wer eine Lüge berichtet, merkt selten die schwere Last, die er übernimmt; er muß nämlich, um eine Lüge zu behaupten, zwanzig andere erfinden.) Sodann: weil es in schlichten Verhältnissen vorteilhaft ist, direkt zu sagen: ich will dies, ich habe dies getan, und dergleichen; also weil der Weg des Zwangs und der Autorität sicherer ist als der der List. – Ist aber einmal ein Kind in verwickelten häuslichen Verhältnissen aufgezogen worden, so handhabt es ebenso natürlich die Lüge und sagt unwillkürlich immer das, was seinem Interesse entspricht; ein Sinn für Wahrheit, ein Widerwille gegen

die Lüge an sich ist ihm ganz fremd und unzugänglich, und so lügt es in aller Unschuld.

55

Des Glaubens wegen die Moral verdächtigen. – Keine Macht läßt sich behaupten, wenn lauter Heuchler sie vertreten; die katholische Kirche mag noch so viele »weltliche« Elemente besitzen, ihre Kraft beruht auf jenen auch jetzt noch zahlreichen priesterlichen Naturen, welche sich das Leben schwer und bedeutungstief machen, und deren Blick und abgehärmter Leib von Nachtwachen, Hungern, glühendem Gebete, vielleicht selbst von Geißelhieben redet; diese erschüttern die Menschen und machen ihnen Angst: wie, wenn es *nötig* wäre, so zu leben? – dies ist die schauderhafte Frage, welche ihr Anblick auf die Zunge legt. Indem sie diesen Zweifel verbreiten, gründen sie immer von neuem wieder einen Pfeiler ihrer Macht; selbst die Freigesinnten wagen es nicht, dem derartig Selbstlosen mit hartem Wahrheitssinn zu widerstehen und zu sagen: »Betrogner du, betrüge nicht!« – Nur die Differenz der Einsichten trennt sie von ihm, durchaus keine Differenz der Güte oder Schlechtigkeit; aber was man nicht mag, pflegt man gewöhnlich auch ungerecht zu behandeln. So spricht man von der Schlauheit und der verruchten Kunst der Jesuiten, aber übersieht, welche Selbstüberwindung jeder einzelne Jesuit sich auferlegt und wie die erleichterte Lebenspraxis, welche die jesuitischen Lehrbücher predigen, durchaus nicht ihnen, sondern dem Laienstande zugute kommen soll. Ja man darf fragen, ob wir Aufgeklärten bei ganz gleicher Taktik und Organisation ebenso gute Werkzeuge, ebenso bewunderungswürdig durch Selbstbesiegung, Unermüdlichkeit, Hingebung sein würden.

56

Sieg der Erkenntnis über das radikale Böse. – Es trägt dem, der weise werden will, einen reichlichen Gewinn ein, eine Zeitlang einmal die Vorstellung vom gründlich bösen und verderbten Menschen gehabt zu haben: sie ist falsch, wie die entgegengesetzte; aber ganze Zeitstrecken hindurch besaß sie die Herrschaft, und ihre Wurzeln haben sich bis in uns und unsere Welt hinein verästet. Um *uns* zu begreifen, müssen wir *sie* begreifen; um aber dann höher zu steigen, müssen wir über sie hinwegsteigen. Wir erkennen dann, daß es keine Sünden im metaphysischen Sinne gibt; aber, im gleichen Sinne, auch keine Tugenden; daß dieses ganze Bereich sittlicher Vorstellungen fortwährend im Schwanken ist, daß es höhere und tiefere Begriffe von Gut und Böse, Sittlich und Unsittlich gibt. Wer nicht viel mehr von den Dingen begehrt, als Erkenntnis der-

selben, kommt leicht mit seiner Seele zur Ruhe und wird höchstens aus Unwissenheit, aber schwerlich aus Begehrlichkeit fehlgreifen (oder sündigen, wie die Welt es heißt). Er wird die Begierden nicht mehr verketzern und ausrotten wollen; aber sein einziges ihn völlig beherrschendes Ziel, zu aller Zeit so gut wie möglich zu *erkennen*, wird ihn kühl machen und alle Wildheit in seiner Anlage besänftigen. Überdies ist er eine Menge quälender Vorstellungen losgeworden, er empfindet nichts mehr bei dem Worte Höllenstrafen, Sündhaftigkeit, Unfähigkeit zum Guten: er erkennt darin nur die verschwebenden Schattenbilder falscher Welt- und Lebensbetrachtungen.

57

Moral als Selbstzerteilung des Menschen. – Ein guter Autor, der wirklich das Herz für seine Sache hat, wünscht, daß jemand komme und ihn selber dadurch vernichte, daß er dieselbe Sache deutlicher darstelle und die in ihr enthaltenen Fragen ohne Rest beantworte. Das liebende Mädchen wünscht, daß sie die hingebende Treue ihrer Liebe an der Untreue des Geliebten bewähren könne. Der Soldat wünscht, daß er für sein siegreiches Vaterland auf dem Schlachtfeld falle: denn in dem Siege seines Vaterlandes siegt sein höchstes Wünschen mit. Die Mutter gibt dem Kinde, was sie sich selber entzieht, Schlaf, die beste Speise, unter Umständen ihre Gesundheit, ihr Vermögen. – Sind dies alles aber unegoistische Zustände? Sind diese Taten der Moralität *Wunder*, weil sie, nach dem Ausdrucke Schopenhauers, »unmöglich und doch wirklich« sind? Ist es nicht deutlich, daß in all diesen Fällen der Mensch *etwas von sich*, einen Gedanken, ein Verlangen, ein Erzeugnis mehr liebt als *etwas anderes von sich*, daß er also sein Wesen *zerteilt* und dem einen Teil den anderen zum Opfer bringt? Ist es etwas *wesentlich* Verschiedenes, wenn ein Trotzkopf sagt: »Ich will lieber über den Haufen geschossen werden, als diesem Menschen da einen Schritt aus dem Wege gehn?« – Die *Neigung zu etwas* (Wunsch, Trieb, Verlangen) ist in allen genannten Fällen vorhanden; ihr nachzugeben, mit allen Folgen, ist jedenfalls nicht »unegoistisch«. – In der Moral behandelt sich der Mensch nicht als *individuum*, sondern als *dividuum*.

58

Was man versprechen kann. – Man kann Handlungen versprechen, aber keine Empfindungen; denn diese sind unwillkürlich. Wer jemandem verspricht, ihn immer zu lieben oder immer zu hassen oder ihm immer treu zu sein, verspricht etwas, das nicht in seiner Macht steht; wohl aber kann er solche Handlungen versprechen, welche zwar gewöhnlich die

Folgen der Liebe, des Hasses, der Treue sind, aber auch aus anderen Motiven entspringen können: denn zu einer Handlung führen mehrere Wege und Motive. Das Versprechen, jemanden immer zu lieben, heißt also: so lange ich dich liebe, werde ich dir die Handlungen der Liebe erweisen; liebe ich dich nicht mehr, so wirst du noch dieselben Handlungen, wenn auch aus anderen Motiven, immerfort von mir empfangen: so daß der Schein in den Köpfen der Mitmenschen bestehen bleibt, daß die Liebe unverändert und immer noch dieselbe sei. – Man verspricht also die Andauer des Anscheines der Liebe, wenn man ohne Selbstverblendung jemandem immerwährende Liebe gelobt.

59

Intellekt und Moral. – Man muß ein gutes Gedächtnis haben, um gegebene Versprechen halten zu können. Man muß eine starke Kraft der Einbildung haben, um Mitleid haben zu können. So eng ist die Moral an die Güte des Intellekts gebunden.

60

Sich rächen wollen und sich rächen. – Einen Rachegedanken haben und ausführen heißt einen heftigen Fieberanfall bekommen, der aber vorübergeht: einen Rachegedanken aber haben, ohne Kraft und Mut ihn auszuführen, heißt ein chronisches Leiden, eine Vergiftung an Leib und Seele mit sich herumtragen. Die Moral, welche nur auf die Absichten sieht, taxiert beide Fälle gleich; für gewöhnlich taxiert man den ersten Fall als den schlimmeren (wegen der bösen Folgen, welche die Tat der Rache vielleicht nach sich zieht). Beide Schätzungen sind kurzsichtig.

61

Warten-können. – Das Warten-können ist so schwer, daß die größten Dichter es nicht verschmäht haben, das Nicht-warten-Können zum Motiv ihrer Dichtungen zu machen. So Shakespeare im Othello, Sophokles im Ajax: dessen Selbstmord ihm, wenn er nur einen Tag noch seine Empfindung hätte abkühlen lassen, nicht mehr nötig geschienen hätte, wie der Orakelspruch andeutet; wahrscheinlich würde er den schrecklichen Einflüsterungen der verletzten Eitelkeit ein Schnippchen geschlagen und zu sich gesprochen haben: wer hat denn nicht schon, in meinem Falle, ein Schaf für einen Helden angesehen? ist es denn so etwas Ungeheures?

Im Gegenteil, es ist nur etwas allgemein Menschliches: Ajax durfte sich dergestalt Trost zusprechen. Die Leidenschaft will nicht warten; das Tragische im Leben großer Männer liegt häufig nicht in ihrem Konflikte mit der Zeit und der Niedrigkeit ihrer Mitmenschen, sondern in ihrer Unfähigkeit, ein Jahr, zwei Jahre ihr Werk zu verschieben; sie können nicht warten. – Bei allen Duellen haben die zuratenden Freunde das eine festzustellen, ob die beteiligten Personen noch warten können: ist dies nicht der Fall, so ist ein Duell vernünftig, insofern jeder von beiden sich sagt: »entweder lebe ich weiter, dann muß jener augenblicklich sterben, oder umgekehrt.« Warten hieße in solchem Falle an jener furchtbaren Marter der verletzten Ehre angesichts ihres Verletzers noch länger leiden; und dies kann eben mehr Leiden sein, als das Leben überhaupt wert ist.

62

Schwelgerei der Rache. – Grobe Menschen, welche sich beleidigt fühlen, pflegen den Grad der Beleidigung so hoch als möglich zu nehmen und erzählen die Ursache mit stark übertreibenden Worten, um nur in dem einmal erweckten Haß- und Rachegefühl sich recht ausschwelgen zu können.

63

Wert der Verkleinerung. – Nicht wenige, vielleicht die allermeisten Menschen haben, um ihre Selbstachtung und eine gewisse Tüchtigkeit im Handeln bei sich aufrecht zu erhalten, durchaus nötig, alle ihnen bekannten Menschen in ihrer Vorstellung herabzusetzen und zu verkleinern. Da aber die geringen Naturen in der Überzahl sind und es sehr viel daran liegt, ob sie jene Tüchtigkeit haben oder verlieren, so –

64

Der Aufbrausende. – Vor einem, der gegen uns aufbraust, soll man sich in acht nehmen wie vor einem, der uns einmal nach dem Leben getrachtet hat: denn *daß* wir noch leben, das liegt in der Abwesenheit der Macht zu töten; genügten Blicke, so wäre es längst um uns geschehen. Es ist ein Stück roher Kultur, durch Sichtbarwerdenlassen der physischen Wildheit, durch Furchterregen jemanden zum Schweigen zu bringen. – Ebenso ist jener kalte Blick, welchen Vornehme gegen ihre Bedienten haben, ein Überrest jener kastenmäßigen Abgrenzungen zwischen Mensch und Mensch, ein Stück rohen Altertums; die Frauen, die Bewahrerinnen des Alten, haben auch dies *survival* treuer bewahrt.

65

Wohin die Ehrlichkeit führen kann. – Jemand hatte die üble Angewohnheit, sich über die Motive, aus denen er handelte und die so gut und so schlecht waren wie die Motive aller Menschen, gelegentlich ganz ehrlich auszusprechen. Er erregte erst Anstoß, dann Verdacht, wurde allmählich geradezu verfehmt und in die Acht der Gesellschaft erklärt, bis endlich die Justiz sich eines so verworfenen Wesens erinnerte, bei Gelegenheiten, wo sie sonst kein Auge hatte, oder dasselbe zudrückte. Der Mangel an Schweigsamkeit über das allgemeine Geheimnis und der unverantwortliche Hang zu sehen, was keiner sehen will – sich selber –, brachten ihn zu Gefängnis und frühzeitigem Tod.

66

Sträflich, nie gestraft. – Unser Verbrechen gegen Verbrecher besteht darin, daß wir sie wie Schufte behandeln.

67

Sancta simplicitas der Tugend. – Jede Tugend hat Vorrechte: zum Beispiel dies, zu dem Scheiterhaufen eines Verurteilten ihr eigenes Bündchen Holz zu liefern.

68

Moralität und Erfolg. – Nicht nur die Zuschauer einer Tat bemessen häufig das Moralische oder Unmoralische an derselben nach dem Erfolge: nein, der Täter selbst tut dies. Denn die Motive und Absichten sind selten deutlich und einfach genug, und mitunter scheint selbst das Gedächtnis durch den Erfolg der Tat getrübt, so daß man seiner Tat selber falsche Motive unterschiebt oder die unwesentlichen Motive als wesentliche behandelt. Der Erfolg gibt oft einer Tat den vollen ehrlichen Glanz des guten Gewissens, ein Mißerfolg legt den Schatten von Gewissensbissen über die achtungswürdigste Handlung. Daraus ergibt sich die bekannte Praxis des Politikers, welcher denkt: »gebt mir nur den Erfolg: mit ihm habe ich auch alle ehrlichen Seelen auf meine Seite gebracht – und mich vor mir selber ehrlich gemacht.« – Auf ähnliche Weise soll der Erfolg die bessere Begründung ersetzen. Noch jetzt meinen viele Gebildete, der Sieg des Christentums über die griechische Philosophie sei ein Beweis für die größere Wahrheit des ersteren – obwohl in diesem Falle nur das Gröbere und

Gewaltsamere über das Geistigere und Zarte gesiegt hat. Wie es mit der größeren Wahrheit steht, ist daraus zu ersehen, daß die erwachenden Wissenschaften Punkt um Punkt an Epikurs Philosophie angeknüpft, das Christentum aber Punkt um Punkt zurückgewiesen haben.

69

Liebe und Gerechtigkeit. – Warum überschätzt man die Liebe zuungunsten der Gerechtigkeit und sagt die schönsten Dinge von ihr, als ob sie ein viel höheres Wesen als jene sei? Ist sie denn nicht ersichtlich dümmer als jene? – Gewiß, aber gerade deshalb um so viel *angenehmer* für alle. Sie ist dumm und besitzt ein reiches Füllhorn; aus ihm teilt sie ihre Gaben aus, an jedermann, auch wenn er sie nicht verdient, ja ihr nicht einmal dafür dankt. Sie ist unparteiisch wie der Regen, welcher, nach der Bibel und der Erfahrung, nicht nur den Ungerechten, sondern unter Umständen auch den Gerechten bis auf die Haut naß macht.

70

Hinrichtung. – Wie kommt es, daß jede Hinrichtung uns mehr beleidigt als ein Mord? Es ist die Kälte der Richter, die peinliche Vorbereitung, die Einsicht, daß hier ein Mensch als Mittel benutzt wird, um andre abzuschrecken. Denn die Schuld wird nicht bestraft, selbst wenn es eine gäbe: diese liegt in Erziehern, Eltern, Umgebungen, in uns, nicht im Mörder – ich meine die veranlassenden Umstände.

71

Die Hoffnung. – Pandora brachte das Faß mit den Übeln und öffnete es. Es war das Geschenk der Götter an die Menschen, von außen ein schönes verführerisches Geschenk und »Glücksfaß« zubenannt. Da flogen all die Übel, lebendige beschwingte Wesen heraus: von da an schweifen sie nun herum und tun den Menschen Schaden bei Tag und Nacht. Ein einziges Übel war noch nicht aus dem Faß herausgeschlüpft: da schlug Pandora nach Zeus' Willen den Deckel zu, und so blieb es darin. Für immer hat der Mensch nun das Glücksfaß im Hause und meint Wunder, was für einen Schatz er in ihm habe; es steht ihm zu Diensten, er greift darnach, wenn es ihn gelüstet; denn er weiß nicht, daß jenes Faß, welches Pandora brachte, das Faß der Übel war, und hält das zurückgebliebene Übel für das größte Glücksgut – es ist die Hoffnung. – Zeus wollte näm-

lich, daß der Mensch, auch noch so sehr durch die anderen Übel gequält, doch das Leben nicht wegwerfe, sondern fortfahre, sich immer von neuem quälen zu lassen. Dazu gibt er dem Menschen die Hoffnung: sie ist in Wahrheit das übelste der Übel, weil sie die Qual der Menschen verlängert.

72

Grad der moralischen Erhitzbarkeit unbekannt. – Davon, daß man gewisse erschütternde Anblicke und Eindrücke gehabt oder nicht gehabt hat, zum Beispiel eines unrecht gerichteten, getöteten oder gemarterten Vaters, einer untreuen Frau, eines grausamen feindlichen Überfalls, hängt es ab, ob unsre Leidenschaften zur Glühhitze kommen und das ganze Leben lenken oder nicht. Keiner weiß, wozu ihn die Umstände, das Mitleid, die Entrüstung treiben können, er kennt den Grad seiner Erhitzbarkeit nicht. Erbärmliche kleine Verhältnisse machen erbärmlich; es ist gewöhnlich nicht die Qualität der Erlebnisse, sondern ihre Quantität, von welcher der niedere und höhere Mensch abhängt, im Guten und Bösen.

73

Der Märtyrer wider Willen. – In einer Partei gab es einen Menschen, der zu ängstlich und feige war, um je seinen Kameraden zu widersprechen: man brauchte ihn zu jedem Dienst, man erlangte von ihm alles, weil er sich vor der schlechten Meinung bei seinen Gesellen mehr als vor dem Tode fürchtete; es war eine erbärmliche schwache Seele. Sie erkannten dies und machten auf Grund der erwähnten Eigenschaften aus ihm einen Heros und zuletzt gar einen Märtyrer. Obwohl der feige Mensch innerlich immer Nein sagte, sprach er mit den Lippen immer Ja, selbst noch auf dem Schafott, als er für die Ansichten seiner Partei starb: neben ihm stand nämlich einer seiner alten Genossen, der ihn durch Wort und Blick so tyrannisierte, daß er wirklich auf die anständigste Weise den Tod erlitt und seitdem als Märtyrer und großer Charakter gefeiert wird.

74

Alltags-Maßstab. – Man wird selten irren, wenn man extreme Handlungen auf Eitelkeit, mittelmäßige auf Gewöhnung und kleinliche auf Furcht zurückführt.

75

Mißverständnis über die Tugend. – Wer die Untugend in Verbindung mit der Lust kennengelernt hat, wie der, welcher eine genußsüchtige Jugend hinter sich hat, bildet sich ein, daß die Tugend mit der Unlust verbunden sein müsse. Wer dagegen von seinen Leidenschaften und Lastern sehr geplagt worden ist, ersehnt in der Tugend die Ruhe und das Glück der Seele. Daher ist es möglich, daß zwei Tugendhafte einander gar nicht verstehen.

76

Der Asket. – Der Asket macht aus der Tugend eine Not.

77

Die Ehre von der Person auf die Sache übertragen. – Man ehrt allgemein die Handlungen der Liebe und Aufopferung zugunsten des Nächsten, wo sie sich auch immer zeigen. Dadurch vermehrt man die *Schätzung der Dinge,* welche in jener Art geliebt werden oder für welche man sich aufopfert: obwohl sie vielleicht an sich nicht viel wert sind. Ein tapferes Heer überzeugt von der Sache, für welche es kämpft.

78

Ehrgeiz ein Surrogat des moralischen Gefühls. – Das moralische Gefühl darf in solchen Naturen nicht fehlen, welche keinen Ehrgeiz haben. Die Ehrgeizigen behelfen sich auch ohne dasselbe, mit fast gleichem Erfolge. – Deshalb werden Söhne aus bescheidenen, dem Ehrgeiz abgewandten Familien, wenn sie einmal das moralische Gefühl verlieren, gewöhnlich in schneller Steigerung zu vollkommenen Lumpen.

79

Eitelkeit bereichert. – Wie arm wäre der menschliche Geist ohne die Eitelkeit! So aber gleicht er einem wohlgefüllten und immer neu sich füllenden Warenmagazin, welches Käufer jeder Art anlockt: alles fast können sie finden, alles haben, vorausgesetzt daß sie die gültige Münzsorte (Bewunderung) mit sich bringen.

80

Greis und Tod. – Abgesehen von den Forderungen, welche die Religion stellt, darf man wohl fragen: warum sollte es für einen altgewordenen Mann, welcher die Abnahme seiner Kräfte spürt, rühmlicher sein, seine langsame Erschöpfung und Auflösung abzuwarten, als sich mit vollem Bewußtsein ein Ziel zu setzen? Die Selbsttötung ist in diesem Falle eine ganz natürliche naheliegende Handlung, welche als ein Sieg der Vernunft billigerweise Ehrfurcht erwecken sollte: und auch erweckt hat, in jenen Zeiten, als die Häupter der griechischen Philosophie und die wakkersten römischen Patrioten durch Selbsttötung zu sterben pflegten. Die Sucht dagegen, sich mit ängstlicher Beratung von Ärzten und peinlichster Lebensart von Tag zu Tage fortzufristen, ohne Kraft, dem eigentlichen Lebensziel noch näher zu kommen, ist viel weniger achtbar. – Die Religionen sind reich an Ausflüchten vor der Forderung der Selbsttötung: dadurch schmeicheln sie sich bei denen ein, welche in das Leben verliebt sind.

81

Irrtümer des Leidenden und des Täters. – Wenn der Reiche dem Armen ein Besitztum nimmt (zum Beispiel ein Fürst dem Plebejer die Geliebte), so entsteht in dem Armen ein Irrtum; er meint, jener müsse ganz verrucht sein, um ihm das wenige, was er habe, zu nehmen. Aber jener empfindet den Wert eines *einzelnen* Besitztums gar nicht so tief, weil er gewöhnt ist, viele zu haben: so kann er sich nicht in die Seele des Armen versetzen und tut lange nicht so sehr unrecht, als dieser glaubt. Beide haben voneinander eine falsche Vorstellung. Das Unrecht des Mächtigen, welches am meisten in der Geschichte empört, ist lange nicht so groß, wie es scheint. Schon die angeerbte Empfindung, ein höheres Wesen mit höheren Ansprüchen zu sein, macht ziemlich kalt und läßt das Gewissen ruhig: wir alle sogar empfinden, wenn der Unterschied zwischen uns und einem anderen Wesen sehr groß ist, gar nichts mehr von Unrecht und töten eine Mücke zum Beispiel ohne jeden Gewissensbiß. So ist es kein Zeichen von Schlechtigkeit bei Xerxes (den selbst alle Griechen als hervorragend edel schildern), wenn er dem Vater seinen Sohn nimmt und ihn zerstückeln läßt, weil dieser ein ängstliches, ominöses Mißtrauen gegen den ganzen Heerzug geäußert hatte: der einzelne wird in diesem Falle wie ein unangenehmes Insekt beseitigt: er steht zu niedrig, um länger quälende Empfindungen bei einem Weltherrscher erregen zu dürfen. Ja, jeder Grausame ist nicht in *dem* Maße grausam, als es der Mißhandelte glaubt; die Vorstellung des Schmerzes ist nicht dasselbe wie das Leiden desselben. Ebenso steht es mit dem ungerechten Richter, mit dem

Journalisten, welcher mit kleinen Unredlichkeiten die öffentliche Meinung irreführt. Ursache und Wirkung sind in allen diesen Fällen von ganz verschiedenen Empfindungs- und Gedankengruppen umgeben; während man unwillkürlich voraussetzt, daß Täter und Leidender gleich denken und empfinden, und gemäß dieser Voraussetzung die Schuld des einen nach dem Schmerz des andern mißt.

82

Haut der Seele. – Wie die Knochen, Fleischstücke, Eingeweide und Blutgefäße mit einer Haut umschlossen sind, die den Anblick des Menschen erträglich macht, so werden die Regungen und Leidenschaften der Seele durch die Eitelkeit umhüllt: sie ist die Haut der Seele.

83

Schlaf der Tugend. – Wenn die Tugend geschlafen hat, wird sie frischer aufstehen.

84

Feinheit der Scham. – Die Menschen schämen sich nicht, etwas Schmutziges zu denken, aber wohl, wenn sie sich vorstellen, daß man ihnen diese schmutzigen Gedanken zutraue.

85

Bosheit ist selten. – Die meisten Menschen sind viel zu sehr mit sich beschäftigt, um boshaft zu sein.

86

Das Zünglein an der Waage. – Man lobt oder tadelt, je nachdem das eine oder das andre mehr Gelegenheit gibt, unsere Urteilskraft leuchten zu lassen.

87

Lukas 18,14 verbessert. – Wer sich selbst erniedrigt, will erhöhet werden.

88

Verhinderung des Selbstmordes. – Es gibt ein Recht, wonach wir einem Menschen das Leben nehmen, aber keines, wonach wir ihm das Sterben nehmen: dies ist nur Grausamkeit.

89

Eitelkeit. – Uns liegt an der guten Meinung der Menschen, einmal weil sie uns nützlich ist, sodann weil wir ihnen Freude machen wollen (Kinder den Eltern, Schüler den Lehrern und wohlwollende Menschen überhaupt allen übrigen Menschen). Nur wo jemandem die gute Meinung der Menschen wichtig ist, abgesehen vom Vorteil oder von seinem Wunsche, Freude zu machen, reden wir von Eitelkeit. In diesem Falle will sich der Mensch selber eine Freude machen, aber auf Unkosten seiner Mitmenschen, indem er diese entweder zu einer falschen Meinung über sich verführt oder es gar auf einen Grad der »guten Meinung« absieht, wo diese allen anderen peinlich werden muß (durch Erregung von Neid). Der einzelne will gewöhnlich durch die Meinung anderer die Meinung, die er von sich hat, beglaubigen und vor sich selber bekräftigen; aber die mächtige Gewöhnung an Autorität – eine Gewöhnung, die so alt als der Mensch ist – bringt viele auch dazu, ihren eigenen Glauben an sich auf Autorität zu stützen, also erst aus der Hand anderer anzunehmen: sie trauen der Urteilskraft anderer mehr als der eigenen. – Das Interesse an sich selbst, der Wunsch, sich zu vergnügen, erreicht bei dem Eitlen eine solche Höhe, daß er die anderen zu einer falschen, allzu hohen Taxation seiner selbst verführt und dann doch sich an die Autorität der anderen hält: also den Irrtum herbeiführt und doch ihm Glauben schenkt. – Man muß sich also eingestehen, daß die eitlen Menschen nicht sowohl anderen gefallen wollen als sich selbst, und daß sie so weit gehen, ihren Vorteil dabei zu vernachlässigen; denn es liegt ihnen oft daran, ihre Mitmenschen ungünstig, feindlich, neidisch, also schädlich gegen sich zu stimmen, nur um die Freude an sich selber, den Selbstgenuß, zu haben.

90

Grenze der Menschenliebe. – Jeder, welcher sich dafür erklärt hat, daß der andere ein Dummkopf, ein schlechter Geselle sei, ärgert sich, wenn jener schließlich zeigt, daß er es nicht ist.

91

Moralité larmoyante. – Wieviel Vergnügen macht die Moralität! Man denke nur, was für ein Meer angenehmer Tränen schon bei Erzählungen edler, großmütiger Handlungen geflossen ist! – Dieser Reiz des Lebens würde schwinden, wenn der Glaube an die völlige Unverantwortlichkeit überhandnähme.

92

Ursprung der Gerechtigkeit. – Die Gerechtigkeit (Billigkeit) nimmt ihren Ursprung unter ungefähr *gleich Mächtigen,* wie dies Thukydides (in dem furchtbaren Gespräche der athenischen und melischen Gesandten) richtig begriffen hat: wo es keine deutlich erkennbare Übergewalt gibt und ein Kampf zum erfolglosen gegenseitigen Schädigen würde, da entsteht der Gedanke, sich zu verständigen und über die beiderseitigen Ansprüche zu verhandeln: der Charakter des *Tausches* ist der anfängliche Charakter der Gerechtigkeit. Jeder stellt den anderen zufrieden, indem jeder bekommt, was er mehr schätzt als der andere. Man gibt jedem, was er haben will, als das nunmehr Seinige, und empfängt dagegen das Gewünschte. Gerechtigkeit ist also Vergeltung und Austausch unter der Voraussetzung einer ungefähr gleichen Machtstellung: so gehört ursprünglich die Rache in den Bereich der Gerechtigkeit, sie ist ein Austausch. Ebenso die Dankbarkeit. – Gerechtigkeit geht natürlich auf den Gesichtspunkt einer einsichtigen Selbsterhaltung zurück, also auf den Egoismus jener Überlegung: »wozu sollte ich mich nutzlos schädigen und mein Ziel vielleicht doch nicht erreichen?« – Soviel vom *Ursprung* der Gerechtigkeit. Dadurch, daß die Menschen, ihrer intellektuellen Gewohnheit gemäß, den ursprünglichen Zweck sogenannter gerechter, billiger Handlungen *vergessen* haben und namentlich, weil durch Jahrtausende hindurch die Kinder angelernt worden sind, solche Handlungen zu bewundern und nachzuahmen, ist allmählich der Anschein entstanden, als sei eine gerechte Handlung eine unegoistische: auf diesem Anschein aber beruht die hohe Schätzung derselben, welche überdies, wie alle Schätzungen, fortwährend noch im Wachsen ist: denn etwas Hochgeschätztes wird mit Aufopferung erstrebt, nachgeahmt, vervielfältigt, und wächst dadurch, daß der Wert der aufgewandten Mühe und Beeiferung von jedem einzelnen noch zum Werte des geschätzten Dinges hinzugeschlagen wird. – Wie wenig moralisch sähe die Welt ohne die Vergeßlichkeit aus! Ein Dichter könnte sagen, daß Gott die Vergeßlichkeit als Türhüterin an die Tempelschwelle der Menschenwürde hingelagert habe.

93

Vom Rechte des Schwächeren. – Wenn sich jemand unter Bedingungen einem Mächtigeren unterwirft, zum Beispiel eine belagerte Stadt, so ist die Gegenbedingung die, daß man sich vernichten, die Stadt verbrennen und so dem Mächtigen eine große Einbuße machen kann. Deshalb entsteht hier eine Art *Gleichstellung*, auf Grund welcher Rechte festgesetzt werden können. Der Feind hat seinen Vorteil an der Erhaltung. – Insofern gibt es auch Rechte zwischen Sklaven und Herren, das heißt genau in dem Maße, in welchem der Besitz des Sklaven seinem Herrn nützlich und wichtig ist. Das *Recht* geht ursprünglich *so weit*, als einer dem andern wertvoll, wesentlich, unverlierbar, unbesiegbar und dergleichen *erscheint*. In dieser Hinsicht hat auch der Schwächere noch Rechte, aber geringere. Daher das berühmte *unusquisque tantum juris habet, quantum potentia valet* (oder genauer: *quantum potentia valere creditur*).

94

Die drei Phasen der bisherigen Moralität. – Es ist das erste Zeichen, daß das Tier Mensch geworden ist, wenn sein Handeln nicht mehr auf das augenblickliche Wohlbefinden, sondern auf das dauernde sich bezieht, daß der Mensch also *nützlich, zweckmäßig* wird: da bricht zuerst die freie Herrschaft der Vernunft heraus. Eine noch höhere Stufe ist erreicht, wenn er nach dem Prinzip der *Ehre* handelt; vermöge desselben ordnet er sich ein, unterwirft sich gemeinsamen Empfindungen, und das erhebt ihn hoch über die Phase, in der nur die persönlich verstandene Nützlichkeit ihn leitete: er achtet und will geachtet werden, das heißt: er begreift den Nutzen als abhängig von dem, was er über andere, was andere über ihn meinen. Endlich handelt er, auf der höchsten Stufe der *bisherigen* Moralität, nach *seinem* Maßstab über die Dinge und Menschen: er selber bestimmt für sich und andere, was ehrenvoll, was nützlich ist; er ist zum Gesetzgeber der Meinungen geworden, gemäß dem immer höher entwickelten Begriff des Nützlichen und Ehrenhaften. Die Erkenntnis befähigt ihn, das Nützlichste, das heißt den allgemeinen dauernden Nutzen dem persönlichen, die ehrende Anerkennung von allgemeiner dauernder Geltung der momentanen voranzustellen: er lebt und handelt als Kollektiv-Individuum.

95

Moral des reifen Individuums. – Man hat bisher als das eigentliche Kennzeichen der moralischen Handlung das Unpersönliche angesehen;

und es ist nachgewiesen, daß zu Anfang die Rücksicht auf den allgemeinen Nutzen es war, derentwegen man alle unpersönlichen Handlungen lobte und auszeichnete. Sollte nicht eine bedeutende Umwandlung dieser Ansichten bevorstehen, jetzt, wo immer besser eingesehen wird, daß gerade in der möglichst *persönlichen* Rücksicht auch der Nutzen für das Allgemeine am größten ist: so daß gerade das streng persönliche Handeln dem jetzigen Begriff der Moralität (als einer allgemeinen Nützlichkeit) entspricht? Aus sich eine ganze *Person* machen und in allem, was man tut, deren *höchstes Wohl* ins Auge zu fassen – das bringt weiter als jene mitleidigen Regungen und Handlungen zugunsten anderer. Wir alle leiden freilich noch immer an der allzugeringen Beachtung des Persönlichen an uns, es ist schlecht ausgebildet – gestehen wir es uns ein: man hat vielmehr unsern Sinn gewaltsam von ihm abgezogen und dem Staate, der Wissenschaft, dem Hilfebedürftigen zum Opfer angeboten, wie als ob es das Schlechte wäre, das geopfert werden müßte. Auch jetzt wollen wir für unsere Mitmenschen arbeiten, aber nur so weit, als wir unsern eigenen höchsten Vorteil in dieser Arbeit finden, nicht mehr, nicht weniger. Es kommt nur darauf an, was man als *seinen Vorteil* versteht; gerade das unreife, unentwickelte, rohe Individuum wird ihn auch am rohesten verstehen.

96

Sitte und sittlich. – Moralisch, sittlich, ethisch sein heißt Gehorsam gegen ein altbegründetes Gesetz oder Herkommen haben. Ob man mit Mühe oder gern sich ihm unterwirft, ist dabei gleichgültig, genug, daß man es tut. »Gut« nennt man den, welcher wie von Natur, nach langer Vererbung, also leicht und gern das Sittliche tut, je nachdem dies ist (zum Beispiel Rache übt, wenn Rache-üben wie bei den älteren Griechen zur guten Sitte gehört). Er wird gut genannt, weil er »wozu« gut ist; da aber Wohlwollen, Mitleiden und dergleichen in dem Wechsel der Sitten immer als »gut wozu«, als nützlich empfunden wurde, so nennt man jetzt vornehmlich den Wohlwollenden, Hilfreichen »gut«. Böse ist »nicht sittlich« (unsittlich) sein, Unsitte üben, dem Herkommen widerstreben, wie vernünftig oder dumm dasselbe auch sei; das Schädigen des Nächsten ist aber in allen den Sittengesetzen der verschiedenen Zeiten vornehmlich als schädlich empfunden worden, so daß wir jetzt namentlich bei dem Wort »böse« an die freiwillige Schädigung des Nächsten denken. Nicht das »Egoistische« und das »Unegoistische« ist der Grundgegensatz, welcher die Menschen zur Unterscheidung von Sittlich und Unsittlich, Gut und Böse gebracht hat, sondern: Gebundensein an ein Herkommen, Gesetz, und Lösung davon. Wie das Herkommen *entstanden* ist, das ist dabei gleichgültig, jedenfalls ohne Rücksicht auf Gut und Böse oder ir-

gendeinen immanenten kategorischen Imperativ, sondern vor allem zum Zweck der Erhaltung einer *Gemeinde*, eines Volkes; jeder abergläubische Brauch, der auf Grund eines falsch gedeuteten Zufalls entstanden ist, erzwingt ein Herkommen, welchem zu folgen sittlich ist; sich von ihm lösen ist nämlich gefährlich, für die *Gemeinschaft* noch mehr schädlich als für den einzelnen (weil die Gottheit den Frevel und jede Verletzung ihrer Vorrechte an der Gemeinde und nur insofern auch am Individuum straft). Nun wird jedes Herkommen fortwährend ehrwürdiger, je weiter der Ursprung abliegt, je mehr dieser vergessen ist; die ihm gezollte Verehrung häuft sich von Generation zu Generation auf, das Herkommen wird zuletzt heilig und erweckt Ehrfurcht; und so ist jedenfalls die Moral der Pietät eine viel ältere Moral als die, welche unegoistische Handlungen verlangt.

97

Die Lust in der Sitte. – Eine wichtige Gattung der Lust und damit der Quelle der Moralität entsteht aus der Gewohnheit. Man tut das Gewohnte leichter, besser, also lieber, man empfindet dabei eine Lust, und weiß aus der Erfahrung, daß das Gewohnte sich bewährt hat, also nützlich ist; eine Sitte, mit der sich leben läßt, ist als heilsam, förderlich bewiesen, im Gegensatz zu allen neuen, noch nicht bewährten Versuchen. Die Sitte ist demnach die Vereinigung des Angenehmen und des Nützlichen, überdies macht sie kein Nachdenken nötig. Sobald der Mensch Zwang ausüben kann, übt er ihn aus, um seine *Sitten* durchzusetzen und einzuführen, denn für ihn sind sie die bewährte Lebensweisheit. Ebenso zwingt eine Gemeinschaft von Individuen jedes einzelne zur selben Sitte. Hier ist der Fehlschluß: weil man sich mit einer Sitte wohlfühlt oder wenigstens weil man vermittelst derselben seine Existenz durchsetzt, so ist diese Sitte notwendig, denn sie gilt als die *einzige* Möglichkeit, unter der man sich wohlfühlen kann; das Wohlgefühl des Lebens scheint allein aus ihr hervorzuwachsen. Diese Auffassung des Gewohnten als einer Bedingung des Daseins wird bis auf die kleinsten Einzelheiten der Sitte durchgeführt: da die Einsicht in die wirkliche Kausalität bei den niedrig stehenden Völkern und Kulturen sehr gering ist, so sieht man mit abergläubischer Furcht darauf, daß alles seinen gleichen Gang gehe; selbst wo die Sitte schwer, hart, lästig ist, wird sie ihrer scheinbar höchsten Nützlichkeit wegen bewahrt. Man weiß nicht, daß derselbe Grad von Wohlbefinden auch bei anderen Sitten bestehen kann und daß selbst höhere Grade sich erreichen lassen. Wohl aber nimmt man wahr, daß alle Sitten, auch die härtesten, mit der Zeit angenehmer und milder werden, und daß auch die strengste Lebensweise zur Gewohnheit und damit zur Lust werden kann.

98

Lust und sozialer Instinkt. – Aus seinen Beziehungen zu anderen Menschen gewinnt der Mensch eine neue Gattung von *Lust* zu jenen Lustempfindungen hinzu, welche er aus sich selber nimmt; wodurch er das Reich der Lustempfindung überhaupt bedeutend umfänglicher macht. Vielleicht hat er mancherlei, das hierher gehört, schon von den Tieren her überkommen, welche ersichtlich Lust empfinden, wenn sie miteinander spielen, namentlich die Mütter mit den Jungen. Sodann gedenke man der geschlechtlichen Beziehungen, welche jedem Männchen ungefähr jedes Weibchen interessant in Ansehung der Lust erscheinen lassen und umgekehrt. Die Lustempfindung auf Grund menschlicher Beziehungen macht im allgemeinen den Menschen besser; die gemeinsame Freude, die Lust, mitsammen genossen, erhöht dieselbe, sie gibt dem einzelnen Sicherheit, macht ihn gutmütiger, löst das Mißtrauen, den Neid: denn man fühlt sich selber wohl und sieht den andern in gleicher Weise sich wohlfühlen. Die *gleichartigen Äußerungen der Lust* erwecken die Phantasie der Mitempfindung, das Gefühl, etwas Gleiches zu sein: dasselbe tun auch die gemeinsamen Leiden, dieselben Unwetter, Gefahren, Feinde. Darauf baut sich dann wohl das älteste Bündnis auf: dessen Sinn die gemeinsame Beseitigung und Abwehr einer drohenden Unlust zum Nutzen jedes einzelnen ist. Und so wächst der soziale Instinkt aus der Lust heraus.

99

Das Unschuldige an den sogenannten bösen Handlungen. – Alle »bösen« Handlungen sind motiviert durch den Trieb der Erhaltung oder, noch genauer, durch die Absicht auf Lust und Vermeiden der Unlust des Individuums; als solchermaßen motiviert aber nicht böse. »Schmerz bereiten an sich« *existiert nicht,* außer im Gehirn der Philosophen, ebensowenig »Lust bereiten an sich« (Mitleid im Schopenhauerschen Sinne). In dem Zustande *vor* dem Staate töten wir das Wesen, sei es Affe oder Mensch, welches uns eine Frucht des Baumes vorwegnehmen will, wenn wir gerade Hunger haben und auf den Baum zulaufen: wie wir es noch jetzt bei Wanderungen in unwirtliche Gegenden mit dem Tiere tun würden. – Die bösen Handlungen, welche uns jetzt am meisten empören, beruhen auf dem Irrtume, daß der andere, welcher sie uns zufügt, freien Willen habe, also daß es in seinem *Belieben* gelegen habe, uns dies Schlimme nicht anzutun. Dieser Glaube an das Belieben erregt den Haß, die Rachlust, die Tücke, die ganze Verschlechterung der Phantasie, während wir einem Tiere viel weniger zürnen, weil wir dies als unverantwortlich betrachten. Leid tun nicht aus Erhaltungstrieb, sondern zur Ver-

geltung – ist Folge eines falschen Urteils und deshalb ebenfalls unschuldig. Der einzelne kann im Zustande, welcher vor dem Staat liegt, zur *Abschreckung* andere Wesen hart und grausam behandeln: um seine Existenz durch solche abschreckende Proben seiner Macht sicherzustellen. So handelt der Gewalttätige, Mächtige, der ursprüngliche Staatengründer, welcher sich die Schwächeren unterwirft. Er hat dazu das Recht, wie es jetzt noch der Staat sich nimmt; oder vielmehr: es gibt kein Recht, welches dies hindern kann. Es kann erst dann der Boden für alle Moralität zurechtgemacht werden, wenn ein größeres Individuum oder ein Kollektiv-Individuum, zum Beispiel die Gesellschaft, der Staat, die einzelnen unterwirft, also aus ihrer Vereinzelung herauszieht und in einen Verband einordnet. Der Moralität geht der *Zwang* voraus, ja sie selber ist noch eine Zeitlang Zwang, dem man sich, zur Vermeidung der Unlust, fügt. Später wird sie Sitte, noch später freier Gehorsam, endlich beinahe Instinkt: dann ist sie wie alles lang Gewöhnte und Natürliche mit Lust verknüpft – und heißt nun *Tugend.*

100

Scham. – Die Scham existiert überall, wo es ein »Mysterium« gibt; dies ist aber ein religiöser Begriff, welcher in der älteren Zeit der menschlichen Kultur einen großen Umfang hatte. Überall gab es umgrenzte Gebiete, zu welchen das göttliche Recht den Zutritt versagte, außer unter bestimmten Bedingungen: zu allererst ganz räumlich, insofern gewisse Stätten vom Fuße der Uneingeweihten nicht zu betreten waren und in deren Nähe diese Schauder und Angst empfanden. Dies Gefühl wurde vielfach auf andere Verhältnisse übertragen, zum Beispiel auf die geschlechtlichen Verhältnisse, welche als ein Vorrecht und Adyton des reiferen Alters den Blicken der Jugend, zu deren Vorteil, entzogen werden sollten: Verhältnisse, zu deren Schutz und Heilighaltung viele Götter tätig und im ehelichen Gemache als Wächter aufgestellt gedacht wurden. (Im Türkischen heißt deshalb dies Gemach Harem, »Heiligtum«, wird also mit demselben Worte bezeichnet, welches für die Vorhöfe der Moscheen üblich ist.) So ist das Königtum als ein Zentrum, von wo Macht und Glanz ausstrahlt, dem Unterworfenen ein Mysterium voller Heimlichkeit und Scham: wovon viele Nachwirkungen noch jetzt, unter Völkern, die sonst keineswegs zu den verschämten gehören, zu fühlen sind. Ebenso ist die ganze Welt innerer Zustände, die sogenannte »Seele«, auch jetzt noch für alle Nicht-Philosophen ein Mysterium, nachdem diese, endlose Zeiten hindurch, als göttlichen Ursprungs, als göttlichen Verkehrs würdig geglaubt wurde: sie ist demnach ein Adyton und erweckt Scham.

101

Richtet nicht. – Man muß sich hüten, bei der Betrachtung früherer Perioden nicht in ein ungerechtes Schimpfen zu geraten. Die Ungerechtigkeit in der Sklaverei, die Grausamkeit in der Unterwerfung von Personen und Völkern ist nicht mit unserem Maße zu messen. Denn damals war der Instinkt der Gerechtigkeit noch nicht so weit gebildet. Wer darf dem Genfer Calvin die Verbrennung des Arztes Servet vorwerfen? Es war eine konsequente, aus seinen Überzeugungen fließende Handlung, und ebenso hatte die Inquisition ein gutes Recht; nur waren die herrschenden Ansichten falsch und ergaben eine Konsequenz, welche uns hart erscheint, weil uns jene Ansichten fremd geworden sind. Was ist übrigens Verbrennen eines einzelnen im Vergleich mit ewigen Höllenstrafen für fast alle! Und doch beherrschte diese Vorstellung damals alle Welt, ohne mit ihrer viel größeren Schrecklichkeit der Vorstellung von einem Gotte wesentlich Schaden zu tun. Auch bei uns werden politische Sektierer hart und grausam behandelt, aber weil man an die Notwendigkeit des Staates zu glauben gelernt hat, so empfindet man hier die Grausamkeit nicht so sehr wie dort, wo wir die Anschauungen verwerfen. Die Grausamkeit gegen Tiere bei Kindern und Italienern geht auf Unverständnis zurück; das Tier ist namentlich durch die Interessen der kirchlichen Lehre zu weit hinter den Menschen zurückgesetzt worden. – Auch mildert sich vieles Schreckliche und Unmenschliche in der Geschichte, an welches man kaum glauben möchte, durch die Betrachtung, daß der Befehlende und der Ausführende andere Personen sind: ersterer hat den Anblick nicht und daher nicht den starken Phantasie-Eindruck, letzterer gehorcht einem Vorgesetzten und fühlt sich unverantwortlich. Die meisten Fürsten und Militärchefs erscheinen, aus Mangel an Phantasie, leicht grausam und hart, ohne es zu sein. – *Der Egoismus ist nicht böse,* weil die Vorstellung vom »Nächsten« – das Wort ist christlichen Ursprungs und entspricht der Wahrheit nicht – in uns sehr schwach ist; und wir uns gegen ihn beinahe wie gegen Pflanze und Stein frei und unverantwortlich fühlen. Daß der andere leidet, ist zu *lernen*: und völlig kann es nie gelernt werden.

102

»Der Mensch handelt immer gut.« – Wir klagen die Natur nicht als unmoralisch an, wenn sie uns ein Donnerwetter schickt und uns naß macht: warum nennen wir den schädigenden Menschen unmoralisch? Weil wir hier einen willkürlich waltenden, freien Willen, dort Notwendigkeit annehmen. Aber diese Unterscheidung ist ein Irrtum. Sodann: selbst das absichtliche Schädigen nennen wir nicht unter allen Umständen unmora-

lisch; man tötet zum Beispiel eine Mücke unbedenklich mit Absicht, bloß weil uns ihr Singen mißfällt, man straft den Verbrecher absichtlich und tut ihm Leid an, um uns und die Gesellschaft zu schützen. Im ersten Falle ist es das Individuum, welches, um sich zu erhalten oder selbst um sich keine Unlust zu machen, absichtlich Leid tut; im zweiten der Staat. Alle Moral läßt absichtliches Schadentun gelten bei *Notwehr*: das heißt wenn es sich um die *Selbsterhaltung* handelt. Aber diese beiden Gesichtspunkte *genügen*, um alle bösen Handlungen gegen Menschen, von Menschen ausgeübt, zu erklären: man will für sich Lust oder will Unlust abwehren; in irgendeinem Sinne handelt es sich immer um Selbsterhaltung. Sokrates und Plato haben recht: was auch der Mensch tue, er tut immer das Gute, das heißt: das, was ihm gut (nützlich) scheint, je nach dem Grade seines Intellektes, dem jedesmaligen Maße seiner Vernünftigkeit.

103

Das Harmlose an der Bosheit. – Die Bosheit hat nicht das Leid des andern an sich zum Ziele, sondern unsern eigenen Genuß, zum Beispiel als Rachegefühl oder als stärkere Nervenaufregung. Schon jede Neckerei zeigt, wie es Vergnügen macht, am andern unsere Macht auszulassen und es zum lustvollen Gefühle des Übergewichts zu bringen. Ist nun das *Unmoralische* daran, *Lust auf Grund der Unlust anderer* zu haben? Ist Schadenfreude teuflisch, wie Schopenhauer sagt? Nun machen wir uns in der Natur Lust durch Zerbrechen von Zweigen, Ablösen von Steinen, Kampf mit wilden Tieren, und zwar um unsere Kraft dabei bewußt zu werden. Das *Wissen* darum, daß ein anderer durch uns leidet, soll also hier dieselbe Sache, in bezug auf welche wir uns sonst unverantwortlich fühlen, unmoralisch machen? Aber wüßte man dies nicht, so hätte man die Lust an seiner eigenen Überlegenheit auch nicht dabei, diese kann eben sich nur im Leide des anderen zu *erkennen geben*, zum Beispiel bei der Neckerei. Alle Lust an sich selber ist weder gut noch böse; woher sollte die Bestimmung kommen, daß man, um Lust an sich selber zu haben, keine Unlust anderer erregen dürfe? Allein vom Gesichtspunkte des Nutzens her, das heißt aus Rücksicht auf die *Folgen*, auf eventuelle Unlust, wenn der Geschädigte oder der stellvertretende Staat Ahndung und Rache erwarten läßt: nur dies kann ursprünglich den Grund abgegeben haben, solche Handlungen sich zu versagen. – Das Mitleid hat ebensowenig die Lust des andern zum Ziele, als, wie gesagt, die Bosheit den Schmerz des andern an sich. Denn es birgt mindestens zwei (vielleicht viel mehr) Elemente einer persönlichen Lust in sich und ist dergestalt Selbstgenuß: einmal als Lust der Emotion, welcher Art das Mitleid in der Tragödie ist, und dann, wenn es zur Tat treibt, als Lust der Befriedigung

in der Ausübung der Macht. Steht uns überdies eine leidende Person sehr nahe, so nehmen wir durch Ausübung mitleidvoller Handlungen uns selbst ein Leid ab. – Abgesehen von einigen Philosophen, so haben die Menschen das Mitleid in der Rangfolge moralischer Empfindungen immer ziemlich tief gestellt: mit Recht.

104

Notwehr. – Wenn man überhaupt die Notwehr als moralisch gelten läßt, so muß man fast alle Äußerungen des sogenannten unmoralischen Egoismus auch gelten lassen: man tut Leid an, raubt oder tötet, um sich zu erhalten oder um sich zu schützen, dem persönlichen Unheil vorzubeugen; man lügt, wo List und Verstellung das richtige Mittel der Selbsterhaltung sind. *Absichtlich schädigen,* wenn es sich um unsere Existenz oder Sicherheit (Erhaltung unseres Wohlbefindens) handelt, wird als moralisch konzediert; der Staat schädigt selber unter diesem Gesichtspunkt, wenn er Strafen verhängt. Im unabsichtlichen Schädigen kann natürlich das Unmoralische nicht liegen, da regiert der Zufall. Gibt es denn eine Art des absichtlichen Schädigens, wo es sich *nicht* um unsere Existenz, um die Erhaltung unseres Wohlbefindens handelt? Gibt es ein Schädigen aus reiner *Bosheit,* zum Beispiel bei der Grausamkeit? Wenn man nicht weiß, wie weh eine Handlung tut, so ist sie keine Handlung der Bosheit; so ist das Kind gegen das Tier nicht boshaft, nicht böse: es untersucht und zerstört dasselbe wie sein Spielzeug. *Weiß* man aber je völlig, wie weh eine Handlung einem andern tut? So weit unser Nervensystem reicht, hüten wir uns vor Schmerz: reichte es weiter, nämlich bis in die Mitmenschen hinein, so würden wir niemandem ein Leides tun (außer in solchen Fällen, wo wir es uns selbst tun, also wo wir uns der Heilung halber schneiden, der Gesundheit halber uns mühen und anstrengen). Wir *schließen* aus Analogie, daß etwas jemandem weh tut, und durch die Erinnerung und die Stärke der Phantasie kann es uns dabei selber übel werden. Aber welcher Unterschied bleibt immer zwischen dem Zahnschmerz und dem Schmerze (Mitleiden), welchen der Anblick des Zahnschmerzes hervorruft? Also: bei dem Schädigen aus sogenannter Bosheit ist der *Grad* des erzeugten Schmerzes uns jedenfalls unbekannt; insofern aber eine *Lust* bei der Handlung ist (Gefühl der eignen Macht, der eignen starken Erregung), geschieht die Handlung, um das Wohlbefinden des Individuums zu erhalten, und fällt somit unter einen ähnlichen Gesichtspunkt wie die Notwehr, die Notlüge. Ohne Lust kein Leben; der Kampf um die Lust ist der Kampf um das Leben. Ob der einzelne diesen Kampf so kämpft, daß die Menschen ihn *gut,* oder so, daß sie ihn *böse* nennen, darüber entscheidet das Maß und die Beschaffenheit seines Intellekts.

105

Die belohnende Gerechtigkeit. – Wer vollständig die Lehre von der völligen Unverantwortlichkeit begriffen hat, der kann die sogenannte strafende und belohnende Gerechtigkeit gar nicht mehr unter den Begriff der Gerechtigkeit unterbringen: falls diese darin besteht, daß man jedem das Seine gibt. Denn der, welcher gestraft wird, verdient die Strafe nicht: er wird nur als Mittel benutzt, um fürderhin von gewissen Handlungen abzuschrecken; ebenso verdient der, welchen man belohnt, diesen Lohn nicht: er konnte ja nicht anders handeln, als er gehandelt hat. Also hat der Lohn nur den Sinn einer Aufmunterung für ihn und andere, um also zu späteren Handlungen ein Motiv abzugeben; das Lob wird dem Laufenden in der Rennbahn zugerufen, nicht dem, welcher am Ziele ist. Weder Strafe noch Lohn sind etwas, das einem als das *Seine* zukommt; sie werden ihm aus Nützlichkeitsgründen gegeben, ohne daß er mit Gerechtigkeit Anspruch auf sie zu erheben hätte. Man muß ebenso sagen »der Weise belohnt nicht, weil gut gehandelt worden ist«, als man gesagt hat »der Weise straft nicht, weil schlecht gehandelt worden ist, sondern damit nicht schlecht gehandelt werde«. Wenn Strafe und Lohn fortfielen, so fielen die kräftigsten Motive, welche von gewissen Handlungen weg, zu gewissen Handlungen hin treiben, fort; der Nutzen der Menschen erheischt ihre Fortdauer; und insofern Strafe und Lohn, Tadel und Lob am empfindlichsten auf die Eitelkeit wirken, so erheischt derselbe Nutzen auch die Fortdauer der Eitelkeit.

106

Am Wasserfall. – Beim Anblick eines Wasserfalls meinen wir in den zahllosen Biegungen, Schlängelungen, Brechungen der Wellen Freiheit des Willens und Belieben zu sehen; aber alles ist notwendig, jede Bewegung mathematisch auszurechnen. So ist es auch bei den menschlichen Handlungen; man müßte jede einzelne Handlung vorher ausrechnen können, wenn man allwissend wäre, ebenso jeden Fortschritt der Erkenntnis, jeden Irrtum, jede Bosheit. Der Handelnde selbst steckt freilich in der Illusion der Willkür; wenn in einem Augenblick das Rad der Welt still stände und ein allwissender, rechnender Verstand da wäre, um diese Pause zu benützen, so könnte er bis in die fernsten Zeiten die Zukunft jedes Wesens weitererzählen und jede Spur bezeichnen, auf der jenes Rad noch rollen wird. Die Täuschung des Handelnden über sich, die Annahme des freien Willens, gehört mit hinein in diesen auszurechnenden Mechanismus.

107

Unverantwortlichkeit und Unschuld. – Die völlige Unverantwortlichkeit des Menschen für sein Handeln und sein Wesen ist der bitterste Tropfen, welchen der Erkennende schlucken muß, wenn er gewohnt war, in der Veranwortlichkeit und der Pflicht den Adelsbrief seines Menschentums zu sehen. Alle seine Schätzungen, Auszeichnungen, Abneigungen sind dadurch entwertet und falsch geworden: sein tiefstes Gefühl, das er dem Dulder, dem Helden entgegenbrachte, hat einem Irrtume gegolten; er darf nicht mehr loben, nicht tadeln, denn es ist ungereimt, die Natur und die Notwendigkeit zu loben und zu tadeln. So wie er das gute Kunstwerk liebt, aber nicht lobt, weil es nichts für sich selber kann, wie er vor der Pflanze steht, so muß er vor den Handlungen der Menschen, vor seinen eignen stehen. Er kann Kraft, Schönheit, Fülle an ihnen bewundern, aber darf keine Verdienste darin finden: der chemische Prozeß und der Streit der Elemente, die Qual des Kranken, der nach Genesung lechzt, sind ebensowenig Verdienste als jene Seelenkämpfe und Notzustände, bei denen man durch verschiedene Motive hin- und hergerissen wird, bis man sich endlich für das mächtigste entscheidet – wie man sagt (in Wahrheit aber, bis das mächtigste Motiv über uns entscheidet). Alle diese Motive aber, so hohe Namen wir ihnen geben, sind aus denselben Wurzeln gewachsen, in denen wir die bösen Gifte wohnend glauben; zwischen guten und bösen Handlungen gibt es keinen Unterschied der Gattung, sondern höchstens des Grades. Gute Handlungen sind sublimierte böse; böse Handlungen sind vergröberte, verdummte gute. Das einzige Verlangen des Individuums nach Selbstgenuß (samt der Furcht, desselben verlustig zu gehen) befriedigt sich unter allen Umständen, der Mensch mag handeln, wie er kann, das heißt wie er muß: sei es in Taten der Eitelkeit, Rache, Lust, Nützlichkeit, Bosheit, List, sei es in Taten der Aufopferung, des Mitleids, der Erkenntnis. Die Grade der Urteilsfähigkeit entscheiden, wohin jemand sich durch dies Verlangen hinziehen läßt; fortwährend ist jeder Gesellschaft, jedem einzelnen eine Rangordnung der Güter gegenwärtig, wonach er seine Handlungen bestimmt und die der anderen beurteilt. Aber dieser Maßstab wandelt sich fortwährend, viele Handlungen werden böse genannt und sind nur dumm, weil der Grad der Intelligenz, welcher sich für sie entschied, sehr niedrig war. Ja, in einem bestimmten Sinne sind auch jetzt noch *alle* Handlungen dumm, denn der höchste Grad von menschlicher Intelligenz, der jetzt erreicht werden kann, wird sicherlich noch überboten werden: und dann wird, bei einem Rückblick, all *unser* Handeln und Urteilen so beschränkt und übereilt erscheinen, wie uns jetzt das Handeln und Urteilen zurückgebliebener wilder Völkerschaften beschränkt und übereilt vorkommt. – Dies alles einzusehen kann tiefe Schmerzen machen, aber darnach gibt es einen Trost: solche Schmerzen

sind Geburtswehen. Der Schmetterling will seine Hülle durchbrechen, er zerrt an ihr, er zerreißt sie: da blendet und verwirrt ihn das unbekannte Licht, das Reich der Freiheit. In solchen Menschen, welche jener Traurigkeit *fähig* sind – wie wenige werden es sein! –, wird der erste Versuch gemacht, ob die Menschheit aus einer *moralischen* sich in eine *weise Menschheit umwandeln könne.* Die Sonne eines neuen Evangeliums wirft ihren ersten Strahl auf die höchsten Gipfel in der Seele jener einzelnen: da ballen sich die Nebel dichter als je, und nebeneinander lagert der hellste Schein und die trübste Dämmerung. Alles ist Notwendigkeit – so sagt die neue Erkenntnis; und diese Erkenntnis selber ist Notwendigkeit. Alles ist Unschuld: und die Erkenntnis ist der Weg zur Einsicht in diese Unschuld. Sind Lust, Egoismus, Eitelkeit *notwendig* zur Erzeugung der moralischen Phänomene und ihrer höchsten Blüte, des Sinnes für Wahrheit und Gerechtigkeit der Erkenntnis, war der Irrtum und die Verirrung der Phantasie das einzige Mittel, durch welches die Menschheit sich allmählich zu diesem Grade von Selbsterleuchtung und Selbsterlösung zu erheben vermochte – wer dürfte jene Mittel geringschätzen? Wer dürfte traurig sein, wenn er das Ziel, zu dem jene Wege führen, gewahr wird? Alles auf dem Gebiete der Moral ist geworden, wandelbar, schwankend, alles ist im Flusse, es ist wahr: – aber *alles ist auch im Strome*: nach *einem* Ziele hin. Mag in uns die vererbte Gewohnheit des irrtümlichen Schätzens, Liebens, Hassens immerhin fortwalten, aber unter dem Einfluß der wachsenden Erkenntnis wird sie schwächer werden: eine neue Gewohnheit, die des Begreifens, Nicht-Liebens, Nicht-Hassens, Überschauens, pflanzt sich allmählich in uns auf demselben Boden an und wird in Tausenden von Jahren villeicht mächtig genug sein, um der Menschheit die Kraft zu geben, den weisen, unschuldigen (unschuldbewußten) Menschen ebenso regelmäßig hervorzubringen, wie sie jetzt den unweisen, unbilligen, schuldbewußten Menschen – *das heißt die notwendige Vorstufe, nicht den Gegensatz von jenem* – hervorbringt.

DRITTES HAUPTSTÜCK

DAS RELIGIÖSE LEBEN

108

Der doppelte Kampf gegen das Übel. – Wenn uns ein Übel trifft, so kann man entweder so über dasselbe hinwegkommen, daß man seine Ursache hebt, oder so, daß man die Wirkung, welche es auf unsere Empfindung macht, verändert: also durch ein Umdeuten des Übels in ein Gut, dessen Nutzen vielleicht erst später ersichtlich sein wird. Religion und Kunst (auch die metaphysische Philosophie) bemühen sich, auf die Änderung der Empfindung zu wirken, teils durch Änderung unseres Urteils über die Erlebnisse (zum Beispiel mit Hilfe des Satzes: »wen Gott lieb hat, den züchtigt er«), teils durch Erweckung einer Lust am Schmerz, an der Emotion überhaupt (woher die Kunst des Tragischen ihren Ausgangspunkt nimmt). Je mehr einer dazu neigt, umzudeuten und zurechtzulegen, um so weniger wird er die Ursachen des Übels ins Auge fassen und beseitigen; die augenblickliche Milderung und Narkotisierung, wie sie zum Beispiel bei Zahnschmerz gebräuchlich ist, genügt ihm auch in ernsteren Leiden. Je mehr die Herrschaft der Religionen und aller Kunst der Narkose abnimmt, um so strenger fassen die Menschen die wirkliche Beseitigung der Übel ins Auge: was freilich schlimm für die Tragödiendichter ausfällt – denn zur Tragödie findet sich immer weniger Stoff, weil das Reich des unerbittlichen, unbezwinglichen Schicksals immer enger wird –, noch schlimmer aber für die Priester: denn diese lebten bisher von der Narkotisierung menschlicher Übel.

109

Gram ist Erkenntnis. – Wie gern möchte man die falschen Behauptungen der Priester, es gebe einen Gott, der das Gute von uns verlange, Wächter und Zeuge jeder Handlung, jedes Augenblicks, jedes Gedankens sei, der uns liebe, in allem Unglück unser Bestes wolle, – wie gern möchte man diese mit Wahrheiten vertauschen, welche ebenso heilsam, beruhigend und wohltuend wären wie jene Irrtümer! Doch solche Wahrheiten gibt es nicht; die Philosophie kann ihnen höchstens wiederum metaphysische Scheinbarkeiten (im Grunde ebenfalls Unwahrheiten) entgegensetzen. Nun ist aber die Tragödie die, daß man jene Dogmen der Religion und Metaphysik nicht *glauben* kann, wenn man die strenge Methode der Wahrheit im Her-

zen und Kopfe hat, andererseits durch die Entwicklung der Menschheit so zart, reizbar, leidend geworden ist, um Heil- und Trostmittel der höchsten Art nötig zu haben; woraus also die Gefahr entsteht, daß der Mensch sich an der erkannten Wahrheit verblute. Dies drückt Byron in unsterblichen Versen aus:

Sorrow is knowledge: they who know the most
Must mourn the deepest o'er the fatal truth,
The tree of knowledge is not that of life.

Gegen solche Sorgen hilft kein Mittel besser, als den feierlichen Leichtsinn Horazens, wenigstens für die schlimmsten Stunden und Sonnenfinsternisse der Seele, heraufzubeschwören und mit ihm zu sich selber zu sagen:

quid aeternis minorem
consiliis animum fatigas?
cur non sub alta vel platano vel hac
pinu jacentes –

Sicherlich aber ist Leichtsinn oder Schwermut jeden Grades besser als eine romantische Rückkehr und Fahnenflucht, eine Annäherung an das Christentum in irgendeiner Form: denn mit ihm kann man sich, nach dem gegenwärtigen Stande der Erkenntnis, schlechterdings nicht mehr einlassen, ohne sein *intellektuales Gewissen* heillos zu beschmutzen und vor sich und anderen preiszugeben. Jene Schmerzen mögen peinlich genug sein: aber man kann ohne Schmerzen nicht zu einem Führer und Erzieher der Menschheit werden; und wehe dem, welcher dies versuchen möchte und jenes reine Gewissen nicht mehr hätte!

110

Die Wahrheit in der Religion. – In der Periode der Aufklärung war man der Bedeutung der Religion nicht gerecht geworden, daran ist nicht zu zweifeln: aber ebenso steht fest, daß man, in dem darauffolgenden Widerspiel der Aufklärung, wiederum um ein gutes Stück über die Gerechtigkeit hinausging, indem man die Religionen mit Liebe, selbst mit Verliebtheit behandelte und ihnen zum Beispiel ein tieferes, ja das allertiefste Verständnis der Welt zuerkannte; welches die Wissenschaft des dogmatischen Gewandes zu entkleiden habe, um dann in mythischer Form die »Wahrheit« zu besitzen. Religionen sollen also – dies war die Behauptung aller Gegner der Aufklärung – *sensu allegorico,* mit Rücksicht auf das Verstehen der Menge, jene uralte Weisheit aussprechen, welche die Weisheit an sich sei, insofern alle wahre Wissenschaft der neueren Zeit immer zu ihr hin, anstatt von ihr weg, geführt habe: so daß zwischen den ältesten Weisen der Menschheit und allen späteren Harmonie, ja Gleichheit der Einsichten walte und ein Fortschritt der Erkenntnisse – falls man

von einem solchen reden wolle – sich nicht auf das Wesen, sondern die Mitteilung desselben beziehe. Diese ganze Auffassung von Religion und Wissenschaft ist durch und durch irrtümlich; und niemand würde jetzt noch zu ihr sich zu bekennen wagen, wenn nicht Schopenhauers Beredsamkeit sie in Schutz genommen hätte: diese laut tönende und doch erst nach einem Menschenalter ihre Hörer erreichende Beredsamkeit. So gewiß man aus Schopenhauers religiös-moralischer Menschen- und Weltdeutung sehr viel für das Verständnis des Christentums und anderer Religionen gewinnen kann, so gewiß ist es auch, daß er über den *Wert der Religion für die Erkenntnis* sich geirrt hat. Er selbst war darin ein nur zu folgsamer Schüler der wissenschaftlichen Lehrer seiner Zeit, welche allesamt der Romantik huldigten und dem Geiste der Aufklärung abgeschworen hatten; in unsere jetzige Zeit hineingeboren, würde er unmöglich vom *sensus allegoricus* der Religion haben reden können; er würde vielmehr der Wahrheit die Ehre gegeben haben, wie er es pflegte, mit den Worten: *noch nie hat eine Religion, weder mittelbar noch unmittelbar, weder als Dogma noch als Gleichnis, eine Wahrheit enthalten.* Denn aus der Angst und dem Bedürfnis ist eine jede geboren, auf Irrgängen der Vernunft hat sie sich ins Dasein geschlichen; sie hat vielleicht einmal, im Zustande der Gefährdung durch die Wissenschaft, irgendeine philosophische Lehre in ihr System hineingelogen, damit man sie später darin vorfinde: aber dies ist ein Theologenkunststück, aus der Zeit, in welcher eine Religion schon an sich selber zweifelt. Diese Kunststücke der Theologie, welche freilich im Christentum, als der Religion eines gelehrten, mit Philosophie durchtränkten Zeitalters, sehr früh schon geübt wurden, haben auf jenen Aberglauben vom *sensus allegoricus* hingeleitet, noch mehr aber die Gewohnheit der Philosophen (namentlich der Halbwesen, der dichterischen Philosophen und der philosophierenden Künstler), alle die Empfindungen, welche sie in *sich* vorfanden, als Grundwesen des Menschen überhaupt zu behandeln und somit auch ihren eigenen religiösen Empfindungen einen bedeutenden Einfluß auf den Gedankenbau ihrer Systeme zu gestatten. Weil die Philosophen vielfach unter dem Herkommen religiöser Gewohnheiten, oder mindestens unter der altvererbten Macht jenes »metaphysischen Bedürfnisses«, philosophierten, so gelangten sie zu Lehrmeinungen, welche in der Tat den jüdischen oder christlichen oder indischen Religionsmeinungen sehr ähnlich sahen – ähnlich nämlich, wie Kinder den Müttern zu sehen pflegen, nur daß in diesem Falle die Väter sich nicht über jene Mutterschaft klar waren, wie dies wohl vorkommt, – sondern in der Unschuld ihrer Verwunderung von einer Familien-Ähnlichkeit aller Religion und Wissenschaft fabelten. In der Tat besteht zwischen der Religion und der wirklichen Wissenschaft nicht Verwandtschaft, noch Freundschaft, noch selbst Feindschaft: sie leben auf verschiedenen Sternen. Jede Philosophie, welche einen religiösen Kometenschweif in die Dunkel-

heit ihrer letzten Aussichten hinaus erglänzen läßt, macht alles an sich verdächtig, was sie als Wissenschaft vorträgt: es ist dies alles vermutlich ebenfalls Religion, wenngleich unter dem Aufputz der Wissenschaft. – Übrigens: wenn alle Völker über gewisse religiöse Dinge, zum Beispiel die Existenz eines Gottes, übereinstimmten (was beiläufig gesagt in betreff dieses Punktes nicht der Fall ist), so würde dies doch eben nur ein *Gegenargument* gegen jene behaupteten Dinge, zum Beispiel die Existenz eines Gottes, sein: der *consensus gentium* und überhaupt *hominum* kann billigerweise nur einer Narrheit gelten. Dagegen gibt es einen *consensus omnium sapientium* gar nicht, in bezug auf kein einziges Ding, mit jener Ausnahme, von welcher der Goethesche Vers spricht:

Alle die Weisesten aller der Zeiten
Lächeln und winken und stimmen mit ein:
Töricht, auf Bessrung der Toren zu harren!
Kinder der Klugheit, o habet die Narren
Eben zum Narren auch, wie sichs gehört!

Ohne Vers und Reim gesprochen und auf unseren Fall angewendet: der *consensus sapientium* besteht darin, daß der *consensus gentium* einer Narrheit gilt.

III

Ursprung des religiösen Kultus. – Versetzen wir uns in die Zeiten zurück, in welchen das religiöse Leben am kräftigsten aufblühte, so finden wir eine Grundüberzeugung vor, welche wir jetzt nicht mehr teilen und derentwegen wir ein für allemal die Tore zum religösen Leben uns verschlossen sehen: sie betrifft die Natur und den Verkehr mit ihr. Man weiß in jenen Zeiten noch nichts von Naturgesetzen; weder für die Erde noch für den Himmel gibt es ein Müssen; eine Jahreszeit, der Sonnenschein, der Regen kann kommen oder auch ausbleiben. Es fehlt überhaupt jeder Begriff der *natürlichen* Kausalität. Wenn man rudert, ist es nicht das Rudern, was das Schiff bewegt, sondern Rudern ist nur eine magische Zeremonie, durch welche man einen Dämon zwingt, das Schiff zu bewegen. Alle Erkrankungen, der Tod selbst ist Resultat magischer Einwirkungen. Es geht bei Krankwerden und Sterben nie natürlich zu; die ganze Vorstellung vom »natürlichen Hergang« fehlt, – sie dämmert erst bei den älteren Griechen, das heißt in einer sehr späten Phase der Menschheit, in der Konzeption der über den Göttern thronenden *Moira*. Wenn einer mit dem Bogen schießt, so ist immer noch eine irrationelle Hand und Kraft dabei; versiegen plötzlich die Quellen, so denkt man zuerst an unterirdische Dämonen und deren Tücken; der Pfeil eines Gottes muß es sein, unter dessen unsichtbarer Wirkung ein Mensch auf einmal niedersinkt. In Indien pflegt (nach Lubbock) ein Tischler seinem Hammer, seinem Beil und den

übrigen Werkzeugen Opfer darzubringen; ein Brahmane behandelt den Stift, mit dem er schreibt, ein Soldat die Waffen, die er im Felde braucht, ein Maurer seine Kelle, ein Arbeiter seinen Pflug in gleicher Weise. Die ganze Natur ist in der Vorstellung religiöser Menschen eine Summe von Handlungen bewußter und wollender Wesen, ein ungeheurer Komplex von *Willkürlichkeiten.* Es ist in bezug auf alles, was außer uns ist, kein Schluß gestattet, daß irgend etwas so und so sein *werde,* so und so kommen *müsse*; das ungefähr Sichere, Berechenbare sind *wir*: der Mensch ist die *Regel,* die Natur der *Regellosigkeit* – dieser Satz enthält die Grundüberzeugung, welche rohe, religiös produktive Urkulturen beherrscht. Wir jetzigen Menschen empfinden gerade völlig umgekehrt: je reicher jetzt der Mensch sich innerlich fühlt, je polyphoner sein Subjekt ist, um so gewaltiger wirkt auf ihn das Gleichmaß der Natur; wir alle erkennen mit Goethe in der Natur das große Mittel der Beschwichtigung für die moderne Seele, wir hören den Pendelschlag der größten Uhr mit einer Sehnsucht nach Ruhe, nach Heimisch- und Stillewerden an, als ob wir dieses Gleichmaß in uns hineintrinken und dadurch zum Genuß unser selbst erst kommen könnten. Ehemals war es umgekehrt: denken wir an rohe, frühe Zustände von Völkern zurück oder sehen wir die jetzigen Wilden in der Nähe, so finden wir sie auf das stärkste durch das *Gesetz,* das *Herkommen* bestimmt: das Individuum ist fast automatisch an dasselbe gebunden und bewegt sich mit der Gleichförmigkeit eines Pendels. Ihm muß die Natur – die unbegriffene schreckliche geheimnisvolle Natur – als das *Reich der Freiheit,* der Willkür, der höheren Macht erscheinen, ja gleichsam als eine übermenschliche Stufe des Daseins, als Gott. Nun aber fühlt jeder einzelne solcher Zeiten und Zustände, wie von jenen Willkürlichkeiten der Natur seine Existenz, sein Glück, das der Familie, des Staates, das Gelingen aller Unternehmungen abhängen: einige Naturvorgänge müssen zur rechten Zeit eintreten, andere zur rechten Zeit ausbleiben. Wie kann man einen Einfluß auf diese furchtbaren Unbekannten ausüben, wie kann man das Reich der Freiheit binden? so fragt er sich, so forscht er ängstlich: gibt es denn keine Mittel, jene Mächte ebenso durch ein Herkommen und Gesetz regelmäßig zu machen, wie du selber regelmäßig bist? – Das Nachdenken der magie- und wundergläubigen Menschen geht dahin, *der Natur ein Gesetz aufzulegen* –: und kurz gesagt, der religiöse Kultus ist das Ergebnis dieses Nachdenkens. Das Problem, welches jene Menschen sich vorlegen, ist auf das engste verwandt mit diesem: wie kann der *schwächere* Stamm dem *stärkeren* doch Gesetze diktieren, ihn bestimmen, seine Handlungen (im Verhalten zum schwächeren) leiten? Man wird zuerst sich der harmlosesten Art eines Zwanges erinnern, jenes Zwanges, den man ausübt, wenn man jemandes *Neigung* erworben hat. Durch Flehen und Gebete, durch Unterwerfung, durch die Verpflichtung zu regelmäßigen Abgaben und Geschenken, durch schmeichelhafte Verherr-

lichungen ist es also auch möglich, auf die Mächte der Natur einen Zwang auszuüben, insofern man sie sich geneigt macht: Liebe bindet und wird gebunden. Dann kann man *Verträge* schließen, wobei man sich zu bestimmtem Verhalten gegenseitig verpflichtet, Pfänder stellt und Schwüre wechselt. Aber viel wichtiger ist eine Gattung gewaltsameren Zwanges, durch Magie und Zauberei. Wie der Mensch mit Hilfe des Zauberers einem stärkeren Feind doch zu schaden weiß und ihn vor sich in Angst erhält, wie der Liebeszauber in die Ferne wirkt, so glaubt der schwächere Mensch auch die mächtigeren Geister der Natur bestimmen zu können. Das Hauptmittel aller Zauberei ist, daß man etwas in Gewalt bekommt, das jemandem zu eigen ist, Haare, Nägel, etwas Speise von seinem Tisch, ja selbst sein Bild, seinen Namen. Mit solchem Apparate kann man dann zaubern; denn die Grundvoraussetzung lautet: zu allem Geistigen gehört etwas Körperliches; mit dessen Hilfe vermag man den Geist zu binden, zu schädigen, zu vernichten; das Körperliche gibt die Handhabe ab, mit der man das Geistige fassen kann. So wie nun der Mensch den Menschen bestimmt, so bestimmt er auch irgendeinen Naturgeist; denn dieser hat auch sein Körperliches, an dem er zu fassen ist. Der Baum und, verglichen mit ihm, der Keim, aus dem er entstand, – dieses rätselhafte Nebeneinander scheint zu beweisen, daß in beiden Formen sich ein und derselbe Geist eingekörpert habe, bald klein, bald groß. Ein Stein, der plötzlich rollt, ist der Leib, in welchem ein Geist wirkt; liegt auf einsamer Heide ein Block, erscheint es unmöglich, an Menschenkraft zu denken, die ihn hierher gebracht habe, so muß also der Stein sich selbst hinbewegt haben, das heißt: er muß einen Geist beherbergen. Alles, was einen Leib hat, ist der Zauberei zugänglich, also auch die Naturgeister. Ist ein Gott geradezu an sein Bild gebunden, so kann man auch ganz direkten Zwang (durch Verweigerung der Opfernahrung, Geißeln, In-Fesseln-Legen und ähnliches) gegen ihn ausüben. Die geringen Leute in China umwinden, um die fehlende Gunst ihres Gottes zu ertrotzen, das Bild desselben, der sie in Stich gelassen hat, mit Stricken, reißen es nieder, schleifen es über die Straßen durch Lehm- und Düngerhaufen; »du Hund von einem Geiste« sagen sie, »wir ließen dich in einem prächtigen Tempel wohnen, wir vergoldeten dich hübsch, wir fütterten dich gut, wir brachten die Opfer und doch bist du so undankbar.« Ähnliche Gewaltmaßregeln gegen Heiligen- und Muttergottesbilder, wenn sie etwa bei Pestilenzen oder Regenmangel ihre Schuldigkeit nicht tun wollten, sind noch während dieses Jahrhunderts in katholischen Ländern vorgekommen.

Durch alle diese zauberischen Beziehungen zur Natur sind unzählige Zeremonien ins Leben gerufen: und endlich, wenn der Wirrwarr derselben zu groß geworden ist, bemüht man sich, sie zu ordnen, zu systematisieren, so daß man den günstigen Verlauf des gesamten Ganges der Natur, namentlich des großen Jahres-Kreislaufs, sich durch einen entsprechenden

Verlauf eines Prozeduren-Systems zu verbürgen meint. Der Sinn des religiösen Kultus ist, die Natur zu menschlichem Vorteil zu bestimmen und zu bannen, also ihr eine *Gesetzlichkeit einzuprägen, die sie von vornherein nicht hat;* während in der jetzigen Zeit man die Gesetzlichkeit der Natur *erkennen* will, um sich in sie zu schicken. Kurz, der religiöse Kultus ruht auf den Vorstellungen der Zauberei zwischen Mensch und Mensch; und der Zauberer ist älter als der Priester. Aber *ebenso* ruht er auf anderen und edleren Vorstellungen; er setzt das sympathische Verhältnis von Mensch zu Mensch, das Dasein von Wohlwollen, Dankbarkeit, Erhörung Bittender, von Verträgen zwischen Feinden, von Verleihung der Unterpfänder, von Anspruch auf Schutz des Eigentums voraus. Der Mensch steht auch in sehr niederen Kulturstufen nicht der Natur als ohnmächtiger Sklave gegenüber, er ist *nicht* notwendig der willenlose Knecht derselben: auf der griechischen Stufe der Religion, besonders im Verhalten zu den olympischen Göttern, ist sogar an ein Zusammenleben von zwei Kasten, einer vornehmeren, mächtigeren und einer weniger vornehmen zu denken; aber beide gehören ihrer Herkunft nach irgendwie zusammen und sind *einer* Art, sie brauchen sich voreinander nicht zu schämen. Das ist das Vornehme in der griechischen Religiosität.

112

Beim Anblick gewisser antiker Opfergerätschaften. – Wie manche Empfindungen uns verlorengehen, ist zum Beispiel an der Vereinigung des Possenhaften, selbst des Obszönen mit dem religiösen Gefühl zu sehen: Die Empfindung für die Möglichkeit dieser Mischung schwindet, wir begreifen es nur noch historisch, daß sie existierte, bei den Demeter- und Dionysosfesten, bei den christlichen Osterspielen und Mysterien: aber auch wir kennen noch das Erhabene im Bunde mit dem Burlesken und dergleichen, das Rührende mit dem Lächerlichen verschmolzen: was vielleicht eine spätere Zeit auch nicht mehr verstehen wird.

113

Christentum als Altertum. – Wenn wir eines Sonntagmorgens die alten Glocken brummen hören, da fragen wir uns: ist es nur möglich! dies gilt einem vor zwei Jahrtausenden gekreuzigten Juden, welcher sagte, er sei Gottes Sohn. Der Beweis für eine solche Behauptung fehlt. – Sicherlich ist innerhalb unserer Zeiten die christliche Religion ein aus ferner Vorzeit hereinragendes Altertum, und daß man jene Behauptung glaubt – während man sonst so streng in der Prüfung von Ansprüchen ist –, ist viel-

leicht das älteste Stück dieses Erbes. Ein Gott, der mit einem sterblichen Weibe Kinder erzeugt; ein Weiser, der auffordert, nicht mehr zu arbeiten, nicht mehr Gericht zu halten, aber auf die Zeichen des bevorstehenden Weltuntergangs zu achten; eine Gerechtigkeit, die den Unschuldigen als stellvertretendes Opfer annimmt; jemand, der seine Jünger sein Blut trinken heißt; Gebete um Wundereingriffe; Sünden an einem Gott verübt, durch einen Gott gebüßt; Furcht vor einem Jenseits, zu welchem der Tod die Pforte ist; die Gestalt des Kreuzes als Symbol inmitten einer Zeit, welche die Bestimmung und die Schmach des Kreuzes nicht mehr kennt – wie schauerlich weht uns dies alles, wie aus dem Grabe uralter Vergangenheit an! Sollte man glauben, daß so etwas noch geglaubt wird?

114

Das Ungriechische im Christentum. – Die Griechen sahen über sich die homerischen Götter nicht als Herren und sich unter ihnen nicht als Knechte, wie die Juden. Sie sahen gleichsam nur das Spiegelbild der gelungensten Exemplare ihrer eignen Kaste, also ein Ideal, keinen Gegensatz des eignen Wesens. Man fühlt sich miteinander verwandt, es besteht ein gegenseitiges Interesse, eine Art Symmachie. Der Mensch denkt vornehm von sich, wenn er sich solche Götter gibt, und stellt sich in ein Verhältnis, wie das des niedrigeren Adels zum höheren ist; während die italischen Völker eine rechte Bauern-Religion haben, mit fortwährender Ängstlichkeit gegen böse und launische Machtinhaber und Quälgeister. Wo die olympischen Götter zurücktraten, da war auch das griechische Leben düsterer und ängstlicher. – Das Christentum dagegen zerdrückte und zerbrach den Menschen vollständig und versenkte ihn wie in tiefen Schlamm: in das Gefühl völliger Verworfenheit ließ es dann mit einem Male den Glanz eines göttlichen Erbarmens hineinleuchten, so daß der Überraschte, durch Gnade Betäubte, einen Schrei des Entzückens ausstieß und für einen Augenblick den ganzen Himmel in sich zu tragen glaubte. Auf diesen krankhaften Exzeß des Gefühls, auf die dazu nötige tiefe Kopf- und Herz-Korruption wirken alle psychologischen Empfindungen des Christentums hin: es will vernichten, zerbrechen, betäuben, berauschen, es will nur eins nicht: das *Maß*, und deshalb ist es im tiefsten Verstande barbarisch, asiatisch, unvornehm, ungriechisch.

115

Mit Vorteil religiös sein. – Es gibt nüchterne und gewerbstüchtige Leute, denen die Religion wie ein Saum höheren Menschentums angestickt ist: diese tun sehr wohl, religiös zu bleiben, es verschönert sie. – Alle Men-

schen, welche sich nicht auf irgendein Waffenhandwerk verstehen – Mund und Feder als Waffen eingerechnet –, werden servil: für solche ist die christliche Religion sehr nützlich, denn die Servilität nimmt darin den Anschein einer christlichen Tugend an und wird erstaunlich verschönert. – Leute, welchen ihr tägliches Leben zu leer und eintönig vorkommt, werden leicht religiös: dies ist begreiflich und verzeihlich; nur haben sie kein Recht, Religiosität von denen zu fordern, denen das tägliche Leben nicht leer und eintönig verfließt.

116

Der Alltags-Christ. – Wenn das Christentum mit seinen Sätzen vom rächenden Gotte, der allgemeinen Sündhaftigkeit, der Gnadenwahl und der Gefahr einer ewigen Verdammnis recht hätte, so wäre es ein Zeichen von Schwachsinn und Charakterlosigkeit, *nicht* Priester, Apostel oder Einsiedler zu werden und mit Furcht und Zittern einzig am eignen Heile zu arbeiten; es wäre unsinnig, den ewigen Vorteil gegen die zeitliche Bequemlichkeit so aus dem Auge zu lassen. Vorausgesetzt, daß überhaupt *geglaubt* wird, so ist der Alltags-Christ eine erbärmliche Figur, ein Mensch, der wirklich nicht bis drei zählen kann, und der übrigens, gerade wegen seiner geistigen Unzurechnungsfähigkeit, es nicht verdiente, so hart bestraft zu werden, wie das Christentum ihm verheißt.

117

Von der Klugheit des Christentums. – Es ist ein Kunstgriff des Christentums, die völlige Unwürdigkeit, Sündhaftigkeit und Verächtlichkeit des Menschen überhaupt so laut zu lehren, daß die Verachtung der Mitmenschen dabei nicht mehr möglich ist. »Er mag sündigen, wie er wolle, er unterscheidet sich doch nicht wesentlich von mir: ich bin es, der in jedem Grade unwürdig und verächtlich ist«, so sagt sich der Christ. Aber auch dieses Gefühl hat seinen spitzigsten Stachel verloren, weil der Christ nicht an seine individuelle Verächtlichkeit glaubt: er ist böse als Mensch überhaupt und beruhigt sich ein wenig bei dem Satze: wir alle sind *einer* Art.

118

Personenwechsel. – Sobald eine Religion herrscht, hat sie alle die zu ihren Gegnern, welche ihre ersten Jünger gewesen wären.

119

Schicksal des Christentums. – Das Christentum entstand, um das Herz zu erleichtern; aber jetzt muß es das Herz erst beschweren, um es nachher erleichtern zu können. Folglich wird es zugrunde gehen.

120

Der Beweis der Lust. – Die angenehme Meinung wird als wahr angenommen: dies ist der Beweis der Lust (oder, wie die Kirche sagt, der Beweis der Kraft), auf welchen alle Religionen so stolz sind, während sie sich dessen doch schämen sollten. Wenn der Glaube nicht selig machte, so würde er nicht geglaubt werden: wie wenig wird er also wert sein!

121

Gefährliches Spiel. – Wer jetzt der religiösen Empfindung wieder in sich Raum gibt, der muß sie dann auch wachsen lassen, er kann nicht anders. Da verändert sich allmählich sein Wesen, es bevorzugt das dem religiösen Element Anhängende, Benachbarte, der ganze Umkreis des Urteilens und Empfindens wird umwölkt, mit religiösen Schatten überflogen. Die Empfindung kann nicht stillstehen; man nehme sich also in acht.

122

Die blinden Schüler. – Solange einer sehr gut die Stärke und Schwäche seiner Lehre, seiner Kunstart, seiner Religion kennt, ist deren Kraft noch gering. Der Schüler und Apostel, welcher für die Schwäche der Lehre, der Religion und so weiter, kein Auge hat, geblendet durch das Ansehen des Meisters und durch seine Pietät gegen ihn, hat deshalb gewöhnlich mehr Macht als der Meister. Ohne die blinden Schüler ist noch nie der Einfluß eines Mannes und seines Werkes groß geworden. Einer Erkenntnis zum Siege verhelfen heißt oft nur: sie so mit der Dummheit verschwistern, daß das Schwergewicht der letzteren auch den Sieg für die erstere erzwingt.

123

Abbruch der Kirchen. – Es ist nicht genug an Religion in der Welt, um die Religionen auch nur zu vernichten.

124

Sündlosigkeit des Menschen. – Hat man begriffen, wie »die Sünde in die Welt gekommen« ist, nämlich durch Irrtümer der Vernunft, vermöge deren die Menschen untereinander, ja der einzelne Mensch sich selbst für viel schwärzer und böser nimmt, als es tatsächlich der Fall ist, so wird die ganze Empfindung sehr erleichtert, und Menschen und Welt erscheinen mitunter in einer Glorie von Harmlosigkeit, daß es einem von Grund aus wohl dabei wird. Der Mensch ist inmitten der Natur immer das Kind an sich. Dies Kind träumt wohl einmal einen schweren beängstigenden Traum, wenn es aber die Augen aufschlägt, so sieht es sich immer wieder im Paradiese.

125

Irreligiosität der Künstler. – Homer ist unter seinen Göttern so zu Hause und hat als Dichter ein solches Behagen an ihnen, daß er jedenfalls tief unreligiös gewesen sein muß; mit dem, was der Volksglaube ihm entgegenbrachte – einen dürftigen, rohen, zum Teil schauerlichen Aberglauben –, verkehrte er so frei, wie der Bildhauer mit seinem Ton, also mit derselben Unbefangenheit, welche Äschylus und Aristophanes besaßen und durch welche sich in neuerer Zeit die großen Künstler der Renaissance, sowie Shakespeare und Goethe auszeichneten.

126

Kunst und Kraft der falschen Interpretation. – Alle die Visionen, Schrecken, Ermattungen, Entzückungen des Heiligen sind bekannte Krankheits-Zustände, welche von ihm, auf Grund eingewurzelter religiöser und psychologischer Irrtümer, nur ganz anders, nämlich nicht als Krankheiten, *gedeutet* werden. – So ist vielleicht auch das Dämonion des Sokrates ein Ohrenleiden, das er sich gemäß seiner herrschenden moralischen Denkungsart nur anders, als es jetzt geschehen würde, *auslegt.* Nicht anders steht es mit dem Wahnsinn und Wahnreden der Propheten und Orakelpriester; es ist immer der Grad von Wissen, Phantasie, Bestrebung, Moralität in Kopf und Herz der *Interpreten,* welcher daraus so viel *gemacht* hat. Zu den größten Wirkungen *der* Menschen, welche man Genies und Heilige nennt, gehört es, daß sie sich Interpreten erzwingen, welche sie zum Heile der Menschheit *mißverstehen.*

127

Verehrung des Wahnsinns. – Weil man bemerkte, daß eine Erregung häufig den Kopf heller machte und glückliche Einfälle hervorrief, so meinte man, durch die höchsten Erregungen werde man der glücklichsten Einfälle und Eingebungen teilhaftig: und so verehrte man den Wahnsinnigen als den Weisen und Orakelgebenden. Hier liegt ein falscher Schluß zugrunde.

128

Verheißungen der Wissenschaft. – Die moderne Wissenschaft hat als Ziel: so wenig Schmerz wie möglich, so lange leben wie möglich – also eine Art von ewiger Seligkeit, freilich eine sehr bescheidene im Vergleich mit den Verheißungen der Religionen.

129

Verbotene Freigebigkeit. – Es ist nicht genug Liebe und Güte in der Welt, um noch davon an eingebildete Wesen wegschenken zu dürfen.

130

Fortleben des religiösen Kultus im Gemüt. – Die katholische Kirche, und vor ihr aller antike Kultus, beherrschte das ganze Bereich von Mitteln, durch welche der Mensch in ungewöhnliche Stimmungen versetzt wird und der kalten Berechnung des Vorteils oder dem reinen Vernunft-Denken entrissen wird. Eine durch tiefe Töne erzitternde Kirche, dumpfe, regelmäßige, zurückhaltende Anrufe einer priesterlichen Schar, welche ihre Spannung unwillkürlich auf die Gemeinde überträgt und sie fast angstvoll lauschen läßt, wie als wenn eben ein Wunder sich vorbereitete, der Anhauch der Architektur, welche als Wohnung einer Gottheit sich ins Unbestimmte ausreckt und in allen dunklen Räumen das Sich-Regen derselben fürchten läßt, – wer wollte solche Vorgänge den Menschen zurückbringen, wenn die Voraussetzungen dazu nicht mehr geglaubt werden? Aber die Resultate von dem allen sind trotzdem nicht verloren: die innere Wel der erhabenen, gerührten, ahnungsvollen, tiefzerknirschten, hoffnungsseligen Stimmungen ist den Menschen vornehmlich durch den Kultus eingeboren worden; was jetzt davon in der Seele existiert, wurde damals, al er keimte, wuchs und blühte, großgezüchtet.

131

Religiöse Nachwehen. – Glaubt man sich noch so sehr der Religion entwöhnt zu haben, so ist es doch nicht in dem Grade geschehen, daß man nicht Freude hätte, religiösen Empfindungen und Stimmungen ohne begrifflichen Inhalt zu begegnen, zum Beispiel in der Musik; und wenn eine Philosophie uns die Berechtigung von metaphysischen Hoffnungen, von dem dorther zu erlangenden tiefen Frieden der Seele aufzeigt und zum Beispiel von »dem ganzen sichern Evangelium im Blick der Madonnen bei Raffael« spricht, so kommen wir solchen Aussprüchen und Darlegungen mit besonders herzlicher Stimmung entgegen: der Philosoph hat es hier leichter, zu beweisen, er entspricht mit dem, was er geben will, einem Herzen, welches gern nehmen will. Daran bemerkt man, wie die weniger bedachtsamen Freigeister eigentlich nur an den Dogmen Anstoß nehmen, aber recht wohl den Zauber der religiösen Empfindung kennen; es tut ihnen wehe, letztere fahren zu lassen, um der ersteren willen. – Die wissenschaftliche Philosophie muß sehr auf der Hut sein, nicht auf Grund jenes Bedürfnisses – eines gewordenen und folglich auch vergänglichen Bedürfnisses – Irrtümer einzuschmuggeln: selbst Logiker sprechen von »Ahnungen« der Wahrheit in Moral und Kunst (zum Beispiel von der Ahnung, »daß das Wesen der Dinge eins ist«): was ihnen doch verboten sein sollte. Zwischen den sorgsam erschlossenen Wahrheiten und solchen »geahnten« Dingen bleibt unüberbrückbar die Kluft, daß jene dem Intellekt, diese dem Bedürfnis verdankt werden. Der Hunger beweist nicht, daß es zu seiner Sättigung eine Speise *gibt*, aber er wünscht die Speise. »Ahnen« bedeutet nicht das Dasein einer Sache in irgendeinem Grade erkennen, sondern dasselbe für möglich halten, insofern man sie wünscht oder fürchtet; die »Ahnung« trägt keinen Schritt weit ins Land der Gewißheit. – Man glaubt unwillkürlich, die religiös gefärbten Abschnitte einer Philosophie seien besser bewiesen als die anderen; aber es ist im Grunde umgekehrt, man hat nur den inneren Wunsch, daß es so sein *möge*, – also daß das Beseligende auch das Wahre sei. Dieser Wunsch verleitet uns, schlechte Gründe als gute einzukaufen.

132

Von dem christlichen Erlösungsbedürfnis. – Bei sorgsamer Überlegung muß es möglich sein, dem Vorgang in der Seele eines Christen, welchen man Erlösungsbedürfnis nennt, eine Erklärung abzugewinnen, die frei von Mythologie ist: also eine rein psychologische. Bis jetzt sind freilich die psychologischen Erklärungen religiöser Zustände und Vorgänge in einigem Verrufe gewesen, insoweit eine sich frei nennende Theologie auf diesem

Gebiete ihr unersprießliches Wesen trieb: denn bei ihr war es von vornherein, so wie es der Geist ihres Stifters, Schleiermachers, vermuten läßt, auf die Erhaltung der christlichen Religion und das Fortbestehen der christlichen Theologie abgesehn; als welche in der psychologischen Analysis der religiösen »Tatsachen« einen neuen Ankergrund und vor allem eine neue Beschäftigung gewinnen sollten. Unbeirrt von solchen Vorgängern wagen wir folgende Auslegung des bezeichneten Phänomens. – Der Mensch ist sich gewisser Handlungen bewußt, welche in der gebräuchlichen Rangordnung der Handlungen tief stehen, ja er entdeckt in sich einen Hang zu dergleichen Handlungen, der ihm fast so unveränderlich wie sein ganzes Wesen erscheint. Wie gern versuchte er sich in jener andern Gattung von Handlungen, welche in der allgemeinen Schätzung als die obersten und höchsten anerkannt sind, wie gern fühlte er sich voll des guten Bewußtseins, welches einer selbstlosen Denkweise folgen soll! Leider aber bleibt es eben bei diesem Wunsche: die Unzufriedenheit darüber, demselben nicht genügen zu können, kommt zu allen übrigen Arten von Unzufriedenheit hinzu, welche sein Lebenslos überhaupt oder die Folgen jener böse genannten Handlungen in ihm erregt haben; so daß eine tiefe Verstimmung entsteht, mit dem Ausblick nach einem Arzte, der diese und alle ihre Ursachen zu heben vermöchte. – Dieser Zustand würde nicht so bitter empfunden werden, wenn der Mensch sich nur mit anderen Menschen unbefangen vergliche: dann nämlich hätte er keinen Grund, mit sich in einem besondern Maße unzufrieden zu sein, er trüge eben nur an der allgemeinen Last der menschlichen Unbefriedigung und Unvolkommenheit. Aber er vergleicht sich mit einem Wesen, welches allein jener Handlungen fähig ist, die unegoistisch genannt werden, und im fortwährenden Bewußtsein einer selbstlosen Denkweise lebt, mit Gott; dadurch daß er in diesen hellen Spiegel schaut, erscheint ihm sein Wesen so trübe, so ungewöhnlich verzerrt. Sodann ängstigt ihn der Gedanke an dasselbe Wesen, insofern dieses als strafende Gerechtigkeit vor seiner Phantasie schwebt: in allen möglichen kleinen und großen Erlebnissen glaubt er seinen Zorn, seine Drohungen zu erkennen, ja die Geißelschläge seines Richter- und Henkertums schon vorzuempfinden. Wer hilft ihm in dieser Gefahr, welche durch den Hinblick auf eine unermeßliche Zeitdauer der Strafe an Gräßlichkeit alle anderen Schrecknisse der Vorstellung überbietet?

133

Bevor wir diesen Zustand in seinen weiteren Folgen uns vorlegen, wollen wir uns doch eingestehen, daß der Mensch in diesen Zustand nicht durch seine »Schuld« und »Sünde«, sondern durch eine Reihe von Irrtümern der Vernunft geraten ist, daß es der Fehler des Spiegels war,

wenn ihm sein Wesen in jenem Grade dunkel und hassenswert vorkam, und daß jener Spiegel *sein* Werk, das sehr unvollkommene Werk der menschlichen Phantasie und Urteilskraft war. Erstens ist ein Wesen, welches einzig rein unegoistischer Handlungen fähig wäre, noch fabelhafter als der Vogel Phönix; es ist deutlich nicht einmal vorzustellen, schon deshalb, weil der ganze Begriff »unegoistische Handlung« bei strenger Untersuchung in die Luft zerstiebt. Nie hat ein Mensch etwas getan, das allein für andere und ohne jeden persönlichen Beweggrund getan wäre; ja wie sollte er etwas tun *können,* das ohne Bezug zu ihm wäre, also ohne innere Nötigung (welche ihren Grund doch in einem persönlichen Bedürfnis haben müßte)? Wie vermöchte das *ego* ohne *ego* zu handeln? – Ein Gott, der dagegen *ganz* Liebe ist, wie gelegentlich angenommen wird, wäre keiner einzigen unegoistischen Handlung fähig: wobei man sich an einen Gedanken Lichtenbergs, der freilich einer etwas niedrigeren Sphäre entnommen ist, erinnern sollte: »Wir können unmöglich für andere *fühlen,* wie man zu sagen pflegt; wir fühlen nur für uns. Der Satz klingt hart, er ist es aber nicht, wenn er nur recht verstanden wird. Man liebt weder Vater, noch Mutter, noch Frau, noch Kind, sondern die angenehmen Empfindungen, die sie uns machen«, oder wie Larochefoucauld sagt: *»si on croit aimer sa maîtresse pour l'amour d'elle, on est bien trompé.«* Weshalb Handlungen der Liebe höher *geschätzt* werden als andere, nämlich nicht ihres Wesens, sondern ihrer Nützlichkeit halber, darüber vergleiche man die schon vorher erwähnten Untersuchungen »über den Ursprung der moralischen Empfindungen«. Sollte aber ein Mensch wünschen, ganz wie jener Gott Liebe zu sein, alles für andere, nichts für sich zu tun, zu wollen, so ist letzteres schon deshalb unmöglich, weil er *sehr viel* für sich tun muß, um überhaupt anderen etwas zuliebe tun zu können. Sodann setzt es voraus, daß der andre Egoist genug ist, um jene Opfer, jenes Leben für ihn, immer und immer wieder anzunehmen: so daß die Menschen der Liebe und Aufopferung ein Interesse an dem Fortbestehen der liebelosen und aufopferungsunfähigen Egoisten haben, und die höchste Moralität, um bestehn zu können, förmlich die Existenz der Unmoralität *erzwingen* müßte (wodurch sie sich freilich selber aufheben würde). – Weiter: die Vorstellung eines Gottes beunruhigt und demütigt so lange, als sie geglaubt wird, aber wie sie *entstanden* ist, darüber kann bei dem jetzigen Stande der völkervergleichenden Wissenschaft kein Zweifel mehr sein; und mit der Einsicht in diese Entstehung fällt jener Glaube dahin. Es geht dem Christen, welcher sein Wesen mit dem Gottes vergleicht, so wie dem Don Quixote, der seine eigene Tapferkeit unterschätzt, weil er die Wundertaten der Helden aus den Ritterromanen im Kopfe hat: der Maßstab, mit welchem in beiden Fällen gemessen wird, gehört ins Reich der Fabel. Fällt aber die Vorstellung Gottes weg, so auch das Gefühl der »Sünde« als eines Vergehens gegen göttliche Vorschriften, als eines Flek-

kens an einem gottgeweihten Geschöpfe. Dann bleibt wahrscheinlich noch jener Unmut übrig, welcher mit der Furcht vor Strafen der weltlichen Gerechtigkeit oder vor der Mißachtung der Menschen sehr verwachsen und verwandt ist; der Unmut der Gewissensbisse, der schärfste Stachel im Gefühl der Schuld ist immerhin abgebrochen, wenn man einsieht, daß man sich durch seine Handlungen wohl gegen menschliches Herkommen, menschliche Satzungen und Ordnungen vergangen habe, aber damit noch nicht das »ewige Heil der Seele« und ihre Beziehung zur Gottheit gefährdet habe. Gelingt es dem Menschen zuletzt noch, die philosophische Überzeugung von der unbedingten Notwendigkeit aller Handlungen und ihrer völligen Unverantwortlichkeit zu gewinnen und in Fleisch und Blut aufzunehmen, so verschwindet auch jener Rest von Gewissensbissen.

134

Ist nun der Christ, wie gesagt, durch einige Irrtümer in das Gefühl der Selbstverachtung geraten, also durch eine falsche unwissenschaftliche Auslegung seiner Handlungen und Empfindungen, so muß er mit höchstem Erstaunen bemerken, wie jener Zustand der Verachtung, der Gewissensbisse, der Unlust überhaupt, nicht anhält, wie gelegentlich Stunden kommen, wo ihm dies alles von der Seele weggeweht ist und er sich wieder frei und mutig fühlt. In Wahrheit hat die Lust an sich selber, das Wohlbehagen an der eigenen Kraft, im Bunde mit der notwendigen Abschwächung jeder tiefen Erregung den Sieg davongetragen: der Mensch liebt sich wieder, er fühlt es, – aber gerade diese Liebe, diese neue Selbstschätzung kommt ihm unglaublich vor, er kann in ihr allein das gänzlich unverdiente Herabströmen eines Gnadenglanzes von oben sehen. Wenn er früher in allen Begebnissen Warnungen, Drohungen, Strafen und jede Art von Anzeichen des göttlichen Zornes zu erblicken glaubte, so *deutet* er jetzt in seine Erfahrungen die göttliche Güte *hinein*: dies Ereignis kommt ihm liebevoll, jenes wie ein hilfreicher Fingerzeig, ein drittes und namentlich seine ganze freudige Stimmung als Beweis vor, daß Gott gnädig sei. Wie er früher im Zustande des Unmutes namentlich seine Handlungen falsch ausdeutete, so jetzt namentlich seine Erlebnisse; die getröstete Stimmung faßt er als Wirkung einer außer ihm waltenden Macht auf, die Liebe, mit der er sich im Grunde selbst liebt, erscheint als göttliche Liebe; das, was er Gnade und Vorspiel der Erlösung nennt, ist in Wahrheit Selbstbegnadigung, Selbsterlösung.

135

Also: eine bestimmte falsche Psychologie, eine gewisse Art von Phantastik in der Ausdeutung der Motive und Erlebnisse ist die notwendige Voraussetzung davon, daß einer zum Christen werde und das Bedürfnis der Erlösung empfinde. Mit der Einsicht in diese Verirrung der Vernunft und Phantasie hört man auf, Christ zu sein.

136

Von der christlichen Askese und Heiligkeit. – So sehr einzelne Denker sich bemüht haben, in den seltenen Erscheinungen der Moralität, welche man Askese und Heiligkeit zu nennen pflegt, ein Wunderding hinzustellen, dem die Leuchte einer vernünftigen Erklärung ins Gesicht zu halten beinahe schon Frevel und Entweihung sei: so stark ist hinwiederum die Verführung zu diesem Frevel. Ein mächtiger Antrieb der *Natur* hat zu allen Zeiten dazu geführt, gegen jene Erscheinungen überhaupt zu protestieren; die Wissenschaft, insofern sie, wie früher gesagt, eine Nachahmung der Natur ist, erlaubt sich wenigstens gegen die behauptete Unerklärbarkeit, ja Unnahbarkeit derselben Einsprache zu erheben. Freilich gelang es ihr bis jetzt nicht: jene Erscheinungen sind immer noch unerklärt, zum großen Vergnügen der erwähnten Verehrer des Moralisch-Wunderbaren. Denn, allgemein gesprochen: das Unerklärte soll durchaus unerklärlich, das Unerklärliche durchaus unnatürlich, übernatürlich, wunderhaft sein – so lautet die Forderung in den Seelen aller Religiösen und Metaphysiker (auch der Künstler, falls sie zugleich Denker sind); während der wissenschaftliche Mensch in dieser Forderung das »böse Prinzip« sieht. – Die allgemeine erste Wahrscheinlichkeit, auf welche man bei Betrachtung von Heiligkeit und Askese zuerst gerät, ist diese, daß ihre Natur eine *komplizierte* ist: denn fast überall, innerhalb der physischen Welt sowohl wie in der moralischen, hat man mit Glück das angeblich Wunderbare auf das Komplizierte, mehrfach Bedingte zurückgeführt. Wagen wir es also, einzelne Antriebe in der Seele der Heiligen und Asketen zunächst zu isolieren und zum Schluß sie ineinander uns verwachsen zu denken.

137

Es gibt einen *Trotz gegen sich selbst,* zu dessen sublimiertesten Äußerungen manche Formen der Askese gehören. Gewisse Menschen haben nämlich ein so hohes Bedürfnis, ihre Gewalt und Herrschsucht auszuüben, daß sie, in Ermangelung anderer Objekte oder weil es ihnen sonst immer

mißlungen ist, endlich darauf verfallen, gewisse Teile ihres eigenen Wesens, gleichsam Ausschnitte oder Stufen ihrer selbst, zu tyrannisieren. So bekennt sich mancher Denker zu Ansichten, welche ersichtlich nicht dazu dienen, seinen Ruf zu vermehren oder zu verbessern; mancher beschwört förmlich die Mißachtung anderer auf sich herab, während er es leicht hätte, durch Stillschweigen ein geachteter Mann zu bleiben; andere widerrufen frühere Meinungen und scheuen es nicht, fürderhin inkonsequent genannt zu werden: im Gegenteil, sie bemühen sich darum und benehmen sich wie übermütige Reiter, welche das Pferd, erst wenn es wild geworden, mit Schweiß bedeckt, scheu geworden ist, am liebsten mögen. So steigt der Mensch auf gefährlichen Wegen in die höchsten Gebirge, um über seine Ängstlichkeit und seine schlotternden Knie hohnzulachen; so bekennt sich der Philosoph zu Ansichten der Askese, Demut und Heiligkeit, in deren Glanze sein eigenes Bild auf das ärgste verhäßlicht wird. Dieses Zerbrechen seiner selbst, dieser Spott über die eigene Natur, dieses *spernere se sperni*, aus dem die Religionen so viel gemacht haben, ist eigentlich ein sehr hoher Grad der Eitelkeit. Die ganze Moral der Bergpredigt gehört hierher: der Mensch hat eine wahre Wollust darin, sich durch übertriebene Ansprüche zu vergewaltigen und dieses tyrannisch fordernde etwas in seiner Seele nachher zu vergöttern. In jeder asketischen Moral betet der Mensch einen Teil von sich als Gott an und hat dazu nötig, den übrigen Teil zu diabolisieren. –

138

Der Mensch ist nicht zu allen Stunden gleich moralisch, dies ist bekannt: beurteilt man seine Moralität nach der Fähigkeit zu großer aufopfernder Entschließung und Selbstverleugnung (welche, dauernd und zur Gewohnheit geworden, Heiligkeit ist), so ist er im *Affekt* am moralischsten; die höhere Erregung reicht ihm ganz neue Motive dar, welcher er, nüchtern und kalt wie sonst, vielleicht nicht einmal fähig zu sein glaubte. Wie kommt dies? Wahrscheinlich aus der Nachbarschaft alles Großen und Hocherregenden; ist der Mensch einmal in eine außerordentliche Spannung gebracht, so kann er ebensowohl zu einer furchtbaren Rache, als zu einer furchtbaren Brechung seines Rachebedürfnisses sich entschließen. Er will unter dem Einflusse der gewaltigen Emotion jedenfalls das Große, Gewaltige, Ungeheure, und wenn er zufällig merkt, daß ihm die Aufopferung seiner selbst ebenso oder noch mehr genugtut, als die Opferung des anderen, so wählt er sie. Eigentlich liegt ihm also nur an der Entladung seiner Emotion; da faßt er wohl, um seine Spannung zu erleichtern, die Speere der Feinde zusammen und begräbt sie in seine Brust. Daß in der Selbstverleugnung, und nicht nur in der Rache, etwas Großes liege, mußte der Menschheit erst in

langer Gewöhnung anerzogen werden; eine Gottheit, welche sich selbst opfert, war das stärkste, wirkungsvollste Symbol dieser Art von Größe. Als die Besiegung des schwerst zu besiegenden Feindes, die plötzliche Bemeisterung eines Affektes – als dies *erscheint* diese Verleugnung; und insofern gilt sie als der Gipfel des Moralischen. In Wahrheit handelt es sich bei ihr um die Vertauschung der einen Vorstellung mit der andern, während das Gemüt seine gleiche Höhe, seinen gleichen Flutstand behält. Ernüchterte, vom Affekt ausruhende Menschen verstehen die Moralität jener Augenblicke nicht mehr, aber die Bewunderung aller, die jene miterlebten, hält sie aufrecht; der Stolz ist ihr Trost, wenn der Affekt und das Verständnis ihrer Tat weicht. Also: im Grunde sind auch jene Handlungen der Selbstverleugnung nicht moralisch, insofern sie nicht streng in Hinsicht auf andere getan sind; vielmehr gibt der andere dem hochgespannten Gemüte nur eine Gelegenheit, sich zu erleichtern, durch jene Verleugnung.

139

In mancher Hinsicht sucht sich auch der Asket das Leben leicht zu machen: und zwar gewöhnlich durch die vollkommene Unterordnung unter einen fremden Willen oder unter ein umfängliches Gesetz und Ritual; etwa in der Art, wie der Brahmane durchaus nichts seiner eigenen Bestimmung überläßt und sich in jeder Minute durch eine heilige Vorschrift bestimmt. Diese Unterordnung ist ein mächtiges Mittel, um über sich Herr zu werden; man ist beschäftigt, also ohne Langeweile, und hat doch keine Anregung des Eigenwillens und der Leidenschaft dabei; nach vollbrachter Tat fehlt das Gefühl der Verantwortung und damit die Qual der Reue. Man hat ein für allemal auf eigenen Willen verzichtet, und dies ist leichter, als nur gelegentlich einmal zu verzichten; so wie es auch leichter ist, einer Begierde ganz zu entsagen, als in ihr Maß zu halten. Wenn wir uns der jetzigen Stellung des Mannes zum Staate erinnern, so finden wir auch da, daß der unbedingte Gehorsam bequemer ist, als der bedingte. Der Heilige also erleichtert sich durch jenes völlige Aufgeben der Persönlichkeit sein Leben, und man täuscht sich, wenn man in jenem Phänomen das höchste Heldenstück der Moralität bewundert. Es ist in jedem Falle schwerer, seine Persönlichkeit ohne Schwanken und Unklarheit durchzusetzen, als sich von ihr in der erwähnten Weise zu lösen; überdies verlangt es viel mehr Geist und Nachdenken.

140

Nachdem ich in vielen der schwerer erklärbaren Handlungen Äußerungen jener Lust an der *Emotion an sich* gefunden habe, möchte ich auch in betreff der Selbstverachtung, welche zu den Merkmalen der Heiligkeit gehört, und ebenso in den Handlungen der Selbstquälerei (durch Hunger und Geißelschläge, Verrenkungen der Glieder, Erheuchelung des Wahnsinns) ein Mittel erkennen, durch welches jene Naturen gegen die allgemeine Ermüdung ihres Lebenswillens (ihrer Nerven) ankämpfen: sie bedienen sich der schmerzhaftesten Reizmittel und Grausamkeiten, um für Zeiten wenigstens aus jener Dumpfheit und Langeweile aufzutauchen, in welche ihre große geistige Indolenz und jene geschilderte Unterordnung unter einen fremden Willen sie so häufig verfallen läßt.

141

Das gewöhnlichste Mittel, welches der Asket und Heilige anwendet, um sich das Leben doch noch erträglich und unterhaltend zu machen, besteht in gelegentlichem Kriegführen und in dem Wechsel von Sieg und Niederlage. Dazu braucht er einen Gegner und findet ihn in dem sogenannten »inneren Feinde«. Namentlich nützt er seinen Hang zur Eitelkeit, Ehr- und Herrschsucht, sodann seine sinnlichen Begierden aus, um sein Leben wie eine fortgesetzte Schlacht und sich wie ein Schlachtfeld ansehen zu dürfen, auf dem gute und böse Geister mit wechselndem Erfolge ringen. Bekanntlich wird die sinnliche Phantasie durch die Regelmäßigkeit des geschlechtlichen Verkehrs gemäßigt, ja fast unterdrückt, umgekehrt durch Enthaltsamkeit oder Unordnung im Verkehre entfesselt und wüst. Die Phantasie vieler christlicher Heiligen war in ungewöhnlichem Maße schmutzig; vermöge jener Theorie, daß diese Begierden wirkliche Dämonen seien, die in ihnen wüteten, fühlten sie sich nicht allzusehr verantwortlich dabei; diesem Gefühle verdanken wir die so belehrende Aufrichtigkeit ihrer Selbstzeugnisse. Es war in ihrem Interesse, daß dieser Kampf in irgendeinem Grade immer unterhalten wurde, weil durch ihn, wie gesagt, ihr ödes Leben unterhalten wurde. Damit der Kampf aber wichtig genug erscheine, um andauernde Teilnahme und Bewunderung bei den Nicht-Heiligen zu erregen, mußte die Sinnlichkeit immer mehr verketzert und gebrandmarkt werden, ja die Gefahr ewiger Verdammnis wurde so eng an diese Dinge geknüpft, daß höchstwahrscheinlich durch ganze Zeitalter hindurch die Christen mit bösem Gewissen Kinder zeugten; wodurch gewiß der Menschheit ein großer Schade angetan worden ist. Und doch steht hier die Wahrheit ganz auf dem Kopfe: was für die Wahrheit besonders unschicklich ist. Zwar hatte das Christentum gesagt:

jeder Mensch sei in Sünden empfangen und geboren, und im unausstehlichen Superlativ-Christentum des Calderon hatte sich dieser Gedanke noch einmal zusammengeknotet und verschlungen, so daß er die verdrehteste Paradoxie wagte, die es gibt, in dem bekannten Verse:

die größte Schuld des Menschen
ist, daß er geboren ward.

In allen pessimistischen Religionen wird der Zeugungsakt als schlecht an sich empfunden, aber keineswegs ist diese Empfindung einer allgemeinmenschliche, selbst nicht einmal das Urteil aller Pessimisten ist sich hierin gleich. Empedokles zum Beispiel weiß gar nichts vom Beschämenden, Teuflischen, Sündhaften in allen erotischen Dingen; er sieht vielmehr auf der großen Wiese des Unheils eine einzige heil- und hoffnungsvolle Erscheinung, die Aphrodite; sie gilt ihm als Bürgschaft, daß der Streit nicht ewig herrschen, sondern einem milderen Dämon einmal das Szepter überreichen werde. Die christlichen Pessimisten der Praxis hatten, wie gesagt, ein Interesse daran, daß eine andere Meinung in der Herrschaft blieb; sie brauchten für die Einsamkeit und die geistige Wüstenei ihres Lebens einen immer lebendigen Feind: und einen allgemein anerkannten Feind, durch dessen Bekämpfung und Überwältigung sie dem Nicht-Heiligen sich immer von neuem wieder als halb unbegreifliche, übernatürliche Wesen darstellten. Wenn dieser Feind endlich, infolge ihrer Lebensweise und ihrer zerstörten Gesundheit, die Flucht für immer ergriff, so verstanden sie es sofort, ihr Inneres mit neuen Dämonen bevölkert zu *sehen*. Das Auf- und Niederschwanken der Waagschalen Hochmut und Demut unterhielt ihre grübelnden Köpfe so gut wie der Wechsel von Begierde und Seelenruhe. Damals diente die Psychologie dazu, alles Menschliche nicht nur zu verdächtigen, sondern zu lästern, zu geißeln, zu kreuzigen; man *wollte* sich möglichst schlecht und böse finden, man suchte die Angst um das Heil der Seele, die Verzweiflung an der eignen Kraft. Alles Natürliche, an welches der Mensch die Vorstellung des Schlechten, Sündhaften anhängt (wie er es zum Beispiel noch jetzt in betreff des Erotischen gewöhnt ist), belästigt, verdüstert die Phantasie, gibt einen scheuen Blick, läßt den Menschen mit sich selber hadern und macht ihn unsicher und vertrauenslos; selbst seine Träume bekommen einen Beigeschmack des gequälten Gewissens. Und doch ist dieses Leiden am Natürlichen in der Realität der Dinge völlig unbegründet: es ist nur die Folge von Meinungen *über* die Dinge. Man erkennt leicht, wie die Menschen dadurch schlechter werden, daß sie das Unvermeidlich-Natürliche als schlecht bezeichnen und später immer als so beschaffen empfinden. Es ist der Kunstgriff der Religion und jener Metaphysiker, welche den Menschen als böse und sündhaft von Natur wollen, ihm die Natur zu verdächtigen und so ihn selber schlecht zu *machen:* denn so lernt er sich als schlecht empfinden, da er das Kleid der Natur nicht ausziehen kann. Allmählich

fühlt er sich, bei einem langen Leben im Natürlichen, von einer solchen Last von Sünden bedrückt, daß übernatürliche Mächte nötig werden, um diese Last heben zu können; und damit ist das schon besprochene Erlösungsbedürfnis auf den Schauplatz getreten, welches gar keiner wirklichen, sondern nur einer eingebildeten Sündhaftigkeit entspricht. Man gehe die einzelnen moralischen Aufstellungen der Urkunden des Christentums durch und man wird überall finden, daß die Anforderungen überspannt sind, damit der Mensch ihnen nicht genügen *könne;* die Absicht ist nicht, daß er moralischer *werde,* sondern daß er sich *möglichst sündhaft* fühle. Wenn dem Menschen dies Gefühl nicht *angenehm* gewesen wäre, – wozu hätte er eine solche Vorstellung erzeugt und sich so lange an sie gehängt? Wie in der antiken Welt eine unermeßliche Kraft von Geist und Erfindungsgabe verwendet worden ist, um die Freude am Leben durch festliche Kulte zu mehren: so ist in der Zeit des Christentums ebenfalls unermeßlich viel Geist einem anderen Streben geopfert worden: der Mensch sollte auf alle Weise sich sündhaft fühlen und dadurch überhaupt erregt, belebt, beseelt werden. Erregen, beleben, beseelen, um jeden Preis – ist das nicht das Losungswort einer erschlafften, überreifen, überkultivierten Zeit? Der Kreis aller natürlichen Empfindungen war hundertmal durchlaufen, die Seele war ihrer müde geworden: da erfanden der Heilige und der Asket eine neue Gattung von Lebensreizen. Sie stellten sich vor aller Augen hin, nicht eigentlich zur Nachahmung für viele, sondern als schauderhaftes und doch entzückendes Schauspiel, welches an jenen Grenzen zwischen Welt und Überwelt aufgeführt werde, wo jedermann damals bald himmlische Lichtblicke, bald unheimliche, aus der Tiefe lodernde Flammenzungen zu erblicken glaubte. Das Auge des Heiligen, hingerichtet auf die in jedem Betracht furchtbare Bedeutung des kurzen Erdenlebens, auf die Nähe der letzten Entscheidung über endlose neue Lebensstrecken, dies verkohlende Auge, in einem halb vernichteten Leibe, machte die Menschen der alten Welt bis in alle Tiefen erzittern; hinblicken, schaudernd wegblicken, von neuem den Reiz des Schauspiels spüren, ihm nachgeben, sich an ihm ersättigen, bis die Seele in Glut und Fieberfrost erbebt, – das war die letzte *Lust, welche das Altertum erfand,* nachdem es selbst gegen den Anblick von Tier- und Menschenkämpfen stumpf geworden war.

142

Um das Gesagte zusammenzufassen: jener Seelenzustand, dessen sich der Heilige oder Heiligwerdende erfreut, setzt sich aus Elementen zusammen, welche wir alle recht wohl kennen, nur daß sie sich unter dem Einfluß anderer als religiöser Vorstellungen anders gefärbt zeigen und dann den Tadel der Menschen ebenso stark zu erfahren pflegen, wie sie, in jener

Verbrämung mit Religion und letzter Bedeutsamkeit des Daseins, auf Bewunderung, ja Anbetung rechnen dürfen, – mindestens in früheren Zeiten rechnen durften. Bald übt der Heilige jenen Trotz gegen sich selbst, der ein naher Verwandter der Herrschsucht ist und auch dem Einsamsten noch das Gefühl der Macht gibt; bald springt seine angeschwellte Empfindung aus dem Verlangen, seine Leidenschaften dahinschießen zu lassen, über in das Verlangen, sie wie wilde Rosse zusammenstürzen zu machen, unter dem mächtigen Druck einer stolzen Seele; bald will er ein völliges Aufhören aller störenden, quälenden, reizenden Empfindungen, einen wachen Schlaf, ein dauerndes Ausruhen im Schoße einer dumpfen, tier- und pflanzenhaften Indolenz; bald sucht er den Kampf und entzündet ihn in sich, weil ihm die Langeweile ihr gähnendes Gesicht entgegenhält: er geißelt seine Selbstvergötterung mit Selbstverachtung und Grausamkeit, er freut sich an dem wilden Aufruhr seiner Begierden, an dem scharfen Schmerz der Sünde, ja an der Vorstellung des Verlorenseins, er versteht es, seinem Affekt, zum Beispiel dem der äußersten Herrschsucht, einen Fallstrick zu legen, so daß er in den der äußersten Erniedrigung übergeht und seine aufgehetzte Seele durch diesen Kontrast aus allen Fugen gerissen wird; und zuletzt wenn es ihn gar nach Visionen, Gesprächen mit Toten oder göttlichen Wesen gelüstet, so ist es im Grunde eine seltene Art von Wollust, welche er begehrt, aber vielleicht jene Wollust, in der alle anderen in einen Knoten zusammengeschlungen sind. Novalis, eine der Autoritäten in Fragen der Heiligkeit durch Erfahrung und Instinkt, spricht das ganze Geheimnis einmal mit naiver Freude aus: »Es ist wunderbar genug, daß nicht längst die Assoziation von Wollust, Religion und Grausamkeit die Menschen aufmerksam auf ihre innige Verwandtschaft und gemeinschaftliche Tendenz gemacht hat.«

143

Nicht das, was der Heilige *ist,* sondern das, was er in den Augen der Nicht-Heiligen *bedeutet,* gibt ihm seinen welthistorischen Wert. Dadurch, daß man sich über ihn irrte, daß man seine Seelenzustände falsch auslegte und ihn von sich so stark als möglich abtrennte, als etwas durchaus Unvergleichliches und Fremdartig-Übermenschliches: dadurch gewann er die außerordentliche Kraft, mit welcher er die Phantasie ganzer Völker, ganzer Zeiten beherrschen konnte. Er selbst kannte sich nicht; er selbst verstand die Schriftzüge seiner Stimmungen, Neigungen, Handlungen nach einer Kunst der Interpretation, welche ebenso überspannt und künstlich war, wie die pneumatische Interpretation der Bibel. Das Verschrobene und Kranke in seiner Natur, mit ihrer Zusammenkoppelung von geistiger Armut, schlechtem Wissen, verdorbener Gesundheit, überreizten Nerven,

blieb seinem Blick ebenso wie dem seiner Beschauer verborgen. Er war kein besonders guter Mensch, noch weniger ein besonders weiser Mensch: aber er *bedeutete* etwas, das über menschliches Maß in Güte und Weisheit hinausreichte. Der Glaube an ihn unterstützte den Glauben an Göttliches und Wunderhaftes, an einen religiösen Sinn alles Daseins, an einen bevorstehenden letzten Tag des Gerichtes. In dem abendlichen Glanze einer Weltuntergangs-Sonne, welche über die christliche Völker hinleuchtete, wuchs die Schattengestalt des Heiligen ins Ungeheure: ja bis zu einer solchen Höhe, daß selbst in unserer Zeit, die nicht mehr an Gott glaubt, es noch Denker gibt, welche an den Heiligen glauben.

144

Es versteht sich von selbst, daß dieser Zeichnung des Heiligen, welche nach dem Durchschnitt der ganzen Gattung entworfen ist, manche Zeichnung entgegengestellt werden kann, welche eine angenehmere Empfindung hervorbringen möchte. Einzelne Ausnahmen jener Gattung heben sich heraus, sei es durch große Milde und Menschenfreundlichkeit, sei es durch den Zauber ungewöhnlicher Tatkraft; andere sind im höchsten Grade anziehend, weil bestimmte Wahnvorstellungen über ihr ganzes Wesen Lichtströme ausgießen: wie es zum Beispiel mit dem berühmten Stifter des Christentums der Fall ist, der sich für den eingebornen Sohn Gottes hielt und deshalb sich sündlos fühlte; so daß er durch eine Einbildung – die man nicht zu hart beurteilen möge, weil das ganze Altertum von Göttersöhnen wimmelt – dasselbe Ziel erreichte, das Gefühl völliger Sündlosigkeit, völliger Unverantwortlichkeit, welches jetzt durch die Wissenschaft jedermann sich erwerben kann. – Ebenfalls habe ich abgesehn von den indischen Heiligen, welche auf einer Zwischenstufe zwischen dem christlichen Heiligen und dem griechischen Philosophen stehen und insofern keinen reinen Typus darstellen: die Erkenntnis, die Wissenschaft – soweit es eine solche gab –, die Erhebung über die anderen Menschen durch die logische Zucht und Schulung des Denkens wurde bei den Buddhisten als ein Kennzeichen der Heiligkeit ebenso gefordert, wie dieselben Eigenschaften in der christlichen Welt, als Kennzeichen der Unheiligkeit, abgelehnt und verketzert werden.

VIERTES HAUPTSTÜCK

AUS DER SEELE DER KÜNSTLER UND SCHRIFTSTELLER

145

Das *Vollkommene soll nicht geworden sein.* – Wir sind gewöhnt, bei allem Vollkommenen die Frage nach dem Werden zu unterlassen: sondern uns des Gegenwärtigen zu freuen, wie als ob es auf einen Zauberschlag aus dem Boden aufgestiegen sei. Wahrscheinlich stehen wir hier noch unter der Nachwirkung einer uralten mythologischen Empfindung. Es ist uns *beinahe* noch so zumute (zum Beispiel in einem griechischen Tempel wie der von Pästum), als ob eines Morgens ein Gott spielend aus solchen ungeheuren Lasten sein Wohnhaus gebaut habe: andere Male, als ob eine Seele urplötzlich in einen Stein hineingezaubert sei und nun durch ihn reden wolle. Der Künstler weiß, daß sein Werk nur voll wirkt, wenn es den Glauben an eine Improvisation, an eine wundergleiche Plötzlichkeit der Entstehung erregt; und so hilft er wohl dieser Illusion nach und führt jene Elemente der begeisterten Unruhe, der blind greifenden Unordnung, des aufhorchenden Träumens beim Beginn der Schöpfung in die Kunst ein, als Trugmittel, um die Seele des Schauers oder Hörers so zu stimmen, daß sie an das plötzliche Hervorspringen des Vollkommenen glaubt. – Die Wissenschaft der Kunst hat dieser Illusion, wie es sich von selbst versteht, auf das bestimmteste zu widersprechen und die Fehlschlüsse und Verwöhnungen des Intellekts aufzuzeigen, vermöge welcher er dem Künstler in das Netz läuft.

146

Der Wahrheitssinn des Künstlers. – Der Künstler hat in Hinsicht auf das Erkennen der Wahrheiten eine schwächere Moralität als der Denker; er will sich die glänzenden, tiefsinnigen Deutungen des Lebens durchaus nicht nehmen lassen und wehrt sich gegen nüchterne, schlichte Methoden und Resultate. Scheinbar kämpft er für die höhere Würde und Bedeutung des Menschen; in Wahrheit will er die für seine Kunst *wirkungsvollsten* Voraussetzungen nicht aufgeben, also das Phantastische, Mythische, Unsichere, Extreme, den Sinn für das Symbolische, die Überschätzung der Person, den Glauben an etwas Wunderartiges im Genius: er hält also die Fortdauer seiner Art des Schaffens für wichtiger als die wissenschaftliche Hingebung an das Wahre in jeder Gestalt, erscheine diese auch noch so schlicht.

147

Die Kunst als Totenbeschwörerin. – Die Kunst versieht nebenbei die Aufgabe, zu konservieren, auch wohl erloschene, verblichene Vorstellungen ein wenig wieder aufzufärben; sie flicht, wenn sie diese Aufgabe löst, ein Band um verschiedene Zeitalter und macht deren Geister wiederkehren. Zwar ist es nur ein Scheinleben wie über Gräbern, welches hierdurch entsteht, oder wie die Wiederkehr geliebter Toten im Traume; aber wenigstens auf Augenblicke wird die alte Empfindung noch einmal rege und das Herz klopft nach einem sonst vergessenen Takte. Nun muß man wegen dieses allgemeinen Nutzens der Kunst dem Künstler selber es nachsehen, wenn er nicht in den vordersten Reihen der Aufklärung und der fortschreitenden *Vermännlichung* der Menschheit steht: er ist zeitlebens ein Kind oder ein Jüngling geblieben und auf dem Standpunkt zurückgehalten, auf welchem er von seinem Kunsttriebe überfallen wurde; Empfindungen der ersten Lebensstufen stehen aber zugestandenermaßen denen früherer Zeitläufte näher als denen des gegenwärtigen Jahrhunderts. Unwillkürlich wird es zu seiner Aufgabe, die Menschheit zu verkindlichen; dies ist sein Ruhm und seine Begrenztheit.

148

Dichter als Erleichterer des Lebens. – Die Dichter, insofern auch sie das Leben der Menschen erleichtern wollen, wenden den Blick entweder von der mühseligen Gegenwart ab oder verhelfen der Gegenwart durch ein Licht, das sie von der Vergangenheit herstrahlen machen, zu neuen Farben. Um dies zu können, müssen sie selbst in manchen Hinsichten rückwärts gewendete Wesen sein: so daß man sie als Brücken zu ganz fernen Zeiten und Vorstellungen, zu absterbenden oder abgestorbenen Religionen und Kulturen gebrauchen kann. Sie sind eigentlich immer und notwendig *Epigonen.* Es ist freilich von ihren Mitteln zur Erleichterung des Lebens einiges Ungünstige zu sagen: sie beschwichtigen und heilen nur vorläufig, nur für den Augenblick; sie halten sogar die Menschen ab, an einer wirklichen Verbesserung ihrer Zustände zu arbeiten, indem sie gerade die Leidenschaft der Unbefriedigten, welche zur Tat drängen, aufheben und palliativisch entladen.

149

Der langsame Pfeil der Schönheit. – Die edelste Art der Schönheit ist die, welche nicht auf einmal hinreißt, welche nicht stürmische und berauschende Angriffe macht (eine solche erweckt leicht Ekel), sondern jene

langsam einsickernde, welche man fast unbemerkt mit sich fortträgt und die einem im Traum einmal wiederbegegnet, endlich aber, nachdem sie lange mit Bescheidenheit an unserm Herzen gelegen, von uns ganz Besitz nimmt, unser Auge mit Tränen, unser Herz mit Sehnsucht füllt. – Wonach sehnen wir uns beim Anblick der Schönheit? Darnach, schön zu sein: wir wähnen, es müsse viel Glück damit verbunden sein. – Aber das ist ein Irrtum.

150

Beseelung der Kunst. – Die Kunst erhebt ihr Haupt, wo die Religionen nachlassen. Sie übernimmt eine Menge durch die Religion erzeugter Gefühle und Stimmungen, legt sie an ihr Herz und wird jetzt selber tiefer, seelenvoller, so daß sie Erhebung und Begeisterung mitzuteilen vermag, was sie vordem noch nicht konnte. Der zum Strome angewachsene Reichtum des religiösen Gefühls bricht immer wieder aus und will sich neue Reiche erobern: aber die wachsende Aufklärung hat die Dogmen der Religion erschüttert und ein gründliches Mißtrauen eingeflößt: so wirft sich das Gefühl, durch die Aufklärung aus der religiösen Sphäre hinausgedrängt, in die Kunst; in einzelnen Fällen auch auf das politische Leben, ja selbst direkt auf die Wissenschaft. Überall, wo man an menschlichen Bestrebungen eine höhere düstere Färbung wahrnimmt, darf man vermuten, daß Geistergrauen, Weihrauchduft und Kirchenschatten daran hängengeblieben sind.

151

Wodurch das Metrum verschönert. – Das Metrum legt Flor über die Realität; es veranlaßt einige Künstlichkeit des Geredes und Unreinheit des Denkens; durch den Schatten, den es auf den Gedanken wirft, verdeckt es bald, bald hebt es hervor. Wie Schatten nötig ist, um zu verschönern, so ist das »Dumpfe« nötig, um zu verdeutlichen. – Die Kunst macht den Anblick des Lebens erträglich, dadurch daß sie den Flor des unreinen Denkens über dasselbe legt.

152

Kunst der häßlichen Seele. – Man zieht der Kunst viel zu enge Schranken, wenn man verlangt, daß nur die geordnete, sittlich im Gleichgewicht schwebende Seele sich in ihr aussprechen dürfe. Wie in den bildenden Künsten so auch gibt es in der Musik und Dichtung eine Kunst der häßlichen Seele, neben der Kunst der schönen Seele; und die mächtigsten Wirkungen der Kunst, das Seelen-Brechen, Steine-Bewegen und Tiere-Vermenschlichen ist vielleicht gerade jener Kunst am meisten gelungen.

153

Die Kunst macht dem Denker das Herz schwer. – Wie stark das metaphysische Bedürfnis ist, und wie sich noch zuletzt die Natur den Abschied von ihm schwer macht, kann man daraus entnehmen, daß noch im Freigeiste, wenn er sich alles Metaphysischen entschlagen hat, die höchsten Wirkungen der Kunst leicht ein Miterklingen der lange verstummten, ja zerrissenen metaphysischen Saite hervorbringen, sei es zum Beispiel, daß er bei einer Stelle der neunten Sinfonie Beethovens sich über der Erde in einem Sternendome schweben fühlt, mit dem Traume der *Unsterblichkeit* im Herzen: alle Sterne scheinen um ihn zu flimmern und die Erde immer tiefer hinabzusinken. – Wird er sich dieses Zustandes bewußt, so fühlt er wohl einen tiefen Stich im Herzen und seufzt nach dem Menschen, welcher ihm die verlorene Geliebte, nenne man sie nun Religion oder Metaphysik, zurückführe. In solchen Augenblicken wird sein intellektualer Charakter auf die Probe gestellt.

154

Mit dem Leben spielen. – Die Leichtigkeit und Leichtfertigkeit der homerischen Phantasie war nötig, um das übermäßig leidenschaftliche Gemüt und den überscharfen Verstand der Griechen zu beschwichtigen und zeitweilig aufzuheben. Spricht bei ihnen der Verstand: wie herbe und grausam erscheint dann das Leben! Sie täuschen sich nicht, aber sie umspielen absichtlich das Leben mit Lügen. Simonides riet seinen Landsleuten, das Leben wie ein Spiel zu nehmen; der Ernst war ihnen als Schmerz allzubekannt (das Elend der Menschen ist ja das Thema, über welches die Götter so gern singen hören), und sie wußten, daß einzig durch die Kunst selbst das Elend zum Genusse werden könne. Zur Strafe für diese Einsicht waren sie aber von der Lust zu fabulieren so geplagt, daß es ihnen im Alltagsleben schwer wurde, sich von Lug und Trug freizuhalten, wie alles Poetenvolk eine solche Lust an der Lüge hat und obendrein noch die Unschuld dabei. Die benachbarten Völker fanden das wohl mitunter zum Verzweifeln.

155

Glaube an Inspiration. – Die Künstler haben ein Interesse daran, daß man an die plötzlichen Eingebungen, die sogenannten Inspirationen glaubt; als ob die Idee des Kunstwerks, der Dichtung, der Grundgedanke einer Philosophie wie ein Gnadenschein vom Himmel herableuchte. In Wahrheit produziert die Phantasie des guten Künstlers oder Denkers fortwährend, Gutes, Mittelmäßiges und Schlechtes, aber seine *Urteilskraft*, höchst

geschärft und geübt, verwirft, wählt aus, knüpft zusammen; wie man jetzt aus den Notizbüchern Beethovens ersieht, daß er die herrlichsten Melodien allmählich zusammengetragen und aus vielfachen Ansätzen gewissermaßen ausgelesen hat. Wer weniger streng scheidet und sich der nachbildenden Erinnerung gern überläßt, der wird unter Umständen ein großer Improvisator werden können; aber die künstlerische Improvisation steht tief im Verhältnis zum ernst und mühevoll erlesenen Kunstgedanken. Alle Großen waren große Arbeiter, unermüdlich nicht nur im Erfinden, sondern auch im Verwerfen, Sichten, Umgestalten, Ordnen.

156

Nochmals die Inspiration. – Wenn sich die Produktionskraft eine Zeitlang angestaut hat und am Ausfließen durch ein Hemmnis gehindert worden ist, dann gibt es endlich einen so plötzlichen Erguß, als ob eine unmittelbare Inspiration, ohne vorhergegangenes innres Arbeiten, also ein Wunder sich vollziehe. Dies macht die bekannte Täuschung aus, an deren Fortbestehen, wie gesagt, das Interesse aller Künstler ein wenig zu sehr hängt. Das Kapital hat sich eben nur *angehäuft*, es ist nicht auf einmal vom Himmel gefallen. Es gibt übrigens auch anderwärts solche scheinbare Inspiration, zum Beispiel im Bereiche der Güte, der Tugend, des Lasters.

157

Die Leiden des Genius und ihr Wert. – Der künstlerische Genius will Freude machen, aber wenn er auf einer sehr hohen Stufe steht, so fehlen ihm leicht die Genießenden; er bietet Speisen, aber man will sie nicht. Das gibt ihm ein unter Umständen lächerlich-rührendes Pathos; denn im Grunde hat er kein Recht, die Menschen zum Vergnügen zu zwingen. Seine Pfeife tönt, aber niemand will tanzen: kann das tragisch sein? – Vielleicht doch. Zuletzt hat er als Kompensation für diese Entbehrung mehr Vergnügen beim Schaffen, als die übrigen Menschen bei allen andern Gattungen der Tätigkeit haben. Man empfindet seine Leiden übertrieben, weil der Ton seiner Klage lauter, sein Mund beredter ist; und *mitunter* sind seine Leiden wirklich sehr groß, aber nur deshalb, weil sein Ehrgeiz, sein Neid so groß ist. Der wissende Genius, wie Kepler und Spinoza, ist für gewöhnlich nicht so begehrlich und macht von seinen wirklich größeren Leiden und Entbehrungen kein solches Aufheben. Er darf mit größerer Sicherheit auf die Nachwelt rechnen und sich der Gegenwart entschlagen; während ein Künstler, der dies tut, immer ein verzweifeltes Spiel spielt, bei dem ihm wehe ums Herz werden muß. In ganz seltenen Fällen – dann, wenn im

selben Individuum der Genius des Könnens und des Erkennens und der moralische Genius sich verschmelzen – kommt zu den erwähnten Schmerzen noch die Gattung von Schmerzen hinzu, welche als die absonderlichsten Ausnahmen in der Welt zu nehmen sind: die außer- und überpersönlichen, einem Volke, der Menschheit, der gesamten Kultur, allem leidenden Dasein zugewandten Empfindungen: welche ihren Wert durch die Verbindung mit besonders schwierigen und entlegenen Erkenntnissen erlangen (Mitleid an sich ist wenig wert). – Aber welchen Maßstab, welche Goldwage gibt es für deren Echtheit? Ist es nicht fast geboten, mißtrauisch gegen alle zu sein, welche von Empfindungen dieser Art bei sich *reden*?

158

Verhängnis der Größe. – Jeder großen Erscheinung folgt die Entartung nach, namentlich im Bereiche der Kunst. Das Vorbild des Großen reizt die eitleren Naturen zum äußerlichen Nachmachen oder zum Überbieten; dazu haben alle großen Begabungen das Verhängnisvolle an sich, viel schwächere Kräfte und Keime zu erdrücken und um sich herum gleichsam die Natur zu veröden. Der glücklichste Fall in der Entwicklung einer Kunst ist der, daß mehrere Genies sich gegenseitig in Schranken halten; bei diesem Kampfe wird gewöhnlich den schwächeren und zarteren Naturen auch Luft und Licht gegönnt.

159

Die Kunst dem Künstler gefährlich. – Wenn die Kunst ein Individuum gewaltig ergreift, dann zieht es dasselbe zu Anschauungen solcher Zeiten zurück, wo die Kunst am kräftigsten blühte, sie wirkt dann zurückbildend. Der Künstler kommt immer mehr in eine Verehrung der plötzlichen Erregungen, glaubt an Götter und Dämonen, durchseelt die Natur, haßt die Wissenschaft, wird wechselnd in seinen Stimmungen wie die Menschen des Altertums und begehrt einen Umsturz aller Verhältnisse, welche der Kunst nicht günstig sind, und zwar dies mit der Heftigkeit und Unbilligkeit eines Kindes. An sich ist nun der Künstler schon ein zurückbleibendes Wesen, weil er beim Spiel stehen bleibt, welches zur Jugend und Kindheit gehört: dazu kommt noch, daß er allmählich in andere Zeiten zurückgebildet wird. So entsteht zuletzt ein heftiger Antagonismus zwischen ihm und den gleichaltrigen Menschen seiner Periode und ein trübes Ende; so wie, nach den Erzählungen der Alten, Homer und Äschylus in Melancholie zuletzt lebten und starben.

160

Geschaffene Menschen. – Wenn man sagt, der Dramatiker (und der Künstler überhaupt) *schaffe* wirklich Charaktere, so ist dies eine schöne Täuschung und Übertreibung, in deren Dasein und Verbreitung die Kunst einen ihrer ungewollten, gleichsam überschüssigen Triumphe feiert. In der Tat verstehen wir von einem wirklichen lebendigen Menschen nicht viel und generalisieren sehr oberflächlich, wenn wir ihm diesen und jenen Charakter zuschreiben: dieser unserer *sehr unvollkommenen* Stellung zum Menschen entspricht nun der Dichter, indem er ebenso *oberflächliche* Entwürfe zu Menschen macht (in diesem Sinne »schafft«), als unsere Erkenntnis der Menschen oberflächlich ist. Es ist viel Blendwerk bei diesen geschaffenen Charakteren der Künstler; es sind durchaus keine leibhaftigen Naturprodukte, sondern ähnlich wie die gemalten Menschen ein wenig allzu dünn, sie vertragen den Anblick aus der Nähe nicht. Gar wenn man sagt, der Charakter des gewöhnlichen lebendigen Menschen widerspreche sich häufig, der vom Dramatiker geschaffene sei das Urbild, welches der Natur vorgeschwebt habe, so ist dies ganz falsch. Ein wirklicher Mensch ist etwas ganz und gar *Notwendiges* (selbst in jenen sogenannten Widersprüchen), aber wir erkennen diese Notwendigkeit nicht immer. Der erdichtete Mensch, das Phantasma, will etwas Notwendiges bedeuten, doch nur vor solchen, welche auch einen wirklichen Menschen nur in einer rohen, unnatürlichen Simplifikation verstehen: so daß ein paar starke, oft wiederholte Züge, mit sehr viel Licht darauf und sehr viel Schatten und Halbdunkel herum, ihren Ansprüchen vollständig genügen. Sie sind also leicht bereit, das Phantasma als wirklichen, notwendigen Menschen zu behandeln, weil sie gewöhnt sind, beim wirklichen Menschen ein Phantasma, einen Schattenriß, eine willkürliche Abbreviatur für das Ganze zu nehmen. – Daß gar der Maler und der Bildhauer die »Idee« des Menschen ausdrücke, ist eitel Phantasterei und Sinnentrug: man wird vom Auge tyrannisiert, wenn man so etwas sagt, da dieses vom menschlichen Leibe selbst nur die Oberfläche, die Haut sieht; der innere Leib gehört aber ebensosehr zur Idee. Die bildende Kunst will Charaktere auf der Haut sichtbar werden lassen; die redende Kunst nimmt das Wort zu demselben Zwecke, sie bildet den Charakter im Laute ab. Die Kunst geht von der natürlichen *Unwissenheit* des Menschen über sein Inneres (in Leib und Charakter) aus: sie ist nicht für Physiker und Philosophen da.

161

Selbstüberschätzung im Glauben an Künstler und Philosophen. – Wir alle meinen, es sei die Güte eines Kunstwerks, eines Künstlers bewiesen, wenn er uns ergreift, erschüttert. Aber da müßte doch erst *unsere eigene Güte*

in Urteil und Empfindung bewiesen sein: was nicht der Fall ist. Wer hat mehr im Reiche der bildenden Kunst ergriffen und entzückt als Bernini wer mächtiger gewirkt als jener nachdemosthenische Rhetor, welcher den asianischen Stil einführte und durch zwei Jahrhunderte zur Herrschaft brachte? Diese Herrschaft über ganze Jahrhunderte beweist nichts für die Güte und dauernde Gültigkeit eines Stils; deshalb soll man nicht zu sicher in seinem guten Glauben an irgendeinen Künstler sein: ein solcher ist ja nicht nur der Glaube an die Wahrhaftigkeit unserer Empfindung, sondern auch an die Unfehlbarkeit unseres Urteils, während Urteil oder Empfindung oder beides selber zu grob oder zu fein geartet, überspannt oder roh sein können. Auch die Segnungen und Beseligungen einer Philosophie, einer Religion beweisen für ihre Wahrheit nichts: ebensowenig als das Glück, welches der Irrsinnige von seiner fixen Idee her genießt, etwas für die Vernünftigkeit dieser Idee beweist.

162

Kultus des Genius aus Eitelkeit. – Weil wir gut von uns denken, aber doch durchaus nicht von uns erwarten, daß wir je den Entwurf eines Raffaelischen Gemäldes oder eine solche Szene wie die eines Shakespeareschen Dramas machen könnten, reden wir uns ein, das Vermögen dazu sei ganz übermäßig wunderbar, ein ganz seltner Zufall, oder, wenn wir noch religiös empfinden, eine Begnadigung von oben. So fördert unsere Eitelkeit, unsere Selbstliebe den Kultus des Genius: denn nur wenn dieser ganz fern von uns gedacht ist, als ein *miraculum*, verletzt er nicht (selbst Goethe, der Neidlose, nannte Shakespeare seinen Stern der fernsten Höhe; wobei man sich jenes Verses erinnern mag: »die Sterne, die begehrt man nicht«). Aber von jenen Einflüsterungen unserer Eitelkeit abgesehen, so erscheint die Tätigkeit des Genies durchaus nicht als etwas Grundverschiedenes von der Tätigkeit des mechanischen Erfinders, des astronomischen oder historischen Gelehrten, des Meisters der Taktik. Alle diese Tätigkeiten erklären sich, wenn man sich Menschen vergegenwärtigt, deren Denken in *einer* Richtung tätig ist, die alles als Stoff benützen, die immer ihrem inneren Leben und dem anderer mit Eifer zusehen, die überall Vorbilder, Anreizungen erblicken, die in der Kombination ihrer Mittel nicht müde werden. Das Genie tut auch nichts, als daß es erst Steine setzen, dann bauen lernt, daß es immer nach Stoff sucht und immer an ihm herumformt. Jede Tätigkeit des Menschen ist zum Verwundern kompliziert, nicht nur die des Genies: aber keine ist ein »Wunder«. – Woher nun der Glaube, daß es allein beim Künstler, Redner und Philosophen Genie gebe? daß nur sie »Intuition« haben? (womit man ihnen eine Art von Wunder-Augenglas zuschreibt, mit dem sie direkt ins »Wesen« sehen!) Die Menschen sprechen

ersichtlich dort allein von Genius, wo ihnen die Wirkungen des großen Intellekts am angenehmsten sind und sie wiederum nicht Neid empfinden wollen. Jemanden »göttlich« nennen heißt: »hier brauchen wir nicht zu wetteifern«. Sodann: alles Fertige, Vollkommene wird angestaunt, alles Werdende unterschätzt. Nun kann niemand beim Werk des Künstlers zusehen, wie es *geworden* ist; das ist sein Vorteil, denn überall, wo man das Werden sehen kann, wird man etwas abgekühlt. Die vollendete Kunst der Darstellung weist alles Denken an das Werden ab; es tyrannisiert als gegenwärtige Vollkommenheit. Deshalb gelten die Künstler der Darstellung vornehmlich als genial, nicht aber die wissenschaftlichen Menschen. In Wahrheit ist jene Schätzung und diese Unterschätzung nur eine Kinderei der Vernunft.

163

Der Ernst des Handwerks. – Redet nur nicht von Begabung, angeborenen Talenten! Es sind große Männer aller Art zu nennen, welche wenig begabt waren. Aber sie *bekamen* Größe, wurden »Genies« (wie man sagt), durch Eigenschaften, von deren Mangel niemand gern redet, der sich ihrer bewußt ist: sie hatten alle jenen tüchtigen Handwerker-Ernst, welcher erst lernt, die Teile vollkommen zu bilden, bis er es wagt, ein großes Ganzes zu machen; sie gaben sich Zeit dazu, weil sie mehr Lust am Gutmachen des Kleinen, Nebensächlichen hatten als an dem Effekte eines blendenden Ganzen. Das Rezept zum Beispiel, wie einer ein guter Novellist werden kann, ist leicht zu geben, aber die Ausführung setzt Eigenschaften voraus, über die man hinwegzusehen pflegt, wenn man sagt »ich habe nicht genug Talent«. Man mache nur hundert und mehr Entwürfe zu Novellen, keinen länger als zwei Seiten, doch von solcher Deutlichkeit, daß jedes Wort darin notwendig ist; man schreibe täglich Anekdoten nieder, bis man es lernt, ihre prägnanteste, wirkungsvollste Form zu finden; man sei unermüdlich im Sammeln und Ausmalen menschlicher Typen und Charaktere; man erzähle vor allem so oft es möglich ist und höre erzählen, mit scharfem Auge und Ohr für die Wirkung auf die anderen Anwesenden, man reise wie ein Landschaftsmaler und Kostümzeichner; man exzerpiere sich aus einzelnen Wissenschaften alles das, was künstlerische Wirkungen macht, wenn es gut dargestellt wird, man denke endlich über die Motive der menschlichen Handlungen nach, verschmähe keinen Fingerzeig der Belehrung hierüber und sei ein Sammler von dergleichen Dingen bei Tag und Nacht. In dieser mannigfachen Übung lasse man einige zehn Jahre vorübergehen: was dann aber in der Werkstätte geschaffen wird, darf auch hinaus in das Licht der Straße. – Wie machen es aber die meisten? Sie fangen nicht mit dem Teile, sondern mit dem Ganzen an. Sie tun vielleicht einmal einen guten Griff, erregen Aufmerksamkeit und tun von da an im-

mer schlechtere Griffe, aus guten, natürlichen Gründen. – Mitunter, wenn Vernunft und Charakter fehlen, um einen solchen künstlerischen Lebensplan zu gestalten, übernimmt das Schicksal und die Not die Stelle derselben und führt den zukünftigen Meister schrittweise durch alle Bedingungen seines Handwerks.

164

Gefahr und Gewinn im Kultus des Genius. – Der Glaube an große, überlegene, fruchtbare Geister ist nicht notwendig, aber sehr häufig noch mit jenem ganz- oder halbreligiösen Aberglauben verbunden, daß jene Geister übermenschlichen Ursprungs seien und gewisse wunderbare Vermögen besäßen, vermittelst deren sie ihrer Erkenntnisse auf ganz anderem Wege teilhaftig würden als die übrigen Menschen. Man schreibt ihnen wohl einen unmittelbaren Blick in das Wesen der Welt, gleichsam durch ein Loch im Mantel der Erscheinung, zu und glaubt, daß sie ohne die Mühsal und Strenge der Wissenschaft, vermöge dieses wunderbaren Seherblickes, etwas Endgültiges und Entscheidendes über Mensch und Welt mitteilen könnten. So lange das Wunder im Bereiche der Erkenntnis noch Gläubige findet, kann man vielleicht zugeben, daß dabei für die Gläubigen selber ein Nutzen herauskomme, insofern diese durch ihre unbedingte Unterordnung unter die großen Geister, ihrem eigenen Geiste für die Zeit der Entwicklung die beste Disziplin und Schule verschaffen. Dagegen ist mindestens fraglich, ob der Aberglaube vom Genie, von seinen Vorrechten und Sondervermögen für das Genie selber von Nutzen sei, wenn er in ihm sich einwurzelt. Es ist jedenfalls ein gefährliches Anzeichen, wenn den Menschen jener Schauder vor sich selbst überfällt, sei es nun jener berühmte Cäsaren-Schauder oder der hier in Betracht kommende Genie-Schauder; wenn der Opferduft, welchen man billigerweise allein einem Gotte bringt, dem Genie ins Gehirn dringt, so daß er zu schwanken und sich für etwas Übermenschliches zu halten beginnt. Die langsamen Folgen sind: das Gefühl der Unverantwortlichkeit, der exzeptionellen Rechte, der Glaube, schon durch seinen Umgang zu begnadigen, wahnsinnige Wut bei dem Versuche, ihn mit anderen zu vergleichen oder gar ihn niedriger zu taxieren und das Verfehlte seines Werkes ins Licht zu setzen. Dadurch, daß er aufhört, Kritik gegen sich selbst zu üben, fällt zuletzt aus seinem Gefieder eine der Schwungfedern nach der anderen aus: jener Aberglaube gräbt die Wurzeln seiner Kraft an und macht ihn vielleicht gar zum Heuchler, nachdem seine Kraft von ihm gewichen ist. Für große Geister selbst ist es also wahrscheinlich nützlicher, wenn sie über ihre Kraft und deren Herkunft zur Einsicht kommen, wenn sie also begreifen, welche rein menschlichen Eigenschaften in ihnen zusammengeflossen sind, welche Glücksumstände hinzutraten: also einmal anhaltende Energie, entschlossene Hinwendung

zu einzelnen Zielen, großer persönlicher Mut, sodann das Glück einer Erziehung, welche die besten Lehrer, Vorbilder, Methoden frühzeitig darbot. Freilich, wenn ihr Ziel ist, die größtmögliche *Wirkung* zu machen, so hat die Unklarheit, über sich selbst und jene Beigabe eines halben Wahnsinns immer viel getan; denn bewundert und beneidet hat man zu allen Zeiten gerade jene Kraft an ihnen, vermöge deren sie die Menschen willenlos machen und zum Wahne fortreißen, daß übernatürliche Führer vor ihnen her gingen. Ja, es erhebt und begeistert die Menschen, jemanden im Besitz übernatürlicher Kräfte zu glauben: insofern hat der Wahnsinn, wie Plato sagt, die größten Segnungen über die Menschen gebracht. – In einzelnen seltenen Fällen mag dieses Stück Wahnsinn wohl auch das Mittel gewesen sein, durch welches eine solche nach allen Seiten hin exzessive Natur fest zusammengehalten wurde: auch im Leben der Individuen haben die Wahnvorstellungen häufig den Wert von Heilmitteln, welche an sich Gifte sind; doch zeigt sich endlich, bei jedem »Genie«, das an seine Göttlichkeit glaubt, das Gift in dem Grade, als das »Genie« alt wird: man möge sich zum Beispiel Napoleons erinnern, dessen Wesen sicherlich gerade durch seinen Glauben an sich und seinen Stern und durch die aus ihm fließende Verachtung der Menschen zu der mächtigen Einheit zusammenwuchs, welche ihn aus allen modernen Menschen heraushebt, bis endlich aber dieser selbe Glaube in einen fast wahnsinnigen Fatalismus überging, ihn seines Schnell- und Scharfblicks beraubte und die Ursache seines Unterganges wurde.

165

Das Genie und das Nichtige. – Gerade die originellen, aus sich schöpfenden Köpfe unter den Künstlern können unter Umständen das ganz Leere und Schale hervorbringen, während die abhängigeren Naturen, die sogenannten Talente, voller Erinnerungen an alles mögliche Gute stecken und auch im Zustand der Schwäche etwas Leidliches produzieren. Sind die Originellen aber von sich selber verlassen, so gibt die Erinnerung ihnen keine Hilfe: sie werden leer.

166

Das Publikum. – Von der Tragödie begehrt das Volk eigentlich nicht mehr, als recht gerührt zu werden, um sich einmal ausweinen zu können; der Artist dagegen, der die neue Tragödie sieht, hat seine Freude an den geistreichen technischen Erfindungen und Kunstgriffen, an der Handhabung und Verteilung des Stoffes, an der neuen Wendung alter Motive, alter Gedanken. – Seine Stellung ist die ästhetische Stellung zum Kunstwerk, die des Schaffenden; die erstbeschriebene, mit alleiniger Rücksicht

auf den Stoff, die des Volkes. Von dem Menschen dazwischen ist nicht zu reden, er ist weder Volk noch Artist und weiß nicht, was er will: so ist auch seine Freude unklar und gering.

167

Artistische Erziehung des Publikums. – Wenn dasselbe Motiv nicht hundertfältig durch verschiedene Meister behandelt wird, lernt das Publikum nicht über das Interesse des Stoffes hinauskommen; aber zuletzt wird es selbst die Nuancen, die zarten, neuen Erfindungen in der Behandlung dieses Motivs fassen und genießen, wenn es also das Motiv längst aus zahlreichen Bearbeitungen kennt und dabei keinen Reiz der Neuheit, der Spannung mehr empfindet.

168

Künstler und sein Gefolge müssen Schritt halten. – Der Fortgang von einer Stufe des Stils zur andern muß so langsam sein, daß nicht nur die Künstler, sondern auch die Zuhörer und Zuschauer diesen Fortgang mitmachen und genau wissen, was vorgeht. Sonst entsteht auf einmal jene große Kluft zwischen dem Künstler, der auf abgelegener Höhe seine Werke schafft, und dem Publikum, welches nicht mehr zu jener Höhe hinaufkann und endlich mißmutig wieder tiefer hinabsteigt. Denn wenn der Künstler sein Publikum nicht mehr hebt, so sinkt es schnell abwärts, und zwar stürzt es um so tiefer und gefährlicher, je höher es ein Genius getragen hat, dem Adler vergleichbar, aus dessen Fängen die in den Wolken hinaufgetragene Schildkröte zu ihrem Unheil hinabfällt.

169

Herkunft des Komischen. – Wenn man erwägt, daß der Mensch manche hunderttausend Jahre lang ein im höchsten Grade der Furcht zugängliches Tier war, und daß alles Plötzliche, Unerwartete ihn kampfbereit, vielleicht todesbereit sein hieß, ja daß selbst später, in sozialen Verhältnissen, alle Sicherheit auf dem Erwarteten, auf dem Herkommen in Meinung und Tätigkeit beruhte, so darf man sich nicht wundern, daß bei allem Plötzlichen, Unerwarteten, in Wort und Tat, wenn es ohne Gefahr und Schaden hereinbricht, der Mensch ausgelassen wird, ins Gegenteil der Furcht übergeht: das vor Angst zitternde zusammengekrümmte Wesen schnellt empor, entfaltet sich weit – der Mensch lacht. Diesen Übergang aus momentaner Angs

in kurzdauernden Übermut nennt man das *Komische.* Dagegen geht im Phänomen des Tragischen der Mensch schnell aus großem, dauerndem Übermut in große Angst über; da aber unter Sterblichen der große dauernde Übermut viel seltener als der Anlaß zur Angst ist, so gibt es viel mehr des Komischen als des Tragischen in der Welt; man lacht viel öfter, als daß man erschüttert ist.

170

Künstler-Ehrgeiz. – Die griechischen Künstler, zum Beispiel die Tragiker, dichteten, um zu siegen; ihre ganze Kunst ist nicht ohne Wettkampf zu denken: die hesiodische gute Eris, der Ehrgeiz, gab ihrem Genius die Flügel. Nun verlangte dieser Ehrgeiz vor allem, daß ihr Werk die höchste Vortrefflichkeit vor *ihren eigenen Augen* erhalte, so wie *sie* also die Vortrefflichkeit verstanden, ohne Rücksicht auf einen herrschenden Geschmack und die allgemeine Meinung über das Vortreffliche an einem Kunstwerk; und so blieben Äschylus und Euripides lange Zeit ohne Erfolg, bis sie sich endlich Kunstrichter *erzogen* hatten, welche ihr Werk nach den Maßstäben würdigten, welche sie selber anlegten. Somit erstreben sie den Sieg über Nebenbuhler nach ihrer eigenen Schätzung, vor ihrem eigenen Richterstuhl, sie wollen wirklich vortrefflicher *sein*; dann fordern sie von außen her Zustimmung zu dieser eignen Schätzung, Bestätigung ihres Urteils. Ehre erstreben heißt hier »sich überlegen machen und wünschen, daß es auch öffentlich so erscheine«. Fehlt das erstere und wird das zweite trotzdem begehrt, so spricht man von *Eitelkeit.* Fehlt das letztere und wird es nicht vermißt, so redet man von *Stolz.*

171

Das Notwendige am Kunstwerk. – Die, welche so viel von dem Notwendigen an einem Kunstwerke reden, übertreiben, wenn sie Künstler sind, *in majorem artis gloriam,* oder wenn sie Laien sind, aus Unkenntnis. Die Formen eines Kunstwerks, welche seine Gedanken zum Reden bringen, also seine Art zu sprechen sind, haben immer etwas Läßliches, wie alle Art Sprache. Der Bildhauer kann viele kleine Züge hinzutun oder weglassen: ebenso der Darsteller, sei es ein Schauspieler oder, in betreff der Musik, ein Virtuos oder Dirigent. Diese vielen kleinen Züge und Ausfeilungen machen ihm heut Vergnügen, morgen nicht, sie sind mehr des Künstlers als der Kunst wegen da, denn auch er bedarf, bei der Strenge und Selbstbezwingung, welche die Darstellung des Hauptgedankens von ihm fordert, gelegentlich des Zuckerbrots und der Spielsachen, um nicht mürrisch zu werden.

172

Den Meister vergessen machen. – Der Klavierspieler, der das Werk eines Meisters zum Vortrag bringt, wird am besten gespielt haben, wenn er den Meister vergessen ließ und wenn es so erschien, als ob er eine Geschichte seines Lebens erzähle oder jetzt eben etwas erlebe. Freilich: wenn er nichts Bedeutendes *ist*, wird jedermann seine Geschwätzigkeit verwünschen, mit der er uns aus seinem Leben erzählt. Also muß er verstehen, die Phantasie des Hörers für sich einzunehmen. Daraus wiederum erklären sich alle Schwächen und Narrheiten des »Virtuosentums«.

173

Corriger la fortune. – Es gibt schlimme Zufälligkeiten im Leben großer Künstler, welche zum Beispiel den Maler zwingen, sein bedeutendstes Bild nur als flüchtigen Gedanken zu skizzieren oder zum Beispiel Beethoven zwangen, uns in manchen großen Sonaten (wie in der großen *B-dur*) nur den ungenügenden Klavierauszug einer Sinfonie zu hinterlassen. Hier soll der späterkommende Künstler das Leben der Großen nachträglich zu korrigieren suchen: was zum Beispiel der tun würde, welcher, als ein Meister aller Orchesterwirkungen, uns jene, dem Klavier-Scheintode verfallene Sinfonie zum Leben erweckte.

174

Verkleinern. – Manche Dinge, Ereignisse oder Personen, vertragen es nicht, im kleinen Maßstabe behandelt zu werden. Man kann die Laokoon-Gruppe nicht zu einer Nippesfigur verkleinern; sie hat Größe notwendig. Aber viel seltener ist es, daß etwas von Natur Kleines die Vergrößerung verträgt; weshalb es Biographen immer noch eher gelingen wird, einen großen Mann klein darzustellen, als einen kleinen groß.

175

Sinnlichkeit in der Kunst der Gegenwart. – Die Künstler verrechnen sich jetzt häufig, wenn sie auf eine sinnliche Wirkung ihrer Kunstwerke hinarbeiten; denn ihre Zuschauer oder Zuhörer haben nicht mehr ihre vollen Sinne und geraten, ganz wider die Absicht des Künstlers, durch sein Kunstwerk in eine »Helligkeit« der Empfindung, welche der Langweiligkeit nahe verwandt ist. – Ihre Sinnlichkeit fängt vielleicht dort an, wo die des Künstlers gerade aufhört, sie begegnen sich also höchstens an *einem* Punkte.

176

Shakespeare als Moralist. – Shakespeare hat über die Leidenschaften viel nachgedacht und wohl von seinem Temperament her zu vielen einen sehr nahen Zugang gehabt (Dramatiker sind im allgemeinen ziemlich böse Menschen). Aber er vermochte nicht, wie Montaigne, darüber zu reden, sondern legte die Beobachtungen *über* die Passionen den passionierten Figuren in den Mund: was zwar wider die Natur ist, aber seine Dramen so gedankenvoll macht, daß sie alle anderen leer erscheinen lassen und leicht einen allgemeinen Widerwillen gegen sie erwecken. – Die Sentenzen Schillers (welchen fast immer falsche oder unbedeutende Einfälle zugrunde liegen) sind eben Theatersentenzen und wirken als solche sehr stark: während die Sentenzen Shakespeares seinem Vorbilde Montaigne Ehre machen und ganz ernsthafte Gedanken in geschliffener Form enthalten, deshalb aber für die Augen des Theaterpublikums zu fern und zu fein, also unwirksam sind.

177

Sich gut zu Gehör bringen. – Man muß nicht nur verstehen, gut zu spielen, sondern auch sich gut zu Gehör zu bringen. Die Geige in der Hand des größten Meisters gibt nur ein Gezirp von sich, wenn der Raum zu groß ist; man kann da den Meister mit jedem Stümper verwechseln.

178

Das Unvollständige als das Wirksame. – Wie Relieffiguren dadurch so stark auf die Phantasie wirken, daß sie gleichsam auf dem Wege sind, aus der Wand herauszutreten und plötzlich, irgenwodurch gehemmt, haltmachen: so ist mitunter die reliefartig unvollständige Darstellung eines Gedankens, einer ganzen Philosophie wirksamer als die erschöpfende Ausführung: man überläßt der Arbeit des Beschauers mehr, er wird aufgeregt, das, was in so starkem Licht und Dunkel vor ihm sich abhebt, fortzubilden, zu Ende zu denken und jenes Hemmnis selber zu überwinden, welches ihrem völligen Heraustreten bis dahin hinderlich war.

179

Gegen die Originalen. – Wenn die Kunst sich in den abgetragensten Stoff kleidet, erkennt man sie am besten als Kunst.

180

Kollektivgeist. – Ein guter Schriftsteller hat nicht nur seinen eigenen Geist, sondern auch noch den Geist seiner Freunde.

181

Zweierlei Verkennung. – Das Unglück scharfsinniger und klarer Schriftsteller ist, daß man sie für flach nimmt und deshalb ihnen keine Mühe zuwendet: und das Glück der unklaren, daß der Leser sich an ihnen abmüht und die Freude über seinen Eifer ihnen zugute schreibt.

182

Verhältnis zur Wissenschaft. – Alle die haben kein wirkliches Interesse an einer Wissenschaft, welche erst dann anfangen, für sie warm zu werden, wenn sie selbst Entdeckungen in ihr gemacht haben.

183

Der Schlüssel. – Der eine Gedanke, auf den ein bedeutender Mensch, zum Gelächter und Spott der Unbedeutenden, großen Wert legt, ist für ihn ein Schlüssel zu verborgenen Schatzkammern, für jene nicht mehr als ein Stück alten Eisens.

184

Unübersetzbar. – Es ist weder das Beste, noch das Schlechteste an einem Buche, was an ihm unübersetzbar ist.

185

Paradoxien des Autors. – Die sogenannten Paradoxien des Autors, an welchen ein Leser Anstoß nimmt, stehen häufig gar nicht im Buche des Autors, sondern im Kopfe des Lesers.

186

Witz. – Die witzigsten Autoren erzeugen das kaum bemerkbarste Lächeln.

187

Die Antithese. – Die Antithese ist die enge Pforte, durch welche sich am liebsten der Irrtum zur Wahrheit schleicht.

188

Denker als Stilisten. – Die meisten Denker schreiben schlecht, weil sie uns nicht nur ihre Gedanken, sondern auch das Denken der Gedanken mitteilen.

189

Gedanken im Gedicht. – Der Dichter führt seine Gedanken festlich daher, auf dem Wagen des Rhythmus: gewöhlich deshalb, weil diese zu Fuß nicht gehen können.

190

Sünde wider den Geist des Lesers. – Wenn der Autor sein Talent verleugnet, bloß um sich dem Leser gleichzustellen, so begeht er die einzige Todsünde, welche ihm jener nie verzeiht: im Fall er nämlich etwas davon merkt. Man darf dem Menschen sonst alles Böse nachsagen: aber in der Art, *wie* man es sagt, muß man seine Eitelkeit wieder aufzurichten wissen.

191

Grenze der Ehrlichkeit. – Auch dem ehrlichsten Schriftsteller entfällt ein Wort zuviel, wenn er eine Periode abrunden will.

192

Der beste Autor. – Der beste Autor wird der sein, welcher sich schämt, Schriftsteller zu werden.

193

Drakonisches Gesetz gegen Schriftsteller. – Man sollte einen Schriftsteller als einen Missetäter ansehen, der nur in den seltensten Fällen Freisprechung oder Begnadigung verdient: das wäre ein Mittel gegen das Überhandnehmen der Bücher.

194

Die Narren der modernen Kultur. – Die Narren der mittelalterlichen Höfe entsprechen unseren Feuilletonisten; es ist dieselbe Gattung Menschen, halbvernünftig, witzig, übertrieben, albern, mitunter nur dazu da, das Pathos der Stimmung durch Einfälle, durch Geschwätz zu mildern und den allzu schweren, feierlichen Glockenklang großer Ereignisse durch Geschrei zu übertäuben; ehemals im Dienste der Fürsten und Adligen, jetzt im Dienste von Parteien (wie in Partei-Sinn und Partei-Zucht ein guter Teil der alten Untertänigkeit im Verkehr des Volks mit dem Fürsten jetzt noch fortlebt). Der ganze moderne Literatenstand steht aber den Feuilletonisten sehr nahe, es sind die »Narren der modernen Kultur«, welche man milder beurteilt, wenn man sie als nicht ganz zurechnungsfähig nimmt. Schriftstellerei als Lebensberuf zu betrachten, sollte billigerweise als eine Art Tollheit gelten.

195

Den Griechen nach. – Der Erkenntnis steht es gegenwärtig sehr im Wege, daß alle Worte durch hundertjährige Übertreibung des Gefühls dunstig und aufgeblasen geworden sind. Die höher Stufe der Kultur, welche sich unter die Herrschaft (wenn auch nicht unter die Tyrannei) der Erkenntnis stellt, hat eine große Ernüchterung des Gefühls und eine starke Konzentration aller Worte vonnöten; worin uns die Griechen im Zeitalter des Demosthenes vorangegangen sind. Das Überspannte bezeichnet alle modernen Schriften; und selbst wenn sie einfach geschrieben sind, so werden die Worte in denselben noch zu exzentrisch *gefühlt.* Strenge Überlegung, Gedrängtheit, Kälte, Schlichtheit, selbst absichtlich bis an die Grenze hinab, überhaupt An-sich-Halten des Gefühls und Schweigsamkeit – das kann allein helfen. – Übrigens ist diese kalte Schreib- und Gefühlsart, als Gegensatz, jetzt sehr reizvoll: und darin liegt freilich eine neue Gefahr. Denn die scharfe Kälte ist so gut ein Reizmittel als ein hoher Wärmegrad.

196

Gute Erzähler schlechte Erklärer. – Bei guten Erzählern steht oft eine bewunderungswürdige psychologische Sicherheit und Konsequenz, soweit diese in den Handlungen ihrer Personen hervortreten kann, in einem geradezu lächerlichen Gegensatz zu der Ungeübtheit ihres psychologischen Denkens: so daß ihre Kultur in dem einen Augenblicke ebenso

ausgezeichnet hoch als im nächsten bedauerlich tief erscheint. Es kommt gar zu häufig vor, daß sie ihre eigenen Helden und deren Handlungen ersichtlich *falsch* erklären, – es ist daran kein Zweifel, so unwahrscheinlich die Sache klingt. Vielleicht hat der größte Klavierspieler nur wenig über die technischen Bedingungen und die spezielle Tugend, Untugend, Nutzbarkeit und Erziehbarkeit jedes Fingers (daktylische Ethik) nachgedacht und macht grobe Fehler, wenn er von solchen Dingen redet.

197

Die Schriften von Bekannten und ihre Leser. – Wir lesen Schriften von Bekannten (Freunden und Feinden) doppelt, insofern fortwährend unsere Erkenntnis daneben flüstert: »das ist von ihm, ein Merkmal seines inneren Wesens, seiner Erlebnisse, seiner Begabung«, und wiederum eine andere Art Erkenntnis dabei festzustellen sucht, was der Ertrag jenes Werkes an sich ist, welche Schätzung es überhaupt, abgesehen von seinem Verfasser, verdient, welche Bereicherung des Wissens es mit sich bringt. Diese beiden Arten des Lesens und Erwägens stören sich, wie das sich von selbst versteht, gegenseitig. Auch eine Unterhaltung mit einem Freunde wird dann erst gute Früchte der Erkenntnis zeitigen, wenn beide endlich nur noch an die Sache denken und vergessen, daß sie Freunde sind.

198

Rhythmische Opfer. – Gute Schriftsteller verändern den Rhythmus mancher Periode bloß deshalb, weil sie den gewöhnlichen Lesern nicht die Fähigkeit zuerkennen, den Takt, welchem die Periode in ihrer ersten Fassung folgte, zu begreifen: deshalb erleichtern sie es ihnen, indem sie bekannteren Rhythmen den Vorzug geben. – Diese Rücksicht auf das rhythmische Unvermögen der jetzigen Leser hat schon manche Seufzer entlockt, denn ihr ist viel schon zum Opfer gefallen. – Ob es guten Musikern nicht ähnlich ergeht?

199

Das Unvollständige als künstlerisches Reizmittel. – Das Unvollständige ist oft wirksamer als die Vollständigkeit, so namentlich in der Lobrede: für ihre Zwecke braucht man gerade eine anreizende Unvollständigkeit, als ein irrationales Element, welches der Phantasie des Hörers ein Meer vorspiegelt und gleich einem Nebel die gegenüberliegende Küste, also die Begrenztheit des zu lobenden Gegenstandes, verdeckt. Wenn man die bekannten Verdienste eines Menschen erwähnt und dabei ausführlich und

breit ist, so läßt dies immer den Argwohn aufkommen, es seien die einzigen Verdienste. Der vollständig Lobende stellt sich über den Gelobten, er scheint ihn zu *übersehen.* Deshalb wirkt das Vollständige abschwächend.

200

Vorsicht im Schreiben und Lehren. – Wer erst geschrieben hat und die Leidenschaft des Schreibens in sich fühlt, lernt fast aus allem, was er treibt und erlebt, nur das noch heraus, was schriftstellerisch mitteilbar ist. Er denkt nicht mehr an sich, sondern an den Schriftsteller und sein Publikum: er will die Einsicht, aber nicht zum eigenen Gebrauche. Wer Lehrer ist, ist meistens unfähig, etwas eigenes noch für sein eigenes Wohl zu treiben, er denkt immer an das Wohl seiner Schüler, und jede Erkenntnis erfreut ihn nur, so weit er sie lehren kann. Er betrachtet sich zuletzt als einen Durchweg des Wissens und überhaupt als Mittel, so daß er den Ernst für sich verloren hat.

201

Schlechte Schriftsteller notwendig. – Es wird immer schlechte Schriftsteller geben müssen, denn sie entsprechen dem Geschmack der unentwickelten, unreifen Altersklassen; diese haben so gut ihr Bedürfnis wie die reifen. Wäre das menschliche Leben länger, so würde die Zahl der reif gewordenen Individuen überwiegend oder mindestens gleich groß mit der der unreifen sein; so aber sterben bei weitem die meisten zu jung, das heißt es gibt immer viel mehr unentwickelte Intellekte mit schlechtem Geschmack. Diese begehren überdies mit der größeren Heftigkeit der Jugend nach Befriedigung ihres Bedürfnisses, und sie *erzwingen sich* schlechte Autoren.

202

Zu nah und zu fern. – Der Leser und der Autor verstehen sich häufig deshalb nicht, weil der Autor sein Thema zu gut kennt und es beinahe langweilig findet, so daß er sich die Beispiele erläßt, die er zu Hunderten weiß; der Leser aber ist der Sache fremd und findet sie leicht schlecht begründet, wenn ihm die Beispiele vorenthalten werden.

203

Eine verschwundene Vorbereitung zur Kunst. – An allem, was das Gymnasium trieb, war das Wertvollste die Übung im lateinischen Stil: diese war eben eine *Kunstübung*, während alle andren Beschäftigungen nur das Wissen zum Zweck hatten. Den deutschen Aufsatz voranzustellen ist Barbarei, denn wir haben keinen mustergültigen, an öffentlicher Beredsamkeit emporgewachsenen deutschen Stil; will man aber durch den deutschen Aufsatz die Übung im Denken fördern, so ist es gewiß besser, wenn man einstweilen von Stil dabei überhaupt absieht, also zwischen der Übung im Denken und der im Darstellen scheidet. Letztere sollte sich auf mannigfache Fassung eines gegebenen Inhalts beziehen und nicht auf selbständiges Erfinden eines Inhalts. Die bloße Darstellung bei gegebenem Inhalte war die Aufgabe des lateinischen Stils, für welchen die alten Lehrer eine längst verlorengegangene Feinheit des Gehörs besaßen. Wer ehemals gut in einer modernen Sprache schreiben lernte, verdankte es dieser Übung (jetzt muß man sich notgedrungen zu den älteren Franzosen in die Schule schicken); aber noch mehr: er bekam einen Begriff von der Hoheit und Schwierigkeit der Form und wurde für die Kunst überhaupt auf dem einzig richtigen Wege vorbereitet, durch Praxis.

204

Dunkles und Überhelles nebeneinander. – Schriftsteller, welche im allgemeinen ihren Gedanken keine Deutlichkeit zu geben verstehen, werden im einzelnen mit Vorliebe die stärksten, übertriebensten Bezeichnungen und Superlative wählen: dadurch entsteht eine Lichtwirkung, wie bei Fackelbeleuchtung auf verworrenen Waldwegen.

205

Schriftstellerisches Malertum. – Einen bedeutenden Gegenstand wird man am besten darstellen, wenn man die Farben zum Gemälde aus dem Gegenstande selber, wie ein Chemiker, nimmt und sie dann wie ein Artist verbraucht: so daß man die Zeichnung aus den Grenzen und Übergängen der Farben erwachsen läßt. So bekommt das Gemälde etwas von dem hinreißenden Naturelement, welches den Gegenstand selber bedeutend macht.

206

Bücher, welche tanzen lehren. – Es gibt Schriftsteller, welche dadurch, daß sie Unmögliches als möglich darstellen und vom Sittlichen und Genialen so reden, als ob beides nur eine Laune, ein Belieben sei, ein Gefühl von übermütiger Freiheit hervorbringen, wie wenn der Mensch sich auf die Fußspitzen stellte und vor innerer Lust durchaus tanzen müßte.

207

Nicht fertig gewordene Gedanken. – Ebenso wie nicht nur das Mannesalter, sondern auch Jugend und Kindheit einen Wert *an sich* haben und gar nicht nur als Durchgänge und Brücken zu schätzen sind, so haben auch die nicht fertig gewordenen Gedanken ihren Wert. Man muß deshalb einen Dichter nicht mit subtiler Auslegung quälen und sich an der Unsicherheit seines Horizontes vergnügen, wie als ob der Weg zu mehreren Gedanken noch offen sei. Man steht an der Schwelle; man wartet wie bei der Ausgrabung eines Schatzes: es ist, als ob ein Glücksfund von Tiefsinn eben gemacht werden sollte. Der Dichter nimmt etwas von der Lust des Denkers beim Finden eines Hauptgedankens vorweg und macht uns damit begehrlich, so daß wir nach diesem haschen; der aber gaukelt an unserem Kopfe vorüber und zeigt die schönsten Schmetterlingsflügel – und doch entschlüpft er uns.

208

Das Buch fast zum Menschen geworden. – Jeden Schriftsteller überrascht es von neuem, wie das Buch, sobald es sich von ihm gelöst hat, ein eigenes Leben für sich weiterlebt; es ist ihm zumute, als wäre der eine Teil eines Insektes losgetrennt und ginge nun seinen eigenen Weg weiter. Vielleicht vergißt er es fast ganz, vielleicht erhebt er sich über die darin niedergelegten Ansichten, vielleicht selbst versteht er es nicht mehr und hat jene Schwingen verloren, auf denen er damals flog, als er jenes Buch aussann: währenddem sucht es sich seine Leser, entzündet Leben, beglückt, erschreckt, erzeugt neue Werke, wird die Seele von Vorsätzen und Handlungen – kurz: es lebt wie ein mit Geist und Seele ausgestattetes Wesen und ist doch kein Mensch. – Das glücklichste Los hat der Autor gezogen, welcher, als alter Mann, sagen kann, daß alles, was von lebenzeugenden, kräftigenden, erhebenden, aufklärenden Gedanken und Gefühlen in ihm war, in seinen Schriften noch fortlebe, und daß er selber nur noch die graue Asche bedeute, während das Feuer überallhin gerettet und weitergetragen sei. – Erwägt man nun gar, daß jede Handlung eines

Menschen, nicht nur ein Buch, auf irgendeine Art Anlaß zu anderen Handlungen, Entschlüssen, Gedanken wird, daß alles, was geschieht, unlösbar fest sich mit allem, was geschehen wird, verknotet, so erkennt man die wirkliche *Unsterblichkeit,* die es gibt, die der Bewegung: was einmal bewegt hat, ist in dem Gesamtverbande alles Seienden, wie in einem Bernsteine ein Insekt, eingeschlossen und verewigt.

209

Freude im Alter. – Der Denker und ebenso der Künstler, welcher sein besseres Selbst in Werke geflüchtet hat, empfindet eine fast boshafte Freude, wenn er sieht, wie sein Leib und Geist langsam von der Zeit angebrochen und zerstört werden, als ob er aus einem Winkel einen Dieb an seinem Geldschranke arbeiten sähe, während er weiß, daß dieser leer ist und alle Schätze gerettet sind.

210

Ruhige Fruchtbarkeit. – Die geborenen Aristokraten des Geistes sind nicht zu eifrig; ihre Schöpfungen erscheinen und fallen an einem ruhigen Herbstabend vom Baume, ohne hastig begehrt, gefördert, durch Neues verdrängt zu werden. Das unablässige Schaffenwollen ist gemein und zeigt Eifersucht, Neid, Ehrgeiz an. Wenn man etwas ist, so braucht man eigentlich nichts zu machen – und tut doch sehr viel. Es gibt über dem »produktiven« Menschen noch eine höhere Gattung.

211

Achilles und Homer. – Es ist immer wie zwischen Achilles und Homer: der eine *hat* das Erlebnis, die Empfindung, der andre *beschreibt* sie. Ein wirklicher Schriftsteller gibt dem Affekt und der Erfahrung anderer nur Worte, er ist Künstler, um aus dem wenigen, was er empfunden hat, viel zu erraten. Künstler sind keineswegs die Menschen der großen Leidenschaft, aber häufig *geben* sie sich als solche, in der unbewußten Empfindung, daß man ihrer gemalten Leidenschaft mehr traut, wenn ihr eigenes Leben für ihre Erfahrung auf diesem Gebiete spricht. Man braucht sich ja nur gehen zu lassen, sich nicht zu beherrschen, seinem Zorn, seiner Begierde offenen Spielraum zu gönnen: sofort schreit alle Welt: wie leidenschaftlich ist er! Aber mit der tiefwühlenden, das Individuum anzehrenden und oft verschlingenden Leidenschaft hat es etwas auf sich: wer

sie erlebt, beschreibt sie gewiß nicht in Dramen, Tönen oder Romanen. Künstler sind häufig *zügellose* Individuen, soweit sie eben nicht Künstler sind: aber das ist etwas anderes.

212

Alte Zweifel über die Wirkung der Kunst. – Sollten Mitleid und Furcht wirklich, wie Aristoteles will, durch die Tragödie entladen werden, so daß der Zuhörer kälter und ruhiger nach Hause zurückkehre? Sollten Geistergeschichten weniger furchtsam und abergläubisch machen? Es ist bei einigen physischen Vorgängen, zum Beispiel bei dem Liebesgenuß, wahr, daß mit der Befriedigung eines Bedürfnisses eine Linderung und zeitweilige Herabstimmung des Triebes eintritt. Aber die Furcht und das Mitleid sind nicht in diesem Sinne Bedürfnisse bestimmter Organe, welche erleichtert werden wollen. Und auf die Dauer wird selbst jeder Trieb durch Übung in seiner Befriedigung *gestärkt*, trotz jener periodischen Linderungen. Es wäre möglich, daß Mitleid und Furcht in jedem einzelnen Falle durch die Tragödie gemildert und entladen würden: trotzdem könnten sie im ganzen durch die tragische Einwirkung überhaupt größer werden, und Plato behielte doch Recht, wenn er meint, daß man durch die Tragödie insgesamt ängstlicher und rührseliger werde. Der tragische Dichter selbst würde dann notwendig eine düstere, furchtvolle Weltbetrachtung und eine weiche, reizbare, tränensüchtige Seele bekommen, desgleichen würde es zu Platos Meinung stimmen, wenn die tragischen Dichter und ebenso die ganzen Stadtgemeinden, welche sich besonders an ihnen ergötzen, zu immer größerer Maß- und Zügellosigkeit ausarten. – Aber welches Recht hat unsre Zeit überhaupt, auf die große Frage. Platos nach dem moralischen Einfluß der Kunst eine Antwort zu geben? Hätten wir selbst die Kunst – wo haben wir den Einfluß, *irgendeinen* Einfluß der Kunst?

213

Freude am Unsinn. – Wie kann der Mensch Freude am Unsinn haben? So weit nämlich auf der Welt gelacht wird, ist dies der Fall; ja man kann sagen, fast überall wo es Glück gibt, gibt es Freude am Unsinn. Das Umwerfen der Erfahrung ins Gegenteil, des Zweckmäßigen ins Zwecklose, des Notwendigen ins Beliebige, doch so, daß dieser Vorgang keinen Schaden macht und nur einmal aus Übermut vorgestellt wird, ergötzt, denn es befreit uns momentan von dem Zwange des Notwendigen, Zweckmäßigen und Erfahrungsgemäßen, in denen wir für gewöhnlich unsere unerbittlichen Herren sehen; wir spielen und lachen dann, wenn das

Erwartete (das gewöhnlich bange macht und spannt) sich ohne zu schädigen entladet. Es ist die Freude des Sklaven am Saturnalienfeste.

214

Veredelung der Wirklichkeit. – Dadurch, daß die Menschen in dem aphrodisischen Triebe eine Gottheit sahen und ihn mit anbetender Dankbarkeit in sich wirkend fühlten, ist im Verlaufe der Zeit jener Affekt mit höheren Vorstellungsreihen durchzogen und dadurch tatsächlich sehr veredelt worden. So haben sich einige Völker, vermöge dieser Kunst des Idealisierens, aus Krankheiten große Hilfsmächte der Kultur geschaffen: zum Beispiel die Griechen, welche in früheren Jahrhunderten an großen Nerven-Epidemien (in der Art der Epilepsie und des Veitstanzes) litten und daraus den herrlichen Typus der Bacchantin herausgebildet haben. – Die Griechen besaßen nämlich nichts weniger als eine vierschrötige Gesundheit; – ihr Geheimnis war, auch die Krankheit, wenn sie nur *Macht* hatte, als Gott zu verehren.

215

Musik. – Die Musik ist nicht an und für sich so bedeutungsvoll für unser Inneres, so tief erregend, daß sie als *unmittelbare* Sprache des Gefühls gelten dürfte; sondern ihre uralte Verbindung mit der Poesie hat so viel Symbolik in die rhythmische Bewegung, in Stärke und Schwäche des Tones gelegt, daß wir jetzt *wähnen*, sie spräche direkt *zum* Inneren und käme *aus* dem Inneren. Die dramatische Musik ist erst möglich, wenn sich die Tonkunst ein ungeheures Bereich symbolischer Mittel erobert hat, durch Lied, Oper und hundertfältige Versuche der Tonmalerei. Die »absolute Musik« ist entweder Form an sich, im rohen Zustand der Musik, wo das Erklingen in Zeitmaß und verschiedener Stärke überhaupt Freude macht, oder die ohne Poesie schon zum Verständnis redende Symbolik der Formen, nachdem in langer Entwicklung beide Künste verbunden waren und endlich die musikalische Form ganz mit Begriffs- und Gefühlsfäden durchsponnen ist. Menschen, welche in der Entwicklung der Musik zurückgeblieben sind, können dasselbe Tonstück rein formalistisch empfinden, wo die Fortgeschrittenen alles symbolisch verstehen. An sich ist keine Musik tief und bedeutungsvoll, sie spricht nicht vom »Willen«, vom »Dinge an sich«; das konnte der Intellekt erst in einem Zeitalter wähnen, welches den ganzen Umfang des inneren Lebens für die musikalische Symbolik erobert hatte. Der Intellekt selber hat diese Bedeutsamkeit erst in den Klang *hineingelegt*: wie er in die Verhältnisse von

Linien und Massen bei der Architektur ebenfalls Bedeutsamkeit gelegt hat, welche aber an sich den mechanischen Gesetzen ganz fremd ist.

216

Gebärde und Sprache. – Älter als die Sprache ist das Nachahmen von Gebärden, welches unwillkürlich vor sich geht und jetzt noch, bei einer allgemeinen Zurückdrängung der Gebärdensprache und gebildeten Beherrschung der Muskeln, so stark ist, daß wir ein bewegtes Gesicht nicht ohne Innervation unseres Gesichtes ansehen können (man kann beobachten, daß fingiertes Gähnen bei einem, der es sieht, natürliches Gähnen hervorruft). Die nachgeahmte Gebärde leitete den, der nachahmte, zu der Empfindung zurück, welche sie im Gesicht oder Körper des Nachgeahmten ausdrückte. So lernte man sich verstehn: so lernt noch das Kind die Mutter verstehen. Im allgemeinen mögen schmerzhafte Empfindungen wohl auch durch Gebärden ausgedrückt worden sein, welche Schmerz ihrerseits verursachen (zum Beispiel durch Haarausraufen, Die-Brust-Schlagen, gewaltsame Verzerrungen und Anspannungen der Gesichtsmuskeln). Umgekehrt: Gebärden der Lust waren selber lustvoll und eigneten sich dadurch leicht zum Mitteilen des Verständnisses (Lachen als Äußerung des Gekitzeltwerdens, welches lustvoll ist, diente wiederum zum Ausdruck anderer lustvoller Empfindungen). – Sobald man sich in Gebärden verstand, konnte wiederum eine *Symbolik* der Gebärde entstehen: ich meine, man konnte über eine Tonzeichensprache sich verständigen, so zwar, daß man zuerst Ton *und* Gebärde (zu der er symbolisch hinzutrat), später nur den Ton hervorbrachte. – Es scheint sich da in früher Zeit dasselbe oftmals ereignet zu haben, was jetzt vor unseren Augen und Ohren in der Entwicklung der Musik, namentlich der dramatischen Musik, vor sich geht: während zuerst die Musik, ohne erklärenden Tanz und Mimus (Gebärdensprache), leeres Geräusch ist, wird durch lange Gewöhnung an jenes Nebeneinander von Musik und Bewegung das Ohr zur sofortigen Ausdeutung der Tonfiguren eingeschult und kommt endlich auf eine Höhe des schnellen Verständnisses, wo es der sichtbaren Bewegung gar nicht mehr bedarf und den Tondichter ohne dieselbe *versteht.* Man redet dann von absoluter Musik, das heißt von Musik, in der alles ohne weitere Beihilfe sofort symbolisch verstanden wird.

217

Die Entsinnlichung der höheren Kunst. – Unsere Ohren sind, vermöge der außerordentlichen Übung des Intellekts durch die Kunstentwicklung

der neuen Musik, immer intellektualer geworden. Deshalb ertragen wir jetzt viel größere Tonstärke, viel mehr »Lärm«, weil wir viel besser eingeübt sind, auf die *Vernunft in ihm* hinzuhorchen, als unsere Vorfahren. Tatsächlich sind nun alle unsere Sinne eben dadurch, daß sie sogleich nach der Vernunft, also nach dem »es bedeutet« und nicht mehr nach dem »es ist« fragen, etwas abgestumpft worden: wie sich eine solche Abstumpfung zum Beispiel in der unbedingten Herrschaft der Temperatur der Töne verrät; denn jetzt gehören Ohren, welche die feineren Unterscheidungen, zum Beispiel zwischen *cis* und *des*, noch machen, zu den Ausnahmen. In dieser Hinsicht ist unser Ohr vergröbert worden. Sodann ist die häßliche, den Sinnen ursprünglich feindselige Seite der Welt für die Musik erobert worden; ihr Machtbereich namentlich zum Ausdruck des Erhabenen, Furchtbaren, Geheimnisvollen hat sich damit erstaunlich erweitert: unsere Musik bringt jetzt Dinge zum Reden, welche früher keine Zunge hatten. In ähnlicher Weise haben einige Maler das Auge intellektualer gemacht und sind weit über das hinausgegangen, was man früher Farben- und Formenfreude nannte. Auch hier ist die ursprünglich als häßlich geltende Seite der Welt vom künstlerischen Verstande erobert worden. – Was ist von alledem die Konsequenz? Je gedankenfähiger Auge und Ohr werden, um so mehr kommen sie an die Grenze, wo sie unsinnlich werden: die Freude wird ins Gehirn verlegt, die Sinnesorgane selbst werden stumpf und schwach, das Symbolische tritt immer mehr an Stelle des Seienden – und so gelangen wir auf diesem Wege so sicher zur Barbarei, wie auf irgendeinem anderen. Einstweilen heißt es noch: die Welt ist häßlicher als je, aber sie *bedeutet* eine schönere Welt als je gewesen. Aber je mehr der Ambraduft der Bedeutung sich zerstreut und verflüchtigt, um so seltener werden die, welche ihn noch wahrnehmen: und die übrigen bleiben endlich bei dem Häßlichen stehen und suchen es direkt zu genießen, was ihnen aber immer mißlingen muß. So gibt es in Deutschland eine doppelte Strömung der musikalischen Entwicklung: hier eine Schar von Zehntausend mit immer höheren, zarteren Ansprüchen und immer mehr nach dem »es bedeutet« hinhörend, und dort die ungeheure Überzahl, welche alljährlich immer unfähiger wird, das Bedeutende auch in der Form der sinnlichen Häßlichkeit zu verstehen und deshalb nach dem an sich Häßlichen und Ekelhaften, das heißt dem niedrig Sinnlichen in der Musik mit immer mehr Behagen greifen lernt.

218

Der Stein ist mehr Stein als früher. – Wir verstehen im allgemeinen Architektur nicht mehr, wenigstens lange nicht in der Weise, wie wir Musik verstehen. Wir sind aus der Symbolik der Linien und Figuren

herausgewachsen, wie wir der Klangwirkungen der Rhetorik entwöhnt sind, und haben diese Art von Muttermilch der Bildung nicht mehr vom ersten Augenblick unseres Lebens an eingesogen. An einem griechischen oder christlichen Gebäude bedeutete ursprünglich alles etwas, und zwar in Hinsicht auf eine höhere Ordnung der Dinge: diese Stimmung einer unausschöpflichen Bedeutsamkeit lag um das Gebäude gleich einem zauberhaften Schleier. Schönheit kam nur nebenbei in das System hinein, ohne die Grundempfindung des Unheimlich-Erhabenen, des durch Götternähe und Magie Geweihten wesentlich zu beeinträchtigen; Schönheit *milderte* höchstens das *Grauen* – aber dieses Grauen war überall die Voraussetzung. – Was ist uns jetzt die Schönheit eines Gebäudes? Dasselbe wie das schöne Gesicht einer geistlosen Frau: etwas Maskenhaftes.

219

Religiöse Herkunft der neueren Musik. – Die seelenvolle Musik entsteht in dem wiederhergestellten Katholizismus nach dem Tridentiner Konzil, durch Palestrina, welcher dem neu erwachten innigen und tief bewegten Geist zum Klange verhalf; später, mit Bach, auch im Protestantismus, soweit dieser durch die Pietisten vertieft und von seinem ursprünglichen dogmatischen Grundcharakter losgebunden worden war. Voraussetzung und notwendige Vorstufe für beide Entstehungen ist die Befassung mit Musik, wie sie dem Zeitalter der Renaissance und Vor-Renaissance zu eigen war, namentlich jene gelehrte Beschäftigung mit Musik, jene im Grunde wissenschaftliche Lust an den Kunststücken der Harmonik und Stimmführung. Andererseits mußte auch die Oper vorhergegangen sein: in welcher der Laie seinen Protest gegen eine zu gelehrt gewordene kalte Musik zu erkennen gab und der Polyhymnia wieder eine Seele schenken wollte. – Ohne jene tiefreligiöse Umstimmung, ohne das Ausklingen des innerlichst – erregten Gemütes wäre die Musik gelehrt oder opernhaft geblieben; der Geist der Gegenreformation ist der Geist der modernen Musik (denn jener Pietismus in Bachs Musik ist auch eine Art Gegenreformation). So tief sind wir dem religiösen Leben verschuldet. – Die Musik war die *Gegenrenaissance* im Gebiete der Kunst; zu ihr gehört die spätere Malerei des Murillo, zu ihr vielleicht auch der Barockstil: mehr jedenfalls als die Architektur der Renaissance oder des Altertums. Und noch jetzt dürfte man fragen: wenn unsre neuere Musik die Steine bewegen könnte, würde sie diese zu einer antiken Architektur zusammensetzen? Ich zweifle sehr. Denn das, was in der Musik regiert, der Affekt, die Lust an erhöhten, weitgespannten Stimmungen, das Lebendig-werden-Wollen um jeden Preis, der rasche Wechsel der Empfindung, die starke Reliefwirkung in Licht und Schatten, die Nebeneinanderstellung

der Ekstase und des Naiven, – das hat alles schon einmal in den bildenden Künsten regiert und neue Stilgesetze geschaffen: – es war aber weder im Altertum noch in der Zeit der Renaissance.

220

Das Jenseits in der Kunst. – Nicht ohne tiefen Schmerz gesteht man sich ein, daß die Künstler aller Zeiten in ihrem höchsten Aufschwunge gerade jene Vorstellungen zu einer himmlischen Verklärung hinaufgetragen haben, welche wir jetzt als falsch erkennen: sie sind die Verherrlicher der religiösen und philosophischen Irrtümer der Menschheit, und sie hätten dies nicht sein können ohne den Glauben an die absolute Wahrheit derselben. Nimmt nun der Glaube an eine solche Wahrheit überhaupt ab, verblassen die Regenbogenfarben um die äußersten Enden des menschlichen Erkennens und Wähnens: so kann jene Gattung von Kunst nie wieder aufblühen, welche, wie die *divina commedia,* die Bilder Raffaels, die Fresken Michelangelos, die gotischen Münster, nicht nur eine kosmische, sondern auch eine metaphysische Bedeutung der Kunstobjekte voraussetzt. Es wird eine rührende Sage daraus werden, daß es eine solche Kunst, einen solchen Künstlerglauben gegeben habe.

221

Die Revolution in der Poesie. – Der strenge Zwang, welchen sich die französischen Dramatiker auferlegten, in Hinsicht auf Einheit der Handlung, des Ortes und der Zeit, auf Stil, Vers- und Satzbau, Auswahl der Worte und Gedanken, war eine so wichtige Schule, wie die des Kontrapunkts und der Fuge in der Entwicklung der modernen Musik oder wie die Gorgianischen Figuren in der griechischen Beredsamkeit. Sich so zu binden kann absurd erscheinen; trotzdem gibt es kein anderes Mittel, um aus dem Naturalisieren herauszukommen, als sich zuerst auf das Allerstärkste (vielleicht Allerwillkürlichste) zu beschränken. Man lernt so allmählich mit Grazie selbst auf den schmalen Stegen schreiten, welche schwindelnde Abgründe überbrücken, und bringt die höchste Geschmeidigkeit der Bewegung als Ausbeute mit heim: wie die Geschichte der Musik vor den Augen aller Jetztlebenden beweist. Hier sieht man, wie Schritt vor Schritt die Fesseln lockerer werden, bis sie endlich ganz abgeworfen scheinen können: dieser *Schein* ist das höchste Ergebnis einer notwendigen Entwicklung in der Kunst. In der modernen Dichtkunst gab es keine so glückliche allmähliche Herauswicklung aus den selbstgelegten Fesseln. Lessing machte die französische Form, das heißt die einzige mo-

derne Kunstform, zum Gespött in Deutschland und verwies auf Shakespeare, und so verlor man die Stetigkeit jener Entfesselung und machte einen Sprung in den Naturalismus – das heißt in die Anfänge der Kunst zurück. Aus ihm versuchte sich Goethe zu retten, indem er sich immer von neuem wieder auf verschiedene Art zu binden wußte; aber auch der Begabteste bringt es nur zu einem fortwährenden Experimentieren, wenn der Faden der Entwicklung einmal abgerissen ist. Schiller verdankt die ungefähre Sicherheit seiner Form dem unwillkürlich verehrten, wenn auch verleugneten Vorbilde der französischen Tragödie und hielt sich ziemlich unabhängig von Lessing (dessen dramatische Versuche er bekanntlich ablehnte). Den Franzosen selber fehlten nach Voltaire auf einmal die großen Talente, welche die Entwicklung der Tragödie aus dem Zwange zu jenem Scheine der Freiheit fortgeführt hätten; sie machten später nach deutschem Vorbilde auch den Sprung in eine Art von Rousseauschem Naturzustand der Kunst und experimentierten. Man lese nur von Zeit zu Zeit Voltaires Mahomet, um sich klar vor die Seele zu stellen, was durch jenen Abbruch der Tradition ein für allemal der europäischen Kultur verlorengegangen ist. Voltaire war der letzte der großen Dramatiker, welcher seine vielgestaltige, auch den größten tragischen Gewitterstürmen gewachsene Seele durch griechisches Maß bändigte –, er vermochte das, was noch kein Deutscher vermochte, weil die Natur des Franzosen der griechischen viel verwandter ist als die Natur des Deutschen –; wie er auch der letzte große Schriftsteller war, der in der Behandlung der Prosa-Rede griechisches Ohr, griechische Künstler-Gewissenhaftigkeit, griechische Schlichtheit und Anmut hatte; ja wie er einer der letzten Menschen gewesen ist, welche die höchste Freiheit des Geistes und eine schlechterdings unrevolutionäre Gesinnung in sich vereinigen können, ohne inkonsequent und feige zu sein. Seitdem ist der moderne Geist mit seiner Unruhe, seinem Haß gegen Maß und Schranke, auf allen Gebieten zur Herrschaft gekommen, zuerst entzügelt durch das Fieber der Revolution und dann wieder sich Zügel anlegend, wenn ihn Angst und Grauen vor sich selber anwandelte, – aber die Zügel der Logik, nicht mehr des künstlerischen Maßes. Zwar genießen wir durch jene Entfesselung eine Zeitlang die Poesien aller Völker, alles an verborgenen Stellen Aufgewachsene, Urwüchsige, Wildblühende, Wunderlich-Schöne und Riesenhaft-Unregelmäßige, vom Volksliede an bis zum »großen Barbaren« Shakespeare hinauf; wir schmecken die Freuden der Lokalfarbe und des Zeitkostüms, die allen künstlerischen Völkern bisher fremd waren; wir benutzen reichlich die »barbarischen Avantagen« unserer Zeit, welche Goethe gegen Schiller geltend machte, um die Formlosigkeit seines Faust in das günstigste Licht zu stellen. Aber auf wie lange noch? Die hereinbrechende Flut von Poesien aller Stile aller Völker *muß* ja allmählich das Erdreich hinwegschwemmen, auf dem ein stilles verborgenes

Wachstum noch möglich gewesen wäre; alle Dichter *müssen* ja experimentierende Nachahmer, waghalsige Kopisten werden, mag ihre Kraft von Anbeginn noch so groß sein; das Publikum endlich, welches verlernt hat, in der *Bändigung* der darstellenden Kraft, in der organisierenden Bewältigung aller Kunstmittel die eigentliche künstlerische Tat zu sehn, *muß* immer mehr die Kraft um der Kraft willen, ja die Farbe um der Farbe willen, den Gedanken um des Gedankens willen, die Inspiration um der Inspiration willen schätzen, es wird demgemäß die Elemente und Bedingungen des Kunstwerks gar nicht, wenn nicht *isoliert,* genießen und zu guter Letzt die natürliche Forderung stellen, daß der Künstler isoliert sie ihm auch darreichen *müsse.* Ja, man hat die »unvernünftigen« Fesseln der französisch-griechischen Kunst abgeworfen, aber unvermerkt sich daran gewöhnt, alle Fesseln, alle Beschränkung unvernünftig zu finden; – und so bewegt sich die Kunst ihrer *Auflösung* entgegen und streift dabei – was freilich höchst belehrend ist – alle Phasen ihrer Anfänge, ihrer Kindheit, ihrer Unvollkommenheit, ihrer einstmaligen Wagnisse und Ausschreitungen: sie interpretiert, im Zu-Grunde-Gehen, ihre Entstehung, ihr Werden. Einer der Großen, auf dessen Instinkt man sich wohl verlassen kann und dessen Theorie nichts weiter als ein dreißig Jahre *Mehr* von Praxis fehlte, – Lord Byron hat einmal ausgesprochen: »Was die Poesie im allgemeinen anlangt, so bin ich, je mehr ich darüber nachdenke, immer fester der Überzeugung, daß wir allesamt auf dem falschen Wege sind, einer wie der andere. Wir folgen alle einem innerlich falschen revolutionären System – unsere oder die nächste Generation wird noch zu derselben Überzeugung gelangen.« Es ist dies derselbe Byron, welcher sagt: »Ich betrachte Shakespeare als das schlechteste Vorbild, wenn auch als den außerordentlichsten Dichter.« Und sagt im Grunde Goethes gereifte künstlerische Einsicht aus der zweiten Hälfte seines Lebens nicht genau dasselbe? – jene Einsicht, mit welcher er einen solchen Vorsprung über eine Reihe von Generationen gewann, daß man im großen ganzen behaupten kann, Goethe habe noch gar nicht gewirkt und seine Zeit werde erst kommen? Gerade weil seine Natur ihn lange Zeit in der Bahn der poetischen Revolution festhielt, gerade weil er am gründlichsten auskostete, was alles indirekt durch jenen Abbruch der Tradition an neuen Funden, Aussichten, Hilfsmitteln entdeckt und gleichsam unter den Ruinen der Kunst ausgegraben worden war, so wiegt seine spätere Umwandlung und Bekehrung so viel: sie bedeutet, daß er das tiefste Verlangen empfand, die Tradition der Kunst wiederzugewinnen und den stehengebliebenen Trümmern und Säulengängen des Tempels mit der Phantasie des Auges wenigstens die alte Vollkommenheit und Ganzheit anzudichten, wenn die Kraft des Arms sich viel zu schwach erweisen sollte, zu bauen, wo so ungeheure Gewalten schon zum Zerstören nötig waren. So lebte er in der Kunst als in der Erinnerung an die wahre Kunst:

sein Dichten war zum Hilfsmittel der Erinnerung, des Verständnisses alter, längst entrückter Kunstzeiten geworden. Seine Forderungen waren zwar in Hinsicht auf die Kraft des neuen Zeitalters unerfüllbar; der Schmerz darüber wurde aber reichlich durch die Freude aufgewogen, daß sie einmal erfüllt *gewesen* sind und daß auch wir noch an dieser Erfüllung teilnehmen können. Nicht Individuen, sondern mehr oder weniger idealische Masken; keine Wirklichkeit, sondern eine allegorische Allgemeinheit; Zeitcharaktere, Lokalfarben zum fast Unsichtbaren abgedämpft und mythisch gemacht; das gegenwärtige Empfinden und die Probleme der gegenwärtigen Gesellschaft auf die einfachsten Formen zusammengedrängt, ihrer reizenden, spannenden, pathologischen Eigenschaften entkleidet, in jedem andern als dem artistischen Sinn *wirkungslos* gemacht; keine neuen Stoffe und Charaktere, sondern die alten, längst gewohnten in immerfort währender Neubeseelung und Umbildung: das ist die Kunst, so wie sie Goethe später *verstand*, so wie sie die Griechen, ja auch die Franzosen *übten*.

222

Was von der Kunst übrigbleibt. – Es ist wahr, bei gewissen metaphysischen Voraussetzungen hat die Kunst viel größeren Wert, zum Beispiel wenn der Glaube gilt, daß der Charakter unveränderlich sei und das Wesen der Welt sich in allen Charakteren und Handlungen fortwährend ausspreche: da wird das Werk des Künstlers zum Bild des *ewig Beharrenden*, während für unsere Auffassung der Künstler seinem Bilde immer nur Gültigkeit für eine Zeit geben kann, weil der Mensch im ganzen geworden und wandelbar und selbst der einzelne Mensch nichts Festes und Beharrendes ist. – Ebenso steht es bei einer andern metaphysischen Voraussetzung: gesetzt, daß unsere sichtbare Welt nur Erscheinung wäre, wie es die Metaphysiker annehmen, so käme die Kunst der wirklichen Welt ziemlich nahe zu stehen: denn zwischen der Erscheinungswelt und der Traumbild-Welt des Künstlers gäbe es dann gar zuviel Ähnliches; und die übrigbleibende Verschiedenheit stellte sogar die Bedeutung der Kunst höher als die Bedeutung der Natur, weil die Kunst das Gleichförmige, die Typen und Vorbilder der Natur darstellte. – Jene Voraussetzungen sind aber falsch: welche Stellung bleibt nach dieser Erkenntnis jetzt noch der Kunst? Vor allem hat sie durch Jahrtausende hindurch gelehrt, mit Interesse und Lust auf das Leben in jeder Gestalt zu sehen und unsere Empfindung so weit zu bringen, daß wir endlich rufen: »wie es auch sei, das Leben, es ist gut!« Diese Lehre der Kunst, Lust am Dasein zu haben und das Menschenleben wie ein Stück Natur, ohne zu heftige Mitbewegung, als Gegenstand gesetzmäßiger Entwicklung

anzusehen, – diese Lehre ist in uns hineingewachsen, sie kommt jetzt als allgewaltiges Bedürfnis des Erkennens wieder ans Licht. Man könnte die Kunst aufgeben, würde aber damit nicht die von ihr gelernte Fähigkeit einbüßen: ebenso wie man die Religion aufgegeben hat, nicht aber die durch sie erworbenen Gemüts-Steigerungen und Erhebungen. Wie die bildende Kunst und die Musik der Maßstab des durch die Religion wirklich erworbenen und hinzugewonnenen Gefühls-Reichtums ist, so würde nach einem Verschwinden der Kunst die von ihr gepflanzte Intensität und Vielartigkeit der Lebensfreude immer noch Befriedigung fordern. Der wissenschaftliche Mensch ist die Weiterentwicklung des künstlerischen.

223

Abendröte der Kunst. – Wie man sich im Alter der Jugend erinnert und Gedächtnisfeste feiert, so steht bald die Menschheit zur Kunst im Verhältnis einer rührenden Erinnerung an die Freuden der Jugend. Vielleicht daß niemals früher die Kunst so tief und seelenvoll erfaßt wurde wie jetzt, wo die Magie des Todes dieselbe zu umspielen scheint. Man denke an jene griechische Stadt in Unteritalien, welche an *einem* Tage des Jahres noch ihre griechischen Feste feierte, unter Wehmut und Tränen darüber, daß immer mehr die ausländische Barbarei über ihre mitgebrachten Sitten triumphiere; niemals hat man wohl das Hellenische so genossen, nirgendswo diesen goldenen Nektar mit solcher Wollust geschlürft als unter diesen absterbenden Hellenen. Den Künstler wird man bald als ein herrliches Überbleibsel ansehen und ihm, wie einem wunderbaren Fremden, an dessen Kraft und Schönheit das Glück früherer Zeiten hing, Ehren erweisen, wie wir sie nicht gleich unseresgleichen gönnen. Das Beste an uns ist vielleicht aus Empfindungen früherer Zeiten vererbt, zu denen wir jetzt auf unmittelbarem Wege kaum mehr kommen können; die Sonne ist schon hinuntergegangen, aber der Himmel unseres Lebens glüht und leuchtet noch von ihr her, ob wir sie schon nicht mehr sehen.

FÜNFTES HAUPTSTÜCK

ANZEICHEN HÖHERER UND NIEDERER KULTUR

224

Veredelung durch Entartung. – Aus der Geschichte ist zu lernen, daß *der* Stamm eines Volkes sich am besten erhält, in dem die meisten Menschen lebendigen Gemeinsinn infolge der Gleichheit ihrer gewohnten und undiskutierbaren Grundsätze, also infolge ihres gemeinsamen Glaubens haben. Hier erstarkt die gute, tüchtige Sitte, hier wird die Unterordnung des Individuums gelernt und dem Charakter Festigkeit schon als Angebinde gegeben und nachher noch anerzogen. Die Gefahr dieser starken, auf gleichartige, charaktervolle Individuen gegründeten Gemeinwesen ist die allmählich durch Vererbung gesteigerte Verdummung, welche nun einmal aller Stabilität wie ihr Schatten folgt. Es sind die ungebundeneren, viel unsichereren und moralisch-schwächeren Individuen, an denen das *geistige Fortschreiten* in solchen Gemeinwesen hängt: es sind die Menschen, die Neues und überhaupt vielerlei versuchen. Unzählige dieser Art gehen, ihrer Schwäche wegen, ohne sehr ersichtliche Wirkung zugrunde; aber im allgemeinen, zumal wenn sie Nachkommen haben, lokkern sie auf und bringen von Zeit zu Zeit dem stabilen Elemente eines Gemeinwesens eine Wunde bei. Gerade an dieser wunden und schwach gewordenen Stelle wird dem gesamten Wesen etwas Neues gleichsam *inokuliert;* seine Kraft im ganzen muß aber stark genug sein, um dieses Neue in sein Blut aufzunehmen und sich zu assimilieren. Die abartenden Naturen sind überall da von höchster Bedeutung, wo ein Fortschritt erfolgen soll. Jedem Fortschritt im großen muß eine teilweise Schwächung vorhergehen. Die stärksten Naturen *halten* den Typus *fest,* die schwächeren helfen ihn *fortbilden.* – Etwas Ähnliches ergibt sich für den einzelnen Menschen; selten ist eine Entartung, eine Verstümmelung, selbst ein Laster und überhaupt eine körperliche oder sittliche Einbuße ohne einen Vorteil auf einer andern Seite. Der kränkere Mensch zum Beispiel wird vielleicht, inmitten eines kriegerischen und unruhigen Stammes, mehr Veranlassung haben, für sich zu sein und dadurch ruhiger und weiser zu werden, der Einäugige wird *ein* stärkeres Auge haben, der Blinde wird tiefer ins Innere schauen und jedenfalls schärfer hören. Insofern scheint mir der berühmte Kampf ums Dasein nicht der einzige Gesichtspunkt zu sein, aus dem das Fortschreiten oder Stärkerwerden eines Menschen, einer Rasse erklärt werden kann. Vielmehr muß zweierlei zusammenkommen: einmal die Mehrung der stabilen Kraft durch

Bindung der Geister im Glauben und Gemeingefühl; sodann die Möglichkeit, zu höheren Zielen zu gelangen, dadurch, daß entartende Naturen und, infolge derselben, teilweise Schwächungen und Verwundungen der stabilen Kraft vorkommen; gerade die schwächere Natur, als die zartere und feinere, macht alles Fortschreiten überhaupt möglich. Ein Volk, das irgendwo anbröckelt und schwach wird, aber im ganzen noch stark und gesund ist, vermag die Infektion des Neuen aufzunehmen und sich zum Vorteil einzuverleiben. Bei dem einzelnen Menschen lautet die Aufgabe der Erziehung so: ihn so fest und sicher hinzustellen, daß er als Ganzes gar nicht mehr aus seiner Bahn abgelenkt werden kann. Dann aber hat der Erzieher ihm Wunden beizubringen oder die Wunden, welche das Schicksal ihm schlägt, zu benutzen, und wenn so der Schmerz und das Bedürfnis entstanden sind, so kann auch in die verwundeten Stellen etwas Neues und Edles inokuliert werden. Seine gesamte Natur wird es in sich hineinnehmen und später, in ihren Früchten, die Veredelung spüren lassen. – Was den Staat betrifft, so sagt Macchiavelli, daß »die Form der Regierungen von sehr geringer Bedeutung ist, obgleich halbgebildete Leute anders denken. Das große Ziel der Staatskunst sollte *Dauer* sein, welche alles andere aufwiegt, indem sie weit wertvoller ist als Freiheit«. Nur bei sicher begründeter und verbürgter größter Dauer ist stetige Entwicklung und veredelnde Inokulation überhaupt möglich. Freilich wird gewöhnlich die gefährliche Genossin aller Dauer, die Autorität, sich dagegen wehren.

225

Freigeist ein relativer Begriff. – Man nennt *den* einen Freigeist, welcher anders denkt, als man von ihm auf Grund seiner Herkunft, Umgebung, seines Standes und Amtes oder auf Grund der herrschenden Zeitansichten erwartet. Er ist die Ausnahme, die gebundenen Geister sind die Regel; diese werfen ihm vor, daß seine freien Grundsätze ihren Ursprung entweder in der Sucht aufzufallen haben, oder gar auf freie Handlungen, das heißt auf solche, welche mit der gebundenen Moral unvereinbar sind, schließen lassen. Bisweilen sagt man auch, diese oder jene freien Grundsätze seien aus Verschrobenheit und Überspanntheit des Kopfes herzuleiten; doch spricht so nur die Bosheit, welche selber an das nicht glaubt, was sie sagt, aber damit schaden will: denn das Zeugnis für die größere Güte und Schärfe seines Intellekts ist dem Freigeist gewöhnlich ins Gesicht geschrieben, so lesbar, daß es die gebundenen Geister gut genug verstehen. Aber die beiden andern Ableitungen der Freigeisterei sind redlich gemeint; in der Tat entstehen auch viele Freigeister auf die eine oder die andere Art. Deshalb könnten aber die Sätze, zu denen sie auf jenen

Wegen gelangten, doch wahrer und zuverlässiger sein als die der gebundenen Geister. Bei der Erkenntnis der Wahrheit kommt es darauf an, daß man sie *hat,* nicht darauf, aus welchem Antriebe man sie gesucht, auf welchem Wege man sie gefunden hat. Haben die Freigeister recht, so haben die gebundenen Geister unrecht, gleichgültig, ob die ersteren aus Unmoralität zur Wahrheit gekommen sind, die anderen aus Moralität bisher an der Unwahrheit festgehalten haben. – Übrigens gehört es nicht zum Wesen des Freigeistes, daß er richtigere Ansichten hat, sondern vielmehr, daß er sich von dem Herkömmlichen gelöst hat, sei es mit Glück oder mit einem Mißerfolg. Für gewöhnlich wird er aber doch die Wahrheit oder mindestens den Geist der Wahrheitsforschung auf seiner Seite haben: er fordert Gründe, die anderen Glauben.

226

Herkunft des Glaubens. – Der gebundene Geist nimmt seine Stellung nicht aus Gründen ein, sondern aus Gewöhnung; er ist zum Beispiel Christ, nicht weil er die Einsicht in die verschiedenen Religionen und die Wahl zwischen ihnen gehabt hätte; er ist Engländer, nicht weil er sich für England entschieden hat, sondern er fand das Christentum und das Engländertum vor und nahm sie an ohne Gründe, wie jemand, der in einem Weinlande geboren wurde, ein Weintrinker wird. Später, als er Christ und Engländer war, hat er vielleicht auch einige Gründe zugunsten seiner Gewöhnung ausfindig gemacht; man mag diese Gründe umwerfen, damit wirft man ihn in seiner ganzen Stellung nicht um. Man nötige zum Beispiel einen gebundenen Geist, seine Gründe gegen die Bigamie vorzubringen, dann wird man erfahren, ob sein heiliger Eifer für die Monogamie auf Gründen oder auf Angewöhnung beruht. Angewöhnung geistiger Grundsätze ohne Gründe nennt man Glauben.

227

Aus den Folgen auf Grund und Ungrund zurückgeschlossen. – Alle Staaten und Ordnungen der Gesellschaft: die Stände, die Ehe, die Erziehung, das Recht, alles dies hat seine Kraft und Dauer allein in dem Glauben der gebundenen Geister an sie – also in der Abwesenheit der Gründe, mindestens in der Abwehr des Fragens nach Gründen. Das wollen die gebundenen Geister nicht gern zugeben und sie fühlen wohl, daß es ein *pudendum* ist. Das Christentum, das sehr unschuldig in seinen intellektuellen Einfällen war, merkte von diesem *pudendum* nichts, forderte Glauben und nichts als Glauben und wies das Verlangen nach Gründen

mit Leidenschaft ab; es zeigte auf den Erfolg des Glaubens hin: ihr werdet den Vorteil des Glaubens schon spüren, deutete es an, ihr sollt durch ihn selig werden. Tatsächlich verfährt der Staat ebenso, und jeder Vater erzieht in gleicher Weise seinen Sohn: halte dies nur für wahr, sagt er, du wirst spüren, wie gut dies tut. Dies bedeutet aber, daß aus dem persönlichen *Nutzen*, den eine Meinung einträgt, ihre *Wahrheit* erwiesen werden soll, die Zuträglichkeit einer Lehre soll für die intellektuelle Sicherheit und Begründetheit Gewähr leisten. Es ist dies so, wie wenn der Angeklagte vor Gericht spräche: mein Verteidiger sagt die ganze Wahrheit, denn seht nur zu, was aus seiner Rede folgt: ich werde freigesprochen. – Weil die gebundenen Geister ihre Grundsätze ihres Nutzens wegen haben, so vermuten sie auch beim Freigeist, daß er mit seinen Ansichten ebenfalls seinen Nutzen suche und nur das für wahr halte, was ihm gerade frommt. Da ihm aber das Entgegengesetzte von dem zu nützen scheint, was seinen Landes- oder Standesgenossen nützt, so nehmen diese an, daß seine Grundsätze ihnen gefährlich sind; sie sagen oder fühlen: er darf nicht recht haben, denn er ist uns schädlich.

228

Der starke, gute Charakter. – Die Gebundenheit der Ansichten, durch Gewöhnung zum Instinkt geworden, führt zu dem, was man Charakterstärke nennt. Wenn jemand aus wenigen, aber immer aus den gleichen Motiven handelt, so erlangen seine Handlungen eine große Energie; stehen diese Handlungen im Einklange mit den Grundsätzen der gebundenen Geister, so werden sie anerkannt und erzeugen nebenbei in dem, der sie tut, die Empfindung des guten Gewissens. Wenige Motive, energisches Handeln und gutes Gewissen machen das aus, was man Charakterstärke nennt. Dem Charakterstarken fehlt die Kenntnis der vielen Möglichkeiten und Richtungen des Handelns; sein Intellekt ist unfrei, gebunden, weil er ihm in einem gegebenen Falle vielleicht nur zwei Möglichkeiten zeigt; zwischen diesen muß er jetzt, gemäß seiner ganzen Natur, mit Notwendigkeit wählen, und er tut dies leicht und schnell, weil er nicht zwischen fünfzig Möglichkeiten zu wählen hat. Die erziehende Umgebung will jeden Menschen unfrei machen, indem sie ihm die geringste Zahl von Möglichkeiten vor Augen stellt. Das Individuum wird von seinen Erziehern behandelt, als ob es zwar etwas Neues sei, aber eine *Wiederholung* werden solle. Erscheint der Mensch zunächst als etwas Unbekanntes, nie Dagewesenes, so soll er zu etwas Bekanntem, Dagewesenem gemacht werden. Einen guten Charakter nennt man an einem Kinde das Sichtbarwerden der Gebundenheit durch das Dagewesene; indem das Kind sich auf die Seite der gebundenen Geister stellt, bekundet

es zuerst seinen erwachenden Gemeinsinn; auf der Grundlage dieses Gemeinsinns aber wird es später seinem Staate oder Stande nützlich.

229

Maß der Dinge bei den gebundenen Geistern. – Von vier Gattungen der Dinge sagen die gebundenen Geister, sie seien im Rechte. Erstens: alle Dinge, welche Dauer haben, sind im Recht; zweitens: alle Dinge, welche uns nicht lästig fallen, sind im Recht; drittens: alle Dinge, welche uns Vorteil bringen, sind im Recht; viertens: alle Dinge, für welche wir Opfer gebracht haben, sind im Recht. Letzteres erklärt zum Beispiel, weshalb ein Krieg, der wider Willen des Volkes begonnen wurde, mit Begeisterung fortgeführt wird, sobald erst Opfer gebracht sind. – Die Freigeister, welche ihre Sache vor dem Forum der gebundenen Geister führen, haben nachzuweisen, daß es immer Freigeister gegeben hat, also daß die Freigeisterei Dauer hat, sodann, daß sie nicht lästig fallen wollen, und endlich, daß sie den gebundenen Geistern im ganzen Vorteil bringen; aber weil sie von diesem letzten die gebundenen Geister nicht überzeugen können, nützt es ihnen nichts, den ersten und zweiten Punkt bewiesen zu haben.

230

Ersprit fort. – Verglichen mit dem, welcher das Herkommen auf seiner Seite hat und keine Gründe für sein Handeln braucht, ist der Freigeist immer schwach, namentlich im Handeln; denn er kennt zu viele Motive und Gesichtspunkte und hat deshalb eine unsichere, ungeübte Hand. Welche Mittel gibt es nun, um ihn doch *verhältnismäßig stark* zu machen, so daß er sich wenigstens durchsetzt und nicht wirkungslos zugrunde geht? Wie entsteht der starke Geist *(esprit fort)*? Es ist dies in einem einzelnen Falle die Frage nach der Erzeugung des Genius. Woher kommt die Energie, die unbeugsame Kraft, die Ausdauer, mit welcher der einzelne, dem Herkommen entgegen, eine ganz individuelle Erkenntnis der Welt zu erwerben trachtet?

231

Die Entstehung des Genies. – Der Witz des Gefangenen, mit welchem er nach Mitteln zu seiner Befreiung sucht, die kaltblütigste und langwierigste Benützung jedes kleinsten Vorteils kann lehren, welcher Handhabe sich mitunter die Natur bedient, um das Genie – ein Wort, das ich bitte, ohne allen mythologischen und religiösen Beigeschmack zu verstehen –

zustande zu bringen: sie fängt es in einen Kerker ein und reizt seine Begierde, sich zu befreien, auf das äußerste. – Oder mit einem anderen Bilde: jemand, der sich auf seinem Wege im Walde völlig verirrt hat, aber mit ungemeiner Energie nach irgendeiner Richtung hin ins Freie strebt, entdeckt mitunter einen neuen Weg, welchen niemand kennt: so entstehen die Genies, denen man Originalität nachrühmt. – Es wurde schon erwähnt, daß eine Verstümmelung, Verkrüppelung, ein erheblicher Mangel eines Organs häufig die Veranlassung dazu gibt, daß ein anderes Organ sich ungewöhnlich gut entwickelt, weil es seine eigene Funktion und noch eine andere zu versehen hat. Hieraus ist der Ursprung mancher glänzenden Begabung zu erraten. – Aus diesen allgemeinen Andeutungen über die Entstehung des Genius mache man die Anwendung auf den speziellen Fall, die Entstehung des vollkommenen Freigeistes.

232

Vermutung über den Ursprung der Freigeisterei. – Ebenso wie die Gletscher zunehmen, wenn in den Äquatorialgegenden die Sonne mit größerer Glut als früher auf die Meere niederbrennt, so mag auch wohl eine sehr starke, um sich greifende Freigeisterei Zeugnis dafür sein, daß irgendwo die Glut der Empfindung außerordentlich gewachsen ist.

233

Die Stimme der Geschichte. – Im allgemeinen *scheint* die Geschichte über die Erzeugung des Genius folgende Belehrung zu geben: Mißhandelt und quält die Menschen – so ruft sie den Leidenschaften Neid, Haß und Wetteifer zu – treibt sie zum Äußersten, den einen wider den andern, das Volk gegen das Volk, und zwar durch Jahrhunderte hindurch, dann flammt vielleicht, gleichsam aus einem beiseite fliegenden Funken der dadurch entzündeten furchtbaren Energie, auf einmal das Licht des Genius empor; der Wille, wie ein Roß durch den Sporn des Reiters wild gemacht, bricht dann aus und springt auf ein anderes Gebiet über. – Wer zum Bewußtsein über die Erzeugung des Genius käme und die Art, wie die Natur gewöhnlich dabei verfährt, auch praktisch durchführen wollte, würde gerade so böse und rücksichtslos wie die Natur sein müssen. – Aber vielleicht haben wir uns verhört.

234

Wert der Mitte des Wegs. – Vielleicht ist die Erzeugung des Genius nur einem begrenzten Zeitraume der Menschheit vorbehalten. Denn man darf von der Zukunft der Menschheit nicht zugleich alles das erwarten, was ganz bestimmte Bedingungen irgendwelcher Vergangenheit allein hervorzubringen vermochten; zum Beispiel nicht die erstaunlichen Wirkungen des religiösen Gefühls. Dieses selbst hat seine Zeit gehabt und vieles sehr Gute kann nie wieder wachsen, weil es allein aus ihm wachsen konnte. So wird es nie wieder einen religiös umgrenzten Horizont des Lebens und der Kultur geben. Vielleicht ist selbst der Typus des Heiligen nur bei einer gewissen Befangenheit des Intellektes möglich, mit der es, wie es scheint, für alle Zukunft vorbei ist. Und so ist die Höhe der Intelligenz vielleicht einem einzelnen Zeitalter der Menschheit aufgespart gewesen: sie trat hervor – und tritt hervor, denn wir leben noch in diesem Zeitalter, – als eine außerordentliche, lang angesammelte Energie des Willens sich ausnahmsweise auf *geistige* Ziele durch Vererbung übertrug. Es wird mit jener Höhe vorbei sein, wenn diese Wildheit und Energie nicht mehr großgezüchtet werden. Die Menschheit kommt vielleicht auf der Mitte ihres Weges, in der mittleren Zeit ihrer Existenz, ihrem eigentlichen Ziele näher als am Ende. Es könnten Kräfte, durch welche zum Beispiel die Kunst bedingt ist, geradezu aussterben; die Lust am Lügen, am Ungenauen, am Symbolischen, am Rausche, an der Ekstase könnte in Mißachtung kommen. Ja, ist das Leben erst im vollkommenen Staate geordnet, so ist aus der Gegenwart gar kein Motiv zur Dichtung mehr zu entnehmen, und es würden allein die zurückgebliebenen Menschen sein, welche nach dichterischer Unwirklichkeit verlangten. Diese würden dann jedenfalls mit Sehnsucht rückwärts schauen, nach den Zeiten des unvollkommenen Staates, der halb-barbarischen Gesellschaft, nach *unseren* Zeiten.

235

Genius und idealer Staat in Widerspruch. – Die Sozialisten begehren für möglichst viele ein Wohlleben herzustellen. Wenn die dauernde Heimat dieses Wohllebens, der vollkommene Staat, wirklich erreicht wäre, so würde durch dieses Wohlleben der Erdboden, aus dem der große Intellekt und überhaupt das mächtige Individuum wächst, zerstört sein: ich meine die starke Energie. Die Menschheit würde zu matt geworden sein, wenn dieser Staat erreicht ist, um den Genius noch erzeugen zu können. Müßte man somit nicht wünschen, daß das Leben seinen gewaltsamen Charakter behalte und daß immer von neuem wieder wilde Kräfte und Energien hervorgerufen werden? Nun will das warme, mitfühlende

Herz gerade die *Beseitigung* jenes gewaltsamen und wilden Charakters, und das wärmste Herz, das man sich denken kann, würde eben darnach am leidenschaftlichsten verlangen: während doch gerade seine Leidenschaft aus jenem wilden und gewaltsamen Charakter des Lebens ihr Feuer, ihre Wärme, ja ihre Existenz genommen hat; das wärmste Herz will also Beseitigung seines Fundamentes, Vernichtung seiner selbst, das heißt doch: es will etwas Unlogisches, es ist nicht intelligent. Die höchste Intelligenz und das wärmste Herz können nicht in einer Person beisammen sein, und der Weise, welcher über das Leben das Urteil spricht, stellt sich auch über die Güte und betrachtet diese nur als etwas, das bei der Gesamtrechnung des Lebens mit abzuschätzen ist. Der Weise muß jenen ausschweifenden Wünschen der unintelligenten Güte widerstreben, weil ihm an dem Fortleben seines Typus und an dem endlichen Entstehen des höchsten Intellektes gelegen ist; mindestens wird er der Begründung des »vollkommenen Staates« nicht förderlich sein, insofern in ihm nur ermattete Individuen Platz haben. Christus dagegen, den wir uns einmal als das wärmste Herz denken wollen, förderte die Verdummung der Menschen, stellte sich auf die Seite der geistig Armen und hielt die Erzeugung des größten Intellektes auf: und dies war konsequent. Sein Gegenbild, der vollkommene Weise – dies darf man wohl vorhersagen – wird ebenso notwendig der Erzeugung eines Christus hinderlich sein. – Der Staat ist eine kluge Veranstaltung zum Schutz der Individuen gegeneinander: übertreibt man seine Veredelung, so wird zuletzt das Individuum durch ihn geschwächt, ja aufgelöst – also der ursprüngliche Zweck des Staates am gründlichsten vereitelt.

236

Die Zonen der Kultur. – Man kann gleichnisweise sagen, daß die Zeitalter der Kultur den Gürteln der verschiedenen Klimata entsprechen, nur daß diese hintereinander und nicht wie die geographischen Zonen nebeneinander liegen. Im Vergleich mit der gemäßigten Zone der Kultur, in welche überzugehen unsere Aufgabe ist, macht die vergangene im ganzen und großen den Eindruck eines *tropischen* Klimas. Gewaltsame Gegensätze, schroffer Wechsel von Tag und Nacht, Glut und Farbenpracht, die Verehrung alles Plötzlichen, Geheimnisvollen, Schrecklichen, die Schnelligkeit der hereinbrechenden Unwetter, überall das verschwenderische Überströmen der Füllhörner der Natur: und dagegen, in unserer Kultur, ein heller, doch nicht leuchtender Himmel, reine, ziemlich gleich verbleibende Luft, Schärfe, ja Kälte gelegentlich: so heben sich beide Zonen gegeneinander ab. Wenn wir dort sehen, wie die wütendsten Leidenschaften durch metaphysische Vorstellungen mit unheimlicher Gewalt

niedergerungen und zerbrochen werden, so ist es uns zumute, als ob vor unseren Augen in den Tropen wilde Tiger unter den Windungen ungeheurer Schlangen zerdrückt würden; unserem geistigen Klima fehlen solche Vorkommnisse, unsere Phantasie ist gemäßigt; selbst im Traume kommt uns das nicht bei, was frühere Völker im Wachen sahen. Aber sollten wir über diese Veränderung nicht glücklich sein dürfen, selbst zugegeben, daß die Künstler durch das Verschwinden der tropischen Kultur wesentlich beeinträchtigt sind und uns Nicht-Künstler ein wenig zu nüchtern finden? Insofern haben Künstler wohl das Recht, den »Fortschritt« zu leugnen, denn in der Tat: ob die letzten drei Jahrtausende in den Künsten einen fortschreitenden Verlauf zeigen, das läßt sich mindestens bezweifeln; ebenso wird ein metaphysischer Philosoph wie Schopenhauer keinen Anlaß haben, den Fortschritt zu erkennen, wenn er die letzten vier Jahrtausende in bezug auf metaphysische Philosophie und Religion überblickt. – Uns gilt aber die *Existenz* der gemäßigten Zone der Kultur selbst als Fortschritt.

237

Renaissance und Reformation. – Die italienische Renaissance barg in sich alle die positiven Gewalten, welchen man die moderne Kultur verdankt: also Befreiung des Gedankens, Mißachtung der Autoritäten, Sieg der Bildung über den Dünkel der Abkunft, Begeisterung für die Wissenschaft und die wissenschaftliche Vergangenheit der Menschen, Entfesselung des Individuums, eine Glut der Wahrhaftigkeit und Abneigung gegen Schein und bloßen Effekt (welche Glut in einer ganzen Fülle künstlerischer Charaktere hervorloderte, die Vollkommenheit in ihren Werken und nichts als Vollkommenheit mit höchster sittlicher Reinheit von sich forderten); ja die Renaissance hatte positive Kräfte, welche in unserer *bisherigen* modernen Kultur noch nicht wieder so mächtig geworden sind. Es war das goldene Zeitalter dieses Jahrtausends, trotz aller Flekken und Laster. Dagegen hebt sich nun die deutsche Reformation ab als ein energischer Protest zurückgebliebener Geister, welche die Weltanschauung des Mittelalters noch keineswegs satt hatten und die Zeichen seiner Auflösung, die außerordentliche Verflachung und Veräußerlichung des religiösen Lebens, anstatt mit Frohlocken, wie sich gebührt, mit tiefem Unmute empfanden. Sie warfen mit ihrer nordischen Kraft und Halsstarrigkeit die Menschen wieder zurück, erzwangen die Gegenreformation, das heißt ein katholisches Christentum der Notwehr, mit den Gewaltsamkeiten eines Belagerungszustandes, und verzögerten um zwei bis drei Jahrhunderte ebenso das völlige Erwachen und Herrschen der Wissenschaften, als sie das völlige In-Eins-Verwachsen des antiken und

des modernen Geistes vielleicht für immer unmöglich machten. Die große Aufgabe der Renaissance konnte nicht zu Ende gebracht werden, der Protest des inzwischen zurückgebliebenen deutschen Wesens (welches im Mittelalter Vernunft genug gehabt hatte, um immer und immer wieder zu seinem Heile über die Alpen zu steigen) verhinderte dies. Es lag in dem Zufall einer außerordentlichen Konstellation der Politik, daß damals Luther erhalten blieb und jener Protest Kraft gewann: denn der Kaiser schützte ihn, um seine Neuerung gegen den Papst als Werkzeug des Druckes zu verwenden, und ebenfalls begünstigte ihn im stillen der Papst, um die protestantischen Reichsfürsten als Gegengewicht gegen den Kaiser zu benutzen. Ohne dies seltsame Zusammenspiel der Absichten wäre Luther verbrannt worden wie Huß – und die Morgenröte der Aufklärung vielleicht etwas früher und mit schönerem Glanze, als wir jetzt ahnen können, aufgegangen.

238

Gerechtigkeit gegen den werdenden Gott. – Wenn sich die ganze Geschichte der Kultur vor den Blicken auftut, als ein Gewirr von bösen und edlen, wahren und falschen Vorstellungen, und es einem beim Anblick dieses Wellenschlags fast seekrank zumute wird, so begreift man, was für ein Trost in der Vorstellung eines *werdenden Gottes* liegt: dieser enthüllt sich immer mehr in den Verwandlungen und Schicksalen der Menschheit, es ist nicht alles blinde Mechanik, sinn- und zweckloses Durcheinanderspielen von Kräften. Die Vergottung des Werdens ist ein metaphysischer Ausblick – gleichsam von einem Leuchtturm am Meere der Geschichte herab –, an welchem eine allzuviel historisierende Gelehrtengeneration ihren Trost fand; darüber darf man nicht böse werden, so irrtümlich jene Vorstellung auch sein mag. Nur wer wie Schopenhauer die Entwicklung leugnet, fühlt auch nichts von dem Elend dieses historischen Wellenschlags und darf deshalb, weil er von jenem werdenden Gotte und dem Bedürfnis seiner Annahme nichts weiß, nichts fühlt, billigerweise seinen Spott auslassen.

239

Die Früchte nach der Jahreszeit. – Jede bessere Zukunft, welche man der Menschheit anwünscht, ist notwendigerweise auch in manchem Betracht eine schlechtere Zukunft: denn es ist Schwärmerei zu glauben, daß eine höhere neue Stufe der Menschheit alle die Vorzüge früherer Stufen in sich vereinigen werde und zum Beispiel auch die höchste Gestaltung der Kunst erzeugen müsse. Vielmehr hat jede Jahreszeit ihre Vorzüge

und Reize für sich und schließt die der anderen aus. Das, was aus der Religion und in ihrer Nachbarschaft gewachsen ist, kann nicht wieder wachsen, wenn diese zerstört ist; höchstens können verirrte, spätkommende Absenker zur Täuschung darüber verleiten, ebenso wie die zeitweilig ausbrechende Erinnerung an die alte Kunst: ein Zustand, der wohl das Gefühl der Verlustes, der Entbehrung verrät, aber kein Beweis für die Kraft ist, aus der eine neue Kunst geboren werden könnte.

240

Zunehmende Severität der Welt. – Je höher die Kultur eines Menschen steigt, um so mehr Gebiete entziehen sich dem Scherz, dem Spotte. Voltaire war für die Erfindung der Ehe und der Kirche von Herzen dem Himmel dankbar: als welcher damit so gut für unsere Aufheiterung gesorgt habe. Aber er und seine Zeit, und vor ihm das sechzehnte Jahrhundert, haben diese Themen zu Ende gespottet; es ist alles, was jetzt einer auf diesem Gebiete noch witzelt, verspätet und vor allem gar zu wohlfeil, als daß es die Käufer begehrlich machen könnte. Jetzt fragt man nach den Ursachen; es ist das Zeitalter des Ernstes. Wem liegt jetzt noch daran, die Differenzen zwischen Wirklichkeit und anspruchsvollem Schein, zwischen dem, was der Mensch ist und was er vorstellen will, in scherzhaftem Lichte zu sehen; das Gefühl dieser Kontraste wirkt alsbald ganz anders, wenn man nach den Gründen sucht. Je gründlicher jemand das Leben versteht, desto weniger wird er spotten, nur daß er zuletzt vielleicht noch über die »Gründlichkeit seines Verstehens« spottet.

241

Genius der Kultur. – Wenn jemand einen Genius der Kultur imaginieren wollte, wie würde dieser beschaffen sein? Er handhabt die Lüge, die Gewalt, den rücksichtslosesten Eigennutz so sicher als seine Werkzeuge, daß er nur ein böses dämonisches Wesen zu nennen wäre; aber seine Ziele, welche hier und da durchleuchten, sind groß und gut. Es ist ein Zentaur, halb Tier, halb Mensch, und hat noch Engelsflügel dazu am Haupte.

242

Wunder-Erziehung. – Das Interesse an der Erziehung wird erst von dem Augenblick an große Stärke bekommen, wo man den Glauben an einen Gott und seine Fürsorge aufgibt: ebenso wie die Heilkunst erst

erblühen konnte, als der Glaube an Wunderkuren aufhörte. Bis jetzt glaubt aber alle Welt noch an die Wunder-Erziehung: aus der größten Unordnung, Verworrenheit der Ziele, Ungunst der Verhältnisse sah man ja die fruchtbarsten mächtigsten Menschen erwachsen: wie konnte dies doch mit rechten Dingen zugehen? – Jetzt wird man bald auch in diesen Fällen näher zusehen, sorgsamer prüfen: Wunder wird man dabei niemals entdecken. Unter gleichen Verhältnissen gehen fortwährend zahlreiche Menschen zugrunde, das einzelne gerettete Individuum ist dafür gewöhnlich stärker geworden, weil es diese schlimmen Umstände vermöge unverwüstlicher eingeborener Kraft ertrug und diese Kraft noch geübt und vermehrt hat: so erklärt sich das Wunder. Eine Erziehung, welche an kein Wunder mehr glaubt, wird auf dreierlei zu achten haben: erstens, wie viel Energie ist vererbt? zweitens, wodurch kann noch neue Energie entzündet werden? drittens, wie kann das Individuum jenen so überaus vielartigen Ansprüchen der Kultur angepaßt werden, ohne daß diese es beunruhigen und seine Eigenartigkeit zersplittern – kurz, wie kann das Individuum in den Kontrapunkt der privaten und öffentlichen Kultur eingereiht werden, wie kann es zugleich die Melodie führen und als Melodie begleiten?

243

Die Zukunft des Arztes. – Es gibt jetzt keinen Beruf, der eine so hohe Steigerung zuließe, wie der des Arztes; namentlich nachdem die geistlichen Ärzte, die sogenannten Seelsorger, ihre Beschwörungskünste nicht mehr unter öffentlichem Beifalle treiben dürfen und ein Gebildeter ihnen aus dem Wege geht. Die höchste geistige Ausbildung eines Arztes ist jetzt nicht erreicht, wenn er die besten neuesten Methoden kennt und auf sie eingeübt ist und jene fliegenden Schlüsse von Wirkungen auf Ursachen zu machen versteht, derentwegen die Diagnostiker berühmt sind: er muß außerdem eine Beredsamkeit haben, die sich jedem Individuum anpaßt und ihm das Herz aus dem Leibe zieht, eine Männlichkeit, deren Anblick schon den Kleinmut (den Wurmfraß aller Kranken) verscheucht, eine Diplomaten-Geschmeidigkeit im Vermitteln zwischen solchen, welche Freude zu ihrer Genesung nötig haben, und solchen, die aus Gesundheitsgründen Freude machen müssen (und können), die Feinheit eines Polizeiagenten und Advokaten, die Geheimnisse einer Seele zu verstehen, ohne sie zu verraten, – kurz, ein guter Arzt bedarf jetzt der Kunstgriffe und Kunstvorrechte aller andern Berufsklassen: so ausgerüstet ist er dann imstande, der ganzen Gesellschaft ein Wohltäter zu werden, durch Vermehrung guter Werke, geistiger Freude und Fruchtbarkeit, durch Verhütung von bösen Gedanken, Vorsätzen, Schurkereien (deren ekler Quell so häufig der Unterleib ist), durch Herstellung einer geistig-leiblichen

Aristokratie (als Ehestifter und Eheverhinderer), durch wohlwollende Abschneidung aller sogenannten Seelenqualen und Gewissensbisse: so erst wird er aus einem »Medizinmann« ein Heiland und braucht doch keine Wunder zu tun, hat auch nicht nötig, sich kreuzigen zu lassen.

244

In der Nachbarschaft des Wahnsinns. – Die Summe der Empfindungen, Kenntnisse, Erfahrungen, also die ganze Last der Kultur, ist so groß geworden, daß eine Überreizung der Nerven- und Denkkräfte die allgemeine Gefahr ist, ja daß die kultivierten Klassen der europäischen Länder durchweg neurotisch sind und fast jede ihrer größeren Familien in einem Glied dem Irrsinn nahegerückt ist. Nun kommt man zwar der Gesundheit jetzt auf alle Weise entgegen; aber in der Hauptsache bleibt eine Verminderung jener Spannung des Gefühls, jener niederdrückenden Kultur-Last vonnöten, welche, wenn sie selbst mit schweren Einbußen erkauft werden sollte, uns doch zu der großen Hoffnung einer *neuen Renaissance* Spielraum gibt. Man hat dem Christentum, den Philosophen, Dichtern, Musikern eine Überfülle tief erregter Empfindungen zu danken: damit diese uns nicht überwuchern, müssen wir den Geist der Wissenschaft beschwören, welcher im ganzen etwas kälter und skeptischer macht und namentlich den Glutstrom des Glaubens an letzte endgültige Wahrheiten abkühlt; er ist vornehmlich durch das Christentum so wild geworden.

245

Glockenguß der Kultur. – Die Kultur ist entstanden wie eine Glocke, innerhalb eines Mantels von gröberem, gemeinerem Stoffe: Unwahrheit, Gewaltsamkeit, unbegrenzte Ausdehnung aller einzelnen Ichs, aller einzelnen Völker, waren dieser Mantel. Ist es an der Zeit, ihn jetzt abzunehmen? Ist das Flüssige erstarrt, sind die guten, nützlichen Triebe, die Gewohnheiten des edleren Gemütes so sicher und allgemein geworden, daß es keiner Anlehnung an Metaphysik und die Irrtümer der Religionen mehr bedarf, keiner Härten und Gewaltsamkeiten als mächtigster Bindemittel zwischen Mensch und Mensch, Volk und Volk? – Zur Beantwortung dieser Frage ist kein Wink eines Gottes uns mehr hilfreich: unsere eigne Einsicht muß da entscheiden. Die Erdregierung des Menschen im großen hat der Mensch selber in die Hand zu nehmen, seine »Allwissenheit« muß über dem weiteren Schicksal der Kultur mit scharfem Auge wachen.

246

Die Zyklopen der Kultur. – Wer jene zerfurchten Kessel sieht, in denen Gletscher gelagert haben, hält es kaum für möglich, daß eine Zeit kommt, wo an derselben Stelle ein Wiesen- und Waldtal mit Bächen darin sich hinzieht. So ist es auch in der Geschichte der Menschheit; die wildesten Kräfte brechen Bahn, zunächst zerstörend, aber trotzdem war ihre Tätigkeit nötig, damit später eine mildere Gesittung hier ihr Haus aufschlage. Die schrecklichen Energien – das, was man das Böse nennt – sind die zyklopischen Architekten und Wegebauer der Humanität.

247

Kreislauf des Menschentums. – Vielleicht ist das ganze Menschentum nur eine Entwicklungsphase einer bestimmten Tierart von begrenzter Dauer: so daß der Mensch aus dem Affen geworden ist und wieder zum Affen werden wird, während niemand da ist, der an diesem verwunderlichen Komödien-Ausgang irgendein Interesse nehme. So wie mit dem Verfalle der römischen Kultur und seiner wichtigsten Ursache, der Ausbreitung des Christentums, eine allgemeine Verhäßlichung des Menschen innerhalb des römischen Reiches überhandnahm, so könnte auch durch den einstmaligen Verfall der allgemeinen Erdkultur eine viel höher gesteigerte Verhäßlichung und endlich Vertierung des Menschen, bis ins Affenhafte, herbeigeführt werden. – Gerade weil wir diese Perspektive ins Auge fassen können, sind wir vielleicht imstande, einem solchen Ende der Zukunft vorzubeugen.

248

Trostrede eines desperaten Fortschritts. – Unsere Zeit macht den Eindruck eines Interim-Zustandes; die alten Weltbetrachtungen, die alten Kulturen sind noch teilweise vorhanden, die neuen noch nicht sicher und gewohnheitsmäßig und daher ohne Geschlossenheit und Konsequenz. Es sieht aus, als ob alles chaotisch würde, das Alte verlorenginge, das Neue nichts tauge und immer schwächlicher werde. Aber so geht es dem Soldaten, welcher marschieren lernt: er ist eine Zeitlang unsicherer und unbeholfener als je, weil die Muskeln bald nach dem alten System, bald nach dem neuen bewegt werden und noch keins entschieden den Sieg behauptet. Wir schwanken, aber es ist nötig, dadurch nicht ängstlich zu werden und das Neu-Errungene etwa preiszugeben. Überdies *können* wir ins Alte nicht zurück, wir *haben* die Schiffe verbrannt; es bleibt nur übrig, tapfer zu sein, mag nun dabei dies oder jenes herauskommen. – *Schreiten* wir

nur *zu*, kommen wir nur von der Stelle! Vielleicht sieht sich unser Gebaren doch einmal wie *Fortschritt* an; wenn aber nicht, so mag Friedrichs des Großen Wort auch zu uns gesagt sein, und zwar zum Troste: »*Ah, mon cher Sulzer, vous ne connaissez pas assez cette race maudite, à laquelle nous appartenons.*«

249

An der Vergangenheit der Kultur leiden. – Wer sich das Problem der Kultur klargemacht hat, leidet dann an einem ähnlichen Gefühle wie der, welcher einen durch unrechtmäßige Mittel erworbenen Reichtum ererbt hat, oder wie der Fürst, der durch Gewalttat seiner Vorfahren regiert. Er denkt mit Trauer an seinen Ursprung und ist oft beschämt, oft reizbar. Die ganze Summe von Kraft, Lebenswillen, Freude, welche er seinem Besitze zuwendet, balanciert sich oft mit einer tiefen Müdigkeit: er kann seinen Ursprung nicht vergessen. Die Zukunft sieht er wehmütig an, seine Nachkommen, er weiß es voraus, werden an der Vergangenheit leiden wie er.

250

Manieren. – Die guten Manieren verschwinden in dem Maße, in welchem der Einfluß des Hofes und einer abgeschlossenen Aristokratie nachläßt: man kann diese Abnahme von Jahrzehnt zu Jahrzehnt deutlich beobachten, wenn man ein Auge für die öffentlichen Akte hat: als welche ersichtlich immer pöbelhafter werden. Niemand versteht mehr, auf geistreiche Art zu huldigen und zu schmeicheln; daraus ergibt sich die lächerliche Tatsache, daß man in Fällen, wo man gegenwärtig Huldigungen darbringen *muß* (zum Beispiel einem großen Staatsmanne oder Künstler), die Sprache des tiefsten Gefühls, der treuherzigen, ehrenfesten Biederkeit borgt – aus Verlegenheit und Mangel an Geist und Grazie. So scheint die öffentliche festliche Begegnung der Menschen immer ungeschickter, aber gefühlvoller und biederer, ohne dies zu sein. – Sollte es aber mit den Manieren immerfort bergab gehen? Es scheint mir vielmehr, daß die Manieren eine tiefe Kurve machen und wir uns ihrem niedrigsten Stande nähern. Wenn erst die Gesellschaft ihrer Absichten und Prinzipien sicherer geworden ist, so daß diese formbildend wirken (während jetzt die angelernten Manieren früherer formen-bildender Zustände immer schwächer vererbt und angelernt werden), so wird es Manieren des Umgangs, Gebärden und Ausdrücke des Verkehrs geben, welche so notwendig und schlicht natürlich erscheinen müssen, als es diese Absichten und Prinzipien sind. Die bessere Verteilung der Zeit und Arbeit, die zur Begleiterin jener schönen Mußezeit umgewandelte gymnastische Übung, das vermehrte und

strenger gewordene Nachdenken, welches selbst dem Körper Klugheit und Geschmeidigkeit gibt, bringt dies alles mit sich. – Hier könnte man nun freilich mit einigem Spotte unserer Gelehrten gedenken, ob denn sie, die doch Vorläufer jener neuen Kultur sein wollen, sich in der Tat durch bessere Manieren auszeichnen? Es ist dies wohl nicht der Fall, obgleich ihr Geist willig genug dazu sein mag: aber ihr Fleisch ist schwach. Die Vergangenheit ist noch zu mächtig in ihren Muskeln: sie stehen noch in einer unfreien Stellung und sind zur Hälfte weltliche Geistliche, zur Hälfte abhängige Erzieher vornehmer Leute und Stände, und überdies durch Pedanterie der Wissenschaft, durch veraltete geistlose Methoden verkrüppelt und unlebendig gemacht. Sie sind also, jedenfalls ihrem Körper nach und oft auch zu Dreiviertel ihres Geistes, immer noch die Höflinge einer alten, ja greisenhaften Kultur und als solche selber greisenhaft; der neue Geist, der gelegentlich in diesen alten Gehäusen rumort, dient einstweilen nur dazu, sie unsicherer und ängstlicher zu machen. In ihnen gehen sowohl die Gespenster der Vergangenheit als die Gespenster der Zukunft um: was Wunder, wenn sie dabei nicht die beste Miene machen, nicht die gefälligste Haltung haben?

251

Zukunft der Wissenschaft. – Die Wissenschaft gibt dem, welcher in ihr arbeitet und sucht, viel Vergnügen, dem, welcher ihre Ergebnisse *lernt*, sehr wenig. Da allmählich aber alle wichtigen Wahrheiten der Wissenschaft alltäglich und gemein werden müssen, so hört auch dieses wenige Vergnügen auf: so wie wir beim Lernen des so bewundernswürdigen Einmaleins längst aufgehört haben, uns zu freuen. Wenn nun die Wissenschaft immer weniger Freude durch sich macht und immer mehr Freude durch Verdächtigung der tröstlichen Metaphysik, Religion und Kunst, nimmt: so verarmt jene größte Quelle der Lust, welcher die Menschheit fast ihr gesamtes Menschentum verdankt. Deshalb muß eine höhere Kultur dem Menschen ein Doppelgehirn, gleichsam zwei Hirnkammern geben, einmal um Wissenschaft, sodann um Nicht-Wissenschaft zu empfinden: nebeneinander liegend, ohne Verwirrung, trennbar, abschließbar; es ist dies eine Forderung der Gesundheit. Im einen Bereiche liegt die Kraftquelle, im anderen der Regulator: mit Illusionen, Einseitigkeiten, Leidenschaften muß geheizt werden, mit Hilfe der erkennenden Wissenschaft muß den bösartigen und gefährlichen Folgen einer Überheizung vorgebeugt werden. – Wird dieser Forderung der höheren Kultur nicht genügt, so ist der weitere Verlauf der menschlichen Entwicklung fast mit Sicherheit vorherzusagen: das Interesse am Wahren hört auf, je weniger es Lust gewährt; die Illusion, der Irrtum, die Phantastik erkämpfen sich Schritt um Schritt, weil sie mit Lust verbunden sind, ihren ehemals be-

haupteten Boden: der Ruin der Wissenschaften, das Zurücksinken in Barbarei ist die nächste Folge; von neuem muß die Menschheit wieder anfangen, ihr Gewebe zu weben, nachdem sie es, gleich Penelope, des nachts zerstört hat. Aber wer bürgt uns dafür, daß sie immer wieder die Kraft dazu findet?

252

Die Lust am Erkennen. – Weshalb ist das Erkennen, das Element des Forschers und Philosophen, mit Lust verknüpft? Erstens und vor allem, weil man sich dabei seiner Kraft bewußt wird, also aus demselben Grunde, aus dem gymnastische Übungen auch ohne Zuschauer lustvoll sind. Zweitens, weil man, im Verlauf der Erkenntnis, über ältere Vorstellungen und deren Vertreter hinauskommt, Sieger wird oder wenigstens es zu sein glaubt. Drittens, weil wir uns durch eine noch so kleine neue Erkenntnis über *alle* erhaben und uns als die einzigen fühlen, welche hierin das Richtige wissen. Diese drei Gründe zur Lust sind die wichtigsten, doch gibt es, je nach der Natur des Erkennenden, noch viele Nebengründe. – Ein nicht unbeträchtliches Verzeichnis von solchen gibt, an einer Stelle, wo man es nicht suchen würde, meine paränetische Schrift über Schopenhauer: mit deren Aufstellungen sich jeder erfahrene Diener der Erkenntnis zufrieden geben kann, sei es auch, daß er den ironischen Anflug, der auf jenen Seiten zu liegen scheint, wegwünschen wird. Denn wenn es wahr ist, daß zum Entstehen des Gelehrten »eine Menge sehr menschlicher Triebe und Triebchen zusammengegossen werden muß«, daß der Gelehrte zwar ein sehr edles, aber kein reines Metall ist und »aus einem verwickelten Geflecht sehr verschiedener Antriebe und Reize besteht«: so gilt doch dasselbe ebenfalls von Entstehung und Wesen des Künstlers, Philosophen, moralischen Genies – und wie die in jener Schrift glorifizierten großen Namen lauten. *Alles* Menschliche verdient in Hinsicht auf seine *Entstehung* die ironische Betrachtung: deshalb ist die Ironie in der Welt so *überflüssig.*

253

Treue als Beweis der Stichhaltigkeit. – Es ist ein vollkommenes Zeichen für die Güte einer Theorie, wenn ihr Urheber *vierzig Jahre* lang kein Mißtrauen gegen sie bekommt; aber ich behaupte, daß es noch keinen Philosophen gegeben hat, welcher auf die Philosophie, die seine Jugend erfand, nicht endlich mit Geringschätzung – mindestens mit Argwohn – herabgesehen hätte. – Vielleicht hat er aber nicht öffentlich von dieser Umstimmung gesprochen, aus Ehrsucht oder – wie es bei edlen Naturen wahrscheinlicher ist – aus zarter Schonung seiner Anhänger.

254

Zunahme des Interessanten. – Im Verlaufe der höheren Bildung wird dem Menschen alles interessant, er weiß die belehrende Seite einer Sache rasch zu finden und den Punkt anzugeben, wo eine Lücke seines Denkens mit ihr ausgefülllt oder ein Gedanke durch sie bestätigt werden kann. Dabei verschwindet immer mehr die Langeweile, dabei auch die übermäßige Erregbarkeit des Gemüts. Er geht zuletzt, wie ein Naturforscher unter Pflanzen, so unter Menschen herum und nimmt sich selber als ein Phänomen wahr, welches nur seinen erkennenden Trieb stark anregt.

255

Aberglaube im Gleichzeitigen. – Etwas Gleichzeitiges hängt zusammen, meint man. Ein Verwandter stirbt in der Ferne, zu gleicher Zeit träumen wir von ihm – also! Aber zahllose Verwandte sterben, und wir träumen nicht von ihnen. Es ist wie bei den Schiffbrüchigen, welche Gelübde tun: man sieht später im Tempel die Votivtafeln derer, welche zugrunde gingen, nicht. – Ein Mensch stirbt, eine Eule krächzt, eine Uhr steht still, alles in *einer* Nachtstunde: sollte da nicht ein Zusammenhang sein? Eine solche Vertraulichkeit mit der Natur, wie diese Ahnung sie annimmt, schmeichelt den Menschen. – Diese Gattung des Aberglaubens findet sich in verfeinerter Form bei Historikern und Kulturmalern wieder, welche vor allem sinnlosen Nebeneinander, an dem doch das Leben der einzelnen und der Völker so reich ist, eine Art Wasserscheu zu haben pflegen.

256

Das Können, nicht das Wissen, durch die Wissenschaft geübt. – Der Wert davon, daß man zeitweilig eine *strenge Wissenschaft* streng betrieben hat, beruht nicht gerade auf deren Ergebnissen: denn diese werden, im Verhältnis zum Meere des Wissenswerten, ein verschwindend kleiner Tropfen sein. Aber es ergibt einen Zuwachs an Energie, an Schlußvermögen, an Zähigkeit der Ausdauer; man hat gelernt, einen *Zweck zweckmäßig* zu erreichen. Insofern ist es sehr schätzbar, in Hinsicht auf alles, was man später treibt, einmal ein wissenschaftlicher Mensch gewesen zu sein.

257

Jugendreiz der Wissenschaft. – Das Forschen nach Wahrheit hat jetzt noch den Reiz, daß sie sich überall stark gegen den grau und langweilig gewordenen Irrtum abhebt; dieser Reiz verliert sich immer mehr. Jetzt zwar leben wir noch im Jugendzeitalter der Wissenschaft und pflegen der Wahrheit wie einem schönen Mädchen nachzugehen; wie aber, wenn sie eines Tages zum ältlichen, mürrisch blickenden Weibe geworden ist? Fast in allen Wissenschaften ist die Grundeinsicht entweder erst in jüngster Zeit gefunden oder wird noch gesucht; wie anders reizt dies an, als wenn alles Wesentliche gefunden ist und nur noch eine kümmerliche Herbstnachlese dem Forscher übrigbleibt (welche Empfindung man in einigen historischen Disziplinen kennenlernen kann).

258

Die Statue der Menschheit. – Der Genius der Kultur verfährt wie Cellini, als dieser den Guß seiner Perseus-Statue machte: die flüssige Masse drohte nicht auszureichen, aber sie *sollte* es: so warf er Schüsseln und Teller und was ihm sonst in die Hände kam, hinein. Und ebenso wirft jener Genius Irrtümer, Laster, Hoffnungen, Wahnbilder und andere Dinge von schlechterem wie von edlerem Metalle hinein, denn die Statue der Menschheit muß herauskommen und fertig werden; was liegt daran, daß hier und da geringerer Stoff verwendet wurde?

259

Eine Kultur der Männer. – Die griechische Kultur der klassischen Zeit ist eine Kultur der Männer. Was die Frauen anlangt, so sagt Perikles in der Grabrede alles mit den Worten: sie seien am besten, wenn unter Männern so wenig als möglich von ihnen gesprochen werde. – Die erotische Beziehung der Männer zu den Jünglingen war in einem unserem Verständnis unzugänglichen Grade die notwendige, einzige Voraussetzung aller männlichen Erziehung (ungefähr wie lange Zeit alle höhere Erziehung der Frauen bei uns erst durch die Liebschaft und Ehe herbeigeführt wurde); aller Idealismus der Kraft der griechischen Natur war sich auf jenes Verhältnis, und wahrscheinlich sind junge Leute niemal wieder so aufmerksam, so liebevoll, so durchaus in Hinsicht auf ih Bestes (*virtus*) behandelt worden wie im sechsten und fünften Jahrhundert – also gemäß dem schönen Spruche Hölderlins »denn liebend gib der Sterbliche vom Besten«. Je höher dieses Verhältnis genommen wurde

um so tiefer sank der Verkehr mit der Frau: der Gesichtspunkt der Kindererzeugung und der Wollust – nichts weiter kam hier in Betracht; es gab keinen geistigen Verkehr, nicht einmal eine eigentliche Liebschaft. Erwägt man ferner, daß sie selbst vom Wettkampfe und Schauspiele jeder Art ausgeschlossen waren, so bleiben nur die religiösen Kulte als einzige höhere Unterhaltung der Weiber. – Wenn man nun allerdings in der Tragödie Elektra und Antigone vorführte, so *ertrug* man dies eben in der Kunst, obschon man es im Leben nicht mochte: so wie wir jetzt alles Pathetische im *Leben* nicht vertragen, aber in der Kunst gern sehen. – Die Weiber hatten weiter keine Aufgabe, als schöne, machtvolle Leiber hervorzubringen, in denen der Charakter des Vaters möglichst ungebrochen weiterlebte, und damit der überhandnehmenden Nervenüberreizung einer so hoch entwickelten Kultur entgegenzuwirken. Dies hielt die griechische Kultur verhältnismäßig so lange jung; denn in den griechischen Müttern kehrte immer wieder der griechische Genius zur Natur zurück.

260

Das Vorurteil zugunsten der Größe. – Die Menschen überschätzen ersichtlich alles Große und Hervorstechende. Dies kommt aus der bewußten oder unbewußten Einsicht her, daß sie es sehr nützlich finden, wenn einer alle Kraft auf *ein* Gebiet wirft und aus sich gleichsam *ein* monströses Organ macht. Sicherlich ist dem Menschen selber eine *gleichmäßige* Ausbildung seiner Kräfte nützlicher und glückbringender; denn jedes Talent ist ein Vampir, welcher den übrigen Kräften Blut und Kraft aussaugt, und eine übertriebene Produktion kann den begabtesten Menschen fast zur Tollheit bringen. Auch innerhalb der Künste erregen die extremen Naturen viel zu sehr die Aufmerksamkeit; aber es ist auch eine viel geringere Kultur nötig, um von ihnen sich fesseln zu lassen. Die Menschen unterwerfen sich aus Gewohnheit allem, was Macht haben will.

261

Die Tyrannen des Geistes. – Nur wohin der Strahl des Mythus fällt, da leuchtet das Leben der Griechen; sonst ist es düster. Nun berauben sich die griechischen Philosophen eben dieses Mythus: ist es nicht, als ob sie aus dem Sonnenschein sich in den Schatten, in die Düsterkeit setzen wollten? Aber keine Pflanze geht dem Lichte aus dem Wege; im Grunde suchten jene Philosophen nur eine *hellere* Sonne, der Mythus war ihnen nicht rein, nicht leuchtend genug. Sie fanden dies Licht in ihrer Erkenntnis, in dem, was jeder von ihnen seine »Wahrheit« nannte. Damals aber

hatte die Erkenntnis noch einen größeren Glanz; sie war noch jung und wußte noch wenig von allen Schwierigkeiten und Gefahren ihrer Pfade; sie konnte damals noch hoffen, mit einem einzigen Sprung an den Mittelpunkt alles Seins zu kommen und von dort aus das Rätsel der Welt zu lösen. Diese Philosophen hatten einen handfesten Glauben an sich und ihre »Wahrheit« und warfen mit ihr alle ihre Nachbarn und Vorgänger nieder; jeder von ihnen war ein streitbarer gewalttätiger *Tyrann*. Vielleicht war das Glück im Glauben an den Besitz der Wahrheit nie größer in der Welt, aber auch nie die Härte, der Übermut, das Tyrannische und Böse eines solchen Glaubens. Sie waren Tyrannen, also das, was jeder Grieche sein wollte und was jeder war, wenn er es sein *konnte*. Vielleicht macht nur Solon eine Ausnahme; in seinen Gedichten sagt er es, wie er die persönliche Tyrannis verschmäht habe. Aber er tat es aus Liebe zu seinem Werke, zu seiner Gesetzgebung; und Gesetzgeber sein ist eine sublimiertere Form des Tyrannentums. Auch Parmenides gab Gesetze, wohl auch Pythagoras und Empedokles; Anaximander gründete eine Stadt. Plato war der fleischgewordene Wunsch, der höchste philosophische Gesetzgeber und Staatengründer zu werden; er scheint schrecklich an der Nichterfüllung seines Wesens gelitten zu haben, und seine Seele wurde gegen sein Ende hin voll der schwärzesten Galle. Je mehr das griechische Philosophentum an Macht verlor, um so mehr litt es innerlich durch diese Galligkeit und Schmähsucht; als erst die verschiedenen Sekten ihre Wahrheiten auf den Straßen verfochten, da waren die Seelen aller dieser Freier der Wahrheit durch Eifer- und Geifersucht völlig verschlammt, das tyrannische Element wütete jetzt als Gift in ihrem eigenen Körper. Diese vielen kleinen Tyrannen hätten sich roh fressen mögen; es war kein Funke mehr von Liebe und allzuwenig Freude an ihrer eigenen Erkenntnis in ihnen übriggeblieben. – Überhaupt gilt der Satz, daß Tyrannen meistens ermordet werden und daß ihre Nachkommenschaft kurz lebt, auch von den Tyrannen des Geistes. Ihre Geschichte ist kurz, gewaltsam, ihre Nachwirkung bricht plötzlich ab. Fast von allen großen Hellenen kann man sagen, daß sie zu spät gekommen scheinen, so von Äschylus, von Pindar, von Demosthenes, von Thukydides; ein Geschlecht nach ihnen – und dann ist es immer völlig vorbei. Das ist das Stürmische und Unheimliche in der griechischen Geschichte. Jetzt zwar bewundert man das Evangelium der Schildkröte. Geschichtlich denken heißt jetzt fast soviel, als ob zu allen Zeiten nach dem Satze Geschichte gemacht worden wäre: »möglichst wenig in möglichst langer Zeit!« Ach, die griechische Geschichte läuft so rasch! Es ist nie wieder so verschwenderisch, so maßlos gelebt worden. Ich kann mich nicht überzeugen, daß die Geschichte der Griechen jenen *natürlichen* Verlauf genommen habe, der so an ihr gerühmt wird. Sie waren viel zu mannigfach begabt dazu, um in jener schrittweisen Manier *allmählich* zu sein, wie es die Schildkröte im Wett-

lauf mit Achilles ist: und das nennt man ja natürliche Entwicklung. Bei den Griechen geht es schnell vorwärts, aber ebenso schnell abwärts; die Bewegung der ganzen Maschine ist so gesteigert, daß ein einziger Stein, in ihre Räder geworfen, sie zerspringen macht. Ein solcher Stein war zum Beispiel Sokrates; in einer Nacht war die bis dahin so wunderbar regelmäßige, aber freilich allzu schleunige Entwicklung der philosophischen Wissenschaft zerstört. Es ist keine müßige Frage, ob nicht Plato, von der sokratischen Verzauberung freigeblieben, einen noch höheren Typus des philosophischen Menschen gefunden hätte, der uns auf immer verloren ist. Man sieht in die Zeiten vor ihm wie in eine Bildner-Werkstätte solcher Typen hinein. Das sechste und fünfte Jahrhundert scheint aber doch noch mehr und Höheres zu verheißen, als es selber hervorgebracht hat; aber es blieb bei dem Verheißen und Ankündigen. Und doch gibt es kaum einen schwereren Verlust als den Verlust eines Typus, einer neuen, bis dahin unentdeckt gebliebenen höchsten *Möglichkeit des philosophischen Lebens.* Selbst von den älteren Typen sind die meisten schlecht überliefert; es scheinen mir alle Philosophen von Thales bis Demokrit außerordentlich schwer erkennbar; wem es aber gelingt, diese Gestalten nachzuschaffen, der wandelt unter Gebilden von mächtigstem und reinstem Typus. Diese Fähigkeit ist freilich selten, sie fehlte selbst den späteren Griechen, welche sich mit der Kunde der älteren Philosophie befaßten; Aristoteles zumal scheint seine Augen nicht im Kopfe zu haben, wenn er vor den Bezeichneten steht. Und so scheint es, als ob diese herrlichen Philosophen umsonst gelebt hätten, oder als ob sie gar nur die streit- und redelustigen Scharen der sokratischen Schulen hätten vorbereiten sollen. Es ist hier wie gesagt eine Lücke, ein Bruch in der Entwicklung; irgendein großes Unglück muß geschehen sein, und die einzige Statue, an welcher man Sinn und Zweck jener großen bildnerischen Vorübung erkannt haben würde, zerbrach oder mißlang: was eigentlich geschehen ist, ist für immer ein Geheimnis der Werkstätte geblieben. – Das, was bei den Griechen sich ereignete – daß jeder große Denker im Glauben daran, Besitzer der absoluten Wahrheit zu sein, zum Tyrannen wurde, so daß auch die Geschichte des Geistes bei den Griechen jenen gewaltsamen, übereilten und gefährlichen Charakter bekommen hat, den ihre politische Geschichte zeigt –, diese Art von Ereignissen war damit nicht erschöpft: es hat sich vieles Gleiche bis in die neueste Zeit hinein begeben, obwohl allmählich seltener und jetzt schwerlich mehr mit dem reinen naiven Gewissen der griechischen Philosophen. Denn im ganzen redet jetzt die Gegenlehre und die Skepsis zu mächtig, zu laut. Die Periode der Tyrannen des Geistes ist vorbei. In den Sphären der höheren Kultur wird es freilich immer eine Herrschaft geben müssen – aber diese Herrschaft liegt von jetzt ab in den Händen der *Oligarchen des Geistes.* Sie bilden, trotz aller räumlichen und politischen Trennung, eine zusammengehörige Ge-

sellschaft, deren Mitglieder sich *erkennen* und *anerkennen*, was auch die öffentliche Meinung und die Urteile der auf die Masse wirkenden Tages- und Zeitschriftsteller für Schätzungen der Gunst und Abgunst in Umlauf bringen mögen. Die geistige Überlegenheit, welche früher trennte und verfeindete, pflegt jetzt zu *binden*: wie könnten die einzelnen sich selbst behaupten und auf eigener Bahn, allen Strömungen entgegen, durch das Leben schwimmen, wenn sie nicht ihresgleichen hier und dort unter gleichen Bedingungen leben sähen und deren Hand ergriffen, im Kampfe ebensosehr gegen den ochlokratischen Charakter des Halbgeistes und der Halbbildung, als gegen die gelegentlichen Versuche mit Hilfe der Massenwirkung eine Tyrannei aufzurichten? Die Oligarchen sind einander nötig, sie haben aneinander ihre beste Freude, sie verstehen ihre Abzeichen – aber trotzdem ist ein jeder von ihnen frei, er kämpft und siegt an *seiner* Stelle und geht lieber unter, als sich zu unterwerfen.

262

Homer. – Die größte Tatsache in der griechischen Bildung bleibt doch die, daß Homer so frühzeitig panhellenisch wurde. Alle geistige und menschliche Freiheit, die die Griechen erreichten, geht auf diese Tatsache zurück. Aber zugleich ist es das eigentliche Verhängnis der griechischen Bildung gewesen, denn Homer verflachte, indem er zentralisierte, und löste die ernsteren Instinkte der Unabhängigkeit auf. Von Zeit zu Zeit erhob sich aus dem tiefsten Grunde des Hellenischen der Widerspruch gegen Homer; aber *er* blieb immer siegreich. Alle großen geistigen Mächte üben neben ihrer befreienden Wirkung auch eine unterdrückende aus; aber freilich ist es ein Unterschied, ob Homer oder die Bibel oder die Wissenschaft die Menschen tyrannisieren.

263

Begabung. – In einer so hoch entwickelten Menschheit, wie die jetzige ist, bekommt von Natur jeder den Zugang zu vielen Talenten mit. Jeder *hat angeborenes Talent*, aber nur wenigen ist der Grad von Zähigkeit, Ausdauer, Energie angeboren und anerzogen, so daß er wirklich ein Talent wird, also *wird*, was er *ist*, das heißt: es in Werken und Handlungen entladet.

264

Der Geistreiche entweder überschätzt oder unterschätzt. – Unwissenschaftliche, aber begabte Menschen schätzen jedes Anzeichen von Geist, sei es nun, daß er auf wahrer oder falscher Fährte ist; sie wollen vor allem, daß der Mensch, der mit ihnen verkehrt, sie gut mit seinem Geist unterhalte, sie ansporne, entflamme, zu Ernst und Scherz fortreiße und jedenfalls vor der Langeweile als kräftigstes Amulett schütze. Die wissenschaftlichen Naturen wissen dagegen, daß die Begabung, allerhand Einfälle zu haben, auf das strengste durch den Geist der Wissenschaft gezügelt werden müsse; nicht das, was glänzt, scheint, erregt, sondern die oft unscheinbare Wahrheit ist die Frucht, welche er vom Baume der Erkenntnis zu schütteln wünscht. Er darf, wie Aristoteles, zwischen »Langweiligen« und »Geistreichen« keinen Unterschied machen, sein Dämon führt ihn durch die Wüste ebenso wie durch tropische Vegetation, damit er überall nur an dem Wirklichen, Haltbaren, Echten seine Freude habe. – Daraus ergibt sich, bei unbedeutenden Gelehrten, eine Mißachtung und Verdächtigung des Geistreichen überhaupt, und wiederum haben geistreiche Leute häufig eine Abneigung gegen die Wissenschaft: wie zum Beispiel fast alle Künstler.

265

Die Vernunft in der Schule. – Die Schule hat keine wichtigere Aufgabe, als strenges Denken, vorsichtiges Urteilen, konsequentes Schließen zu lehren; deshalb hat sie von allen Dingen abzusehen, die nicht für diese Operationen tauglich sind, zum Beispiel von der Religion. Sie kann ja darauf rechnen, daß menschliche Unklarheit, Gewöhnung und Bedürfnis später doch wieder den Bogen des allzu straffen Denkens abspannen. Aber so lange ihr Einfluß reicht, soll sie das erzwingen, was das Wesentliche und Auszeichnende am Menschen ist: »Vernunft und Wissenschaft, des Menschen *allerhöchste* Kraft« – wie wenigstens Goethe urteilt. – Der große Naturforscher von Baer findet die Überlegenheit aller Europäer im Vergleich zu Asiaten in der eingeschulten Fähigkeit, daß sie Gründe für das, was sie glauben, angeben können, wozu diese aber völlig unfähig sind. Europa ist in die Schule des konsequenten und kritischen Denkens gegangen, Asien weiß immer noch nicht zwischen Wahrheit und Dichtung zu unterscheiden und ist sich nicht bewußt, ob seine Überzeugungen aus eigener Beobachtung und regelrechtem Denken oder aus Phantasien stammen. – Die Vernunft in der Schule hat Europa zu Europa gemacht: im Mittelalter war es auf dem Wege, wieder zu einem Stück und Anhängsel Asiens zu werden – also den wissenschaftlichen Sinn, welchen es den Griechen verdankte, einzubüßen.

266

Unterschätzte Wirkung des gymnasialen Unterrichts. – Man sucht den Wert des Gymnasiums selten in den Dingen, welche wirklich dort gelernt und von ihm unverlierbar heimgebracht werden, sondern in denen, welche man lehrt, welche der Schüler sich aber nur mit Widerwillen aneignet, um sie so schnell er darf von sich abzuschütteln. Das Lesen der Klassiker – das gibt jeder Gebildete zu – ist so, wie es überall getrieben wird, eine monströse Prozedur: vor jungen Menschen, welche in keiner Beziehung dazu reif sind, von Lehrern, welche durch jedes Wort, oft durch ihr Erscheinen schon einen Mehltau über einen guten Autor legen. Aber darin liegt der Wert, der gewöhnlich verkannt wird – daß diese Lehrer die *abstrakte Sprache der höhern Kultur* reden, schwerfällig und schwer zum Verstehen, wie sie ist, aber eine hohe Gymnastik des Kopfes; daß Begriffe, Kunstausdrücke, Methoden, Anspielungen in ihrer Sprache fortwährend vorkommen, welche die jungen Leute im Gespräche ihrer Angehörigen und auf der Gasse fast nie hören. Wenn die Schüler nur *hören,* so wird ihr Intellekt zu einer wissenschaftlichen Betrachtungsweise unwillkürlich präformiert. Es ist nicht möglich, aus dieser Zucht völlig unberührt von der Abstraktion als reines Naturkind herauszukommen.

267

Viele Sprachen lernen. – Viele Sprachen lernen füllt das Gedächtnis mit Worten statt mit Tatsachen und Gedanken aus, während dies ein Behältnis ist, welches bei jedem Menschen nur eine bestimmte begrenzte Masse von Inhalt aufnehmen kann. Sodann schadet das Lernen vieler Sprachen, insofern es den Glauben, Fertigkeiten zu haben, erweckt und tatsächlich auch ein gewisses verführerisches Ansehen im Verkehr verleiht; es schadet sodann auch indirekt dadurch, daß es dem Erwerben gründlicher Kenntnisse und der Absicht, auf redliche Weise die Achtung der Menschen zu verdienen, entgegenwirkt. Endlich ist es die Axt, welche dem feineren Sprachgefühl innerhalb der Muttersprache an die Wurzel gelegt wird: die wird dadurch unheilbar beschädigt und zugrunde gerichtet. Die beiden Völker, welche die größten Stilisten erzeugten, Griechen und Franzosen, lernten keine fremden Sprachen. – Weil aber der Verkehr der Menschen immer kosmopolitischer werden muß und zum Beispiel ein rechter Kaufmann in London jetzt schon sich in acht Sprachen schriftlich und mündlich verständlich zu machen hat, so ist freilich das Viele-Sprachen-lernen ein notwendiges *Übel;* welches aber, zuletzt zum äußersten kommend, die Menschheit zwingen wird, ein Heilmittel zu finden: und in irgendeiner fernen Zukunft wird es eine neue Sprache, zuerst

als Handelssprache, dann als Sprache des geistigen Verkehrs überhaupt, für alle geben, so gewiß als es einmal Luft-Schiffahrt gibt. Wozu hätte auch die Sprachwissenschaft ein Jahrhundert lang die Gesetze der Sprache studiert und das Notwendige, Wertvolle, Gelungene an jeder einzelnen Sprache abgeschätzt!

268

Zur Kriegsgeschichte des Individuums. – Wir finden in ein einzelnes Menschenleben, welches durch mehrere Kulturen geht, den Kampf zusammengedrängt, welcher sich sonst zwischen zwei Generationen, zwischen Vater und Sohn, abspielt: die Nähe der Verwandtschaft *verschärft* diesen Kampf, weil jede Partei schonungslos das ihr so gut bekannte Innre der anderen Partei mit hineinzieht; und so wird dieser Kampf im einzelnen Individuum am erbittertsten sein; hier schreitet jede neue Phase über die früheren mit grausamer Ungerechtigkeit und Verkennung von deren Mitteln und Zielen hinweg.

269

Um eine Viertelstunde früher. – Man findet gelegentlich einen, der mit seinen Ansichten über seiner Zeit steht, aber doch nur um so viel, daß er die Vulgäransichten des nächsten Jahrzehnts vorwegnimmt. Er hat die öffentliche Meinung eher, als sie öffentlich ist, das heißt: er ist einer Ansicht, die es verdient trivial zu werden, eine Viertelstunde eher in die Arme gefallen als andere. Sein Ruhm pflegt aber viel lauter zu sein als der Ruhm der wirklich Großen und Überlegenen.

270

Die Kunst zu lesen. – Jede starke Richtung ist einseitig; sie nähert sich der Richtung der geraden Linie und ist wie diese ausschließend; das heißt sie berührt nicht viele andere Richtungen, wie dies schwache Parteien und Naturen in ihrem wellenhaften Hin- und Hergehen tun: das muß man also auch den Philologen nachsehen, daß sie einseitig sind. Herstellung und Reinhaltung der Texte, nebst der Erklärung derselben, in einer Zunft jahrhundertelang fortgetrieben, hat endlich jetzt die richtigen Methoden finden lassen; das ganze Mittelalter war tief unfähig zu einer streng philologischen Erklärung, das heißt zum einfachen Verstehenwollen dessen, was der Autor sagt, – es war etwas, diese Methoden zu finden, man unterschätze es nicht! Alle Wissenschaft hat dadurch

erst Kontinuität und Stetigkeit gewonnen, daß die Kunst des richtigen Lesens, das heißt die Philologie, auf ihre Höhe kam.

271

Die Kunst zu schließen. – Der größte Fortschritt, den die Menschen gemacht haben, liegt darin, daß sie *richtig schließen* lernen. Das ist gar nicht so etwas Natürliches, wie Schopenhauer annimmt, wenn er sagt: »zu schließen sind alle, zu urteilen wenige fähig«, sondern ist spät erlernt und jetzt noch nicht zur Herrschaft gelangt. Das falsche Schließen ist in älteren Zeiten die Regel: und die Mythologien aller Völker, ihre Magie und ihr Aberglaube, ihr religiöser Kultus, ihr Recht sind die unerschöpflichen Beweis-Fundstätten für diesen Satz.

272

Jahresringe der individuellen Kultur. – Die Stärke und Schwäche der geistigen Produktivität hängt lange nicht so an der angeerbten Begabung, als an dem mitgegebenen Maße von *Spannkraft.* Die meisten jungen Gebildeten von dreißig Jahren gehen um diese Frühsonnenwende ihres Lebens zurück und sind für neue geistige Wendungen von da an unlustig. Deshalb ist dann gleich wieder zum Heile einer fort und fort wachsenden Kultur eine neue Generation nötig, die es nun aber ebenfalls nicht weit bringt: denn um die Kultur des Vaters *nachzuholen,* muß der Sohn die angeerbte Energie, welche der Vater auf jener Lebensstufe, als er den Sohn zeugte, selber besaß, fast aufbrauchen; mit dem kleinen Überschuß kommt er weiter (denn weil hier der Weg zum zweiten Male gemacht wird, geht es ein wenig schneller vorwärts; der Sohn verbraucht, um dasselbe zu lernen, was der Vater wußte, nicht ganz so viel Kraft). Sehr spannkräftige Männer wie zum Beispiel Goethe durchmessen so viel, als kaum vier Generationen hintereinander vermögen; deshalb kommen sie aber zu schnell voraus, so daß die anderen Menschen sie erst in dem nächsten Jahrhundert einholen, vielleicht nicht einmal völlig, weil durch die häufigen Unterbrechungen die Geschlossenheit der Kultur, die Konsequenz der Entwicklung geschwächt worden ist. – Die gewöhnlichen Phasen der geistigen Kultur, welche im Verlauf der Geschichte errungen ist, holen die Menschen immer schneller nach. Sie beginnen gegenwärtig in die Kultur als religiös bewegte Kinder einzutreten und bringen es vielleicht im zehnten Lebensjahr zur höchsten Lebhaftigkeit dieser Empfindungen, gehen dann in abgeschwächtere Formen (Pantheismus) über, während sie sich der Wissenschaft nähern; kommen über Gott, Unsterblichkeit und

dergleichen ganz hinaus, aber verfallen den Zaubern einer metaphysischen Philosophie. Auch diese wird ihnen endlich unglaubwürdig; die Kunst scheint dagegen immer mehr zu gewähren, so daß eine Zeitlang die Metaphysik kaum noch in einer Umwandlung zur Kunst oder als künstlerisch verklärende Stimmung übrigbleibt und fortlebt. Aber der wissenschaftliche Sinn wird immer gebieterischer und führt den Mann hin zur Naturwissenschaft und Historie und namentlich zu den strengsten Methoden des Erkennens, während der Kunst eine immer mildere und anspruchslosere Bedeutung zufällt. Dies alles pflegt sich jetzt innerhalb der ersten dreißig Jahre eines Mannes zu ereignen. Es ist die Rekapitulation eines Pensums, an welchem die Menschheit vielleicht dreißigtausend Jahre sich abgearbeitet hat.

273

Zurückgegangen, nicht zurückgeblieben. – Wer gegenwärtig seine Entwicklung noch aus religiösen Empfindungen heraus anhebt und vielleicht längere Zeit nachher in Metaphysik und Kunst weiterlebt, der hat sich allerdings ein gutes Stück zurückbegeben und beginnt sein Wettrennen mit anderen modernen Menschen unter ungünstigen Voraussetzungen: er verliert scheinbar Raum und Zeit. Aber dadurch, daß er sich in jenen Bereichen aufhielt, wo Glut und Energie entfesselt werden und fortwährend Macht als vulkanischer Strom aus unversiegbarer Quelle strömt, kommt er dann, sobald er sich nur zur rechten Zeit von jenen Gebieten getrennt hat, um so schneller vorwärts, sein Fuß ist beflügelt, seine Brust hat ruhiger, länger, ausdauernder atmen gelernt. – Er hat sich nur zurückgezogen, um zu seinem Sprunge genügenden Raum zu haben: so kann selbst etwas Fürchterliches, Drohendes in diesem Rückgange liegen.

274

Ein Ausschnitt unseres Selbst als künstlerisches Objekt. – Es ist ein Zeichen überlegener Kultur, gewisse Phasen der Entwicklung, welche die geringeren Menschen fast gedankenlos durchleben und von der Tafel ihrer Seele dann wegwischen, mit Bewußtsein festzuhalten und ein getreues Bild davon zu entwerfen: denn dies ist die höhere Gattung der Malerkunst, welche nur wenige verstehen. Dazu wird es nötig, jene Phasen künstlich zu isolieren. Die historischen Studien bilden die Befähigung zu diesem Malertum aus, denn sie fordern uns fortwährend auf, bei Anlaß eines Stückes Geschichte, eines Volkes – oder Menschenlebens uns einen ganz bestimmten Horizont von Gedanken, eine bestimmte Stärke von

Empfindungen, das Vorwalten dieser, das Zurücktreten jener vorzustellen. Darin, daß man solche Gedanken- und Gefühlssysteme aus gegebenen Anlässen schnell rekonstruieren kann, wie den Eindruck eines Tempels aus einigen zufällig stehengebliebenen Säulen und Mauerresten, besteht der historische Sinn. Das nächste Ergebnis desselben ist, daß wir unsere Mitmenschen als ganz bestimmte solche Systeme und Vertreter verschiedener Kulturen verstehen, das heißt als notwendig, aber als veränderlich. Und wiederum: daß wir in unserer eigenen Entwicklung Stücke heraustrennen und selbständig hinstellen können.

275

Zyniker und Epikureer. – Der Zyniker erkennt den Zusammenhang zwischen den vermehrten und stärkeren Schmerzen des höher kultivierten Menschen und der Fülle von Bedürfnissen; er begreift also, daß die Menge von Meinungen über das Schöne, Schickliche, Geziemende, Erfreuende ebensosehr reiche Genuß-, aber auch Unlustquellen entspringen lassen mußten. Gemäß dieser Einsicht bildet er sich zurück, indem er viele dieser Meinungen aufgibt und sich gewissen Anforderungen der Kultur entzieht; damit gewinnt er ein Gefühl der Freiheit und der Kräftigung, und allmählich, wenn die Gewohnheit ihm seine Lebensweise erträglich macht, hat er in der Tat seltnere und schwächere Unlustempfindungen als die kultivierten Menschen und nähert sich dem Haustier an; überdies empfindet er alles im Reiz des Kontrastes und – schimpfen kann er ebenfalls nach Herzenslust: so daß er dadurch wieder hoch über die Empfindungswelt des Tieres hinauskommt. – Der Epikureer hat denselben Gesichtspunkt wie der Zyniker; zwischen ihm und jenem ist gewöhnlich nur ein Unterschied des Temperamentes. Sodann benutzt der Epikureer seine höhere Kultur, um sich von den herrschenden Meinungen unabhängig zu machen; er erhebt sich über dieselben, während der Zyniker nur in der Negation bleibt. Er wandelt gleichsam in windstillen, wohlgeschützten, halbdunklen Gängen, während über ihm, im Winde, die Wipfel der Bäume brausen und ihm verraten, wie heftig bewegt da draußen die Welt ist. Der Zyniker dagegen geht gleichsam nackt draußen im Windeswehen umher und härtet sich bis zur Gefühllosigkeit ab.

276

Mikrokosmus und Makrokosmus der Kultur. – Die besten Entdeckungen über die Kultur macht der Mensch in sich selbst, wenn er darin zwei heterogene Mächte waltend findet. Gesetzt, es lebe einer ebensosehr in der

Liebe zur bildenden Kunst oder zur Musik, als er vom Geiste der Wissenschaft fortgerissen werde, und er sehe es als unmöglich an, diesen Widerspruch durch Vernichtung der einen und volle Entfesselung der anderen Macht aufzuheben: so bleibt ihm nur übrig, ein so großes Gebäude der Kultur aus sich zu gestalten, daß jene beiden Mächte, wenn auch an verschiedenen Enden desselben, in ihm wohnen können, während zwischen ihnen versöhnende Mittelmächte, mit überwiegender Kraft, um nötigenfalls den ausbrechenden Streit zu schlichten, ihre Herberge haben. Ein solches Gebäude der Kultur im einzelnen Individuum wird aber die größte Ähnlichkeit mit dem Kulturbau in ganzen Zeitperioden haben und eine fortgesetzte analogische Belehrung über denselben abgeben. Denn überall, wo sich die große Architektur der Kultur entfaltet hat, war ihre Aufgabe, die einander widerstrebenden Mächte zur Eintracht vermöge einer übermächtigen Ansammlung der weniger unverträglichen übrigen Mächte zu zwingen, ohne sie deshalb zu unterdrücken und in Fesseln zu schlagen.

277

Glück und Kultur. – Der Anblick der Umgebungen unserer Kindheit erschüttert uns: das Gartenhaus, die Kirche mit den Gräbern, der Teich und der Wald – dies sehen wir immer als Leidende wieder. Mitleid mit uns selbst ergreift uns, denn was haben wir seitdem alles durchgelitten! Und hier steht jegliches noch so still, so ewig da: nur wir sind so anders, so bewegt; selbst etliche Menschen finden wir wieder, an welchen die Zeit nicht *mehr* ihren Zahn gewetzt hat als an einem Eichbaume: Bauern, Fischer, Waldbewohner – sie sind dieselben. – Erschütterung, Selbstmitleid im Angesichte der niederen Kultur ist das Zeichen der höheren Kultur; woraus sich ergibt, daß durch diese das Glück jedenfalls nicht gemehrt worden ist. Wer eben Glück und Behagen vom Leben ernten will, der mag nur immer der höheren Kultur aus dem Wege gehen.

278

Gleichnis vom Tanze. – Jetzt ist es als das entscheidende Zeichen großer Kultur zu betrachten, wenn jemand jene Kraft und Biegsamkeit besitzt, um ebenso rein und streng im Erkennen zu sein als, in andern Momenten, auch befähigt, der Poesie, Religion und Metaphysik gleichsam hundert Schritt vorzugeben und ihre Gewalt und Schönheit nachzuempfinden. Eine solche Stellung zwischen zwei so verschiedenen Ansprüchen ist sehr schwierig, denn die Wissenschaft drängt zur absoluten Herrschaft ihrer Methode, und wird diesem Drängen nicht nachgegeben, so entsteht

die andere Gefahr eines schwächlichen Auf- und Niederschwankens zwischen verschiedenen Antrieben. Indessen: um wenigstens mit einem Gleichnis einen Blick auf die Lösung dieser Schwierigkeit zu eröffnen, möge man sich doch daran erinnern, daß der *Tanz* nicht dasselbe wie ein mattes Hin- und Hertaumeln zwischen verschiedenen Antrieben ist. Die hohe Kultur wird einem kühnen Tanze ähnlich sehen: weshalb, wie gesagt, viel Kraft und Geschmeidigkeit nottut.

279

Von der Erleichterung des Lebens. – Ein Hauptmittel, um sich das Leben zu erleichtern, ist das Idealisieren aller Vorgänge desselben; man soll sich aber aus der Malerei recht deutlich machen, was idealisieren heißt. Der Maler verlangt, daß der Zuschauer nicht zu genau, zu scharf zusehe, er zwingt ihn in eine gewisse Ferne zurück, damit er von dort aus betrachte; er ist genötigt, eine ganz bestimmte Entfernung des Betrachters vom Bilde vorauszusetzen; ja er muß sogar ein ebenso bestimmtes Maß von Schärfe des Auges bei seinem Betrachter annehmen! in solchen Dingen darf er durchaus nicht schwanken. Jeder also, der sein Leben idealisieren will, muß es nicht zu genau sehen wollen und seinen Blick immer in eine gewisse Entfernung zurückbannen. Dieses Kunststück verstand zum Beispiel Goethe.

280

Erschwerung als Erleichterung und umgekehrt. – Vieles, was auf gewissen Stufen des Menschen Erschwerung des Lebens ist, dient einer höheren Stufe als Erleichterung, weil solche Menschen stärkere Erschwerungen des Lebens kennengelernt haben. Ebenso kommt das Umgekehrte vor: so hat zum Beispiel die Religion ein doppeltes Gesicht, je nachdem ein Mensch zu ihr hinaufblickt, um von ihr sich seine Last und Not abnehmen zu lassen, oder auf sie hinabsieht, wie auf die Fessel, welche ihm angelegt ist, damit er nicht zu hoch in die Lüfte steige.

281

Die höhere Kultur wird notwendig mißverstanden. – Wer sein Instrument nur mit zwei Saiten bespannt hat, wie die Gelehrten, welche außer dem *Wissenstriebe* nur noch einen anerzogenen *religiösen* haben, der versteht solche Menschen nicht, welche auf mehr Saiten spielen könnn. Es

liegt im Wesen der höheren *vielsaitigeren* Kultur, daß sie von der niederen immer falsch gedeutet wird; wie dies zum Beispiel geschieht, wenn die Kunst als eine verkappte Form des Religiösen gilt. Ja, Leute, die nur religiös sind, verstehen selbst die Wissenschaft als Suchen des religiösen Gefühls, so wie Taubstumme nicht wissen, was Musik ist, wenn nicht sichtbare Bewegung.

282

Klagelied. – Es sind vielleicht die Vorzüge unserer Zeiten, welche ein Zurücktreten und eine gelegentliche Unterschätzung der *vita contemplativa* mit sich bringen. Aber eingestehen muß man es sich, daß unsere Zeit arm ist an großen Moralisten, daß Pascal, Epiktet, Seneca, Plutarch wenig noch gelesen werden, daß Arbeit und Fleiß – sonst im Gefolge der großen Göttin Gesundheit – mitunter wie eine Krankheit zu wüten scheinen. Weil Zeit zum Denken und Ruhe im Denken fehlt, so erwägt man abweichende Ansichten nicht mehr: man begnügt sich, sie zu hassen. Bei der ungeheuren Beschleunigung des Lebens wird Geist und Auge an ein halbes oder falsches Sehen und Urteilen gewöhnt, und jedermann gleicht den Reisenden, welche Land und Volk von der Eisenbahn aus kennenlernen. Selbständige und vorsichtige Haltung der Erkenntnis schätzt man beinahe als eine Art Verrücktheit ab, der Freigeist ist in Verruf gebracht, namentlich durch Gelehrte, welche an seiner Kunst, die Dinge zu betrachten, ihre Gründlichkeit und ihren Ameisenfleiß vermissen und ihn gern in einen einzelnen Winkel der Wissenschaft bannen möchten: während er die ganz andere und höhere Aufgabe hat, von einem einsam gelegenen Standorte aus den ganzen Heerbann der wissenschaftlichen und gelehrten Menschen zu befehligen und ihnen die Wege und Ziele der Kultur zu zeigen. – Eine solche Klage, wie die eben abgesungene, wird wahrscheinlich ihre Zeit haben und von selber einmal, bei einer gewaltigen Rückkehr des Genius der Meditation verstummen.

283

Hauptmangel der tätigen Menschen. – Den Tätigen fehlt gewöhnlich die höhere Tätigkeit: ich meine die individuelle. Sie sind als Beamte, Kaufleute, Gelehrte, das heißt als Gattungswesen tätig, aber nicht als ganz bestimmte einzelne und einzige Menschen; in dieser Hinsicht sind sie faul. – Es ist das Unglück der Tätigen, daß ihre Tätigkeit fast immer ein wenig unvernünftig ist. Man darf zum Beispiel bei dem geldsammelnden Bankier nach dem Zweck seiner rastlosen Tätigkeit nicht fragen: sie ist unvernünftig. Die Tätigen rollen, wie der Stein rollt, gemäß der

Dummheit der Mechanik. – Alle Menschen zerfallen, wie zu allen Zeiten, so auch jetzt noch, in Sklaven und Freie; denn wer von seinem Tage nicht zwei Drittel für sich hat, ist ein Sklave, er sei übrigens wer er wolle: Staatsmann, Kaufmann, Beamter, Gelehrter.

284

Zugunsten der Müßigen. – Zum Zeichen dafür, daß die Schätzung des beschaulichen Lebens abgenommen hat, wetteifern die Gelehrten jetzt mit den tätigen Menschen in einer Art von hastigem Genusse, so daß sie also diese Art, zu genießen, höherzuschätzen scheinen als die, welche ihnen eigentlich zukommt und welche in der Tat viel mehr Genuß ist. Die Gelehrten schämen sich des *otium.* Es ist aber ein edel Ding um Muße und Müßiggehen. – Wenn Müßiggang wirklich der *Anfang* aller Laster ist, so befindet er sich also wenigstens in der nächsten Nähe aller Tugenden; der müßige Mensch ist immer noch ein besserer Mensch als der tätige. – Ihr meint doch nicht, daß ich mit Muße und Müßiggehen auf euch ziele, ihr Faultiere? –

285

Die moderne Unruhe. – Nach dem Westen zu wird die moderne Bewegtheit immer größer, so daß den Amerikanern die Bewohner Europas insgesamt sich als ruheliebende und genießende Wesen darstellen, während diese doch selbst wie Bienen und Wespen durcheinanderfliegen. Diese Bewegtheit wird so groß, daß die höhere Kultur ihre Früchte nicht mehr zeitigen kann; es ist, als ob die Jahreszeiten zu rasch aufeinanderfolgten. Aus Mangel an Ruhe läuft unsere Zivilisation in eine neue Barbarei aus. Zu keiner Zeit haben die Tätigen, das heißt die Ruhelosen, mehr gegolten. Es gehört deshalb zu den notwendigen Korrekturen, welche man am Charakter der Menschheit vornehmen muß, das beschauliche Element in großem Maße zu verstärken. Doch hat schon jeder einzelne, welcher in Herz und Kopf ruhig und stetig ist, das Recht zu glauben, daß er nicht nur ein gutes Temperament, sondern eine allgemein nützliche Tugend besitze und durch die Bewahrung dieser Tugend sogar eine höhere Aufgabe erfülle.

286

Inwiefern der Tätige faul ist. – Ich glaube, daß jeder über jedes Ding, über welches Meinungen möglich sind, eine eigene Meinung haben muß, weil er selber ein eigenes, nur einmaliges Ding ist, das zu allen anderen Dingen eine neue, nie dagewesene Stellung einnimmt. Aber die Faulheit, welche im Grunde der Seele des Tätigen liegt, verhindert den Menschen, das Wasser aus seinem eigenen Brunnen zu schöpfen. – Mit der Freiheit der Meinungen steht es wie mit der Gesundheit: beide sind individuell, von beiden kann kein allgemeingültiger Begriff aufgestellt werden. Das, was das eine Individuum zu seiner Gesundheit nötig hat, ist für ein anderes schon Grund zur Erkrankung, und manche Mittel und Wege zur Freiheit des Geistes dürfen höher entwickelten Naturen als Wege und Mittel zur Unfreiheit gelten.

287

Censor vitae. – Der Wechsel von Liebe und Haß bezeichnet für eine lange Zeit den inneren Zustand eines Menschen, welcher frei in seinem Urteil über das Leben werden will; er vergißt nicht und trägt den Dingen alles nach, Gutes und Böses. Zuletzt, wenn die ganze Tafel seiner Seele mit Erfahrungen vollgeschrieben ist, wird er das Dasein nicht verachten und hassen, aber es auch nicht lieben, sondern über ihm liegen bald mit dem Auge der Freude, bald mit dem der Trauer, und wie die Natur bald sommerlich, bald herbstlich gesinnt sein.

288

Nebenerfolg. – Wer ernstlich frei werden will, wird dabei ohne allen Zwang die Neigung zu Fehlern und Lastern mit verlieren; auch Ärger und Verdruß werden ihn immer seltener anfallen. Sein Wille nämlich will nichts angelegentlicher als Erkennen und das Mittel dazu, das heißt: den andauernden Zustand, in dem er am tüchtigsten zum Erkennen ist.

289

Wert der Krankheit. – Der Mensch, der krank zu Bette liegt, kommt mitunter dahinter, daß er für gewöhnlich an seinem Amte, Geschäfte oder an seiner Gesellschaft krank ist und durch sie jede Besonnenheit über sich verloren hat: er gewinnt diese Weisheit aus der Muße, zu welcher ihn seine Krankheit zwingt.

290

Empfindung auf dem Lande. – Wenn man nicht feste, ruhige Linien am Horizonte seines Lebens hat, Gebirgs- und Waldlinien gleichsam, so wird der innerste Wille des Menschen selber unruhig, zerstreut und begehrlich wie das Wesen des Städters: er hat kein Glück und gibt kein Glück.

291

Vorsicht der freien Geister. – Freigesinnte, der Erkenntnis allein lebende Menschen werden ihr äußerliches Lebensziel, ihre endgültige Stellung zu Gesellschaft und Staat bald erreicht finden und zum Beispiel mit einem kleinen Amte oder einem Vermögen, das gerade zum Leben ausreicht, gerne sich zufrieden geben; denn sie werden sich einrichten, so zu leben, daß eine große Verwandlung der äußeren Güter, ja ein Umsturz der politischen Ordnungen ihr Leben nicht mit umwirft. Auf alle diese Dinge verwenden sie so wenig wie möglich an Energie, damit sie mit der ganzen angesammelten Kraft und gleichsam mit einem langen Atem in das Element des Erkennens hinabtauchen. So können sie hoffen, tief zu tauchen und auch wohl auf den Grund zu sehen. – Von einem Ereignis wird ein solcher Geist gerne nur einen Zipfel nehmen, er liebt die Dinge in der ganzen Breite und Weitschweifigkeit ihrer Falten nicht: denn er will sich nicht in diese verwickeln. – Auch er kennt die Wochentage der Unfreiheit, der Abhängigkeit, der Dienstbarkeit. Aber von Zeit zu Zeit muß ihm ein Sonntag der Freiheit kommen, sonst wird er das Leben nicht aushalten. – Es ist wahrscheinlich, daß selbst seine Liebe zu den Menschen vorsichtig und etwas kurzatmig sein wird, denn er will sich nur, soweit es zum Zweck der Erkenntnis nötig ist, mit der Welt der Neigungen und der Blindheit einlassen. Er muß darauf vertrauen, daß der Genius der Gerechtigkeit etwas für seinen Jünger und Schützling sagen wird, wenn anschuldigende Stimmen ihn arm an Liebe nennen sollten. – Es gibt in seiner Lebens- und Denkweise einen *verfeinerten Heroismus,* welcher es verschmäht, sich der großen Massen-Verehrung, wie sein gröberer Bruder es tut, anzubieten, und still durch die Welt und aus der Welt zu gehen pflegt. Was für Labyrinthe er auch durchwandert, unter welchen Felsen sich auch sein Strom zeitweilig durchgequält hat – kommt er ans Licht, so geht er hell, leicht und fast geräuschlos seinen Gang und läßt den Sonnenschein bis in seinen Grund hinab spielen.

292

Vorwärts. – Und damit vorwärts auf der Bahn der Weisheit, guten Schrittes, guten Vertrauens! Wie du auch bist, so diene dir selber als Quell der Erfahrung! Wirf das Mißvergnügen über dein Wesen ab, verzeihe dir dein eignes Ich, denn in jedem Falle hast du an dir eine Leiter mit hundert Sprossen, auf welchen du zur Erkenntnis steigen kannst. Das Zeitalter, in welches du dich mit Leidwesen geworfen fühlst, preist dich selig dieses Glückes wegen; es ruft dir zu, daß dir jetzt noch an Erfahrungen zuteil werde, was Menschen späterer Zeit vielleicht entbehren müssen. Mißachte es nicht, noch religiös gewesen zu sein; ergründe es völlig, wie du noch einen echten Zugang zur Kunst gehabt hast. Kannst du nicht gerade mit Hilfe dieser Erfahrungen ungeheuren Wegstrecken der früheren Menschheit verständnisvoller nachgehen? Sind nicht gerade auf *dem* Boden, welcher dir mitunter so mißfällt, auf dem Boden des unreinen Denkens, viele der herrlichsten Früchte älterer Kultur aufgewachsen? Man muß Religion und Kunst wie Mutter und Amme geliebt haben – sonst kann man nicht weise werden. Aber man muß über sie hinaussehen, ihnen entwachsen können; bleibt man in ihrem Banne, so versteht man sie nicht. Ebenso muß dir die Historie vertraut sein und das vorsichtige Spiel mit den Waagschalen »einerseits – andererseits«. Wandle zurück, in die Fußstapfen tretend, in welchen die Menschheit ihren leidvollen großen Gang durch die Wüste der Vergangenheit machte: so bist du am gewissesten belehrt, wohin alle spätere Menschheit nicht wieder gehen kann oder darf. Und indem du mit aller Kraft vorauserspähen willst, wie der Knoten der Zukunft noch geknüpft wird, bekommt dein eigenes Leben den Wert eines Werkzeuges und Mittels zur Erkenntnis. Du hast es in der Hand zu erreichen, daß all dein Erlebtes: die Versuche, Irrwege, Fehler, Täuschungen, Leidenschaften, deine Liebe und deine Hoffnung, in deinem Ziele ohne Rest aufgehn. Dieses Ziel ist, selber eine notwendige Kette von Kultur-Ringen zu werden und von dieser Notwendigkeit aus auf die Notwendigkeit im Gange der allgemeinen Kultur zu schließen. Wenn dein Blick stark genug geworden ist, den Grund in dem dunklen Brunnen deines Wesens und deiner Erkenntnisse zu sehen, so werden dir vielleicht auch in seinem Spiegel die fernen Sternbilder zukünftiger Kulturen sichtbar werden. Glaubst du, ein solches Leben mit einem solchen Ziele sei zu mühevoll, zu ledig aller Annehmlichkeiten? So hast du noch nicht gelernt, daß kein Honig süßer als der der Erkenntnis ist, und daß die hängenden Wolken der Trübsal dir noch zum Euter dienen müssen, aus dem du die Milch zu deiner Labung melken wirst. Kommt das Alter, so merkst du erst recht wie du der Stimme der Natur Gehör gegeben, jener Natur, welche die ganze Welt durch Lust beherrscht: dasselbe Leben, welches seine Spitze im Alter hat, hat auch seine Spitze in der Weisheit, in jenem mil-

den Sonnenglanz einer beständigen geistigen Freudigkeit; beiden, dem Alter und der Weisheit, begegnest du auf *einem* Bergrücken des Lebens, so wollte es die Natur. Dann ist es Zeit und kein Anlaß zum Zürnen, daß der Nebel des Todes naht. Dem Lichte zu – deine letzte Bewegung; ein Jauchzen der Erkenntnis – dein letzter Laut.

SECHSTES HAUPTSTÜCK

DER MENSCH IM VERKEHR

293

Wohlwollende Verstellung. – Es ist häufig im Verkehre mit Menschen eine wohlwollende Verstellung nötig, als ob wir die Motive ihres Handelns nicht durchschauten.

294

Kopien. – Nicht selten begegnet man Kopien bedeutender Menschen; und den meisten gefallen, wie bei Gemälden so auch hier, die Kopien besser als die Originale.

295

Der Redner. – Man kann höchst passend reden und doch so, daß alle Welt über das Gegenteil schreit: nämlich dann, wenn man nicht zu aller Welt redet.

296

Mangel an Vertraulichkeit. – Mangel an Vertraulichkeit unter Freunden ist ein Fehler, der nicht gerügt werden kann, ohne unheilbar zu werden.

297

Zur Kunst des Schenkens. – Eine Gabe ausschlagen zu müssen, bloß weil sie nicht auf die rechte Weise angeboten wurde, erbittert gegen den Geber.

298

Der gefährlichste Parteimann. – In jeder Partei ist einer, der durch sein gar zu gläubiges Aussprechen der Parteigrundsätze die übrigen zum Abfall reizt.

299

Ratgeber des Kranken. – Wer einem Kranken seine Ratschläge gibt, erwirbt sich ein Gefühl von Überlegenheit über ihn, sei es, daß sie angenommen oder daß sie verworfen werden. Deshalb hassen reizbare und stolze Kranke die Ratgeber noch mehr als ihre Krankheit.

300

Doppelte Art der Gleichheit. – Die Sucht nach Gleichheit kann sich so äußern, daß man entweder alle anderen zu sich hinunterziehen möchte (durch Verkleinern, Sekretieren, Beinstellen) oder sich mit allen hinauf (durch Anerkennen, Helfen, Freude an fremdem Gelingen).

301

Gegen Verlegenheit. – Das beste Mittel, sehr verlegenen Leuten zu Hilfe zu kommen und sie zu beruhigen, besteht darin, daß man sie entschieden lobt.

302

Vorliebe für einzelne Tugenden. – Wir legen nicht eher besonderen Wert auf den Besitz einer Tugend, bis wir deren völlige Abwesenheit an unserem Gegner wahrnehmen.

303

Warum man widerspricht. – Man widerspricht oft einer Meinung, während uns eigentlich nur der Ton, mit dem sie vorgetragen wurde, unsympathisch ist.

304

Vertrauen und Vertraulichkeit. – Wer die Vertraulichkeit mit einer anderen Person geflissentlich zu erzwingen sucht, ist gewöhnlich nicht sicher darüber, ob er ihr Vertrauen besitzt. Wer des Vertrauens sicher ist, legt auf Vertraulichkeit wenig Wert.

305

Gleichgewicht der Freundschaft. – Manchmal kehrt, im Verhältnis von uns zu einem andern Menschen, das rechte Gleichgewicht der Freundschaft zurück, wenn wir in unsre eigne Waagschale einige Gran Unrecht legen.

306

Die gefährlichsten Ärzte. – Die gefährlichsten Ärzte sind die, welche es dem geborenen Arzte als geborene Schauspieler mit vollkommener Kunst der Täuschung nachmachen.

307

Wann Paradoxien am Platze sind. – Geistreichen Personen braucht man mitunter, um sie für einen Satz zu gewinnen, denselben nur in der Form einer ungeheuerlichen Paradoxie vorzulegen.

308

Wie mutige Leute gewonnen werden. – Mutige Leute überredet man dadurch zu einer Handlung, daß man dieselbe gefährlicher darstellt als sie ist.

309

Artigkeiten. – Unbeliebten Personen rechnen wir die Artigkeiten, welche sie uns erweisen, zum Vergehen an.

310

Warten lassen. – Ein sicheres Mittel, die Leute aufzubringen und ihnen böse Gedanken in den Kopf zu setzen, ist, sie lange warten zu lassen. Dies macht unmoralisch.

311

Gegen die Vertraulichen. – Leute, welche uns ihr volles Vertrauen schenken, glauben dadurch ein Recht auf das unsrige zu haben. Dies ist ein Fehlschluß; durch Geschenke erwirbt man keine Rechte.

312

Ausgleichsmittel. – Es genügt oft, einem andern, dem man einen Nachteil zugefügt hat, Gelegenheit zu einem Witz über uns zu geben, um ihm persönlich Genugtuung zu schaffen, ja um ihn für uns gut zu stimmen.

313

Eitelkeit der Zunge. – Ob der Mensch seine schlechten Eigenschaften und Laster verbirgt oder mit Offenheit sie eingesteht, so wünscht doch in beiden Fällen seine Eitelkeit einen Vorteil dabei zu haben: man beachte nur, wie fein er unterscheidet, vor wem er jene Eigenschaften verbirgt, vor wem er ehrlich und offenherzig wird.

314

Rücksichtsvoll. – Niemanden kränken, niemanden beeinträchtigen wollen kann ebensowohl das Kennzeichen einer gerechten als einer ängstlichen Sinnesart sein.

315

Zum Disputieren erforderlich. – Wer seine Gedanken nicht auf Eis zu legen versteht, der soll sich nicht in die Hitze des Streites begeben.

316

Umgang und Anmaßung. – Man verlernt die Anmaßung, wenn man sich immer unter verdienten Menschen weiß; Allein-sein pflanzt Übermut. Junge Leute sind anmaßend, denn sie gehen mit ihresgleichen um, welche alle nichts sind, aber gerne viel bedeuten.

317

Motiv des Angriffs. – Man greift nicht nur an, um jemandem wehzutun, ihn zu besiegen, sondern vielleicht auch nur, um sich seiner Kraft bewußt zu werden.

318

Schmeichelei. – Personen, welche unsere Vorsicht im Verkehr mit ihnen durch Schmeicheleien betäuben wollen, wenden ein gefährliches Mittel an, gleichsam einen Schlaftrunk, welcher, wenn er nicht einschläfert, nur um so mehr wach erhält.

319

Guter Briefschreiber. – Der, welcher keine Bücher schreibt, viel denkt und in unzureichender Gesellschaft lebt, wird gewöhnlich ein guter Briefschreiber sein.

320

Am häßlichsten. – Es ist zu bezweifeln, ob ein Vielgereister irgendwo in der Welt häßlichere Gegenden gefunden hat als im menschlichen Gesichte.

321

Die Mitleidigen. – Die mitleidigen, im Unglück jederzeit hilfreichen Naturen sind selten zugleich die sich mitfreuenden: beim Glück der anderen haben sie nichts zu tun, sind überflüssig, fühlen sich nicht im Besitz ihrer Überlegenheit und zeigen deshalb leicht Mißvergnügen.

322

Verwandte eines Selbstmörders. – Verwandte eines Selbstmörders rechnen es ihm übel an, daß er nicht aus Rücksicht auf ihren Ruf am Leben geblieben ist.

323

Undank vorauszusehen. – Der, welcher etwas Großes schenkt, findet keine Dankbarkeit; denn der Beschenkte hat schon durch das Annehmen zuviel Last.

324

In geistloser Gesellschaft. – Niemand dankt dem geistreichen Menschen die Höflichkeit, wenn er sich einer Gesellschaft gleichstellt, in der es nicht höflich ist, Geist zu zeigen.

325

Gegenwart von Zeugen. – Man springt einem Menschen, der ins Wasser fällt, noch einmal so gern nach, wenn Leute zugegen sind, die es nicht wagen.

326

Schweigen. – Die für beide Parteien unangenehmste Art, eine Polemik zu erwidern, ist, sich ärgern und schweigen: denn der Angreifende erklärt sich das Schweigen gewöhnlich als Zeichen der Verachtung.

327

Das Geheimnis des Freundes. – Es wird wenige geben, welche, wenn sie um Stoff zur Unterhaltung verlegen sind, nicht die geheimeren Angelegenheiten ihrer Freunde preisgeben.

328

Humanität. – Die Humanität der Berühmtheiten des Geistes besteht darin, im Verkehre mit Unberühmten auf eine verbindliche Art Unrecht zu behalten.

329

Der Befangene. – Menschen, die sich in der Gesellschaft nicht sicher fühlen, benutzen jede Gelegenheit, um an einem Nahegestellten, dem sie überlegen sind, diese Überlegenheit öffentlich, vor der Gesellschaft, zu zeigen, zum Beispiel durch Neckereien.

330

Dank. – Eine feine Seele bedrückt es, sich jemanden zum Dank verpflichtet zu wissen; eine grobe, sich jemandem.

331

Merkmale der Entfremdung. – Das stärkste Anzeichen der Entfremdung der Ansichten bei zwei Menschen ist dies, daß beide sich gegenseitig einiges Ironische sagen, aber keiner von beiden das Ironische daran fühlt.

332

Anmaßung bei Verdiensten. – Anmaßung bei Verdiensten beleidigt noch mehr als Anmaßung von Menschen ohne Verdienst: denn schon das Verdienst beleidigt.

333

Gefahr in der Stimme. – Mitunter macht uns im Gespräche der Klang der eignen Stimme verlegen und verleitet uns zu Behauptungen, welche gar nicht unserer Meinung entsprechen.

334

Im Gespräche. – Ob man im Gespräche dem andern vornehmlich Recht gibt oder Unrecht, ist durchaus die Sache der Angewöhnung: das eine wie das andre hat Sinn.

335

Furcht vor dem Nächsten. – Wir fürchten die feindselige Stimmung des Nächsten, weil wir befürchten, daß er durch diese Stimmung hinter unsere Heimlichkeiten kommt.

336

Durch Tadel auszeichnen. – Sehr angesehene Personen erteilen selbst ihren Tadel so, daß sie uns damit auszeichnen wollen. Es soll uns aufmerksam machen, wie angelegentlich sie sich mit uns beschäftigen. Wir verstehen sie ganz falsch, wenn wir ihren Tadel sachlich nehmen und uns gegen ihn verteidigen; wir ärgern sie dadurch und entfremden uns ihnen.

337

Verdruß am Wohlwollen anderer. – Wir irren uns über den Grad, in welchem wir uns gehaßt, gefürchtet glauben: weil wir selber zwar gut den Grad unserer Abweichung von einer Person, Richtung, Partei kennen, jene andern aber uns sehr oberflächlich kennen und deshalb auch nur oberflächlich hassen. Wir begegnen oft einem Wohlwollen, welches uns unerklärlich ist; verstehen wir es aber, so beleidigt es uns, weil es zeigt, daß man uns nicht ernst, nicht wichtig genug nimmt.

338

Sich kreuzende Eitelkeiten. – Zwei sich begegnende Personen, deren Eitelkeit gleich groß ist, behalten hinterdrein voneinander einen schlechten Eindruck, weil jede so mit dem Eindruck beschäftigt war, den sie bei der andern hervorbringen wollte, daß die andere auf sie keinen Eindruck machte; beide merken endlich, daß ihr Bemühen verfehlt ist, und schieben je der andern die Schuld zu.

339

Unarten als gute Anzeichen. – Der überlegene Geist hat an den Taktlosigkeiten, Anmaßungen, ja Feindseligkeiten ehrgeiziger Jünglinge gegen ihn sein Vergnügen; es sind die Unarten feuriger Pferde, welche noch keinen Reiter getragen haben und doch in kurzem so stolz sein werden, ihn zu tragen.

340

Wann es ratsam ist, Unrecht zu behalten. – Man tut gut, gemachte Anschuldigungen, selbst wenn sie uns Unrecht tun, ohne Widerlegung hinzunehmen, im Fall der Anschuldigende darin ein noch größeres Unrecht unsererseits sehen würde, wenn wir ihm widersprächen und etwa gar ihn widerlegten. Freilich kann einer auf diese Weise immer Unrecht haben und immer Recht behalten und zuletzt mit dem besten Gewissen von der Welt der unerträglichste Tyrann und Quälgeist werden; und was vom einzelnen gilt, kann auch bei ganzen Klassen der Gesellschaft vorkommen.

341

Zu wenig geehrt. – Sehr eingebildete Personen, denen man Zeichen von geringerer Beachtung gegeben hat, als sie erwarteten, versuchen lange sich selbst und andere darüber irrezuführen und werden spitzfindige Psychologiker, um herauszubekommen, daß der andere sie doch genügend geehrt hat: erreichen sie ihr Ziel nicht, reißt der Schleier der Täuschung, so geben sie sich nun um so größerem Unmute hin.

342

Urzustände in der Rede nachklingend. – In der Art, wie jetzt die Männer im Verkehre Behauptungen aufstellen, erkennt man oft einen Nachklang der Zeiten, wo dieselben sich besser auf Waffen als auf irgend etwas verstanden: sie handhaben ihre Behauptungen bald wie zielende Schützen ihr Gewehr, bald glaubt man das Sausen und Klirren der Klingen zu hören; und bei einigen Männern poltert eine Behauptung herab wie ein derber Knüttel. – Frauen dagegen sprechen so wie Wesen, welche Jahrtausende lang am Webstuhl saßen oder die Nadel führten oder mit Kindern kindisch waren.

343

Der Erzähler. – Wer etwas erzählt, läßt leicht merken, ob er erzählt, weil ihn das Faktum interessiert, oder weil er durch die Erzählung interessieren will. Im letzteren Falle wird er übertreiben, Superlative gebrauchen und ähnliches tun. Er erzählt dann gewöhnlich schlechter, weil er nicht so sehr an die Sache als an sich denkt.

344

Der Vorleser. – Wer dramatische Dichtungen vorliest, macht Entdeckungen über seinen Charakter: er findet für gewisse Stimmungen und Szenen seine Stimme natürlicher als für andere, etwa für alles Pathetische oder für das Skurrile, während er vielleicht im gewöhnlichen Leben nur nicht Gelegenheit hatte, Pathos oder Skurrilität zu zeigen.

345

Eine Lustspiel-Szene, welche im Leben vorkommt. – Jemand denkt sich eine geistreiche Meinung über ein Thema aus, um sie in einer Gesellschaft vorzutragen. Nun würde man im Lustspiel anhören und ansehen, wie er mit allen Segeln an den Punkt zu kommen und die Gesellschaft dort einzuschiffen sucht, wo er seine Bemerkung machen kann: wie er fortwährend die Unterhaltung nach *einem* Ziele schiebt, gelegentlich die Richtung verliert, sie wiedergewinnt, endlich den Augenblick erreicht: fast versagt ihm der Atem – und da nimmt ihm einer aus der Gesellschaft die Bemerkung vom Munde weg. Was wird er tun? Seiner eigenen Meinung opponieren?

346

Wider Willen unhöflich. – Wenn jemand wider Willen einen andern unhöflich behandelt, zum Beispiel nicht grüßt, weil er ihn nicht erkennt, so wurmt ihn dies, obschon er nicht seiner Gesinnung einen Vorwurf machen kann; ihn kränkt die schlechte Meinung, welche er bei dem andern erregt hat, oder er fürchtet die Folgen einer Verstimmung, oder ihn schmerzt es, den andern verletzt zu haben – also Eitelkeit, Furcht oder Mitleid können rege werden, vielleicht auch alles zusammen.

347

Verräter-Meisterstück. – Gegen den Mitverschworenen den kränkenden Argwohn zu äußern, ob man nicht von ihm verraten werde, und dies gerade in dem Augenblick, wo man selbst Verrat übt, ist ein Meisterstück der Bosheit, weil es den andern persönlich okkupiert und ihn zwingt, eine Zeitlang sich sehr unverdächtig und offen zu benehmen, so daß der wirkliche Verräter sich freie Hand gemacht hat.

348

Beleidigen und beleidigt werden. – Es ist weit angenehmer, zu beleidigen und später um Verzeihung zu bitten, als beleidigt zu werden und Verzeihung zu gewähren. Der, welcher das erste tut, gibt ein Zeichen von Macht und nachher von Güte des Charakters. Der andre, wenn er nicht als inhuman gelten will, *muß* schon verzeihen; der Genuß an der Demütigung des andern ist dieser Nötigung wegen gering.

349

Im Disput. – Wenn man zugleich einer anderen Meinung widerspricht und dabei seine eigene entwickelt, so verrückt gewöhnlich die fortwährende Rücksicht auf die andere Meinung die natürliche Haltung der eigenen: sie erscheint absichtlicher, schärfer, vielleicht etwas übertrieben.

350

Kunstgriff. – Wer etwas Schwieriges von einem anderen verlangen will, muß die Sache überhaupt nicht als Problem fassen, sondern schlicht seinen Plan hinlegen, als sei er die einzige Möglichkeit; er muß es verstehen, wenn im Auge des Gegners der Einwand, der Widerspruch dämmert, schnell abzubrechen und ihm keine Zeit zu geben.

351

Gewissensbisse nach Gesellschaften. – Warum haben wir nach gewöhnlichen Gesellschaften Gewissensbisse? Weil wir wichtige Dinge leicht genommen haben, weil wir bei der Besprechung von Personen nicht mit voller Treue gesprochen oder weil wir geschwiegen haben, wo wir reden sollten, weil wir gelegentlich nicht aufgesprungen und fortgelaufen sind, kurz, weil wir uns in der Gesellschaft benahmen, als ob wir zu ihr gehörten.

352

Man wird falsch beurteilt. – Wer immer darnach hinhorcht, wie er beurteilt wird, hat immer Ärger. Denn wir werden schon von denen, welche uns am nächsten stehen (»am besten kennen«), falsch beurteilt. Selbst gute Freunde lassen ihre Verstimmung mitunter in einem mißgünstigen Worte aus; und würden sie unsere Freunde sein, wenn sie uns genau kennten? – Die Urteile der Gleichgültigen tun sehr weh, weil sie so unbefangen, fast sachlich klingen. Merken wir aber gar, daß jemand, der uns feind ist, uns in einem geheim gehaltenen Punkte so gut kennt, wie wir uns, wie groß ist dann erst der Verdruß!

353

Tyrannei des Porträts. – Künstler und Staatsmänner, die schnell aus einzelnen Zügen das ganze Bild eines Menschen oder Ereignisses kombinieren, sind am meisten dadurch ungerecht, daß sie hinterdrein verlangen, das Ereignis oder der Mensch müsse wirklich so sein, wie sie es malten; sie verlangen geradezu, daß einer so begabt, so verschlagen, so ungerecht sei, wie er in ihrer Vorstellung lebt.

354

Der Verwandte als der beste Freund. – Die Griechen, die so gut wußten, was ein Freund sei – sie allein von allen Völkern haben eine tiefe, vielfache philosophische Erörterung der Freundschaft; so daß ihnen zuerst und bis jetzt zuletzt, der Freund als ein lösenswertes Problem erschienen ist – diese selben Griechen haben die *Verwandten* mit einem Ausdrucke bezeichnet, welcher der Superlativ des Wortes »Freund« ist. Dies bleibt mir unerklärlich.

355

Verkannte Ehrlichkeit. – Wenn jemand im Gespräche sich selber zitiert (»ich sagte damals«, »ich pflege zu sagen«), so macht dies den Eindruck der Anmaßung, während es häufig gerade aus der entgegengesetzten Quelle hervorgeht, mindestens aus Ehrlichkeit, welche den Augenblick nicht mit den Einfällen schmücken und herausputzen will, welche einem früheren Augenblicke angehören.

356

Der Parasit. – Es bezeichnet einen völligen Mangel an vornehmer Gesinnung, wenn jemand lieber in Abhängigkeit, auf anderer Kosten leben will, um nur nicht arbeiten zu müssen, gewöhnlich mit einer heimlichen Erbitterung gegen die, von denen er abhängt. – Eine solche Gesinnung ist viel häufiger bei Frauen als bei Männern, auch viel verzeihlicher (aus historischen Gründen).

357

Auf dem Altar der Versöhnung. – Es gibt Umstände, wo man eine Sache von einem Menschen nur so erlangt, daß man ihn beleidigt und sich

verfeindet: dieses Gefühl, einen Feind zu haben, quält ihn so, daß er gern das erste Anzeichen einer milderen Stimmung zur Versöhnung benützt und jene Sache auf dem Altar dieser Versöhnung opfert, an der ihm früher so viel gelegen war, daß er sie um keinen Preis geben wollte.

358

Mitleid fordern als Zeichen der Anmaßung. – Es gibt Menschen, welche, wenn sie in Zorn geraten und die anderen beleidigen, dabei erstens verlangen, daß man ihnen nichts übelnehme, und zweitens, daß man mit ihnen Mitleid habe, weil sie so heftigen Paroxysmen unterworfen sind. So weit geht die menschliche Anmaßung.

359

Köder. – »Jeder Mensch hat seinen Preis« – das ist nicht wahr. Aber es findet sich wohl für jeden ein Köder, an den er anbeißen muß. So braucht man, um manche Personen für eine Sache zu gewinnen, dieser Sache nur den Glanz des Menschenfreundlichen, Edlen, Mildtätigen, Aufopfernden zu geben – und welcher Sache könnte man ihn nicht geben? –: es ist das Zuckerwerk und die Näscherei *ihrer* Seele; andere haben anderes.

360

Verhalten beim Lobe. – Wenn gute Freunde die begabte Natur loben, so wird sie sich öfters aus Höflichkeit und Wohlwollen darüber erfreut zeigen, aber in Wahrheit ist es ihr gleichgültig. Ihr eigentliches Wesen ist ganz träge dagegen und um keinen Schritt dadurch aus der Sonne oder dem Schatten, in dem sie liegt, herauszuwälzen; aber die Menschen wollen durch Lob eine Freude machen und man würde sie betrüben, wenn man sich über ihr Lob nicht freute.

361

Die Erfahrung des Sokrates. – Ist man in einer Sache Meister geworden, so ist man gewöhnlich eben dadurch in den meisten anderen Sachen ein völliger Stümper geblieben; aber man urteilt gerade umgekehrt, wie dies schon Sokrates erfuhr. Dies ist der Übelstand, welcher den Umgang mit Meistern unangenehm macht.

362

Mittel der Vertierung. – Im Kampf mit der Dummheit werden die billigsten und sanftesten Menschen zuletzt brutal. Sie sind damit vielleicht auf dem rechten Wege der Verteidigung; denn an die dumme Stirn gehört, als Argument, von Rechts wegen die geballte Faust. Aber weil, wie gesagt, ihr Charakter sanft und billig ist, so leiden sie durch diese Mittel der Notwehr mehr, als sie Leid zufügen.

363

Neugierde. – Wenn die Neugierde nicht wäre, würde wenig für das Wohl des Nächsten getan werden. Aber die Neugierde schleicht sich unter dem Namen der Pflicht oder des Mitleidens in das Haus des Unglücklichen und Bedürftigen. – Vielleicht ist selbst an der vielgerühmten Mutterliebe ein gut Stück Neugierde.

364

Verrechnung in der Gesellschaft. – Dieser wünscht interessant zu sein durch seine Urteile, jener durch seine Neigungen und Abneigungen, der dritte durch seine Bekanntschaften, ein vierter durch seine Vereinsamung – und sie verrechnen sich alle. Denn der, vor dem das Schauspiel aufgeführt wird, meint selber dabei das einzig in Betracht kommende Schauspiel zu sein.

365

Duell. – Zugunsten aller Ehrenhändel und Duelle ist zu sagen, daß wenn einer ein so reizbares Gefühl hat, nicht leben zu wollen, wenn der und der das und das über ihn sagt oder denkt, er ein Recht hat, die Sache auf den Tod des einen oder des anderen ankommen zu lassen. Darüber, daß er so reizbar ist, ist gar nicht zu rechten, damit sind wir die Erben der Vergangenheit, ihrer Größe sowohl wie ihrer Übertreibungen, ohne welche es nie eine Größe gab. Existiert nun ein Ehrenkanon, welcher Blut an Stelle des Todes gelten läßt, so daß nach einem regelmäßigen Duell das Gemüt erleichtert ist, so ist dies eine große Wohltat, weil sonst viele Menschenleben in Gefahr wären. – So eine Institution erzieht übrigens die Menschen in Vorsicht auf ihre Äußerungen und macht den Umgang mit ihnen möglich.

366

Vornehmheit und Dankbarkeit. – Eine vornehme Seele wird sich gern zur Dankbarkeit verpflichtet fühlen und den Gelegenheiten, bei denen sie sich verpflichtet, nicht ängstlich aus dem Wege gehen; ebenso wird sie nachher gelassen in den Äußerungen der Dankbarkeit sein; während niedere Seelen sich gegen alles Verpflichtetwerden sträuben oder nachher in den Äußerungen ihrer Dankbarkeit übertrieben und allzusehr beflissen sind. Letzteres kommt übrigens auch bei Personen von niederer Herkunft oder gedrückter Stellung vor: eine Gunst, *ihnen* erwiesen, deucht ihnen ein Wunder von Gnade.

367

Die Stunden der Beredsamkeit. – Der eine hat, um gut zu sprechen, jemanden nötig, der ihm entschieden und anerkannt überlegen ist, der andere kann nur vor einem, den er überragt, völlige Freiheit der Rede und glückliche Wendungen der Beredsamkeit finden: in beiden Fällen ist es derselbe Grund; jeder von ihnen redet nur gut, wenn er *sans géne* redet, der eine, weil er vor dem Höheren den Antrieb der Konkurrenz, des Wettbewerbs nicht fühlt, der andere ebenfalls deshalb, angesichts des Niederen. – Nun gibt es eine ganz andere Gattung von Menschen, die nur gut reden, wenn sie im Wetteifer, mit der Absicht zu siegen, reden. Welche von beiden Gattungen ist die ehrgeizigere: die, welche aus erregter Ehrsucht gut, oder die, welche aus eben diesem Motive schlecht oder gar nicht spricht?

368

Das Talent zur Freundschaft. – Unter den Menschen, welche eine besondere Begabung zur Freundschaft haben, treten zwei Typen hervor. Der eine ist in einem fortwährenden Aufsteigen und findet für jede Phase seiner Entwicklung einen genau zugehörigen Freund. Die Reihe von Freunden, welche er auf diese Weise erwirbt, ist unter sich selten im Zusammenhang, mitunter in Mißhelligkeit und Widerspruch: ganz dem entsprechend, daß die späteren Phasen in seiner Entwicklung die früheren Phasen aufheben oder beeinträchtigen. Ein solcher Mensch mag im Scherz eine Leiter *heißen.* – Den anderen Typus vertritt der, welcher eine Anziehungskraft auf sehr verschiedene Charaktere und Begabungen ausübt, so daß er einen ganzen Kreis von Freunden gewinnt; diese aber kommen dadurch selber untereinander in freundschaftliche Beziehung, trotz aller Verschiedenheit. Einen solchen Menschen nenne man einen *Kreis*: denn in ihm muß jene Zusammengehörigkeit so verschiedener Anlagen und Naturen irgendwie

vorgebildet sein. – Übrigens ist die Gabe, gute Freunde zu haben, in manchem Menschen viel größer als die Gabe, ein guter Freund zu sein.

369

Taktik im Gespräch. – Nach einem Gespräch mit jemandem ist man am besten auf den Mitunterredner zu sprechen, wenn man Gelegenheit hatte, seinen Geist, seine Liebenswürdigkeit vor ihm im ganzen Glanze zu zeigen. Dies benutzen kluge Menschen, welche jemanden sich günstig stimmen wollen, indem sie bei der Unterredung ihm die besten Gelegenheiten zu einem guten Witz und dergleichen zuschieben. Es wäre ein lustiges Gespräch zwischen zwei sehr Klugen zu denken, welche sich gegenseitig günstig stimmen wollen und sich deshalb die schönen Gelegenheiten im Gespräch hin und her zuwerfen, während keiner sie annimmt: so daß das Gespräch im ganzen geistlos und unliebenswürdig verliefe, weil jeder dem anderen die Gelegenheit zu Geist und Liebenswürdigkeit zuwiese.

370

Entladung des Unmutes. – Der Mensch, dem etwas mißlingt, führt dies Mißlingen lieber auf den bösen Willen eines anderen als auf den Zufall zurück. Seine gereizte Empfindung wird dadurch erleichtert, eine Person und nicht eine Sache sich als Grund seines Mißlingens zu denken; denn an Personen kann man sich rächen, die Unbilden des Zufalls aber muß man hinunterwürgen. Die Umgebung eines Fürsten pflegt deshalb, wenn diesem etwas mißlungen ist, einen einzelnen Menschen als angebliche Ursache ihm zu bezeichnen und im Interesse aller Höflinge aufzuopfern; denn der Mißmut des Fürsten würde sich sonst an ihnen allen auslassen, da er ja an der Schicksalsgöttin selber keine Rache nehmen kann.

371

Die Farbe der Umgebung annehmen. – Warum ist Neigung und Abneigung so ansteckend, daß man kaum in der Nähe einer stark empfindenden Person leben kann, ohne wie ein Gefäß mit ihrem Für und Wider angefüllt zu werden? Erstens ist die völlige Enthaltung des Urteils sehr schwer, mitunter für unsere Eitelkeit geradezu unerträglich; sie trägt da gleiche Farbe mit der Gedanken- und Empfindungsarmut oder mit der Ängstlichkeit, der Unmännlichkeit: und so werden wir wenigstens dazu fortgerissen, Partei zu nehmen, vielleicht gegen die Richtung unserer Um-

gebung, wenn diese Stellung unserm Stolze mehr Vergnügen macht. Gewöhnlich aber – das ist das zweite – bringen wir uns den Übergang von Gleichgültigkeit zu Neigung oder Abneigung gar nicht zum Bewußtsein, sondern allmählich gewöhnen wir uns an die Empfindungsweise unserer Umgebung, und weil sympathisches Zustimmen und Sichverstehen so angenehm ist, tragen wir bald alle Zeichen und Parteifarben dieser Umgebung.

372

Ironie. – Die Ironie ist nur als pädagogisches Mittel am Platze, von seiten eines Lehrers im Verkehr mit Schülern irgendwelcher Art: ihr Zweck ist Demütigung, Beschämung, aber von jener heilsamen Art, welche gute Vorsätze erwachen läßt und dem, welcher uns so behandelte, Verehrung, Dankbarkeit als einem Arzte entgegenbringen heißt. Der Ironische stellt sich unwissend und zwar so gut, daß die sich mit ihm unterredenden Schüler getäuscht sind und in ihrem guten Glauben an ihr eigenes Besserwissen dreist werden und sich Blößen aller Art geben; sie verlieren die Behutsamkeit und zeigen sich, wie sie sind, – bis in einem Augenblick die Leuchte, die sie dem Lehrer ins Gesicht hielten, ihre Strahlen sehr demütigend auf sie selbst zurückfallen läßt. – Wo ein solches Verhältnis, wie zwischen Lehrer und Schüler, nicht stattfindet, ist sie eine Unart, ein gemeiner Affekt. Alle ironischen Schriftsteller rechnen auf die alberne Gattung von Menschen, welche sich gerne allen anderen mit dem Autor zusammen überlegen fühlen wollen, als welchen sie für das Mundstück ihrer Anmaßung ansehen. – Die Gewöhnung an Ironie, ebenso wie die an Sarkasmus verdirbt übrigens den Charakter, sie verleiht allmählich die Eigenschaft einer schadenfrohen Überlegenheit: man ist zuletzt einem bissigen Hunde gleich, der noch das Lachen gelernt hat, außer dem Beißen.

373

Anmaßung. – Vor nichts soll man sich so hüten als vor dem Aufwachsen jenes Unkrauts, welches Anmaßung heißt und in uns jede gute Ernte verdirbt; denn es gibt Anmaßung in der Herzlichkeit, in der Ehrenbezeigung, in der wohlwollenden Vertraulichkeit, in der Liebkosung, im freundschaftlichen Rate, im Eingestehen von Fehlern, in dem Mitleid für andere, und alle diese schönen Dinge erregen Widerwillen, wenn jenes Kraut dazwischen wächst. Der Anmaßende, das heißt der, welcher mehr bedeuten will, als er ist *oder gilt*, macht immer eine falsche Berechnung. Zwar hat er den augenblicklichen Erfolg für sich, insofern die Menschen, vor denen er anmaßend ist, ihm gewöhnlich das Maß von Ehre zollen, welches

er fordert, aus Angst oder Bequemlichkeit; aber sie nehmen eine schlimme Rache dafür, insofern sie ebensoviel, als er über das Maß forderte, von dem Werte subtrahieren, den sie ihm bis jetzt beilegten. Es ist nichts, was die Menschen sich teurer bezahlen lassen, als Demütigung. Der Anmaßende kann sein wirkliches großes Verdienst so in den Augen der andern verdächtigen und klein machen, daß man mit staubigen Füßen darauf tritt. – Selbst ein stolzes Benehmen sollte man sich nur dort erlauben, wo man ganz sicher sein kann, nicht mißverstanden und als anmaßend betrachtet zu werden, zum Beispiel vor Freunden und Gattinnen. Denn es gibt im Verkehre mit Menschen keine größere Torheit, als sich den Ruf der Anmaßung zuzuziehen; es ist noch schlimmer, als wenn man nicht gelernt hat, höflich zu lügen.

374

Zwiegespräch. – Das Zwiegespräch ist das vollkommene Gespräch, weil alles, was der eine sagt, seine bestimmte Farbe, seinen Klang, seine begleitende Gebärde in *strenger Rücksicht auf den anderen,* mit dem gesprochen wird, erhält, also dem entsprechend, was beim Briefverkehr geschieht, daß ein und derselbe zehn Arten des seelischen Ausdrucks zeigt, je nachdem er bald an diesen, bald an jenen schreibt. Beim Zwiegespräch gibt es nur eine einzige Strahlenbrechung des Gedankens: diese bringt der Mitunterredner hervor, als der Spiegel, in welchem wir unsere Gedanken möglichst schön wiedererblicken wollen. Wie aber ist es bei zweien, bei dreien und mehr Mitunterrednern? Da verliert notwendig das Gespräch an individualisierender Feinheit, die verschiedenen Rücksichten kreuzen sich, heben sich auf; die Wendung, welche dem einen wohltut, ist nicht der Sinnesart des andern gemäß. Deshalb wird der Mensch im Verkehr mit mehreren gezwungen, sich auf sich zurückzuziehen, die Tatsachen hinzustellen, wie sie sind, aber jenen spielenden Äther der Humanität den Gegenständen zu nehmen, welcher ein Gespräch zu den angenehmsten Dingen der Welt macht. Man höre nur den Ton, in welchem Männer im Verkehre mit ganzen Gruppen von Männern zu reden pflegen, es ist als ob der Grundbaß aller Rede der sei: »das bin *ich,* das sage *ich,* nun haltet davon, was ihr wollt!« Dies ist der Grund, weshalb geistreiche Frauen bei dem, welcher sie in der Gesellschaft kennenlernte, meistens einen befremdenden, peinlichen, abschreckenden Eindruck hinterlassen: es ist das Reden zu vielen, vor vielen, welches sie aller geistigen Liebenswürdigkeit beraubt und nur das bewußte Beruhen auf sich selbst, ihre Taktik und die Absicht auf öffentlichen Sieg in grellem Lichte zeigt: während dieselben Frauen im Zwiegespräche wieder zu Weibern werden und ihre geistige Anmut wiederfinden.

375

Nachruhm. – Auf die Anerkennung einer fernen Zukunft hoffen hat nur Sinn, wenn man die Annahme macht, daß die Menschheit wesentlich unverändert bleibe und daß alles Große nicht für eine, sondern für alle Zeiten als groß empfunden werden müsse. Dies ist aber ein Irrtum; die Menschheit, in allem Empfinden und Urteilen über das, was schön und gut ist, verwandelt sich sehr stark; es ist Phantasterei, von sich zu glauben, daß man eine Meile Wegs voraus sei und daß die gesamte Menschheit *unsere* Straße ziehe. Zudem: ein Gelehrter, der verkannt wird, darf jetzt bestimmt darauf rechnen, daß seine Entdeckung von anderen auch gemacht wird und daß ihm bestenfalls einmal später von einem Historiker zuerkannt wird, er habe dies und jenes auch schon gewußt, sei aber nicht imstande gewesen, seiner Sache Glauben zu verschaffen. Nicht-anerkanntwerden wird von der Nachwelt immer als Mangel an Kraft ausgelegt. – Kurz, man soll der hochmütigen Vereinsamung nicht so leicht das Wort reden. Es gibt übrigens Ausnahmefälle; aber zumeist sind es unsere Fehler, Schwächen und Narrheiten, welche die Anerkennung unserer großen Eigenschaften verhindern.

376

Von den Freunden. – Überlege nur mit dir selber einmal, wie verschieden die Empfindungen, wie geteilt die Meinungen, selbst unter den nächsten Bekannten sind; wie selbst gleiche Meinungen in dem Kopf deiner Freunde eine ganz andere Stellung oder Stärke haben als in deinem; wie hundertfältig der Anlaß kommt zum Mißverstehen, zum feindseligen Auseinanderfliehen. Nach alledem wirst du dir sagen: wie unsicher ist der Boden, auf dem alle unsere Bündnisse und Freundschaften ruhen, wie nahe sind kalte Regengüsse oder böse Wetter, wie vereinsamt ist jeder Mensch! Sieht einer dies ein und noch dazu, daß alle Meinungen und deren Art und Stärke bei seinen Mitmenschen ebenso notwendig und unverantwortlich sind wie ihre Handlungen, gewinnt er das Auge für diese innere Notwendigkeit der Meinungen aus der unlösbaren Verflechtung von Charakter, Beschäftigung, Talent, Umgebung – so wird er vielleicht die Bitterkeit jener Schärfe der Empfindung los, mit der jener Weise rief: »Freunde, es gibt keine Freunde!« Er wird sich vielmehr eingestehen: ja es gibt Freunde, aber der Irrtum, die Täuschung über dich führte sie dir zu; und Schweigen müssen sie gelernt haben, um dir Freund zu bleiben; denn fast immer beruhen solche menschliche Beziehungen darauf, daß irgend ein paar Dinge nie gesagt werden, ja daß an sie nie gerührt wird: kommen diese Steinchen aber ins Rollen, so folgt die Freundschaft hinterdrein und zerbricht. Gibt es Menschen, welche nicht tödlich zu verletzen sind, wenn sie erführen,

was ihre vertrautesten Freunde im Grunde von ihnen wissen? – Indem wir uns selbst erkennen und unser Wesen selber als eine wandelnde Sphäre der Meinungen und Stimmungen ansehen, und somit ein wenig geringschätzen lernen, bringen wir uns wieder ins Gleichgewicht mit den übrigen. Es ist wahr, wir haben gute Gründe, jeden unserer Bekannten, und seien es die Größten, gering zu achten; aber ebenso gute, diese Empfindung gegen uns selber zu kehren. – Und so wollen wir es miteinander aushalten, da wir es ja mit uns aushalten; und vielleicht kommt jedem auch einmal die freudigere Stunde, wo er sagt

»Freunde, es gibt keine Freunde!« so rief der sterbende Weise;
»Feinde, es gibt keinen Feind!« – ruf ich, der lebende Tor.

SIEBENTES HAUPTSTÜCK

WEIB UND KIND

377

Das *vollkommene Weib.* – Das vollkommene Weib ist ein höherer Typus des Menschen als der vollkommene Mann: auch etwas viel Selteneres. – Die Naturwissenschaft der Tiere bietet ein Mittel, diesen Satz wahrscheinlich zu machen.

378

Freundschaft und Ehe. – Der beste Freund wird wahrscheinlich die beste Gattin bekommen, weil die gute Ehe auf dem Talent zur Freundschaft beruht.

379

Fortleben der Eltern. – Die unaufgelösten Dissonanzen im Verhältnis von Charakter und Gesinnung der Eltern klingen in dem Wesen des Kindes fort und machen seine innere Leidensgeschichte aus.

380

Von der Mutter her. – Jedermann trägt ein Bild des Weibes von der Mutter her in sich: davon wird er bestimmt, die Weiber überhaupt zu verehren oder sie geringzuschätzen oder gegen sie im allgemeinen gleichgültig zu sein.

381

Die Natur korrigieren. – Wenn man keinen guten Vater hat, so soll man sich einen anschaffen.

382

Väter und Söhne. – Väter haben viel zu tun, um es wieder gutzumachen, daß sie Söhne haben.

383

Irrtum vornehmer Frauen. – Die vornehmen Frauen denken, daß eine Sache gar nicht da ist, wenn es nicht möglich ist, von ihr in der Gesellschaft zu sprechen.

384

Eine Männer-Krankheit. – Gegen die Männer-Krankheit der Selbstverachtung hilft es am sichersten, von einem klugen Weibe geliebt zu werden.

385

Eine Art der Eifersucht. – Mütter sind leicht eifersüchtig auf die Freunde ihrer Söhne, wenn diese besondere Erfolge haben. Gewöhnlich liebt eine Mutter *sich* mehr in ihrem Sohne als den Sohn selber.

386

Vernünftige Unvernunft. – In der Reife des Lebens und des Verstandes überkommt den Menschen das Gefühl, daß sein Vater Unrecht hatte, ihn zu zeugen.

387

Mütterliche Güte. – Manche Mutter braucht glückliche, geehrte Kinder, manche unglückliche: sonst kann sich ihre Güte als Mutter nicht zeigen.

388

Verschiedene Seufzer. – Einige Männer haben über die Entführung ihrer Frauen geseufzt, die meisten darüber, daß niemand sie ihnen entführen wollte.

389

Liebesheiraten. – Die Ehen, welche aus Liebe geschlossen werden (die sogenannten Liebesheiraten), haben den Irrtum zum Vater und die Not (das Bedürfnis) zur Mutter.

390

Frauenfreundschaft. – Frauen können recht gut mit einem Manne Freundschaft schließen; aber um diese aufrecht zu erhalten – dazu muß wohl eine kleine physische Antipathie mithelfen.

391

Langeweile. – Viele Menschen, namentlich Frauen, empfinden die Langeweile nicht, weil sie niemals ordentlich arbeiten gelernt haben.

392

Ein Element der Liebe. – In jeder Art der weiblichen Liebe kommt auch etwas von der mütterlichen Liebe zum Vorschein.

393

Die Einheit des Orts und das Drama. – Wenn die Ehegatten nicht beisammen lebten, würden die guten Ehen häufiger sein.

394

Gewöhnliche Folgen der Ehe. – Jeder Umgang, der nicht hebt, zieht nieder und umgekehrt; deshalb sinken gewöhnlich die Männer etwas, wenn sie Frauen nehmen, während die Frauen etwas gehoben werden. Allzu geistige Männer bedürfen ebensosehr der Ehe als sie ihr wie einer widrigen Medizin widerstreben.

395

Befehlen lehren. – Kinder aus bescheidnen Familien muß man ebensosehr das Befehlen durch Erziehung lehren wie andere Kinder das Gehorchen.

396

Verliebt werden wollen. – Verlobte, welche die Konvenienz zusammengefügt hat, bemühen sich häufig, verliebt zu *werden*, um über den Vorwurf der kalten, berechnenden Nützlichkeit hinwegzukommen. Ebenso be-

mühen sich solche, die ihres Vorteils wegen zum Christentum umlenken, wirklich fromm zu werden; denn so wird das religiöse Mienenspiel ihnen leichter.

397

Kein Stillstand in der Liebe. – Ein Musiker, der das langsame Tempo *liebt,* wird dieselben Tonstücke immer langsamer nehmen. So gibt es in keiner Liebe ein Stillstehen.

398

Schamhaftigkeit. – Mit der Schönheit der Frauen nimmt im allgemeinen ihre Schamhaftigkeit zu.

399

Ehe von gutem Bestand. – Eine Ehe, in der jedes durch das andere ein individuelles Ziel erreichen will, hält gut zusammen, zum Beispiel wenn die Frau durch den Mann berühmt, der Mann durch die Frau beliebt werden will.

400

Proteus-Natur. – Weiber werden aus Liebe ganz zu dem, als was sie in der Vorstellung der Männer, von denen sie geliebt werden, leben.

401

Lieben und besitzen. – Frauen lieben meistens einen bedeutenden Mann so, daß sie ihn allein haben wollen. Sie würden ihn gern in Verschluß legen, wenn nicht ihre Eitelkeit widerriete: diese will, daß er auch vor anderen bedeutend erscheine.

402

Probe einer guten Ehe. – Die Güte einer Ehe bewährt sich dadurch, daß sie einmal eine »Ausnahme« verträgt.

403

Mittel, alle zu allem zu bringen. – Man kann jedermann so durch Unruhen, Ängste, Überhäufungen von Arbeit und Gedanken abmatten und schwach machen, daß er einer Sache, die den Schein des Komplizierten hat, nicht mehr widersteht, sondern ihr nachgibt, – das wissen die Diplomaten und die Weiber.

404

Ehrbarkeit und Ehrlichkeit. – Jene Mädchen, welche allein ihrem Jugendreize die Versorgung fürs ganze Leben verdanken wollen und deren Schlauheit die gewitzigten Mütter noch soufflieren, wollen ganz dasselbe wie die Hetären, nur daß sie klüger und unehrlicher als diese sind.

405

Masken. – Es gibt Frauen, die, wo man bei ihnen auch nachsucht, kein Inneres haben, sondern reine Masken sind. Der Mann ist zu beklagen, der sich mit solchen fast gespenstischen, notwendig unbefriedigenden Wesen einläßt, aber gerade sie vermögen das Verlangen des Mannes auf das stärkste zu erregen: er sucht nach ihrer Seele – und sucht immerfort.

406

Die Ehe als langes Gespräch. – Man soll sich beim Eingehen einer Ehe die Frage vorlegen: glaubst du, dich mit dieser Frau bis ins Alter hinein gut zu unterhalten? Alles andere in der Ehe ist transitorisch, aber die meiste Zeit des Verkehrs gehört dem Gespräche an.

407

Mädchenträume. – Unerfahrene Mädchen schmeicheln sich mit der Vor-tellung, daß es in ihrer Macht stehe, einen Mann glücklich zu machen; päter lernen sie, daß es soviel heißt als: einen Mann geringschätzen, wenn nan annimmt, daß es nur eines Mädchens bedürfe, um ihn glücklich zu nachen. – Die Eitelkeit der Frauen verlangt, daß ein Mann mehr sei als in glücklicher Gatte.

408

Aussterben von Faust und Gretchen. – Nach der sehr einsichtigen Bemerkung eines Gelehrten ähneln die gebildeten Männer des gegenwärtigen Deutschland einer Mischung von Mephistopheles und Wagner, aber durchaus nicht Fausten, welchen die Großväter (in ihrer Jugend wenigstens) in sich rumoren fühlten. Zu ihnen passen also – um jenen Satz fortzusetzen – aus zwei Gründen die *Gretchen* nicht. Und weil sie nicht mehr begehrt werden, so sterben sie, scheint es, aus.

409

Mädchen als Gymnasiasten. – Um alles in der Welt nicht noch unsere Gymnasialbildung auf die Mädchen übertragen! Sie, die häufig aus geistreichen, wißbegierigen, feurigen Jungen – Abbilder ihrer Lehrer macht!

410

Ohne Nebenbuhlerinnen. – Frauen merken es einem Manne leicht an, ob seine Seele schon in Besitz genommen ist; sie wollen ohne Nebenbuhlerinnen geliebt sein und verargen ihm die Ziele seines Ehrgeizes, seine politischen Aufgaben, seine Wissenschaften und Künste, wenn er eine Leidenschaft zu solchen Sachen hat. Es sei denn, daß er durch diese glänze, – dann erhoffen sie, im Falle einer Liebesverbindung mit ihm, zugleich einen Zuwachs *ihres* Glanzes; wenn es so steht, begünstigen sie den Liebhaber.

411

Der weibliche Intellekt. – Der Intellekt der Weiber zeigt sich als vollkommene Beherrschung, Gegenwärtigkeit des Geistes, Benutzung aller Vorteile. Sie vererben ihn als ihre Grundeigenschaft auf ihre Kinder, und der Vater gibt den dunkleren Hintergrund des Willens dazu. Sein Einfluß bestimmt gleichsam Rhythmus und Harmonie, mit denen das neue Leben abgespielt werden soll; aber die Melodie desselben stammt vom Weibe. – Für solche gesagt, welche etwas sich zurechtzulegen wissen: die Weiber haben den Verstand, die Männer das Gemüt und die Leidenschaft. Dem widerspricht nicht, daß die Männer tatsächlich es mit ihrem Verstande so viel weiter bringen: sie haben die tieferen, gewaltigeren Antriebe; diese tragen ihren Verstand, der an sich etwas Passives ist, so weit. Die Weiber wundern sich im stillen oft über die große Verehrung, welche die Männer ihrem Gemüte zollen. Wenn die Männer vor allem nach einem tiefen

gemütvollen Wesen, die Weiber aber nach einem klugen, geistesgegenwärtigen und glänzenden Wesen bei der Wahl ihres Ehegenossen suchen, so sieht man im Grunde deutlich, wie der Mann nach dem idealisierten Manne, das Weib nach dem idealisierten Weibe sucht, also nicht nach Ergänzung, sondern nach Vollendung der eigenen Vorzüge.

412

Ein Urteil Hesiods bekräftigt. – Ein Zeichen für die Klugheit der Weiber ist es, daß sie es fast überall verstanden haben, sich ernähren zu lassen, wie Drohnen im Bienenkorbe. Man erwäge doch aber, was das ursprünglich bedeuten will und warum die Männer sich nicht von den Frauen ernähren lassen. Gewiß weil die männliche Eitelkeit und Ehrfurcht größer als die weibliche Klugheit ist; denn die Frauen haben es verstanden, sich durch Unterordnung doch den überwiegenden Vorteil, ja die Herrschaft zu sichern. Selbst das Pflegen der Kinder könnte ursprünglich von der Klugheit der Weiber als Vorwand benutzt sein, um sich der Arbeit möglichst zu entziehen. Auch jetzt noch verstehen sie, wenn sie wirklich tätig sind, zum Beispiel als Haushälterinnen, davon ein sinneverwirrendes Aufheben zu machen, so daß von den Männern das Verdienst ihrer Tätigkeit zehnfach überschätzt zu werden pflegt.

413

Die Kurzsichtigen sind verliebt. – Mitunter genügt schon eine stärkere Brille, um den Verliebten zu heilen; und wer die Kraft der Einbildung hätte, um ein Gesicht, eine Gestalt sich zwanzig Jahre älter vorzustellen, ginge vielleicht sehr ungestört durch das Leben.

414

Frauen im Haß. – Im Zustande des Hasses sind Frauen gefährlicher als Männer; zuvörderst weil sie durch keine Rücksicht auf Billigkeit in ihrer einmal erregten feindseligen Empfindung gehemmt werden, sondern ungestört ihren Haß bis zu den letzten Konsequenzen anwachsen lassen, sodann weil sie darauf eingeübt sind, wunde Stellen (die jeder Mensch, jede Partei hat) zu finden und dorthinein zu stechen: wozu ihnen ihr dolchspitzer Verstand treffliche Dienste leistet (während die Männer beim Anblick von Wunden zurückhaltend, oft großmütig und versöhnlich gestimmt werden).

415

Liebe. – Die Abgötterei, welche die Frauen mit der Liebe treiben, ist im Grund und ursprünglich eine Erfindung der Klugheit, insofern sie ihre Macht durch alle jene Idealisierungen der Liebe erhöhen und sich in den Augen der Männer als immer begehrenswerter darstellen. Aber durch die jahrhundertlange Gewöhnung an diese übertriebene Schätzung der Liebe ist es geschehen, daß sie in ihr eigenes Netz gelaufen sind und jenen Ursprung vergessen haben. Sie selber sind jetzt noch mehr die Getäuschten als die Männer und leiden deshalb auch mehr an der Enttäuschung, welche fast notwendig im Leben jeder Frau eintreten wird – sofern sie überhaupt Phantasie und Verstand genug hat, um getäuscht und enttäuscht werden zu können.

416

Zur Emanzipation der Frauen. – Können die Frauen überhaupt gerecht sein, wenn sie so gewohnt sind zu lieben, gleich für oder wider zu empfinden? Daher sind sie auch seltener für Sachen, mehr für Personen eingenommen: sind sie es aber für Sachen, so werden sie sofort deren Parteigänger und verderben damit die reine unschuldige Wirkung derselben. So entsteht eine nicht geringe Gefahr, wenn ihnen die Politik und einzelne Teile der Wissenschaft anvertraut werden (zum Beispiel Geschichte). Denn was wäre seltener als eine Frau, welche wirklich wüßte, was Wissenschaft ist? Die besten nähren sogar im Busen gegen sie eine heimliche Geringschätzung, als ob sie irgendwodurch ihr überlegen wären. Vielleicht kann dies alles anders werden, einstweilen ist es so.

417

Die Inspiration im Urteile der Frauen. – Jene plötzlichen Entscheidungen über das Für und Wider, welche Frauen zu geben pflegen, die blitzschnellen Erhellungen persönlicher Beziehungen durch ihre hervorbrechenden Neigungen und Abneigungen, kurz die Beweise der weiblichen Ungerechtigkeit sind von liebenden Männern mit einem Glanz umgeben worden, als ob alle Frauen Inspirationen von Weisheit hätten, auch ohne den delphischen Kessel und die Lorbeerbinde: und ihre Aussprüche werden noch lange nachher wie sibyllinische Orakel interpretiert und zurechtgelegt. Wenn man aber erwägt, daß für jede Person, für jede Sache sich etwas geltend machen läßt, aber ebenso gut auch etwas gegen sie, daß alle Dinge nicht nur zwei-, sondern drei- und vierseitig sind, so ist es beinahe schwer,

mit solchen plötzlichen Entscheidungen gänzlich fehlzugreifen; ja man könnte sagen: die Natur der Dinge ist so eingerichtet, daß die Frauen immer rechtbehalten.

418

Sich lieben lassen. – Weil die eine von zwei liebenden Personen gewöhnlich die liebende, die andere die geliebte Person ist, so ist der Glaube entstanden, es gäbe in jedem Liebeshandel ein gleichbleibendes Maß von Liebe: je mehr eine davon an sich reiße, um so weniger bleibe für die andere Person übrig. Ausnahmsweise kommt es vor, daß die Eitelkeit jede der beiden Personen überredet, *sie* sei die, welche geliebt werden müsse; so daß sich beide lieben lassen wollen: woraus sich namentlich in der Ehe mancherlei halb drollige, halb absurde Szenen ergeben.

419

Widersprüche in weiblichen Köpfen. – Weil die Weiber so viel mehr persönlich als sachlich sind, vertragen sich in ihrem Gedankenkreise Richtungen, die logisch mit sich im Widerspruche sind: sie pflegen sich eben für die Vertreter dieser Richtungen der Reihe nach zu begeistern und nehmen deren Systeme in Bausch und Bogen an; doch so, daß überall dort eine tote Stelle entsteht, wo eine neue Persönlichkeit später das Übergewicht bekommt. Es kommt vielleicht vor, daß die ganze Philosophie im Kopf einer alten Frau aus lauter solchen toten Stellen besteht.

420

Wer leidet mehr? – Nach einem persönlichen Zwiespalt und Zanke zwischen einer Frau und einem Manne leidet der eine Teil am meisten bei der Vorstellung, dem anderen wehgetan zu haben; während jener am meisten bei der Vorstellung leidet, dem anderen nicht genug wehgetan zu haben, weshalb er sich bemüht, durch Tränen, Schluchzen und verstörte Mienen ihm noch hinterdrein das Herz schwer zu machen.

421

Gelegenheit zu weiblicher Großmut. – Wenn man sich über die Ansprüche der Sitte einmal in Gedanken hinwegsetzt, so könnte man wohl erwägen, ob nicht Natur und Vernunft den Mann auf mehrfache Verhei-

ratung nacheinander anweist, etwa in der Gestalt, daß er zuerst im Alter von zweiundzwanzig Jahren ein älteres Mädchen heiratet, das ihm geistig und sittlich überlegen ist und seine Führerin durch die Gefahren der zwanziger Jahre (Ehrgeiz, Haß, Selbstverachtung, Leidenschaften aller Art) werden kann. Die Liebe dieser würde später ganz in das Mütterliche übertreten, und sie ertrüge es nicht nur, sondern förderte es auf die heilsamste Weise, wenn der Mann in den dreißiger Jahren mit einem ganz jungen Mädchen eine Verbindung einginge, dessen Erziehung er selber in die Hand nähme. – Die Ehe ist für die zwanziger Jahre ein nötiges, für die dreißiger ein nützliches, aber nicht nötiges Institut: für das spätere Leben wird sie oft schädlich und befördert die geistige Rückbildung des Mannes.

422

Tragödie der Kindheit. – Es kommt vielleicht nicht selten vor, daß edel- und hochstrebende Menschen ihren härtesten Kampf in der Kindheit zu bestehen haben: etwa dadurch, daß sie ihre Gesinnung gegen einen niedrig denkenden, dem Schein und der Lügnerei ergebenen Vater durchsetzen müssen oder fortwährend, wie Lord Byron, im Kampfe mit einer kindischen und zornwütigen Mutter leben. Hat man so etwas erlebt, so wird man sein Leben lang es nicht verschmerzen, zu wissen, wer einem eigentlich der größte, der gefährlichste Feind gewesen ist.

423

Eltern-Torheit. – Die größten Irrtümer in der Beurteilung eines Menschen werden von dessen Eltern gemacht: dies ist eine Tatsache, aber wie soll man sie erklären? Haben die Eltern zu viele Erfahrung von dem Kinde und können sie diese nicht mehr zu einer Einheit zusammenbringen? Man bemerkt, daß Reisende unter fremden Völkern nur in der ersten Zeit ihres Aufenthaltes die allgemeinen unterscheidenden Züge eines Volkes richtig erfassen; je mehr sie das Volk kennenlernen, desto mehr verlernen sie, das Typische und Unterscheidende an ihm zu sehen. Sobald sie nah-sichtig werden, hören ihre Augen auf, fernsichtig zu sein. Sollten die Eltern deshalb falsch über das Kind urteilen, weil sie ihm nie fern genug gestanden haben? – Eine ganz andere Erklärung wäre folgende: die Menschen pflegen über das Nächste, was sie umgibt, nicht mehr nachzudenken, sondern es nur hinzunehmen. Vielleicht ist die gewohnheitsmäßige Gedankenlosigkeit der Eltern der Grund, weshalb sie, einmal genötigt über ihre Kinder zu urteilen, so schief urteilen.

424

Aus der Zukunft der Ehe. – Jene edlen, freigesinnten Frauen, welche die Erziehung und Erhebung des weiblichen Geschlechts sich zur Aufgabe stellen, sollen *einen* Gesichtspunkt nicht übersehen: die Ehe in ihrer höheren Auffassung gedacht, als Seelenfreundschaft zweier Menschen verschiedenen Geschlechts, also so, wie sie von der Zukunft erhofft wird, zum Zweck der Erzeugung und Erziehung einer neuen Generation geschlossen, – eine solche Ehe, welche das Sinnliche gleichsam nur als ein seltnes gelegentliches Mittel für einen größern Zweck gebraucht, bedarf wahrscheinlich, wie man besorgen muß, einer natürlichen Beihilfe, des *Konkubinats.* Denn wenn aus Gründen der Gesundheit des Mannes das Eheweib auch zur alleinigen Befriedigung des geschlechtlichen Bedürfnisses dienen soll, so wird bei der Wahl einer Gattin schon ein falscher, den angedeuteten Zielen entgegengesetzter Gesichtspunkt maßgebend sein: die Erzielung der Nachkommenschaft wird zufällig, die glückliche Erziehung höchst unwahrscheinlich. Eine gute Gattin, welche Freundin, Gehilfin, Gebärerin, Mutter, Familienhaupt, Verwalterin sein soll, ja vielleicht abgesondert von dem Manne ihrem eigenen Geschäft und Amt vorzustehen hat, – kann nicht zugleich Konkubine sein: es hieße im allgemeinen zuviel von ihr verlangen. Somit könnte in Zukunft das Umgekehrte dessen eintreten, was zu Perikles' Zeiten sich in Athen begab: die Männer, welche damals an ihren Eheweibern nicht viel mehr als Konkubinen hatten, wandten sich nebenbei zu den Aspasien, weil sie nach den Reizen einer kopf- und herzbefreienden Geselligkeit verlangten, wie eine solche nur die Anmut und geistige Biegsamkeit der Frauen zu schaffen vermag. Alle menschlichen Institutionen, wie die Ehe, gestatten nur einen mäßigen Grad von praktischer Idealisierung, widrigenfalls sofort grobe Remeduren nötig werden.

425

Sturm- und Drangperiode der Frauen. – Man kann in den drei oder vier zivilisierten Ländern Europas aus den Frauen durch einige Jahrhunderte von Erziehung alles machen, was man will, selbst Männer, freilich nicht in geschlechtlichem Sinne, aber doch in jedem anderen Sinne. Sie werden unter einer solchen Einwirkung einmal alle männlichen Tugenden und Stärken angenommen haben, dabei allerdings auch deren Schwächen und Laster mit in den Kauf nehmen müssen: so viel, wie gesagt, kann man erzwingen. Aber wie werden wir den dadurch herbeigeführten Zwischenzustand aushalten, welcher vielleicht selber ein paar Jahrhunderte dauern kann, während denen die weiblichen Narrheiten und Ungerechtigkeiten, ihr uraltes Angebinde, noch die Übermacht über alles Hinzugewonnene,

Angelernte behaupten? Diese Zeit wird es sein, in welcher der Zorn den eigentlich männlichen Affekt ausmacht, der Zorn darüber, daß alle Künste und Wissenschaften durch einen unerhörten Dilettantismus überschwemmt und verschlammt sind, die Philosophie durch sinnverwirrendes Geschwätz zu Tode geredet, die Politik phantastischer und parteiischer als je, die Gesellschaft in voller Auflösung ist, weil die Bewahrerinnen der alten Sitte sich selber lächerlich geworden und in jeder Beziehung außer der Sitte zu stehen bestrebt sind. Hatten nämlich die Frauen ihre größte Macht *in* der Sitte, wonach werden sie greifen müssen, um eine ähnliche Fülle der Macht wiederzugewinnen, nachdem sie die Sitte aufgegeben haben?

426

Freigeist und Ehe. – Ob die Freigeister mit Frauen leben werden? Im allgemeinen glaube ich, daß sie, gleich den wahrsagenden Vögeln des Altertums, als die Wahrdenkenden, Wahrheit-Redenden der Gegenwart es vorziehen müssen, *allein zu fliegen.*

427

Glück der Ehe. – Alles Gewohnte zieht ein immer fester werdendes Netz von Spinneweben um uns zusammen; und alsobald merken wir, daß die Fäden zu Stricken geworden sind und daß wir selber als Spinne in der Mitte sitzen, die sich hier gefangen hat und von ihrem eignen Blute zehren muß. Deshalb haßt der Freigeist alle Gewöhnungen und Regeln, alles Dauernde und Definitive, deshalb reißt er, mit Schmerz, das Netz um sich immer wieder auseinander: wiewohl er infolgedessen an zahlreichen kleinen und großen Wunden leiden wird – denn jene Fäden muß er *von sich,* von seinem Leibe, seiner Seele abreißen. Er muß dort lieben lernen, wo er bisher haßte, und umgekehrt. Ja es darf für ihn nichts Unmögliches sein, auf dasselbe Feld Drachenzähne auszusäen, auf welches er vorher die Füllhörner seiner Güte ausströmen ließ. – Daraus läßt sich abnehmen, ob er für das Glück der Ehe geschaffen ist.

428

Zu nahe. – Leben wir zu nahe mit einem Menschen zusammen, so geht es uns so, wie wenn wir einen guten Kupferstich immer wieder mit bloßen Fingern anfassen: eines Tages haben wir schlechtes beschmutztes Papier und nichts weiter mehr in den Händen. Auch die Seele eines Men-

schen wird durch beständiges Angreifen endlich abgegriffen; mindestens *erscheint* sie uns endlich so – wir sehen ihre ursprüngliche Zeichnung und Schönheit nie wieder. – Man verliert immer durch den allzu vertraulichen Umgang mit Frauen und Freunden; und mitunter verliert man die Perle seines Lebens dabei.

429

Die goldene Wiege. – Der Freigeist wird immer aufatmen, wenn er sich endlich entschlossen hat, jenes mutterhafte Sorgen und Bewachen, mit welchem die Frauen um ihn walten, von sich abzuschütteln. Was schadet ihm denn ein rauherer Luftzug, den man so ängstlich von ihm wehrte, was bedeutet ein wirklicher Nachteil, Verlust, Unfall, eine Erkrankung, Verschuldung, Betörung mehr oder weniger in seinem Leben, verglichen mit der Unfreiheit der goldnen Wiege, des Pfauenschweif-Wedels und der drückenden Empfindung, noch dazu dankbar sein zu müssen, weil er wie ein Säugling gewartet und verwöhnt wird? Deshalb kann sich ihm die Milch, welche die mütterliche Gesinnung der ihn umgebenden Frauen reicht, so leicht in Galle verwandeln.

430

Freiwilliges Opfertier. – Durch nichts erleichtern bedeutende Frauen ihren Männern, falls diese berühmt und groß sind, das Leben so sehr, als dadurch, daß sie gleichsam das Gefäß der allgemeinen Ungunst und gelegentlichen Verstimmung der übrigen Menschen werden. Die Zeitgenossen pflegen ihren großen Männern viel Fehlgriffe und Narrheiten, ja Handlungen grober Ungerechtigkeit nachzusehen, wenn sie nur jemanden finden, den sie als eigentliches Opfertier zur Erleichterung ihres Gemütes mißhandeln und schlachten dürfen. Nicht selten findet eine Frau den Ehrgeiz in sich, sich zu dieser Opferung anzubieten, und dann kann freilich der Mann sehr zufrieden sein, – falls er nämlich Egoist genug ist, um sich einen solchen freiwilligen Blitz-, Sturm- und Regenableiter in seiner Nähe gefallen zu lassen.

431

Angenehme Widersacher. – Die naturgemäße Neigung der Frauen zu ruhigem, gleichmäßigem, glücklich zusammenstimmendem Dasein und Verkehren, das Ölgleiche und Beschwichtigende ihrer Wirkungen auf dem Meere des Lebens arbeitet unwillkürlich dem heroischeren inneren Drange

des Freigeistes entgegen. Ohne daß sie es merken, handeln die Frauen so, als wenn man dem wandernden Mineralogen die Steine vom Wege nimmt, damit sein Fuß nicht daran stoße – während er gerade ausgezogen ist, *um* daran zu stoßen.

432

Mißklang zweier Konsonanzen. – Die Frauen wollen dienen und haben darin ihr Glück: und der Freigeist will nicht bedient sein und hat darin sein Glück.

433

Xanthippe. – Sokrates fand eine Frau, wie er sie brauchte – aber auch er hätte sie nicht gesucht, falls er sie gut genug gekannt hätte: so weit wäre auch der Heroismus dieses freien Geistes nicht gegangen. Tatsächlich trieb ihn Xanthippe in seinen eigentümlichen Beruf immer mehr hinein, indem sie ihm Haus und Heim unhäuslich und unheimlich machte: sie lehrte ihn, auf den Gassen und überall dort zu leben, wo man schwätzen und müßig sein konnte, und bildete ihn damit zum größten athenischen Gassen-Dialektiker aus: der sich zuletzt selber mit einer zudringlichen Bremse vergleichen mußte, welche dem schönen Pferde Athen von einem Gotte auf den Nacken gesetzt sei, um es nicht zur Ruhe kommen zu lassen.

434

Für die Ferne blind. – Ebenso wie die Mütter eigentlich nur Sinn und Auge für die augen- und sinnfälligen Schmerzen ihrer Kinder haben, so vermögen die Gattinnen hochstrebender Männer es nicht über sich zu gewinnen, ihre Ehegenossen leidend, darbend und gemißachtet zu sehen, – während vielleicht alles dies nicht nur die Wahrzeichen einer richtigen Wahl ihrer Lebenshaltung, sondern schon die Bürgschaften dafür sind, daß ihre großen Ziele irgendwann einmal erreicht werden *müssen.* Die Frauen intrigieren im stillen immer gegen die höhere Seele ihrer Männer; sie wollen dieselbe um ihre Zukunft, zugunsten einer schmerzlosen, behaglichen Gegenwart, betrügen.

435

Macht und Freiheit. – So hoch Frauen ihre Männer ehren, so ehren sie doch die von der Gesellschaft anerkannten Gewalten und Vorstellungen noch mehr: sie sind seit Jahrtausenden gewohnt, vor allem Herrschenden

gebückt, die Hände auf die Brust gefaltet, einherzugehen und mißbilligen alle Auflehnung gegen die öffentliche Macht. Deshalb hängen sie sich, ohne es auch nur zu beabsichtigen, vielmehr wie aus Instinkt, als Hemmschuh in die Räder eines freigeisterischen unabhängigen Strebens und machen unter Umständen ihre Gatten aufs höchste ungeduldig, zumal wenn diese sich noch vorreden, daß Liebe es sei, was die Frauen im Grunde dabei antreibe. Die Mittel der Frauen mißbilligen und großmütig die Motive dieser Mittel ehren – das ist Männer-Art und oft genug Männer-Verzweiflung.

436

Ceterum censeo. – Es ist zum Lachen, wenn eine Gesellschaft von Habenichtsen die Abschaffung des Erbrechts dekretiert, und nicht minder zum Lachen ist es, wenn Kinderlose an der praktischen Gesetzgebung eines Landes arbeiten: – sie haben ja nicht genug Schwergewicht in ihrem Schiffe, um sicher in den Ozean der Zukunft hineinsegeln zu können. Aber ebenso ungereimt erscheint es, wenn der, welcher die allgemeinste Erkenntnis und die Abschätzung des gesamten Daseins zu seiner Aufgabe erkoren hat, sich mit persönlichen Rücksichten auf eine Familie, auf Ernährung, Sicherung, Achtung von Weib und Kind belastet und vor sein Teleskop jenen trüben Schleier aufspannt, durch welchen kaum einige Strahlen der fernen Gestirnwelt hindurchzudringen vermögen. So komme auch ich zu dem Satze, daß in den Angelegenheiten der höchsten philosophischen Art alle Verheirateten verdächtig sind.

437

Zuletzt. – Es gibt mancherlei Arten von Schierling, und gewöhnlich findet das Schicksal eine Gelegenheit, dem Freigeiste einen Becher dieses Gifttränkes an die Lippen zu setzen – um ihn zu »strafen«, wie dann alle Welt sagt. Was tun dann die Frauen um ihn? Sie werden schreien und wehklagen und vielleicht die Sonnenuntergangs-Ruhe des Denkers stören: wie sie es im Gefängnis von Athen taten. »O Kriton, heiße doch jemanden diese Weiber da fortführen!« sagte endlich Sokrates. –

ACHTES HAUPTSTÜCK

EIN BLICK AUF DEN STAAT

438

Um *das Wort bitten.* – Der demagogische Charakter und die Absicht, auf die Massen zu wirken, ist gegenwärtig allen politischen Parteien gemeinsam: sie alle sind genötigt, der genannten Absicht wegen, ihre Prinzipien zu großen *Al-fresco*-Dummheiten umzuwandeln und sie so an die Wand zu malen. Daran ist nichts mehr zu ändern, ja es ist überflüssig, auch nur einen Finger dagegen aufzuheben; denn auf diesem Gebiete gilt, was Voltaire sagt: *quand la populace se mêle de raisonner, tout est perdu.* Seitdem dies geschehen ist, muß man sich den neuen Bedingungen fügen, wie man sich fügt, wenn ein Erdbeben die alten Grenzen und Umrisse der Bodengestalt verrückt und den Wert des Besitzes verändert hat. Überdies: wenn es sich nun einmal bei aller Politik darum handelt, möglichst vielen das Leben erträglich zu machen, so mögen immerhin diese Möglichst-Vielen auch bestimmen, was sie unter einem erträglichen Leben verstehen; trauen sie sich den Intellekt zu, auch die richtigen Mittel zu diesem Ziele zu finden, was hülfe es daran zu zweifeln? Sie *wollen* nun einmal ihres Glücks und Unglücks eigene Schmiede sein; und wenn dieses Gefühl der Selbstbestimmung, der Stolz auf die fünf, sechs Begriffe, welche ihr Kopf birgt und zutage bringt, ihnen in der Tat das Leben so angenehm macht, daß sie die fatalen Folgen ihrer Beschränktheit gern ertragen: so ist wenig einzuwenden, vorausgesetzt, daß die Beschränktheit nicht so weit geht, zu verlangen, es solle *alles* in diesem Sinne zur Politik werden, es solle *jeder* nach solchem Maßstabe leben und wirken. Zuerst nämlich muß es einigen mehr als je erlaubt sein, sich der Politik zu enthalten und ein wenig beiseitezutreten: dazu treibt auch sie die Lust an der Selbstbestimmung; und auch ein kleiner Stolz mag damit verbunden sein, zu schweigen, wenn zu viele oder überhaupt nur viele reden. Sodann muß man es diesen Wenigen nachsehen, wenn sie das Glück der Vielen, verstehe man nun darunter Völker oder Bevölkerungsschichten, nicht so wichtig nehmen und sich hier und da eine ironische Miene zuschulden kommen lassen; denn ihr Ernst liegt anderswo, ihr Glück ist ein anderer Begriff, ihr Ziel ist nicht von jeder plumpen Hand, welche eben nur fünf Finger hat, zu umspannen. Endlich kommt – was ihnen gewiß am schwersten zugestanden wird, aber ebenfalls zugestanden werden muß – von Zeit zu Zeit ein Augenblick, wo sie aus ihrer schweigsamen Vereinsamung heraustreten und die Kraft ihrer Lungen wieder einmal versuchen: dann rufen

sie nämlich einander zu wie Verirrte in einem Walde, um sich einander zu erkennen zu geben und zu ermutigen; wobei freilich mancherlei laut wird, was den Ohren, für welche es nicht bestimmt ist, übel klingt. – Nun, bald darauf ist es wieder stille im Walde, so stille, daß man das Schwirren, Summen und Flattern der zahllosen Insekten, welche in, über und unter ihm leben, wieder deutlich vernimmt. –

439

Kultur und Kaste. – Eine höhere Kultur kann allein dort entstehen, wo es zwei unterschiedene Kasten der Gesellschaft gibt: die der Arbeitenden und die der Müßigen, zu wahrer Muße Befähigten; oder mit stärkerem Ausdruck: die Kaste der Zwangs-Arbeit und die Kaste der Frei-Arbeit. Der Gesichtspunkt der Verteilung des Glücks ist nicht wesentlich, wenn es sich um die Erzeugung einer höheren Kultur handelt; jedenfalls aber ist die Kaste der Müßigen die leidensfähigere, leidendere, ihr Behagen am Dasein ist geringer, ihre Aufgabe größer. Findet nun gar ein Austausch der beiden Kasten statt, so, daß die stumpferen, ungeistigeren Familien und einzelnen aus der oberen Kaste in die niedere herabgesetzt werden und wiederum die freieren Menschen aus dieser den Zutritt zur höheren erlangen: so ist ein Zustand erreicht, über den hinaus man nur noch das offene Meer unbestimmter Wünsche sieht. – So redet die verklingende Stimme der alten Zeit zu uns; aber wo sind noch Ohren, sie zu hören?

440

Von Geblüt. – Das, was Männer und Frauen von Geblüt vor anderen voraushaben und was ihnen unzweifelhaftes Anrecht auf höhere Schätzung gibt, sind zwei durch Vererbung immer mehr gesteigerte Künste: die Kunst, befehlen zu können, und die Kunst des stolzen Gehorsams. – Nun entsteht überall, wo das Befehlen zum Tagesgeschäft gehört (wie in der großen Kaufmanns- und Industrie-Welt), etwas ähnliches wie jene Geschlechter »von Geblüt«, aber ihnen fehlt die vornehme Haltung im Gehorsam, welche bei jenen eine Erbschaft feudaler Zustände ist und die in unserem Kultur-Klima nicht mehr wachsen will.

441

Subordination. – Die Subordination, welche im Militär- und Beamtenstaat so hoch geschätzt wird, wird uns bald ebenso unglaublich werden,

wie die geschlossene Taktik der Jesuiten es bereits geworden ist; und wenn diese Subordination nicht mehr möglich ist, läßt sich eine Menge der erstaunlichsten Wirkungen nicht mehr erreichen, und die Welt wird ärmer sein. Sie muß schwinden, denn ihr Fundament schwindet: der Glaube an die unbedingte Autorität, an die endgültige Wahrheit; selbst in Militärstaaten ist der physische Zwang nicht ausreichend, sie hervorzubringen, sondern die angeerbte Adoration vor dem Fürstlichen wie vor etwas Übermenschlichem. – In *freieren* Verhältnissen ordnet man sich nur auf Bedingungen unter, infolge gegenseitigen Vertrages, also mit allen Vorbehalten des Eigennutzes.

442

Volksheere. – Der größte Nachteil der jetzt so verherrlichten Volksheere besteht in der Vergeudung von Menschen der höchsten Zivilisation; nur durch die Gunst aller Verhältnisse gibt es deren überhaupt, – wie sparsam und ängstlich sollte man mit ihnen umgehen, da es großer Zeiträume bedarf, um die zufälligen Bedingungen zur Erzeugung so zart organisierter Gehirne zu schaffen! Aber wie die Griechen in Griechenblut wüteten, so die Europäer jetzt in Europäerblut: und zwar werden relativ am meisten immer die Höchstgebildeten zum Opfer gebracht, die, welche eine reichliche und gute Nachkommenschaft verbürgen: solche nämlich stehen im Kampfe voran, als Befehlende, und setzen sich überdies, ihres höheren Ehrgeizes wegen, den Gefahren am meisten aus. – Der grobe Römer-Patriotismus ist jetzt, wo ganz andere und höhere Aufgaben gestellt sind als *patria* und *honor*, entweder etwas Unehrliches oder ein Zeichen der Zurückgebliebenheit.

443

Hoffnung und Anmaßung. – Unsere gesellschaftliche Ordnung wird langsam wegschmelzen, wie es alle früheren Ordnungen getan haben, sobald die Sonnen neuer Meinungen mit neuer Glut über die Menschen hinleuchteten. *Wünschen* kann man dies Wegschmelzen nur, indem man hofft: und hoffen darf man vernünftigerweise nur, wenn man sich und seinesgleichen mehr Kraft in Kopf und Herz zutraut als den Vertretern des Bestehenden. Gewöhnlich also wird diese Hoffnung eine *Anmaßung,* eine *Überschätzung* sein.

444

Krieg. – Zuungunsten des Krieges kann man sagen: er macht den Sieger dumm, den Besiegten boshaft. Zugunsten des Krieges: er barbarisiert

in beiden ebengenannten Wirkungen und macht dadurch natürlicher; er ist für die Kultur Schlaf- oder Winterszeit, der Mensch kommt kräftiger zum Guten und Bösen aus ihm heraus.

445

Im Dienste des Fürsten. – Ein Staatsmann wird, um völlig rücksichtslos handeln zu können, am besten tun, nicht für sich, sondern für einen Fürsten sein Werk auszuführen. Von dem Glanze dieser allgemeinen Uneigennützigkeit wird das Auge des Beschauers geblendet, so daß er jene Tücken und Härten, welche das Werk des Staatsmannes mit sich bringt, nicht sieht.

446

Eine Frage der Macht, nicht des Rechtes. – Für Menschen, welche bei jeder Sache den höheren Nutzen ins Auge fassen, gibt es bei dem Sozialismus, falls er *wirklich* die Erhebung der jahrtausendelang Gedrückten, Niedergehaltenen gegen ihre Unterdrücker ist, kein Problem des *Rechtes* (mit der lächerlichen, weiblichen Frage: »wie weit *soll* man seinen Forderungen nachgeben?«), sondern nur ein Problem der *Macht* (»wie weit *kann* man seine Forderungen benutzen?«); also wie bei einer Naturmacht, zum Beispiel dem Dampfe, welcher entweder von dem Menschen in seine Dienste, als Maschinengott, gezwungen wird oder, bei Fehlern der Maschine, das heißt Fehlern der menschlichen Berechnung im Bau derselben, sie und den Menschen mit zertrümmert. Um jene Machtfrage zu lösen, muß man wissen, wie stark der Sozialismus ist, in welcher Modifikation er noch als mächtiger Hebel innerhalb des jetzigen politischen Kräftespiels benutzt werden kann; unter Umständen müßte man selbst alles tun, ihn zu kräftigen. Die Menschheit muß bei jeder großen Kraft – und sei es die gefährlichste – daran denken, aus ihr ein Werkzeug ihrer Absichten zu machen. – Ein Recht gewinnt sich der Sozialismus erst dann, wenn es zwischen den beiden Mächten, den Vertretern des Alten und Neuen, zum Kriege gekommen zu sein scheint, wenn aber dann das kluge Rechnen auf möglichste Erhaltung und Zuträglichkeit auf seiten beider Parteien das Verlangen nach einem Vertrag entstehen läßt. Ohne Vertrag kein Recht. Bis jetzt gibt es aber auf dem bezeichneten Gebiete weder Krieg noch Verträge, also auch keine Rechte, kein »Sollen«.

447

Benutzung der kleinsten Unredlichkeit. – Die Macht der Presse besteht darin, daß jeder einzelne, der ihr dient, sich nur ganz wenig verpflichtet und verbunden fühlt. Er sagt für gewöhnlich *seine* Meinung, aber sagt sie einmal auch *nicht*, um seiner Partei oder der Politik seines Landes oder endlich sich selbst zu nützen. Solche kleine Vergehen der Unredlichkeit oder vielleicht nur einer unredlichen Verschwiegenheit sind von dem einzelnen nicht schwer zu tragen, doch sind die Folgen außerordentlich, weil diese kleinen Vergehen von vielen zu gleicher Zeit begangen werden. Jeder von diesen sagt sich: »für so geringe Dienste lebe ich besser, kann ich mein Auskommen finden; durch den Mangel solcher kleinen Rücksichten mache ich mich unmöglich«. Weil es beinahe sittlich gleichgültig erscheint, eine Zeile, noch dazu vielleicht ohne Namensunterschrift, mehr zu schreiben oder nicht zu schreiben, so kann einer, der Geld und Einfluß hat, jede Meinung zur öffentlichen machen. Wer da weiß, daß die meisten Menschen in Kleinigkeiten schwach sind, und seine eigenen Zwecke durch sie erreichen will, ist immer ein gefährlicher Mensch.

448

Allzu lauter Ton bei Beschwerden. – Dadurch, daß ein Notstand (zum Beispiel die Gebrechen einer Verwaltung, Bestechlichkeit und Gunstwillkür in politischen oder gelehrten Körperschaften) stark übertrieben dargestellt wird, verliert zwar die Darstellung bei den Einsichtigen ihre Wirkung, aber wirkt um so stärker auf die Nichteinsichtigen (welche bei einer sorgsamen, maßvollen Darlegung gleichgültig geblieben wären). Da diese aber bedeutend in der Mehrzahl sind und stärkere Willenskräfte, ungestümere Lust zum Handeln in sich beherbergen, so wird jene Übertreibung zum Anlaß von Untersuchungen, Bestrafungen, Versprechen, Reorganisationen. – Insofern ist es nützlich, Notstände übertrieben darzustellen.

449

Die anscheinenden Wettermacher der Politik. – Wie das Volk bei dem, welcher sich auf das Wetter versteht und es um einen Tag voraussagt, im stillen annimmt, daß er das Wetter mache, so legen selbst Gebildete und Gelehrte mit einem Aufwand von abergläubischem Glauben großen Staatsmännern alle die wichtigen Veränderungen und Konjunkturen, welche während ihrer Regierung eintraten, als deren eigenstes Werk bei, wenn es nur ersichtlich ist, daß jene etwas davon eher wußten als andere

und ihre Berechnung darnach machten: sie werden also ebenfalls als Wettermacher genommen – und dieser Glaube ist nicht das geringste Werkzeug ihrer Macht.

450

Neuer und alter Begriff der Regierung. – Zwischen Regierung und Volk so zu scheiden, als ob hier zwei getrennte Machtsphären, eine stärkere, höhere mit einer schwächeren, niederen, verhandelten und sich vereinbarten, ist ein Stück vererbter politischer Empfindung, welches der historischen Feststellung der Machtverhältnisse in den *meisten* Staaten noch jetzt genau entspricht. Wenn zum Beispiel Bismarck die konstitutionelle Form als einen Kompromiß zwischen Regierung und Volk bezeichnet, so redet er gemäß einem Prinzip, welches seine Vernunft in der Geschichte hat (ebendaher freilich auch den Beisatz von Unvernunft, ohne den nichts Menschliches existieren kann). Dagegen soll man nun lernen – gemäß einem Prinzip, welches rein aus dem *Kopfe* entsprungen ist und erst Geschichte *machen* soll –, daß Regierung nichts als ein Organ des Volkes sei, nicht ein vorsorgliches, verehrungswürdiges »Oben« im Verhältnis zu einem an Bescheidenheit gewöhnten »Unten«. Bevor man diese bis jetzt unhistorische und willkürliche, wenn auch logischere Aufstellung des Begriffs Regierung annimmt, möge man doch ja die Folgen erwägen: denn das Verhältnis zwischen Volk und Regierung ist das stärkste vorbildliche Verhältnis, nach dessen Muster sich unwillkürlich der Verkehr zwischen Lehrer und Schüler, Hausherrn und Dienerschaft, Vater und Familie, Heerführer und Soldat, Meister und Lehrling bildet. Alle diese Verhältnisse gestalten sich jetzt, unter dem Einflusse der herrschenden konstitutionellen Regierungsform, ein wenig um: sie *werden* Kompromisse. Aber wie müssen sie sich verkehren und verschieben, Namen und Wesen wechseln, wenn jener allerneuste Begriff überall sich der Köpfe bemeistert hat! – wozu es aber wohl ein Jahrhundert noch brauchen dürfte. Hierbei ist nichts *mehr* zu wünschen als Vorsicht und langsame Entwicklung.

451

Gerechtigkeit als Parteien-Lockruf. – Wohl können edle (wenn auch nicht gerade sehr einsichtsvolle) Vertreter der herrschenden Klasse sich geloben: wir wollen die Menschen als gleich behandeln, ihnen gleiche Rechte zugestehen. Insofern ist eine sozialistische Denkungsweise, welche auf *Gerechtigkeit* ruht, möglich; aber wie gesagt nur innerhalb der herrschenden Klasse, welche in diesem Falle die Gerechtigkeit mit Opfern und Verleugnungen *übt.* Dagegen Gleichheit der Rechte *fordern,* wie es die Sozialisten

der unterworfenen Kaste tun, ist nimmermehr der Ausfluß der Gerechtigkeit, sondern der Begehrlichkeit. – Wenn man der Bestie blutige Fleischstücke aus der Nähe zeigt und wieder wegzieht, bis sie endlich brüllt: meint ihr, daß dies Gebrüll Gerechtigkeit bedeute?

452

Besitz und Gerechtigkeit. – Wenn die Sozialisten nachweisen, daß die Eigentums-Verteilung in der gegenwärtigen Menschheit die Konsequenz zahlloser Ungerechtigkeiten und Gewaltsamkeiten ist, und *in summa* die Verpflichtung gegen etwas so unrecht Begründetes ablehnen: so sehen sie nur etwas einzelnes. Die ganze Vergangenheit der alten Kultur ist auf Gewalt, Sklaverei, Betrug, Irrtum aufgebaut; wir können aber uns selbst, die Erben aller dieser Zustände, ja die Konkreszenzen aller jener Vergangenheit, nicht wegdekretieren und dürfen nicht ein einzelnes Stück herausziehn wollen. Die ungerechte Gesinnung steckt in den Seelen der Nicht-Besitzenden auch, sie sind nicht besser als die Besitzenden und haben kein moralisches Vorrecht, denn irgendwann sind ihre Vorfahren Besitzende gewesen. Nicht gewaltsame neue Verteilungen sondern allmähliche Umschaffungen des Sinnes tun not, die Gerechtigkeit muß in allen größer werden, der gewalttätige Instinkt schwächer.

453

Der Steuermann der Leidenschaften. – Der Staatsmann erzeugt öffentliche Leidenschaften, um den Gewinn von der dadurch erweckten Gegenleidenschaft zu haben. Um ein Beispiel zu nehmen: so weiß ein deutscher Staatsmann wohl, daß die katholische Kirche niemals mit Rußland gleiche Pläne haben wird, ja sich viel lieber mit den Türken verbünden würde als mit ihm; ebenso weiß er, daß Deutschland alle Gefahr von einem Bündnisse Frankreichs mit Rußland droht. Kann er es nun dazu bringen, Frankreich zum Herd und Hort der katholischen Kirche zu machen, so hat er diese Gefahr auf eine lange Zeit beseitigt. Er hat demnach ein Interesse daran, Haß gegen die Katholiken zu zeigen und durch Feindseligkeiten aller Art die Bekenner der Autorität des Papstes in eine leidenschaftliche politische Macht zu verwandeln, welche der deutschen Politik feindlich ist und sich naturgemäß mit Frankreich als dem Widersacher Deutschlands verschmelzen muß: sein Ziel ist ebenso notwendig die Katholisierung Frankreichs, als Mirabeau in der Dekatholisierung das Heil seines Vaterlandes sah. – Der eine Staat will also die Verdunkelung von Millionen Köpfen eines anderen Staates, um seinen Vorteil aus dieser Verdunkelung

zu ziehen. Es ist dies dieselbe Gesinnung, welche die republikanische Regierungsform des nachbarlichen Staates, *le désordre organisé,* wie Mérimée sagt – aus dem alleinigen Grunde unterstützt, weil sie von dieser annimmt, daß sie das Volk schwächer, zerrissener und kriegsunfähiger mache.

454

Die Gefährlichen unter den Umsturz-Geistern. – Man teile die, welche auf einen Umsturz der Gesellschaft bedacht sind, in solche ein, welche für sich selbst, und in solche, welche für ihre Kinder und Enkel etwas erreichen wollen. Die letzteren sind die Gefährlicheren; denn sie haben den Glauben und das gute Gewissen der Uneigennützigkeit. Die anderen kann man abspeisen: dazu ist die herrschende Gesellschaft immer noch reich und klug genug. Die Gefahr beginnt, sobald die Ziele unpersönlich werden; die Revolutionäre aus unpersönlichem Interesse dürfen alle Verteidiger des Bestehenden als persönlich interessiert ansehen und sich deshalb ihnen überlegen fühlen.

455

Politischer Wert der Vaterschaft. – Wenn der Mensch keine Söhne hat, so hat er kein volles Recht, über die Bedürfnisse eines einzelnen Staatswesens mitzureden. Man muß selber mit den anderen sein Liebstes daran gewagt haben: das erst bindet an den Staat fest; man muß das Glück seiner Nachkommen ins Auge fassen, also vor allem Nachkommen haben, um an allen Institutionen und deren Veränderung rechten, natürlichen Anteil zu nehmen. Die Entwicklung der höheren Moral hängt daran, daß einer Söhne hat; dies stimmt ihn unegoistisch, oder richtiger: es erweitert seinen Egoismus der Zeitdauer nach und läßt ihn Ziele über seine individuelle Lebenslänge hinaus mit Ernst verfolgen.

456

Ahnenstolz. – Auf eine ununterbrochene Reihe *guter* Ahnen bis zum Vater herauf darf man mit Recht stolz sein – nicht aber auf die Reihe; denn diese hat jeder. Die Herkunft von guten Ahnen macht den echten Geburtsadel aus; eine einzige Unterbrechung in jener Kette, *ein* böser Vorfahr also, hebt den Geburtsadel auf. Man soll jeden, welcher von seinem Adel redet, fragen: hast du keinen gewalttätigen, habsüchtigen, ausschweifenden, boshaften, grausamen Menschen unter deinen Vorfahren? Kann er darauf in gutem Wissen und Gewissen mit Nein antworten, so bewerbe man sich um seine Freundschaft.

457

Sklaven und Arbeiter. – Daß wir mehr Wert auf Befriedigung der Eitelkeit als auf alles übrige Wohlbefinden (Sicherheit, Unterkommen, Vergnügen aller Art) legen, zeigt sich in einem lächerlichen Grade daran, daß jedermann (abgesehen von politischen Gründen) die Aufhebung der Sklaverei wünscht und es aufs ärgste verabscheut, Menschen in diese Lage zu bringen: während jeder sich sagen muß, daß die Sklaven in allen Beziehungen sicherer und glücklicher leben als der moderne Arbeiter, daß Sklavenarbeit sehr wenig Arbeit im Verhältnis zu der des »Arbeiters« ist. Man protestiert im Namen der »Menschenwürde«: das ist aber, schlichter ausgedrückt, jene liebe Eitelkeit, welche das Nicht-gleichgestellt-sein, das Öffentlich-niedriger-geschätzt-werden als das härteste Los empfindet. – Der Zyniker denkt anders darüber, weil er die Ehre verachtet: – und so war Diogenes eine Zeitlang Sklave und Hauslehrer.

458

Leitende Geister und ihre Werkzeuge. – Wir sehen große Staatsmänner und überhaupt alle die, welche sich vieler Menschen zur Durchführung ihrer Pläne bedienen müssen, bald so, bald so verfahren: entweder wählen sie sehr fein und sorgsam die zu ihren Plänen passenden Menschen aus und lassen ihnen dann verhältnismäßige große Freiheit, weil sie wissen, daß die Natur dieser Ausgewählten sie eben dahin treibt, wohin sie selber jene haben wollen; oder sie wählen schlecht, ja nehmen, was ihnen unter die Hand kommt, formen aber aus jedem Tone etwas für ihre Zwecke Taugliches. Diese letzte Art ist die gewaltsamere, sie begehrt auch unterwürfigere Werkzeuge; ihre Menschenkenntnis ist gewöhnlich viel geringer, ihre Menschenverachtung größer als bei den erstgenannten Geistern, aber die Maschine, welche sie konstruieren, arbeitet gemeinhin besser als die Maschine aus der Werkstätte jener.

459

Willkürliches Recht notwendig. – Die Juristen streiten, ob das am vollständigsten durchgedachte Recht oder das am leichtesten zu verstehende in einem Volke zum Siege kommen solle. Das erste, dessen höchstes Muster das römische ist, erscheint dem Laien als unverständlich und deshalb nicht als Ausdruck seiner Rechtsempfindung. Die Volksrechte, zum Beispiel die germanischen, waren grob, abergläubisch, unlogisch, zum Teil albern, aber sie entsprachen ganz bestimmten vererbten heimischen Sitten und Emp-

findungen. – Wo aber Recht nicht mehr, wie bei uns, Herkommen ist, da kann es nur *befohlen*, Zwang sein; wir haben alle kein herkömmliches Rechtsgefühl mehr, deshalb müssen wir uns *Willkürsrechte* gefallen lassen, die der Ausdruck der Notwendigkeit sind, daß es ein Recht *geben müsse*. Das Logischste ist dann jedenfalls das Annehmbarste, weil es das *Unparteilichste* ist: zugegeben selbst, daß in jedem Falle die kleinste Maßeinheit im Verhältnis von Vergehen und Strafe willkürlich angesetzt ist.

460

Der große Mann der Masse. – Das Rezept zu dem, was die Masse einen großen Mann nennt, ist leicht gegeben. Unter allen Umständen verschaffe man ihr etwas, das ihr sehr angenehm ist, oder setze ihr erst in den Kopf, daß dies und jenes sehr angenehm wäre, und gebe es ihr dann. Doch um keinen Preis sofort: sondern man erkämpfe es mit größter Anstrengung oder scheine es zu erkämpfen. Die Masse muß den Eindruck haben, daß eine mächtige, ja unbezwingliche Willenskraft da sei; mindesten muß sie da zu sein scheinen. Den starken Willen bewundert jedermann, weil niemand ihn hat und jedermann sich sagt, daß, wenn er ihn hätte, es für ihn und seinen Egoismus keine Grenze mehr gäbe. Zeigt sich nun, daß ein solcher starker Wille etwas der Masse sehr Angenehmes bewirkt, statt auf die Wünsche seiner Begehrlichkeit zu hören, so bewundert man noch einmal und wünscht sich selber Glück. Im übrigen habe er alle Eigenschaften der Masse: um so weniger schämt sie sich vor ihm, um so mehr ist er populär. Also: er sei gewalttätig, neidisch, ausbeuterisch, intrigant, schmeichlerisch, kriechend, aufgeblasen, je nach Umständen alles.

461

Fürst und Gott. – Die Menschen verkehren mit ihren Fürsten vielfach in ähnlicher Weise wie mit ihrem Gotte, wie ja vielfach auch der Fürst der Repräsentant des Gottes, mindestens sein Oberpriester war. Diese fast unheimliche Stimmung von Verehrung und Angst und Scham war und ist viel schwächer geworden, aber mitunter lodert sie auf und heftet sich an mächtige Personen überhaupt. Der Kultus des Genius ist ein Nachklang dieser Götter-Fürsten-Verehrung. Überall, wo man sich bestrebt, einzelne Menschen in das Übermenschliche hinaufzuheben, entsteht auch die Neigung, ganze Schichten des Volkes sich roher und niedriger vorzustellen, als sie wirklich sind.

462

Meine Utopie. – In einer besseren Ordnung der Gesellschaft wird die schwere Arbeit und Not des Lebens dem zuzumessen sein, welcher am wenigsten durch sie leidet, also dem Stumpfsten, und so schrittweise aufwärts bis zu dem, welcher für die höchsten sublimiertesten Gattungen des Leidens am empfindlichsten ist und deshalb selbst noch bei der größten Erleichterung des Lebens leidet.

463

Ein Wahn in der Lehre vom Umsturz. – Es gibt politische und soziale Phantasten, welche feurig und beredt zu einem Umsturz aller Ordnungen auffordern, in dem Glauben, daß dann sofort das stolzeste Tempelhaus schönen Menschentums gleichsam von selbst sich erheben werde. In diesen gefährlichen Träumen klingt noch der Aberglaube Rousseaus nach, welcher an eine wundergleiche ursprüngliche, aber gleichsam *verschüttete* Güte der menschlichen Natur glaubt und den Institutionen der Kultur, in Gesellschaft, Staat, Erziehung, alle Schuld jener Verschüttung beimißt. Leider weiß man aus historischen Erfahrungen, daß jeder solche Umsturz die wildesten Energien als die längst begrabenen Furchtbarkeiten und Maßlosigkeiten fernster Zeitalter von neuem zur Auferstehung bringt: daß also ein Umsturz wohl eine Kraftquelle in einer matt gewordenen Menschheit sein kann, nimmermehr aber ein Ordner, Baumeister, Künstler, Vollender der menschlichen Natur. – Nicht *Voltaires* maßvolle, dem Ordnen, Reinigen und Umbauen zugeneigte Natur, sondern *Rousseaus* leidenschaftliche Torheiten und Halblügen haben den optimistischen Geist der Revolution wachgerufen, gegen den ich rufe: »*Écrasez l'infâme!*« Durch ihn ist *der Geist der Aufklärung und der fortschreitenden Entwicklung* auf lange verscheucht worden: sehen wir zu – ein jeder bei sich selber – ob es möglich ist, ihn wieder zurückzurufen!

464

Maß. – Die volle Entschiedenheit des Denkens und Forschens, also die Freigeisterei zur Eigenschaft des Charakters geworden, macht im Handeln mäßig: denn sie schwächt die Begehrlichkeit, zieht viel von der vorhandenen Energie an sich, zur Förderung geistiger Zwecke, und zeigt das Halbnützliche oder Unnütze und Gefährliche aller plötzlichen Veränderungen.

465

Auferstehung des Geistes. – Auf dem politischen Krankenbette verjüngt ein Volk gewöhnlich sich selbst und findet seinen Geist wieder, den es im Suchen und Behaupten der Macht allmählich verlor. Die Kultur verdankt das allerhöchste den politisch geschwächten Zeiten.

466

Neue Meinungen im alten Hause. – Dem Umsturz der Meinungen folgt der Umsturz der Institutionen nicht sofort nach, vielmehr wohnen die neuen Meinungen lange Zeit im verödeten und unheimlich gewordenen Hause ihrer Vorgängerinnen und konservieren es selbst, aus Wohnungsnot.

467

Schulwesen. – Das Schulwesen wird in großen Staaten immer höchstens mittelmäßig sein, aus demselben Grunde, aus dem in großen Küchen bestenfalls mittelmäßig gekocht wird.

468

Unschuldige Korruption. – In allen Instituten, in welche nicht die scharfe Luft der öffentlichen Kritik hineinweht, wächst eine unschuldige Korruption auf, wie ein Pilz (also zum Beispiel in gelehrten Körperschaften und Senaten).

469

Gelehrte als Politiker. – Gelehrten, welche Politiker werden, wird gewöhnlich die komische Rolle zugeteilt, das gute Gewissen einer Politik sein zu müssen.

470

Der Wolf hinter dem Schafe versteckt. – Fast jeder Politiker hat unter gewissen Umständen einmal einen ehrlichen Mann so nötig, daß er gleich einem heißhungrigen Wolfe in einen Schafstall bricht: nicht aber, um dann den geraubten Widder zu fressen, sondern um sich hinter seinen wolligen Rücken zu verstecken.

471

Glückszeiten. – Ein glückliches Zeitalter ist deshalb gar nicht möglich, weil die Menschen es nur wünschen wollen, aber nicht haben wollen, und jeder einzelne, wenn ihm gute Tage kommen, förmlich um Unruhe und Elend beten lernt. Das Schicksal der Menschen ist auf *glückliche Augenblicke* eingerichtet – jedes Leben hat solche –, aber nicht auf glückliche Zeiten. Trotzdem werden diese als »das Jenseits der Berge« in der Phantasie des Menschen bestehen bleiben, als Erbstück der Vorzeiten; denn man hat wohl den Begriff des Glückszeitalters seit uralten Zeiten her jenem Zustande entnommen, in dem der Mensch, nach gewaltiger Anstrengung durch Jagd und Krieg, sich der Ruhe übergibt, die Glieder streckt und die Fittiche des Schlafes um sich rauschen hört. Es ist ein falscher Schluß, wenn der Mensch jener alten Gewöhnung gemäß sich vorstellt, daß er nun auch *nach ganzen Zeiträumen* der Not und Mühsal jenes Zustandes des Glücks in *entsprechender Steigerung und Dauer* teilhaftig werden könne.

472

Religion und Regierung. – Solange der Staat oder, deutlicher, die Regierung sich als Vormund zugunsten einer unmündigen Menge bestellt weiß und um ihretwillen die Frage erwägt, ob die Religion zu erhalten oder zu beseitigen sei: wird sie höchstwahrscheinlich sich immer für die Erhaltung der Religion entscheiden. Denn die Religion befriedigt das einzelne Gemüt in Zeiten des Verlustes, der Entbehrung, des Schreckens, des Mißtrauens, also da, wo die Regierung sich außerstande fühlt, direkt etwas zur Linderung der seelischen Leiden des Privatmanns zu tun: ja selbst bei allgemeinen, unvermeidlichen und zunächst unabwendbaren Übeln (Hungersnöten, Geldkrisen, Kriegen) gewährt die Religion eine beruhigte, abwartende, vertrauende Haltung der Menge. Überall, wo die notwendigen oder zufälligen Mängel der Staatsregierung oder die gefährlichen Konsequenzen dynastischer Interessen dem Einsichtigen sich bemerklich machen und ihn widerspenstig stimmen, werden die Nicht-Einsichtigen den Finger Gottes zu sehen meinen und sich in Geduld den Anordnungen von *Oben* (in welchem Begriff göttliche und menschliche Regierungsweise gewöhnlich verschmelzen) unterwerfen: so wird der innere bürgerliche Friede und die Kontinuität der Entwicklung gewahrt. Die Macht, welche in der Einheit der Volksempfindung, in gleichen Meinungen und Zielen für alle liegt, wird durch die Religion beschützt und besiegelt, jene seltnen Fälle abgerechnet, wo eine Priesterschaft mit der Staatsgewalt sich über den Preis nicht einigen kann und in Kampf tritt. Für gewöhnlich wird der Staat sich die Priester zu gewinnen wissen, weil er ihrer allerprivatesten, verborge-

nen Erziehung der Seelen benötigt ist und Diener zu schätzen weiß, welche scheinbar und äußerlich ein ganz anderes Interesse vertreten. Ohne Beihilfe der Priester kann auch jetzt noch keine Macht »legitim« werden: wie Napoleon begriff. – So gehen absolute vormundschaftliche Regierung und sorgsame Erhaltung der Religion notwendig miteinander. Dabei ist vorauszusetzen, daß die regierenden Personen und Klassen über den Nutzen, welchen ihnen die Religion gewährt, aufgeklärt werden und somit bis zu einem Grade sich ihr überlegen fühlen, insofern sie dieselbe als Mittel gebrauchen; weshalb hier die Freigeisterei ihren Ursprung hat. – Wie aber, wenn jene ganz verschiedene Auffassung des Begriffes der Regierung, wie sie in *demokratischen* Staaten gelehrt wird, durchzudringen anfängt? Wenn man in ihr nichts als das Werkzeug des Volkswillens sieht, kein Oben im Vergleich zu einem Unten, sondern lediglich eine Funktion des alleinigen Souveräns, des Volkes? Hier kann auch nur dieselbe Stellung, welche das Volk zur Religion einnimmt, von der Regierung eingenommen werden; jede Verbreitung von Aufklärung wird bis in ihre Vertreter hineinklingen müssen, eine Benutzung und Ausbeutung der religiösen Triebkräfte und Tröstungen zu staatlichen Zwecken wird nicht so leicht möglich sein (es sei denn, daß mächtige Parteiführer zeitweilig einen Einfluß üben, welcher dem des aufgeklärten Despotismus ähnlich sieht). Wenn aber der Staat keinen Nutzen mehr aus der Religion selber ziehen darf oder das Volk viel zu mannigfach über religiöse Dinge denkt, als daß es der Regierung ein gleichartiges, einheitliches Vorgehen bei religiösen Maßregeln gestatten dürfte, – so wird notwendig sich der Ausweg zeigen, die Religion als Privatsache zu behandeln und dem Gewissen und der Gewohnheit eines jeden einzelnen zu überantworten. Die Folge ist zu allererst diese, daß das religiöse Empfinden verstärkt erscheint, insofern versteckte und unterdrückte Regungen desselben, welchen der Staat unwillkürlich oder absichtlich keine Lebensluft gönnte, jetzt hervorbrechen und bis ins Extreme ausschweifen; später erweist sich, daß die Religion von Sekten überwuchert wird und daß eine Fülle von Drachenzähnen in dem Augenblick gesät worden ist, als man die Religion zur Privatsache machte. Der Anblick des Streites, die feindselige Bloßlegung aller Schwächen religiöser Bekenntnisse läßt endlich keinen Ausweg mehr zu, als daß jeder Bessere und Begabtere die Irreligiosität zu seiner Privatsache macht: als welche Gesinnung nun auch in dem Geiste der regierenden Personen die Überhand bekommt und, fast wider ihren Willen, ihren Maßregeln einen religionsfeindlichen Charakter gibt. Sobald dies eintritt, wandelt sich die Stimmung der noch religiös bewegten Menschen, welche früher den Staat als etwas halb oder ganz Heiliges adorierten, in eine entschieden *staatfeindliche* um; sie lauern den Maßregeln der Regierung auf, suchen zu hemmen, zu kreuzen, zu beunruhigen, soviel sie können, und treiben dadurch die Gegenpartei, die irreligiöse, durch die Hitze ihres Widerspruchs in eine fast fanatische Be-

geisterung *für* den Staat hinein; wobei im stillen noch mitwirkt, daß in diesen Kreisen die Gemüter seit der Trennung von der Religion eine Leere spüren und sich vorläufig durch die Hingebung an den Staat einen Ersatz, eine Art von Ausfüllung zu schaffen suchen. Nach diesen vielleicht lange dauernden Übergangskämpfen entscheidet es sich endlich, ob die religiösen Parteien noch stark genug sind, um einen alten Zustand heraufzubringen und das Rad zurückzudrehen: in welchem Falle unvermeidlich der aufgeklärte Despotismus (vielleicht weniger aufgeklärt und ängstlicher als früher) den Staat in die Hände bekommt, – oder ob die religionslosen Parteien sich durchsetzen und die Fortpflanzung ihrer Gegnerschaft, einige Generationen hindurch, etwa durch Schule und Erziehung, untergraben und endlich unmöglich machen. Dann aber läßt auch bei ihnen jede Begeisterung für den Staat nach: immer deutlicher tritt hervor, daß mit jener religiösen Adoration, für welche er ein Mysterium, eine überweltliche Stiftung ist, auch das ehrfürchtige und pietätvolle Verhältnis zu ihm erschüttert ist. Fürderhin sehen die einzelnen immer nur die Seite an ihm, wo er ihnen nützlich oder schädlich werden kann, und drängen sich mit allen Mitteln heran, um Einfluß auf ihn zu bekommen. Aber diese Konkurrenz wird bald zu groß, die Menschen und Parteien wechseln zu schnell, stürzen sich gegenseitig zu wild vom Berge wieder herab, nachdem sie kaum oben angelangt sind. Es fehlt allen Maßregeln, welche von einer Regierung durchgesetzt werden, die Bürgschaft ihrer Dauer; man scheut vor Unternehmungen zurück, welche auf Jahrzehnte, Jahrhunderte hinaus ein stilles Wachstum haben müßten, um reife Früchte zu zeitigen. Niemand fühlt eine andere Verpflichtung gegen ein Gesetz mehr als die, sich augenblicklich der Gewalt, welche ein Gesetz einbrachte, zu beugen: sofort geht man aber daran, es durch eine neue Gewalt, eine neu zu bildende Majorität zu unterminieren. Zuletzt – man kann es mit Sicherheit aussprechen – muß das Mißtrauen gegen alles Regierende, die Einsicht in das Nutzlose und Aufreibende dieser kurzatmigen Kämpfe die Menschen zu einem ganz neuen Entschlusse drängen: zur Abschaffung des Staatsbegriffs, zur Aufhebung des Gegensatzes »privat und öffentlich«. Die Privatgesellschaften ziehen Schritt vor Schritt die Staatsgeschäfte in sich hinein: selbst der zäheste Rest, welcher von der alten Arbeit des Regierens übrigbleibt (jene Tätigkeit zum Beispiel, welche die Privaten gegen die Privaten sicherstellen soll), wird zu allerletzt einmal durch Privatunternehmer besorgt werden. Die Mißachtung, der Verfall und *der Tod des Staates*, die Entfesselung der Privatperson (ich hüte mich zu sagen: des Individuums) ist die Konsequenz des demokratischen Staatsbegriffs; hier liegt seine Mission. Hat er seine Aufgabe erfüllt – die wie alles Menschliche viel Vernunft und Unvernunft im Schoße trägt –, sind alle Rückfälle der alten Krankheit überwunden, so wird ein neues Blatt im Fabelbuche der Menschheit entrollt, auf dem man allerlei seltsame Historien und vielleicht auch einiges Gute lesen wird. –

Um das Gesagte noch einmal kurz zu sagen: das Interesse der vormundschaftlichen Regierung und das Interesse der Religion gehen miteinander Hand in Hand, so daß, wenn letztere abzusterben beginnt, auch die Grundlage des Staates erschüttert wird. Der Glaube an eine göttliche Ordnung der politischen Dinge, an ein Mysterium in der Existenz des Staates ist religiösen Ursprungs: schwindet die Religion, so wird der Staat unvermeidlich seinen alten Isisschleier verlieren und keine Ehrfurcht mehr erwecken. Die Souveränität des Volkes, in der Nähe gesehen, dient dazu, auch den letzten Zauber und Aberglauben auf dem Gebiete dieser Empfindungen zu verscheuchen; die moderne Demokratie ist die historische Form vom *Verfall des Staates*. – Die Aussicht, welche sich durch diesen sichern Verfall ergibt, ist aber nicht in jedem Betracht eine unglückselige: die Klugheit und der Eigennutz der Menschen sind von allen ihren Eigenschaften am besten ausgebildet; wenn den Anforderungen dieser Kräfte der Staat nicht mehr entspricht, so wird am wenigsten das Chaos eintreten, sondern eine noch zweckmäßigere Erfindung, als der Staat es war, zum Siege über den Staat kommen. Wie manche organisierende Gewalt hat die Menschheit schon absterben sehen: – zum Beispiel die der Geschlechtsgenossenschaft, als welche Jahrtausende lang viel mächtiger war als die Gewalt der Familie, ja längst, bevor diese bestand, schon waltete und ordnete. Wir selber sehen den bedeutenden Rechts- und Machtgedanken der Familie, welcher einmal, so weit wie römisches Wesen reichte, die Herrschaft besaß, immer blasser und ohnmächtiger werden. So wird ein späteres Geschlecht auch den Staat in einzelnen Strecken der Erde bedeutungslos werden sehen – eine Vorstellung, an welche viele Menschen der Gegenwart kaum ohne Angst und Abscheu denken können. An der Verbreitung und Verwirklichung dieser Vorstellung zu *arbeiten*, ist freilich ein ander Ding: man muß sehr anmaßend von seiner Vernunft denken und die Geschichte kaum halb verstehen, um schon jetzt die Hand an den Pflug zu legen, – während noch niemand die Samenkörner aufzeigen kann, welche auf das zerrissene Erdreich nachher gestreut werden sollen. Vertrauen wir also »der Klugheit und dem Eigennutz der Menschen«, daß *jetzt noch* der Staat eine gute Weile bestehen bleibt und zerstörerische Versuche übereifriger und voreiliger Halbwisser abgewiesen werden!

473

Der Sozialismus in Hinsicht auf seine Mittel. – Der Sozialismus ist der phantastische jüngere Bruder des fast abgelebten Despotismus, den er beerben will; seine Bestrebungen sind also im tiefsten Verstande reaktionär. Denn er begehrt eine Fülle der Staatsgewalt, wie sie nur je der Despotismus gehabt hat, ja er überbietet alles Vergangene dadurch, daß er die förm-

liche Vernichtung des Individuums anstrebt: als welches ihm wie ein unberechtigter Luxus der Natur vorkommt und durch ihn in ein zweckmäßiges *Organ des Gemeinwesens* umgebessert werden soll. Seiner Verwandtschaft wegen erscheint er immer in der Nähe aller exzessiven Machtentfaltungen, wie der alte typische Sozialist Plato am Hofe des sizilischen Tyrannen; er wünscht (und befördert unter Umständen) den cäsarischen Gewaltstaat dieses Jahrhunderts, weil er, wie gesagt, sein Erbe werden möchte. Aber selbst diese Erbschaft würde für seine Zwecke nicht ausreichen, er braucht die alleruntertänigste Niederwerfung aller Bürger vor dem unbedingten Staat, wie niemals etwas Gleiches existiert hat; und da er nicht einmal auf die alte religiöse Pietät gegen den Staat mehr rechnen darf, vielmehr an deren Beseitigung unwillkürlich fortwährend arbeiten muß – nämlich weil er an der Beseitigung aller bestehenden *Staaten* arbeitet –, so kann er sich nur auf kurze Zeiten, durch den äußersten Terrorismus, hier und da einmal auf Existenz Hoffnung machen. Deshalb bereitet er sich im stillen zu Schreckensherrschaften vor und treibt den halbgebildeten Massen das Wort »Gerechtigkeit« wie einen Nagel in den Kopf, um sie ihres Verstandes völlig zu berauben (nachdem dieser Verstand schon durch die Halbbildung sehr gelitten hat) und ihnen für das böse Spiel, das sie spielen sollen, ein gutes Gewissen zu schaffen. – Der Sozialismus kann dazu dienen, die Gefahr aller Anhäufungen von Staatsgewalt recht brutal und eindringlich zu lehren und insofern vor dem Staate selbst Mißtrauen einzuflößen. Wenn seine rauhe Stimme in das Feldgeschrei: »*so viel Staat wie möglich*« einfällt, so wird dieses zunächst dadurch lärmender als je: aber bald dringt auch das entgegengesetzte mit um so größerer Kraft hervor: »*so wenig Staat wie möglich*«.

474

Die Entwicklung des Geistes vom Staate gefürchtet. – Die griechische Polis war, wie jede organisierende politische Macht, ausschließend und mißtrauisch gegen das Wachstum der Bildung; ihr gewaltiger Grundtrieb zeigte sich fast nur lähmend und hemmend für dieselbe. Sie wollte keine Geschichte, kein Werden in der Bildung gelten lassen; die in dem Staatsgesetz festgestellte Erziehung sollte alle Generationen verpflichten und auf *einer* Stufe festhalten. Nicht anders wollte es später auch noch Plato für seinen idealen Staat. *Trotz* der Polis entwickelte sich also die Bildung: indirekt freilich und wider Willen half sie mit, weil die Ehrsucht des einzelnen in der Polis aufs höchste angereizt wurde, so daß er, einmal auf die Bahn geistiger Ausbildung geraten, auch in ihr bis ins letzte Extrem fortging. Dagegen soll man sich nicht auf die Verherrlichungsrede des Perikles berufen: denn sie ist nur ein großes optimistisches Trugbild über den an-

geblich notwendigen Zusammenhang von Polis und athenischer Kultur; Thukydides läßt sie, unmittelbar bevor die Nacht über Athen kommt (die Pest und der Abbruch der Tradition), noch einmal wie eine verklärende Abendröte aufleuchten, bei der man den schlimmen Tag vergessen soll, der ihr voranging.

475

Der europäische Mensch und die Vernichtung der Nationen. – Der Handel und die Industrie, der Bücher- und Briefverkehr, die Gemeinsamkeit aller höheren Kultur, das schnelle Wechseln von Haus und Landschaft, das jetzige Nomadenleben aller Nicht-Landbesitzer – diese Umstände bringen notwendig eine Schwächung und zuletzt eine Vernichtung der Nationen, mindestens der europäischen, mit sich: so daß aus ihnen allen, infolge fortwährender Kreuzungen, eine Mischrasse, die des europäischen Menschen, entstehen muß. Diesem Ziele wirkt jetzt, bewußt oder unbewußt, die Abschließung der Nationen durch Erzeugung *nationaler* Feindseligkeiten entgegen, aber langsam geht der Gang jener Mischung dennoch vorwärts, trotz jenen zeitweiligen Gegenströmungen: dieser künstliche Nationalismus ist übrigens so gefährlich, wie der künstliche Katholizismus es gewesen ist, denn er ist in seinem Wesen ein gewaltsamer Not- und Belagerungszustand, welcher von wenigen über viele verhängt ist, und braucht List, Lüge und Gewalt, um sich in Ansehen zu halten. Nicht das Interesse der Vielen (der Völker), wie man wohl sagt, sondern vor allem das Interesse bestimmter Fürstendynastien, sodann das bestimmter Klassen des Handels und der Gesellschaft, treibt zu diesem Nationalismus; hat man dies einmal erkannt, so soll man sich nur ungescheut als *guten Europäer* ausgeben und durch die Tat an der Verschmelzung der Nationen arbeiten: wobei die Deutschen durch ihre alte bewährte Eigenschaft, *Dolmetscher und Vermittler der Völker* zu sein, mitzuhelfen vermögen. – Beiläufig: das ganze Problem der *Juden* ist nur innerhalb der nationalen Staaten vorhanden, insofern hier überall ihre Tatkräftigkeit und höhere Intelligenz, ihr in langer Leidensschule von Geschlecht zu Geschlecht angehäuftes Geist- und Willens-Kapital in einem neid- und haßerweckenden Maße zum Übergewicht kommen muß, so daß die literarische Unart fast in allen jetzigen Nationen überhand nimmt – und zwar je mehr diese sich wieder national gebärden –, die Juden als Sündenböcke aller möglichen öffentlichen und inneren Übelstände zur Schlachtbank zu führen. Sobald es sich nicht mehr um Konservierung von Nationen, sondern um die Erzeugung einer möglichst kräftigen europäischen Mischrasse handelt, ist der Jude als Ingredienz ebenso brauchbar und erwünscht als irgendein anderer nationaler Rest. Unangenehme, ja gefährliche Eigenschaften hat jede Nation, jeder Mensch: es ist grausam zu verlangen, daß der Jude eine Ausnahme ma-

chen solle. Jene Eigenschaften mögen sogar bei ihm in besonderem Maße gefährlich und abschreckend sein; und vielleicht ist der jugendliche Börsen-Jude die widerlichste Erfindung des Menschengeschlechtes überhaupt. Trotzdem möchte ich wissen, wie viel man bei einer Gesamtabrechnung einem Volke nachsehen muß, welches, nicht ohne unser aller Schuld, die leidvollste Geschichte unter allen Völkern gehabt hat, und dem man den edelsten Menschen (Christus), den reinsten Weisen (Spinoza), das mächtigste Buch und das wirkungsvollste Sittengesetz der Welt verdankt. Überdies: in den dunkelsten Zeiten des Mittelalters, als sich die asiatische Wolkenschicht schwer über Europa gelagert hatte, waren es jüdische Freidenker, Gelehrte und Ärzte, welche das Banner der Aufklärung und der geistigen Unabhängigkeit unter dem härtesten persönlichen Zwange festhielten und Europa gegen Asien verteidigten; ihren Bemühungen ist es nicht am wenigsten zu danken, daß eine natürlichere, vernunftgemäßere und jedenfalls unmythische Erklärung der Welt endlich wieder zum Siege kommen konnte und daß der Ring der Kultur, welcher uns jetzt mit der Aufklärung des griechisch-römischen Altertums zusammenknüpft, unzerbrochen blieb. Wenn das Christentum alles getan hat, um den Okzident zu orientalisieren, so hat das Judentum wesentlich mit dabei geholfen, ihn immer wieder zu okzidentalisieren: was in einem bestimmten Sinne so viel heißt, als Europas Aufgabe und Geschichte zu einer *Fortsetzung der griechischen* zu machen.

476

Scheinbare Überlegenheit des Mittelalters. – Das Mittelalter zeigt in der Kirche ein Institut mit einem ganz universalen, die gesamte Menschheit in sich begreifenden Ziele, noch dazu einem solchen, welches den – vermeintlich – höchsten Interessen derselben galt: dagegen gesehen machen die Ziele der Staaten und Nationen, welche die neuere Geschichte zeigt, einen beklemmenden Eindruck; sie erscheinen kleinlich, niedrig, materiell, räumlich beschränkt. Aber dieser verschiedne Eindruck auf die Phantasie soll unser Urteil ja nicht bestimmen; denn jenes universale Institut entsprach erkünstelten, auf Fiktionen beruhenden Bedürfnissen, welche es, wo sie noch nicht vorhanden waren, erst erzeugen mußte (Bedürfnis der Erlösung); die neuen Institute helfen wirklichen Notzuständen ab; und die Zeit kommt, wo Institute entstehen, um den gemeinsamen wahren Bedürfnissen aller Menschen zu dienen und das phantastische Urbild, die katholische Kirche, in Schatten und Vergessenheit zu stellen.

477

Der Krieg unentbehrlich. – Es ist eitel Schwärmerei und Schönseelentum, von der Menschheit noch viel (oder gar: erst recht viel) zu erwarten, wenn sie verlernt hat, Kriege zu führen. Einstweilen kennen wir keine anderen Mittel, wodurch mattwerdenden Völkern jene rauhe Energie des Feldlagers, jener tiefe unpersönliche Haß, jene Mörder-Kaltblütigkeit mit gutem Gewissen, jene gemeinsame organisierende Glut in der Vernichtung des Feindes, jene stolze Gleichgültigkeit gegen große Verluste, gegen das eigene Dasein und das der Befreundeten, jenes dumpfe erdbebenhafte Erschüttern der Seele ebenso stark und sicher mitgeteilt werden könnte, wie dies jeder große Krieg tut: von den hier hervorbrechenden Bächen und Strömen, welche freilich Steine und Unrat aller Art mit sich wälzen und die Wiesen zarter Kulturen zugrunde richten, werden nachher unter günstigen Umständen die Räderwerke in den Werkstätten des Geistes mit neuer Kraft umgedreht. Die Kultur kann die Leidenschaften, Laster und Bosheiten durchaus nicht entbehren. – Als die kaiserlich gewordenen Römer der Kriege etwas müde wurden, versuchten sie aus Tierhetzen, Gladiatorenkämpfen und Christenverfolgungen sich neue Kraft zu gewinnen. Die jetzigen Engländer, welche im ganzen auch dem Kriege abgesagt zu haben scheinen, ergreifen ein anderes Mittel, um jene entschwindenden Kräfte neu zu erzeugen: jene gefährlichen Entdeckungsreisen, Durchschiffungen, Erkletterungen, zu wissenschaftlichen Zwecken, wie es heißt, unternommen, in Wahrheit, um überschüssige Kraft aus Abenteuern und Gefahren aller Art mit nach Hause zu bringen. Man wird noch vielerlei solche Surrogate des Krieges ausfindig machen, aber vielleicht durch sie immer mehr einsehen, daß eine solche hochkultivierte und daher notwendig matte Menschheit, wie die der jetzigen Europäer, nicht nur der Kriege, sondern der größten und furchtbarsten Kriege – also zeitweiliger Rückfälle in die Barbarei – bedarf, um nicht an den Mitteln der Kultur ihre Kultur und ihr Dasein selber einzubüßen.

478

Fleiß im Süden und Norden. – Der Fleiß entsteht auf zwei ganz verschiedene Arten. Die Handwerker im Süden werden fleißig, nicht aus Erwerbstrieb, sondern aus der beständigen Bedürftigkeit der anderen. Weil immer einer kommt, der ein Pferd beschlagen, einen Wagen ausbessern lassen will, so ist der Schmied fleißig. Käme niemand, so würde er auf dem Markte herumlungern. Sich zu ernähren, das hat in einem fruchtbaren Lande wenig Not, dazu brauchte er nur ein sehr geringes Maß von Arbeit, jedenfalls keinen Fleiß; schließlich würde er betteln und zufrieden sein. –

Der Fleiß englischer Arbeiter hat dagegen den Erwerbssinn hinter sich: er ist sich seiner selbst und seiner Ziele bewußt und will mit dem Besitz die Macht, mit der Macht die größtmögliche Freiheit und individuelle Vornehmheit.

479

Reichtum als Ursprung eines Geblütsadels. – Der Reichtum erzeugt notwendig eine Aristokratie der Rasse, denn er gestattet die schönsten Weiber zu wählen, die besten Lehrer zu besolden, er gönnt dem Menschen Reinlichkeit, Zeit zu körperlichen Übungen, und vor allem Abwendung von verdumpfender körperlicher Arbeit. Soweit verschafft er alle Bedingungen, um, in einigen Generationen, die Menschen vornehm und schön sich bewegen, ja selbst handeln zu machen: die größere Freiheit des Gemüts, die Abwesenheit des Erbärmlich-Kleinen, der Erniedrigung vor Brotgebern, der Pfennig-Sparsamkeit. – Gerade diese negativen Eigenschaften sind das reichste Angebinde des Glücks für einen jungen Menschen; ein ganz Armer richtet sich gewöhnlich durch Vornehmheit der Gesinnung zugrunde, er kommt nicht vorwärts und erwirbt nichts, seine Rasse ist nicht lebensfähig. – Dabei ist aber zu bedenken, daß der Reichtum fast die gleichen Wirkungen ausübt, wenn einer 300 Taler oder 30000 jährlich verbrauchen darf: es gibt nachher keine wesentliche Progression der begünstigenden Umstände mehr. Aber weniger zu haben, als Knabe zu betteln und sich zu erniedrigen, ist furchtbar: obwohl für solche, welche ihr Glück im Glanze der Höfe, in der Unterordnung unter Mächtige und Einflußreiche suchen oder welche Kirchenhäupter werden wollen, es der rechte Ausgangspunkt sein mag. (– Es lehrt, gebückt sich in die Höhlengänge der Gunst einzuschleichen.)

480

Neid und Trägheit in verschiedener Richtung. – Die beiden gegnerischen Parteien, die sozialistische und die nationale – oder wie die Namen in den verschiedenen Ländern Europas lauten mögen –, sind einander würdig: Neid und Faulheit sind die bewegenden Mächte in ihnen beiden. In jenem Heerlager will man so wenig als möglich mit den Händen arbeiten, in diesem so wenig als möglich mit dem Kopf; in letzterem haßt und neidet man die hervorragenden, aus sich wachsenden einzelnen, welche sich nicht gutwillig in Reih und Glied zum Zwecke einer Massenwirkung stellen lassen; in ersterem die bessere, äußerlich günstiger gestellte Kaste der Gesellschaft, deren eigentliche Aufgabe, die Erzeugung der höchsten Kulturgüter, das Leben innerlich um so viel schwerer und schmerzensreicher macht. Gelingt es freilich, jenen Geist der Massenwirkung zum Geiste der

höheren Klassen der Gesellschaft zu machen, so sind die sozialistischen Scharen ganz im Rechte, wenn sie auch äußerlich zwischen sich und jenen zu nivellieren suchen, da sie ja innerlich, in Kopf und Herz, schon miteinander nivelliert sind. – Lebt als höhere Menschen und tut immerfort die Taten der höheren Kultur, – so gesteht euch alles, was da lebt, euer Recht zu, und die Ordnung der Gesellschaft, deren Spitze ihr seid, ist gegen jeden bösen Blick und Griff gefeit!

481

Große Politik und ihre Einbußen. – Ebenso wie ein Volk die größten Einbußen, welche Krieg und Kriegsbereitschaft mit sich bringen, nicht durch die Unkosten des Kriegs, die Stauungen in Handel und Wandel erleidet, ebenso nicht durch die Unterhaltung der stehenden Heere – so groß diese Einbußen auch jetzt sein mögen, wo acht Staaten Europas jährlich die Summe von zwei bis drei Milliarden darauf verwenden –, sondern dadurch, daß jahraus jahrein die tüchtigsten, kräftigsten, arbeitsamsten Männer in außerordentlicher Anzahl ihren eigentlichen Beschäftigungen und Berufen entzogen werden, um Soldaten zu sein: ebenso erleidet ein Volk, welches sich anschickt, große Politik zu treiben und unter den mächtigsten Staaten sich eine entscheidende Stimme zu sichern, seine größten Einbußen nicht darin, worin man sie gewöhnlich findet. Es ist wahr, daß es von diesem Zeitpunkte ab fortwährend eine Menge der hervorragendsten Talente auf dem »Altar des Vaterlandes« oder der nationalen Ehrsucht opfert, während früher diesen Talenten, welche jetzt die Politik verschlingt, andere Wirkungskreise offenstanden. Aber abseits von diesen öffentlichen Hekatomben, und im Grunde viel grauenhafter als diese, begibt sich ein Schauspiel, welches fortwährend in hunderttausend Akten gleichzeitig sich abspielt: jeder tüchtige, arbeitsame, geistvolle, strebende Mensch eines solchen nach politischen Ruhmeskränzen lüsternen Volkes wird von dieser Lüsternheit beherrscht und gehört seiner eigenen Sache nicht mehr wie früher völlig an: die täglich neuen Fragen und Sorgen des öffentlichen Wohls verschlingen eine tägliche Abgabe von dem Kopf- und Herz-Kapitale jedes Bürgers: die Summe aller dieser Opfer und Einbußen an individueller Energie und Arbeit ist so ungeheuer, daß das politische Aufblühen eines Volkes eine geistige Verarmung und Ermattung, eine geringere Leistungsfähigkeit zu Werken, welche große Konzentration und Einseitigkeit verlangen, fast mit Notwendigkeit nach sich zieht. Zuletzt darf man fragen: *lohnt* sich denn alle diese Blüte und Pracht des Ganzen (welche ja doch nur aus Furcht der anderen Staaten vor dem neuen Koloß und als dem Auslande abgerungene Begünstigung der nationalen Handels- und Verkehrs-Wohlfahrt zutage tritt), wenn dieser groben und buntschillern-

den Blume der Nation alle die edleren, zarteren, geistigeren Pflanzen und Gewächse, an welchen ihr Boden bisher so reich war, zum Opfer gebracht werden müssen?

482

Und nochmals gesagt. – Öffentliche Meinungen – private Faulheiten.

NEUNTES HAUPTSTÜCK

DER MENSCH MIT SICH ALLEIN

483

Feinde der Wahrheit. – Überzeugungen sind gefährlichere Feinde der Wahrheit als Lügen.

484

Verkehrte Welt. – Man kritisiert einen Denker schärfer, wenn er einen uns unangenehmen Satz hinstellt; und doch wäre es vernünftiger, dies zu tun, wenn sein Satz uns angenehm ist.

485

Charaktervoll. – Charaktervoll erscheint ein Mensch weit häufiger, weil er immer seinem Temperament, als weil er immer seinen Prinzipien folgt.

486

Das eine, was nottut. – Eins muß man haben: entweder einen von Natur leichten Sinn oder einen durch Kunst und Wissen *erleichterten Sinn.*

487

Die Leidenschaft für Sachen. – Wer seine Leidenschaft auf Sachen (Wissenschaften, Staatswohl, Kulturinteressen, Künste) richtet, entzieht seiner Leidenschaft für Personen viel Feuer (selbst wenn sie Vertreter jener Sachen sind, wie Staatsmänner, Philosophen, Künstler Vertreter ihrer Schöpfungen sind).

488

Die Ruhe in der Tat. – Wie ein Wasserfall im Sturz langsamer und schwebender wird, so pflegt der große Mensch der Tat mit *mehr* Ruhe zu handeln, als seine stürmische Begierde vor der Tat es erwarten ließ.

489

Nicht zu tief. – Personen, welche eine Sache in aller Tiefe erfassen, bleiben ihr selten auf immer treu. Sie haben eben die Tiefe ans Licht gebracht: da gibt es immer viel Schlimmes zu sehen.

490

Wahn der Idealisten. – Alle Idealisten bilden sich ein, die Sachen, welchen sie dienen, seien wesentlich besser als die anderen Sachen in der Welt, und wollen nicht glauben, daß, wenn ihre Sache überhaupt gedeihen soll, sie genau desselben übelriechenden Düngers bedarf, welchen alle anderen menschlichen Unternehmungen nötig haben.

491

Selbstbeobachtung. – Der Mensch ist gegen sich selbst, gegen Auskundschaftung und Belagerung durch sich selber sehr gut verteidigt, er vermag gewöhnlich nicht mehr von sich als seine Außenwerke wahrzunehmen. Die eigentliche Festung ist ihm unzugänglich, selbst unsichtbar, es sei denn, daß Freunde und Feinde die Verräter machen und ihn selber auf geheimem Wege hineinführen.

492

Der richtige Beruf. – Männer halten selten einen Beruf aus, von dem sie nicht glauben oder sich einreden, er sei im Grunde wichtiger als alle anderen. Ebenso geht es Frauen mit ihren Liebhabern.

493

Adel der Gesinnung. – Der Adel der Gesinnung besteht zu einem großen Teil aus Gutmütigkeit und Mangel an Mißtrauen, und enthält also gerade das, worüber sich die gewinnsüchtigen und erfolgreichen Menschen so gerne mit Überlegenheit und Spott ergehen.

494

Ziel und Wege. – Viele sind hartnäckig in bezug auf den einmal eingeschlagnen Weg, wenige in bezug auf das Ziel.

495

Das Empörende an einer individuellen Lebensart. – Alle sehr individuellen Maßregeln des Lebens bringen die Menschen gegen den, der sie ergreift, auf; sie fühlen sich durch die außergewöhnliche Behandlung, welche jener sich angedeihen läßt, erniedrigt, als gewöhnliche Wesen.

496

Vorrecht der Größe. – Es ist das Vorrecht der Größe, mit geringen Gaben hoch zu beglücken.

497

Unwillkürlich vornehm. – Der Mensch beträgt sich unwillkürlich vornehm, wenn er sich gewöhnt hat, von den Menschen nichts zu wollen und ihnen immer zu geben.

498

Bedingung des Heroentums. – Wenn einer zum Helden werden will, so muß die Schlange vorher zum Drachen geworden sein, sonst fehlt ihm sein rechter Feind.

499

Freund. – Mitfreude, nicht Mitleiden, macht den Freund.

500

Ebbe und Flut zu benutzen. – Man muß zum Zwecke der Erkenntnis jene innere Strömung zu benutzen wissen, welche uns zu einer Sache hinzieht, und wiederum jene, welche uns, nach einer Zeit, von der Sache fortzieht.

501

Freude an sich. – »Freude an der Sache« so sagt man: aber in Wahrheit ist es Freude an sich vermittelst einer Sache.

502

Der Bescheidene. – Wer gegen Personen bescheiden ist, zeigt gegen Sachen (Stadt, Staat, Gesellschaft, Zeit, Menschheit) um so stärker seine Anmaßung. Das ist seine Rache.

503

Neid und Eifersucht. – Neid und Eifersucht sind die Schamteile der menschlichen Seele. Die Vergleichung kann vielleicht fortgesetzt werden.

504

Der vornehmste Heuchler. – Gar nicht von sich zu reden, ist eine sehr vornehme Heuchelei.

505

Verdruß. – Der Verdruß ist eine körperliche Krankheit, welche keineswegs dadurch schon gehoben ist, daß die Veranlassung zum Verdrusse hinterdrein beseitigt wird.

506

Vertreter der Wahrheit. – Nicht wenn es gefährlich ist, die Wahrheit zu sagen, findet sie am seltensten Vertreter, sondern wenn es langweilig ist.

507

Beschwerlicher noch als Feinde. – Die Personen, von deren sympathischem Verhalten wir nicht unter allen Umständen überzeugt sind, während uns irgendein Grund (z. B. Dankbarkeit) verpflichtet, den Anschein der unbedingten Sympathie unsererseits aufrecht zu erhalten, quälen unsere Phantasie viel mehr als unsere Feinde.

508

Die freie Natur. – Wir sind so gerne in der freien Natur, weil diese keine Meinung über uns hat.

509

Jeder in einer Sache überlegen. – In zivilisierten Verhältnissen fühlt sich jeder jedem andern in *einer* Sache wenigstens überlegen: darauf beruht das allgemeine Wohlwollen, insofern jeder einer ist, der unter Umständen helfen kann und deshalb sich ohne Scham helfen lassen darf.

510

Trostgründe. – Bei einem Todesfall braucht man zumeist Trostgründe, nicht sowohl um die Gewalt des Schmerzes zu lindern, als um zu entschuldigen, daß man sich so leicht getröstet fühlt.

511

Die Überzeugungstreuen. – Wer viel zu tun hat, behält seine allgemeinen Ansichten und Standpunkte fast unverändert bei. Ebenso jeder, der im Dienst einer Idee arbeitet: er wird die Idee selber nie mehr prüfen, dazu hat er keine Zeit mehr; ja es geht gegen sein Interesse, sie überhaupt noch für diskutierbar zu halten.

512

Moralität und Quantität. – Die höhere Moralität des einen Menschen im Vergleich zu der eines anderen liegt oft nur darin, daß die Ziele quantitativ größer sind. Jenen zieht die Beschäftigung mit dem Kleinen, im engen Kreise, nieder.

513

Das Leben als Ertrag des Lebens. – Der Mensch mag sich noch so weit mit seiner Erkenntnis ausrecken, sich selber noch so objektiv vorkommen: zuletzt trägt er doch nichts davon als seine eigene Biographie.

514

Die eherne Notwendigkeit. – Die eherne Notwendigkeit ist ein Ding, von dem die Menschen im Verlauf der Geschichte einsehen, daß es weder ehern noch notwendig ist.

515

Aus der Erfahrung. – Die Unvernunft einer Sache ist kein Grund gegen ihr Dasein, vielmehr eine Bedingung desselben.

516

Wahrheit. – Niemand stirbt jetzt an tödlichen Wahrheiten: es gibt zu viele Gegengifte.

517

Grundeinsicht. – Es gibt keine prästabilierte Harmonie zwischen der Förderung der Wahrheit und dem Wohle der Menschheit.

518

Menschenlos. – Wer tiefer denkt, weiß, daß er immer unrecht hat, er mag handeln und urteilen, wie er will.

519

Wahrheit als Circe. – Der Irrtum hat aus Tieren Menschen gemacht; sollte die Wahrheit imstande sein, aus dem Menschen wieder ein Tier zu machen?

520

Gefahr unserer Kultur. – Wir gehören einer Zeit an, deren Kultur in Gefahr ist, an den Mitteln der Kultur zugrunde zu gehen.

521

Größe heißt: Richtung-geben. – Kein Strom ist durch sich selber groß und reich: sondern daß er so viele Nebenflüsse aufnimmt und fortführt, das macht ihn dazu. So steht es auch mit allen Größen des Geistes. Nur darauf kommt es an, daß einer die Richtung angibt, welcher dann so viele Zuflüsse folgen müssen; nicht darauf, ob er von Anbeginn arm oder reich begabt ist.

522

Schwaches Gewissen. – Menschen, welche von ihrer Bedeutung für die Menschheit sprechen, haben in bezug auf gemeine bürgerliche Rechtlichkeit, im Halten von Verträgen, Versprechungen, ein schwaches Gewissen.

523

Geliebt sein wollen. – Die Forderung, geliebt zu werden, ist die größte der Anmaßungen.

524

Menschenverachtung. – Das unzweideutigste Anzeichen von einer Geringschätzung der Menschen ist dies, daß man jedermann nur als Mittel zu *seinem* Zwecke oder gar nicht gelten läßt.

525

Anhänger aus Widerspruch. – Wer die Menschen zur Raserei gegen sich gebracht hat, hat sich immer auch eine Partei zu seinen Gunsten erworben.

526

Erlebnisse vergessen. – Wer viel denkt, und zwar sachlich denkt, vergißt leicht seine eigenen Erlebnisse, aber nicht so die Gedanken, welche durch jene hervorgerufen wurden.

527

Festhalten einer Meinung. – Der eine hält eine Meinung fest, weil er sich etwas darauf einbildet, von selbst auf sie gekommen zu sein, der andere, weil er sie mit Mühe gelernt hat und stolz darauf ist, sie begriffen zu haben: beide also aus Eitelkeit.

528

Das Licht scheuen. – Die gute Tat scheut ebenso ängstlich das Licht als die böse Tat: diese fürchtet, durch das Bekanntwerden komme der Schmerz

(als Strafe), jene fürchtet, durch das Bekanntwerden schwinde die Lust (jene reine Lust an sich selbst nämlich, welche sofort aufhört, sobald eine Befriedigung der Eitelkeit hinzutritt).

529

Die Länge des Tages. – Wenn man viel hineinzustecken hat, so hat ein Tag hundert Taschen.

530

Tyrannengenie. – Wenn in der Seele eine unbezwingliche Lust dazu rege ist, sich tyrannisch durchzusetzen, und das Feuer beständig unterhält, so wird selbst eine geringe Begabung (bei Politikern, Künstlern) allmählich zu einer fast unwiderstehlichen Naturgewalt.

531

Das Leben des Feindes. – Wer davon lebt, einen Feind zu bekämpfen, hat ein Interesse daran, daß er am Leben bleibt.

532

Wichtiger. – Man nimmt die unerklärte dunkle Sache wichtiger als die erklärte helle.

533

Abschätzung erwiesener Dienste. – Dienstleistungen, die uns jemand erweist, schätzen wir nach dem Werte, den jener darauf legt, nicht nach dem, welchen sie für uns haben.

534

Unglück. – Die Auszeichnung, welche im Unglück liegt (als ob es ein Zeichen von Flachheit, Anspruchslosigkeit, Gewöhnlichkeit sei, sich glücklich zu fühlen), ist so groß, daß wenn jemand einem sagt: »aber wie glücklich Sie sind!« – man gewöhnlich protestiert.

535

Phantasie der Angst. – Die Phantasie der Angst ist jener böse, äffische Kobold, der dem Menschen gerade dann noch auf den Rücken springt, wenn er schon am schwersten zu tragen hat.

536

Wert abgeschmackter Gegner. – Man bleibt mitunter einer Sache nur deshalb treu, weil ihre Gegner nicht aufhören abgeschmackt zu sein.

537

Wert eines Berufs. – Ein Beruf macht gedankenlos; darin liegt sein größter Segen. Denn er ist eine Schutzwehr, hinter welche man sich, wenn Bedenken und Sorgen allgemeiner Art einen anfallen, erlaubtermaßen zurückziehen kann.

538

Talent. – Das Talent manches Menschen erscheint geringer, als es ist, weil er sich immer zu große Aufgaben gestellt hat.

539

Jugend. – Die Jugend ist unangenehm; denn in ihr ist es nicht möglich oder nicht vernünftig, produktiv zu sein, in irgendeinem Sinne.

540

Zu große Ziele. – Wer sich öffentlich große Ziele stellt und hinterdrein im geheimen einsieht, daß er dazu zu schwach ist, hat gewöhnlich auch nicht Kraft genug, jene Ziele öffentlich zu widerrufen, und wird dann unvermeidlich zum Heuchler.

541

Im Strome. – Starke Wasser reißen viel Gestein und Gestrüpp mit sich fort, starke Geister viel dumme und verworrene Köpfe.

542

Gefahren der geistigen Befreiung. – Bei der ernstlich gemeinten geistigen Befreiung eines Menschen hoffen im stillen auch seine Leidenschaften und Begierden ihren Vorteil sich zu ersehen.

543

Verkörperung des Geistes. – Wenn einer viel und klug denkt, so bekommt nicht nur sein Gesicht, sondern auch sein Körper ein kluges Aussehen.

544

Schlecht sehen und schlecht hören. – Wer wenig sieht, sieht immer weniger; wer schlecht hört, hört immer einiges noch dazu.

545

Selbstgenuß in der Eitelkeit. – Der Eitle will nicht sowohl hervorragen, als sich hervorragend fühlen; deshalb verschmäht er kein Mittel des Selbstbetrugs und der Selbstüberlistung. Nicht die Meinung der anderen, sondern seine Meinung von deren Meinung liegt ihm am Herzen.

546

Ausnahmsweise eitel. – Der für gewöhnlich Selbstgenügsame ist ausnahmsweise eitel und für Ruhm und Lobsprüche empfänglich, wenn er körperlich krank ist. In dem Maße, in welchem er sich verliert, muß er sich aus fremder Meinung, von außen her, wieder zu gewinnen suchen.

547

Die »Geistreichen«. – Der hat keinen Geist, welcher den Geist sucht.

548

Wink für Parteihäupter. – Wenn man die Leute dazu treiben kann, sich öffentlich für etwas zu erklären, so hat man sie meistens auch dazu gebracht, sich innerlich dafür zu erklären; sie wollen fürderhin als konsequent erfunden werden.

549

Verachtung. – Die Verachtung durch andere ist dem Menschen empfindlicher als die durch sich selbst.

550

Schnur der Dankbarkeit. – Es gibt sklavische Seelen, welche die Erkenntlichkeit für erwiesene Wohltaten so weit treiben, daß sie sich mit der Schnur der Dankbarkeit selbst erdrosseln.

551

Kunstgriff des Propheten. – Um die Handlungsweise gewöhnlicher Menschen im voraus zu erraten, muß man annehmen, daß sie immer den mindesten Aufwand an Geist machen, um sich aus einer unangenehmen Lage zu befreien.

552

Das einzige Menschenrecht. – Wer vom Herkömmlichen abweicht, ist das Opfer des Außergewöhnlichen; wer im Herkömmlichen bleibt, ist der Sklave desselben. Zugrunde gerichtet wird man auf jeden Fall.

553

Unter das Tier hinab. – Wenn der Mensch vor Lachen wiehert, übertrifft er alle Tiere durch seine Gemeinheit.

554

Halbwissen. – Der, welcher eine fremde Sprache wenig spricht, hat mehr Freude daran als der, welcher sie gut spricht. Das Vergnügen ist bei den Halbwissenden.

555

Gefährliche Hilfsbereitschaft. – Es gibt Leute, welche das Leben den Menschen erschweren wollen, aus keinem andern Grunde, als um ihnen hinterdrein ihre Rezepte zur Erleichterung des Lebens, zum Beispiel ihr Christentum, anzubieten.

556

Fleiß und Gewissenhaftigkeit. – Fleiß und Gewissenhaftigkeit sind oftmals dadurch Antagonisten, daß der Fleiß die Früchte sauer vom Baume nehmen will, die Gewissenhaftigkeit sie aber zu lange hängen läßt, bis sie herabfallen und sich zerschlagen.

557

Verdächtigen. – Menschen, welche man nicht leiden kann, sucht man sich zu verdächtigen.

558

Die Umstände fehlen. – Viele Menschen warten ihr Leben lang auf die Gelegenheit, auf *ihre* Art gut zu sein.

559

Mangel an Freunden. – Der Mangel an Freunden läßt auf Neid oder Anmaßung schließen. Mancher verdankt seine Freunde nur dem glücklichen Umstande, daß er keinen Anlaß zum Neide hat.

560

Gefahr in der Vielheit. – Mit einem Talente mehr steht man oft unsicherer, als mit einem weniger: wie der Tisch besser auf drei als auf vier Füßen steht.

561

Den andern zum Vorbild. – Wer ein gutes Beispiel geben will, muß seiner Tugend ein Gran Narrheit zusetzen; dann ahmt man nach und erhebt sich zugleich über den Nachgeahmten, – was die Menschen lieben.

562

Zielscheibe sein. – Die bösen Reden anderer über uns gelten oft nicht eigentlich uns, sondern sind die Äußerungen eines Ärgers, einer Verstimmung aus ganz anderen Gründen.

563

Leicht resigniert. – Man leidet wenig an versagten Wünschen, wenn man seine Phantasie geübt hat, die Vergangenheit zu verhäßlichen.

564

In Gefahr. – Man ist am meisten in Gefahr, überfahren zu werden, wenn man eben einem Wagen ausgewichen ist.

565

Je nach der Stimme die Rolle. – Wer gezwungen ist lauter zu reden, als er gewohnt ist (etwa vor einem Halb-Tauben oder vor einem großen Auditorium), übertreibt gewöhnlich die Dinge, welche er mitzuteilen hat. – Mancher wird zum Verschwörer, böswilligen Nachredner, Intriganten, bloß weil seine Stimme sich am besten zu einem Geflüster eignet.

566

Liebe und Haß. – Liebe und Haß sind nicht blind, aber geblendet vom Feuer, das sie selber mit sich tragen.

567

Mit Vorteil angefeindet. – Menschen, welche der Welt ihre Verdienste nicht völlig deutlich machen können, suchen sich eine starke Feindschaft zu erwecken. Sie haben dann den Trost, zu denken, daß diese zwischen ihren Verdiensten und deren Anerkennung stehe – und daß mancher andere dasselbe vermute: was sehr vorteilhaft für ihre Geltung ist.

568

Beichte. – Man vergißt seine Schuld, wenn man sie einem andern gebeichtet hat, aber gewöhnlich vergißt der andere sie nicht.

569

Selbstgenügsamkeit. – Das goldene Vlies der Selbstgenügsamkeit schützt gegen Prügel, aber nicht gegen Nadelstiche.

570

Schatten in der Flamme. – Die Flamme ist sich selber nicht so hell als den andern, denen sie leuchtet: so auch der Weise.

571

Eigene Meinungen. – Die erste Meinung, welche uns einfällt, wenn wir plötzlich über eine Sache befragt werden, ist gewöhnlich nicht unsere eigene, sondern nur die landläufige, unsrer Kaste, Stellung, Abkunft zugehörige; die eignen Meinungen schwimmen selten obenauf.

572

Herkunft des Mutes. – Der gewöhnliche Mensch ist mutig und unverwundbar, wie ein Held, wenn er die Gefahr nicht sieht, für sie keine Augen hat. Umgekehrt: der Held hat die einzig verwundbare Stelle auf dem Rükken, also dort wo er keine Augen hat.

573

Gefahr im Arzte. – Man muß für seinen Arzt geboren sein, sonst geht man an seinem Arzt zugrunde.

574

Wunderliche Eitelkeit. – Wer dreimal mit Dreistigkeit das Wetter prophezeit hat und Erfolg hatte, der glaubt im Grunde seiner Seele ein wenig an seine Prophetengabe. Wir lassen das Wunderliche, Irrationelle gelten, wenn es unserer Selbstschätzung schmeichelt.

575

Beruf. – Ein Beruf ist das Rückgrat des Lebens.

576

Gefahr persönlichen Einflusses. – Wer fühlt, daß er auf einen andern einen großen innerlichen Einfluß ausübt, muß ihm ganz freie Zügel lassen, ja gelegentliches Widerstreben gern sehen und selbst herbeiführen: sonst wird er unvermeidlich sich einen Feind machen.

577

Den Erben gelten lassen. – Wer etwas Großes in selbstloser Gesinnung begründet hat, sorgt dafür, sich Erben zu erziehen. Es ist das Zeichen einer tyrannischen und unedlen Natur, in allen möglichen Erben seines Werks seine Gegner zu sehen und gegen sie im Stande der Notwehr zu leben.

578

Halbwissen. – Das Halbwissen ist siegreicher als das Ganzwissen: es kennt die Dinge einfacher, als sie sind, und macht daher seine Meinung faßlicher und überzeugender.

579

Nicht geeignet zum Parteimann. – Wer viel denkt, eignet sich nicht zum Parteimann: er denkt sich zu bald durch die Partei hindurch.

580

Schlechtes Gedächtnis. – Der Vorteil des schlechten Gedächtnisses ist, daß man dieselben guten Dinge mehrere Male zum *ersten* Male genießt.

581

Sich Schmerzen machen. – Rücksichtslosigkeit des Denkens ist oft das Zeichen einer unfriedlichen inneren Gesinnung, welche Betäubung begehrt.

582

Märtyrer. – Der Jünger eines Märtyrers leidet mehr als der Märtyrer

583

Rückständige Eitelkeit. – Die Eitelkeit mancher Menschen, die es nicht nötig hätten, eitel zu sein, ist die übriggebliebene und großgewachsene Gewohnheit aus der Zeit her, wo sie noch kein Recht hatten, an sich zu glauben, und diesen Glauben erst von anderen in kleiner Münze einbettelten.

584

Punctum saliens der Leidenschaft. – Wer im Begriff ist, in Zorn oder in einen heftigen Liebesaffekt zu geraten, erreicht einen Punkt, wo die Seele voll ist wie ein Gefäß: aber doch muß ein Wassertropfen noch hinzukommen, der gute Wille zur Leidenschaft (den man gewöhnlich auch den bösen nennt). Es ist nur dies Pünktchen nötig, dann läuft das Gefäß über.

585

Gedanke des Unmuts. – Es ist mit den Menschen wie mit den Kohlenmeilern im Walde. Erst wenn die jungen Menschen ausgeglüht haben und

verkohlt sind gleich jenen, dann werden sie *nützlich*. Solange sie dampfen und rauchen, sind sie vielleicht interessanter, aber unnütz und gar zu häufig unbequem. – Die Menschheit verwendet schonungslos jeden einzelnen als Material zum Heizen ihrer großen Maschinen: aber wozu dann die Maschinen, wenn alle einzelnen (das heißt die Menschheit) nur dazu nützen, sie zu unterhalten? Maschinen, die sich selbst Zweck sind – ist das die *umana commedia*?

586

Vom Stundenzeiger des Lebens. – Das Leben besteht aus seltenen einzelnen Momenten von höchster Bedeutsamkeit und unzählig vielen Intervallen, in denen uns bestenfalls die Schattenbilder jener Momente umschweben. Die Liebe, der Frühling, jede schöne Melodie, das Gebirge, der Mond, das Meer – alles redet nur einmal ganz zum Herzen: wenn es überhaupt je ganz zu Worte kommt. Denn viele Menschen haben jene Momente gar nicht und sind selber Intervalle und Pausen in der Symphonie des wirklichen Lebens.

587

Angreifen oder eingreifen. – Wir machen häufig den Fehler, eine Richtung oder Partei oder Zeit lebhaft anzufeinden, weil wir zufällig nur ihre veräußerlichte Seite, ihre Verkümmerung oder die ihnen notwendig anhaftenden »Fehler ihrer Tugenden« zu sehen bekommen, – vielleicht weil wir selbst an diesen vornehmlich teilgenommen haben. Dann wenden wir ihnen den Rücken und suchen eine entgegengesetzte Richtung; aber das Bessere wäre, die starken guten Seiten aufzusuchen oder an sich selber auszubilden. Freilich gehört ein kräftigerer Blick und besserer Wille dazu, das Werdende und Unvollkommene zu fördern, als es in seiner Unvollkommenheit zu durchschauen und zu verleugnen.

588

Bescheidenheit. – Es gibt wahre Bescheidenheit (das heißt die Erkenntnis, daß wir nicht unsere eigenen Werke sind); und recht wohl geziemt sie dem großen Geiste, weil gerade er den Gedanken der völligen Unverantwortlichkeit (auch für das Gute, das er schafft) fassen kann. Die Unbescheidenheit des Großen haßt man nicht, insofern er seine Kraft fühlt, sondern weil er seine Kraft dadurch erst erfahren will, daß er die anderen verletzt, herrisch behandelt und zusieht, wie weit sie es aushalten. Gewöhnlich beweist dies sogar den Mangel an sicherem Gefühl der Kraft und macht

somit die Menschen an seiner Größe zweifeln. Insofern ist Unbescheidenheit vom Gesichtspunkte der Klugheit aus sehr zu widerraten.

589

Des Tages erster Gedanke. – Das beste Mittel, jeden Tag gut zu beginnen, ist: beim Erwachen daran zu denken, ob man nicht wenigstens *einem* Menschen an diesem Tag eine Freude machen könne. Wenn dies als ein Ersatz für die religiöse Gewöhnung des Gebetes gelten dürfte, so hätten die Mitmenschen einen Vorteil bei dieser Änderung.

590

Anmaßung als letztes Trostmittel. – Wenn man ein Mißgeschick, seinen intellektuellen Mangel, seine Krankheit sich so zurechtlegt, daß man hierin sein vorgezeichnetes Schicksal, seine Prüfung oder die geheimnisvolle Strafe für früher Begangenes sieht, so macht man sich sein eigenes Wesen dadurch interessant und erhebt sich in der Vorstellung über seine Mitmenschen. Der stolze Sünder ist eine bekannte Figur in allen kirchlichen Sekten.

591

Vegetation des Glücks. – Dicht neben dem Wehe der Welt, und oft auf seinem vulkanischen Boden, hat der Mensch seine kleinen Gärten des Glücks angelegt. Ob man das Leben mit dem Blicke dessen betrachtet, der vom Dasein Erkenntnis allein will, oder dessen, der sich ergibt und resigniert, oder dessen, der an der überwundenen Schwierigkeit sich freut, – überall wird er etwas Glück neben dem Unheil aufgesproßt finden – und zwar um so mehr Glück, je vulkanischer der Boden war –, nur wäre es lächerlich, zu sagen, daß mit diesem Glück das Leiden selbst gerechtfertigt sei.

592

Die Straße der Vorfahren. – Es ist vernünftig, wenn jemand das *Talent,* auf welches sein Vater oder Großvater Mühe verwendet hat, an sich selbst weiter ausbildet und nicht zu etwas ganz Neuem umschlägt; er nimmt sich sonst die Möglichkeit, zum Vollkommenen in irgendeinem Handwerk zu gelangen. Deshalb sagt das Sprichwort: »Welche Straße sollst du reiten? – die deiner Vorfahren.«

593

Eitelkeit und Ehrgeiz als Erzieher. – Solange einer noch nicht zum Werkzeug des allgemeinen menschlichen Nutzens geworden ist, mag ihn der Ehrgeiz peinigen; ist jenes Ziel aber erreicht, arbeitet er mit Notwendigkeit wie eine Maschine zum besten aller, so mag dann die Eitelkeit kommen; sie wird ihn im kleinen vermenschlichen, geselliger, erträglicher, nachsichtiger machen, dann, wenn der Ehrgeiz die grobe Arbeit (ihn nützlich zu machen) an ihm vollendet hat.

594

Philosophische Neulinge. – Hat man die Weisheit eines Philosophen eben eingenommen, so geht man durch die Straßen mit dem Gefühle, als sei man umgeschaffen und ein großer Mann geworden; denn man findet lauter solche, welche diese Weisheit nicht kennen, hat also über alles eine neue unbekannte Entscheidung vorzutragen: weil man ein Gesetzbuch anerkennt, meint man jetzt auch sich als Richter gebärden zu müssen.

595

Durch Mißfallen gefallen. – Die Menschen, welche lieber auffallen und dabei mißfallen wollen, begehren dasselbe wie die, welche nicht auffallen und gefallen wollen, nur in einem viel höheren Grade und indirekt, vermittelst einer Stufe, durch welche sie sich scheinbar von ihrem Ziele entfernen. Sie wollen Einfluß und Macht, und zeigen deshalb ihre Überlegenheit, selbst so, daß sie unangenehm empfunden wird; denn sie wissen, daß der, welcher endlich zur Macht gelangt ist, fast in allem, was er tut und sagt, gefällt und daß selbst, wo er mißfällt, er doch noch zu gefallen scheint. – Auch der Freigeist, und ebenso der Gläubige, wollen Macht, um durch sie einmal zu gefallen; wenn ihnen ihrer Lehre wegen ein übles Schicksal, Verfolgung, Kerker, Hinrichtung droht, so freuen sie sich des Gedankens, daß ihre Lehre auf diese Weise der Menschheit eingeritzt und eingebrannt wird; sie nehmen es hin als ein schmerzhaftes aber kräftiges, wenngleich spät wirkendes Mittel, um doch noch zur Macht zu gelangen.

596

Casus belli und ähnliches. – Der Fürst, welcher zu dem gefaßten Entschlusse, Krieg mit dem Nachbar zu führen, einen *casus belli* ausfindig

macht, gleicht dem Vater, der seinem Kinde eine Mutter unterschiebt, welche fürderhin als solche gelten soll. Und sind nicht fast alle öffentlich bekanntgemachten Motive unserer Handlungen solche untergeschobene Mütter?

597

Leidenschaft und Recht. – Niemand spricht leidenschaftlicher von seinem Rechte als der, welcher im Grunde seiner Seele einen Zweifel an seinem Rechte hat. Indem er die Leidenschaft auf seine Seite zieht, will er den Verstand und dessen Zweifel betäuben: so gewinnt er das gute Gewissen und mit ihm den Erfolg bei den Mitmenschen.

598

Kunstgriff des Entsagenden. – Wer gegen die Ehe protestiert, nach Art der katholischen Priester, wird diese nach ihrer niedrigsten gemeinsten Auffassung zu verstehen suchen. Ebenso wer die Ehre bei den Zeitgenossen von sich abweist, wird deren Begriff niedrig fassen; so erleichtert er sich die Entbehrung und den Kampf dagegen. Übrigens wird der, welcher sich im ganzen viel versagt, sich im kleinen leicht Indulgenz geben. Es wäre möglich, daß der, welcher über den Beifall der Zeitgenossen erhaben ist, doch die Befriedigung kleiner Eitelkeiten sich nicht versagen kann.

599

Lebensalter der Anmaßung. – Zwischen dem 26. und dem 30. Jahre liegt bei begabten Menschen die eigentliche Periode der Anmaßung; es ist die Zeit der ersten Reife, mit einem starken Rest von Säuerlichkeit. Man fordert auf Grund dessen, was man in sich fühlt, von Menschen, welche nichts oder wenig davon sehen, Ehre und Demütigung, und rächt sich, weil diese zunächst ausbleiben, durch jenen Blick, jene Gebärde der Anmaßung, jenen Ton der Stimme, die ein feines Ohr und Auge an allen Produktionen jenes Alters, seien es Gedichte, Philosophien oder Bilder und Musik, wiedererkennt. Ältere erfahrene Männer lächeln dazu, und mit Rührung gedenken sie dieses schönen Lebensalters, in dem man böse über das Geschick ist, so viel zu *sein* und so wenig zu *scheinen*. Später *scheint* man wirklich *mehr* – aber man hat den guten Glauben verloren, viel zu *sein*: man bleibe denn zeitlebens ein unverbesserlicher Narr der Eitelkeit.

600

Trügerisch und doch haltbar. – Wie man, um an einem Abgrund vorbeizugehen oder einen tiefen Bach auf einem Balken zu überschreiten, eines Geländers bedarf, nicht um sich daran festzuhalten – denn es würde sofort mit einem zusammenbrechen – sondern um die Vorstellung der Sicherheit für das Auge zu erwecken, so bedarf man als Jüngling solcher Personen, welche uns unbewußt den Dienst jenes Geländers erweisen. Es ist wahr, sie würden uns nicht helfen, wenn wir uns wirklich in großer Gefahr auf sie stützen wollten, aber sie geben die beruhigende Empfindung des Schutzes in der Nähe (zum Beispiel Väter, Lehrer, Freunde, wie sie, alle drei, gewöhnlich sind).

601

Lieben lernen. – Man muß lieben lernen, gütig sein lernen, und dies von Jugend auf; wenn Erziehung und Zufall uns keine Gelegenheit zur Übung dieser Empfindungen geben, so wird unsere Seele trocken und selbst zu einem Verständnis jener zarten Erfindungen liebevoller Menschen ungeeignet. Ebenso muß der Haß gelernt und genährt werden, wenn einer ein tüchtiger Hasser werden will: sonst wird auch der Keim dazu allmählich absterben.

602

Die Ruine als Schmuck. – Solche, die viele geistige Wandlungen durchmachen, behalten einige Ansichten und Gewohnheiten früherer Zustände bei, welche dann wie ein Stück unerklärlichen Altertums und grauen Mauerwerks in ihr neues Denken und Handeln hineinragen: oft zur Zierde der ganzen Gegend.

603

Liebe und Ehre. – Die Liebe begehrt, die Furcht meidet. Daran liegt es, daß man nicht zugleich von derselben Person, wenigstens in demselben Zeitraume, geliebt und geehrt werden kann. Denn der Ehrende erkennt die Macht an, das heißt er fürchtet sie: sein Zustand ist Ehr-furcht. Die Liebe aber erkennt keine Macht an, nichts, was trennt, abhebt, über- und unterordnet. Weil sie nicht ehrt, so sind ehrsüchtige Menschen insgeheim oder öffentlich gegen das Geliebtwerden widerspenstig.

604

Vorurteil für die kalten Menschen. – Menschen, welche rasch Feuer fangen, werden schnell kalt und sind daher im ganzen unzuverlässig. Deshalb gibt es für alle die, welche immer kalt sind oder so sich stellen, das günstige Vorurteil, daß es besonders vertrauenswerte, zuverlässige Menschen seien: man verwechselt sie mit denen, welche langsam Feuer fangen und es lange festhalten.

605

Das Gefährliche in freien Meinungen. – Das leichte Befassen mit freien Meinungen gibt einen Reiz, wie ein Art Jucken; gibt man ihm mehr nach, so fängt man an, die Stellen zu reiben; bis zuletzt eine offene schmerzende Wunde entsteht, das heißt: bis die freie Meinung uns in unserer Lebensstellung, unsern menschlichen Beziehungen zu stören, zu quälen beginnt.

606

Begierde nach tiefem Schmerz. – Die Leidenschaft läßt, wenn sie vorüber ist, eine dunkle Sehnsucht nach sich selber zurück und wirft, im Verschwinden noch, einen verführerischen Blick zu. Es muß doch eine Art von Lust gewährt haben, mit ihrer Geißel geschlagen worden zu sein. Die mäßigeren Empfindungen erscheinen dagegen schal; man will, wie es scheint, die heftigere Unlust immer noch lieber als die matte Lust.

607

Unmut über andere und die Welt. – Wenn wir, wie so häufig, unsern Unmut an anderen auslassen, während wir ihn eigentlich über uns empfinden, erstreben wir im Grunde eine Umnebelung und Täuschung unseres Urteils: wir wollen diesen Unmut *a posteriori* motivieren, durch die Versehen, Mängel der anderen, und uns selber so aus den Augen verlieren. – Die religiös strengen Menschen, welche gegen sich selber unerbittliche Richter sind, haben zugleich am meisten Übles der Menschheit überhaupt nachgesagt: ein Heiliger, welcher sich die Sünden und den anderen die Tugenden vorbehält, hat nie gelebt: ebenso wenig wie jener, welcher nach Buddhas Vorschrift sein Gutes vor den Leuten verbirgt und sie sein Böses allein sehen läßt.

608

Ursache und Wirkung verwechselt. – Wir suchen unbewußt die Grundsätze und Lehrmeinungen, welche unserem Temperamente angemessen sind, so daß es zuletzt so aussieht, als ob die Grundsätze und Lehrmeinungen unseren Charakter geschaffen, ihm Halt und Sicherheit gegeben hätten: während es gerade umgekehrt zugegangen ist. Unser Denken und Urteilen soll nachträglich, so scheint es, zur Ursache unseres Wesens gemacht werden: aber tatsächlich ist *unser* Wesen die Ursache, daß wir so und so denken und urteilen. Und was bestimmt uns zu dieser fast unbewußten Komödie? Die Trägheit und Bequemlichkeit und nicht am wenigsten der Wunsch der Eitelkeit, durch und durch als konsistent, in Wesen und Denken einartig erfunden zu werden: denn dies erwirbt Achtung, gibt Vertrauen und Macht.

609

Lebensalter und Wahrheit. – Junge Leute lieben das Interessanteste und Absonderliche, gleichgültig wie wahr oder falsch es ist. Reifere Geister lieben das an der Wahrheit, was an ihr interessant und absonderlich ist. Ausgereifte Köpfe endlich lieben die Wahrheit auch in dem, wo sie schlicht und einfältig erscheint und dem gewöhnlichen Menschen Langeweile macht, weil sie gemerkt haben, daß die Wahrheit das Höchste an Geist, was sie besitzt, mit der Miene der Einfalt zu sagen pflegt.

610

Die Menschen als schlechte Dichter. – So wie schlechte Dichter im zweiten Teil des Verses zum Reime den Gedanken suchen, so pflegen die Menschen in der zweiten Hälfte des Lebens, ängstlicher geworden, die Handlungen, Stellungen, Verhältnisse zu suchen, welche zu denen ihres früheren Lebens passen, so daß äußerlich alles wohl zusammenklingt: aber ihr Leben ist nicht mehr von einem starken Gedanken beherrscht und immer wieder neu bestimmt, sondern an die Stelle desselben tritt die Absicht, einen Reim zu finden.

611

Langeweile und Spiel. – Das Bedürfnis zwingt uns zur Arbeit, mit deren Ertrage das Bedürfnis gestillt wird; das immer neue Erwachen der Bedürfnisse gewöhnt uns an die Arbeit. In den Pausen aber, in welchen die Bedürfnisse gestillt sind und gleichsam schlafen, überfällt uns die

Langeweile. Was ist diese? Es ist die Gewöhnung an Arbeit überhaupt, welche sich jetzt als neues, hinzukommendes Bedürfnis geltend macht; sie wird um so stärker sein, je stärker jemand gewöhnt ist zu arbeiten, vielleicht sogar, je stärker jemand an Bedürfnissen gelitten hat. Um der Langeweile zu entgehen, arbeitet der Mensch entweder über das Maß seiner sonstigen Bedürfnisse hinaus oder er erfindet das Spiel, das heißt die Arbeit, welche kein anderes Bedürfnis stillen soll als das nach Arbeit überhaupt. Wer des Spieles überdrüssig geworden ist und durch neue Bedürfnisse keinen Grund zur Arbeit hat, den überfällt mitunter das Verlangen nach einem dritten Zustand, welcher sich zum Spiel verhält wie Schweben zum Tanzen, wie Tanzen zum Gehen – nach einer seligen ruhigen Bewegtheit: es ist die Vision der Künstler und Philosophen von dem Glück.

612

Lehre aus Bildern. – Betrachtet man eine Reihe Bilder von sich selber, von den Zeiten der letzten Kindheit bis zu der der Mannesreife, so findet man mit einer angenehmen Verwunderung, daß der Mann dem Kinde ähnlicher sieht als der Mann dem Jünglinge: daß also wahrscheinlich, diesem Vorgange entsprechend, inzwischen eine zeitweilige Alienation vom Grundcharakter eingetreten ist, über welche die gesammelte, geballte Kraft des Mannes wieder Herr wurde. Dieser Wahrnehmung entspricht die andre, daß alle die starken Einwirkungen von Leidenschaften, Lehrern, politischen Ereignissen, welche in dem Jünglingsalter uns herumziehen, später wieder auf ein festes Maß zurückgeführt erscheinen: gewiß, sie leben und wirken in uns fort, aber das Grundempfinden und Grundmeinen hat doch die Übermacht und benutzt sie wohl als Kraftquellen, nicht aber mehr als Regulatoren, wie dies wohl in den zwanziger Jahren geschieht. So erscheint auch das Denken und Empfinden des Mannes dem seines kindlichen Lebnsalters wieder gemäßer, – und diese innere Tatsache spricht sich in der erwähnten äußeren aus.

613

Stimmklang der Lebensalter. – Der Ton, in dem Jünglinge reden, loben tadeln, dichten, mißfällt dem Ältergewordenen, weil er zu laut ist, und zwar zugleich dumpf und undeutlich wie der Ton in einem Gewölbe, der durch die Leerheit eine solche Schallkraft bekommt; denn das meiste, was Jünglinge denken, ist nicht aus der Fülle ihrer eigenen Natur herausgeströmt, sondern ist Anklang, Nachklang von dem, was in ihrer Nähe gedacht, geredet, gelobt, getadelt worden ist. Weil aber die Empfindungen

(der Neigung und Abneigung) viel stärker als die Gründe für jene in ihnen nachklingen, so entsteht, wenn sie ihre Empfindungen wieder laut werden lassen, jener dumpfe, hallende Ton, welcher für die Abwesenheit oder die Spärlichkeit von Gründen das Kennzeichen abgibt. Der Ton des reiferen Alters ist streng, kurz abgebrochen, mäßig laut, aber, wie alles deutlich Artikulierte, sehr weittragend. Das Alter endlich bringt häufig eine gewisse Milde und Nachsicht in den Klang und verzuckert ihn gleichsam: in manchen Fällen freilich versäuert sie ihn auch.

614

Zurückgebliebene und vorwegnehmende Menschen. – Der unangenehme Charakter, welcher voller Mißtrauen ist, alles glückliche Gelingen der Mitbewerbenden und Nächsten mit Neid fühlt, gegen abweichende Meinungen gewalttätig und aufbrausend ist, zeigt, daß er einer frühen Stufe der Kultur zugehört, also ein Überbleibsel ist: denn die Art, in welcher er mit den Menschen verkehrt, war die rechte und zutreffende für die Zustände eines Faustrecht-Zeitalters; es ist ein *zurückgebliebener* Mensch. Ein anderer Charakter, welcher reich an Mitfreude ist, überall Freunde gewinnt, alles Wachsende und Werdende liebevoll empfindet, alle Ehren und Erfolge anderer mitgenießt und kein Vorrecht, das Wahre allein zu erkennen, in Anspruch nimmt, sondern voll eines bescheidenen Mißtrauens ist, – das ist ein vorwegnehmender Mensch, welcher einer höheren Kultur der Menschen entgegenstrebt. Der unangenehme Charakter stammt aus den Zeiten, wo die rohen Fundamente des menschlichen Verkehrs erst zu bauen waren, der andere lebt auf deren höchsten Stockwerken, möglichst entfernt von dem wilden Tier, welches in den Kellern, unter den Fundamenten der Kultur eingeschlossen, wütet und heult.

615

Trost für Hypochonder. – Wenn ein großer Denker zeitweilig hypochondrischen Selbstquälereien unterworfen ist, so mag er sich zum Troste sagen: »es ist deine eigene große Kraft, von der dieser Parasit sich nährt und wächst; wäre sie geringer, so würdest du weniger zu leiden haben.« Ebenso mag der Staatsmann sprechen, wenn Eifersucht und Rachegefühl, überhaupt die Stimmung des *bellum omnium contra omnes*, zu der er als Vertreter einer Nation notwendig eine starke Begabung haben muß, sich gelegentlich auch in seine persönlichen Beziehungen eindrängt und ihm das Leben schwer macht.

616

Der Gegenwart entfremdet. – Es hat große Vorteile, seiner Zeit sich einmal in stärkerem Maße zu entfremden und gleichsam von ihrem Ufer zurück in den Ozean der vergangnen Weltbetrachtungen getrieben zu werden. Von dort aus nach der Küste zu blickend, überschaut man wohl zum ersten Male ihre gesamte Gestaltung und hat, wenn man sich ihr wieder nähert, den Vorteil, sie besser im ganzen zu verstehen als die, welche sie nie verlassen haben.

617

Auf persönlichen Mängeln säen und ernten. – Menschen wie Rousseau verstehen es, ihre Schwächen, Lücken, Laster gleichsam als Dünger ihres Talentes zu benutzen. Wenn jener die Verdorbenheit und Entartung der Gesellschaft als leidige Folge der Kultur beklagt, so liegt hier eine persönliche Erfahrung zugrunde; deren Bitterkeit gibt ihm die Schärfe seiner allgemeinen Verurteilung und vergiftet die Pfeile, mit denen er schießt; er entlastet sich zunächst als Individuum und denkt ein Heilmittel zu suchen, das direkt der Gesellschaft, aber indirekt und vermittelst jener, auch ihm zunutze ist.

618

Philosophisch gesinnt sein. – Gewöhnlich strebt man darnach, für alle Lebenslagen und Ereignisse *eine* Haltung des Gemüts, *eine* Gattung von Ansichten zu erwerben, – das nennt man vornehmlich philosophisch gesinnt sein. Aber für die Bereicherung der Erkenntnis mag es höheren Wert haben, nicht in dieser Weise sich zu uniformieren, sondern auf die leise Stimme der verschiedenen Lebenslagen zu hören; diese bringen ihre eigenen Ansichten mit sich. So nimmt man erkennenden Anteil am Leben und Wesen vieler, indem man sich selber nicht als starres beständiges *eines* Individuum behandelt.

619

Im Feuer der Verachtung. – Es ist ein neuer Schritt zum Selbständigwerden, wenn man erst Ansichten zu äußern wagt, die als schmählich für den gelten, welcher sie hegt; da pflegen auch die Freunde und Bekannten ängstlich zu werden. Auch durch dieses Feuer muß die begabte Natur hindurch; sie gehört sich hinterdrein noch viel mehr selber an.

620

Aufopferung. – Die große Aufopferung wird, im Falle der Wahl, einer kleinen Aufopferung vorgezogen: weil wir für die große uns durch Selbstbewunderung entschädigen, was uns bei der kleinen nicht möglich ist.

621

Liebe als Kunstgriff. – Wer etwas Neues wirklich *kennen* lernen will (sei es ein Mensch, ein Ereignis, ein Buch), der tut gut, dieses Neue mit aller möglichen Liebe aufzunehmen, von allem, was ihm daran feindlich, anstößig, falsch vorkommt, schnell das Auge abzuwenden, ja es zu vergessen: so daß man zum Beispiel dem Autor eines Buches den größten Vorsprung gibt und geradezu, wie bei einem Wettrennen, mit klopfendem Herzen danach begehrt, daß er sein Ziel erreiche. Mit diesem Verfahren dringt man nämlich der neuen Sache bis an ihr Herz, bis an ihren bewegenden Punkt: und dies heißt eben sie kennen lernen. Ist man so weit, so macht der Verstand hinterdrein seine Restriktionen; jene Überschätzung, jenes zeitweilige Aushängen des kritischen Pendels war eben nur der Kunstgriff, die Seele einer Sache herauszulocken.

622

Zu gut und zu schlecht von der Welt denken. – Ob man zu gut oder zu schlecht von den Dingen denkt, man hat immer den Vorteil dabei, eine höhere Lust einzuernten: denn bei einer vorgefaßten zu guten Meinung legen wir gewöhnlich mehr Süßigkeit in die Dinge (Erlebnisse) hinein, als sie eigentlich enthalten. Eine vorgefaßte zu schlechte Meinung verursacht eine angenehme Enttäuschung: das Angenehme, das an sich in den Dingen lag, bekommt einen Zuwachs durch das Angenehme der Überraschung. – Ein finsteres Temperament wird übrigens in beiden Fällen die umgekehrte Erfahrung machen.

623

Tiefe Menschen. – Diejenigen, welche ihre Stärke in der Vertiefung der Eindrücke haben – man nennt sie gewöhnlich tiefe Menschen –, sind bei allem Plötzlichen verhältnismäßig gefaßt und entschlossen: denn im ersten Augenblick war der Eindruck noch flach, er *wird* dann erst tief. Lange vorhergesehene, erwartete Dinge oder Personen regen aber solche Naturen am meisten auf und machen sie fast unfähig, bei der endlichen Ankunft derselben noch Gegenwärtigkeit des Geistes zu haben.

624

Verkehr mit dem höheren Selbst. – Ein jeder hat seinen guten Tag, wo er sein höheres Selbst findet; und die wahre Humanität verlangt, jemanden nur nach diesem Zustande und nicht nach den Werktagen der Unfreiheit und Knechtung zu schätzen. Man soll zum Beispiel einen Maler nach seiner höchsten Vision, die er zu sehen und darzustellen vermochte, taxieren und verehren. Aber die Menschen selber verkehren sehr verschieden mit diesem ihrem höheren Selbst und sind häufig ihre eigenen Schauspieler, insofern sie das, was sie in jenen Augenblicken sind, später immer wieder nachmachen. Manche leben in Scheu und Demut vor ihrem Ideale und möchten es verleugnen: sie fürchten ihr höheres Selbst, weil es, wenn es redet, anspruchsvoll redet. Dazu hat es eine geisterhafte Freiheit, zu kommen und fortzubleiben, wie es will; es wird deswegen häufig eine Gabe der Götter genannt, während eigentlich alles andere Gabe der Götter (des Zufalls) ist: jenes aber ist der Mensch selber.

625

Einsame Menschen. – Manche Menschen sind so sehr an das Alleinsein mit sich selber gewöhnt, daß sie sich gar nicht mit anderen vergleichen, sondern in einer ruhigen, freudigen Stimmung, unter guten Gesprächen mit sich, ja mit Lachen ihr monologisches Leben fortspinnen. Bringt man sie aber dazu, sich mit anderen zu vergleichen, so neigen sie zu einer grübelnden Unterschätzung ihrer selbst: so daß sie gezwungen werden müssen, eine gute, gerechte Meinung über sich erst von andern wieder zu *lernen:* und auch von dieser erlernten Meinung werden sie immer wieder etwas abziehen und abhandeln wollen. – Man muß also gewissen Menschen ihr Alleinsein gönnen und nicht so albern sein, wie es häufig geschieht, sie deswegen zu bedauern.

626

Ohne Melodie. – Es gibt Menschen, denen ein stetiges Beruhen in sich selbst und ein harmonisches Sich-zurecht-Legen aller ihrer Fähigkeiten so zueigen ist, daß ihnen jede Ziele-setzende Tätigkeit widerstrebt. Sie gleichen einer Musik, welche aus lauter langgezogenen harmonischen Akkorden besteht, ohne daß je auch nur der Ansatz zu einer gegliederten bewegten Melodie sich zeigte. Alle Bewegung von außen her dient nur, dem Kahne sofort wieder sein neues Gleichgewicht auf dem See harmonischen Wohlklangs zu geben. Moderne Menschen werden gewöhnlich aufs äußerste ungeduldig, wenn sie solchen Naturen begegnen, aus denen nichts *wird,*

ohne daß man von ihnen sagen dürfte, daß sie nichts *sind.* Aber in einzelnen Stimmungen erregt ihr Anblick jene ungewöhnliche Frage: wozu überhaupt Melodie? Warum genügt es uns nicht, wenn das Leben sich ruhevoll in einem tiefen See spiegelt? – Das Mittelalter war reicher an solchen Naturen als unsere Zeit. Wie selten trifft man noch auf einen, der so recht friedlich und froh mit sich auch im Gedränge fortleben kann, zu sich redend wie Goethe: »das Beste ist die tiefe Stille, in der ich gegen die Welt lebe und wachse, und gewinne, was sie mir mit Feuer und Schwert nicht nehmen können.«

627

Leben und Erleben. – Sieht man zu, wie einzelne mit ihren Erlebnissen – ihren unbedeutenden alltäglichen Erlebnissen – umzugehen wissen, so daß diese zu einem Ackerland werden, das dreimal des Jahres Frucht trägt; während andere – und wie viele! – durch den Wogenschlag der aufregendsten Schicksale, der mannigfaltigsten Zeit- und Volksströmungen hindurchgetrieben werden und doch immer leicht, immer obenauf, wie Kork, bleiben: so ist man endlich versucht, die Menschheit in eine Minorität (Minimalität) solcher einzuteilen, welche aus wenigem viel zu machen verstehen, und in eine Majorität derer, welche aus vielem wenig zu machen verstehen; ja man trifft auf jene umgekehrten Hexenmeister, welche, anstatt die Welt aus nichts, aus der Welt ein Nichts schaffen.

628

Ernst im Spiele. – In Genua hörte ich zur Zeit der Abenddämmerung von einem Turme her ein langes Glockenspiel: das wollte nicht enden und klang wie unersättlich an sich selber, über das Geräusch der Gassen in den Abendhimmel und die Meerluft hinaus, so schauerlich, so kindisch zugleich, so wehmutsvoll. Da gedachte ich der Worte Platos und fühlte sie auf einmal im Herzen: *Alles Menschliche insgesamt ist des großen Ernstes nicht wert; trotzdem – –*

629

Von der Überzeugung und der Gerechtigkeit. – Das, was der Mensch in der Leidenschaft sagt, verspricht, beschließt, nachher in Kälte und Nüchternheit zu vertreten – diese Forderung gehört zu den schwersten Lasten, welche die Menschheit drücken. Die Folgen des Zornes, der aufflammenden Rache, der begeisterten Hingebung in alle Zukunft hin anerkennen zu müssen – das kann zu einer um so größeren Erbitterung gegen diese Emp-

findungen reizen, je mehr gerade mit ihnen allerwärts und namentlich von den Künstlern ein Götzendienst getrieben wird. Diese züchten die *Schätzung der Leidenschaften* groß und haben es immer getan; freilich verherrlichen sie auch die furchtbaren Genugtuungen der Leidenschaft, welche einer an sich selber nimmt, jene Racheausbrüche mit Tod, Verstümmelung, freiwilliger Verbannung im Gefolge, und jene Resignation des zerbrochenen Herzens. Jedenfalls halten sie die Neugierde nach den Leidenschaften wach, es ist, als ob sie sagen wollten: »ihr habt ohne Leidenschaften gar nichts erlebt«. – Weil man Treue geschworen, vielleicht gar einem rein fingierten Wesen wie einem Gotte, weil man sein Herz hingegeben hat, einem Fürsten, einer Partei, einem Weibe, einem priesterlichen Orden, einem Künstler, einem Denker, im Zustande eines verblendeten Wahnes, welcher Entzückung über uns legte und jene Wesen als jeder Verehrung, jedes Opfers würdig erscheinen ließ – ist man nun unentrinnbar fest gebunden? Ja, haben wir uns denn damals nicht selbst betrogen? War es nicht ein hypothetisches Versprechen, unter der freilich nicht laut gewordnen Voraussetzung, daß jene Wesen, denen wir uns weihten, wirklich die Wesen sind, als welche sie in unserer Vorstellung erschienen? Sind wir verpflichtet, unsern Irrtümern treu zu sein, selbst mit der Einsicht, daß wir durch diese Treue an unserm höheren Selbst Schaden stiften? – Nein, es gibt kein Gesetz, keine Verpflichtung der Art; wir *müssen* Verräter werden, Untreue üben, unsere Ideale immer wieder preisgeben. Aus einer Periode des Lebens in die andere schreiten wir nicht, ohne diese Schmerzen des Verrates zu machen und auch daran wieder zu leiden. Wäre es nötig, daß wir uns, um diesen Schmerzen zu entgehen, vor den Aufwallungen unserer Empfindung hüten müßten? Würde dann die Welt nicht zu öde, zu gespenstisch für uns werden? Vielmehr wollen wir uns fragen, ob diese Schmerzen bei einem Wechsel der Überzeugung *notwendig* sind oder ob sie nicht von einer *irrtümlichen* Meinung und Schätzung abhängen. – Warum bewundert man den, welcher seiner Überzeugung treu bleibt, und verachtet den, welcher sie wechselt? Ich fürchte, die Antwort muß sein: weil jedermann voraussetzt, daß nur Motive gemeineren Vorteils oder persönlicher Angst einen solchen Wechsel veranlassen. Das heißt: man glaubt im Grunde, daß niemand seine Meinungen verändert, solange sie ihm vorteilhaft sind, oder wenigstens solange sie ihm keinen Schaden bringen. Steht es aber so, so liegt darin ein schlimmes Zeugnis über die *intellektuelle* Bedeutung aller Überzeugungen. Prüfen wir einmal, wie Überzeugungen entstehen, und sehen wir zu, ob sie nicht bei weitem überschätzt werden: dabei wird sich ergeben, daß auch der *Wechsel* von Überzeugungen unter allen Umständen nach falschem Maße bemessen wird und daß wir bisher zu viel an diesem Wechsel zu leiden pflegten.

630

Überzeugung ist der Glaube, in irgendeinem Punkte der Erkenntnis im Besitze der unbedingten Wahrheit zu sein. Dieser Glaube setzt also voraus, daß es unbedingte Wahrheiten gebe; ebenfalls, daß jene vollkommenen Methoden gefunden seien, um zu ihnen zu gelangen; endlich, daß jeder, der Überzeugungen habe, sich dieser vollkommenen Methoden bediene. Alle drei Aufstellungen beweisen sofort, daß der Mensch der Überzeugung nicht der Mensch des wissenschaftlichen Denkens ist; er steht im Alter der theoretischen Unschuld vor uns und ist ein Kind, wie erwachsen er auch sonst sein möge. Ganze Jahrtausende aber haben in jenen kindlichen Voraussetzungen gelebt, und aus ihnen sind die mächtigsten Kraftquellen der Menschheit herausgeströmt. Jene zahllosen Menschen, welche sich für ihre Überzeugungen opferten, meinten es für die unbedingte Wahrheit zu tun. Sie alle hatten Unrecht darin: wahrscheinlich hat noch nie ein Mensch sich für die Wahrheit geopfert; mindestens wird der dogmatische Ausdruck seines Glaubens unwissenschaftlich oder halbwissenschaftlich gewesen sein. Aber eigentlich wollte man recht behalten, weil man meinte, recht haben zu *müssen*. Seinen Glauben sich entreißen lassen, das bedeutete vielleicht seine ewige Seligkeit in Frage stellen. Bei einer Angelegenheit von dieser äußersten Wichtigkeit war der »Wille« gar zu hörbar der Souffleur des Intellekts. Die Voraussetzung jedes Gläubigen jeder Richtung war, nicht widerlegt werden zu *können*; erwiesen sich die Gegengründe als sehr stark, so blieb ihm immer noch übrig, die Vernunft überhaupt zu verlästern und vielleicht gar das »*credo quia absurdum est*« als Fahne des äußersten Fanatismus aufzupflanzen. Es ist nicht der Kampf der Meinungen, welcher die Geschichte so gewalttätig gemacht hat, sondern der Kampf des Glaubens an die Meinungen, das heißt der Überzeugungen. Wenn doch alle die, welche so groß von ihrer Überzeugung dachten, Opfer aller Art ihr brachten und Ehre, Leib und Leben in ihrem Dienst nicht schonten, nur die Hälfte ihrer Kraft der Untersuchung gewidmet hätten, mit welchem Rechte sie an dieser oder jener Überzeugung hingen, auf welchem Wege sie zu ihr gekommen seien: wie friedfertig sähe die Geschichte der Menschheit aus! Wieviel mehr des Erkannten würde es geben! Alle die grausamen Szenen bei der Verfolgung der Ketzer jeder Art wären uns aus zwei Gründen erspart geblieben: einmal weil die Inquisitoren vor allem in sich selbst inquiriert hätten und über die Anmaßung, die unbedingte Wahrheit zu verteidigen, hinausgekommen wären; sodann weil die Ketzer selber so schlecht begründeten Sätzen, wie die Sätze aller religiösen Sektierer und »Rechtgläubigen« sind, keine weitere Teilnahme geschenkt haben würden, nachdem sie dieselben untersucht hätten.

631

Aus den Zeiten her, in welchen die Menschen daran gewöhnt waren, an den Besitz der unbedingten Wahrheit zu glauben, stammt ein tiefes *Mißbehagen* an allen skeptischen und relativistischen Stellungen zu irgendwelchen Fragen der Erkenntnis; man zieht meistens vor, sich einer Überzeugung, welche Personen von Autorität haben (Väter, Freunde, Lehrer, Fürsten), auf Gnade oder Ungnade zu ergeben, und hat, wenn man dies nicht tut, eine Art von Gewissensbissen. Dieser Hang ist ganz begreiflich, und seine Folgen geben kein Recht zu heftigen Vorwürfen gegen die Entwicklung der menschlichen Vernunft. Allmählich muß aber der wissenschaftliche Geist im Menschen jene Tugend der *vorsichtigen Enthaltung* zeitigen, jene weise Mäßigung, welche im Gebiet des praktischen Lebens bekannter ist, als im Gebiet des theoretischen Lebens, und welche zum Beispiel Goethe im Antonio dargestellt hat, als ein Gegenstand der Erbitterung für alle Tassos, das heißt für die unwissenschaftlichen und zugleich tatlosen Naturen. Der Mensch der Überzeugung hat in sich ein Recht, jenen Menschen des vorsichtigen Denkens, den theoretischen Antonio, nicht zu begreifen; der wissenschaftliche Mensch hinwiederum hat kein Recht, jenen deshalb zu tadeln: er übersieht ihn und weiß außerdem, im bestimmten Falle, daß jener sich an ihn noch anklammern wird, so wie es Tasso zuletzt mit Antonio tut.

632

Wer nicht durch verschiedene Überzeugungen hindurchgegangen ist, sondern in dem Glauben hängenbleibt, in dessen Netz er sich zuerst verfing, ist unter allen Umständen, eben wegen dieser Unwandelbarkeit, ein Vertreter *zurückgebliebener* Kulturen; er ist gemäß diesem Mangel an Bildung (welche immer Bildbarkeit voraussetzt) hart, unverständig, unbelehrbar, ohne Milde, ein ewiger Verdächtiger, ein Unbedenklicher, der zu allen Mitteln greift, seine Meinung durchzusetzen, weil er gar nicht begreifen kann, daß es andere Meinungen geben müsse; er ist, in solchem Betracht, vielleicht eine Kraftquelle und in allzu frei und schlaff gewordenen Kulturen sogar heilsam, aber doch nur, weil er kräftig anreizt, ihm Widerpart zu halten: denn dabei wird das zartere Gebild der neuen Kultur, welche zum Kampf mit ihm gezwungen ist, selber stark.

633

Wir sind im wesentlichen noch dieselben Menschen, wie die des Reformations-Zeitalters: wie sollte es auch anders sein? Aber daß wir uns einige

Mittel nicht mehr erlauben, um mit ihnen unserer Meinung zum Siege zu verhelfen, das hebt uns gegen jene Zeit ab und beweist, daß wir einer höheren Kultur angehören. Wer jetzt noch, in der Art der Reformations-Menschen, Meinungen mit Verdächtigungen, mit Wutausbrüchen bekämpft und niederwirft, verrät deutlich, daß er seine Gegner verbrannt haben würde, falls er in anderen Zeiten gelebt hätte, und daß er zu allen Mitteln der Inquisition seine Zuflucht genommen haben würde, wenn er als Gegner der Reformation gelebt hätte. Diese Inquisition war damals vernünftig, denn sie bedeutete nichts anderes als den allgemeinen Belagerungszustand, welcher über den ganzen Bereich der Kirche verhängt werden mußte und der, wie jeder Belagerungszustand, zu den äußersten Mitteln berechtigte, unter der Voraussetzung nämlich (welche wir jetzt nicht mehr mit jenen Menschen teilen), daß man die Wahrheit, in der Kirche, *habe* und um jeden Preis mit jedem Opfer zum Heile der Menschheit bewahren *müsse.* Jetzt aber gibt man niemandem so leicht mehr zu, daß er die Wahrheit habe: die strengen Methoden der Forschung haben genug Mißtrauen und Vorsicht verbreitet, so daß jeder, welcher gewalttätig in Wort und Werk Meinungen vertritt, als ein Feind unserer jetzigen Kultur, mindestens als ein Zurückgebliebener empfunden wird. In der Tat: das Pathos, daß man die Wahrheit *habe,* gilt jetzt sehr wenig im Verhältnis zu jenem freilich milderen und klangloseren Pathos des Wahrheit-Suchens, welches nicht müde wird, umzulernen und neu zu prüfen.

634

Übrigens ist das methodische Suchen der Wahrheit selber das Resultat jener Zeiten, in denen die Überzeugungen miteinander in Fehde lagen. Wenn nicht dem einzelnen an *seiner* »Wahrheit«, das heißt an seinem Rechtbehalten gelegen hätte, so gäbe es überhaupt keine Methode der Forschung; so aber, bei dem ewigen Kampf der Ansprüche verschiedener einzelner auf unbedingte Wahrheit, ging man Schritt für Schritt weiter, um unumstößliche Prinzipien zu finden, nach denen das Recht der Ansprüche geprüft und der Streit geschlichtet werden könne. Zuerst entschied man nach Autoritäten, später kritisierte man sich gegenseitig die Wege und Mittel, mit denen die angebliche Wahrheit gefunden worden war; dazwischen gab es eine Periode, wo man die Konsequenzen des gegnerischen Satzes zog und vielleicht sie als schädlich und unglücklich machend erfand: woraus dann sich für jedermanns Urteil ergeben sollte, daß die Überzeugung des Gegners einen Irrtum enthalte. *Der persönliche Kampf der Denker* hat schließlich die Methoden so verschärft, daß wirklich Wahrheiten entdeckt werden konnten und daß die Irrgänge früherer Methoden vor jedermanns Blicken bloßgelegt sind.

635

Im ganzen sind die wissenschaftlichen Methoden mindestens ein ebenso wichtiges Ergebnis der Forschung als irgendein sonstiges Resultat: denn auf der Einsicht in die Methode beruht der wissenschaftliche Geist, und alle Resultate der Wissenschaft könnten, wenn jene Methoden verlorengingen, ein erneutes Überhandnehmen des Aberglaubens und des Unsinns nicht verhindern. Es mögen geistreiche Leute von den Ergebnissen der Wissenschaft *lernen,* so viel sie wollen: man merkt es immer noch ihrem Gespräche und namentlich den Hypothesen in demselben an, daß ihnen der wissenschaftliche Geist fehlt: sie haben nicht jenes instinktive Mißtrauen gegen die Abwege des Denkens, welches in der Seele jedes wissenschaftlichen Menschen infolge langer Übung seine Wurzeln eingeschlagen hat. Ihnen genügt es, über eine Sache überhaupt irgendeine Hypothese zu finden, dann sind sie Feuer und Flamme für dieselbe und meinen, damit sei es getan. Eine Meinung haben heißt bei ihnen schon: dafür sich fanatisieren und sie als Überzeugung fürderhin sich ans Herz legen. Sie erhitzen sich bei einer unerklärten Sache für den ersten Einfall ihres Kopfes, der einer Erklärung derselben ähnlich sieht: woraus sich, namentlich auf dem Gebiete der Politik, fortwährend die schlimmsten Folgen ergeben. – Deshalb sollte jetzt jedermann mindestens *eine* Wissenschaft von Grund aus kennengelernt haben: dann wüßte er doch, was Methode heißt und wie nötig die äußerste Besonnenheit ist. Namentlich ist den Frauen dieser Rat zu geben: als welche jetzt rettungslos die Opfer aller Hypothesen sind, zumal wenn diese den Eindruck des Geistreichen, Hinreißenden, Belebenden, Kräftigenden machen. Ja bei genauerem Zusehen bemerkt man, daß der allergrößte Teil aller Gebildeten noch jetzt von einem Denker Überzeugungen und nichts als Überzeugungen begehrt, und daß allein eine geringe Minderheit *Gewißheit* will. Jene wollen stark fortgerissen werden, um dadurch selber einen Kraftzuwachs zu erlangen; diese wenigen haben dieses sachliche Interesse, welches von persönlichen Vorteilen, auch von dem des erwähnten Kraftzuwachses, absieht. Auf jene bei weitem überwiegende Klasse wird überall dort gerechnet, wo der Denker sich als *Genie* benimmt und bezeichnet, also wie ein höheres Wesen dreinschaut, welchem Autorität zukommt. Insofern das Genie jener Art die Glut der Überzeugungen unterhält und Mißtrauen gegen den vorsichtigen und bescheidenen Sinn der Wissenschaft weckt, ist es ein Feind der Wahrheit, und wenn es sich auch noch so sehr als deren Freier glauben sollte.

636

Es gibt freilich auch eine ganz andere Gattung der Genialität, die der Gerechtigkeit; und ich kann mich durchaus nicht entschließen, dieselbe niedriger zu schätzen als irgendeine philosophische, politische oder künstlerische Genialität. Ihre Art ist es, mit herzlichem Unwillen allem aus dem Wege zu gehen, was das Urteil über die Dinge blendet und verwirrt; sie ist folglich eine *Gegnerin der Überzeugungen,* denn sie will jedem, sei es ein Belebtes oder Totes, Wirkliches oder Gedachtes, das Seine geben – und dazu muß sie es rein erkennen; sie stellt daher jedes Ding in das beste Licht und geht um dasselbe mit sorgsamem Auge herum. Zuletzt wird sie selbst ihrer Gegnerin, der blinden oder kurzsichtigen »Überzeugung« (wie Männer sie nennen: – bei Weibern heißt sie »Glaube«), geben, was der Überzeugung ist – um der Wahrheit willen.

637

Aus den *Leidenschaften* wachsen die Meinungen; die *Trägheit des Geistes* läßt diese zu *Überzeugungen* erstarren. – Wer sich aber *freien,* rastlos lebendigen Geistes fühlt, kann durch beständigen Wechsel diese Erstarrung verhindern; und ist er gar insgesamt ein denkender Schneeballen, so wird er überhaupt nicht Meinungen, sondern nur Gewißheiten und genau bemessene Wahrscheinlichkeiten in seinem Kopfe haben. – Aber wir, die wir gemischten Wesens sind und bald vom Feuer durchglüht, bald vom Geiste durchkältet sind, wollen vor der Gerechtigkeit knien, als der einzigen Göttin, welche wir über uns anerkennen. *Das Feuer* in uns macht uns für gewöhnlich ungerecht und, im Sinne jener Göttin, unrein; nie dürfen wir in diesem Zustande ihre Hand fassen, nie liegt dann das ernste Lächeln ihres Wohlgefallens auf uns. Wir verehren sie als die verhüllte Isis unseres Lebens; beschämt bringen wir ihr unsern Schmerz als Buße und Opfer dar, wenn das Feuer uns brennt und verzehren will. *Der Geist* ist es, der uns rettet, daß wir nicht ganz verglühen und verkohlen; er reißt uns hier und da fort von dem Opferaltare der Gerechtigkeit oder hüllt uns in ein Gespinst aus Asbest. Vom Feuer erlöst, schreiten wir dann, durch den Geist getrieben, von Meinung zu Meinung, durch den Wechsel der Parteien, als edle *Verräter* aller Dinge, die überhaupt verraten werden können, – und dennoch ohne ein Gefühl von Schuld.

638

Der Wanderer. – Wer nur einigermaßen zur Freiheit der Vernunft gekommen ist, kann sich auf Erden nicht anders fühlen denn als Wanderer, – wenn auch nicht als Reisender *nach* einem letzten Ziele: denn dieses gibt es nicht. Wohl aber will er zusehen und die Augen dafür offen haben, was alles in der Welt eigentlich vorgeht; deshalb darf er sein Herz nicht allzufest an alles einzelne anhängen; es muß in ihm selber etwas Wanderndes sein, das seine Freude an dem Wechsel und der Vergänglichkeit habe. Freilich werden einem solchen Menschen böse Nächte kommen, wo er müde ist und das Tor der Stadt, welche ihm Rast bieten sollte, verschlossen findet; vielleicht, daß noch dazu, wie im Orient, die Wüste bis an das Tor reicht, daß die Raubtiere bald ferner, bald näher her heulen, daß ein starker Wind sich erhebt, daß Räuber ihm seine Zugtiere wegführen. Dann sinkt für ihn wohl die schreckliche Nacht wie eine zweite Wüste auf die Wüste, und sein Herz wird des Wanderns müde. Geht ihm dann die Morgensonne auf, glühend wie eine Gottheit des Zorns, öffnet sich die Stadt, so sieht er in den Gesichtern der hier Hausenden vielleicht noch mehr Wüste, Schmutz, Trug, Unsicherheit als vor den Toren – und der Tag ist fast schlimmer als die Nacht. So mag es wohl einmal dem Wanderer ergehen; aber dann kommen, als Entgelt, die wonnevollen Morgen anderer Gegenden und Tage, wo er schon im Grauen des Lichtes die Musenschwärme im Nebel des Gebirges nahe an sich vorübertanzen sieht, wo ihm nachher, wenn er still, in dem Gleichmaß der Vormittagsseele, unter Bäumen sich ergeht, aus deren Wipfeln und Laubverstecken heraus lauter gute und helle Dinge zugeworfen werden, die Geschenke aller jener freien Geister, die in Berg, Wald und Einsamkeit zu Hause sind und welche, gleich ihm, in ihrer bald fröhlichen bald nachdenklichen Weise, Wanderer und Philosophen sind. Geboren aus den Geheimnissen der Frühe, sinnen sie darüber nach, wie der Tag zwischen dem zehnten und zwölften Glockenschlage ein so reines, durchleuchtetes, verklärt-heiteres Gesicht haben könne: – sie suchen die *Philosophie des Vormittages.*

UNTER FREUNDEN

Ein Nachspiel

1

Schön ists, miteinander schweigen,
Schöner, miteinander lachen, –
Unter seidenem Himmels-Tuche
Hingelehnt zu Moos und Buche
Lieblich laut mit Freunden lachen
Und sich weiße Zähne zeigen.

Macht' ich's gut, so wolln wir schweigen;
Macht' ich's schlimm –, so wolln wir lachen
Und es immer schlimmer machen,
Schlimmer machen, schlimmer lachen,
Bis wir in die Grube steigen.

Freunde! Ja! So solls geschehn?
Amen! Und auf Wiedersehn!

2

Kein Entschuldgen! Kein Verzeihen!
Gönnt ihr Frohen, Herzens-Freien
Diesem unvernünftgen Buche
Ohr und Herz und Unterkunft!
Glaubt mir, Freunde, nicht zum Fluche
Ward mir meine Unvernunft!

Was *ich* finde, was *ich* suche –,
Stand das je in einem Buche?
Ehrt in mir die Narren-Zunft!
Lernt aus diesem Narrenbuche,
Wie Vernunft kommt – »zur Vernunft«!

Also, Freunde, solls geschehn? –
Amen! Und auf Wiedersehn!

DIE
FRÖHLICHE WISSENSCHAFT

(»la gaya scienza«)

Ich wohne in meinem eignen Haus,
Hab niemandem nie nichts nachgemacht
Und – lachte noch jeden Meister aus,
Der nicht sich selbst ausgelacht.

Über meiner Haustür

VORREDE ZUR ZWEITEN AUSGABE

Diesem Buche tut vielleicht nicht nur *eine* Vorrede not; und zuletzt bliebe immer noch der Zweifel bestehn, ob jemand, ohne etwas Ähnliches erlebt zu haben, dem *Erlebnisse* dieses Buches durch Vorreden nähergebracht werden kann. Es scheint in der Sprache des Tauwinds geschrieben: es ist Übermut, Unruhe, Widerspruch, Aprilwetter darin, so daß man beständig ebenso an die Nähe des Winters als an den *Sieg* über den Winter gemahnt wird, der kommt, kommen muß, vielleicht schon gekommen ist... Die Dankbarkeit strömt fortwährend aus, als ob eben das Unerwartetste geschehn sei, die Dankbarkeit eines Genesenden – denn die *Genesung* war dieses Unerwartetste. »Fröhliche Wissenschaft«: das bedeutet die Saturnalien eines Geistes, der einem furchtbaren langen Drucke geduldig widerstanden hat – geduldig, streng, kalt, ohne sich zu unterwerfen, aber ohne Hoffnung – und der jetzt mit einem Male von der Hoffnung angefallen wird, von der Hoffnung auf Gesundheit, von der *Trunkenheit* der Genesung. Was Wunders, daß dabei viel Unvernünftiges und Närrisches ans Licht kommt, viel mutwillige Zärtlichkeit, selbst auf Probleme verschwendet, die ein stachlichtes Fell haben und nicht danach angetan sind, geliebkost und gelockt zu werden. Dies ganze Buch ist eben nichts als eine Lustbarkeit nach langer Entbehrung und Ohnmacht, das Frohlocken der wiederkehrenden Kraft, des neu erwachten Glaubens an ein Morgen und Übermorgen, des plötzlichen Gefühls und Vorgefühls von Zukunft, von nahen Abenteuern, von wieder offnen Meeren, von wieder erlaubten, wieder geglaubten Zielen. Und was lag nunmehr alles hinter mir! Dieses Stück Wüste, Erschöpfung, Unglaube, Vereisung mitten in der Jugend, dieses eingeschaltete Greisentum an unrechter Stelle, diese Tyrannei des Schmerzes überboten noch durch die Tyrannei des Stolzes, der die *Folgerungen* des Schmerzes ablehnte – und Folgerungen sind Tröstungen –, diese radikale Vereinsamung als Notwehr gegen eine krankhaft hellseherisch gewordene Menschenverachtung, diese grundsätzliche Einschränkung auf das Bittere, Herbe, Wehtuende der Erkenntnis, wie sie der *Ekel* verordnete, der aus einer unvorsichtigen geistigen Diät und Verwöhnung – man heißt sie Romantik – allmählich gewachsen war –, oh wer mir das alles nachfühlen könnte! Wer es aber könnte, würde mir sicher noch mehr zugute halten als etwas Torheit, Ausgelassenheit, »fröhliche Wissenschaft« – zum Beispiel die Handvoll

Lieder, welche dem Buche diesmal beigegeben sind – Lieder, in denen sich ein Dichter auf eine schwer verzeihliche Weise über alle Dichter lustig macht. – Ach, es sind nicht nur die Dichter und ihre schönen »lyrischen Gefühle«, an denen dieser Wieder-Erstandene seine Bosheit auslassen muß: wer weiß, was für ein Opfer er sich sucht, was für ein Untier von parodischem Stoff ihn in Kürze reizen wird? *»Incipit tragoedia«* – heißt es am Schlusse dieses bedenklich-unbedenklichen Buchs: man sei auf seiner Hut! Irgend etwas ausbündig Schlimmes und Boshaftes kündigt sich an: *incipit parodia,* es ist kein Zweifel ...

2

– Aber lassen wir Herrn Nietzsche: was geht es uns an, daß Herr Nietzsche wieder gesund wurde? ... Ein Psychologe kennt wenig so anziehende Fragen, wie die nach dem Verhältnis von Gesundheit und Philosophie, und für den Fall, daß er selber krank wird, bringt er seine ganze wissenschaftliche Neugierde mit in seine Krankheit. Man hat nämlich, vorausgesetzt, daß man eine Person ist, notwendig auch die Philosophie seiner Person: doch gibt es da einen erheblichen Unterschied. Bei dem einen sind es seine Mängel, welche philosophieren, bei dem andren seine Reichtümer und Kräfte. Ersterer hat seine Philosophie *nötig,* sei es als Halt, Beruhigung, Arznei, Erlösung, Erhebung, Selbstentfremdung; bei letzterem ist sie nur ein schöner Luxus, im besten Falle die Wollust einer triumphierenden Dankbarkeit, welche sich zuletzt noch in kosmischen Majuskeln an den Himmel der Begriffe schreiben muß. Im andren, gewöhnlicheren Falle aber, wenn die Notstände Philosophie treiben, wie bei allen kranken Denkern – und vielleicht überwiegen die kranken Denker in der Geschichte der Philosophie –: was wird aus dem Gedanken selbst werden, der unter den *Druck* der Krankheit gebracht wird? Dies ist die Frage, die den Psychologen angeht: und hier ist das Experiment möglich. Nicht anders als es ein Reisender macht, der sich vorsetzt, zu einer bestimmten Stunde aufzuwachen, und sich dann ruhig dem Schlafe überläßt: so ergeben wir Philosophen, gesetzt daß wir krank werden, uns zeitweilig mit Leib und Seele der Krankheit – wir machen gleichsam vor uns die Augen zu. Und wie jener weiß, daß irgend etwas *nicht* schläft, irgend etwas die Stunden abzählt und ihn aufwecken wird, so wissen auch wir, daß der entscheidende Augenblick uns wach finden wird – daß dann etwas hervorspringt, und den Geist *auf der Tat* ertappt, ich meine auf der Schwäche oder Umkehr oder Ergebung oder Verhärtung oder Verdüsterung und wie alle die krankhaften Zustände des Geistes heißen, welche in gesunden Tagen den *Stolz* des Geistes wider sich haben (denn es bleibt bei dem alten Reime: »der stolze Geist, der Pfau, das

Pferd sind die drei stölzesten Tier auf der Erd« –). Man lernt nach einer derartigen Selbst-Befragung, Selbst-Versuchung, mit einem feineren Auge nach allem, was überhaupt bisher philosophiert worden ist, hinsehn; man errät besser als vorher die unwillkürlichen Abwege, Seitengassen, Ruhestellen, *Sonnen*stellen des Gedankens, auf die leidende Denker gerade als Leidende geführt und verführt werden, man weiß nunmehr, wohin unbewußt der kranke *Leib* und sein Bedürfnis den Geist drängt, stößt, lockt – nach Sonne, Stille, Milde, Geduld, Arznei, Labsal in irgendeinem Sinne. Jede Philosophie, welche den Frieden höher stellt als den Krieg, jede Ethik mit einer negativen Fassung des Begriffs Glück, jede Metaphysik und Physik, welche ein Finale kennt, einen Endzustand irgendwelcher Art, jedes vorwiegend ästhetische oder religiöse Verlangen nach einem Abseits, Jenseits, Außerhalb, Oberhalb erlaubt zu fragen, ob nicht die Krankheit das gewesen ist, was den Philosophen inspiriert hat. Die unbewußte Verkleidung physiologischer Bedürfnisse unter die Mäntel des Objektiven, Ideellen, Rein-Geistigen geht bis zum Erschrecken weit – und oft genug habe ich mich gefragt, ob nicht, im großen gerechnet, Philosophie bisher überhaupt nur eine Auslegung des Leibes und ein *Mißverständnis des Leibes* gewesen ist. Hinter den höchsten Werturteilen, von denen bisher die Geschichte des Gedankens geleitet wurde, liegen Mißverständnisse der leiblichen Beschaffenheit verborgen, sei es von einzelnen, sei es von Ständen oder ganzen Rassen. Man darf alle jene kühnen Tollheiten der Metaphysik, sonderlich deren Antworten auf die Frage nach dem *Wert* des Daseins, zunächst immer als Symptome bestimmter Leiber ansehn; und wenn derartigen Welt-Bejahungen oder Welt-Verneinungen in Bausch und Bogen, wissenschaftlich gemessen, nicht ein Korn von Bedeutung innewohnt, so geben sie doch dem Historiker und Psychologen um so wertvollere Winke, als Symptome, wie gesagt, des Leibes, seines Geratens und Mißratens, seiner Fülle, Mächtigkeit, Selbstherrlichkeit in der Geschichte, oder aber seiner Hemmungen, Ermüdungen, Verarmungen, seines Vorgefühls vom Ende, seines Willens zum Ende. Ich erwarte immer noch, daß ein philosophischer *Arzt* im ausnahmsweisen Sinne des Wortes – ein solcher, der dem Problem der Gesamt-Gesundheit von Volk, Zeit, Rasse, Menschheit nachzugehn hat – einmal den Mut haben wird, meinen Verdacht auf die Spitze zu bringen und den Satz zu wagen: bei allem Philosophieren handelte es sich bisher gar nicht um »Wahrheit«, sondern um etwas anderes, sagen wir um Gesundheit, Zukunft, Wachstum, Macht, Leben ...

3

– Man errät, daß ich nicht mit Undankbarkeit von jener Zeit schweren Siechtums Abschied nehmen möchte, deren Gewinn auch heute noch nicht für mich ausgeschöpft ist: so wie ich mir gut genug bewußt bin, was ich überhaupt in meiner wechselreichen Gesundheit vor allen Vierschrötigen des Geistes voraushabe. Ein Philosoph, der den Gang durch viele Gesundheiten gemacht hat und immer wieder macht, ist auch durch ebenso viele Philosophien hindurchgegangen: er *kann* eben nicht anders, als seinen Zustand jedesmal in die geistigste Form und Ferne umzusetzen – diese Kunst der Transfiguration *ist* eben Philosophie. Es steht uns Philosophen nicht frei, zwischen Seele und Leib zu trennen, wie das Volk trennt, es steht uns noch weniger frei, zwischen Seele und Geist zu trennen. Wir sind keine denkenden Frösche, keine Objektivier- und Registrier-Apparate mit kaltgestellten Eingeweiden – wir müssen beständig unsre Gedanken aus unsrem Schmerz gebären und mütterlich ihnen alles mitgeben, was wir von Blut, Herz, Feuer, Lust, Leidenschaft, Qual, Gewissen, Schicksal, Verhängnis in uns haben. Leben – das heißt für uns Philosophen alles, was wir sind, beständig in Licht und Flamme verwandeln; auch alles, was uns trifft, wir *können* gar nicht anders. Und was die Krankheit angeht: würden wir nicht fast zu fragen versucht sein, ob sie uns überhaupt entbehrlich ist? Erst der große Schmerz ist der letzte Befreier des Geistes, als der Lehrmeister des *großen Verdachtes*, der aus jedem U ein X macht, ein echtes rechtes X, das heißt den vorletzten Buchstaben vor dem letzten ... Erst der große Schmerz, jener lange langsame Schmerz, der sich Zeit nimmt, in dem wir gleichsam wie mit grünem Holze verbrannt werden, zwingt uns Philosophen, in unsre letzte Tiefe zu steigen und alles Vertrauen, alles Gutmütige, Verschleiernde, Milde, Mittlere, wohinein wir vielleicht vordem unsre Menschlichkeit gesetzt haben, von uns zu tun. Ich zweifle, ob ein solcher Schmerz »verbessert« –; aber ich weiß, daß er uns *vertieft*. Sei es nun, daß wir ihm unsern Stolz, unsern Hohn, unsre Willenskraft entgegenstellen lernen und es dem Indianer gleichtun, der, wie schlimm auch gepeinigt, sich an seinem Peiniger durch die Bosheit seiner Zunge schadlos hält; sei es, daß wir uns vor dem Schmerz in jenes orientalische Nichts zurückziehen – man heißt es Nirwana –, in das stumme, starre, taube Sich-Ergeben, Sich-Vergessen, Sich-Auslöschen: man kommt aus solchen langen gefährlichen Übungen der Herrschaft über sich als ein andrer Mensch heraus, mit einigen Fragezeichen mehr, vor allem mit dem *Willen*, fürderhin mehr, tiefer, strenger, härter, böser, stiller zu fragen, als man bis dahin gefragt hatte. Das Vertrauen zum Leben ist dahin: das Leben selbst wurde zum *Problem*. – Möge man ja nicht glauben, daß einer damit notwendig zum Düsterling geworden sei! Selbst die Liebe zum Leben

ist noch möglich – nur liebt man anders. Es ist die Liebe zu einem Weibe, das uns Zweifel macht ... Der Reiz alles Problematischen, die Freude am X ist aber bei solchen geistigeren, vergeistigteren Menschen zu groß, als daß diese Freude nicht immer wieder wie eine helle Glut über alle Not des Problematischen, über alle Gefahr der Unsicherheit, selbst über die Eifersucht des Liebenden zusammenschlüge. Wir kennen ein neues Glück ...

4

Zuletzt, daß das Wesentlichste nicht ungesagt bleibe: man kommt aus solchen Abgründen, aus solchem schweren Siechtum, auch aus dem Siechtum des schweren Verdachts, *neugeboren* zurück, gehäutet, kitzliger, boshafter, mit einem feineren Geschmacke für die Freude, mit einer zarteren Zunge für alle guten Dinge, mit lustigeren Sinnen, mit einer zweiten gefährlicheren Unschuld in der Freude, kindlicher zugleich und hundertmal raffinierter, als man jemals vorher gewesen war. Oh wie einem nunmehr der Genuß zuwider ist, der grobe, dumpfe, braune Genuß, wie ihn sonst die Genießenden, unsre »Gebildeten«, unsre Reichen und Regierenden verstehn! Wie boshaft wir nunmehr dem großen Jahrmarkts-Bumbum zuhören, mit dem sich der »gebildete Mensch« und Großstädter heute durch Kunst, Buch und Musik zu »geistigen Genüssen«, unter Mithilfe geistiger Getränke, notzüchtigen läßt! Wie uns jetzt der Theater-Schrei der Leidenschaft in den Ohren wehtut, wie unsrem Geschmacke der ganze romantische Aufruhr und Sinnen-Wirrwarr, den der gebildete Pöbel liebt, samt seinen Aspirationen nach dem Erhabenen, Gehobenen, Verschrobenen fremd geworden ist! Nein, wenn wir Genesenden überhaupt eine Kunst noch brauchen, so ist es eine *andre* Kunst – eine spöttische, leichte, flüchtige, göttlich unbehelligte, göttlich künstliche Kunst, welche wie eine helle Flamme in einen unbewölkten Himmel hineinlodert! Vor allem: eine Kunst für Künstler, nur für Künstler! Wir verstehn uns hinterdrein besser auf das, was *dazu* zuerst nottut, die Heiterkeit, *jede* Heiterkeit, meine Freunde! auch als Künstler –: ich möchte es beweisen. Wir wissen einiges jetzt zu gut, wir Wissenden: oh wie wir nunmehr lernen, gut zu vergessen, gut *nicht*-zu-wissen, als Künstler! Und was unsre Zukunft betrifft: man wird uns schwerlich wieder auf den Pfaden jener ägyptischen Jünglinge finden, welche nachts Tempel unsicher machen, Bildsäulen umarmen und durchaus alles, was mit guten Gründen verdeckt gehalten wird, entschleiern, aufdecken, in helles Licht stellen wollen. Nein, dieser schlechte Geschmack, dieser Wille zur Wahrheit, zur »Wahrheit um jeden Preis«, dieser Jünglings-Wahnsinn in der Liebe zur Wahrheit – ist uns verleidet: dazu sind wir zu erfahren, zu ernst, zu lustig, zu gebrannt, zu tief ... Wir glauben nicht mehr daran, daß Wahr-

heit noch Wahrheit bleibt, wenn man ihr die Schleier abzieht; wir haben genug gelebt, um dies zu glauben. Heute gilt es uns als eine Sache der Schicklichkeit, daß man nicht alles nackt sehn, nicht bei allem dabei sein, nicht alles verstehn und »wissen« wolle. »Ist es wahr, daß der liebe Gott überall zugegen ist?« fragte ein kleines Mädchen seine Mutter: »aber ich finde das unanständig« – ein Wink für Philosophen! Man sollte die *Scham* besser in Ehren halten, mit der sich die Natur hinter Rätsel und bunte Ungewißtheiten versteckt hat. Vielleicht ist die Wahrheit ein Weib, das Gründe hat, ihre Gründe nicht sehen zu lassen? Vielleicht ist ihr Name, griechisch zu reden, Baubo? ... Oh diese Griechen! Sie verstanden sich darauf, zu *leben*: dazu tut not, tapfer bei der Oberfläche, der Falte, der Haut stehenzubleiben, den Schein anzubeten, an Formen, an Töne, an Worte, an den ganzen Olymp des Scheins zu glauben! Diese Griechen waren oberflächlich – *aus Tiefe*! Und kommen wir nicht eben darauf zurück, wir Wagehalse des Geistes, die wir die höchste und gefährlichste Spitze des gegenwärtigen Gedankens erklettert und uns von da aus umgesehn haben, die wir von da aus *hinabgesehn* haben? Sind wir nicht eben darin – Griechen? Anbeter der Formen, der Töne, der Worte? Eben darum – Künstler?

Ruta bei Genua,
im Herbst 1886

FÜNFTES BUCH

WIR FURCHTLOSEN

> Carcasse, tu trembles? Tu tremblerais bien davantage, si tu savais, où je te mène.
>
> *Turenne*

343

Was es mit unsrer Heiterkeit auf sich hat. – Das größte neuere Ereignis – daß »Gott tot ist«, daß der Glaube an den christlichen Gott unglaubwürdig geworden ist – beginnt bereits seine ersten Schatten über Europa zu werfen. Für die wenigen wenigstens, deren Augen, deren *Argwohn* in den Augen stark und fein genug für dies Schauspiel ist, scheint eben irgendeine Sonne untergegangen, irgendein altes tiefes Vertrauen in Zweifel umgedreht: ihnen muß unsre alte Welt täglich abendlicher, mißtrauischer, fremder, »älter« scheinen. In der Hauptsache aber darf man sagen; das Ereignis selbst ist viel zu groß, zu fern, zu abseits vom Fassungsvermögen vieler, als daß auch nur seine Kunde schon *angelangt* heißen dürfte; geschweige denn, daß viele bereits wüßten, *was* eigentlich sich damit begeben hat – und was alles, nachdem dieser Glaube untergraben ist, nunmehr einfallen muß, weil es auf ihm gebaut, an ihn gelehnt, in ihn hineingewachsen war: zum Beispiel unsre ganze europäische Moral. Diese lange Fülle und Folge von Abbruch, Zerstörung, Untergang, Umsturz, die nun bevorsteht: wer erriete heute schon genug davon, um den Lehrer und Vorausverkünder dieser ungeheuren Logik von Schrecken abgeben zu müssen, den Propheten einer Verdüsterung und Sonnenfinsternis, derengleichen es wahrscheinlich noch nicht auf Erden gegeben hat?... Selbst wir geborenen Rätselrater, die wir gleichsam auf den Bergen warten, zwischen Heute und Morgen hingestellt und in den Widerspruch zwischen Heute und Morgen hineingespannt, wir Erstlinge und Frühgeburten des kommenden Jahrhunderts, denen eigentlich die Schatten, welche Europa alsbald einwickeln müssen, jetzt schon zu Gesicht gekommen sein *sollten*: woran liegt es doch, daß selbst wir ohne rechte Teilnahme für diese Verdüsterung, vor allem ohne Sorge und Furcht für *uns* ihrem Heraufkommen entgegensehn? Stehen wir vielleicht zu sehr noch unter den *nächsten Folgen* dieses Ereignisses – und diese nächsten Folgen, seine Folgen für *uns* sind, umgekehrt als man vielleicht erwarten könnte, durchaus nicht traurig und verdüsternd, vielmehr wie eine neue schwer zu beschreibende Art von Licht, Glück, Erleichterung, Erheiterung, Ermutigung, Morgenröte... In der Tat, wir Philosophen und »freien Geister« fühlen uns bei der Nachricht, daß der »alte Gott tot« ist, wie von einer neuen Morgenröte angestrahlt; unser Herz strömt dabei über

von Dankbarkeit, Erstaunen, Ahnung, Erwartung – endlich erscheint uns der Horizont wieder frei, gesetzt selbst, daß er nicht hell ist, endlich dürfen unsre Schiffe wieder auslaufen, auf jede Gefahr hin auslaufen, jedes Wagnis des Erkennenden ist wieder erlaubt, das Meer, *unser* Meer liegt wieder offen da, vielleicht gab es noch niemals ein so »offnes Meer«.

344

Inwiefern auch wir noch fromm sind. – In der Wissenschaft haben die Überzeugungen kein Bürgerrecht, so sagt man mit gutem Grunde: erst wenn sie sich entschließen, zur Bescheidenheit einer Hypothese, eines vorläufigen Versuchs-Standpunktes, einer regulativen Fiktion herabzusteigen, darf ihnen der Zutritt und sogar ein gewisser Wert innerhalb des Reichs der Erkenntnis zugestanden werden – immerhin mit der Beschränkung, unter polizeiliche Aufsicht gestellt zu bleiben, unter die Polizei des Mißtrauens. – Heißt das aber nicht, genauer besehen: erst wenn die Überzeugung *aufhört,* Überzeugung zu sein, darf sie Eintritt in die Wissenschaft erlangen? Finge nicht die Zucht des wissenschaftlichen Geistes damit an, sich keine Überzeugungen mehr zu gestatten? . . . So steht es wahrscheinlich: nur bleibt übrig zu fragen, ob nicht, *damit diese Zucht anfangen könne,* schon eine Überzeugung da sein müsse, und zwar eine so gebieterische und bedingungslose, daß sie alle andern Überzeugungen sich zum Opfer bringt. Man sieht, auch die Wissenschaft ruht auf einem Glauben, es gibt gar keine »voraussetzungslose« Wissenschaft. Die Frage, ob *Wahrheit* not tue, muß nicht nur schon vorher bejaht, sondern in dem Grade bejaht sein, daß der Satz, der Glaube, die Überzeugung darin zum Ausdruck kommt, »es tut *nichts mehr* not als Wahrheit, und im Verhältnis zu ihr hat alles Übrige nur einen Wert zweiten Rangs«. – Dieser unbedingte Wille zur Wahrheit: was ist er? Ist es der Wille, *sich nicht täuschen zu lassen*? Ist es der Wille, *nicht zu täuschen*? Nämlich auch auf diese letzte Weise könnte der Wille zur Wahrheit interpretiert werden: vorausgesetzt, daß man unter der Verallgemeinerung »ich will nicht täuschen« auch den einzelnen Fall »ich will *mich* nicht täuschen« einbegreift. Aber warum nicht täuschen? Aber warum nicht sich täuschen lassen? – Man bemerke, daß die Gründe für das erstere auf einem ganz andern Bereiche liegen als die für das zweite: man will sich nicht täuschen lassen, unter der Annahme, daß es schädlich, gefährlich, verhängnisvoll ist, getäuscht zu werden – in diesem Sinne wäre Wissenschaft eine lange Klugheit, eine Vorsicht, eine Nützlichkeit, gegen die man aber billigerweise einwenden dürfte: wie? ist wirklich das Sich-nicht-täuschen-lassen-wollen weniger schädlich, weniger gefährlich, weniger verhängnisvoll? Was wißt ihr von vornherein vom Charakter des Daseins, um entscheiden zu kön-

nen, ob der größere Vorteil auf seiten des Unbedingt-Mißtrauischen oder des Unbedingt-Zutraulichen ist? Falls aber beides nötig sein sollte, viel Zutrauen *und* viel Mißtrauen: woher dürfte dann die Wissenschaft ihren unbedingten Glauben, ihre Überzeugung nehmen, auf dem sie ruht, daß Wahrheit wichtiger sei als irgendein andres Ding, auch als jede andre Überzeugung? Eben diese Überzeugung könnte nicht entstanden sein, wenn Wahrheit *und* Unwahrheit sich beide fortwährend als nützlich bezeigten, wie es der Fall ist. Also – kann der Glaube an die Wissenschaft, der nun einmal unbestreitbar da ist, nicht aus einem solchen Nützlichkeits-Kalkül seinen Ursprung genommen haben, sondern vielmehr *trotzdem*, daß ihm die Unnützlichkeit und Gefährlichkeit des »Willens zur Wahrheit«, der »Wahrheit um jeden Preis« fortwährend bewiesen wird. »Um jeden Preis«: oh wir verstehen das gut genug, wenn wir erst einen Glauben nach dem andern auf diesem Altare dargebracht und abgeschlachtet haben! – Folglich bedeutet »Wille zur Wahrheit« *nicht* »ich will mich nicht täuschen lassen«, sondern – es bleibt keine Wahl – »ich will nicht täuschen, auch mich selbst nicht«: – *und hiermit sind wir auf dem Boden der Moral.* Denn man frage sich nur gründlich: »warum willst du nicht täuschen?« namentlich wenn es den Anschein haben sollte – und es hat den Anschein! – als wenn das Leben auf Anschein, ich meine auf Irrtum, Betrug, Verstellung, Blendung, Selbstverblendung angelegt wäre, und wenn andrerseits tatsächlich die große Form des Lebens sich immer auf der Seite der unbedenklichsten πολύτροποι gezeigt hat. Es könnte ein solcher Vorsatz vielleicht, mild ausgelegt, eine Don-Quixoterie, ein kleiner schwärmerischer Aberwitz sein; er könnte aber auch noch etwas Schlimmeres sein, nämlich ein lebensfeindliches zerstörerisches Prinzip ... »Wille zur Wahrheit« – das könnte ein versteckter Wille zum Tode sein. – Dergestalt führt die Frage: warum Wissenschaft? zurück auf das moralische Problem: *wozu überhaupt Moral,* wenn Leben, Natur, Geschichte »unmoralisch« sind? Es ist kein Zweifel, der Wahrhaftige, in jenem verwegenen und letzten Sinne, wie ihn der Glaube an die Wissenschaft voraussetzt, *bejaht damit eine andre Welt* als die des Lebens, der Natur und der Geschichte; und insofern er diese »andre Welt« bejaht, wie? muß er nicht ebendamit ihr Gegenstück, diese Welt, *unsre* Welt – verneinen? ... Doch man wird es begriffen haben, worauf ich hinaus will, nämlich daß es immer noch ein *metaphysischer Glaube* ist, auf dem unser Glaube an die Wissenschaft ruht – daß auch wir Erkennenden von heute, wir Gottlosen und Antimetaphysiker, auch *unser* Feuer noch von dem Brande nehmen, den ein jahrtausendealter Glaube entzündet hat, jener Christen-Glaube, der auch der Glaube Platos war, daß Gott die Wahrheit ist, daß die Wahrheit göttlich ist ... Aber wie, wenn dies gerade immer mehr unglaubwürdig wird, wenn nichts sich mehr als göttlich erweist, es sei denn der Irrtum, die Blindheit, die Lüge – wenn Gott selbst sich als unsre längste Lüge erweist?

345

Moral als Problem. – Der Mangel an Person rächt sich überall; eine geschwächte, dünne, ausgelöschte, sich selbst leugnende und verleugnende Persönlichkeit taugt zu keinem guten Dinge mehr – sie taugt am wenigsten zur Philosophie. Die »Selbstlosigkeit« hat keinen Wert im Himmel und auf Erden; die großen Probleme verlangen alle die *große Liebe,* und dieser sind nur die starken, runden, sicheren Geister fähig, die fest auf sich selber sitzen. Es macht den erheblichsten Unterschied, ob ein Denker zu seinen Problemen persönlich steht, so daß er in ihnen sein Schicksal, seine Not und auch sein bestes Glück hat, oder aber »unpersönlich«: nämlich sie nur mit den Fühlhörnern des kalten, neugierigen Gedankens anzutasten und zu fassen versteht. Im letzteren Falle kommt nichts dabei heraus, so viel läßt sich versprechen: denn die großen Probleme, gesetzt selbst, daß sie sich fassen lassen, lassen sich von Fröschen und Schwächlingen nicht *halten,* das ist ihr Geschmack seit Ewigkeit – ein Geschmack übrigens, den sie mit allen wackeren Weiblein teilen. – Wie kommt es nun, daß ich noch niemandem begegnet bin, auch in Büchern nicht, der zur Moral in dieser Stellung als Person stünde, der die Moral als Problem und dies Problem als *seine* persönliche Not, Qual, Wollust, Leidenschaft kennte? Ersichtlich war bisher die Moral gar kein Problem; vielmehr das gerade, worin man, nach allem Mißtrauen, Zwiespalt, Widerspruch, miteinander überein kam, der geheiligte Ort des Friedens, wo die Denker auch von sich selbst ausruhten, aufatmeten, auflebten. Ich sehe niemanden, der eine *Kritik* der moralischen Werturteile gewagt hätte; ich vermisse hierfür selbst die Versuche der wissenschaftlichen Neugierde, der verwöhnten versucherischen Psychologen- und Historiker-Einbildungskraft, welche leicht ein Problem vorwegnimmt und im Fluge erhascht, ohne recht zu wissen, was da erhascht ist. Kaum daß ich einige spärliche Ansätze ausfindig gemacht habe, es zu einer *Entstehungsgeschichte* dieser Gefühle und Wertschätzungen zu bringen (was etwas anderes ist als eine Kritik derselben und noch einmal etwas anderes als die Geschichte der ethischen Systeme): in einem einzelnen Falle habe ich alles getan, um eine Neigung und Begabung für diese Art Historie zu ermutigen – umsonst, wie mir heute scheinen will. Mit diesen Moral-Historikern (namentlich Engländern) hat es wenig auf sich: sie stehen gewöhnlich selbst noch arglos unter dem Kommando einer bestimmten Moral und geben, ohne es zu wissen, deren Schildträger und Gefolge ab; etwa mit jenem noch immer so treuherzig nachgeredeten Volks-Aberglauben des christlichen Europa, daß das Charakteristikum der moralischen Handlung im Selbstlosen, Selbstverleugnenden, Sich-Selbst-Opfernden, oder im Mitgefühle, im Mitleiden gelegen sei. Ihr gewöhnlicher Fehler in der Voraussetzung ist, daß sie irgendeinen *consensus* der Völker, mindestens der zahmen Völker über gewisse Sätze der Moral behaupten

und daraus deren unbedingte Verbindlichkeit, auch für dich und mich, schließen; oder daß sie umgekehrt, nachdem ihnen die Wahrheit aufgegangen ist, daß bei verschiedenen Völkern die moralischen Schätzungen *notwendig* verschieden sind, einen Schluß auf Unverbindlichkeit *aller* Moral machen: was beides gleich große Kindereien sind. Der Fehler der Feineren unter ihnen ist, daß sie die vielleicht törichten Meinungen eines Volks über seine Moral oder der Menschen über alle menschliche Moral aufdecken und kritisieren, also über deren Herkunft, religiöse Sanktion, den Aberglauben des freien Willens und dergleichen, und ebendamit vermeinen, diese Moral selbst kritisiert zu haben. Aber der Wert einer Vorschrift »du sollst« ist noch gründlich verschieden und unabhängig von solcherlei Meinungen über dieselbe und von dem Unkraut des Irrtums, mit dem sie vielleicht überwachsen ist: so gewiß der Wert eines Medikaments für den Kranken noch vollkommen unabhängig davon ist, ob der Kranke wissenschaftlich oder wie ein altes Weib über Medizin denkt. Eine Moral könnte selbst *aus* einem Irrtume gewachsen sein: auch mit dieser Einsicht wäre das Problem ihres Wertes noch nicht einmal berührt. – Niemand also hat bisher den *Wert* jener berühmtesten aller Medizinen, genannt Moral, geprüft: wozu zuallererst gehört, daß man ihn einmal – *in Frage stellt.* Wohlan! Dies eben ist unser Werk. –

346

Unser Fragezeichen. – Aber ihr versteht das nicht? In der Tat, man wird Mühe haben, uns zu verstehn. Wir suchen nach Worten, wir suchen vielleicht auch nach Ohren. Wer sind wir doch? Wollten wir uns einfach mit einem älteren Ausdruck Gottlose oder Ungläubige oder auch Immoralisten nennen, wir würden uns damit noch lange nicht bezeichnet glauben: wir sind alles dreies in einem zu späten Stadium, als daß man begriffe, als daß *ihr* begreifen könntet, meine Herren Neugierigen, wie es einem dabei zumute ist. Nein! nicht mehr mit der Bitterkeit und Leidenschaft des Losgerissenen, der sich aus seinem Unglauben noch einen Glauben, einen Zweck, ein Martyrium selbst zurechtmachen muß! Wir sind abgesotten in der Einsicht und in ihr kalt und hart geworden, daß es in der Welt durchaus nicht göttlich zugeht, ja noch nicht einmal nach menschlichem Maße vernünftig, barmherzig oder gerecht: wir wissen es, die Welt, in der wir leben, ist ungöttlich, unmoralisch, »unmenschlich« – wir haben sie uns allzulange falsch und lügnerisch, aber nach Wunsch und Willen unsrer Verehrung, das heißt nach einem *Bedürfnisse* ausgelegt. Denn der Mensch ist ein verehrendes Tier! Aber er ist auch ein mißtrauisches: und daß die Welt *nicht* das wert ist, was wir geglaubt haben, das ist ungefähr das Sicherste, dessen unser Mißtrauen endlich habhaft geworden ist. So viel

Mißtrauen, so viel Philosophie. Wir hüten uns wohl zu sagen, daß sie *weniger* wert ist: es erscheint uns heute selbst zum Lachen, wenn der Mensch in Anspruch nehmen wollte, Werte zu erfinden, welche den Wert der wirklichen Welt *überragen* sollten – gerade davon sind wir zurückgekommen als von einer ausschweifenden Verirrung der menschlichen Eitelkeit und Unvernunft, die lange nicht als solche erkannt worden ist. Sie hat ihren letzten Ausdruck im modernen Pessimismus gehabt, einen älteren, stärkeren in der Lehre des Buddha; aber auch das Christentum enthält sie, zweifelhafter freilich und zweideutiger, aber darum nicht weniger verführerisch. Die ganze Attitüde »Mensch *gegen* Welt«, der Mensch als »Welt-verneinendes« Prinzip, der Mensch als Wertmaß der Dinge, als Welten-Richter, der zuletzt das Dasein selbst auf seine Waagschalen legt und zu leicht befindet – die ungeheuerliche Abgeschmacktheit dieser Attitüde ist uns als solche zum Bewußtsein gekommen und verleidet – wir lachen schon, wenn wir »Mensch *und* Welt« nebeneinandergestellt finden, getrennt durch die sublime Anmaßung des Wörtchens »und«! Wie aber? Haben wir nicht eben damit, als Lachende, nur einen Schritt weiter in der Verachtung des Menschen gemacht? Und also auch im Pessimismus, in der Verachtung des *uns* erkennbaren Daseins? Sind wir nicht eben damit dem Argwohne eines Gegensatzes verfallen, eines Gegensatzes der Welt, in der wir bisher mit unsren Verehrungen zu Hause waren – um deren willen wir vielleicht zu leben *aushielten* –, und einer andren Welt, *die wir selber sind*: einem unerbittlichen, gründlichen, untersten Argwohn über uns selbst, der uns Europäer immer mehr, immer schlimmer in Gewalt bekommt und leicht die kommenden Geschlechter vor das furchtbare Entweder-Oder stellen könnte: »entweder schafft eure Verehrungen ab oder – *euch selbst*!« Das letztere wäre der Nihilismus; aber wäre nicht auch das erstere – der Nihilismus? – Dies ist *unser* Fragezeichen.

347

Die Gläubigen und ihr Bedürfnis nach Glauben. – Wieviel einer *Glauben* nötig hat, um zu gedeihen, wieviel »Festes«, an dem er nicht gerüttelt haben will, weil er sich daran *hält* – ist ein Gradmesser seiner Kraft (oder deutlicher geredet, seine Schwäche). Christentum haben, wie mir scheint, im alten Europa auch heute noch die meisten nötig: deshalb findet es auch immer noch Glauben. Denn so ist der Mensch: ein Glaubenssatz könnte ihm tausendfach widerlegt sein – gesetzt, er hätte ihn nötig, so würde er ihn auch immer wieder für »wahr« halten, – gemäß jenem berühmten »Beweise der Kraft«, von dem die Bibel redet. Metaphysik haben einige noch nötig; aber auch jenes ungestüme *Verlangen nach Gewißheit*, welches sich heute in breiten Massen wissenschaftlich-positivistisch entladet, das Ver-

langen, durchaus etwas fest haben zu *wollen* (während man es wegen der Hitze dieses Verlangens mit der Begründung der Sicherheit leichter und läßlicher nimmt): auch das ist noch das Verlangen nach Halt, Stütze, kurz jener *Instinkt der Schwäche,* welcher Religionen, Metaphysiken, Überzeugungen aller Art zwar nicht schafft, aber – konserviert. In der Tat dampft um alle diese positivistischen Systeme der Qualm einer gewissen pessimistischen Verdüsterung, etwas von Müdigkeit, Fatalismus, Enttäuschung, Furcht vor neuer Enttäuschung – oder aber zur Schau getragener Ingrimm, schlechte Laune, Entrüstungs-Anarchismus und was es alles für Symptome oder Maskeraden des Schwächegefühls gibt. Selbst die Heftigkeit, mit der sich unsre gescheitesten Zeitgenossen in ärmliche Ecken und Engen verlieren, zum Beispiel in die Vaterländerei (so heiße ich das, was man in Frankreich *chauvinisme,* in Deutschland »deutsch« nennt) oder in ästhetische Winkel-Bekenntnisse nach Art des Pariser *naturalisme* (der von der Natur nur den Teil hervorzieht und entblößt, welcher Ekel zugleich und Erstaunen macht – man heißt diesen Teil heute gern *la vérité vraie* –) oder in Nihilismus nach Petersburger Muster (das heißt in den *Glauben an den Unglauben,* bis zum Martyrium dafür), zeigt immer vorerst das *Bedürfnis* nach Glauben, Halt, Rückgrat, Rückhalt ... Der Glaube ist immer dort am meisten begehrt, am dringlichsten nötig, wo es an Willen fehlt: denn der Wille ist, als Affekt des Befehls, das entscheidende Abzeichen der Selbstherrlichkeit und Kraft. Das heißt, je weniger einer zu befehlen weiß, um so dringlicher begehrt er nach einem, der befiehlt, streng befiehlt, nach einem Gott, Fürsten, Stand, Arzt, Beichtvater, Dogma, Partei-Gewissen. Woraus vielleicht abzunehmen wäre, daß die beiden Weltreligionen, der Buddhismus und das Christentum, ihren Entstehungsgrund, ihr plötzliches Um-sich-greifen zumal, in einer ungeheuren *Erkrankung des Willens* gehabt haben möchten. Und so ist es in Wahrheit gewesen: beide Religionen fanden ein durch Willens-Erkrankung ins Unsinnige aufgetürmtes, bis zur Verzweiflung gehendes Verlangen nach einem »du sollst« vor, beide Religionen waren Lehrerinnen das Fanatismus in Zeiten der Willens-Erschlaffung und boten damit Unzähligen einen Halt, eine neue Möglichkeit zu wollen, einen Genuß am Wollen. Der Fanatismus ist nämlich die einzige »Willensstärke«, zu der auch die Schwachen und Unsichern gebracht werden können, als eine Art Hypnotisierung des ganzen sinnlich-intellektuellen Systems zugunsten der überreichlichen Ernährung (Hypertrophie) eines einzelnen Gesichts- und Gefühlspunktes, der nunmehr dominiert – der Christ heißt ihn seinen *Glauben.* Wo ein Mensch zu der Grundüberzeugung kommt, daß ihm befohlen werden *muß,* wird er »gläubig«; umgekehrt wäre eine Lust und Kraft der Selbstbestimmung, eine *Freiheit* des Willens denkbar, bei der ein Geist jedem Glauben, jedem Wunsch nach Gewißheit den Abschied gibt, geübt, wie er ist, auf leichten Seilen und Möglichkeiten sich halten zu können und selbst

an Abgründen noch zu tanzen. Ein solcher Geist wäre der *freie Geist par excellence.*

348

Von der Herkunft der Gelehrten. – Der Gelehrte wächst in Europa aus aller Art Stand und gesellschaftlicher Bedingung heraus, als eine Pflanze, die keines spezifischen Erdreichs bedarf; darum gehört er, wesentlich und unfreiwillig, zu den Trägern des demokratischen Gedankens. Aber diese Herkunft verrät sich. Hat man seinen Blick etwas dafür eingeschult, an einem gelehrten Buche, einer wissenschaftlichen Abhandlung, die intellektuelle *Idiosynkrasie* des Gelehrten – jeder Gelehrte hat eine solche – herauszuerkennen und auf der Tat zu ertappen, so wird man fast immer hinter ihr die »Vorgeschichte« des Gelehrten, seine Familie, in Sonderheit deren Berufsarten und Handwerke zu Gesicht bekommen. Wo das Gefühl zum Ausdruck kommt »das ist nunmehr bewiesen, hiermit bin ich fertig«, da ist es gemeinhin der Vorfahr im Blute und Instinkte des Gelehrten, welcher von seinem Gesichtswinkel aus die »gemachte Arbeit« gutheißt – der Glaube an den Beweis ist nur ein Symptom davon, was in einem arbeitsamen Geschlechte von alters her als »gute Arbeit« angesehn worden ist. Ein Beispiel: die Söhne von Registratoren und Büroschreibern jeder Art, deren Hauptaufgabe immer war, ein vielfältiges Material zu ordnen, in Schubfächer zu verteilen, überhaupt zu schematisieren, zeigen, falls sie Gelehrte werden, eine Vorneigung dafür, ein Problem beinahe damit für gelöst zu halten, daß sie es schematisiert haben. Es gibt Philosophen, welche im Grunde nur schematische Köpfe sind – ihnen ist das Formale des väterlichen Handwerks zum Inhalte geworden. Das Talent zu Klassifikationen, zu Kategorientafeln verrät etwas; man ist nicht ungestraft das Kind seiner Eltern. Der Sohn eines Advokaten wird auch als Forscher ein Advokat sein müssen: er will mit seiner Sache in erster Rücksicht recht behalten, in zweiter, vielleicht, recht haben. Die Söhne von protestantischen Geistlichen und Schullehrern erkennt man an der naiven Sicherheit, mit der sie als Gelehrte ihre Sache schon als bewiesen nehmen, wenn sie von ihnen eben erst nur herzhaft und mit Wärme vorgebracht worden ist: sie sind eben gründlich daran gewöhnt, daß man ihnen *glaubt* – das gehörte bei ihren Vätern zum »Handwerk«! Ein Jude umgekehrt ist, gemäß dem Geschäftskreis und der Vergangenheit seines Volkes, gerade daran – daß man ihm glaubt – am wenigsten gewöhnt: man sehe sich darauf die jüdischen Gelehrten an – sie alle halten große Stücke auf die Logik, das heißt auf das *Erzwingen* der Zustimmung durch Gründe; sie wissen, daß sie mit ihr siegen müssen, selbst wo Rassen- und Klassen-Widerwille gegen sie vorhanden ist, wo man ihnen ungern glaubt. Nichts nämlich ist demokratischer als die Logik: sie kennt kein Ansehn der Per-

son und nimmt auch die krummen Nasen für gerade. (Nebenbei bemerkt: Europa ist gerade in Hinsicht auf Logisierung, auf *reinlichere* Kopf-Gewohnheiten den Juden nicht wenig Dank schuldig; voran die Deutschen, als eine beklagenswert deraisonnable Rasse, der man auch heute immer noch zuerst »den Kopf zu waschen« hat. Überall, wo Juden zu Einfluß gekommen sind, haben sie feiner zu scheiden, schärfer zu folgern, heller und sauberer zu schreiben gelehrt: ihre Aufgabe war es immer, ein Volk »zur Raison« zu bringen.)

349

Noch einmal die Herkunft der Gelehrten. – Sich selbst erhalten wollen ist der Ausdruck einer Notlage, einer Einschränkung des eigentlichen Lebens-Grundtriebes, der auf *Machterweiterung* hinausgeht und in diesem Willen oft genug die Selbsterhaltung in Frage stellt und opfert. Man nehme es als symptomatisch, wenn einzelne Philosophen, wie zum Beispiel der schwindsüchtige Spinoza, gerade im sogenannten Selbsterhaltungs-Trieb das Entscheidende sahen, sehen mußten – es waren eben Menschen in Notlagen. Daß unsre modernen Naturwissenschaften sich dermaßen mit dem Spinozistischen Dogma verwickelt haben (zuletzt noch und am gröbsten im Darwinismus mit seiner unbegreiflich einseitigen Lehre vom »Kampf ums Dasein« –), das liegt wahrscheinlich an der Herkunft der meisten Naturforscher: sie gehören in dieser Hinsicht zum »Volk«, ihre Vorfahren waren arme und geringe Leute, welche die Schwierigkeit, sich durchzubringen, allzusehr aus der Nähe kannten. Um den ganzen englischen Darwinismus herum haucht etwas wie englische Übervölkerungs-Stickluft, wie Kleiner-Leute-Geruch von Not und Enge. Aber man sollte, als Naturforscher, aus seinem menschlichen Winkel herauskommen: und in der Natur *herrscht* nicht die Notlage, sondern der Überfluß, die Verschwendung, sogar bis ins Unsinnige. Der Kampf ums Dasein ist nur eine *Ausnahme*, eine zeitweilige Restriktion des Lebenswillens; der große und kleine Kampf dreht sich allenthalben ums Übergewicht, um Wachstum und Ausbreitung, um Macht, gemäß dem Willen zur Macht, der eben der Wille des Lebens ist.

350

Zu Ehren der homines religiosi. – Der Kampf gegen die Kirche ist ganz gewiß unter anderem – denn er bedeutet vielerlei – auch der Kampf der gemeineren, vergnügteren, vertraulicheren, oberflächlicheren Naturen gegen die Herrschaft der schwereren, tieferen, beschaulicheren, das heißt böseren und argwöhnerischen Menschen, welche mit einem langen Verdachte

über den Wert des Daseins, auch über den eigenen Wert brüteten – der gemeine Instinkt des Volkes, seine Sinnen-Lustigkeit sein »gutes Herz« empörte sich gegen sie. Die ganze römische Kirche ruht auf einem südländischen Argwohne über die Natur des Menschen, der vom Norden aus immer falsch verstanden wird: in welchem Argwohne der europäische Süden die Erbschaft des tiefen Orients, des uralten, geheimnisreichen Asien und seiner Kontemplation gemacht hat. Schon der Protestantismus ist ein Volksaufstand zugunsten der Biederen, Treuherzigen, Oberflächlichen (der Norden war immer gutmütiger und flacher als der Süden); aber erst die französische Revolution hat dem »guten Menschen« das Szepter vollends und feierlich in die Hand gegeben (dem Schaf, dem Esel, der Gans und allem, was unheilbar flach und Schreihals und reif für das Narrenhaus der »modernen Ideen« ist).

351

Zu Ehren der priesterlichen Naturen. – Ich denke, von dem, was das Volk unter Weisheit versteht (und wer ist heute nicht »Volk«? –), von jener klugen kuhmäßigen Gemütsstille, Frömmigkeit und Landpfarrer-Sanftmut, welche auf der Wiese liegt und dem Leben ernst und wiederkäuend *zuschaut* – davon haben gerade die Philosophen sich immer am fernsten gefühlt, wahrscheinlich weil sie dazu nicht »Volk« genug, nicht Landpfarrer genug waren. Auch werden wohl sie gerade am spätesten daran glauben lernen, daß das Volk etwas von dem verstehen *dürfte,* was ihm am fernsten liegt, von der großen *Leidenschaft* des Erkennenden, der beständig in der Gewitterwolke der höchsten Probleme und der schwersten Verantwortlichkeiten lebt, leben muß (also ganz und gar nicht zuschauend, außerhalb, gleichgültig, sicher, objektiv . . .). Das Volk verehrt eine ganz andere Art Mensch, wenn es seinerseits sich ein Ideal des »Weisen« macht, und hat tausendfach Recht dazu, gerade dieser Art Mensch mit den besten Worten und Ehren zu huldigen: das sind die milden, ernsteinfältigen und keuschen Priester-Naturen und was ihnen verwandt ist – denen gilt das Lob in jener Volks-Ehrfurcht vor der Weisheit. Und wem hätte das Volk auch Grund, dankbarer sich zu erweisen als diesen Männern, die zu ihm gehören und aus ihm kommen, aber wie Geweihte, Ausgelesene, seinem Wohl *Geopferte* – sie selber glauben sich Gott geopfert –, vor denen es ungestraft sein Herz ausschütten, an die es seine Heimlichkeiten, seine Sorgen und Schlimmeres *loswerden* kann (– denn der Mensch, der »sich mitteilt«, wird sich selber los; und wer »bekannt« hat, vergißt). Hier gebietet eine große Notdurft: es bedarf nämlich auch für den seelischen Unrat der Abzugsgräben und der reinlichen, reinigenden Gewässer drin, es bedarf rascher Ströme der Liebe und starker, demütiger,

reiner Herzen, die zu einem solchen Dienste der nicht-öffentlichen Gesundheitspflege sich bereitmachen und opfern – denn es *ist* eine Opferung, ein Priester ist und bleibt ein Menschenopfer... Das Volk empfindet solche geopferte, stillgewordne, ernste Menschen des »Glaubens« als *weise,* das heißt als Wissend-Gewordene, als »Sichere« im Verhältnis zur eignen Unsicherheit: wer würde ihm das Wort und diese Ehrfurcht nehmen mögen? – Aber, wie es umgekehrt billig ist, unter Philosophen gilt auch ein Priester immer noch als »Volk« und *nicht* als Wissender, vor allem, weil sie selbst nicht an »Wissende« glauben und eben in diesem Glauben und Aberglauben schon »Volk« riechen. Die *Bescheidenheit* war es, welche in Griechenland das Wort »Philosoph« erfunden hat und den prachtvollen Übermut, sich weise zu nennen, den Schauspielern des Geistes überließ – die Bescheidenheit solcher Ungetüme von Stolz und Selbstherrlichkeit, wie Pythagoras, wie Plato –.

352

Inwiefern Moral kaum entbehrlich ist. – Der nackte Mensch ist im allgemeinen ein schändlicher Anblick – ich rede von uns Europäern (und nicht einmal von den Europäerinnen!). Angenommen, die froheste Tischgesellschaft sähe sich plötzlich durch die Tücke eines Zauberers enthüllt und ausgekleidet, ich glaube, daß nicht nur der Frohsinn dahin und der stärkste Appetit entmutigt wäre, – es scheint, wir Europäer können jener Maskerade durchaus nicht entbehren, die Kleidung heißt. Sollte aber die Verkleidung der »moralischen Menschen«, ihre Verhüllung unter moralische Formeln und Anstandsbegriffe, das ganze wohlwollende Verstecken unsrer Handlungen unter die Begriffe Pflicht, Tugend, Gemeinsinn, Ehrenhaftigkeit, Selbstverleugnung nicht seine ebenso guten Gründe haben? Nicht daß ich vermeinte, hierbei sollte etwa die menschliche Bosheit und Niederträchtigkeit, kurz das schlimme wilde Tier in uns vermummt werden; mein Gedanke ist umgekehrt, daß wir gerade als *zahme Tiere* ein schändlicher Anblick sind und die Moral-Verkleidung brauchen – daß der »inwendige Mensch« in Europa eben lange nicht schlimm genug ist, um sich damit »sehen lassen« zu können (um damit *schön* zu sein –). Der Europäer verkleidet sich *in die Moral,* weil er ein krankes, kränkliches, krüppelhaftes Tier geworden ist, das gute Gründe hat, »zahm« zu sein, weil er beinahe eine Mißgeburt, etwas Halbes, Schwaches, Linkisches ist... Nicht die Furchtbarkeit des Raubtieres findet eine moralische Verkleidung nötig, sondern das Herdentier mit seiner tiefen Mittelmäßigkeit, Angst und Langeweile an sich selbst. *Moral putzt den Europäer auf* – gestehen wir es ein! – ins Vornehmere, Bedeutendere, Ansehnlichere, ins »Göttliche« –

353

Vom Ursprung der Religionen. – Die eigentliche Erfindung der Religionsstifter ist einmal: eine bestimmte Art Leben und Alltag der Sitte anzusetzen, welche als *disciplina voluntatis* wirkt und zugleich die Langeweile wegschafft; sodann: gerade diesem Leben eine *Interpretation* zu geben, vermöge deren es vom höchsten Werte umleuchtet scheint, so daß es nunmehr zu einem Gute wird, für das man kämpft und, unter Umständen, sein Leben läßt. In Wahrheit ist von diesen zwei Erfindungen die zweite die wesentlichere: die erste, die Lebensart, war gewöhnlich schon da, aber neben andren Lebensarten und ohne Bewußtsein davon, was für ein Wert ihr innewohne. Die Bedeutung, die Originalität des Religionsstifters kommt gewöhnlich darin zutage, daß er sie *sieht,* daß er sie *auswählt,* daß er zum ersten Male *errät,* wozu sie gebraucht, wie sie interpretiert werden kann. Jesus (oder Paulus) zum Beispiel fand das Leben der kleinen Leute in der römischen Provinz vor, ein bescheidnes, tugendhaftes, gedrücktes Leben: er legte es aus, er legte den höchsten Sinn und Wert hinein – und damit den Mut, jede andre Art Leben zu verachten, den stillen Herrenhuter-Fanatismus, das heimliche unterirdische Selbstvertrauen, welches wächst und wächst und endlich bereit ist, »die Welt zu überwinden« (das heißt Rom und die höheren Stände im ganzen Reiche). Buddha insgleichen fand jene Art Menschen vor, und zwar zerstreut unter alle Stände und gesellschaftliche Stufen seines Volks, welche aus Trägheit gut und gütig (vor allem inoffensiv) sind, die, ebenfalls aus Trägheit, abstinent, beinahe bedürfnislos leben: er verstand, wie eine solche Art Menschen mit Unvermeidlichkeit, mit der ganzen *vis inertiae,* in einen Glauben hineinrollen müsse, der die Wiederkehr der irdischen Mühsal (das heißt der Arbeit, des Handelns überhaupt) zu *verhüten* verspricht – dies »Verstehen« war sein Genie. Zum Religionsstifter gehört psychologische Unfehlbarkeit im Wissen um eine bestimmte Durchschnitts-Art von Seelen, die sich noch nicht als zusammengehörig *erkannt* haben. Er ist es, der sie zusammenbringt; die Gründung einer Religion wird insofern immer zu einem langen Erkennungs-Feste.

354

Vom »Genius der Gattung«. – Das Problem des Bewußtseins (richtiger: des Sich-Bewußt-Werdens) tritt erst dann vor uns hin, wenn wir zu begreifen anfangen, inwiefern wir seiner entraten könnten: und an diesen Anfang des Begreifens stellt uns jetzt Physiologie und Tiergeschichte (welche also zwei Jahrhunderte nötig gehabt haben, um den vorausfliegenden Argwohn *Leibniz'* einzuholen). Wir könnten nämlich denken, fühlen,

wollen, uns erinnern, wir könnten ebenfalls »handeln« in jedem Sinne des Wortes: und trotzdem brauchte das alles nicht uns »ins Bewußtsein zu treten« (wie man im Bilde sagt). Das ganze Leben wäre möglich, ohne daß es sich gleichsam im Spiegel sähe: wie ja tatsächlich auch jetzt noch bei uns der bei weitem überwiegende Teil dieses Lebens sich ohne diese Spiegelung abspielt – und zwar auch unsres denkenden, fühlenden, wollenden Lebens, so beleidigend dies einem älteren Philosophen klingen mag. *Wozu* überhaupt Bewußtsein, wenn es in der Hauptsache *überflüssig* ist? – Nun scheint mir, wenn man meiner Antwort auf diese Frage und ihrer vielleicht ausschweifenden Vermutung Gehör geben will, die Feinheit und Stärke des Bewußtseins immer im Verhältnis zur *Mitteilungs-Fähigkeit* eines Menschen (oder Tiers) zu stehn, die Mitteilungs-Fähigkeit wiederum im Verhältnis zur *Mitteilungs-Bedürftigkeit:* letzteres nicht so verstanden, als ob gerade der einzelne Mensch selbst, welcher gerade Meister in der Mitteilung und Verständlichmachung seiner Bedürfnisse ist, zugleich auch mit seinen Bedürfnissen am meisten auf die andern angewiesen sein müßte. Wohl aber scheint es mir so in bezug auf ganze Rassen und Geschlechter-Ketten zu stehn: wo das Bedürfnis, die Not die Menschen lange gezwungen hat, sich mitzuteilen, sich gegenseitig rasch und fein zu verstehen, da ist endlich ein Überschuß dieser Kraft und Kunst der Mitteilung da, gleichsam ein Vermögen, das sich allmählich aufgehäuft hat und nun eines Erben wartet, der es verschwenderisch ausgibt (– die sogenannten Künstler sind diese Erben, insgleichen die Redner, Prediger, Schriftsteller, alles Menschen, welche immer am Ende einer langen Kette kommen, »Spätgeborne« jedesmal, im besten Verstande des Wortes, und, wie gesagt, ihrem Wesen nach *Verschwender*). Gesetzt, diese Beobachtung ist richtig, so darf ich zu der Vermutung weitergehn, daß *Bewußtsein überhaupt sich unter dem Drucke des Mitteilungs-Bedürfnisses entwickelt hat* – daß es von vornherein nur zwischen Mensch und Mensch (zwischen Befehlenden und Gehorchenden insonderheit) nötig war, nützlich war, und auch nur im Verhältnis zum Grade dieser Nützlichkeit sich entwickelt hat. Bewußtsein ist eigentlich nur ein Verbindungsnetz zwischen Mensch und Mensch – nur als solches hat es sich entwickeln müssen: der einsiedlerische und raubtierhafte Mensch hätte seiner nicht bedurft. Daß uns unsre Handlungen, Gedanken, Gefühle, Bewegungen selbst ins Bewußtsein kommen – wenigstens ein Teil derselben –, das ist die Folge eines furchtbaren langen über dem Menschen waltenden »Muß«: er *brauchte,* als das gefährdetste Tier, Hilfe, Schutz, er brauchte seinesgleichen, er mußte seine Not auszudrücken, sich verständlich zu machen wissen – und zu dem allen hatte er zuerst »Bewußtsein« nötig, also selbst zu »wissen«, was ihm fehlt, zu »wissen«, wie es ihm zumute ist, zu »wissen«, was er denkt. Denn nochmals gesagt: der Mensch, wie jedes lebende Geschöpf, denkt immerfort, aber weiß es nicht; das *bewußt* werdende Denken ist nur der kleinste

Teil davon, sagen wir: der oberflächlichste, der schlechteste Teil – denn allein dieses bewußte Denken *geschieht in Worten, das heißt in Mitteilungszeichen,* womit sich die Herkunft des Bewußtseins selber aufdeckt. Kurz gesagt, die Entwicklung der Sprache und die Entwicklung des Bewußtseins (*nicht* der Vernunft, sondern allein des Sich-bewußt-werdens der Vernunft) gehen Hand in Hand. Man nehme hinzu, daß nicht nur die Sprache zur Brücke zwischen Mensch und Mensch dient, sondern auch der Blick, der Druck, die Gebärde; das Bewußtwerden unsrer Sinneseindrücke bei uns selbst, die Kraft, sie fixieren zu können und gleichsam außer uns zu stellen, hat in dem Maße zugenommen, als die Nötigung wuchs, sie *andern* durch Zeichen zu übermitteln. Der Zeichen-erfindende Mensch ist zugleich der immer schärfer seiner selbst bewußte Mensch; erst als soziales Tier lernte der Mensch seiner selbst bewußt werden – er tut es nocht, er tut es immer mehr. – Mein Gedanke ist, wie man sieht: daß das Bewußtsein nicht eigentlich zur Individual-Existenz des Menschen gehört, vielmehr zu dem, was an ihm Gemeinschafts- und Herden-Natur ist; daß es, wie daraus folgt, auch nur in bezug auf Gemeinschafts -und Herden-Nützlichkeit fein entwickelt ist, und daß folglich jeder von uns, beim besten Willen, sich selbst so individuell wie möglich zu *verstehen,* »sich selbst zu kennen«, doch immer nur gerade das Nicht-Individuelle an sich zum Bewußtsein bringen wird, sein »Durchschnittliches«, – das unser Gedanke selbst fortwährend durch den Charakter des Bewußtseins – durch den in ihm gebietenden »Genius der Gattung« – gleichsam *majorisiert* und in die Herden-Perspektive zurück-übersetzt wird. Unsre Handlungen sind im Grunde allesamt auf eine unvergleichliche Weise persönlich, einzig, unbegrenzt-individuell, es ist kein Zweifel; aber sobald wir sie ins Bewußtsein übersetzen, *scheinen sie es nicht mehr* ... Dies ist der eigentliche Phänomenalismus und Perspektivismus, wie *ich* ihn verstehe: die Natur des *tierischen Bewußtseins* bringt es mit sich, daß die Welt, deren wir bewußt werden können, nur eine Oberflächen- und Zeichenwelt ist, eine verallgemeinerte, eine vergemeinerte Welt – daß alles, was bewußt wird, ebendamit flach, dünn, relativ-dumm, generell, Zeichen, Herden-Merkzeichen *wird,* daß mit allem Bewußtwerden eine große gründliche Verderbnis, Fälschung, Veroberflächlichung und Generalisation verbunden ist. Zuletzt ist das wachsende Bewußtsein eine Gefahr; und wer unter den bewußtesten Europäern lebt, weiß sogar, daß es eine Krankheit ist. Es ist, wie man errät, nicht der Gegensatz von Subjekt und Objekt, der mich hier angeht: diese Unterscheidung überlasse ich den Erkenntnistheoretikern, welche in den Schlingen der Grammatik (der Volks-Metaphysik) hängengeblieben sind. Es ist erst recht nicht der Gegensatz von »Ding an sich« und Erscheinung: denn wir »erkennen« bei weitem nicht genug, um auch nur so *scheiden* zu dürfen. Wir haben eben gar kein Organ für das *Erkennen,* für die »Wahrheit«: wir »wissen« (oder glauben oder bil-

den uns ein) gerade soviel, als es im Interesse der Menschen-Herde, der Gattung, *nützlich* sein mag: und selbst, was hier »Nützlichkeit« genannt wird, ist zuletzt auch nur ein Glaube, eine Einbildung und vielleicht gerade jene verhängnisvollste Dummheit, an der wir einst zugrunde gehn.

355

Der Ursprung unsres Begriffs »Erkenntnis«. – Ich nehme diese Erklärung von der Gasse; ich hörte jemanden aus dem Volke sagen »er hat mich erkannt« –: dabei fragte ich mich: was versteht eigentlich das Volk unter Erkenntnis? was will es, wenn es »Erkenntnis« will? Nichts weiter als dies: etwas Fremdes soll auf etwas *Bekanntes* zurückgeführt werden. Und wir Philosophen – haben wir unter Erkenntnis eigentlich *mehr* verstanden? Das Bekannte, das heißt: das woran wir gewöhnt sind, so daß wir uns nicht mehr darüber wundern, unser Alltag, irgendeine Regel, in der wir stecken, alles und jedes, in dem wir uns zu Hause wissen – wie? ist unser Bedürfnis nach Erkennen nicht eben dies Bedürfnis nach Bekanntem, der Wille, unter allem Fremden, Ungewöhnlichen, Fragwürdigen etwas aufzudecken, das uns nicht mehr beunruhigt? Sollte es nicht der *Instinkt der Furcht* sein, der uns erkennen heißt? Sollte das Frohlocken des Erkennenden nicht eben das Frohlocken des wiedererlangten Sicherheitsgefühls sein? . . . Dieser Philosoph wähnte die Welt »erkannt«, als er sie auf die »Idee« zurückgeführt hatte: ach, war es nicht deshalb, weil ihm die »Idee« so bekannt, so gewohnt war? weil er sich so wenig mehr vor der »Idee« fürchtete? – Oh über diese Genügsamkeit der Erkennenden! man sehe sich doch ihre Prinzipien und Welträtsel-Lösungen darauf an! Wenn sie etwas an den Dingen, unter den Dingen, hinter den Dingen wiederfinden, das uns leider sehr bekannt ist, zum Beispiel unser Einmaleins oder unsre Logik oder unser Wollen und Begehren, wie glücklich sind sie sofort! Denn »was bekannt ist, ist erkannt«: darin stimmen sie überein. Auch die Vorsichtigsten unter ihnen meinen, zum mindesten sei das Bekannte *leichter erkennbar* als das Fremde; es sei zum Beispiel methodisch geboten, von der »inneren Welt«, von den »Tatsachen des Bewußtseins« auszugehen, weil sie die *uns bekanntere* Welt sei! Irrtum der Irrtümer! Das Bekannte ist das Gewohnte; und das Gewohnte ist am schwersten zu »erkennen«, das heißt als Problem zu sehen, das heißt als fremd, als fern, als »außer uns« zu sehn . . . Die große Sicherheit der natürlichen Wissenschaften im Verhältnis zur Psychologie und Kritik der Bewußtseins-Elemente – *unnatürlichen* Wissenschaften, wie man beinahe sagen dürfte – ruht gerade darauf, daß sie das *Fremde* als Objekt nehmen: während es fast etwas Widerspruchsvolles und Widersinniges ist, das Nicht-Fremde überhaupt als Objekt nehmen zu *wollen* . . .

356

Inwiefern es in Europa immer »künstlerischer« zugehn wird. – Die Lebens-Fürsorge zwingt auch heute noch – in unsrer Übergangszeit, wo so vieles aufhört zu zwingen – fast allen männlichen Europäern eine bestimmte *Rolle* auf, ihren sogenannten Beruf; einigen bleibt dabei die Freiheit, eine anscheinende Freiheit, diese Rolle selbst zu wählen, den meisten wird sie gewählt. Das Ergebnis ist seltsam genug: fast alle Europäer verwechseln sich in einem vorgerückteren Alter mit ihrer Rolle, sie selbst sind die Opfer ihres »guten Spiels«, sie selbst haben vergessen, wie sehr Zufall, Laune, Willkür damals über sie verfügt haben, als sich ihr »Beruf« entschied – und wie viele andre Rollen sie vielleicht hätten spielen *können*: denn es ist nunmehr zu spät! Tiefer angesehn, ist aus der Rolle wirklich Charakter *geworden*, aus der Kunst Natur. Es gab Zeitalter, in denen man mit steifer Zuversichtlichkeit, ja mit Frömmigkeit an seine Vorherbestimmung für gerade dies Geschäft, gerade diesen Broterwerb glaubte und den Zufall darin, die Rolle, das Willkürliche schlechterdings nicht anerkennen wollte: Stände, Zünfte, erbliche Gewerbs-Vorrechte haben mit Hilfe dieses Glaubens es zustande gebracht, jene Ungeheuer von breiten Gesellschafts-Türmen aufzurichten, welche das Mittelalter auszeichnen und denen jedenfalls eins nachzurühmen bleibt: Dauerfähigkeit (– und Dauer ist auf Erden ein Wert ersten Ranges!). Aber es gibt umgekehrte Zeitalter, die eigentlich demokratischen, wo man diesen Glauben mehr und mehr verlernt und ein gewisser kecker Glaube und Gesichtspunkt des Gegenteils in den Vordergrund tritt, jener Athener-Glaube, der in der Epoche des Perikles zuerst bemerkt wird, jener Amerikaner-Glaube von heute, der immer mehr auch Europäer-Glaube werden will: wo der einzelne überzeugt ist, ungefähr alles zu können, ungefähr *jeder Rolle gewachsen* zu sein, wo jeder mit sich versucht, improvisiert, neu versucht, mit Lust versucht, wo alle Natur aufhört und Kunst wird ... Die Griechen, erst in diesen *Rollen-Glauben* – einen Artisten-Glauben, wenn man will – eingetreten, machten, wie bekannt, Schritt für Schritt eine wunderliche und nicht in jedem Betracht nachahmenswerte Verwandlung durch: *sie wurden wirklich Schauspieler*; als solche bezauberten sie, überwanden sie alle Welt und zuletzt selbst die »Weltüberwinderin« (denn der *Graeculus histrio* hat Rom besiegt, und *nicht*, wie die Unschuldigen zu sagen pflegen, die griechische Kultur ...). Aber was ich fürchte, was man heute schon mit Händen greift, falls man Lust hätte, danach zu greifen, wir modernen Menschen sind ganz schon auf dem gleichen Wege; und jedesmal, wenn der Mensch anfängt zu entdecken, inwiefern er eine Rolle spielt und inwieweit er Schauspieler sein *kann*, *wird* er Schauspieler ... Damit kommt dann eine neue Flora und Fauna von Menschen herauf, die in festeren, beschränkteren Zeitaltern nicht wachsen können – oder »unten«

gelassen werden, unter dem Banne und Verdachte der Ehrlosigkeit –, es kommen damit jedesmal die interessantesten und tollsten Zeitalter der Geschichte herauf, in denen die »Schauspieler«, *alle* Arten Schauspieler, die eigentlichen Herren sind. Eben dadurch wird eine andre Gattung Mensch immer tiefer benachteiligt, endlich unmöglich gemacht, vor allem die großen »Baumeister«; jetzt erlahmt die bauende Kraft; der Mut, auf lange Fernen hin Pläne zu machen, wird entmutigt; die organisatorischen Genies fangen an zu fehlen – wer wagt es nunmehr noch, Werke zu unternehmen, zu deren Vollendung man auf Jahrtausende *rechnen* müßte? Es stirbt eben jener Grundglaube aus, auf welchen hin einer dergestalt rechnen, versprechen, die Zukunft im Plane vorwegnehmen, seinem Plane zum Opfer bringen kann, daß nämlich der Mensch nur insofern Wert hat, Sinn hat, als er *ein Stein in einem großen Baue* ist: wozu er zuallererst *fest* sein muß, »Stein« sein muß ... Vor allem nicht – Schauspieler! Kurz gesagt – ach, es wird lang genug verschwiegen werden! – was von nun an nicht mehr gebaut wird, nicht mehr gebaut werden *kann*, das ist – eine Gesellschaft im alten Verstande des Wortes; um diesen Bau zu bauen, fehlt alles, voran das Material. *Wir alle sind kein Material mehr für eine Gesellschaft*: das ist eine Wahrheit, die an der Zeit ist! Es dünkt mich gleichgültig, daß einstweilen noch die kurzsichtigste, vielleicht ehrlichste, jedenfalls lärmendste Art Mensch, die es heute gibt, unsre Herrn Sozialisten, ungefähr das Gegenteil glaubt, hofft, träumt, vor allem schreit und schreibt; man liest ja ihr Zukunftswort »freie Gesellschaft« bereits auf allen Tischen und Wänden. Freie Gesellschaft? Ja! Ja! Aber ihr wißt doch, ihr Herren, woraus man die baut? Aus hölzernem Eisen! Aus dem berühmten hölzernen Eisen! Und noch nicht einmal aus hölzernem ...

357

Zum alten Problem: »was ist deutsch?« – Man rechne bei sich die eigentlichen Errungenschaften des philosophischen Gedankens nach, welche deutschen Köpfen verdankt werden: sind sie in irgendeinem erlaubten Sinne auch noch der ganzen Rasse zugute zu rechnen? Dürfen wir sagen: sie sind zugleich das Werk der »deutschen Seele«, mindestens deren Symptom, in dem Sinne, in welchem wir etwa Platos Ideomanie, seinen fast religiösen Formen-Wahnsinn zugleich als ein Ereignis und Zeugnis der »griechischen Seele« zu nehmen gewohnt sind? Oder wäre das Umgekehrte wahr? wären sie gerade so individuell, so sehr *Ausnahme* vom Geiste der Rasse, wie es zum Beispiel Goethes Heidentum mit gutem Gewissen war? Oder wie es Bismarcks Macchiavellismus mit gutem Gewissen, seine sogenannte »Realpolitik«, unter Deutschen ist? Widersprächen unsre Philosophen vielleicht sogar dem *Bedürfnis* der »deutschen Seele«? Kurz, wa-

ren die deutschen Philosophen wirklich – philosophische *Deutsche*? – Ich erinnere an drei Fälle. Zuerst an *Leibniz'* unvergleichliche Einsicht, mit der er nicht nur gegen Descartes, sondern gegen alles, was bis zu ihm philosophiert hatte, Recht bekam – daß die Bewußtheit nur ein *accidens* der Vorstellung ist, *nicht* deren notwendiges und wesentliches Attribut, daß also das, was wir Bewußtsein nennen, nur einen Zustand unsrer geistigen und seelischen Welt ausmacht (vielleicht einen krankhaften Zustand) und *bei weitem nicht sie selbst* – ist an diesem Gedanken, dessen Tiefe auch heute noch nicht ausgeschöpft ist, etwas Deutsches? Gibt es einen Grund zu mutmaßen, daß nicht leicht ein Lateiner auf diese Umdrehung des Augenscheins verfallen sein würde? – denn es ist eine Umdrehung. Erinnern wir uns zweitens an *Kants* ungeheures Fragezeichen, welches er an den Begriff »Kausalität« schrieb – nicht daß er wie Hume dessen Recht überhaupt bezweifelt hätte: er begann vielmehr vorsichtig das Reich abzugrenzen, innerhalb dessen dieser Begriff überhaupt Sinn hat (man ist auch jetzt noch nicht mit dieser Grenzabsteckung fertig geworden). Nehmen wir drittens den erstaunlichen Griff *Hegels*, der damit durch alle logischen Gewohnheiten und Verwöhnungen durchgriff, als er zu lehren wagte, daß die Artbegriffe sich *auseinander* entwickeln: mit welchem Satze die Geister in Europa zur letzten großen wissenschaftlichen Bewegung präformiert wurden, zum Darwinismus – denn ohne Hegel kein Darwin. Ist an dieser Hegelschen Neuerung, die erst den entscheidenden Begriff »Entwicklung« in die Wissenschaft gebracht hat, etwas Deutsches? – Ja, ohne allen Zweifel: in allen drei Fällen fühlen wir etwas von uns selbst »aufgedeckt« und erraten und sind dankbar dafür und überrascht zugleich, jeder dieser drei Sätze ist ein nachdenkliches Stück deutscher Selbsterkenntnis, Selbsterfahrung, Selbsterfassung. »Unsre innre Welt ist viel reicher, umfänglicher, verborgener«, so empfinden wir mit Leibniz; als Deutsche zweifeln wir mit Kant an der Letztgültigkeit naturwissenschaftlicher Erkenntnisse und überhaupt an allem, was sich *causaliter* erkennen *läßt:* das Erkenn*bare* scheint uns als solches schon *geringeren* Wertes. Wir Deutsche sind Hegelianer, auch wenn es nie einen Hegel gegeben hätte, insofern wir (im Gegensatz zu allen Lateinern) dem Werden, der Entwicklung instinktiv einen tieferen Sinn und reicheren Wert zumessen als dem, was »ist« – wir glauben kaum an die Berechtigung des Begriffs »Sein« –; ebenfalls insofern wir unsrer menschlichen Logik nicht geneigt sind einzuräumen, daß sie die Logik an sich, die einzige Art Logik sei (wir möchten vielmehr uns überreden, daß sie nur ein Spezialfall sei, und vielleicht einer der wunderlichsten und dümmsten –). Eine vierte Frage wäre, ob auch *Schopenhauer* mit seinem Pessimismus, das heißt dem Problem vom *Wert des Daseins,* gerade ein Deutscher gewesen sein müßte. Ich glaube nicht. Das Ereignis, *nach* welchem dies Problem mit Sicherheit zu erwarten stand, so daß ein Astronom der Seele Tag und Stunde dafür hätte aus-

rechnen können, der Niedergang des Glaubens an den christlichen Gott, der Sieg des wissenschaftlichen Atheismus, ist ein gesamteuropäisches Ereignis, an dem alle Rassen ihren Anteil von Verdienst und Ehre haben sollen. Umgekehrt wäre gerade den Deutschen zuzurechnen – jenen Deutschen, mit welchen Schopenhauer gleichzeitig lebte –, diesen Sieg des Atheismus am längsten und gefährlichsten *verzögert* zu haben; Hegel namentlich war sein Verzögerer *par excellence*, gemäß dem grandiosen Versuche, den er machte, uns zur Göttlichkeit des Daseins zu allerletzt noch mit Hilfe unsres sechsten Sinnes, des »historischen Sinnes«, zu überreden. Schopenhauer war als Philosoph der *erste* eingeständliche und unbeugsame Atheist, den wir Deutschen gehabt haben: seine Feindschaft gegen Hegel hatte hier ihren Hintergrund. Die Ungöttlichkeit des Daseins galt ihm als etwas Gegebenes, Greifliches, Undiskutierbares; er verlor jedesmal seine Philosophen-Besonnenheit und geriet in Entrüstung, wenn er jemanden hier zögern und Umschweife machen sah. An dieser Stelle liegt seine ganze Rechtschaffenheit: der unbedingte redliche Atheismus ist eben die *Voraussetzung* seiner Problemstellung, als ein endlich und schwer errungener Sieg des europäischen Gewissens, als der folgenreichste Akt einer zweitausendjährigen Zucht zur Wahrheit, welche am Schlusse sich die *Lüge* im Glauben an Gott verbietet ... Man sieht, *was* eigentlich über den christlichen Gott gesiegt hat: die christliche Moralität selbst, der immer strenger genommene Begriff der Wahrhaftigkeit, die Beichtväter-Feinheit des christlichen Gewissens, übersetzt und sublimiert zum wissenschaftlichen Gewissen, zur intellektuellen Sauberkeit um jeden Preis. Die Natur ansehn, als ob sie ein Beweis für die Güte und Obhut eines Gottes sei; die Geschichte interpretieren zu Ehren einer göttlichen Vernunft, als beständiges Zeugnis einer sittlichen Weltordnung und sittlicher Schlußabsichten; die eignen Erlebnisse auslegen, wie sie fromme Menschen lange genug ausgelegt haben, wie als ob alles Fügung, alles Wink, alles dem Heil der Seele zuliebe ausgedacht und geschickt sei: das ist nunmehr *vorbei*, das hat das Gewissen *gegen* sich, das gilt allen feineren Gewissen als unanständig, unehrlich, als Lügnerei, Feminismus, Schwachheit, Feigheit – mit dieser Strenge, wenn irgendwomit, sind wir eben *gute* Europäer und Erben von Europas längster und tapferster Selbstüberwindung. Indem wir die christlichen Interpretation dergestalt von uns stoßen und ihren »Sinn« wie eine Falschmünzerei verurteilen, kommt nun sofort auf eine furchtbare Weise die *Schopenhauersche* Frage zu uns: *hat denn das Dasein überhaupt einen Sinn?* – jene Frage, die ein paar Jahrhunderte brauchen wird, um auch nur vollständig und in alle ihre Tiefe hinein gehört zu werden. Was Schopenhauer selbst auf diese Frage geantwortet hat, war – man vergebe es mir – etwas Voreiliges, Jugendliches, nur eine Abfindung, ein Stehen- und Steckenbleiben in eben den christlich-asketischen Moral-Perspektiven, welchen mit dem Glauben an Gott *der Glaube gekün-*

digt war ... Aber er hat die Frage *gestellt* – als ein guter Europäer, wie gesagt, und *nicht* als ein Deutscher. – Oder hätten etwa die Deutschen wenigstens mit der Art, in welcher sie sich der Schopenhauerschen Frage bemächtigten, ihre innere Zugehörigkeit und Verwandtschaft, ihre Vorbereitung, ihr *Bedürfnis* nach seinem Problem bewiesen? Daß nach Schopenhauer auch in Deutschland – übrigens spät genug! – über das von ihm aufgestellte Problem gedacht und gedruckt worden ist, reicht gewiß nicht aus, zugunsten dieser engeren Zugehörigkeit zu entscheiden; man könnte selbst die eigentümliche *Ungeschicktheit* dieses Nach-Schopenhauerschen Pessimismus dagegen geltend machen – die Deutschen benahmen sich ersichtlich nicht dabei wie in ihrem Elemente. Hiermit spiele ich ganz und gar nicht auf Eduard von Hartmann an; im Gegenteil, mein alter Verdacht ist auch heute noch nicht gehoben, daß er für uns *zu geschickt* ist, ich will sagen, daß er als arger Schalk von Anbeginn sich vielleicht nicht nur über den deutschen Pessimismus lustig gemacht hat – daß er am Ende etwa gar es den Deutschen testamentarisch »vermachen« könnte, wie weit man sie selbst, im Zeitalter der Gründungen, hat zum Narren haben können. Aber ich frage: soll man vielleicht den alten Brummkreisel Bahnsen den Deutschen zu Ehren rechnen, der sich mit Wollust sein Leben lang um sein realdialektisches Elend und »persönliches Pech« gedreht hat – wäre etwa das gerade deutsch? (ich empfehle anbei seine Schriften, wozu ich sie selbst gebraucht habe, als antipessimistische Kost, namentlich um seiner *elegantiae psychologicae* willen, mit denen, wie mich dünkt, auch dem verstopftesten Leibe und Gemüte beizukommen ist). Oder dürfte man solche Dilettanten und alte Jungfern, wie den süßlichen Virginitäts-Apostel Mainländer unter die rechten Deutschen zählen? Zuletzt wird es ein Jude gewesen sein (– alle Juden werden süßlich, wenn sie moralisieren). Weder Bahnsen, noch Mainländer, noch gar Eduard von Hartmann geben eine sichere Handhabe für die Frage ab, ob der Pessimismus Schopenhauers, sein entsetzter Blick in eine entgöttlichte, dumm, blind, verrückt und fragwürdig gewordene Welt, sein *ehrliches* Entsetzen ... nicht nur ein Ausnahme-Fall unter Deutschen, sondern ein *deutsches* Ereignis gewesen ist: während alles, was sonst im Vordergrunde steht, unsre tapfre Politik, unsre fröhliche Vaterländerei, welche entschlossen genug alle Dinge auf ein wenig philosophisches Prinzip hin (»Deutschland, Deutschland über alles«) betrachtet, also *sub specie speciei,* nämlich der deutschen *species,* mit großer Deutlichkeit das Gegenteil bezeugt. Nein! die Deutschen von heute sind *keine* Pessimisten! Und Schopenhauer war Pessimist, nochmals gesagt, als guter Europäer und *nicht* als Deutscher.

358

Der Bauernaufstand des Geistes. – Wir Europäer befinden uns im Anblick einer ungeheuren Trümmerwelt, wo einiges noch hoch ragt, wo vieles morsch und unheimlich dasteht, das meiste aber schon am Boden liegt, malerisch genug – wo gab es je schönere Ruinen? – und überwachsen mit großem und kleinem Unkraute. Die Kirche ist diese Stadt des Untergangs: wir sehen die religiöse Gesellschaft des Christentums bis in die untersten Fundamente erschüttert – der Glaube an Gott ist umgestürzt, der Glaube an das christlich-asketische Ideal kämpft eben noch seinen letzten Kampf. Ein solches lang und gründlich gebautes Werk wie das Christentum – es war der letzte Römerbau! – konnte freilich nicht mit einem Male zerstört werden; alle Art Erdbeben hat da rütteln, alle Art Geist, die anbohrt, gräbt, nagt, feuchtet, hat da helfen müssen. Aber was das Wunderlichste ist: die, welche sich am meisten darum bemüht haben, das Christentum zu halten, zu erhalten, sind gerade seine besten Zerstörer geworden – die Deutschen. Es scheint, die Deutschen verstehen das Wesen einer Kirche nicht. Sind sie dazu nicht geistig genug? nicht mißtrauisch genug? Der Bau der Kirche ruht jedenfalls auf einer *südländischen* Freiheit und Freisinnigkeit des Geistes und ebenso auf einem südländischen Verdachte gegen Natur, Mensch und Geist – er ruht auf einer ganz andren Kenntnis des Menschen, Erfahrung vom Menschen, als der Norden gehabt hat. Die Luthersche Reformation war in ihrer ganzen Breite die Entrüstung der Einfalt gegen etwas »Vielfältiges«, um vorsichtig zu reden, ein grobes, biederes Mißverständnis, an dem viel zu verzeihen ist – man begriff den Ausdruck einer *siegreichen* Kirche nicht und sah nur Korruption, man mißverstand die vornehme Skepsis, jenen *Luxus* von Skepsis und Toleranz, welchen sich jede siegreiche, selbstgewisse Macht gestattet ... Man übersieht heute gut genug, wie Luther in allen kardinalen Fragen der Macht verhängnisvoll kurz, oberflächlich, unvorsichtig angelegt war, vor allem als Mann aus dem Volke, dem alle Erbschaft einer herrschenden Kaste, aller Instinkt für Macht abging: so daß sein Werk, sein Wille zur Wiederherstellung jenes Römer-Werks, ohne daß er es wollte und wußte, nur der Anfang eines Zerstörungswerkes wurde. Er dröselte auf, er riß zusammen, mit ehrlichem Ingrimme, wo die alte Spinne am sorgsamsten und längsten gewoben hatte. Er lieferte die heiligen Bücher an jedermann aus – damit gerieten sie endlich in die Hände der Philologen, das heißt der Vernichter jeden Glaubens, der auf Büchern ruht. Er zerstört den Begriff »Kirche« indem er den Glauben an die Inspiration der Konzilien wegwarf: denn nur unter der Voraussetzung, daß der inspirierende Geist, der die Kirche gegründet hat, in ihr noch lebe, noch baue, noch fortfahre, sein Haus zu bauen, behält der Begriff »Kirche« Kraft. Er gab dem Priester den Geschlechtsverkehr mit dem Weibe zurück: aber drei

Viertel der Ehrfurcht, deren das Volk, vor allem das Weib aus dem Volke fähig ist, ruht auf dem Glauben, daß ein Ausnahme-Mensch in diesem Punkte auch in andren Punkten eine Ausnahme sein wird – hier gerade hat der Volksglaube an etwas Übermenschliches im Menschen, an das Wunder, an den erlösenden Gott im Menschen, seinen feinsten und verfänglichsten Anwalt. Luther mußte dem Priester, nachdem er ihm das Weib gegeben hatte, die Ohrenbeichte *nehmen*, das war psychologisch richtig: aber damit war im Grunde der christliche Priester selbst abgeschafft, dessen tiefste Nützlichkeit immer die gewesen ist, ein heiliges Ohr, ein verschwiegener Brunnen, ein Grab für Geheimnisse zu sein. »Jedermann sein eigner Priester« – hinter solchen Formeln und ihrer bäuerischen Verschlagenheit versteckte sich bei Luther der abgründliche Haß auf den »höheren Menschen« und die Herrschaft des »höheren Menschen«, wie ihn die Kirche konzipiert hatte – er zerschlug ein Ideal, das er nicht zu erreichen wußte, während er die Entartung dieses Ideals zu bekämpfen und zu verabscheuen schien. Tatsächlich stieß er, der unmögliche Mönch, die *Herrschaft* der *homines religiosi* von sich; er machte also gerade das selber innerhalb der kirchlichen Gesellschafts-Ordnung, was er in Hinsicht auf die bürgerliche Ordnung so unduldsam bekämpfte – einen »Bauernaufstand«. – Was hinterdrein alles aus seiner Reformation gewachsen ist, Gutes und Schlimmes, und heute ungefähr überrechnet werden kann – wer wäre wohl naiv genug, Luther um dieser Folgen willen einfach zu loben oder zu tadeln? Er ist an allem unschuldig, er wußte nicht was er tat. Die Verflachung des europäischen Geistes, namentlich im Norden, seine *Vergutmütigung*, wenn mans lieber mit einem moralischen Worte bezeichnet hört, tat mit der Lutherschen Reformation einen tüchtigen Schritt vorwärts, es ist kein Zweifel; und ebenso wuchs durch sie die Beweglichkeit und Unruhe des Geistes, sein Durst nach Unabhängigkeit, sein Glaube an ein Recht auf Freiheit, seine »Natürlichkeit«. Will man ihr in letzterer Hinsicht den Wert zugestehn, das vorbereitet und begünstigt zu haben, was wir heute als »moderne Wissenschaft« verehren, so muß man freilich hinzufügen, daß sie auch an der Entartung des modernen Gelehrten mitschuldig ist, an seinem Mangel an Ehrfurcht, Scham und Tiefe, an der ganzen naiven Treuherzigkeit und Biedermännerei in Dingen der Erkenntnis, kurz an jenem *Plebejismus des Geistes*, der den letzten beiden Jahrhunderten eigentümlich ist und von dem uns auch der bisherige Pessimismus noch keineswegs erlöst hat, – auch die »modernen Ideen« gehören noch zu diesem Bauernaufstand des Nordens gegen den kälteren, zweideutigeren, mißtrauischeren Geist des Südens, der sich in der christlichen Kirche sein größtes Denkmal gebaut hat. Vergessen wir es zuletzt nicht, was eine Kirche ist, und zwar im Gegensatz zu jedem »Staate«: eine Kirche ist vor allem ein Herrschafts-Gebilde, das den *geistigeren* Menschen den obersten Rang sichert und an die Macht der Geistigkeit soweit *glaubt*, um sich

alle gröberen Gewaltmittel zu verbieten – damit allein ist die Kirche unter allen Umständen eine *vornehmere* Institution als der Staat.

359

Die Rache am Geist und andre Hintergründe der Moral. – Die Moral – wo glaubt ihr wohl, daß sie ihre gefährlichsten und tückischsten Anwälte hat? ... Da ist ein mißratener Mensch, der nicht genug Geist besitzt, um sich dessen freuen zu können, und gerade Bildung genug, um das zu wissen; gelangweilt, überdrüssig, ein Selbstverächter; durch etwas ererbtes Vermögen leider noch um den letzten Trost betrogen, den »Segen der Arbeit«, die Selbstvergessenheit im »Tagewerk«; ein solcher, der sich seines Daseins im Grunde schämt – vielleicht herbergt er dazu ein paar kleine Laster – und andrerseits nicht umhin kann, durch Bücher, auf die er kein Recht hat, oder geistigere Gesellschaft, als er verdauen kann, sich immer schlimmer zu verwöhnen und eitel-reizbar zu machen: ein solcher durch und durch vergifteter Mensch – denn Geist wird Gift, Bildung wird Gift, Besitz wird Gift, Einsamkeit wird Gift bei dergestalt Mißratenen – gerät schließlich in einen habituellen Zustand der Rache, des Willens zur Rache ... *was* glaubt ihr wohl, daß er nötig, unbedingt nötig hat, um sich bei sich selbst den Anschein von Überlegenheit über geistigere Menschen, um sich die Lust der *vollzogenen Rache,* wenigstens für seine Einbildung, zu schaffen? Immer *die Moralität,* darauf darf man wetten, immer die großen Moral-Worte, immer das Bumbum von Gerechtigkeit, Weisheit, Heiligkeit, Tugend, immer den Stoizismus der Gebärde (– wie gut versteckt der Stoizismus, was einer *nicht* hat! ...), immer den Mantel des klugen Schweigens, der Leutseligkeit, der Milde, und wie alle die Idealisten-Mäntel heißen, unter denen die unheilbaren Selbstverächter, auch die unheilbar Eitlen, herumgehn. Man verstehe mich nicht falsch: aus solchen geborenen *Feinden des Geistes* entsteht mitunter jenes seltene Stück Menschentum, das vom Volke unter dem Namen des Heiligen, des Weisen verehrt wird; aus solchen Menschen kommen jene Untiere der Moral her, welche Lärm machen, Geschichte machen – der heilige Augustin gehört zu ihnen. Die Furcht vor dem Geist, die Rache am Geist – oh wie oft wurden dies triebkräftigen Laster schon zur Wurzel von Tugenden! Ja *zur* Tugend! – Und, unter uns gefragt, selbst jener Philosophen-Anspruch auf *Weisheit,* der hier und da einmal auf Erden gemacht worden ist, der tollste und unbescheidenste aller Ansprüche – war er nicht immer bisher, in Indien wie in Griechenland, *vor allem ein Versteck*? Mitunter vielleicht im Gesichtspunkte der Erziehung, der so viele Lügen heiligt, als zarte Rücksicht auf Werdende, Wachsende, auf Jünger, welche oft durch den Glauben an die Person (durch einen Irrtum) gegen sich selbst vertei-

digt werden müssen ... In den häufigeren Fällen aber ein Versteck des Philosophen, hinter welches er sich aus Ermüdung, Alter, Erkaltung, Verhärtung rettet, als Gefühl vom nahen Ende, als Klugheit jenes Instinkts, den die Tiere vor dem Tode haben – sie gehen beiseite, werden still, wählen die Einsamkeit, verkriechen sich in Höhlen, werden *weise* ... Wie? Weisheit ein Versteck des Philosophen vor – dem Geiste?

360

Zwei Arten Ursache, die man verwechselt. – Das erscheint mir als einer meiner wesentlichsten Schritte und Fortschritte: ich lernte die Ursache des Handelns unterscheiden von der Ursache des So- und So-Handelns, des In-dieser-Richtung-, Auf-dieses-Ziel-hin-Handelns. Die erste Art Ursache ist ein Quantum von aufgestauter Kraft, welches darauf wartet, irgendwie, irgendwozu verbraucht zu werden; die zweite Art ist dagegen etwas, an dieser Kraft gemessen, ganz Unbedeutendes, ein kleiner Zufall zumeist, gemäß dem jenes Quantum sich nunmehr auf eine und bestimmte Weise »auslöst«: das Streichholz im Verhältnis zur Pulvertonne. Unter diese kleinen Zufälle und Streichhölzer rechne ich alle sogenannten »Zwecke«, ebenso die noch viel sogenannteren »Lebensberufe«: sie sind relativ beliebig, willkürlich, fast gleichgültig im Verhältnis zu dem ungeheuren Quantum Kraft, welches danach drängt, wie gesagt, irgendwie aufgebraucht zu werden. Man sieht es gemeinhin anders an: man ist gewohnt, gerade in dem Ziele (Zwecke, Berufe usw.) die *treibende* Kraft zu sehen, gemäß einem uralten Irrtume – aber er ist nur die *dirigierende* Kraft, man hat dabei den Steuermann und den Dampf verwechselt. Und noch nicht einmal immer den Steuermann, die dirigierende Kraft ... Ist das »Ziel«, der »Zweck« nicht oft genug nur ein beschönigender Vorwand, eine nachträgliche Selbstverblendung der Eitelkeit, die es nicht Wort haben will, daß das Schiff der Strömung *folgt,* in die es zufällig geraten ist? Daß es dorthin »will«, *weil* es dorthin – *muß*? Daß es wohl eine Richtung hat, aber ganz und gar – keinen Steuermann? – Man bedarf noch einer Kritik des Begriffs »Zweck«.

361

Vom Probleme des Schauspielers. – Das Problem des Schauspielers hat mich am längsten beunruhigt; ich war im Ungewissen darüber (und bin es mitunter jetzt noch), ob man nicht erst von da aus dem gefährlichen Begriff »Künstler« – einem mit unverzeihlicher Gutmütigkeit bisher behandelten Begriff – beikommen wird. Die Falschheit mit gutem Gewissen; die Lust an der Verstellung als Macht herausbrechend, den

sogenannten »Charakter« beiseite schiebend, überflutend, mitunter auslöschend; das innere Verlangen in eine Rolle und Maske, in einen *Schein* hinein; ein Überschuß von Anpassungs-Fähigkeiten aller Art, welche sich nicht mehr im Dienste des nächsten engsten Nutzens zu befriedigen wissen: alles das ist vielleicht nicht *nur* der Schauspieler an sich? ... Ein solcher Instinkt wird sich am leichtesten bei Familien des niederen Volks ausgebildet haben, die unter wechselndem Druck und Zwang, in tiefer Abhängigkeit ihr Leben durchsetzen mußten, welche sich geschmeidig nach ihrer Decke zu strecken, auf neue Umstände immer neu einzurichten, immer wieder anders zu geben und zu stellen hatten, befähigt allmählich, den Mantel nach *jedem* Winde zu hängen und dadurch fast zum Mantel werdend, als Meister jener einverleibten und eingefleischten Kunst des ewigen Versteckens-Spielens, das man bei Tieren *mimicry* nennt: bis zum Schluß dieses ganze von Geschlecht zu Geschlecht aufgespeicherte Vermögen herrisch, unvernünftig, unbändig wird, als Instinkt andre Instinkte kommandieren lernt und den Schauspieler, den »Künstler« erzeugt (den Possenreißer, Lügenerzähler, Hanswurst, Narren, Clown zunächst, auch den klassischen Bedienten, den Gil Blas: denn in solchen Typen hat man die Vorgeschichte des Künstlers und oft genug sogar des »Genies«). Auch in höheren gesellschaftlichen Bedingungen erwächst unter ähnlichem Drucke eine ähnliche Art Mensch: nur wird dann meistens der schauspielerische Instinkt durch einen andren Instinkt gerade noch im Zaume gehalten, zum Beispiel bei dem »Diplomaten« – ich würde übrigens glauben, daß es einem guten Diplomaten jederzeit noch freistünde, auch einen guten Bühnen-Schauspieler abzugeben, gesetzt daß es ihm eben »freistünde«. Was aber die *Juden* betrifft, jenes Volk der Anpassungskunst *par excellence*, so möchte man in ihnen, diesem Gedankengange nach, von vornherein gleichsam eine welthistorische Veranstaltung zur Züchtung von Schauspielern sehn, eine eigentliche Schauspiel-Brutstätte; und in der Tat ist die Frage reichlich an der Zeit: welcher gute Schauspieler ist heute *nicht* – Jude? Auch der Jude als geborener Literat, als der tatsächliche Beherrscher der europäischen Presse übt diese seine Macht auf Grund seiner schauspielerischen Fähigkeit aus: denn der Literat ist wesentlich Schauspieler – er spielt nämlich den »Sachkundigen«, den »Fachmann«. – Endlich die *Frauen*: man denke über die ganze Geschichte der Frauen nach – *müssen* sie nicht zu allererst und -oberst Schauspielerinnen sein? Man höre die Ärzte, welche Frauenzimmer hypnotisiert haben; zuletzt, man liebe sie – man lasse sich von ihnen »hypnotisieren«! Was kommt immer dabei heraus? Daß sie »sich geben«, selbst noch, wenn sie – sich geben ... Das Weib ist so artistisch ...

362

Unser Glaube an eine Vermännlichung Europas. – Napoleon verdankt man's (und ganz und gar nicht der Französischen Revolution, welche auf »Brüderlichkeit« von Volk zu Volk und allgemeinen blumichten Herzens-Austausch ausgewesen ist), daß sich jetzt ein paar kriegerische Jahrhunderte aufeinander folgen dürfen, die in der Geschichte nicht ihresgleichen haben, kurz daß wir ins *klassische Zeitalter des Kriegs* getreten sind, des gelehrten und zugleich volkstümlichen Kriegs im größten Maßstabe (der Mittel, der Begabungen, der Disziplin), auf den alle kommenden Jahrtausende als auf ein Stück Vollkommenheit mit Neid und Ehrfurcht zurückblicken werden – denn die nationale Bewegung, aus der diese Kriegs-Glorie herauswächst, ist nur der Gegenschock gegen Napoleon und wäre ohne Napoleon nicht vorhanden. Ihm also wird man einmal es zurechnen dürfen, daß der *Mann* in Europa wieder Herr über den Kaufmann und Philister geworden ist; vielleicht sogar über »das Weib«, das durch das Christentum und den schwärmerischen Geist des achtzehnten Jahrhunderts, noch mehr durch die »modernen Ideen« verhätschelt worden ist. Napoleon, der in den modernen Ideen und geradewegs in der Zivilisation etwas wie eine persönliche Feindin sah, hat mit dieser Feindschaft sich als einer der größten Fortsetzer der Renaissance bewährt: er hat ein ganzes Stück antiken Wesens, das entscheidende vielleicht, das Stück Granit wieder heraufgebracht. Und wer weiß, ob nicht dies Stück antiken Wesens auch endlich wieder über die nationale Bewegung Herr werden wird und sich im *bejahenden* Sinne zum Erben und Fortsetzer Napoleons machen muß – der das *eine* Europa wollte, wie man weiß, und dies als *Herrin der Erde.*

363

Wie jedes Geschlecht über die Liebe sein Vorurteil hat. – Bei allem Zugeständnisse, welches ich dem monogamischen Vorurteile zu machen willens bin, werde ich doch niemals zulassen, daß man bei Mann und Weib von *gleichen* Rechten in der Liebe rede: diese gibt es nicht. Das macht, Mann und Weib verstehen unter Liebe jeder etwas anderes – und es gehört mit unter die Bedingungen der Liebe bei beiden Geschlechtern, daß das eine Geschlecht beim andren Geschlecht *nicht* das gleiche Gefühl, den gleichen Begriff »Liebe« voraussetzt. Was das Weib unter Liebe versteht, ist klar genug: vollkommne Hingabe (nicht nur Hingebung) mit Seele und Leib, ohne jede Rücksicht, jeden Vorbehalt, mit Scham und Schrecken vielmehr vor dem Gedanken einer verklausulierten, an Bedingungen geknüpften Hingabe. In dieser Abwesenheit von Bedingungen ist eben seine Liebe ein *Glaube:* das Weib hat keinen anderen. – Der Mann, wenn er

ein Weib liebt, *will* von ihm eben diese Liebe, ist folglich für seine Person selbst am entferntesten von der Voraussetzung der weiblichen Liebe; gesetzt aber, daß es auch Männer geben sollte, denen ihrerseits das Verlangen nach vollkommner Hingebung nicht fremd ist, nun, so sind das eben – keine Männer. Ein Mann, der liebt wie ein Weib, wird damit Sklave; ein Weib aber, das liebt wie ein Weib, wird damit ein *vollkommeneres* Weib ... Die Leidenschaft des Weibes, in ihrem unbedingten Verzichtleisten auf eigne Rechte, hat gerade zur Voraussetzung, daß auf der andren Seite *nicht* ein gleiches Pathos, ein gleiches Verzichtleisten-Wollen besteht: denn wenn beide aus Liebe auf sich selbst verzichteten, so entstünde daraus – nun, ich weiß nicht was, vielleicht ein leerer Raum? – Das Weib will genommen, angenommen werden als Besitz, will aufgehn in den Begriff »Besitz«, »besessen«; folglich will es einen, der *nimmt,* der sich nicht selbst gibt und weggibt, der umgekehrt vielmehr gerade reicher an »sich« gemacht werden soll – durch den Zuwachs an Kraft, Glück, Glaube, als welchen ihm das Weib sich selbst gibt. Das Weib gibt sich weg, der Mann nimmt hinzu – ich denke, über diesen Natur-Gegensatz wird man durch keine sozialen Verträge, auch nicht durch den allerbesten Willen zur Gerechtigkeit hinwegkommen: so wünschenswert es sein mag, daß man das Harte, Schreckliche, Rätselhafte, Unmoralische dieses Antagonismus sich nicht beständig vor Augen stellt. Denn die Liebe, ganz, groß, voll gedacht, ist Natur und als Natur in alle Ewigkeit etwas »Unmoralisches«. – Die *Treue* ist demgemäß in die Liebe des Weibes eingeschlossen, sie folgt aus deren Definition; bei dem Manne *kann* sie leicht im Gefolge seiner Liebe entstehn, etwa als Dankbarkeit oder als Idiosynkrasie des Geschmacks und sogenannte Wahlverwandtschaft, aber sie gehört nicht ins *Wesen* seiner Liebe – und zwar so wenig, daß man beinahe mit einigem Rechte von einem natürlichen Widerspiel zwischen Liebe und Treue beim Manne reden dürfte: welche Liebe eben ein Haben-Wollen ist und *nicht* ein Verzichtleisten und Weggeben; das Haben-Wollen geht aber jedesmal mit dem *Haben* zu Ende ... Tatsächlich ist es der feinere und argwöhnischere Besitzdurst des Mannes, der dies »Haben« sich selten und spät eingesteht, was seine Liebe fortbestehn macht; insofern ist es selbst möglich, daß sie noch nach der Hingebung wächst – er gibt nicht leicht zu, daß ein Weib für ihn nichts mehr »hinzugeben« hätte.

364

Der Einsiedler redet. – Die Kunst, mit Menschen umzugehn, beruht wesentlich auf der Geschicklichkeit (die eine lange Übung voraussetzt), eine Mahlzeit anzunehmen, einzunehmen, zu deren Küche man kein Vertrauen hat. Gesetzt, daß man mit einem Wolfshunger zu Tisch kommt, geht alles

leicht (»die schlechteste Gesellschaft läßt dich *fühlen* –«, wie Mephistopheles sagt); aber man hat ihn nicht, diesen Wolfshunger, wenn man ihn braucht! Ah, wie schwer sind die Mitmenschen zu verdauen! Erstes Prinzip: wie bei einem Unglücke seinen Mut einsetzen, tapfer zugreifen, sich selbst dabei bewundern, seinen Widerwillen zwischen die Zähne nehmen, seinen Ekel hinunterstopfen. Zweites Prinzip: seinen Mitmenschen »verbessern«, zum Beispiel durch ein Lob, so daß er sein Glück über sich selbst auszuschwitzen beginnt; oder einen Zipfel von seinen guten oder »interessanten« Eigenschaften fassen und daran ziehn, bis man die ganze Tugend heraus hat und den Mitmenschen in deren Falten unterstecken kann. Drittes Prinzip: Selbsthypnotisierung. Sein Verkehrs-Objekt wie einen gläsernen Knopf fixieren, bis man aufhört, Lust und Unlust dabei zu empfinden, und unbemerkt einschläft, starr wird, Haltung bekommt: ein Hausmittel aus der Ehe und Freundschaft, reichlich erprobt, als unentbehrlich gepriesen, aber wissenschaftlich noch nicht formuliert. Sein populärer Name ist – Geduld.

365

Der Einsiedler spricht noch einmal. – Auch wir gehn mit »Menschen« um, auch wir ziehn bescheiden das Kleid an, in dem (*als* das) man uns kennt, achtet, sucht, und begeben uns damit in Gesellschaft, das heißt unter Verkleidete, die es nicht heißen wollen; auch wir machen es wie alle klugen Masken und setzen jeder Neugierde, die nicht unser »Kleid« betrifft, auf eine höfliche Weise den Stuhl vor die Türe. Es gibt aber auch andre Arten und Kunststücke, um unter Menschen, mit Menschen »umzugehn«: zum Beispiel als Gespenst – was sehr ratsam ist, wenn man sie bald los sein und fürchten machen will. Probe: man greift nach uns und bekommt uns nicht zu fassen. Das erschreckt. Oder: wir kommen durch eine geschlossne Tür. Oder: wenn alle Lichter ausgelöscht sind. Oder: nachdem wir bereits gestorben sind. Letzteres ist das Kunststück der *posthumen* Menschen *par excellence.* (»Was denkt ihr auch?« sagte ein solcher einmal ungeduldig, »würden wir diese Fremde, Kälte, Grabesstille um uns auszuhalten Lust haben, diese ganze unterirdische, verborgne, stumme, unentdeckte Einsamkeit, die bei uns Leben heißt und ebensogut Tod heißen könnte, wenn wir nicht wüßten, was aus uns *wird* – und daß wir nach dem Tode erst zu *unserm* Leben kommen und lebendig werden, ah! sehr lebendig! wir posthumen Menschen!«–)

366

Angesichts eines gelehrten Buches. – Wir gehören nicht zu denen, die erst zwischen Büchern, auf den Anstoß von Büchern zu Gedanken kom-

men – unsre Gewohnheit ist, im Freien zu denken, gehend, springend, steigend, tanzend, am liebsten auf einsamen Bergen oder dicht am Meere, da wo selbst die Wege nachdenklich werden. Unsre ersten Wertfragen, in bezug auf Buch, Mensch und Musik, lauten: »kann er gehen? mehr noch, kann er tanzen?« ... Wir lesen selten, wir lesen darum nicht schlechter – oh wie rasch erraten wir's, wie einer auf seine Gedanken gekommen ist, ob sitzend, vor dem Tintenfaß, mit zusammengedrücktem Bauche, den Kopf über das Papier gebeugt: oh wie rasch sind wir auch mit seinem Buche fertig! Das geklemmte Eingeweide verrät sich, darauf darf man wetten, ebenso wie sich Stubenluft, Stubendecke, Stubenenge verrät. – Das waren meine Gefühle, als ich eben ein rechtschaffenes, gelehrtes Buch zuschlug, dankbar, sehr dankbar, aber auch erleichtert ... An dem Buche eines Gelehrten ist fast immer auch etwas Drückendes, Gedrücktes: der »Spezialist« kommt irgendwo zum Vorschein, sein Eifer, sein Ernst, sein Ingrimm, seine Überschätzung des Winkels, in dem er sitzt und spinnt, sein Buckel – jeder Spezialist hat seinen Buckel. Ein Gelehrten-Buch spiegelt immer auch eine krummgezogne Seele: jedes Handwerk zieht krumm. Man sehe seine Freunde wieder, mit denen man jung war, nachdem sie Besitz von ihrer Wissenschaft ergriffen haben: ach, wie auch immer das Umgekehrte geschehen ist. Ach, wie sie selbst auf immer nunmehr von ihr besetzt und besessen sind! In ihre Ecke eingewachsen, verdrückt bis zur Unkenntlichkeit, unfrei, um ihr Gleichgewicht gebracht, abgemagert und eckig überall, nur an *einer* Stelle ausbündig rund, – man ist bewegt und schweigt, wenn man sie so wiederfindet. Jedes Handwerk, gesetzt selbst, daß es einen goldenen Boden hat, hat über sich auch eine bleierne Decke, die auf die Seele drückt und drückt, bis sie wunderlich und krumm gedrückt ist. Daran ist nichts zu ändern. Man glaube ja nicht, daß es möglich sei, um diese Verunstaltung durch irgendwelche Künste der Erziehung herumzukommen. Jede Art *Meisterschaft* zahlt sich teuer auf Erden, wo vielleicht alles sich zu teuer zahlt; man ist Mann seines Fachs um den Preis, auch das Opfer seines Fachs zu sein. Aber ihr wollt es anders haben – »billiger«, vor allem bequemer – nicht wahr, meine Herren Zeitgenossen? Nun wohlan! Aber da bekommt ihr sofort auch etwas anderes, nämlich statt des Handwerkers und Meisters den Literaten, den gewandten, »vielgewendeten« Literaten, dem freilich der Buckel fehlt – jenen abgerechnet, den er vor euch macht, als der Ladendiener des Geistes und »Träger« der Bildung –, den Literaten, der eigentlich nichts *ist*, aber fast alles »repräsentiert«, der den Sachkenner spielt und »vertritt«, der es auch in aller Bescheidenheit auf sich nimmt, sich an dessen Stelle bezahlt, geehrt, gefeiert zu *machen*. – Nein, meine gelehrten Freunde! Ich segne euch auch noch um eures Buckels willen! Und dafür, daß ihr gleich mir die Literaten und Bildungs-Schmarotzer verachtet! Und daß ihr nicht mit dem Geiste Handel zu treiben wißt! Und lauter Meinungen habt, die nicht

in Geldeswert auszudrücken sind! Und daß ihr nichts vertretet, was ihr nicht *seid*! Daß euer einziger Wille ist, Meister eures Handwerks zu werden, in Ehrfurcht vor jeder Art Meisterschaft und Tüchtigkeit und mit rücksichtslosester Ablehnung alles Scheinbaren, Halbechten, Aufgeputzten, Virtuosenhaften, Demagogischen, Schauspielerischen *in litteris et artibus* – alles dessen, was in Hinsicht auf unbedingte *Probität* von Zucht und Vorschulung sich nicht vor euch ausweisen kann! (Selbst Genie hilft über einen solchen Mangel nicht hinweg, so sehr es auch über ihn hinwegzutäuschen versteht: das begreift man, wenn man einmal unsern begabtesten Malern und Musikern aus der Nähe zugesehen hat – als welche alle, fast ausnahmslos, sich durch eine listige Erfindsamkeit von Manieren, von Notbehelfen, selbst von Prinzipien künstlich und nachträglich den *Anschein* jener Probität, jener Solidität von Schulung und Kultur anzueignen wissen, freilich ohne damit sich selbst zu betrügen, ohne damit ihr eignes schlechtes Gewissen dauernd mundtot zu machen. Denn, ihr wißt es doch? alle großen modernen Künstler leiden am schlechten Gewissen . . .)

367

Wie man zuerst bei Kunstwerken zu unterscheiden hat. – Alles, was gedacht, gedichtet, gemalt, komponiert, selbst gebaut und gebildet wird, gehört entweder zur monologischen Kunst oder zur Kunst vor Zeugen. Unter letztere ist auch noch jene scheinbare Monolog-Kunst einzurechnen, welche den Glauben an Gott in sich schließt, die ganze Lyrik des Gebets: denn für einen Frommen gibt es noch keine Einsamkeit – diese Erfindung haben erst wir gemacht, wir Gottlosen. Ich kenne keinen tieferen Unterschied der gesamten Optik eines Künstlers als diesen: ob er vom Auge des Zeugen aus nach seinem werdenden Kunstwerke (nach »sich«–) hinblickt oder aber »die Welt vergessen hat«: wie es das Wesentliche jeder monologischen Kunst ist – sie ruht *auf dem Vergessen*, sie ist die Musik des Vergessens.

368

Der Zyniker redet. – Meine Einwände gegen die Musik Wagners sind physiologische Einwände: wozu dieselben erst noch unter ästhetische Formeln verkleiden? Meine »Tatsache« ist, daß ich nicht mehr leicht atme, wenn diese Musik erst auf mich wirkt; daß alsbald mein *Fuß* gegen sie böse wird und revoltiert – er hat das Bedürfnis nach Takt, Tanz, Marsch, er verlangt von der Musik vorerst die Entzückungen, welche in *gutem* Gehen, Schreiten, Springen, Tanzen liegen. – Protestiert aber nicht auch mein Magen? mein Herz? mein Blutlauf? mein Eingeweide? Werde ich

nicht unvermerkt heiser dabei? – Und so frage ich mich: was *will* eigentlich mein ganzer Leib von der Musik überhaupt? Ich glaube, seine *Erleichterung*: wie als ob alle animalischen Funktionen durch leichte kühne ausgelassne selbstgewisse Rhythmen beschleunigt werden sollten; wie als ob das eherne, das bleierne Leben durch goldene, gute, zärtliche Harmonien vergoldet werden sollte. Meine Schwermut will in den Verstecken und Abgründen der *Vollkommenheit* ausruhn: dazu brauche ich Musik. Was geht mich das Drama an! Was die Krämpfe seiner sittlichen Ekstasen, an denen das »Volk« seine Genugtuung hat! Was der ganze Gebärden-Hokuspokus des Schauspielers! ... Man errät, ich bin wesentlich antitheatralisch geartet – aber Wagner war umgekehrt wesentlich Theatermensch und Schauspieler, der begeistertste Mimomane, den es gegeben hat, auch noch als Musiker!... Und, beiläufig gesagt: wenn es Wagners Theorie gewesen ist »das Drama ist der Zweck, die Musik ist immer nur dessen Mittel« – seine *Praxis* dagegen war, von Anfang bis zu Ende, »die Attitüde ist der Zweck, das Drama, auch die Musik ist immer nur *ihr* Mittel«. Die Musik als Mittel zur Verdeutlichung, Verstärkung, Verinnerlichung der dramatischen Gebärde und Schauspieler-Sinnenfälligkeit; und das Wagnersche Drama nur eine Gelegenheit zu vielen dramatischen Attitüden! Er hatte, neben allen anderen Instinkten, die kommandierenden Instinkte eines großen Schauspielers, in allem und jedem: und, wie gesagt, auch als Musiker. – Dies machte ich einstmals einem rechtschaffnen Wagnerianer klar, mit einiger Mühe; und ich hatte Gründe, noch hinzuzufügen »seien Sie doch ein wenig ehrlicher gegen sich selbst: wir sind ja nicht im Theater! Im Theater ist man nur als Masse ehrlich; als einzelner lügt man, belügt man sich. Man läßt sich selbst zu Hause, wenn man ins Theater geht, man verzichtet auf das Recht der eignen Zunge und Wahl, auf seinen Geschmack, selbst auf seine Tapferkeit, wie man sie zwischen den eigenen vier Wänden gegen Gott und Mensch hat und übt. In das Theater bringt niemand die feinsten Sinne seiner Kunst mit, auch der Künstler nicht, der für das Theater arbeitet: da ist man Volk, Publikum, Herde, Weib, Pharisäer, Stimmvieh, Demokrat, Nächster, Mitmensch, da unterliegt noch das persönlichste Gewissen dem nivellierenden Zauber der ›größten Zahl‹, da wirkt die Dummheit als Lüsternheit und Kontagion, da regiert der ›Nachbar‹, da *wird* man Nachbar ...« (Ich vergaß zu erzählen, was mir mein aufgeklärter Wagnerianer auf die physiologischen Einwände entgegnete: »Sie sind also eigentlich nur nicht gesund genug für unsere Musik?« –)

369

Unser Nebeneinander. – Müssen wir es uns nicht eingestehn, wir Künstler, daß es eine unheimliche Verschiedenheit in uns gibt, daß unser Geschmack und andrerseits unsre schöpferische Kraft auf eine wunderliche Weise für sich stehn, für sich stehn bleiben und ein Wachstum für sich haben – ich will sagen ganz verschiedne Grade und *tempi* von alt, jung, reif, mürbe, faul? So daß zum Beispiel ein Musiker zeitlebens Dinge schaffen könnte, die dem, was sein verwöhntes Zuhörer-Ohr, Zuhörer-Herz schätzt, schmeckt, vorzieht, *widersprechen* – er brauchte noch nicht einmal um diesen Widerspruch zu wissen! Man kann, wie eine fast peinlich-regelmäßige Erfahrung zeigt, leicht mit seinem Geschmack über den Geschmack seiner Kraft hinauswachsen, selbst ohne daß letztere dadurch gelähmt und am Hervorbringen gehindert würde; es kann aber auch etwas Umgekehrtes geschehn – und dies gerade ist es, worauf ich die Aufmerksamkeit der Künstler lenken möchte. Ein Beständig-Schaffender, eine »Mutter« von Mensch, im großen Sinne des Wortes, ein solcher, der von nichts als von Schwangerschaften und Kindsbetten seines Geistes mehr weiß und hört, der gar keine Zeit hat, sich und sein Werk zu bedenken, zu vergleichen, der auch nicht mehr willens ist, seinen Geschmack noch zu üben, und ihn einfach vergißt, nämlich stehn, liegen oder fallen läßt – vielleicht bringt ein solcher endlich Werke hervor, *denen er mit seinem Urteile längst nicht mehr gewachsen ist*: so daß er über sie und sich Dummheiten sagt – sagt und denkt. Dies scheint mir bei fruchtbaren Künstlern beinahe das normale Verhältnis – niemand kennt ein Kind schlechter als seine Eltern – und es gilt sogar, um ein ungeheures Beispiel zu nehmen, in bezug auf die ganze griechische Dichter- und Künstler-Welt: sie hat niemals »gewußt«, was sie getan hat ...

370

Was ist Romantik? – Man erinnert sich vielleicht, zum mindesten unter meinen Freunden, daß ich anfangs mit einigen dicken Irrtümern und Überschätzungen und jedenfalls als *Hoffender* auf diese moderne Welt losgegangen bin. Ich verstand – wer weiß, auf welche persönlichen Erfahrungen hin? – den philosophischen Pessimismus des neunzehnten Jahrhunderts, wie als ob er das Symptom von höherer Kraft des Gedankens, von verwegenerer Tapferkeit, von siegreicherer *Fülle* des Lebens sei, als diese dem achtzehnten Jahrhundert, dem Zeitalter Humes, Kants, Condillacs und der Sensualisten, zu eigen gewesen sind: so daß mir die tragische Erkenntnis wie der eigentliche *Luxus* unsrer Kultur erschien, als deren kostbarste, vornehmste, gefährlichste Art Verschwendung, aber immerhin, auf Grund ihres Überreichtums, als ihr *erlaubter* Luxus. Desgleichen deu-

tete ich mir die deutsche Musik zurecht zum Ausdruck einer dionysischen Mächtigkeit der deutschen Seele: in ihr glaubte ich das Erdbeben zu hören, mit dem eine von alters her aufgestaute Urkraft sich endlich Luft macht – gleichgültig dagegen, ob alles, was sonst Kultur heißt, dabei ins Zittern gerät. Man sieht, ich verkannte damals, sowohl am philosophischen Pessimismus wie an der deutschen Musik, das was ihren eigentlichen Charakter ausmacht – ihre *Romantik*. Was ist Romantik? Jede Kunst, jede Philosophie darf als Heil- und Hilfsmittel im Dienste des wachsenden, kämpfenden Lebens angesehen werden: sie setzen immer Leiden und Leidende voraus. Aber es gibt zweierlei Leidende, einmal die an der *Überfülle des Lebens* Leidenden, welche eine dionysische Kunst wollen und ebenso eine tragische Ansicht und Einsicht in das Leben – und sodann die an der *Verarmung des Lebens* Leidenden, die Ruhe, Stille, glattes Meer, Erlösung von sich durch die Kunst und Erkenntnis suchen, oder aber den Rausch, den Krampf, die Betäubung, den Wahnsinn. Dem Doppel-Bedürfnisse der *letzteren* entspricht alle Romantik in Künsten und Erkenntnissen, ihnen entsprach (und entspricht) ebenso Schopenhauer als Richard Wagner, um jene berühmtesten und ausdrücklichsten Romantiker zu nennen, welche damals von mir *mißverstanden* wurden – übrigens *nicht* zu ihrem Nachteile, wie man mir in aller Billigkeit zugestehen darf. Der Reichste an Lebensfülle, der dionysische Gott und Mensch, kann sich nicht nur den Anblick des Fürchterlichen und Fragwürdigen gönnen, sondern selbst die fürchterliche Tat und jeden Luxus von Zerstörung, Zersetzung, Verneinung; bei ihm erscheint das Böse, Unsinnige und Häßliche gleichsam erlaubt, infolge eines Überschusses von zeugenden, befruchtenden Kräften, welcher aus jeder Wüste noch ein üppiges Fruchtland zu schaffen imstande ist. Umgekehrt würde der Leidendste, Lebensärmste am meisten die Milde, Friedlichkeit, Güte nötig haben, im Denken und im Handeln, womöglich einen Gott, der ganz eigentlich ein Gott für Kranke, ein »Heiland« wäre; ebenso auch die Logik, die begriffliche Verständlichkeit des Daseins – denn die Logik beruhigt, gibt Vertrauen –, kurz eine gewisse warme, furchtabwehrende Enge und Einschließung in optimistische Horizonte. Dergestalt lernte ich allmählich Epikur begreifen, den Gegensatz eines dionysischen Pessimisten, ebenfalls den »Christen«, der in der Tat nur eine Art Epikureer und, gleich jenem, wesentlich Romantiker ist, – und mein Blick schärfte sich immer mehr für jene schwierigste und verfänglichste Form des *Rückschlusses*, in der die meisten Fehler gemacht werden – des Rückschlusses vom Werk auf den Urheber, von der Tat auf den Täter, vom Ideal auf den, der es *nötig hat*, von jeder Denk- und Wertungsweise auf das dahinter kommandierende *Bedürfnis*. – In Hinsicht auf alle ästhetischen Werte bediene ich mich jetzt dieser Hauptunterscheidung: ich frage in jedem einzelnen Falle »ist hier der Hunger oder der Überfluß schöpferisch geworden?« Von vornherein möchte

sich eine andre Unterscheidung mehr zu empfehlen scheinen – sie ist bei weitem augenscheinlicher – nämlich das Augenmerk darauf, ob das Verlangen nach Starrmachen, Verewigen, nach *Sein* die Ursache des Schaffens ist oder aber das Verlangen nach Zerstörung, nach Wechsel, nach Neuem, nach Zukunft, nach *Werden.* Aber beide Arten des Verlangens erweisen sich, tiefer angesehen, noch als zweideutig, und zwar deutbar eben nach jenem vorangestellten und mit Recht, wie mich dünkt, vorgezogenen Schema. Das Verlangen nach *Zerstörung,* Wechsel, Werden kann der Ausdruck der übervollen, zukunftsschwangeren Kraft sein (mein *terminus* ist dafür, wie man weiß, das Wort »dionysisch«), aber es kann auch der Haß des Mißratenen, Entbehrenden, Schlechtweggekommenen sein, der zerstört, zerstören *muß,* weil ihn das Bestehende, ja alles Bestehn, alles Sein selbst empört und aufreizt – man sehe sich, um diesen Affekt zu verstehn, unsre Anarchisten aus der Nähe an. Der Wille zum *Verewigen* bedarf gleichfalls einer zwiefachen Interpretation. Er kann einmal aus Dankbarkeit und Liebe kommen – eine Kunst dieses Ursprungs wird immer eine Apotheosenkunst sein, dithyrambisch vielleicht mit Rubens, selig-spöttisch mit Hafis, hell und gütig mit Goethe, und einen Homerischen Licht- und Glorienschein über alle Dinge breitend. Er kann aber auch jener tyrannische Wille eines Schwerleidenden, Kämpfenden, Torturierten sein, welcher das Persönlichste, Einzelnste, Engste, die eigentliche Idiosynkrasie seines Leidens noch zum verbindlichen Gesetz und Zwang stempeln möchte und der an allen Dingen gleichsam Rache nimmt, dadurch, daß er ihnen *sein* Bild, das Bild *seiner* Tortur, aufdrückt, einzwängt, einbrennt. Letzteres ist der *romantische Pessimismus* in seiner ausdrucksvollsten Form, sei es als Schopenhauersche Willens-Philosophie, sei es als Wagnerische Musik – der romantische Pessimismus, das letzte *große* Ereignis im Schicksal unsrer Kultur. (Daß es noch einen ganz anderen Pessimismus geben *könne,* einen klassischen – diese Ahnung und Vision gehört zu mir, als unablöslich von mir, als mein *proprium* und *ipsissimum*: nur daß meinen Ohren das Wort »klassisch« widersteht, es ist bei weitem zu abgebraucht, zu rund und unkenntlich geworden. Ich nenne jenen Pessimismus der Zukunft – denn er kommt! ich sehe ihn kommen! – den *dionysischen* Pessimismus.)

371

Wir Unverständlichen. – Haben wir uns je darüber beklagt, mißverstanden, verkannt, verwechselt, verleumdet, verhört und überhört zu werden? Eben das ist unser Los – oh für lange noch! sagen wir, um bescheiden zu sein, bis 1901 – es ist auch unsre Auszeichnung; wir würden uns selbst nicht genug in Ehren halten, wenn wir's anders wünschten. Man verwechselt uns – das macht, wir selbst wachsen, wir wechseln fortwäh-

rend, wir stoßen alte Rinden ab, wir häuten uns mit jedem Frühjahre noch, wir werden immer jünger, zukünftiger, höher, stärker, wir treiben unsre Wurzeln immer mächtiger in die Tiefe – ins Böse, – während wir zugleich den Himmel immer liebevoller, immer breiter umarmen und sein Licht immer durstiger mit allen unsren Zweigen und Blättern in uns hineinsaugen. Wir wachsen wie Bäume – das ist schwer zu verstehen, wie alles Leben! – nicht an *einer* Stelle, sondern überall, nicht in *einer* Richtung, sondern ebenso hinauf, hinaus wie hinein und hinunter – unsre Kraft treibt zugleich in Stamm, Ästen und Wurzeln, es steht uns gar nicht mehr frei, irgend etwas einzeln zu tun, irgend etwas Einzelnes noch zu *sein*... So ist es unser Los, wie gesagt; wir wachsen in die *Höhe*; und gesetzt, es wäre selbst unser Verhängnis – denn wir wohnen den Blitzen immer näher! – wohlan, wir halten es darum nicht weniger in Ehren, es bleibt das, was wir nicht teilen, nicht mitteilen wollen, das Verhängnis der Höhe, *unser* Verhängnis...

372

Warum wir keine Idealisten sind. – Ehemals hatten die Philosophen Furcht vor den Sinnen: haben wir – diese Furcht vielleicht allzusehr verlernt? Wir sind heute allesamt Sensualisten, wir Gegenwärtigen und Zukünftigen in der Philosophie, *nicht* der Theorie nach, aber der Praxis, der Praktik... Jene hingegen meinten, durch die Sinne aus *ihrer* Welt, dem kalten Reiche der »Ideen«, auf ein gefährliches südlicheres Eiland weggelockt zu werden: woselbst, wie sie fürchteten, ihre Philosophen-Tugenden wie Schnee in der Sonne wegschmelzen würden. »Wachs in den Ohren« war damals beinahe Bedingung des Philosophierens; ein echter Philosoph hörte das Leben nicht mehr, insofern Leben Musik ist, er *leugnete* die Musik des Lebens – es ist ein alter Philosophen-Aberglaube, daß alle Musik Sirenen-Musik ist. – Nun möchten wir heute geneigt sein, gerade umgekehrt zu urteilen (was an sich noch ebenso falsch sein könnte): nämlich daß die *Ideen* schlimmere Verführerinnen seien als die Sinne, mit allem ihrem kalten anämischen Anscheine und nicht einmal trotz diesem Anscheine – sie lebten immer vom »Blute« des Philosophen, sie zehrten immer seine Sinne aus, ja, wenn man uns glauben will, auch sein »Herz«. Diese alten Philosophen waren herzlos: Philosophieren war immer eine Art Vampyrismus. Fühlt ihr nicht an solchen Gestalten, wie noch der Spinozas, etwas tief Änigmatisches und Unheimliches? Seht ihr das Schauspiel nicht, das sich hier abspielt, das beständige *Blässer-werden* –, die immer idealischer ausgelegte Entsinnlichung? Ahnt ihr nicht im Hintergrunde irgendeine lange verborgene Blutaussaugerin, welche mit den Sinnen ihren Anfang macht und zuletzt Knochen und Geklapper übrig behält, übrig läßt? – ich meine Kategorien, Formeln, *Worte* (denn, man

vergebe mir, das was von Spinoza *übrig blieb, amor intellectualis dei,* ist ein Geklapper, nichts mehr! was ist *amor,* was *deus,* wenn ihnen jeder Tropfen Blut fehlt? ...). *In summa*: aller philosophische Idealismus war bisher etwas wie Krankheit, wo er nicht, wie im Falle Platos, die Vorsicht einer überreichen und gefährlichen Gesundheit, die Furcht vor *übermächtigen* Sinnen, die Klugheit eines klugen Sokratikers war. – Vielleicht sind wir Modernen nur nicht gesund genug, um Platos Idealismus *nötig zu haben*? Und wir fürchten die Sinne nicht, weil – –

373

»Wissenschaft« als Vorurteil. – Es folgt aus den Gesetzen der Rangordnung, daß Gelehrte, insofern sie dem geistigen Mittelstande zugehören, die eigentlichen *großen* Probleme und Fragezeichen gar nicht in Sicht bekommen dürfen; zudem reicht ihr Mut und ebenso ihr Blick nicht bis dahin – vor allem, ihr Bedürfnis, das sie zu Forschern macht, ihr inneres Vorausnehmen und Wünschen, es möchte *so und so* beschaffen sein, ihr Fürchten und Hoffen kommt zu bald schon zur Ruhe, zur Befriedigung. Was zum Beispiel den pedantischen Engländer Herbert Spencer auf seine Weise schwärmen macht und einen Hoffnungs-Strich, eine Horizont-Linie der Wünschbarkeit ziehen heißt, jene endliche Versöhnung von »Egoismus und Altruismus«, von der er fabelt, das macht unsereinem beinahe Ekel – eine Menschheit mit solchen Spencerschen Perspektiven als letzten Perspektiven schiene uns der Verachtung, der Vernichtung wert! Aber schon *daß* etwas als höchste Hoffnung von ihm empfunden werden muß, was anderen bloß als widerliche Möglichkeit gilt und gelten darf, ist ein Fragezeichen, welches Spencer nicht vorauszusehn vermocht hätte... Ebenso steht es mit jenem Glauben, mit dem sich jetzt so viele materialistische Naturforscher zufrieden geben, dem Glauben an eine Welt, welche im menschlichen Denken, in menschlichen Wertbegriffen ihr Äquivalent und Maß haben soll, an eine »Welt der Wahrheit«, der man mit Hilfe unsrer viereckigen kleinen Menschenvernunft letztgültig beizukommen vermöchte – wie? wollen wir uns wirklich dergestalt das Dasein zu einer Rechenknechts-Übung und Stubenhockerei für Mathematiker herabwürdigen lassen? Man soll es vor allem nicht seines *vieldeutigen* Charakters entkleiden wollen: das fordert der *gute* Geschmack, meine Herren, der Geschmack der Ehrfurcht vor allem, was über euren Horizont geht! Daß allein eine Welt-Interpretation im Rechte sei, bei der *ihr* zu Rechte besteht, bei der wissenschaftlich in *eurem* Sinne (– ihr meint eigentlich *mechanistisch*?) geforscht und fortgearbeitet werden kann, eine solche, die Zählen, Rechnen, Wägen, Sehen und Greifen und nichts weiter zuläßt, das ist eine Plumpheit und Naivität, gesetzt daß es keine Geistes-

krankheit, kein Idiotismus ist. Wäre es umgekehrt nicht recht wahrscheinlich, daß sich gerade das Oberflächlichste und Äußerlichste vom Dasein – sein Scheinbarstes, seine Haut und Versinnlichung – am ersten fassen ließe? vielleicht sogar allein fassen ließe? Eine »wissenschaftliche« Welt-Interpretation, wie ihr sie versteht, könnte folglich immer noch eine der *dümmsten,* das heißt sinnärmsten aller möglichen Welt-Interpretationen sein: dies den Herrn Mechanikern ins Ohr und Gewissen gesagt, die heute gern unter die Philosophen laufen und durchaus vermeinen, Mechanik sei die Lehre von den ersten und letzten Gesetzen, auf denen wie auf einem Grundstocke alles Dasein aufgebaut sein müsse. Aber eine essentiell mechanische Welt wäre eine essentiell *sinnlose* Welt! Gesetzt, man schätzte den *Wert* einer Musik danach ab, wie viel von ihr gezählt, berechnet, in Formeln gebracht werden könne – wie absurd wäre eine solche »wissenschaftliche« Abschätzung der Musik! Was hätte man von ihr begriffen, verstanden, erkannt! Nichts, geradezu nichts von dem, was eigentlich an ihr »Musik« ist! . . .

374

Unser neues »Unendliches«. – Wie weit der perspektivische Charakter des Daseins reicht oder gar ob es irgendeinen andren Charakter noch hat, ob nicht ein Dasein ohne Auslegung, ohne »Sinn« eben zum »Unsinn« wird, ob, andrerseits, nicht alles Dasein essentiell ein *auslegendes* Dasein ist – das kann, wie billig, auch durch die fleißigste und peinlich-gewissenhafteste Analysis und Selbstprüfung des Intellekts nicht ausgemacht werden: da der menschliche Intellekt bei dieser Analysis nicht umhin kann, sich selbst unter seinen perspektivischen Formen zu sehn und *nur* in ihnen zu sehn. Wir können nicht um unsre Ecke sehn: es ist eine hoffnungslose Neugierde, wissen zu wollen, was es noch für andre Arten Intellekt und Perspektive geben *könnte*: zum Beispiel ob irgendwelche Wesen die Zeit zurück oder abwechselnd vorwärts und rückwärts empfinden können (womit eine andre Richtung des Lebens und ein andrer Begriff von Ursache und Wirkung gegeben wäre). Aber ich denke, wir sind heute zum mindesten ferne von der lächerlichen Unbescheidenheit, von unsrer Ecke aus zu dekretieren, daß man nur von dieser Ecke aus Perspektiven haben *dürfe.* Die Welt ist uns vielmehr noch einmal »unendlich« geworden: insofern wir die Möglichkeit nicht abweisen können, daß sie *unendliche Interpretationen in sich schließt.* Noch einmal faßt uns der große Schauder – aber wer hätte wohl Lust, *dieses* Ungeheuer von unbekannter Welt nach alter Weise sofort wieder zu vergöttlichen? Und etwa *das* Unbekannte fürderhin als »*den* Unbekannten« anzubeten? Ach es sind zu viele *ungöttliche* Möglichkeiten der Interpretation mit in dieses Un-

bekannte eingerechnet, zu viel Teufelei, Dummheit, Narrheit der Interpretation – unsre eigne menschliche, allzumenschliche selbst, die wir kennen . . .

375

Warum wir Epikureer scheinen. – Wir sind vorsichtig, wir modernen Menschen, gegen letzte Überzeugungen; unser Mißtrauen liegt auf der Lauer gegen die Bezauberungen und Gewissens-Überlistungen, welche in jedem starken Glauben, jedem unbedingten Ja und Nein liegen: wie erklärt sich das? Vielleicht, daß man darin zu einem guten Teil die Behutsamkeit des »gebrannten Kindes«, des enttäuschten Idealisten sehn darf, zu einem andern und bessern Teile aber auch die frohlockende Neugierde eines ehemaligen Eckenstehers, der durch seine Ecke in Verzweiflung gebracht worden ist und nunmehr im Gegensatz der Ecke schwelgt und schwärmt, im Unbegrenzten, im »Freien an sich«. Damit bildet sich ein nahezu epikurischer Erkenntnis-Hang aus, welcher den Fragezeichen-Charakter der Dinge nicht leichten Kaufs fahren lassen will; insgleichen ein Widerwille gegen die großen Moral-Worte und -Gebärden, ein Geschmack, der alle plumpen vierschrötigen Gegensätze ablehnt und sich seiner Übung in Vorbehalten mit Stolz bewußt ist. Denn *das* macht unsern Stolz aus, dieses leichte Zügel-Straffziehn bei unsrem vorwärtsstürmenden Drange nach Gewißheit, diese Selbstbeherrschung des Reiters auf seinen wildesten Ritten: nach wie vor nämlich haben wir tolle feurige Tiere unter uns, und wenn wir zögern, so ist es am wenigsten wohl die Gefahr, die uns zögern macht . . .

376

Unsre langsamen Zeiten. – So empfinden alle Künstler und Menschen der »Werke«, die mütterliche Art Mensch: immer glauben sie, bei jedem Abschnitte ihres Lebens – den ein Werk jedesmal abschneidet –, schon am Ziele selbst zu sein, immer würden sie den Tod geduldig entgegennehmen, mit dem Gefühl: »dazu sind wir reif.« Dies ist nicht der Ausdruck der Ermüdung – vielmehr der einer gewissen herbstlichen Sonnigkeit und Milde, welche jedesmal das Werk selbst, das Reifgewordensein eines Werks, bei seinem Urheber hinterläßt. Da verlangsamt sich das *tempo* des Lebens und wird dick und honigflüssig – bis zu langen Fermaten, bis zum Glauben an *die* lange Fermate . . .

377

Wir Heimatlosen. – Es fehlt unter den Europäern von heute nicht an solchen, die ein Recht haben, sich in einem abhebenden und ehrenden Sinne Heimatlose zu nennen – ihnen gerade sei meine geheime Weisheit und *gaya scienza* ausdrücklich ans Herz gelegt! Denn ihr Los ist hart, ihre Hoffnung ungewiß, es ist ein Kunststück, ihnen einen Trost zu erfinden – aber was hilft es! Wir Kinder der Zukunft, wie *vermöchten* wir in diesem Heute zu Hause zu sein! Wir sind allen Idealen abgünstig, auf welche hin einer sich sogar in dieser zerbrechlichen, zerbrochenen Übergangszeit noch heimisch fühlen könnte; was aber deren »Realitäten« betrifft, so glauben wir nicht daran, daß sie *Dauer* haben. Das Eis, das heute noch trägt, ist schon sehr dünn geworden: der Tauwind weht, wir selbst, wir Heimatlosen, sind etwas, das Eis und andre allzudünne »Realitäten« aufbricht . . . Wir »konservieren« nichts, wir wollen auch in keine Vergangenheit zurück, wir sind durchaus nicht »liberal«, wir arbeiten nicht für den »Fortschritt«, wir brauchen unser Ohr nicht erst gegen die Zukunfts-Sirenen des Marktes zu verstopfen – das, was sie singen, »gleiche Rechte«, »freie Gesellschaft«, »keine Herren mehr und keine Knechte«, das lockt uns nicht! – wir halten es schlechterdings nicht für wünschenswert, daß das Reich der Gerechtigkeit und Eintracht auf Erden gegründet werde (weil es unter allen Umständen das Reich der tiefsten Vermittelmäßigung und Chineserei sein würde), wir freuen uns an allen, die gleich uns die Gefahr, den Krieg, das Abenteuer lieben, die sich nicht abfinden, einfangen, versöhnen und verschneiden lassen, wir rechnen uns selbst unter die Eroberer, wir denken über die Notwendigkeit neuer Ordnungen nach, auch einer neuen Sklaverei – denn zu jeder Verstärkung und Erhöhung des Typus »Mensch« gehört auch eine neue Art Versklavung hinzu – nicht wahr? mit alledem müssen wir schlecht in einem Zeitalter zu Hause sein, welches die Ehre in Anspruch zu nehmen liebt, das menschlichste, mildeste, rechtlichste Zeitalter zu heißen, das die Sonne bisher gesehen hat? Schlimm genug, daß wir gerade bei diesen schönen Worten um so häßlichere Hintergedanken haben! Daß wir darin nur den Ausdruck – auch die Maskerade – der tiefen Schwächung, der Ermüdung, des Alters, der absinkenden Kraft sehen! Was kann uns daran gelegen sein, mit was für Flittern ein Kranker seine Schwäche aufputzt! Mag er sie als seine *Tugend* zur Schau tragen – es unterliegt ja keinem Zweifel, daß die Schwäche mild, ach so mild, so rechtlich, so unoffensiv, so »menschlich« macht! – Die »Religion des Mitleidens«, zu der man uns überreden möchte – oh wir kennen die hysterischen Männlein und Weiblein genug, welche heute gerade diese Religion zum Schleier und Aufputz nötig haben! Wir sind keine Humanitarier; wir würden uns nie zu erlauben wagen, von unsrer »Liebe zur Menschheit« zu reden – dazu ist unsereins nicht Schau-

spieler genug! Oder nicht Saint-Simonist genug, nicht Franzose genug. Man muß schon mit einem *gallischen* Übermaß erotischer Reizbarkeit und verliebter Ungeduld behaftet sein, um sich in ehrlicher Weise sogar noch der Menschheit mit seiner Brunst zu nähern ... Der Menschheit! Gab es je noch ein scheußlicheres altes Weib unter allen alten Weibern? (– es müßte denn etwa »die Wahrheit« sein: eine Frage für Philosophen). Nein, wir lieben die Menschheit nicht; andererseits sind wir aber auch lange nicht »deutsch« genug, wie heute das Wort »deutsch« gang und gäbe ist, um dem Nationalismus und dem Rassenhaß das Wort zu reden, um an der nationalen Herzenskrätze und Blutvergiftung Freude haben zu können, derenthalben sich jetzt in Europa Volk gegen Volk wie mit Quarantänen abgrenzt, absperrt. Dazu sind wir zu unbefangen, zu boshaft, zu verwöhnt, auch zu gut unterrichtet, zu »gereist«: wir ziehen es bei weitem vor, auf Bergen zu leben, abseits, »unzeitgemäß«, in vergangnen oder kommenden Jahrhunderten, nur damit wir uns die stille Wut ersparen, zu der wir uns verurteilt wüßten als Augenzeugen einer Politik, die den deutschen Geist öde macht, indem sie ihn eitel macht, und *kleine* Politik außerdem ist – hat sie nicht nötig, damit ihre eigene Schöpfung nicht sofort wieder auseinanderfällt, sie zwischen zwei Todhasse zu pflanzen? *muß* sie nicht die Verewigung der Kleinstaaterei Europas wollen? ... Wir Heimatlosen, wir sind der Rasse und Abkunft nach zu vielfach und gemischt, als »moderne Menschen«, und folglich wenig versucht, an jener verlognen Rassen-Selbstbewunderung und Unzucht teilzunehmen, welche sich heute in Deutschland als Zeichen deutscher Gesinnung zur Schau trägt und die bei dem Volke des »historischen Sinns« zwiefach falsch und unanständig anmutet. Wir sind, mit einem Worte – und es soll unser Ehrenwort sein! – *gute Europäer*, die Erben Europas, die reichen, überhäuften, aber auch überreich verpflichteten Erben von Jahrtausenden des europäischen Geistes: als solche auch dem Christentum entwachsen und abhold, und gerade, weil wir *aus* ihm gewachsen sind, weil unsre Vorfahren Christen von rücksichtsloser Rechtschaffenheit des Christentums waren, die ihrem Glauben willig Gut und Blut, Stand und Vaterland zum Opfer gebracht haben. Wir – tun desgleichen. Wofür doch? Für unsern Unglauben? Für jede Art Unglauben? Nein, das wißt ihr besser, meine Freunde! Das verborgne *Ja* in euch ist stärker als alle Neins und Vielleichts, an denen ihr mit eurer Zeit krank seid; und wenn ihr aufs Meer müßt, ihr Auswanderer, zwingt dazu auch euch – ein *Glaube*! ...

378

»Und werden wieder hell.« – Wir Freigebigen und Reichen des Geistes, die wir gleich offnen Brunnen an der Straße stehn und es niemandem

wehren mögen, daß er aus uns schöpft: wir wissen uns leider nicht zu wehren, wo wir es möchten, wir können durch nichts verhindern, daß man uns *trübt*, finster macht – daß die Zeit, in der wir leben, ihr »Zeitlichstes«, daß deren schmutzige Vögel ihren Unrat, die Knaben ihren Krimskrams und erschöpfte, an uns ausruhende Wandrer ihr kleines und großes Elend *in* uns werfen. Aber wir werden es machen, wie wir es immer gemacht haben: wir nehmen, was man auch in uns wirft, hinab in unsre Tiefe – denn wir sind tief, wir vergessen nicht – *und werden wieder hell* ...

379

Zwischenrede des Narren. – Das ist kein Misanthrop, der dies Buch geschrieben hat: der Menschenhaß bezahlt sich heute zu teuer. Um zu hassen, wie man ehemals *den* Menschen gehaßt hat, timonisch, im ganzen, ohne Abzug, aus vollem Herzen, aus der ganzen *Liebe* des Hasses – dazu müßte man aufs Verachten Verzicht leisten – und wieviel feine Freude, wieviel Geduld, wieviel Gütigkeit selbst verdanken wir gerade unsrem Verachten! Zudem sind wir damit die »Auserwählten Gottes«: das feine Verachten ist unser Geschmack und Vorrecht, unsre Kunst, unsere Tugend vielleicht, wir Modernsten unter den Modernen! ... Der Haß dagegen stellt gleich, stellt gegenüber, im Haß ist Ehre, endlich: im Haß ist *Furcht*, ein großer, guter Teil Furcht. Wir Furchtlosen aber, wir geistigeren Menschen dieses Zeitalters, wir kennen unsern Vorteil gut genug, um gerade als die Geistigeren in Hinsicht auf diese Zeit ohne Furcht zu leben. Man wird uns schwerlich köpfen, einsperren, verbannen; man wird nicht einmal unsre Bücher verbieten und verbrennen. Das Zeitalter liebt den Geist, es liebt uns und hat uns nötig, selbst wenn wir es ihm zu verstehn geben müßten, daß wir in der Verachtung Künstler sind; daß uns jeder Umgang mit Menschen einen leichten Schauder macht; daß wir mit aller unsrer Milde, Geduld, Menschenfreundlichkeit, Höflichkeit unsre Nase nicht überreden können, von ihrem Vorurteile abzustehn, welches sie gegen die Nähe eines Menschen hat; daß wir die Natur lieben, je weniger menschlich es in ihr zugeht, und die Kunst, *wenn* sie die Flucht des Künstlers vor dem Menschen oder der Spott des Künstlers über den Menschen oder der Spott des Künstlers über sich selber ist ...

380

»Der Wanderer« redet. – Um unsrer europäischen Moralität einmal aus der Ferne ansichtig zu werden, um sie an anderen, früheren oder kommenden, Moralitäten zu messen, dazu muß man es machen, wie es ein Wan-

derer macht, der wissen will, wie hoch die Türme einer Stadt sind: dazu *verläßt* er die Stadt. »Gedanken über moralische Vorurteile«, falls sie nicht Vorurteile über Vorurteile sein sollen, setzen eine Stellung *außerhalb* der Moral voraus, irgendein Jenseits von Gut und Böse, zu dem man steigen, klettern, fliegen muß – und, im gegebnen Falle, jedenfalls ein Jenseits von *unsrem* Gut und Böse, eine Freiheit von allem »Europa«, letzteres als eine Summe von kommandierenden Werturteilen verstanden, welche uns in Fleisch und Blut übergegangen sind. Daß man gerade dorthinaus, dorthinauf *will,* ist vielleicht eine kleine Tollheit, ein absonderliches, unvernünftiges »du mußt« – denn auch wir Erkennenden haben unsre Idiosynkrasien des »unfreien Willens« –: die Frage ist, ob man wirklich dorthinauf *kann.* Dies mag an vielfachen Bedingungen hängen; in der Hauptsache ist es die Frage danach, wie leicht oder wie schwer wir sind, das Problem unsrer »spezifischen Schwere«. Man muß *sehr leicht* sein, um seinen Willen zur Erkenntnis bis in eine solche Ferne und gleichsam über seine Zeit hinaus zu treiben, um sich zum Überblick über Jahrtausende Augen zu schaffen und noch dazu reinen Himmel in diesen Augen! Man muß sich von vielem losgebunden haben, was gerade uns Europäer von heute drückt, hemmt, niederhält, schwer macht. Der Mensch eines solchen Jenseits, der die obersten Wertmaße seiner Zeit selbst in Sicht bekommen will, hat dazu vorerst nötig, diese Zeit in sich selbst zu »überwinden« – es ist die Probe seiner Kraft – und folglich nicht nur seine Zeit, sondern auch seinen bisherigen Widerwillen und Widerspruch *gegen* diese Zeit, sein Leiden *an* dieser Zeit, seine Zeit-Ungemäßheit, seine *Romantik*...

381

Zur Frage der Verständlichkeit. – Man will nicht nur verstanden werden, wenn man schreibt, sondern ebenso gewiß auch *nicht* verstanden werden. Es ist noch ganz und gar kein Einwand gegen ein Buch, wenn irgend jemand es unverständlich findet: vielleicht gehörte eben dies zur Absicht seines Schreibers – er *wollte* nicht von »irgend jemand« verstanden werden. Jeder vornehmere Geist und Geschmack wählt sich, wenn er sich mitteilen will, auch seine Zuhörer; indem er sie wählt, zieht er zugleich gegen »die anderen« seine Schranken. Alle feineren Gesetze eines Stils haben da ihren Ursprung: sie halten zugleich ferne, sie schaffen Distanz, sie verbieten »den Eingang«, das Verständnis, wie gesagt– während sie denen die Ohren aufmachen, die uns mit den Ohren verwandt sind. Und daß ich es unter uns sage und in meinem Falle – ich will mich weder durch meine Unwissenheit, noch durch die Munterkeit meines Temperaments verhindern lassen, *euch* verständlich zu sein, meine Freunde: durch die Munterkeit nicht, wie sehr sie auch mich zwingt, einer Sache

geschwind beizukommen, um ihr überhaupt beizukommen. Denn ich halte es mit tiefen Problemen wie mit einem kalten Bade – schnell hinein, schnell hinaus. Daß man damit nicht in die Tiefe, nicht tief genug *hinunter* komme, ist der Aberglaube der Wasserscheuen, der Feinde des kalten Wassers; sie reden ohne Erfahrung. Oh! Die große Kälte macht geschwind! – Und nebenbei gefragt: bleibt wirklich eine Sache dadurch allein schon unverstanden und unerkannt, daß sie nur im Fluge berührt, angeblickt, angeblitzt wird? Muß man durchaus erst auf ihr festsitzen? auf ihr wie auf einem Ei gebrütet haben? *Diu noctuque incubando*, wie Newton von sich selbst sagte? Zum mindesten gibt es Wahrheiten von einer besonderen Scheu und Kitzlichkeit, deren man nicht anders habhaft wird als plötzlich – die man *überraschen* oder lassen muß ... Endlich hat meine Kürze noch einen andren Wert: innerhalb solcher Fragen, wie sie mich beschäftigen, muß ich vieles kurz sagen, damit es noch kürzer gehört wird. Man hat nämlich als Immoralist zu verhüten, daß man die Unschuld verdirbt, ich meine die Esel und die alten Jungfern beiderlei Geschlechts, die nichts vom Leben haben als ihre Unschuld; mehr noch, meine Schriften sollen sie begeistern, erheben, zur Tugend ermutigen. Ich wüßte nichts auf Erden, was lustiger wäre als begeisterte alte Esel zu sehn und Jungfern, welche durch die süßen Gefühle der Tugend erregt werden: und »das habe ich gesehn« – also sprach Zarathustra. So viel in Absicht der Kürze; schlimmer steht es mit meiner Unwissenheit, deren ich selbst vor mir selber kein Hehl habe. Es gibt Stunden, wo ich mich ihrer schäme; freilich ebenfalls Stunden, wo ich mich dieser Scham schäme. Vielleicht sind wir Philosophen allesamt heute zum Wissen schlimm gestellt: die Wissenschaft wächst, die Gelehrtesten von uns sind nahe daran zu entdecken, daß sie zu wenig wissen. Aber schlimmer wäre es immer noch, wenn es anders stünde – wenn wir *zu viel* wüßten; unsre Aufgabe ist und bleibt zuerst, uns nicht selber zu verwechseln. Wir *sind* etwas anderes als Gelehrte: obwohl es nicht zu umgehn ist, daß wir auch, unter anderem, gelehrt sind. Wir haben andre Bedürfnisse, ein anderes Wachstum, eine andre Verdauung: wir brauchen mehr, wir brauchen auch weniger. Wieviel ein Geist zu seiner Ernährung nötig hat, dafür gibt es keine Formel; ist aber sein Geschmack auf Unabhängigkeit gerichtet, auf schnelles Kommen und Gehn, auf Wanderung, auf Abenteuer vielleicht, denen nur die Geschwindesten gewachsen sind, so lebt er lieber frei mit schmaler Kost als unfrei und gestopft. Nicht Fett, sondern die größte Geschmeidigkeit und Kraft ist das, was ein guter Tänzer von seiner Nahrung will – und ich wüßte nicht, was der Geist eines Philosophen mehr zu sein wünschte, als ein guter Tänzer. Der Tanz nämlich ist sein Ideal, auch seine Kunst, zuletzt auch seine einzige Frömmigkeit, sein »Gottesdienst« ...

382

Die große Gesundheit. – Wir Neuen, Namenlosen, Schlechtverständlichen, wir Frühgeburten einer noch unbewiesenen Zukunft – wir bedürfen zu einem neuen Zweck auch eines neuen Mittels, nämlich einer neuen Gesundheit, einer stärkeren, gewitzteren, zäheren, verwegneren, lustigeren, als alle Gesundheiten bisher waren. Wessen Seele danach dürstet, den ganzen Umfang der bisherigen Werte und Wünschbarkeiten erlebt und alle Küsten dieses idealischen »Mittelmeers« umschifft zu haben, wer aus den Abenteuern der eigensten Erfahrung wissen will, wie es einem Eroberer und Entdecker des Ideals zumute ist, insgleichen einem Künstler, einem Heiligen, einem Gesetzgeber, einem Weisen, einem Gelehrten, einem Frommen, einem Wahrsager, einem Göttlich-Abseitigen alten Stils: der hat dazu zuallererst eins nötig, *die große Gesundheit* – eine solche, welche man nicht nur hat, sondern auch beständig noch erwirbt und erwerben muß, weil man sie immer wieder preisgibt, preisgeben muß!... Und nun, nachdem wir lange dergestalt unterwegs waren, wir Argonauten des Ideals, mutiger vielleicht als klug ist, und oft genug schiffbrüchig und zu Schaden gekommen, aber wie gesagt gesünder, als man es uns erlauben möchte, gefährlich-gesund, immer wieder gesund – will es uns scheinen, als ob wir, zum Lohn dafür, ein noch unentdecktes Land vor uns haben, dessen Grenzen noch niemand abgesehn hat, ein Jenseits aller bisherigen Länder und Winkel des Ideals, eine Welt so überreich an Schönem, Fremdem, Fragwürdigem, Furchtbarem und Göttlichem, daß unsre Neugierde ebensowohl wie unser Besitzdurst außer sich geraten sind – ach, daß wir nunmehr durch nichts mehr zu ersättigen sind! Wie könnten wir uns, nach solchen Ausblicken und mit einem solchen Heißhunger in Gewissen und Wissen, noch *am gegenwärtigen Menschen* genügen lassen? Schlimm genug: aber es ist unvermeidlich, daß wir seinen würdigsten Zielen und Hoffnungen nur mit einem übel aufrecht erhaltenen Ernste zusehn und vielleicht nicht einmal mehr zusehn. Ein andres Ideal läuft vor uns her, ein wunderliches, versucherisches, gefahrenreiches Ideal, zu dem wir niemanden überreden möchten, weil wir niemandem so leicht das *Recht darauf* zugestehn: das Ideal eines Geistes, der naiv, das heißt ungewollt und aus überströmender Fülle und Mächtigkeit mit allem spielt, was bisher heilig, gut, unberührbar, göttlich hieß; für den das Höchste, woran das Volk billigerweise sein Wertmaß hat, bereits so viel wie Gefahr, Verfall, Erniedrigung oder, mindestens, wie Erholung, Blindheit, zeitweiliges Selbstvergessen bedeuten würde; das Ideal eines menschlich-übermenschlichen Wohlseins und Wohlwollens, das oft genug *unmenschlich* erscheinen wird, zum Beispiel wenn es sich neben den ganzen bisherigen Erden-Ernst, neben alle Art Feierlichkeit in Gebärde, Wort, Klang, Blick, Moral und Aufgabe wie deren leibhafteste, unfreiwillige Parodie hinstellt – und mit dem, trotzalledem,

vielleicht *der große Ernst* erst anhebt, das eigentliche Fragezeichen erst gesetzt wird, das Schicksal der Seele sich wendet, der Zeiger rückt, die Tragödie *beginnt* ...

383

Epilog. – Aber indem ich zum Schluß dieses düstere Fragezeichen langsam, langsam hinmale und eben noch willens bin, meinen Lesern die Tugenden des rechten Lesers – oh was für vergessene und unbekannte Tugenden! – ins Gedächtnis zu rufen, begegnet mir's, daß um mich das boshafteste, munterste, koboldigste Lachen laut wird: die Geister meines Buches selber fallen über mich her, ziehn mich an den Ohren und rufen mich zur Ordnung. »Wir halten es nicht mehr aus« – rufen sie mir zu –; »fort, fort mit dieser rabenschwarzen Musik. Ist es nicht rings heller Vormittag um uns? Und grüner weicher Grund und Rasen, das Königreich des Tanzes? Gab es je eine bessere Stunde, um fröhlich zu sein? Wer singt uns ein Lied, ein Vormittagslied, so sonnig, so leicht, so flügge, daß es die Grillen *nicht* verscheucht – daß es die Grillen vielmehr einlädt, mit zu singen, mit zu tanzen? Und lieber noch einen einfältigen bäurischen Dudelsack als solche geheimnisvolle Laute, solche Unkenrufe, Grabesstimmen und Murmeltierpfiffe, mit denen Sie uns in ihrer Wildnis bisher regaliert haben, mein Herr Einsiedler und Zukunftsmusikant! Nein! Nicht solche Töne! Sondern laßt uns angenehmere anstimmen und freudenvollere!« – Gefällt es euch *so*, meine ungeduldigen Freunde? Wohlan! Wer wäre euch nicht gern zu Willen? Mein Dudelsack wartet schon, meine Kehle auch – sie mag ein wenig rauh klingen, nehmt fürlieb! dafür sind wir im Gebirge. Aber was ihr zu hören bekommt, ist wenigstens neu; und wenn ihrs nicht versteht, wenn ihr den *Sänger* mißversteht, was liegt daran! Das ist nun einmal »des Sängers Fluch«. Um so deutlicher könnt ihr seine Musik und Weise hören, um so besser auch nach seiner Pfeife – tanzen. *Wollt* ihr das? ...

ANHANG

LIEDER DES PRINZEN VOGELFREI

An Goethe

Das Unvergängliche
Ist nur dein Gleichnis!
Gott, der Verfängliche,
Ist Dichter-Erschleichnis . . .

Welt-Rad, das rollende,
Streift Ziel auf Ziel:
Not – nennts der Grollende,
Der Narr nennts – Spiel . . .

Welt-Spiel, das herrische,
Mischt Sein und Schein: –
Das Ewig-Närrische
Mischt *uns* – hinein! . . .

Dichters Berufung

Als ich jüngst, mich zu erquicken,
Unter dunklen Bäumen saß,
Hört ich ticken, leise ticken,
Zierlich, wie nach Takt und Maß.
Böse wurd ich, zog Gesichter, –
Endlich aber gab ich nach,
Bis ich gar, gleich einem Dichter,
Selber mit im Ticktack sprach.

Wie mir so im Verse-Machen
Silb um Silb ihr Hopsa sprang,
Mußt ich plötzlich lachen, lachen
Eine Viertelstunde lang.
Du ein Dichter? Du ein Dichter?
Stehts mit deinem Kopf so schlecht?
–»Ja, mein Herr, Sie sind ein Dichter«
Achselzuckt der Vogel Specht.

Wessen harr ich hier im Busche?
Wem doch laur ich Räuber auf?
Ists ein Spruch? Ein Bild? Im Husche
Sitzt mein Reim ihm hintendrauf.
Was nur schlüpft und hüpft, gleich sticht der
Dichter sichs zum Vers zurecht.
–»Ja, mein Herr, Sie sind ein Dichter«
Achselzuckt der Vogel Specht.

Reime, mein ich, sind wie Pfeile?
Wie das zappelt, zittert, springt,
Wenn der Pfeil in edle Teile
Des Lazerten-Leibchens dringt!
Ach, ihr sterbt dran, arme Wichter,
Oder taumelt wie bezecht!
–»Ja, mein Herr, Sie sind ein Dichter«
Achselzuckt der Vogel Specht.

Schiefe Sprüchlein voller Eile,
Trunkne Wörtlein, wie sichs drängt!
Bis ihr alle, Zeil an Zeile,
An der Ticktack-Kette hängt.
Und es gibt grausam Gelichter,
Das dies – freut? Sind Dichter – schlecht?
–»Ja, mein Herr, Sie sind ein Dichter«
Achselzuckt der Vogel Specht.

Höhnst du, Vogel? Willst du scherzen?
Stehts mit meinem Kopf schon schlimm,
Schlimmer stünds mit meinem Herzen?
Fürchte, fürchte meinen Grimm! –
Doch der Dichter – Reime flicht er
Selbst im Grimm noch schlecht und recht.
–»Ja, mein Herr, Sie sind ein Dichter«
Achselzuckt der Vogel Specht.

Im Süden

So häng ich denn auf krummem Aste
Und schaukle meine Müdigkeit.
Ein Vogel lud mich her zu Gaste,
Ein Vogelnest ists, drin ich raste.
Wo bin ich doch? Ach, weit! Ach, weit!

Das weiße Meer liegt eingeschlafen,
Und purpurn steht ein Segel drauf.
Fels, Feigenbäume, Turm und Hafen,
Idylle rings, Geblök von Schafen, –
Unschuld des Südens, nimm mich auf!

Nur Schritt für Schritt – das ist kein Leben,
Stets Bein vor Bein macht deutsch und schwer.
Ich hieß den Wind mich aufwärts heben,
Ich lernte mit den Vögeln schweben, –
Nach Süden flog ich übers Meer.

Vernunft! Verdrießliches Geschäfte!
Das bringt uns allzubald ans Ziel!
Im Fliegen lernt ich, was mich äffte, –
Schon fühl ich Mut und Blut und Säfte
Zu neuem Leben, neuem Spiel ...

Einsam zu denken nenn ich weise,
Doch einsam singen – wäre dumm!
So hört ein Lied zu eurem Preise
Und setzt euch still um mich im Kreise,
Ihr schlimmen Vögelchen, herum!

So jung, so falsch, so umgetrieben
Scheint ganz ihr mir gemacht zum Lieben
Und jedem schönen Zeitvertreib?
Im Norden – ich gestehs mit Zaudern –
Liebt ich ein Weibchen, alt zum Schaudern:
»Die Wahrheit« hieß dies alte Weib ...

Die fromme Beppa

Solang noch hübsch mein Leibchen,
Lohnt sichs schon, fromm zu sein.
Man weiß, Gott liebt die Weibchen,
Die hübschen obendrein.
Er wirds dem armen Mönchlein
Gewißlich gern verzeihn,
Daß er, gleich manchem Mönchlein,
So gern will bei mir sein.

Kein grauer Kirchenvater!
Nein, jung noch und oft rot,
Oft trotz dem grausten Kater
Voll Eifersucht und Not.
Ich liebe nicht die Greise,
Er liebt die Alten nicht:
Wie wunderlich und weise
Hat Gott dies eingericht!

Die Kirche weiß zu leben,
Sie prüft Herz und Gesicht.
Stets will sie mir vergeben, –
Ja, wer vergibt mir nicht!
Man lispelt mit dem Mündchen,
Man knixt und geht hinaus,
Und mit dem neuen Sündchen
Löscht man das alte aus.

Gelobt sei Gott auf Erden,
Der hübsche Mädchen liebt
Und derlei Herzbeschwerden
Sich selber gern vergibt.
Solang noch hübsch mein Leibchen,
Lohnt sichs schon fromm zu sein:
Als altes Wackelweibchen
Mag mich der Teufel frein!

Der geheimnisvolle Nachen

Gestern nachts, als alles schlief,
Kaum der Wind mit ungewissen
Seufzern durch die Gassen lief,
Gab mir Ruhe nicht das Kissen,
Noch der Mohn, noch, was sonst tief
Schlafen macht, – ein gut Gewissen.

Endlich schlug ich mir den Schlaf
Aus dem Sinn und lief zum Strande.
Mondhell wars und mild, ich traf
Mann und Kahn auf warmem Sande,
Schläfrig beide, Hirt und Schaf: –
Schläfrig stieß der Kahn vom Lande.

Eine Stunde, leicht auch zwei,
Oder wars ein Jahr? – da sanken
Plötzlich mir Sinn und Gedanken
In ein ewges Einerlei,
Und ein Abgrund ohne Schranken
Tat sich auf: – da wars vorbei!

– Morgen kam: auf schwarzen Tiefen
steht ein Kahn und ruht und ruht . . .
Was geschah? so riefs, so riefen
Hundert bald: was gab es? Blut? – –
Nichts geschah! Wir schliefen, schliefen
Alle – ach, so gut! so gut!

Liebeserklärung
(bei der aber der Dichter in eine Grube fiel –)

Oh Wunder! Fliegt er noch?
Er steigt empor, und seine Flügel ruhn?
Was hebt und trägt ihn doch?
Was ist ihm Ziel und Zug und Zügel nun?

Gleich Stern und Ewigkeit
Lebt er in Höhn jetzt, die das Leben flieht,
Mitleidig selbst dem Neid –:
Und hoch flog, wer ihn auch nur schweben sieht!

Oh Vogel Albatroß!
Zur Höhe treibts mit ewgem Triebe mich.
Ich dachte dein: da floß
Mir Trän um Träne, – ja, ich liebe dich!

Lied
eines theokritischen Ziegenhirten

Da lieg ich, krank im Gedärm, –
Mich fressen die Wanzen.
Und drüben noch Licht und Lärm!
Ich hörs, sie tanzen . . .

Sie wollte um diese Stund
Zu mir sich schleichen.
Ich warte wie ein Hund, –
Es kommt kein Zeichen.

Das Kreuz, als sies versprach?
Wie konnte sie lügen?
– Oder läuft sie jedem nach,
Wie meine Ziegen?

Woher ihr seidner Rock? –
Ah, meine Stolze?
Es wohnt noch mancher Bock
An diesem Holze?

– Wie kraus und giftig macht
Verliebtes Warten!
So wächst bei schwüler Nacht
Giftpilz im Garten.

Die Liebe zehrt an mir
Gleich sieben Übeln, –
Nichts mag ich essen schier.
Lebt wohl, ihr Zwiebeln!

Der Mond ging schon ins Meer,
Müd sind alle Sterne,
Grau kommt der Tag daher, –
Ich stürbe gerne.

»Diesen ungewissen Seelen«

Diesen ungewissen Seelen
Bin ich grimmig gram.
All ihr Ehren ist ein Quälen,
All ihr Lob ist Selbstverdruß und Scham.

Daß ich nicht an *ihrem* Stricke
Ziehe durch die Zeit,
Dafür grüßt mich ihrer Blicke
Giftig-süßer, hoffnungsloser Neid.

Möchten sie mir herzhaft fluchen
Und die Nase drehn!
Dieser Augen hilflos Suchen
Soll bei mir auf ewig irregehn.

Narr in Verzweiflung

Ach! Was ich schrieb auf Tisch und Wand
Mit Narrenherz und Narrenhand,
Das sollte Tisch und Wand mir zieren? ...

Doch *ihr* sagt: »Narrenhände schmieren, –
Und Tisch und Wand soll man purgieren,
Bis auch die letzte Spur verschwand!«

Erlaubt! Ich lege Hand mit an –,
Ich lernte Schwamm und Besen führen,
Als Kritiker, als Wassermann.

Doch wenn die Arbeit abgetan,
Säh gern ich euch, ihr Überweisen,
Mit Weisheit Tisch und Wand besch . .

Rimus remedium

Oder: Wie kranke Dichter sich trösten

Aus deinem Munde,
Du speichelflüssige Hexe Zeit,
Tropft langsam Stund auf Stunde.
Umsonst, daß all mein Ekel schreit:
»Fluch, Fluch dem Schlunde
Der Ewigkeit!«

»Welt – ist von Erz:
Ein glühender Stier, – der hört kein Schrein.
Mit fliegenden Dolchen schreibt der Schmerz
Mir ins Gebein:
»Welt hat kein Herz,
Und Dummheit wärs, ihr gram drum sein!«

Gieß alle Mohne,
Gieß Fieber! Gift mir ins Gehirn!
Zu lang schon prüfst du mir Hand und Stirn.
Was frägst du? Was? »Zu welchem – Lohne?«
– Ha! Fluch der Dirn
Und ihrem Hohne!

Nein! Komm zurück!
Draußen ists kalt, ich höre regnen –
Ich sollte dir zärtlicher begegnen?
– Nimm! Hier ist Gold: wie glänzt das Stück! –
Dich heißen »Glück«?
Dich, Fieber, segnen? –

Die Tür springt auf!
Der Regen sprüht nach meinem Bette!
Wind löscht das Licht, – Unheil in Hauf!
– Wer jetzt nicht hundert *Reime* hätte,
Ich wette, wette,
Der ginge drauf!

»Mein Glück!«

Die Tauben von San Marco seh ich wieder:
Still ist der Platz, Vormittag ruht darauf.
In sanfter Kühle schick ich müßig Lieder
Gleich Taubenschwärmen in das Blau hinauf –
Und locke sie zurück,
Noch einen Reim zu hängen ins Gefieder
– mein Glück! Mein Glück!

Du stilles Himmels-Dach, blau-licht, von Seide,
Wie schwebst du schirmend ob des bunten Baus,
Den ich – was sag ich? – liebe, fürchte, *neide* . . .
Die Seele wahrlich tränk ich gern ihm aus!
Gäb ich sie je zurück? –
Nein, still davon, du Augen-Wunderweide!
– mein Glück! Mein Glück!

Du strenger Turm, mit welchem Löwendrange
Stiegst du empor hier, siegreich, sonder Müh!
Du überklingst den Platz mit tiefem Klange –:

Französisch wärst du sein *accent aigu*?
  Blieb ich gleich dir zurück,
Ich wüßte, aus welch seidenweichem Zwange ...
– mein Glück! Mein Glück!

Fort, fort Musik! Laß erst die Schatten dunkeln
Und wachsen bis zur braunen lauen Nacht!
Zum Tone ists zu früh am Tag, noch funkeln
Die Gold-Zieraten nicht in Rosen-Pracht,
  Noch blieb viel Tag zurück,
Viel Tag für Dichten, Schleichen, Einsam-Munkeln
– mein Glück! Mein Glück!

Nach neuen Meeren

Dorthin – *will* ich; und ich traue
Mir fortan und meinem Griff.
Offen liegt das Meer, ins Blaue
Treibt mein Genueser Schiff.

Alles glänzt mir neu und neuer,
Mittag schläft auf Raum und Zeit –:
Nur *dein* Auge – ungeheuer
Blickt michs an, Unendlichkeit!

Sils-Maria

Hier saß ich, wartend, wartend, – doch auf nichts,
Jenseits von Gut und Böse, bald des Lichts
Genießend, bald des Schattens, ganz nur Spiel,
Ganz See, ganz Mittag, ganz Zeit ohne Ziel.
  Da, plötzlich, Freundin! wurde eins zu zwei –
  – Und Zarathustra ging an mir vorbei ...

An den Mistral
Ein Tanzlied

Mistral-Wind, du Wolken-Jäger,
Trübsal-Mörder, Himmels-Feger,
Brausender, wie lieb ich dich!

Sind wir zwei nicht eines Schoßes
Erstlingsgabe, eines Loses
Vorbestimmte ewiglich?

Hier auf glatten Felsenwegen
Lauf ich tanzend dir entgegen,
Tanzend, wie du pfeifst und singst:
Der du ohne Schiff und Ruder
Als der Freiheit freister Bruder
Über wilde Meere springst.

Kaum erwacht, hört ich dein Rufen,
Stürmte zu den Felsenstufen,
Hin zur gelben Wand am Meer.
Heil! Da kamst du schon gleich hellen
Diamantnen Stromesschnellen
Sieghaft von den Bergen her.

Auf den ebnen Himmels-Tennen
Sah ich deine Rosse rennen,
Sah den Wagen, der dich trägt,
Sah die Hand dir selber zücken,
Wenn sie auf der Rosse Rücken
Blitzesgleich die Geißel schlägt, –

Sah dich aus dem Wagen springen,
Schneller dich hinabzuschwingen,
Sah dich wie zum Pfeil verkürzt
Senkrecht in die Tiefe stoßen, –
Wie ein Goldstrahl durch die Rosen
Erster Morgenröten stürzt.

Tanze nun auf tausend Rücken,
Wellen-Rücken, Wellen-Tücken –
Heil, wer *neue* Tänze schafft!
Tanzen wir in tausend Weisen,
Frei – sei *unsre* Kunst geheißen,
Fröhlich – *unsre* Wissenschaft!

Raffen wir von jeder Blume
Eine Blüte uns zum Ruhme
Und zwei Blätter noch zum Kranz!
Tanzen wir gleich Troubadouren

Zwischen Heiligen und Huren,
Zwischen Gott und Welt den Tanz!

Wer nicht tanzen kann mit Winden,
Wer sich wickeln muß mit Binden,
Angebunden, Krüppel-Greis,
Wer da gleicht den Heuchel-Hänsen,
Ehren-Tölpeln, Tugend-Gänsen,
Fort aus unsrem Paradeis!

Wirbeln wir den Staub der Straßen
Allen Kranken in die Nasen,
Scheuchen wir die Kranken-Brut!
Lösen wir die ganze Küste
Von dem Odem dürrer Brüste,
Von den Augen ohne Mut!

Jagen wir die Himmels-Trüber,
Welten-Schwärzer, Wolken-Schieber,
Hellen wir das Himmelreich!
Brausen wir ... oh aller freien
Geister Geist, mit dir zu zweien
Braust mein Glück dem Sturme gleich. –

– Und daß ewig das Gedächtnis
Solchen Glücks, nimm sein Vermächtnis,
Nimm den *Kranz* hier mit hinauf!
Wirf ihn höher, ferner, weiter,
Stürm empor die Himmelsleiter,
Häng ihn – an den Sternen auf!

ALSO SPRACH ZARATHUSTRA

Ein Buch für Alle und Keinen

ZARATHUSTRAS VORREDE

1

Als Zarathustra dreißig Jahre alt war, verließ er seine Heimat und den See seiner Heimat und ging in das Gebirge. Hier genoß er seines Geistes und seiner Einsamkeit und wurde dessen zehn Jahre nicht müde. Endlich aber verwandelte sich sein Herz, – und eines Morgens stand er mit der Morgenröte auf, trat vor die Sonne hin und sprach zu ihr also:

»Du großes Gestirn! Was wäre dein Glück, wenn du nicht die hättest, welchen du leuchtest!

Zehn Jahre kamst du hier herauf zu meiner Höhle: du würdest deines Lichtes und dieses Weges satt geworden sein, ohne mich, meinen Adler und meine Schlange.

Aber wir warteten deiner an jedem Morgen, nahmen dir deinen Überfluß ab und segneten dich dafür.

Siehe! Ich bin meiner Weisheit überdrüssig, wie die Biene, die des Honigs zuviel gesammelt hat, ich bedarf der Hände, die sich ausstrecken.

Ich möchte verschenken und austeilen, bis die Weisen unter den Menschen wieder einmal ihrer Torheit und die Armen wieder einmal ihres Reichtums froh geworden sind.

Dazu muß ich in die Tiefe steigen: wie du des Abends tust, wenn du hinter das Meer gehst und noch der Unterwelt Licht bringst, du überreiches Gestirn!

Ich muß, gleich dir, *untergehen*, wie die Menschen es nennen, zu denen ich hinab will.

So segne mich denn, du ruhiges Auge, das ohne Neid auch ein allzugroßes Glück sehen kann!

Segne den Becher, welcher überfließen will, daß das Wasser golden aus ihm fließe und überallhin den Abglanz deiner Wonne trage!

Siehe! Dieser Becher will wieder leer werden, und Zarathustra will wieder Mensch werden.«

– Also begann Zarathustras Untergang.

2

Zarathustra stieg allein das Gebirge abwärts und niemand begegnete ihm. Als er aber in die Wälder kam, stand auf einmal ein Greis vor ihm, der seine heilige Hütte verlassen hatte, um Wurzeln im Walde zu suchen. Und also sprach der Greis zu Zarathustra:

»Nicht fremd ist mir dieser Wanderer: vor manchem Jahre ging er hier vorbei. Zarathustra hieß er; aber er hat sich verwandelt.

Damals trugst du deine Asche zu Berge: willst du heute dein Feuer in die Täler tragen? Fürchtest du nicht des Brandstifters Strafen?

Ja, ich erkenne Zarathustra. Rein ist sein Auge, und an seinem Munde birgt sich kein Ekel. Geht er nicht daher wie ein Tänzer?

Verwandelt ist Zarathustra, zum Kind ward Zarathustra, ein Erwachter ist Zarathustra: was willst du nun bei den Schlafenden?

Wie im Meere lebtest du in der Einsamkeit, und das Meer trug dich. Wehe, du willst ans Land steigen? Wehe, du willst deinen Leib wieder selber schleppen?«

Zarathustra antwortete: »Ich liebe die Menschen.«

»Warum«, sagte der Heilige, »ging ich doch in den Wald und in die Einöde? War es nicht, weil ich die Menschen allzusehr liebte?

Jetzt liebe ich Gott: die Menschen liebe ich nicht. Der Mensch ist mir eine zu unvollkommene Sache. Liebe zum Menschen würde mich umbringen.«

Zarathustra antwortete: »Was sprach ich von Liebe! Ich bringe den Menschen ein Geschenk!«

»Gib ihnen nichts«, sagte der Heilige. »Nimm ihnen lieber etwas ab und trage es mit ihnen – das wird ihnen am wohlsten tun: wenn es dir nur wohltut!

Und willst du ihnen geben, so gib nicht mehr als ein Almosen, und laß sie noch darum betteln!«

»Nein«, antwortete Zarathustra, »ich gebe kein Almosen. Dazu bin ich nicht arm genug.«

Der Heilige lachte über Zarathustra und sprach also: »So sieh zu, daß sie deine Schätze annehmen! Sie sind mißtrauisch gegen die Einsiedler und glauben nicht, daß wir kommen, um zu schenken.

Unsre Schritte klingen ihnen zu einsam durch die Gassen. Und wie wenn sie nachts in ihren Betten einen Mann gehen hören, lange bevor die Sonne aufsteht, so fragen sie sich wohl: wohin will der Dieb?

Gehe nicht zu den Menschen und bleibe im Walde! Gehe lieber noch zu den Tieren! Warum willst du nicht sein wie ich – ein Bär unter Bären, ein Vogel unter Vögeln?«

»Und was macht der Heilige im Walde?« fragte Zarathustra.

Der Heilige antwortete: »Ich mache Lieder und singe sie, und wenn ich Lieder mache, lache, weine und brumme ich: also lobe ich Gott.

Mit Singen, Weinen, Lachen und Brummen lobe ich den Gott, der mein Gott ist. Doch was bringst du uns zum Geschenke?«

Als Zarathustra diese Worte gehört hatte, grüßte er den Heiligen und sprach: »Was hätte ich euch zu geben! Aber laßt mich schnell davon, daß ich euch nichts nehme!« – Und so trennten sie sich voneinander, der Greis und der Mann, lachend, gleichwie zwei Knaben lachen.

Als Zarathustra aber allein war, sprach er also zu seinem Herzen: »Sollte es denn möglich sein! Dieser alte Heilige hat in seinem Walde noch nichts davon gehört, daß *Gott tot* ist!« –

3

Als Zarathustra in die nächste Stadt kam, die an den Wäldern liegt, fand er daselbst viel Volk versammelt auf dem Markte: denn es war verheißen worden, daß man einen Seiltänzer sehen solle. Und Zarathustra sprach also zum Volke:

Ich lehre euch den Übermenschen. Der Mensch ist etwas, das überwunden werden soll. Was habt ihr getan, ihn zu überwinden?

Alle Wesen bisher schufen etwas über sich hinaus: und ihr wollt die Ebbe dieser großen Flut sein und lieber noch zum Tiere zurückgehn, als den Menschen überwinden?

Was ist der Affe für den Menschen? Ein Gelächter oder eine schmerzliche Scham. Und ebendas soll der Mensch für den Übermenschen sein: ein Gelächter oder eine schmerzliche Scham.

Ihr habt den Weg vom Wurme zum Menschen gemacht, und vieles ist in euch noch Wurm. Einst wart ihr Affen, und auch jetzt noch ist der Mensch mehr Affe, als irgendein Affe.

Wer aber der Weiseste von euch ist, der ist auch nur ein Zwiespalt und Zwitter von Pflanze und von Gespenst. Aber heiße ich euch zu Gespenstern oder Pflanzen werden?

Seht, ich lehre euch den Übermenschen!

Der Übermensch ist der Sinn der Erde. Euer Wille sage: der Übermensch *sei* der Sinn der Erde!

Ich beschwöre euch, meine Brüder, *bleibt der Erde treu* und glaubt denen nicht, welche euch von überirdischen Hoffnungen reden! Giftmischer sind es, ob sie es wissen oder nicht.

Verächter des Lebens sind es, Absterbende und selber Vergiftete, deren die Erde müde ist: so mögen sie dahinfahren!

Einst war der Frevel an Gott der größte Frevel, aber Gott starb, und damit starben auch diese Frevelhaften. An der Erde zu freveln ist jetzt das Furchtbarste und die Eingeweide des Unerforschlichen höher zu achten, als den Sinn der Erde!

Einst blickte die Seele verächtlich auf den Leib: und damals war diese Verachtung das Höchste – sie wollte ihn mager, gräßlich, verhungert. So dachte sie ihm und der Erde zu entschlüpfen.

Oh diese Seele war selber noch mager, gräßlich und verhungert: und Grausamkeit war die Wollust dieser Seele!

Aber auch ihr noch, meine Brüder, sprecht mir: was kündet euer Leib von eurer Seele? Ist eure Seele nicht Armut und Schmutz und ein erbärmliches Behagen?

Wahrlich, ein schmutziger Strom ist der Mensch. Man muß schon ein Meer sein, um einen schmutzigen Strom aufnehmen zu können, ohne unrein zu werden.

Seht, ich lehre euch den Übermenschen: der ist dies Meer, in ihm kann eure große Verachtung untergehn.

Was ist das Größte, das ihr erleben könnt? Das ist die Stunde der großen Verachtung. Die Stunde, in der euch auch euer Glück zum Ekel wird und ebenso eure Vernunft und eure Tugend.

Die Stunde, wo ihr sagt: »Was liegt an meinem Glücke! Es ist Armut und Schmutz und ein erbärmliches Behagen. Aber mein Glück sollte das Dasein selber rechtfertigen!«

Die Stunde, wo ihr sagt: »Was liegt an meiner Vernunft! Begehrt sie nach Wissen wie der Löwe nach seiner Nahrung? Sie ist Armut und Schmutz und ein erbärmliches Behagen!«

Die Stunde, wo ihr sagt: »Was liegt an meiner Tugend! Noch hat sie mich nicht rasen gemacht. Wie müde bin ich meines Guten und meines Bösen! Alles das ist Armut und Schmutz und ein erbärmliches Behagen!«

Die Stunde, wo ihr sagt: »Was liegt an meiner Gerechtigkeit! Ich sehe nicht, daß ich Glut und Kohle wäre. Aber der Gerechte ist Glut und Kohle!«

Die Stunde, wo ihr sagt: »Was liegt an meinem Mitleiden! Ist nicht Mitleid das Kreuz, an das der genagelt wird, der die Menschen liebt? Aber mein Mitleiden ist keine Kreuzigung.«

Spracht ihr schon so? Schriet ihr schon so? Ach, daß ich euch schon so schreien gehört hätte!

Nicht eure Sünde – eure Genügsamkeit schreit gen Himmel, euer Geiz selbst in eurer Sünde schreit gen Himmel!

Wo ist doch der Blitz, der euch mit seiner Zunge lecke? Wo ist der Wahnsinn, mit dem ihr geimpft werden müßtet?

Seht, ich lehre euch den Übermenschen: der ist dieser Blitz, der ist dieser Wahnsinn! –

Als Zarathustra so gesprochen hatte, schrie einer aus dem Volke: »Wir hörten nun genug von dem Seiltänzer; nun laßt uns ihn auch sehen!« Und alles Volk lachte über Zarathustra. Der Seiltänzer aber, welcher glaubte, daß das Wort ihm gälte, machte sich an sein Werk.

4

Zarathustra aber sahe das Volk an und wunderte sich. Dann sprach er also:

Der Mensch ist ein Seil, geknüpft zwischen Tier und Übermensch – ein Seil über einem Abgrunde.

Ein gefährliches Hinüber, ein gefährliches Auf-dem-Wege, ein gefährliches Zurückblicken, ein gefährliches Schaudern und Stehenbleiben.

Was groß ist am Menschen, das ist, daß er eine Brücke und kein Zweck ist: was geliebt werden kann am Menschen, das ist, daß er ein *Übergang* und ein *Untergang* ist.

Ich liebe die, welche nicht zu leben wissen, es sei denn als Untergehende, denn es sind die Hinübergehenden.

Ich liebe die großen Verachtenden, weil sie die großen Verehrenden sind und Pfeile der Sehnsucht nach dem andern Ufer.

Ich liebe die, welche nicht erst hinter den Sternen einen Grund suchen, unterzugehen und Opfer zu sein: sondern die sich der Erde opfern, daß die Erde einst des Übermenschen werde.

Ich liebe den, welcher lebt, damit er erkenne, und welcher erkennen will, damit einst der Übermensch lebe. Und so will er seinen Untergang.

Ich liebe den, welcher arbeitet und erfindet, daß er dem Übermenschen das Haus baue und zu ihm Erde, Tier und Pflanze vorbereite: denn so will er seinen Untergang.

Ich liebe den, welcher seine Tugend liebt: denn Tugend ist Wille zum Untergang und ein Pfeil der Sehnsucht.

Ich liebe den, welcher nicht einen Tropfen Geist für sich zurückbehält, sondern ganz der Geist seiner Tugend sein will: so schreitet er als Geist über die Brücke.

Ich liebe den, welcher aus seiner Tugend seinen Hang und sein Verhängnis macht: so will er um seiner Tugend willen noch leben und nicht mehr leben.

Ich liebe den, welcher nicht zu viele Tugenden haben will. Eine Tugend ist mehr Tugend als zwei, weil sie mehr Knoten ist, an den sich das Verhängnis hängt.

Ich liebe den, dessen Seele sich verschwendet, der nicht Dank haben will und nicht zurückgibt: denn er schenkt immer und will sich nicht bewahren.

Ich liebe den, welcher sich schämt, wenn der Würfel zu seinem Glücke fällt und der dann fragt: bin ich denn ein falscher Spieler? – denn er will zugrunde gehen.

Ich liebe den, welcher goldne Worte seinen Taten vorauswirft und immer noch mehr hält, als er verspricht: denn er will seinen Untergang.

Ich liebe den, welcher die Zukünftigen rechtfertigt und die Vergangenen erlöst: denn er will an den Gegenwärtigen zugrunde gehen.

Ich liebe den, welcher seinen Gott züchtigt, weil er seinen Gott liebt: denn er muß am Zorne seines Gottes zugrunde gehen.

Ich liebe den, dessen Seele tief ist auch in der Verwundung, und der an einem kleinen Erlebnisse zugrunde gehen kann: so geht er gerne über die Brücke.

Ich liebe den, dessen Seele übervoll ist, so daß er sich selber vergißt, und alle Dinge in ihm sind: so werden alle Dinge sein Untergang.

Ich liebe den, der freien Geistes und freien Herzens ist: so ist sein Kopf nur das Eingeweide seines Herzens, sein Herz aber treibt ihn zum Untergang.

Ich liebe alle die, welche wie schwere Tropfen sind, einzeln fallend aus der dunklen Wolke, die über den Menschen hängt: sie verkündigen, daß der Blitz kommt, und gehn als Verkündiger zugrunde.

Seht, ich bin ein Verkündiger des Blitzes, und ein schwerer Tropfen aus der Wolke: dieser Blitz aber heißt Übermensch –

5

Als Zarathustra diese Worte gesprochen hatte, sahe er wieder das Volk an und schwieg. »Da stehen sie«, sprach er zu seinem Herzen, »da lachen sie: sie verstehen mich nicht, ich bin nicht der Mund für diese Ohren.

Muß man ihnen erst die Ohren zerschlagen, daß sie lernen, mit den Augen hören? Muß man rasseln gleich Pauken und Bußpredigern? Oder glauben sie nur dem Stammelnden?

Sie haben etwas, worauf sie stolz sind. Wie nennen sie es doch, was sie stolz macht? Bildung nennen sie's, es zeichnet sie aus vor den Ziegenhirten.

Drum hören sie ungern von sich das Wort ›Verachtung‹. So will ich denn zu ihrem Stolze reden.

So will ich ihnen vom Verächtlichsten sprechen: das aber ist *der letzte Mensch.*«

Und also sprach Zarathustra zum Volke:

Es ist an der Zeit, daß der Mensch sich sein Ziel stecke. Es ist an der Zeit, daß der Mensch den Keim seiner höchsten Hoffnung pflanze.

Noch ist sein Boden dazu reich genug. Aber dieser Boden wird einst arm und zahm sein, und kein hoher Baum wird mehr aus ihm wachsen können.

Wehe! Es kommt die Zeit, wo der Mensch nicht mehr den Pfeil seiner Sehnsucht über den Menschen hinaus wirft, und die Sehne seines Bogens verlernt hat, zu schwirren!

Ich sage euch: man muß noch Chaos in sich haben, um einen tanzenden Stern gebären zu können. Ich sage euch: ihr habt noch Chaos in euch.

Wehe! Es kommt die Zeit, wo der Mensch keinen Stern mehr gebären wird. Wehe! Es kommt die Zeit des verächtlichsten Menschen, der sich selber nicht mehr verachten kann.

Seht! Ich zeige euch *den letzten Menschen.*

»Was ist Liebe? Was ist Schöpfung? Was ist Sehnsucht? Was ist Stern?« – so fragt der letzte Mensch und blinzelt.

Die Erde ist dann klein geworden, und auf ihr hüpft der letzte Mensch, der alles klein macht. Sein Geschlecht ist unaustilgbar wie der Erdfloh; der letzte Mensch lebt am längsten.

»Wir haben das Glück erfunden« – sagen die letzten Menschen und blinzeln.

Sie haben die Gegenden verlassen, wo es hart war zu leben: denn man braucht Wärme. Man liebt noch den Nachbar und reibt sich an ihm: denn man braucht Wärme.

Krankwerden und Mißtrauen-haben gilt ihnen sündhaft: man geht achtsam einher. Ein Tor, der noch über Steine oder Menschen stolpert!

Ein wenig Gift ab und zu: das macht angenehme Träume. Und viel Gift zuletzt, zu einem angenehmen Sterben.

Man arbeitet noch, denn Arbeit ist eine Unterhaltung. Aber man sorgt, daß die Unterhaltung nicht angreife.

Man wird nicht mehr arm und reich: beides ist zu beschwerlich. Wer will noch regieren? Wer noch gehorchen? Beides ist zu beschwerlich.

Kein Hirt und *eine* Herde! Jeder will das Gleiche, jeder ist gleich: wer anders fühlt, geht freiwillig ins Irrenhaus.

»Ehemals war alle Welt irre« – sagen die Feinsten und blinzeln.

Man ist klug und weiß alles, was geschehn ist: so hat man kein Ende zu spotten. Man zankt sich noch, aber man versöhnt sich bald – sonst verdirbt es den Magen.

Man hat sein Lüstchen für den Tag und sein Lüstchen für die Nacht: aber man ehrt die Gesundheit.

»Wir haben das Glück erfunden« – sagen die letzten Menschen und blinzeln. –

Und hier endete die erste Rede Zarathustras, welche man auch »die Vorrede« heißt: denn an dieser Stelle unterbrach ihn das Geschrei und die Lust der Menge. »Gib uns diesen letzten Menschen, oh Zarathustra«, – so riefen sie – »mache uns zu diesen letzten Menschen! So schenken wir dir den Übermenschen!« Und alles Volk jubelte und schnalzte mit der Zunge. Zarathustra aber wurde traurig und sagte zu seinem Herzen:

»Sie verstehen mich nicht: ich bin nicht der Mund für diese Ohren.

Zu lange wohl lebte ich im Gebirge, zu viel horchte ich auf Bäche und Bäume: nun rede ich ihnen gleich den Ziegenhirten.

Unbewegt ist meine Seele und hell wie das Gebirge am Vormittag. Aber sie meinen, ich sei kalt und ein Spötter in furchtbaren Späßen.

Und nun blicken sie mich an und lachen: und indem sie lachen, hassen sie mich noch. Es ist Eis in ihrem Lachen.«

6

Da aber geschah etwas, das jeden Mund stumm und jedes Auge starr machte. Inzwischen nämlich hatte der Seiltänzer sein Werk begonnen: er war aus einer kleinen Tür hinausgetreten und ging über das Seil, welches zwischen zwei Türmen gespannt war, also, daß es über dem Markte und dem Volke hing. Als er eben in der Mitte seines Weges war, öffnete sich die kleine Tür noch einmal, und ein bunter Gesell, einem Possenreißer gleich, sprang heraus und ging mit schnellen Schritten dem ersten nach. »Vorwärts, Lahmfuß«, rief seine fürchterliche Stimme, »vorwärts Faultier, Schleichhändler, Bleichgesicht! Daß ich dich nicht mit meiner Ferse kitzle! Was treibst du hier zwischen Türmen? In den Turm gehörst du, einsperren sollte man dich, einem Bessern, als du bist, sperrst du die freie Bahn!« – Und mit jedem Worte kam er ihm näher und näher: als er aber nur noch einen Schritt hinter ihm war, da geschah das Erschreckliche, das jeden Mund stumm und jedes Auge starr machte – er stieß ein Geschrei aus wie ein Teufel und sprang über den hinweg, der ihm im Wege war. Dieser aber, als er so seinen Nebenbuhler siegen sah, verlor dabei den Kopf und das Seil; er warf seine Stange weg und schoß schneller als diese, wie ein Wirbel von Armen und Beinen, in die Tiefe. Der Markt und das Volk glich dem Meere, wenn der Sturm hineinfährt: alles floh auseinander und übereinander, und am meisten dort, wo der Körper niederschlagen mußte.

Zarathustra aber blieb stehen, und gerade neben ihn fiel der Körper hin, übel zugerichtet und zerbrochen, aber noch nicht tot. Nach einer Weile kam dem Zerschmetterten das Bewußtsein zurück, und er sah Zarathustra neben sich knien. »Was machst du da?« sagte er endlich, »ich wußte es lange, daß mir der Teufel ein Bein stellen werde. Nun schleppt er mich zur Hölle: willst du's ihm wehren?«

»Bei meiner Ehre, Freund«, antwortete Zarathustra, »das gibt es alles nicht, wovon du sprichst: es gibt keinen Teufel und keine Hölle. Deine Seele wird noch schneller tot sein als dein Leib: fürchte nun nichts mehr!«

Der Mann blickte mißtrauisch auf. »Wenn du die Wahrheit sprichst«, sagte er dann, »so verliere ich nichts, wenn ich das Leben verliere. Ich bin nicht viel mehr als ein Tier, das man tanzen gelehrt hat, durch Schläge und schmale Bissen.«

»Nicht doch«, sprach Zarathustra; »du hast aus der Gefahr deinen Beruf gemacht, daran ist nichts zu verachten. Nun gehst du an deinem Beruf zugrunde: dafür will ich dich mit meinen Händen begraben.«

Als Zarathustra dies gesagt hatte, antwortete der Sterbende nicht mehr; aber er bewegte die Hand, wie als ob er die Hand Zarathustras zum Danke suche. –

7

Inzwischen kam der Abend, und der Markt barg sich in Dunkelheit: da verlief sich das Volk, denn selbst Neugierde und Schrecken werden müde. Zarathustra aber saß neben dem Toten auf der Erde und war in Gedanken versunken: so vergaß er die Zeit. Endlich aber wurde es Nacht, und ein kalter Wind blies über den Einsamen. Da erhob sich Zarathustra und sagte zu seinem Herzen:

»Wahrlich, einen schönen Fischfang tat heute Zarathustra! Keinen Menschen fing er, wohl aber einen Leichnam.

Unheimlich ist das menschliche Dasein und immer noch ohne Sinn: ein Possenreißer kann ihm zum Verhängnis werden.

Ich will die Menschen den Sinn ihres Seins lehren: welcher ist der Übermensch, der Blitz aus der dunklen Wolke Mensch.

Aber noch bin ich ihnen ferne, und mein Sinn redet nicht zu ihren Sinnen. Eine Mitte bin ich noch den Menschen zwischen einem Narren und einem Leichnam.

Dunkel ist die Nacht, dunkel sind die Wege Zarathustras. Komm, du kalter und steifer Gefährte! Ich trage dich dorthin, wo ich dich mit meinen Händen begrabe.«

8

Als Zarathustra dies zu seinem Herzen gesagt hatte, lud er den Leichnam auf seinen Rücken und machte sich auf den Weg. Und noch nicht war er hundert Schritte gegangen, da schlich ein Mensch an ihn heran und flüsterte ihm ins Ohr – und siehe! Der, welcher redete, war der Possenreißer vom Turme. »Geh weg von dieser Stadt, oh Zarathustra«, sprach er; »es hassen dich hier zu viele. Es hassen dich die Guten und Gerechten, und sie nennen dich ihren Feind und Verächter; es hassen dich die Gläubigen des rechten Glaubens, und sie nennen dich die Gefahr der Menge. Dein Glück war es, daß man über dich lachte: und wahrlich, du redetest gleich einem Possenreißer. Dein Glück war es, daß du dich dem toten Hunde geselltest; als du dich so erniedrigtest, hast du dich selber für heute errettet. Geh aber fort aus dieser Stadt – oder morgen springe ich über dich hinweg, ein Lebendiger über einen Toten.« Und als er dies

gesagt hatte, verschwand der Mensch; Zarathustra aber ging weiter durch die dunklen Gassen.

Am Tore der Stadt begegneten ihm die Totengräber: sie leuchteten ihm mit der Fackel ins Gesicht, erkannten Zarathustra und spotteten sehr über ihn. »Zarathustra trägt den toten Hund davon: brav, daß Zarathustra zum Totengräber wurde! Denn unsere Hände sind zu reinlich für diesen Braten. Will Zarathustra wohl dem Teufel seinen Bissen stehlen? Nun wohlan! Und gut Glück zur Mahlzeit! Wenn nur nicht der Teufel ein besserer Dieb ist, als Zarathustra! – er stiehlt sie beide, er frißt sie beide!« Und sie lachten miteinander und steckten die Köpfe zusammen.

Zarathustra sagte dazu kein Wort und ging seines Weges. Als er zwei Stunden gegangen war, an Wäldern und Sümpfen vorbei, da hatte er zu viel das hungrige Geheul der Wölfe gehört, und ihm selber kam der Hunger. So blieb er an einem einsamen Hause stehn, in dem ein Licht brannte.

»Der Hunger überfällt mich«, sagte Zarathustra, »wie ein Räuber. In Wäldern und Sümpfen überfällt mich mein Hunger, und in tiefer Nacht.

Wunderliche Launen hat mein Hunger. Oft kommt er mir erst nach der Mahlzeit, und heute kam er den ganzen Tag nicht: wo weilte er doch?«

Und damit schlug Zarathustra an das Tor des Hauses. Ein alter Mann erschien; er trug das Licht und fragte: »Wer kommt zu mir und zu meinem schlimmen Schlafe?«

»Ein Lebendiger und ein Toter«, sagte Zarathustra. »Gebt mir zu essen und zu trinken, ich vergaß es am Tage. Der, welcher den Hungrigen speiset, erquickt seine eigene Seele: so spricht die Weisheit.«

Der Alte ging fort, kam aber gleich zurück und bot Zarathustra Brot und Wein. »Eine böse Gegend ist's für Hungernde«, sagte er; »darum wohne ich hier. Tier und Mensch kommen zu mir, dem Einsiedler. Aber heiße auch deinen Gefährten essen und trinken, er ist müder als du.« Zarathustra antwortete: »Tot ist mein Gefährte, ich werde ihn schwerlich dazu überreden.« »Das geht mich nichts an«, sagte der Alte mürrisch: »wer an meinem Hause anklopft, muß auch nehmen, was ich ihm biete. Eßt und gehabt euch wohl!« –

Darauf ging Zarathustra wieder zwei Stunden und vertraute dem Wege und dem Lichte der Sterne: denn er war ein gewohnter Nachtgänger und liebte es, allem Schlafenden ins Gesicht zu sehn. Als aber der Morgen graute, fand sich Zarathustra in einem tiefen Walde, und kein Weg zeigte sich ihm mehr. Da legte er den Toten in einen hohlen Baum sich zu Häupten – denn er wollte ihn vor den Wölfen schützen – und sich selber auf den Boden und das Moos. Und alsbald schlief er ein, müden Leibes, aber mit einer unbewegten Seele.

9

Lange schlief Zarathustra, und nicht nur die Morgenröte ging über sein Antlitz, sondern auch der Vormittag. Endlich aber tat sein Auge sich auf: verwundert sah Zarathustra in den Wald und die Stille, verwundert sah er in sich hinein. Dann erhob er sich schnell, wie ein Seefahrer, der mit einem Male Land sieht, und jauchzte: denn er sah eine neue Wahrheit. Und also redete er dann zu seinem Herzen:

»Ein Licht ging mir auf: Gefährten brauche ich, und lebendige – nicht tote Gefährten und Leichname, die ich mit mir trage, wohin ich will.

Sondern lebendige Gefährten brauche ich, die mir folgen, weil sie sich selber folgen wollen – und dorthin, wohin ich will.

Ein Licht ging mir auf: nicht zum Volke rede Zarathustra, sondern zu Gefährten! Nicht soll Zarathustra einer Herde Hirt und Hund werden!

Viele wegzulocken von der Herde – dazu kam ich. Zürnen soll mir Volk und Herde: Räuber will Zarathustra den Hirten heißen.

Hirten sage ich, aber sie nennen sich die Guten und Gerechten. Hirten sage ich: aber sie nennen sich die Gläubigen des rechten Glaubens.

Siehe die Guten und Gerechten! Wen hassen sie am meisten? Den, der zerbricht ihre Tafeln der Werte, den Brecher, den Verbrecher – das aber ist der Schaffende.

Siehe die Gläubigen aller Glauben! Wen hassen sie am meisten? Den, der zerbricht ihre Tafeln der Werte, den Brecher, den Verbrecher – das aber ist der Schaffende.

Gefährten sucht der Schaffende und nicht Leichname, und auch nicht Herden und Gläubige. Die Mitschaffenden sucht der Schaffende, die, welche neue Werte auf neue Tafeln schreiben.

Gefährten sucht der Schaffende, und Miterntende: denn alles steht bei ihm reif zur Ernte. Aber ihm fehlen die hundert Sicheln: so rauft er Ähren aus und ist ärgerlich.

Gefährten sucht der Schaffende, und solche, die ihre Sicheln zu wetzen wissen. Vernichter wird man sie heißen und Verächter des Guten und Bösen. Aber die Erntenden sind es und die Feiernden.

Mitschaffende sucht Zarathustra, Miterntende und Mitfeiernde sucht Zarathustra: was hat er mit Herden und Hirten und Leichnamen zu schaffen!

Und du, mein erster Gefährte, gehab dich wohl! Gut begrub ich dich in deinem hohlen Baume, gut barg ich dich vor den Wölfen.

Aber ich scheide von dir, die Zeit ist um. Zwischen Morgenröte und Morgenröte kam mir eine neue Wahrheit.

Nicht Hirt soll ich sein, nicht Totengräber. Nicht reden einmal will ich wieder mit dem Volke; zum letzten Male sprach ich zu einem Toten.

Den Schaffenden, den Erntenden, den Feiernden will ich mich zuge-

sellen: den Regenbogen will ich ihnen zeigen und alle die Treppen des Übermenschen.

Den Einsiedlern werde ich mein Lied singen und den Zweisiedlern; und wer noch Ohren hat für Unerhörtes, dem will ich sein Herz schwer machen mit meinem Glücke.

Zu meinem Ziele will ich, ich gehe meinen Gang; über die Zögernden und Saumseligen werde ich hinwegspringen. Also sei mein Gang ihr Untergang!«

10

Dies hatte Zarathustra zu seinem Herzen gesprochen, als die Sonne im Mittag stand: da blickte er fragend in die Höhe – denn er hörte über sich den scharfen Ruf eines Vogels. Und siehe! Ein Adler zog in weiten Kreisen durch die Luft, und an ihm hing eine Schlange, nicht einer Beute gleich, sondern einer Freundin: denn sie hielt sich um seinen Hals geringelt.

»Es sind meine Tiere!« sagte Zarathustra und freute sich von Herzen.

»Das stolzeste Tier unter der Sonne und das klügste Tier unter der Sonne – sie sind ausgezogen auf Kundschaft.

Erkunden wollen sie, ob Zarathustra noch lebe. Wahrlich, lebe ich noch?

Gefährlicher fand ich's unter Menschen als unter Tieren, gefährliche Wege geht Zarathustra. Mögen mich meine Tiere führen!«

Als Zarathustra dies gesagt hatte, gedachte er der Worte des Heiligen im Walde, seufzte und sprach also zu seinem Herzen:

»Möchte ich klüger sein! Möchte ich klug von Grund aus sein, gleich meiner Schlange!

Aber Unmögliches bitte ich da: so bitte ich denn meinen Stolz, daß er immer mit meiner Klugheit gehe!

Und wenn mich einst meine Klugheit verläßt – ach, sie liebt es, davonzufliegen! – möge mein Stolz dann noch mit meiner Torheit fliegen!« –

– Also begann Zarathustras Untergang.

DIE REDEN ZARATHUSTRAS

Von den drei Verwandlungen

Drei Verwandlungen nenne ich euch des Geistes: wie der Geist zum Kamele wird, und zum Löwen das Kamel, und zum Kinde zuletzt der Löwe.

Vieles Schwere gibt es dem Geiste, dem starken, tragsamen Geiste, dem Ehrfurcht innewohnt: nach dem Schweren und Schwersten verlangt seine Stärke.

Was ist schwer? so fragt der tragsame Geist, so kniet er nieder, dem Kamele gleich, und will gut beladen sein.

Was ist das Schwerste, ihr Helden? so fragt der tragsame Geist, daß ich es auf mich nehme und meiner Stärke froh werde.

Ist es nicht das: sich erniedrigen, um seinem Hochmut wehe zu tun? Seine Torheit leuchten lassen, um seiner Weisheit zu spotten?

Oder ist es das: von unserer Sache scheiden, wenn sie ihren Sieg feiert? Auf hohe Berge steigen, um den Versucher zu versuchen?

Oder ist es das: sich von Eicheln und Gras der Erkenntnis nähren und um der Wahrheit willen an der Seele Hunger leiden?

Oder ist es das: krank sein und die Tröster heimschicken und mit Tauben Freundschaft schließen, die niemals hören, was du willst?

Oder ist es das: in schmutziges Wasser steigen, wenn es das Wasser der Wahrheit ist, und kalte Frösche und heiße Kröten nicht von sich weisen?

Oder ist es das: die lieben, die uns verachten, und dem Gespenste die Hand reichen, wenn es uns fürchten machen will?

Alles dies Schwerste nimmt der tragsame Geist auf sich: dem Kamele gleich, das beladen in die Wüste eilt, also eilt er in seine Wüste.

Aber in der einsamsten Wüste geschieht die zweite Verwandlung: zum Löwen wird hier der Geist, Freiheit will er sich erbeuten und Herr sein in seiner eignen Wüste.

Seinen letzten Herrn sucht er sich hier: feind will er ihm werden und seinem letzten Gotte, um Sieg will er mit dem großen Drachen ringen.

Welches ist der große Drache, den der Geist nicht mehr Herr und Gott heißen mag? »Du-sollst« heißt der große Drache. Aber der Geist des Löwen sagt »ich will«.

»Du-sollst« liegt ihm am Wege, goldfunkelnd, ein Schuppentier, und auf jeder Schuppe glänzt golden »Du sollst!«

Tausendjährige Werte glänzen an diesen Schuppen, und also spricht der mächtigste aller Drachen: »Aller Wert der Dinge – der glänzt an mir.«

»Aller Wert ward schon geschaffen, und aller geschaffene Wert – das bin ich. Wahrlich, es soll kein ›Ich will‹ mehr geben!« Also spricht der Drache.

Meine Brüder, wozu bedarf es des Löwen im Geiste? Was genügt nicht das lastbare Tier, das entsagt und ehrfürchtig ist?

Neue Werte schaffen – das vermag auch der Löwe noch nicht: aber Freiheit sich schaffen zu neuem Schaffen – das vermag die Macht des Löwen.

Freiheit sich schaffen und ein heiliges Nein auch vor der Pflicht: dazu, meine Brüder, bedarf es des Löwen.

Recht sich nehmen zu neuen Werten – das ist das furchtbarste Nehmen für einen tragsamen und ehrfürchtigen Geist. Wahrlich, ein Rauben ist es ihm und eines raubenden Tieres Sache.

Als sein Heiligstes liebte er einst das »Du-sollst«: nun muß er Wahn und Willkür auch noch im Heiligsten finden, daß er sich Freiheit raube von seiner Liebe: des Löwen bedarf es zu diesem Raube.

Aber sagt, meine Brüder, was vermag noch das Kind, das auch der Löwe nicht vermochte? Was muß der raubende Löwe auch noch zum Kinde werden?

Unschuld ist das Kind und Vergessen, ein Neubeginnen, ein Spiel, ein aus sich rollendes Rad, eine erste Bewegung, ein heiliges Ja-sagen.

Ja, zum Spiele des Schaffens, meine Brüder, bedarf es eines heiligen Ja-sagens: *seinen* Willen will nun der Geist, *seine* Welt gewinnt sich der Weltverlorene.

Drei Verwandlungen nannte ich euch des Geistes: wie der Geist zum Kamele ward, und zum Löwen das Kamel, und der Löwe zuletzt zum Kinde. –

Also sprach Zarathustra. Und damals weilte er in der Stadt, welche genannt wird: die bunte Kuh.

Von den Lehrstühlen der Tugend

Man rühmte Zarathustra einen Weisen, der gut vom Schlafe und von der Tugend zu reden wisse: sehr werde er geehrt und gelohnt dafür, und alle Jünglinge säßen vor seinem Lehrstuhle. Zu ihm ging Zarathustra, und mit allen Jünglingen saß er vor seinem Lehrstuhle. Und also sprach der Weise:

Ehre und Scham vor dem Schlafe! Das ist das erste! Und allen aus dem Wege gehn, die schlecht schlafen und nachts wachen!

Schamhaft ist noch der Dieb vor dem Schlafe: stets stiehlt er sich leise durch die Nacht. Schamlos aber ist der Wächter der Nacht, schamlos trägt er sein Horn.

Keine geringe Kunst ist schlafen: es tut schon not, den ganzen Tag daraufhin zu wachen.

Zehnmal mußt du des Tages dich selber überwinden: das macht eine gute Müdigkeit und ist Mohn der Seele.

Zehnmal mußt du dich wieder mit dir selber versöhnen; denn Überwindung ist Bitternis, und schlecht schläft der Unversöhnte.

Zehn Wahrheiten mußt du des Tages finden; sonst suchst du noch des Nachts nach Wahrheit, und deine Seele blieb hungrig.

Zehnmal mußt du lachen am Tage und heiter sein: sonst stört dich der Magen in der Nacht, dieser Vater der Trübsal.

Wenige wissen das: aber man muß alle Tugenden haben, um gut zu schlafen. Werde ich falsch Zeugnis reden? Werde ich ehebrechen?

Werde ich mich gelüsten lassen meines Nächsten Magd? Das alles vertrüge sich schlecht mit gutem Schlafe.

Und selbst wenn man alle Tugenden hat, muß man sich noch auf eins verstehen: selber die Tugenden zur rechten Zeit schlafen schicken.

Daß sie sich nicht miteinander zanken, die artigen Weiblein! Und über dich, du Unglückseliger!

Friede mit Gott und dem Nachbar: so will es der gute Schlaf. Und Friede auch noch mit des Nachbars Teufel! Sonst geht er bei dir des Nachts um.

Ehre der Obrigkeit und Gehorsam, und auch der krummen Obrigkeit! So will es der gute Schlaf. Was kann ich dafür, daß die Macht gerne auf krummen Beinen wandelt?

Der soll mir immer der beste Hirt heißen, der sein Schaf auf die grünste Aue führt: so verträgt es sich mit gutem Schlafe.

Viel Ehren will ich nicht, noch große Schätze: das entzündet die Milz. Aber schlecht schläft es sich ohne einen guten Namen und einen kleinen Schatz.

Eine kleine Gesellschaft ist mir willkommener als eine böse: doch muß sie gehn und kommen zur rechten Zeit. So verträgt es sich mit guten Schlafe.

Sehr gefallen mir auch die Geistig-Armen: sie fördern den Schlaf. Selig sind die, sonderlich wenn man ihnen immer Recht gibt.

Also läuft der Tag dem Tugendsamen. Kommt nun die Nacht, so hüte ich mich wohl, den Schlaf zu rufen! Nicht will er gerufen sein, der Schlaf, der der Herr der Tugenden ist!

Sondern ich denke, was ich des Tages getan und gedacht. Wiederkäuend frage ich mich, geduldsam gleich einer Kuh: welches waren doch deine zehn Überwindungen?

Und welches waren die zehn Versöhnungen und die zehn Wahrheiten und die zehn Gelächter, mit denen sich mein Herz gütlich tat?

Solcherlei erwägend und gewiegt von vierzig Gedanken, überfällt mich auf einmal der Schlaf, der Ungerufene, der Herr der Tugenden.

Der Schlaf klopft mir auf mein Auge: da wird es schwer. Der Schlaf berührt mir den Mund: da bleibt er offen.

Wahrlich, auf weichen Sohlen kommt er mir, der liebste der Diebe, und stiehlt mir meine Gedanken: dumm stehe ich da wie dieser Lehrstuhl.

Aber nicht lange mehr stehe ich dann: da liege ich schon. –

Als Zarathustra den Weisen also sprechen hörte, lachte er bei sich im Herzen: denn ihm war dabei ein Licht aufgegangen. Und also sprach er zu seinem Herzen:

Ein Narr ist mir dieser Weise da mit seinen vierzig Gedanken: aber ich glaube, daß er sich wohl auf das Schlafen versteht.

Glücklich schon, wer in der Nähe dieses Weisen wohnt! Solch ein Schlaf steckt an, noch durch eine dicke Wand hindurch steckt er an.

Ein Zauber wohnt selbst in seinem Lehrstuhle. Und nicht vergebens saßen die Jünglinge vor dem Prediger der Tugend.

Seine Weisheit heißt: wachen, um gut zu schlafen. Und wahrlich, hätte das Leben keinen Sinn und müßte ich Unsinn wählen, so wäre auch mir dies der wählenswürdigste Unsinn.

Jetzo verstehe ich klar, was einst man vor allem suchte, wenn man Lehrer der Tugend suchte. Guten Schlaf suchte man sich und mohnblumige Tugenden dazu!

Allen diesen gelobten Weisen der Lehrstühle war Weisheit der Schlaf ohne Träume: sie kannten keinen bessern Sinn des Lebens.

Auch noch heute wohl gibt es einige, wie diesen Prediger der Tugend, und nicht immer so Ehrliche: aber ihre Zeit ist um. Und nicht mehr lange stehen sie noch: da liegen sie schon.

Selig sind diese Schläfrigen: denn sie sollen bald einnicken. –

Also sprach Zarathustra.

Von den Hinterweltlern

Einst warf auch Zarathustra seinen Wahn jenseits des Menschen, gleich allen Hinterweltlern. Eines leidenden und zerquälten Gottes Werk schien mir da die Welt.

Traum schien mir da die Welt, und Dichtung eines Gottes; farbiger Rauch vor den Augen eines göttlich Unzufriednen.

Gut und Böse und Lust und Leid und Ich und Du – farbiger Rauch dünkte mich's vor schöpferischen Augen. Wegsehn wollte der Schöpfer von sich – da schuf er die Welt.

Trunkne Lust ist's dem Leidenden, wegzusehn von seinem Leiden und

sich zu verlieren. Trunkne Lust und Selbst-sich-Verlieren dünkte mich einst die Welt.

Diese Welt, die ewig unvollkommene, eines ewigen Widerspruches Abbild und unvollkommnes Abbild – eine trunkne Lust ihrem unvollkommnen Schöpfer – also dünkte mich einst die Welt.

Also warf auch ich einst meinen Wahn jenseits des Menschen, gleich allen Hinterweltlern. Jenseits des Menschen in Wahrheit?

Ach, ihr Brüder, dieser Gott, den ich schuf, war Menschen-Werk und -Wahnsinn, gleich allen Göttern!

Mensch war er, und nur ein armes Stück Mensch und Ich: aus der eigenen Asche und Glut kam es mir, dieses Gespenst, und wahrlich! Nicht kam es mir von Jenseits!

Was geschah, meine Brüder? Ich überwand mich, den Leidenden, ich trug meine eigne Asche zu Berge, eine hellere Flamme erfand ich mir. Und siehe! Da *wich* das Gespenst von mir!

Leiden wäre es mir jetzt und Qual dem Genesenen, solche Gespenster zu glauben: Leiden wäre es mir jetzt und Erniedrigung. Also rede ich zu den Hinterweltlern.

Leiden war's und Unvermögen – das schuf alle Hinterwelten; und jener kurze Wahnsinn des Glücks, den nur der Leidendste erfährt.

Müdigkeit, die mit *einem* Sprunge zum Letzten will, mit einem Todessprunge, eine arme unwissende Müdigkeit, die nicht einmal mehr wollen will: die schuf alle Götter und Hinterwelten.

Glaubt es mir, meine Brüder! Der Leib war's, der am Leibe verzweifelte – der tastete mit den Fingern des betörten Geistes an die letzten Wände.

Glaubt es mir, meine Brüder! Der Leib war's, der an der Erde verzweifelte – der hörte den Bauch des Seins zu sich reden.

Und da wollte er mit dem Kopfe durch die letzten Wände, und nicht nur mit dem Kopfe – hinüber zu »jener Welt«.

Aber »jene Welt« ist gut verborgen vor dem Menschen, jene entmenschte unmenschliche Welt, die ein himmlisches Nichts ist; und der Bauch des Seins redet gar nicht zum Menschen, es sei denn als Mensch.

Wahrlich, schwer zu beweisen ist alles Sein und schwer zum Reden zu bringen. Sagt mir, ihr Brüder, ist nicht das Wunderlichste aller Dinge noch am besten bewiesen?

Ja, dies Ich und des Ichs Widerspruch und Wirrsal redet noch am redlichsten von seinem Sein, dieses schaffende, wollende, wertende Ich, welches das Maß und der Wert der Dinge ist.

Und dies redlichste Sein, das Ich – das redet vom Leibe, und es will noch den Leib, selbst wenn es dichtet und schwärmt und mit zerbrochnen Flügeln flattert.

Immer redlicher lernt es reden, das Ich: und je mehr es lernt, um so mehr findet es Worte und Ehren für Leib und Erde.

Einen neuen Stolz lehrte mich mein Ich, den lehre ich die Menschen: nicht mehr den Kopf in den Sand der himmlischen Dinge zu stecken, sondern frei ihn zu tragen, einen Erden-Kopf, der der Erde Sinn schafft!

Einen neuen Willen lehre ich die Menschen: diesen Weg wollen, den blindlings der Mensch gegangen, und gut ihn heißen und nicht mehr von ihm beiseite schleichen, gleich den Kranken und Absterbenden!

Kranke und Absterbende waren es, die verachteten Leib und Erde und erfanden das Himmlische und die erlösenden Blutstropfen: aber auch noch diese süßen und düstern Gifte nahmen sie von Leib und Erde!

Ihrem Elende wollten sie entlaufen, und die Sterne waren ihnen zu weit. Da seufzten sie: »O daß es doch himmlische Wege gäbe, sich in ein andres Sein und Glück zu schleichen!« – da erfanden sie sich ihre Schliche und blutigen Tränklein!

Ihrem Leibe und dieser Erde nun entrückt wähnten sie sich, diese Undankbaren. Doch wem dankten sie ihrer Entrückung Krampf und Wonne? Ihrem Leibe und dieser Erde.

Milde ist Zarathustra den Kranken. Wahrlich, er zürnt nicht ihren Arten des Trostes und Undanks. Mögen sie Genesende werden und Überwindende und einen höheren Leib sich schaffen!

Nicht auch zürnt Zarathustra dem Genesenden, wenn er zärtlich nach seinem Wahne blickt und mitternachts um das Grab seines Gottes schleicht: aber Krankheit und kranker Leib bleiben mir auch seine Tränen noch.

Vieles krankhafte Volk gab es immer unter denen, welche dichten und gottsüchtig sind; wütend hassen sie den Erkennenden und jene jüngste der Tugenden, welche heißt: Redlichkeit.

Rückwärts blicken sie immer nach dunklen Zeiten: da freilich war Wahn und Glaube ein ander Ding; Raserei der Vernunft war Gottähnlichkeit, und Zweifel Sünde.

Allzugut kenne ich diese Gottähnlichen: sie wollen, daß an sie geglaubt werde, und Zweifel Sünde sei. Allzugut weiß ich auch, woran sie selber am besten glauben.

Wahrlich nicht an Hinterwelten und erlösende Blutstropfen: sondern an den Leib glauben auch sie am besten, und ihr eigener Leib ist ihnen ihr Ding an sich.

Aber ein krankhaftes Ding ist er ihnen: und gerne möchten sie aus der Haut fahren. Darum horchen sie nach den Predigern des Todes und predigen selber Hinterwelten.

Hört mir lieber, meine Brüder, auf die Stimme des gesunden Leibes: eine redlichere und reinere Stimme ist dies.

Redlicher redet und reiner der gesunde Leib, der vollkommene und rechtwinklige: und er redet vom Sinn der Erde.

Also sprach Zarathustra.

Von den Verächtern des Leibes

Den Verächtern des Leibes will ich mein Wort sagen. Nicht umlernen und umlehren sollen sie mir, sondern nur ihrem eignen Leibe Lebewohl sagen – und also stumm werden.

»Leib bin ich und Seele« – so redet das Kind. Und warum sollte man nicht wie die Kinder reden?

Aber der Erwachte, der Wissende sagt: Leib bin ich ganz und gar, und nichts außerdem; und Seele ist nur ein Wort für ein Etwas am Leibe.

Der Leib ist eine große Vernunft, eine Vielheit mit *einem* Sinne, ein Krieg und ein Frieden, eine Herde und ein Hirt.

Werkzeug deines Leibes ist auch deine kleine Vernunft, mein Bruder, die du »Geist« nennst, ein kleines Werk- und Spielzeug deiner großen Vernunft.

»Ich« sagst du und bist stolz auf dies Wort. Aber das Größere ist, woran du nicht glauben willst – dein Leib und seine große Vernunft: die sagt nicht Ich, aber tut Ich.

Was der Sinn fühlt, was der Geist erkennt, das hat niemals in sich sein Ende. Aber Sinn und Geist möchten dich überreden, sie seien aller Dinge Ende: so eitel sind sie.

Werk- und Spielzeuge sind Sinn und Geist: hinter ihnen liegt noch das Selbst. Das Selbst sucht auch mit den Augen der Sinne, es horcht auch mit den Ohren des Geistes.

Immer horcht das Selbst und sucht: es vergleicht, bezwingt, erobert, zerstört. Es herrscht und ist auch des Ichs Beherrscher.

Hinter deinen Gedanken und Gefühlen, mein Bruder, steht ein mächtiger Gebieter, ein unbekannter Weiser – der heißt Selbst. In deinem Leibe wohnt er, dein Leib ist er.

Es ist mehr Vernunft in deinem Leibe, als in deiner besten Weisheit. Und wer weiß denn, wozu dein Leib gerade deine beste Weisheit nötig hat?

Dein Selbst lacht über dein Ich und seine stolzen Sprünge. »Was sind mir diese Sprünge und Flüge des Gedankens?« sagt es sich. »Ein Umweg zu meinem Zwecke. Ich bin das Gängelband des Ichs und der Einbläser seiner Begriffe.«

Das Selbst sagt zum Ich: »hier fühle Schmerz!« Und da leidet es und denkt nach, wie es nicht mehr leide – und dazu eben *soll* es denken.

Das Selbst sagt zum Ich: »hier fühle Lust!« Da freut es sich und denkt nach, wie es noch oft sich freue – und dazu eben *soll* es denken.

Den Verächtern des Leibes will ich ein Wort sagen. Daß sie verachten, das macht ihr Achten. Was ist es, das Achten und Verachten und Wert und Willen schuf?

Das schaffende Selbst schuf sich Achten und Verachten, es schuf sich Lust und Weh. Der schaffende Leib schuf sich den Geist als eine Hand seines Willens.

Noch in eurer Torheit und Verachtung, ihr Verächter des Leibes, dient ihr eurem Selbst. Ich sage euch: euer Selbst selber will sterben und kehrt sich vom Leben ab.

Nicht mehr vermag es das, was es am liebsten will – über sich hinaus zu schaffen. Das will es am liebsten, das ist seine ganze Inbrunst.

Aber zu spät ward es ihm jetzt dafür – so will euer Selbst untergehn, ihr Verächter des Leibes.

Untergehn will euer Selbst, und darum wurdet ihr zu Verächtern des Leibes! Denn nicht mehr vermögt ihr über euch hinaus zu schaffen.

Und darum zürnt ihr nun dem Leben und der Erde. Ein ungewußter Neid ist im scheelen Blick eurer Verachtung.

Ich gehe nicht euren Weg, ihr Verächter des Leibes! Ihr seid mir keine Brücken zum Übermenschen! –

Also sprach Zarathustra.

Von den Freuden- und Leidenschaften

Mein Bruder, wenn du eine Tugend hast, und es deine Tugend ist, so hast du sie mit niemandem gemeinsam.

Freilich, du willst sie bei Namen nennen und liebkosen; du willst sie am Ohre zupfen und Kurzweil mit ihr treiben.

Und siehe! Nun hast du ihren Namen mit dem Volke gemeinsam und bist Volk und Herde geworden mit deiner Tugend!

Besser tätest du, zu sagen: »Unaussprechbar ist und namenlos, was meiner Seele Qual und Süße macht und auch noch der Hunger meiner Eingeweide ist.«

Deine Tugend sei zu hoch für die Vertraulichkeit der Namen: und mußt du von ihr reden, so schäme dich nicht, von ihr zu stammeln.

So sprich und stammle: »Das ist *mein* Gutes, das liebe ich, so gefällt es mir ganz, so allein will *ich* das Gute.

Nicht will ich es als eines Gottes Gesetz, nicht will ich es als eine Menschen-Satzung und -Notdurft: kein Wegweiser sei es mir für Über-Erden und Paradiese.

Eine irdische Tugend ist es, die ich liebe: wenig Klugheit ist darin, und am wenigsten die Vernunft aller.

Aber dieser Vogel baute bei mir sich das Nest: darum liebe und herze ich ihn, – nun sitzt er bei mir auf seinen goldnen Eiern.«

So sollst du stammeln und deine Tugend loben.

Einst hattest du Leidenschaften und nanntest sie böse. Aber jetzt hast du nur noch deine Tugenden: die wuchsen aus deinen Leidenschaften.

Du legtest dein höchstes Ziel diesen Leidenschaften ans Herz: da wurden sie deine Tugenden und Freudenschaften.

Und ob du aus dem Geschlechte der Jähzornigen wärest oder aus dem der Wollüstigen oder der Glaubens-Wütigen oder der Rachsüchtigen:

Am Ende wurden alle deine Leidenschaften zu Tugenden und alle deine Teufel zu Engeln.

Einst hattest du wilde Hunde in deinem Keller: aber am Ende verwandelten sie sich zu Vögeln und lieblichen Sängerinnen.

Aus deinen Giften brautest du dir deinen Balsam; deine Kuh Trübsal melktest du – nun trinkst du die süße Milch ihres Euters.

Und nichts Böses wächst mehr fürderhin aus dir, es sei denn das Böse, das aus dem Kampfe deiner Tugenden wächst.

Mein Bruder, wenn du Glück hast, so hast du *eine* Tugend und nicht mehr: so gehst du leichter über die Brücke.

Auszeichnend ist es, viele Tugenden zu haben, aber ein schweres Los; und mancher ging in die Wüste und tötete sich, weil er müde war, Schlacht und Schlachtfeld von Tugenden zu sein.

Mein Bruder, ist Krieg und Schlacht böse? Aber notwendig ist dies Böse, notwendig ist der Neid und das Mißtrauen und die Verleumdung unter deinen Tugenden.

Siehe, wie jede deiner Tugenden begehrlich ist nach dem Höchsten: sie will deinen ganzen Geist, daß er *ihr* Herold sei, sie will deine ganze Kraft in Zorn, Haß und Liebe.

Eifersüchtig ist jede Tugend auf die andre, und ein furchtbares Ding ist Eifersucht. Auch Tugenden können an der Eifersucht zugrunde gehn.

Wen die Flamme der Eifersucht umringt, der wendet zuletzt, gleich dem Skorpione, gegen sich selber den vergifteten Stachel.

Ach, mein Bruder, sahst du noch nie eine Tugend sich selber verleumden und erstechen?

Der Mensch ist etwas, das überwunden werden muß: und darum sollst du deine Tugenden lieben – denn du wirst an ihnen zugrunde gehn. –

Also sprach Zarathustra.

Vom bleichen Verbrecher

Ihr wollt nicht töten, ihr Richter und Opferer, bevor das Tier nicht genickt hat? Seht, der bleiche Verbrecher hat genickt: aus seinem Auge redet die große Verachtung.

»Mein Ich ist etwas, das überwunden werden soll: mein Ich ist mir die große Verachtung des Menschen«: so redet es aus diesem Auge.

Daß er sich selber richtete, war sein höchster Augenblick: laßt den Erhabenen nicht wieder zurück in sein Niederes!

Es gibt keine Erlösung für den, der so an sich selber leidet, es sei denn der schnelle Tod.

Euer Töten, ihr Richter, soll ein Mitleid sein und keine Rache. Und indem ihr tötet, seht zu, daß ihr selber das Leben rechtfertiget!

Es ist nicht genug, daß ihr euch mit dem versöhnt, den ihr tötet. Eure Traurigkeit sei Liebe zum Übermenschen: so rechtfertigt ihr euer Noch-Leben!

»Feind« sollt ihr sagen, aber nicht »Bösewicht«; »Kranker« sollt ihr sagen, aber nicht »Schuft«; »Tor« sollt ihr sagen, aber nicht »Sünder«.

Und du, roter Richter, wenn du laut sagen wolltest, was du alles schon in Gedanken getan hast: so würde jedermann schreien: »Weg mit diesem Unflat und Giftwurm!«

Aber ein anderes ist der Gedanke, ein anderes die Tat, ein anderes das Bild der Tat. Das Rad des Grundes rollt nicht zwischen ihnen.

Ein Bild machte diesen bleichen Menschen bleich. Gleichwüchsig war er seiner Tat, als er sie tat: aber ihr Bild ertrug er nicht, als sie getan war.

Immer sah er sich nun als *einer* Tat Täter. Wahnsinn heiße ich dies: die Ausnahme verkehrte sich ihm zum Wesen.

Der Strich bannt die Henne; der Streich, den er führte, bannte seine arme Vernunft – den Wahnsinn *nach* der Tat heiße ich dies.

Hört, ihr Richter! Einen anderen Wahnsinn gibt es noch: und der ist *vor* der Tat. Ach, ihr krocht mir nicht tief genug in diese Seele!

So spricht der rote Richter: »Was mordete doch dieser Verbrecher? Er wollte rauben.« Aber ich sage euch: seine Seele wollte Blut, nicht Raub: er dürstete nach dem Glück des Messers!

Seine arme Vernunft aber begriff diesen Wahnsinn nicht und überredete ihn. »Was liegt an Blut!« sprach sie; »willst du nicht zum mindesten einen Raub dabei machen? Eine Rache nehmen?«

Und er horchte auf seine arme Vernunft: wie Blei lag ihre Rede auf ihm, – da raubte er, als er mordete. Er wollte sich nicht seines Wahnsinns schämen.

Und nun wieder liegt das Blei seiner Schuld auf ihm, und wieder ist seine arme Vernunft so steif, so gelähmt, so schwer.

Wenn er nur den Kopf schütteln könnte, so würde seine Last herabrollen: aber wer schüttelt diesen Kopf?

Was ist dieser Mensch? Ein Haufen von Krankheiten, welche durch den Geist in die Welt hinausgreifen: da wollen sie ihre Beute machen.

Was ist dieser Mensch? Ein Knäuel wilder Schlangen, welche selten beieinander Ruhe haben, – da gehen sie für sich fort und suchen Beute in der Welt.

Seht diesen armen Leib! Was er litt und begehrte, das deutete sich diese arme Seele, – sie deutete es als mörderische Lust und Gier nach dem Glück des Messers.

Wer jetzt krank wird, den überfällt das Böse, das jetzt böse ist: wehe will er tun, mit dem, was ihm wehe tut. Aber es gab andre Zeiten und ein andres Böses und Gutes.

Einst war der Zweifel böse und der Wille zum Selbst. Damals wurde der Kranke zum Ketzer und zur Hexe: als Ketzer und Hexe litt er und wollte leiden machen.

Aber dies will nicht in eure Ohren: euren Guten schade es, sagt ihr mir. Aber was liegt mir an euren Guten!

Vieles an euren Guten macht mir Ekel, und wahrlich nicht ihr Böses. Wollte ich doch, sie hätten einen Wahnsinn, an dem sie zugrunde gingen, gleich diesem bleichen Verbrecher!

Wahrlich, ich wollte, ihr Wahnsinn hieße Wahrheit oder Treue oder Gerechtigkeit: aber sie haben ihre Tugend, um lange zu leben, und in einem erbärmlichen Behagen.

Ich bin ein Geländer am Strome: fasse mich, wer mich fassen kann! Eure Krücke aber bin ich nicht. –

Also sprach Zarathustra.

Vom Lesen und Schreiben

Von allem Geschriebenen liebe ich nur das, was einer mit seinem Blute schreibt. Schreibe mit Blut: und du wirst erfahren, daß Blut Geist ist.

Es ist nicht leicht möglich, fremdes Blut zu verstehen: ich hasse die lesenden Müßiggänger.

Wer den Leser kennt, der tut nichts mehr für den Leser. Noch ein Jahrhundert Leser – und der Geist selber wird stinken.

Daß jedermann lesen lernen darf, verdirbt auf die Dauer nicht allein das Schreiben, sondern auch das Denken.

Einst war der Geist Gott, dann wurde er zum Menschen, und jetzt wird er gar noch Pöbel.

Wer in Blut und Sprüchen schreibt, der will nicht gelesen, sondern auswendig gelernt werden.

Im Gebirge ist der nächste Weg von Gipfel zu Gipfel: aber dazu mußt du lange Beine haben. Sprüche sollen Gipfel sein: und die, zu denen gesprochen wird, Große und Hochwüchsige.

Die Luft dünn und rein, die Gefahr nahe und der Geist voll einer fröhlichen Bosheit: so paßt es gut zueinander.

Ich will Kobolde um mich haben, denn ich bin mutig. Mut, der die Gespenster verscheucht, schafft sich selber Kobolde, – der Mut will lachen.

Ich empfinde nicht mehr mit euch: diese Wolke, die ich unter mir sehe,

diese Schwärze und Schwere, über die ich lache – gerade das ist eure Gewitterwolke.

Ihr seht nach oben, wenn ihr nach Erhebung verlangt. Und ich sehe hinab, weil ich erhoben bin.

Wer von euch kann zugleich lachen und erhoben sein?

Wer auf den höchsten Bergen steigt, der lacht über alle Trauer-Spiele und Trauer-Ernste.

Mutig, unbekümmert, spöttisch, gewalttätig – so will uns die Weisheit: sie ist ein Weib und liebt immer nur einen Kriegsmann.

Ihr sagt mir: »das Leben ist schwer zu tragen.« Aber wozu hättet ihr vormittags euren Stolz und abends eure Ergebung?

Das Leben ist schwer zu tragen: aber so tut mir doch nicht so zärtlich! wir sind allesamt hübsche lastbare Esel und Eselinnen.

Was haben wir gemein mit der Rosenknospe, welche zittert, weil ihr ein Tropfen Tau auf dem Leibe liegt?

Es ist wahr: wir lieben das Leben, nicht, weil wir ans Leben, sondern weil wir ans Lieben gewöhnt sind.

Es ist immer etwas Wahnsinn in der Liebe. Es ist aber immer auch etwas Vernunft im Wahnsinn.

Und auch mir, der ich dem Leben gut bin, scheinen Schmetterlinge und Seifenblasen und was ihrer Art unter Menschen ist, am meisten vom Glücke zu wissen.

Diese leichten törichten zierlichen beweglichen Seelchen flattern zu sehen – das verführt Zarathustra zu Tränen und Liedern.

Ich würde nur an einen Gott glauben, der zu tanzen verstünde.

Und als ich meinen Teufel sah, da fand ich ihn ernst, gründlich, tief, feierlich; es war der Geist der Schwere – durch ihn fallen alle Dinge.

Nicht durch Zorn, sondern durch Lachen tötet man. Auf, laßt uns den Geist der Schwere töten!

Ich habe gehen gelernt: seitdem lasse ich mich laufen. Ich habe fliegen gelernt: seitdem will ich nicht erst gestoßen sein, um von der Stelle zu kommen.

Jetzt bin ich leicht, jetzt fliege ich, jetzt sehe ich mich unter mir, jetzt tanzt ein Gott durch mich.

Also sprach Zarathustra.

Vom Baum am Berge

Zarathustras Auge hatte gesehn, daß ein Jüngling ihm auswich. Und als er eines Abends allein durch die Berge ging, welche die Stadt umschließen, die genannt wird »die bunte Kuh«: siehe, da fand er im Gehen diesen

Jüngling, wie er an einen Baum gelehnt saß und müden Blickes in das Tal schaute. Zarathustra faßte den Baum an, bei welchem der Jüngling saß, und sprach also:

»Wenn ich diesen Baum da mit meinen Händen schütteln wollte, ich würde es nicht vermögen.

Aber der Wind, den wir nicht sehen, der quält und biegt ihn, wohin er will. Wir werden am schlimmsten von unsichtbaren Händen gebogen und gequält.«

Da erhob sich der Jüngling bestürzt und sagte: »Ich höre Zarathustra und eben dachte ich an ihn.« Zarathustra entgegnete:

»Was erschrickst du deshalb? – Aber es ist mit dem Menschen wie mit dem Baume.

Je mehr er hinauf in die Höhe und Helle will, um so stärker streben seine Wurzeln erdwärts, abwärts, ins Dunkle, Tiefe – ins Böse.«

»Ja, ins Böse!« rief der Jüngling. »Wie ist es möglich, daß du meine Seele entdecktest?«

Zarathustra lächelte und sprach: »Manche Seele wird man nie entdecken, es sei denn, daß man sie zuerst erfindet.«

»Ja, ins Böse!« rief der Jüngling nochmals.

»Du sagtest die Wahrheit, Zarathustra. Ich traue mir selber nicht mehr, seitdem ich in die Höhe will, und niemand traut mir mehr, – wie geschieht dies doch?

Ich verwandele mich zu schnell: mein Heute widerlegt mein Gestern. Ich überspringe oft die Stufen, wenn ich steige, – das verzeiht mir keine Stufe.

Bin ich oben, so finde ich mich immer allein. Niemand redet mit mir, der Frost der Einsamkeit macht mich zittern. Was will ich doch in der Höhe?

Meine Verachtung und meine Sehnsucht wachsen miteinander; je höher ich steige, um so mehr verachte ich den, der steigt. Was will er doch in der Höhe?

Wie schäme ich mich meines Steigens und Stolperns! Wie spotte ich meines heftigen Schnaubens! Wie hasse ich den Fliegenden! Wie müde bin ich in der Höhe!«

Hier schwieg der Jüngling. Und Zarathustra betrachtete den Baum, an dem sie standen, und sprach also:

»Dieser Baum steht einsam hier am Gebirge; er wuchs hoch hinweg über Mensch und Tier.

Und wenn er reden wollte, er würde niemanden haben, der ihn verstünde: so hoch wuchs er.

Nun wartet er und wartet – worauf wartet er doch? Er wohnt dem Sitze der Wolken zu nahe: er wartet wohl auf den ersten Blitz?«

Als Zarathustra dies gesagt hatte, rief der Jüngling mit heftigen Gebärden: »Ja, Zarathustra, du sprichst die Wahrheit. Nach meinem Untergange verlangte ich, als ich in die Höhe wollte, und du bist der Blitz, auf den ich

wartete! Siehe, was bin ich noch, seitdem du uns erschienen bist? Der *Neid* auf dich ist's, der mich zerstört hat!« – So sprach der Jüngling und weinte bitterlich. Zarathustra aber legte seinen Arm um ihn und führte ihn mit sich fort.

Und als sie eine Weile miteinander gegangen waren, hob Zarathustra also an zu sprechen:

Es zerreißt mir das Herz. Besser als deine Worte es sagen, sagt mir dein Auge alle deine Gefahr.

Noch bist du nicht frei, du *suchst* noch nach Freiheit. Übernächtig machte dich dein Suchen und überwach.

In die freie Höhe willst du, nach Sternen dürstet deine Seele. Aber auch deine schlimmen Triebe dürsten nach Freiheit.

Deine wilden Hunde wollen in die Freiheit; sie bellen vor Lust in ihrem Keller, wenn dein Geist alle Gefängnisse zu lösen trachtet.

Noch bist du mir ein Gefangener, der sich Freiheit ersinnt: ach, klug wird solchen Gefangenen die Seele, aber auch arglistig und schlecht.

Reinigen muß sich noch der Befreite des Geistes. Viel Gefängnis und Moder ist noch in ihm zurück: rein muß noch sein Auge werden.

Ja, ich kenne deine Gefahr. Aber bei meiner Liebe und Hoffnung beschwöre ich dich: wirf deine Liebe und Hoffnung nicht weg!

Edel fühlst du dich noch, und edel fühlen dich auch die andern noch, die dir gram sind und böse Blicke senden. Wisse, daß allen ein Edler im Wege steht.

Auch den Guten steht ein Edler im Wege: und selbst wenn sie ihn einen Guten nennen, so wollen sie ihn damit beiseite bringen.

Neues will der Edle schaffen und eine neue Tugend. Altes will der Gute, und daß Altes erhalten bleibe.

Aber nicht das ist die Gefahr des Edlen, daß er ein Guter werde, sondern ein Frecher, ein Höhnender, ein Vernichter.

Ach, ich kannte Edle, die verloren ihre höchste Hoffnung. Und nun verleumdeten sie alle hohen Hoffnungen.

Nun lebten sie frech in kurzen Lüsten, und über den Tag hin warfen sie kaum noch Ziele.

»Geist ist auch Wollust« – so sagten sie. Da zerbrachen ihrem Geiste die Flügel: nun kriecht er herum und beschmutzt im Nagen.

Einst dachten sie Helden zu werden: Lüstlinge sind es jetzt. Ein Gram und ein Grauen ist ihnen der Held.

Aber bei meiner Liebe und Hoffnung beschwöre ich dich: wirf den Helden in deiner Seele nicht weg! Halte heilig deine höchste Hoffnung! –

Also sprach Zarathustra.

Von den Predigern des Todes

Es gibt Prediger des Todes: und die Erde ist voll von solchen, denen Abkehr gepredigt werden muß vom Leben.

Voll ist die Erde von Überflüssigen, verdorben ist das Leben durch die Viel-zu-Vielen. Möge man sie mit dem »ewigen Leben« aus diesem Leben weglocken!

»Gelbe«: so nennt man die Prediger des Todes, oder »Schwarze«. Aber ich will sie euch noch in andern Farben zeigen.

Da sind die Fürchterlichen, welche in sich das Raubtier herumtragen und keine Wahl haben, es sei denn Lüste oder Selbstzerfleischung. Und auch ihre Lüste sind noch Selbstzerfleischung.

Sie sind noch nicht einmal Menschen geworden, diese Fürchterlichen: mögen sie Abkehr predigen vom Leben und selber dahinfahren!

Da sind die Schwindsüchtigen der Seele: kaum sind sie geboren, so fangen sie schon an zu sterben und sehnen sich nach Lehren der Müdigkeit und Entsagung.

Sie wollen gerne tot sein, und wir sollten ihren Willen gut heißen! Hüten wir uns, diese Toten zu erwecken und diese lebendigen Särge zu versehren!

Ihnen begegnet ein Kranker oder ein Greis oder ein Leichnam; und gleich sagen sie: »das Leben ist widerlegt!«

Aber nur sie sind widerlegt und ihr Auge, welches nur das eine Gesicht sieht am Dasein.

Eingehüllt in dicke Schwermut und begierig auf die kleinen Zufälle, welche den Tod bringen: so warten sie und beißen die Zähne aufeinander.

Oder aber: sie greifen nach Zuckerwerk und spotten ihrer Kinderei dabei: sie hängen an ihrem Strohhalm Leben und spotten, daß sie noch an einem Strohhalm hängen.

Ihre Weisheit lautet: »Ein Tor, der leben bleibt, aber so sehr sind wir Toren! Und das eben ist das Törichtste am Leben!« –

»Das Leben ist nur Leiden« – so sagen andre und lügen nicht: so sorgt doch, daß *ihr* aufhört! So sorgt doch, daß das Leben aufhört, welches nur Leiden ist!

Und also laute die Lehre eurer Tugend: »Du sollst dich selber töten! Du sollst dich selber davonstehlen!« –

»Wollust ist Sünde« – so sagen die einen, welche den Tod predigen – »laßt uns beiseite gehn und keine Kinder zeugen!«

»Gebären ist mühsam« – sagen die andern – »wozu noch gebären? Man gebiert nur Unglückliche!« Und auch sie sind Prediger des Todes.

»Mitleid tut not« – so sagen die dritten. »Nehmt hin, was ich habe! Nehmt hin, was ich bin! Um so weniger bindet mich das Leben!«

Wären sie Mitleidige von Grund aus, so würden sie ihren Nächsten das Leben verleiden. Böse sein – das wäre ihre rechte Güte.

Aber sie wollen loskommen vom Leben: was schiert es sie, daß sie andre mit ihren Ketten und Geschenken noch fester binden! –

Und auch ihr, denen das Leben wilde Arbeit und Unruhe ist: seid ihr nicht sehr müde des Lebens? Seid ihr nicht sehr reif für die Predigt des Todes?

Ihr alle, denen die wilde Arbeit lieb ist und das Schnelle, Neue, Fremde – ihr ertragt euch schlecht, euer Fleiß ist Fluch und Wille, sich selber zu vergessen.

Wenn ihr mehr an das Leben glaubtet, würdet ihr weniger euch dem Augenblicke hinwerfen. Aber ihr habt zum Warten nicht Inhalt genug in euch – und selbst zur Faulheit nicht!

Überall ertönt die Stimme derer, welche den Tod predigen: und die Erde ist voll von solchen, welchen der Tod gepredigt werden muß.

Oder »das ewige Leben«: das gilt mir gleich, – wofern sie nur schnell dahinfahren!

Also sprach Zarathustra.

Vom Krieg und Kriegsvolke

Von unsern besten Feinden wollen wir nicht geschont sein, und auch von denen nicht, welche wir von Grund aus lieben. So laßt mich denn euch die Wahrheit sagen!

Meine Brüder im Kriege! Ich liebe euch von Grund aus, ich bin und war euresgleichen. Und ich bin auch euer bester Feind. So laßt mich denn euch die Wahrheit sagen!

Ich weiß um den Haß und Neid eures Herzens. Ihr seid nicht groß genug, um Haß und Neid nicht zu kennen. So seid denn groß genug, euch ihrer nicht zu schämen!

Und wenn ihr nicht Heilige der Erkenntnis sein könnt, so seid mir wenigstens deren Kriegsmänner. Das sind die Gefährten und Vorläufer solcher Heiligkeit.

Ich sehe viel Soldaten: möchte ich viel Kriegsmänner sehn! »Einform« nennt man's, was sie tragen: möge es nicht Ein-form sein, was sie damit verstecken!

Ihr sollt mir solche sein, deren Auge immer nach einem Feinde sucht – nach *eurem* Feinde. Und bei einigen von euch gibt es einen Haß auf den ersten Blick.

Euren Feind sollt ihr suchen, euren Krieg sollt ihr führen, und für eure Gedanken! Und wenn euer Gedanke unterliegt, so soll eure Redlichkeit darüber noch Triumph rufen!

Ihr sollt den Frieden lieben als Mittel zu neuen Kriegen. Und den kurzen Frieden mehr als den langen.

Euch rate ich nicht zur Arbeit, sondern zum Kampfe. Euch rate ich nicht zum Frieden, sondern zum Siege. Eure Arbeit sei ein Kampf, euer Friede sei ein Sieg!

Man kann nur schweigen und stillsitzen, wenn man Pfeil und Bogen hat: sonst schwätzt und zankt man. Euer Friede sei ein Sieg!

Ihr sagt, die gute Sache sei es, die sogar den Krieg heilige? Ich sage euch: der gute Krieg ist es, der jede Sache heiligt.

Der Krieg und der Mut haben mehr große Dinge getan, als die Nächstenliebe. Nicht euer Mitleiden, sondern eure Tapferkeit rettete bisher die Verunglückten.

»Was ist gut?« fragt ihr. Tapfer sein ist gut. Laßt die kleinen Mädchen reden: »gut sein ist, was hübsch zugleich und rührend ist.«

Man nennt euch herzlos: aber euer Herz ist echt, und ich liebe die Scham eurer Herzlichkeit. Ihr schämt euch eurer Flut, und andre schämen sich ihrer Ebbe.

Ihr seid häßlich? Nun wohlan, meine Brüder! So nehmt das Erhabne um euch, den Mantel des Häßlichen!

Und wenn eure Seele groß wird, so wird sie übermütig, und in eurer Erhabenheit ist Bosheit. Ich kenne euch.

In der Bosheit begegnet sich der Übermütige mit dem Schwächlinge. Aber sie mißverstehen einander. Ich kenne euch.

Ihr dürft nur Feinde haben, die zu hassen sind, aber nicht Feinde zum Verachten. Ihr müßt stolz auf euern Feind sein: dann sind die Erfolge eures Feindes auch eure Erfolge.

Auflehnung – das ist die Vornehmheit am Sklaven. Eure Vornehmheit sei Gehorsam! Euer Befehlen selber sei ein Gehorchen!

Einem guten Kriegsmanne klingt »du sollst« angenehmer als »ich will«. Und alles, was euch lieb ist, sollt ihr euch erst noch befehlen lassen.

Eure Liebe zum Leben sei Liebe zu eurer höchsten Hoffnung: und eure höchste Hoffnung sei der höchste Gedanke des Lebens!

Euren höchsten Gedanken aber sollt ihr euch von mir befehlen lassen – und er lautet: der Mensch ist etwas, das überwunden werden soll.

So lebt euer Leben des Gehorsams und des Krieges! Was liegt am Lang-Leben! Welcher Krieger will geschont sein!

Ich schone euch nicht, ich liebe euch von Grund aus, meine Brüder im Kriege! –

Also sprach Zarathustra.

Von neuen Götzen

Irgendwo gibt es noch Völker und Herden, doch nicht bei uns, meine Brüder: da gibt es Staaten.

Staat? Was ist das? Wohlan! Jetzt tut mir die Ohren auf, denn jetzt sage ich euch mein Wort vom Tode der Völker.

Staat heißt das kälteste aller kalten Ungeheuer. Kalt lügt es auch; und diese Lüge kriecht aus seinem Munde: »Ich, der Staat, bin das Volk.«

Lüge ist's! Schaffende waren es, die schufen die Völker und hängten einen Glauben und eine Liebe über sie hin: also dienten sie dem Leben.

Vernichter sind es, die stellen Fallen auf für viele und heißen sie Staat: sie hängen ein Schwert und hundert Begierden über sie hin.

Wo es noch Volk gibt, da versteht es den Staat nicht und haßt ihn als bösen Blick und Sünde an Sitten und Rechten.

Dieses Zeichen gebe ich euch: jedes Volk spricht seine Zunge des Guten und Bösen: die versteht der Nachbar nicht. Seine Sprache erfand es sich in Sitten und Rechten.

Aber der Staat lügt in allen Zungen des Guten und Bösen; und was er auch redet, er lügt – und was er auch hat, gestohlen hat er's.

Falsch ist alles an ihm; mit gestohlenen Zähnen beißt er, der Bissige. Falsch sind selbst seine Eingeweide.

Sprachverwirrung des Guten und Bösen: dieses Zeichen gebe ich euch als Zeichen des Staates. Wahrlich, den Willen zum Tode deutet dieses Zeichen! Wahrlich, es winkt den Predigern des Todes!

Viel zu viele werden geboren: für die Überflüssigen ward der Staat erfunden!

Seht mir doch, wie er sie an sich lockt, die Viel-zu-Vielen! Wie er sie schlingt und kaut und wiederkäut!

»Auf der Erde ist nichts Größeres als ich: der ordnende Finger bin ich Gottes« – also brüllt das Untier. Und nicht nur Langgeohrte und Kurzgeäugte sinken auf die Knie!

Ach, auch in euch, ihr großen Seelen, raunt er seine düsteren Lügen! Ach, er errät die reichen Herzen, die gerne sich verschwenden!

Ja, auch euch errät er, ihr Besieger des alten Gottes! Müde wurdet ihr im Kampfe, und nun dient eure Müdigkeit noch dem neuen Götzen!

Helden und Ehrenhafte möchte er um sich aufstellen, der neue Götze! Gerne sonnt er sich im Sonnenschein guter Gewissen – das kalte Untier!

Alles will er *euch* geben, wenn *ihr* ihn anbetet, der neue Götze: also kauft er sich den Glanz eurer Tugenden und den Blick eurer stolzen Augen.

Ködern will er mit euch die Viel-zu-Vielen! Ja, ein Höllenkunststück ward da erfunden, ein Pferd des Todes, klirrend im Putz göttlicher Ehren!

Ja, ein Sterben für viele ward da erfunden, das sich selber als Leben preist: wahrlich, ein Herzensdienst allen Predigern des Todes!

Staat nenne ich's, wo alle Gifttrinker sind, Gute und Schlimme: Staat, wo alle sich selber verlieren, Gute und Schlimme: Staat, wo der langsame Selbstmord aller – »das Leben« heißt.

Seht mir doch diese Überflüssigen! Sie stehlen sich die Werke der Erfinder und die Schätze der Weisen: Bildung nennen sie ihren Diebstahl – und alles wird ihnen zu Krankheit und Ungemach!

Seht mir doch diese Überflüssigen! Krank sind sie immer, sie erbrechen ihre Galle und nennen es Zeitung. Sie verschlingen einander und können sich nicht einmal verdauen.

Seht mir doch diese Überflüssigen! Reichtümer erwerben sie und werden ärmer damit. Macht wollen sie und zuerst das Brecheisen der Macht, viel Geld – diese Unvermögenden!

Seht sie klettern, diese geschwinden Affen! Sie klettern übereinander hinweg und zerren sich also in den Schlamm und die Tiefe.

Hin zum Throne wollen sie alle: ihr Wahnsinn ist es – als ob das Glück auf dem Throne säße! Oft sitzt der Schlamm auf dem Thron – und oft auch der Thron auf dem Schlamme.

Wahnsinnige sind sie mir alle und kletternde Affen und Überheiße. Übel riecht mir ihr Götze, das kalte Untier: übel riechen sie mir alle zusammen, diese Götzendiener.

Meine Brüder, wollt ihr denn ersticken im Dunste ihrer Mäuler und Begierden? Lieber zerbrecht doch die Fenster und springt ins Freie!

Geht doch dem schlechten Geruche aus dem Wege! Geht fort von der Götzendienerei der Überflüssigen!

Geht doch dem schlechten Geruche aus dem Wege! Geht fort von dem Dampfe dieser Menschenopfer!

Frei steht großen Seelen auch jetzt noch die Erde. Leer sind noch viele Sitze für Einsame und Zweisame, um die der Geruch stiller Meere weht.

Frei steht noch großen Seelen ein freies Leben. Wahrlich, wer wenig besitzt, wird um so weniger besessen: gelobt sei die kleine Armut!

Dort, wo der Staat aufhört, da beginnt erst der Mensch, der nicht überflüssig ist: da beginnt das Lied des Notwendigen, die einmalige und unersetzliche Weise.

Dort, wo der Staat *aufhört* – so seht mir doch hin, meine Brüder! Seht ihr ihn nicht, den Regenbogen und die Brücken des Übermenschen? –

Also sprach Zarathustra.

Von den Fliegen des Marktes

Fliehe, mein Freund, in deine Einsamkeit! Ich sehe dich betäubt vom Lärme der großen Männer und zerstochen von den Stacheln der kleinen.

Würdig wissen Wald und Fels mit dir zu schweigen. Gleiche wieder dem Baume, den du liebst, dem breitästigen: still und aufhorchend hängt er über dem Meere.

Wo die Einsamkeit aufhört, da beginnt der Markt; und wo der Markt beginnt, da beginnt auch der Lärm der großen Schauspieler und das Geschwirr der giftigen Fliegen.

In der Welt taugen die besten Dinge noch nichts, ohne einen, der sie erst aufführt: große Männer heißt das Volk diese Aufführer.

Wenig begreift das Volk das Große, das ist: das Schaffende. Aber Sinne hat es für alle Aufführer und Schauspieler großer Sachen.

Um die Erfinder von neuen Werten dreht sich die Welt – unsichtbar dreht sie sich. Doch um die Schauspieler dreht sich das Volk und der Ruhm: so ist es der Welt Lauf.

Geist hat der Schauspieler, doch wenig Gewissen des Geistes. Er glaubt immer an das, womit er am stärksten glauben macht – glauben an *sich* macht!

Morgen hat er einen neuen Glauben und übermorgen einen neueren. Rasche Sinne hat er, gleich dem Volke, und veränderliche Witterungen.

Umwerfen – das heißt ihm: beweisen. Toll machen – das heißt ihm: überzeugen. Und Blut gilt ihm als aller Gründe bester.

Eine Wahrheit, die nur in feine Ohren schlüpft, nennt er Lüge und Nichts. Wahrlich, er glaubt nur an Götter, die großen Lärm in der Welt machen!

Voll von feierlichen Possenreißern ist der Markt – und das Volk rühmt sich seiner großen Männer! das sind ihm die Herrn der Stunde.

Aber die Stunde drängt sie: so drängen sie dich: und auch von dir wollen sie Ja oder Nein. Wehe, du willst zwischen Für und Wider deinen Stuhl setzen?

Dieser Unbedingten und Drängenden halber sei ohne Eifersucht, du Liebhaber der Wahrheit! Niemals noch hängte sich die Wahrheit an den Arm eines Unbedingten.

·Dieser Plötzlichen halber gehe zurück in deine Sicherheit: nur auf dem Markt wird man mit Ja? oder Nein? überfallen.

Langsam ist das Erleben allen tiefen Brunnen: lange müssen sie warten, bis sie wissen, *was* in ihre Tiefe fiel.

Abseits vom Markte und Ruhme begibt sich alles Große: abseits vom Markte und Ruhme wohnten von je die Erfinder neuer Werte.

Fliehe, mein Freund, in deine Einsamkeit: ich sehe dich von giftigen Fliegen zerstochen. Fliehe dorthin, wo rauhe, starke Luft weht!

Fliehe in deine Einsamkeit! Du lebtest den Kleinen und Erbärmlichen zu nahe. Fliehe vor ihrer unsichtbaren Rache! Gegen dich sind sie nichts als Rache.

Hebe nicht mehr den Arm gegen sie! Unzählbar sind sie, und es ist nicht dein Los, Fliegenwedel zu sein.

Unzählbar sind diese Kleinen und Erbärmlichen; und manchem stolzen Baue gereichten schon Regentropfen und Unkraut zum Untergange.

Du bist kein Stein, aber schon wurdest du hohl von vielen Tropfen. Zerbrechen und zerbersten wirst du mir noch von vielen Tropfen.

Ermüdet sehe ich dich durch giftige Fliegen, blutig geritzt sehe ich dich an hundert Stellen; und dein Stolz will nicht einmal zürnen.

Blut möchten sie von dir in aller Unschuld, Blut begehren ihre blutlosen Seelen – und sie stechen daher in aller Unschuld.

Aber du Tiefer, du leidest zu tief auch an kleinen Wunden; und ehe du dich noch geheilt hast, kroch dir der gleiche Giftwurm über die Hand.

Zu stolz bist du mir dafür, diese Naschhaften zu töten. Hüte dich aber, daß es nicht dein Verhängnis werde, all ihr giftiges Unrecht zu tragen!

Sie summen um dich auch mit ihrem Lobe: Zudringlichkeit ist ihr Loben. Sie wollen die Nähe deiner Haut und deines Blutes.

Sie schmeicheln dir wie einem Gotte oder Teufel; sie winseln vor dir wie vor einem Gotte oder Teufel. Was macht es! Schmeichler sind es und Winsler, und nicht mehr.

Auch geben sie sich dir oft als Liebenswürdige. Aber das war immer die Klugheit der Feigen. Ja, die Feigen sind klug!

Sie denken viel über dich mit ihrer engen Seele – bedenklich bist du ihnen stets! Alles, was viel bedacht wird, wird bedenklich.

Sie bestrafen dich für alle deine Tugenden. Sie verzeihen dir von Grund aus nur – deine Fehlgriffe.

Weil du milde bist und gerechten Sinnes, sagst du: »unschuldig sind sie an ihrem kleinen Dasein.« Aber ihre enge Seele denkt: »Schuld ist alles große Dasein.«

Auch wenn du ihnen milde bist, fühlen sie sich noch von dir verachtet; und sie geben dir deine Wohltat zurück mit versteckten Wehtaten.

Dein wortloser Stolz geht immer wider ihren Geschmack; sie frohlocken, wenn du einmal bescheiden genug bist, eitel zu sein.

Das, was wir an einem Menschen erkennen, das entzünden wir an ihm auch. Also hüte dich vor den Kleinen!

Vor dir fühlen sie sich klein, und ihre Niedrigkeit glimmt und glüht gegen dich in unsichtbarer Rache.

Merktest du nicht, wie oft sie stumm wurden, wenn du zu ihnen tratest, und wie ihre Kraft von ihnen ging wie der Rauch von einem erlöschenden Feuer?

Ja, mein Freund, das böse Gewissen bist du deinen Nächsten: denn sie sind deiner unwert. Also hassen sie dich und möchten gerne an deinem Blute saugen.

Deine Nächsten werden immer giftige Fliegen sein; das, was groß an dir ist – das selber muß sie giftiger machen und immer fliegenhafter.

Fliehe, mein Freund, in deine Einsamkeit und dorthin, wo eine rauhe, starke Luft weht. Nicht ist es dein Los, Fliegenwedel zu sein. –

Also sprach Zarathustra.

Von der Keuschheit

Ich liebe den Wald. In den Städten ist schlecht zu leben: da gibt es zu viele der Brünstigen.

Ist es nicht besser, in die Hände eines Mörders zu geraten, als in die Träume eines brünstigen Weibes?

Und seht mir doch diese Männer an: ihr Auge sagt es – sie wissen nichts Besseres auf Erden, als bei einem Weibe zu liegen.

Schlamm ist auf dem Grunde ihrer Seele; und wehe, wenn ihr Schlamm gar noch Geist hat!

Daß ihr doch wenigstens als Tiere vollkommen wäret! Aber zum Tiere gehört die Unschuld.

Rate ich euch, eure Sinne zu töten? Ich rate euch zur Unschuld der Sinne.

Rate ich euch zur Keuschheit? Die Keuschheit ist bei einigen eine Tugend, aber bei vielen beinahe ein Laster.

Diese enthalten sich wohl: aber die Hündin Sinnlichkeit blickt mit Neid aus allem, was sie tun.

Noch in die Höhen ihrer Tugend und bis in den kalten Geist hinein folgt ihnen dies Getier und sein Unfrieden.

Und wie artig weiß die Hündin Sinnlichkeit um ein Stück Geist zu betteln, wenn ihr ein Stück Fleisch versagt wird.

Ihr liebt Trauerspiele und alles, was das Herz zerbricht? Aber ich bin mißtrauisch gegen eure Hündin.

Ihr habt mir zu grausame Augen und blickt lüstern nach Leidenden. Hat sich nicht nur eure Wollust verkleidet und heißt sich Mitleiden?

Und auch dies Gleichnis gebe ich euch: nicht wenige, die ihren Teufel austreiben wollten, fuhren dabei selber in die Säue.

Wem die Keuschheit schwer fällt, dem ist sie zu widerraten: daß sie nicht der Weg zur Hölle werde – das ist zu Schlamm und Brunst der Seele.

Rede ich von schmutzigen Dingen? Das ist mir nicht das Schlimmste.

Nicht, wenn die Wahrheit schmutzig ist, sondern wenn sie seicht ist, steigt der Erkennende ungern in ihr Wasser.

Wahrlich, es gibt Keusche von Grund aus: sie sind milder von Herzen, sie lachen lieber und reichlicher als ihr.

Sie lachen auch über die Keuschheit und fragen: »was ist Keuschheit!

Ist Keuschheit nicht Torheit? Aber diese Torheit kam zu uns, und nicht wir zu ihr.

Wir boten diesem Gaste Herberge und Herz: nun wohnt er bei uns – mag er bleiben, wie lange er will!«

Also sprach Zarathustra.

Vom Freunde

»Einer ist immer zu viel um mich« – also denkt der Einsiedler. »Immer einmal eins – das gibt auf die Dauer zwei!«

Ich und Mich sind immer zu eifrig im Gespräche: wie wäre es auszuhalten, wenn es nicht einen Freund gäbe?

Immer ist für den Einsiedler der Freund der Dritte: der Dritte ist der Kork, der verhindert, daß das Gespräch der Zweie in die Tiefe sinkt.

Ach, es gibt zu viele Tiefen für alle Einsiedler. Darum sehnen sie sich so nach einem Freunde und nach seiner Höhe.

Unser Glaube an andre verrät, worin wir gerne an uns selber glauben möchten. Unsre Sehnsucht nach einem Freunde ist unser Verräter.

Und oft will man mit der Liebe nur den Neid überspringen. Und oft greift man an und macht sich einen Feind, um zu verbergen, daß man angreifbar ist.

»Sei wenigstens mein Feind!« – so spricht die wahre Ehrfurcht, die nicht um Freundschaft zu bitten wagt.

Will man einen Freund haben, so muß man auch für ihn Krieg führen wollen: und um Krieg zu führen, muß man Feind sein *können.*

Man soll in seinem Freunde noch den Feind ehren. Kannst du an deinen Freund dicht herantreten, ohne zu ihm überzutreten?

In seinem Freunde soll man seinen besten Feind haben. Du sollst ihm am nächsten mit dem Herzen sein, wenn du ihm widerstrebst.

Du willst vor deinem Freunde kein Kleid tragen? Es soll deines Freundes Ehre sein, daß du dich ihm gibst, wie du bist? Aber er wünscht dich darum zum Teufel!

Wer aus sich kein Hehl macht, empört: so sehr habt ihr Grund, die Nacktheit zu fürchten! Ja, wenn ihr Götter wäret, da dürftet ihr euch eurer Kleider schämen!

Du kannst dich für deinen Freund nicht schön genug putzen: denn du sollst ihm ein Pfeil und eine Sehnsucht nach dem Übermenschen sein.

Sahst du deinen Freund schon schlafen – damit du erfahrest, wie er aussieht? Was ist doch sonst das Gesicht deines Freundes? Es ist dein eignes Gesicht, auf einem rauhen und unvollkommnen Spiegel.

Sahst du deinen Freund schon schlafen? Erschrakst du nicht, daß dein Freund so aussieht? Oh, mein Freund, der Mensch ist etwas, das überwunden werden muß.

Im Erraten und Stillschweigen soll der Freund Meister sein: nicht alles mußt du sehn wollen. Dein Traum soll dir verraten, was dein Freund im Wachen tut.

Ein Erraten sei dein Mitleiden: daß du erst wissest, ob dein Freund Mitleiden wolle. Vielleicht liebt er an dir das ungebrochene Auge und den Blick der Ewigkeit.

Das Mitleiden mit dem Freunde berge sich unter einer harten Schale, an ihm sollst du dir einen Zahn ausbeißen. So wird es seine Feinheit und Süße haben.

Bist du reine Luft und Einsamkeit und Brot und Arznei deinem Freunde? Mancher kann seine eignen Ketten nicht lösen und doch ist er dem Freunde ein Erlöser.

Bist du ein Sklave? So kannst du nicht Freund sein. Bist du ein Tyrann? So kannst du nicht Freunde haben.

Allzulange war im Weibe ein Sklave und ein Tyrann versteckt. Deshalb ist das Weib noch nicht der Freundschaft fähig: es kennt nur die Liebe.

In der Liebe des Weibes ist Ungerechtigkeit und Blindheit gegen alles, was es nicht liebt. Und auch in der wissenden Liebe des Weibes ist immer noch Überfall und Blitz und Nacht neben dem Lichte.

Noch ist das Weib nicht der Freundschaft fähig: Katzen sind immer noch die Weiber, und Vögel. Oder, besten Falles, Kühe.

Noch ist das Weib nicht der Freundschaft fähig. Aber sagt mir, ihr Männer, wer von euch ist denn fähig der Freundschaft?

Oh über eure Armut, ihr Männer, und euren Geiz der Seele! Wie viel ihr dem Freunde gebt, das will ich noch meinem Feinde geben, und will auch nicht ärmer damit geworden sein.

Es gibt Kameradschaft: möge es Freundschaft geben!

Also sprach Zarathustra.

Von tausend und einem Ziele

Viele Länder sah Zarathustra und viele Völker: so entdeckte er vieler Völker Gutes und Böses. Keine größere Macht fand Zarathustra auf Erden als Gut und Böse.

Leben könnte kein Volk, das nicht erst schätzte; will es sich aber erhalten, so darf es nicht schätzen, wie der Nachbar schätzt.

Vieles, das diesem Volke gut hieß, hieß einem andern Hohn und Schmach: also fand ich's. Vieles fand ich hier böse genannt und dort mit purpurnen Ehren geputzt.

Nie verstand ein Nachbar den andern: stets verwunderte sich seine Seele ob des Nachbarn Wahn und Bosheit.

Eine Tafel der Güter hängt über jedem Volke. Siehe, es ist seiner Überwindungen Tafel; siehe, es ist die Stimme seines Willens zur Macht.

Löblich ist, was ihm schwer gilt; was unerläßlich und schwer, heißt gut; und was aus der höchsten Not noch befreit, das Seltene, Schwerste – das preist es heilig.

Was da macht, daß es herrscht und siegt und glänzt, seinem Nachbarn zu Grauen und Neide: das gilt ihm das Hohe, das Erste, das Messende, der Sinn aller Dinge.

Wahrlich, mein Bruder, erkanntest du erst eines Volkes Not und Land und Himmel und Nachbar: so errätst du wohl das Gesetz seiner Überwindungen, und warum es auf dieser Leiter zu seiner Hoffnung steigt.

»Immer sollst du der erste sein und den andern vorragen: niemanden soll deine eifersüchtige Seele lieben, es sei denn den Freund« – dies machte einem Griechen die Seele zittern: dabei ging er seinen Pfad der Größe.

»Wahrheit reden und gut mit Bogen und Pfeil verkehren« – so dünkte es jenem Volke zugleich lieb und schwer, aus dem mein Name kommt – der Name, welcher mir zugleich lieb und schwer ist.

»Vater und Mutter ehren und bis in die Wurzel der Seele hinein ihnen zu Willen sein«: diese Tafel der Überwindung hängte ein andres Volk über sich auf und wurde mächtig und ewig damit.

»Treue üben und um der Treue willen Ehre und Blut auch an böse und gefährliche Sachen setzen«: also sich lehrend bezwang sich ein anderes Volk, und also sich bezwingend wurde es schwanger und schwer von großen Hoffnungen.

Wahrlich, die Menschen gaben sich alles ihr Gutes und Böses. Wahrlich, sie nahmen es nicht, sie fanden es nicht, nicht fiel es ihnen als Stimme vom Himmel.

Werte legte erst der Mensch in die Dinge, sich zu erhalten, – er schuf erst den Dingen Sinn, einen Menschen-Sinn! Darum nennt er sich »Mensch«, das ist: der Schätzende.

Schätzen ist Schaffen: hört es, ihr Schaffenden! Schätzen selber ist aller geschätzten Dinge Schatz und Kleinod.

Durch das Schätzen erst gibt es Wert: und ohne das Schätzen wäre die Nuß des Daseins hohl. Hört es, ihr Schaffenden!

Wandel der Werte – das ist Wandel der Schaffenden. Immer vernichtet, wer ein Schöpfer sein muß.

Schaffende waren erst Völker, und spät erst Einzelne; wahrlich, der Einzelne selber ist noch die jüngste Schöpfung.

Völker hängten sich einst eine Tafel des Guten über sich. Liebe, die herrschen will, und Liebe, die gehorchen will, erschufen sich zusammen solche Tafeln.

Älter ist an der Herde die Lust, als die Lust am Ich: und so lange das gute Gewissen Herde heißt, sagt nur das schlechte Gewissen: Ich.

Wahrlich, das schlaue Ich, das lieblose, das seinen Nutzen im Nutzen vieler will: das ist nicht der Herde Ursprung, sondern ihr Untergang.

Liebende waren es stets und Schaffende, die schufen Gut und Böse. Feuer der Liebe glüht in aller Tugenden Namen und Feuer des Zorns.

Viele Länder sah Zarathustra und viele Völker: keine größere Macht fand Zarathustra auf Erden, als die Werke der Liebenden: »gut« und »böse« ist ihr Name.

Wahrlich, ein Ungetüm ist die Macht dieses Lobens und Tadelns. Sagt, wer bezwingt es mir, ihr Brüder? Sagt, wer wirft diesem Tier die Fessel über die tausend Nacken?

Tausend Ziele gab es bisher, denn tausend Völker gab es. Nur die Fessel der tausend Nacken fehlt noch, es fehlt das *eine* Ziel. Noch hat die Menschheit kein Ziel.

Aber sagt mir doch, meine Brüder: wenn der Menschheit das Ziel noch fehlt, fehlt da nicht auch – sie selber noch? –

Also sprach Zarathustra.

Von der Nächstenliebe

Ihr drängt euch um den Nächsten und habt schöne Worte dafür. Aber ich sage euch: eure Nächstenliebe ist eure schlechte Liebe zu euch selber.

Ihr flüchtet zum Nächsten vor euch selber und möchtet euch daraus eine Tugend machen: aber ich durchschaue euer »Selbstloses«.

Das Du ist älter als das Ich; das Du ist heilig gesprochen, aber noch nicht das Ich: so drängt sich der Mensch hin zum Nächsten.

Rate ich euch zur Nächstenliebe? Lieber noch rate ich euch zur Nächsten-Flucht und zur Fernsten-Liebe!

Höher als die Liebe zum Nächsten ist die Liebe zum Fernsten und Künftigen; höher noch als die Liebe zu Menschen ist die Liebe zu Sachen und Gespenstern.

Dies Gespenst, das vor dir herläuft, mein Bruder, ist schöner als du; warum gibst du ihm nicht dein Fleisch und deine Knochen? Aber du fürchtest dich und läufst zu deinem Nächsten.

Ihr haltet es mit euch selber nicht aus und liebt euch nicht genug: nun wollt ihr den Nächsten zur Liebe verführen und euch mit seinem Irrtum vergolden.

Ich wollte, ihr hieltet es nicht aus mit allerlei Nächsten und deren Nachbarn; so müßtet ihr aus euch selber euren Freund und sein überwallendes Herz schaffen.

Ihr ladet euch einen Zeugen ein, wenn ihr von euch gut reden wollt;

und wenn ihr ihn verführt habt, gut von euch zu denken, denkt ihr selber gut von euch.

Nicht nur der lügt, welcher wider sein Wissen redet, sondern erst recht der, welcher wider sein Nichtwissen redet. Und so redet ihr von euch im Verkehre und belügt mit euch den Nachbar.

Also spricht der Narr: »Der Umgang mit Menschen verdirbt den Charakter, sonderlich wenn man keinen hat.«

Der eine geht zum Nächsten, weil er sich sucht, und der andre, weil er sich verlieren möchte. Eure schlechte Liebe zu euch selber macht euch aus der Einsamkeit ein Gefängnis.

Die Ferneren sind es, welche eure Liebe zum Nächsten bezahlen; und schon wenn ihr zu fünfen miteinander seid, muß immer ein sechster sterben.

Ich liebe auch eure Feste nicht: zu viel Schauspieler fand ich dabei, und auch die Zuschauer gebärdeten sich oft gleich Schauspielern.

Nicht den Nächsten lehre ich euch, sondern den Freund. Der Freund sei euch das Fest der Erde und ein Vorgefühl des Übermenschen.

Ich lehre euch den Freund und sein übervolles Herz. Aber man muß verstehn, ein Schwamm zu sein, wenn man von übervollen Herzen geliebt sein will.

Ich lehre euch den Freund, in dem die Welt fertig dasteht, eine Schale des Guten – den schaffenden Freund, der immer eine fertige Welt zu verschenken hat.

Und wie ihm die Welt auseinanderrollte, so rollt sie ihm wieder in Ringen zusammen, als das Werden des Guten durch das Böse, als das Werden der Zwecke aus dem Zufalle.

Die Zukunft und das Fernste sei dir die Ursache deines Heute: in deinem Freunde sollst du den Übermenschen als deine Ursache lieben.

Meine Brüder, zur Nächstenliebe rate ich euch nicht: ich rate euch zur Fernsten-Liebe.

Also sprach Zarathustra.

Vom Wege des Schaffenden

Willst du, mein Bruder, in die Vereinsamung gehen? Willst du den Weg zu dir selber suchen? Zaudere noch ein wenig und höre mich.

»Wer sucht, der geht leicht selber verloren. Alle Vereinsamung ist Schuld«: also spricht die Herde. Und du gehörtest lange zur Herde.

Die Stimme der Herde wird auch in dir noch tönen. Und wenn du sagen wirst: »ich habe nicht mehr *ein* Gewissen mit euch«, so wird es eine Klage und ein Schmerz sein.

Siehe, diesen Schmerz selber gebar noch das *eine* Gewissen: und dieses Gewissens letzter Schimmer glüht noch auf deiner Trübsal.

Aber du willst den Weg deiner Trübsal gehen, welches ist der Weg zu dir selber? So zeige mir dein Recht und deine Kraft dazu!

Bist du eine neue Kraft und ein neues Recht? Eine erste Bewegung? Ein aus sich rollendes Rad? Kannst du auch Sterne zwingen, daß sie um dich sich drehen?

Ach, es gibt so viel Lüsternheit nach Höhe! Es gibt so viel Krämpfe der Ehrgeizigen! Zeige mir, daß du keiner der Lüsternen und Ehrgeizigen bist!

Ach, es gibt so viel große Gedanken, die tun nicht mehr als ein Blasebalg: sie blasen auf und machen leerer.

Frei nennst du dich? Deinen herrschenden Gedanken will ich hören und nicht, daß du einem Joche entronnen bist.

Bist du ein solcher, der einem Joche entrinnen *durfte*? Es gibt manchen, der seinen letzten Wert wegwarf, als er seine Dienstbarkeit wegwarf.

Frei wovon? Was schiert das Zarathustra? Hell aber soll mir dein Auge künden: frei *wozu*?

Kannst du dir selber dein Böses und dein Gutes geben und deinen Willen über dich aufhängen wie ein Gesetz? Kannst du dir selber Richter sein und Rächer deines Gesetzes?

Furchtbar ist das Alleinsein mit dem Richter und Rächer des eignen Gesetzes. Also wird ein Stern hinausgeworfen in den öden Raum und in den eisigen Atem des Alleinseins.

Heute noch leidest du an den Vielen, du Einer: heute noch hast du deinen Mut ganz und deine Hoffnungen.

Aber einst wird dich die Einsamkeit müde machen, einst wird dein Stolz sich krümmen und dein Mut knirschen. Schreien wirst du einst »ich bin allein!«

Einst wirst du dein Hohes nicht mehr sehn und dein Niedriges allzunahe; dein Erhabnes selbst wird dich fürchten machen wie ein Gespenst. Schreien wirst du einst: »Alles ist falsch!«

Es gibt Gefühle, die den Einsamen töten wollen; gelingt es ihnen nicht, nun, so müssen sie selber sterben! Aber vermagst du das, Mörder zu sein?

Kennst du, mein Bruder, schon das Wort »Verachtung«? Und die Qual deiner Gerechtigkeit, solchen gerecht zu sein, die dich verachten?

Du zwingst viele, über dich umzulernen; das rechnen sie dir hart an. Du kamst ihnen nahe und gingst doch vorüber: das verzeihen sie dir niemals.

Du gehst über sie hinaus: aber je höher du steigst, um so kleiner sieht dich das Auge des Neides. Am meisten aber wird der Fliegende gehaßt.

»Wie wolltet ihr gegen mich gerecht sein!« – mußt du sprechen – »ich erwähle mir eure Ungerechtigkeit als den mir zugemessnen Teil.«

Ungerechtigkeit und Schmutz werfen sie nach dem Einsamen: aber mein

Bruder, wenn du ein Stern sein willst, so mußt du ihnen deshalb nicht weniger leuchten!

Und hüte dich vor den Guten und Gerechten! Sie kreuzigen gerne die, welche sich ihre eigne Tugend erfinden – sie hassen den Einsamen.

Hüte dich auch vor der heiligen Einfalt! Alles ist ihr unheilig, was nicht einfältig ist; sie spielt auch gerne mit dem Feuer – der Scheiterhaufen.

Und hüte dich auch vor den Anfällen deiner Liebe! Zu schnell streckt der Einsame dem die Hand entgegen, der ihm begegnet.

Manchem Menschen darfst du nicht die Hand geben, sondern nur die Tatze: und ich will, daß deine Tatze auch Krallen habe.

Aber der schlimmste Feind, dem du begegnen kannst, wirst du immer dir selber sein; du selber lauerst dir auf in Höhlen und Wäldern.

Einsamer, du gehst den Weg zu dir selber! Und an dir selber führt dein Weg vorbei, und an deinen sieben Teufeln!

Ketzer wirst du dir selber sein und Hexe und Wahrsager und Narr und Zweifler und Unheiliger und Bösewicht.

Verbrennen mußt du dich wollen in deiner eignen Flamme: wie wolltest du neu werden, wenn du nicht erst Asche geworden bist!

Einsamer, du gehst den Weg des Schaffenden: einen Gott willst du dir schaffen aus deinen sieben Teufeln!

Einsamer, du gehst den Weg des Liebenden: dich selber liebst du und deshalb verachtest du dich, wie nur Liebende verachten.

Schaffen will der Liebende, weil er verachtet! Was weiß der von Liebe, der nicht gerade verachten mußte, was er liebte!

Mit deiner Liebe gehe in deine Vereinsamung und mit deinem Schaffen, mein Bruder; und spät erst wird die Gerechtigkeit dir nachhinken.

Mit meinen Tränen gehe in deine Vereinsamung, mein Bruder. Ich liebe den, der über sich selber hinaus schaffen will und so zugrunde geht. –

Also sprach Zarathustra.

Von alten und jungen Weiblein

»Was schleichst du so scheu durch die Dämmerung, Zarathustra? Und was birgst du behutsam unter deinem Mantel?

Ist es ein Schatz, der dir geschenkt? Oder ein Kind, das dir geboren wurde? Oder gehst du jetzt selber auf den Wegen der Diebe, du Freund der Bösen?« –

Wahrlich, mein Bruder! sprach Zarathustra, es ist ein Schatz, der mir geschenkt wurde: eine kleine Wahrheit ist's, die ich trage.

Aber sie ist ungebärdig wie ein junges Kind; und wenn ich ihr nicht den Mund halte, so schreit sie überlaut.

Als ich heute allein meines Weges ging, zur Stunde, wo die Sonne sinkt, begegnete mir ein altes Weiblein und redete also zu meiner Seele:

»Vieles sprach Zarathustra auch zu uns Weibern, doch nie sprach er uns über das Weib.«

Und ich entgegnete ihr: »über das Weib soll man nur zu Männern reden.«

»Rede auch zu mir vom Weibe«, sprach sie; »ich bin alt genug, um es gleich wieder zu vergessen.«

Und ich willfahrte dem alten Weiblein und sprach also zu ihm:

Alles am Weibe ist ein Rätsel, und alles am Weibe hat *eine* Lösung: sie heißt Schwangerschaft.

Der Mann ist für das Weib ein Mittel: der Zweck ist immer das Kind. Aber was ist das Weib für den Mann?

Zweierlei will der echte Mann: Gefahr und Spiel. Deshalb will er das Weib, als das gefährlichste Spielzeug.

Der Mann soll zum Kriege erzogen werden und das Weib zur Erholung des Kriegers: alles andre ist Torheit.

Allzusüße Früchte – die mag der Krieger nicht. Darum mag er das Weib; bitter ist auch noch das süßeste Weib.

Besser als ein Mann versteht das Weib die Kinder, aber der Mann ist kindlicher als das Weib.

Im echten Manne ist ein Kind versteckt: das will spielen. Auf, ihr Frauen, so entdeckt mir doch das Kind im Manne!

Ein Spielzeug sei das Weib, rein und fein, dem Edelsteine gleich, bestrahlt von den Tugenden einer Welt, welche noch nicht da ist.

Der Strahl eines Sternes glänze in eurer Liebe! Eure Hoffnung heiße: »Möge ich den Übermenschen gebären!«

In eurer Liebe sei Tapferkeit! Mit eurer Liebe sollt ihr auf den losgehn, der euch Furcht einflößt.

In eurer Liebe sei eure Ehre! Wenig versteht sich sonst das Weib auf Ehre. Aber dies sei eure Ehre, immer mehr zu lieben, als ihr geliebt werdet, und nie die zweiten zu sein.

Der Mann fürchte sich vor dem Weibe, wenn es liebt: da bringt es jedes Opfer, und jedes andre Ding gilt ihm ohne Wert.

Der Mann fürchte sich vor dem Weibe, wenn es haßt: denn der Mann ist im Grunde der Seele nur böse, das Weib aber ist dort schlecht.

Wen haßt das Weib am meisten? – Also sprach das Eisen zum Magneten: »Ich hasse dich am meisten, weil du anziehst, aber nicht stark genug bist, an dich zu ziehen.«

Das Glück des Mannes heißt: ich will. Das Glück des Weibes heißt: er will.

»Siehe, jetzt eben ward die Welt vollkommen!« – also denkt ein jedes Weib, wenn es aus ganzer Liebe gehorcht.

Und gehorchen muß das Weib und eine Tiefe finden zu seiner Ober-

fläche. Oberfläche ist des Weibes Gemüt, eine bewegliche stürmische Haut auf einem seichten Gewässer.

Des Mannes Gemüt aber ist tief, sein Strom rauscht in unterirdischen Höhlen: das Weib ahnt seine Kraft, aber begreift sie nicht. –

Da entgegnete mir das alte Weiblein: »Vieles Artige sagte Zarathustra und sonderlich für die, welche jung genug dazu sind.

Seltsam ist's, Zarathustra kennt wenig die Weiber, und doch hat er über sie recht! Geschieht dies deshalb, weil beim Weibe kein Ding unmöglich ist?

Und nun nimm zum Danke eine kleine Wahrheit! Bin ich doch alt genug für sie!

Wickle sie ein und halte ihr den Mund: sonst schreit sie überlaut, diese kleine Wahrheit.«

»Gib mir, Weib, deine kleine Wahrheit!« sagte ich. Und also sprach das alte Weiblein:

»Du gehst zu Frauen? Vergiß die Peitsche nicht!« –

Also sprach Zarathustra.

Vom Biß der Natter

Eines Tages war Zarathustra unter einem Feigenbaume eingeschlafen, da es heiß war, und hatte seine Arme über das Gesicht gelegt. Da kam eine Natter und biß ihn in den Hals, so daß Zarathustra vor Schmerz aufschrie. Als er den Arm vom Gesicht genommen hatte, sah er die Schlange an: da erkannte sie die Augen Zarathustras, wand sich ungeschickt und wollte davon. »Nicht doch«, sprach Zarathustra, »noch nahmst du meinen Dank nicht an! Du wecktest mich zur Zeit, mein Weg ist noch lang.« »Dein Weg ist noch kurz«, sagte die Natter traurig; »mein Gift tötet.« Zarathustra lächelte. »Wann starb wohl je ein Drache am Gift einer Schlange?« – sagte er. »Aber nimm dein Gift zurück! Du bist nicht reich genug, es mir zu schenken.« Da fiel ihm die Natter von neuem um den Hals und leckte ihm seine Wunde.

Als Zarathustra dies einmal seinen Jüngern erzählte, fragten sie: »Und was, o Zarathustra, ist die Moral deiner Geschichte?« Zarathustra antwortete darauf also:

Den Vernichter der Moral heißen mich die Guten und Gerechten: meine Geschichte ist unmoralisch.

So ihr aber einen Feind habt, so vergeltet ihm nicht Böses mit Gutem: denn das würde beschämen. Sondern beweist, daß er euch etwas Gutes angetan hat.

Und lieber zürnt noch, als daß ihr beschämt! Und wenn euch geflucht wird, so gefällt es mir nicht, daß ihr dann segnen wollt. Lieber ein wenig mitfluchen!

Und geschah euch ein großes Unrecht, so tut mir geschwind fünf kleine dazu! Gräßlich ist der anzusehn, den allein das Unrecht drückt.

Wußtet ihr dies schon? Geteiltes Unrecht ist halbes Recht. Und der soll das Unrecht auf sich nehmen, der es tragen kann!

Eine kleine Rache ist menschlicher als gar keine Rache. Und wenn die Strafe nicht auch ein Recht und eine Ehre ist für den Übertretenden, so mag ich auch euer Strafen nicht.

Vornehmer ist's, sich unrecht zu geben als recht zu behalten, sonderlich, wenn man recht hat. Nur muß man reich genug dazu sein.

Ich mag eure kalte Gerechtigkeit nicht; und aus dem Auge eurer Richter blickt mir immer der Henker und sein kaltes Eisen.

Sagt, wo findet sich die Gerechtigkeit, welche Liebe mit sehenden Augen ist?

So erfindet mir doch die Liebe, welche nicht nur alle Strafe, sondern auch alle Schuld trägt!

So erfindet mir doch die Gerechtigkeit, die jeden freispricht, ausgenommen den Richtenden!

Wollt ihr auch dies noch hören? An dem, der von Grund aus gerecht sein will, wird auch noch die Lüge zur Menschen-Freundlichkeit.

Aber wie wollte ich gerecht sein von Grund aus! Wie kann ich jedem das Seine geben! Dies sei mir genug: ich gebe jedem das Meine.

Endlich, meine Brüder, hütet euch, Unrecht zu tun allen Einsiedlern! Wie könnte ein Einsiedler vergessen! Wie könnte er vergelten!

Wie ein tiefer Brunnen ist ein Einsiedler. Leicht ist es, einen Stein hineinzuwerfen; sank er aber bis zum Grunde, sagt, wer will ihn wieder herausbringen?

Hütet euch, den Einsiedler zu beleidigen! Tatet ihr's aber, nun, so tötet ihn auch noch!

Also sprach Zarathustra.

Von Kind und Ehe

Ich habe eine Frage für dich allein, mein Bruder: wie ein Senkblei werfe ich diese Frage in deine Seele, daß ich wisse, wie tief sie sei.

Du bist jung und wünschest dir Kind und Ehe. Aber ich frage dich: bist du ein Mensch, der ein Kind sich wünschen *darf*?

Bist du der Siegreiche, der Selbstbezwinger, der Gebieter der Sinne, der Herr deiner Tugenden? Also frage ich dich.

Oder redet aus deinem Wunsche das Tier und die Notdurft? Oder Vereinsamung? Oder Unfriede mit dir?

Ich will, daß dein Sieg und deine Freiheit sich nach einem Kinde sehne. Lebendige Denkmale sollst du bauen deinem Siege und deiner Befreiung.

Über dich sollst du hinausbauen. Aber erst mußt du mir selber gebaut sein, rechtwinklig an Leib und Seele.

Nicht nur fort sollst du dich pflanzen, sondern hinauf! Dazu helfe dir der Garten der Ehe!

Einen höheren Leib sollst du schaffen, eine erste Bewegung, ein aus sich rollendes Rad – einen Schaffenden sollst du schaffen.

Ehe: so heiße ich den Willen zu zweien, das Eine zu schaffen, das mehr ist, als die es schufen. Ehrfurcht voreinander nenne ich Ehe als vor den Wollenden eines solchen Willens.

Dies sei der Sinn und die Wahrheit deiner Ehe. Aber das, was die Viel-zu-Vielen Ehe nennen, diese Überflüssigen – ach, wie nenne ich das?

Ach, diese Armut der Seele zu zweien! Ach, dieser Schmutz der Seele zu zweien! Ach, dies erbärmliche Behagen zu zweien!

Ehe nennen sie dies alles; und sie sagen, ihre Ehen seien im Himmel geschlossen.

Nun, ich mag ihn nicht, diesen Himmel der Überflüssigen! Nein, ich mag sie nicht, diese im himmlischen Netz verschlungenen Tiere!

Ferne bleibe mir auch der Gott, der heranhinkt, zu segnen, was er nicht zusammenfügte!

Lacht mir nicht über solche Ehen! Welches Kind hätte nicht Grund, über seine Eltern zu weinen?

Würdig schien mir dieser Mann und reif für den Sinn der Erde: aber als ich sein Weib sah, schien mir die Erde ein Haus für Unsinnige.

Ja, ich wollte, daß die Erde in Krämpfen bebte, wenn sich ein Heiliger und eine Gans miteinander paaren.

Dieser ging wie ein Held auf Wahrheiten aus, und endlich erbeutete er sich eine kleine geputzte Lüge. Seine Ehe nennt er's.

Jener war spröde im Verkehre und wählte wählerisch. Aber mit einem Male verdarb er für alle Male seine Gesellschaft: seine Ehe nennt er's.

Jener suchte eine Magd mit den Tugenden eines Engels. Aber mit einem Male wurde er die Magd eines Weibes, und nun täte es not, daß er darüber noch zum Engel werde.

Sorgsam fand ich jetzt alle Käufer, und alle haben listige Augen. Aber seine Frau kauft auch der Listigste noch im Sack.

Viele kurze Torheiten – das heißt bei euch Liebe. Und eure Ehe macht vielen kurzen Torheiten ein Ende, als *eine* lange Dummheit.

Eure Liebe zum Weibe und des Weibes Liebe zum Manne: ach, möchte sie doch Mitleiden sein mit leidenden und verhüllten Göttern! Aber zumeist erraten zwei Tiere einander.

Aber auch noch eure beste Liebe ist nur ein verzücktes Gleichnis und eine schmerzhafte Glut. Eine Fackel ist sie, die euch zu höheren Wegen leuchten soll.

Über euch hinaus sollt ihr einst lieben! So *lernt* erst lieben! Und darum mußtet ihr den bittern Kelch eurer Liebe trinken.

Bitternis ist im Kelch auch der besten Liebe: so macht sie Sehnsucht zum Übermenschen, so macht sie Durst dir, dem Schaffenden!

Durst dem Schaffenden, Pfeil und Sehnsucht dem Übermenschen: sprich, mein Bruder, ist dies dein Wille zur Ehe?

Heilig heißt mir solch ein Wille und solche Ehe. –

Also sprach Zarathustra.

Vom freien Tode

Viele sterben zu spät, und einige sterben zu früh. Noch klingt fremd die Lehre: »stirb zur rechten Zeit!«

Stirb zur rechten Zeit; also lehrt es Zarathustra.

Freilich, wer nie zur rechten Zeit lebt, wie sollte der je zur rechten Zeit sterben? Möchte er doch nie geboren sein! – Also rate ich den Überflüssigen.

Aber auch die Überflüssigen tun noch wichtig mit ihrem Sterben, und auch die hohlste Nuß will noch geknackt sein.

Wichtig nehmen alle das Sterben: aber noch ist der Tod kein Fest. Noch erlernten die Menschen nicht, wie man die schönsten Feste weiht.

Den vollbringenden Tod zeige ich euch, der den Lebenden ein Stachel und ein Gelöbnis wird.

Seinen Tod stirbt der Vollbringende, siegreich, umringt von Hoffenden und Gelobenden.

Also sollte man sterben lernen; und es sollte kein Fest geben, wo ein solcher Sterbender nicht der Lebenden Schwüre weihte!

Also zu sterben ist das Beste; das zweite aber ist: im Kampfe zu sterben und eine große Seele zu verschwenden.

Aber dem Kämpfenden gleich verhaßt wie dem Sieger ist euer grinsender Tod, der heranschleicht wie ein Dieb – und doch als Herr kommt.

Meinen Tod lobe ich euch, den freien Tod, der mir kommt, weil *ich* will.

Und wann werde ich wollen? – Wer ein Ziel hat und einen Erben, der will den Tod zur rechten Zeit für Ziel und Erben.

Und aus Ehrfurcht vor Ziel und Erben wird er keine dürren Kränze mehr im Heiligtum des Lebens aufhängen.

Wahrlich, nicht will ich den Seildrehern gleichen: sie ziehen ihren Faden in die Länge und gehen dabei selber immer rückwärts.

Mancher wird auch für seine Wahrheiten und Siege zu alt; ein zahnloser Mund hat nicht mehr das Recht zu jeder Wahrheit.

Und jeder, der Ruhm haben will, muß sich beizeiten von der Ehre verabschieden und die schwere Kunst üben, zur rechten Zeit zu – gehn.

Man muß aufhören, sich essen zu lassen, wenn man am besten schmeckt: das wissen die, welche lange geliebt werden wollen.

Saure Äpfel gibt es freilich, deren Los will, daß sie bis auf den letzten Tag des Herbstes warten: und zugleich werden sie reif, gelb und runzelig.

Andern altert das Herz zuerst und andern der Geist. Und einige sind greis in der Jugend: aber spät jung erhält lang jung.

Manchem mißrät das Leben: ein Giftwurm frißt sich ihm ans Herz. So möge er zusehn, daß ihm das Sterben um so mehr gerate.

Mancher wird nie süß, er fault im Sommer schon. Feigheit ist es, die ihn an seinem Aste festhält.

Viel zu viele leben und viel zu lange hängen sie an ihren Ästen. Möchte ein Sturm kommen, der all dies Faule und Wurmfressne vom Baume schüttelt!

Möchten Prediger kommen des *schnellen* Todes! Das wären mir die rechten Stürme und Schüttler an Lebensbäumen! Aber ich höre nur den langsamen Tod predigen und Geduld mit allem »Irdischen«.

Ach, ihr predigt Geduld mit dem Irdischen? Dieses Irdische ist es, das zu viel Geduld mit euch hat, ihr Lästermäuler!

Wahrlich, zu früh starb jener Hebräer, den die Prediger des langsamen Todes ehren: und vielen ward es seitdem zum Verhängnis, daß er zu früh starb.

Noch kannte er nur Tränen und die Schwermut des Hebräers, samt dem Hasse der Guten und Gerechten – der Hebräer Jesus: da überfiel ihn die Sehnsucht zum Tode.

Wäre er doch in der Wüste geblieben und ferne von den Guten und Gerechten! Vielleicht hätte er leben gelernt und die Erde lieben gelernt – und das Lachen dazu!

Glaubt es mir, meine Brüder! Er starb zu früh; er selber hätte seine Lehre widerrufen, wäre er bis zu meinem Alter gekommen! Edel genug war er zum Widerrufen!

Aber ungereift war er noch. Unreif liebt der Jüngling, und unreif haßt er auch Mensch und Erde. Angebunden und schwer ist ihm noch Gemüt und Geistesflügel.

Aber im Manne ist mehr Kind als im Jünglinge, und weniger Schwermut: besser versteht er sich auf Tod und Leben.

Frei zum Tode und frei im Tode, ein heiliger Nein-Sager, wenn es nicht Zeit mehr ist zum Ja: also versteht er sich auf Tod und Leben.

Daß euer Sterben keine Lästerung sei auf Mensch und Erde, meine Freunde: das erbitte ich mir von dem Honig eurer Seele.

In eurem Sterben soll noch euer Geist und eure Tugend glühn, gleich einem Abendrot um die Erde: oder aber das Sterben ist euch schlecht geraten.

Also will ich selber sterben, daß ihr Freunde um meinetwillen die Erde mehr liebt; und zur Erde will ich wieder werden, daß ich in der Ruhe habe, die mich gebar.

Wahrlich, ein Ziel hatte Zarathustra, er warf seinen Ball: nun seid ihr Freunde meines Zieles Erbe, euch werfe ich den goldenen Ball zu.

Lieber als alles sehe ich euch, meine Freunde, den goldenen Ball werfen! Und so verziehe ich noch ein wenig auf Erden: verzeiht es mir!

Also sprach Zarathustra.

Von der schenkenden Tugend

I

Als Zarathustra von der Stadt Abschied genommen hatte, welcher sein Herz zugetan war und deren Name lautet: »die bunte Kuh« – folgten ihm viele, die sich seine Jünger nannten, und gaben ihm das Geleit. Also kamen sie an einen Kreuzweg: da sagte ihnen Zarathustra, daß er nunmehr allein gehen wolle; denn er war ein Freund des Alleingehens. Seine Jünger aber reichten ihm zum Abschiede einen Stab, an dessen goldnem Griffe sich eine Schlange um die Sonne ringelte. Zarathustra freute sich des Stabes und stütze sich darauf; dann sprach er also zu seinen Jüngern:

Sagt mir doch: wie kam Gold zum höchsten Werte? Darum, daß es ungemein ist und unnützlich und leuchtend und mild im Glanze; es schenkt sich immer.

Nur als Abbild der höchsten Tugend kam Gold zum höchsten Werte. Goldgleich leuchtet der Blick dem Schenkenden. Goldes-Glanz schließt Friede zwischen Mond und Sonne.

Ungemein ist die höchste Tugend und unnützlich, leuchtend ist sie und mild im Glanze: eine schenkende Tugend ist die höchste Tugend.

Wahrlich, ich errate euch wohl, meine Jünger, ihr trachtet, gleich mir, nach der schenkenden Tugend. Was hättet ihr mit Katzen und Wölfen gemeinsam?

Das ist euer Durst, selber zu Opfern und Geschenken zu werden: und darum habt ihr den Durst, alle Reichtümer in eure Seele zu häufen.

Unersättlich trachtet eure Seele nach Schätzen und Kleinodien, weil eure Tugend unersättlich ist im Verschenken-Wollen.

Ihr zwingt alle Dinge zu euch und in euch, daß sie aus eurem Borne zurückströmen sollen als die Gaben eurer Liebe.

Wahrlich, zum Räuber an allen Werten muß solche schenkende Liebe werden; aber heil und heilig heiße ich diese Selbstsucht. –

Eine andre Selbstsucht gibt es, eine allzuarme, eine hungernde, die immer stehlen will, jene Selbstsucht der Kranken, die kranke Selbstsucht.

Mit dem Auge des Diebes blickt sie auf alles Glänzende; mit der Gier des Hungers mißt sie den, der reich zu essen hat; und immer schleicht sie um den Tisch der Schenkenden.

Krankheit redet aus solcher Begierde und unsichtbare Entartung; von siechem Leibe redet die diebische Gier dieser Selbstsucht.

Sagt mir, meine Brüder: was gilt uns als Schlechtes und Schlechtestes? Ist es nicht *Entartung*? – Und auf Entartung raten wir immer, wo die schenkende Seele fehlt.

Aufwärts geht unser Weg, von der Art hinüber zur Über-Art. Aber ein Grauen ist uns der entartende Sinn, welcher spricht: »Alles für mich.«

Aufwärts fliegt unser Sinn: so ist er ein Gleichnis unsres Leibes, einer Erhöhung Gleichnis. Solcher Erhöhungen Gleichnisse sind die Namen der Tugenden.

Also geht der Leib durch die Geschichte, ein Werdender und ein Kämpfender. Und der Geist – was ist er ihm? Seiner Kämpfe und Siege Herold, Genoß und Widerhall.

Gleichnisse sind alle Namen von Gut und Böse: sie sprechen nicht aus, sie winken nur. Ein Tor, welcher von ihnen Wissen will.

Achtet mir, meine Brüder, auf jede Stunde, wo euer Geist in Gleichnissen reden will: da ist der Ursprung eurer Tugend.

Erhöht ist da euer Leib und auferstanden; mit seiner Wonne entzückt er den Geist, daß er Schöpfer wird und Schätzer und Liebender und aller Dinge Wohltäter.

Wenn euer Herz breit und voll wallt, dem Strome gleich, ein Segen und eine Gefahr den Anwohnenden: da ist der Ursprung eurer Tugend.

Wenn ihr erhaben seid über Lob und Tadel, und euer Wille allen Dingen befehlen will, als eines Liebenden Wille: da ist der Ursprung eurer Tugend.

Wenn ihr das Angenehme verachtet und das weiche Bett, und von den Weichlichen euch nicht weit genug betten könnt: da ist der Ursprung eurer Tugend.

Wenn ihr *eines* Willens Wollende seid, und diese Wende aller Not euch Notwendigkeit heißt: da ist der Ursprung eurer Tugend.

Wahrlich, ein neues Gutes und Böses ist sie! Wahrlich, ein neues tiefes Rauschen und eines neuen Quelles Stimme!

Macht ist sie, diese neue Tugend; ein herrschender Gedanke ist sie, und um ihn eine kluge Seele: eine goldene Sonne, und um sie die Schlange der Erkenntnis.

2

Hier schwieg Zarathustra eine Weile und sah mit Liebe auf seine Jünger. Dann fuhr er also fort zu reden – und seine Stimme hatte sich verwandelt.

Bleibt mir der Erde treu, meine Brüder, mit der Macht eurer Tugend! Eure schenkende Liebe und eure Erkenntnis diene dem Sinne der Erde! Also bitte und beschwöre ich euch.

Laßt sie nicht davonfliegen vom Irdischen und mit den Flügeln gegen ewige Wände schlagen! Ach, es gab immer so viel verflogene Tugend!

Führt, gleich mir, die verflogene Tugend zur Erde zurück – ja, zurück zu Leib und Leben: daß sie der Erde ihren Sinn gebe, einen Menschen-Sinn!

Hundertfältig verflog und vergriff sich bisher so Geist wie Tugend. Ach, in unserm Leibe wohnt jetzt noch all dieser Wahn und Fehlgriff: Leib und Wille ist er da geworden.

Hundertfältig versuchte und verirrte sich bisher so Geist wie Tugend. Ja, ein Versuch war der Mensch. Ach, viel Unwissen und Irrtum ist an uns Leib geworden!

Nicht nur die Vernunft von Jahrtausenden – auch ihr Wahnsinn bricht an uns aus. Gefährlich ist es, Erbe zu sein.

Noch kämpfen wir Schitt um Schritt mit dem Riesen Zufall, und über der ganzen Menschheit waltete bisher noch der Unsinn, der Ohne-Sinn.

Euer Geist und eure Tugend diene dem Sinn der Erde, meine Brüder: und aller Dinge Wert werde neu von euch gesetzt! Darum sollt ihr Kämpfende sein! Darum sollt ihr Schaffende sein!

Wissend reinigt sich der Leib; mit Wissen versuchend erhöht er sich; dem Erkennenden heiligen sich alle Triebe; dem Erhöhten wird die Seele fröhlich.

Arzt, hilf dir selber: so hilfst du auch deinem Kranken noch. Das sei seine beste Hilfe, daß er den mit Augen sehe, der sich selber heil macht.

Tausend Pfade gibt es, die noch nie gegangen sind, tausend Gesundheiten und verborgene Eilande des Lebens. Unerschöpft und unentdeckt ist immer noch Mensch und Menschen-Erde.

Wachet und horcht, ihr Einsamen! Von der Zukunft her kommen Winde mit heimlichem Flügelschlagen; und an feine Ohren ergeht gute Botschaft.

Ihr Einsamen von heute, ihr Ausscheidenden, ihr sollt einst ein Volk sein: aus euch, die ihr euch selber auswähltet, soll ein auserwähltes Volk erwachsen – und aus ihm der Übermensch.

Wahrlich, eine Stätte der Genesung soll noch die Erde werden! Und schon liegt ein neuer Geruch um sie, ein Heil bringender – und eine neue Hoffnung!

3

Als Zarathustra diese Worte gesagt hatte, schwieg er, wie einer, der nicht sein letztes Wort gesagt hat; lange wog er den Stab zweifelnd in seiner Hand. Endlich sprach er also: – und seine Stimme hatte sich verwandelt.

Allein gehe ich nun, meine Jünger! Auch ihr geht nun davon und allein! So will ich es.

Wahrlich, ich rate euch: geht fort von mir und wehrt euch gegen Zarathustra! Und besser noch: schämt euch seiner! Vielleicht betrog er euch.

Der Mensch der Erkenntnis muß nicht nur seine Feinde lieben, sondern auch seine Freunde hassen können.

Man vergilt einem Lehrer schlecht, wenn man immer nur der Schüler bleibt. Und warum wollt ihr nicht an meinem Kranze rupfen?

Ihr verehrt mich; aber wie, wenn eure Verehrung eines Tages umfällt? Hütet euch, daß euch nicht eine Bildsäule erschlage!

Ihr sagt, ihr glaubt an Zarathustra? Aber was liegt an Zarathustra? Ihr seid meine Gläubigen: aber was liegt an allen Gläubigen!

Ihr hattet euch noch nicht gesucht: da fandet ihr mich. So tun alle Gläubigen; darum ist es so wenig mit allem Glauben.

Nun heiße ich euch, mich verlieren und euch finden; und erst, wenn ihr mich alle verleugnet habt, will ich euch wiederkehren.

Wahrlich, mit andern Augen, meine Brüder, werde ich mir dann meine Verlorenen suchen; mit einer andern Liebe werde ich euch dann lieben.

Und einst noch sollt ihr mir Freunde geworden sein und Kinder *einer* Hoffnung: dann will ich zum dritten Male bei euch sein, daß ich den großen Mittag mit euch feiere.

Und das ist der große Mittag, da der Mensch auf der Mitte seiner Bahn steht zwischen Tier und Übermensch und seinen Weg zum Abende als seine höchste Hoffnung feiert: denn es ist der Weg zu einem neuen Morgen.

Alsda wird sich der Untergehende selber segnen, daß er ein Hinübergehender sei; und die Sonne seiner Erkenntnis wird ihm im Mittage stehn.

»Tot sind alle Götter: nun wollen wir, daß der Übermensch lebe« – dies sei einst am großen Mittage unser letzter Wille! –

Also sprach Zarathustra.

ZWEITER TEIL

ALSO SPRACH ZARATHUSTRA

»– und erst wenn ihr mich alle verleugnet habt, will ich euch wiederkehren.
Wahrlich, mit andern Augen, meine Brüder, werde ich mir dann meine Verlorenen suchen; mit einer andern Liebe werde ich euch dann lieben.«
Zarathustra,
von der schenkenden Tugend *(S. 597)*

Das Kind mit dem Spiegel

Hierauf ging Zarathustra wieder zurück in das Gebirge und in die Einsamkeit seiner Höhle und entzog sich den Menschen: wartend gleich einem Sämann, der seinen Samen ausgeworfen hat. Seine Seele aber wurde voll von Ungeduld und Begierde nach denen, welche er liebte: denn er hatte ihnen noch viel zu geben. Dies nämlich ist das Schwerste, aus Liebe die offne Hand schließen und als Schenkender die Scham bewahren.

Also vergingen dem Einsamen Monde und Jahre; seine Weisheit aber wuchs und machte ihm Schmerzen durch ihre Fülle.

Eines Morgens aber wachte er schon vor der Morgenröte auf, besann sich lange auf seinem Lager und sprach endlich zu seinem Herzen:

»Was erschrak ich doch so in meinem Traume, daß ich aufwachte? Trat nicht ein Kind zu mir, das einen Spiegel trug?

›O Zarathustra‹ – sprach das Kind zu mir – ›schaue dich an im Spiegel!‹

Aber als ich in den Spiegel schaute, da schrie ich auf, und mein Herz war erschüttert: denn nicht mich sahe ich darin, sondern eines Teufels Fratze und Hohnlachen.

Wahrlich, allzugut verstehe ich des Traumes Zeichen und Mahnung: meine *Lehre* ist in Gefahr, Unkraut will Weizen heißen!

Meine Feinde sind mächtig worden und haben meiner Lehre Bildnis entstellt, also, daß meine Liebsten sich der Gaben schämen müssen, die ich ihnen gab.

Verloren gingen mir meine Freunde; die Stunde kam mir, meine Verlornen zu suchen!« –

Mit diesen Worten sprang Zarathustra auf, aber nicht wie ein Geängstigter, der nach Luft sucht, sondern eher wie ein Seher und Sänger, welchen der Geist anfällt. Verwundert sahen sein Adler und seine Schlange auf ihn hin: denn gleich dem Morgenrote lag ein kommendes Glück auf seinem Antlitze.

Was geschah mir doch, meine Tiere? – sagte Zarathustra. Bin ich nicht verwandelt? Kam mir nicht die Seligkeit wie ein Sturmwind?

Töricht ist mein Glück und Törichtes wird es reden: zu jung noch ist es – so habt Geduld mit ihm!

Verwundet bin ich von meinem Glücke: alle Leidenden sollen mir Ärzte sein!

Zu meinen Freunden darf ich wieder hinab und auch zu meinen Feinden! Zarathustra darf wieder reden und schenken und Lieben das Liebste tun!

Meine ungeduldige Liebe fließt über in Strömen, abwärts, nach Aufgang und Niedergang. Aus schweigsamem Gebirge und Gewitter des Schmerzes rauscht meine Seele in die Täler.

Zu lange sehnte ich mich und schaute in die Ferne. Zu lange gehörte ich der Einsamkeit: so verlernte ich das Schweigen.

Mund bin ich worden ganz und gar, und Brausen eines Bachs aus hohen Felsen: hinab will ich meine Reden stürzen in die Täler.

Und mag mein Strom der Liebe in Unwegsames stürzen! Wie sollte ein Strom nicht endlich den Weg zum Meere finden!

Wohl ist ein See in mir, ein einsiedlerischer, selbstgenugsamer; aber mein Strom der Liebe reißt ihn mit sich hinab – zum Meere!

Neue Wege gehe ich, eine neue Rede kommt mir; müde wurde ich, gleich allen Schaffenden, der alten Zungen. Nicht will mein Geist mehr auf abgelaufnen Sohlen wandeln.

Zu langsam läuft mir alles Reden – in deinen Wagen springe ich, Sturm! Und auch dich will ich noch peitschen mit meiner Bosheit!

Wie ein Schrei und ein Jauchzen will ich über weite Meere hinfahren, bis ich die glückseligen Inseln finde, wo meine Freunde weilen: –

Und meine Feinde unter ihnen! Wie liebe ich nun jeden, zu dem ich nur reden darf! Auch meine Feinde gehören zu meiner Seligkeit.

Und wenn ich auf mein wildestes Pferd steigen will, so hilft mir mein Speer immer am besten hinauf: der ist meines Fußes allzeit bereiter Diener: –

Der Speer, den ich gegen meine Feinde schleudere! Wie danke ich es meinen Feinden, daß ich endlich ihn schleudern darf!

Zu groß war die Spannung meiner Wolke: zwischen Gelächtern der Blitze will ich Hagelschauer in die Tiefe werfen.

Gewaltig wird sich da meine Brust heben, gewaltig wird sie ihren Sturm über die Berge hinblasen: so kommt ihr Erleichterung.

Wahrlich, einem Sturm gleich kommt mein Glück und meine Freiheit! Aber meine Feinde sollen glauben, *der Böse* rase über ihren Häuptern.

Ja, auch ihr werdet erschreckt sein, meine Freunde, ob meiner wilden Weisheit; und vielleicht flieht ihr davon samt meinen Feinden.

Ach, daß ich's verstünde, euch mit Hirtenflöten zurückzulocken! Ach,

daß meine Löwin Weisheit zärtlich brüllen lernte! Und vieles lernten wir schon miteinander!

Meine wilde Weisheit wurde trächtig auf einsamen Bergen; auf rauhen Steinen gebar sie ihr Junges, Jüngstes.

Nun läuft sie närrisch durch die harte Wüste und sucht und sucht nach sanftem Rasen – meine alte wilde Weisheit!

Auf eurer Herzen sanften Rasen, meine Freunde! – auf eure Liebe möchte sie ihr Liebstes betten! –

Also sprach Zarathustra.

Auf den glückseligen Inseln

Die Feigen fallen von den Bäumen, sie sind gut und süß; und indem sie fallen, reißt ihnen die rote Haut. Ein Nordwind bin ich reifen Feigen.

Also, gleich Feigen, fallen euch diese Lehren zu, meine Freunde: nun trinkt ihren Saft und ihr süßes Fleisch! Herbst ist es umher und reiner Himmel und Nachmittag.

Seht, welche Fülle ist um uns! Und aus dem Überflusse heraus ist es schön hinaus zu blicken auf ferne Meere.

Einst sagte man Gott, wenn man auf ferne Meere blickte; nun aber lehrte ich euch sagen: Übermensch.

Gott ist eine Mutmaßung; aber ich will, daß euer Mutmaßen nicht weiter reiche, als euer schaffender Wille.

Könntet ihr einen Gott *schaffen*? – So schweigt mir doch von allen Göttern! Wohl aber könntet ihr den Übermenschen schaffen.

Nicht ihr vielleicht selber, meine Brüder! Aber zu Vätern und Vorfahren könntet ihr euch umschaffen des Übermenschen: und dies sei euer bestes Schaffen! –

Gott ist eine Mutmaßung: aber ich will, daß euer Mutmaßen begrenzt sei in der Denkbarkeit.

Könntet ihr einen Gott *denken*? – Aber dies bedeute euch Wille zur Wahrheit, daß alles verwandelt werde in Menschen-Denkbares, Menschen-Sichtbares, Menschen-Fühlbares! Eure eignen Sinne sollt ihr zu Ende denken!

Und was ihr Welt nanntet, das soll erst von euch geschaffen werden: eure Vernunft, euer Bild, euer Wille, eure Liebe soll es selber werden! Und wahrlich, zu eurer Seligkeit, ihr Erkennenden!

Und wie wolltet ihr das Leben ertragen ohne diese Hoffnung, ihr Erkennenden? Weder ins Unbegreifliche dürftet ihr eingeboren sein, noch ins Unvernünftige.

Aber daß ich euch ganz mein Herz offenbare, ihr Freunde: *wenn* es Göt-

ter gäbe, wie hielte ich's aus, kein Gott zu sein! *Also* gibt es keine Götter.

Wohl zog ich den Schluß; nun aber zieht er mich. –

Gott ist eine Mutmaßung: aber wer tränke alle Qual dieser Mutmaßung, ohne zu sterben? Soll dem Schaffenden sein Glaube genommen sein und dem Adler sein Schweben in Adler-Fernen?

Gott ist ein Gedanke, der macht alles Gerade krumm, und alles, was steht, drehend. Wie? Die Zeit wäre hinweg, und alles Vergängliche nur Lüge?

Dies zu denken ist Wirbel und Schwindel menschlichen Gebeinen, und noch dem Magen ein Erbrechen: wahrlich, die drehende Krankheit heiße ich's, solches zu mutmaßen.

Böse heiße ich's und menschenfeindlich: all dies Lehren vom Einen und Vollen und Unbewegten und Satten und Unvergänglichen!

Alles Unvergängliche – das ist nur ein Gleichnis! Und die Dichter lügen zuviel. –

Aber von Zeit und Werden sollen die besten Gleichnisse reden: ein Lob sollen sie sein und eine Rechtfertigung aller Vergänglichkeit!

Schaffen – das ist die große Erlösung vom Leiden, und des Lebens Leichtwerden. Aber daß der Schaffende sei, dazu selber tut Leid not und viel Verwandelung.

Ja, viel bitteres Sterben muß in eurem Leben sein, ihr Schaffenden! Also seid ihr Fürsprecher und Rechtfertiger aller Vergänglichkeit.

Daß der Schaffende selber das Kind sei, das neu geboren werde, dazu muß er auch die Gebärerin sein wollen und der Schmerz der Gebärerin.

Wahrlich, durch hundert Seelen ging ich meinen Weg und durch hundert Wiegen und Geburtswehen. Manchen Abschied nahm ich schon, ich kenne die herzbrechenden letzten Stunden.

Aber so will's mein schaffender Wille, mein Schicksal. Oder, daß ich's euch redlicher sage: solches Schicksal gerade – will mein Wille.

Alles Fühlende leidet an mir und ist in Gefängnissen: aber mein Wollen kommt mir stets als mein Befreier und Freudebringer.

Wollen befreit: das ist die wahre Lehre von Wille und Freiheit – so lehrt sie euch Zarathustra.

Nicht-mehr-wollen und Nicht-mehr-schätzen und Nicht-mehr-schaffen! ach, daß diese große Müdigkeit mir stets fern bleibe!

Auch im Erkennen fühle ich nur meines Willens Zeuge- und Werde-Lust; und wenn Unschuld in meiner Erkenntnis ist, so geschieht dies, weil Wille zur Zeugung in ihr ist.

Hinweg von Gott und Göttern lockte mich dieser Wille; was wäre denn zu schaffen, wenn Götter – da wären!

Aber zum Menschen treibt er mich stets von neuem, mein inbrünstiger Schaffens-Wille; so treibt's den Hammer hin zum Steine.

Ach, ihr Menschen, im Steine schläft mir ein Bild, das Bild meiner Bilder! Ach, daß es im härtesten, häßlichsten Steine schlafen muß!

Nun wütet mein Hammer grausam gegen sein Gefängnis. Vom Steine stäuben Stücke: was schiert mich das?

Vollenden will ich's: denn ein Schatten kam zu mir – aller Dinge Stillstes und Leichtestes kam einst zu mir!

Des Übermenschen Schönheit kam zu mir als Schatten. Ach, meine Brüder! Was gehen mich noch – die Götter an! –

Also sprach Zarathustra.

Von den Mitleidigen

Meine Freunde, es kam eine Spottrede zu eurem Freunde: »seht nur Zarathustra! Wandelt er nicht unter uns wie unter Tieren?«

Aber so ist es besser geredet: »der Erkennende wandelt unter Menschen *als* unter Tieren.«

Der Mensch selber aber heißt dem Erkennenden: das Tier, das rote Backen hat.

Wie geschah ihm das? Ist es nicht, weil er sich zu oft hat schämen müssen?

Oh, meine Freunde! So spricht der Erkennende: Scham, Scham, Scham – das ist die Geschichte des Menschen!

Und darum gebeut sich der Edle, nicht zu beschämen: Scham gebeut er sich vor allem Leidenden.

Wahrlich, ich mag sie nicht, die Barmherzigen, die selig sind in ihrem Mitleiden: zu sehr gebricht es ihnen an Scham.

Muß ich mitleidig sein, so will ich's doch nicht heißen; und wenn ich's bin, dann gern aus der Ferne.

Gerne verhülle ich auch das Haupt und fliehe davon, bevor ich noch erkannt bin: und also heiße ich euch tun, meine Freunde!

Möge mein Schicksal mir immer Leidlose, gleich euch, über den Weg führen, und solche, mit denen mir Hoffnung und Mahl und Honig gemein sein *darf*!

Wahrlich, ich tat wohl das und jenes an Leidenden: aber Besseres schien ich mir stets zu tun, wenn ich lernte, mich besser freuen.

Seit es Menschen gibt, hat der Mensch sich zu wenig gefreut: das allein, meine Brüder, ist unsre Erbsünde!

Und lernen wir besser uns freuen, so verlernen wir am besten, andern wehe zu tun und Wehes auszudenken.

Darum wasche ich mir die Hand, die dem Leidenden half, darum wische ich mir auch noch die Seele ab.

Denn daß ich den Leidenden leidend sah, dessen schämte ich mich um seiner Scham willen; und als ich ihm half, da verging ich mich hart an seinem Stolze.

Große Verbindlichkeiten machen nicht dankbar, sondern rachsüchtig; und wenn die kleine Wohltat nicht vergessen wird, so wird noch ein Nage-Wurm daraus.

»Seid spröde im Annehmen! Zeichnet aus damit, daß ihr annehmt!« – also rate ich denen, die nichts zu verschenken haben.

Ich aber bin ein Schenkender: gerne schenke ich, als Freund den Freunden. Fremde aber und Arme mögen sich die Frucht selber von meinem Baume pflücken: so beschämt es weniger.

Bettler aber sollte man ganz abschaffen! Wahrlich, man ärgert sich, ihnen zu geben und ärgert sich, ihnen nicht zu geben.

Und insgleichen die Sünder und bösen Gewissen! Glaubt mir, meine Freunde: Gewissensbisse erziehn zum Beißen.

Das Schlimmste aber sind die kleinen Gedanken. Wahrlich, besser noch bös getan, als klein gedacht!

Zwar ihr sagt: »die Lust an kleinen Bosheiten erspart uns manche große böse Tat.« Aber hier sollte man nicht sparen wollen.

Wie ein Geschwür ist die böse Tat: sie juckt und kratzt und bricht heraus – sie redet ehrlich.

«Siehe, ich bin Krankheit« – so redet die böse Tat; das ist ihre Ehrlichkeit.

Aber dem Pilze gleich ist der kleine Gedanke: er kriecht und duckt sich und will nirgendswo sein – bis der ganze Leib morsch und welk ist vor kleinen Pilzen.

Dem aber, der vom Teufel besessen ist, sage ich dies Wort ins Ohr: »besser noch, du ziehest deinen Teufel groß! Auch für dich gibt es noch einen Weg der Größe!« –

Ach, meine Brüder! Man weiß von jedermann etwas zu viel! Und mancher wird uns durchsichtig, aber deshalb können wir noch lange nicht durch ihn hindurch.

Es ist schwer mit Menschen zu leben, weil Schweigen so schwer ist.

Und nicht gegen den, der uns zuwider ist, sind wir am unbilligsten, sondern gegen den, welcher uns gar nichts angeht.

Hast du aber einen leidenden Freund, so sei seinem Leiden eine Ruhestätte, doch gleichsam ein hartes Bett, ein Feldbett: so wirst du ihm am besten nützen.

Und tut dir ein Freund Übles, so sprich: »ich vergebe dir, was du mir tatest; daß du es aber *dir* tatest – wie könnte ich das vergeben!«

Also redet alle große Liebe: die überwindet auch noch Vergebung und Mitleiden.

Man soll sein Herz festhalten; denn läßt man es gehn, wie bald geht einem da der Kopf durch!

Ach, wo in der Welt geschahen größere Torheiten, als bei den Mitleidigen? Und was in der Welt stiftete mehr Leid als die Torheiten der Mitleidigen?

Wehe allen Liebenden, die nicht noch eine Höhe haben, welche über ihrem Mitleiden ist!

Also sprach der Teufel einst zu mir: »auch Gott hat seine Hölle: das ist seine Liebe zu den Menschen.«

Und jüngst hörte ich ihn dies Wort sagen: »Gott ist tot; an seinem Mitleiden mit den Menschen ist Gott gestorben.« –

So seid mir gewarnt vor dem Mitleiden: *daher* kommt noch den Menschen eine schwere Wolke! Wahrlich, ich verstehe mich auf Wetterzeichen!

Merket aber auch dies Wort: alle große Liebe ist noch über all ihrem Mitleiden: denn sie will das Geliebte noch – schaffen!

»Mich selber bringe ich meiner Liebe dar, *und meinen Nächsten gleich mir«* – so geht die Rede allen Schaffenden.

Alle Schaffenden aber sind hart. –

Also sprach Zarathustra.

Von den Priestern

Und einstmals gab Zarathustra seinen Jüngern ein Zeichen und sprach diese Worte zu ihnen:

»Hier sind Priester: und wenn es auch meine Feinde sind, geht mir still an ihnen vorüber und mit schlafendem Schwerte!

Auch unter ihnen sind Helden; viele von ihnen litten zuviel –: so wollen sie andre leiden machen.

Böse Feinde sind sie: nichts ist rachsüchtiger als ihre Demut. Und leicht besudelt sich der, welcher sie angreift.

Aber mein Blut ist mit dem ihren verwandt; und ich will mein Blut auch noch in dem ihren geehrt wissen.« –

Und als sie vorübergegangen waren, fiel Zarathustra der Schmerz an; und nicht lange hatte er mit seinem Schmerze gerungen, da hub er also an zu reden:

Es jammert mich dieser Priester. Sie gehen mir auch wider den Geschmack; aber das ist mir das Geringste, seit ich unter Menschen bin.

Aber ich leide und litt mit ihnen: Gefangene sind es mir und Abgezeichnete. Der, welchen sie Erlöser nennen, schlug sie in Banden: –

In Banden falscher Werte und Wahn-Worte! Ach, daß einer sie noch von ihrem Erlöser erlöste!

Auf einem Eilande glaubten sie einst zu landen, als das Meer sie herumriß; aber siehe, es war ein schlafendes Ungeheuer!

Falsche Werte und Wahn-Worte: das sind die schlimmsten Ungeheuer für Sterbliche, – lange schläft und wartet in ihnen das Verhängnis.

Aber endlich kommt es und wacht und frißt und schlingt, was auf ihm sich Hütten baute.

O seht mir doch diese Hütten an, die sich diese Priester bauten! Kirchen heißen sie ihre süßduftenden Höhlen.

O über dies verfälschte Licht, diese verdumpfte Luft! Hier, wo die Seele zu ihrer Höhe hinauf – nicht fliegen darf!

Sondern also gebietet ihr Glaube: »auf den Knien die Treppe hinan, ihr Sünder!«

Wahrlich, lieber sehe ich noch den Schamlosen, als die verrenkten Augen ihrer Scham und Andacht!

Wer schuf sich solche Höhlen und Buß-Treppen? Waren es nicht solche, die sich verbergen wollten und sich vor dem reinen Himmel schämten?

Und erst wenn der reine Himmel wieder durch zerbrochne Decken blickt, und hinab auf Gras und roten Mohn an zerbrochnen Mauern – will ich den Stätten dieses Gottes wieder mein Herz zuwenden.

Sie nannten Gott, was ihnen widersprach und wehe tat: und wahrlich, es war viel Helden-Art in ihrer Anbetung!

Und nicht anders wußten sie ihren Gott zu lieben, als indem sie den Menschen ans Kreuz schlugen!

Als Leichname gedachten sie zu leben, schwarz schlugen sie ihren Leichnam aus; auch aus ihren Reden rieche ich noch die üble Würze von Totenkammern.

Und wer ihnen nahe lebt, der lebt schwarzen Teichen nahe, aus denen heraus die Unke ihr Lied mit süßem Tiefsinne singt.

Bessere Lieder müßten sie mir singen, daß ich an ihren Erlöser glauben lerne: erlöster müßten mir seine Jünger aussehen!

Nackt möchte ich sie sehn: denn allein die Schönheit sollte Buße predigen. Aber wen überredet wohl diese vermummte Trübsal!

Wahrlich, ihre Erlöser selber kamen nicht aus der Freiheit und der Freiheit siebentem Himmel! Wahrlich, sie selber wandelten niemals auf den Teppichen der Erkenntnis!

Aus Lücken bestand der Geist dieser Erlöser; aber in jede Lücke hatten sie ihren Wahn gestellt, ihren Lückenbüßer, den sie Gott nannten.

In ihrem Mitleiden war ihr Geist ertrunken, und wenn sie schwollen und überschwollen von Mitleiden, schwamm immer obenauf eine große Torheit.

Eifrig trieben sie und mit Geschrei ihre Herde über ihren Sieg: wie als ob es zur Zukunft nur *einen* Steg gäbe! Wahrlich, auch diese Hirten gehörten noch zu den Schafen!

Kleine Geister und umfängliche Seelen hatten diese Hirten: aber, meine Brüder, was für kleine Länder waren bisher auch die umfänglichsten Seelen!

Blutzeichen schrieben sie auf den Weg, den sie gingen, und ihre Torheit lehrte, daß man mit Blut die Wahrheit beweise.

Aber Blut ist der schlechteste Zeuge der Wahrheit; Blut vergiftet die reinste Lehre noch zu Wahn und Haß der Herzen.

Und wenn einer durchs Feuer geht für seine Lehre – was beweist dies! Mehr ist's wahrlich, daß aus eignem Brande die eigne Lehre kommt!

Schwüles Herz und kalter Kopf: wo dies zusammen trifft, da entsteht der Brausewind, der »Erlöser«.

Größere gab es wahrlich und Höher-Geborene, als die, welche das Volk Erlöser nennt, diese hinreißenden Brausewinde!

Und noch von Größeren, als alle Erlöser waren, müßt ihr, meine Brüder, erlöst werden, wollt ihr zur Freiheit den Weg finden!

Niemals noch gab es einen Übermenschen. Nackt sah ich beide, den größten und den kleinsten Menschen: –

Allzuähnlich sind sie noch einander. Wahrlich, auch den Größten fand ich – allzumenschlich!

Also sprach Zarathustra.

Von den Tugenhaften

Mit Donnern und himmlischen Feuerwerken muß man zu schlaffen und schlafenden Sinnen reden.

Aber der Schönheit Stimme redet leise: sie schleicht sich nur in die aufgewecktesten Seelen.

Leise erbebte und lachte mir heut mein Schild; das ist der Schönheit heiliges Lachen und Beben.

Über euch, ihr Tugendhaften, lachte heut meine Schönheit. Und also kam ihre Stimme zu mir: »sie wollen noch – bezahlt sein!«

Ihr wollt noch bezahlt sein, ihr Tugendhaften! Wollt Lohn für Tugend und Himmel für Erden und Ewiges für euer Heute haben?

Und nun zürnt ihr mir, daß ich lehre, es gibt keinen Lohn- und Zahlmeister? Und wahrlich, ich lehre nicht einmal, daß Tugend ihr eigner Lohn ist.

Ach, das ist meine Trauer: in den Grund der Dinge hat man Lohn und Strafe hineingelogen – und nun auch noch in den Grund eurer Seelen, ihr Tugendhaften!

Aber dem Rüssel des Ebers gleich soll mein Wort den Grund eurer Seelen aufreißen; Pflugschar will ich euch heißen.

Alle Heimlichkeiten eures Grundes sollen ans Licht; und wenn ihr aufgewühlt und zerbrochen in der Sonne liegt, wird auch eure Lüge von eurer Wahrheit ausgeschieden sein.

Denn dies ist eure Wahrheit: ihr seid *zu reinlich* für den Schmutz der Worte: Rache, Strafe, Lohn, Vergeltung.

Ihr liebt eure Tugend, wie die Mutter ihr Kind; aber wann hörte man, daß eine Mutter bezahlt sein wollte für ihre Liebe?

Es ist euer liebstes Selbst, eure Tugend. Des Ringes Durst ist in euch; sich selber wieder zu erreichen, dazu ringt und dreht sich jeder Ring.

Und dem Sterne gleich, der erlischt, ist jedes Werk eurer Tugend: immer ist sein Licht noch unterwegs und wandert – und wann wird es nicht mehr unterwegs sein?

Also ist das Licht eurer Tugend noch unterwegs, auch wenn das Werk getan ist. Mag es nun vergessen und tot sein: sein Strahl von Licht lebt noch und wandert.

Daß eure Tugend euer Selbst sei, und nicht ein Fremdes, eine Haut, eine Bemäntelung: das ist die Wahrheit aus dem Grunde eurer Seele, ihr Tugendhaften! –

Aber wohl gibt es solche, denen Tugend der Krampf unter einer Peitsche heißt: und ihr habt mir zuviel auf deren Geschrei gehört!

Und andre gibt es, die heißen Tugend das Faulwerden ihrer Laster; und wenn ihr Haß und ihre Eifersucht einmal die Glieder strecken, wird ihre »Gerechtigkeit« munter und reibt sich die verschlafenen Augen.

Und andre gibt es, die werden abwärts gezogen: ihre Teufel ziehn sie. Aber je mehr sie sinken, um so glühender leuchtet ihr Auge und die Begierde nach ihrem Gotte.

Ach, auch deren Geschrei drang zu euren Ohren, ihr Tugendhaften: »was ich *nicht* bin, das, das ist mir Gott und Tugend!«

Und andre gibt es, die kommen schwer und knarrend daher, gleich Wägen, die Steine abwärts fahren: die reden viel von Würde und Tugend – ihren Hemmschuh heißen sie Tugend!

Und andre gibt es, die sind gleich Alltags-Uhren, die aufgezogen wurden; sie machen ihr Ticktack und wollen, daß man Ticktack – Tugend heiße.

Wahrlich, an diesen habe ich meine Lust: wo ich solche Uhren finde, werde ich sie mit meinem Spotte aufziehn; und sie sollen mir dabei noch schnurren!

Und andre sind stolz über ihre Handvoll Gerechtigkeit und begehen um ihrerwillen Frevel an allen Dingen: also daß die Welt in ihrer Ungerechtigkeit ertränkt wird.

Ach, wie übel ihnen das Wort »Tugend« aus dem Munde läuft! Und wenn sie sagen: »ich bin gerecht«, so klingt es immer gleich wie: »ich bin gerächt!«

Mit ihrer Tugend wollen sie ihren Feinden die Augen auskratzen; und sie erheben sich nur, um andre zu erniedrigen.

Und wiederum gibt es solche, die sitzen in ihrem Sumpfe und reden also heraus aus dem Schilfrohr: »Tugend – das ist still im Sumpfe sitzen.

Wir beißen niemanden und gehen dem aus dem Wege, der beißen will; und in allem haben wir die Meinung, die man uns gibt.«

Und wiederum gibt es solche, die lieben Gebärden und denken: Tugend ist eine Art Gebärde.

Ihre Knie beten immer an, und ihre Hände sind Lobpreisungen der Tugend, aber ihr Herz weiß nichts davon.

Und wiederum gibt es solche, die halten es für Tugend, zu sagen: »Tugend ist notwendig«; aber sie glauben im Grunde nur daran, daß Polizei notwendig ist.

Und mancher, der das Hohe an den Menschen nicht sehen kann, nennt es Tugend, daß er ihr Niedriges allzunahe sieht: also heißt er seinen bösen Blick Tugend.

Und einige wollen erbaut und aufgerichtet sein und heißen es Tugend; und andre wollen umgeworfen sein – und heißen es auch Tugend.

Und derart glauben fast alle daran, Anteil zu haben an der Tugend; und zum mindesten will ein jeder Kenner sein über »Gut« und »Böse«.

Aber nicht dazu kam Zarathustra, allen diesen Lügnern und Narren zu sagen: »was wißt *ihr* von Tugend! Was *könntet* ihr von Tugend wissen!« –

Sondern, daß ihr, meine Freunde, der alten Worte müde würdet, welche ihr von den Narren und Lügnern gelernt habt:

Müde würdet der Worte »Lohn«, »Vergeltung«, »Strafe«, »Rache in der Gerechtigkeit« –

Müde würdet zu sagen: »daß eine Handlung gut ist, das macht, sie ist selbstlos.«

Ach, meine Freunde! Daß *euer* Selbst in der Handlung sei, wie die Mutter im Kinde ist: das sei mir *euer* Wort von Tugend!

Wahrlich, ich nahm euch wohl hundert Worte und eurer Tugend liebste Spielwerke; und nun zürnt ihr mir, wie Kinder zürnen.

Sie spielten am Meere – da kam die Welle und riß ihnen ihr Spielwerk in die Tiefe: nun weinen sie.

Aber dieselbe Welle soll ihnen neue Spielwerke bringen und neue bunte Muscheln vor sie hin ausschütten!

So werden sie getröstet sein; und gleich ihnen sollt auch ihr, meine Freunde, eure Tröstungen haben – und neue bunte Muscheln! –

Also sprach Zarathustra.

Vom Gesindel

Das Leben ist ein Born der Lust; aber wo das Gesindel mit trinkt, da sind alle Brunnen vergiftet.

Allem Reinlichen bin ich hold; aber ich mag die grinsenden Mäuler nicht sehn und den Durst der Unreinen.

Sie warfen ihr Auge hinab in den Brunnen: nun glänzt mir ihr widriges Lächeln herauf aus dem Brunnen.

Das heilige Wasser haben sie vergiftet mit ihrer Lüsternheit; und als sie ihre schmutzigen Träume Lust nannten, vergifteten sie auch noch die Worte.

Unwillig wird die Flamme, wenn sie ihre feuchten Herzen ans Feuer legen; der Geist selber brodelt und raucht, wo das Gesindel ans Feuer tritt.

Süßlich und übermürbe wird in ihrer Hand die Frucht: windfällig und wipfeldürr macht ihr Blick den Fruchtbaum.

Und mancher, der sich vom Leben abkehrte, kehrte sich nur vom Gesindel ab: er wollte nicht Brunnen und Flamme und Frucht mit dem Gesindel teilen.

Und mancher, der in die Wüste ging und mit Raubtieren Durst litt, wollte nur nicht mit schmutzigen Kameltreibern um die Zisterne sitzen.

Und mancher, der wie ein Vernichter daher kam und wie ein Hagelschlag allen Fruchtfeldern, wollte nur seinen Fuß dem Gesindel in den Rachen setzen und also seinen Schlund stopfen.

Und nicht das ist der Bissen, an dem ich am meisten würgte, zu wissen, daß das Leben selber Feindschaft nötig hat und Sterben und Marterkreuze: –

Sondern ich fragte einst und erstickte fast an meiner Frage: wie? hat das Leben auch das Gesindel *nötig*?

Sind vergiftete Brunnen nötig und stinkende Feuer und beschmutzte Träume und Maden im Lebensbrode?

Nicht mein Haß, sondern mein Ekel fraß mir hungrig am Leben! Ach, des Geistes wurde ich oft müde, als ich auch das Gesindel geistreich fand!

Und den Herrschenden wandt ich den Rücken, als ich sah, was sie jetzt Herrschen nennen: Schachern und Markten um Macht – mit dem Gesindel!

Unter Völkern wohnte ich fremder Zunge, mit verschlossenen Ohren: daß mir ihres Schacherns Zunge fremd bliebe und ihr Markten um Macht.

Und die Nase mir haltend, ging ich unmutig durch alles Gestern und Heute: wahrlich übel riecht alles Gestern und Heute nach dem schreibenden Gesindel!

Einem Krüppel gleich, der taub und blind und stumm wurde: also lebte ich lange, daß ich nicht mit Macht- und Schreib- und Lust-Gesindel lebte.

Mühsam stieg mein Geist Treppen, und vorsichtig; Almosen der Lust waren sein Labsal; am Stabe schlich dem Blinden das Leben.

Was geschah mir doch? Wie erlöste ich mich vom Ekel? Wer verjüngte mein Auge? Wie erflog ich die Höhe, wo kein Gesindel mehr am Brunnen sitzt?

Schuf mein Ekel selber mir Flügel und quellenahnende Kräfte? Wahrlich, ins Höchste mußte ich fliegen, daß ich den Born der Lust wiederfände!

Oh, ich fand ihn, meine Brüder! Hier im Höchsten quillt mir der Born der Lust! Und es gibt ein Leben, an dem kein Gesindel mit trinkt!

Fast zu heftig strömst du mir, Quell der Lust! Und oft leerst du den Becher wieder, dadurch, daß du ihn füllen willst!

Und noch muß ich lernen, bescheidener dir zu nahen: allzuheftig strömt dir noch mein Herz entgegen –

Mein Herz, auf dem mein Sommer brennt, der kurze, heiße, schwermütige, überselige: wie verlangt mein Sommer-Herz nach deiner Kühle!

Vorbei die zögernde Trübsal meines Frühlings! Vorüber die Bosheit meiner Schneeflocken im Juni! Sommer wurde ich ganz und Sommer-Mittag!

Ein Sommer im Höchsten mit kalten Quellen und seliger Stille: oh kommt, meine Freunde, daß die Stille noch seliger werde!

Denn dies ist *unsre* Höhe und unsre Heimat: zu hoch und steil wohnen wir hier allen Unreinen und ihrem Durste.

Werft nur eure reinen Augen in den Born meiner Lust, ihr Freunde! Wie sollte er darob trübe werden! Entgegenlachen soll er euch mit *seiner* Reinheit.

Auf dem Baume Zukunft bauen wir unser Nest; Adler sollen uns Einsamen Speise bringen in ihren Schnäbeln!

Wahrlich, keine Speise, an der Unsaubere mitessen dürften! Feuer würden sie zu fressen wähnen und sich die Mäuler verbrennen!

Wahrlich, keine Heimstätten halten wir hier bereit für Unsaubere! Eishöhle würde ihren Leibern unser Glück heißen und ihren Geistern!

Und wie starke Winde wollen wir über ihnen leben, Nachbarn den Adlern, Nachbarn dem Schnee, Nachbarn der Sonne: also leben starke Winde.

Und einem Winde gleich will ich einst noch zwischen sie blasen und mit meinem Geiste ihrem Geiste den Atem nehmen: so will es meine Zukunft.

Wahrlich, ein starker Wind ist Zarathustra allen Niederungen; und solchen Rat rät er seinen Feinden und allem, was spuckt und speit: »hütet euch, *gegen* den Wind zu speien!«

Also sprach Zarathustra.

Von den Taranteln

Siehe, das ist der Tarantel Höhle! Willst du sie selber sehn? Hier hängt ihr Netz: rühre daran, daß es erzittert.

Da kommt sie willig: willkommen, Tarantel! Schwarz sitzt auf deinem Rücken dein Dreieck und Wahrzeichen; und ich weiß auch, was in deiner Seele sitzt.

Rache sitzt in deiner Seele: wohin du beißest, da wächst schwarzer Schorf; mit Rache macht dein Gift die Seele drehend!

Also rede ich zu euch im Gleichnis, die ihr die Seelen drehend macht, ihr Prediger der *Gleichheit*! Taranteln seid ihr mir und versteckte Rachsüchtige!

Aber ich will eure Verstecke schon ans Licht bringen: darum lache ich euch ins Antlitz mein Gelächter der Höhe.

Darum reiße ich an eurem Netze, daß eure Wut euch aus eurer Lügen-Höhle locke, und eure Rache hervorspringe hinter eurem Wort »Gerechtigkeit«.

Denn *daß der Mensch erlöst werde von der Rache*: das ist mir die Brücke zur höchsten Hoffnung und ein Regenbogen nach langen Unwettern.

Aber anders wollen es freilich die Taranteln. »Das gerade heiße uns Gerechtigkeit, daß die Welt voll werde von den Unwettern unsrer Rache« – also reden sie miteinander.

»Rache wollen wir üben und Beschimpfung an allen, die uns nicht gleich sind« – so geloben sich die Tarantel-Herzen.

»Und ›Wille zur Gleichheit‹ – das selber soll fürderhin der Name für Tugend werden; und gegen alles, was Macht hat, wollen wir unser Geschrei erheben!«

Ihr Prediger der Gleichheit, der Tyrannen-Wahnsinn der Ohnmacht schreit also aus euch nach »Gleichheit«: eure heimlichsten Tyrannen-Gelüste vermummen sich also in Tugend-Worte!

Vergrämter Dünkel, verhaltener Neid, vielleicht eurer Väter Dünkel und Neid: aus euch bricht's als Flamme heraus und Wahnsinn der Rache.

Was der Vater schwieg, das kommt im Sohne zum Reden; und oft fand ich den Sohn als des Vaters entblößtes Geheimnis.

Den Begeisterten gleichen sie: aber nicht das Herz ist es, was sie begeistert – sondern die Rache. Und wenn sie fein und kalt werden, ist's nicht der Geist, sondern der Neid, der sie fein und kalt macht.

Ihre Eifersucht führt sie auch auf der Denker Pfade; und dies ist das Merkmal ihrer Eifersucht – immer gehn sie zu weit: daß ihre Müdigkeit sich zuletzt noch auf Schnee schlafen legen muß.

Aus jeder ihrer Klagen tönt Rache, in jedem ihrer Lobsprüche ist ein Wehetun; und Richter-sein scheint ihnen Seligkeit.

Also aber rate ich euch, meine Freunde: mißtraut allen, in welchen der Trieb, zu strafen, mächtig ist!

Das ist Volk schlechter Art und Abkunft; aus ihren Gesichtern blickt der Henker und der Spürhund.

Mißtraut allen denen, die viel von ihrer Gerechtigkeit reden! Wahrlich, ihren Seelen fehlt es nicht nur an Honig.

Und wenn sie sich selber »die Guten und Gerechten« nennen, so vergeßt nicht, daß ihnen zum Pharisäer nichts fehlt als – Macht!

Meine Freunde, ich will nicht vermischt und verwechselt werden.

Es gibt solche, die predigen meine Lehre vom Leben: und zugleich sind sie Prediger der Gleichheit und Taranteln.

Daß sie dem Leben zu Willen reden, ob sie gleich in ihrer Höhle sitzen, diese Gift-Spinnen, und abgekehrt vom Leben: das macht, sie wollen damit wehetun.

Solchen wollen sie damit wehetun, die jetzt die Macht haben: denn bei diesen ist noch die Predigt vom Tode am besten zu Hause.

Wäre es anders, so würden die Taranteln anders lehren: und gerade sie waren ehemals die besten Welt-Verleumder und Ketzer-Brenner.

Mit diesen Predigern der Gleichheit will ich nicht vermischt und verwechselt sein. Denn so redet *mir* die Gerechtigkeit: »die Menschen sind nicht gleich«.

Und sie sollen es auch nicht werden! Was wäre denn meine Liebe zum Übermenschen, wenn ich anders spräche?

Auf tausend Brücken und Stegen sollen sie sich drängen zur Zukunft, und immer mehr Krieg und Ungleichheit soll zwischen sie gesetzt sein: so läßt mich meine große Liebe reden!

Erfinder von Bildern und Gespenstern sollen sie werden in ihren Feindschaften, und mit ihren Bildern und Gespenstern sollen sie noch gegeneinander den höchsten Kampf kämpfen!

Gut und böse, und reich und arm, und hoch und gering, und alle Namen der Werte: Waffen sollen es sein und klirrende Merkmale davon, daß das Leben sich immer wieder selber überwinden muß!

In die Höhe will es sich bauen mit Pfeilern und Stufen, das Leben selber: in weite Fernen will es blicken und hinaus nach seligen Schönheiten – *darum* braucht es Höhe!

Und weil es Höhe braucht, braucht es Stufen und Widerspruch der Stufen und Steigenden! Steigen will das Leben und steigend sich überwinden.

Und seht mir doch, meine Freunde! Hier, wo der Tarantel Höhle ist, heben sich eines alten Tempels Trümmer aufwärts – seht mir doch mit erleuchteten Augen hin!

Wahrlich, wer hier einst seine Gedanken in Stein nach oben türmte, um das Geheimnis alles Lebens wußte er gleich dem Weisesten!

Daß Kampf und Ungleiches auch noch in der Schönheit sei, und Krieg um Macht und Übermacht: das lehrt er uns hier im deutlichsten Gleichnis.

Wie sich göttlich hier Gewölbe und Bogen brechen, im Ringkampfe: wie mit Licht und Schatten sie wider einander streben, die göttlich-Strebenden –

Also sicher und schön laßt uns auch Feinde sein, meine Freunde! Göttlich wollen wir *wider* einander streben! –

Weh! Da biß mich selber die Tarantel, meine alte Feindin! Göttlich sicher und schön biß sie mich in den Finger!

»Strafe muß sein und Gerechtigkeit« – so denkt sie: »nicht umsonst soll er hier der Feindschaft zu Ehren Lieder singen!«

Ja, sie hat sich gerächt! Und wehe! nun wird sie mit Rache auch noch meine Seele drehend machen!

Daß ich mich aber *nicht* drehe, meine Freunde, bindet mich fest hier an diese Säule! Lieber noch Säulen-Heiliger will ich sein, als Wirbel der Rachsucht!

Wahrlich, kein Dreh- und Wirbelwind ist Zarathustra; und wenn er ein Tänzer ist, nimmermehr doch ein Tarantel-Tänzer! –

Also sprach Zarathustra.

Von den berühmten Weisen

Dem Volke habt ihr gedient und des Volkes Aberglauben, ihr berühmten Weisen alle! – und *nicht* der Wahrheit! Und gerade darum zollte man euch Ehrfurcht.

Und darum auch ertrug man euren Unglauben, weil er ein Witz und Umweg war zum Volke. So läßt der Herr seine Sklaven gewähren und ergötzt sich noch an ihrem Übermute.

Aber wer dem Volke verhaßt ist wie ein Wolf den Hunden: das ist der freie Geist, der Fessel-Feind, der Nicht-Anbeter, der in Wäldern Hausende.

Ihn zu jagen aus seinem Schlupfe – das hieß immer dem Volke »Sinn für das Rechte«: gegen ihn hetzt es noch immer seine scharfzahnigsten Hunde.

»Denn die Wahrheit ist da: ist das Volk doch da! Wehe, wehe den Suchenden!« also scholl es von jeher.

Eurem Volke wolltet ihr Recht schaffen in seiner Verehrung: das hießet ihr »Wille zur Wahrheit«, ihr berühmten Weisen!

Und euer Herz sprach immer zu sich: »vom Volke kam ich: von dort her kam mir auch Gottes Stimme«.

Hart-nackig und klug, dem Esel gleich, wart ihr immer als des Volkes Fürsprecher.

Und mancher Mächtige, der gut fahren wollte mit dem Volke, spannte vor seine Rosse noch – ein Eselein, einen berühmten Weisen.

Und nun wollte ich, ihr berühmten Weisen, ihr würfet endlich das Fell des Löwen ganz von euch!

Das Fell des Raubtiers, das buntgefleckte, und die Zotten des Forschenden, Suchenden, Erobernden!

Ach, daß ich an eure »Wahrhaftigkeit« glauben lerne, dazu müßtet ihr mir erst euren verehrenden Willen zerbrechen.

Wahrhaftig – so heiße ich den, der in götterlose Wüsten geht und sein verehrendes Herz zerbrochen hat.

Im gelben Sande und verbrannt von der Sonne schielt er wohl durstig nach den quellenreichen Eilanden, wo Lebendiges unter dunkeln Bäumen ruht.

Aber sein Durst überredet ihn nicht, diesen Behaglichen gleich zu werden: denn wo Oasen sind, da sind auch Götzenbilder.

Hungernd, gewalttätig, einsam, gottlos: so will sich selber der Löwen-Wille.

Frei von dem Glück der Knechte, erlöst von Göttern und Anbetungen, furchtlos und fürchterlich, groß und einsam: so ist der Wille des Wahrhaftigen.

In der Wüste wohnten von je die Wahrhaftigen, die freien Geister, als der Wüste Herren; aber in den Städten wohnen die gutgefütterten, berühmten Weisen – die Zugtiere.

Immer nämlich ziehen sie, als Esel – des *Volkes* Karren!

Nicht daß ich ihnen darob zürne: aber Dienende bleiben sie mir und Angeschirrte, auch wenn sie von goldnem Geschirre glänzen.

Und oft waren sie gute Diener und preiswürdige. Denn so spricht die Tugend: »Mußt du Diener sein, so suche den, welchem dein Dienst am besten nützt!

Der Geist und die Tugend deines Herrn sollen wachsen, dadurch, daß *du* sein Diener bist: so wächsest du selber mit seinem Geiste und seiner Tugend!«

Und wahrlich, ihr berühmten Weisen, ihr Diener des Volkes! Ihr selber wuchset mit des Volkes Geist und Tugend – und das Volk durch euch! Zu euren Ehren sage ich das!

Aber Volk bleibt ihr mir auch noch in euren Tugenden, Volk mit blöden Augen, – Volk, das nicht weiß, was *Geist* ist!

Geist ist das Leben, das selber ins Leben schneidet; an der eignen Qual mehrt es sich das eigne Wissen, – wußtet ihr das schon?

Und des Geistes Glück ist dies: gesalbt zu sein und durch Tränen geweiht zum Opfertier, – wußtet ihr das schon?

Und die Blindheit des Blinden und sein Suchen und Tappen soll noch von der Macht der Sonne zeugen, in die er schaute, – wußtet ihr das schon?

Und mit Bergen soll der Erkennende *bauen* lernen! Wenig ist es, daß der Geist Berge versetzt, – wußtet ihr das schon?

Ihr kennt nur des Geistes Funken: aber ihr seht den Amboß nicht, der er ist, und nicht die Grausamkeit seines Hammers!

Wahrlich, ihr kennt des Geistes Stolz nicht! Aber noch weniger würdet ihr des Geistes Bescheidenheit ertragen, wenn sie einmal reden wollte!

Und niemals noch durftet ihr euren Geist in eine Grube von Schnee werfen: ihr seid nicht heiß genug dazu! So kennt ihr auch die Entzückungen seiner Kälte nicht.

In allem aber tut ihr mir zu vertraulich mit dem Geiste; und aus der Weisheit machtet ihr oft ein Armen- und Krankenhaus für schlechte Dichter.

Ihr seid keine Adler: so erfuhrt ihr auch das Glück im Schrecken des Geistes nicht. Und wer kein Vogel ist, soll sich nicht über Abgründen lagern.

Ihr seid mir Laue: aber kalt strömt jede tiefe Erkenntnis. Eiskalt sind die innersten Brunnen des Geistes: ein Labsal heißen Händen und Handelnden.

Ehrbar steht ihr mir da und steif und mit geradem Rücken, ihr berühmten Weisen! – euch treibt kein starker Wind und Wille.

Saht ihr nie ein Segel über das Meer gehn, geründet und gebläht und zitternd vor dem Ungestüm des Windes?

Dem Segel gleich, zitternd vor dem Ungestüm des Geistes, geht meine Weisheit über das Meer – meine wilde Weisheit!

Aber ihr Diener des Volkes, ihr berühmten Weisen – wie *könntet* ihr mit mir gehn! –

Also sprach Zarathustra.

Das Nachtlied

Nacht ist es: nun reden lauter alle springenden Brunnen. Und auch meine Seele ist ein springender Brunnen.

Nacht ist es: nun erst erwachen alle Lieder der Liebenden. Und auch meine Seele ist das Lied eines Liebenden.

Ein Ungestilltes, Unstillbares ist in mir; das will laut werden. Eine Begierde nach Liebe ist in mir, die redet selber die Sprache der Liebe.

Licht bin ich: ach, daß ich Nacht wäre! Aber dies ist meine Einsamkeit, daß ich von Licht umgürtet bin.

Ach, daß ich dunkel wäre und nächtig! Wie wollte ich an den Brüsten des Lichts saugen!

Und euch selber wollte ich noch segnen, ihr kleinen Funkelsterne und Leuchtwürmer droben! – und selig sein ob eurer Licht-Geschenke.

Aber ich lebe in meinem eignen Lichte, ich trinke die Flammen in mich zurück, die aus mir brechen.

Ich kenne das Glück des Nehmenden nicht; und oft träumte mir davon, daß Stehlen noch seliger sein müsse als Nehmen.

Das ist meine Armut, daß meine Hand niemals ausruht vom Schenken; das ist mein Neid, daß ich wartende Augen sehe und die erhellten Nächte der Sehnsucht.

O Unseligkeit aller Schenkenden! O Verfinsterung meiner Sonne! O Begierde nach Begehren! O Heißhunger in der Sättigung!

Sie nehmen von mir: aber rühre ich noch an ihre Seele? Eine Kluft ist zwischen Geben und Nehmen; und die kleinste Kluft ist am letzten zu überbrücken.

Ein Hunger wächst aus meiner Schönheit: wehetun möchte ich denen, welchen ich leuchte, berauben möchte ich meine Beschenkten – also hungere ich nach Bosheit.

Die Hand zurückziehend, wenn sich schon ihr die Hand entgegenstreckt; dem Wasserfalle gleich zögernd, der noch im Sturze zögert – also hungere ich nach Bosheit.

Solche Rache sinnt meine Fülle aus: solche Tücke quillt aus meiner Einsamkeit.

Mein Glück im Schenken erstarb im Schenken, meine Tugend wurde ihrer selber müde an ihrem Überflusse!

Wer immer schenkt, dessen Gefahr ist, daß er die Scham verliere; wer immer austeilt, dessen Hand und Herz hat Schwielen vor lauter Austeilen.

Mein Auge quillt nicht mehr über vor der Scham der Bittenden; meine Hand wurde zu hart für das Zittern gefüllter Hände.

Wohin kam die Träne meinem Auge und der Flaum meinem Herzen? O Einsamkeit aller Schenkenden! O Schweigsamkeit aller Leuchtenden!

Viel Sonnen kreisen im öden Raume: zu allem, was dunkel ist, reden sie mit ihrem Lichte – mir schweigen sie.

O dies ist die Feindschaft des Lichts gegen Leuchtendes, erbarmungslos wandelt es seine Bahnen.

Unbillig gegen Leuchtendes im tiefsten Herzen, kalt gegen Sonnen – also wandelt jede Sonne.

Einem Sturme gleich fliegen die Sonnen ihre Bahnen, das ist ihr Wandeln. Ihrem unerbittlichen Willen folgten sie, das ist ihre Kälte.

Oh, ihr erst seid es, ihr Dunklen, ihr Nächtigen, die ihr Wärme schafft aus Leuchtendem! Oh, ihr erst trinkt euch Milch und Labsal aus des Lichtes Eutern!

Ach, Eis ist um mich, meine Hand verbrennt sich an Eisigem! Ach, Durst ist in mir, der schmachtet nach eurem Durste!

Nacht ist es: ach daß ich Licht sein muß! Und Durst nach Nächtigem! Und Einsamkeit!

Nacht ist es: nun bricht wie ein Born aus mir mein Verlangen – – nach Rede verlangt mich.

Nacht ist es: nun reden lauter alle springenden Brunnen. Und auch meine Seele ist ein springender Brunnen.

Nacht ist es: nun erwachen alle Lieder der Liebenden. Und auch meine Seele ist das Lied eines Liebenden. –

Also sang Zarathustra.

Das Tanzlied

Eines Abends ging Zarathustra mit seinen Jüngern durch den Wald; und als er nach einem Brunnen suchte, siehe, da kam er auf eine grüne Wiese, die von Bäumen und Gebüsch still umstanden war: auf der tanzten Mädchen miteinander. Sobald die Mädchen Zarathustra erkannten, ließen sie vom Tanze ab; Zarathustra aber trat mit freundlicher Gebärde zu ihnen und sprach diese Worte:

»Laßt vom Tanze nicht ab, ihr lieblichen Mädchen! Kein Spielverderber kam zu euch mit bösem Blick, kein Mädchen-Feind.

Gottes Fürsprecher bin ich vor dem Teufel: der aber ist der Geist der Schwere. Wie sollte ich, ihr Leichten, göttlichen Tänzen feind sein? Oder Mädchen-Füßen mit schönen Knöcheln?

Wohl bin ich ein Wald und eine Nacht dunkler Bäume: doch wer sich vor meinem Dunkel nicht scheut, der findet auch Rosenhänge unter meinen Zypressen.

Und auch den kleinen Gott findet er wohl, der den Mädchen der liebste ist: neben dem Brunnen liegt er, still, mit geschlossenen Augen.

Wahrlich, am hellen Tage schlief er mir ein, der Tagedieb! Haschte er wohl zuviel nach Schmetterlingen?

Zürnt mir nicht, ihr schönen Tanzenden, wenn ich den kleinen Gott ein wenig züchtige! Schreien wird er wohl und weinen – aber zum Lachen ist er noch im Weinen!

Und mit Tränen im Auge soll er euch um einen Tanz bitten; und ich selber will ein Lied zu seinem Tanze singen:

Ein Tanz- und Spottlied auf den Geist der Schwere, meinen allerhöchsten großmächtigsten Teufel, von dem sie sagen, daß er ›der Herr der Welt‹ sei.« –

Und dies ist das Lied, welches Zarathustra sang, als Kupido und die Mädchen zusammen tanzten:

In dein Auge schaute ich jüngst, oh Leben! Und ins Unergründliche schien ich mir da zu sinken.

Aber du zogst mich mit goldner Angel heraus; spöttisch lachtest du, als ich dich unergründlich nannte.

»So geht die Rede aller Fische«, sprachst du; »was *sie* nicht ergründen, ist unergründlich.

Aber veränderlich bin ich nur und wild und in allem ein Weib, und kein tugendhaftes:

Ob ich schon euch Männern ›die Tiefe‹ heiße oder ›die Treue‹, ›die Ewige‹, die ›Geheimnisvolle‹.

Doch ihr Männer beschenkt uns stets mit den eignen Tugenden – ach, ihr Tugendhaften!«

Also lachte sie, die Unglaubliche; aber ich glaube ihr niemals und ihrem Lachen, wenn sie bös von sich selber spricht.

Und als ich unter vier Augen mit meiner wilden Weisheit redete, sagte sie mir zornig: »Du willst, du begehrst, du liebst, darum allein *lobst* du das Leben!«

Fast hätte ich da bös geantwortet und der Zornigen die Wahrheit gesagt; und man kann nicht böser antworten, als wenn man seiner Weisheit »die Wahrheit sagt«.

So nämlich steht es zwischen uns dreien. Von Grund aus liebe ich nur das Leben – und, wahrlich, am meisten dann, wenn ich es hasse!

Daß ich aber der Weisheit gut bin und oft zu gut: das macht, sie erinnert mich gar sehr an das Leben!

Sie hat ihr Auge, ihr Lachen und sogar ihr goldnes Angelrütchen: was kann ich dafür, daß die beiden sich so ähnlich sehn?

Und als mich einmal das Leben fragte: Wer ist denn das, die Weisheit? – da sagte ich eifrig: »Ach ja! die Weisheit!

Man dürstet um sie und wird nicht satt, man blickt durch Schleier, man hascht durch Netze.

Ist sie schön? Was weiß ich! Aber die ältesten Karpfen werden noch mit ihr geködert.

Veränderlich ist sie und trotzig; oft sah ich sie sich die Lippe beißen und den Kamm wider ihres Haares Strich führen.

Vielleicht ist sie böse und falsch, und in allem ein Frauenzimmer; aber wenn sie von sich selber schlecht spricht, da gerade verführt sie am meisten.«

Als ich dies zu dem Leben sagte, da lachte es boshaft und machte die Augen zu. »Von wem redest du doch? sagte es, wohl von mir?

Und wenn du Recht hättest – sagt man *das* mir so ins Gesicht! Aber nun sprich doch auch von deiner Weisheit!«

Ach, und nun machtest du wieder dein Auge auf, o geliebtes Leben! Und ins Unergründliche schien ich mir wieder zu sinken. –

Also sang Zarathustra. Als aber der Tanz zu Ende und die Mädchen fortgegangen waren, wurde er traurig.

»Die Sonne ist lange schon hinunter«, sagte er endlich; »die Wiese ist feucht, von den Wäldern her kommt Kühle.

Ein Unbekanntes ist um mich und blickt nachdenklich. Was! Du lebst noch, Zarathustra?

Warum? Wofür? Wodurch? Wohin? Wo? Wie? Ist es nicht Torheit, noch zu leben? –

Ach, meine Freunde, der Abend ist es, der so aus mir fragt. Vergebt mir meine Traurigkeit!

Abend ward es: vergebt mir, daß es Abend ward!«

Also sprach Zarathustra.

Das Grablied

»Dort ist die Gräberinsel, die schweigsame; dort sind auch die Gräber meiner Jugend. Dahin will ich einen immergrünen Kranz des Lebens tragen.«

Also im Herzen beschließend fuhr ich über das Meer. –

O ihr, meiner Jugend Gesichte und Erscheinungen! Oh, ihr Blicke der Liebe alle, ihr göttlichen Augenblicke! Wie starbt ihr mir so schnell! Ich gedenke eurer heute wie meiner Toten.

Von euch her, meinen liebsten Toten, kommt mir ein süßer Geruch, ein herz- und tränenlösender. Wahrlich, er erschüttert und löst das Herz dem einsam Schiffenden.

Immer noch bin ich der Reichste und Bestzubeneidende – ich der Einsamste! Denn ich *hatte* euch doch, und ihr habt mich noch: sagt, wem fielen, wie mir, solche Rosenäpfel vom Baume?

Immer noch bin ich eurer Liebe Erbe und Erdreich, blühend zu eurem Gedächtnisse von bunten wildwachsenden Tugenden, o ihr Geliebtesten!

Ach, wir waren gemacht, einander nahe zu bleiben, ihr holden fremden Wunder; und nicht schüchternen Vögeln gleich kamt ihr zu mir und meiner Begierde – nein, als Trauende zu dem Trauenden!

Ja, zur Treue gemacht, gleich mir, und zu zärtlichen Ewigkeiten: muß ich nun euch nach eurer Untreue heißen, ihr göttlichen Blicke und Augenblicke: keinen andern Namen lernte ich noch.

Wahrlich, zu schnell starbt ihr mir, ihr Flüchtlinge. Doch floht ihr mich nicht, noch floh ich euch: unschuldig sind wir einander in unsrer Untreue.

Mich zu töten, erwürgte man euch, ihr Singvögel meiner Hoffnungen! Ja, nach euch, ihr Liebsten, schoß immer die Bosheit Pfeile – mein Herz zu treffen!

Und sie traf! Wart ihr doch stets mein Herzlichstes, mein Besitz und mein Besessen-sein: *darum* mußtet ihr jung sterben und allzu frühe!

Nach dem Verwundbarsten, das ich besaß, schoß man den Pfeil: das waret ihr, denen die Haut einem Flaume gleich ist und mehr noch dem Lächeln, das an einem Blick erstirbt!

Aber dies Wort will ich zu meinen Feinden reden: was ist alles Menschen-Morden gegen das, was ihr mir tatet!

Böseres tatet ihr mir, als aller Menschen-Mord ist; Unwiederbringliches nahmt ihr mir – also rede ich zu euch, meine Feinde!

Mordetet ihr doch meiner Jugend Gesichte und liebste Wunder! Meine Gespielen nahmt ihr mir, die seligen Geister! Ihrem Gedächtnisse lege ich diesen Kranz und diesen Fluch nieder.

Diesen Fluch gegen euch, meine Feinde! Machtet ihr doch mein Ewiges kurz, wie ein Ton zerbricht in kalter Nacht! Kaum als Aufblinken göttlicher Augen kam es mir nur – als Augenblick!

Also sprach zur guten Stunde einst meine Reinheit: »göttlich sollen mir alle Wesen sein.«

Da überfielt ihr mich mit schmutzigen Gespenstern; ach, wohin floh nun jene gute Stunde!

»Alle Tage sollen mir heilig sein« – so redete einst die Weisheit meiner Jugend: wahrlich, einer fröhlichen Weisheit Rede!

Aber da stahlt ihr Feinde mir meine Nächte und verkauftet sie zu schlafloser Qual: ach, wohin floh nun jene fröhliche Weisheit?

Einst begehrte ich nach glücklichen Vogelzeichen: da führet ihr mir ein Eulen-Untier über den Weg, ein widriges. Ach, wohin floh da meine zärtliche Begierde?

Allem Ekel gelobte ich einst zu entsagen: da verwandeltet ihr meine Nahen und Nächsten in Eiterbeulen. Ach, wohin floh da mein edelstes Gelöbnis?

Als Blinder ging ich einst selige Wege: da warft ihr Unflat auf den Weg des Blinden: und nun ekelt ihn des alten Blinden-Fußsteigs.

Und als ich mein Schwerstes tat und meiner Überwindungen Sieg feierte: da machtet ihr die, welche mich liebten, schrein, ich tue ihnen am wehesten.

Wahrlich, das war immer euer Tun: ihr vergälltet mir meinen besten Honig und den Fleiß meiner besten Bienen.

Meiner Mildtätigkeit sandtet ihr immer die frechsten Bettler zu; um mein Mitleiden drängtet ihr immer die unheilbar Schamlosen. So verwundetet ihr meine Tugenden in ihrem Glauben.

Und legte ich noch mein Heiligstes zum Opfer hin: flugs stellte eure »Frömmigkeit« ihre fetteren Gaben dazu: also daß im Dampfe eures Fettes noch mein Heiligstes erstickte.

Und einst wollte ich tanzen, wie nie ich noch tanzte: über alle Himmel weg wollte ich tanzen. Da überredetet ihr meinen liebsten Sänger.

Und nun stimmte er eine schaurige dumpfe Weise an; ach, er tutete mir wie ein düsteres Horn zu Ohren!

Mörderischer Sänger, Werkzeug der Bosheit, Unschuldigster! Schon stand ich bereit zum besten Tanze: da mordetest du mit deinen Tönen meine Verzückung!

Nur im Tanze weiß ich der höchsten Dinge Gleichnis zu reden – und nun blieb mir mein höchstes Gleichnis ungeredet in meinen Gliedern!

Ungeredet und unerlöst blieb mir die höchste Hoffnung! Und es starben mir alle Gesichte und Tröstungen meiner Jugend!

Wie ertrug ich's nur? Wie verwand und überwand ich solche Wunden? Wie erstand meine Seele wieder aus diesen Gräbern?

Ja, ein Unverwundbares, Unbegrabbares ist an mir, ein Felsensprengendes: das heißt *mein Wille*. Schweigsam schreitet es und unverändert durch die Jahre.

Seinen Gang will er gehn auf meinen Füßen, mein alter Wille; herzenshart ist ihm der Sinn und unverwundbar.

Unverwundbar bin ich allein an meiner Ferse. Immer noch lebst du da und bist dir gleich, Geduldigster! Immer noch brachst du dich durch alle Gräber!

In dir lebt auch noch das Unerlöste meiner Jugend; und als Leben und Jugend sitzest du hoffend hier auf gelben Grab-Trümmern.

Ja, noch bist du mir aller Gräber Zertrümmerer: Heil dir, mein Wille! Und nur wo Gräber sind, gibt es Auferstehungen. –

Also sang Zarathustra.

Von der Selbst-Überwindung

»Wille zur Wahrheit« heißt ihr's, ihr Weisesten, was euch treibt und brünstig macht?

Wille zur Denkbarkeit alles Seienden: also heiße *ich* euren Willen!

Alles Seiende wollt ihr erst denkbar *machen*: denn ihr zweifelt mit gutem Mißtrauen, ob es schon denkbar ist.

Aber es soll sich euch fügen und biegen! So will's euer Wille. Glatt soll es werden und dem Geiste untertan, als sein Spiegel und Widerbild.

Das ist euer ganzer Wille, ihr Weisesten, als ein Wille zur Macht; und auch wenn ihr vom Guten und Bösen redet und von den Wertschätzungen.

Schaffen wollt ihr noch die Welt, vor der ihr knien könnt: so ist es eure letzte Hoffnung und Trunkenheit.

Die Unweisen freilich, das Volk – die sind gleich dem Flusse, auf dem

ein Nachen weiter schwimmt: und im Nachen sitzen feierlich und vermummt die Wertschätzungen.

Euren Willen und eure Werte setztet ihr auf den Fluß des Werdens; einen alten Willen zur Macht verrät mir, was vom Volke als gut und böse geglaubt wird.

Ihr wart es, ihr Weisesten, die solche Gäste in diesen Nachen setzten und ihnen Prunk und stolze Namen gaben – ihr und euer herrschender Wille!

Weiter trägt nun der Fluß euren Nachen: er *muß* ihn tragen. Wenig tut's, ob die gebrochene Welle schäumt und zornig dem Kiele widerspricht!

Nicht der Fluß ist eure Gefahr und das Ende eures Guten und Bösen, ihr Weisesten: sondern jener Wille selber, der Wille zur Macht – der unerschöpfte zeugende Lebens-Wille.

Aber damit ihr mein Wort versteht vom Guten und Bösen: dazu will ich euch noch mein Wort vom Leben sagen und von der Art alles Lebendigen.

Dem Lebendigen ging ich nach, ich ging die größten und die kleinsten Wege, daß ich seine Art erkenne.

Mit hundertfachem Spiegel fing ich noch seinen Blick auf, wenn ihm der Mund geschlossen war: daß sein Auge mir rede. Und sein Auge redete mir.

Aber, wo ich nur Lebendiges fand, da hörte ich auch die Rede vom Gehorsame. Alles Lebendige ist ein Gehorchendes.

Und dies ist das zweite: dem wird befohlen, der sich nicht selber gehorchen kann. So ist es des Lebendigen Art.

Dies aber ist das dritte, was ich hörte: daß Befehlen schwerer ist, als Gehorchen. Und nicht nur, daß der Befehlende die Last aller Gehorchenden trägt, und daß leicht ihn diese Last zerdrückt: –

Ein Versuch und Wagnis erschien mir in allem Befehlen; und stets, wenn es befiehlt, wagt das Lebendige sich selber dran.

Ja noch, wenn es sich selber befiehlt auch da noch muß es sein Befehlen büßen. Seinem eignen Gesetze muß es Richter und Rächer und Opfer werden.

Wie geschieht dies doch! so fragte ich mich. Was überredet das Lebendige, daß es gehorcht und befiehlt und befehlend noch Gehorsam übt?

Hört mir nun mein Wort, ihr Weisesten! Prüft es ernstlich, ob ich dem Leben selber ins Herz kroch, und bis in die Wurzeln seines Herzens!

Wo ich Lebendiges fand, da fand ich Willen zur Macht; und noch im Willen des Dienenden fand ich den Willen, Herr zu sein.

Daß dem Stärkeren diene das Schwächere, dazu überredet es sein Wille, der über noch Schwächeres Herr sein will: dieser Lust allein mag es nicht entraten.

Und wie das Kleinere sich dem Größeren hingibt, daß es Lust und

Macht am Kleinsten habe: also gibt sich auch das Größte noch hin und setzt um der Macht willen – das Leben dran.

Das ist die Hingebung des Größten, daß es Wagnis ist und Gefahr, und um den Tod ein Würfelspielen.

Und wo Opferung und Dienste und Liebesblicke sind: auch da ist Wille, Herr zu sein. Auf Schleichwegen schleicht sich da der Schwächere in die Burg und bis ins Herz dem Mächtigeren – und stiehlt da Macht.

Und dies Geheimnis redete das Leben selber zu mir: »Siehe«, sprach es, »ich bin das, *was sich immer selber überwinden muß*.

Freilich, ihr heißt es Wille zur Zeugung oder Trieb zum Zwecke, zum Höheren, Ferneren, Vielfacheren: aber all dies ist eins und *ein* Geheimnis.

Lieber noch gehe ich unter, als daß ich diesem Einen absagte; und wahrlich, wo es Untergang gibt und Blätterfallen, siehe, da opfert sich Leben – um Macht!

Daß ich Kampf sein muß und Werden und Zweck und der Zwecke Widerspruch: ach, wer meinen Willen errät, errät wohl auch, auf welchen *krummen* Wegen er gehen muß!

Was ich auch schaffe und wie ich's auch liebe, – bald muß ich Gegner ihm sein und meiner Liebe: so will es mein Wille.

Und auch du, Erkennender, bist nur ein Pfad und Fußtapfen meines Willens: wahrlich, mein Wille zur Macht wandelt auch auf den Füßen deines Willens zur Wahrheit!

Der traf freilich die Wahrheit nicht, der das Wort nach ihr schoß vom ›Willen zum Dasein‹: diesen Willen – gibt es nicht!

Denn: was nicht ist, das kann nicht wollen; was aber im Dasein ist, wie könnte das noch zum Dasein wollen!

Nur, wo Leben ist, da ist auch Wille: aber nicht Wille zum Leben, sondern – so lehre ich's dich – Wille zur Macht!

Vieles ist dem Lebenden höher geschätzt, als Leben selber; doch aus dem Schätzen selber heraus redet – der Wille zur Macht!« –

Also lehrte mich einst das Leben: und daraus löse ich euch, ihr Weisesten, noch das Rätsel eures Herzens.

Wahrlich, ich sage euch: Gutes und Böses, das unvergänglich wäre – das gibt es nicht! Aus sich selber muß es sich immer wieder überwinden.

Mit euren Werten und Worten von Gut und Böse übt ihr Gewalt, ihr Wertschätzenden; und dies ist eure verborgene Liebe und eurer Seele Glänzen, Zittern und Überwallen.

Aber eine stärkere Gewalt wächst aus euren Werten und eine neue Überwindung: an der zerbricht Ei und Eierschale.

Und wer ein Schöpfer sein muß im Guten und Bösen: wahrlich, der muß ein Vernichter erst sein und Werte zerbrechen.

Also gehört das höchste Böse zur höchsten Güte: diese aber ist die schöpferische. –

Reden wir nur davon, ihr Weisesten, ob es gleich schlimm ist. Schweigen ist schlimmer; alle verschwiegenen Wahrheiten werden giftig.

Und mag doch alles zerbrechen, was an unseren Wahrheiten zerbrechen – kann! Manches Haus gibt es noch zu bauen!

Also sprach Zarathustra.

Von den Erhabenen

Still ist der Grund meines Meeres: wer erriete wohl, daß er scherzhafte Ungeheuer birgt!

Unerschütterlich ist meine Tiefe: aber sie glänzt von schwimmenden Rätseln und Gelächtern.

Einen Erhabenen sah ich heute, einen Feierlichen, einen Büßer des Geistes: oh wie lachte meine Seele ob seiner Häßlichkeit!

Mit erhobener Brust und denen gleich, welche den Atem an sich ziehn: also stand er da, der Erhabene, und schweigsam:

Behängt mit häßlichen Wahrheiten, seiner Jagdbeute, und reich an zerrissenen Kleidern; auch viele Dornen hingen an ihm – aber noch sah ich keine Rose.

Noch lernte er das Lachen nicht und die Schönheit. Finster kam dieser Jäger zurück aus dem Walde der Erkenntnis.

Vom Kampfe kehrte er heim mit wilden Tieren: aber aus seinem Ernste blickt auch noch ein wildes Tier – ein unüberwundenes!

Wie ein Tiger steht er immer noch da, der springen will; aber ich mag diese gespannten Seelen nicht, unhold ist mein Geschmack allen diesen Zurückgezognen.

Und ihr sagt mir, Freunde, daß nicht zu streiten sei über Geschmack und Schmecken? Aber alles Leben ist Streit um Geschmack und Schmecken!

Geschmack: das ist Gewicht zugleich und Waagschale und Wägender; und wehe allem Lebendigen, das ohne Streit um Gewicht und Waagschale und Wägende leben wollte!

Wenn er seiner Erhabenheit müde würde, dieser Erhabene: dann erst würde seine Schönheit anheben, – und dann erst will ich ihn schmecken und schmackhaft finden.

Und erst, wenn er sich von sich selber abwendet, wird er über seinen eignen Schatten springen – und, wahrlich! hinein in *seine* Sonne.

Allzulange saß er im Schatten, die Wangen bleichten dem Büßer des Geistes; fast verhungerte er an seinen Erwartungen.

Verachtung ist noch in seinem Auge; und Ekel birgt sich an seinem Munde. Zwar ruht er jetzt, aber seine Ruhe hat sich noch nicht in die Sonne gelegt.

Dem Stiere gleich sollte er tun; und sein Glück sollte nach Erde riechen, und nicht nach Verachtung der Erde.

Als weißen Stier möchte ich ihn sehn, wie er schnaubend und brüllend der Pflugschar vorangeht: und sein Gebrüll sollte noch alles Irdische preisen!

Dunkel noch ist sein Antlitz; der Hand Schatten spielt auf ihm. Verschattet ist noch der Sinn seines Auges.

Seine Tat selber ist noch der Schatten auf ihm: die Hand verdunkelt den Handelnden. Noch hat er seine Tat nicht überwunden.

Wohl liebe ich an ihm den Nacken des Stiers: aber nun will ich auch noch das Auge des Engels sehn.

Auch seinen Helden-Willen muß er noch verlernen: ein Gehobener soll er mir sein und nicht nur ein Erhabener – der Äther selber sollte ihn heben, den Willenlosen!

Er bezwang Untiere, er löste Rätsel: aber erlösen sollte er auch noch seine Untiere und Rätsel, zu himmlischen Kindern sollte er sie noch verwandeln.

Noch hat seine Erkenntnis nicht lächeln gelernt und ohne Eifersucht sein; noch ist seine strömende Leidenschaft nicht stille geworden in der Schönheit.

Wahrlich, nicht in der Sattheit soll sein Verlangen schweigen und untertauchen, sondern in der Schönheit! Die Anmut gehört zur Großmut des Großgesinnten.

Den Arm über das Haupt gelegt: so sollte der Held ausruhn, so sollte er auch noch sein Ausruhen überwinden.

Aber gerade dem Helden ist das *Schöne* aller Dinge Schwerstes. Unerringbar ist das Schöne allem heftigen Willen.

Ein wenig mehr, ein wenig weniger: das gerade ist hier viel, das ist hier das meiste.

Mit lässigen Muskeln stehn und mit abgeschirrtem Willen: das ist das Schwerste euch allen, ihr Erhabenen!

Wenn die Macht gnädig wird und herabkommt ins Sichtbare: Schönheit heiße ich solches Herabkommen.

Und von niemandem will ich so als von dir gerade Schönheit, du Gewaltiger: deine Güte sei deine letzte Selbst-Überwältigung.

Alles Böse traue ich dir zu: darum will ich von dir das Gute.

Wahrlich, ich lachte oft der Schwächlinge, welche sich gut glauben, weil sie lahme Tatzen haben!

Der Säule Tugend sollst du nachstreben: schöner wird sie immer und zarter, aber inwendig härter und tragsamer, je mehr sie aufsteigt.

Ja, du Erhabener, einst sollst du noch schön sein und deiner eignen Schönheit den Spiegel vorhalten.

Dann wird deine Seele vor göttlichen Begierden schaudern; und Anbetung wird noch in deiner Eitelkeit sein!

Dies nämlich ist das Geheimnis der Seele: erst, wenn sie der Held verlassen hat, naht ihr, im Traume – der Über-Held.

Also sprach Zarathustra.

Vom Lande der Bildung

Zu weit hinein flog ich in die Zukunft: ein Grauen überfiel mich.

Und als ich um mich sah, siehe! da war die Zeit mein einziger Zeitgenosse.

Da floh ich rückwärts, heimwärts – und immer eilender: so kam ich zu euch, ihr Gegenwärtigen, und ins Land der Bildung.

Zum ersten Male brachte ich ein Auge mit für euch, und gute Begierde: wahrlich, mit Sehnsucht im Herzen kam ich.

Aber wie geschah mir? So angst mir auch war – ich mußte lachen! Nie sah mein Auge etwas so Buntgesprenkeltes!

Ich lachte und lachte, während der Fuß mir noch zitterte und das Herz dazu: »hier ist ja die Heimat aller Farbentöpfe!« – sagte ich.

Mit fünfzig Klexen bemalt an Gesicht und Gliedern: so saßet ihr da zu meinem Staunen, ihr Gegenwärtigen!

Und mit fünfzig Spiegeln um euch, die eurem Farbenspiele schmeichelten und nachredeten!

Wahrlich, ihr könntet gar keine bessere Maske tragen, ihr Gegenwärtigen, als euer eignes Gesicht ist! Wer könnte euch – *erkennen*!

Vollgeschrieben mit den Zeichen der Vergangenheit, und auch diese Zeichen überpinselt mit neuen Zeichen: also habt ihr euch gut versteckt vor allen Zeichendeutern!

Und wenn man auch Nierenprüfer ist: wer glaubt wohl noch, daß ihr Nieren habt! Aus Farben scheint ihr gebacken und aus geleimten Zetteln.

Alle Zeiten und Völker blicken bunt aus euren Schleiern; alle Sitten und Glauben reden bunt aus euren Gebärden.

Wer von euch Schleier und Überwürfe und Farben und Gebärden abzöge: gerade genug würde er übrig behalten, um die Vögel damit zu erschrecken.

Wahrlich, ich selber bin der erschreckte Vogel, der euch einmal nackt sah und ohne Farbe; und ich flog davon, als das Gerippe mir Liebe zuwinkte.

Lieber wollte ich doch noch Tagelöhner sein in der Unterwelt und bei den Schatten des Ehemals! – feister und voller als ihr sind ja noch die Unterweltlichen!

Dies, ja dies ist Bitternis meinen Gedärmen, daß ich euch weder nackt noch bekleidet aushalte, ihr Gegenwärtigen!

Alles Unheimliche der Zukunft, und was je verflogenen Vögeln Schauder machte, ist wahrlich heimlicher noch und traulicher als eure »Wirklichkeit«.

Denn so sprecht ihr: »Wirkliche sind wir ganz, und ohne Glauben und Aberglauben«: also brüstet ihr euch – ach, auch noch ohne Brüste!

Ja, wie solltet ihr glauben *können*, ihr Buntgesprenkelten! – die ihr Gemälde seid von allem, was je geglaubt wurde!

Wandelnde Widerlegungen seid ihr des Glaubens selber, und aller Gedanken Gliederbrechen. *Unglaubwürdige*: also heiße *ich* euch, ihr Wirklichen.

Alle Zeiten schwätzen widereinander in euren Geistern; und aller Zeiten Träume und Geschwätz waren wirklicher noch, als euer Wachsein ist!

Unfruchtbare seid ihr: *darum* fehlt es euch an Glauben. Aber wer schaffen mußte, der hatte auch immer seine Wahr-Träume und Sternzeichen – und glaubte an Glauben! –

Halboffne Tore seid ihr, an denen Totengräber warten. Und das ist *eure* Wirklichkeit: »Alles ist wert, daß es zugrunde geht.«

Ach, wie ihr mir dasteht, ihr Unfruchtbaren, wie mager in den Rippen! Und mancher von euch hatte wohl dessen selber ein Einsehen.

Und er sprach: »es hat wohl da ein Gott, als ich schlief, mir heimlich etwas entwendet? Wahrlich, genug, sich ein Weibchen daraus zu bilden! Wundersam ist die Armut meiner Rippen!« also sprach schon mancher Gegenwärtige.

Ja, zum Lachen seid ihr mir, ihr Gegenwärtigen! Und sonderlich, wenn ihr euch über euch selber wundert!

Und wehe mir, wenn ich nicht lachen könnte über eure Verwunderung, und alles Widrige aus euren Näpfen hinunter trinken müßte!

So aber will ich's mit euch leichter nehmen, da ich *Schweres* zu tragen habe; und was tut's mir, wenn sich Käfer und Flügelwürmer noch auf mein Bündel setzen!

Wahrlich, es soll mir darob nicht schwerer werden! Und nicht aus euch, ihr Gegenwärtigen, soll mir die große Müdigkeit kommen. –

Ach, wohin soll ich nun noch steigen mit meiner Sehnsucht! Von allen Bergen schaue ich aus nach Vater- und Mutterländern.

Aber Heimat fand ich nirgends; unstät bin ich in allen Städten und ein Aufbruch an allen Toren.

Fremd sind mir und ein Spott die Gegenwärtigen, zu denen mich jüngst das Herz trieb; und vertrieben bin ich aus Vater- und Mutterländern.

So liebe ich allein noch meiner *Kinder Land*, das unentdeckte, im fernsten Meere: nach ihm heiße ich meine Segel suchen und suchen.

An meinen Kindern will ich es gutmachen, daß ich meiner Väter Kind bin: und an aller Zukunft – *diese* Gegenwart!

Also sprach Zarathustra.

Von der unbefleckten Erkenntnis

Als gestern der Mond aufging, wähnte ich, daß er eine Sonne gebären wolle: so breit und trächtig lag er am Horizonte.

Aber ein Lügner war er mir mit seiner Schwangerschaft; und eher noch will ich an den Mann im Monde glauben als an das Weib.

Freilich, wenig Mann ist er auch, dieser schüchterne Nachtschwärmer. Wahrlich, mit schlechtem Gewissen wandelt er über die Dächer.

Denn er ist lüstern und eifersüchtig, der Mönch im Monde, lüstern nach der Erde und nach allen Freuden der Liebenden.

Nein, ich mag ihn nicht, diesen Kater auf den Dächern! Widerlich sind mir alle, die um halbverschlossne Fenster schleichen!

Fromm und schweigsam wandelt er hin auf Sternen-Teppichen – aber ich mag alle leisetretenden Mannesfüße nicht, an denen auch nicht ein Sporen klirrt.

Jedes Redlichen Schritt redet; die Katze aber stiehlt sich über den Boden weg. Siehe, katzenhaft kommt der Mond daher und unredlich. –

Dieses Gleichnis gebe ich euch empfindsamen Heuchlern, euch, den »Rein-Erkennenden«! Euch heiße *ich* – Lüsterne!

Auch ihr liebt die Erde und das Irdische: ich erriet euch wohl! – aber Scham ist in eurer Liebe und schlechtes Gewissen – dem Monde gleicht ihr!

Zur Verachtung des Irdischen hat man euren Geist überredet, aber nicht eure Eingeweide: *die* aber sind das Stärkste an euch!

Und nun schämt sich euer Geist, daß er euren Eingeweiden zu Willen ist, und geht vor seiner eignen Scham Schleich- und Lügenwege.

»Das wäre mir das Höchste« – also redet euer verlogner Geist zu sich – »auf das Leben ohne Begierde zu schaun und nicht, gleich dem Hunde, mit hängender Zunge:

Glücklich zu sein im Schauen, mit erstorbenem Willen, ohne Griff und Gier der Selbstsucht – kalt und aschgrau am ganzen Leibe, aber mit trunkenen Mondesaugen!

Das wäre mir das Liebste«, – also verführt sich selber der Verführte – »die Erde zu lieben, wie der Mond sie liebt, und nur mit dem Auge allein ihre Schönheit zu betasten.

Und das heiße mir aller Dinge *unbefleckte* Erkenntnis, daß ich von den Dingen nichts will: außer daß ich vor ihnen daliegen darf wie ein Spiegel mit hundert Augen.« –

Oh, ihr empfindsamen Heuchler, ihr Lüsternen! Euch fehlt die Unschuld in der Begierde: und nun verleumdet ihr drum das Begehren!

Wahrlich, nicht als Schaffende, Zeugende, Werdelustige liebt ihr die Erde!

Wo ist Unschuld? Wo der Wille zur Zeugung ist. Und wer über sich hinaus schaffen will, der hat mir den reinsten Willen.

Wo ist Schönheit? Wo ich mit allem Willen *wollen muß;* wo ich lieben und untergehn will, daß ein Bild nicht nur Bild bleibe.

Lieben und Untergehn: das reimt sich seit Ewigkeiten. Wille zur Liebe: das ist, willig auch sein zum Tode. Also rede ich zu euch Feiglingen!

Aber nun will euer entmanntes Schielen »Beschaulichkeit« heißen! Und was mit feigen Augen sich tasten läßt, soll »schön« getauft werden! Oh ihr Beschmutzer edler Namen!

Aber das soll euer Fluch sein, ihr Unbefleckten, ihr Rein-Erkennenden, daß ihr nie gebären werdet: und wenn ihr auch breit und trächtig am Horizonte liegt!

Wahrlich, ihr nehmt den Mund voll mit edlen Worten: und wir sollen glauben, daß euch das Herz übergehe, ihr Lügenbolde?

Aber *meine* Worte sind geringe, verachtete, krumme Worte: gerne nehme ich auf, was bei eurer Mahlzeit unter den Tisch fällt.

Immer noch kann ich mit ihnen – Heuchlern die Wahrheit sagen! Ja, meine Gräten, Muscheln und Stachelblätter sollen – Heuchlern die Nase kitzeln!

Schlechte Luft ist immer um euch und eure Mahlzeiten: eure lüsternen Gedanken, eure Lügen und Heimlichkeiten sind ja in der Luft!

Wagt es doch erst, euch selber zu glauben – euch und euren Eingeweiden! Wer sich selber nicht glaubt, lügt immer.

Eines Gottes Larve hängtet ihr um vor euch selber, ihr »Reinen«: in eines Gottes Larve verkroch sich euer greulicher Ringelwurm.

Wahrlich, ihr täuscht, ihr »Beschaulichen«! Auch Zarathustra war einst der Narr eurer göttlichen Häute; nicht erriet er das Schlangengeringel, mit dem sie gestopft waren.

Eines Gottes Seele wähnte ich einst spielen zu sehn in euren Spielen, ihr Rein-Erkennenden! Keine bessere Kunst wähnte ich einst als eure Künste!

Schlangen-Unflat und schlimmen Geruch verhehlte mir die Ferne: und daß einer Eidechse List lüstern hier herumschlich.

Aber ich kam euch *nah*: da kam mir der Tag – und nun kommt er euch, – zu Ende ging des Mondes Liebschaft!

Seht doch hin! Ertappt und bleich steht er da – vor der Morgenröte!

Denn schon kommt sie, die Glühende – *ihre* Liebe zur Erde kommt! Unschuld und Schöpfer-Begier ist alle Sonnen-Liebe!

Seht doch hin, wie sie ungeduldig über das Meer kommt! Fühlt ihr den Durst und den heißen Atem ihrer Liebe nicht?

Am Meere will sie saugen und seine Tiefe zu sich in die Höhe trinken: da hebt sich die Begierde des Meeres mit tausend Brüsten.

Geküßt und gesaugt *will* es sein vom Durste der Sonne; Luft *will* es werden und Höhe und Fußpfad des Lichts und selber Licht!

Wahrlich, der Sonne gleich liebe ich das Leben und alle tiefen Meere.

Und dies heißt *mir* Erkenntnis: alles Tiefe soll hinauf – zu meiner Höhe!

Also sprach Zarathustra.

Von den Gelehrten

Als ich im Schlafe lag, da fraß ein Schaf am Epheukranze meines Hauptes – fraß und sprach dazu: »Zarathustra ist kein Gelehrter mehr.«

Sprach's und ging stotzig davon und stolz. Ein Kind erzählte mir's.

Gerne liege ich hier, wo die Kinder spielen, an der zerbrochnen Mauer, unter Disteln und roten Mohnblumen.

Ein Gelehrter bin ich den Kindern noch und auch den Disteln und roten Mohnblumen. Unschuldig sind sie, selbst noch in ihrer Bosheit.

Aber den Schafen bin ich's nicht mehr: so will es mein Los – gesegnet sei es!

Denn dies ist die Wahrheit: ausgezogen bin ich aus dem Hause der Gelehrten, und die Tür habe ich noch hinter mir zugeworfen.

Zu lange saß meine Seele hungrig an ihrem Tische; nicht, gleich ihnen, bin ich auf das Erkennen abgerichtet wie auf das Nüsseknacken.

Freiheit liebe ich und die Luft über frischer Erde; lieber noch will ich auf Ochsenhäuten schlafen, als auf ihren Würden und Achtbarkeiten.

Ich bin zu heiß und verbrannt von eigenen Gedanken: oft will es mir den Atem nehmen. Da muß ich ins Freie und weg aus allen verstaubten Stuben.

Aber sie sitzen kühl in kühlem Schatten: sie wollen in allem nur Zuschauer sein und hüten sich, dort zu sitzen, wo die Sonne auf die Stufen brennt.

Gleich solchen, die auf der Straße stehn und die Leute angaffen, welche vorübergehn: also warten sie auch und gaffen Gedanken an, die andre gedacht haben.

Greift man sie mit Händen, so stäuben sie um sich gleich Mehlsäcken, und unfreiwillig; aber wer erriete wohl, daß ihr Staub vom Korne stammt und von der gelben Wonne der Sommerfelder?

Geben sie sich weise, so fröstelt mich ihrer kleinen Sprüche und Wahrheiten: ein Geruch ist oft an ihrer Weisheit, als ob sie aus dem Sumpfe stamme: und wahrlich, ich hörte auch schon den Frosch aus ihr quaken!

Geschickt sind sie, sie haben kluge Finger: was will *meine* Einfalt bei ihrer Vielfalt! Alles Fädeln und Knüpfen und Weben verstehn ihre Finger: also wirken sie die Strümpfe des Geistes!

Gute Uhrwerke sind sie: nur sorge man, sie richtig aufzuziehn! Dann zeigen sie ohne Falsch die Stunde an und machen einen bescheidnen Lärm dabei.

Gleich Mühlwerken arbeiten sie und Stampfen: man werfe ihnen nur seine Fruchtkörner zu! – sie wissen schon, Korn klein zu mahlen und weißen Staub daraus zu machen.

Sie sehen einander gut auf die Finger und trauen sich nicht zum Besten. Erfinderisch in kleinen Schlauheiten, warten sie auf solche, deren Wissen auf lahmen Füßen geht – gleich Spinnen warten sie.

Ich sah sie immer mit Vorsicht Gift bereiten; und immer zogen sie gläserne Handschuhe dabei an ihre Finger.

Auch mit falschen Würfeln wissen sie zu spielen; und so eifrig fand ich sie spielen, daß sie dabei schwitzten.

Wir sind einander fremd, und ihre Tugenden gehn mir noch mehr wider den Geschmack, als ihre Falschheiten und falschen Würfel.

Und als ich bei ihnen wohnte, da wohnte ich über ihnen. Darüber wurden sie mir gram.

Sie wollen nichts davon hören, daß einer über ihren Köpfen wandelt; und so legten sie Holz und Erde und Unrat zwischen mich und ihre Köpfe.

Also dämpften sie den Schall meiner Schritte: und am schlechtesten wurde ich bisher von den Gelehrtesten gehört.

Aller Menschen Fehl und Schwäche legten sie zwischen sich und mich – »Fehlboden« heißen sie das in ihren Häusern.

Aber trotzdem wandle ich mit meinen Gedanken *über* ihren Köpfen; und selbst, wenn ich auf meinen eignen Fehlern wandeln wollte, würde ich noch über ihnen sein und ihren Köpfen.

Denn die Menschen sind *nicht* gleich: so spricht die Gerechtigkeit. Und was ich will, dürften *sie* nicht wollen!

Also sprach Zarathustra.

Von den Dichtern

»Seit ich den Leib besser kenne«, – sagte Zarathustra zu einem seiner Jünger –»ist mir der Geist nur noch gleichsam Geist; und alles das ›Unvergängliche‹ – das ist auch nur ein Gleichnis.«

»So hörte ich dich schon einmal sagen«, antwortete der Jünger; »und damals fügtest du hinzu: ›aber die Dichter lügen zu viel‹. Warum sagtest du doch, daß die Dichter zu viel lügen?«

»Warum?« sagte Zarathustra. »Du fragst warum? Ich gehöre nicht zu denen, welche man nach ihrem Warum fragen darf.

Ist denn mein Erleben von gestern? Das ist lange her, daß ich die Gründe meiner Meinungen erlebte.

Müßte ich nicht ein Faß sein von Gedächtnis, wenn ich auch meine Gründe bei mir haben wollte?

Schon zu viel ist mir's, meine Meinungen selber zu behalten; und mancher Vogel fliegt davon.

Und mitunter finde ich auch ein zugeflogenes Tier in meinem Taubenschlage, das mir fremd ist, und das zittert, wenn ich meine Hand darauf lege.

Doch was sagte dir einst Zarathustra? Daß die Dichter zu viel lügen? – Aber auch Zarathustra ist ein Dichter.

Glaubst du nun, daß er hier die Wahrheit redete? Warum glaubst du das?«

Der Jünger antwortete: »Ich glaube an Zarathustra.« Aber Zarathustra schüttelte den Kopf und lächelte.

Der Glaube macht mich nicht selig, sagte er, zumal nicht der Glaube an mich.

Aber gesetzt, daß jemand allen Ernstes sagte, die Dichter lügen zu viel: so hat er Recht, – *wir* lügen zu viel.

Wir wissen auch zu wenig und sind schlechte Lerner: so müssen wir schon lügen.

Und wer von uns Dichtern hätte nicht seinen Wein verfälscht? Manch giftiger Mischmasch geschah in unsern Kellern, manches Unbeschreibliche ward da getan.

Und weil wir wenig wissen, so gefallen uns von Herzen die geistig Armen, sonderlich wenn es junge Weibchen sind.

Und selbst nach den Dingen sind wir noch begehrlich, die sich die alten Weibchen abends erzählen. Das heißen wir selber an uns das Ewig-Weibliche.

Und als ob es einen besondren geheimen Zugang zum Wissen gäbe, der sich denen *verschütte,* welche etwas lernen: so glauben wir an das Volk und seine »Weisheit«.

Das aber glauben alle Dichter: daß wer im Grase oder an einsamen Gehängen liegend die Ohren spitze, etwas von den Dingen erfahre, die zwischen Himmel und Erde sind.

Und kommen ihnen zärtliche Regungen, so meinen die Dichter immer, die Natur selber sei in sie verliebt:

Und sie schleiche zu ihrem Ohre, Heimliches hineinzusagen und verliebte Schmeichelreden: dessen brüsten und blähen sie sich vor allen Sterblichen!

Ach, es gibt so viel Dinge zwischen Himmel und Erde, von denen sich nur die Dichter etwas haben träumen lassen!

Und zumal *über* dem Himmel: denn alle Götter sind Dichter-Gleichnis, Dichter-Erschleichnis!

Wahrlich, immer zieht es uns hinan – nämlich zum Reich der Wolken: auf diese setzen wir unsre bunten Bälge und heißen sie dann Götter und Übermenschen: –

Sind sie doch gerade leicht genug für diese Stühle! – alle diese Götter und Übermenschen.

Ach, wie bin ich all des Unzulänglichen müde, das durchaus Ereignis sein soll! Ach, wie bin ich der Dichter müde!

Als Zarathustra so sprach, zürnte ihm sein Jünger, aber er schwieg. Und auch Zarathustra schwieg; und sein Auge hatte sich nach innen gekehrt, gleich als ob es in weite Fernen sähe. Endlich seufzte er und holte Atem.

Ich bin von heute und ehedem, sagte er dann; aber etwas ist in mir, das ist von morgen und übermorgen und einstmals.

Ich wurde der Dichter müde, der alten und der neuen: Oberflächliche sind sie mir alle und seichte Meere.

Sie dachten nicht genug in die Tiefe: darum sank ihr Gefühl nicht bis zu den Gründen.

Etwas Wollust und etwas Langeweile: das ist noch ihr bestes Nachdenken gewesen.

Gespenster-Hauch und -Huschen gilt mir all ihr Harfen-Klingklang; was wußten sie bisher von der Inbrunst der Töne! –

Sie sind mir auch nicht reinlich genug: sie trüben alle ihr Gewässer, daß es tief scheine.

Und gerne geben sie sich damit als Versöhner: aber Mittler und Mischer bleiben sie mir, und Halb-und-Halbe und Unreinliche! –

Ach, ich warf wohl mein Netz in ihre Meere und wollte gute Fische fangen; aber immer zog ich eines alten Gottes Kopf herauf.

So gab dem Hungrigen das Meer einen Stein. Und sie selber mögen wohl aus dem Meere stammen.

Gewiß, man findet Perlen in ihnen: um so ähnlicher sind sie selber harten Schaltieren. Und statt der Seele fand ich oft bei ihnen gesalzenen Schleim.

Sie lernten vom Meere auch noch seine Eitelkeit: ist nicht das Meer der Pfau der Pfauen?

Noch vor dem Häßlichsten aller Büffel rollt es seinen Schweif hin, nimmer wird es seines Spitzenfächers von Silber und Seide müde.

Trutzig blickt der Büffel dazu, dem Sand nahe in seiner Seele, näher noch dem Dickicht, am nächsten aber dem Sumpfe.

Was ist ihm Schönheit und Meer und Pfauen-Zierat! Dieses Gleichnis sage ich den Dichtern.

Wahrlich, ihr Geist selber ist der Pfau der Pfauen und ein Meer von Eitelkeit!

Zuschauer will der Geist des Dichters: sollten's auch Büffel sein! –

Aber dieses Geistes wurde ich müde: und ich sehe kommen, daß er seiner selber müde wird.

Verwandelt sah ich schon die Dichter und gegen sich selber den Blick gerichtet.

Büßer des Geistes sah ich kommen: die wuchsen aus ihnen.

Also sprach Zarathustra.

Von großen Ereignissen

Es gibt eine Insel im Meere – unweit den glückseligen Inseln Zarathustras – auf welcher beständig ein Feuerberg raucht; von der sagt das Volk, und sonderlich sagen es die alten Weibchen aus dem Volke, daß sie wie ein Felsblock vor das Tor der Unterwelt gestellt sei: durch den Feuerberg selber aber führe der schmale Weg abwärts, der zu diesem Tore der Unterwelt geleite.

Um jene Zeit nun, als Zarathustra auf den glückseligen Inseln weilte, geschah es, daß ein Schiff an der Insel Anker warf, auf welcher der rauchende Berg steht; und seine Mannschaft ging ans Land, um Kaninchen zu schießen. Gegen die Stunde des Mittags aber, da der Kapitän und seine Leute wieder beisammen waren, sahen sie plötzlich durch die Luft einen Mann auf sich zukommen, und eine Stimme sagte deutlich: »Es ist Zeit! Es ist die höchste Zeit!« Wie die Gestalt ihnen aber am nächsten war – sie flog aber schnell gleich einem Schatten vorbei, in der Richtung, wo der Feuerberg lag – da erkannten sie mit größter Bestürzung, daß es Zarathustra sei; denn sie hatten ihn alle schon gesehn, ausgenommen der Kapitän selber, und sie liebten ihn, wie das Volk liebt: also daß zu gleichen Teilen Liebe und Scheu beisammen sind.

»Seht mir an!« sagte der alte Steuermann, »da fährt Zarathustra zur Hölle!« –

Um die gleiche Zeit, als diese Schiffer an der Feuerinsel landeten, lief das Gerücht umher, daß Zarathustra verschwunden sei; und als man seine Freunde fragte, erzählten sie, er sei bei Nacht zu Schiff gegangen, ohne zu sagen, wohin er reisen wolle.

Also entstand eine Unruhe; nach drei Tagen aber kam zu dieser Unruhe die Geschichte der Schiffsleute hinzu – und nun sagte alles Volk, daß der Teufel Zarathustra geholt habe. Seine Jünger lachten zwar ob dieses Geredes; und einer von ihnen sagte sogar: »eher glaube ich noch, daß Zarathustra sich den Teufel geholt hat.« Aber im Grunde der Seele waren sie alle voll Besorgnis und Sehnsucht: so war ihre Freude groß, als am fünften Tage Zarathustra unter ihnen erschien.

Und dies ist die Erzählung von Zarathustras Gespräch mit dem Feuerhunde:

Die Erde, sagte er, hat eine Haut; und diese Haut hat Krankheiten. Eine dieser Krankheiten heißt zum Beispiel: »Mensch«.

Und eine andere dieser Krankheiten heißt »Feuerhund«: über *den* haben sich die Menschen viel vorgelogen und vorlügen lassen.

Dies Geheimnis zu ergründen ging ich über das Meer: und ich habe die Wahrheit nackt gesehn, wahrlich! barfuß bis zum Halse.

Was es mit dem Feuerhund auf sich hat, weiß ich nun; und insgleichen mit all den Auswurf- und Umsturz-Teufeln, vor denen sich nicht nur alte Weibchen fürchten.

»Heraus mit dir, Feuerhund, aus deiner Tiefe!« rief ich, »und bekenne, wie tief diese Tiefe ist! Woher ist das, was du da heraufschnaubst?

Du trinkst reichlich am Meere: das verrät deine versalzte Beredsamkeit! Fürwahr, für einen Hund der Tiefe nimmst du deine Nahrung zu sehr von der Oberfläche!

Höchstens für den Bauchredner der Erde halt' ich dich: und immer, wenn ich Umsturz- und Auswurf-Teufel reden hörte, fand ich sie gleich dir: gesalzen, lügnerisch und flach.

Ihr versteht zu brüllen und mit Asche zu verdunkeln! Ihr seid die besten Großmäuler und lerntet sattsam die Kunst, Schlamm heiß zu sieden.

Wo ihr seid, da muß stets Schlamm in der Nähe sein, und viel Schwammichtes, Höhlichtes, Eingezwängtes: das will in die Freiheit.

»Freiheit« brüllt ihr alle am liebsten: aber ich verlernte den Glauben an »große Ereignisse«, sobald viel Gebrüll und Rauch um sie herum ist.

Und glaube mir nur, Freund Höllenlärm! Die größten Ereignisse – das sind nicht unsre lautesten, sondern unsre stillsten Stunden.

Nicht um die Erfinder von neuem Lärme: um die Erfinder von neuen Werten dreht sich die Welt; *unhörbar* dreht sie sich.

Und gesteh es nur! Wenig war immer nur geschehn, wenn dein Lärm und Rauch sich verzog. Was liegt daran, daß eine Stadt zur Mumie wurde, und eine Bildsäule im Schlamme liegt!

Und dies Wort sage ich noch den Umstürzern von Bildsäulen. Das ist wohl die größte Torheit, Salz ins Meer und Bildsäulen in den Schlamm zu werfen.

Im Schlamme eurer Verachtung lag die Bildsäule: aber das ist gerade ihr Gesetz, daß ihr aus der Verachtung wieder Leben und lebende Schönheit wächst!

Mit göttlicheren Zügen steht sie nun auf, und leidendverführerisch; und wahrlich! sie wird euch noch Dank sagen, daß ihr sie umstürztet, ihr Umstürzer!

Diesen Rat aber rate ich Königen und Kirchen und allem, was alters- und tugendschwach ist – laßt euch nur umstürzen! Daß ihr wieder zum Leben kommt, und zu euch – die Tugend! –«

Also redete ich vor dem Feuerhunde: da unterbrach er mich mürrisch und fragte: »Kirche? Was ist denn das?«

»Kirche?« antwortete ich, »das ist eine Art von Staat, und zwar die verlogenste. Doch schweig still, du Heuchelhund! Du kennst deine Art wohl am besten schon!

Gleich dir selber ist der Staat ein Heuchelhund; gleich dir redet er gern mit Rauch und Gebrülle – daß er glauben mache, gleich dir, er rede aus dem Bauch der Dinge.

Denn er will durchaus das wichtigste Tier auf Erden sein, der Staat; und man glaubt's ihm auch.« –

Als ich das gesagt hatte, gebärdete sich der Feuerhund wie unsinnig vor Neid. »Wie?« schrie er, »das wichtigste Tier auf Erden? Und man glaubt's ihm auch?« Und so viel Dampf und gräßliche Stimmen kamen ihm aus dem Schlunde, daß ich meinte, er werde vor Ärger und Neid ersticken.

Endlich wurde er stiller, und sein Keuchen ließ nach; sobald er aber stille war, sagte ich lachend:

»Du ärgerst dich, Feuerhund: also habe ich über dich Recht!

Und daß ich auch noch recht behalte, so höre von einem andern Feuerhunde: der spricht wirklich aus dem Herzen der Erde.

Gold haucht sein Atem und goldigen Regen: so will's das Herz ihm. Was ist ihm Asche und Rauch und heißer Schleim noch?

Lachen flattert aus ihm wie ein buntes Gewölke; abgünstig ist er deinem Gurgeln und Speien und Grimmen der Eingeweide!

Das Gold aber und das Lachen – das nimmt er aus dem Herzen der Erde: denn daß du's nur weißt – *das Herz der Erde ist von Gold.*«

Als dies der Feuerhund vernahm, hielt er's nicht mehr aus, mir zuzuhören. Beschämt zog er seinen Schwanz ein, sagte auf eine kleinlaute Weise Wau! Wau! und kroch hinab in seine Höhle. –

Also erzählte Zarathustra. Seine Jünger aber hörten ihm kaum zu: so groß war ihre Begierde, ihm von den Schiffsleuten, den Kaninchen und dem fliegenden Manne zu erzählen.

»Was soll ich davon denken!« sagte Zarathustra. »Bin ich denn ein Gespenst?

Aber es wird mein Schatten gewesen sein. Ihr hörtet wohl schon einiges vom Wanderer und seinem Schatten?

Sicher aber ist das: ich muß ihn kürzer halten – er verdirbt mir sonst noch den Ruf.«

Und nochmals schüttelte Zarathustra den Kopf und wunderte sich. »Was soll ich davon denken!« sagte er nochmals.

»Warum schrie denn das Gespenst: ›Es ist Zeit! Es ist die höchste Zeit!‹ *Wozu* ist es denn – höchste Zeit?«

Also sprach Zarathustra.

Der Wahrsager

»– und ich sahe eine große Traurigkeit über die Menschen kommen. Die Besten wurden ihrer Werke müde.

Eine Lehre erging, ein Glaube lief neben ihr: ›alles ist leer, alles ist gleich, alles war!‹

Und von allen Hügeln klang es wieder: ›alles ist leer, alles ist gleich, alles war!‹

Wohl haben wir geerntet: aber warum wurden alle Früchte uns faul und braun? Was fiel vom bösen Monde bei der letzten Nacht hernieder?

Umsonst war alle Arbeit, Gift ist unser Wein geworden, böser Blick sengte unsre Felder und Herzen gelb.

Trocken wurden wir alle; und fällt Feuer auf uns, so stäuben wir der Asche gleich – ja das Feuer selber machten wir müde.

Alle Brunnen versiegten uns, auch das Meer wich zurück. Aller Grund will reißen, aber die Tiefe will nicht schlingen!

›Ach, wo ist noch ein Meer, in dem man ertrinken könnte‹: so klingt unsre Klage – hinweg über flache Sümpfe.

Wahrlich, zum Sterben wurden wir schon zu müde; nun wachen wir noch und leben fort – in Grabkammern!« –

Also hörte Zarathustra einen Wahrsager reden; und seine Weissagung ging ihm zu Herzen und verwandelte ihn. Traurig ging er umher und müde; und er wurde denen gleich, von welchen der Wahrsager geredet hatte.

Wahrlich, so sagte er zu seinen Jüngern, es ist um ein Kleines, so kommt diese lange Dämmerung. Ach, wie soll ich mein Licht hinüber retten!

Daß es mir nicht ersticke in dieser Traurigkeit! Ferneren Welten soll es ja Licht sein, und noch fernsten Nächten!

Dergestalt im Herzen bekümmert ging Zarathustra umher; und drei Tage lang nahm er nicht Trank und Speise zu sich, hatte keine Ruhe und verlor die Rede. Endlich geschah es, daß er in einen tiefen Schlaf verfiel. Seine Jünger aber saßen um ihn in langen Nachtwachen und warteten mit Sorge, ob er wach werde und wieder rede und genesen sei von seiner Trübsal.

Dies aber ist die Rede, welche Zarathustra sprach, als er aufwachte; seine Stimme aber kam zu seinen Jüngern wie aus weiter Ferne.

»Hört mir doch den Traum, den ich träumte, ihr Freunde, und helft mir seinen Sinn raten!

Ein Rätsel ist er mir noch, dieser Traum; sein Sinn ist verborgen in ihm und eingefangen und fliegt noch nicht über ihn hin mit freien Flügeln.

Allem Leben hatte ich abgesagt, so träumte mir. Zum Nacht- und Grabwächter war ich worden, dort auf der einsamen Berg-Burg des Todes.

Droben hütete ich seine Särge: voll standen die dumpfen Gewölbe von solchen Siegeszeichen. Aus gläsernen Särgen blickte mich überwundenes Leben an.

Den Geruch verstaubter Ewigkeiten atmete ich: schwül und verstaubt lag meine Seele. Und wer hätte dort auch seine Seele lüften können!

Helle der Mitternacht war immer um mich, Einsamkeit kauerte neben ihr; und, zudritt, röchelnde Todesstille, die schlimmste meiner Freundinnen.

Schlüssel führte ich, die rostigsten aller Schlüssel; und ich verstand es, damit das knarrendste aller Tore zu öffnen.

Einem bitterbösen Gekrächze gleich lief der Ton durch die langen Gänge, wenn sich des Tores Flügel hoben: unhold schrie dieser Vogel, ungern wollte er geweckt sein.

Aber furchbarer noch und herzzuschnürender war es, wenn es wieder schwieg und rings stille ward, und ich allein saß in diesem tückischen Schweigen.

So ging mir und schlich die Zeit, wenn Zeit es noch gab; was weiß ich davon! Aber endlich geschah das, was mich weckte.

Dreimal schlugen Schläge ans Tor, gleich Donnern, es hallten und heulten die Gewölbe dreimal wider: da ging ich zum Tore.

Alpa! rief ich, wer trägt seine Asche zu Berge? Alpa! Alpa! Wer trägt seine Asche zu Berge?

Und ich drückte den Schlüssel und hob am Tore und mühte mich. Aber noch keinen Fingerbreit stand es offen:

Da riß ein brausender Wind seine Flügel auseinander: pfeifend, schrillend und schneidend warf er mir einen schwarzen Sarg zu:

Und im Brausen und Pfeifen und Schrillen zerbarst der Sarg und spie tausendfältiges Gelächter aus.

Und aus tausend Fratzen von Kindern, Engeln, Eulen, Narren und kindergroßen Schmetterlingen lachte und höhnte und brauste es wider mich.

Gräßlich erschrak ich darob: es warf mich nieder. Und ich schrie vor Grausen, wie nie ich schrie.

Aber der eigne Schrei weckte mich auf – und ich kam zu mir. –«

Also erzählte Zarathustra seinen Traum und schwieg dann: denn er wußte noch nicht die Deutung seines Traumes. Aber der Jünger, den er am meisten lieb hatte, erhob sich schnell, faßte die Hand Zarathustras und sprach:

»Dein Leben selber deutet uns diesen Traum, o Zarathustra!

Bist du nicht selber der Wind mit schrillem Pfeifen, der den Burgen des Todes die Tore aufreißt?

Bist du nicht selber der Sarg voll bunter Bosheiten und Engelsfratzen des Lebens?

Wahrlich, gleich tausendfältigem Kindsgelächter kommt Zarathustra in

alle Totenkammern, lachend über diese Nacht- und Grabwächter, und wer sonst mit düstern Schlüsseln rasselt.

Schrecken und umwerfen wirst du sie mit deinem Gelächter; Ohnmacht und Wachwerden wird deine Macht über sie beweisen.

Und auch, wenn die lange Dämmerung kommt und die Todesmüdigkeit, wirst du an unserm Himmel nicht untergehn, du Fürsprecher des Lebens!

Neue Sterne ließest du uns sehen und neue Nachtherrlichkeiten; wahrlich, das Leben selber spanntest du wie ein buntes Gezelt über uns.

Nun wird immer Kindes-Lachen aus Särgen quellen; nun wird immer siegreich ein starker Wind kommen aller Todesmüdigkeit: dessen bist du uns selber Bürge und Wahrsager!

Wahrlich, *sie selber träumtest du,* deine Feinde: das war dein schwerster Traum!

Aber wie du von ihnen aufwachtest und zu dir kamst, also sollen sie selber von sich aufwachen – und zu dir kommen!« –

So sprach der Jünger; und alle anderen drängten sich nun um Zarathustra und ergriffen ihn bei den Händen und wollten ihn bereden, daß er vom Bette und von der Traurigkeit lasse und zu ihnen zurückkehre. Zarathustra aber saß aufgerichtet auf seinem Lager, und mit fremdem Blicke. Gleichwie einer, der aus langer Fremde heimkehrt, sah er auf seine Jünger und prüfte ihre Gesichter; und noch erkannte er sie nicht. Als sie aber ihn hoben und auf die Füße stellten, siehe, da verwandelte sich mit einem Male sein Auge; er begriff alles, was geschehn war, strich sich den Bart und sagte mit starker Stimme:

»Wohlan! Dies nun hat seine Zeit; sorgt mir aber dafür, meine Jünger, daß wir eine gute Mahlzeit machen, und in Kürze! Also gedenke ich Buße zu tun für schlimme Träume!

Der Wahrsager aber soll an meiner Seite essen und trinken: und wahrlich, ich will ihm noch ein Meer zeigen, in dem er ertrinken kann!«

Also sprach Zarathustra. Darauf aber blickte er dem Jünger, welcher den Traumdeuter abgegeben hatte, lange ins Gesicht und schüttelte dabei den Kopf. –

Von der Erlösung

Als Zarathustra eines Tages über die große Brücke ging, umringten ihn die Krüppel und Bettler, und ein Bucklichter redete also zu ihm:

»Siehe, Zarathustra! Auch das Volk lernt von dir und gewinnt Glauben an deine Lehre: aber, daß es ganz dir glauben soll, dazu bedarf es noch eines – du mußt erst noch uns Krüppel überreden! Hier hast du nun eine schöne Auswahl und wahrlich, eine Gelegenheit mit mehr als einem

Schopfe! Blinde kannst du heilen und Lahme laufen machen; und dem, der zuviel hinter sich hat, könntest du wohl auch ein wenig abnehmen – das, meine ich, wäre die rechte Art, die Krüppel an Zarathustra glauben zu machen!«

Zarathustra aber erwiderte dem, der da redete, also: »Wenn man dem Bucklichten seinen Buckel nimmt, so nimmt man ihm seinen Geist – also lehrt das Volk. Und wenn man dem Blinden seine Augen gibt, so sieht er zuviel schlimme Dinge auf Erden: also daß er den verflucht, der ihn heilte. Der aber, welcher den Lahmen laufen macht, der tut ihm den größten Schaden an: denn kaum kann er laufen, so gehn seine Laster mit ihm durch – also lehrt das Volk über Krüppel. Und warum sollte Zarathustra nicht auch vom Volke lernen, wenn das Volk von Zarathustra lernt?

Das ist mir aber das Geringste, seit ich unter Menschen bin, daß ich sehe: ›Diesem fehlt ein Auge und jenem ein Ohr und einem dritten das Bein, und andre gibt es, die verloren die Zunge oder die Nase oder den Kopf.‹

Ich sehe und sah Schlimmeres und mancherlei so Abscheuliches, daß ich nicht von jeglichem reden und von einigem nicht einmal schweigen möchte: nämlich Menschen, denen es an allem fehlt, außer, daß sie eins zuviel haben – Menschen, welche nichts weiter sind, als ein großes Auge oder ein großes Maul oder ein großer Bauch oder irgend etwas Großes – umgekehrte Krüppel heiße ich solche.

Und als ich aus meiner Einsamkeit kam und zum ersten Male über diese Brücke ging: da traute ich meinen Augen nicht und sah hin, und wieder hin, und sagte endlich: »Das ist ein Ohr! Ein Ohr, so groß wie ein Mensch!« Ich sah noch besser hin: und wirklich, unter dem Ohre bewegte sich noch etwas, das zum Erbarmen klein und ärmlich und schmächtig war. Und wahrhaftig, das ungeheure Ohr saß auf einem kleinen dünnen Stiele – der Stiel aber war ein Mensch! Wer ein Glas vor das Auge nahm, konnte sogar noch ein kleines neidisches Gesichtchen erkennen; auch, daß ein gedunsenes Seelchen am Stiele baumelte. Das Volk sagte mir aber, das große Ohr sei nicht nur ein Mensch, sondern ein großer Mensch, ein Genie. Aber ich glaubte dem Volke niemals, wenn es von großen Menschen redete – und behielt meinen Glauben bei, daß es ein umgekehrter Krüppel sei, der an allem zu wenig und an einem zu viel habe.«

Als Zarathustra so zu dem Bucklichten geredet hatte und zu denen, welchen er Mundstück und Fürsprecher war, wandte er sich mit tiefem Unmute zu seinen Jüngern und sagte:

»Wahrlich, meine Freunde, ich wandle unter den Menschen wie unter den Bruchstücken und Gliedmaßen von Menschen!

Dies ist meinem Auge das Fürchterliche, daß ich den Menschen zertrümmert finde und zerstreuet wie über ein Schlacht- und Schlächterfeld hin.

Und flüchtet mein Auge vom Jetzt zum Ehemals: es findet immer das Gleiche: Bruchstücke und Gliedmaßen und grause Zufälle – aber keine Menschen!

Das Jetzt und das Ehemals auf Erden – ach! meine Freunde – das ist *mein* Unerträglichstes; und ich wüßte nicht zu leben, wenn ich nicht noch ein Seher wäre, dessen, was kommen muß.

Ein Seher, ein Wollender, ein Schaffender, eine Zukunft selber und eine Brücke zur Zukunft – und ach, auch noch gleichsam ein Krüppel an dieser Brücke: das alles ist Zarathustra.

Und auch ihr fragtet euch oft »wer ist uns Zarathustra? Wie soll er uns heißen?« Und gleich mir selber gabt ihr euch Fragen zur Antwort.

Ist er ein Versprechender? Oder ein Erfüllter? Ein Erobernder? Oder ein Erbender? Ein Herbst? Oder eine Pflugschar? Ein Arzt? Oder ein Genesener?

Ist er ein Dichter? Oder ein Wahrhaftiger? Ein Befreier? Oder ein Bändiger? Ein Guter? Oder ein Böser?

Ich wandle unter Menschen als den Bruchstücken der Zukunft: jener Zukunft, die ich schaue.

Und das ist all mein Dichten und Trachten, daß ich in Eins dichte und zusammentrage, was Bruchstück ist und Rätsel und grauser Zufall.

Und wie ertrüge ich es, Mensch zu sein, wenn der Mensch nicht auch Dichter und Rätselrater und der Erlöser des Zufalls wäre!

Die Vergangnen zu erlösen und alles »Es war« umzuschaffen in ein »So wollte ich es!« – das hieße mir erst Erlösung!

Wille – so heißt der Befreier und Freudebringer: also lehrte ich euch, meine Freunde! Aber nun lernt dies hinzu: der Wille selber ist noch ein Gefangener.

Wollen befreit: aber wie heißt das, was auch den Befreier noch in Ketten schlägt?

»Es war«: also heißt des Willens Zähneknirschen und einsamste Trübsal. Ohnmächtig gegen das, was getan ist – ist er allem Vergangenen ein böser Zuschauer.

Nicht zurück kann der Wille wollen; daß er die Zeit nicht brechen kann und der Zeit Begierde – das ist des Willens einsamste Trübsal.

Wollen befreit: was ersinnt sich das Wollen selber, daß es los seiner Trübsal werde und seines Kerkers spotte?

Ach, ein Narr wird jeder Gefangene! Närrisch erlöst sich auch der gefangene Wille.

Daß die Zeit nicht zurückläuft, das ist sein Ingrimm; »das, was war« – so heißt der Stein, den er nicht wälzen kann.

Und so wälzt er Steine aus Ingrimm und Unmut und übt Rache an dem, was nicht gleich ihm Grimm und Unmut fühlt.

Also wurde der Wille, der Befreier, ein Wehetäter: und an allem, was leiden kann, nimmt er Rache dafür, daß er nicht zurück kann.

Dies, ja dies allein ist *Rache* selber: des Willens Widerwille gegen die Zeit und ihr »Es war«.

Wahrlich, eine große Narrheit wohnt in unserm Willen; und zum Fluche wurde es allem Menschlichen, daß diese Narrheit Geist lernte!

Der Geist der Rache: meine Freunde, das war bisher der Menschen bestes Nachdenken; und wo Leid war, da sollte immer Strafe sein.

»Strafe« nämlich, so heißt sich die Rache selber: mit einem Lügenwort heuchelt sie sich ein gutes Gewissen.

Und weil im Wollenden selber Leid ist, darob, daß er nicht zurück wollen kann – also sollte Wollen selber und alles Leben – Strafe sein!

Und nun wälzte sich Wolke auf Wolke über den Geist: bis endlich der Wahnsinn predigte: »Alles vergeht, darum ist alles wert zu vergehn!«

»Und dies ist selber Gerechtigkeit, jenes Gesetz der Zeit, daß sie ihre Kinder fressen muß«: also predigte der Wahnsinn.

»Sittlich sind die Dinge geordnet nach Recht und Strafe. O wo ist die Erlösung vom Fluß der Dinge und der Strafe ›Dasein‹?« Also predigte der Wahnsinn.

»Kann es Erlösung geben, wenn es ein ewiges Recht gibt? Ach, unwälzbar ist der Stein ›Es war‹: ewig müssen auch alle Strafen sein!« Also predigte der Wahnsinn.

»Keine Tat kann vernichtet werden: wie könnte sie durch die Strafe ungetan werden! Dies, dies ist das Ewige an der Strafe ›Dasein‹, daß das Dasein auch ewig wieder Tat und Schuld sein muß!

Es sei denn, daß der Wille endlich sich selber erlöste und Wollen zu Nicht-Wollen würde –«: doch ihr kennt, meine Brüder, dies Fabellied des Wahnsinns!

Weg führte ich euch von diesen Fabelliedern, als ich euch lehrte: »der Wille ist ein Schaffender«.

Alles »Es war« ist ein Bruchstück, ein Rätsel, ein grauser Zufall – bis der schaffende Wille dazu sagt: »aber so wollte ich es!«

– Bis der schaffende Wille dazu sagt: »Aber so will ich es! So werde ich's wollen!«

Aber sprach er schon so? Und wann geschieht dies? Ist der Wille schon abgeschirrt von seiner eignen Torheit?

Wurde der Wille sich selber schon Erlöser und Freudebringer? Verlernte er den Geist der Rache und alles Zähneknirschen?

Und wer lehrte ihn Versöhnung mit der Zeit, und Höheres, als alle Versöhnung ist?

Höheres als alle Versöhnung muß der Wille wollen, welcher der Wille zur Macht ist –: doch wie geschieht ihm das? Wer lehrte ihn auch noch das Zurückwollen?«

– Aber an dieser Stelle seiner Rede geschah es, daß Zarathustra plötzlich innehielt und ganz einem solchen gleich sah, der auf das äußerste erschrickt. Mit erschrecktem Auge blickte er auf seine Jünger, sein Auge durchbohrte wie mit Pfeilen ihre Gedanken und Hintergedanken. Aber nach einer kleinen Weile lachte er schon wieder und sagte begütigt:

»Es ist schwer, mit Menschen zu leben, weil Schweigen so schwer ist. Sonderlich für einen Geschwätzigen.« –

Also sprach Zarathustra. Der Bucklichte aber hatte dem Gespräche zugehört und sein Gesicht dabei bedeckt; als er aber Zarathustra lachen hörte, blickte er neugierig auf und sagte langsam:

»Aber warum redet Zarathustra anders zu uns, als zu seinen Jüngern?«

Zarathustra antwortete: »Was ist das zum Verwundern! Mit Bucklichten darf man schon bucklicht reden!«

»Gut«, sagte der Bucklichte; »und mit Schülern darf man schon aus der Schule schwätzen.

Aber warum redet Zarathustra anders zu seinen Schülern – als zu sich selber?« –

Von der Menschen-Klugheit

Nicht die Höhe: der Abhang ist das Furchtbare!

Der Abhang, wo der Blick *hinunter* stürzt und die Hand *hinauf* greift. Da schwindelt dem Herzen vor seinem doppelten Willen.

Ach Freunde, erratet ihr wohl auch meines Herzens doppelten Willen.

Das, das ist *mein* Abhang und meine Gefahr, daß mein Blick in die Höhe stürzt, und daß meine Hand sich halten und stützen möchte – an der Tiefe!

An den Menschen klammert sich mein Wille, mit Ketten binde ich mich an den Menschen, weil es mich hinaufreißt zum Übermenschen: denn dahin will mein andrer Wille.

Und *dazu* lebe ich blind unter den Menschen; gleich als ob ich sie nicht kennte: daß meine Hand ihren Glauben an Festes nicht ganz verliere.

Ich kenne euch Menschen nicht: diese Finsternis und Tröstung ist oft um mich gebreitet.

Ich sitze am Torwege für jeden Schelm und frage: wer will mich betrügen?

Das ist meine erste Menschen-Klugheit, daß ich mich betrügen lasse, um nicht auf der Hut zu sein vor Betrügern.

Ach, wenn ich auf der Hut wäre vor dem Menschen: wie könnte meinem Balle der Mensch ein Anker sein! Zu leicht risse es mich hinauf und hinweg!

Diese Vorsehung ist über meinem Schicksal, daß ich ohne Vorsicht sein muß.

Und wer unter Menschen nicht verschmachten will, muß lernen, aus allen Gläsern zu trinken; und wer unter Menschen rein bleiben will, muß verstehn, sich auch mit schmutzigem Wasser zu waschen.

Und also sprach ich oft mir zum Troste: »Wohlan! Wohlauf! Altes Herz! Ein Unglück mißriet dir: genieße dies als dein – Glück!«

Dies aber ist meine andre Menschen-Klugheit: ich schone die *Eitlen* mehr als die Stolzen.

Ist nicht verletzte Eitelkeit die Mutter aller Trauerspiele? Wo aber Stolz verletzt wird, da wächst wohl etwas Besseres noch als Stolz ist.

Damit das Leben gut anzuschaun sei, muß sein Spiel gut gespielt werden: dazu aber bedarf es guter Schauspieler.

Gute Schauspieler fand ich alle Eitlen: sie spielen und wollen, daß ihnen gern zugeschaut werde – all ihr Geist ist bei diesem Willen.

Sie führen sich auf, sie erfinden sich; in ihrer Nähe liebe ich's, dem Leben zuzuschaun – es heilt von der Schwermut.

Darum schone ich die Eitlen, weil sie mir Ärzte sind meiner Schwermut und mich am Menschen fest halten als an einem Schauspiele.

Und dann: wer ermißt am Eitlen die ganze Tiefe seiner Bescheidenheit! Ich bin ihm gut und mitleidig ob seiner Bescheidenheit.

Von euch will er seinen Glauben an sich lernen; er nährt sich an euren Blicken, er frißt das Lob aus euren Händen.

Euren Lügen glaubt er noch, wenn ihr gut über ihn lügt: denn im Tiefsten seufzt sein Herz: »was bin *ich*!«

Und wenn das die rechte Tugend ist, die nicht um sich selber weiß: nun, der Eitle weiß nicht um seine Bescheidenheit! –

Das ist aber meine dritte Menschen-Klugheit, daß ich mir den Anblick der *Bösen* nicht verleiden lasse durch eure Furchtsamkeit.

Ich bin selig, die Wunder zu sehn, welche heiße Sonne ausbrütet: Tiger und Palmen und Klapperschlangen.

Auch unter Menschen gibt es schöne Brut heißer Sonne und viel Wunderwürdiges an den Bösen.

Zwar, wie eure Weisesten mir nicht gar so weise erschienen: so fand ich auch der Menschen Bosheit unter ihrem Rufe.

Und oft fragte ich mit Kopfschütteln: Warum noch klappern, ihr Klapperschlangen?

Wahrlich, es gibt auch für das Böse noch eine Zukunft! Und der heißeste Süden ist noch nicht entdeckt für den Menschen.

Wie manches heißt jetzt schon ärgste Bosheit, was doch nur zwölf Schuhe breit und drei Monate lang ist! Einst aber werden größere Drachen zur Welt kommen.

Denn daß dem Übermenschen sein Drache nicht fehle, der Über-Drache, der seiner würdig ist: dazu muß viel heiße Sonne noch auf feuchten Urwald glühn!

Aus euren Wildkatzen müssen erst Tiger geworden sein und aus euren Giftkröten Krokodile: denn der gute Jäger soll eine gute Jagd haben!

Und wahrlich, ihr Guten und Gerechten! An euch ist viel zum Lachen und zumal eure Furcht vor dem, was bisher »Teufel« hieß!

So fremd seid ihr dem Großen mit eurer Seele, daß euch der Übermensch *furchtbar* sein würde in seiner Güte!

Und ihr Weisen und Wissenden, ihr würdet vor dem Sonnenbrande der Weisheit flüchten, in dem der Übermensch mit Lust seine Nacktheit badet!

Ihr höchsten Menschen, denen mein Auge begegnete! das ist mein Zweifel an euch und mein heimliches Lachen: ich rate, ihr würdet meinen Übermenschen – Teufel heißen!

Ach, ich ward dieser Höchsten und Besten müde: aus ihrer »Höhe« verlangte mich hinauf, hinaus, hinweg zu dem Übermenschen!

Ein Grausen überfiel mich, als ich diese Besten nackend sah: da wuchsen mir die Flügel, fortzuschweben in ferne Zukünfte.

In fernere Zukünfte, in südlichere Süden, als je ein Bildner träumte: dorthin, wo Götter sich aller Kleider schämen!

Aber verkleidet will ich *euch* sehn, ihr Nächsten und Mitmenschen, und gut geputzt, und eitel, und würdig, als »die Guten und Gerechten«, –

Und verkleidet will ich selber unter euch sitzen – daß ich euch und mich *verkenne:* das ist nämlich meine letzte Menschen-Klugheit. –

Also sprach Zarathustra.

Die stillste Stunde

Was geschah mir, meine Freunde? Ihr seht mich verstört, fortgetrieben, unwillig-folgsam, bereit zu gehen – ach, von *euch* fortzugehen!

Ja, noch einmal muß Zarathustra in seine Einsamkeit: aber unlustig geht diesmal der Bär zurück in seine Höhle!

Was geschah mir! Wer gebeut dies? – Ach, meine zornige Herrin will es so, sie sprach zu mir; nannte ich je euch schon ihren Namen?

Gestern gen Abend sprach zu mir *meine stillste Stunde*: das ist der Name meiner furchtbaren Herrin.

Und so geschah's – denn alles muß ich euch sagen, daß euer Herz sich nicht verhärte gegen den plötzlich Scheidenden!

Kennt ihr den Schrecken des Einschlafenden? –

Bis in die Zehen hinein erschrickt er, darob, daß ihm der Boden weicht und der Traum beginnt.

Dieses sage ich euch zum Gleichnis. Gestern, zur stillsten Stunde, wich mir der Boden: der Traum begann.

Der Zeiger rückte, die Uhr meines Lebens holte Atem –, nie hörte ich solche Stille um mich: also daß mein Herz erschrak.

Da sprach es ohne Stimme zu mir: »*Du weißt es, Zarathustra?*«

Und ich schrie vor Schrecken bei diesem Flüstern, und das Blut wich aus meinem Gesichte: aber ich schwieg.

Da sprach es abermals ohne Stimme zu mir: »Du weißt es, Zarathustra, aber du redest es nicht!« –

Und ich antwortete endlich gleich einem Trotzigen: »Ja, ich weiß es, aber ich will es nicht reden!«

Da sprach es wieder ohne Stimme zu mir: »Du *willst* nicht, Zarathustra? Ist dies auch wahr? Verstecke dich nicht in deinen Trotz!« –

Und ich weinte und zitterte wie ein Kind und sprach: »Ach, ich wollte schon, aber wie kann ich es! Erlaß mir dies nur! Es ist über meine Kraft!«

Da sprach es wieder ohne Stimme zu mir: »Was liegt an dir, Zarathustra! Sprich dein Wort und zerbrich!« –

Und ich antwortete: »Ach, es ist *mein* Wort? Wer bin *ich*? Ich warte des Würdigeren; ich bin nicht wert, an ihm auch nur zu zerbrechen.«

Da sprach es wieder ohne Stimme zu mir: »Was liegt an dir? Du bist mir noch nicht demütig genug. Die Demut hat das härteste Fell.« –

Und ich antwortete: »Was trug nicht schon das Fell meiner Demut! Am Fuße wohne ich meiner Höhe: wie hoch meine Gipfel sind? Niemand sagte es mir noch. Aber gut kenne ich meine Täler.«

Da sprach es wieder ohne Stimme zu mir: »O Zarathustra, wer Berge zu versetzen hat, der versetzt auch Täler und Niederungen.« –

Und ich antwortete: »Noch versetzte mein Wort keine Berge, und was ich redete, erreichte die Menschen nicht. Ich ging wohl zu den Menschen, aber noch langte ich nicht bei ihnen an.«

Da sprach es wieder ohne Stimme zu mir: »Was weißt du *davon*! Der Tau fällt auf das Gras, wenn die Nacht am verschwiegensten ist.« –

Und ich antwortete: »Sie verspotteten mich, als ich meinen eigenen Weg fand und ging; und in Wahrheit zitterten damals meine Füße.

Und so sprachen sie zu mir: du verlerntest den Weg, nun verlernst du auch das Gehen!«

Da sprach es wieder ohne Stimme zu mir: »Was liegt an ihrem Spotte! Du bist einer, der das Gehorchen verlernt hat: nun sollst du befehlen!

Weißt du nicht, wer allen am nötigsten tut? Der Großes befiehlt.

Großes vollführen ist schwer: aber das Schwerere ist, Großes befehlen.

Das ist dein Unverzeihlichstes: du hast die Macht, und du willst nicht herrschen.« –

Und ich antwortete: »Mir fehlt des Löwen Stimme zu allem Befehlen.«

Da sprach es wieder wie ein Flüstern zu mir: »Die stillsten Worte sind

es, welche den Sturm bringen. Gedanken, die mit Taubenfüßen kommen, lenken die Welt.

O Zarathustra, du sollst gehen als ein Schatten dessen, was kommen muß: so wirst du befehlen und befehlend vorangehen.« –

Und ich antwortete: »Ich schäme mich.«

Da sprach es wieder ohne Stimme zu mir: »Du mußt noch Kind werden und ohne Scham.

Der Stolz der Jugend ist noch auf dir, spät bist du jung geworden: aber wer zum Kinde werden will, muß auch noch seine Jugend überwinden.« –

Und ich besann mich lange und zitterte. Endlich aber sagte ich, was ich zuerst sagte: »Ich will nicht.«

Da geschah ein Lachen um mich. Wehe, wie dies Lachen mir die Eingeweide zerriß und das Herz aufschlitzte!

Und es sprach zum letzten Male zu mir: »O Zarathustra, deine Früchte sind reif, aber du bist nicht reif für deine Früchte!

So mußt du wieder in die Einsamkeit: denn du sollst noch mürbe werden.« –

Und wieder lachte es und floh: dann wurde es stille um mich wie mit einer zwiefachen Stille. Ich aber lag am Boden, und der Schweiß floß mir von den Gliedern.

– Nun hörtet ihr alles, und warum ich in meine Einsamkeit zurück muß. Nichts verschwieg ich euch, meine Freunde.

Aber auch dies hörtet ihr von mir, *wer* immer noch aller Menschen Verschwiegenster ist – und es sein will!

Ach, meine Freunde! Ich hätte euch noch etwas zu sagen, ich hätte euch noch etwas zu geben! Warum gebe ich es nicht? Bin ich denn geizig?« –

Als Zarathustra aber diese Worte gesprochen hatte, überfiel ihn die Gewalt des Schmerzes und die Nähe des Abschieds von seinen Freunden, also daß er laut weinte; und niemand wußte ihn zu trösten. Des Nachts aber ging er allein fort und verließ seine Freunde.

DRITTER TEIL

ALSO SPRACH ZARATHUSTRA

»Ihr seht nach oben, wenn ihr nach Erhebung verlangt. Und ich sehe hinab, weil ich erhoben bin.

Wer von euch kann zugleich lachen und erhoben sein?

Wer auf den höchsten Bergen steigt, der lacht über alle Trauer-Spiele und Trauer-Ernste.«

Zarathustra,
vom Lesen und Schreiben *(S. 570)*

Der Wanderer

Um Mitternacht war es, da nahm Zarathustra seinen Weg über den Rükken der Insel, daß er mit dem frühen Morgen an das andre Gestade käme: denn dort wollte er zu Schiff steigen. Es gab nämlich allda eine gute Reede, an der auch fremde Schiffe gern vor Anker gingen; die nahmen manchen mit sich, der von den glückseligen Inseln über das Meer wollte. Als nun Zarathustra so den Berg hinanstieg, gedachte er unterwegs des vielen einsamen Wanderns von Jugend an, und wie viele Berge und Rükken und Gipfel er schon gestiegen sei.

Ich bin ein Wanderer und ein Bergsteiger, sagte er zu seinem Herzen, ich liebe die Ebenen nicht, und es scheint, ich kann nicht lange still sitzen.

Und was mir nun auch noch als Schicksal und Erlebnis komme – ein Wandern wird darin sein und ein Bergsteigen: man erlebt endlich nur noch sich selber.

Die Zeit ist abgeflossen, wo mir noch Zufälle begegnen durften; und was *könnte* jetzt noch zu mir fallen, was nicht schon mein Eigen wäre!

Es kehrt nur zurück, es kommt mir endlich heim – mein eigen Selbst, und was von ihm lange in der Fremde war und zerstreut unter alle Dinge und Zufälle.

Und noch eins weiß ich: ich stehe jetzt vor meinem letzten Gipfel und vor dem, was mir am längsten aufgespart war. Ach, meinen härtesten Weg muß ich hinan! Ach, ich begann meine einsamste Wanderung!

Wer aber meiner Art ist, der entgeht einer solchen Stunde nicht: der Stunde, die zu ihm redet: »Jetzo erst gehst du deinen Weg der Größe! Gipfel und Abgrund – das ist jetzt in eins beschlossen!

Du gehst deinen Weg der Größe: nun ist deine letzte Zuflucht worden, was bisher deine letzte Gefahr hieß!

Du gehst deinen Weg der Größe: das muß nun dein bester Mut sein, daß es hinter dir keinen Weg mehr gibt!

Du gehst deinen Weg der Größe; hier soll dir keiner nachschleichen! Dein Fuß selber löschte hinter dir den Weg aus, und über ihm steht geschrieben: Unmöglichkeit.

Und wenn dir nunmehr alle Leitern fehlen, so mußt du verstehen, noch auf deinen eigenen Kopf zu steigen: wie wolltest du anders aufwärts steigen?

Auf deinen eigenen Kopf und hinweg über dein eigenes Herz! Jetzt muß das Mildeste an dir noch zum Härtesten werden.

Wer sich stets viel geschont hat, der kränkelt zuletzt an seiner vielen Schonung. Gelobt sei, was hart macht! Ich lobe das Land nicht, wo Butter und Honig – fließt!

Von sich *absehn* lernen ist nötig, um *viel* zu sehn – diese Härte tut jedem Berge-Steigenden not.

Wer aber mit den Augen zudringlich ist als Erkennender, wie sollte der von allen Dingen mehr als ihre vorderen Gründe sehn!

Du aber, o Zarathustra, wolltest aller Dinge Grund schaun und Hintergrund: so mußt du schon über dich selber steigen – hinan, hinauf, bis du auch deine Sterne noch *unter* dir hast!

Ja! Hinab auf mich selber sehn und noch auf meine Sterne: das erst hieße mir mein *Gipfel*, das blieb mir noch zurück als mein *letzter* Gipfel! –«

Also sprach Zarathustra im Steigen zu sich, mit harten Sprüchlein sein Herz tröstend: denn er ward wund am Herzen wie noch niemals zuvor. Und als er auf die Höhe des Bergrückens kam, siehe, da lag das andere Meer vor ihm ausgebreitet: und er stand still und schwieg lange. Die Nacht aber war kalt in dieser Höhe und klar und hellgestirnt.

Ich erkenne mein Los, sagte er endlich mit Trauer. Wohlan! Ich bin bereit. Eben begann meine letzte Einsamkeit.

Ach, diese schwarze traurige See unter mir! Ach, diese schwangere nächtliche Verdrossenheit! Ach, Schicksal und See! Zu euch muß ich nun *hinab*steigen!

Vor meinem höchsten Berge stehe ich und vor meiner längsten Wanderung: darum muß ich erst tiefer hinab, als ich jemals stieg:

– tiefer hinab in den Schmerz, als ich jemals stieg, bis hinein in seine schwärzeste Flut! So will es mein Schicksal: Wohlan! Ich bin bereit.

Woher kommen die höchsten Berge? so fragte ich einst. Da lernte ich, daß sie aus dem Meere kommen.

Dies Zeugnis ist in ihr Gestein geschrieben und in die Wände ihrer Gipfel. Aus dem Tiefsten muß das Höchste zu seiner Höhe kommen. –

Also sprach Zarathustra auf der Spitze des Berges, wo es kalt war; als er

aber in die Nähe des Meeres kam und zuletzt allein unter den Klippen stand, da war er unterwegs müde geworden und sehnsüchtiger als noch zuvor.

Es schläft jetzt alles noch, sprach er; auch das Meer schläft. Schlaftrunken und fremd blickt sein Auge nach mir.

Aber es atmet warm, das fühle ich. Und ich fühle auch, daß es träumt. Es windet sich träumend auf harten Kissen.

Horch! Horch! Wie es stöhnt von bösen Erinnerungen! Oder bösen Erwartungen?

Ach, ich bin traurig mit dir, du dunkles Ungeheuer, und mir selber noch gram um deinetwillen.

Ach, daß meine Hand nicht Stärke genug hat! Gerne, wahrlich möchte ich dich von bösen Träumen erlösen! –

Und indem Zarathustra so sprach, lachte er mit Schwermut und Bitterkeit über sich selber. Wie! Zarathustra! sagte er, willst du noch dem Meere Trost singen?

Ach, du liebreicher Narr Zarathustra, du Vertrauens-Überseliger! Aber so warst du immer: immer kamst du vertraulich zu allem Furchtbaren.

Jedes Ungetüm wolltest du noch streicheln. Ein Hauch warmen Atems, ein wenig weiches Gezottel an der Tatze –: und gleich warst du bereit, es zu lieben und zu locken.

Die *Liebe* ist die Gefahr des Einsamsten, die Liebe zu allem, *wenn es nur lebt!* Zum Lachen ist wahrlich meine Narrheit und meine Bescheidenheit in der Liebe! –

Also sprach Zarathustra und lachte dabei zum andern Male: da aber gedachte er seiner verlassenen Freunde –, und wie als ob er sich mit seinen Gedanken an ihnen vergangen habe, zürnte er sich ob seiner Gedanken. Und alsbald geschah es, daß der Lachende weinte – vor Zorn und Sehnsucht weinte Zarathustra bitterlich.

Vom Gesicht und Rätsel

I

Als es unter den Schiffsleuten ruchbar wurde, daß Zarathustra auf dem Schiffe sei – denn es war ein Mann zugleich mit ihm an Bord gegangen, der von den glückseligen Inseln kam –, da enstand eine große Neugierde und Erwartung. Aber Zarathustra schwieg zwei Tage und war kalt und taub vor Traurigkeit, also, daß er weder auf Blicke noch auf Fragen antwortete. Am Abende aber des zweiten Tages tat er seine Ohren wieder auf, ob er gleich noch schwieg: denn es gab viel Seltsames und Gefährliches

auf diesem Schiffe anzuhören, welches weither kam und noch weiterhin wollte. Zarathustra aber war ein Freund aller solchen, die weite Reisen tun und nicht ohne Gefahr leben mögen. Und siehe! zuletzt wurde ihm im Zuhören die eigne Zunge gelöst, und das Eis seines Herzens brach: – da begann er also zu reden:

Euch, den kühnen Suchern, Versuchern, und wer je sich mit listigen Segeln auf furchtbare Meere einschiffte, –

euch, den Rätsel-Trunkenen, den Zwielicht-Frohen, deren Seele mit Flöten zu jedem Irr-Schlunde gelockt wird:

– denn nicht wollt ihr mit feiger Hand einem Faden nachtasten; und, wo ihr *erraten* könnt, da haßt ihr es, zu *erschließen* –

euch allein erzähle ich das Rätsel, das ich *sah*, – der Gesicht des Einsamsten. –

Düster ging ich jüngst durch leichenfarbne Dämmerung, – düster und hart, mit gepreßten Lippen. Nicht nur *eine* Sonne war mir untergegangen.

Ein Pfad, der trotzig durch Geröll stieg, ein boshafter, einsamer, dem nicht Kraut, nicht Strauch mehr zusprach: ein Berg-Pfad knirschte unter dem Trotz meines Fußes.

Stumm über höhnischem Geklirr von Kieseln schreitend, den Stein zertretend, der ihn gleiten ließ: also zwang mein Fuß sich aufwärts.

Aufwärts – dem Geiste zum Trotz, der ihn abwärts zog, abgrundwärts zog, dem Geiste der Schwere, meinem Teufel und Erzfeinde.

Aufwärts – obwohl er auf mir saß, halb Zwerg, halb Maulwurf; lahm; lähmend; Blei durch mein Ohr, Bleitropfen-Gedanken in mein Hirn träufelnd.

»O Zarathustra«, raunte er höhnisch Silb' um Silbe, »du Stein der Weisheit! Du warfst dich hoch, aber jeder geworfene Stein muß – fallen!

O Zarathustra, du Stein der Weisheit, du Schleuderstein, du Stern-Zertrümmerer! Dich selber warfst du so hoch, – aber jeder geworfene Stein – muß fallen!

Verurteilt zu dir selber und zur eignen Steinigung: o Zarathustra, weit warfst du ja den Stein, – aber auf *dich* wird er zurückfallen!«

Drauf schwieg der Zwerg; und das währte lange. Sein Schweigen aber drückte mich; und solchermaßen zu zwein ist man wahrlich einsamer als zu einem!

Ich stieg, ich stieg, ich träumte, ich dachte – aber alles drückte mich. Einem Kranken glich ich, den seine schlimme Marter müde macht, und den wieder ein schlimmerer Traum aus dem Einschlafen weckt. –

Aber es gibt etwas in mir, das ich Mut heiße: das schlug bisher mir jeden Unmut tot. Dieser Mut hieß mich endlich stille stehn und sprechen: »Zwerg! Du! Oder ich!« –

Mut nämlich ist der beste Totschläger – Mut, welcher *angreift*: denn in jedem Angriffe ist klingendes Spiel.

Der Mensch aber ist das mutigste Tier: damit überwand er jedes Tier. Mit klingendem Spiele überwand er noch jeden Schmerz; Menschen-Schmerz aber ist der tiefste Schmerz.

Der Mut schlägt auch den Schwindel tot an Abgründen: und wo stünde der Mensch nicht an Abgründen! Ist Sehen nicht selber – Abgründe sehen?

Mut ist der beste Totschläger: der Mut schlägt auch das Mitleiden tot. Mitleiden aber ist der tiefste Abgrund: so tief der Mensch in das Leben sieht, so tief sieht er auch in das Leiden.

Mut aber ist der beste Totschläger, Mut, der angreift: der schlägt noch den Tod tot, denn er spricht: »War *das* das Leben? Wohlan! Noch einmal!«

In solchem Spruche aber ist viel klingendes Spiel. Wer Ohren hat, der höre. –

2

»Halt! Zwerg!« sprach ich. »Ich! Oder du! Ich aber bin der Stärkere von uns beiden –: du kennst meinen abgründlichen Gedanken nicht! *Den* – könntest du nicht tragen!« –

Da geschah, was mich leichter machte: denn der Zwerg sprang mir von der Schulter, der Neugierige! Und er hockte sich auf einen Stein vor mich hin. Es war aber gerade da ein Torweg, wo wir hielten.

»Siehe diesen Torweg! Zwerg!« sprach ich weiter: »der hat zwei Gesichter. Zwei Wege kommen hier zusammen: die ging noch niemand zu Ende.

Diese lange Gasse zurück: die währt eine Ewigkeit. Und jene lange Gasse hinaus – das ist eine andre Ewigkeit.

Sie widersprechen sich, diese Wege; sie stoßen sich gerade vor den Kopf – und hier, an diesem Torwege, ist es, wo sie zusammenkommen. Der Name des Torwegs steht oben geschrieben: ›Augenblick‹.

Aber wer einen von ihnen weiter ginge – und immer weiter und immer ferner: glaubst du, Zwerg, daß diese Wege sich ewig widersprechen?« –

»Alles Gerade lügt«, murmelte verächtlich der Zwerg. »Alle Wahrheit ist krumm, die Zeit selber ist ein Kreis.«

»Du Geist der Schwere!« sprach ich zürnend, »mache dir es nicht zu leicht! Oder ich lasse dich hocken, wo du hockst, Lahmfuß, – und ich trug dich *hoch*!

Siehe, sprach ich weiter, diesen Augenblick! Von diesem Torwege Augenblick läuft eine lange ewige Gasse *rückwärts*: hinter uns liegt eine Ewigkeit.

Muß nicht was laufen *kann* von allen Dingen, schon einmal diese Gasse gelaufen sein? Muß nicht, was geschehn *kann* von allen Dingen, schon einmal geschehn, getan, vorübergelaufen sein?

Und wenn alles schon dagewesen ist: was hältst du Zwerg von diesem Augenblick? Muß auch dieser Torweg nicht schon – dagewesen sein?

Und sind nicht solchermaßen fest alle Dinge verknotet, daß dieser

Augenblick *alle* kommenden Dinge nach sich zieht? *Also* – – sich selber noch?

Denn, was laufen *kann* von allen Dingen: auch in dieser langen Gasse *hinaus* – *muß* es einmal noch laufen! –

Und diese langsame Spinne, die im Mondscheine kriecht, und dieser Mondschein selber, und ich und du im Torwege, zusammen flüsternd, von ewigen Dingen flüsternd – müssen wir nicht alle schon dagewesen sein?

– und wiederkommen und in jener anderen Gasse laufen, hinaus, vor uns, in dieser langen schaurigen Gasse – müssen wir nicht ewig wiederkommen? –«

Also redete ich, und immer leiser: denn ich fürchtete mich vor meinen eignen Gedanken und Hintergedanken. Da, plötzlich, hörte ich einen Hund nahe *heulen.*

Hörte ich jemals einen Hund so heulen? Mein Gedanke lief zurück. Ja! Als ich Kind war, in fernster Kindheit:

– da hörte ich einen Hund so heulen. Und sah ihn auch, gesträubt, den Kopf nach oben, zitternd, in stillster Mitternacht, wo auch Hunde an Gespenster glauben:

– also daß es mich erbarmte. Eben nämlich ging der volle Mond, totschweigsam, über das Haus, eben stand er still, eine runde Glut, – still auf flachem Dache, gleich als auf fremdem Eigentume: –

darob entsetzte sich damals der Hund: denn Hunde glauben an Diebe und Gespenster. Und als ich wieder so heulen hörte, da erbarmte es mich abermals.

Wohin war jetzt Zwerg? Und Torweg? Und Spinne? Und alles Flüstern? Träumte ich denn? Wachte ich auf? Zwischen wilden Klippen stand ich mit einem Male, allein, öde, im ödesten Mondscheine.

Aber da lag ein Mensch! Und da! Der Hund, springend, gesträubt, winselnd – jetzt sah er mich kommen – da heulte er wieder, da *schrie* er – hörte ich je einen Hund so Hilfe schrein?

Und, wahrlich, was ich sah, desgleichen sah ich nie. Einen jungen Hirten sah ich, sich windend, würgend, zuckend, verzerrten Antlitzes, dem eine schwarze schwere Schlange aus dem Munde hing.

Sah ich je so viel Ekel und bleiches Grauen auf *einem* Antlitze? Er hatte wohl geschlafen? Da kroch ihm die Schlange in den Schlund – da biß sie sich fest.

Meine Hand riß die Schlange und riß – umsonst! sie riß die Schlange nicht aus dem Schlunde. Da schrie es aus mir: »Beiß zu! Beiß zu!

Den Kopf ab! Beiß zu!« – so schrie es aus mir, mein Grauen, mein Haß, mein Ekel, mein Erbarmen, all mein Gutes und Schlimmes schrie mit *einem* Schrei aus mir. –

Ihr Kühnen um mich! Ihr Sucher, Versucher, und wer von euch mit listigen Segeln sich in unerforschte Meere einschiffte! Ihr Rätsel-Frohen!

So ratet mir doch das Rätsel, das ich damals schaute, so deutet mir doch das Gesicht des Einsamsten!

Denn ein Gesicht war's und ein Vorhersehn: – *was* sah ich damals im Gleichnisse? Und *wer* ist, der einst noch kommen muß?

Wer ist der Hirt, dem also die Schlange in den Schlund kroch? *Wer* ist der Mensch, dem also alles Schwerste, Schwärzeste in den Schlund kriechen wird?

– Der Hirt aber biß, wie mein Schrei ihm riet; er biß mit gutem Bisse! Weit weg spie er den Kopf der Schlange –: und sprang empor. –

Nicht mehr Hirt, nicht mehr Mensch – ein Verwandelter, ein Umleuchteter, welcher *lachte*! Niemals noch auf Erden lachte je ein Mensch, wie *er* lachte!

O meine Brüder, ich hörte ein Lachen, das keines Menschen Lachen war, – – und nun frißt ein Durst an mir, eine Sehnsucht, die nimmer stille wird.

Meine Sehnsucht nach diesem Lachen frißt an mir: o wie ertrage ich's noch zu leben! Und wie ertrüge ich's, jetzt zu sterben! –

Also sprach Zarathustra.

Von der Seligkeit wider Willen

Mit solchen Rätseln und Bitternissen im Herzen fuhr Zarathustra über das Meer. Als er aber vier Tagereisen fern war von den glückseligen Inseln und von seinen Freunden, da hatte er allen seinen Schmerz überwunden –: siegreich und mit festen Füßen stand er wieder auf seinem Schicksal. Und damals redete Zarathustra also zu seinem frohlockenden Gewissen:

Allein bin ich wieder und will es sein, allein mit reinem Himmel und freiem Meere; und wieder ist Nachmittag um mich.

Des Nachmittags fand ich zum ersten Male einst meine Freunde, des Nachmittags auch zum anderen Male – zur Stunde, da alles Licht stiller wird.

Denn was von Glück noch unterwegs ist zwischen Himmel und Erde, das sucht sich nun zur Herberge noch eine lichte Seele: *vor* Glück ist alles Licht jetzt stiller worden.

O Nachmittag meines Lebens! Einst stieg auch *mein* Glück zu Tale, daß es sich eine Herberge suche: da fand es diese offnen gastfreundlichen Seelen.

O Nachmittag meines Lebens! Was gab ich nicht hin, daß ich eins hätte: diese lebendige Pflanzung meiner Gedanken und dies Morgenlicht meiner höchsten Hoffnung!

Gefährten suchte einst der Schaffende und Kinder *seiner* Hoffnung: und siehe, es fand sich, daß er sie nicht finden könne, es sei denn, er schaffe sie selber erst.

Also bin ich mitten in meinem Werke, zu meinen Kindern gehend und von ihnen kehrend: um seiner Kinder willen muß Zarathustra sich selbst vollenden.

Denn von Grund aus liebt man nur sein Kind und Werk; und wo große Liebe zu sich selber ist, da ist sie der Schwangerschaft Wahrzeichen: so fand ich's.

Noch grünen mir meine Kinder in ihrem ersten Frühlinge, nahe beieinander stehend und gemeinsam von Winden geschüttelt, die Bäume meines Gartens und besten Erdreichs.

Und wahrlich! Wo solche Bäume beieinander stehn, da *sind* glückselige Inseln!

Aber einstmals will ich sie ausheben und einen jeden für sich allein stellen: daß er Einsamkeit lerne und Trotz und Vorsicht.

Knorrig und gekrümmt und mit biegsamer Härte soll er mir dann am Meere dastehn, ein lebendiger Leuchtturm unbesiegbaren Lebens.

Dort, wo die Stürme hinab ins Meer stürzen, und des Gebirgs Rüssel Wasser trinkt, da soll ein jeder einmal seine Tag- und Nachtwachen haben, zu *seiner* Prüfung und Erkenntnis.

Erkannt und geprüft soll er werden, darauf, ob er meiner Art und Abkunft ist – ob er eines langen Willens Herr sei, schweigsam, auch wenn er redet, und nachgebend also, daß er im Geben *nimmt*: –

– daß er einst mein Gefährte werde und ein Mitschaffender und Mitfeiernder Zarathustras –: ein solcher, der mir meinen Willen auf meine Tafeln schreibt: zu aller Dinge vollerer Vollendung.

Und um seinetwillen und seinesgleichen muß ich selber *mich* vollenden: darum weiche ich jetzt meinen Glücke aus und biete mich allem Unglücke an – zu *meiner* letzten Prüfung und Erkenntnis.

Und wahrlich, Zeit war's, daß ich ging; und des Wanderers Schatten und die längste Weile und die stillste Stunde – alle redeten mir zu: »Es ist höchste Zeit!«

Der Wind blies mir durchs Schlüsselloch und sagte »Komm!« Die Tür sprang mir listig auf und sagte »Geh!«

Aber ich lag angekettet an die Liebe zu meinen Kindern: das Begehren legte mir diese Schlinge, das Begehren nach Liebe, daß ich meiner Kinder Beute würde und mich an sie verlöre.

Begehren – das heißt mir schon: mich verloren haben. *Ich habe euch, meine Kinder!* In diesem Haben soll alles Sicherheit und nichts Begehren sein.

Aber brütend lag die Sonne meiner Liebe auf mir, im eignen Safte kochte Zarathustra, – da flogen Schatten und Zweifel über mich weg.

Nach Frost und Winter gelüstete mich schon: »o daß Frost und Winter mich wieder knacken und knirschen machten!« seufzte ich: – da stiegen eisige Nebel aus mir auf.

Meine Vergangenheit brach ihre Gräber, manch lebendig begrabner Schmerz wachte auf –: ausgeschlafen hatte er sich nur, versteckt in Leichen-Gewänder.

Also rief mir alles in Zeichen zu: »es ist Zeit!« Aber ich – hörte nicht: bis endlich mein Abgrund sich rührte und mein Gedanke mich biß.

Ach, abgründlicher Gedanke, der du *mein* Gedanke bist! Wann finde ich die Stärke, dich graben zu hören und nicht mehr zu zittern?

Bis zur Kehle hinauf klopft mir das Herz, wenn ich dich graben höre! Dein Schweigen noch will mich würgen, du abgründlich Schweigender!

Noch wagte ich niemals, dich *herauf* zu rufen: genug schon, daß ich dich mit mir – trug! Noch war ich nicht stark genug zum letzten Löwen-Übermute und -Mutwillen.

Genug des Furchtbaren war mir immer schon deine Schwere: aber einst soll ich noch die Stärke finden und die Löwen-Stimme, die dich heraufruft!

Wenn ich mich dessen erst überwunden habe, dann will ich mich auch des Größeren noch überwinden; und ein *Sieg* soll meiner Vollendung Siegel sein! –

Inzwischen treibe ich noch auf ungewissen Meeren; der Zufall schmeichelt mir, der glattzüngige; vorwärts und rückwärts schaue ich – noch schaue ich kein Ende.

Noch kam mir die Stunde meines letzten Kampfes nicht – oder kommt sie mir wohl eben? Wahrlich, mit tückischer Schönheit schaut mich rings Meer und Leben an!

O Nachmittag meines Lebens! O Glück vor Abend! O Hafen auf hoher See! O Friede im Ungewissen! Wie mißtraue ich euch allen!

Wahrlich, mißtrauisch bin ich gegen eure tückische Schönheit! Dem Liebenden gleiche ich, der allzusamtenem Lächeln mißtraut.

Wie er die Geliebteste vor sich her stößt, zärtlich noch in seiner Härte, der Eifersüchtige –, also stoße ich diese selige Stunde vor mir her.

Hinweg mit dir, du selige Stunde! Mit dir kam mir eine Seligkeit wider Willen! Willig zu meinem tiefsten Schmerze stehe ich hier – zur Unzeit kamst du!

Hinweg mit dir, du selige Stunde! Lieber nimm Herberge dort – bei meinen Kindern! Eile! und segne sie vor Abend noch mit *meinem* Glücke!

Da naht schon der Abend: die Sonne sinkt. Dahin – mein Glück! –

Also sprach Zarathustra. Und er wartete auf sein Unglück die ganze Nacht: aber er wartete umsonst. Die Nacht blieb hell und still, und das Glück selber kam ihm immer näher und näher. Gegen Morgen aber lachte

Zarathustra zu seinem Herzen und sagte spöttisch: »das Glück läuft mir nach. Das kommt davon, daß ich nicht den Weibern nachlaufe. Das Glück aber ist ein Weib.«

Vor Sonnen-Aufgang

O Himmel über mir, du Reiner! Tiefer! Du Licht-Abgrund! Dich schauend schaudere ich vor göttlichen Begierden.

In deine Höhe mich zu werfen – das ist *meine* Tiefe! In deine Reinheit mich zu bergen – das ist *meine* Unschuld!

Den Gott verhüllt seine Schönheit: so verbirgst du deine Sterne. Du redest nicht: *so* kündest du mir deine Weisheit.

Stumm über brausendem Meere bist du heut mir aufgegangen, deine Liebe und deine Scham redet Offenbarung zu meiner brausenden Seele.

Daß du schön zu mir kamst, verhüllt in deine Schönheit, daß du stumm zu mir sprichst, offenbar in deiner Weisheit:

O wie erriete ich nicht alles Schamhafte deiner Seele! *Vor* der Sonne kamst du zu mir, dem Einsamsten.

Wir sind Freunde von Anbeginn: uns ist Gram und Grauen und Grund gemeinsam; noch die Sonne ist uns gemeinsam.

Wir reden nicht zueinander, weil wir zu vieles wissen –: wir schweigen uns an, wir lächeln uns unser Wissen zu.

Bist du nicht das Licht zu meinem Feuer? Hast du nicht die Schwester-Seele zu meiner Einsicht?

Zusammen lernten wir alles; zusammen lernten wir über uns zu uns selber aufsteigen und wolkenlos lächeln: –

– wolkenlos hinab lächeln aus lichten Augen und aus meilenweiter Ferne, wenn unter uns Zwang und Zweck und Schuld wie Regen dampfen.

Und wanderte ich allein: *wes* hungerte meine Seele in Nächten und Irr-Pfaden? Und stieg ich Berge, *wen* suchte ich je, wenn nicht dich, auf Bergen?

Und all mein Wandern und Bergsteigen: eine Not war's nur und ein Behelf des Unbeholfenen – *fliegen* allein will mein ganzer Wille, in *dich* hinein fliegen!

Und wen haßte ich mehr, als ziehende Wolken und alles, was dich befleckt? Und meinen eignen Haß hackte ich noch, weil er dich befleckte!

Den ziehenden Wolken bin ich gram, diesen schleichenden Raub-Katzen: sie nehmen dir und mir, was uns gemein ist – das ungeheure unbegrenzte Ja- und Amen-sagen.

Diesen Mittlern und Mischern sind wir gram, den ziehenden Wolken: diesen Halb- und Halben, welche weder segnen lernten, noch von Grund aus fluchen.

Lieber will ich noch unter verschlossenem Himmel in der Tonne sitzen, lieber ohne Himmel im Abgrund sitzen, als dich, Licht-Himmel, mit Zieh-Wolken befleckt sehn!

Und oft gelüstete mich, sie mit zackichten Blitz-Golddrähten festzuheften, daß ich, gleich dem Donner, auf ihrem Kessel-Bauche die Pauke schlüge: –

– ein zorniger Paukenschläger, weil sie mir dein Ja! und Amen! rauben, du Himmel über mir, du Reiner! Lichter! Du Licht-Abgrund! – weil sie dir *mein* Ja! und Amen! rauben.

Denn lieber noch will ich Lärm und Donner und Wetter-Flüche, als diese bedächtige zweifelnde Katzen-Ruhe; und auch unter Menschen hasse ich am besten alle Leisetreter und Halb- und Halben und zweifelnde, zögernde Zieh-Wolken.

Und »wer nicht segnen kann, der soll fluchen *lernen*!« – diese helle Lehre fiel mir aus hellem Himmel, dieser Stern steht auch noch in schwarzen Nächten an meinem Himmel.

Ich aber bin ein Segnender und ein Ja-Sager, wenn du nur um mich bist, du Reiner! Lichter! Du Licht-Abgrund! – in alle Abgründe trage ich da noch mein segnendes Ja-sagen.

Zum Segnenden bin ich worden und zum Ja-Sagenden: und dazu rang ich lange und war ein Ringer, daß ich einst die Hände frei bekäme zum Segnen.

Das aber ist mein Segnen: über jedwedem Ding als sein eigener Himmel stehn, als sein rundes Dach, seine azurne Glocke und ewige Sicherheit: und selig ist, wer also segnet!

Denn alle Dinge sind getauft am Borne der Ewigkeit und jenseits von Gut und Böse; Gut und Böse selber aber sind nur Zwischen-Schatten und feuchte Trübsale und Zieh-Wolken.

Wahrlich, ein Segnen ist es und kein Lästern, wenn ich lehre: »Über allen Dingen steht der Himmel Zufall, der Himmel Unschuld, der Himmel Ohngefähr, der Himmel Übermut.«

»Von Ohngefähr« – das ist der älteste Adel der Welt, den gab ich allen Dingen zurück, ich erlöste sie von der Knechtschaft unter dem Zwecke.

Diese Freiheit und Himmels-Heiterkeit stellte ich gleich azurner Glocke über alle Dinge, als ich lehrte, daß über ihnen und durch sie kein »ewiger Wille« – will.

Diesen Übermut und diese Narrheit stellte ich an die Stelle jenes Willens, als ich lehrte: »bei allem ist eins unmöglich – Vernünftigkeit!«

Ein *wenig* Vernunft zwar, ein Same der Weisheit zerstreut von Stern zu Stern – dieser Sauerteig ist allen Dingen eingemischt: um der Narrheit willen ist Weisheit allen Dingen eingemischt!

Ein wenig Weisheit ist schon möglich; aber diese selige Sicherheit fand

ich an allen Dingen: daß sie lieber noch auf den Füßen des Zufalls – *tanzen.*

O Himmel über mir, du Reiner! Hoher! Das ist mir nun deine Reinheit, daß es keine ewige Vernunft-Spinne und -Spinnennetze gibt –

– daß du mir ein Tanzboden bist für göttliche Zufälle, daß du mir ein Göttertisch bist für göttliche Würfel und Würfelspieler! –

Doch du errötest? Sprach ich Unaussprechbares? Lästerte ich, indem ich dich segnen wollte?

Oder ist es die Scham zu zweien, welche dich erröten machte? – Heißest du mich gehn und schweigen, weil nun – der *Tag* kommt?

Die Welt ist tief –: und tiefer, als je der Tag gedacht hat. Nicht alles darf vor dem Tage Worte haben. Aber der Tag kommt: so scheiden wir nun!

O Himmel über mir, du Schamhafter! Glühender! O du mein Glück vor Sonnen-Aufgang! Der Tag kommt: so scheiden wir nun! –

Also sprach Zarathustra.

Von der verkleinernden Tugend

1

Als Zarathustra wieder auf dem festen Lande war, ging er nicht stracks auf sein Gebirge und seine Höhle los, sondern tat viele Wege und Fragen und erkundete dies und das, also, daß er von sich selber im Scherze sagte: »siehe einen Fluß, der in vielen Windungen zurück zur Quelle fließt!« Denn er wollte in Erfahrung bringen, was sich inzwischen *mit dem Menschen* zugetragen habe: ob er größer oder kleiner geworden sei. Und einmal sah er eine Reihe neuer Häuser; da wunderte er sich und sagte:

»Was bedeuten diese Häuser? Wahrlich, keine große Seele stellte sie hin, sich zum Gleichnisse!

Nahm wohl ein blödes Kind sie aus seiner Spielschachtel? Daß doch ein anderes Kind sie wieder in seine Schachtel täte.

Und diese Stuben und Kammern: können *Männer* da aus- und eingehen? Gemacht dünken sie mich für Seiden-Puppen, oder für Naschkatzen, die auch wohl an sich naschen lassen.«

Und Zarathustra blieb stehn und dachte nach. Endlich sagte er betrübt: »Es ist *alles* kleiner geworden!

Überall sehe ich niedrigere Tore: wer *meiner* Art ist, geht da wohl noch hindurch, aber – er muß sich bücken!

O wann komme ich wieder in meine Heimat, wo ich mich nicht mehr

bücken muß – nicht mehr bücken muß *vor den Kleinen*!« – Und Zarathustra seufzte und blickte in die Ferne. –

Desselbigen Tages aber redete er seine Rede über die verkleinernde Tugend.

2

Ich gehe durch dies Volk und halte meine Augen offen: sie vergeben mir es nicht, daß ich auf ihre Tugenden nicht neidisch bin.

Sie beißen nach mir, weil ich zu ihnen sage: für kleine Leute sind kleine Tugenden nötig – und weil es mir hart eingeht, daß kleine Leute *nötig* sind!

Noch gleiche ich dem Hahn hier auf fremdem Gehöfte, nach dem auch die Hennen beißen; doch darob bin ich diesen Hennen nicht ungut.

Ich bin höflich gegen sie, wie gegen alles kleine Ärgernis; gegen das Kleine stachlicht zu sein, dünkt mich eine Weisheit für Igel.

Sie reden alle von mir, wenn sie abends ums Feuer sitzen – sie reden von mir, aber niemand denkt – an mich!

Dies ist die neue Stille, die ich lernte: ihr Lärm um mich breitet einen Mantel über meine Gedanken.

Sie lärmen untereinander: »was will uns diese düstere Wolke? sehen wir zu, daß sie uns nicht eine Seuche bringe!«

Und jüngst riß ein Weib sein Kind an sich, das zu mir wollte: »Nehmt die Kinder weg!« schrie es; »solche Augen versengen Kinder-Seelen.«

Sie husten, wenn ich rede: sie meinen, Husten sei ein Einwand gegen starke Winde – sie erraten nichts vom Brausen meines Glückes!

»Wir haben noch keine Zeit für Zarathustra« – so wenden sie ein; aber was liegt an einer Zeit, die für Zarathustra »keine Zeit hat«?

Und wenn sie gar mich rühmen: wie könnte ich wohl auf *ihrem* Ruhme einschlafen? Ein Stachel-Gürtel ist mir ihr Lob: es kratzt mich noch, wenn ich es von mir tue.

Und auch das lernte ich unter ihnen: der Lobende stellt sich, als gebe er zurück, in Wahrheit aber will er mehr beschenkt sein!

Fragt meinen Fuß, ob ihm ihre Lob- und Lock-Weise gefällt! Wahrlich, nach solchem Takt und Ticktack mag er weder tanzen, noch stille stehn.

Zur kleinen Tugend möchten sie mich locken und loben; zum Ticktack des kleinen Glücks möchten sie meinen Fuß überreden.

Ich gehe durch dies Volk und halte die Augen offen: sie sind *kleiner* geworden und werden immer kleiner – *das aber macht ihre Lehre von Glück und Tugend.*

Sie sind nämlich auch in der Tugend bescheiden – denn sie wollen Behagen. Mit Behagen aber verträgt sich nur die bescheidene Tugend.

Wohl lernen auch sie auf ihre Art Schreiten und Vorwärts-Schreiten:

das heiße ich ihr *Humpeln* –. Damit werden sie jedem zum Anstoß, der Eile hat.

Und mancher von ihnen geht vorwärts und blickt dabei zurück, mit versteiftem Nacken: Dem renne ich gern wider den Leib.

Fuß und Augen sollen nicht lügen, noch sich einander Lügen strafen. Aber es ist viel Lügnerei bei den kleinen Leuten.

Einige von ihnen wollen, aber die meisten werden nur gewollt. Einige von ihnen sind echt, aber die meisten sind schlechte Schauspieler.

Es gibt Schauspieler wider Wissen unter ihnen und Schauspieler wider Willen –, die Echten sind immer selten, sonderlich die echten Schauspieler.

Des Mannes ist hier wenig: darum vermännlichen sich ihre Weiber. Denn nur wer Mannes genug ist, wird im Weibe *das Weib – erlösen.*

Und diese Heuchelei fand ich unter ihnen am schlimmsten: daß auch die, welche befehlen, die Tugenden derer heucheln, welche dienen.

»Ich diene, du dienst, wir dienen« – so betet hier auch die Heuchelei der Herrschenden – und wehe, wenn der erste Herr *nur* der erste Diener ist!

Ach, auch in ihre Heucheleien verflog sich wohl meines Auges Neugier; und gut erriet ich all ihr Fliegen-Glück und ihr Summen um besonnte Fensterscheiben.

Soviel Güte, soviel Schwäche sehe ich. Soviel Gerechtigkeit und Mitleiden, soviel Schwäche.

Rund, rechtlich und gütig sind sie miteinander, wie Sandkörnchen rund, rechtlich und gütig mit Sandkörnchen sind.

Bescheiden ein kleines Glück umarmen – das heißen sie »Ergebung!« und dabei schielen sie bescheiden schon nach einem neuen kleinen Glücke aus.

Sie wollen im Grunde einfältiglich eins am meisten: daß ihnen niemand wehe tue. So kommen sie jedermann zuvor und tun ihm wohl.

Dies aber ist *Feigheit*: ob es schon »Tugend« heißt. –

Und wenn sie einmal rauh reden, diese kleinen Leute: *ich* höre darin nur ihre Heiserkeit – jeder Windzug nämlich macht sie heiser.

Klug sind sie, ihre Tugenden haben kluge Finger. Aber ihnen fehlen die Fäuste, ihre Finger wissen nicht, sich hinter Fäuste zu verkriechen.

Tugend ist ihnen das, was bescheiden und zahm macht: damit machten sie den Wolf zum Hunde und den Menschen selber zu des Menschen bestem Haustiere.

»Wir setzten unsern Stuhl in die *Mitte*« – das sagt mir ihr Schmunzeln – »und ebenso weit weg von sterbenden Fechtern wie von vergnügten Säuen.«

Dies aber ist – *Mittelmäßigkeit*: ob es schon Mäßigkeit heißt. –

3

Ich gehe durch dies Volk und lasse manches Wort fallen: aber sie wissen weder zu nehmen noch zu behalten.

Sie wundern sich, daß ich nicht kam, auf Lüste und Laster zu lästern; und wahrlich, ich kam auch nicht, daß ich vor Taschendieben warnte!

Sie wundern sich, daß ich nicht bereit bin, ihre Klugheit noch zu witzigen und zu spitzigen: als ob sie noch nicht genug der Klüglinge hätten, deren Stimme mir gleich Schieferstiften kritzelt!

Und wenn ich rufe: »Flucht allen feigen Teufeln in euch, die gerne winseln und Hände falten und anbeten möchten«: so rufen sie: »Zarathustra ist gottlos.«

Und sonderlich rufen es ihre Lehrer der Ergebung –; aber gerade ihnen liebe ich's, in das Ohr zu schrein: Ja! Ich *bin* Zarathustra, der Gottlose!

Diese Lehrer der Ergebung! Überallhin, wo es klein und krank und grindig ist, kriechen sie, gleich Läusen; und nur mein Ekel hindert mich, sie zu knacken.

Wohlan! Dies ist meine Predigt für *ihre* Ohren: ich bin Zarathustra, der Gottlose, der da spricht »wer ist gottloser denn ich, daß ich mich seiner Unterweisung freue?«

Ich bin Zarathustra, der Gottlose: wo finde ich meinesgleichen? Und alle die sind meinesgleichen, die sich selber ihren Willen geben und alle Ergebung von sich abtun.

Ich bin Zarathustra, der Gottlose: ich koche mir noch jeden Zufall in *meinem* Topfe. Und erst, wenn er da gargekocht ist, heiße ich ihn willkommen, als *meine* Speise.

Und wahrlich, mancher Zufall kam herrisch zu mir: aber herrischer noch sprach zu ihm mein *Wille*, – da lag er schon bittend auf den Knien –

– bittend, daß er Herberge finde und Herz bei mir, und schmeichlerisch zuredend: »sieh doch, o Zarathustra, wie nur Freund zum Freunde kommt!« –

Doch was rede ich, wo niemand *meine* Ohren hat! Und so will ich es hinaus in alle Winde rufen:

Ihr werdet immer kleiner, ihr kleinen Leute! Ihr bröckelt ab, ihr Behaglichen! Ihr geht mir noch zugrunde –

– an euren vielen kleinen Tugenden, an eurem vielen kleinen Unterlassen, an eurer vielen kleinen Ergebung!

Zu viel schonend, zu viel nachgebend: so ist euer Erdreich! Aber daß ein Baum *groß* werde, dazu will er um harte Felsen harte Wurzeln schlagen!

Auch was ihr unterlaßt, webt am Gewebe aller Menschen-Zukunft; auch euer Nichts ist ein Spinnennetz und eine Spinne, die von der Zukunft Blute lebt.

Und wenn ihr nehmt, so ist es wie stehlen, ihr kleinen Tugendhaften;

aber noch unter Schelmen spricht die *Ehre*: »man soll nur stehlen, wo man nicht rauben kann.«

»Es gibt sich« – das ist auch eine Lehre der Ergebung. Aber ich sage euch, ihr Behaglichen: *es nimmt sich* und wird immer mehr noch von euch nehmen!

Ach, daß ihr alles *halbe* Wollen von euch abtätet und entschlossen würdet zur Trägheit wie zur Tat!

Ach, daß ihr mein Wort verstündet: »Tut immerhin, was ihr wollt – aber seid erst solche, die *wollen können*!«

»Liebt immerhin euren Nächsten gleich euch, – aber seid mir erst solche, die *sich selber lieben* –

– mit der großen Liebe lieben, mit der großen Verachtung lieben!« Also spricht Zarathustra, der Gottlose. –

Doch was rede ich, wo niemand *meine* Ohren hat! Es ist hier noch eine Stunde zu früh für mich.

Mein eigner Vorläufer bin ich unter diesem Volke, mein eigner Hahnen-Ruf durch dunkle Gassen.

Aber *ihre* Stunde kommt! Und es kommt auch die meine! Stündlich werden sie kleiner, ärmer, unfruchtbarer – armes Kraut! armes Erdreich!

Und *bald* sollen sie mir dastehn wie dürres Gras und Steppe, und wahrlich! ihrer selber müde – und mehr, als nach Wasser, nach *Feuer* lechzend!

O gesegnete Stunde des Blitzes! O Geheimnis vor Mittag! – Laufende Feuer will ich einst noch aus ihnen machen und Verkünder mit Flammen-Zungen: –

– verkünden sollen sie einst noch mit Flammen-Zungen: Er kommt, er ist nahe, *der große Mittag*!

Also sprach Zarathustra.

Auf dem Ölberge

Der Winter, ein schlimmer Gast, sitzt bei mir zu Hause, blau sind meine Hände von seiner Freundschaft Händedruck.

Ich ehre ihn, diesen schlimmen Gast, aber lasse gerne ihn allein sitzen. Gerne laufe ich ihm davon; und, läuft man *gut*, so entläuft man ihm!

Mit warmen Füßen und warmen Gedanken laufe ich dorthin, wo der Wind stille steht, zum Sonnen-Winkel meines Ölbergs.

Da lache ich meines gestrengen Gastes und bin ihm noch gut, daß er zu Hause mir die Fliegen wegfängt und vielen kleinen Lärm stille macht.

Er leidet es nämlich nicht, wenn eine Mücke singen will, oder gar zwei; noch die Gasse macht er einsam, daß der Mondschein drin nachts sich fürchtet.

Ein harter Gast ist er – aber ich ehre ihn, und nicht bete ich, gleich den Zärtlingen, zum dickbäuchichten Feuer-Götzen.

Lieber noch ein wenig zähneklappern, als Götzen anbeten! – so will's meine Art. Und sonderlich bin ich allen brünstigen dampfenden dumpfigen Feuer-Götzen gram.

Wen ich liebe, den liebe ich winters besser als sommers; besser spotte ich jetzt meiner Feinde und herzhafter, seit der Winter mir im Hause sitzt.

Herzhaft wahrlich, selbst dann noch, wenn ich zu Bett *krieche* –: da lacht und mutwillt noch mein verkrochenes Glück; es lacht noch mein Lügen-Traum.

Ich ein – Kriecher? Niemals kroch ich im Leben vor Mächtigen; und log ich je, so log ich aus Liebe. Deshalb bin ich froh auch im Winter-Bette.

Ein geringes Bett wärmt mich mehr als ein reiches, denn ich bin eifersüchtig auf meine Armut. Und im Winter ist sie mir am treusten.

Mit einer Bosheit beginne ich jeden Tag, ich spotte des Winters mit einem kalten Bade: darob brummt mein gestrenger Hausfreund.

Auch kitzle ich ihn gerne mit einem Wachskerzlein: daß er mir endlich den Himmel herauslasse aus aschgrauer Dämmerung.

Sonderlich boshaft bin ich nämlich des Morgens: zur frühen Stunde, da der Eimer am Brunnen klirrt und die Rosse warm durch graue Gassen wiehern: –

Ungeduldig warte ich da, daß mir endlich der lichte Himmel aufgehe, der schneebärtige Winter-Himmel, der Greis und Weißkopf – – der Winter-Himmel, der schweigsame, der oft noch seine Sonne verschweigt!

Lernte ich wohl von ihm das lange lichte Schweigen? Oder lernte er's von mir? Oder hat ein jeder von uns es selbst erfunden?

Aller guten Dinge Ursprung ist tausendfältig – alle guten mutwilligen Dinge springen vor Lust ins Dasein: wie sollten sie das immer nur – einmal tun!

Ein gutes mutwilliges Ding ist auch das lange Schweigen und gleich dem Winter-Himmel blicken aus lichtem rundäugichtem Antlitze: –

– gleich ihm seine Sonne verschweigen und seinen unbeugsamen Sonnen-Willen: wahrlich, diese Kunst und diesen Winter-Mutwillen lernte ich *gut*!

Meine liebste Bosheit und Kunst ist es, daß mein Schweigen lernte, sich nicht durch Schweigen zu verraten.

Mit Worten und Würfeln klappernd überliste ich mir die feierlichen Warter: allen diesen gestrengen Aufpassern soll mein Wille und Zweck entschlüpfen.

Daß mir niemand in meinen Grund und letzten Willen hinab sehe – dazu erfand ich mir das lange lichte Schweigen.

So manchen Klugen fand ich: der verschleierte sein Antlitz und trübte sein Wasser, daß niemand ihm hindurch und hinunter sehe.

Aber zu ihm gerade kamen die klügeren Mißtrauer und Nußknacker: ihm gerade fischte man seinen verborgensten Fisch heraus!

Sondern die Hellen, die Wackern, die Durchsichtigen – das sind mir die klügsten Schweiger: denen so *tief* ihr Grund ist, daß auch das hellste Wasser ihn nicht – verrät. –

Du schneebärtiger schweigender Winter-Himmel, du rundäugichter Weißkopf über mir! Oh, du himmlisches Gleichnis meiner Seele und ihres Mutwillens!

Und *muß* ich mich nicht verbergen, gleich einem, der Gold verschluckt hat – daß man mir nicht die Seele aufschlitze?

Muß ich nicht Stelzen tragen, daß meine langen Beine *übersehen* – alle diese Neidbolde und Leidholde, die um mich sind?

Diese räucherigen, stubenwarmen, verbrauchten, vergrünten, vergrämelten Seelen – wie *könnte* ihr Neid mein Glück ertragen!

So zeige ich ihnen nur das Eis und den Winter auf meinen Gipfeln – und *nicht*, daß mein Berg noch alle Sonnengürtel um sich schlingt!

Sie hören nur meine Winter-Stürme pfeifen: und *nicht*, daß ich auch über warme Meere fahre, gleich sehnsüchtigen, schweren, heißen Südwinden.

Sie erbarmen sich noch meiner Unfälle und Zufälle – aber *mein* Wort heißt: »Laßt den Zufall zu mir kommen: unschuldig ist er, wie ein Kindlein!«

Wie *könnten* sie mein Glück ertragen, wenn ich nicht Unfälle und Winter-Nöte und Eisbären-Mützen und Schneehimmel-Hüllen um mein Glück legte!

– wenn ich mich nicht selbst ihres *Mitleids* erbarmte: des Mitleids dieser Neidbolde und Leidholde!

– wenn ich nicht selber vor ihnen seufzte und frostklapperte, und mich geduldsam in ihr Mitleid wickeln *ließe*!

Dies ist der weise Mutwille und Wohlwille meiner Seele, daß sie ihren Winter und ihre Froststürme *nicht verbirgt;* sie verbirgt auch ihre Frostbeulen nicht.

Des einen Einsamkeit ist die Flucht des Kranken; des andern Einsamkeit die Flucht *vor* den Kranken.

Mögen sie mich klappern und seufzen *hören* vor Winterkälte, alle diese armen scheelen Schelme um mich! Mit solchem Geseufz und Geklapper flüchte ich noch vor ihren geheizten Stuben.

Mögen sie mich bemitleiden und bemitseufzen ob meiner Frostbeulen: »am Eis der Erkenntnis *erfriert* er uns noch!« – so klagen sie.

Inzwischen laufe ich mit warmen Füßen kreuz und quer auf meinem Ölberge: im Sonnen-Winkel meines Ölberges singe und spotte ich alles Mitleids. –

Also sang Zarathustra.

Vom Vorübergehen

Also, durch viel Volk und vielerlei Städte langsam hindurchschreitend, ging Zarathustra auf Umwegen zurück zu seinem Gebirge und seiner Höhle. Und siehe, dabei kam er unversehens auch an das Stadttor der *großen Stadt:* hier aber sprang ein schäumender Narr mit ausgebreiteten Händen auf ihn zu und trat ihm in den Weg. Dies aber war der selbige Narr, welchen das Volk »den Affen Zarathustras« hieß: denn er hatte ihm etwas vom Satz und Fall der Rede abgemerkt und borgte wohl auch gerne vom Schatze seiner Weisheit. Der Narr aber redete also zu Zarathustra:

»O Zarathustra, hier ist die große Stadt: hier hast du nichts zu suchen und alles zu verlieren.

Warum wolltest du durch diesen Schlamm waten? Habe doch Mitleiden mit deinem Fuße! Speie lieber auf das Stadttor und – kehre um!

Hier ist die Hölle für Einsiedler-Gedanken: hier werden große Gedanken lebendig gesotten und klein gekocht.

Hier verwesen alle großen Gefühle: hier dürfen nur klapperdürre Gefühlchen klappern!

Riechst du nicht schon die Schlachthäuser und Garküchen des Geistes? Dampft nicht diese Stadt vom Dunst geschlachteten Geistes?

Siehst du nicht die Seele hängen wie schlaffe schmutzige Lumpen? – Und sie machen noch Zeitungen aus diesen Lumpen!

Hörst du nicht, wie der Geist hier zum Wortspiel wurde? Widriges Wort-Spülicht bricht er heraus! – Und sie machen noch Zeitungen aus diesem Wort-Spülicht.

Sie hetzen einander und wissen nicht, wohin? Sie erhitzen einander und wissen nicht, warum? Sie klimpern mit ihrem Bleche, sie klingeln mit ihrem Golde.

Sie sind kalt und suchen sich Wärme bei gebrannten Wassern; sie sind erhitzt und suchen Kühle bei gefrorenen Geistern; sie sind alle siech und süchtig an öffentlichen Meinungen.

Alle Lüste und Laster sind hier zu Hause; aber es gibt hier auch Tugendhafte, es gibt viel anstellige angestellte Tugend: –

Viel anstellige Tugend mit Schreibfiguren und hartem Sitz- und Warte-Fleische, gesegnet mit kleinen Bruststernen und ausgestopften steißlosen Töchtern.

Es gibt hier auch viel Frömmigkeit und viel gläubige Speichel-Leckerei, Schmeichel-Bäckerei vor dem Gott der Heerscharen.

»Von oben« her träufelt ja der Stern und der gnädige Speichel; nach oben hin sehnt sich jeder sternenlose Busen.

Der Mond hat seinen Hof, und der Hof hat seine Mondkälber: zu allem aber, was vom Hofe kommt, betet das Bettel-Volk und alle anstellige Bettel-Tugend.

»Ich diene, du dienst, wir dienen« – so betet alle anstellige Tugend hinauf zum Fürsten: daß der verdiente Stern sich endlich an den schmalen Busen hefte!

Aber der Mond dreht sich noch um alles Irdische: so dreht sich auch der Fürst noch um das Aller-Irdischste –: das aber ist das Gold der Krämer.

Der Gott der Herrscharen ist kein Gott der Goldbarren; der Fürst denkt, aber der Krämer – lenkt!

Bei allem, was licht und stark und gut in dir ist, o Zarathustra! Speie auf diese Stadt der Krämer und kehre um!

Hier fließt alles Blut faulicht und lauicht und schaumicht durch alle Adern: speie auf die große Stadt, welche der große Abraum ist, wo aller Abschaum zusammenschäumt!

Speie auf die Stadt der eingedrückten Seelen und schmalen Brüste, der spitzen Augen, der klebrigen Finger –

– auf die Stadt der Aufdringlinge, der Unverschämten, der Schreib- und Schreihälse, der überheizten Ehrgeizigen: –

– wo alles Anbrüchige, Anrüchige, Lüsterne, Düstere, Übermürbe, Geschwürige, Verschwörerische zusammenschwärt: –

– speie auf die große Stadt und kehre um!« – –

Hier aber unterbrach Zarathustra den schäumenden Narren und hielt ihm den Mund zu.

»Höre endlich auf!« rief Zarathustra, »mich ekelt lange schon deiner Rede und deiner Art!

Warum wohntest du so lange am Sumpfe, daß du selber zum Frosch und zur Kröte werden mußtest?

Fließt dir nicht selber nun ein faulichtes schaumichtes Sumpf-Blut durch die Adern, daß du also quaken und lästern lerntest?

Warum gingst du nicht in den Wald? Oder pflügtest die Erde? Ist das Meer nicht voll von grünen Eilanden?

Ich verachte dein Verachten; und wenn du mich warntest, – warum warntest du dich nicht selber?

Aus der Liebe allein soll mir mein Verachten und mein warnender Vogel auffliegen: aber nicht aus dem Sumpfe! –

Man heißt dich meinen Affen, du schäumender Narr: aber ich heiße dich mein Grunze-Schwein – durch Grunzen verdirbst du mir noch mein Lob der Narrheit.

Was war es denn, was dich zuerst grunzen machte? Daß niemand dir genug *geschmeichelt* hat – darum setztest du dich hin zu diesem Unrate, daß du Grund hättest viel zu grunzen, –

– daß du Grund hättest zu vieler *Rache*! Rache nämlich, du eitler Narr, ist all dein Schäumen, ich erriet dich wohl!

Aber dein Narren-Wort tut *mir* Schaden, selbst wo du Recht hast! Und

wenn Zarathustras Wort sogar hundertmal recht *hätte: du* würdest mit meinem Wort immer – unrecht *tun*!«

Also sprach Zarathustra; und er blickte die große Stadt an, seufzte und schwieg lange. Endlich redete er also:

Mich ekelt auch dieser großen Stadt und nicht nur dieses Narren. Hier und dort ist nichts zu bessern, nichts zu bösern.

Wehe dieser großen Stadt! – Und ich wollte, ich sähe schon die Feuersäule, in der sie verbrannt wird!

Denn solche Feuersäulen müssen dem großen Mittage vorangehn. Doch dies hat seine Zeit und sein eigenes Schicksal. –

Diese Lehre aber gebe ich dir, du Narr, zum Abschiede: wo man nicht mehr lieben kann, da soll man – *vorübergehn*! –

Also sprach Zarathustra und ging an dem Narren und der großen Stadt vorüber.

Von den Abtrünnigen

1

Ach, liegt alles schon welk und grau, was noch jüngst auf dieser Wiese grün und bunt stand! Und wie vielen Honig der Hoffnung trug ich von hier in meine Bienenkörbe!

Diese jungen Herzen sind alle schon alt geworden – und nicht alt einmal! nur müde, gemein, bequem – sie heißen es »wir sind wieder fromm geworden«.

Noch jüngst sah ich sie in der Frühe auf tapferen Füßen hinauslaufen: aber ihre Füße der Erkenntnis wurden müde, und nun verleumden sie auch noch ihre Morgen-Tapferkeit!

Wahrlich, mancher von ihnen hob einst die Beine wie ein Tänzer, ihm winkte das Lachen in meiner Weisheit: – da besann er sich. Eben sah ich ihn krumm – zum Kreuze kriechen.

Um Licht und Freiheit flatterten sie einst gleich Mücken und jungen Dichtern. Ein wenig älter, ein wenig kälter: und schon sind sie Dunkler und Munkler und Ofenhocker.

Verzagte ihnen wohl das Herz darob, daß mich die Einsamkeit verschlang gleich einem Walfische? Lauschte ihr Ohr wohl sehnsüchtig-lange *umsonst* nach mir und meinen Trompeten- und Herolds-Rufen?

– Ach! Immer sind ihrer nur wenige, deren Herz einen langen Mut und Übermut hat; und solchen bleibt auch der Geist geduldsam. Der Rest aber ist *feige*.

Der Rest: das sind immer die Allermeisten, der Alltag, der Überfluß, die Viel-zuVielen – diese alle sind feige! –

Wer meiner Art ist, dem werden auch die Erlebnisse meiner Art über den Weg laufen: also, daß seine ersten Gesellen Leichname und Possenreißer sein müssen.

Seine zweiten Gesellen aber – die werden sich seine *Gläubigen* heißen: ein lebendiger Schwarm, viel Liebe, viel Torheit, viel unbärtige Verehrung.

An diese Gläubigen soll der nicht sein Herz binden, wer meiner Art unter Menschen ist; an diese Lenze und bunten Wiesen soll der nicht glauben, wer die flüchtig-feige Menschenart kennt!

Könnten sie anders, so würden sie auch anders *wollen*. Halb- und Halbe verderben alles Ganze. Daß Blätter welk werden – was ist da zu klagen!

Laß sie fahren und fallen, o Zarathustra, und klage nicht! Lieber noch blase mit raschelnden Winden unter sie, –

– blase unter diese Blätter, o Zarathustra, daß alles *Welke* schneller noch von dir davonlaufe! –

2

»Wir sind wieder fromm geworden« – so bekennen diese Abtrünnigen; und manche von ihnen sind noch zu feige, also zu bekennen.

Denen sehe ich ins Auge – denen sage ich es ins Gesicht und in die Röte ihrer Wangen: ihr seid solche, welche wieder *beten*!

Es ist aber eine Schmach, zu beten! Nicht für alle, aber für dich und mich, und wer auch im Kopfe sein Gewissen hat. Für *dich* ist es eine Schmach, zu beten!

Du weißt es wohl: dein feiger Teufel in dir, der gerne Hände-falten und Hände-in-den-Schoß-legen und es bequemer haben möchte – dieser feige Teufel redet dir zu »es *gibt* einen Gott!«

Damit aber gehörst du zur lichtscheuen Art, denen Licht nimmer Ruhe läßt, nun mußt du täglich deinen Kopf tiefer in Nacht und Dunst stecken!

Und wahrlich, du wähltest die Stunde gut: denn eben wieder fliegen die Nachtvögel aus. Die Stunde kam allem lichtscheuen Volke, die Abend- und Feierstunde, wo es nicht »feiert«.

Ich höre und rieche es: es kam ihre Stunde für Jagd und Umzug, nicht zwar für eine wilde Jagd, sondern für eine zahme lahme schnüffelnde Leisetreter- und Leisebeter-Jagd, –

– für eine Jagd auf seelenvolle Duckmäuser: alle Herzens-Mausefallen sind jetzt wieder aufgestellt! Und wo ich einen Vorhang aufhebe, da kommt ein Nachtfalterchen herausgestürzt.

Hockte es da wohl zusammen mit einem andern Nachtfalterchen? Denn

überall rieche ich kleine verkrochne Gemeinden; und wo es Kämmerlein gibt, da gibt es neue Bet-Brüder drin und den Dunst von Bet-Brüdern.

Sie sitzen lange Abende beieinander und sprechen: »lasset uns wieder werden wie die Kindlein und ›lieber Gott‹ sagen!« – an Mund und Magen verdorben durch die frommen Zuckerbäcker.

Oder sie sehen lange Abende einer listigen lauernden Kreuzspinne zu, welche den Spinnen selber Klugheit predigt und also lehrt: »unter Kreuzen ist gut spinnen!«

Oder sie sitzen tagsüber mit Angelruten an Sümpfen und glauben sich *tief* damit; aber wer dort fischt, wo es keine Fische gibt, den heiße ich noch nicht einmal oberflächlich!

Oder sie lernen fromm-froh die Harfe schlagen bei einem Lieder-Dichter, der sich gern jungen Weibchen ins Herz harfnen möchte – denn er wurde der alten Weibchen müde und ihres Lobpreisens.

Oder sie lernen gruseln bei einem gelahrten Halb-Tollen, der in dunklen Zimmern wartet, daß ihm die Geister kommen – und der Geist ganz davonläuft!

Oder sie horchen einem alten umgetriebnen Schnurr- und Knurrpfeifer zu, der trüben Winden die Trübsal der Töne ablernte; nun pfeift er nach dem Winde und predigt in trüben Tönen Trübsal.

Und einige von ihnen sind sogar Nachtwächter geworden: die verstehen jetzt in Hörner zu blasen und nachts umherzugehn und alte Sachen aufzuwecken, die lange schon eingeschlafen sind.

Fünf Worte von alten Sachen hörte ich gestern nachts an der Garten-Mauer: die kamen von solchen alten betrübten trocknen Nachtwächtern.

»Für einen Vater sorgt er nicht genug um seine Kinder: Menschen-Väter tun dies besser!« –

»Er ist zu alt! Er sorgt schon gar nicht mehr um seine Kinder« – also antwortete der andre Nachtwächter.

»*Hat* er denn Kinder? Niemand kann's beweisen, wenn er's selber nicht beweist! Ich wollte längst, er bewiese es einmal gründlich.«

»Beweisen? Als ob *der* je etwas bewiesen hätte! Beweisen fällt ihm schwer; er hält große Stücke darauf, daß man ihm *glaubt*.«

»Ja! Ja! Der Glaube macht ihn selig, der Glaube an ihn. Das ist so die Art alter Leute! So geht's uns auch!« –

Also sprachen zueinander die zwei alten Nachtwächter und Lichtscheuchen, und tuteten darauf betrübt in ihre Hörner: so geschah's gestern nachts an der Garten-Mauer.

Mir aber wand sich das Herz vor Lachen und wollte brechen und wußte nicht, wohin? und sank ins Zwerchfell.

Wahrlich, das wird noch mein Tod sein, daß ich vor Lachen ersticke, wenn ich Esel betrunken sehe und Nachtwächter also an Gott zweifeln höre.

Ist es denn nicht *lange* vorbei auch für alle solche Zweifel? Wer darf noch solche alte eingeschlafne lichtscheue Sachen aufwecken!

Mit den alten Göttern ging es ja lange schon zu Ende: – und wahrlich, ein gutes fröhliches Götter-Ende hatten sie!

Sie »dämmerten« sich nicht zu Tode – das lügt man wohl! Vielmehr: sie haben sich selber einmal zu Tode – *gelacht*!

Das geschah, als das gottloseste Wort von einem Gotte selber ausging – das Wort: »Es ist *ein* Gott! Du sollst keinen andern Gott haben neben mir!« –

– ein alter Grimm-Bart von Gott, ein eifersüchtiger, vergaß sich also: –

Und alle Götter lachten damals und wackelten auf ihren Stühlen und riefen: »Ist das nicht eben Göttlichkeit, daß es Götter, aber keinen Gott gibt?«

Wer Ohren hat, der höre. –

Also redete Zarathustra in der Stadt, die er liebte und welche zubenannt ist »die bunte Kuh«. Von hier nämlich hatte er nur noch zwei Tage zu gehen, daß er wieder in seine Höhle käme und zu seinen Tieren; seine Seele aber frohlockte beständig ob der Nähe seiner Heimkehr. –

Die Heimkehr

O Einsamkeit! Du meine *Heimat* Einsamkeit! Zu lange lebte ich wild in wilder Fremde, als daß ich nicht mit Tränen zu dir heimkehrte!

Nun drohe mir nur mit dem Finger, wie Mütter drohn, nun lächle mir zu, wie Mütter lächeln, nun sprich nur: »Und wer war das, der wie ein Sturmwind einst von mir davonstürmte? –

– der scheidend rief: zu lange saß ich bei der Einsamkeit, da verlernte ich das Schweigen! *Das* – lerntest du nun wohl?

O Zarathustra, alles weiß ich: und daß du unter den Vielen *verlassener* warst, du Einer, als je bei mir!

Ein anderes ist Verlassenheit, ein anderes Einsamkeit: *das* – lerntest du nun! Und daß du unter Menschen immer wild und fremd sein wirst:

– wild und fremd auch noch, wenn sie dich lieben: denn zuerst von allem wollen sie *geschont* sein!

Hier aber bist du bei dir zu Heim und Hause; hier kannst du alles hinausreden und alle Gründe ausschütten, nichts schämt sich hier versteckter, verstockter Gefühle.

Hier kommen alle Dinge liebkosend zu deiner Rede und schmeicheln dir: denn sie wollen auf deinem Rücken reiten. Auf jedem Gleichnis reitest du hier zu jeder Wahrheit.

Aufrecht und aufrichtig darfst du hier zu allen Dingen reden: und wahr-

lich, wie Lob klingt es ihren Ohren, daß einer mit allen Dingen – gerade redet!

Ein anderes aber ist Verlassensein. Denn, weißt du noch, o Zarathustra? Als damals dein Vogel über dir schrie, als du im Walde standest, unschlüssig, wohin? unkundig, einem Leichnam nahe: –

– als du sprachst: mögen mich meine Tiere führen! Gefährlicher fand ich's unter Menschen, als unter Tieren: – *Das* war Verlassenheit!

Und weißt du noch, o Zarathustra? Als du auf deiner Insel saßest, unter leeren Eimern ein Brunnen Weins, gebend und ausgebend, unter Durstigen schenkend und ausschenkend:

– bis du endlich durstig allein unter Trunkenen saßest und nächtlich klagtest ›ist Nehmen nicht seliger als Geben? Und Stehlen noch seliger als Nehmen?‹ – *Das* war Verlassenheit!

Und weißt du noch, o Zarathustra? Als deine stillste Stunde kam und dich von dir selber forttrieb, als sie mit bösem Flüstern sprach: ›Sprich und zerbrich!‹ –

– als sie dir all dein Warten und Schweigen leid machte und deinen demütigen Mut entmutigte: *Das* war Verlassenheit!« –

O Einsamkeit! Du meine Heimat Einsamkeit! Wie selig und zärtlich redet deine Stimme zu mir!

Wir fragen einander nicht, wir klagen einander nicht, wir gehen offen miteinander durch offne Türen.

Denn offen ist es bei dir und hell; und auch die Stunden laufen hier auf leichteren Füßen. Im Dunklen nämlich trägt man schwerer an der Zeit, als im Lichte.

Hier springen mir alles Seins Worte und Wort-Schreine auf: alles Sein will hier Wort werden, alles Werden will hier von mir reden lernen.

Da unten aber – da ist alles Reden umsonst! Da ist Vergessen und Vorübergehn die beste Weisheit: *Das* – lernte ich nun!

Wer alles bei den Menschen begreifen wollte, der müßte alles angreifen. Aber dazu habe ich zu reinliche Hände.

Ich mag schon ihren Atem nicht einatmen; ach, daß ich so lange unter ihrem Lärm und üblen Atem lebte!

O selige Stille um mich! O reine Gerüche um mich! O wie aus tiefer Brust diese Stille reinen Atem holt! O wie sie horcht, diese selige Stille!

Aber da unten – da redet alles, da wird alles überhört. Man mag seine Weisheit mit Glocken einläuten: die Krämer auf dem Markte werden sie mit Pfennigen überklingeln!

Alles bei ihnen redet, niemand weiß mehr zu verstehn. Alles fällt ins Wasser, nichts fällt mehr in tiefe Brunnen.

Alles bei ihnen redet, nichts gerät mehr und kommt zu Ende. Alles gakkert, aber wer will noch still auf dem Neste sitzen und Eier brüten?

Alles bei ihnen redet, alles wird zerredet. Und was gestern noch zu hart

war für die Zeit selber und ihren Zahn: heute hängt es zerschabt und zernagt aus den Mäulern der Heutigen.

Alles bei ihnen redet, alles wird verraten. Und was einst Geheimnis hieß und Heimlichkeit tiefer Seelen, heute gehört es den Gassen-Trompetern und andern Schmetterlingen.

O Menschenwesen, du wunderliches! Du Lärm auf dunklen Gassen! Nun liegst du wieder hinter mir – meine größte Gefahr liegt hinter mir!

Im Schonen und Mitleiden lag immer meine größte Gefahr; und alles Menschenwesen will geschont und gelitten sein.

Mit verhaltenen Wahrheiten, mit Narrenhand und vernarrtem Herzen und reich an kleinen Lügen des Mitleidens – also lebte ich immer unter Menschen.

Verkleidet saß ich unter ihnen, bereit, *mich* zu verkennen, daß ich *sie* ertrüge, und gern mir zuredend »du Narr, du kennst die Menschen nicht!«

Man verlernt die Menschen, wenn man unter Menschen lebt: zu viel Vordergrund ist an allen Menschen – was sollen *da* weitsichtige, weitsüchtige Augen!

Und wenn sie mich verkannten: ich Narr schonte sie darob mehr als mich: gewohnt zur Härte gegen mich und oft noch an mir selber mich rächend für diese Schonung.

Zerstochen von giftigen Fliegen und ausgehöhlt, dem Steine gleich, von vielen Tropfen Bosheit, so saß ich unter ihnen und redete mir noch zu: »unschuldig ist alles Kleine an seiner Kleinheit!«

Sonderlich die, welche sich »die Guten« heißen, fand ich als die giftigsten Fliegen: sie stechen in aller Unschuld, sie lügen in aller Unschuld; wie *vermöchten* sie gegen mich – gerecht zu sein!

Wer unter den Guten lebt, den lehrt Mitleid lügen, Mitleid macht dumpfe Luft allen freien Seelen. Die Dummheit der Guten nämlich ist unergründlich.

Mich selber verbergen und meinen Reichtum – *das* lernte ich da unten: denn jeden fand ich noch arm am Geiste. Das war der Lug meines Mitleidens, daß ich bei jedem wußte,

– daß ich jedem es ansah und anroch, was ihm Geistes *genug* und was ihm schon Geistes *zuviel* war!

Ihre steifen Weisen: ich hieß sie weise, nicht steif – so lernte ich Worte verschlucken. Ihre Totengräber: ich hieß sie Forscher und Prüfer – so lernte ich Worte vertauschen.

Die Totengräber graben sich Krankheiten an. Unter altem Schutte ruhn schlimme Dünste. Man soll den Morast nicht aufrühren. Man soll auf Bergen leben.

Mit seligen Nüstern atme ich wieder Berges-Freiheit! Erlöst ist endlich meine Nase vom Geruch alles Menschenwesens!

Von scharfen Lüften gekitzelt, wie von schäumenden Weinen, *niest* meine Seele – niest und jubelt sich zu: Gesundheit!

Also sprach Zarathustra.

Von den drei Bösen

1

Im Traum, im letzten Morgentraume stand ich heut auf einem Vorgebirge – jenseits der Welt, hielt eine Waage und *wog* die Welt.

O daß zu früh mir die Morgenröte kam: die glühte mich wach, die Eifersüchtige! Eifersüchtig ist sie immer auf meine Morgentraum-Gluten.

Meßbar für den, der Zeit hat, wägbar für einen guten Wäger, erfliegbar für starke Fittiche, erratbar für göttliche Nüsseknacker: also fand mein Traum die Welt: –

Mein Traum, ein kühner Segler, halb Schiff, halb Windsbraut, gleich Schmetterlingen schweigsam, ungeduldig gleich Edelfalken: wie hatte er doch zum Welt-Wägen heute Geduld und Weile!

Sprach ihm heimlich wohl meine Weisheit zu, meine lachende wache Tags-Weisheit, welche über alle »unendliche Welten« spottet? Denn sie spricht: »wo Kraft ist, wird auch die *Zahl* Meisterin: die hat mehr Kraft.«

Wie sicher schaute mein Traum auf diese endliche Welt, nicht neugierig, nicht altgierig, nicht fürchtend, nicht bittend: –

– als ob ein voller Apfel sich meiner Hand böte, ein reifer Goldapfel, mit kühl-sanfter samtener Haut – so bot sich mir die Welt: –

– als ob ein Baum mir winke, ein breitästiger, starkwilliger, gekrümmt zur Lehne und noch zum Fußbrett für den Wegmüden: so stand die Welt auf meinem Vorgebirge: –

– als ob zierliche Hände mir einen Schrein entgegentrügen – einen Schrein, offen für das Entzücken schamhafter verehrender Augen: also bot sich mir heute die Welt entgegen: –

– nicht Rätsel genug, um Menschen-Liebe davon zu scheuchen, nicht Lösung genug, um Menschen-Weisheit einzuschläfern – ein menschlich gutes Ding war mir heut die Welt, der man so Böses nachredet!

Wie danke ich es meinem Morgentraum, daß ich also in der Frühe heut die Welt wog! Als ein menschlich gutes Ding kam er zu mir, dieser Traum und Herzenströster!

Und daß ich's ihm gleichtue am Tage und sein Bestes ihm nach- und ablerne: will ich jetzt die drei bösesten Dinge auf die Waage tun und menschlich gut abwägen. –

Wer da segnen lehrte, der lehrte auch fluchen: welches sind in der Welt die drei bestverfluchten Dinge? Diese will ich auf die Waage tun.

Wollust, Herrschsucht, Selbstsucht: diese drei wurden bisher am besten verflucht und am schlimmsten beleu- und belügenmundet – diese drei will ich menschlich gut abwägen.

Wohlauf! Hier ist mein Vorgebirg, und da das Meer: *das* wälzt sich zu mir heran, zottelig, schmeichlerisch, das getreue alte hundertköpfige Hunds-Ungetüm, das ich liebe.

Wohlauf! Hier will ich die Waage halten über gewälztem Meere: und auch einen Zeugen wähle ich, daß er zusehe – dich, du Einsiedler-Baum, dich starkduftigen, breitgewölbten, den ich liebe! –

Auf welcher Brücke geht zum Dereinst das Jetzt? Nach welchem Zwange zwingt das Hohe sich zum Niederen? Und was heißt auch das Höchste noch – hinaufwachsen? –

Nun steht die Waage gleich und still: drei schwere Fragen warf ich hinein, drei schwere Antworten trägt die andre Waagschale.

2

Wollust: allen bußhemdigen Leib-Verächtern ihr Stachel und Pfahl, und als »Welt« verflucht bei allen Hinterweltlern: denn sie höhnt und narrt alle Wirr- und Irr-Lehrer.

Wollust: dem Gesindel das langsame Feuer, auf dem es verbrannt wird; allem wurmichten Holze, allen stinkenden Lumpen der bereite Brunst- und Brodel-Ofen.

Wollust: für die freien Herzen unschuldig und frei, das Garten-Glück der Erde, aller Zukunft Dankes-Überschwang an das Jetzt.

Wollust: nur dem Welken ein süßlich Gift, für die Löwen-Willigen aber die große Herzstärkung, und der ehrfürchtig geschonte Wein der Weine.

Wollust: das große Gleichnis-Glück für höheres Glück und höchste Hoffnung. Vielem nämlich ist Ehe verheißen und mehr als Ehe, –

– vielem, das fremder sich ist, als Mann und Weib: – und wer begriff es ganz, *wie fremd* sich Mann und Weib sind!

Wollust: – doch ich will Zäune um meine Gedanken haben und auch noch um meine Worte: daß mir nicht in meine Gärten die Schweine und Schwärmer brechen! –

Herrschsucht: die Glüh-Geißel der härtesten Herzensharten; die grause Marter, die sich dem Grausamsten selber aufspart; die düstre Flamme lebendiger Scheiterhaufen.

Herrschsucht: die boshafte Bremse, die den eitelsten Völkern aufgesetzt wird; die Verhöhnerin aller ungewissen Tugend; die auf jedem Rosse und jedem Stolze reitet.

Herrschsucht: das Erdbeben, das alles Morsche und Höhlichte bricht und aufbricht; die rollende grollende strafende Zerbrecherin übertünchter Gräber; das blitzende Fragezeichen neben vorzeitigen Antworten.

Herrschsucht: vor deren Blick der Mensch kriecht und duckt und fröhnt und niedriger wird als Schlange und Schwein – bis endlich die große Verachtung aus ihm aufschreit –,

Herrschsucht: die furchtbare Lehrerin der großen Verachtung, welche Städten und Reichen ins Antlitz predigt »hinweg mit dir!« – bis es aus ihnen selber aufschreit »hinweg mit *mir*!«

Herrschsucht: die aber lockend auch zu Reinen und Einsamen und hinauf zu selbstgenugsamen Höhen steigt, glühend gleich einer Liebe, welche purpurne Seligkeiten lockend an Erdenhimmel malt.

Herrschsucht: doch wer hieße es *Sucht*, wenn das Hohe hinab nach Macht gelüstet! Wahrlich, nichts Sieches und Süchtiges ist an solchem Gelüsten und Niedersteigen!

Daß die einsame Höhe sich nicht ewig vereinsame und selbst begnüge; daß der Berg zu Tal komme, und die Winde der Höhe zu den Niederungen: –

O wer fände den rechten Tauf- und Tugendnamen für solche Sehnsucht! »Schenkende Tugend« – so nannte das Unnennbare einst Zarathustra.

Und damals geschah es auch – und wahrlich, es geschah zum ersten Male! – daß sein Wort die *Selbstsucht* selig pries, die heile, gesunde Selbstsucht, die aus mächtiger Seele quillt: –

– aus mächtiger Seele, zu welcher der hohe Leib gehört, der schöne, sieghafte, erquickliche, um den herum jedwedes Ding Spiegel wird:

– der geschmeidige überredende Leib, der Tänzer, dessen Gleichnis und Auszug die selbst-lustige Seele ist. Solcher Leiber und Seelen Selbst-Lust heißt sich selber: »Tugend«.

Mit ihren Worten von Gut und Schlecht schirmt sich solche Selbst-Lust wie mit heiligen Hainen; mit den Namen ihres Glücks bannt sie von sich alles Verächtliche.

Von sich weg bannt sie alles Feige; sie spricht: schlecht – *das ist* feige! Verächtlich dünkt ihr der immer Sorgende, Seufzende, Klägliche und wer auch die kleinsten Vorteile aufliest.

Sie verachtet auch alle wehselige Weisheit: denn wahrlich, es gibt auch Weisheit, die im Dunklen blüht, eine Nachtschatten-Weisheit: als welche immer seufzt: »Alles ist eitel!«

Das scheue Mißtrauen gilt ihr gering, und jeder, wer Schwüre statt Blicke und Hände will: auch alle allzu mißtrauische Weisheit, denn solche ist feiger Seelen Art.

Geringer noch gilt ihr der Schnell-Gefällige, der Hündische, der gleich auf dem Rücken liegt, der Demütige; und auch Weisheit gibt es, die demütig und hündisch und fromm und schnell-gefällig ist.

Verhaßt ist ihr gar und ein Ekel, wer nie sich wehren will, wer giftigen Speichel und böse Blicke hinunterschluckt, der Allzu-Geduldige, Alles-Dulder, Allgenügsame: das nämlich ist die knechtische Art.

Ob einer vor Göttern und göttlichen Fußtritten knechtisch ist, ob vor Menschen und blöden Menschen-Meinungen: *alle* Knechts-Art speit sie an, diese selige Selbstsucht!

Schlecht: so heißt sie alles, was geknickt und knickerisch-knechtisch ist, unfreie Zwinker-Augen, gedrückte Herzen, und jene falsche nachgebende Art, welche mit breiten feigen Lippen küßt.

Und After-Weisheit: so heißt sie alles, was Knechte und Greise und Müde witzeln; und sonderlich die ganze schlimme aberwitzige, überwitzige Priester-Narrheit!

Die After-Weisen aber, alle die Priester, Weltmüden, und wessen Seele von Weibs- und Knechtsart ist – o wie hat ihr Spiel von jeher der Selbstsucht übel mitgespielt!

Und das gerade sollte Tugend sein und Tugend heißen, *daß* man der Selbstsucht übel mitspiele! Und »selbstlos« – so wünschten sich selber mit gutem Grunde alle diese weltmüden Feiglinge und Kreuzspinnen!

Aber denen allen kommt nun der Tag, die Wandlung, das Richtschwert, *der große Mittag*: da soll vieles offenbar werden!

Und wer das Ich heil und heilig spricht und die Selbstsucht selig, wahrlich, der spricht auch, was er weiß, ein Weissager: »*Siehe, er kommt, er ist nahe, der große Mittag!*«

Also sprach Zarathustra.

Vom Geist der Schwere

1

Mein Mundwerk – ist des Volks: zu grob und herzlich rede ich für die Seidenhasen. Und noch fremder klingt mein Wort allen Tinten-Fischen und Feder-Füchsen.

Meine Hand – ist eine Narrenhand: wehe allen Tischen und Wänden, und was noch Platz hat für Narren-Zierat, Narren-Schmierat!

Mein Fuß – ist ein Pferdefuß; damit trapple und trabe ich über Stock und Stein, kreuz- und quer-feld-ein, und bin des Teufels vor Lust bei allem schnellen Laufen.

Mein Magen – ist wohl eines Adlers Magen? Denn er liebt am liebsten Lammfleisch. Gewißlich aber ist er eines Vogels Magen.

Von unschuldigen Dingen genährt und von wenigem, bereit und unge-

duldig zu fliegen, davonzufliegen – das ist nun meine Art: wie sollte nicht etwas daran von Vogel-Art sein!

Und zumal, daß ich dem Geist der Schwere feind bin, das ist Vogel-Art: und wahrlich, totfeind, erzfeind, urfeind! O wohin flog und verflog sich nicht schon meine Feindschaft!

Davon könnte ich schon ein Lied singen – und *will* es singen: ob ich gleich allein in leerem Hause bin und es meinen eignen Ohren singen muß.

Andre Sänger gibt es freilich, denen macht das volle Haus erst ihre Kehle weich, ihre Hand gesprächig, ihr Auge ausdrücklich, ihr Herz wach – denen gleiche ich nicht. –

2

Wer die Menschen einst fliegen lehrt, der hat alle Grenzsteine verrückt; alle Grenzsteine selber werden ihm in die Luft fliegen, die Erde wird er neu taufen – als »die Leichte«.

Der Vogel Strauß läuft schneller als das schnellste Pferd, aber auch er steckt noch den Kopf schwer in schwere Erde: also der Mensch, der noch nicht fliegen kann.

Schwer heißt ihm Erde und Leben; und so *will* es der Geist der Schwere! Wer aber leicht werden will und ein Vogel, der muß sich selber lieben – also lehre *ich*.

Nicht freilich mit der Liebe der Siechen und Süchtigen: denn bei denen stinkt auch die Eigenliebe!

Man muß sich selber lieben lernen – also lehre ich – mit einer heilen und gesunden Liebe: daß man es bei sich selber aushalte und nicht umherschweife.

Solches Umherschweifen tauft sich »Nächstenliebe«: mit diesem Worte ist bisher am besten gelogen und geheuchelt worden, und sonderlich von solchen, die aller Welt schwer fielen.

Und wahrlich, das ist kein Gebot für heute und morgen, sich lieben *lernen*. Vielmehr ist von allen Künsten diese die feinste, listigste, letzte und geduldsamste.

Für seinen Eigener ist nämlich alles Eigene gut versteckt; und von allen Schatzgruben wird die eigne am spätesten ausgegraben – also schafft es der Geist der Schwere.

Fast in der Wiege gibt man uns schon schwere Worte und Werte mit: »Gut« und »Böse« – so heißt sich diese Mitgift. Um derentwillen vergibt man uns, daß wir leben.

Und dazu läßt man die Kindlein zu sich kommen, daß man ihnen beizeiten wehre, sich selber zu lieben: also schafft es der Geist der Schwere.

Und wir – wir schleppen treulich, was man uns mitgibt, auf harten

Schultern und über rauhe Berge! Und schwitzen wir, so sagt man uns: »Ja, das Leben ist schwer zu tragen!«

Aber der Mensch nur ist sich schwer zu tragen! Das macht, er schleppt zu vieles Fremde auf seinen Schultern. Dem Kamele gleich kniet er nieder und läßt sich gut aufladen.

Sonderlich der starke, tragsame Mensch, dem Ehrfurcht innewohnt: zu viele *fremde* schwere Worte und Werte lädt er auf sich – nun dünkt das Leben ihm eine Wüste!

Und wahrlich! Auch manches *Eigene* ist schwer zu tragen! Und viel Inwendiges am Menschen ist der Auster gleich, nämlich ekel und schlüpfrig und schwer erfaßlich –,

– also daß eine edle Schale mit edler Zierat fürbitten muß. Aber auch diese Kunst muß man lernen: Schale *haben* und schönen Schein und kluge Blindheit!

Abermals trügt über manches am Menschen, daß manche Schale gering und traurig und zu sehr Schale ist. Viel verborgene Güte und Kraft wird nie erraten; die köstlichsten Leckerbissen finden keine Schmecker!

Die Frauen wissen das, die köstlichsten: ein wenig fetter, ein wenig magerer – o wie viel Schicksal liegt in so wenigem!

Der Mensch ist schwer zu entdecken und sich selber noch am schwersten; oft lügt der Geist über die Seele. Also schafft es der Geist der Schwere.

Der aber hat sich selber entdeckt, welcher spricht: Das ist *mein* Gutes und Böses: damit hat er den Maulwurf und Zwerg stumm gemacht, welcher spricht: »Allen gut, allen bös«.

Wahrlich, ich mag auch solche nicht, denen jegliches Ding gut und diese Welt gar die beste heißt. Solche nenne ich die Allgenügsamen.

Allgenügsamkeit, die alles zu schmecken weiß: das ist nicht der beste Geschmack! Ich ehre die widerspenstigen wählerischen Zungen und Mägen, welche »Ich« und »Ja« und »Nein« sagen lernten.

Alles aber kauen und verdauen – das ist eine rechte Schweine-Art! Immer I-A sagen – das lernte allein der Esel, und wer seines Geistes ist! –

Das tiefe Gelb und das heiße Rot: so will es *mein* Geschmack – der mischt Blut zu allen Farben. Wer aber sein Haus weiß tüncht, der verrät mir eine weißgetünchte Seele.

In Mumien verliebt die einen, die andern in Gespenster; und beide gleich feind allem Fleisch und Blute – o wie gehen beide mir wider den Geschmack! Denn ich liebe Blut.

Und dort will ich nicht wohnen und weilen, wo jedermann spuckt und speit: das ist nun *mein* Geschmack – lieber noch lebte ich unter Dieben und Meineidigen. Niemand trägt Gold im Munde.

Widriger aber sind mir noch alle Speichellecker; und das widrigste Tier von Mensch, das ich fand, das taufte ich Schmarotzer: das wollte nicht lieben und doch von Liebe leben.

Unselig heiße ich alle, die nur eine Wahl haben: böse Tiere zu werden oder böse Tierbändiger: bei solchen würde ich mir keine Hütten bauen.

Unselig heiße ich auch die, welche immer *warten* müssen – die gehen mir wider den Geschmack: alle die Zöllner und Krämer und Könige und andren Länder- und Ladenhüter.

Wahrlich, ich lernte das Warten auch und von Grund aus – aber nur das Warten auf *mich.* Und über allem lernte ich stehn und gehn und laufen und springen und klettern und tanzen.

Das ist aber meine Lehre: wer einst fliegen lernen will, der muß erst stehn und gehn und laufen und klettern und tanzen lernen – man erfliegt das Fliegen nicht!

Mit Strickleitern lernte ich manches Fenster erklettern, mit hurtigen Beinen klomm ich auf hohe Masten: auf hohen Masten der Erkenntnis sitzen dünkte mich keine geringe Seligkeit, –

– gleich kleinen Flammen flackern auf hohen Masten: ein kleines Licht zwar, aber doch ein großer Trost für verschlagene Schiffer und Schiffbrüchige! –

Auf vielerlei Weg und Weise kam ich zu meiner Wahrheit: nicht auf *einer* Leiter stieg ich zur Höhe, wo mein Auge in meine Ferne schweift.

Und ungern nur fragte ich stets nach Wegen – das ging mir immer wider den Geschmack! Lieber fragte und versuchte ich die Wege selber.

Ein Versuchen und Fragen war all mein Gehen – und wahrlich, auch antworten muß man *lernen* auf solches Fragen! Das aber – ist mein Geschmack:

– kein guter, kein schlechter, aber *mein* Geschmack, dessen ich weder Scham noch Hehl mehr habe.

»Das – ist nun *mein* Weg – wo ist der eure?« so antwortete ich denen, welche mich »nach dem Wege« fragten. *Den* Weg nämlich – den gibt es nicht!

Also sprach Zarathustra.

Von alten und neuen Tafeln

1

Hier sitze ich und warte, alte zerbrochene Tafeln um mich und auch neue halb beschriebene Tafeln. Wann kommt meine Stunde?

– die Stunde meines Niederganges, Unterganges: denn noch *ein* mal will ich zu den Menschen gehn.

Des warte ich nun: denn erst müssen mir die Zeichen kommen, daß es *meine* Stunde sei – nämlich der lachende Löwe mit dem Taubenschwarme.

Inzwischen rede ich als einer, der Zeit hat, zu mir selber. Niemand erzählt mir Neues: so erzähle ich mir mich selber. –

2

Als ich zu den Menschen kam, da fand ich sie sitzen auf einem alten Dünkel: alle dünkten sich lange schon zu wissen, was dem Menschen gut und böse sei.

Eine alte müde Sache dünkte ihnen alles Reden von Tugend; und wer gut schlafen wollte, der sprach vor Schlafengehen noch von »Gut« und »Böse«.

Diese Schläferei störte ich auf, als ich lehrte: was gut und böse ist, *das weiß noch niemand* – es sei denn der Schaffende!

– Das aber ist der, welcher des Menschen Ziel schafft und der Erde ihren Sinn gibt und ihre Zukunft: dieser erst *schafft* es, *daß* etwas gut und böse ist.

Und ich hieß sie ihre alten Lehr-Stühle umwerfen, und wo nur jener alte Dünkel gesessen hatte; ich hieß sie lachen über ihre großen Tugend-Meister und Heiligen und Dichter und Welt-Erlöser.

Über ihre düsteren Weisen hieß ich sie lachen, und wer je als schwarze Vogelscheuche warnend auf dem Baume des Lebens gesessen hatte.

An ihre große Gräberstraße setzte ich mich und selber zu Aas und Geiern – und ich lachte über all ihr Einst und seine mürbe verfallende Herrlichkeit.

Wahrlich, gleich Bußpredigern und Narren schrie ich Zorn und Zeter über all ihr Großes und Kleines – daß ihr Bestes so gar klein ist! Daß ihr Bösestes so gar klein ist! – also lachte ich.

Meine weise Sehnsucht schrie und lachte also aus mir, die auf Bergen geboren ist, eine wilde Weisheit wahrlich! – meine große flügelbrausende Sehnsucht.

Und oft riß sie mich fort und hinauf und hinweg und mitten im Lachen: da flog ich wohl schaudernd, ein Pfeil, durch sonnentrunkenes Entzücken:

– hinaus in ferne Zukünfte, die kein Traum noch sah, in heißere Süden, als je sich Bildner träumten: dorthin, wo Götter tanzend sich aller Kleider schämen: –

– daß ich nämlich in Gleichnissen rede, und gleich Dichtern hinke und stammle: und wahrlich, ich schäme mich, daß ich noch Dichter sein muß! –

Wo alles Werden mich Götter-Tanz und Götter-Mutwillen dünkte, und die Welt los- und ausgelassen und zu sich selber zurückfliehend: –

– als ein ewiges Sich-Fliehn und -Wiedersuchen vieler Götter, als das selige Sich-Widersprechen, Sich-Wieder-hören, Sich-Wieder-Zugehören vieler Götter: –

Wo alle Zeit mich ein seliger Hohn auf Augenblicke dünkte, wo die Notwendigkeit die Freiheit selber war, die selig mit dem Stachel der Freiheit spielte: –

Wo ich auch meinen alten Teufel und Erzfeind wiederfand, den Geist der Schwere, und alles, was er schuf: Zwang, Satzung, Not und Folge und Zweck und Wille und Gut und Böse: –

Denn muß nicht dasein, *über* das getanzt, hinweggetanzt werde? Müssen nicht um der Leichten, Leichtesten willen – Maulwürfe und schwere Zwerge dasein? –

3

Dort war's auch, wo ich das Wort »Übermensch« vom Wege auflas, und daß der Mensch etwas sei, das überwunden werden müsse,

– daß der Mensch eine Brücke sei und kein Zweck: sich selig preisend ob seines Mittags und Abends, als Weg zu neuen Morgenröten:

– das Zarathustra-Wort vom großen Mittage, und was sonst ich über den Menschen aufhängte, gleich purpurnen zweiten Abendröten.

Wahrlich, auch neue Sterne ließ ich sie sehn samt neuen Nächten; und über Wolken und Tag und Nacht spannte ich noch das Lachen aus wie ein buntes Gezelt.

Ich lehrte sie all *mein* Dichten und Trachten: in eins zu dichten und zusammenzutragen, was Bruchstück ist am Menschen und Rätsel und grauser Zufall, –

– als Dichter, Rätselrater und Erlöser des Zufalls lehrte ich sie an der Zukunft schaffen, und alles, das *war* –, schaffend zu erlösen.

Das Vergangne am Menschen zu erlösen und alles »Es war« umzuschaffen, bis der Wille spricht: »Aber so wollte ich es! So werde ich's wollen –«

– dies hieß ich ihnen Erlösung, dies allein lehrte ich sie Erlösung heißen. – –

Nun warte ich *meiner* Erlösung –, daß ich zum letzten Male zu ihnen gehe.

Denn noch *ein* mal will ich zu den Menschen: *unter* ihnen will ich untergehen, sterbend will ich ihnen meine reichste Gabe geben!

Der Sonne lernte ich das ab, wenn sie hinabgeht, die Überreiche: Gold schüttet sie da ins Meer aus unerschöpflichem Reichtume, –

– also, daß der ärmste Fischer noch mit *goldenem* Ruder rudert! Dies nämlich sah ich einst und wurde der Tränen nicht satt im Zuschauen – –

Der Sonne gleich will auch Zarathustra untergehn: nun sitzt er hier und wartet, alte zerbrochene Tafeln um sich und auch neue Tafeln – halbbeschriebene.

4

Siehe, hier ist eine neue Tafel: aber wo sind meine Brüder, die sie mit mir zu Tale und in fleischerne Herzen tragen? –

Also heischt es meine große Liebe zu den Fernsten: *schone deinen Nächsten nicht!* Der Mensch ist etwas, das überwunden werden muß.

Es gibt vielerlei Weg und Weise der Überwindung: da siehe *du* zu! Aber nur ein Possenreißer denkt: »der Mensch kann auch *übersprungen* werden.«

Überwinde dich selber noch in deinem Nächsten: und ein Recht, das du dir rauben kannst, sollst du dir nicht geben lassen!

Was du tust, das kann dir keiner wieder tun. Siehe, es gibt keine Vergeltung.

Wer sich nicht befehlen kann, der soll gehorchen. Und mancher *kann* sich befehlen, aber da fehlt noch viel, daß er sich auch gehorche!

5

Also will es die Art edler Seelen: sie wollen nichts *umsonst* haben, am wenigsten das Leben.

Wer vom Pöbel ist, der will umsonst leben; wir anderen aber, denen das Leben sich gab – wir sinnen immer darüber, *was* wir am besten *dagegen* geben!

Und wahrlich, dies ist eine vornehme Rede, welche spricht: »Was *uns* das Leben verspricht, das wollen *wir* – dem Leben halten!«

Man soll nicht genießen wollen, wo man nicht zu genießen gibt. Und – man soll nicht genießen *wollen!*

Genuß und Unschuld nämlich sind die schamhaftesten Dinge: Beide wollen nicht gesucht sein. Man soll sie *haben* –, aber man soll eher noch nach Schuld und Schmerzen *suchen*! –

6

O meine Brüder, wer ein Erstling ist, der wird immer geopfert. Nun aber sind wir Erstlinge.

Wir bluten alle an geheimen Opfertischen, wir brennen und braten alle zu Ehren alter Götzenbilder.

Unser Bestes ist noch jung: das reizt alte Gaumen. Unser Fleisch ist zart, unser Fell ist nur ein Lamm-Fell – wie sollten wir nicht alte Götzenpriester reizen!

In uns selber wohnt er noch, der alte Götzenpriester, der unser Bestes sich

zum Schmause brät. Ach, meine Brüder, wie sollten Erstlinge nicht Opfer sein!

Aber so will es unsre Art; und ich liebe die, welche sich nicht bewahren wollen. Die Untergehenden liebe ich mit meiner ganzen Liebe: denn sie gehn hinüber. –

7

Wahr sein – das *können* wenige! Und wer es kann, der will es noch nicht! Am wenigsten aber können es die Guten.

O diese Guten! *Gute Menschen reden nie die Wahrheit*; für den Geist ist solchermaßen gut sein eine Krankheit.

Sie geben nach, diese Guten, sie ergeben sich, ihr Herz spricht nach, ihr Grund gehorcht: wer aber gehorcht, *der hört sich selber nicht!*

Alles, was den Guten böse heißt, muß zusammenkommen, daß *eine* Wahrheit geboren werde: o meine Brüder, seid ihr auch böse genug zu *dieser* Wahrheit?

Das verwegene Wagen, das lange Mißtrauen, das grausame Nein, der Überdruß, das Schneiden ins Lebendige – wie selten kommt *das* zusammen! Aus solchem Samen aber wird – Wahrheit gezeugt!

Neben dem bösen Gewissen wuchs bisher alles *Wissen*! Zerbrecht, zerbrecht mir, ihr Erkennenden, die alten Tafeln!

8

Wenn das Wasser Balken hat, wenn Stege und Geländer über den Fluß springen: wahrlich, da findet keiner Glauben, der da spricht: »Alles ist im Fluß.«

Sondern selber die Tölpel widersprechen ihm. »Wie?« sagen die Tölpel, »alles wäre im Flusse? Balken und Geländer sind doch *über* dem Flusse!«

»*Über* dem Flusse ist alles fest, alle die Werte der Dinge, die Brücken, Begriffe, alles ›Gut‹ und ›Böse‹: das ist alles *fest*!« –

Kommt gar der harte Winter, der Fluß-Tierbändiger: dann lernen auch die Witzigsten Mißtrauen; und, wahrlich, nicht nur die Tölpel sprechen dann: »Sollte nicht alles – *stille stehn*?«

»Im Grunde steht alles stille« –, das ist eine rechte Winter-Lehre, ein gut Ding für unfruchtbare Zeit, ein guter Trost für Winterschläfer und Ofenhocker.

»Im Grund steht alles still« –: *dagegen* aber predigt der Tauwind!

Der Tauwind, ein Stier, der kein pflügender Stier ist – ein wütender Stier, ein Zerstörer, der mit zornigen Hörnern Eis bricht! Eis aber – – *bricht Stege!*

O meine Brüder, ist *jetzt* nicht alles *im Flusse*? Sind nicht alle Geländer und Stege ins Wasser gefallen? Wer *hielte* sich noch an »Gut« und »Böse«?

»Wehe uns! Heil uns! Der Tauwind weht!« – Also predigt mir, o meine Brüder, durch alle Gassen!

9

Es gibt einen alten Wahn, der heißt Gut und Böse. Um Wahrsager und Sterndeuter drehte sich bisher das Rad dieses Wahns.

Einst *glaubte* man an Wahrsager und Sterndeuter: und *darum* glaubte man »alles ist Schicksal: du sollst, denn du mußt!«

Dann wieder mißtraute man allen Wahrsagern und Sterndeutern: und *darum* glaubte man »alles ist Freiheit: du kannst, denn du willst!«

O meine Brüder, über Sterne und Zukunft ist bisher nur gewähnt, nicht gewußt worden: und *darum* ist über Gut und Böse bisher nur gewähnt, nicht gewußt worden!

10

»Du sollst nicht rauben! Du sollst nicht totschlagen!« – solche Worte hieß man einst heilig; vor ihnen beugte man Knie und Köpfe und zog die Schuhe aus.

Aber ich frage euch: wo gab es je bessere Räuber und Totschläger in der Welt, als es solche heilige Worte waren?

Ist in allem Leben selber nicht – Rauben und Totschlagen? Und daß solche Worte heilig hießen, wurde damit die *Wahrheit* selber nicht – totgeschlagen?

Oder war es eine Predigt des Todes, daß heilig hieß, was allem Leben widersprach und widerriet? – O meine Brüder, zerbrecht, zerbrecht mir die alten Tafeln!

11

Dies ist mein Mitleid mit allem Vergangenen, daß ich sehe: es ist preisgegeben, –

– der Gnade, dem Geiste, dem Wahnsinne jedes Geschlechtes preisgegeben, das kommt und alles, was war, zu seiner Brücke umdeutet!

Ein großer Gewalt – Herr könnte kommen, ein gewitzter Unhold, der mit seiner Gnade und Ungnade alles Vergangene zwänge und zwängte: bis es ihm Brücke würde und Vorzeichen und Herold und Hahnenschrei.

Dies aber ist die andre Gefahr und mein andres Mitleiden – wer vom Pö-

bel ist, dessen Gedenken geht zurück bis zum Großvater – mit dem Großvater aber hört die Zeit auf.

Also ist alles Vergangene preisgegeben: denn es könnte einmal kommen, daß der Pöbel Herr würde, und in seichten Gewässern alle Zeit ertränke.

Darum, o meine Brüder, bedarf es eines *neuen Adels*, der allem Pöbel und allem Gewalt-Herrischen Widersacher ist und auf neue Tafeln neu das Wort schreibt »edel«.

Vieler Edlen nämlich bedarf es und vielerlei Edlen, *daß es Adel gebe*! Oder, wie ich einst im Gleichnis sprach: »Das eben ist Göttlichkeit, daß es Götter, aber keinen Gott gibt!«

12

O meine Brüder, ich weihe und weise euch zu einem neuen Adel: ihr sollt mir Zeuger und Züchter werden und Sämänner der Zukunft –

– wahrlich, nicht zu einem Adel, den ihr kaufen könntet gleich den Krämern und mit Krämer-Golde: denn wenig Wert hat alles, was seinen Preis hat.

Nicht, woher ihr kommt, mache euch fürderhin eure Ehre, sondern wohin ihr geht! Euer Wille und euer Fuß, der über euch selber hinaus will – das mache eure neue Ehre!

Wahrlich nicht, daß ihr einem Fürsten gedient habt – was liegt noch an Fürsten! – oder dem, was steht, zum Bollwerk wurdet, daß es fester stünde!

Nicht, daß euer Geschlecht an Höfen höfisch wurde, und ihr lerntet, bunt, einem Flamingo ähnlich, lange Stunden in flachen Teichen stehn.

– Denn Stehen-*können* ist ein Verdienst bei Höflingen; und alle Höflinge glauben, zur Seligkeit nach dem Tode gehöre – Sitzen-*dürfen*! –

Nicht auch, daß ein Geist, den sie heilig nennen, eure Vorfahren in gelobte Länder führte, die *ich* nicht lobe: denn wo der schlimmste aller Bäume wuchs, das Kreuz, – an dem Lande ist nichts zu loben! –

– und wahrlich, wohin dieser »heilige Geist« auch seine Ritter führte, immer liefen bei solchen Zügen – Ziegen und Gänse und Kreuz- und Querköpfe *voran*! –

O meine Brüder, nicht zurück soll euer Adel schauen, sondern *hinaus*! Vertriebene sollt ihr sein aus allen Vater- und Urväterländern!

Eurer *Kinder Land* sollt ihr lieben: diese Liebe sei euer neuer Adel – das unentdeckte, im fernsten Meere! Nach ihm heiße ich eure Segel suchen und suchen!

An euren Kindern sollt ihr *gut machen*, daß ihr eurer Väter Kinder seid: Alles Vergangene sollt ihr *so* erlösen! Diese neue Tafel stelle ich über euch!

13

»Wozu leben? Alles ist eitel! Leben – das ist Stroh dreschen; Leben – das ist sich verbrennen und doch nicht warm werden.« –

Solch altertümliches Geschwätz gilt immer noch als »Weisheit«; daß es aber alt ist und dumpfig riecht, *darum* wird es besser geehrt. Auch der Moder adelt. –

Kinder durften so reden: die *scheuen* das Feuer, weil es sie brannte! Es ist viel Kinderei in den alten Büchern der Weisheit.

Und wer immer »Stroh drischt«, wie sollte der auf das Dreschen lästern dürfen! Solchem Narren müßte man doch das Maul verbinden!

Solche setzen sich zu Tisch und bringen nichts mit, selbst den guten Hunger nicht – und nun lästern sie »alles ist eitel!«

Aber gut essen und trinken, o meine Brüder, ist wahrlich keine eitle Kunst! Zerbrecht, zerbrecht mir die Tafeln der Nimmer-Frohen!

14

»Dem Reinen ist alles rein« – so spricht das Volk. Ich aber sage euch: den Schweinen wird alles Schwein!

Darum predigen die Schwärmer und Kopfhänger, denen auch das Herz niederhängt: »Die Welt selber ist ein kotiges Ungeheuer.«

Denn diese alle sind unsäuberlichen Geistes; sonderlich aber jene, welche nicht Ruhe noch Rast haben, es sei denn, sie sehen die Welt *von hinten* – die Hinterweltler!

Denen sage ich ins Gesicht, ob es gleich nicht lieblich klingt: die Welt gleicht darin dem Menschen, daß sie einen Hintern hat – *so viel* ist wahr!

Es gibt in der Welt viel Kot: *so viel* ist wahr! Aber darum ist die Welt selber noch kein kotiges Ungeheuer!

Es ist Weisheit darin, daß vieles in der Welt übel riecht: der Ekel selber schafft Flügel und quellenahnende Kräfte!

An dem Besten ist noch etwas zum Ekeln; und der Beste ist noch etwas, das überwunden werden muß! –

O meine Brüder, es ist viel Weisheit darin, daß viel Kot in der Welt ist! –

15

Solche Sprüche hörte ich fromme Hinterweltler zu ihrem Gewissen reden; und wahrlich, ohne Arg und Falsch – ob es schon nichts Falscheres in der Welt gibt, noch Ärgeres.

»Laß doch die Welt der Welt sein! Hebe dawider auch nicht *einen* Finger auf!«

»Laß, wer da wolle, die Leute würgen und stechen und schneiden und schaben: hebe dawider auch nicht *einen* Finger auf! Darob lernen sie noch der Welt absagen.«

»Und deine eigne Vernunft – die sollst du selber görgeln und würgen; denn es ist eine Vernunft von dieser Welt, – darob lernst du selber der Welt absagen.« –

– Zerbrecht, zerbrecht mir, o meine Brüder, diese alten Tafeln der Frommen! Zersprecht mir die Sprüche der Welt-Verleumder!

16

»Wer viel lernt, der verlernt alles heftige Begehren« – das flüstert man heute sich zu auf allen dunklen Gassen.

»Weisheit macht müde, es lohnt sich – nichts; du sollst nicht begehren!« – diese neue Tafel fand ich hängen selbst auf offnen Märkten.

Zerbrecht mir, o meine Brüder, zerbrecht mir auch diese *neue* Tafel! Die Welt-Müden hängten sie hin und die Prediger des Todes, und auch die Stockmeister: denn seht, es ist auch eine Predigt zur Knechtschaft! –

Daß sie schlecht lernten und das Beste nicht, und alles zu früh und alles zu geschwind: daß sie schlecht *aßen*, daher kam ihnen jener verdorbene Magen, –

– ein verdorbener Magen ist nämlich ihr Geist: *der* rät zum Tode! Denn wahrlich, meine Brüder, der Geist *ist* ein Magen!

Das Leben ist ein Born der Lust: aber aus wem der verdorbene Magen redet, der Vater der Trübsal, dem sind alle Quellen vergiftet.

Erkennen: das ist *Lust* dem Löwen-willigen! Aber wer müde wurde, der wird selber nur »gewollt«, mit dem spielen alle Wellen.

Und so ist es immer schwacher Menschen Art: sie verlieren sich auf ihren Wegen. Und zuletzt fragt noch ihre Müdigkeit: »wozu gingen wir jemals Wege! Es ist alles gleich!«

Denen klingt es lieblich zu Ohren, daß gepredigt wird: »Es verlohnt sich nichts! Ihr sollt nicht wollen!« Dies aber ist eine Predigt zur Knechtschaft.

O meine Brüder, ein frischer Brause-Wind kommt Zarathustra allen Weg-Müden; viele Nasen wird er noch niesen machen!

Auch durch Mauern bläst mein freier Atem, und hinein in Gefängnisse und eingefangne Geister!

Wollen befreit: denn Wollen ist Schaffen: *so* lehre ich. Und *nur* zum Schaffen sollt ihr lernen!

Und auch das Lernen sollt ihr erst von mir *lernen,* das Gut-Lernen! – Wer Ohren hat, der höre!

17

Da steht der Nachen – dort hinüber geht es vielleicht ins große Nichts. – Aber wer will in dies »Vielleicht« einsteigen?

Niemand von euch will in den Todes-Nachen einsteigen? Wieso wollt ihr dann *Welt-Müde* sein!

Weltmüde! Und noch nicht einmal Erd-Entrückte wurdet ihr! Lüstern fand ich euch immer noch nach Erde, verliebt noch in die eigne Erd-Müdigkeit!

Nicht umsonst hängt euch die Lippe herab – ein kleiner Erden-Wunsch sitzt noch darauf! Und im Auge – schwimmt da nicht ein Wölkchen unvergessner Erden-Lust?

Es gibt auf Erden viel gute Erfindungen, die einen nützlich, die andern angenehm: derentwegen ist die Erde zu lieben.

Und mancherlei so gut Erfundenes gibt es da, daß es ist wie des Weibes Busen: nützlich zugleich und angenehm.

Ihr Welt-Müden aber! Ihr Erden-Faulen! Euch soll man mit Ruten streichen! Mit Rutenstreichen soll man euch wieder muntre Beine machen.

Denn: seid ihr nicht Kranke und verlebte Wichte, deren die Erde müde ist, so seid ihr schlaue Faultiere oder naschhafte verkrochene Lust-Katzen. Und wollt ihr nicht wieder lustig *laufen*, so sollt ihr – dahinfahren!

An Unheilbaren soll man nicht Arzt sein wollen: also lehrt es Zarathustra – so sollt ihr dahinfahren!

Aber es gehört mehr *Mut* dazu, ein Ende zu machen, als einen neuen Vers: das wissen alle Ärzte und Dichter. –

18

O meine Brüder, es gibt Tafeln, welche die Ermüdung, und Tafeln, welche die Faulheit schuf, die faulige: ob sie schon gleich reden, so wollen sie doch ungleich gehört sein. –

Seht hier diesen Verschmachtenden! Nur eine Spanne weit ist er noch von seinem Ziele, aber vor Müdigkeit hat er sich trotzig hier in den Staub gelegt: dieser Tapfere!

Vor Müdigkeit gähnt er Weg und Erde und Ziel und sich selber an: keinen Schritt will er noch weiter tun, – dieser Tapfere!

Nun glüht die Sonne auf ihn, und Hunde lecken nach seinem Schweiße: aber er liegt da in seinem Trotze und will lieber verschmachten: –

– eine Spanne weit von seinem Ziele verschmachten! Wahrlich, ihr werdet ihn noch an den Haaren in seinen Himmel ziehen müssen – diesen Helden!

Besser noch, ihr laßt ihn liegen, wohin er sich gelegt hat, daß der Schlaf ihm komme, der Tröster, mit kühlendem Rausche-Regen:

Laßt ihn liegen, bis er von selber wach wird – bis er von selber alle Müdigkeit widerruft und was Müdigkeit aus ihm lehrte!

Nur, meine Brüder, daß ihr die Hunde von ihm scheucht, die faulen Schleicher, und all das schwärmende Geschmeiß: –

– all das schwärmende Geschmeiß der »Gebildeten«, das sich am Schweiße jedes Helden – gütlich tut! –

19

Ich schließe Kreise um mich und heilige Grenzen; immer wenigere steigen mit mir auf immer höhere Berge: ich baue ein Gebirge aus immer heiligeren Bergen. –

Wohin ihr aber auch mit mir steigen mögt, o meine Brüder: seht zu, daß nicht ein *Schmarotzer* mit euch steige!

Schmarotzer: das ist ein Gewürm, ein kriechendes, geschmiegtes, das fett werden will an euren kranken wunden Winkeln.

Und *das* ist seine Kunst, daß er steigende Seelen errät, wo sie müde sind: in euren Gram und Unmut, in eure zarte Scham baut er sein ekles Nest.

Wo der Starke schwach, der Edle allzumild ist – dahinein baut er sein ekles Nest: der Schmarotzer wohnt, wo der Große kleine wunde Winkel hat.

Was ist die höchste Art alles Seienden und was die geringste? Der Schmarotzer ist die geringste Art; wer aber höchster Art ist, der ernährt die meisten Schmarotzer.

Die Seele nämlich, welche die längste Leiter hat und am tiefsten hinunter kann: wie sollten nicht an der die meisten Schmarotzer sitzen?

– die umfänglichste Seele, welche am weitesten in sich laufen und irren und schweifen kann; die notwendigste, welche sich aus Lust in den Zufall stürzt: –

– die seiende Seele, welche ins Werden taucht; die habende, welche ins Wollen und Verlangen *will*: –

– die sich selber fliehende, die sich selber im weitesten Kreise einholt; die weiseste Seele, welcher die Narrheit am süßesten zuredet: –

– die sich selber liebendste, in der alle Dinge ihr Strömen und Widerströmen und Ebbe und Flut haben: – o wie sollte *die höchste Seele* nicht die schlimmsten Schmarotzer haben?

20

O meine Brüder, bin ich denn grausam? Aber ich sage: was fällt, das soll man auch noch stoßen!

Das Alles von heute – das fällt, das verfällt: wer wollte es halten! Aber ich – ich *will* es noch stoßen!

Kennt ihr die Wollust, die Steine in steile Tiefen rollt? – Diese Menschen von heute: seht sie doch, wie sie in meine Tiefe rollen!

Ein Vorspiel bin ich besserer Spieler, o meine Brüder! Ein Beispiel! *Tut* nach meinem Beispiele!

Und wen ihr nicht fliegen lehrt, den lehrt mir – *schneller fallen*! –

21

Ich liebe die Tapferen: aber es ist nicht genug, Hau-Degen sein – man muß auch wissen Hau-schau-*wen*!

Und oft ist mehr Tapferkeit darin, daß einer an sich hält und vorübergeht: *damit* er sich dem würdigeren Feinde aufspare!

Ihr sollt nur Feinde haben, die zu hassen sind, aber nicht Feinde zum Verachten: ihr müßt stolz auf euren Feind sein: also lehrte ich schon einmal.

Dem würdigeren Feinde, o meine Freunde, sollt ihr euch aufsparen: darum müßt ihr an vielem vorübergehn, –

– sonderlich an vielem Gesindel, das euch in die Ohren lärmt von Volk und Völkern.

Haltet euer Auge rein von ihrem Für und Wider! Da gibt es viel Recht, viel Unrecht: wer da zusieht, wird zornig.

Dreinschaun, dreinhaun – das ist da eins: darum geht weg in die Wälder und legt euer Schwert schlafen!

Geht *eure* Wege! Und laßt Volk und Völker die ihren gehn! – dunkle Wege wahrlich, auf denen auch nicht *eine* Hoffnung mehr wetterleuchtet!

Mag da der Krämer herrschen, wo alles, was noch glänzt – Krämer-Gold ist! Es ist die Zeit der Könige nicht mehr: was sich heute Volk heißt, verdient keine Könige.

Seht doch, wie diese Völker jetzt selber den Krämern gleich tun: sie lesen sich die kleinsten Vorteile noch aus jedem Kehricht!

Sie lauern einander auf, sie lauern einander etwas ab – das heißen sie »gute Nachbarschaft«. O selige ferne Zeit, wo ein Volk sich sagte: »ich will über Völker – *Herr* sein!«

Denn, meine Brüder: das Beste soll herrschen, das Beste *will* auch herrschen! Und wo die Lehre anders lautet, da – *fehlt* es am Besten.

22

Wenn *die* – Brot umsonst hätten, wehe! Wonach würden *die* schrein! Ihr Unterhalt – das ist ihre rechte Unterhaltung; und sie sollen es schwer haben!

Raubtiere sind es: in ihrem »Arbeiten« – da ist auch noch Rauben, in ihrem »Verdienen« – da ist auch noch Überlisten! Darum sollen sie es schwer haben!

Bessere Raubtiere sollen sie also werden, feinere, klügere, *menschenähnlichere*: der Mensch nämlich ist das beste Raubtier.

Allen Tieren hat der Mensch schon ihre Tugenden abgeraubt: das macht, von allen Tieren hat es der Mensch am schwersten gehabt.

Nur noch die Vögel sind über ihm. Und wenn der Mensch noch fliegen lernte, wehe! *wohinauf* – würde seine Raublust fliegen!

23

So will ich Mann und Weib: kriegstüchtig den einen, gebärtüchtig das andere, beide aber tanztüchtig mit Kopf und Beinen.

Und verloren sei uns der Tag, wo nicht *einmal* getanzt wurde! Und falsch heiße uns jede Wahrheit, bei der es nicht *ein* Gelächter gab!

24

Euer Eheschließen: seht zu, daß es nicht ein schlechtes *Schließen* sei! Ihr schlosset zu schnell: so *folgt* daraus – Ehebrechen!

Und besser noch Ehebrechen als Ehe-biegen, Ehe-lügen! – So sprach mir ein Weib: »wohl brach ich die Ehe, aber zuerst brach die Ehe – mich!«

Schlimm-Gepaarte fand ich immer als die schlimmsten Rachsüchtigen: sie lassen es aller Welt entgelten, daß sie nicht mehr einzeln laufen.

Deswillen will ich, daß Redliche zueinander reden: »wir lieben uns: laßt uns *zusehn*, daß wir uns lieb behalten! Oder soll unser Versprechen ein Versehen sein?

– Gebt uns eine Frist und kleine Ehe, daß wir zusehn, ob wir zur großen Ehe taugen! Es ist ein großes Ding, immer zu zweien sein!«

Also rate ich allen Redlichen; und was wäre denn meine Liebe zum Übermenschen und zu allem, was kommen soll, wenn ich anders riete und redete!

Nicht nur fort euch zu pflanzen, sondern *hinauf* – dazu, o meine Brüder, helfe euch der Garten der Ehe!

25

Wer über alte Ursprünge weise wurde, siehe, der wird zuletzt nach Quellen der Zukunft suchen und nach neuen Ursprüngen. –

O meine Brüder, es ist nicht über lange, da werden *neue Völker* entspringen und neue Quellen hinab in neue Tiefen rauschen.

Das Erdbeben nämlich – das verschüttet viel Brunnen, das schafft viel Verschmachten: das hebt auch innre Kräfte und Heimlichkeiten ans Licht.

Das Erdbeben macht neue Quellen offenbar. Im Erdbeben alter Völker brechen neue Quellen aus.

Und wer da ruft: »Siehe hier ein Brunnen für viele Durstige, *ein* Herz für viele Sehnsüchtige, *ein* Wille für viele Werkzeuge«: – um den sammelt sich ein *Volk*, das ist: viel Versuchende.

Wer befehlen kann, wer gehorchen muß – *das wird da versucht*! Ach, mit welch langem Suchen und Raten und Mißraten und Lernen und Neu-Versuchen!

Die Menschen-Gesellschaft: die ist ein Versuch, so lehre ich's – ein langes Suchen: sie sucht aber den Befehlenden! –

– ein Versuch, o meine Brüder! Und *kein* »Vertrag«! Zerbrecht, zerbrecht mir solch Wort der Weich-Herzen und Halb- und Halben!

26

O meine Brüder! Bei welchen liegt doch die größte Gefahr aller Menschen-Zukunft? Ist es nicht bei den Guten und Gerechten? –

– als bei denen, die sprechen und im Herzen fühlen: »Wir wissen schon, was gut ist und gerecht, wir haben es auch; wehe denen, die hier noch suchen!«

Und was für Schaden auch die Bösen tun mögen: der Schaden der Guten ist der schädlichste Schaden!

Und was für Schaden auch die Welt-Verleumder tun mögen: der Schaden der Guten ist der schädlichste Schaden.

O meine Brüder, den Guten und Gerechten sah einer einmal ins Herz, der da sprach: »es sind die Pharisäer«. Aber man verstand ihn nicht.

Die Guten und Gerechten selber durften ihn nicht verstehen: ihr Geist ist eingefangen in ihr gutes Gewissen. Die Dummheit der Guten ist unergründlich klug.

Das aber ist die Wahrheit: die Guten *müssen* Pharisäer sein – sie haben keine Wahl!

Die Guten *müssen* den kreuzigen, der sich seine eigne Tugend erfindet! Das *ist* die Wahrheit!

Der zweite aber, der ihr Land entdeckte, Land, Herz und Erdreich der

Guten und Gerechten: das war, der da fragte: »wen hassen sie am meisten?«

Den *Schaffenden* hassen sie am meisten: den, der Tafeln bricht und alte Werte, den Brecher – den heißen sie Verbrecher.

Die Guten nämlich – die *können* nicht schaffen: die sind immer der Anfang vom Ende: –

– sie kreuzigen den, der neue Werte auf neue Tafeln schreibt, sie opfern *sich* die Zukunft – sie kreuzigen alle Menschen-Zukunft!

Die Guten – die waren immer der Anfang vom Ende. –

27

O meine Brüder, verstandet ihr auch dies Wort? Und was ich einst sagte vom »letzten Menschen«? – –

Bei welchen liegt die größte Gefahr aller Menschen-Zukunft? Ist es nicht bei den Guten und Gerechten?

Zerbrecht, zerbrecht mir die Guten und Gerechten! – O meine Brüder, verstandet ihr auch dies Wort?

28

Ihr flieht von mir? Ihr seid erschreckt? Ihr zittert vor diesem Worte?

O meine Brüder, als ich euch die Guten zerbrechen hieß und die Tafeln der Guten: da erst schiffte ich den Menschen ein auf seine hohe See.

Und nun erst kommt ihm der große Schrecken, das große Um-sich-sehn, die große Krankheit, der große Ekel, die große See-Krankheit.

Falsche Küsten und falsche Sicherheiten lehrten euch die Guten; in Lügen der Guten wart ihr geboren und geborgen. Alles ist in den Grund hinein verlogen und verbogen durch die Guten.

Aber wer das Land »Mensch« entdeckte, entdeckte auch das Land »Menschen-Zukunft«. Nun sollt ihr mir Seefahrer sein, wackere, geduldsame!

Aufrecht geht mir beizeiten, o meine Brüder, lernt aufrecht gehn! Das Meer stürmt: viele wollen an euch sich wieder aufrichten.

Das Meer stürmt: alles ist im Meere. Wohlan! Wohlauf! Ihr alten Seemanns-Herzen!

Was Vaterland! *Dorthin* will unser Steuer, wo unser *Kinder-Land* ist! Dorthinaus, stürmischer als das Meer, stürmt unsre große Sehnsucht! –

29

»Warum so hart!« – sprach zum Diamanten einst die Küchen-Kohle; »sind wir denn nicht Nah-Verwandte?« –

Warum so weich? O meine Brüder, also frage *ich* euch: seid ihr denn nicht – meine Brüder?

Warum so weich, so weichend und nachgebend? Warum ist so viel Leugnung, Verleugnung in eurem Herzen? So wenig Schicksal in eurem Blicke?

Und wollt ihr nicht Schicksale sein und Unerbittliche: wie könntet ihr mit mir – siegen?

Und wenn eure Härte nicht blitzen und scheiden und zerschneiden will: wie könntet ihr einst mit mir – schaffen?

Die Schaffenden nämlich sind hart. Und Seligkeit muß es euch dünken, eure Hand auf Jahrtausende zu drücken wie auf Wachs, –

– Seligkeit, auf dem Willen von Jahrtausenden zu schreiben wie auf Erz, – härter als Erz, edler als Erz. Ganz hart ist allein das Edelste.

Diese neue Tafel, o meine Brüder, stelle ich über euch: *werdet hart!* –

30

O du mein Wille! Du Wende aller Not, du *meine* Notwendigkeit! Bewahre mich vor allen kleinen Siegen!

Du Schickung meiner Seele, die ich Schicksal heiße! Du In-mir! Über-mir! Bewahre und spare mich auf zu *einem* großen Schicksale!

Und deine letzte Größe, mein Wille, spare dir für dein letztes auf – daß du unerbittlich bist *in* deinem Siege! Ach, wer unterlag nicht seinem Siege!

Ach, wessen Auge dunkelte nicht in dieser trunkenen Dämmerung! Ach, wessen Fuß taumelte nicht und verlernte im Siege – stehen! –

– Daß ich einst bereit und reif sei im großen Mittage: bereit und reif gleich glühendem Erze, blitzschwangrer Wolke und schwellendem Milch-Euter: –

– bereit zu mir selber und zu meinem verborgensten Willen: ein Bogen brünstig nach seinem Pfeile, ein Pfeil brünstig nach seinem Sterne: –

– ein Stern, bereit und reif in seinem Mittage, glühend, durchbohrt, selig vor vernichtenden Sonnen-Pfeilen: –

– eine Sonne selber und ein unerbittlicher Sonnen-Wille, zum Vernichten bereit im Siegen!

O Wille, Wende aller Not, du *meine* Notwendigkeit! Spare mich auf zu *einem* großen Siege! – –

Also sprach Zarathustra.

Der Genesende

1

Eines Morgens, nicht lange nach seiner Rückkehr zur Höhle, sprang Zarathustra von seinem Lager auf wie ein Toller, schrie mit furchtbarer Stimme und gebärdete sich, als ob noch einer auf dem Lager läge, der nicht davon aufstehn wollte; und also tönte Zarathustras Stimme, daß seine Tiere erschreckt hinzukamen, und daß aus allen Höhlen und Schlupfwinkeln, die Zarathustras Höhle benachbart waren, alles Getier davonhuschte – fliegend, flatternd, kriechend, springend, wie ihm nur die Art von Fuß und Flügel gegeben war. Zarathustra aber redete diese Worte:

Herauf, abgründlicher Gedanke, aus meiner Tiefe! Ich bin dein Hahn und Morgen-Grauen, verschlafener Wurm: auf! auf! Meine Stimme soll dich schon wach krähen!

Knüpfe die Fessel deiner Ohren los: horche! Denn ich will dich hören! Auf! Auf! Hier ist Donners genug, daß auch Gräber horchen lernen!

Und wische den Schlaf und alles Blöde, Blinde aus deinen Augen! Höre mich auch mit deinen Augen: meine Stimme ist ein Heilmittel noch für Blindgeborne.

Und bist du erst wach, sollst du mir ewig wach bleiben. Nicht ist das *meine* Art, Urgroßmütter aus dem Schlafe wecken, daß ich sie heiße – weiterschlafen!

Du regst dich, dehnst dich, röchelst? Auf! Auf! Nicht röcheln – reden sollst du mir! Zarathustra ruft dich, der Gottlose!

Ich, Zarathustra, der Fürsprecher des Lebens, der Fürsprecher des Leidens, der Fürsprecher des Kreises – dich rufe ich, meinen abgründlichsten Gedanken!

Heil mir! Du kommst – ich höre dich! Mein Abgrund *redet,* meine letzte Tiefe habe ich ans Licht gestülpt!

Heil mir! Heran! Gib die Hand – – ha! laß! Haha! – – Ekel, Ekel, Ekel – – – wehe mir!

2

Kaum aber hatte Zarathustra diese Worte gesprochen, da stürzte er nieder gleich einem Toten und blieb lange wie ein Toter. Als er aber wieder zu sich kam, da war er bleich und zitterte und blieb liegen und wollte lange nicht essen noch trinken. Solches Wesen dauerte an ihm sieben Tage; seine Tiere verließen ihn aber nicht bei Tag und Nacht, es sei denn, daß

der Adler ausflog, Speise zu holen. Und was er holte und zusammenraubte, das legte er auf Zarathustras Lager: also daß Zarathustra endlich unter gelben und roten Beeren, Trauben, Rosenäpfeln, wohlriechendem Krautwerke und Pinien-Zapfen lag. Zu seinen Füßen aber waren zwei Lämmer gebreitet, welche der Adler mit Mühe ihren Hirten abgeraubt hatte.

Endlich, nach sieben Tagen, richtete sich Zarathustra auf seinem Lager auf, nahm einen Rosenapfel in die Hand, roch daran und fand seinen Geruch lieblich. Da glaubten seine Tiere, die Zeit sei gekommen, mit ihm zu reden.

»O Zarathustra«, sagten sie, »nun liegst du schon sieben Tage so, mit schweren Augen: willst du dich nicht endlich wieder auf deine Füße stellen?

Tritt hinaus aus deiner Höhle: die Welt wartet dein wie ein Garten. Der Wind spielt mit schweren Wohlgerüchen, die zu dir wollen; und alle Bäche möchten dir nachlaufen.

Alle Dinge sehnen sich nach dir, dieweil du sieben Tage allein bliebst, – tritt hinaus aus deiner Höhle! Alle Dinge wollen deine Ärzte sein!

Kam wohl eine neue Erkenntnis zu dir, eine saure, schwere? Gleich angesäuertem Teige lagst du, deine Seele ging auf und schwoll über alle ihre Ränder. –«

O meine Tiere, antwortete Zarathustra, schwätzt also weiter und laßt mich zuhören! Es erquickt mich so, daß ihr schwätzt: wo geschwätzt wird, da liegt mir schon die Welt wie ein Garten.

Wie lieblich ist es, daß Worte und Töne da sind: sind nicht Worte und Töne Regenbogen und Schein-Brücken zwischen Ewig-Geschiedenem?

Zu jeder Seele gehört eine andre Welt; für jede Seele ist jede andre Seele eine Hinterwelt.

Zwischen dem Ähnlichsten gerade lügt der Schein am schönsten; denn die kleinste Kluft ist am schwersten zu überbrücken.

Für mich – wie gäbe es ein Außer-mir? Es gibt kein Außen! Aber das vergessen wir bei allen Tönen; wie lieblich ist es, daß wir vergessen!

Sind nicht den Dingen Namen und Töne geschenkt, daß der Mensch sich an den Dingen erquicke? Es ist eine schöne Narretei, das Sprechen: damit tanzt der Mensch über alle Dinge.

Wie lieblich ist alles Reden und alle Lüge der Töne! Mit Tönen tanzt unsre Liebe auf bunten Regenbögen. –

– »O Zarathustra«, sagten darauf die Tiere, »solchen, die denken wie wir, tanzen alle Dinge selber: das kommt und reicht sich die Hand und lacht und flieht – und kommt zurück.

Alles geht, alles kommt zurück; ewig rollt das Rad des Seins. Alles stirbt, alles blüht wieder auf, ewig läuft das Jahr des Seins.

Alles bricht, alles wird neu gefügt; ewig baut sich das gleiche Haus des

Seins. Alles scheidet, alles grüßt sich wieder; ewig bleibt sich treu der Ring des Seins.

In jedem Nu beginnt das Sein; um jedes Hier rollt sich die Kugel Dort. Die Mitte ist überall. Krumm ist der Pfad der Ewigkeit.« –

– O ihr Schalks-Narren und Drehorgeln! antwortete Zarathustra und lächelte wieder, wie gut wißt ihr, was sich in sieben Tagen erfüllen mußte: –

– und wie jenes Untier mir in den Schlund kroch und mich würgte! Aber ich biß ihm den Kopf ab und spie ihn weg von mir.

Und ihr – ihr machtet schon ein Leier-Lied daraus? Nun aber liege ich da, müde noch von diesem Beißen und Wegspein, krank noch von der eigenen Erlösung.

Und ihr schautet dem allen zu? O meine Tiere, seid auch ihr grausam? Habt ihr meinem großen Schmerze zuschaun wollen, wie Menschen tun? Der Mensch nämlich ist das grausamste Tier.

Bei Trauerspielen, Stierkämpfen und Kreuzigungen ist es ihm bisher am wohlsten geworden auf Erden; und als er sich die Hölle erfand, siehe, da war das sein Himmel auf Erden.

Wenn der große Mensch schreit –: flugs läuft der kleine hinzu; und die Zunge hängt ihm aus dem Halse vor Lüsternheit. Er aber heißt es sein »Mitleiden«.

Der kleine Mensch, sonderlich der Dichter – wie eifrig klagt er das Leben in Worten an! Hört hin, aber überhört mir die Lust nicht, die in allem Anklagen ist!

Solche Ankläger des Lebens: die überwindet das Leben mit einem Augenblinzeln. »Du liebst mich?« sagt die Freche; »warte noch ein wenig, noch habe ich für dich nicht Zeit.«

Der Mensch ist gegen sich selber das grausamste Tier; und bei allem, was sich »Sünder« und »Kreuzträger« und »Büßer« heißt, überhört mir die Wollust nicht, die in diesem Klagen und Anklagen ist!

Und ich selber – will ich damit des Menschen Ankläger sein? Ach, meine Tiere, das allein lernte ich bisher, daß dem Menschen sein Bösestes nötig ist zu seinem Besten, –

– daß alles Böseste seine beste *Kraft* ist und der härteste Stein dem höchsten Schaffenden; und daß der Mensch besser *und* böser werden muß: –

Nicht an *dies* Marterholz war ich geheftet, daß ich weiß: der Mensch ist böse – sondern ich schrie, wie noch niemand geschrien hat:

»Ach, daß sein Bösestes so gar klein ist! Ach, daß sein Bestes so gar klein ist!«

Der große Überdruß am Menschen – *der* würgte mich und war mir in den Schlund gekrochen: und was der Wahrsager wahrsagte: »Alles ist gleich, es lohnt sich nichts, Wissen würgt.«

Eine lange Dämmerung hinkte vor mir her, eine todesmüde, todestrunkene Traurigkeit, welche mit gähnendem Munde redete.

»Ewig kehrt er wieder, der Mensch, des du müde bist, der kleine Mensch« so gähnte meine Traurigkeit und schleppte den Fuß und konnte nicht einschlafen.

Zur Höhle wandelte sich mir die Menschen-Erde, ihre Brust sank hinein, alles Lebendige ward mir Menschen-Moder und Knochen und morsche Vergangenheit.

Mein Seufzen saß auf allen Menschen-Gräbern und konnte nicht mehr aufstehn; mein Seufzen und Fragen unkte und würgte und nagte und klagte bei Tag und Nacht:

– »ach, der Mensch kehrt ewig wieder! Der kleine Mensch kehrt ewig wieder!«

Nackt hatte ich einst beide gesehn, den größten Menschen und den kleinsten Menschen: allzuähnlich einander – allzumenschlich auch den Größten noch!

Allzuklein der Größte! – das war mein Überdruß am Menschen! Und ewige Wiederkunft auch des Kleinsten! – das war mein Überdruß an allem Dasein!

Ach, Ekel, Ekel! Ekel! – – Also sprach Zarathustra und seufzte und schauderte; denn er erinnerte sich seiner Krankheit. Da ließen ihn aber seine Tiere nicht weiterreden.

»Sprich nicht weiter, du Genesender!« – so antworteten ihm seine Tiere, »sondern geh hinaus, wo die Welt auf dich wartet gleich einem Garten.

Geh hinaus zu den Rosen und Bienen und Taubenschwärmen! Sonderlich aber zu den Singe-Vögeln: daß du ihnen das *Singen* ablernst.

Singen nämlich ist für Genesende; der Gesunde mag reden. Und wenn auch der Gesunde Lieder will, will er andre Lieder doch als der Genesende.«

– »O ihr Schalks-Narren und Drehorgeln, so schweigt doch!« – antwortete Zarathustra und lächelte über seine Tiere. »Wie gut ihr wißt, welchen Trost ich mir selber in sieben Tagen erfand!

Daß ich wieder singen müsse – *den* Trost erfand ich mir und *diese* Genesung: wollt ihr auch daraus gleich wieder ein Leier-Lied machen?«

– »Sprich nicht weiter«, antworteten ihm abermals seine Tiere; »lieber noch, du Genesender, mache dir erst eine Leier zurecht, eine neue Leier!

Denn siehe doch, o Zarathustra! Zu deinen neuen Liedern bedarf es neuer Leiern.

Singe und brause über, o Zarathustra, heile mit neuen Liedern deine Seele: daß du dein großes Schicksal tragest, das noch keines Menschen Schicksal war!

Denn deine Tiere wissen es wohl, o Zarathustra, wer du bist und werden mußt: siehe, *du bist der Lehrer der ewigen Wiederkunft* –, das ist nun *dein* Schicksal!

Daß du als der erste diese Lehre lehren mußt – wie sollte dies große Schicksal nicht auch deine größte Gefahr und Krankheit sein!

Siehe, wir wissen, was du lehrst: daß alle Dinge ewig wiederkehren und wir selber mit, und daß wir schon ewige Male dagewesen sind, und alle Dinge mit uns.

Du lehrst, daß es ein großes Jahr des Werdens gibt, ein Ungeheuer von großem Jahre: das muß sich, einer Sanduhr gleich, immer wieder von neuem umdrehn, damit es von neuem ablaufe und auslaufe: –

– so daß alle diese Jahre sich selber gleich sind, im Größten und auch im Kleinsten, so daß wir selber in jedem großen Jahre uns selber gleich sind, im Größten und auch im Kleinsten.

Und wenn du jetzt sterben wolltest, o Zarathustra: siehe, wir wissen auch, wie du da zu dir sprechen würdest – aber deine Tiere bitten dich, daß du noch nicht sterbest!

Du würdest sprechen und ohne Zittern, vielmehr aufatmend vor Seligkeit: denn eine große Schwere und Schwüle wäre von dir genommen, du Geduldigster! –

›Nun sterbe und schwinde ich‹, würdest du sprechen, ›und im Nu bin ich ein Nichts. Die Seelen sind so sterblich wie die Leiber.

Aber der Knoten von Ursachen kehrt wieder, in den ich verschlungen bin – der wird mich wieder schaffen! Ich selber gehöre zu den Ursachen der ewigen Wiederkunft.

Ich komme wieder, mit dieser Sonne, mit dieser Erde, mit diesem Adler, mit dieser Schlange – *nicht* zu einem neuen Leben oder besseren Leben oder ähnlichen Leben:

– ich komme ewig wieder zu diesem gleichen und selbigen Leben, im Größten und auch im Kleinsten, daß ich wieder aller Dinge ewige Wiederkunft lehre, –

– daß ich wieder das Wort spreche vom großen Erden- und Menschen-Mittage, daß ich wieder den Menschen den Übermenschen künde.

Ich sprach mein Wort, ich zerbreche an meinem Wort: so will es mein ewiges Los –, als Verkündiger gehe ich zugrunde!

Die Stunde kam nun, daß der Untergehende sich selber segnet. Also – *endet* Zarathustras Untergang.‹« – –

Als die Tiere diese Worte gesprochen hatten, schwiegen sie und warteten, daß Zarathustra etwas zu ihnen sagen werde: aber Zarathustra hörte nicht, daß sie schwiegen. Vielmehr lag er still, mit geschlossenen Augen, einem Schlafenden ähnlich, ob er schon nicht schlief: denn er unterredete sich eben mit seiner Seele. Die Schlange aber und der Adler, als sie ihn solchermaßen schweigsam fanden, ehrten die große Stille um ihn und machten sich behutsam davon.

Von der großen Sehnsucht

O meine Seele, ich lehrte dich »Heute« sagen wie »Einst« und »Ehemals« und über alles Hier und Da und Dort deinen Reigen hinwegtanzen.

O meine Seele, ich erlöste dich von allen Winkeln, ich kehrte Staub, Spinnen und Zwielicht von dir ab.

O meine Seele, ich wusch die kleine Scham und die Winkel-Tugend von dir ab und überredete dich, nackt vor den Augen der Sonne zu stehn.

Mit dem Sturme, welcher »Geist« heißt, blies ich über deine wogende See; alle Wolken blies ich davon, ich erwürgte selbst die Würgerin, die »Sünde« heißt.

O meine Seele, ich gab dir das Recht, nein zu sagen wie der Sturm, und ja zu sagen, wie offner Himmel ja sagt: still wie Licht stehst du und gehst du nun durch verneinende Stürme.

O meine Seele, ich gab dir die Freiheit zurück über Erschaffnes und Unerschaffnes: und wer kennt, wie du sie kennst, die Wollust des Zukünftigen?

O meine Seele, ich lehrte dich das Verachten, das nicht wie ein Wurmfraß kommt, das große, das liebende Verachten, welches am meisten liebt, wo es am meisten verachtet.

O meine Seele, ich lehrte dich so überreden, daß du zu dir die Gründe selber überredest: der Sonne gleich, die das Meer noch zu ihrer Höhe überredet.

O meine Seele, ich nahm von dir alles Gehorchen, Kniebeugen und Herr-Sagen; ich gab dir selber den Namen »Wende der Not« und »Schicksal«.

O meine Seele, ich gab dir neue Namen und bunte Spielwerke, ich hieß dich »Schicksal« und »Umfang der Umfänge« und »Nabelschnur der Zeit« und »azurne Glocke«.

O meine Seele, deinem Erdreich gab ich alle Weisheit zu trinken, alle neuen Weine und auch alle unvordenklich alten starken Weine der Weisheit.

O meine Seele, jede Sonne goß ich auf dich und jede Nacht und jedes Schweigen und jede Sehnsucht – da wuchsest du mir auf wie ein Weinstock.

O meine Seele, überreich und schwer stehst du nun da, ein Weinstock mit schwellenden Eutern und gedrängten braunen Gold-Weintrauben: –

– gedrängt und gedrückt von deinem Glücke, wartend vor Überflusse und schamhaft noch ob deines Wartens.

O meine Seele, es gibt nun nirgends eine Seele, die liebender wäre und umfangender und umfänglicher! Wo wäre Zukunft und Vergangenes näher beisammen als bei dir?

O meine Seele, ich gab dir alles, und alle meine Hände sind an dich leer geworden – und nun! Nun sagst du mir lächelnd und voll Schwermut: »Wer von uns hat zu danken? –

– hat der Geber nicht zu danken, daß der Nehmende nahm? Ist Schenken nicht eine Notdurft? Ist Nehmen nicht – Erbarmen?«

O meine Seele, ich verstehe das Lächeln deiner Schwermut: dein Über-Reichtum selber streckt nun sehnende Hände aus!

Deine Fülle blickt über brausende Meere hin und sucht und wartet; die Sehnsucht der Über-Fülle blickt aus deinem lächelnden Augen-Himmel!

Und wahrlich, o meine Seele! Wer sähe dein Lächeln und schmölze nicht vor Tränen? Die Engel selber schmelzen vor Tränen ob der Über-Güte deines Lächelns.

Deine Güte und Über-Güte ist es, die nicht klagen und weinen will: und doch sehnt sich, o meine Seele, dein Lächeln nach Tränen und dein zitternder Mund nach Schluchzen.

»Ist alles Weinen nicht ein Klagen? Und alles Klagen nicht ein Anklagen?« Also redest du zu dir selber, und darum willst du, o meine Seele, lieber lächeln, als dein Leid ausschütten

– in stürzende Tränen ausschütten all dein Leid über deine Fülle und über all die Drängnis des Weinstocks nach Winzer und Winzermesser!

Aber willst du nicht weinen, nicht ausweinen deine purpurne Schwermut, so wirst du *singen* müssen, o meine Seele! – Siehe, ich lächle selber, der ich dir solches vorhersage:

– singen, mit brausendem Gesange, bis alle Meere still werden, daß sie deiner Sehnsucht zuhorchen, –

– bis über stille sehnsüchtige Meere der Nachen schwebt, das güldene Wunder, um dessen Gold alle guten schlimmen wunderlichen Dinge hüpfen: –

– auch vieles große und kleine Getier und alles, was leichte wunderliche Füße hat, daß es auf veilchenblauen Pfaden laufen kann, –

– hin zu dem güldenen Wunder, dem freiwilligen Nachen und zu seinem Herrn: das aber ist der Winzer, der mit diamantenem Winzermesser wartet, –

– dein großer Löser, o meine Seele, der Namenlose – – dem zukünftige Gesänge erst Namen finden! Und wahrlich, schon duftet dein Atem nach zukünftigen Gesängen, –

– schon glühst du und träumst, schon trinkst du durstig an allen tiefen klingenden Trost-Brunnen, schon ruht deine Schwermut in der Seligkeit zukünftiger Gesänge! – –

O meine Seele, nun gab ich dir alles und auch mein letztes, und alle meine Hände sind an dich leer geworden: – *daß ich dich singen hieß*, siehe, das war mein letztes!

Daß ich dich singen hieß, sprich nun, sprich *wer* von uns hat jetzt – zu danken? – Besser aber noch: singe mir, singe, o meine Seele! Und mich laß danken! –

Also sprach Zarathustra.

Das andere Tanzlied

1

»In dein Auge schaute ich jüngst, o Leben: Gold sah ich in deinem Nacht-Auge blinken, – mein Herz stand still vor dieser Wollust:

– einen goldenen Kahn sah ich blinken auf nächtigen Gewässern, einen sinkenden, trinkenden, wieder winkenden goldenen Schaukel-Kahn!

Nach meinem Fuße, dem tanzwütigen, warfst du einen Blick, einen lachenden fragenden schmelzenden Schaukel-Blick:

Zweimal nur regtest du deine Klapper mit kleinen Händen – da schaukelte schon mein Fuß vor Tanz-Wut. –

Meine Fersen bäumten sich, meine Zehen horchten, dich zu verstehen: trägt doch der Tänzer sein Ohr – in seinen Zehen!

Zu dir hin sprang ich: da flohst du zurück vor meinem Sprunge; und gegen mich züngelte deines fliehenden fliegenden Haars Zunge!

Von dir weg sprang ich und von deinen Schlangen: da standst du schon, halbgewandt, das Auge voll Verlangen.

Mit krummen Blicken – lehrst du mich krumme Bahnen; auf krummen Bahnen lernt mein Fuß – Tücken!

Ich fürchte dich nahe, ich liebe dich ferne; deine Flucht lockt mich, dein Suchen stockt mich – ich leide, aber was litt ich um dich nicht gerne!

Deren Kälte zündet, deren Haß verführt, deren Flucht bindet, deren Spott – rührt:

– wer haßte dich nicht, dich große Binderin, Umwinderin, Versucherin, Sucherin, Finderin! Wer liebte dich nicht, dich unschuldige, ungeduldige, windseilige, kindsäugige Sünderin!

Wohin ziehst du mich jetzt, du Ausbund und Unband? Und jetzt fliehst du mich wieder, du süßer Wildfang und Undank!

Ich tanze dir nach, ich folge dir auch auf geringer Spur. Wo bist du? Gib mir die Hand! Oder einen Finger nur!

Hier sind Höhlen und Dickichte: wir werden uns verirren! – Halt! Steh still! Siehst du nicht Eulen und Fledermäuse schwirren?

Du Eule! Du Fledermaus! Du willst mich äffen? Wo sind wir? Von den Hunden lerntest du dies Heulen und Kläffen.

Du fletschest mich lieblich an mit weißen Zähnlein, deine bösen Augen springen gegen mich aus lockichtem Mähnlein!

Das ist ein Tanz über Stock und Stein: ich bin der Jäger – willst du mein Hund oder meine Gemse sein?

Jetzt neben mir! Und geschwind, du boshafte Springerin! Jetzt hinauf! Und hinüber! – Wehe! Da fiel ich selber im Springen hin!

O sieh mich liegen, du Übermut, und um Gnade flehn! Gerne möchte ich mir dir – lieblichere Pfade gehn!

– der Liebe Pfade durch stille bunte Büsche! Oder dort den See entlang: da schwimmen und tanzen Goldfische!

Du bist jetzt müde? Da drüben sind Schafe und Abendröten: ist es nicht schön, zu schlafen, wenn Schäfer flöten?

Du bist so arg müde? Ich trage dich hin, laß nur die Arme sinken! Und hast du Durst – ich hätte wohl etwas, aber dein Mund will es nicht trinken! –

– O diese verfluchte flinke gelenke Schlange und Schlupf-Hexe! Wo bist du hin? Aber im Gesicht fühle ich von deiner Hand zwei Tupfen und rote Klexe!

Ich bin es wahrlich müde, immer dein schafichter Schäfer zu sein! Du Hexe, habe ich dir bisher gesungen, nun sollst *du* mir – schrein! –

Nach dem Takt meiner Peitsche sollst du mir tanzen und schrein! Ich vergaß doch die Peitsche nicht? – Nein!«

2

Da antwortete mir das Leben also und hielt sich dabei die zierlichen Ohren zu:

»O Zarathustra! Klatsche doch nicht so fürchterlich mit deiner Peitsche! Du weißt es ja: Lärm mordet Gedanken – und eben kommen mir so zärtliche Gedanken.

Wir sind beide zwei rechte Tunichtgute und Tunichtböse. Jenseits von Gut und Böse fanden wie unser Eiland und unsre grüne Wiese – wir zwei allein! Darum müssen wir schon einander gut sein!

Und lieben wir uns auch nicht von Grund aus –, muß man sich denn gram sein, wenn man sich nicht von Grund aus liebt?

Und daß ich dir gut bin und oft zu gut, das weißt du: und der Grund ist, daß ich auf deine Weisheit eifersüchtig bin. Ah, diese tolle alte Närrin von Weisheit!

Wenn dir deine Weisheit einmal davonliefe, ach! da liefe dir schnell auch meine Liebe noch davon.« –

Darauf blickte das Leben nachdenklich hinter sich und um sich und sagte leise: »O Zarathustra, du bist mir nicht treu genug!

Du liebst mich lange nicht so sehr wie du redest; ich weiß, du denkst daran, daß du mich bald verlassen willst.

Es gibt eine alte schwere schwere Brumm-Glocke: die brummt nachts bis zu deiner Höhle hinauf: –

– hörst du diese Glocke mitternachts die Stunde schlagen, so denkst du zwischen eins und zwölf daran –

– du denkst daran, o Zarathustra, ich weiß es, daß du mich bald verlassen willst!« –

»Ja«, antwortete ich zögernd, »aber du weißt es auch –« Und ich sagte ihr etwas ins Ohr, mitten hinein zwischen ihre verwirrten gelben törichten Haar-Zotteln.

»Du *weißt* das, o Zarathustra? Das weiß niemand. – –«

Und wir sahen uns an und blickten auf die grüne Wiese, über welche eben der kühle Abend lief, und weinten miteinander. – Damals aber war mir das Leben lieber, als je alle meine Weisheit. –

Also sprach Zarathustra.

3

Eins!

O Mensch! Gib acht!

Zwei!

Was spricht die tiefe Mitternacht?

Drei!

»Ich schlief, ich schlief –,

Vier!

Aus tiefem Traum bin ich erwacht: –

Fünf!

Die Welt ist tief,

Sechs!

Und tiefer als der Tag gedacht.

Sieben!

Tief ist ihr Weh –,

Acht!

Lust – tiefer noch als Herzeleid:

Neun!

Weh spricht: Vergeh!

Zehn!

Doch alle Lust will Ewigkeit –,

Elf!

– will tiefe, tiefe Ewigkeit!«

Zwölf!

Die sieben Siegel
(Oder: das Ja- und Amen-Lied)

1

Wenn ich ein Wahrsager bin und voll jenes wahrsagerischen Geistes, der auf hohem Joche zwischen zwei Meeren wandelt, –

zwischen Vergangenem und Zukünftigem als schwere Wolke wandelt, – schwülen Niederungen feind und allem, was müde ist und nicht sterben noch leben kann:

zum Blitze bereit im dunklen Busen und zum erlösenden Lichtstrahle, schwanger von Blitzen, die ja! sagen, ja! lachen, zu wahrsagerischen Blitzstrahlen: –

– selig aber ist der also Schwangere! Und wahrlich, lange muß als schweres Wetter am Berge hängen, wer einst das Licht der Zukunft zünden soll! –

o wie sollte ich nicht nach der Ewigkeit brünstig sein und nach dem hochzeitlichen Ring der Ringe – dem Ring der Wiederkunft!

Nie noch fand ich das Weib, von dem ich Kinder mochte, es sei denn dieses Weib, das ich liebe: denn ich liebe dich, o Ewigkeit!

Denn ich liebe dich, o Ewigkeit!

2

Wenn mein Zorn je Gräber brach, Grenzsteine rückte und alte Tafeln zerbrochen in steile Tiefen rollte:

Wenn mein Hohn je vermoderte Worte zerblies, und ich wie ein Besen kam den Kreuzspinnen und als Fegewind alten verdampften Grabkammern:

Wenn ich je frohlockend saß, wo alte Götter begraben liegen, weltsegnend, weltliebend neben den Denkmalen alter Welt-Verleumder: –

– denn selbst Kirchen und Gottes-Gräber liebe ich, wenn der Himmel erst reinen Auges durch ihre zerbrochenen Decken blickt; gern sitze ich gleich Gras und rotem Mohne auf zerbrochnen Kirchen –

o wie sollte ich nicht nach der Ewigkeit brünstig sein und nach dem hochzeitlichen Ring der Ringe, – dem Ring der Wiederkunft?

Nie noch fand ich das Weib, von dem ich Kinder mochte, es sei denn dieses Weib, das ich liebe: denn ich liebe dich, o Ewigkeit!

Denn ich liebe dich, o Ewigkeit!

3

Wenn je ein Hauch zu mir kam vom schöpferischen Hauche und von jener himmlischen Not, die noch Zufälle zwingt, Sternen-Reigen zu tanzen:

Wenn ich je mit dem Lachen des schöpferischen Blitzes lachte, dem der lange Donner der Tat grollend, aber gehorsam nachfolgt:

Wenn ich je am Göttertisch der Erde mit Göttern Würfel spielte, daß die Erde bebte und brach und Feuerflüsse heraufschnob: –

– denn ein Göttertisch ist die Erde, und zitternd von schöpferischen neuen Worten und Götter-Würfen: –

o wie sollte ich nicht nach der Ewigkeit brünstig sein und nach dem hochzeitlichen Ring der Ringe – dem Ring der Wiederkunft?

Nie noch fand ich das Weib, von dem ich Kinder möchte, es sei denn dieses Weib, das ich liebe: denn ich liebe dich, o Ewigkeit!

Denn ich liebe dich, o Ewigkeit!

4

Wenn ich je vollen Zuges trank aus jenem schäumenden Würz- und Mischkruge, in dem alle Dinge gut gemischt sind:

Wenn meine Hand je Fernstes zum Nächsten goß und Feuer zu Geist und Lust zu Leid und Schlimmstes zum Gütigsten:

Wenn ich selber ein Korn bin von jenem erlösenden Salze, welches macht, daß alle Dinge im Mischkruge gut sich mischen: –

– denn es gibt ein Salz, das Gutes mit Bösem bindet; und auch das Böseste ist zum Würzen würdig und zum letzten Überschäumen: –

O wie sollte ich nicht nach der Ewigkeit brünstig sein und nach dem hochzeitlichen Ring der Ringe – dem Ring der Wiederkunft?

Nie noch fand ich das Weib, von dem ich Kinder möchte, es sei denn dieses Weib, das ich liebe: denn ich liebe dich, o Ewigkeit!

Denn ich liebe dich, o Ewigkeit!

5

Wenn ich dem Meere hold bin und allem, was Meeres-Art ist, und am holdesten noch, wenn es mir zornig widerspricht:

Wenn jene suchende Lust in mir ist, die nach Unentdecktem die Segel treibt, wenn eine Seefahrer-Lust in meiner Lust ist:

Wenn je mein Frohlocken rief: »die Küste schwand – nun fiel mir die letzte Kette ab –

– das Grenzenlose braust um mich, weit hinaus glänzt mir Raum und Zeit, wohlan! wohlauf! altes Herz!« –

O wie sollte ich nicht nach der Ewigkeit brünstig sein und nach dem hochzeitlichen Ring der Ringe, – dem Ring der Widerkunft?

Nie noch fand ich das Weib, von dem ich Kinder mochte, es sei denn dieses Weib, das ich liebe: denn ich liebe dich, o Ewigkeit!

Denn ich liebe dich, o Ewigkeit!

6

Wenn meine Tugend eines Tänzers Tugend ist, und ich oft mit beiden Füßen in gold-smaragdenes Entzücken sprang:

Wenn meine Bosheit eine lachende Bosheit ist, heimisch unter Rosenhängen und Lilien-Hecken:

– im Lachen nämlich ist alles Böse beieinander, aber heilig- und losgesprochen durch seine eigne Seligkeit: –

Und wenn das mein A und O ist, daß alles Schwere leicht, aller Leib Tänzer, aller Geist Vogel werde: und wahrlich, das ist mein A und O! –

O wie sollte ich nicht nach der Ewigkeit brünstig sein und nach dem hochzeitlichen Rind der Ringe – dem Ring der Wiederkunft!

Nie noch fand ich das Weib, von dem ich Kinder mochte, es sei denn dieses Weib, das ich liebe: denn ich liebe dich, o Ewigkeit!

Denn ich liebe dich, o Ewigkeit!

7

Wenn ich je stille Himmel über mir ausspannte und mit eignen Flügeln in eigne Himmel flog:

Wenn ich spielend in tiefen Licht-Fernen schwamm, und meiner Freiheit Vogel-Weisheit kam: –

– so aber spricht Vogel-Weisheit: »Siehe, es gibt kein Oben, kein Unten! Wirf dich umher, hinaus, zurück, du Leichter! Singe! sprich nicht mehr!

– sind alle Worte nicht für die Schweren gemacht? Lügen dem Leichten nicht alle Worte! Singe! sprich nicht mehr!«

O wie sollte ich nicht nach der Ewigkeit brünstig sein und nach dem hochzeitlichen Ring der Ringe – dem Ring der Wiederkunft?

Nie noch fand ich das Weib, von dem ich Kinder mochte, es sei denn dieses Weib, das ich liebe: denn ich liebe dich, o Ewigkeit!

Denn ich liebe dich, o Ewigkeit!

VIERTER UND LETZTER TEIL

ALSO SPRACH ZARATHUSTRA

> Ach, wo in der Welt geschahen größere Torheiten, als bei den Mitleidigen? Und was in der Welt stiftete mehr Leid, als die Torheiten der Mitleidigen?
>
> Wehe allen Liebenden, die nicht noch eine Höhe haben, welche über ihrem Mitleiden ist!
>
> Also sprach der Teufel einst zu mir: »auch Gott hat seine Hölle: das ist seine Liebe zu den Menschen.«
>
> Und jüngst hörte ich ihn dies Wort sagen: »Gott ist tot, an seinem Mitleiden mit den Menschen ist Gott gestorben.«
>
> *Also sprach Zarathustra (S. 604)*

Das Honig-Opfer

– Und wieder liefen Monde und Jahre über Zarathustras Seele, und er achtete dessen nicht; sein Haar aber wurde weiß. Eines Tages, als er auf einem Steine vor seiner Höhle saß und still hinausschaute, – man schaut aber dort auf das Meer hinaus, und hinweg über gewundene Abgründe –, da gingen seine Tiere nachdenklich um ihn herum und stellten sich endlich vor ihn hin.

»O Zarathustra«, sagten sie, »schaust du wohl aus nach deinem Glücke?« – »Was liegt am Glücke!« antwortete er, »ich trachte lange nicht mehr nach Glücke, ich trachte nach meinem Werke.« – »O Zarathustra«, redeten die Tiere abermals, »das sagst du als einer, der des Guten übergenug hat. Liegst du nicht in einem himmelblauen See von Glück?« – »Ihr Schalks-Narren«, antwortete Zarathustra und lächelte, »wie gut wähltet ihr das Gleichnis! Aber ihr wißt auch, daß mein Glück schwer ist, und nicht wie eine flüssige Wasserquelle: es drängt mich, und will nicht von mir, und tut gleich geschmolzenem Peche.« –

Da gingen die Tiere wieder nachdenklich um ihn herum und stellten sich dann abermals vor ihn hin. »O Zarathustra«, sagten sie, »*daher* also kommt es, daß du selber immer gelber und dunkler wirst, obschon dein Haar weiß und flächsern aussehen will? Siehe doch, du sitzest in deinem Peche!« – »Was sagt ihr da, meine Tiere«, sagte Zarathustra und lachte dazu, »wahrlich, ich lästerte, als ich von Peche sprach. Wie mir geschieht, so geht es allen Früchten, die reif werden. Es ist der *Honig* in meinen

Adern, der mein Blut dicker und auch meine Seele stiller macht.« – »So wird es sein, o Zarathustra«, antworteten die Tiere und drängten sich an ihn; »willst du aber nicht heute auf einen hohen Berg steigen? Die Luft ist rein, und man sieht heute mehr von der Welt als jemals.« – »Ja, meine Tiere«, antwortete er, »ihr ratet trefflich und mir nach dem Herzen: ich will heute auf einen hohen Berg steigen! Aber sorgt, daß dort Honig mir zur Hand sei, gelber, weißer, guter, eisfrischer Waben-Goldhonig. Denn wisset, ich will droben das Honig-Opfer bringen.« –

Als Zarathustra aber oben auf der Höhe war, sandte er die Tiere heim, die ihn geleitet hatten, und fand, daß er nunmehr allein sei – da lachte er aus ganzem Herzen, sah sich um und sprach also:

Daß ich von Opfern sprach und Honig-Opfern, eine List war's nur meiner Rede und, wahrlich, eine nützliche Torheit! Hier oben darf ich schon freier reden, als vor Einsiedler-Höhlen und Einsiedler-Haustieren.

Was opfern! Ich verschwende, was mir geschenkt wird, ich Verschwender mit tausend Händen: wie dürfte ich das noch – opfern heißen!

Und als ich nach Honig begehrte, begehrte ich nur nach Köder und süßem Seime und Schleime, nach dem auch Brummbären und wunderliche mürrische böse Vögel die Zunge lecken:

– nach dem besten Köder, wie er Jägern und Fischfängern nottut. Denn wenn die Welt wie ein dunkler Tierwald ist und aller wilden Jäger Lustgarten, so dünkt sie mich noch mehr und lieber ein abgründliches reiches Meer,

– ein Meer voll bunter Fische und Krebse, nach dem es auch Götter gelüsten möchte, daß sie an ihm zu Fischern würden und zu Netz-Auswerfern: so reich ist die Welt an Wunderlichem, großem und kleinem!

Sonderlich die Menschen-Welt, das Menschen-Meer – nach *dem* werfe ich nun meine goldene Angelrute aus und spreche: tue dich auf, du Menschen-Abgrund!

Tue dich auf und wirf mir deine Fische und Glitzer-Krebse zu! Mit meinem besten Köder ködere ich mir heute die wunderlichsten Menschen-Fische!

– mein Glück selber werfe ich hinaus in alle Weiten und Fernen, zwischen Aufgang, Mittag und Niedergang, ob nicht an meinem Glücke viele Menschen-Fische zerrn und zappeln lernen.

Bis sie, anbeißend an meine spitzen verborgenen Haken, hinauf müssen in *meine* Höhe, die buntesten Abgrund-Gründlinge zu dem boshaftigsten aller Menschen-Fischfänger.

Der nämlich bin ich von Grund und Anbeginn, ziehend, heranziehend, hinaufziehend, aufziehend, ein Zieher, Züchter und Zuchtmeister, der sich nicht umsonst einstmals zusprach: »Werde, der du bist!«

Also mögen nunmehr die Menschen zu mir *hinauf* kommen: denn noch

warte ich der Zeichen, daß es Zeit sei zu meinem Niedergange; noch gehe ich selber nicht unter, wie ich muß, unter Menschen.

Dazu warte ich hier, listig und spöttisch auf hohen Bergen, kein Ungeduldiger, kein Geduldiger, vielmehr einer, der auch die Geduld verlernt hat – weil er nicht mehr »duldet«.

Mein Schicksal nämlich läßt mir Zeit: es vergaß mich wohl? Oder sitzt es hinter einem großen Steine im Schatten und fängt Fliegen?

Und wahrlich, ich bin ihm gut darob, meinem ewigen Schicksale, daß es mich nicht hetzt und drängt und mir Zeit zu Possen läßt und Bosheiten: also daß ich heute zu einem Fischfange auf diesen hohen Berg stieg.

Fing wohl je ein Mensch auf hohen Bergen Fische? Und wenn es auch eine Torheit ist, was ich hier oben will und treibe: besser noch dies, als daß ich da unten feierlich würde vor Warten und grün und gelb –

– ein gespreizter Zornschnauber vor Warten, ein heiliger Heule-Sturm aus Bergen, ein Ungeduldiger, der in die Täler hinab ruft: »Hört, oder ich peitsche euch mit der Geißel Gottes!«

Nicht daß ich solchen Zürnern darob gram würde: zum Lachen sind sie mir gut genug! Ungeduldig müssen sie schon sein, diese großen Lärmtrommeln, welche heute oder niemals zu Worte kommen!

Ich aber und mein Schicksal – wir reden nicht zum Heute, wir reden auch nicht zum Niemals: wir haben zum Reden schon Geduld und Zeit und Überzeit. Denn einst muß er doch kommen und darf nicht vorübergehn.

Wer muß einst kommen und darf nicht vorübergehn? Unser großer Hazar, das ist unser großes fernes Menschen-Reich, das Zarathustra-Reich von tausend Jahren – –

Wie ferne mag solches »Ferne« sein? was geht's mich an! Aber darum steht es mir doch nicht minder fest –, mit beiden Füßen stehe ich sicher auf diesem Grunde,

– auf einem ewigen Grunde, auf hartem Urgesteine, auf diesem höchsten härtesten Urgebirge, zu dem alle Winde kommen als zur Wetterscheide, fragend nach wo? und woher? und wohinaus?

Hier lache, lache, meine helle heile Bosheit! Von hohen Bergen wirf hinab dein glitzerndes Spott-Gelächter! Ködere mit deinem Glitzern mir die schönsten Menschen-Fische!

Und was in allen Meere *mir* zugehört, mein An-und-für-mich in allen Dingen – *das* fische mir heraus, *das* führe zu mir herauf: des warte ich, der boshaftigste aller Fischfänger.

Hinaus, hinaus, meine Angel! Hinein, hinab, Köder meines Glücks! Träufle deinen süßesten Tau, mein Herzens-Honig! Beiße, meine Angel, in den Bauch aller schwarzen Trübsal!

Hinaus, hinaus, mein Auge! O welche vielen Meere rings um mich, welch dämmernde Menschen-Zukünfte! Und über mir – welch rosenrote Stille! Welch entwölktes Schweigen!

Der Notschrei

Des nächsten Tages saß Zarathustra wieder auf seinem Steine vor der Höhle, während die Tiere draußen in der Welt herumschweiften, daß sie neue Nahrung heimbrächten – auch neuen Honig: denn Zarathustra hatte den alten Honig bis auf das letzte Korn vertan und verschwendet. Als er aber dermaßen dasaß, mit einem Stecken in der Hand, und den Schatten seiner Gestalt auf der Erde abzeichnete, nachdenkend, und wahrlich! nicht über sich und seinen Schatten – da erschrak er mit einemmale und fuhr zusammen: denn er sahe neben seinem Schatten noch einen andern Schatten. Und wie er schnell um sich blickte und aufstand, siehe, da stand der Wahrsager neben ihm, derselbe, den er einstmals an seinem Tische gespeist und getränkt hatte, der Verkündiger der großen Müdigkeit, welcher lehrte: »Alles ist gleich, es lohnt sich nichts, Welt ist ohne Sinn, Wissen würgt.« Aber sein Antlitz hatte sich inzwischen verwandelt; und als ihm Zarathustra in die Augen blickte, wurde sein Herz abermals erschreckt: so viel schlimme Verkündigungen und aschgraue Blitze liefen über dies Gesicht.

Der Wahrsager, der es wahrgenommen, was sich in Zarathustras Seele zutrug, wischte mit der Hand über sein Antlitz hin, wie als ob er dasselbe wegwischen wollte; desgleichen tat auch Zarathustra. Und als beide dergestalt sich schweigend gefaßt und gekräftigt hatten, gaben sie sich die Hände, zum Zeichen, daß sie sich wiedererkennen wollten.

»Sei mir willkommen«, sagte Zarathustra, »du Wahrsager der großen Müdigkeit, du sollst nicht umsonst einstmals mein Tisch- und Gastfreund gewesen sein. Iß und trink auch heute bei mir und vergib es, daß ein vergnügter alter Mann mit dir zu Tische sitzt!« – »Ein vergnügter alter Mann?« antwortete der Wahrsager, den Kopf schüttelnd: »wer du aber auch bist oder sein willst, o Zarathustra, du bist es zum längsten hier oben gewesen – dein Nachen soll über kurzem nicht mehr im Trocknen sitzen!« – »Sitze ich denn im Trocknen?« – fragte Zarathustra lachend. – »Die Wellen um deinen Berg«, antwortete der Wahrsager, »steigen und steigen, die Wellen großer Not und Trübsal: die werden bald auch deinen Nachen heben und dich davontragen.« – Zarathustra schwieg hierauf und wunderte sich. – »Hörst du noch nichts?« fuhr der Wahrsager fort: »rauscht und braust es nicht herauf aus der Tiefe?« – Zarathustra schwieg abermals und horchte: da hörte er einen langen, langen Schrei, welchen die Abgründe sich zuwarfen und weitergaben, denn keiner wollte ihn behalten: so böse klang er.

»Du schlimmer Verkündiger«, sprach endlich Zarathustra, »das ist ein Notschrei und der Schrei eines Menschen; der mag wohl aus einem schwarzen Meere kommen. Aber was geht mich Menschen-Not an! Meine letzte Sünde, die mir aufgespart blieb, weißt du wohl, wie sie heißt?«

– »*Mitleiden!*« antwortete der Wahrsager aus einem überströmenden

Herzen und hob beide Hände empor – »o Zarathustra, ich komme, daß ich dich zu deiner letzten Sünde verführe!« –

Und kaum waren diese Worte gesprochen, da erscholl der Schrei abermals, und länger und ängstlicher als vorher, auch schon viel näher. »Hörst du? Hörst du, o Zarathustra?« rief der Wahrsager, »dir gilt der Schrei, dich ruft er: komm, komm, komm, es ist Zeit, es ist höchste Zeit!« –

Zarathustra schwieg hierauf, verwirrt und erschüttert; endlich fragte er, wie einer, der bei sich selber zögert: »Und wer ist das, der dort mich ruft?«

»Aber du weißt es ja«, antwortete der Wahrsager heftig, »was verbirgst du dich? *Der höhere Mensch* ist es, der nach dir schreit!«

»Der höhere Mensch?« schrie Zarathustra von Grausen erfaßt: »was will *der*? Was will *der*? Der höhere Mensch! Was will der hier?« – und seine Haut bedeckte sich mit Schweiß.

Der Wahrsager aber antwortete nicht auf die Angst Zarathustras, sondern horchte und horchte nach der Tiefe zu. Als es jedoch lange Zeit dort stille blieb, wandte er seinen Blick zurück und sahe Zarathustra stehn und zittern.

»O Zarathustra«, hob er mit trauriger Stimme an, »du stehst nicht da wie einer, den sein Glück drehend macht: du wirst tanzen müssen, daß du mir nicht umfällst!

Aber wenn du auch vor mir tanzen wolltest und alle deine Seitensprünge springen: niemand soll mir doch sagen dürfen: ›Siehe, hier tanzt der letzte frohe Mensch!‹

Umsonst käme einer auf diese Höhe, der *den* hier suchte: Höhlen fände er wohl und Hinter-Höhlen, Verstecke für Versteckte, aber nicht Glücks-Schachte und Schatzkammer und neue Glücks-Goldadern.

Glück – wie fände man wohl das Glück bei solchen Vergrabenen und Einsiedlern! Muß ich das letzte Glück noch auf glückseligen Inseln suchen und ferne zwischen vergessenen Meeren?

Aber alles ist gleich, es lohnt sich nichts, es hilft kein Suchen, es gibt auch keine glückseligen Inseln mehr!« – –

Also seufzte der Wahrsager; bei seinem letzten Seufzer aber wurde Zarathustra wieder hell und sicher, gleich einem, der aus einem tiefen Schlunde ans Licht kommt. »Nein! Nein! Dreimal nein!« rief er mit starker Stimme und strich den Bart, »*das* weiß ich besser! Es gibt noch glückselige Inseln. Stille *davon*, du seufzender Trauersack!

Höre *davon* auf zu plätschern, du Regenwolke am Vormittag! Stehe ich denn nicht schon da, naß von deiner Trübsal und begossen wie ein Hund?

Nun schüttle ich mich und laufe dir davon, daß ich wieder trocken werde: des darfst du nicht wunder haben! Dünke ich dir unhöflich? Aber hier ist *mein* Hof.

Was aber deinen höheren Menschen angeht: wohlan! ich suche ihn

flugs in jenen Wäldern: *daher* kam sein Schrei. Vielleicht bedrängt ihn da ein böses Tier.

Er ist in *meinem* Bereiche: darin soll er mir nicht zu Schaden kommen! Und wahrlich, es gibt viele böse Tiere bei mir.« –

Mit diesen Worten wandte sich Zarathustra zum Gehen. Da sprach der Wahrsager: »O Zarathustra, du bist ein Schelm!

Ich weiß es schon: du willst mich los sein! Lieber noch läufst du in die Wälder und stellst bösen Tieren nach!

Aber was hilft es dir? Des Abends wirst du doch mich wiederhaben; in deiner eignen Höhle werde ich dasitzen, geduldig und schwer wie ein Klotz – und auf dich warten!«

»So sei's!« rief Zarathustra zurück im Fortgehn: »und was mein ist in meiner Höhle, gehört auch dir, meinem Gastfreunde!

Solltest du aber drin noch Honig finden, wohlan! so lecke ihn nur auf, du Brummbär, und versüße deine Seele! Am Abende nämlich wollen wir beide guter Dinge sein,

– guter Dinge und froh darob, daß dieser Tag zu Ende ging! Und du selber sollst zu meinen Liedern als mein Tanzbär tanzen.

Du glaubst nicht daran? Du schüttelst den Kopf? Wohlan! Wohlauf! Alter Bär! Aber auch ich – bin ein Wahrsager.«

Also sprach Zarathustra.

Gespräch mit den Königen

1

Zarathustra war noch keine Stunde in seinen Bergen und Wäldern unterwegs, da sahe er mit einem Male einen seltsamen Aufzug. Gerade auf dem Wege, den er hinabwollte, kamen zwei Könige gegangen, mit Kronen und Purpurgürteln geschmückt und bunt wie Flamingo-Vögel: die trieben einen beladenen Esel vor sich her. »Was wollen diese Könige in meinem Reiche?« sprach Zarathustra erstaunt zu seinem Herzen und versteckte sich geschwind hinter einem Busche. Als aber die Könige bis zu ihm herankamen, sagte er, halblaut, wie einer, der zu sich allein redet: »Seltsam! Seltsam! Wie reimt sich das zusammen? Zwei Könige sehe ich – und nur einen Esel!«

Da machten die beiden Könige halt, lächelten, sahen nach der Stelle hin, woher die Stimme kam, und sahen sich nachher selber ins Gesicht. »Solcherlei denkt man wohl auch unter uns«, sagte der König zur Rechten, »aber man spricht es nicht aus.«

Der König zur Linken aber zuckte mit den Achseln und antwortete: »Das mag wohl ein Ziegenhirt sein. Oder ein Einsiedler, der zu lange

unter Felsen und Bäumen lebte. Gar keine Gesellschaft nämlich verdirbt auch die guten Sitten.«

»Die guten Sitten?« entgegnete unwillig und bitter der andre König: »wem laufen wir denn aus dem Wege? Ist es nicht den ›guten Sitten‹? Unsrer ›guten Gesellschaft‹?

Lieber, wahrlich, unter Einsiedlern und Ziegenhirten als mit unserm vergoldeten falschen überschminkten Pöbel leben – ob er sich schon ›gute Gesellschaft‹ heißt,

– ob er sich schon ›Adel‹ heißt. Aber da ist alles falsch und faul, voran das Blut, dank alten schlechten Krankheiten und schlechteren Heil-Künstlern.

Das Beste und Liebste ist mir heute noch ein gesunder Bauer, grob, listig, hartnäckig, langhaltig: das ist heute die vornehmste Art.

Der Bauer ist heute der Beste; und Bauern-Art sollte Herr sein! Aber es ist das Reich des Pöbels – ich lasse mir nichts mehr vormachen. Pöbel aber, das heißt: Mischmasch.

Pöbel-Mischmasch: darin ist alles in allem durcheinander, Heiliger und Halunke und Junker und Jude und jeglich Vieh aus der Arche Noäh.

Gute Sitten! Alles ist bei uns falsch und faul. Niemand weiß mehr zu verehren: *dem* gerade laufen wir davon. Es sind süßliche zudringliche Hunde, sie vergolden Palmenblätter.

Dieser Ekel würgt mich, daß wir Könige selber falsch wurden, überhängt und verkleidet durch alten vergilbten Großväter-Prunk, Schaumünzen für die Dümmsten und die Schlauesten und wer heute alles mit der Macht Schacher treibt!

Wir *sind* nicht die Ersten – und müssen es doch *bedeuten*: dieser Betrügerei sind wir endlich satt und ekel geworden.

Dem Gesindel gingen wir aus dem Wege, allen diesen Schreihälsen und Schreib-Schmeißfliegen, dem Krämer-Gestank, dem Ehrgeiz-Gezappel, dem üblen Atem –: pfui, unter dem Gesindel leben,

– pfui, unter dem Gesindel die Ersten zu bedeuten! Ach, Ekel! Ekel! Ekel! Was liegt noch an uns Königen!« –

»Deine alte Krankheit fällt dich an«, sagte hier der König zur Linken, »der Ekel fällt dich an, mein armer Bruder. Aber du weißt es doch, es hört uns einer zu.«

Sofort erhob sich Zarathustra, der zu diesen Reden Ohren und Augen aufgesperrt hatte, aus seinem Schlupfwinkel, trat auf die Könige zu und begann:

»Der Euch zuhört, der Euch gerne zuhört, ihr Könige, der heißt Zarathustra.

Ich bin Zarathustra, der einst sprach: ›Was liegt noch an Königen!‹ Vergebt mir, ich freute mich, als Ihr zueinander sagtet: ›Was liegt an uns Königen!‹

Hier aber ist *mein* Reich und meine Herrschaft: was mögt Ihr wohl in meinem Reiche suchen? Vielleicht aber *fandet* Ihr unterwegs, was *ich* suche: nämlich den höheren Menschen.«

Als dies die Könige hörten, schlugen sie sich an die Brust und sprachen mit einem Munde: »Wir sind erkannt!

Mit dem Schwerte dieses Wortes zerhaust du unsres Herzens dickste Finsternis. Du entdecktest unsre Not, denn siehe! wir sind unterwegs, daß wir den höheren Menschen fänden –

– den Menschen, der höher ist als wir: ob wir gleich Könige sind. Ihm führen wir diesen Esel zu. Der höchste Mensch nämlich soll auf Erden auch der höchste Herr sein.

Es gibt kein härteres Unglück in allem Menschen-Schicksale, als wenn die Mächtigen der Erde nicht auch die ersten Menschen sind. Da wird alles falsch und schief und ungeheuer.

Und wenn sie gar die letzten sind und mehr Vieh als Mensch: da steigt und steigt der Pöbel im Preise, und endlich spricht gar die Pöbel-Tugend: ›siehe, ich allein bin Tugend!‹« –

»Was hörte ich eben?« antwortete Zarathustra; »welche Weisheit bei Königen! Ich bin entzückt, und, wahrlich, schon gelüstet's mich, einen Reim darauf zu machen: –

– mag es auch ein Reim werden, der nicht für jedermanns Ohren taugt. Ich verlernte seit langem schon die Rücksicht auf lange Ohren. Wohlan! Wohlauf!

(Hier aber geschah es, daß auch der Esel zu Worte kam: er sagte aber deutlich und mit bösem Willen I-A.)

Einstmals – ich glaub, im Jahr des Heiles Eins –
Sprach die Sibylle, trunken sonder Weins:
»Weh, nun geht's schief!
Verfall! Verfall! Nie sank die Welt so tief!
Rom sank zur Hure und zur Huren-Bude,
Roms Cäsar sank zum Vieh, Gott selbst – ward Jude!«

2

An diesen Reimen Zarathustras weideten sich die Könige; der König zur Rechten aber sprach: »O Zarathustra, wie gut taten wir, daß wir auszogen, dich zu sehn!

Deine Feinde nämlich zeigten uns dein Bild in ihrem Spiegel: da blicktest du mit der Fratze eines Teufels und hohnlachend: also daß wir uns vor dir fürchteten.

Aber was half's! Immer wieder stachst du uns in Ohr und Herz mit

deinen Sprüchen. Da sprachen wir endlich: was liegt daran, wie er aussieht!

Wir müssen ihn *hören,* ihn, der lehrt: ›ihr sollt den Frieden lieben als Mittel zu neuen Kriegen, und den kurzen Frieden mehr als den langen!‹

Niemand sprach je so kriegerische Worte: ›Was ist gut? Tapfer sein ist gut. Der gute Krieg ist's, der jede Sache heiligt.‹

O Zarathustra, unserer Väter Blut rührte sich bei solchen Worten in unserm Leibe: das war wie die Rede des Frühlings zu alten Weinfässern.

Wenn die Schwerter durcheinander liefen gleich rotgefleckten Schlangen, da wurden unsre Väter dem Leben gut; alles Friedens Sonne dünkte sie flau und lau, der lange Frieden aber machte Scham.

Wie sie seufzten, unsre Väter, wenn sie an der Wand blitzblanke ausgedorrte Schwerter sahen! Denen gleich dürsteten sie nach Krieg. Ein Schwert nämlich will Blut trinken und funkelt vor Begierde.« – –

– Als die Könige dergestalt mit Eifer von dem Glück ihrer Väter redeten und schwätzten, überkam Zarathustra keine kleine Lust, ihres Eifers zu spotten: denn ersichtlich waren es sehr friedfertige Könige, welche er vor sich sah, solche mit alten und feinen Gesichtern. Aber er bezwang sich. »Wohlan!« sprach er, »dorthin führt der Weg, da liegt die Höhle Zarathustras; und dieser Tag soll einen langen Abend haben! Jetzt aber ruft mich eilig ein Notschrei fort von Euch.

Es ehrt meine Höhle, wenn Könige in ihr sitzen und warten wollen: aber, freilich, Ihr werdet lange warten müssen!

Je nun! Was tut's! Wo lernt man heute besser warten als an Höfen? Und der Könige ganze Tugend, die ihnen übrigblieb – heißt sie heute nicht: Warten-*können*?«

Also sprach Zarathustra.

Der Blutegel

Und Zarathustra ging nachdenklich weiter und tiefer, durch Wälder und vorbei an moorigen Gründen; wie es aber jedem ergeht, der über schwere Dinge nachdenkt, so trat er unversehens dabei auf einen Menschen. Und siehe, da spritzten ihm mit einem Male ein Weheschrei und zwei Flüche und zwanzig schlimme Schimpfworte ins Gesicht: also daß er in seinem Schrecken den Stock erhob und auch auf den Getretenen noch zuschlug. Gleich darauf aber kam ihm die Besinnung; und sein Herz lachte über die Torheit, die er eben getan hatte.

»Vergib«, sagte er zu dem Getretenen, der sich grimmig erhoben und gesetzt hatte, »vergib und vernimm vor allem erst ein Gleichnis.

Wie ein Wanderer, der von fernen Dingen träumt, unversehens auf ein-

samer Straße einen schlafenden Hund anstößt, einen Hund, der in der Sonne liegt:

– wie da beide auffahren, sich anfahren, Todfeinden gleich, diese zwei zu Tod Erschrockenen: also erging er uns.

Und doch! Und doch – wie wenig hat gefehlt, daß sie einander liebkosten, dieser Hund und dieser Einsame! Sind sie doch beide – Einsame!«

– »Wer du auch sein magst«, sagte immer noch grimmig der Getretene, »du trittst mir auch mit deinem Gleichnis zu nahe, und nicht nur mit deinem Fuße!

Siehe doch, bin ich denn ein Hund?« – und dabei erhob sich der Sitzende und zog seinen nackten Arm aus dem Sumpfe. Zuerst nämlich hatte er ausgestreckt am Boden gelegen, verborgen und unkenntlich gleich solchen, die einem Sumpf-Wilde auflauern.

»Aber was treibst du doch!« rief Zarathustra erschreckt, denn er sahe, daß über den nackten Arm weg viel Bluß floß – »was ist dir zugestoßen? Biß dich, du Unseliger, ein schlimmes Tier?«

Der Blutende lachte, immer noch erzürnt. »Was geht's dich an!« sagte er und wollte weitergehn. »Hier bin ich heim und in meinem Bereiche. Mag mich fragen, wer da will: einem Tölpel aber werde ich schwerlich antworten.«

»Du irrst«, sagte Zarathustra mitleidig und hielt ihn fest, »du irrst: hier bist du nicht bei dir, sondern in meinem Reiche, und darin soll mir keiner zu Schaden kommen.

Nenne mich aber immerhin, wie du willst – ich bin, der ich sein muß. Ich selber heiße mich Zarathustra.

Wohlan! Dort hinauf geht der Weg zu Zarathustras Höhle: die ist nicht fern, – willst du nicht bei mir deiner Wunden warten?

Es ging dir schlimm, du Unseliger, in diesem Leben: erst biß dich das Tier, und dann – trat dich der Mensch!« –

Als aber der Getretene den Namen Zarathustras hörte, verwandelte er sich. »Was geschieht mir doch!« rief er aus, »*wer* kümmert mich denn noch in diesem Leben, als dieser eine Mensch, nämlich Zarathustra, und jenes eine Tier, das vom Blute lebt, der Blutegel?

Des Blutegels halber lag ich hier an diesem Sumpfe wie ein Fischer, und schon war mein ausgehängter Arm zehnmal angebissen, da beißt noch ein schönerer Igel nach meinen Blute, Zarathustra selber!

O Glück! O Wunder! Gelobt sei dieser Tag, der mich in diesen Sumpf lockte! Gelobt sei der beste lebendigste Schröpfkopf, der heut lebt, gelobt sei der große Gewissens-Blutegel Zarathustra!« –

Also sprach der Getretene; und Zarathustra freute sich über seine Worte und ihre feine ehrfürchtige Art. »Wer bist du?« fragte er und reichte ihm die Hand, »zwischen uns bleibt viel aufzuklären und aufzuheitern: aber schon, dünkt mich, wird es reiner heller Tag.«

»Ich bin *der Gewissenhafte des Geistes*«, antwortete der Gefragte, »und in Dingen des Geistes nimmt es nicht leicht einer strenger, enger und härter als ich, ausgenommen der, von dem ich's lernte, Zarathustra selber.

Lieber nichts wissen, als vieles halb wissen! Lieber ein Narr sein auf eigne Faust, als ein Weiser nach fremdem Gutdünken! Ich – gehe auf den Grund:

– was liegt daran, ob er groß oder klein ist? Ob er Sumpf oder Himmel heißt? Eine Handbreit Grund ist mir genug: wenn er nur wirklich Grund und Boden ist!

– eine Handbreit Grund: darauf kann man stehn. In der rechten Wissen-Gewissenschaft gibt es nichts Großes und nichts Kleines.«

»So bist du vielleicht der Erkenner des Blutegels?« fragte Zarathustra; »und du gehst dem Blutegel nach bis auf die letzten Gründe, du Gewissenhafter?«

»O Zarathustra«, antwortete der Getretene, »das wäre ein Ungeheures, wie dürfte ich mich dessen unterfangen!

Wes ich aber Meister und Kenner bin, das ist des Blutegels *Hirn*: – das ist *meine* Welt!

Und es ist auch eine Welt! Vergib aber, daß hier mein Stolz zu Worte kommt, denn ich habe hier nicht meinesgleichen. Darum sprach ich ›hier bin ich heim‹.

Wie lange gehe ich schon diesem einen nach, dem Hirn des Blutegels, daß die schlüpfrige Wahrheit mir hier nicht mehr entschlüpfe! Hier ist *mein* Reich!

– darob warf ich alles andere fort, darob wurde mir alles andre gleich; und dicht neben meinem Wissen lagert mein schwarzes Unwissen.

Mein Gewissen des Geistes will es so von mir, daß ich eins weiß und sonst alles nicht weiß: es ekelt mich aller Halben des Geistes, aller Dunstigen, Schwebenden, Schwärmerischen.

Wo meine Redlichkeit aufhört, bin ich blind und will auch blind sein. Wo ich aber wissen will, will ich auch redlich sein, nämlich hart, streng, eng, grausam, unerbittlich.

Daß *du* einst sprachst, o Zarathustra: ›Geist ist das Leben, das selber ins Leben schneidet‹, das führte und verführte mich zu deiner Lehre. Und, wahrlich, mit eignem Blute mehrte ich mir das eigne Wissen!«

– »Wie der Augenschein lehrt«, fiel Zarathustra ein; denn immer noch floß das Blut an dem nackten Arme des Gewissenhaften herab. Es hatten nämlich zehn Blutegel sich in denselben eingebissen.

»O du wunderlicher Gesell, wie viel lehrt mich dieser Augenschein da, nämlich du selber! Und nicht alles dürfte ich vielleicht in deine strengen Ohren gießen!

Wohlan! So scheiden wir hier! Doch möchte ich gerne dich wiederfinden. Dort hinauf führt der Weg zu meiner Höhle: heute Nacht sollst du dort mein lieber Gast sein!

Gerne möchte ich's auch an deinem Leibe wieder gutmachen, daß Zarathustra dich mit Füßen trat: darüber denke ich nach. Jetzt aber ruft mich ein Notschrei eilig fort von dir.«

Also sprach Zarathustra.

Der Zauberer

1

Als aber Zarathustra um einen Felsen herumbog, da sahe er, nicht weit unter sich, auf dem gleichen Wege, einen Menschen, der die Glieder warf wie ein Tobsüchtiger und endlich bäuchlings zur Erde niederstürzte. »Halt!« sprach da Zarathustra zu seinem Herzen, »der dort muß wohl der höhere Mensch sein, von ihm kam jener schlimme Notschrei, – ich will sehn, ob da zu helfen ist.« Als er aber hinzulief, an die Stelle, wo der Mensch auf dem Boden lag, fand er einen zitternden alten Mann mit stieren Augen; und wie sehr sich Zarathustra mühte, daß er ihn aufrichte und wieder auf seine Beine stelle, es war umsonst. Auch schien der Unglückliche nicht zu merken, daß jemand um ihn sei; vielmehr sah er sich immer mit rührenden Gebärden um, wie ein von aller Welt Verlassener und Vereinsamter. Zuletzt aber, nach vielem Zittern, Zucken und Sich-Zusammenkrümmen, begann er also zu jammern:

Wer wärmt mich, wer liebt mich noch?
Gebt heiße Hände!
Gebt Herzens-Kohlenbecken!
Hingestreckt, schaudernd,
Halbtotem gleich, dem man die Füße wärmt –
Geschüttelt, ach! von unbekannten Fiebern,
Zitternd vor spitzen eisigen Frost-Pfeilen,
Von dir gejagt, Gedanke!
Unnennbarer! Verhüllter! Entsetzlicher!
Du Jäger hinter Wolken!
Darniedergeblitzt von dir,
Du höhnisch Auge, das mich aus Dunklem anblickt:
– so liege ich,

Biege mich, winde mich, gequält
Von allen ewigen Martern,
Getroffen
Von dir, grausamster Jäger,
Du unbekannter – Gott!

Triff tiefer!
Triff *ein*mal noch!
Zerstich, zerbrich dies Herz!
Was soll dies Martern
Mit zähnestumpfen Pfeilen?
Was blickst du wieder,
Der Menschen-Qual nicht müde,
Mit schadenfrohen Götter-Blitz-Augen?
Nicht töten willst du,
Nur martern, martern?
Wozu – *mich* martern,
Du schadenfroher unbekannter Gott? –
Haha! Du schleichst heran?
Bei solcher Mitternacht
Was willst du? Sprich!
Du drängst mich, drückst mich –
Ha! schon viel zu nahe!
Weg! Weg!
Du hörst mich atmen,
Du behorchst mein Herz,
Du Eifersüchtiger –
Worauf doch eifersüchtig?
Weg! Weg! Wozu die Leiter?
Willst du *hinein*,
Ins Herz,
Einsteigen, in meine heimlichsten
Gedanken einsteigen?
Schamloser! Unbekannter – Dieb!
Was willst du dir erstehlen?
Was willst du dir erhorchen?
Was willst du dir erfoltern,
Du Folterer!
Du – Henker-Gott!
Oder soll ich, dem Hunde gleich,
Vor dir mich wälzen?
Hingebend, begeistert-außer-mir,
Dir – Liebe zuwedeln?

Umsonst! Stich weiter,
Grausamster Stachel! Nein,
Kein Hund – dein Wild nur bin ich,
Grausamster Jäger!
Dein stolzester Gefangner,

Du Räuber hinter Wolken!
Sprich endlich!
Was willst du, Wegelagerer, von *mir*?
Du Blitz-Verhüllter! Unbekannter! Sprich,
Was *willst* du, unbekannter – Gott? – –

Wie? Lösegeld?
Was willst du Lösegelds?
Verlange viel – das rät mein Stolz!
Und rede kurz – das rät mein andrer Stolz!

Haha!
Mich – willst du? Mich?
Mich – ganz? . . .

Haha!
Und marterst mich, Narr, der du bist,
Zermarterst meinen Stolz?
Gib *Liebe* mir – wer wärmt mich noch?
Wer liebt mich noch? – gib heiße Hände,
Gib Herzens-Kohlenbecken,
Gib mir, dem Einsamsten,
Den Eis, ach! siebenfaches Eis
Nach Feinden selber,
Nach Feinden schmachten lehrt,
Gib, ja ergib
Grausamster Feind,
Mir – *dich*! – –

Davon!
Da floh er selber,
Mein letzter einziger Genoß,
Mein großer Feind,
Mein Unbekannter,
Mein Henker-Gott! –

– Nein! Komm zurück,
Mit allen deinen Martern!
Zum Letzten aller Einsamen
O komm zurück!
All meine Tränen-Bäche laufen
Zu dir den Lauf!
Und meine letzte Herzens-Flamme –

Dir Glüht sie auf!
O komm zurück,
Mein unbekannter Gott! Mein Schmerz!
Mein letztes – Glück!

2

– Hier aber konnte sich Zarathustra nicht länger halten, nahm seinen Stock und schlug mit allen Kräften auf den Jammernden los. »Halt ein!« schrie er ihm zu, mit ingrimmigem Lachen, »halt ein, du Schauspieler! Du Falschmünzer! Du Lügner aus dem Grunde! Ich erkenne dich wohl!

Ich will dir schon warme Beine machen, du schlimmer Zauberer, ich verstehe mich gut darauf, solchen wie du bist – einzuheizen!«

– »Laß ab«, sagte der alte Mann und sprang vom Boden auf, »schlage nicht mehr, o Zarathustra! Ich trieb's also nur zum Spiele!

Solcherlei gehört zu meiner Kunst; dich selber wollte ich auf die Probe stellen, als ich dir diese Probe gab! Und, wahrlich, du hast mich gut durchschaut!

Aber auch du – gabst mir von dir keine kleine Probe: du bist *hart*, du weiser Zarathustra! Hart schlägst du zu mit deinen ›Wahrheiten‹, dein Knüttel erzwingt von mir – *diese* Wahrheit!«

– »Schmeichle nicht«, antwortete Zarathustra, immer noch erregt und finsterblickend, »du Schauspieler aus dem Grunde! Du bist falsch: was redest du – von Wahrheit!

Du Pfau der Pfauen, du Meer der Eitelkeit, *was* spieltest du vor mir, du schlimmer Zauberer, an *wen* sollte ich glauben, als du in solcher Gestalt jammertest?«

»*Den Büßer des Geistes*«, sagte der alte Mann, »*den* – spielte ich: du selber erfandest einst dies Wort –

– den Dichter und Zauberer, der gegen sich selber endlich seinen Geist wendet, den Verwandelten, der an seinem bösen Wissen und Gewissen erfriert.

Und gesteh es nur ein: es währte lange, o Zarathustra, bis du hinter meine Kunst und Lüge kamst! Du *glaubtest* an meine Not, als du mir den Kopf mit beiden Händen hieltest, –

– ich hörte dich jammern ›man hat ihn zu wenig geliebt, zu wenig geliebt!‹ Daß ich dich soweit betrog, darüber frohlockte inwendig meine Bosheit.«

»Du magst Feinere betrogen haben als mich«, sagte Zarathustra hart. »Ich bin nicht auf der Hut vor Betrügern, ich *muß* ohne Vorsicht sein: so will es mein Los.

Du aber – *mußt* betrügen: so weit kenne ich dich! Du mußt immer zwei-

drei- vier- fünfdeutig sein! Auch was du jetzt bekanntest, war mir lange nicht wahr und nicht falsch genug!

Du schlimmer Falschmünzer, wie könntest du anders! Deine Krankheit würdest du noch schminken, wenn du dich deinem Arzte nackt zeigtest.

So schminktest du eben vor mir deine Lüge, als du sprachst: ›ich trieb's also *nur* zum Spiele!‹ Es war auch *Ernst* darin, du *bist* etwas von einem Büßer des Geistes!

Ich errate dich wohl: du wurdest der Bezauberer aller, aber gegen dich hast du keine Lüge und List mehr übrig – du selber bist dir entzaubert!

Du erntetest den Ekel ein, als deine eine Wahrheit. Kein Wort ist mehr an dir echt, aber dein Mund: nämlich der Ekel, der an deinem Munde klebt.« – –

– »Wer bist du doch!« schrie hier der alte Zauberer mit einer trotzigen Stimme, »wer darf also zu *mir* reden, dem Größten, der heute lebt?« – und ein grüner Blitz schoß aus seinem Auge nach Zarathustra. Aber gleich darauf verwandelte er sich und sagte traurig:

»O Zarathustra, ich bin's müde, es ekelt mich meiner Künste, ich bin nicht *groß*, was verstelle ich mich! Aber, du weißt es wohl – ich suchte nach Größe!

Einen großen Menschen wollte ich vorstellen und überredete viele: aber diese Lüge ging über meine Kraft. An ihr zerbreche ich.

O Zarathustra, alles ist Lüge an mir; aber daß ich zerbreche – dies mein Zerbrechen ist *echt*!« –

»Es ehrt dich«, sprach Zarathustra düster und zur Seite niederblickend, »es ehrt dich, daß du nach Größe suchtest, aber es verrät dich auch. Du bist nicht groß.

Du schlimmer alter Zauberer, *das* ist dein Bestes und Redlichstes, was ich an dir ehre, daß du deiner müde wurdest und es aussprachst: ›ich bin nicht groß‹.

Darin ehre ich dich als einen Büßer des Geistes: und wenn auch nur für einen Hauch und Husch, diesen einen Augenblick warst du – echt.

Aber sprich, was suchst du hier in *meinen* Wäldern und Felsen? Und wenn du *mir* dich in den Weg legtest, welche Probe wolltest du von mir? –
– wes versuchtest du *mich*?« –

Also sprach Zarathustra, und seine Augen funkelten. Der alte Zauberer schwieg eine Weile, dann sagte er: »Versuchte ich dich? Ich – suche nur.

O Zarathustra, ich suche einen Echten, Rechten, Einfachen, Eindeutigen, einen Menschen aller Redlichkeit, ein Gefäß der Weisheit, einen Heiligen der Erkenntnis, einen großen Menschen!

Weißt du es denn nicht, o Zarathustra? *Ich suche Zarathustra.*«

– Und hier entstand ein langes Stillschweigen zwischen beiden; Zarathustra aber versank tief hinein in sich selber, also daß er die Augen schloß.

Dann aber, zu seinem Unterredner zurückkehrend, ergriff er die Hand des Zauberers und sprach, voller Artigkeit und Arglist:

»Wohlan! Dort hinauf führt der Weg, da liegt die Höhle Zarathustras. In ihr darfst du suchen, wen du finden möchtest.

Und frage meine Tiere um Rat, meinen Adler und meine Schlange: die sollen dir suchen helfen. Meine Höhle aber ist groß.

Ich selber freilich – ich sah noch keinen großen Menschen. Was groß ist, dafür ist das Auge der Feinsten heute grob. Es ist das Reich des Pöbels.

So manchen fand ich schon, der streckte und blähte sich, und das Volk schrie: »Seht da, einen großen Menschen!« Aber was helfen alle Blasebälge! Zuletzt fährt der Wind heraus.

Zuletzt platzt ein Frosch, der sich zu lange aufblies: da fährt der Wind heraus. Einem Geschwollnen in den Bauch stechen, das heiße ich eine brave Kurzweil. Hört das, ihr Knaben!

Dies Heute ist des Pöbels: wer *weiß* da noch, was groß, was klein ist! Wer suchte da mit Glück nach Größe! Ein Narr allein: den Narren glückt's.

Du suchst nach großen Menschen, du wunderlicher Narr? Wer *lehrte's* dich? Ist heute dazu die Zeit? O du schlimmer Sucher, was – versuchst du mich?« – –

Also sprach Zarathustra, getrösteten Herzens, und ging lachend seines Wegs fürbaß.

Außer Dienst

Nicht lange aber, nachdem Zarathustra sich von dem Zauberer losgemacht hatte, sahe er wiederum jemanden am Wege sitzen, den er ging, nämlich einen schwarzen langen Mann mit einem hageren Bleichgesicht: *der* verdroß ihn gewaltig. »Wehe«, sprach er zu seinem Herzen, »da sitzt vermummte Trübsal, das dünkt mich von der Art der Priester: was wollen *die* in meinem Reiche?

Wie! Kaum bin ich jenem Zauberer entronnen: muß mir da wieder ein anderer Schwarzkünstler über den Weg laufen, –

– irgendein Hexenmeister mit Handauflegen, ein dunkler Wundertäter von Gottes Gnaden, ein gesalbter Welt-Verleumder, den der Teufel holen möge!

Aber der Teufel ist nie am Platze, wo er am Platze wäre: immer kommt er zu spät, dieser vermaledeite Zwerg und Klumpfuß!« –

Also fluchte Zarathustra ungeduldig in seinem Herzen und gedachte, wie er abgewandten Blicks an dem schwarzen Manne vorüberschlüpfe: aber siehe, es kam anders. Im gleichen Augenblicke nämlich hatte ihn schon der Sitzende erblickt; und nicht unähnlich einem solchen, dem ein unvermutetes Glück zustößt, sprang er auf und ging auf Zarathustra los.

»Wer du auch bist, du Wandersmann«, sprach er, »hilf einem Verirrten, einem Suchenden, einem alten Manne, der hier leicht zu Schaden kommt!

Diese Welt hier ist mir fremd und fern, auch hörte ich wilde Tiere heulen; und der, welcher mir hätte Schutz bieten können, der ist selber nicht mehr.

Ich suchte den letzten frommen Menschen, einen Heiligen und Einsiedler, der allein in seinem Walde noch nichts davon gehört hatte, was alle Welt heute weiß.«

»*Was* weiß heute alle Welt?« fragte Zarathustra. »Etwa dies, daß der alte Gott nicht mehr lebt, an den alle Welt einst geglaubt hat?«

»Du sagst es«, antwortete der alte Mann betrübt. »Und ich diente diesem alten Gotte bis zu seiner letzten Stunde.

Nun aber bin ich außer Dienst, ohne Herrn, und doch nicht frei, auch keine Stunde mehr lustig, es sei denn in Erinnerungen.

Dazu stieg ich in diese Berge, daß ich endlich wieder ein Fest mir machte, wie es einem alten Papste und Kirchen-Vater zukommt: denn wisse, ich bin der letzte Papst! – ein Fest frommer Erinnerungen und Gottesdienste.

Nun aber ist er selber tot, der frömmste Mensch, jener Heilige im Walde, der seinen Gott beständig mit Singen und Brummen lobte.

Ihn selber fand ich nicht mehr, als ich seine Hütte fand – wohl aber zwei Wölfe darin, welche um seinen Tod heulten – denn alle Tiere liebten ihn. Da lief ich davon.

Kam ich also umsonst in diese Wälder und Berge? Da entschloß sich mein Herz, daß ich einen anderen suchte, den Frömmsten aller derer, die nicht an Gott glauben –, daß ich Zarathustra suchte!«

Also sprach der Greis und blickte scharfen Auges den an, welcher vor ihm stand; Zarathustra aber ergriff die Hand des alten Papstes und betrachtete sie lange mit Bewunderung.

»Siehe da, du Ehrwürdiger«, sagte er dann, »welche schöne und lange Hand! Das ist die Hand eines solchen, der immer Segen ausgeteilt hat. Nun aber hält sie den fest, welchen du suchst, mich, Zarathustra.

Ich bin's, der gottlose Zarathustra, der da spricht: wer ist gottloser als ich, daß ich mich seiner Unterweisung freue?« –

Also sprach Zarathustra und durchbohrte mit seinen Blicken die Gedanken und Hintergedanken des alten Papstes. Endlich begann dieser:

»Wer ihn am meisten liebte und besaß, der hat ihn nun am meisten auch verloren –:

– siehe, ich selber bin wohl von uns beiden jetzt der Gottlosere? Aber wer könnte daran sich freuen!« –

– »Du dientest ihm bis zuletzt«, fragte Zarathustra nachdenklich, nach einem tiefen Schweigen, »du weißt, *wie* er starb! Ist es wahr, was man spricht, daß ihn das Mitleiden erwürgte,

– daß er es sah, wie *der Mensch* am Kreuze hing, und es nicht ertrug, daß die Liebe zum Menschen seine Hölle und zuletzt sein Tod wurde?« –

Der alte Papst aber antwortete nicht, sondern blickte scheu und mit einem schmerzlichen und düsteren Ausdrucke zur Seite.

»Laß ihn fahren«, sagte Zarathustra nach einem langen Nachdenken, indem er immer noch dem alten Manne gerade ins Auge blickte.

»Laß ihn fahren, er ist dahin. Und ob es dich auch ehrt, daß du diesem Toten nur Gutes nachredest, so weißt du so gut als ich, *wer* er war; und daß er wunderliche Wege ging.«

»Unter drei Augen gesprochen«, sagte erheitert der alte Papst (denn er war auf einem Auge blind), »in Dingen Gottes bin ich aufgeklärter als Zarathustra selber – und darf es sein.

Meine Liebe diente ihm lange Jahre, mein Wille ging allem seinem Willen nach. Ein guter Diener aber weiß alles, und mancherlei auch, was sein Herr sich selbst verbirgt.

Es war ein verborgener Gott, voller Heimlichkeit. Wahrlich zu einem Sohne sogar kam er nicht anders als auf Schleichwegen. An der Tür seines Glaubens steht der Ehebruch.

Wer ihn als einen Gott der Liebe preist, denkt nicht hoch genug von der Liebe selber. Wollte dieser Gott nicht auch Richter sein? Aber der Liebende liebt jenseits von Lohn und Vergeltung.

Als er jung war, dieser Gott aus dem Morgenlande, da war er hart und rachsüchtig und erbaute sich eine Hölle zum Ergötzen seiner Lieblinge.

Endlich aber wurde er alt und weich und mürbe und mitleidig, einem Großvater ähnlicher als einem Vater, am ähnlichsten aber einer wackeligen alten Großmutter.

Da saß er, welk, in seinem Ofenwinkel, härmte sich ob seiner schwachen Beine, weltmüde, willensmüde, und erstickte eines Tages an seinem allzugroßen Mitleiden.« –

»Du alter Papst«, sagte hier Zarathustra dazwischen, »hast du *das* mit Augen angesehn? Es könnte wohl so abgegangen sein: so, *und* auch anders. Wenn Götter sterben, sterben sie immer viele Arten Todes.

Aber wohlan! So oder so, so und so – er ist dahin! Er ging meinen Ohren und Augen wider den Geschmack, Schlimmeres möchte ich ihm nicht nachsagen.

Ich liebe alles, was hell blickt und redlich redet. Aber er – du weißt es ja, du alter Priester, es war etwas von deiner Art an ihm, von Priester-Art – er war vieldeutig.

Er war auch undeutlich. Was hat er uns darob gezürnt, dieser Zornschnauber, daß wir ihn schlecht verstünden! Aber warum sprach er nicht reinlicher?

Und lag es an unsern Ohren, warum gab er uns Ohren, die ihn schlecht hörten? War Schlamm in unsern Ohren, wohlan! wer legte ihn hinein?

Zu vieles mißriet ihm, diesem Töpfer, der nicht ausgelernt hatte! Daß er aber Rache an seinen Töpfen und Geschöpfen nahm, dafür daß sie ihm schlecht gerieten – das war eine Sünde wider den *guten Geschmack.*

Es gibt auch in der Frömmigkeit guten Geschmack: der sprach endlich: »Fort mit einem *solchen* Gotte! Lieber keinen Gott, lieber auf eigne Faust Schicksal machen, lieber Narr sein, lieber selber Gott sein!«

– »Was höre ich!« sprach hier der alte Papst mit gespitzten Ohren; »o Zarathustra, du bist frömmer als du glaubst, mit einem solchen Unglauben! Irgendein Gott in dir bekehrte dich zu deiner Gottlosigkeit.

Ist es nicht deine Frömmigkeit selber, die dich nicht mehr an einen Gott glauben läßt? Und deine übergroße Redlichkeit wird dich auch noch jenseits von Gut und Böse wegführen!

Siehe doch, was blieb dir aufgespart? Du hast Augen und Hand und Mund, die sind zum Segnen vorherbestimmt seit Ewigkeit. Man segnet nicht mit der Hand allein.

In deiner Nähe, ob du schon der Gottloseste sein willst, wittere ich einen heimlichen Weih- und Wohlgeruch von langen Segnungen: mir wird wohl und wehe dabei.

Laß mich dein Gast sein, o Zarathustra, für eine einzige Nacht! Nirgends auf Erden wird es mir jetzt wohler als bei dir!« –

»Amen! So soll es sein!« sprach Zarathustra mit großer Verwunderung, »dort hinauf führt der Weg, da liegt die Höhle Zarathustras.

Gerne, fürwahr, würde ich dich selber dahin geleiten, du Ehrwürdiger, denn ich liebe alle frommen Menschen. Aber jetzt ruft mich eilig ein Notschrei weg von dir.

In meinem Bereiche soll mir niemand zu Schaden kommen; meine Höhle ist ein guter Hafen. Und am liebsten möchte ich jedweden Traurigen wieder auf festes Land und feste Beine stellen.

Wer aber nähme dir *deine* Schwermut von der Schulter? Dazu bin ich zu schwach. Lange, wahrlich, möchten wir warten, bis dir einer deinen Gott wieder aufweckt.

Dieser alte Gott lebt nämlich nicht mehr: der ist gründlich tot.« –

Also sprach Zarathustra.

Der häßlichste Mensch

– Und wieder liefen Zarathustras Füße durch Berge und Wälder, und seine Augen suchten und suchten, aber nirgends war der zu sehen, welchen sie sehn wollten, der große Notleidende und Notschreiende. Auf dem ganzen Wege aber frohlockte er in seinem Herzen und war dankbar. »Wel-

che guten Dinge«, sprach er, »schenkte mir doch dieser Tag, zum Entgelt, daß er schlimm begann! Welche seltsamen Unterredner fand ich!

An deren Worten will ich lange nun kauen gleich als an guten Körnern; klein soll mein Zahn sie mahlen und malmen, bis sie mir wie Milch in die Seele fließen!« –

Als aber der Weg wieder um einen Felsen bog, veränderte sich mit einem Male die Landschaft, und Zarathustra trat in ein Reich des Todes. Hier starrten schwarze und rote Klippen empor: kein Gras, kein Baum, keine Vogelstimme. Es war nämlich ein Tal, welches alle Tiere mieden, auch die Raubtiere; nur daß eine Art häßlicher, dicker, grüner Schlangen, wenn sie alt wurden, hierher kamen, um zu sterben. Darum nannten dies Tal die Hirten: Schlangen-Tod.

Zarathustra aber versank in eine schwarze Erinnerung, denn ihm war, als habe er schon einmal in diesem Tal gestanden. Und vieles Schwere legte sich ihm über den Sinn: also, daß er langsam ging und immer langsamer und endlich still stand. Da aber sahe er, als er die Augen auftat, etwas, das am Wege saß, gestaltet wie ein Mensch, und kaum wie ein Mensch, etwas Unaussprechliches. Und mit einem Schlage überfiel Zarathustra die große Scham darob, daß er so etwas mit den Augen angesehen habe: errötend bis hinauf an sein weißes Haar, wandte er den Blick ab und hob den Fuß, daß er diese schlimme Stelle verlasse. Da aber wurde die tote Öde laut: vom Boden auf nämlich quoll es gurgelnd und röchelnd, wie Wasser nachts durch verstopfte Wasser-Röhren gurgelt und röchelt; und zuletzt wurde daraus eine Menschen-Stimme und Menschen-Rede – die lautete also:

»Zarathustra! Zarathustra! Rate mein Rätsel! Sprich, sprich! Was ist *die Rache am Zeugen*?

Ich locke dich zurück, hier ist glattes Eis! Sieh zu, sieh zu, ob dein Stolz sich hier nicht die Beine bricht!

Du dünkst dich weise, du stolzer Zarathustra! So rate doch das Rätsel, du harter Nüsseknacker – das Rätsel, das ich bin! So sprich doch: wer bin *ich*!«

– Als aber Zarathustra diese Worte gehört hatte – was glaubt ihr wohl, daß sich da mit seiner Seele zutrug? *Das Mitleiden fiel ihn an*; und er sank mit einem Male nieder, wie ein Eichbaum, der lange vielen Holzschlägen widerstanden hat – schwer, plötzlich, zum Schrecken selber für die, welche ihn fällen wollten. Aber schon stand er wieder vom Boden auf, und sein Antlitz wurde hart.

»Ich erkenne dich wohl«, sprach er mit einer erzenen Stimme: »*du bist der Mörder Gottes!* Laß mich gehn.

Du *ertrugst* den nicht, der *dich* sah – der dich immer und durch und durch sah, du häßlichster Mensch! Du nahmst Rache an diesem Zeugen!«

Also sprach Zarathustra und wollte davon; aber der Unaussprechliche

faßte nach einem Zipfel seines Gewandes und begann von neuem zu gurgeln und nach Worten zu suchen, »Bleib!« sagte er endlich –

»– bleib! Geh nicht vorüber! Ich erriet, welche Axt dich zu Boden schlug: Heil dir, o Zarathustra, daß du wieder stehst!

Du errietest, ich weiß es gut, wie dem zumute ist, der ihn tötete – dem Mörder Gottes. Bleib! Setze dich her zu mir, es ist nicht umsonst.

Zu wem wollte ich, wenn nicht zu dir? Bleib, setze dich! Blicke mich aber nicht an! Ehre also – meine Häßlichkeit!

Sie verfolgen mich: nun bist *du* meine letzte Zuflucht. *Nicht* mit ihrem Hasse, *nicht* mit ihren Häschern – o solcher Verfolgung würde ich spotten und stolz und froh sein!

War nicht aller Erfolg bisher bei den Gut-Verfolgten? Und wer gut verfolgt, lernt leicht *folgen* – ist er doch einmal – hinterher! Aber ihr *Mitleid* ist's –

– ihr Mitleid ist's, vor dem ich flüchte und dir zuflüchte. O Zarathustra, schütze mich, du meine letzte Zuflucht, du einziger, der mich erriet:

– du errietest, wie dem zumute ist, welcher *ihn* tötete. Bleib! Und willst du gehn, du Ungeduldiger: geh nicht den Weg, den ich kam. *Der* Weg ist schlecht.

Zürnst du mir, daß ich zu lange schon rede-radebreche? Daß ich schon dir rate? Aber wisse, ich bin's, der häßlichste Mensch,

– der auch die größten schwersten Füße hat. Wo *ich* ging, ist der Weg schlecht. Ich trete alle Wege tot und zuschanden.

Daß du aber an mir vorübergingst, schweigend; daß du errötetest, ich sah es wohl: daran erkannte ich dich als Zarathustra.

Jedweder andere hätte mir sein Almosen zugeworfen, sein Mitleiden, mit Blick und Rede. Aber dazu – bin ich nicht Bettler genug, das errietest du –

– dazu bin ich zu *reich*, reich an Großem, an Furchtbarem, am Häßlichsten, am Unaussprechlichsten! Deine Scham, o Zarathustra, *ehrte* mich!

Mit Not kam ich heraus aus dem Gedräng der Mitleidigen – daß ich den einzigen fände, der heute lehrt ›Mitleiden ist zudringlich‹ – dich, o Zarathustra!

– sei es eines Gottes, sei es der Menschen Mitleiden: Mitleiden geht gegen die Scham. Und Nicht-helfen-wollen kann vornehmer sein als jene Tugend, die zuspringt.

Das aber heißt heute Tugend selber bei allen kleinen Leuten, das Mitleiden – die haben keine Ehrfurcht vor großem Unglück, vor großer Häßlichkeit, vor großem Mißraten.

Über diese alle blicke ich hinweg, wie ein Hund über die Rücken wimmelnder Schafherden wegblickt. Es sind kleine wohlwollige wohlwillige graue Leute.

Wie ein Reiher verachtend über flache Teiche wegblickt, mit zurückgelegtem Kopfe: so blicke ich über das Gewimmel grauer kleiner Wellen und Willen und Seelen weg.

Zu lange hat man ihnen recht gegeben, diesen kleinen Leuten: so gab man ihnen endlich auch die Macht – nun lehren sie: ›gut ist nur, was kleine Leute gut heißen‹.

Und ›Wahrheit‹ heißt heute, was der Prediger sprach, der selber aus ihnen herkam, jener wunderliche Heilige und Fürsprecher der kleinen Leute, welcher von sich zeugt ›ich – bin die Wahrheit‹.

Dieser Unbescheidne macht nun lange schon den kleinen Leuten den Kamm hoch schwellen – er, der keinen kleinen Irrtum lehrte, als er lehrte ›ich – bin die Wahrheit‹.

Ward einem Unbescheidnen jemals höflicher geantwortet? – Du aber, o Zarathustra, gingst an ihm vorüber und sprachst: ›Nein! Nein! Dreimal nein!‹

Du warntest vor seinem Irrtum, du warntest als der erste vor dem Mitleiden – nicht alle, nicht keinen, sondern dich und deine Art.

Du schämst dich an der Scham des großen Leidenden; und wahrlich, wenn du sprichst ›von dem Mitleiden her kommt eine große Wolke, habt acht, ihr Menschen!‹

– wenn du lehrst ›alle Schaffenden sind hart, alle große Liebe ist über ihrem Mitleiden‹: o Zarathustra, wie gut dünkst du mich eingelernt auf Wetter-Zeichen!

Du selber aber – warne dich selber auch vor *deinem* Mitleiden! Denn viele sind zu dir unterwegs, viele Leidende, Zweifelnde, Verzweifelnde, Ertrinkende, Frierende –

Ich warne dich auch vor mir. Du errietest mein bestes, schlimmstes Rätsel, mich selber und was ich tat. Ich kenne die Axt, die dich fällt.

Aber er – *mußte* sterben: er sah mit Augen, welche *alles* sahn – er sah des Menschen Tiefen und Gründe, alle seine verhehlte Schmach und Häßlichkeit.

Sein Mitleiden kannte keine Scham: er kroch in meine schmutzigsten Winkel. Dieser Neugierigste, Über-Zudringliche, Über-Mitleidige mußte sterben.

Er sah immer *mich*: an einem solchen Zeugen wollte ich Rache haben – oder selber nicht leben.

Der Gott, der alles sah, *auch den Menschen*: dieser Gott mußte sterben! Der Mensch *erträgt* es nicht, daß solch ein Zeuge lebt.«

Also sprach der häßlichste Mensch. Zarathustra aber erhob sich und schickte sich an fortzugehn: denn ihn fröstelte bis in seine Eingeweide.

»Du Unaussprechlicher«, sagte er, »du warntest mich vor deinem Wege. Zum Danke dafür lobe ich dir den meinen. Siehe, dort hinauf liegt die Höhle Zarathustras.

Meine Höhle ist groß und tief und hat viele Winkel; da findet der Versteckteste sein Versteck.

Und dicht bei ihr sind hundert Schlüpfe und Schliche für kriechendes, flatterndes und springendes Getier.

Du Ausgestoßener, der du dich selber ausstießest, du willst nicht unter Menschen und Menschen-Mitleid wohnen? Wohlan, so tu's mir gleich! So lernst du auch von mir; nur der Täter lernt.

Und rede zuerst und -nächst mit meinen Tieren! Das stolzeste Tier und das klügste Tier – die möchten uns beiden wohl die rechten Ratgeber sein!« – –

Also sprach Zarathustra und ging seiner Wege, nachdenklicher und langsamer noch als zuvor: denn er fragte sich vieles und wußte sich nicht leicht zu antworten.

»Wie arm ist doch der Mensch!« dachte er in seinem Herzen, »wie häßlich, wie röchelnd, wie voll verborgener Scham!

Man sagt mir, daß der Mensch sich selber liebe: ach, wie groß muß diese Selber-Liebe sein! Wie viel Verachtung hat sie wider sich!

Auch dieser da liebte sich, wie er sich verachtete – ein großer Liebender ist er mir und ein großer Verächter.

Keinen fand ich noch, der sich tiefer verachtet hätte: auch *das* ist Höhe. Wehe, war *der* vielleicht der höhere Mensch, dessen Schrei ich hörte?

Ich liebe die großen Verachtenden. Der Mensch aber ist etwas, das überwunden werden muß.« – –

Der freiwillige Bettler

Als Zarathustra den häßlichsten Menschen verlassen hatte, fror ihn, und er fühlte sich einsam: es ging ihm nämlich vieles Kalte und Einsame durch die Sinne, also, daß darob auch seine Glieder kälter wurden. Indem er aber weiter und weiter stieg, hinauf, hinab, bald an grünen Weiden vorbei, aber auch über wilde steinichte Lager, wo ehedem wohl ein ungeduldiger Bach sich zu Bett gelegt hatte: da wurde ihm mit einem Male wieder wärmer und herzlicher zu Sinne.

»Was geschah mir doch?« fragte er sich, »etwas Warmes und Lebendiges erquickt mich, das muß in meiner Nähe sein.

Schon bin ich weniger allein; unbewußte Gefährten und Brüder schweifen um mich, ihr warmer Atem rührt an meine Seele.«

Als er aber um sich spähte und nach den Tröstern seiner Einsamkeit suchte: siehe, da waren es Kühe, welche auf einer Anhöhe beieinanderstanden; deren Nähe und Geruch hatten sein Herz erwärmt. Diese Kühe aber schienen mit Eifer einem Redenden zuzuhören und gaben nicht auf den acht, der herankam. Wie aber Zarathustra ganz in ihrer Nähe war, hörte er deutlich, daß eine Menschen-Stimme aus der Mitte der Kühe heraus redete; und ersichtlich hatten sie allesamt ihre Köpfe dem Redenden zugedreht.

Da sprang Zarathustra mit Eifer hinauf und drängte die Tiere ausein-

ander, denn er fürchtete, daß hier jemandem ein Leids geschehn sei, welchem schwerlich das Mitleid von Kühen abhelfen mochte. Aber darin hatte er sich getäuscht; denn siehe, da saß ein Mensch auf der Erde und schien den Tieren zuzureden, daß sie keine Scheu vor ihm haben sollten, ein friedfertiger Mensch und Berg-Prediger, aus dessen Augen die Güte selber predigte. »Was suchst du hier?« rief Zarathustra mit Befremden.

»Was ich hier suche?« antwortete er: »dasselbe, was du suchst, du Störenfried! nämlich das Glück auf Erden.

Dazu aber möchte ich von diesen Kühen lernen. Denn, weißt du wohl, einen halben Morgen schon rede ich ihnen zu, und eben wollten sie mir Bescheid geben. Warum doch störst du sie?

So wir nicht umkehren und werden wie die Kühe, so kommen wir nicht in das Himmelreich. Wir sollten ihnen nämlich eins ablernen: das Wiederkäuen.

Und wahrlich, wenn der Mensch auch die ganze Welt gewönne und lernte das eine nicht, das Wiederkäuen: was hülfe es! Er würde nicht seine Trübsal los.

– seine große Trübsal: die aber heißt heute *Ekel*. Wer hat heute von Ekel nicht Herz, Mund und Augen voll? Auch du! Auch du! Aber siehe doch diese Kühe an!« –

Also sprach der Berg-Prediger und wandte dann seinen eignen Blick Zarathustra zu – denn bisher hing er mit Liebe an den Kühen –: da aber verwandelte er sich. »Wer ist das, mit dem ich rede?« rief er erschreckt und sprang vom Boden empor.

»Dies ist der Mensch ohne Ekel, dies ist Zarathustra selber, der Überwinder des großen Ekels, dies ist das Auge, dies ist der Mund, dies ist das Herz Zarathustras selber.«

Und indem er also sprach, küßte er dem, zu welchem er redete, die Hände, mit überströmenden Augen, und gebärdete sich ganz als einer, dem ein kostbares Geschenk und Kleinod unversehens vom Himmel fällt. Die Kühe aber schauten dem allen zu und wunderten sich.

»Sprich nicht von mir, du Wunderlicher! Lieblicher!« sagte Zarathustra und wehrte seiner Zärtlichkeit, »sprich mir erst von dir! Bist du nicht der freiwillige Bettler, der einst einen großen Reichtum von sich warf, –

– der sich seines Reichtums schämte und der Reichen, und zu den Ärmsten floh, daß er ihnen seine Fülle und sein Herz schenke? Aber sie nahmen ihn nicht an.«

»Aber sie nahmen mich nicht an«, sagte der freiwillige Bettler, »du weißt es ja. So ging ich endlich zu den Tieren und zu diesen Kühen.«

»Da lerntest du«, unterbrach Zarathustra den Redenden, »wie es schwerer ist, recht geben als recht nehmen, und daß gut schenken eine *Kunst* ist und die letzte listigste Meister-Kunst der Güte.«

»Sonderlich heutzutage«, antwortete der freiwillige Bettler: »heute

nämlich, wo alles Niedrige aufständisch ward und scheu und auf seine Art hoffärtig: nämlich auf Pöbel-Art.

Denn es kam die Stunde, du weißt es ja, für den großen schlimmen langen langsamen Pöbel- und Sklaven-Aufstand: der wächst und wächst!

Nun empört die Niedrigen alles Wohltun und kleine Weggeben; und die Überreichen mögen auf der Hut sein!

Wer heute gleich bauchichten Flaschen tröpfelt aus allzuschmalen Hälsen – solchen Flaschen bricht man heute gern den Hals.

Lüsterne Gier, gallichter Neid, vergrämte Rachsucht, Pöbel-Stolz: das sprang mir alles ins Gesicht. Es ist nicht mehr wahr, daß die Armen selig sind. Das Himmelreich aber ist bei den Kühen.«

»Und warum ist es nicht bei den Reichen?« fragte Zarathustra versuchchend, während er den Kühen wehrte, die den Friedfertigen zutraulich anschnauften.

»Was versuchst du mich?« antwortete dieser. »Du weißt es selber besser noch als ich. Was trieb mich doch zu den Ärmsten, o Zarathustra? War es nicht der Ekel vor unsern Reichsten?

– vor den Sträflingen des Reichtums, welche sich ihren Vorteil aus jedem Kehricht auflesen, mit kalten Augen, geilen Gedanken, vor diesem Gesindel, das gen Himmel stinkt,

– vor diesem vergüldeten, verfälschten Pöbel, dessen Väter Langfinger oder Aasvögel oder Lumpensammler waren, mit Weibern willfährig, lüstern, vergeßlich – sie haben's nämlich alle nicht weit zur Hure –

Pöbel oben, Pöbel unten! Was ist heute noch ›arm‹ und ›reich‹! Diesen Unterschied verlernte ich – da floh ich davon, weiter, immer weiter, bis ich zu diesen Kühen kam.«

Also sprach der Friedfertige und schnaufte selber und schwitzte bei seinen Worten: also daß die Kühe sich von neuem wunderten. Zarathustra aber sah ihm immer mit Lächeln ins Gesicht, als er so hart redete, und schüttelte dazu schweigend den Kopf.

»Du tust dir Gewalt an, du Berg-Prediger, wenn du solche harte Worte brauchst. Für solche Härte wuchs dir nicht der Mund, nicht das Auge.

Auch, wie mich dünkt, dein Magen selber nicht: *dem* widersteht all solches Zürnen und Hassen und Überschäumen. Dein Magen will sanftere Dinge: du bist kein Fleischer.

Vielmehr dünkst du mich ein Pflanzler und Wurzelmann. Vielleicht malmst du Körner. Sicherlich aber bist du fleischlichen Freuden abhold und liebst den Honig.«

»Du errietest mich gut«, antwortete der freiwillige Bettler mit erleichtertem Herzen. »Ich liebe den Honig, ich malme auch Körner, denn ich suchte, was lieblich mundet und reinen Atem macht:

– auch was lange Zeit braucht, ein Tag- und Maul-Werk für sanfte Müßiggänger und Tagediebe.

Am weitesten freilich brachten es diese Kühe: die erfanden sich das Wiederkäuen und In-der-Sonne-Liegen. Auch enthalten sie sich aller schweren Gedanken, welche das Herz blähn.«

– »Wohlan!« sagte Zarathustra, »du solltest auch *meine* Tiere sehn, meinen Adler und meine Schlange – ihresgleichen gibt es heute nicht auf Erden.

Siehe, dorthin führt der Weg zu meiner Höhle: sei diese Nacht ihr Gast. Und rede mit meinen Tieren vom Glück der Tiere, –

– bis ich selber heimkomme. Denn jetzt ruft ein Notschrei mich eilig weg von dir. Auch findest du neuen Honig bei mir, eisfrischen Waben-Goldhonig: den iß!

Jetzt aber nimm flugs Abschied von deinen Kühen, du Wunderlicher! Lieblicher! ob es dir schon schwer werden mag. Denn es sind deine wärmsten Freunde und Lehrmeister!« –

»– Einen ausgenommen, den ich noch lieber habe«, antwortete der freiwillige Bettler. »Du selber bist gut, und besser noch als eine Kuh, o Zarathustra!«

»Fort, fort mit dir! du arger Schmeichler!« schrie Zarathustra mit Bosheit, »was verdirbst du mich mit solchem Lob- und Schmeichel-Honig?« »Fort, fort von mir!« schrie er noch einmal und schwang seinen Stock nach dem zärtlichen Bettler: der aber lief hurtig davon.

Der Schatten

Kaum aber war der freiwillige Bettler davongelaufen und Zarathustra wieder mit sich allein, da hörte er hinter sich eine neue Stimme, die rief: »Halt! Zarathustra! So warte doch! ich bin's ja, o Zarathustra, ich, dein Schatten!« Aber Zarathustra wartete nicht, denn ein plötzlicher Verdruß überkam ihn ob des vielen Zudrangs und Gedrängs in seinen Bergen. »Wo ist meine Einsamkeit hin?« sprach er.

»Es wird mir wahrlich zu viel; dies Gebirge wimmelt, mein Reich ist nicht mehr von *dieser* Welt, ich brauche neue Berge.

Mein Schatten ruft mich? Was liegt an meinem Schatten! Mag er mir nachlaufen! ich – laufe ihm davon.«

Also sprach Zarathustra zu seinem Herzen und lief davon. Aber der, welcher hinter ihm war, folgte ihm nach: so daß alsbald drei Laufende hintereinander her waren, nämlich voran der freiwillige Bettler, dann Zarathustra und zudritt und -hinterst sein Schatten. Nicht lange liefen sie so, da kam Zarathustra zur Besinnung über seine Torheit und schüttelte mit *einem* Rucke allen Verdruß und Überdruß von sich.

»Wie!« sprach er, »geschahen nicht von je die lächerlichsten Dinge bei uns alten Einsiedlern und Heiligen?

Wahrlich, meine Torheit wuchs hoch in den Bergen! Nun höre ich sechs alte Narren-Beine hintereinander her klappern!

Darf aber Zarathustra sich wohl vor einem Schatten fürchten? Auch dünkt mich zu guter Letzt, daß er längere Beine hat als ich.«

Also sprach Zarathustra, lachend mit Augen und Eingeweiden, blieb stehen und drehte sich schnell herum – und siehe, fast warf er dabei seinen Nachfolger und Schatten zu Boden: so dicht schon fogte ihm derselbe auf den Fersen, und so schwach war er auch. Als er ihn nämlich mit Augen prüfte, erschrak er wie vor einem plötzlichen Gespenste: so dünn, schwärzlich, hohl und überlebt sah dieser Nachfolger aus.

»Wer bist du?« fragte Zarathustra heftig, »was treibst du hier? Und weshalb heißest du dich meinen Schatten? Du gefällst mir nicht.«

»Vergib mir«, antwortete der Schatten, »daß ich's bin; und wenn ich dir nicht gefalle, wohlan, o Zarathustra! darin lobe ich dich und deinen guten Geschmack.

Ein Wanderer bin ich, der viel schon hinter deinen Fersen herging: immer unterwegs, aber ohne Ziel, auch ohne Heim: also daß mir wahrlich wenig zum Ewigen Juden fehlt, es sei denn, daß ich nicht ewig und auch nicht Jude bin.

Wie? Muß ich immerdar unterwegs sein? Von jedem Winde gewirbelt, unstet, fortgetrieben? O Erde, du wardst mir zu rund!

Auf jeder Oberfläche saß ich schon, gleich müdem Staube schlief ich ein auf Spiegeln und Fensterscheiben: alles nimmt von mir, nichts gibt, ich werde dünn – fast gleiche ich einem Schatten.

Dir aber, o Zarathustra, flog und zog ich am längsten nach, und, verbarg ich mich schon vor dir, so war ich doch dein bester Schatten: wo du nur gesessen hast, saß ich auch.

Mit dir bin ich in fernsten, kältesten Welten umgegangen, einem Gespenste gleich, das freiwillig über Winterdächer und Schnee läuft.

Mit dir strebte ich in jedes Verbotene, Schlimmste, Fernste: und wenn irgend etwas an mir Tugend ist, so ist es, daß ich vor keinem Verbote Furcht hatte.

Mit dir zerbrach ich, was je mein Herz verehrte, alle Grenzsteine und Bilder warf ich um, den gefährlichsten Wünschen lief ich nach – wahrlich, über jedwedes Verbrechen lief ich einmal hinweg.

Mit dir verlernte ich den Glauben an Worte und Werte und große Namen. Wenn der Teufel sich häutet, fällt da nicht auch sein Name ab? Der ist nämlich auch Haut. Der Teufel selber ist vielleicht – Haut.

›Nichts ist wahr, alles ist erlaubt‹: so sprach ich mir zu. In die kältesten Wasser stürzte ich mich, mit Kopf und Herzen. Ach, wie oft stand ich darob nackt als roter Krebs da!

Ach, wohin kam mir alles Gute und alle Scham und aller Glaube an

die Guten! Ach, wohin ist jene verlogne Unschuld, die ich einst besaß, die Unschuld der Guten und ihrer edlen Lügen!

Zu oft, wahrlich, folgte ich der Wahrheit dicht auf dem Fuße: da trat sie mir vor den Kopf. Manchmal meinte ich zu lügen, und siehe! da erst traf ich – die Wahrheit.

Zu viel klärte sich mir auf: nun geht es mich nichts mehr an. Nichts lebt mehr, das ich liebe – wie sollte ich noch mich selber lieben?

›Leben, wie ich Lust habe, oder gar nicht leben‹: so will ich's, so will's auch der Heiligste. Aber, wehe! wie habe *ich* noch – Lust?

Habe *ich* noch ein Ziel? Einen Hafen, nach dem *mein* Segel läuft?

Einen guten Wind? Ach, nur wer weiß, *wohin* er fährt, weiß auch, welcher Wind gut und sein Fahrwind ist.

Was blieb mir noch zurück? Ein Herz, müde und frech; ein unsteter Wille; Flatter-Flügel; ein zerbrochnes Rückgrat.

Dieses Suchen nach *meinem* Heim: o Zarathustra, weißt du wohl, dies Suchen war *meine* Heimsuchung, es frißt mich auf.

Wo ist – *mein* Heim? Darnach frage und suche und suchte ich, das fand ich nicht. O ewiges Überall, o ewiges Nirgendwo, o ewiges – Umsonst!«

Also sprach der Schatten, und Zarathustras Gesicht verlängerte sich bei seinen Worten. »Du bist mein Schatten!« sagte er endlich, mit Traurigkeit.

»Deine Gefahr ist keine kleine, du freier Geist und Wanderer! Du hast einen schlimmen Tag gehabt: sieh zu, daß dir nicht noch ein schlimmerer Abend kommt!

Solchen Unsteten, wie du, dünkt zuletzt auch ein Gefängnis selig. Sahst du je, wie eingefangne Verbrecher schlafen? Sie schlafen ruhig, sie genießen ihre neue Sicherheit.

Hüte dich, daß dich nicht am Ende noch ein enger Glaube einfängt, ein harter, strenger Wahn! Dich nämlich verführt und versucht nunmehr jegliches, das eng und fest ist.

Du hast das Ziel verloren: wehe, wie wirst du diesen Verlust verscherzen und verschmerzen? Damit – hast du auch den Weg verloren!

Du armer Schweifender, Schwärmender, du müder Schmetterling! willst du diesen Abend eine Rast und Heimstätte haben? So gehe hinauf zu meiner Höhle!

Dorthin führt der Weg zu meiner Höhle. Und jetzo will ich schnell wieder von dir davonlaufen. Schon liegt es wie ein Schatten auf mir.

Ich will allein laufen, daß es wieder hell um mich werde. Dazu muß ich noch lange lustig auf den Beinen sein. Des Abends aber wird bei mir – getanzt!« – –

Also sprach Zarathustra.

Mittags

– Und Zarathustra lief und lief und fand niemanden mehr und war allein und fand immer wieder sich und genoß und schlürfte seine Einsamkeit und dachte an gute Dinge, – stundenlang. Um die Stunde des Mittags aber, als die Sonne gerade über Zarathustras Haupte stand, kam er an einem alten krummen und knorrichten Baume vorbei, der von der reichen Liebe eines Weinstocks rings umarmt und vor sich selber verborgen war: von dem hingen gelbe Trauben in Fülle dem Wandernden entgegen. Da gelüstete ihn, einen kleinen Durst zu löschen und sich eine Traube abzubrechen; als er aber schon den Arm dazu ausstreckte, da gelüstete ihn etwas anderes noch mehr: nämlich sich neben den Baum niederzulegen, um die Stunde des vollkommenen Mittags, und zu schlafen.

Dies tat Zarathustra; und sobald er auf dem Boden lag, in der Stille und Heimlichkeit des bunten Grases, hatte er auch schon seinen kleinen Durst vergessen und schlief ein. Denn, wie das Sprichwort Zarathustras sagt: eins ist notwendiger als das andre. Nur daß seine Augen offen blieben – sie wurden nämlich nicht satt, den Baum und die Liebe des Weinstocks zu sehn und zu preisen. Im Einschlafen aber sprach Zarathustra also zu seinem Herzen:

»Still! Still! Ward die Welt nicht eben vollkommen? Was geschieht mir doch?

Wie ein zierlicher Wind, ungesehn, auf getäfeltem Meere tanzt, leicht, federleicht: so – tanzt der Schlaf auf mir.

Kein Auge drückt er mir zu, die Seele läßt er mir wach. Leicht ist er, wahrlich! federleicht.

Er überredet mich, ich weiß nicht wie? er betupft mich inwendig mit schmeichelnder Hand, er zwingt mich. Ja, er zwingt mich, daß meine Seele sich ausstreckt: –

– wie sie mir lang und müde wird, meine wunderliche Seele! Kam ihr eines siebenten Tages Abend gerade am Mittage? Wandelte sie zu lange schon selig zwischen guten und reifen Dingen?

Sie streckt sich lang aus, lang – länger! sie liegt stille, meine wunderliche Seele. Zu viel Gutes hat sie schon geschmeckt, diese goldene Traurigkeit drückt sie, sie verzieht den Mund.

– Wie ein Schiff, das in seine stillste Bucht einlief – nun lehnt es sich an die Erde, der langen Reisen müde und der ungewissen Meere. Ist die Erde nicht treuer?

Wie solch ein Schiff sich dem Lande anlegt, anschmiegt – da genügt's, daß eine Spinne vom Lande her zu ihm ihren Faden spinnt. Keiner stärkeren Taue bedarf es da.

Wie solch ein müdes Schiff in der stillsten Buch: so ruhe auch ich nun der

Erde nahe, treu, zutrauend, wartend, mit den leisesten Fäden ihr angebunden.

O Glück! O Glück! Willst du wohl singen, o meine Seele? Du liegst im Grase. Aber das ist die heimliche feierliche Stunde, wo kein Hirt seine Flöte bläst.

Scheue dich! Heißer Mittag schläft auf den Fluren. Singe nicht! Still! Die Welt ist vollkommen.

Singe nicht, du Gras-Geflügel, o meine Seele! Flüstere nicht einmal! Sieh doch – still! der alte Mittag schläft, er bewegt den Mund: trinkt er nicht eben einen Tropfen Glücks –

– einen alten braunen Tropfen goldenen Glücks, goldenen Weins? Es huscht über ihn hin, sein Glück lacht. So – lacht ein Gott. Still! –

– ›Zum Glück, wie wenig genügt schon zum Glücke!‹ So sprach ich einst und dünkte mich klug. Aber es war eine Lästerung: *das* lernte ich nun. Kluge Narrn reden besser.

Das wenigste gerade, das Leiseste, Leichteste, einer Eidechse Rascheln, ein Hauch, ein Husch, ein Augen-Blick – *wenig* macht die Art des *besten* Glücks. Still!

– Was geschah mir: Horch! Flog die Zeit wohl davon? Falle ich nicht? Fiel ich nicht – horch! in den Brunnen der Ewigkeit?

– Was geschieht mir? Still! Es sticht mich – wehe – ins Herz? Ins Herz! O zerbrich, zerbrich, Herz, nach solchem Glücke, nach solchem Stiche!

– Wie? Ward die Welt nicht eben vollkommen? Rund und reif? O des goldenen runden Reifs – wohin fliegt er wohl? Laufe ich ihm nach! Husch!

Still – –« (und hier dehnte sich Zarathustra und fühlte, daß er schlafe).

»Auf!« sprach er zu sich selber, »du Schläfer! Du Mittagsschläfer! Wohlan, wohlauf, ihr alten Beine! Zeit ist's und Überzeit, manch gut Stück Wegs blieb euch noch zurück –

Nun schlieft ihr euch aus, wie lange doch? Eine halbe Ewigkeit! Wohlan, wohlauf nun, mein altes Herz! Wie lange erst darfst du nach solchem Schlaf – dich auswachen?«

(Aber da schlief er schon von neuem ein, und seine Seele sprach gegen ihn und wehrte sich und legte sich wieder hin) – »Laß mich doch! Still! Ward nicht die Welt eben vollkommen? O des goldnen runden Balls!« –

»Steh auf«, sprach Zarathustra, »du kleine Diebin, du Tagediebin! Wie? Immer noch sich strecken, gähnen, seufzen, hinunterfallen in tiefe Brunnen?

Wer bist du doch! O meine Seele!« (und hier erschrak er, denn ein Sonnenstrahl fiel vom Himmel herunter auf sein Gesicht.)

»O Himmel über mir«, sprach er seufzend und setzte sich aufrecht, »du schaust mir zu? Du horchst meiner wunderlichen Seele zu?

Wann trinkst du diesen Tropfen Taus, der auf alle Erden-Dinge niederfiel – wann trinkst du diese wunderliche Seele –

– wann, Brunnen der Ewigkeit! du heiterer schauerlicher Mittags-Abgrund! wann trinkst du meine Seele in dich zurück?«

Also sprach Zarathustra und erhob sich von seinem Lager am Baume wie aus einer fremden Trunkenheit: und siehe, da stand die Sonne immer noch gerade über seinem Haupte. Es möchte aber einer daraus mit Recht abnehmen, daß Zarathustra damals nicht lange geschlafen habe.

Die Begrüßung

Am späten Nachmittage war es erst, daß Zarathustra, nach langem, umsonstigen Suchen und Umherstreifen, wieder zu seiner Höhle heimkam. Als er aber derselben gegenüberstand, nicht zwanzig Schritt mehr von ihr ferne, da geschah das, was er jetzt am wenigsten erwartete: von neuem hörte er den großen *Notschrei*. Und, erstaunlich! diesmal kam derselbige aus seiner eignen Höhle. Es war aber ein langer vielfältiger seltsamer Schrei, und Zarathustra unterschied deutlich, daß er sich aus vielen Stimmen zusammensetze: mochte er schon, aus der Ferne gehört, gleich dem Schrei aus einem einzigen Munde klingen.

Da sprang Zarathustra auf seine Höhle zu, und siehe! welches Schauspiel erwartete ihn erst nach diesem Hörspiele! Dann da saßen sie allesamt beieinander, an denen er des Tags vorübergegangen war: der König zur Rechten und der König zur Linken, der alte Zauberer, der Papst, der freiwillige Bettler, der Schatten, der Gewissenhafte des Geistes, der traurige Wahrsager und der Esel; der häßlichste Mensch aber hatte sich eine Krone aufgesetzt und zwei Purpurgürtel umgeschlungen – denn er liebte es, gleich allen Häßlichen, sich zu verkleiden und schön zu tun. Inmitten aber dieser betrübten Gesellschaft stand der Adler Zarathustras, gesträubt und unruhig, denn er sollte auf zu vieles antworten, wofür sein Stolz keine Antwort hatte; die kluge Schlange aber hing um seinen Hals.

Dies alles schaute Zarathustra mit großer Verwunderung; dann aber prüfte er jeden einzelnen seiner Gäste mit leutseliger Neugierde, las ihre Seelen ab und wunderte sich von neuem. Inzwischen hatten sich die Versammelten von ihren Sitzen erhoben und warteten mit Ehrfurcht, daß Zarathustra reden werde. Zarathustra aber sprach also:

»Ihr Verzweifelnden! Ihr Wunderlichen! Ich hörte also *euren* Notschrei? Und nun weiß ich auch, wo der zu suchen ist, den ich umsonst heute suchte: *der höhere Mensch* –:

– in meiner eignen Höhle sitzt er, der höhere Mensch! Aber was wun-

dere ich mich! Habe ich ihn nicht selber zu mir gelockt, durch Honig-Opfer und listige Lockrufe meines Glücks?

Doch dünkt mir, ihr taugt euch schlecht zur Gesellschaft, ihr macht einander das Herz unwirsch, ihr Notschreienden, wenn ihr hier beisammen sitzt? Es muß erst einer kommen,

– einer, der euch wieder lachen macht, ein guter fröhlicher Hanswurst, ein Tänzer und Wind und Wildfang, irgendein alter Narr: – was dünket euch?

Vergebt mir doch, ihr Verzweifelnden, daß ich vor euch mit solch kleinen Worten rede, unwürdig, wahrlich, solcher Gäste! Aber ihr erratet nicht, *was* mein Herz mutwillig macht: –

– ihr selber tut es und euer Anblick, vergebt es mir! Jeder nämlich wird mutig, der einem Verzweifelnden zuschaut. Einem Verzweifelnden zuzusprechen – dazu dünkt sich jeder stark genug.

Mir selber gabt ihr diese Kraft – eine gute Gabe, meine hohen Gäste! Ein rechtschaffnes Gastgeschenk! Wohlan, so zürnt nun nicht, daß ich euch auch vom Meinigen anbiete.

Dies hier ist mein Reich und meine Herrschaft: was aber mein ist, für diesen Abend und diese Nacht soll euer sein. Meine Tiere sollen euch dienen: meine Höhle sei eure Ruhestatt!

Bei mir zu Heim und Hause soll keiner verzweifeln, in meinem Reviere schütze ich jeden vor seinen wilden Tieren. Und das ist das erste, was ich euch anbiete: Sicherheit!

Das zweite aber ist: mein kleiner Finger. Und habt ihr *den* erst, so nehmt nur noch die ganze Hand, wohlan! und das Herz dazu! Willkommen hier, willkommen, meine Gastfreunde!«

Also sprach Zarathustra und lachte vor Liebe und Bosheit. Nach dieser Begrüßung verneigten sich seine Gäste abermals und schwiegen ehrfürchtig; der König zur Rechten aber antwortete ihm in ihrem Namen.

»Daran, o Zarathustra, wie du uns Hand und Gruß botest, erkennen wir dich als Zarathustra. Du erniedrigtest dich vor uns; fast tatest du unserer Ehrfurcht wehe –:

– wer aber vermöchte gleich dir sich mit solchem Stolze zu erniedrigen? *Das* richtet uns selber auf, ein Labsal ist es unsern Augen und Herzen.

Dies allein nur zu schaun, stiegen gern wir auf höhere Berge, als dieser Berg ist. Als Schaulustige nämlich kamen wir, wir wollten sehn, was trübe Augen hell macht.

Und siehe, schon ist es vorbei mit allem unsern Notschrein. Schon steht Sinn und Herz uns offen und ist entzückt. Wenig fehlt: und unser Mut wird mutwillig.

Nichts, o Zarathustra, wächst Erfreulicheres auf Erden als ein hoher starker Wille: der ist ihr schönstes Gewächs. Eine ganze Landschaft erquickt sich an *einem* solchen Baume.

Der Pinie vergleiche ich, wer gleich dir, o Zarathustra, aufwächst: lang, schweigend, hart, allein, besten biegsamsten Holzes, herrlich, –

– zuletzt aber hinausgreifend mit starken grünen Ästen nach *seiner* Herrschaft, starke Fragen fragend vor Winden und Wettern und was immer auf Höhen heimisch ist,

– stärker antwortend, ein Befehlender, ein Siegreicher: o wer sollte nicht, solche Gewächse zu schaun, auf hohe Berge steigen?

Deines Baumes hier, o Zarathustra, erlabt sich auch der Düstere, der Mißratene, an deinem Anblicke wird auch der Unstete sicher und heilt sein Herz.

Und wahrlich, zu deinem Berge und Baume richten sich heute viele Augen; eine große Sehnsucht hat sich aufgemacht, und manche lernten fragen: wer ist Zarathustra?

Und wem du jemals dein Lied und deinen Honig ins Ohr geträufelt: alle die Versteckten, die Einsiedler, die Zweisiedler sprachen mit einem Male zu ihrem Herzen:

›Lebt Zarathustra noch? Es lohnt sich nicht mehr zu leben, alles ist gleich, alles ist umsonst: oder – wir müssen mit Zarathustra leben!‹

›Warum kommt er nicht, der sich solange ankündigte?‹ also fragen viele; ›verschlang ihn die Einsamkeit? Oder sollen wir wohl zu ihm kommen?‹

Nun geschieht's, daß die Einsamkeit selber mürbe wird und zerbricht, einem Grabe gleich, das zerbricht und seine Toten nicht mehr halten kann. Überall sieht man Auferstandene.

Nun steigen und steigen die Wellen um deinen Berg, o Zarathustra. Und wie hoch auch deine Höhe ist, viele müssen zu dir hinauf; dein Nachen soll nicht lange mehr im Trocknen sitzen.

Und daß wir Verzweifelnde jetzt in deine Höhle kamen und schon nicht mehr verzweifeln: ein Wahr- und Vorzeichen ist es nur, davon, daß Bessere zu dir unterwegs sind, –

– denn er selber ist zu dir unterwegs, der letzte Rest Gottes unter Menschen, das ist: alle die Menschen der großen Sehnsucht, des großen Ekels, des großen Überdrusses,

– alle, die nicht leben wollen, oder sie lernen wieder *hoffen* – oder sie lernen von dir, o Zarathustra, die *große* Hoffnung!«

Also sprach der König zur Rechten und ergriff die Hand Zarathustras, um sie zu küssen; aber Zarathustra wehrte seiner Verehrung und trat erschreckt zurück, schweigend und plötzlich wie in weite Fernen entfliehend. Nach einer kleinen Weile aber war er schon wieder bei seinen Gästen, blickte sie mit hellen, prüfenden Augen an und sprach:

»Meine Gäste, ihr höheren Menschen, ich will deutsch und deutlich mit euch reden. Nicht auf *euch* wartete ich hier in diesen Bergen.«

(»Deutsch und deutlich? Daß Gott erbarm!« sagte hier der König zur

Linken, beiseite; »man merkt, er kennt die lieben Deutschen nicht, dieser Weise aus dem Morgenlande!

Aber er meint ›deutsch und derb‹ – wohlan! Das ist heutzutage noch nicht der schlimmste Geschmack!«)

»Ihr mögt wahrlich insgesamt höhere Menschen sein«, fuhr Zarathustra fort, »aber für mich – seid ihr nicht hoch und stark genug.

Für mich, das heißt: für das Unerbittliche, das in mir schweigt, aber nicht immer schweigen wird. Und gehört ihr zu mir, so doch nicht als mein rechter Arm.

Wer nämlich selber auf kranken und zarten Beinen steht, gleich euch, der will vor allem, ob er's weiß oder sich verbirgt: daß er *geschont* werde.

Meine Arme und meine Beine aber schone ich nicht, *ich schone meine Krieger nicht*: wieso könntet ihr zu *meinem* Kriege taugen?

Mit euch verdürbe ich mir jeden Sieg noch. Und mancher von euch fiele schon um, wenn er nur den lauten Schall meiner Trommeln hörte.

Auch seid ihr mir nicht schön genug und wohlgeboren. Ich brauche reine glatte Spiegel für meine Lehren; auf eurer Oberfläche verzerrt sich noch mein eignes Bildnis.

Eure Schultern drückt manche Last, manche Erinnerung; manch schlimmer Zwerg hockt in euren Winkeln. Es gibt verborgenen Pöbel auch in euch.

Und seid ihr auch hoch und höherer Art: vieles an euch ist krumm und mißgestaltet. Da ist kein Schmied in der Welt, der euch mir zurecht und gerade schlüge.

Ihr seid nur Brücken: mögen Höhere auf euch hinüberschreiten! Ihr bedeutet Stufen: so zürnt dem nicht, der über euch hinweg in *seine* Höhe steigt!

Aus eurem Samen mag auch mir einst ein echter Sohn und vollkommener Erbe wachsen: aber das ist ferne. Ihr selber seid die nicht, welchen mein Erbgut und Name zugehört.

Nicht auf euch warte ich hier in diesen Bergen, nicht mit euch darf ich zum letzten Male niedersteigen. Als Vorzeichen kamt ihr mir nur, daß schon Höhere zu mir unterwegs sind, –

– *nicht* die Menschen der großen Sehnsucht, des großen Ekels, des großen Überdrusses und das, was ihr den Überrest Gottes nanntet.

– Nein! Nein! Dreimal nein! Auf *andere* warte ich hier in diesen Bergen und will meinen Fuß nicht ohne sie von dannen heben,

– auf Höhere, Stärkere, Sieghaftere, Wohlgemutere, solche, die rechtwinklig gebaut sind an Leib und Seele: *lachende Löwen* müssen kommen!

O, meine Gastfreunde, ihr Wunderlichen – hörtet ihr noch nichts von meinen Kindern? Und daß sie zu mir unterwegs sind?

Sprecht mir doch von meinen Gärten, von meinen glückseligen Inseln, von meiner neuen schönen Art – warum sprecht ihr mir nicht davon?

Dies Gastgeschenk erbitte ich mir von eurer Liebe, daß ihr mir von meinen Kindern sprecht. Hierzu bin ich reich, hierzu ward ich arm: was gab ich nicht hin,

– was gäbe ich nicht hin, daß ich eins hätte: *diese* Kinder, *diese* lebendige Pflanzung, *diese* Lebensbäume meines Willens und meiner höchsten Hoffnung!«

Also sprach Zarathustra und hielt plötzlich inne in seiner Rede: denn ihn überfiel seine Sehnsucht, und er schloß Augen und Mund vor der Bewegung seines Herzens. Und auch alle seine Gäste schwiegen und standen still und bestürzt: nur daß der alte Wahrsager mit Händen und Gebärden Zeichen gab.

Das Abendmahl

An dieser Stelle nämlich unterbrach der Wahrsager die Begrüßung Zarathustras und seiner Gäste: er drängte sich vor, wie einer, der keine Zeit zu verlieren hat, faßte die Hand Zarathustras und rief: »Aber Zarathustra!

Eins ist notwendiger als das andre, so redest du selber: wohlan, eins ist *mir* jetzt notwendiger als alles andere.

Ein Wort zur rechten Zeit: hast du mich nicht zum *Mahle* eingeladen? Und hier sind viele, die lange Wege machten. Du willst uns doch nicht mit Reden abspeisen?

Auch gedachtet ihr alle mir schon zu viel des Erfrierens, Ertrinkens, Erstickens und anderer Leibes-Notstände: keiner aber gedachte *meines* Notstandes, nämlich des Verhungerns –«

(Also sprach der Wahrsager; wie die Tiere Zarathustras aber diese Worte hörten, liefen sie vor Schrecken davon. Denn sie sahen, daß, was sie auch am Tage heimgebracht hatten, nicht genug sein werde, den einen Wahrsager zu stopfen.)

»Eingerechnet das Verdursten«, fuhr der Wahrsager fort. »Und ob ich schon Wasser hier plätschern höre, gleich Reden der Weisheit, nämlich reichlich und unermüdlich: ich – will *Wein*!

Nicht jeder ist gleich Zarathustra ein geborner Wassertrinker. Wasser taugt auch nicht für Müde und Verwelkte: *uns* gebührt Wein – *der* erst gibt plötzliches Genesen und stegreife Gesundheit!«

Bei dieser Gelegenheit, da der Wahrsager nach Wein begehrte, geschah es, daß auch der König zur Linken, der Schweigsame, einmal zu Worte kam. »Für Wein«, sprach er, »trugen *wir* Sorge, ich samt meinem Bruder, dem Könige zur Rechten: wir haben Weins genug – einen ganzen Esel voll. So fehlt nichts als Brot.«

»Brot?« entgegnete Zarathustra und lachte dazu. »Nur gerade Brot

haben Einsiedler nicht. Aber der Mensch lebt nicht vom Brot allein, sondern auch vom Fleische guter Lämmer, deren ich zwei habe:

– *Die* soll man geschwinde schlachten und würzig, mit Salbei, zubereiten: so liebe ich's. Und auch an Wurzeln und Früchten fehlt es nicht, gut genug selbst für Lecker- und Schmeckerlinge; noch an Nüssen und andern Rätseln zum Knacken.

Also wollen wir in Kürze eine gute Mahlzeit machen. Wer aber mit essen will, muß auch mit Hand anlegen, auch die Könige. Bei Zarathustra nämlich darf auch ein König Koch sein.«

Mit diesem Vorschlage war allen nach dem Herzen geredet: nur daß der freiwillige Bettler sich gegen Fleisch und Wein und Würzen sträubte.

»Nun hört mir doch diesen Schlemmer Zarathustra!« sagte er scherzhaft, »geht man dazu in Höhlen und Hoch-Gebirge, daß man solche Mahlzeiten macht?

Nun freilich verstehe ich, was er einst uns lehrte: ›Gelobt sei die kleine Armut!‹ und warum er die Bettler abschaffen will.«

»Sei guter Dinge«, antwortete ihm Zarathustra, »wie ich es bin. Bleibe bei deiner Sitte, du Trefflicher, malme deine Körner, trink dein Wasser, lobe deine Küche: wenn sie dich nur fröhlich macht!

Ich bin ein Gesetz nur für die Meinen, ich bin kein Gesetz für alle. Wer aber zu mir gehört, der muß von starken Knochen sein, auch von leichten Füßen, –

– lustig zu Kriegen und Festen, kein Düsterling, kein Traum-Hans, bereit zum Schwersten wie zu seinem Feste, gesund und heil.

Das Beste gehört den Meinen und mir; und gibt man's uns nicht, so nehmen wir's: die beste Nahrung, den reinsten Himmel, die stärksten Gedanken, die schönsten Fraun!« –

Also sprach Zarathustra; der König zur Rechten aber entgegnete: »Seltsam! Vernahm man je solche kluge Dinge aus dem Munde eines Weisen?

Und wahrlich, das ist das Seltsamste an einem Weisen, wenn er zu alledem auch noch klug und kein Esel ist.«

Also sprach der König zur Rechten und wunderte sich; der Esel aber sagte zu seiner Rede mit bösem Willen I-A. Dies aber war der Anfang von jener langen Mahlzeit, welche »das Abendmahl« in den Historien-Büchern genannt wird. Bei derselben wurde von nichts anderem geredet als *vom höheren Menschen.*

Vom höheren Menschen

1

Als ich zum ersten Male zu den Menschen kam, da tat ich die Einsiedler-Torheit, die große Torheit: ich stellte mich auf den Markt.

Und als ich zu allen redete, redete ich zu keinem. Des Abends aber waren Seiltänzer meine Genossen, und Leichname; und ich selber fast ein Leichnam.

Mit dem neuen Morgen aber kam mir eine neue Wahrheit: da lernte ich sprechen »Was geht mich Markt und Pöbel und Pöbel-Lärm und lange Pöbel-Ohren an!«

Ihr höheren Menschen, dies lernt von mir: auf dem Markt glaubt niemand an höhere Menschen. Und wollt ihr dort reden, wohlan! Der Pöbel aber blinzelt »wir sind alle gleich«.

»Ihr höheren Menschen« – so blinzelt der Pöbel – »es gibt keine höheren Menschen, wir sind alle gleich, Mensch ist Mensch, vor Gott – sind wir alle gleich!«

Vor Gott! – Nun aber starb dieser Gott. Vor dem Pöbel aber wollen wir nicht gleich sein. Ihr höheren Menschen, geht weg vom Markt!

2

Vor Gott! – Nun aber starb dieser Gott! Ihr höheren Menschen, dieser Gott war eure größte Gefahr.

Seit er im Grabe liegt, seid ihr erst wieder auferstanden. Nun erst kommt der große Mittag, nun erst wird der höhere Mensch – Herr!

Verstandet ihr dies Wort, o meine Brüder? Ihr seid erschreckt: wird euren Herzen schwindlig? Klafft euch hier der Abgrund: Kläfft euch hier der Höllenhund?

Wohlan! Wohlauf! Ihr höheren Menschen! Nun erst kreißt der Berg der Menschen-Zukunft. Gott starb: nun wollen *wir* – daß der Übermensch lebe.

3

Die Sorglichsten fragen heute: »wie bleibt der Mensch erhalten?« Zarathustra aber fragt als der einzige und erste: »wie wird der Mensch *überwunden*?«

Der Übermensch liegt mir am Herzen, *der* ist mein erstes und einziges – und *nicht* der Mensch: nicht der Nächste, nicht der Ärmste, nicht der Leidendste, nicht der Beste. –

O meine Brüder, was ich lieben kann am Menschen, das ist, daß er ein Übergang ist und ein Untergang. Und auch an euch ist vieles, das mich lieben und hoffen macht.

Daß ihr verachtetet, ihr höheren Menschen, das macht mich hoffen. Die großen Verachtenden nämlich sind die großen Verehrenden.

Daß ihr verzweifeltet, daran ist viel zu ehren. Denn ihr lerntet nicht, wie ihr euch ergäbet, ihr lernet die kleinen Klugheiten nicht.

Heute nämlich wurden die kleinen Leute Herr: die predigen alle Ergebung und Bescheidung und Klugheit und Fleiß und Rücksicht und das lange Und-so-weiter der kleinen Tugenden.

Was von Weibsart ist, was von Knechtsart stammt und sonderlich der Pöbel-Mischmasch: *Das* will nun Herr werden alles Menschen-Schicksals – o Ekel! Ekel! Ekel!

Das frägt und frägt und wird nicht müde: »wie erhält sich der Mensch, am besten, am längsten, am angenehmsten?« Damit – sind sie die Herren von heute.

Diese Herren von heute überwindet mir, o meine Brüder – diese kleinen Leute: *die* sind des Übermenschen größte Gefahr!

Überwindet mir, ihr höheren Menschen, die kleinen Tugenden, die kleinen Klugheiten, die Sandkorn-Rücksichten, den Ameisen-Kribbelkram, das erbärmliche Behagen, das »Glück der meisten« –!

Und lieber verzweifelt, als daß ihr euch ergebt. Und, wahrlich, ich liebe euch dafür, daß ihr heute nicht zu leben wißt, ihr höheren Menschen! So nämlich lebt *ihr* – am besten!

4

Habt ihr Mut, o meine Brüder? Seid ihr herzhaft? *Nicht* Mut vor Zeugen, sondern Einsiedler- und Adler-Mut, dem auch kein Gott mehr zusieht?

Kalte Seelen, Maultiere, Blinde, Trunkene heißen mir nicht herzhaft. Herz hat, wer Furcht kennt, aber Furcht *zwingt*; wer den Abgrund sieht, aber mit *Stolz*.

Wer den Abgrund sieht, aber mit Adlers-Augen, – wer mit Adlers-Krallen den Abgrund *faßt*: der hat Mut. – –

5

»Der Mensch ist böse« – so sprachen mir zum Troste alle Weisesten. Ach, wenn es heute nur noch wahr ist! Denn das Böse ist des Menschen beste Kraft.

»Der Mensch muß besser und böser werden« – so lehre *ich.* Das Böseste ist nötig zu des Übermenschen Bestem.

Das mochte gut sein für jenen Prediger der kleinen Leute, daß er litt und trug an des Menschen Sünde. Ich aber erfreue mich der großen Sünde als meines großen *Trostes.* –

Solches ist aber nicht für lange Ohren gesagt. Jedwedes Wort gehört auch nicht in jedes Maul. Das sind feine ferne Dinge: nach denen sollen nicht Schafs-Klauen greifen!

6

Ihr höheren Menschen, meint ihr, ich sei da, gut zu machen, was ihr schlecht machtet?

Oder ich wollte fürderhin euch Leidende bequemer betten? Oder euch Unsteten, Verirrten, Verkletterten neue leichtere Fußsteige zeigen?

Nein! Nein! Dreimal nein! Immer mehr, immer Bessere eurer Art sollen zugrunde gehn – denn ihr sollt es immer schlimmer und härter haben. So allein –

– so allein wächst der Mensch in die Höhe, wo der Blitz ihn trifft und zerbricht: hoch genug für den Blitz!

Auf Weniges, auf Langes, auf Fernes geht mein Sinn und meine Sehnsucht: was ginge mich euer kleines, vieles, kurzes Elend an!

Ihr leidet mir noch nicht genug! Denn ihr leidet an euch, ihr littet noch nicht *am Menschen.* Ihr würdet lügen, wenn ihr's anders sagtet! Ihr leidet alle nicht, woran *ich* litt. – –

7

Es ist mir nicht genug, daß der Blitz nicht mehr schadet. Nicht ableiten will ich ihn: er soll lernen für *mich* – arbeiten. –

Meine Weisheit sammelt sich lange schon gleich einer Wolke, sie wird stiller und dunkler. So tut jede Weisheit, welche einst *Blitze* gebären soll. –

Diesen Menschen von heute will ich nicht *Licht* sein, nicht Licht heißen. *Die* – will ich blenden. Blitz meiner Weisheit! stich ihnen die Augen aus!

8

Wollt nichts über euer Vermögen: es gibt eine schlimme Falschheit bei solchen, die über ihr Vermögen wollen.

Sonderlich, wenn sie große Dinge wollen! Denn sie wecken Mißtrauen gegen große Dinge, diese feinen Falschmünzer und Schauspieler: –

– bis sie endlich falsch vor sich selber sind, schieläugig, übertünchter Wurmfraß, bemäntelt durch starke Worte, durch Aushänge-Tugenden, durch glänzende falsche Werke.

Habt da eine gute Vorsicht, ihr höheren Menschen! Nichts nämlich gilt mir heute kostbarer und seltner als Redlichkeit.

Ist dies Heute nicht des Pöbels? Pöbel aber weiß nicht, was groß, was klein, was gerade und redlich ist: der ist unschuldig krumm, der lügt immer.

9

Habt heute ein gutes Mißtrauen, ihr höheren Menschen, ihr Beherzten! Ihr Offenherzigen! Und haltet eure Gründe geheim! Dies Heute nämlich ist des Pöbels.

Was der Pöbel ohne Gründe einst glauben lernte, wer könnte ihm durch Gründe das – umwerfen?

Und auf dem Markte überzeugt man mit Gebärden. Aber Gründe machen den Pöbel mißtrauisch.

Und wenn da einmal die Wahrheit zum Siege kam, so fragt euch mit gutem Mißtrauen: »welch starker Irrtum hat für sie gekämpft?«

Hütet euch auch vor den Gelehrten! Die hassen euch: denn sie sind unfruchtbar! Sie haben kalte vertrocknete Augen, vor ihnen liegt jeder Vogel entfedert.

Solche brüsten sich damit, daß sie nicht lügen: aber Ohnmacht zur Lüge ist lange noch nicht Liebe zur Wahrheit. Hütet euch!

Freiheit von Fieber ist lange noch nicht Erkenntnis! Ausgekälteten Geistern glaube ich nicht. Wer nicht lügen kann, weiß nicht, was Wahrheit ist.

10

Wollt ihr hoch hinaus, so braucht die eignen Beine! Laßt euch nicht empor *tragen*, setzt euch nicht auf fremde Rücken und Köpfe!

Du aber stiegst zu Pferde? Du reitest nun hurtig hinauf zu deinem Ziele? Wohlan, mein Freund! Aber dein lahmer Fuß sitzt auch mit zu Pferde!

Wenn du an deinem Ziele bist, wenn du von deinem Pferde springst: auf deiner *Höhe* gerade, du höherer Mensch – wirst du stolpern!

11

Ihr Schaffenden, ihr höheren Menschen! Man ist nur für das eigne Kind schwanger.

Laßt euch nichts vorreden, einreden! Wer ist denn *euer* Nächster? Und handelt ihr auch »für den Nächsten« – ihr schafft doch nicht für ihn!

Verlernt mir doch dies »Für«, ihr Schaffenden: eure Tugend gerade will es, daß ihr kein Ding mit »für« und »um« und »weil« tut. Gegen diese falschen kleinen Worte sollt ihr euer Ohr zukleben.

Das »für den Nächsten« ist die Tugend nur der kleinen Leute: da heißt es »gleich und gleich« und »Hand wäscht Hand« – sie haben nicht Recht nocht Kraft zu *eurem* Eigennutz!

In eurem Eigennutz, ihr Schaffenden, ist der Schwangeren Vorsicht und Vorsehung! Was niemand noch mit Augen sah, die Frucht: die schirmt und schont und nährt eure ganze Liebe.

Wo eure ganze Liebe ist, bei eurem Kinde, da ist auch eure ganze Tugend! Euer Werk, euer Wille ist *euer* »Nächster«: laßt euch keine falschen Werte einreden!

12

Ihr Schaffenden, ihr höheren Menschen! Wer gebären muß, der ist krank; wer aber geboren hat, ist unrein.

Fragt die Weiber: man gebiert nicht, weil es Vergnügen macht. Der Schmerz macht Hühner und Dichter gackern.

Ihr Schaffenden, an euch ist viel Unreines. Das macht, ihr mußtet Mütter sein.

Ein neues Kind: o, wie viel neuer Schmutz kam auch zur Welt! Geht beiseite! Und wer geboren hat, soll seine Seele rein waschen!

13

Seid nicht tugendhaft über eure Kräfte! Und wollt nichts von euch wider die Wahrscheinlichkeit!

Geht in die Fußstapfen, wo schon eurer Väter Tugend ging! Wie wolltet ihr hoch steigen, wenn nicht eurer Väter Wille mit euch steigt?

Wer aber Erstling sein will, sehe zu, daß er nicht auch Letztling werde! Und wo die Laster eurer Väter sind, darin sollt ihr nicht Heilige bedeuten wollen!

Wessen Väter es mit Weibern hielten und mit starken Weinen und Wildschweinen: was wäre es, wenn der von sich Keuschheit wollte?

Eine Narrheit wäre es! Viel, wahrlich, dünkt es mich für einen solchen, wenn er *eines* oder zweier oder dreier Weiber Mann ist.

Und stiftete er Klöster und schriebe über die Tür: »der Weg zum Heiligen« – ich spräche doch: wozu! es ist eine neue Narrheit!

Er stiftete sich selber ein Zucht- und Fluchthaus: wohl bekomm's! Aber ich glaube nicht daran.

In der Einsamkeit wächst, was einer in sie bringt, auch das innere Vieh. Solchergestalt widerrät sich vielen die Einsamkeit.

Gab es Schmutzigeres bisher auf Erden als Wüsten-Heilige? Um *die* herum war nicht nur der Teufel los – sondern auch das Schwein.

14

Scheu, beschämt, ungeschickt, einem Tiger gleich, dem der Sprung mißriet: also, ihr höheren Menschen, sah ich oft euch beiseite schleichen. Ein *Wurf* mißriet euch.

Aber, ihr Würfelspieler, was liegt daran! Ihr lerntet nicht spielen und spotten, wie man spielen und spotten muß! Sitzen wir nicht immer an einem großen Spott- und Spieltische?

Und wenn euch Großes mißriet, seid ihr selber darum – mißraten? Und mißrietet ihr selber, mißriet darum – der Mensch? Mißriet aber der Mensch: wohlan! wohlauf!

15

Je höher von Art, je seltener gerät ein Ding. Ihr höheren Menschen hier, seid ihr nicht alle – mißgeraten?

Seid guten Muts, was liegt daran! Wie vieles ist noch möglich! Lernt über euch selber lachen, wie man lachen muß!

Was Wunders auch, daß ihr mißrietet und halb gerietet, ihr Halbzerbrochenen! Drängt und stößt sich nicht in euch – des Menschen *Zukunft*? Des Menschen Fernstes, Tiefstes, Sternen-Höchstes, seine ungeheure Kraft: schäumt das nicht alles gegeneinander in eurem Topfe?

Was Wunders, daß mancher Topf zerbricht! Lernt über euch lachen, wie man lachen muß! Ihr höheren Menschen, o wie vieles ist noch möglich!

Und wahrlich, wie viel geriet schon! Wie reich ist diese Erde an kleinen guten vollkommenen Dingen, an Wohlgeratenem!

Stellt kleine gute vollkommene Dinge um euch, ihr höheren Menschen! Deren goldene Reife heilt das Herz. Vollkommnes lehrt hoffen.

16

Welches war hier auf Erden bisher die größte Sünde? War es nicht das Wort dessen, der sprach: »Wehe denen, die hier lachen!«

Fand er zum Lachen auf der Erde selber keine Gründe? So suchte er nur schlecht. Ein Kind findet hier noch Gründe.

Der – liebte nicht genug: sonst hätte er auch uns geliebt, die Lachenden! Aber er haßte und höhnte uns, Heulen und Zähneklappern verhieß er uns.

Muß man denn gleich fluchen, wo man nicht liebt? Das – dünkt mich ein schlechter Geschmack. Aber so tat er, dieser Unbedingte. Er kam vom Pöbel.

Und er selber liebte nur nicht genug: sonst hätte er weniger gezürnt, daß man ihn nicht liebe. Alle große Liebe *will* nicht Liebe – die will mehr.

Geht aus dem Wege allen solchen Unbedingten! Das ist eine arme kranke Art, eine Pöbel-Art: die sehn schlimm diesem Leben zu, sie haben den bösen Blick für diese Erde.

Geht aus dem Wege allen solchen Unbedingten! Sie haben schwere Füße und schwüle Herzen – sie wissen nicht zu tanzen. Wie möchte solchen wohl die Erde leicht sein!

17

Krumm kommen alle guten Dinge ihrem Ziele nahe. Gleich Katzen machen sie Buckel, sie schnurren innewendig vor ihrem nahen Glücke – alle guten Dinge lachen.

Der Schritt verrät, ob einer schon auf *seiner* Bahn schreitet: so seht mich gehn! Wer aber seinem Ziele nahe kommt, der tanzt.

Und, wahrlich, zum Standbild ward ich nicht, noch stehe ich nicht da, starr, stumpf, steinern, eine Säule; ich liebe geschwindes Laufen.

Und wenn es auf Erden auch Moor und dicke Trübsal gibt: wer leichte Füße hat, läuft über Schlamm noch hinweg und tanzt wie auf gefegtem Eise.

Erhebt eure Herzen, meine Brüder, hoch! höher! Und vergeßt mir auch die Beine nicht! Erhebt auch eure Beine, ihr guten Tänzer, und besser noch: ihr steht auch auf dem Kopf!

18

Diese Krone des Lachenden, diese Rosenkranz-Krone: ich selber setzte mir diese Krone auf, ich selber sprach heilig mein Gelächter. Keinen anderen fand ich heute stark genug dazu.

Zarathustra der Tänzer, Zarathustra der Leichte, der mit den Flügeln winkt, ein Flugbereiter, allen Vögeln zuwinkend, bereit und fertig, ein Selig-Leichtfertiger: –

Zarathustra der Wahrsager, Zarathustra der Wahrlacher, kein Ungeduldiger, kein Unbedingter, einer, der Sprünge und Seitensprünge liebt; ich selber setzte mir diese Krone auf!

19

Erhebt eure Herzen, meine Brüder, hoch! höher! Und vergeßt mir auch die Beine nicht! Erhebt auch eure Beine, ihr guten Tänzer, und besser noch: ihr steht auch auf dem Kopf!

Es gibt auch im Glück schweres Getier, es gibt Plumpfüßler von Anbeginn. Wunderlich mühn sie sich ab, einem Elefanten gleich, der sich müht auf dem Kopf zu stehn.

Besser aber noch närrisch sein vor Glücke als närrisch vor Unglücke, besser plump tanzen, als lahm gehn. So lernt mir doch meine Weisheit ab: auch das schlimmste Ding hat zwei gute Kehrseiten, –

– auch das schlimmste Ding hat gute Tanzbeine: so lernt mir doch euch selbst, ihr höheren Menschen, auf eure rechten Beine stellen!

So verlernt mir doch Trübsal-Blasen und alle Pöbel-Traurigkeit! O wie traurig dünken mich heute des Pöbels Hanswürste noch! Dies Heute aber ist des Pöbels.

20

Dem Winde tut mir gleich, wenn er aus seinen Berghöhlen stürzt: nach seiner eignen Pfeife will er tanzen, die Meere zittern und hüpfen unter seinen Fußtapfen.

Der den Eseln Flügel gibt, der Löwinnen melkt, gelobt sei dieser gute unbändige Geist, der allem Heute und allem Pöbel wie ein Sturmwind kommt, –

– der Distel- und Tiftelköpfen feind ist und allen welken Blättern und Unkräutern: gelobt sei dieser wilde gute freie Sturmgeist, welcher auf Mooren und Trübsalen wie auf Wiesen tanzt!

Der die Pöbel-Schwindhunde haßt und alles mißratene düstere Gezücht: gelobt sei dieser Geist aller freien Geister, der lachende Sturm, welcher allen Schwarzsichtigen, Schwärsüchtigen Staub in die Augen bläst!

Ihr höheren Menschen, euer Schlimmstes ist: ihr lerntet alle nicht tanzen, wie man tanzen muß – über euch hinweg tanzen! Was liegt daran, daß ihr mißrietet!

Wie vieles ist noch möglich! So *lernt* doch über euch hinweg lachen!

Erhebt eure Herzen, ihr guten Tänzer, hoch! höher! Und vergeßt mir auch das gute Lachen nicht!

Diese Krone des Lachenden, diese Rosenkranz-Krone: euch, meinen Brüdern, werfe ich diese Krone zu! Das Lachen sprach ich heilig; ihr höheren Menschen, *lernt* mir – lachen!

Das Lied der Schwermut

1

Als Zarathustra diese Reden sprach, stand er nahe dem Eingange seiner Höhle; mit den letzten Worten aber entschlüpfte er seinen Gästen und floh für eine kurze Weile ins Freie.

»O reine Gerüche um mich«, rief er aus, »o selige Stille um mich! Aber wo sind meine Tiere? Heran, heran, mein Adler und meine Schlange!

Sagt mir doch, meine Tiere: diese höheren Menschen insgesamt – *riechen* sie vielleicht nicht gut? O reine Gerüche um mich! Jetzo weiß und fühle ich erst, wie ich euch, meine Tiere, liebe.«

– Und Zarathustra sprach nochmals: »ich liebe euch, meine Tiere!« Der Adler aber und die Schlange drängten sich an ihn, als er diese Worte sprach, und sahen zu ihm hinauf. Solchergestalt waren sie zu drei still beisammen und schnüffelten und schlürften miteinander die gute Luft. Denn die Luft war hier draußen besser als bei den höheren Menschen.

2

Kaum aber hatte Zarathustra seine Höhle verlassen, da erhob sich der alte Zauberer, sah listig umher und sprach: »Er ist hinaus!

Und schon, ihr höheren Menschen – daß ich euch mit diesem Lob- und Schmeichel-Namen kitzle, gleich ihm selber – schon fällt mich mein schlimmer Trug- und Zaubergeist an, mein schwermütiger Teufel,

– welcher diesem Zarathustra ein Widersacher ist aus dem Grunde: vergebt es ihm! Nun *will* er vor euch zaubern, er hat gerade *seine* Stunde; umsonst ringe ich mit diesem bösen Geiste.

Euch allen, welche Ehren ihr euch mit Worten geben mögt, ob ihr euch ›die freien Geister‹ nennt oder ›die Wahrhaftigen‹ oder ›die Büßer des Geistes‹ oder ›die Entfesselten‹ oder ›die großen Sehnsüchtigen‹ –

– euch allen, die ihr *am großen Ekel* leidet gleich mir, denen der alte Gott starb und noch kein neuer Gott in Wiegen und Windeln liegt, – euch allen ist mein böser Geist und Zauber-Teufel hold.

Ich kenne euch, ihr höheren Menschen, ich kenne ihn – ich kenne auch

diesen Unhold, den ich wider Willen liebe, diesen Zarathustra: er selber dünkt mich öfter gleich einer schönen Heiligen-Larve,

– gleich einem neuen wunderlichen Mummenschanze, in dem sich mein böser Geist, der schwermütige Teufel, gefällt – ich liebe Zarathustra, so dünkt mich oft, um meines bösen Geistes willen. –

Aber schon fällt *der* mich an und zwingt mich, dieser Geist der Schwermut, dieser Abend-Dämmerungs-Teufel: und, wahrlich, ihr höheren Menschen, es gelüstet ihn –

– macht nur die Augen auf! – es gelüstet ihn, *nackt* zu kommen, ob männlich, ob weiblich, noch weiß ich's nicht: aber er kommt, er zwingt mich, wehe! macht eure Sinne auf!

Der Tag klingt ab, allen Dingen kommt nun der Abend, auch den besten Dingen; hört nun und seht, ihr höheren Menschen, welcher Teufel, ob Mann, ob Weib, dieser Geist der Abend-Schwermut ist!«

Also sprach der alte Zauberer, sah listig umher und griff dann zu seiner Harfe.

3

Bei abgehellter Luft,
Wenn schon des Taus Tröstung
Zur Erde niederquillt,
Unsichtbar, auch ungehört –
Denn zartes Schuhwerk trägt
Der Tröster Tau gleich allen Trost-Milden –:
Gedenkst du da, gedenkst du, heißes Herz,
Wie einst du durstetest,
Nach himmlischen Tränen und Tau-Geträufel
Versengt und müde durstetest,
Dieweil auf gelben Gras-Pfaden
Boshaft abendliche Sonnenblicke
Durch schwarze Bäume um dich liefen,
Blendende Sonnen-Glutblicke, schadenfrohe?

»Der *Wahrheit* Freier? Du?« – so höhnten sie –
»Nein! Nur ein Dichter!
Ein Tier, ein listiges, raubendes, schleichendes,
Das lügen muß,
Das wissentlich, willentlich lügen muß:
Nach Beute lüstern,
Bunt verlarvt,
Sich selber Larve,
Sich selbst zur Beute –

Das – der Wahrheit Freier?
Nein! Nur Narr! Nur Dichter!
Nur Buntes redend,
Aus Narren-Larven bunt herausschreiend,
Herumsteigend auf lügnerischen Wort-Brücken,
Auf bunten Regenbogen,
Zwischen falschen Himmeln
Und falschen Erden,
Herumschweifend, herumschwebend, –
Nur Narr! *Nur* Dichter!

Das – der Wahrheit Freier?
Nicht still, starr, glatt, kalt,
Zum Bilde worden,
Zur Gottes-Säule,
Nicht aufgestellt vor Tempeln,
Eines Gottes Türwart:
Nein! feindselig solchen Wahrheits-Standbildern,
In jeder Wildnis heimischer als vor Tempeln,
Voll Katzen-Mutwillens,
Durch jedes Fenster springend
Husch! in jeden Zufall,
Jedem Urwalde zuschnüffelnd,
Süchtig-sehnsüchtig zuschnüffelnd,
Daß du in Urwäldern
Unter buntgefleckten Raubtieren
Sündlich-gesund und bunt und schön liefest,
Mit lüsternen Lefzen,
Selig-höhnisch, selig-höllisch, selig-blutgierig,
Raubend, schleichend, lugend liefest: –

Oder dem Adler gleich, der lange,
Lange starr in Abgründe blickt,
In *seine* Abgründe: – –
O wie sie sich hier hinab,
Hinunter, hinein,
In immer tiefere Tiefen ringeln! –
Dann,
Plötzlich, geraden Zugs,
Gezückten Flugs,
Auf *Lämmer* stoßen,
Jach hinab, heißhungrig,
Nach Lämmern lüstern,

Gram allen Lamms-Seelen,
Grimmig-gram allem, was blickt
Schafmäßig, lammäugig, krauswollig,
Grau, mit Lamms-Schaf-Wohlwollen!

Also
Adlerhaft, pantherhaft
Sind des Dichters Sehnsüchte,
Sind *deine* Sehnsüchte unter tausend Larven,
Du Narr! Du Dichter!

Der du den Menschen schautest
So Gott als Schaf –:
Den Gott *zerreißen* im Menschen
Wie das Schaf im Menschen,
Und zerreißend *lachen* –

Das, das ist deine Seligkeit!
Eines Panthers und Adlers Seligkeit!
Eines Dichters und Narren Seligkeit!« – –

Bei abgehellter Luft,
Wenn schon des Monds Sichel
Grün zwischen Purpurröten
Und neidisch hinschleicht:
– dem Tage feind,
Mit jedem Schritte heimlich
An Rosen-Hängematten
Hinsichelnd, bis sie sinken,
Nacht-abwärts blaß hinabsinken: –

So sank ich selber einstmals
Aus meinem Wahrheits-Wahnsinne,
Aus meinen Tages-Sehnsüchten,
Des Tages müde, krank vom Lichte,
– sank abwärts, abendwärts, schattenwärts:
Von einer Wahrheit
Verbrannt und durstig:
– gedenkst du noch, gedenkst du, heißes Herz,
Wie da du durstetest? –
Daß ich verbannt sei
Von aller Wahrheit,
Nur Narr!
Nur Dichter!

Von der Wissenschaft

Also sang der Zauberer; und alle, die beisammen waren, gingen gleich Vögeln unvermerkt in das Netz seiner listigen und schwermütigen Wollust. Nur der Gewissenhafte des Geistes war nicht eingefangen: er nahm flugs dem Zauberer die Harfe weg und rief: »Luft! Laßt gute Luft herein! Laßt Zarathustra herein! Du machst diese Höhle schwül und giftig, du schlimmer alter Zauberer!

Du verführst, du Falscher, Feiner, zu unbekannten Begierden und Wildnissen. Und wehe, wenn solche wie du von der *Wahrheit* Redens und Wesens machen!

Wehe allen freien Geistern, welche nicht vor *solchen* Zauberern auf der Hut sind! Dahin ist es mit ihrer Freiheit: du lehrst und lockst zurück in Gefängnisse, –

– du alter schwermütiger Teufel, aus deiner Klage klingt eine Lockpfeife, du gleichst solchen, welche mit ihrem Lobe der Keuschheit heimlich zu Wollüsten laden!«

Also sprach der Gewissenhafte; der alte Zauberer aber blickte um sich, genoß seines Sieges und verschluckte darüber den Verdruß, welchen ihm der Gewissenhafte machte. »Sei still!« sagte er mit bescheidener Stimme, »gute Lieder wollen gut widerhallen; nach guten Liedern soll man lange schweigen.

So tun es diese alle, die höheren Menschen. Du aber hast wohl wenig von meinem Lied verstanden? In dir ist wenig von einem Zaubergeiste.«

»Du lobst mich«, entgegnete der Gewissenhafte, »indem du mich von dir abtrennst, wohlan! Aber ihr anderen, was sehe ich? Ihr sitzt alle noch mit lüsternen Augen da –:

Ihr freien Seelen, wohin ist eure Freiheit! Fast, dünkt mich's, gleicht ihr solchen, die lange schlimmen tanzenden nackten Mädchen zusahn: eure Seelen tanzen selber!

In euch, ihr höheren Menschen, muß mehr von dem sein, was der Zauberer seinen bösen Zauber- und Truggeist nennt – wir müssen wohl verschieden sein.

Und wahrlich, wir sprachen und dachten genug mitsammen, ehe Zarathustra heimkam zu seiner Höhle, als daß ich nicht wüßte: wir *sind* verschieden.

Wir *suchen* Verschiednes auch hier oben, ihr und ich. Ich nämlich suche mehr *Sicherheit,* deshalb kam ich zu Zarathustra. Der nämlich ist noch der festeste Turm und Wille –

– heute, wo alles wackelt, wo alle Erde bebt. Ihr aber, wenn ich eure Augen sehe, die ihr macht, fast dünkt mich's, ihr sucht *mehr Unsicherheit,*

– mehr Schauder, mehr Gefahr, mehr Erdbeben. Euch gelüstet, fast dünkt mich's so, vergebt meinem Dünkel, ihr höheren Menschen –

– euch gelüstet nach dem schlimmsten gefährlichsten Leben, das *mir* am meisten Furcht macht, nach dem Leben wilder Tiere, nach Wäldern, Höhlen, steilen Bergen und Irr-Schlünden.

Und nicht die Führer *aus* der Gefahr gefallen euch am besten, sondern die euch von allen Wegen abführen, die Verführer. Aber, wenn solch Gelüsten an euch *wirklich* ist, so dünkt es mich trotzdem *unmöglich.*

Furcht nämlich – das ist des Menschen Erb- und Grundgefühl; aus der Furcht erklärt sich jegliches, Erbsünde und Erbtugend. Aus der Furcht wuchs auch *meine* Tugend, die heißt: Wissenschaft.

Die Furcht nämlich vor wildem Getier – die wurde dem Menschen am längsten angezüchtet, einschließlich das Tier, das er in sich selber birgt und fürchtet – Zarathustra heißt es ›das innere Vieh‹.

Solche lange alte Furcht, endlich fein geworden, geistlich, geistig – heute, dünkt mich, heißt sie: *Wissenschaft.*« –

Also sprach der Gewissenhafte; aber Zarathustra, der eben in seine Höhle zurückkam und die letzte Rede gehört und erraten hatte, warf dem Gewissenhaften eine Handvoll Rosen zu und lachte ob seiner »Wahrheiten«. »Wie!« rief er, »was hörte ich da eben? Wahrlich, mich dünkt, du bist ein Narr oder ich selber bin's: und deine ›Wahrheit‹ stelle ich rucks und flugs auf den Kopf.

Furcht nämlich – ist unsre Ausnahme. Mut aber und Abenteuer und Lust am Ungewissen, am Ungewagten – *Mut* dünkt mich des Menschen ganze Vorgeschichte.

Den wildesten mutigsten Tieren hat er alle ihre Tugenden abgeneidet und abgeraubt: so erst wurde er – zum Menschen.

Dieser Mut, endlich fein geworden, geistlich, geistig, dieser Menschen-Mut mit Adler-Flügeln und Schlangen-Klugheit: *der,* dünkt mich, heißt heute –«

»*Zarathustra!*« schrien alle, die beisammen saßen, wie aus einem Munde und machten dazu ein großes Gelächter; es hob sich aber von ihnen wie eine schwere Wolke. Auch der Zauberer lachte und sprach mit Klugheit: »Wohlan! Er ist davon, mein böser Geist!

Und habe ich euch nicht selber vor ihm gewarnt, als ich sagte, daß er ein Betrüger sei, ein Lug- und Truggeist?

Sonderlich nämlich, wenn er sich nackend zeigt. Aber was kann *ich* für seine Tücken! Habe *ich* ihn und die Welt geschaffen?

Wohlan! Seien wir wieder gut und guter Dinge! Und ob schon Zarathustra böse blickt – seht ihn doch! er ist mir gram –:

– bevor die Nacht kommt, lernt er wieder mich lieben und loben, er kann nicht lange leben, ohne solche Torheiten zu tun.

Der – liebt seine Feinde: diese Kunst versteht er am besten von allen, die ich sah. Aber er nimmt Rache dafür – an seinen Freunden!«

Also sprach der alte Zauberer, und die höheren Menschen zollten ihm

Beifall: so daß Zarathustra herumging und mit Bosheit und Liebe seinen Freunden die Hände schüttelte – gleichsam als einer, der an allen etwas gutzumachen und abzubitten hat. Als er aber dabei an die Tür seiner Höhle kam, siehe, da gelüstete ihn schon wieder nach der guten Luft da draußen und nach seinen Tieren – und er wollte hinausschlüpfen.

Unter Töchtern der Wüste

1

»Gehe nicht davon!« sagte der Wanderer, der sich den Schatten Zarathustras nannte, »bleibe bei uns, es möchte uns sonst die alte dumpfe Trübsal wieder anfallen.

Schon gab uns jener alte Zauberer von seinem Schlimmsten zum besten, und siehe doch, der gute fromme Papst da hat Tränen in den Augen und sich ganz wieder aufs Meer der Schwermut eingeschifft.

Diese Könige mögen wohl vor uns noch gute Miene machen: das lernten *die* nämlich von uns allen heute am besten! Hätten sie aber keine Zeugen, ich wette, auch bei ihnen finge das böse Spiel wieder an –

– das böse Spiel der ziehenden Wolken, der feuchten Schwermut, der verhängten Himmel, der gestohlenen Sonnen der heulenden Herbst-Winde!

– das böse Spiel unsres Heulens und Notschreiens: bleibe bei uns, o Zarathustra! Hier ist viel verborgenes Elend, das reden will, viel Abend, viel Wolke, viel dumpfe Luft!

Du nährtest uns mit starker Manns-Kost und kräftigen Sprüchen: laß es nicht zu, daß uns zum Nachtisch die weichlichen weiblichen Geister wieder anfallen!

Du allein machst die Luft um dich herum stark und klar! Fand ich je auf Erden so gute Luft als bei dir in deiner Höhle?

Viele Länder sah ich doch, meine Nase lernte vielerlei Luft prüfen und abschätzen: aber bei dir schmecken meine Nüstern ihre größte Lust!

Es sei denn, – es sei denn –, o vergib eine alte Erinnerung! Vergib mir ein altes Nachtisch-Lied, das ich einst unter Töchtern der Wüste dichtete: –

– bei denen nämlich gab es gleich gute helle morgenländische Luft; dort war ich am fernsten vom wolkigen feuchten schwermütigen Alt-Europa!

Damals liebte ich solcherlei Morgenland-Mädchen und andres blaues Himmelreich, über dem keine Wolken und keine Gedanken hängen.

Ihr glaubt es nicht, wie artig sie dasaßen, wenn sie nicht tanzten, tief, aber ohne Gedanken, wie kleine Geheimnisse, wie bebänderte Rätsel, wie Nachtisch-Nüsse –

bunt und fremd fürwahr! aber ohne Wolken: Rätsel, die sich raten lassen; solchen Mädchen zu Liebe erdachte ich damals einen Nachtisch-Psalm.«

Also sprach der Wanderer und Schatten; und ehe jemand ihm antwortete, hatte er schon die Harfe des alten Zauberers ergriffen, die Beine gekreuzt und blickte gelassen und weise um sich: – mit den Nüstern aber zog er langsam und fragend die Luft ein, wie einer, der in neuen Ländern neue fremde Luft kostet. Darauf hob er mit einer Art Gebrüll zu singen an.

2

Die Wüste wächst: weh Dem, der Wüsten birgt!

– Ha! Feierlich!
In der Tat feierlich!
Ein würdiger Anfang!
Afrikanisch feierlich!
Eines Löwen würdig
Oder eines moralischen Brüllaffen –
– aber nichts für euch,
Ihr allerliebsten Freundinnen,
Zu deren Füßen mir
Zum ersten Male,
Einem Europäer unter Palmen,
Zu sitzen vergönnt ist. Sela.

Wunderbar wahrlich!
Da sitze ich nun,
Der Wüste nahe, und bereits
So ferne wieder der Wüste,
Auch in nichts noch verwüstet:
Nämlich hinabgeschluckt
Von dieser kleinsten Oasis –:
– sie sperrte gerade gähnend
Ihr liebliches Maul auf,
Das wohlriechendste aller Mäulchen:
Da fiel ich hinein,
Hinab, hindurch – unter euch,
Ihr allerliebsten Freundinnen! Sela.

Heil, Heil jenem Walfische,
Wenn er also es seinem Gaste
Wohl sein ließ! – ihr versteht
Meine gelehrte Anspielung?
Heil seinem Bauche,

Wenn er also
Ein so lieblicher Oasis-Bauch war
Gleich diesem: was ich aber in Zweifel ziehe,
– dafür komme ich aus Europa,
Das zweifelsüchtiger ist als alle
Ältlichen Eheweibchen.
Möge Gott es bessern!
Amen!

Da sitze ich nun,
In dieser kleinsten Oasis,
Einer Dattel gleich,
Braun, durchsüßt, goldschwürig, lüstern
Nach einem runden Mädchenmunde,
Mehr noch aber nach mädchenhaften
Eiskalten schneeweißen schneidigen
Beißzähnen: nach denen nämlich
Lechzt das Herz allen heißen Datteln. Sela.

Den genannten Südfrüchten
Ähnlich, allzuähnlich
Liege ich hier, von kleinen
Flügelkäfern
Umschnüffelt und umspielt,
Insgleichen von noch kleineren
Törichteren sündhafteren
Wünschen und Einfällen, –
Umlagert von euch,
Ihr stummen, ihr ahnungsvollen
Mädchen-Katzen,
Dudu und Suleika,
– *umsphinxt*, daß ich in *ein* Wort
Viel Gefühle stopfe:
(Vergebe mir Gott
Diese Sprach-Sünde!)
– sitze hier, die beste Luft schnüffelnd,
Paradieses-Luft wahrlich,
Lichte leichte Luft, goldgestreifte,
So gute Luft nur je
Vom Monde herabfiel –
Sei es aus Zufall,
Oder geschah es aus Übermute?
Wie die alten Dichter erzählen.

Ich Zweifler aber ziehe es
In Zweifel, dafür aber komme ich
Aus Europa,
Das zweifelsüchtiger ist als alle
Ältlichen Eheweibchen.
Möge Gott es bessern!
Amen!

Diese schönste Luft trinkend,
Mit Nüstern geschwellt gleich Bechern,
Ohne Zukunft, ohne Erinnerungen,
So sitze ich hier, ihr
Allerliebsten Freundinnen,
Und sehe der Palme zu,
Wie sie, einer Tänzerin gleich,
Sich biegt und schmiegt und in der Hüfte wiegt,
– man tut es mit, sieht man lange zu!
Einer Tänzerin gleich, die, wie mir scheinen will,
Zu lange schon, gefährlich lange
Immer, immer nur auf *einem* Beine stand?
– da vergaß sie darob, wie mir scheinen will,
Das andre Bein?
Vergebens wenigstens
Suchte ich das vermißte
Zwillings-Kleinod
– nämlich das andre Bein –
In der heiligen Nähe
Ihres allerliebsten, allerzierlichsten
Fächer- und Flatter- und Flitterröckchens.
Ja, wenn ihr mir, ihr schönen Freundinnen,
Ganz glauben wollt:
Sie hat es verloren!
Es ist dahin!
Auf ewig dahin!
Das andre Bein!
O schade um das liebliche andere Bein!
Wo – mag es wohl weilen und verlassen trauern?
Das einsame Bein?
In Furcht vielleicht vor einem
Grimmen blondgelockten
Löwen-Untiere? Oder gar schon
Abgenagt, abgeknabbert –
Erbärmlich, wehe! wehe!, abgeknabbert! Sela.

O weint mir nicht,
Weiche Herzen!
Weint mir nicht, ihr
Dattel-Herzen! Milch-Busen!
Ihr Süßholz-Herz-
Beutelchen!
Weine nicht mehr,
Bleiche Dudu!
Sei ein Mann, Suleika! Mut! Mut!
– Oder sollte vielleicht
Etwas Stärkendes, Herz-Stärkendes
Hier am Platze sein?
Ein gesalbter Spruch?
Ein feierlicher Zuspruch? –

Ha! Herauf, Würde!
Tugend-Würde! Europäer-Würde!
Blase, blase wieder,
Blasebalg der Tugend!
Ha!
Noch einmal brüllen,
Moralisch brüllen!
Als moralischer Löwe
Vor den Töchtern der Wüste brüllen!
– Denn Tugend-Geheul,
Ihr allerliebsten Mädchen,
Ist mehr als alles
Europäer-Inbrunst, Europäer-Heißhunger!
Und da stehe ich schon,
Als Europäer,
Ich kann nicht anders, Gott helfe mir!
Amen!

Die Wüste wächst: weh Dem, der Wüsten birgt!

Die Erweckung

1

Nach dem Liede des Wanderers und Schattens wurde die Höhle mit einem Male voll Lärmens und Lachens; und da die versammelten Gäste alle zugleich redeten, und auch der Esel, bei einer solchen Ermutigung, nicht mehr still blieb, überkam Zarathustra ein kleiner Widerwille und Spott gegen seinen Besuch: ob er sich gleich ihrer Fröhlichkeit er-

freute. Denn sie dünkte ihm ein Zeichen der Genesung. So schlüpfte er hinaus ins Freie und sprach zu seinen Tieren.

»Wo ist nun ihre Not hin?« sprach er, und schon atmete er selber von seinem kleinen Überdrusse auf – »bei mir verlernten sie, wie mich dünkt, das Notschrein!

– wenn auch, leider, noch nicht das Schrein.« Und Zarathustra hielt sich die Ohren zu, denn eben mischte sich das I-A des Esels wunderlich mit dem Jubel-Lärm dieser höheren Menschen.

»Sie sind lustig«, begann er wieder, »und wer weiß? vielleicht auf ihre Wirtes Unkosten; und lernten sie von mir lachen, so ist es doch nicht *mein* Lachen, das sie lernten.

Aber was liegt daran! Es sind alte Leute: sie genesen auf ihre Art, sie lachen auf ihre Art; meine Ohren haben schon Schlimmeres erduldet und wurden nicht unwirsch.

Dieser Tag ist ein Sieg: er weicht schon, er flieht, *der Geist der Schwere*, mein alter Erzfeind! Wie gut will dieser Tag enden, der so schlimm und schwer begann!

Und enden *will* er. Schon kommt der Abend: über das Meer her reitet er, der gute Reiter! Wie er sich wiegt, der Selige, Heimkehrende, in seinen purpurnen Sätteln!

Der Himmel blickt klar dazu, die Welt liegt tief: o all ihr Wunderlichen, die ihr zu mir kamt, es lohnt sich schon, bei mir zu leben!«

Also sprach Zarathustra. Und wieder kam da das Geschrei und Gelächter der höheren Menschen aus der Höhle: da begann er von neuem.

»Sie beißen an, mein Köder wirkt, es weicht auch ihnen ihr Feind, der Geist der Schwere. Schon lernen sie über sich selber lachen: höre ich recht?

Meine Manns-Kost wirkt, mein Saft- und Kraft-Spruch: und wahrlich, ich nährte sie nicht mit Bläh-Gemüsen! Sondern mit Krieger-Kost, mit Eroberer-Kost: neue Begierden weckte ich.

Neue Hoffnungen sind in ihren Armen und Beinen, ihr Herz streckt sich aus. Sie finden neue Worte, bald wird ihr Geist Mutwillen atmen.

Solche Kost mag freilich nicht für Kinder sein, noch auch für sehnsüchtige alte und junge Weibchen. Denen überredet man anders die Eingeweide; deren Arzt und Lehrer bin ich nicht.

Der *Ekel* weicht diesen höheren Menschen: wohlan! das ist mein Sieg. In meinem Reiche werden sie sicher, alle dumme Scham läuft davon, sie schütten sich aus.

Sie schütten ihr Herz aus, gute Stunden kehren ihnen zurück, sie feiern und käuen wieder – sie werden *dankbar*.

Das nehme ich als das beste Zeichen: sie werden dankbar. Nicht lange noch, und sie denken sich Feste aus und stellen Denksteine ihren alten Freuden auf.

Es sind *Genesende!*« Also sprach Zarathustra fröhlich zu seinem Herzen und schaute hinaus; seine Tiere aber drängten sich an ihn und ehrten sein Glück und sein Stillschweigen.

2

Plötzlich aber erschrak das Ohr Zarathustras: die Höhle nämlich, welche bisher voller Lärmens und Gelächters war, wurde mit einem Male totenstill; – seine Nase aber roch einen wohlriechenden Qualm und Weihrauch, wie von brennenden Pinien-Zapfen.

»Was geschieht? Was treiben sie?« fragte er sich und schlich zum Eingange heran, daß er seinen Gästen, unvermerkt, zusehen könne. Aber, Wunder über Wunder! was mußte er da mit seinen eignen Augen sehn!

»Sie sind alle wieder *fromm* geworden, sie *beten*, sie sind toll!« – sprach er und verwunderte sich über die Maßen. Und, fürwahr! alle diese höheren Menschen, die zwei Könige, der Papst außer Dienst, der schlimme Zauberer, der freiwillige Bettler, der Wanderer und Schatten, der alte Wahrsager, der Gewissenhafte des Geistes und der häßlichste Mensch: sie lagen alle gleich Kindern und gläubigen alten Weibchen auf den Knien und beteten den Esel an. Und eben begann der häßlichste Mensch zu gurgeln und zu schnauben, wie als ob etwas Unaussprechliches aus ihm herauswolle; als er es aber wirklich bis zu Worten gebracht hatte, siehe, da war es eine fromme seltsame Litanei zur Lobpreisung des angebeteten und angeräucherten Esels. Diese Litanei aber klang also:

Amen! Und Lob und Ehre und Weisheit und Dank und Preis und Stärke sei unserm Gott, von Ewigkeit zu Ewigkeit!

– Der Esel aber schrie dazu I-A.

Er trägt unsre Last, er nahm Knechtsgestalt an, er ist geduldsam von Herzen und redet niemals nein; und wer seinen Gott liebt, der züchtigt ihn.

– Der Esel aber schrie dazu I-A.

Er redet nicht: es sei denn, daß er zur Welt, die er schuf, immer ja sagt: also preist er seine Welt. Seine Schlauheit ist es, die nicht redet: so bekömmt er selten Unrecht.

– Der Esel aber schrie dazu I-A.

Unscheinbar geht er durch die Welt. Grau ist die Leib-Farbe, in welche er seine Tugend hüllt. Hat er Geist, so verbirgt er ihn; jedermann aber glaubt an seine langen Ohren.

– Der Esel aber schrie dazu I-A.

Welche verborgene Weisheit ist das, daß er lange Ohren trägt und allein ja und nimmer nein sagt! Hat er nicht die Welt erschaffen nach seinem Bilde, nämlich so dumm als möglich?

– Der Esel aber schrie dazu I-A.

Du gehst gerade und krumme Wege; es kümmert dich wenig, was uns Menschen gerade oder krumm dünkt. Jenseits von Gut und Böse ist dein Reich. Es ist deine Unschuld, nicht zu wissen, was Unschuld ist.

– Der Esel aber schrie dazu I-A.

Siehe doch, wie du niemanden von dir stößest, die Bettler nicht, noch die Könige. Die Kindlein lässest du zu dir kommen, und wenn dich die bösen Buben locken, so sprichst du einfältiglich I-A.

– Der Esel aber schrie dazu I-A.

Du liebst Eselinnen und frische Feigen, du bist kein Kostverächter. Eine Distel kitzelt dir das Herz, wenn du gerade Hunger hast. Darin liegt eines Gottes Weisheit.

– Der Esel aber schrie dazu I-A.

Das Eselsfest

I

An dieser Stelle der Litanei aber konnte Zarathustra sich nicht länger bemeistern, schrie selber I-A, lauter noch als der Esel, und sprang mitten unter seine toll gewordenen Gäste. »Aber was treibt ihr da, ihr Menschenkinder?« rief er, indem er die Betenden vom Boden emporriß. »Wehe, wenn euch jemand anderes zusähe als Zarathustra:

Jeder würde urteilen, ihr wäret mit eurem neuen Glauben die ärgsten Gotteslästerer oder die törichtsten aller alten Weiblein!

Und du selber, du alter Papst, wie stimmt das mit dir selber zusammen, daß du solchergestalt einen Esel hier als Gott anbetest?« –

»O Zarathustra«, antwortete der Papst, »vergib mir, aber in Dingen Gottes bin ich aufgeklärter noch als du. Und so ist's billig.

Lieber Gott also anbeten, in dieser Gestalt, als in gar keiner Gestalt! Denke über diesen Spruch nach, mein hoher Freund: du errätst geschwind, in solchem Spruch steckt Weisheit.

Der, welcher sprach ›Gott ist ein Geist‹ – der machte bisher auf Erden den größten Schritt und Sprung zum Unglauben: solch Wort ist auf Erden nicht leicht wieder gutzumachen!

Mein altes Herz springt und hüpft darob, daß es auf Erden noch etwas anzubeten gibt. Vergib das, o Zarathustra, einem alten frommen Papst-Herzen!« –

– »Und du«, sagte Zarathustra zu dem Wanderer und Schatten, »du nennst und wähnst dich einen freien Geist? Und treibst hier solchen Götzen- und Pfaffendienst?

Schlimmer, wahrlich, treibst du's hier noch als bei deinen schlimmen braunen Mädchen, du schlimmer neuer Gläubiger!«

»Schlimm genug«, antwortete der Wanderer und Schatten, »du hast recht: aber was kann ich dafür! Der alte Gott lebt wieder, o Zarathustra, du magst reden, was du willst.

Der häßlichste Mensch ist an allem schuld: der hat ihn wieder auferweckt. Und wenn er sagt, daß er ihn einst getötet habe: *Tod* ist bei Göttern immer nur ein Vorurteil.«

– »Und du«, sprach Zarathustra, »du schlimmer alter Zauberer, was tatest du! Wer soll, in dieser freien Zeit, fürderhin an dich glauben, wenn *du* an solche Götter-Eseleien glaubst?

Es war eine Dummheit, was du tatest; wie konntest du, du Kluger, eine solche Dummheit tun!«

»O Zarathustra«, antwortete der kluge Zauberer, »du hast recht, es war eine Dummheit – es ist mir auch schwer genug geworden.«

– »Und du gar«, sagte Zarathustra zu dem Gewissenhaften des Geistes, »erwäge doch und lege den Finger an deine Nase! Geht hier denn nichts wider dein Gewissen? Ist dein Geist nicht zu reinlich für dies Beten und den Dunst dieser Betbrüder?«

»Es ist etwas daran«, antwortete der Gewissenhafte und legte den Finger an die Nase, »es ist etwas an diesem Schauspiele, das meinem Gewissen sogar wohltut.

Vielleicht, daß ich an Gott nicht glauben darf: gewiß aber ist, daß Gott mir in dieser Gestalt noch am glaubwürdigsten dünkt.

Gott soll ewig sein, nach dem Zeugnisse der Frömmsten: wer so viel Zeit hat, läßt sich Zeit. So langsam und so dumm als möglich: *damit* kann ein solcher es doch sehr weit bringen.

Und wer des Geistes zu viel hat, der möchte sich wohl in die Dumm- und Narrheit selber vernarren. Denke über dich selber nach, o Zarathustra!

Du selber – wahrlich! auch du könntest wohl aus Überfluß und Weisheit zu einem Esel werden.

Geht nicht ein vollkommner Weiser gern auf den krümmsten Wegen? Der Augenschein lehrt es, o Zarathustra – *dein* Augenschein!«

– »Und du selber zuletzt«, sprach Zarathustra und wandte sich gegen den häßlichsten Menschen, der immer noch auf dem Boden lag, den Arm zu dem Esel emporhebend (er gab ihm nämlich Wein zu trinken). »Sprich, du Unaussprechlicher, was hast du da gemacht!

Du dünkst mich verwandelt, dein Auge glüht, der Mantel des Erhabenen liegt um deine Häßlichkeit: *was* tatest du?

Ist es denn wahr, was jene sagen, daß du ihn wieder auferwecktest? Und wozu? War er nicht mit Grund abgetötet und abgetan?

Du selber dünkst mich aufgeweckt: was tatest du? was kehrtest *du* um? Was bekehrtest *du* dich? Sprich, du Unaussprechlicher!«

»O Zarathustra«, antwortete der häßlichste Mensch, »du bist ein Schelm!

Ob *der* noch lebt oder wieder lebt oder gründlich tot ist, – wer von uns beiden weiß das am besten? Ich frage dich.

Eins aber weiß ich, – von dir selber lernte ich's einst, o Zarathustra: wer am gründlichsten töten will, der *lacht*.

›Nicht durch Zorn, sondern durch Lachen tötet man‹ – so sprachst du einst. O Zarathustra, du Verborgener, du Vernichter ohne Zorn, du gefährlicher Heiliger, – du bist ein Schelm!«

2

Da aber geschah es, daß Zarathustra, verwundert über lauter solche Schelmen-Antworten, zur Tür seiner Höhle zurück sprang und, gegen alle seine Gäste gewendet, mit starker Stimme schrie:

»O ihr Schalks-Narren allesamt, ihr Possenreißer! Was verstellt und versteckt ihr euch vor mir!

Wie doch einem jeden von euch das Herz zappelte vor Lust und Bosheit, darob, daß ihr endlich einmal wieder wurdet wie die Kindlein, nämlich fromm, –

– daß ihr endlich wieder tatet wie Kinder tun, nämlich betetet, händefaltetet und ›lieber Gott‹ sagtet!

Aber nun laßt mir *diese* Kinderstube, meine eigne Höhle, wo heute alle Kinderei zu Hause ist. Kühlt hier draußen euren heißen Kinder-Übermut und Herzenslärm ab!

Freilich: so ihr nicht werdet wie die Kindlein, so kommt ihr nicht in *das* Himmelreich.« (Und Zarathustra zeigte mit den Händen nach oben.)

»Aber wir wollen auch gar nicht ins Himmelreich: Männer sind wir worden, – *so wollen wir das Erdenreich*.«

3

Und noch einmal hob Zarathustra an zu reden. »O meine neuen Freunde«, sprach er – »ihr Wunderlichen, ihr höheren Menschen, wie gut gefallt ihr mir nun, –

– seit ihr wieder fröhlich wurdet! Ihr seid wahrlich alle aufgeblüht: mich dünkt, solchen Blumen, wie ihr seid, tun *neue Feste* not,

– ein kleiner tapferer Unsinn, irgendein Gottesdienst und Eselsfest, irgendein alter fröhlicher Zarathustra-Narr, ein Brausewind, der euch die Seelen hell bläst.

Vergeßt diese Nacht und dies Eselsfest nicht, ihr höheren Menschen! *Das* erfandet ihr bei mir, das nehme ich als gutes Wahrzeichen, – solcherlei erfinden nur Genesende!

Und feiert ihr es abermals, dieses Eselsfest, tut's euch zuliebe, tut's auch mir zuliebe! Und zu *meinem* Gedächtnis!«

Also sprach Zarathustra.

Das trunkne Lied

1

Inzwischen aber war einer nach dem andern hinausgetreten ins Freie und in die kühle nachdenkliche Nacht; Zarathustra selber aber führte den häßlichsten Menschen an der Hand, daß er ihm seine Nacht-Welt und den großen runden Mond und die silbernen Wasserstürze bei seiner Höhle zeige. Da standen sie endlich still beieinander, lauter alte Leute, aber mit einem getrösteten tapferen Herzen und verwundert bei sich, daß es ihnen auf Erden so wohl war; die Heimlichkeit der Nacht aber kam ihnen näher und näher ans Herz. Und von neuem dachte Zarathustra bei sich: »O wie gut sie mir nun gefallen, diese höheren Menschen!« – aber er sprach es nicht aus, denn er ehrte ihr Glück und ihr Stillschweigen. –

Da aber geschah das, was an jenem erstaunlichen langen Tage das Erstaunlichste war: der häßlichste Mensch begann noch einmal und zum letztenmal zu gurgeln und zu schnauben, und als er es bis zu Worten gebracht hatte, siehe, da sprang eine Frage rund und reinlich aus seinem Munde, eine gute tiefe klare Frage, welche allen, die ihm zuhörten, das Herz im Leibe bewegte.

»Meine Freunde insgesamt«, sprach der häßlichste Mensch, »was dünket euch? Um dieses Tages willen – *ich* bin's zum ersten Male zufrieden, daß ich das ganze Leben lebte.

Und daß ich so viel bezeuge, ist mir noch nicht genug. Es lohnt sich auf der Erde zu leben: *ein* Tag, *ein* Fest mit Zarathustra lehrte mich die Erde lieben.

›War *das* – das Leben‹ will ich zum Tode sprechen. ›Wohlan! Noch einmal!‹

Meine Freunde, was dünket euch? Wollt ihr nicht gleich mir zum Tode sprechen: War *das* – das Leben? Um Zarathustras willen, wohlan! Noch einmal!« – –

Also sprach der häßlichste Mensch; es war aber nicht lange vor Mitternacht. Und was glaubt ihr wohl, daß damals sich zutrug? Sobald die höheren Menschen seine Frage hörten, wurden sie sich mit einem Male ihrer Verwandlung und Genesung bewußt, und wer ihnen dieselbe gegeben habe: da sprangen sie auf Zarathustra zu, dankend, verehrend, liebkosend, ihm die Hände küssend, so wie es der Art eines jeden eigen war: also, daß einige lachten, einige weinten. Der alte Wahrsager aber tanzte

vor Vergnügen; und wenn er auch, wie manche Erzähler meinen, damals voll süßen Weines war, so war er gewißlich noch voller des süßen Lebens und hatte aller Müdigkeit abgesagt. Es gibt sogar solche, die erzählen, daß damals der Esel getanzt habe: nicht umsonst nämlich habe ihm der häßlichste Mensch vorher Wein zu trinken gegeben. Dies mag sich nun so verhalten oder auch anders; und wenn in Wahrheit an jenem Abende der Esel nicht getanzt hat, so geschahen doch damals größere und seltsamere Wunderdinge, als es das Tanzen eines Esels wäre. Kurz, wie das Sprichwort Zarathustras lautet: »was liegt daran!«

2

Zarathustra aber, als sich dies mit dem häßlichsten Menschen zutrug, stand da wie ein Trunkener: sein Blick erlosch, seine Zunge lallte, seine Füße schwankten. Und wer möchte auch erraten, welche Gedanken dabei über Zarathustras Seele liefen? Ersichtlich aber wich sein Geist zurück und floh voraus und war in weiten Fernen und gleichsam »auf hohem Joche«, wie geschrieben steht, »zwischen zwei Meeren,

– zwischen Vergangenem und Zukünftigem als schwere Wolke wandelnd«. Allgemach aber, während ihn die höheren Menschen in den Armen hielten, kam er ein wenig zu sich selber zurück und wehrte mit den Händen dem Gedränge der Verehrenden und Besorgten; doch sprach er nicht. Mit einem Male aber wandte er schnell den Kopf, denn er schien etwas zu hören: da legte er den Finger in den Mund und sprach: »*Kommt!*«

Und alsbald wurde es rings still und heimlich; aus der Tiefe aber kam langsam der Klang einer Glocke herauf. Zarathustra horchte danach, gleich den höheren Menschen; dann aber legte er zum andern Male den Finger an den Mund und sprach wiederum: »*Kommt! Kommt! Es geht gen Mitternacht!*« – und seine Stimme hatte sich verwandelt. Aber immer noch rührte er sich nicht von der Stelle: da wurde es noch stiller und heimlicher, und alles horchte, auch der Esel, und Zarathustras Ehrentiere, der Adler und die Schlange, insgleichen die Höhle Zarathustras und der große kühle Mond und die Nacht selber. Zarathustra aber legte zum dritten Male die Hand an den Mund und sprach:

Kommt! Kommt! Kommt! Laßt uns jetzo wandeln! Es ist die Stunde: laßt uns in die Nacht wandeln!

3

Ihr höheren Menschen, es geht gen Mitternacht: da will ich euch etwas in die Ohren sagen, wie jene alte Glocke es mir ins Ohr sagt, –

– so heimlich, so schrecklich, so herzlich, wie jene Mitternachts-Glocke zu mir es redet, die mehr erlebt hat als ein Mensch:

– welche schon eurer Väter Herzens-Schmerzens-Schläge abzählte – ach! ach! wie sie seufzt! wie sie im Traume lacht! die alte tiefe tiefe Mitternacht!

Still! Still! Da hört sich manches, das am Tage nicht laut werden darf; nun aber, bei kühler Luft, da auch aller Lärm eurer Herzen stille ward, –

– nun redet es, nun hört es sich, nun schleicht es sich in nächtliche überwache Seelen: ach! ach! wie sie seufzt! wie sie im Traume lacht!

– hörst du's nicht, wie sie heimlich, schrecklich, herzlich zu *dir* redet, die alte tiefe tiefe Mitternacht?

O Mensch, gib acht!

4

Wehe mir! Wo ist die Zeit hin? Sank ich nicht in tiefe Brunnen? Die Welt schläft –

Ach! Ach! Der Hund heult, der Mond scheint. Lieber will ich sterben, sterben, als euch sagen, was mein Mitternachts-Herz eben denkt.

Nun starb ich schon. Es ist dahin. Spinne, was spinnst du um mich? Willst du Blut? Ach! Ach! der Tau fällt, die Stunde kommt –

– die Stunde, wo mich fröstelt und friert, die fragt und fragt und fragt: »wer hat Herz genug dazu?

– wer soll der Erde Herr sein? Wer will sagen: *so* sollt ihr laufen, ihr großen und kleinen Ströme!«

– die Stunde naht: o Mensch, du höherer Mensch, gib acht! diese Rede ist für feine Ohren, für deine Ohren – *was spricht die tiefe Mitternacht?*

5

Es trägt mich dahin, meine Seele tanzt. Tagewerk! Tagewerk! Wer soll der Erde Herr sein?

Der Mond ist kühl, der Wind schweigt. Ach! Ach! Flogt ihr schon hoch genug? Ihr tanztet: aber ein Bein ist doch kein Flügel.

Ihr guten Tänzer, nun ist alle Lust vorbei: Wein ward Hefe, jeder Becher ward mürbe, die Gräber stammeln.

Ihr flogt nicht hoch genug: nun stammeln die Gräber »erlöst doch die Toten! Warum ist solange Nacht? Macht uns nicht der Mond trunken?«

Ihr höheren Menschen, erlöst doch die Gräber, weckt die Leichname auf! Ach, was gräbt noch der Wurm? Es naht, es naht die Stunde, –

– es brummt die Glocke, es schnarrt noch das Herz, es gräbt noch der Holzwurm, der Herzenswurm. Ach! Ach! *Die Welt ist tief!*

6

Süße Leier! Süße Leier! Ich liebe deinen Ton, deinen trunkenen Unken-Ton! – wie lang her, wie fern her kommt mir dein Ton, weit her, von den Teichen der Liebe!

Du alte Glocke, du süße Leier! Jeder Schmerz riß dir ins Herz, Vaterschmerz, Väterschmerz, Urväterschmerz; deine Rede wurde reif, –

– reif gleich goldenem Herbste und Nachmittage, gleich meinem Einsiedlerherzen – nun redest du: die Welt selber ward reif, die Traube bräunt,

– nun will sie sterben, vor Glück sterben. Ihr höheren Menschen, riecht ihr's nicht? Es quillt heimlich ein Geruch herauf,

– ein Duft und Geruch der Ewigkeit, ein rosenseliger brauner Gold-Wein-Geruch von altem Glücke,

– von trunkenem Mitternachts-Sterbeglücke, welches singt: die Welt ist tief, *und tiefer als der Tag gedacht!*

7

Laß mich! Laß mich! Ich bin zu rein für dich. Rühre mich nicht an! Ward meine Welt nicht eben vollkommen?

Meine Haut ist zu rein für deine Hände. Laß mich, du dummer tölpischer dumpfer Tag! Ist die Mitternacht nicht heller?

Die Reinsten sollen der Erde Herr sein, die Unerkanntesten, Stärksten, die Mitternachts-Seelen, die heller und tiefer sind als jeder Tag.

O Tag, du tappst nach mir? Du tastest nach meinem Glücke? Ich bin dir reich, einsam, eine Schatzgrube, eine Goldkammer?

O Welt, du willst *mich*? Bin ich dir weltlich? Bin ich dir geistlich? Bin ich dir göttlich? Aber Tag und Welt, ihr seid zu plump, –

habt klügere Hände, greift nach tieferem Glücke, nach tieferem Unglücke, greift nach irgendeinem Gotte, greift nicht nach mir:

– mein Unglück, mein Glück ist tief, du wunderlicher Tag, aber doch bin ich kein Gott, keine Gottes-Hölle: *tief ist ihr Weh.*

8

Gottes Weh ist tiefer, du wunderliche Welt! Greife nach Gottes Weh, nicht nach mir! Was bin ich! Eine trunkene süße Leier, –

– eine Mitternachts-Leier, eine Glocken-Unke, die niemand versteht, aber welche reden *muß*, vor Tauben, ihr höheren Menschen! Denn ihr versteht mich nicht!

Dahin! Dahin! O Jugend! O Mittag! O Nachmittag! Nun kam Abend und Nacht und Mitternacht, – der Hund heult, der Wind:

– ist der Wind nicht ein Hund? Er winselt, er kläfft, er heult. Ach! Ach! wie sie seufzt! wie sie lacht, wie sie röchelt und keucht, die Mitternacht!

Wie sie eben nüchtern spricht, diese trunkene Dichterin! sie übertrank wohl ihre Trunkenheit? sie wurde überwach? sie käut zurück?

– ihr Weh käut sie zurück, im Traume, die alte tiefe Mitternacht, und mehr noch ihre Lust. Lust nämlich, wenn schon Weh tief ist: *Lust ist tiefer noch als Herzeleid.*

9

Du Weinstock! Was preisest du mich! Ich schnitt dich doch! Ich bin grausam, du blutest –: was will dein Lob meiner trunkenen Grausamkeit?

»Was vollkommen ward, alles Reife – will sterben!« so redest du. Gesegnet, gesegnet sei das Winzermesser! Aber alles Unreife will leben: wehe!

Weh spricht: »Vergeh! Weg, du Wehe!« Aber alles, was leidet, will leben, daß es reif werde und lustig und sehnsüchtig,

– sehnsüchtig nach Fernerem, Höherem, Hellerem. »Ich will Erben, so spricht alles, was leidet, ich will Kinder, ich will nicht *mich*«, –

Lust aber will nicht Erben, nicht Kinder – Lust will sich selber, will Ewigkeit, will Wiederkunft, will Alles-sich-ewig-gleich.

Weh spricht: »Brich, blute, Herz! Wandle, Bein! Flügel, flieg! Hinan! Hinauf! Schmerz!« Wohlan! Wohlauf! O mein altes Herz: *Weh spricht: »vergeh!«*

10

Ihr höheren Menschen, was dünket euch? Bin ich ein Wahrsager? Ein Träumender? Trunkener? Ein Traumdeuter? Eine Mitternachts-Glocke?

Ein Tropfen Taus? Ein Dunst und Duft der Ewigkeit? Hört ihr's nicht? Riecht ihr's nicht? Eben ward meine Welt vollkommen, Mitternacht ist auch Mittag, –

Schmerz ist auch eine Lust, Fluch ist auch ein Segen, Nacht ist auch eine Sonne – geht davon oder ihr lernt: ein Weiser ist auch ein Narr.

Sagtet ihr jemals ja zu einer Lust? Oh, meine Freunde, so sagtet ihr ja auch zu *allem* Wehe. Alle Dinge sind verkettet, verfädelt, verliebt, –

– wolltet ihr jemals einmal zweimal, spracht ihr jemals »du gefällst mir, Glück! Husch! Augenblick!« so wolltet ihr *alles* zurück!

– Alles von neuem, alles ewig, alles verkettet, verfädelt, verliebt, o, so *liebtet* ihr die Welt, –

– ihr Ewigen, liebt sie ewig und allezeit: und auch zum Weh sprecht ihr: vergeh, aber komm zurück! *Denn alle Lust will – Ewigkeit!*

II

Alle Lust will aller Dinge Ewigkeit, will Honig, will Hefe, will trunkene Mitternacht, will Gräber, will Gräber-Tränen-Trost, will vergüldetes Abendrot –

– *was* will nicht Lust! sie ist durstiger, herzlicher, hungriger, schrecklicher, heimlicher als alles Weh, sie will *sich*, sie beißt in *sich*, des Ringes Wille ringt in ihr, –

– sie will Liebe, sie will Haß, sie ist überreich, schenkt, wirft weg, bettelt, daß einer sie nimmt, dankt dem Nehmenden, sie möchte gern gehaßt sein, –

– so reich ist Lust, daß sie nach Wehe durstet, nach Hölle, nach Haß, nach Schmach, nach dem Krüppel, nach *Welt*, – denn diese Welt, o ihr kennt sie ja!

Ihr höheren Menschen, nach euch sehnt sie sich, die Lust, die unbändige, selige – nach eurem Weh, ihr Mißratenen! Nach Mißratenem sehnt sich alle ewige Lust.

Denn alle Lust will sich selber, drum will sie auch Herzeleid! O Glück, o Schmerz! Oh brich, Herz! Ihr höheren Menschen, lernt es doch, Lust will Ewigkeit,

– Lust will *aller* Dinge Ewigkeit, *will tiefe, tiefe Ewigkeit!*

12

Lerntet ihr nun mein Lied? Errietet ihr, was es will? Wohlan! Wohlauf! Ihr höheren Menschen, so singt mir nun meinen Rundgesang!

Singt mir nun selber das Lied, des Name ist ›Noch einmal‹, des Sinn ist ›in alle Ewigkeit!‹ – singt, ihr höheren Menschen, Zarathustras Rundgesang!

O Mensch! Gib acht!
Was spricht die tiefe Mitternacht?
»Ich schlief, ich schlief –,
Aus tiefem Traum bin ich erwacht: –
Die Welt ist tief,
Und tiefer als der Tag gedacht.
Tief ist ihr Weh –,
Lust – tiefer noch als Herzeleid:
Weh spricht: Vergeh!

Doch alle Lust will Ewigkeit –,
– will tiefe, tiefe Ewigkeit!«.

Das Zeichen

Des Morgens aber nach dieser Nacht sprang Zarathustra von seinem Lager auf, gürtete sich die Lenden und kam heraus aus seiner Höhle, glühend und stark, wie eine Morgensonne, die aus dunklen Bergen kommt.

»Du großes Gestirn«, sprach er, wie er einstmals gesprochen hatte, »du tiefes Glücks-Auge, was wäre all dein Glück, wenn du nicht *die* hättest, welchen du leuchtest!

Und wenn sie in ihren Kammern blieben, während du schon wach bist und kommst und schenkst und austeilst: wie würde darob deine stolze Scham zürnen!

Wohlan! sie schlafen noch, diese höheren Menschen, während *ich* wach bin: *das* sind nicht meine rechten Gefährten! Nicht auf sie warte ich hier in meinen Bergen.

Zu meinem Werke will ich, zu meinem Tage: aber sie verstehen nicht, was die Zeichen meines Morgens sind, mein Schritt – ist für sie kein Weckruf.

Sie schlafen noch in meiner Höhle, ihr Traum trinkt noch an meinen trunkenen Liedern. Das Ohr doch, das nach *mir* horcht, – das *gehorchende* Ohr fehlt in ihren Gliedern.«

– Dies hatte Zarathustra zu seinem Herzen gesprochen, als die Sonne aufging: da blickte er fragend in die Höhe, denn er hörte über sich den scharfen Ruf seines Adlers. »Wohlan!« rief er hinauf, »so gefällt und gebührt es mir. Meine Tiere sind wach, denn ich bin wach.

Mein Adler ist wach und ehrt gleich mir die Sonne. Mit Adlers-Klauen greift er nach dem neuen Lichte. Ihr seid meine rechten Tiere; ich liebe euch.

Aber noch fehlen mir meine rechten Menschen!« –

Also sprach Zarathustra; da aber geschah es, daß er sich plötzlich wie von unzähligen Vögeln umschwärmt und umflattert hörte – das Geschwirr so vieler Flügel aber und das Gedräng um sein Haupt war so groß, daß er die Augen schloß. Und wahrlich, einer Wolke gleich fiel es über ihn her, einer Wolke von Pfeilen gleich, welche sich über einen neuen Feind ausschüttet. Aber siehe, hier war es eine Wolke der Liebe, und über einen neuen Freund.

»Was geschieht mir?« dachte Zarathustra in seinem erstaunten Herzen und ließ sich langsam auf dem großen Steine nieder, der neben dem Ausgange seiner Höhle lag. Aber, indem er mit den Händen um sich und über sich und unter sich griff und den zärtlichen Vögeln wehrte, siehe, da geschah ihm etwas noch Seltsameres: er griff nämlich dabei unvermerkt

in ein dichtes warmes Haar-Gezottel hinein; zugleich aber erscholl vor ihm ein Gebrüll – ein sanftes langes Löwen-Brüllen.

»*Das Zeichen kommt*«, sprach Zarathustra, und sein Herz verwandelte sich. Und in Wahrheit, als es helle vor ihm wurde, da lag ihm ein gelbes mächtiges Getier zu Füßen und schmiegte das Haupt an seine Knie und wollte nicht von ihm lassen vor Liebe, und tat einem Hunde gleich, welcher seinen alten Herrn wiederfindet. Die Tauben aber waren mit ihrer Liebe nicht minder eifrig als der Löwe; und jedes Mal, wenn eine Taube über die Nase des Löwen huschte, schüttelte der Löwe das Haupt und wunderte sich und lachte dazu.

Zu dem allen sprach Zarathustra nur ein Wort: »*meine Kinder sind nahe, meine Kinder*« –, dann wurde er ganz stumm. Sein Herz aber war gelöst, und aus seinen Augen tropften Tränen herab und fielen auf seine Hände. Und er achtete keines Dings mehr und saß da, unbeweglich und ohne daß er sich noch gegen die Tiere wehrte. Da flogen die Tauben ab und zu und setzten sich ihm auf die Schulter und liebkosten sein weißes Haar und wurden nicht müde mit Zärtlichkeit und Frohlocken. Der starke Löwe aber leckte immer die Tränen, welche auf die Hände Zarathustras herabfielen, und brüllte und brummte schüchtern dazu. Also trieben es diese Tiere. –

Dies alles dauerte eine lange Zeit, oder eine kurze Zeit: denn, recht gesprochen, gibt es für dergleichen Dinge auf Erden *keine* Zeit –. Inzwischen aber waren die höheren Menschen in der Höhle Zarathustras wach geworden und ordneten sich miteinander zu einem Zuge an, daß sie Zarathustra entgegengingen und ihm den Morgengruß böten: denn sie hatten gefunden, als sie erwachten, daß er schon nicht mehr unter ihnen weilte. Als sie aber zur Tür der Höhle gelangten und das Geräusch ihrer Schritte ihnen voranlief, da stutzte der Löwe gewaltig, kehrte sich mit einem Male von Zarathustra ab und sprang, wild brüllend, auf die Höhle los; die höheren Menschen aber, als sie ihn brüllen hörten, schrien alle auf, wie mit *einem* Munde, und flohen zurück und waren im Nu verschwunden.

Zarathustra selber aber, betäubt und fremd, erhob sich von seinem Sitze, sah um sich, stand staunend da, fragte sein Herz, besann sich und war allein. »Was hörte ich doch?« sprach er endlich langsam, »was geschah mir eben?«

Und schon kam ihm die Erinnerung, und er begriff mit *einem* Blicke alles, was zwischen gestern und heute sich begeben hatte. »Hier ist ja der Stein«, sprach er und strich sich den Bart, »auf *dem* saß ich gestern am Morgen; und hier trat der Wahrsager zu mir, und hier hörte ich zuerst den Schrei, den ich eben hörte, den großen Notschrei.

O ihr höheren Menschen, von *eurer* Not war's ja, daß gestern am Morgen jener alte Wahrsager mir wahrsagte, –

– zu eurer Not wollte er mich verführen und versuchen: o Zarathu-

stra, sprach er zu mir, ich komme, daß ich dich zu deiner letzten Sünde verführe.

Zu meiner letzten Sünde? rief Zarathustra und lachte zornig über sein eigenes Wort: *was* blieb mir doch aufgespart als meine letzte Sünde?«

– Und noch einmal versank Zarathustra in sich und setzte sich wieder auf den großen Stein nieder und sann nach. Plötzlich sprang er empor, –

»*Mitleiden! Das Mitleiden mit dem höheren Menschen!*« schrie er auf, und sein Antlitz verwandelte sich in Erz. »Wohlan! *Das* – hatte seine Zeit!

Mein Leid und mein Mitleiden – was liegt daran! Trachte ich denn nach *Glücke*? Ich trachte nach meinem *Werke*!

Wohlan! Der Löwe kam, meine Kinder sind nahe, Zarathustra ward reif, meine Stunde kam: –

Dies ist *mein* Morgen, *mein* Tag hebt an: *herauf nun, herauf, du großer Mittag!*« – –

Also sprach Zarathustra und verließ seine Höhle, glühend und stark, wie eine Morgensonne, die aus dunklen Bergen kommt.

ANHANG

ANMERKUNGEN

DIE GEBURT DER TRAGÖDIE (S. 7)

Zur Werkgeschichte: Noch nicht fünfundzwanzigjährig, hatte Nietzsche am 28. Mai 1869 seine Antrittsvorlesung in Basel über »Homer und die klassische Philologie« gehalten. 1871 veröffentlichte der junge Ordinarius für Altphilologie als Privatdruck eine Arbeit mit dem Titel »Sokrates und die griechische Tragödie«, deren Inhalt wenig später in der Schrift »Die Geburt der Tragödie aus dem Geiste der Musik« aufgehen sollte, die Anfang 1872 erschien, zwei Jahre später in einer zweiten, teilweise veränderten Auflage vorgelegt wurde und der Nietzsche in der letzten von ihm autorisierten Ausgabe von 1886 ein neues Vorwort unter der Überschrift »Versuch einer Selbstkritik« beifügte. Diese Umstände zeigen, für wie wichtig Nietzsche selbst diese Schrift hielt. Bei aller späteren Distanz von den Anschauungen der Frühzeit seines Schaffens war ihm stets bewußt, daß mit dieser Veröffentlichung eine entscheidende Wende in seinem Leben besiegelt wurde.

Der junge Gelehrte, der sich früh auszeichnete und dem sein Lehrer Ritschl den Weg für eine glänzende akademische Karriere geebnet hatte, schockierte mit seinem ersten Buch alle, die auf dem Gebiet der Altphilologie noch Großes von ihm erhofften. Die »Geburt der Tragödie« bricht nicht nur mit traditionellen altphilologischen Vorstellungen, sondern hier formuliert Nietzsche auch erstmals Gedanken, die für seine ganze spätere Philosophie wesentlich werden sollen.

Das Werk wirkt äußerlich uneinheitlich, in der Tat vereinigt es sehr disparate Zielsetzungen. Zunächst wollte Nietzsche die Entwicklung der griechischen Tragödie aus dem rituellen Chortanz des Dionysuskults darstellen und dabei zeigen, wie zwei entgegengesetzte Lebensanschauungen in der Kunstform der klassischen Tragödie miteinander verschmelzen. Das Werk geht jedoch weit über diesen Ausgangspunkt hinaus: Nietzsche unternimmt den Versuch, das griechische Altertum überhaupt umzudeuten. Dabei formuliert er seine erste scharfe Polemik gegen den »sokratischen Geist«. Das hat einen Angriff auf die Wissenschaft des 19. Jahrhunderts und auf den akademischen Betrieb seiner Zeit zur Folge. Ganz allgemein ist es eine Kritik an der Verwissenschaftlichung aufklärerischen Denkens seit Sokrates. Diese Kritik richtet sich auch gegen den Kunstbetrieb am Beispiel der modernen Oper. Dadurch wird die »Geburt der Tragödie« gleichzeitig zu einer Propagandaschrift für Richard Wagner, mit dem Nietzsche in den ersten Basler Jahren eine enge Freundschaft verband und des-

sen Kunsttheorien er schon als Schüler und Student bedingungslos bejahte.

Die Aufnahme des Werkes war recht unterschiedlich. Wagner äußerte sich spontan und begeistert: »Schöneres als Ihr Buch habe ich noch nichts gelesen!« Und am 18. Januar 1872, zwei Wochen nach dem Erscheinen, schrieb Cosima Wagner: »Sie haben in diesem Buch Geister gebannt, von denen ich glaubte, daß sie einzig unserem Meister dienstpflichtig seien.« Auch Cosimas erster Gatte, der Dirigent Hans von Bülow, Nietzsches Jugendfreunde Rohde, von Gersdorff, Overbeck und der Basler Historiker Jacob Burckhardt hielten mit Lob nicht zurück. Die Altphilologen jedoch waren entrüstet. Nietzsches Lehrer, der Leipziger Professor Friedrich Wilhelm Ritschl, notierte in sein Tagebuch: »Buch von Nietzsche Geburt der Tragödie (= geistreiche Schmiemelei)«. Das »Litterarische Centralblatt« lehnte die Veröffentlichung einer von Rohde angebotenen Rezension ab. Nietzsches Schrift wurde zunächst totgeschwiegen. Im Mai 1872 erschien schließlich eine 32 Seiten lange Streitschrift von Ulrich von Wilamowitz-Moellendorff mit dem Titel: »Zukunftsphilologie! Eine Erwiderung auf Friedrich Nietzsches Geburt der Tragödie«. Wilamowitz, der später einer der bedeutendsten deutschen Philologen werden sollte, war damals 24 Jahre alt, hatte wie Nietzsche das Gymnasium zu Schulpforta besucht, dann Altphilologie studiert. In seiner Streitschrift verteidigt er nicht nur die Altertumswissenschaft gegen Nietzsches Vorwürfe, er greift auch Nietzsches wissenschaftliche Leistungen an und betont, Nietzsche sei mit bahnbrechenden Forschungen seines Faches nicht genügend vertraut, er habe in seiner Abhandlung geschichtliche Daten mißachtet und fälschlich Texte aus nachhomerischer Zeit der vorhomerischen Epoche zugeschrieben.

Mit diesem Pamphlet war Nietzsches Ruf als Altphilologe ruiniert. Ein Aufsatz von Richard Wagner, der in Fragen des griechischen Altertums ja Laie war, konnte die Fachwelt ebensowenig beeindrucken wie eine gelehrte Erwiderung aus der Feder von Rohde, bei der man nur Rohdes Eintreten für den Freund respektierte. Im folgenden Wintersemester blieben Studenten der Altphilologie der Universität Basel fern, und Nietzsche hatte Mühe, überhaupt ein Kolleg zustande zu bekommen. Er las vor zwei Zuhörern, einem Germanisten und einem Juristen. Als Wissenschaftler war Nietzsche gescheitert. Er hat das schließlich auch selbst gewußt. Ein Jahrzehnt später schrieb er: »Zarathustra ist kein Gelehrter mehr.« Ohne den in der »Geburt der Tragödie« vollzogenen Bruch mit akademischen Konventionen wäre Nietzsche freilich auch nie jener prophetische Philosoph geworden, der alle Generationen nach ihm in seinen Bann zog.

Druckvorlage: Die Geburt der Tragödie, Oder: Griechenthum und Pessimismus, Neue Ausgabe mit Versuch einer Selbstkritik, E. W. Fritzsch, Leipzig 1886.

S. 9 *Die Schlacht von Wörth*: genannt nach der unterelsässischen Stadt Wörth an der Sauer, fand am 6. 8. 1870 statt.

S. 10 *Der epikurische Wille*: im Gegensatz zum Pessimismus ein lebensbejahender Wille, Ausdruck einer positiven Weltansicht, wie sie in der Philosophie Epikurs (341–271 v. Chr.) geprägt wurde.

S. 15 *Schopenhauerische Formeln*: Arthur Schopenhauers (1788–1860) romantischer Pessimismus galt dem jungen Nietzsche als möglicher Ausdruck einer zeitgemäßen Weltanschauung. Schon als Student hatte sich Nietzsche eingehend, aber aus sehr subjektiven Gründen mit Schopenhauers Werken beschäftigt. Nietzsche, der schon als Kind etwas Außenseiterisches hatte und früh zwischen wissenschaftlichen und musischen Neigungen hin- und hergerissen war, mochte in Schopenhauers Schriften eine Bestätigung seiner eigenen Existenz finden. Schopenhauer betont die Unfähigkeit der Vernunft, das Wesen der Dinge zu erkennen, nach ihm ist Mitleid eine Form der Selbstsucht. Glückseligkeit ist nur zu erreichen, wenn es gelingt, den ewig wiederkehrenden Bedürfnissen des unersättlichen eigenen Willens zu entfliehen. Zeitweilige Erlösung ist möglich durch das Erlebnis des Schönen, in der Begegnung mit der Kunst. Moral, obwohl wünschenswert, erscheint langweilig, weil sie, wenigstens theoretisch, für viele erreichbar ist. Ungewöhnlich aber ist die Fähigkeit des genialen Menschen, das Schöne zu schaffen. Im Gegensatz zum Genie bezeichnet Schopenhauer den gewöhnlichen Alltagsmenschen mit einem Ausdruck des Studentenjargons als Philister.

Dieser romantische Pessimismus und der in ihm steckende Hochmut werden vom jungen Nietzsche angeeignet. Die Wissenschaftsfeindlichkeit, die Verachtung des Bürgertums, aber auch die Einsicht in die bedeutende Rolle des menschlichen Willens wurden Nietzsche von Schopenhauer vorgegeben.

S. 16 *Romantik*: Nietzsche setzt sich im letzten Abschnitt seines Vorwortes von 1886 mit seiner romantischen Herkunft auseinander. In der Tat ist der Jünger Wagners und Schopenhauers nicht nur ein Kind der spätromantischen Epoche. Schon der Gymnasiast Nietzsche erklärte Friedrich Hölderlin zu seinem Lieblingsdichter (vergl. dazu »Brief an meinen Freund« vom 19. Oktober 1861, Band II dieser Ausgabe, S. 643). Dem romantischen Erbe sollte Nietzsche ungeachtet seiner späteren Distanzierung von Schopenhauer und ungeachtet seines Bruches mit Richard Wagner verpflichtet bleiben.

S. 18 *Prometheus*: Titan der griechischen Mythologie, der den Menschen das Feuer auf die Erde brachte. Hesiod und Äschylus gestalteten die Sage in ihren Dichtungen; das Motiv des prometheischen Titanenstolzes fand jedoch auch Eingang in die europäische Literatur, u. a. bei Goethe, Herder, Shelley, D'Annunzio, Spitteler. (Vgl. auch Nietzsches Interpretation S. 48.)

S. 19 *apollinisch und dionysisch*: von Nietzsche gewählte Begriffe, die

in dieser Schrift, aber auch in Teilen der späteren Philosophie eine zentrale Rolle spielen. Es handelt sich um ein Gegensatzpaar, – um Fundamentalprinzipien, die aus der ästhetischen Erfahrung gewonnen sind und künstlerische Mächte bezeichnen sollen. Mächte jedoch, die aus der Natur selbst, ohne Vermittlung des menschlichen Künstlers hervorbrechen, irrational sind und sich durch nichts weiter begründen lassen. – *Apollo*: Sohn des Zeus und der Leto, Bruder der Artemis. – *Dionysus*: Sohn des Zeus und der Semele, der Gott der Ekstase und der große Gegenspieler des Apollo. Er soll aus Thrakien, Phrygien oder Lydien stammen. Der lydische Name ist Bakchos. In Delphi mußte sich Apollo mit Dionysus verbinden. Platon bezeugt, daß nach griechischer Auffassung »das Gefühl für Rhythmus und Harmonie« den Menschen durch diese beiden Götter geschenkt wurde. Die Entstehung der griechischen Tragödie bleibt in ihrem Ursprung umstritten, weshalb das von Nietzsche gewählte Thema leicht zu spekulativen Interpretationen verleitet. Zweifellos besteht aber zwischen dem Dionysuskult und dem Ursprung der griechischen Tragödie ein enger Zusammenhang.

S. 21 *principium individuationis*: Vereinzelung, Grund der Ursache der Einzeldinge.

S. 23 *Medüse*: ein weibliches Ungeheuer (Gorgo) der griechischen Sage, der Perseus das schreckenerregende Haupt abschlug. Das Motiv des *Medusenhauptes* findet sich an griechischen Tempeln als Ausdruck göttlichen Schreckens, aber auch als Abwehrzauber.

S. 24 *dorische Architektur* (dorischer Stil): genannt nach den Dorern, einem griechischen Volksstamm, der ursprünglich im Norden ansässig war, sich aber im Verlauf der dorischen Wanderung seit etwa 1150 v. Chr. auf dem Peloponnes, im südwestlichen Kleinasien und auf Rhodos, Kreta und einigen anderen Inseln ausbreitete. Das dorische Ideal einer strengen, herben und kraftvollen Ordnung wurde am reinsten von den Spartanern verkörpert. – *Kithara*: altgriechisches Saiteninstrument mit kastenförmigem Korpus und geschwungenen Jocharmen. Sie hatte sieben, später sogar 18 Saiten.

S. 25 *dithyrambisch*: begeistert, schwungvoll. Abgeleitet von Dithyrambos, einem altgriechischen Kultlied auf Dionysus. Dithyramben: Loblieder, feierliche Gedichte.

S. 26 *König Midas*: phrygischer Königsname. Die Sage berichtet, daß Dionysus Midas den Wunsch erfüllte, alles, was er berühre, solle sich in Gold verwandeln. Nach einer anderen Sage besiegte Apollo Midas im musikalischen Wettstreit und ließ ihm Eselsohren wachsen. – *Moira*: griechische Schicksalsgöttin. – *Theodicee*: Rechtfertigung Gottes.

S. 31 *Archilochus*: der älteste lyrische Dichter der Griechen. Er lebte um 650 v. Chr.

S. 35 *perpetuum vestigium*: immerwährende Spur.

S. 36 *Effulguration*: hier etwa »ein leuchtendes Sich-Versprühen«.

S. 41 *Satyr*: griechischer Waldgott, Fruchtbarkeitsdämon, spätestens seit dem Ende des 7. Jahrh. v. Chr. als zum Gefolge des Dionysus zugehörig betrachtet. Im griechischen Satyrspiel bildeten Satyrn und Silene (Mischgestalten aus Mensch und Bock) den Chor.

S. 54 *Euripides* war der jüngste der drei großen Dichter der attischen Tragödie. Geboren um 480, gestorben 407 v. Chr. 92 Dramen, von denen 19 erhalten sind, darunter Alkestis, Medea, die Troerinnen, Elektra, Iphigenie bei den Tauriern, Iphigenie in Aulis. Sein letztes Stück, die Bakchen, bringt die rasenden Begleiterinnen des Dionysus auf die Bühne. Aber nicht nur deshalb wirft Nietzsche Euripides vor, das große Erbe des Äschylus und des Sophokles verspielt zu haben. Euripides vollzieht in der Tat (wie Sokrates in der Philosophie) eine vom Mythos wegführende Wendung zugunsten einer anthropologischen Aussage. Mit dieser aufklärerischen Tendenz verlor die attische Tragödie etwas von ihrer ursprünglichen religiösen Weihe. Diesen als »Selbstmord« bezeichneten Vorgang, der durch Euripides eingeleitet wurde, sucht Nietzsche im 11. und 12. Abschnitt zu erklären.

S. 63 *Sokrates*: geboren 470 v. Chr. zu Athen, Lehrer Xenophons und Platons. Wegen angeblicher Gottlosigkeit zum Tode verurteilt, trank er den Schierlingsbecher und starb 399 in seiner Heimatstadt. Nietzsche bezeichnet Sokrates im Gegensatz zur landläufigen Meinung als den ersten und obersten Sophisten. Tatsächlich hat jedoch Sokrates den Subjektivismus der Sophisten überwunden, jener aufklärerischen Philosophen, die zur Zeit des Perikles gegen Entgelt praktische Lebensweisheiten lehrten und die bisweilen die dialektische Methode für Scheinbeweise und Scheinschlüsse mißbrauchten. Sokrates bediente sich zweifellos bei seiner Methode des ruhelosen Fragens sophistischer Mittel, wollte aber mit der Infragestellung herkömmlicher Vorstellungen jedes nur scheinbare Wissen zerstören, um zu einem Wissen zu gelangen, das den Menschen einer aufgeklärten Zeit einsichtiges Denken, sittliches Handeln und die Erfassung wahrer, dauernder Werte ermöglichte. So wurde er Wegbereiter von Platons Ideenlehre. Der kritische, aufklärerische Zug seines Denkens, gegen den Nietzsche sich wendet, hat neben anderen Ursachen (peloponnesischer Krieg) den Untergang altgriechischer mythischer Weltanschauung mitbewirkt oder zumindest bewußt gemacht, so daß man heute mit Recht die griechische Philosophie in Vorsokratiker und Nachsokratiker einteilt. Die hohe Wertschätzung der vorsokratischen Philosophie durch Nietzsche hat sich auch in unserem Jahrhundert erhalten, etwa in den Schriften Walter F. Ottos und in der Philosophie Martin Heideggers.

S. 65 *Das Zyklopenauge des Sokrates*: Die Zyklopen waren in der griechischen Sage einäugige Riesen. Nietzsches Bosheit wählt dieses verachtungsvolle Bild für Sokrates, den er (S. 71) unter dem Einfluß Schopenhauers auch als Urbild des theoretischen Optimisten kritisiert.

Der Kampf gegen Sokrates, gegen das Sokratische, den ästhetischen, moralischen und logischen Sokratismus zieht sich wie ein roter Faden durch Nietzsches Gesamtwerk. Das Phänomen Sokrates war für Nietzsche Symbol eines Verfalls des Lebens, das sich maßvoller Vernunft verschrieben hat. Wann immer er darauf zu sprechen kommt, kann sich seine Diktion zum Haß steigern. Typische Wendungen: »die Falschheit jenes großen, geheimnisvollen Ironikers«, »der boshafte Sokrates«, »Sokrates war Pöbel«, »ein typischer Verbrecher«, »der Hanswurst«.

S. 71 *Mystagoge*: der Lehrer, der in die Mysterien einführt, allgemein derjenige, der in eine Geheimlehre einführt. – *Sophrosyne*: Klugheit, Anstand, Selbstbeherrschung, die von den Griechen angestrebte Eigenschaft des rechten Mittelweges.

S. 74 *Die Welt als Wille und Vorstellung*: Schopenhauers Hauptwerk (1819).

S. 75 *universalia*: Grundbegriff (vgl. Anm. zu S. 96).

S. 79 *attischer Dithyrambus*: Vgl. Anm. zu S. 25.

S. 81 *deus ex machina*: Vgl. Anm. zu S. 124.

S. 85 *der alexandrinische Mensch*: Die sog. alexandrinische Philosophie herrschte um die Zeitwende und hatte in Alexandrien ihr Zentrum. In ihr mischten sich griechische und orientalische, aber auch jüdische Gedanken. Sie war ein epigonales Ereignis ohne eigene Kraft. Von Nietzsche hier in übertragener Bedeutung benutzter Ausdruck. – *Genesis der Oper*: Um die Wende vom 16. zum 17. Jahrhundert entstand in Florenz in einem Kreise von Dichtern, Gelehrten, Komponisten und Mäzenen um den Grafen Bardi bei dem Versuch, das antike Drama zu erneuern, die italienische Oper mit ihrem markanten Aufführungsstil – *stilo rappresentativo* – und dem nur vom Generalbaß begleiteten *Rezitativ*.

S. 93 *exhortativ*: nach Art einer Schulpredigt.

S. 96 *universalia ante rem*: ontologischer Grundsatz. Die Universalien (Grundbegriffe des Seins) sind vor den Dingen in der Welt.

S. 97 *prästabilierte Harmonie*: ein Ausdruck von Leibniz, der sich vornehmlich auf das von Gott gewollte Verhältnis von Leib und Seele bezieht. Hier übertragen auf das Verhältnis von Wort und Musik; gemeint ist ein nicht ursprüngliches, sondern paralleles Geschehen zweier Prozesse, die sich zueinander harmonisch verhalten. Hier also der Ablauf der dramatischen Entwicklung im Text der Dichtung und in der Musik.

S. 100 *In des Wonnemeeres ...*: aus Wagners Oper »Tristan und Isolde«.

S. 101 *Quidproquo*: Verwechslung, Ersatz.

S. 104 *sub specie aeterni*: unter dem Blickpunkt des Ewigen.

S. 105 *sub specie saeculi*: unter dem Blickpunkt des Jahrhunderts, der Gegenwart.

S. 106 Der 24. und 25. Abschnitt ist ein Hymnus auf Richard Wagner, dessen Musik- und Kunsttheorie. Wagners Amoralität entspricht Nietz-

sches dionysischem Weltbild: Das Dasein hat keine moralische Rechtfertigung sondern nur eine ästhetische, es ist Ausdruck der Macht des Dionysus. Erste Hoffnung auf ein neues dionysisches Zeitalter ist eine neue dionysische Musik. Hier zeigen sich auch Differenzierungen gegenüber Schopenhauers Pessimismus. Während Schopenhauer von der Idee des Tragischen zur Entsagung geführt wurde, löst bei Nietzsche das tragische Bewußtsein Freude und Jubel aus: Lust an der Macht der Triebe, am dionysischen Urtaumel, am ungestalteten Chaos, dem Grund, aus dem alles Schöpferische wächst.

S. 109 *tückische Zwerge*: Damit sind Priester und Theologen gemeint, – Nietzsches erster, noch versteckter Angriff auf das Christentum.

UNZEITGEMÄSSE BETRACHTUNGEN (S. 111)

Zur Werkgeschichte: Die vier Stücke dieses Buches entstanden zwischen 1873 und 1876. Sie erschienen nacheinander in Einzelveröffentlichungen. Eine zweibändige zweite Auflage kam erst 1893 heraus, wurde also nicht mehr von Nietzsche selbst verantwortet. Die Tatsache, daß Nietzsche die »Unzeitgemäßen Betrachtungen« nicht wie andere Werke seiner Frühzeit 1886/87 neu ediert hat, läßt erkennen, daß ihr Autor diese Arbeiten selbst nicht zu seinen stärksten Äußerungen zählte. Die Traktate sind hauptsächlich Ausdruck einer Übergangszeit. Die geistesgeschichtliche Bedeutung, insbesondere des ersten und dritten Stückes, ist gering, weshalb diese Teile hier fortgelassen sind. Biographisch sind die »Unzeitgemäßen Betrachtungen« aufschlußreich. Bald nach der Niederschrift des vierten Stückes sollte der Bruch mit Wagner erfolgen.

Nietzsche arbeitete an einem Manuskript mit dem Titel »Die Philosophie im tragischen Zeitalter der Griechen«, als er zwischen dem 6. und 12. April 1873 Wagner in Bayreuth besuchte. Dieser hatte damals große Sorgen wegen der Finanzierung des im Bau befindlichen Festspielhauses und zeigte wohl wenig Neigung, mit Nietzsche über dessen halbfertiges Manuskript zu diskutieren. Nietzsche fühlte sich enttäuscht, er erlitt eine Depression. In einem Brief an seinen Freund Erwin Rohde vom 5. Mai 1873 heißt es: »Ich kam von Bayreuth in einer solchen anhaltenden Melancholie zurück, daß ich mich endlich nirgendswo anders hin retten konnte, als in die heilige Wut.« Der Zorn des Enttäuschten hatte zur Folge, daß die Arbeit über die griechischen Philosophen beiseitegelegt wurde und Nietzsche mit der Niederschrift der ersten »Unzeitgemäßen Betrachtung« begann. Sie trägt den Titel »David Strauß, der Bekenner und der Schriftsteller«. Nach der Niederlage, die Nietzsche mit der Veröffentlichung der »Geburt der Tragödie« erlitten hatte, wurde er zum Kritiker seiner Zeit. David Strauß (1808–1874) hatte im Alter von 27 Jahren ein Werk

über das Leben Jesu verfaßt, in dem er die Evangelienberichte als unbewußte Mythenbildung in den urchristlichen Gemeinden erklärte. Die Lektüre hatte den jungen Nietzsche einst außerordentlich begeistert und zweifellos die Abkehr des gläubigen Pastorensohnes von der christlichen Lehre beeinflußt. Im Alter von 64 Jahren milderte Strauß seine einstigen Thesen jedoch außerordentlich ab; es erschien eine neue Version seines Buches unter dem Titel »Das Leben Jesu für das deutsche Volk bearbeitet«. Die teilweise Preisgabe der ursprünglichen Position war ein willkommener Anlaß für Nietzsche, um seiner »heiligen Wut« Ausdruck zu geben.

Das Pamphlet hat wenig Bedeutung, beginnt jedoch mit einem Abschnitt, der Nietzsche als Kritiker der deutschen Kultur zeigt und bis heute nichts von seiner Frische verloren hat:

»Die öffentliche Meinung in Deutschland scheint es fast zu verbieten, von den schlimmen und gefährlichen Folgen des Krieges, zumal eines siegreich beendeten Krieges zu reden: um so williger werden aber diejenigen Schriftsteller angehört, welche keine wichtigere Meinung als jene öffentliche kennen und deshalb wetteifernd beflissen sind, den Krieg zu preisen und den mächtigen Phänomenen seiner Einwirkung auf Sittlichkeit, Kultur und Kunst jubilierend nachzugehen. Trotzdem sei es gesagt: ein großer Sieg ist eine große Gefahr. Die menschliche Natur erträgt ihn schwerer als eine Niederlage; ja es scheint selbst leichter zu sein, einen solchen Sieg zu erringen, als ihn so zu ertragen, daß daraus keine schwerere Niederlage entsteht. Von allen schlimmen Folgen aber, die der letzte mit Frankreich geführte Krieg hinter sich dreinzieht, ist vielleicht die schlimmste ein weitverbreiteter, ja allgemeiner Irrtum: der Irrtum der öffentlichen Meinung und aller öffentlich Meinenden, daß auch die deutsche Kultur in jenem Kampf gesiegt habe und deshalb jetzt mit Kränzen geschmückt werden müsse, die so außerordentlichen Begebnissen und Erfolgen gemäß seien. Dieser Wahn ist höchst verderblich: nicht etwa weil er ein Wahn ist – denn es gibt die heilsamsten und segensreichsten Irrtümer – sondern weil er imstande ist, unseren Sieg in eine völlige Niederlage zu verwandeln: *in die Niederlage, ja Exstirpation des deutschen Geistes zugunsten des ›deutschen Reiches‹*.«

Das zweite Stück »Vom Nutzen und Nachteil der Historie für das Leben« ging Nietzsche rasch von der Hand. Es erschien im Februar 1874. Nietzsche setzt sich darin mit Hegels Geschichtsauffassung und der Philosophie Eduard von Hartmanns (1842–1906) auseinander. Drei Arten der Historie werden unterschieden: die monumentalische, die antiquarische und die kritische. Im ganzen ist die Schrift ein Protest gegen die historische Erziehung des modernen Menschen, gegen den Zwang, die gesamte Tradition historisierend zu zerlegen.

Druckvorlagen: Unzeitgemäße Betrachtungen, Zweites Stück: Vom Nutzen und Nachtheil der Historie für das Leben, E. W. Fritzsch, Leipzig 1874. – Unzeitgemäße Betrachtungen, Viertes Stück: Richard Wagner in Bayreuth, E. Schmeitzner, Schloß-Chemnitz 1876.

S. 119 *David Hume* (1711–1776): schottischer Staatsmann, bedeutendster Philosoph der englischen Aufklärung. – *And from the dregs* ...: »Und vom Bodensatz des Lebens hoffe zu empfangen, Was der kecke erste Anlauf nicht geben konnte«.

S. 120 *Giacomo Leopardi* (1798–1837): italienischer Dichter, dessen Werke vom Weltschmerz und von der Hoffnungslosigkeit geprägt sind. Der Verlust des christlichen Glaubens äußerte sich bei Leopardi in einem radikalen Pessimismus.

S. 124 *deus ex machina*: das plötzliche Eingreifen eines rettenden Gottes, der in der antiken Tragödie mit Hilfe einer Maschine auf die Bühne gelassen wurde. Der Terminus wird in übertragener Bedeutung für unvermutete und unbeweisbare Erklärungen von Sachverhalten benutzt.

S. 130 *a posteriori*: philosophischer Fachausdruck, um eine Erkenntnis zu bezeichnen, die aus der Erfahrung stammt.

S. 131 *fiat veritas pereat vita*: Es werde Wahrheit, – möge das Leben vergehen!

S. 147 Anspielung auf *Adolphe Thiers* (1797–1877), französischer Staatsmann und Geschichtsschreiber, erster Präsident der 3. Republik, Antimonarchist. Als Historiker förderte er die liberale Idealisierung der Revolution von 1789 und die nationale Napoleonlegende.

S. 154 *memento vivere*: Denke ans Leben! Gegensatz zum christlichen »memento mori« = Sei eingedenk deines Todes!

S. 158 *natura naturans*: Terminus der scholastischen Philosophie, der bei Spinoza besondere Bedeutung gewinnt. Er meint die Natur als lebendige Einheit, die in schöpferischer Tätigkeit die natura naturata, die Einzeldinge, aus sich hervorgehen läßt. Für die Scholastiker war Gott die natura naturans.

S. 161 *ex causis efficientibus* und *ex causa finali*: scholastische Ausdrücke für Ursache und Wirkung.

S. 162 *delicacy of perception*: Feinheit der Wahrnehmung. – *»in the German mind* ...«: »Im deutschen Geist scheint etwas schief, stumpf, ungeschickt und unpassend zu sein.«

S. 164 *animae magnae prodigus*: an der großen Seele verschwenderisch (zugrunde zu gehen).

S. 171 *cogito, ergo sum, nicht aber vivo, ergo cogito*: ich denke, also bin ich, nicht aber ich lebe, also denke ich. (Gedankenspiel mit dem Satz des Descartes.)

Das dritte Stück der »Unzeitgemäßen Betrachtungen«, der Traktat über »Schopenhauer als Erzieher«, entstand im Frühling und Sommer 1874. Obwohl sich Nietzsche inzwischen weitgehend von der Schopenhauerschen Philosophie gelöst hatte, zeichnet er ein Porträt Schopenhauers, welches voller Verehrung ist. Gegen den naiven Optimismus eines David Strauß wird die schopenhauersche Heiterkeit ausgespielt, die Gelassenheit eines Menschen, der die Nichtigkeit der Welt erkannt und zu sich selbst gefunden hat.

S. 175 Die ersten acht Abschnitte der vierten »Unzeitgemäßen Betrachtung«, »Richard Wagner in Bayreuth«, hatte Nietzsche bereits im Sommer 1850 geschrieben. Ab Oktober blieb die Arbeit jedoch liegen: sein damals bereits bisweilen persönlich gespanntes Verhältnis zu Wagner hatte zur Folge, daß Nietzsche nun auch Wagners Kunsttheorie und seine Musik kritischer als bisher beurteilte. Da die ersten Bayreuther Festspiele 1876 jedoch tatsächlich zustande kamen, fühlte Nietzsche sich veranlaßt, die Schrift im Frühjahr rasch zu beenden. Die letzten Absätze verraten, wenn auch noch in versteckter Form, die neue kritische Einstellung zu Wagner. Nietzsche kannte Wagners Empfindlichkeit. Er schickte die beiden ersten Exemplare nach Bayreuth und schrieb dazu: »Wie Sie selber diese Bekenntnisse aufnehmen werden, kann ich diesmal gar nicht erraten.« Die Aufnahme des Werkes war jedoch positiv. Wagner antwortete: »Freund! Ihr Buch ist ungeheuer! – Wo haben Sie nur die Erfahrung von mir her?«

S. 177 Die Grundsteinlegung des Bayreuther Festspielhauses fand am 22. Mai 1872 statt und wurde mit einer Aufführung der Neunten Symphonie Beethovens festlich begangen. Nietzsche hatte zusammen mit seinen Freunden von Gersdorff und Rohde daran teilgenommen, bei dieser Gelegenheit lernte er auch Malwida von Meysenbug kennen. Später schrieb er darüber an Gersdorff: »Ich glaube doch, es waren die glücklichsten Tage, die ich gehabt habe.«

S. 223 Nietzsches Ausführungen über Wagner als Schriftsteller verraten deutlich, bei aller noch vorhandenen Verehrung für den Bayreuther Meister, die wachsende Kritik.

S. 229 Die Schrift, die als Festgabe zur Eröffnung des Bayreuther Unternehmens gedacht war, endet mit einer kritischen Einschränkung der Bedeutung Richard Wagners.

MENSCHLICHES, ALLZUMENSCHLICHES (S. 231)

Zur Werkgeschichte: Mit den unter diesem Titel gesammelten Aufzeichnungen begann Nietzsche 1876, kurz nachdem er in einem recht deprimierten Zustand Bayreuth fluchtartig verlassen hatte. Das Werk erschien 1878

in dem Umfang, der hier abgedruckt ist. 1879/80 folgten jedoch Nachträge unter den Titeln »Vermischte Meinungen und Sprüche« und »Der Wanderer und sein Schatten«.

In jenen Jahren verschlechterte sich Nietzsches Gesundheitszustand unaufhörlich. Gleichzeitig wurde seine Lebensweise zunehmend unsteter. Soweit es seine Basler Lehrverpflichtungen irgend erlaubten, war er auf Reisen. Hauptsächliche Stationen dieser Jahre: Basel, Naumburg, Sorrent, Bad Ragaz, Bad Bex (im Kanton Waadt), Chur, Riva am Gardasee und Venedig, das er im Frühjahr 1880 mit seinem Freunde Peter Gast zum erstenmal besuchte. Die Reisen waren beschwerlich und die Unruhe, die sie mit sich brachten, beträchtlich. Dem hatte sich die Arbeitstechnik anzupassen, und zweifellos ist auch in diesen äußeren Lebensumständen ein Grund dafür zu suchen, daß Nietzsche nun zunehmend mehr die aphoristische Darstellungsweise bevorzugt, wie sie besonders von den französischen Moralisten und Epigrammatikern, von Montaigne, La Rochefoucauld, La Bruyère, Chamfort und Stendhal zu höchster Vollkommenheit ausgebildet wurde. Mit »Menschliches, Allzumenschliches« reiht sich Nietzsche in diese Tradition ein.

Druckvorlage: Menschliches, Allzumenschliches, Ein Buch für freie Geister, Erster Band, Neue Ausgabe, E. W. Fritzsch, Leipzig 1886.

S. 234 *aeterna veritas*: ewige Wahrheit. – *Schätzung der unscheinbaren Wahrheiten*: Hier nimmt Nietzsche Gedanken auf, die er bereits im Jahre 1873 in der kleinen Abhandlung »Über Wahrheit und Lüge im außermoralischen Sinne« formuliert hatte und die für sein ganzes Denken entscheidend werden sollten. Nietzsche erkannte damals für sich die Standpunktbezogenheit allen Wissens. Alle Wahrheit ist relativ. Im Grunde ist sie eine täuschende Konvention, die im moralischen Sinne den Charakter der verbindlichen Lüge hat. Diese Wahrheitstheorie ist auch ein Ausdruck von Nietzsches wachsender Wissenschaftsfeindlichkeit. Unparteiliche Objektivität des Gelehrten ist Kennzeichen des Philistertums.

S. 237 Die Ablehnung der Methaphysik, das heißt, der nicht auf Erfahrung, sondern auf unbeweisbaren Glaubensgehalten beruhenden Lehre von den ersten und letzten Prinzipien allen Seins, wird eines der zentralen Themen in Nietzsches Philosophie. Christliche Jenseitsvorstellungen, aber auch aristotelische Metaphysik und platonische Ideenlehre, also die gesamte auf Sokrates folgende Entwicklung des abendländischen Denkens, soll destruiert werden. Dieser Ansatz in Nietzsches Denken wird in der auf ihn folgenden Philosophie besonders durch Martin Heidegger aufgenommen. – *pneumatisch*: geistig.

S. 239 *Traum und Kultur*: Nietzsche bedient sich von nun an häufig psychologischer Interpretationen, zu denen er wohl auch durch einen

Freund, den positivistischen Philosophen Paul Rée (1849–1901), ermutigt wurde. Über die Art dieses Argumentationsstiles bemerkt Eugen Fink: »Nietzsches psychologische Interpretationen haben eine raffinierte Struktur: indem er demaskiert, Verhüllungen und Verkleidungen anprangert, kann er jeweils alles, was gegen seine Deutung spricht, als ein nur scheinbares Gegenphänomen entlarven, etwa so: der Altruismus ist nur eine maskierte, sich selbst nicht mehr durchsichtige Form des Egoismus. Der Psychologe der Hintergründe zieht auch das Versteckte ans Licht. Gegen diese Art des Vorgehens gibt es keine Argumentation, die Erfolg haben könnte, – weil alles Gegensprechende ja ›entlarvt‹ und so bewältigt werden kann. Man kann nur den ganzen Stil einer solchen hintergründigen Psychologie in Frage stellen. Die psychologische Destruktion der Metaphysik, die Nietzsche in ›Menschliches-Allzumenschliches‹ vorwiegend betreibt, richtet sich gegen die von Schopenhauer fixierte Scheidung von Ding an sich und Erscheinung, die selbst eine massive Vergröberung kantischer Gedanken ist.« (E. Fink, »Nietzsches Philosophie«, Stuttgart 1960, S. 47)

S. 246 *Unglaube an das ›monumentum aere perennius‹*: Zweifel an der ehernen Dauerhaftigkeit menschlichen Andenkens (und hier: menschlicher Einrichtungen überhaupt); Zitat nach Horaz, Oden III, 30, 1.

S. 248 Der 24. Abschnitt, wie auch die beiden folgenden, bringt mit seiner dialektischen Interpretation des Fortschritts (Fortschritt ist möglich, aber niemals als Fortschritt einer alten Kultur) Gedanken, an die später Oswald Spengler mit seiner Kulturphilosophie im »Untergang des Abendlandes« (1918–1922) direkt anknüpfen sollte.

S. 256 *Vorteile der psychologischen Beobachtung*: Vgl. die Anmerkung zu S. 239.

S. 257 *Larochefoucauld*: 1613–1680, Herzog de Laroche, wurde durch sein hier von Nietzsche zitiertes Werk »Réflexions ou Sentences et maximes morales« (1665) berühmt, in denen er das Verhalten der Menschen aus ihrer Eigenliebe erklärt. – »*Ce que le monde*«: »Was die Welt als Tugend bezeichnet, ist für gewöhnlich nichts weiter als ein Phantom unserer Leidenschaften, dem man einen ehrenwerten Namen gegeben hat, um das für straffrei zu erklären, was man selbst wünscht.«

S. 259 *intelligibel*: nach Kant etwas, das dem Verstand allein und nicht den Sinnen gegeben ist. Das Intelligible ist nicht zur Erklärung von Erscheinungen zu gebrauchen. Die intelligible Welt ist der Inbegriff der reinen Gedankendinge, eine bloß gedachte Welt der Ideen und Ideale, die von manchen Philosophen als objektiv und als außerhalb unseres Verstandes liegend angenommen wurde.

S. 263 *Gut und Böse*: Diese ethischen Grundberiffe werden genauso wie Wahrheit und Lüge im Gesamtwerk Nietzsches zu einem Hauptangriffspunkt seiner destruktiven Moralphilosophie. Der landläufige Begriff

ist für Nietzsche reine Ideologie, da die herrschenden moralischen Konventionen stets standpunktbedingt sind.

S. 266 *»Sachez aussi ...«*: »Wissen Sie auch, daß es nichts Alltäglicheres gibt als Böses anzurichten, um des Vergnügens willen, es zu tun!« (*Prosper Mérimée*, franz. Schriftsteller, 1803–1870.)

S. 268 Die nun folgenden Aphorismen des zweiten Hauptstückes bringen wesentliche Gedanken von Nietzsches Anthropologie. Nietzsche gibt ein Bild der menschlichen Natur aus der Perspektive des Immoralismus, wie er zuerst in der »Geburt der Tragödie« von ihm projektiert wurde.

S. 280 *unusquisque ...*: »Ein jeder hat soviel recht, wie seine Macht wert ist (oder genauer: wie man glaubt, daß sie wert sei).«

S. 291 Das dritte Hauptstück umreißt völlig unverhüllt die Motive für Nietzsches Absage an das Christentum. Der Angriff erscheint umso schärfer, als es in Nietzsches Leben keinen sichtbaren Anlaß für einen Bruch mit der christlichen Weltanschauung, in der er erzogen wurde, keine plötzliche Enttäuschung und nicht die Erfahrung einer religiösen Katastrophe gegeben hat. Die Loslösung von einer ursprünglich frommen protestantischen Haltung zu einem immer rigoroseren aufgeklärten Denken vollzog sich seit der Gymnasialzeit in Schulpforta schmerzlos, aber fortwährend und unwiderruflich.

S. 292 Lord *Byron*: engl. Dichter, 1788–1824. – *Sorrow is knowledge ...*: »Sorge ist Wissen: die am meisten wissen, Müssen am tiefsten die tödliche Wahrheit betrauern, Der Baum der Erkenntnis ist nicht der des Lebens.« – *Horaz*: römischer Dichter, 65–8 v. Chr. – *quid aeternis ...*: »Was plagst du die kleinere Seele durch ewige Ratschlüsse? Warum sich nicht tummeln unter dem Himmel oder der Platane oder jener Pinie ...«

S. 294 *consensus sapientium* und *consensus gentium*: Übereinstimmung der Weisen und Übereinstimmung der gewöhnlichen Leute.

S. 305 *»si on croit ...«*: »Wenn man seine Maitresse um ihrer Liebe willen zu lieben glaubt, ist man wohl getäuscht.«

S. 315 Mit dem vierten Hauptstück ist der Bruch mit Richard Wagner offen und endgültig besiegelt. Wagners Name bleibt ausgespart, stattdessen wird der einstige Freund in diesem Werk nur als »der Künstler« bezeichnet. Über den Vorgang schreibt Nietzsche 1889 in der Schrift »Nietzsche contra Wagner«: »Schon im Sommer 1876, mitten in der Zeit der ersten Festspiele, nahm ich bei mir von Wagner Abschied. Ich vertrage nichts Zweideutiges; seitdem Wagner in Deutschland war, kondeszendierte er Schritt für Schritt zu allem, was ich verachte – selbst zum Antisemitismus ... Es war damals in der Tat die höchste Zeit, Abschied zu nehmen: alsbald schon bekam ich den Beweis dafür. Richard Wagner, scheinbar der Siegreichste, in Wahrheit ein morsch gewordener verzweifelnder décadent, sank plötzlich, hilflos und zerbrochen, vor dem christlichen Kreuze nieder ...« Nietzsche hatte in Bayreuth nur die erste Aufführung des

»Rheingold« am 12. August 1876 besucht und war dann allen anderen Veranstaltungen fern geblieben. Aber noch am 27. September schrieb er Wagner einen Brief, der herzliche Freundschaft bekundet. Wenige Wochen später kam es zum Bruch. Nietzsche war nach Sorrent gereist, wo er im Hause Malwida von Meysenbugs den Winter verbringen wollte. Auch Richard und Cosima Wagner waren von Oktober bis Anfang November 1876 in Sorrent. Dort kam es zur letzten Begegnung zwischen Wagner und Nietzsche. Auf einem Spaziergang erzählte der Bayreuther Meister dem Freunde vom »Parsifal«, mit dessen Ausführung er gerade begonnen hatte. Nietzsche verstummte und trennte sich grußlos von Wagner. Daß auf die »Götterdämmerung« ein christlicher Stoff folgen sollte, muß er als ungeheuer und unverzeihlich empfunden haben.

Im Januar 1878 schickte Wagner nichtsahnend und ohne persönlichen Groll ein Exemplar des »Parsifal« an Nietzsche. Als Antwort sandte Nietzsche im Mai 1878 das gerade fertig gewordene Buch »Menschliches, Allzumenschliches«. Die Absage an Wagner wurde verstanden und die Bayreuther Freunde fühlten sich nun mit Recht verletzt. Der Bruch war endgültig.

Über den Konflikt mit Wagner hinaus deutet sich aber im vierten Hauptstück eine Wandlung von Nietzsches Ansichten an: Die ästhetische Existenz ist für ihn nicht mehr das Ideal menschlicher Größe.

S. 327 *in majorem artis gloriam*: für den höheren Ruhm der Kunst.

S. 328 *corriger la fortune*: das Schicksal berichtigen.

S. 358 *Severität*: Ernsthaftigkeit.

S. 370 *Oligarchie*: Herrschaft weniger.

S. 379 *vita contemplativa*: beschauliches Leben.

S. 405 *Weib und Kind*: Nietzsches Freundschaften zu Frauen waren sporadisch. Die positiven Möglichkeiten einer Ehe hatte er in der wohl glücklichsten Zeit seines Lebens, in seinen ersten Basler Jahren, erkennen dürfen: Damals lebten Richard und Cosima Wagner noch in Tribschen bei Luzern, wo Nietzsche häufig zu Gast war. Es war die Zeit, da seine Freundschaft zu den Wagners ihren Höhepunkt erreicht hatte. Er erlebte das Glück der unkonventionellen Verbindung zwischen Cosima von Bülow und Richard Wagner. Im übrigen war sein Verhältnis zu Frauen eher scheu und gehemmt. Sein sich zunehmend verschlechternder Gesundheitszustand, der ihn schließlich zur Aufgabe seiner Professur zwang (2. Mai 1879), legte ihm aber gelegentlich sogar den Gedanken an eine Heirat nahe. Darüber in einem Brief an die Schwester am 25. April 1877: »Der Plan nun, welchen Frl. v. M. als unverrückbar im Auge zu behalten bezeichnet und an dessen Ausführung Du mithelfen mußt, ist der: Wir überzeugen uns, daß es mit meiner Baseler Universitätsexistenz auf die Dauer nicht gehen kann, daß ich sie höchstens auf Unkosten aller meiner wichtigeren Vorhaben und doch mit totaler Preisgebung meiner Gesundheit

durchsetzen könnte. Freilich werde ich den nächsten Winter in diesen Verhältnissen dort noch zubringen müssen, aber Ostern 1878 soll es zu Ende sein, falls die andre Kombination gelingt, d. h. die Verheiratung mit einer zu mir passenden, aber notwendig vermöglichen Frau. ›Gut, aber reich‹ wie Frl. v. M. sagte, über welches ›Aber‹ wir sehr lachten. Mit dieser würde ich dann die nächsten Jahre in Rom leben; welcher Ort für Gesundheit, Gesellschaft und meine Studien gleich geeignet ist. In diesem Sommer nun soll das Projekt gefördert werden, in der Schweiz, so daß ich im Herbst verheiratet nach Basel käme. Verschiedene ›Wesen‹ sind eingeladen, in die Schweiz zu kommen, mehrere Dir ganz fremde Namen darunter, z. B. Elise Bülow aus Berlin, Elsbeth Brandes aus Hannover. Den geistigen Qualitäten nach finde ich immer Nat. Herzen am besten geeignet. Mit der Idealisierung der kl. Köckert in Genf hast Du viel geleistet! Lob, Ehr und Preis! Aber es ist doch bedenklich; und Vermögen? –« Der »Plan« kommt jedoch nicht zur Ausführung. Bereits im Juni des gleichen Jahres heißt es: »Die Verheiratung, sehr wünschenswert zwar, – ist doch die unwahrscheinlichste Sache, das weiß ich sehr deutlich!«

S. 412 *Zur Emanzipation der Frauen*: Vgl. die Anmerkungen zu S. 405 und zu S. 589.

S. 420 *quand la populace* ...: »Wenn der Pöbel sich anschickt (selber) zu urteilen, ist alles verloren.«

S. 437 Der 475. Abschnitt belegt wie zahlreiche andere Stellen in Nietzsches Werk sein kluges und differenziertes Verhältnis zum Judentum, vor allem aber, daß Nietzsche alles andere als ein Antisemit war. Karl Schlechta hat darauf hingewiesen, daß antisemitische Äußerungen in den Briefen Nietzsches durchweg auf späteren Fälschungen seiner Schwester Elisabeth Förster-Nietzsche beruhen.

S. 443 *»Der Mensch mit sich allein«*: Neu ist bei Nietzsche ein Zug zu skeptischer Rationalität. Die Antwort auf den dionysischen Irrationalismus und die Leugnung jeden Jenseitsglaubens liegt in der Berufung auf die Freiheit der Vernunft. Der Mensch, der seine Illusionen verloren hat, ist mit sich allein. Er ist der sich immer wieder distanzierende Wanderer in der Wüste.

S. 473 *»credo quia absurdum est«*: »Ich glaube, weil es sinnlos ist.«

S. 478 Das Wanderermotiv, wie es im Paragraphen 638 aufklingt, ist wie ein Präludium zum Zarathustra. Nietzsches Sprache erreicht ihre unvergleichliche Schönheit. Auf die »Abendröte der Kunst« folgt die »Morgenröte der Philosophie«. Die nun folgenden Werke sind voll heimlicher Gedanken, die die Botschaft, die Zarathustra zu verkünden hat, bereits in sich bergen.

DIE FRÖHLICHE WISSENSCHAFT (S. 481)

Zur Werkgeschichte: Im Sommer 1881 entdeckte Nietzsche Sils-Maria im Engadin, einen Ort, der ihm ein besonderes Hochgefühl schenkte und den er fortan als Sommerresidenz wählte. Hier hatte Nietzsche im August zum erstenmal den Gedanken der »ewigen Wiederkunft«. Den darauffolgenden Winter 1881/82 verbrachte er, wie schon im Jahre zuvor, in Genua. Dort hörte er im November zum erstenmal Bizets Oper »Carmen«. Die in Sils-Maria entstandene Hochstimmung hält, wenn auch unter Schwankungen, an. Eine positivere Einstellung zum Leben gewinnt zeitweise die Überhand. Der erste Abschnitt des vierten Buches der »Fröhlichen Wissenschaft« legt davon zu Neujahr 1882 beredtes Zeugnis ab: »Ich will immer mehr lernen, das Notwendige an den Dingen als das Schöne sehen – so werde ich einer von denen sein, welche die Dinge schön machen. Amor fati: das sei von nun an meine Liebe! Ich will keinen Krieg gegen das Häßliche führen. Ich will nicht anklagen, ich will nicht einmal die Ankläger anklagen. Wegsehen sei meine einzige Verneinung! Und, alles in allem und großen: ich will irgendwann einmal nur noch ein Jasagender sein!«

Das hier abgedruckte fünfte Buch der »Fröhlichen Wissenschaft« und der Anhang »Lieder des Prinzen Vogelfrei« wurden erst der zweiten Ausgabe 1887 beigefügt. Die Gedichte entstanden im Frühjahr 1882, gleich nach der Vollendung des vierten Buches, das fünfte Buch wurde jedoch erst im Herbst 1886 in der Nähe von Genua niedergeschrieben. Die chronologische Anordnung unserer Ausgabe ist in diesem Falle durchbrochen. Da aber Nietzsche diese Arbeit bewußt an das vor dem Zarathustra liegende Manuskript der »Fröhlichen Wissenschaft« angeschlossen hat, ist es als, wenn auch nachträglich verfaßte, Propädeutik zum Zarathustra an dieser Stelle gerechtfertigt.

Druckvorlage: Die fröhliche Wissenschaft (»la gaya scienza«), Neue Ausgabe mit einem Anhange: Lieder des Prinzen Vogelfrei, E. W. Fritzsch, Leipzig 1887.

S. 481 *»Fröhliche Wissenschaft«*: Der Titel ist eine Huldigung an die Troubadours der Provence, also an Männer, die die »Einheit von Sänger, Ritter und Freigeist« repräsentierten. Solche Wahlverwandtschaft kommt auch in der Anlage des Buches zum Ausdruck: Es ist eine Verbindung von Aphorismen, gereimten Sinnsprüchen und Liedern. Das Ideal der ästhetischen Existenz der »Geburt der Tragödie« ist endgültig durch das des heroischen Menschen ersetzt, was freilich so zu verstehen ist, daß Nietzsche auf eine neue Epoche hofft, die »den Heroismus in die Erkenntnis trägt«. Nach der Destruktion des Heiligen, des Weisen und des Künstlers

hat der große Mensch für Nietzsche jetzt das Gepräge des erkennenden Freigeistes. Die Grundgedanken der Philosophie des reifen Nietzsche werden sichtbar: Die Thesen vom Tod Gottes, vom Willen zur Macht, von der ewigen Wiederkunft des Gleichen und die Vision vom kommenden Menschen als dem Übermenschen. Der Charakter der Aussage ist Verkündigung, frohe Botschaft. Die Losung heißt: gefährlich leben. Mit diesem positiven Leitwort wird die Wissenschaft »fröhlich« und die Kritik der Moral und der modernen Kultur fortgesetzt.

S. 484 »*Incipit tragoedia*«: »Die Tragödie beginnt.«

S. 491 πολύτροποι(polytropoi): die Vielgewandten, Vielbewanderten (verschlagener Abenteurer; homerische Bezeichnung für Odysseus).

S. 500 *disciplina voluntatis*: Zucht des Willens. – *vis inertiae*: die Kraft der Trägheit.

S. 508 *Brummkreisel Bahnsen*: Verhöhnung des Philosophen Julius Bahnsen (1830–1881), der eine pessimstische, von Schopenhauer und Hegel beeinflußte Philosophie entwickelte und auch eine Charakterologie begründete.

S. 509 Zentraler Aphorismus über Martin Luther.

S. 527 Der Aphorismus 377 über die Rolle des »guten Europäers« bringt ein konkretes Beispiel für Nietzsches Hoffnungen auf den kommenden Menschen und seine Funktion als künftige Elite. Zu diesem Thema, das auch schon in »Menschliches, Allzumenschliches« angesprochen wird, gehört auch der Aphorismus 362 (S. 514), der ein Hymnus auf Napoleon ist und mit dem Europa eine Führungsrolle als Herrin der Erde zugewiesen wird.

S. 534 »*Lieder des Prinzen Vogelfrei*«: Diese Gedichte sind zusammen mit den hier nicht mitgeteilten, am Anfang der »Fröhlichen Wissenschaft« stehenden, die einzige Lyrik, die Nietzsche in gesammelter Form jemals veröffentlicht hat. Alle anderen Gedichte fanden sich erst im Nachlaß, sofern sie nicht von Nietzsche vereinzelt in die Werke aufgenommen wurden.

S. 542 »*An den Mistral*«: Dieses Tanzlied, das die Gedichte beschließt und das Nietzsche besonders liebte, zeigt die prometheische Hochstimmung, aus der heraus die »Fröhliche Wissenschaft« im ganzen gedacht und konzipiert wurde.

ALSO SPRACH ZARATHUSTRA (S. 545)

Zur Werkgeschichte: Über die Entstehung des »Zarathustra« hat Nietzsche 1888 in »Ecce Homo« folgendes mitgeteilt: »Die Grundkonzeption des Werkes, der *Ewige-Wiederkunfts-Gedanke*, die höchste Formel der Bejahung, die überhaupt erreicht werden kann –, gehört in den August des Jahres 1881: er ist auf ein Blatt hingeworfen, mit der Unterschrift:

›6000 Fuß jenseits von Mensch und Zeit‹. Ich ging an jenem Tage am See von Silvaplana durch die Wälder; bei einem mächtigen pyramidal aufgetürmten Block unweit Surlei machte ich halt. Da kam mir dieser Gedanke. – Rechne ich von diesem Tage ein paar Monate zurück, so finde ich, als Vorzeichen, eine plötzliche und im Tiefsten entscheidende Veränderung meines Geschmacks, vor allem in der Musik. Man darf vielleicht den ganzen Zarathustra unter die Musik rechnen; – sicherlich war eine Wiedergeburt in der Kunst zu *hören,* eine Vorausbedingung dazu. In einem kleinen Gebirgsbade unweit Vicenca, Recoaro, wo ich den Frühling des Jahrs 1881 verbrachte, entdeckte ich, zusammen mit meinem *maëstro* und Freunde Peter Gast, einem gleichfalls ›Wiedergebornen‹, daß der Phönix Musik mit leichterem und leuchtenderem Gefieder, als er je gezeigt, an uns vorüberflog. Rechne ich dagegen von jenem Tage an vorwärts, bis zur plötzlichen und unter den unwahrscheinlichsten Verhältnissen eintretenden Niederkunft im Februar 1883 – die Schlußpartie, dieselbe, aus der ich im *Vorwort* ein paar Sätze zitiert habe, wurde genau in der heiligen Stunde fertig gemacht, in der Richard Wagner in Venedig starb – so ergeben sich achtzehn Monate für die Schwangerschaft.«

»Also sprach Zarathustra« ist zweifellos ein Hauptwerk Nietzsches, für viele das klassische Werk dieses Denkers schlechthin. Sprachlich auf allerhöchstem Niveau, hebt es sich schon in der Form von allen übrigen Werken Nietzsches ab. Die philosophische und wissenschaftliche Terminologie ist ebenso vermieden wie die direkte zeitkritische Aussage. Obwohl in philosophischer Absicht konzipiert, ist das Werk ganz und gar als Dichtung geschrieben. Der Text ist durch Gleichnisse verschlüsselt und wirkt wie ein religiöser Traktat. Nietzsche hat ihn einmal als »Fünftes Evangelium« und sich selbst als »Dichter des Zarathustra« bezeichnet.

Über die Stellung des Buches im Rahmen des Gesamtwerkes bemerkt E. Fink (a. a. O. S. 59) folgendes: »Der ›Zarathustra‹ eröffnet die dritte, definitive Phase der Philosophie Nietzsches. Mit ihm beginnt der Mittag seines Denkens, wo die Kraft dieses Geistes im Zenith steht. Nach dem romantischen Ansatz seiner Frühschriften, nach der wissenschaftlich-aufklärerischen Gegenwendung ereignet sich jetzt die Selbstfindung seines Wesens.«

Wie hoch Nietzsche selbst dieses Werk einschätzte, geht aus vielen seiner Äußerungen hervor, von denen drei Briefstellen aus der Zeit der Entstehung des »Zarathustra« hier mitgeteilt seien:

An Carl von Gersdorff aus Sils-Maria, 28. Juni 1883: »Die Zeit des Schweigens ist *vorbei*: mein ›Zarathustra‹, der Dir in diesen Wochen übersandt sein wird, möge Dir verraten, *wie* hoch mein Wille seinen Flug genommen hat. Laß Dich durch die legendenhafte Art dieses Büchleins nicht täuschen: hinter all den schlichten und seltsamen Worten steht mein *tiefster Ernst* und meine *ganze Philosophie.* Es ist ein Anfang, mich zu er-

kennen zu geben – nicht mehr! – Ich weiß ganz *gut*, daß niemand lebt, der so etwas machen könnte, wie dieser Zarathustra ist –«

An Erwin Rohde aus Nizza, 22. Februar 1884: »– ich bilde mir ein, mit diesem Z. die deutsche Sprache zu ihrer Vollendung gebracht zu haben. Es war, nach *Luther* und Goethe noch ein dritter Schritt zu tun –; sieh zu, alter Herzens-Kamerad, ob Kraft, Geschmeidigkeit und Wohllaut je schon in unserer Sprache so beieinander gewesen sind.«

An Peter Gast aus Sils-Maria, 2. September 1884: »Ich bin überdies mit der Haupt-Aufgabe dieses Sommers, wie ich sie mir gestellt hatte, im ganzen *fertig* geworden, – die nächsten 6 Jahre gehören der Ausarbeitung eines Schemas an, mit welchem ich meine ›Philosophie‹ umrissen habe. Es steht gut und hoffnungsvoll damit. Zarathustra hat einstweilen nur den ganz persönlichen Sinn, daß es mein ›Erbauungs- und Ermutigungs-Buch‹ ist – im übrigen dunkel und verborgen und lächerlich für jedermann.«

Die letzte der zitierten Briefstellen stammt aus der Zeit nach der Vollendung des dritten Teils des »Zarathustra«. Die ersten drei Teile waren jeweils in wenigen Tagen oder Wochen niedergeschrieben worden. Nietzsche hat behauptet, dabei unter dem Zwang intuitiver Eingebungen gestanden zu haben. Eigentlich sollte das Werk mit dem dritten Teil abgeschlossen sein. Aber bald unterbrach Nietzsche seine Vorarbeiten und Aufzeichnungen für jenes Werk, welches er in dem Brief an Peter Gast als seine »Philosophie« bezeichnete und das in der von ihm skizzierten Absicht auch nie zustande gekommen ist. Stattdessen machte sich Nietzsche an die Ausarbeitung des vierten Teils. Er ging mühsamer vonstatten und erschien 1885 als Privatdruck in wenigen Exemplaren. Der Öffentlichkeit wurde der vierte Teil erst mit der zweiten Auflage des Werkes im Jahre 1893 bekannt, vier Jahre nach Nietzsches geistigem Zusammenbruch. Nach der Vollendung des vierten Teils faßte Nietzsche weitere Teile ins Auge, die jedoch zugunsten anderer Werke nicht ausgeführt wurden. Insofern kann man den »Zarathustra«, Nietzsches in sich einheitlichstes Werk, als unabgeschlossen bezeichnen.

Druckvorlagen: Also sprach Zarathustra, Ein Buch für Alle und Keinen, In drei Theilen, E. W. Fritzsch, Leipzig 1887. – Also sprach Zarathustra, Ein Buch für Alle und Keinen, Vierter und letzter Theil, Privatdruck, C.G. Naumann, Leipzig 1885 (unter Benutzung der gleichfalls bei Naumann erschienenen Ausgabe von 1891).

S. 547 Die zehnjährige Einsamkeit Zarathustras ist eine Anspielung auf Jesus, der nur 40 Tage in der Wüste war. Zarathustra ist im Vergleich zu Jesus der Weisere.

Adler und *Schlange* begleiten Zarathustra als Symbole der Klugheit.

S. 548 *Damals trugst du deine Asche zu Berge*: Als Zarathustra ins

Gebirge ging, waren seine bisherigen Überzeugungen zu Asche geworden. Nun entzündet sich das Feuer seines neuen Glaubens.

S. 549 *Gott ist tot*: Vgl. S. 489, Aphorismus 343 der »Fröhlichen Wissenschaft«. Der dort diagnostizierte Tod Gottes wird hier proklamiert. Atheismus ist die Voraussetzung der Lehre Zarathustras. – *Alle Wesen bisher schufen etwas über sich hinaus*: Der ganze Abschnitt ist darwinistischen Gedanken verpflichtet. Anstelle metaphysischer Jenseitshoffnungen tritt innerweltliche Evolution: Affe-Mensch-Übermensch.

S.550 *Einst blickte die Seele verächtlich auf den Leib*: Ablehnung der christlichen Askese. – *Ach, daß ich euch schon so schreien gehört hätte!*: Aufruf zur dionysischen Ekstase. – *Die Stunde der großen Verachtung*: der Zeitpunkt, da der jetzige Mensch seine Unfähigkeit einsieht und sich selbst überwindet.

S. 551 In Zarathustras zweiter Rede wird der heutige Mensch als Übergangstypus beschrieben. Die größten Menschen sind die, die sich als Unter- und Hinübergehende begreifen, die das irdische Dasein bejahen und nicht bei den Sternen im Jenseits ihre Ziele suchen.

S. 553 Zarathustras gespenstische Schilderung des letzten Menschen hat auf seine Zuhörer eine unbeabsichtigte Wirkung. Das Volk fühlt sich nicht zur Überwindung des letzten Menschen aufgerufen, es schreckt nicht vor dem Bilde seiner eigenen Entartung zurück, sondern verlangt nach dem Glück, das dieser Mensch genießt. Zarathustra wiederholt die Erfahrung, die Moses bei der Verkündung der Gebote hatte.

S. 554 Der Seiltänzer und der Possenreißer sind symbolische Figuren. Der Seiltänzer ist der Mensch, der den riskanten Weg zum Übermenschen gehen will, der Possenreißer aber der falsche Jenseitsapostel, der den Menschen »überspringen« will und auf diese Weise den Seiltänzer in die Tiefe reißt.

S. 557 *»Gefährten brauche ich!«*: Zarathustra kann mit dem toten Seiltänzer nichts anfangen, und er hat eingesehen, daß seine Botschaft von der Menge nicht verstanden wird; deshalb will er sich in Zukunft an wenige Auserwählte wenden (eine Anspielung auf Jesus und seine Jünger). Die Gefährten sollen ihm folgen, »weil sie sich selber folgen wollen«: Nietzsche stellt sich die künftige Elite als Auswahl starker, zur Freiheit berufener Menschen vor, die imstande sind, den Übergang zum Übermenschen vorzubereiten oder sogar zu vollziehen.

S. 559 *Drei Verwandlungen des Geistes*: Erste Stufe: Symbol »das Kamel«, Wahlspruch »du sollst«. Zweite Stufe: Symbol »der Löwe« (Herrschertum, Umsturz des Alten), Wahlspruch »ich will«. Dritte Stufe: Symbol »das Kind«, Wahlspruch »ich bin« (Stufe der Vollendung, des heiligen Jasagens, der Unschuld und der Lebensgewißheit).

S. 560 *Von den Lehrstühlen der Tugend*: Diese Rede ist eine Satire auf die überkommenen Moralvorstellungen, die Nietzsche auch schon in allen

früheren Werken kritisiert und mit Verachtung gestraft hat. Der Begriff des Guten und Gerechten gehört zur Glücksmoral des Herdenmenschen, – er taugt nicht für den tragischen Heroismus, den Zarathustra von den Menschen, die den Übergang zu einem höheren Typus wollen, fordert.

S. 562 *Hinterweltler*: jene, die an den jenseitigen Gott glauben. Auch Zarathustra (Nietzsche) hatte einst an diesen Gott geglaubt.

S. 565 Zarathustra kämpft gegen die Verachtung des Leibes, die nur von einem krank gewordenen Leibe ausgeht. Er verkündet die leib-seelische Einheit. Der Abschnitt richtet sich auch gegen die klassische, von Descartes begründete Zweisubstanzenlehre und den aus ihr folgenden erkenntnistheoretischen Subjekt-Objekt-Dualismus der europäischen Philosophie. Nietzsches Forderung, diesen Dualismus aufzugeben, hat sich in der Anthropologie wie auch in der Lebens- und Existenzphilosophie unseres Jahrhunderts allgemein durchgesetzt.

S. 567 Die Rede richtet sich gegen die moralistische Interpretation menschlicher Taten am Beispiel ihres Extremfalles, des Verbrechens. Nietzsche wendet sich gegen Begriffe wie Sünde, Schuld, Untat. Verbrechen ist für ihn in erster Linie Krankheit. Der Verbrecher ist ein Irregeleiteter und Leidender. – Gedanken, die heute in der Diskussion um ein neues Strafrecht und bei den Bemühungen, das alte Schuldstrafrecht zu reformieren, von großer Aktualität sind.

S. 569 *Vom Lesen und Schreiben*: Das Kapitel bringt unter anderem eine Grundforderung Nietzsches zum Ausdruck. Bücher müssen mit Blut, das heißt mit leidenschaftlichem Engagement geschrieben sein, dennoch soll der Autor mit tänzerischer Leichtigkeit über dem Ernst der Sache stehen (was diese Leichtigkeit betrifft, so gehört sie in den Bereich von Nietzsches persönlichen Sehnsüchten).

S. 573 Zarathustras Rede über die Prediger des Todes markiert Nietzsches Kritik an Schopenhauers Pessimismus. Er wirft Schopenhauer vor, nie die wirkliche Konsequenz aus seiner Lehre der Verneinung des Lebenswillens gezogen zu haben.

S. 574 Die vielleicht bedenklichste Rede Zarathustras. Sie zeigt, daß Nietzsche mit dem Phänomen des Kriegers und Soldaten nicht fertig geworden ist. Einerseits feiert er die Kriegsleute als unerläßliche, tapfere und gehorsame Kampfgefährten, andererseits deklassiert er sie. Soldaten können nach ihm nicht Heilige der Erkenntnis sein, sondern bestenfalls Vorläufer solcher Heiligkeit. Nietzsche-Zarathustra verwickelt sich in Widersprüche: Positiv fordert er die Soldaten auf, in der Uniform nicht ihre Individualität preiszugeben. Wenig später heißt es, daß die Formel »du sollst« für einen Kriegsmann angenehmer klingt als »ich will«. Damit ist der zunächst hymnisch gefeierte Kriegsmann, wenn man der ersten Rede (vgl. S. 559) folgt, noch niedriger eingestuft. »Du sollst« bezeichnete die tiefste Stufe der drei Verwandlungen des Geistes.

S. 577 Den idealen Gesellschaftszustand dort erreicht zu sehen, wo der Staat aufhört, ist ein Gedankengang, der als Reaktion auf Hegels Staatsphilosophie im 19. Jahrhundert nicht nur bei Nietzsche, sondern z. B. auch im Marxismus eine Rolle spielt.

S. 580 *Von der Keuschheit*: Zarathustra haßt die Wollust der Städte und empfiehlt denen, die von Natur aus keusch sind, es auch zu bleiben. Aber er behandelt das Thema völlig vorurteilsfrei und weiß, daß Keuschheit bei vielen beinahe ein Laster sein kann. Freudsche Gedanken sind hier zum Greifen nahe. Nietzsche will auch den sexuellen Bereich aus der moralistischen Verklammerung von Gut und Böse befreien. Worum es ihm geht, ist die Unschuld der Sinne.

S. 584 Die Entlarvung der Nächstenliebe als Egoismus und Schwäche ist eines von Nietzsches Lieblingsthemen. Wer selbst keine starke Persönlichkeit ist, flüchtet zum Nächsten. Die neue Tugend heißt Fernstenliebe: Hinwendung zum Kommenden, zu neuen Ideen und zum Übermenschen.

S. 585 (Vgl. auch S. 577 f.): Hier kommt Nietzsches aus seinen persönlichen Lebenserfahrungen mitbedingte Vorliebe für die tragische Einsamkeit des schöpferischen Menschen zum Ausdruck.

S. 589 Der berühmte Abschluß dieser Rede: *»Du gehst zu Frauen? Vergiß die Peitsche nicht!«* ist nicht als Aufforderung zur körperlichen Züchtigung gemeint. Nietzsche möchte das Zusammenleben der Geschlechter vorurteilslos und unbefangen sehen. Für ihn zeichnet sich der Mann durch Stärke im praktischen Lebenskampf aus, die Frau durch ihre größere Fähigkeit zur Liebe, aber auch zum Haß. Dennoch vermag der revolutionäre Zarathustra in diesem Kapitel die Fesseln traditioneller Ansichten nicht zu sprengen. Nietzsche ist gegen die Emanzipationsbewegung: Das Weib bedeutet Erholung für den Mann. Die Rolle der Frau erschöpft sich im Gebären von Kindern und in gehorsamer Unterwerfung.

S. 590 Nietzsche kritisiert das Gebot der Bergpredigt, seinen Feind zu lieben.

S. 591 In der Rede über Kind und Ehe werden erstmals Gedanken ausgedrückt, die Nietzsche in den letzten Jahren seines Schaffens unter dem Thema »Zucht und Züchtung« ausführlich behandeln wird.

S. 592 Die Lehre, daß der Mensch seinen Tod frei wählen soll, hat Nietzsche später auch in der »Götzendämmerung« ausgeführt.

S. 594 Zarathustra verabschiedet sich von seinen Gefährten mit drei Mahnungen. 1. Forderung der schenkenden Tugend als der höchsten Tugend, – ein Verschenken dessen, was man selbst an Fähigkeiten und Einsichten besitzt, aus Großzügigkeit und aus der Überfülle des Lebens heraus; nicht zu verwechseln mit Nächstenliebe. 2. Dem irdischen Dasein treu zu bleiben. 3. Die eigene Individualität, das heißt innere Freiheit und Selbständigkeit zu verwirklichen.

S. 600 Erneute Kritik am Gottesgedanken. Gott ist eine Mutmaßung.

S. 601 Die menschliche Aufgabe ist auf Erden zu leisten: die Hervorbringung des Übermenschen. Die Aufgabe wird mit dem Gleichnis des michelangelesken Bildhauers, der mit dem Hammer die Gestalt aus dem Marmor schlägt, beschrieben.

S. 602–614 In diesen Kapiteln drückt sich wieder Nietzsches schon bekannter Immoralismus aus, seine Verachtung des Mitleids, der Priester, des Jenseitsglaubens, der modernen Massengesellschaft und der traditionellen Metaphysik.

S. 615 Das in Rom entstandene »*Nachtlied*« ist von unvergleichlicher sprachlicher Schönheit und gehört zum Größten dessen, was in deutscher Sprache geschrieben wurde.

S. 619 Das »*Grablied*« ist eine beinahe romantische Klage über die verlorenen Ideale der Jugend.

S. 620 *Eulen-Untier*: Möglicherweise ist Wilamowitz-Moellendorff gemeint. – *meinen liebsten Sänger*: Richard Wagner.

S. 621 *eine schaurige dumpfe Weise*: Parsifal.

S. 622 Das Grundprinzip des Lebens beruht auf dem ewigen Machtwillen. Dieser Gedanke wird im Spätwerk Nietzsches dominierend.

S. 637 Ein geheimnisvolles Kapitel. Der Wahrsager erzählt Zarathustra von der Todesmüdigkeit der Menschen. Zarathustra ist über diesen (Schopenhauerschen) Gedanken deprimiert und verfällt in eine dreitägige Krankheit. Die Heilung geschieht durch einen Traum, der durch einen Jünger Zarathustras gedeutet wird: Nietzsche-Zarathustra selber ist der Besieger der Todesmüdigkeit. Aber die Deutung wird nicht akzeptiert; Zarathustra schüttelt den Kopf.

S. 641 *wer ist uns Zarathustra?* Die folgenden Zeilen sind ein Selbstporträt Nietzsches, Zeugnis seines Selbstverständnisses als eines Menschen, der viele Gegensätze in sich vereint.

S. 648 Das Erlebnis der einsamsten Wanderung: der Weg zum Übermenschen. Dieser Weg ist im Gegensatz zum ersten Teil hier nicht mehr darwinistisch verstanden, sondern als Weg zur menschlichen Größe, die es immer gegeben hat und die immer wiederkehren soll.

S. 650 In dem Abschnitt *Vom Gesicht und Rätsel* wird der Gedanke der ewigen Wiederkunft zunächst in grausigen Bildern entwickelt, ein Hinweis, wie schwer es Nietzsche selbst gefallen sein mag, die Lehre von der ewigen Wiederkunft des Gleichen zu ertragen. Denn auch der kleine Mensch kehrt ewig wieder.

S. 659 Die Welt ist nicht determiniert und nicht von einer göttlichen Vorsehung gelenkt, sondern »ein Tanzboden für göttliche Zufälle«.

S. 663 f. Zarathustras Gesang zeichnet ein Gegenbild zum Ölberg des Evangeliums.

S. 675 Drei negative Eigenschaften der herkömmlichen Moral, Wollust,

Herrschsucht und Selbstsucht, werden neu gewogen und für positiv befunden. Umwertung der Werte: Wollust, die ihr Ziel kennt, ist unschuldig und frei, Herrschsucht eine Eigenschaft des großen Menschen, Ausdruck des Willens zur Macht, der nach höheren Zielen strebt, gesunde Selbstsucht ist die Tugend des freien Menschen.

S. 706 Das letzte Kapitel des dritten Teils, das ursprünglich den Schluß des ganzen Werkes bilden sollte, kann mit einem Rondo verglichen werden. Mit tänzerischer Leichtigkeit drückt es selige Lebensbejahung aus. Die quälenden Konsequenzen des Wiederkunftsgedankens sind bewältigt. Zarathustra hat erkannt, daß die Polarität von Größe und Schwäche, Lust und Leid, Individuum und Masse unaufhebbar ist, ja daß in diesem dialektischen Spannungsverhältnis das Leben selbst besteht. Im dritten Teil des »Zarathustra« hat Nietzsche zu zeigen versucht, wie sich die beiden Grundthesen der Philosophie, das Prinzip der Wiederkehr und die Forderung nach dem höheren Menschen, im Widerstreit vereinigen: In der Wiederkehr liegt die Möglichkeit der Steigerung und Vollendung des Lebens. Wenn auch gerade in dieser Lehre Nietzsche zu größter Originalität kommt, so erweckt doch die Lösung des von ihm aufgezeigten Problems Assoziationen an Hegels Philosophie. Auch der Zarathustra zeigt Nietzsche als Erben der romantischen Epoche.

S. 712 *Der Wahrsager*: Wiederum ist Schopenhauer gemeint.

S. 714–737 In den nächsten sieben Kapiteln begegnet Zarathustra verschiedenen Typen des höheren Menschen. Personen treten auf, die beginnen, sich mit Zarathustras Botschaft auseinanderzusetzen, aber noch nicht die Stärke und geforderte Lebenshärte haben, um die Lehre zu verwirklichen.

S. 739 Die Stunde des großen Mittags ist die des vollendeten Glückes. Zarathustra hat die Vision der vollkommenen Welt. Das Symbol ist der *goldene runde Reif*.

S. 744 Das Kapitel parodiert die christliche Lehre.

S. 746 ff. Die zwanzig Abschnitte dieses Kapitels bringen eine Zusammenfassung der Lehre Zarathustras aus den ersten drei Teilen.

S. 755 *Das Lied der Schwermut*, das der alte Zauberer anstimmt, der selbst schon zu den höheren, aber noch wankelmütigen Menschen gehört, ist eine erneute Auseinandersetzung mit dem Pessimismus der Schopenhauerschen Philosophie, von der Nietzsches Denken seinen Ausgang nahm. Wieder geht es um die Nietzsche schon seit Jahren bewegende Frage nach Wahrheit und Lüge in dieser Welt.

S. 760 Zarathustra sitzt unter den Töchtern der Wüste. Gemeint sind die Gebildeten der Zeit, die geistig haltlos Nietzsches Lehre nur nachäffen.

S. 761 Das Gedicht *»Die Wüste wächst: weh Dem, der Wüsten birgt!«* ist mehr als nur eine Burleske. Die Chiffre »die Wüste wächst« steht für

die prophetische Ahnung der sich immer mehr ausbreitenden Pseudophilosophie, des hohlen Geredes und des entseelten Kulturbetriebes.

S. 764 Erneute scharfe Parodie des christlichen Glaubens.

S. 767 Die Parodie des Evangeliums steigert sich zum Hohn: Dem Abendmahl als einer Gedächtnisfeier setzt Zarathustra das *Eselsfest* entgegen.

S. 770 ff. Im *trunknen Lied*, das sich zum Mitternachtslied steigert, umschreibt Nietzsche (wie am Schluß des dritten Teils des »Zarathustra«) sein tiefstes Geheimnis, die Zusammengehörigkeit der Gegensätze, die mit der ewigen Wiederkunft unauflöslich verknüpft sind.

S. 778 Das Mitleid, für Nietzsche stets Zeichen einer prinzipiellen Schwäche, muß Zarathustra auch noch gegenüber den höheren Menschen überwinden, gegenüber denen also, die den Übergangstypus darstellen und deshalb dem Untergang preisgegeben sind. Mit diesem Bekenntnis zur harten Konsequenz seiner Lehre schließt das Werk.

INHALT

Dritter Teil

Vierter und letzter Teil